国家规划重点图书

水工设计手册

(第2版)

主　编　索丽生　刘　宁
副主编　高安泽　王柏乐　刘志明　周建平

第9卷　灌排、供水

主编单位　水利部水利水电规划设计总院
主　　编　董安建　李现社
主　　审　茆　智　汪易森

内容提要

《水工设计手册》（第2版）共11卷。本书为第9卷——《灌排、供水》，共分7章，其内容分别为：灌溉、排水与供水规划，引水枢纽工程，灌排渠沟与输水管道工程设计，渠系建筑物，节水灌溉工程设计，泵站，村镇供水工程。

本手册可作为水利水电工程规划、勘测、设计、施工、管理等专业的工程技术人员和科研人员的常备工具书，同时也可作为大专院校相关专业师生的重要参考书。

图书在版编目（CIP）数据

水工设计手册．第9卷，灌排、供水/董安建，李现社主编．—2版．—北京：中国水利水电出版社，2014.4（2021.1重印）
ISBN 978-7-5170-1924-4

Ⅰ.①水… Ⅱ.①董…②李… Ⅲ.①水利水电工程-工程设计-技术手册②排灌工程-技术手册③给水工程-技术手册 Ⅳ.①TV222-62

中国版本图书馆CIP数据核字（2014）第079476号

审图号：GS（2013）128号

书　　名	**水工设计手册（第2版）** **第9卷　灌排、供水**
主编单位	水利部水利水电规划设计总院
主　　编	董安建　李现社
出版发行	中国水利水电出版社 （北京市海淀区玉渊潭南路1号D座　100038） 网址：www.waterpub.com.cn E-mail：sales@waterpub.com.cn 电话：（010）68367658（营销中心）
经　　售	北京科水图书销售中心（零售） 电话：（010）88383994、63202643、68545874 全国各地新华书店和相关出版物销售网点
排　　版	中国水利水电出版社微机排版中心
印　　刷	北京市密东印刷有限公司
规　　格	184mm×260mm　16开本　38.75印张　1312千字
版　　次	1984年11月第1版第1次印刷 2014年4月第2版　2021年1月第3次印刷
印　　数	5001—7000册
定　　价	**275.00元**

凡购买我社图书，如有缺页、倒页、脱页的，本社营销中心负责调换

《水工设计手册》（第2版）

技术委员会

主　　任　潘家铮

副 主 任　胡四一　郑守仁　朱尔明

委　　员　（以姓氏笔画为序）

马洪琪　王文修　左东启　石瑞芳　刘克远
朱尔明　朱伯芳　吴中如　张超然　张楚汉
杨志雄　汪易森　陈明致　陈祖煜　陈德基
林可冀　林　昭　茆　智　郑守仁　胡四一
徐瑞春　徐麟祥　曹克明　曹楚生　富曾慈
曾肇京　董哲仁　蒋国澄　韩其为　雷志栋
潘家铮

组　织　单　位

水利部水利水电规划设计总院
水电水利规划设计总院
中国水利水电出版社

《水工设计手册》（第2版）

各卷卷目、主编单位、主编、主审人员

卷目		主编单位	主编	主审
第1卷	基础理论	水利部水利水电规划设计总院 河海大学	刘志明 王德信 汪德爟	张楚汉　陈祖煜 陈德基
第2卷	规划、水文、地质	水利部水利水电规划设计总院	梅锦山 侯传河 司富安	陈德基　富曾慈 曾肇京　韩其为 雷志栋
第3卷	征地移民、环境保护与水土保持	水利部水利水电规划设计总院	陈　伟 朱党生	朱尔明　董哲仁
第4卷	材料、结构	水电水利规划设计总院	白俊光 张宗亮	张楚汉　石瑞芳 王亦锥
第5卷	混凝土坝	水电水利规划设计总院	周建平 党林才	石瑞芳　朱伯芳 蒋效忠
第6卷	土石坝	水利部水利水电规划设计总院	关志诚	林　昭　曹克明 蒋国澄
第7卷	泄水与过坝建筑物	水利部水利水电规划设计总院	刘志明 温续余	郑守仁　徐麟祥 林可冀
第8卷	水电站建筑物	水电水利规划设计总院	王仁坤 张春生	曹楚生　李佛炎
第9卷	灌排、供水	水利部水利水电规划设计总院	董安建 李现社	茆　智　汪易森
第10卷	边坡工程与地质灾害防治	水电水利规划设计总院	冯树荣 彭土标	朱建业　万宗礼
第11卷	水工安全监测	水电水利规划设计总院	张秀丽 杨泽艳	吴中如　徐麟祥

《水工设计手册》
第1版组织和主编单位及有关人员

组织单位　水利电力部水利水电规划设计院

主 持 人　张昌龄　奚景岳　潘家铮

（工作人员有李浩钧、郑顺炜、沈义生）

主编单位　华东水利学院

主 编 人　左东启　顾兆勋　王文修

（工作人员有商学政、高渭文、刘曙光）

《水工设计手册》

第1版各卷（章）目、编写、审订人员

卷　目	章　　目		编 写 人	审 订 人
第1卷 基础理论	第1章	数学	张敦穆	潘家铮
	第2章	工程力学	李咏偕　张宗尧 王润富	徐芝纶　谭天锡
	第3章	水力学	陈肇和	张昌龄
	第4章	土力学	王正宏	钱家欢
	第5章	岩石力学	陶振宇	葛修润
第2卷 地质　水文 建筑材料	第6章	工程地质	冯崇安　王惊谷	朱建业
	第7章	水文计算	陈家琦　朱元甡	叶永毅　刘一辛
	第8章	泥沙	严镜海　李昌华	范家骅
	第9章	水利计算	方子云　蒋光明	叶秉如　周之豪
	第10章	建筑材料	吴仲瑾	吕宏基
第3卷 结构计算	第11章	钢筋混凝土结构	徐积善　吴宗盛	周　氐
	第12章	砖石结构	周　氐	顾兆勋
	第13章	钢木结构	孙良伟　周定荪	俞良正　王国周 许政谐
	第14章	沉降计算	王正宏	蒋彭年
	第15章	渗流计算	毛昶熙　周保中	张蔚榛
	第16章	抗震设计	陈厚群　汪闻韶	刘恢先
第4卷 土石坝	第17章	主要设计标准和荷载计算	郑顺炜　沈义生	李浩钧
	第18章	土坝	顾淦臣	蒋彭年
	第19章	堆石坝	陈明致	柳长祚
	第20章	砌石坝	黎展眉	李津身　上官能

卷　目	章　　目		编写人	审订人
第5卷 混凝土坝	第21章	重力坝	苗琴生	邹思远
	第22章	拱坝	吴凤池　周允明	潘家铮　裘允执
	第23章	支墩坝	朱允中	戴耀本
	第24章	温度应力与温度控制	朱伯芳	赵佩钰
第6卷 泄水与过坝建筑物	第25章	水闸	张世儒　潘贤德 沈潜民　孙尔超 屠　本	方福均　孔庆义 胡文昆
	第26章	门、阀与启闭设备	夏念凌	傅南山　俞良正
	第27章	泄水建筑物	陈肇和　韩　立	陈椿庭
	第28章	消能与防冲	陈椿庭	顾兆勋
	第29章	过坝建筑物	宋维邦　刘党一 王俊生　陈文洪 张尚信　王亚平	王文修　呼延如琳 王麟璠　涂德威
	第30章	观测设备与观测设计	储海宁　朱思哲	经萱禄
第7卷 水电站建筑物	第31章	深式进水口	林可冀　潘玉华 袁培义	陈道周
	第32章	隧洞	姚慰城	翁义孟
	第33章	调压设施	刘启钊　刘蕴琪 陆文祺	王世泽
	第34章	压力管道	刘启钊　赵震英 陈霞龄	潘家铮
	第35章	水电站厂房	顾鹏飞	赵人龙
	第36章	挡土墙	甘维义　干　城	李士功　杨松柏
第8卷 灌区建筑物	第37章	灌溉	郑遵民　岳修恒	许志方　许永嘉
	第38章	引水枢纽	张景深　种秀贤 赵伸义	左东启
	第39章	渠道	龙九范	何家濂
	第40章	渠系建筑物	陈济群	何家濂
	第41章	排水	韩锦文　张法思	瞿兴业　胡家博
	第42章	排灌站	申怀珍　田家山	沈日迈　余春和

水利水电建设的宝典

——《水工设计手册》（第2版）序

《水工设计手册》（第2版）在广大水利工作者的热切期盼中问世了，这是我国水利水电建设领域中的一件大事，也是我国水利发展史上的一件喜事。3年多来，参与手册编审工作的专家、学者、工程技术人员和出版工作者，花费了大量心血，付出了艰辛努力。在此，我向他们表示衷心的感谢，致以崇高的敬意！

为政之要，其枢在水。兴水利、除水害，历来是治国安邦的大事。在我国悠久的治水历史中，积累了水利工程建设的丰富经验。特别是新中国成立后，揭开了我国水利水电事业发展的新篇章，建设了大量关系国计民生的水利水电工程，极大地促进了水工技术的发展。1983年，第1版《水工设计手册》应运而生，成为我国第一部大型综合性水工设计工具书，在指导水利水电工程设计、培养水工技术和管理人才、提高水利水电工程建设水平等方面发挥了十分重要的作用。

第1版《水工设计手册》面世28年来，我国水利水电事业发展迈上了一个新的台阶，取得了举世瞩目的伟大成就。一大批技术复杂、规模宏大的水利水电工程建成运行，新技术、新材料、新方法和新工艺广泛应用，水利水电建设信息化和现代化水平显著提升，我国水工设计技术、设计水平已跻身世界先进行列。特别是近年来，随着科学发展观的深入贯彻落实，我国治水思路正在发生着深刻变化，推动着水工设计需求、设计理念、设计理论、设计方法、设计手段和设计标准规范不断发展与完善。因此，迫切需要对《水工设计手册》进行修订完善。2008年2月水利部成立了《水工设计手册》（第2版）编委会，正式启动了修编工作。在编委会的组织领导下，水利水电规划设计总院、水电水利规划设计总院和中国水利水电出版社3家单位，联合邀请全国4家水利水电科学研究院、3所重点高等学校、15个资质优秀的水利水电勘测设计研究院（公司）等单位的数百位专家、学者和技术骨干参与，经过3年多的艰苦努力，《水工设计手册》（第2版）现已付梓。

《水工设计手册》（第2版）以科学发展观为统领，按照可持续发展治水思路要求，在继承前版成果中开拓创新，全面总结了现代水工设计的理论和实践经验，系统介绍了现代水工设计的新理念、新材料、新方法，有效协调了水利工程和水电工程设计标准，充分反映了当前国内外水工设计领域的重要科研成果。特别是增加了计算机技术在现代水工设计方法中应用等卷章，充实了在现代水工设计中必须关注的生态、环保、移民、安全监测等内容，使手册结构更趋合理，内容更加完整，更切合实际需要，充分体现了科学性、时代性、针对性和实用性。《水工设计手册》（第2版）的出版必将对进一步提升我国水利水电工程建设软实力，推动水工设计理念更新，全面提高水工设计质量和水平产生重大而深远的影响。

当前和今后一个时期，是加强水利重点薄弱环节建设、加快发展民生水利的关键时期，是深化水利改革、加强水利管理的攻坚时期，也是推进传统水利向现代水利、可持续发展水利转变的重要时期。2011年中央1号文件《关于加快水利改革发展的决定》和不久前召开的中央水利工作会议，进一步明确了新形势下水利的战略地位，以及水利改革发展的指导思想、目标任务、基本原则、工作重点和政策举措。《国家可再生能源中长期发展规划》、《中国应对气候变化国家方案》对水电开发建设也提出了具体要求。水利水电事业发展面临着重要的战略机遇，迎来了新的春天。

《水工设计手册》（第2版）集中体现了近30年来我国水利水电工程设计与建设的优秀成果，必将成为广大水利水电工作者的良师益友，成为水利水电建设的盛世宝典。广大水利水电工作者，要紧紧抓住战略机遇，深入贯彻落实科学发展观，坚持走中国特色水利现代化道路，积极践行可持续发展治水思路，充分利用好这本工具书，不断汲取学识和真知，不断提高设计能力和水平，以高度负责的精神、科学严谨的态度、扎实细致的作风，奋力拼搏，开拓进取，为推动我国水利水电事业发展新跨越、加快社会主义现代化建设作出新的更大贡献。

是为序。

水利部部长 陈雷

2011年8月8日

序

经过500多位专家学者历时3年多的艰苦努力，《水工设计手册》（第2版）即将问世。这是一件期待已久和值得庆贺的事。借此机会，我谨向参与《水工设计手册》修编的专家学者，向支持修编工作的领导同志们表示敬意。

30年前，为了提高设计水平，促进水利水电事业的发展，在许多专家、教授和工程技术人员的共同努力下，一部反映当时我国水利水电建设经验和科研成果的《水工设计手册》应运而生。《水工设计手册》深受广大水利水电工程技术工作者的欢迎，成为他们不可或缺的工具书和一位无言的导师，在指导设计、提高建设水平和保证安全等方面发挥了重要作用。

30年来，我国水利水电工程设计和建设成绩卓著，工程规模之大、建设速度之快、技术创新之多居世界前列。当然，在建设中我们面临一系列问题，其难度之大世界罕见。通过长期的艰苦努力，我们成功地建成了一大批世界规模的水利水电工程，如长江三峡水利枢纽、黄河小浪底水利枢纽、二滩、水布垭、龙滩等大型水电站，以及正在建设的锦屏一级、小湾和溪洛渡等具有300米级高拱坝的巨型水电站和南水北调东中线大型调水工程，解决了无数关键技术难题，积累了大量成功的设计经验。这些关系国计民生和具有世界影响力的大型水利水电工程在国民经济和社会发展中发挥了巨大的防洪、发电、灌溉、除涝、供水、航运、渔业、改善生态环境等综合作用。《水工设计手册》（第2版）正是对我国改革开放30多年来水利水电工程建设经验和创新成果的总结与提炼。特别是在当前全国贯彻落实中央水利工作会议精神、掀起新一轮水利水电工程建设高潮之际，出版发行《水工设计手册》（第2版）意义尤其重大。

在陈雷部长的高度重视和索丽生、刘宁同志的具体领导下，各主编单位和编写的同志以第1版《水工设计手册》为基础，全面搜集资料，做了大量归纳总结和精选提炼工作，剔除陈旧内容，补充新的知识。《水工设计手册》（第2版）体现了科学性、实用性、一致性和延续性，强调落实科学发展观和人与自然和谐的设计理念，浓墨重彩地突出了生态环境保护和征地移民的要求，彰显了与时俱进精神和可持续发展的理念。手册质量总体良好，技术水平高，是一部权威的、综合性和实用性强的一流设计手册，一部里程碑式的出版物。相信它将为21世纪的中国书写治水强国、兴水富民的不朽篇章，为描绘辉煌灿烂的画卷作出贡献。

我认为《水工设计手册》（第2版）另一明显的特色在于：它除了提供各种先进适用的理论、方法、公式、图表和经验之外，还突出了工程技术人员的设计任务、关键和难点，指出设计因素中哪些是确定性的，哪些是不确定的，从而使工程技术人员能够更好地掌握全局，有所抉择，不致于陷入公式和数据中去不能自拔；它还指出了设计技术发展的趋势与方向，有利于启发工程技术人员的思考和创新精神，这对工程技术创新是很有益处的。

工程是技术的体现和延续，它推动着人类文明的发展。从古至今，不同时期留下的不朽经典工程，就是那段璀璨文明的历史见证。2000多年前的都江堰和现代的三峡水利枢纽就是代表。在人类文明的发展过程中，从工程建设中积累的经验、技术和智慧被一代一代地传承下来。但是，我们必须在继承中发展，在发展中创新，在创新中跨越，才能大大地提高现代水利水电工程建设的技术水平。现在的年轻工程师们一如他们的先辈，正在不断克服各种困难，探索新的技术高度，创造前人无法想象的奇迹，为水利水电工程的经济效益、社会效益和环境效益的协调统一，为造福人类、推动人类文明的发展锲而不舍地奉献着自己的聪明才智。《水工设计手册》（第2版）的出版正值我国水利水电建设事业新高潮到来之际，我衷心希望广大水利水电工程技术人员精心规划，精心设计，精心管理，以一流设计促一流工程，为我国的经济社会可持续发展作出划时代的贡献。

中国科学院院士
中国工程院院士 潘家铮

2011年8月18日

第 2 版 前 言

《水工设计手册》是一部大型水利工具书。自 20 世纪 80 年代初问世以来，在我国水利水电建设中起到了不可估量的作用，深受广大水利水电工程技术人员的欢迎，已成为勘测设计人员必备的案头工具书。近 30 年来，我国水利水电工程建设有了突飞猛进的发展，取得了巨大的成就，技术水平总体处于世界领先地位。为适应我国水利水电事业的发展，迫切需要对《水工设计手册》进行修订。现在，《水工设计手册》（第 2 版）经 10 年孕育，即将问世。

一

《水工设计手册》修订的必要性，主要体现在以下五个方面：

第一是满足工程建设的需要。为满足西部大开发、中部崛起、振兴东北老工业基地和东部地区率先发展的国家发展战略的要求，尤其是 2011 年中共中央国务院作出了《关于加快水利改革发展的决定》，我国水利水电事业又迎来了新的发展机遇，即将掀起大规模水利水电工程建设的新高潮，迫切需要对已往水利水电工程建设的经验加以总结，更好地将水工设计中的新观念、新理论、新方法、新技术、新工艺在水利水电工程建设中广泛推广和应用，以提高设计水平，保障工程质量，确保工程安全。

第二是创新设计理念的需要。30 年前，我国水利水电工程设计的理念是以开发利用为主，强调“多快好省”，而现在的要求是开发与保护并重，做到“又好又快”。当前，随着我国经济社会的发展和生产生活水平的不断提高，不仅要注重水利水电工程的安全性和经济性，也更要注重生态环境保护和移民安置，做到统筹兼顾，处理好开发与保护的关系，以实现人与自然和谐相处，保障水资源可持续利用。

第三是更新设计手段的需要。计算机技术、网络技术和信息技术已在水利水电工程建设和管理中取得了突飞猛进的发展。计算机辅助工程

(CAE) 技术已经广泛应用于工程设计和运行管理的各个方面，为广大工程技术人员在工程计算分析、模拟仿真、优化设计、施工建设等方面提供了先进的手段和工具，使许多原来难以处理的复杂的技术问题迎刃而解。现代遥感（RS）技术、地理信息系统（GIS）及全球定位系统(GPS) 技术（即“3S”技术）的应用，突破了许多传统的地球物理方法及技术，使工程勘探深度不断加大、勘探分辨率（精度）不断提高，使人们对自然现象和规律的认识得以提高。这些先进技术的应用提高了工程勘测水平、设计质量和工作效率。

第四是总结建设经验的需要。自 20 世纪 90 年代以来，我国建设了一大批具有防洪、发电、航运、灌溉、调水等综合利用效益的水利水电工程。在大量科学研究和工程实践的基础上，成功破解了工程建设过程中遇到的许多关键性技术难题，建成了举世瞩目的三峡水利枢纽工程，建成了世界上最高的面板堆石坝（水布垭）、碾压混凝土坝（龙滩）和拱坝（小湾）等。这些规模宏大、技术复杂的工程的建设，在设计理论、技术、材料和方法等方面都有了很大的提高和改进，所积累的成功设计和建设经验需要总结。

第五是满足读者渴求的需要。我国水利水电工程技术人员对《水工设计手册》十分偏爱，第 1 版《水工设计手册》中有些内容已经过时，需要删减，亟待补充新的技术和基础资料，以进一步提高《水工设计手册》的质量和应用价值，满足水利水电工程设计人员的渴求。

二

修订《水工设计手册》遵循的原则：一是科学性原则，即系统、科学地总结国内外水工设计的新观念、新理论、新方法、新技术、新工艺，体现我国当前水利水电工程科学研究和工程技术的水平；二是实用性原则，即全面分析总结水利水电工程设计经验，发挥各编写单位技术优势，适应水利水电工程设计新的需要；三是一致性原则，即协调水利、水电行业的设计标准，对水利与水电技术标准体系存在的差异，必要时作并行介绍；四是延续性原则，即以第 1 版《水工设计手册》框架为基础，修订、补充有关章节内容，保持《水工设计手册》的延续性和先进性。

三

为切实做好修订工作，水利部成立了《水工设计手册》（第2版）编委会和技术委员会，水利部部长陈雷担任编委会主任，中国科学院院士、中国工程院院士潘家铮担任技术委员会主任，索丽生、刘宁任主编，高安泽、王柏乐、刘志明、周建平任副主编，对各卷、章的修编工作实行各卷、章主编负责制。在修编过程中，为了充分发挥水利水电工程设计、科研和教学等单位的技术优势，在各单位申报承担修编任务的基础上，由水利部水利水电规划设计总院和水电水利规划设计总院讨论确定各卷、章的主编和参编单位以及各卷、章的主要编写人员。主要参与修编的单位有25家，参加人员约500人。全书及各卷的审稿人员由技术委员会的专家担任。

第1版《水工设计手册》共8卷42章，656万字。修编后的《水工设计手册》（第2版）共分为11卷65章，字数约1400万字。增加了第3卷征地移民、环境保护与水土保持，第10卷边坡工程与地质灾害防治和第11卷水工安全监测等3卷，主要增加的内容包括流域综合规划、征地移民、环境保护、水土保持、水工结构可靠度、碾压混凝土坝、沥青混凝土防渗体土石坝、河道整治与堤防工程、抽水蓄能电站、潮汐电站、鱼道工程、边坡工程、地质灾害防治、水工安全监测和计算机应用等。

第1、2、3、6、7、9卷和第4、5、8、10、11卷分别由水利部水利水电规划设计总院和水电水利规划设计总院负责组织协调修编、咨询和审查工作。全书经编委会与技术委员会逐卷审查定稿后，由中国水利水电出版社负责编辑、出版和发行。

四

修订和编辑出版《水工设计手册》（第2版）是一项组织策划复杂、技术含量高、作者众多、历时较长的工作。

1999年3月，中国水利水电出版社致函原主编单位华东水利学院（现河海大学），表达了修订《水工设计手册》的愿望，河海大学及原主编左东启表示赞同。有关单位随即开展了一些前期工作。

2002年7月，中国水利水电出版社向时任水利部副部长的索丽生提出了“关于组织编纂《水工设计手册》（第2版）的请示”。水利部给予了高度重视，但因工作机制及资金不落实等原因而搁置。

2004年8月，水利部水利水电规划设计总院、水电水利规划设计总院和中国水利水电出版社三家单位，在北京召开了三方有关人员会议，讨论修订《水工设计手册》事宜，就修编经费、组织形式和工作机制等达成一致意见：即三方共同投资、共担风险、共同拥有著作权，共同组织修编工作。

2006年6月，水利部水利水电规划设计总院、水电水利规划设计总院和中国水利水电出版社的有关人员再次召开会议，研究推动《水工设计手册》的修编工作，并成立了筹备工作组。在此之后，工作组积极开展工作，经反复讨论和修改，草拟了《水工设计手册》修编工作大纲，分送有关领导和专家审阅。水利部水利水电规划设计总院和水电水利规划设计总院分别于2006年8月、2006年12月和2007年9月联合向有关单位下发文件，就修编《水工设计手册》有关事宜进行部署，并广泛征求意见，得到了有关设计单位、科研机构和大学院校的大力支持。经过充分酝酿和讨论，并经全书主编索丽生两次主持审查，提出了《水工设计手册》修编工作大纲。

2008年2月，《水工设计手册》（第2版）编委会扩大会议在北京召开，标志着修编工作全面启动。水利部部长陈雷亲自到会并作重要讲话，要求各有关方面通力合作，共同努力，把《水工设计手册》修编工作抓紧、抓实、抓好，使《水工设计手册》（第2版）“真正成为广大水利工作者的良师益友，水利水电工程建设的盛世宝典，传承水文明的时代精品”。

修订和编纂《水工设计手册》（第2版）工作得到了有关设计、科研、教学等单位的热情支持和大力帮助。全国包括13位中国科学院、中国工程院院士在内的500多位专家、学者和专业编辑直接参与组织、策划、撰稿、审稿和编辑工作，他们殚精竭虑，字斟句酌，付出了极大的心血，克服了许多困难，他们将修编工作视为时代赋予的神圣责任，3年多来，一直是苦并快乐地工作着。

鉴于各卷修编工作内容和进度不一，按成熟一卷出版一卷的原则，逐步完成全手册的修编出版工作。随着2011年中共中央1号文件的出台和新中国成立以来的首次中央水利工作会议的召开，全国即将掀起水利水电工程建设的新高潮，修编出版后的《水工设计手册》，必将在水利水电工程建设中发挥作用，为我国经济社会可持续发展作出新的贡献。

本套手册可供从事水利水电工程规划、设计、施工、管理的工程技术人员和相关专业的大专院校师生使用和参考。

在《水工设计手册》（第2版）即将陆续出版之际，谨向所有关怀、支持和参与修订和编纂出版工作的领导、专家和同志们，表示诚挚的感谢，并祈望广大读者批评指正。

《水工设计手册》（第2版）编委会

2011年8月

第 1 版 前 言

我国幅员辽阔，河流众多，流域面积在 1000km^2 以上的河流就有 1500 多条。全国多年平均径流量达 27000 多亿 m^3，水能蕴藏量约 6.8 亿 kW，水利水电资源十分丰富。

众多的江河，使中华民族得以生息繁衍。至少在 2000 多年前，我们的祖先就在江河上修建水利工程。著名的四川灌县都江堰水利工程，建于公元前 256 年，至今仍在沿用。由此可见，我国人民建设水利工程有悠久的历史和丰富的知识。

中华人民共和国成立，揭开了我国水利水电建设的新篇章。30 余年来，在党和人民政府的领导下，兴修水利，发展水电，取得了伟大成就。根据 1981 年统计（台湾省暂未包括在内），我国已有各类水库 86000 余座（其中库容大于 1 亿 m^3 的大型水库有 329 座），总库容 4000 余亿 m^3，30 万亩以上的大灌区 137 处，水电站总装机容量已超过 2000 万 kW（其中 25 万 kW 以上的大型水电站有 17 座）。此外，还修建了许多堤防、闸坝等。这些工程不仅使大江大河的洪涝灾害受到控制，而且提供的水源、电力，在工农业生产和人民生活中发挥了十分重要的作用。

随着我国水利水电资源的开发利用，工程建设实践大大促进了水工技术的发展。为了提高设计水平和加快设计速度，促进水利水电事业的发展，编写一部反映我国建设经验和科研成果的水工设计手册，作为水利水电工程技术人员的工具书，是大家长期以来的迫切愿望。

早在 60 年代初期，汪胡桢同志就倡导并着手编写我国自己的水工设计手册，后因十年动乱，被迫中断。粉碎“四人帮”以后不久，为适应我国四化建设的需要，由水利电力部规划设计管理局和水利电力出版社共同发起，重新组织编写水工设计手册。1977 年 11 月在青岛召开了手册的编写工作会议，到会的有水利水电系统设计、施工、科研和高等学校共 26 个单位、53 名代表，手册编写工作得到与会单位和代表的热情支持。这次会议讨论了手册编写的指导思想和原则，全书的内容体系，任务分工，计划进度和要求，以及编写体例等方面的问题，并作出了相应的决定。会后，又委托华东水利学院为主编单位，具体担负手册的编审任务。随着编写单位和编写人员的逐步落实，各章的初稿也陆续写出。1980年4月，由组织、主编和出版三个单位在南京召开了第1卷审稿会。同年8月，三个单位又在北京召开了与坝工有关各章内容协调会。根据议定的程序，手册各章写出以后，一般均打印分发有关单位，采用多种形式广泛征求意见，有的编写单位还召开了范围较广的审稿会。初稿经编写单位自审修改后，又经专门聘请的审订人详细审阅修订，最后由主编单位定稿。在各协作单位大力支持下，经过编写、审订和主编同志们的辛勤劳动，现在，《水工设计手册》终于与读者见面了，这是一件值得庆贺的事。

本手册共有42章，拟分8卷陆续出版，预计到1985年全书出齐，还将出版合订本。

本手册主要供从事大中型水利水电工程设计的技术人员使用，同时也可供地县农田水利工程技术人员和从事水利水电工程施工、管理、科研的人员，以及有关高校、中专师生参考使用。本手册立足于我国的水工设计经验和科研成果，内容以水工设计中经常使用的具体设计计算方法、公式、图表、数据为主，对于不常遇的某些专门问题，比较笼统的设计原则，尽量从简；力求与我国颁布的现行规范相一致，同时还收入了可供参考的有关规程、规范。

这是我国第一部大型综合性水工设计工具书，它具有如下特色：

（1）内容比较完整。本手册不仅包括了水利水电工程中所有常见的水工建筑物，而且还包括了基础理论知识和与水工专业有关的各专业知识。

（2）内容比较实用。各章中除给出常用的基本计算方法、公式和设计步骤外，还有较多的工程实例。

（3）选编的资料较新。对一些较成熟的科研成果和技术革新成果尽量吸收，对国外先进的技术经验和有关规定，凡认为可资参考或应用的，也多作了扼要介绍。

（4）叙述简明扼要。在表达方式上多采用公式、图表，文字叙述也力求精练，查阅方便。

我们相信，这部手册的问世将对我国从事水利水电工作的同志有一定的帮助。

本手册编成之后，我们感到仍有许多不足之处，例如：个别章的设置和顺序安排不尽恰当；有的章字数偏多，内容上难免存在某些重复；对现代化的设计方法如系统工程、优化设计等，介绍得不够；在文字、体例、繁简程度等方面也不尽一致。所有这些，都有待于再版时加以改进。

本手册自筹备编写至今，历时已近5年，前后参加编写、审订工作的有30多个单位100多位同志。接受编写任务的单位和执笔同志都肩负繁重的设计、科研、教学等工作，他们克服种种困难，完成了手册编写任务，为手册的顺利出版作出了贡献。在此，我们向所有参加手册工作的单位、编写人、审订人表示衷心的感谢，并致以诚挚的慰问。已故水力发电建设总局副总工程师奚景岳同志和水利出版社社长林晓同志，他们生前参加手册发起并做了大量工作，谨在此表示深切的怀念。

最后，我们诚恳地欢迎读者对手册中的疏漏和错误给予批评指正。

水利电力部水利水电规划设计院

华东水利学院

1982年5月

目　　录

第2章 引水枢纽工程

第3章 灌排渠沟与输水管道工程设计

第4章 渠系建筑物

第5章 节水灌溉工程设计

第6章 泵 站

第7章 村镇供水工程

第1章

灌溉、排水与供水规划

本章以第1版《水工设计手册》为基础，吸纳近年来灌溉、排水与供水工程规划领域的新技术和新方法，经合并、调整和修订而成。本章共分6节，内容包括灌溉、排水工程及相关供水工程的规划基本理论与基本方法。涵盖了第1版第8卷第37章“灌溉”和第41章“排水”两章共13节的内容。

“1.1 基本资料收集”除原第37章第1节和第41章第1节的基本内容外，增加了有关供水规划所需要的资料。

“1.2 设计标准”包括了原第37章第1节“灌区基本资料与灌溉设计标准”和第41章第2节“排水标准与效益”的内容，删除了有关排水效益方面的内容，增加了供水工程的相关标准。

“1.3 需水量分析”在原第37章第2节“灌溉用水量和灌溉制度”的基础上，增加了工业用水、生活用水和生态用水的相关内容。

“1.4 水源工程规划”合并了原第37章第3节“灌溉水源及水利计算”、第5节“利用地下水灌溉”和第1节“灌区基本资料与灌溉设计标准”中的“灌区选择与水土资源平衡计算”等内容，补充了有关“地表取水工程的水利计算”和“水土资源供需平衡分析”方面的内容。

“1.5 工程总体规划”合并了原第37章第4节“灌溉渠系规划”和第41章第3节“明沟排水”、第6节“排水区规划”和第7节“承泄区”的相关内容，删除了其中的“截留沟规划”。

“1.6 灌排渠沟设计流量及水位推算”在原第37章第6节“灌溉渠道流量及水位推算”的基础上补充了“排水沟设计流量及水位推算”的内容。

章主编　黄介生

章主审　张展羽

本章各节编写及审稿人员

<table>
<tr><th>节次</th><th>编　写　人</th><th>审稿人</th></tr>
<tr><td>1.1</td><td rowspan="2">王修贵</td><td rowspan="6">张展羽</td></tr>
<tr><td>1.2</td></tr>
<tr><td>1.3</td><td>黄介生</td></tr>
<tr><td>1.4</td><td>黄　爽</td></tr>
<tr><td>1.5</td><td rowspan="2">邱元锋</td></tr>
<tr><td>1.6</td></tr>
</table>

第1章 灌溉、排水与供水规划

1.1 基本资料收集

1.1.1 灌排区基本资料收集

1. 灌排区概况

灌排区概况包括灌排区位置、范围、面积，隶属省（自治区、直辖市）、市、县、乡（镇），地形、地貌（山区、丘陵、平原和高地、坡地、洼地、湖区）情况，地面坡降，河流、湖泊水系等。

2. 水文气象

（1）水文气象资料包括气象站、水文站的位置、高程、分布图、拥有的资料系列；年、月平均气温，最高、最低气温（发生年月）；无霜期及始终日期、冰冻期；历年旱期及持续干旱天数；主风向和风速；历年逐日（候）降雨量；历年逐日（候）蒸发量等。有条件的地区应收集历年逐日气象资料（平均气温，最高、最低气温，气压，湿度，风速，日照，水面蒸发，降雨量等），或者设计典型年的逐日气象资料。

（2）灌排区内及周边河流、湖泊的水位、流量、泥沙含量。感潮地区还应包括受潮汐影响河段的潮流界、潮区界、潮流量、潮流挟沙量，最高、最低潮位及潮型特性。有条件的地区应尽量收集历年逐日的观测记录资料。

3. 土壤

土壤资料包括土壤类型及分布，土壤质地和层次，土壤理化性质（容重、比重、饱和含水率、田间持水率、给水度、饱和水力传导度、pH值、主要离子含量、有机质组成等），耕作层厚度及养分状况等，土壤冻结深度、冻结和融化时间，土壤改良所采取的水利和农业措施。在已进行土壤普查的地区，还应取得土壤图、土壤盐碱（渍）化分布图；在未进行土壤普查的地区，应通过调查、实测取得必要的资料。

4. 地质

地质资料包括灌排区的区域地质构造、岩性、建筑材料分布、地震分区；水库库区、坝址、渠道沿线主要建筑物的地质条件和地质参数（缺乏资料的地区应进行地质调查和勘探）；含水层分布及厚度、地下水埋深及其理化性质、地下水储存量、补给源、给水度等。

5. 水源及利用状况

水源及利用状况应包括下列内容：

（1）水库（湖泊）、塘堰蓄水。水库（湖泊）数量、集雨面积，水库（湖泊）水位—库（湖）容曲线。流域的降雨径流情况，水库历年逐月（旬）来水、蓄水、各种用途的供水量记录，水库调度规则。塘堰分布及其数量、容积。

（2）引用河水。可分闸坝引水与无坝引水。河流年内水位、流量变化情况，历年洪、枯水位及最大、最小流量出现的时期和持续时间，以及河流含沙量。闸坝引水时，水坝拦蓄水量、壅高水位和可引用的水量；无坝引水时可引用的水量。

（3）地下水与泉水。年内最高与最低埋深及出现时间，含水层厚度、分布和储量；各种机电井分布、出水量、水质和可开发利用的水量。大型灌区可做专门地下水调查，提出可开发利用的地下水资源，包括丰、枯水期地下水埋深图，浅层淡水底板和顶板图，砂层厚度与出水量图，地下水矿化度和水化学图，给水度、储水系数、地下水利用现状和地下水开发利用规划图（各图比例尺可采用1/50000～1/200000），泉水的分布、出水量及历史变化情况。

（4）其他水源。灌区回归水和城市工业与生活废水是灌区可利用水源之一。应查清水量、水质及其来源，作出水质鉴定后才能用于灌溉。

（5）各种水源的水质。灌溉水源现状和污染源，在明显存在污染的条件下，应参照《农田灌溉水质标准》（GB 5084—2005）进行化验分析，并与《农田灌溉水质标准》（GB 5084—2005）比照，论证水源的可行性并进行备选水源的资料收集。

6. 自然灾害

自然灾害资料包括历年受旱、涝、渍、碱等灾害的情况，受灾、成灾面积，减产情况以及对工农业生产和居民生活的影响等。

7. 工程现状

工程现状应包括下列内容：

（1）引水工程。引水方式，建筑物类别、名称、位置、尺寸，闸底高程，闸的上、下游水位，引水流量和各年引水量，灌溉面积、灌溉保证程度以及运用中存在的问题。对多沙河流还需了解沉沙池位置、面积、容量与效果等。

（2）水库及运用情况。水库类别，工程等别及建筑物级别，水库设计与校核的标准，各种特征水位及相应库容，大坝、溢洪道、输水洞的尺寸，最大溢洪量，输水洞的水位及流量，供水保证程度，对本地区防洪、发电、灌溉所起的作用。

（3）灌排区配套情况。各级渠、沟配套情况，渠、沟主要建筑物的位置（桩号）、数量、尺寸、规模、过水能力等。

（4）灌区机井建设。建成和配套机井数量，功率、井深、出水量等基本情况，历年灌溉面积和效益，当前存在的主要问题。

（5）灌排泵站。装机容量，水泵型号、台数、扬程、流量，控制灌溉、排水面积。

8. 生态环境

生态环境资料包括灌排区范围内的森林、湿地分布及面积，主要动植物物种分布及数量，人工防护林、城市绿地等的分布，植物类别、面积等。

9. 社会经济

社会经济资料应包括下列内容：

（1）灌排区所涉及的县及乡（镇）、村数量以及人口、劳动力等。

（2）土地利用情况。灌排区土地面积包括总土地面积，以及耕地（水、旱田）、林地、牧草地、荒地、湖泊、坑塘、河流、道路、住宅等面积及其所占比例。

（3）产业结构情况。灌排区内生产总值，各次产业产值及比重，产业构成等。

（4）农业生产情况。灌排区农林牧业构成情况，包括主要作物种类、种植面积、生育期起止时间，作物历年总产和单产、轮作制度、复种指数等。灌排区设计灌溉面积、有效灌溉面积及历年实灌面积。

（5）交通与建筑材料。灌排区内的道路、铁路、航运水路分布情况，运输情况及各种运输价格；当地建筑材料的类别、质量、产量和价格。

（6）电力供应及通信设施情况。

10. 规划与灌排试验

规划与灌排试验资料应包括下列内容：

（1）相关规划。国民经济发展规划、土地利用规划、城镇（乡村）规划、流域规划、水利规划、作物种植规划、农业综合区划以及其他相关规划等，上述规划应包括对水资源利用、村镇供水、农田水利等方面的要求。

（2）灌排试验资料。灌排区内或邻近地区的专业灌溉排水试验站的试验成果及资料。

11. 灌溉排水管理

灌溉排水管理包括管理组织机构、职责、人员编制和任务；水费征收标准与办法；历年各类用水的供水情况、灌溉水利用系数；管理运行费用来源与使用情况；农民用水户协会建设与运行情况；工程完好程度，功能与效益发挥情况；工程管理中出现的主要问题。

12. 图纸

图纸资料应包括下列内容：

（1）灌排区、水源区地形图。

（2）灌排区土地利用规划图。

（3）灌排工程现状布置图。

（4）田间工程布置图。

（5）主要建筑物布置图。

（6）现有骨干灌排渠沟纵横断面图。

各种图纸要求的比例尺参照表1.1-1。

表1.1-1　各种图纸要求的比例尺

名　称	比　例
灌排区、水源区地形图	1/25000～1/100000
灌溉、排水系统现状布置图	1/5000～1/10000
田间工程布置图	1/1000～1/5000
主要建筑物布置图	1/500～1/2000
灌溉渠、排水沟断面图	纵断面图：水平1/5000～1/25000，高程1/50～1/200；横断面图：1/100～1/200。 沟渠的横断面间距，地形复杂地区为25～100m，地形平坦地区为100～500m，地形变化处应加测横断面

1.1.2　供水区基本资料收集

1. 供水区的自然、社会条件

供水区的自然、社会条件包括供水区的范围、行政区划，人口数量及近几年来的人口自然增长率，机关、学校、企业等用水单位的数量与规模；供水区与受水区之间的距离；供水区与受水区的地形地貌、地面高程等情况。对于村镇供水，还应收集牲畜的种类、数量等。

2. 地形地貌图

地形地貌图资料包括水源区及供水区1/10000～1/50000地形地貌图；水源区及供水区1/500～

1/2000局部地形地貌图，供水管线沿线的纵横断面图（横断面的间距为 50～200m），机关、工矿企业、居民点等用水户的分布图。

3. 气象水文

气象水文资料包括气温（平均、最高、最低气温）、湿度、蒸发量、气压；风向和风速、降水量（多年平均年降水量资料、丰枯年降水量资料、暴雨资料）、最大冻土深度、日照时数；地面水系分布，源流、走向；河道流量（平均流量、最大洪峰流量、最小枯水流量及相应持续时间），河道水位（平均、最高、最低水位），流速（平均流速、汛期最大流速、枯水期最小流速）等；河道泥沙含量、变化，河床演变，冰冻，漂浮物等；地下水种类、分布、储量、水位、物理化学性质、含水层厚度、给水度、补给源等。

4. 地质

地质资料包括地质构造与工程地质条件；土壤的物理化学性质，土壤承载力、腐蚀性等；输水线路、建（构）筑物所在地的主要地质条件和主要工程地质问题。地震断裂带的分布、地震动峰值加速度及相对应的地震基本烈度等。

5. 现状供水

现状供水资料包括现状供水水源和供水设施的规模、分布、形式、供水能力、供水普及率、管网系统分布；供水工程的安全性、水质、水压、供水成本、水价；历年用水量的变化，自备水源情况，节水情况，工业用水重复率等。

6. 供水水源

供水水源资料包括水库、河流、湖泊、山泉、塘堰、地下水等的资料，应标出水源的分布图；各类水源的水量、水质和水位；本地区的水资源利用规划，明确各类水资源的可利用量，水资源在各用水部门的分配，如工业、农业、生活、公共设施、生态、航运用水等。

7. 环境保护

环境保护资料包括环境保护部门有关城市供水水源的监测资料、环境公报；城市主要污水的来源、数量、污染物含量，污水处理方式、排放出口和承纳区；水体功能区划；水源水质状况和保护措施；地方有关环境保护的标准、规定及执行情况；水体污染事件、影响及处理情况。

8. 供水区的规划

供水区的规划包括城镇、乡镇、乡村、工业企业的总体发展规划，以及国民经济发展规划、城市给排水工程规划、村镇规划、基础设施（道路、供电、防灾减灾、消防、通信、燃气、供热等）建设规划、居民区规划及水资源开发利用规划等。应特别注意规划的近期、中期和远期规模、实施年限，以便结合规划的实施年限，为取水、水处理构筑物及管网、泵房等留有发展余地。

1.2 设 计 标 准

1.2.1 灌溉设计标准

灌溉规划中通常采用灌溉设计保证率作为灌溉工程的设计标准，小型灌区有时也采用抗旱天数确定灌溉设计标准。

1.2.1.1 灌溉设计保证率

灌溉设计保证率是指灌区用水量在多年期间能够得到充分满足的几率，一般以灌溉设施能保证正常供水的年数或供水不破坏的年数占灌溉设施供水的总年数的百分数表示，一般采用式（1.2-1）计算，即

$$P=\frac{m}{n+1}\times 100\% \qquad (1.2-1)$$

式中 P——灌溉设计保证率，%；

m——灌溉设施能保证正常供水的年数；

n——灌溉设施供水的总年数。

灌溉设计保证率综合反映了灌区用水和水源供水两方面的影响，能较好地表达灌溉工程的设计标准。原则上灌溉设计保证率应通过经济分析确定，但实践中往往根据当地自然条件和社会经济条件，参照表1.2-1选用。一般缺水地区，多以旱作物为主，其灌溉设计保证率可低一些；而丰水地区，多以水稻为主，灌溉设计保证率可高一些；至于同一地区，以水稻为主的灌区，其灌溉设计保证率应比旱作物为主的灌区高一些。

1.2.1.2 抗旱天数

采用抗旱天数作为灌溉设计标准时，旱作物和单季稻区抗旱天数可为 30～50 天，双季稻灌区抗旱天数可为 50～70 天。经济发达的地区或有条件的地区可按上述标准提高 10～20 天。

1.2.2 灌溉水质标准

灌溉水质主要是指水的化学、物理性状，水中成分及其含量。灌溉水质应符合《农田灌溉水质标准》（GB 5084—2005）的规定，见表 1.2-2 和表 1.2-3。

灌溉水的水温对农作物的生长影响颇大，除满足《农田灌溉水质标准》（GB 5084—2005）的规定外，灌溉水还要有适宜的水温，麦类根系生长的适宜温度为 15～20℃，最低容许温度为 2℃；水稻生长的适宜温度一般不低于 15℃。

表 1.2-1　　灌溉设计保证率

灌水方法	地　区	作物种类	灌溉设计保证率（%）
地面灌溉	干旱或水资源紧缺地区	以旱作物为主	50～75
		以水稻为主	70～80
	半干旱、半湿润或水资源不稳定地区	以旱作物为主	70～80
		以水稻为主	75～85
	湿润或水资源丰富地区	以旱作物为主	75～85
		以水稻为主	80～95
喷灌、微灌		各类作物	80～95

注　本表摘自《灌溉与排水工程设计规范》（GB 50288—99）。

表 1.2-2　　农田灌溉用水水质基本控制项目标准值

序　号	项　目　类　别	作　物　种　类		
		水作物	旱作物	蔬　菜
1	五日生化需氧量（mg/L），≤	60	100	40[a]，15[b]
2	化学需氧量（mg/L），≤	150	200	100[a]，60[b]
3	悬浮物（mg/L），≤	80	100	60[a]，15[b]
4	阴离子表面活性剂（mg/L），≤	5	8	5
5	水温（℃），≤	25		
6	pH 值	5.5～8.5		
7	全盐量（mg/L），≤	1000[c]（非盐碱土地区），2000[c]（盐碱土地区）		
8	氯化物（mg/L），≤	350		
9	硫化物（mg/L），≤	1		
10	总汞（mg/L），≤	0.001		
11	镉（mg/L），≤	0.01		
12	总砷（mg/L），≤	0.05	0.1	0.05
13	铬（6价，mg/L），≤	0.1		
14	铅（mg/L），≤	0.2		
15	粪大肠菌群数（个/100mL），≤	4000	4000	2000[a]，1000[b]
16	蛔虫卵数（个/L），≤	2		2[a]，1[b]

a　加工、烹调及去皮蔬菜。

b　生食类蔬菜、瓜类和草本水果。

c　具有一定的水利灌排设施，能保证一定的排水和地下水径流条件的地区，或有一定淡水资源能满足冲洗土体中盐分的地区，农田灌溉水质全盐量指标可以适当放宽。

注　本表摘自《农田灌溉水质标准》（GB 5084—2005）。

表 1.2-3　　农田灌溉用水水质选择性控制项目标准值

序　号	项　目　类　别	作　物　种　类		
		水作物	旱作物	蔬　菜
1	铜（mg/L），≤	0.5	1	
2	锌（mg/L），≤	2		

续表

序 号	项 目 类 别	作 物 种 类		
		水作物	旱作物	蔬 菜
3	硒 (mg/L)，≤	0.02		
4	氟化物 (mg/L)，≤	2 (一般地区)，3 (高氟区)		
5	氰化物 (mg/L)，≤	0.5		
6	石油类 (mg/L)，≤	5	10	1
7	挥发酚 (mg/L)，≤	1		
8	苯 (mg/L)，≤	2.5		
9	三氯乙醛 (mg/L)，≤	1	0.5	0.5
10	丙烯醛 (mg/L)，≤	0.5		
11	硼 (mg/L)，≤	1[a] (对硼敏感作物)，2[b] (对硼耐受性较强的作物)，3[c] (对硼耐受性强的作物)		

a 对硼敏感作物，如黄瓜、豆类、马铃薯、笋瓜、韭菜、洋葱、柑橘等。

b 对硼耐受性较强的作物，如小麦、玉米、青椒、小白菜、葱等。

c 对硼耐受性强的作物，如水稻、萝卜、油菜、甘蓝等。

注 本表摘自《农田灌溉水质标准》(GB 5084—2005)。

灌溉水中含泥沙，粒径小的具有一定肥分，送入田间对作物生长有利，但过量输入，会影响土壤的通气性，不利作物生长。粒径过大的泥沙，不宜入渠，以免淤积渠道，更不宜送入田间。灌溉水容许含沙粒径一般为0.005～0.01mm，容许含沙量视渠道输水能力而定；粒径0.1～0.05mm的泥沙，可少量输入田间；粒径大于0.1～0.15mm的泥沙，一般不容许入渠。

在排水条件较好和有一定淡水资源能满足冲洗土体中盐分的地区，可允许灌溉水矿化度略高。

1.2.3 排水设计标准

排水设计标准包括排涝标准、排渍标准和防治盐碱化的排水标准。

1.2.3.1 排涝标准

排涝标准是指将一定重现期的暴雨在一定时间内排至作物耐淹深度以下，包括暴雨重现期、暴雨历时和排水时间三个指标。

暴雨重现期一般采用5～10年；在经济发达的地区采用较长的重现期，例如10～20年，否则，采用较短的重现期，或者分期达到较长的重现期。暴雨重现期的计算应选择30年以上的资料进行，采用每年暴雨历时内的最大雨量进行排频和配线，按照理论频率曲线上对应暴雨作为设计雨量。

暴雨历时和排水时间根据排涝面积、地面坡度、植被条件、暴雨特性和暴雨量、河网和水库(湖泊)调蓄情况，以及作物耐淹水深和耐淹历时等条件，经技术经济论证确定。旱作物区一般采用1～3天暴雨3～5天排至田面无积水，水稻区一般采用1～3天暴雨3～5天排至作物的耐淹水深。作物耐淹水深，一般根据当地或附近的试验及调查资料确定。表1.2-4可供缺资料地区参考。

表1.2-4 几种主要作物的耐淹水深和耐淹历时

作物	生育阶段	耐淹水深 (cm)	耐淹历时 (d)
小麦	拔节～成熟	5～10	1～2
棉花	开花、结铃	5～10	1～2
玉米	抽穗	8～12	1～1.5
	灌浆	8～12	1.5～2
	成熟	10～15	2～3
甘薯		7～10	2～3
春谷	孕穗	5～10	1～2
	成熟	10～15	2～3
大豆	开花	7～10	2～3
高粱	孕穗	10～15	5～7
	灌浆	15～20	6～10
	成熟	15～20	10～20

续表

作物	生育阶段	耐淹水深（cm）	耐淹历时（d）
水稻	返青	3～5	1～2
	分蘖	6～10	2～3
	拔节	15～25	4～6
	孕穗	20～25	4～6
	成熟	30～35	4～6

注 本表选自《灌溉与排水工程设计规范》（GB 50288—99），该规范的附录中还列出了“江苏省苏北、苏南地区水稻适宜水深及耐淹水深”、“安徽省巢湖地区水稻适宜水深及耐淹水深”，可供类似地区设计参考。

1.2.3.2 排渍标准

排渍标准包括作物生长期内防治渍害和土壤盐碱化所要求的地下水位控制深度标准、暴雨形成的地面水排除后地下水位降落速度标准、稻田适宜渗漏量标准和满足机械耕作的地下水位控制深度标准。当农田排水为实现上述两个或以上的标准时，应采用同时能满足各种标准的工程方案。为避免过度排水引起农田水分及养分不必要的流失，应采取控制排水措施。

由于作物生长期内有降雨和灌溉，地下水位不可能保持在同一深度，因此，排水工程要求在降雨形成的地面水排除后，在作物耐渍时间内将地下水位降到作物的耐渍深度以下。作物的耐渍时间和耐渍深度应根据试验资料确定。为了保持作物不受渍害，排水工程必须将地下水位降到作物的耐渍深度以下，这个深度称为设计排渍深度，即日常地下水位（通常，排水沟管的埋深不应小于该深度）。表1.2-5列出了几种主要农作物的设计指标，可供参考。

表1.2-5 几种主要农作物的设计排渍深度、耐渍深度和耐渍时间

作物	生育阶段	设计排渍深度（m）	耐渍深度（m）	耐渍时间（d）
棉花	开花、结铃	1.0～1.3	0.4～0.5	3～4
玉米	抽穗、灌浆	1.0～1.2	0.4～0.5	3～4
甘薯		0.9～1.1	0.5～0.6	7～8
小麦	生长前期、后期	0.8～1.1	0.5～0.6	3～4
大豆	开花	0.8～1.0	0.3～0.4	10～12
高粱	开花	0.8～1.0	0.3～0.4	12～15
水稻	晒田	0.8～1.1	0.4～0.6	3～5

注 本表选自《灌溉与排水工程设计规范》（GB 50288—99）。

水稻淹灌期间，为改善土壤的通气性，及时排除土壤中的有害物质，适宜的渗漏量为2～8mm/d（黏土取小值，砂土取大值）。

在农业机械耕作或收割期间，要求将地下水位控制在0.6～0.8m以下。对水稻而言，收割期间，通常要求在地面水排除后10天左右将地下水位控制在0.6～0.8m以下。

1.2.3.3 防治盐碱化的排水标准

在有盐碱化威胁的地区，通常以地下水临界深度作为排水工程设计标准。

防治盐碱化的排水时间一般可采用8～15天内将地下水位降到临界深度，并达到以下要求：

（1）在预防盐碱化地区，应保证农作物各生育期的根层土壤含盐量不超过其耐盐能力。

（2）在冲洗改良盐碱土地区，应满足设计土层深度内达到脱盐要求。

地下水临界深度与地下水矿化度、土壤类型有关，一般通过调查和试验资料确定。缺乏资料的地区可参照表1.2-6选用。

表1.2-6 地下水临界深度 单位：m

土质	地下水矿化度（g/L）			
	<2	2～5	5～10	>10
砂壤土、轻壤土	1.8～2.1	2.1～2.3	2.3～2.6	2.6～2.8
中壤土	1.5～1.7	1.7～1.9	1.8～2.0	2.0～2.2
重壤土、黏土	1.0～1.2	1.1～1.3	1.2～1.4	1.3～1.5

注 本表选自《灌溉与排水工程设计规范》（GB 50288—99）。

1.2.4 供水设计标准

供水设计标准一般采用供水保证率确定。城镇供水保证率一般采用历时保证率即以月或旬为时段计算保证率。根据《城市给水工程规划规范》（GB 50202—98），城市选用地表水作为给水水源时，其供水保证率应根据城市性质和规模确定，可采用90%～97%。《村镇供水工程技术规范》（SL 310—2004）规定，干旱年枯水期设计取水量的保证率，严重缺水地区不低于90%，其他地区不低于95%。对于生态环境用水，供水保证率可取50%～90%。

1.2.5 供水水质标准

供水水源为地表水时，供水水质应符合《地表水环境质量标准》（GB 3838—2002）（见表1.2-7和表1.2-8）的要求；采用地下水时，应符合《地下水质量标准》（GB/T 14848—93）（见表1.2-9）的要求。

经处理后送达用户的生活水质应符合《生活饮用

水卫生标准》（GB 5749—2006）（见表 1.2-10～表 1.2-13）的要求。

农村供水在条件有限的情况下，应符合《农村实施〈生活饮用水卫生标准〉准则》（见表 1.2-14）的要求。

表 1.2-7　　地表水环境质量标准基本项目标准限值　　单位：g/L

序号	项　目	Ⅰ类	Ⅱ类	Ⅲ类	Ⅳ类	Ⅴ类
1	水温（℃）	人为造成的环境水温变化应限制在：周平均最大温升≤1，周平均最大温降≤2				
2	pH值（无量纲）	6～9				
3	溶解氧，≥	饱和率90%（或7.5）	6	5	3	2
4	高锰酸盐指数，≤	2	4	6	10	15
5	化学需氧量（COD），≤	15	15	20	30	40
6	五日生化需氧量（BOD_5），≤	3	3	4	6	10
7	氨氮（NH_3-N），≤	0.15	0.5	1.0	1.5	2.0
8	总磷，≤	0.02（湖、库0.01）	0.1（湖、库0.025）	0.2（湖、库0.05）	0.3（湖、库0.1）	0.4（湖、库0.2）
9	总氮（湖、库，以N计），≤	0.2	0.5	1.0	1.5	2.0
10	铜，≤	0.01	1.0	1.0	1.0	1.0
11	锌，≤	0.05	1.0	1.0	2.0	2.0
12	氟化物（以F^-计），≤	1.0	1.0	1.0	1.5	1.5
13	硒，≤	0.01	0.01	0.01	0.02	0.02
14	砷，≤	0.05	0.05	0.05	0.1	0.1
15	汞，≤	0.00005	0.00005	0.0001	0.001	0.001
16	镉，≤	0.001	0.005	0.005	0.005	0.01
17	铬（6价），≤	0.01	0.05	0.05	0.05	0.1
18	铅，≤	0.01	0.01	0.05	0.05	0.1
19	氰化物，≤	0.005	0.05	0.2	0.2	0.2
20	挥发酚，≤	0.002	0.002	0.005	0.01	0.1
21	石油类，≤	0.05	0.05	0.05	0.5	1.0
22	阴离子表面活性剂，≤	0.2	0.2	0.2	0.3	0.3
23	硫化物，≤	0.05	0.1	0.05	0.5	1.0
24	粪大肠菌群（个/L），≤	200	2000	10000	20000	40000

注　1. 本表选自《地表水环境质量标准》（GB 3838—2002）。

2. 地下水各类别为：Ⅰ类：主要适用于源头水、国家自然保护区；Ⅱ类：主要适用于集中式生活饮用水地表水源地一级保护区、珍稀水生生物栖息地、鱼虾类产卵场、仔稚幼鱼的索饵场等；Ⅲ类：主要适用于集中式生活饮用水地表水源地二级保护区、鱼虾类越冬场、洄游通道、水产养殖区等渔业水域及游泳区；Ⅳ类：主要适用于一般工业用水区及人体非直接接触的娱乐用水区；Ⅴ类：主要适用于农业用水区及一般景观要求水域。

表 1.2-8　　集中式生活饮用水地表水源地补充项目标准限值　　单位：mg/L

序　号	项　　目	标准值	序　号	项　　目	标准值
1	硫酸盐（以SO_4^{2-}计）	250	4	铁	0.3
2	氯化物（以Cl^-计）	250	5	锰	0.1
3	硝酸盐（以N计）	10			

表1.2-9　　地下水质量分类指标

序号	项　目	Ⅰ类	Ⅱ类	Ⅲ类	Ⅳ类	Ⅴ类
1	色（度）	≤5	≤5	≤15	≤25	>25
2	嗅和味	无	无	无	无	有
3	浑浊度（度）	≤3	≤3	≤3	≤10	>10
4	肉眼可见物	无	无	无	无	有
5	pH值	6.5～8.5			5.5～6.5，8.5～9	<5.5，>9
6	总硬度（以$CaCO_3$计，mg/L）	≤150	≤300	≤450	≤550	>550
7	溶解性总固体（mg/L）	≤300	≤500	≤1000	≤2000	>2000
8	硫酸盐（mg/L）	≤50	≤150	≤250	≤350	>350
9	氯化物（mg/L）	≤50	≤150	≤250	≤350	>350
10	铁（Fe）（mg/L）	≤0.1	≤0.2	≤0.3	≤1.5	>1.5
11	锰（Mn）（mg/L）	≤0.05	≤0.05	≤0.1	≤1.0	>1.0
12	铜（Cu）（mg/L）	≤0.01	≤0.05	≤1.0	≤1.5	>1.5
13	锌（Zn）（mg/L）	≤0.05	≤0.5	≤1.0	≤5.0	>5.0
14	钼（Mo）（mg/L）	≤0.001	≤0.01	≤0.1	≤0.5	>0.5
15	钴（Co）（mg/L）	≤0.005	≤0.05	≤0.05	≤1.0	>1.0
16	挥发性酚类（以苯酚计，mg/L）	≤0.001	≤0.001	≤0.002	≤0.01	>0.01
17	阴离子合成洗涤剂（mg/L）	不得检出	≤0.1	≤0.3	≤0.3	>0.3
18	高锰酸盐指数（mg/L）	≤1.0	≤2.0	≤3.0	≤10	>10
19	硝酸盐（以N计，mg/L）	≤2.0	≤5.0	≤20	≤30	>30
20	亚硝酸盐（以N计，mg/L）	≤0.001	≤0.01	≤0.02	≤0.1	>0.1
21	氨氮（NH_4）（mg/L）	≤0.02	≤0.02	≤0.2	≤0.5	>0.5
22	氟化物（mg/L）	≤1.0	≤1.0	≤1.0	≤2.0	>2.0
23	碘化物（mg/L）	≤0.1	≤0.1	≤0.2	≤1.0	>1.0
24	氰化物（mg/L）	≤0.001	≤0.01	≤0.05	≤0.1	>0.1
25	汞（Hg）（mg/L）	≤0.00005	≤0.0005	≤0.001	≤0.001	>0.001
26	砷（As）（mg/L）	≤0.005	≤0.01	≤0.05	≤0.05	>0.05
27	硒（Se）（mg/L）	≤0.01	≤0.01	≤0.01	≤0.1	>0.1
28	镉（Cd）（mg/L）	≤0.0001	≤0.001	≤0.01	≤0.01	>0.01
29	铬（6价）（mg/L）	≤0.005	≤0.01	≤0.05	≤0.1	>0.1
30	铅（Pb）（mg/L）	≤0.005	≤0.01	≤0.05	≤0.1	>0.1
31	铍（Be）（mg/L）	≤0.00002	≤0.0001	≤0.0002	≤0.001	>0.001
32	钡（Ba）（mg/L）	≤0.01	≤0.1	≤1.0	≤4.0	>4.0
33	镍（Ni）（mg/L）	≤0.005	≤0.05	≤0.05	≤0.1	>0.1
34	滴滴涕（μg/L）	不得检出	≤0.005	≤1.0	≤1.0	>1.0
35	六六六（μg/L）	≤0.005	≤0.05	≤5.0	≤5.0	>5.0

续表

序号	项目	Ⅰ类	Ⅱ类	Ⅲ类	Ⅳ类	Ⅴ类
36	总大肠菌群（个/L）	≤3.0	≤3.0	≤3.0	≤100	>100
37	细菌总数（个/L）	≤100	≤100	≤100	≤1000	>1000
38	总α放射性（Bq/L）	≤0.1	≤0.1	≤0.1	>0.1	>0.1
39	总β放射性（Bq/L）	≤0.1	≤1.0	≤1.0	>1.0	>1.0

注 1. 本表选自《地下水质量标准》（GB/T 14848—93）。

2. 地下水各类别为：Ⅰ类：主要反映地下水化学组分的天然低背景含量，适用于各种用途；Ⅱ类：主要反映地下水化学组分的天然背景含量，适用于各种用途；Ⅲ类：以人体健康基准值为依据，主要适用于集中式生活饮用水水源及工、农业用水；Ⅳ类：以农业和工业用水要求为依据，除适用于农业和部分工业用水外，适当处理后可作生活饮用水；Ⅴ类：不宜饮用，其他用水可根据使用目的选用。

表 1.2-10　　水质常规指标及限值

指标	限值
1. 微生物指标①	
总大肠菌群（MPN/100mL 或 CFU/100mL）	不得检出
耐热大肠菌群（MPN/100mL 或 CFU/100mL）	不得检出
大肠埃希氏菌（MPN/100mL 或 CFU/100mL）	不得检出
菌落总数（CFU/mL）	100
2. 毒理指标	
砷（mg/L）	0.01
镉（mg/L）	0.005
铬（6价，mg/L）	0.05
铅（mg/L）	0.01
汞（mg/L）	0.001
硒（mg/L）	0.01
氰化物（mg/L）	0.05
氟化物（mg/L）	1.0
硝酸盐（以N计，mg/L）	10（地下水源限制时为20）
三氯甲烷（mg/L）	0.06
四氯化碳（mg/L）	0.002
溴酸盐（使用臭氧时，mg/L）	0.01
甲醛（使用臭氧时，mg/L）	0.9
亚氯酸盐（使用二氧化氯消毒时，mg/L）	0.7
氯酸盐（使用复合二氧化氯消毒时，mg/L）	0.7

指标	限值
3. 感官性状和一般化学指标	
色度（铂钴色度单位）	15
浑浊度（NTU-散射浊度单位）	1（水源与净水技术条件限制时为3）
臭和味	无异臭、异味
肉眼可见物	无
pH值	不小于6.5且不大于8.5
铝（mg/L）	0.2
铁（mg/L）	0.3
锰（mg/L）	0.1
铜（mg/L）	1.0
锌（mg/L）	1.0
氯化物（mg/L）	250
硫酸盐（mg/L）	250
溶解性总固体（mg/L）	1000
总硬度（以 $CaCO_3$ 计，mg/L）	450
耗氧量（COD_{Mn} 法，以 O_2 计，mg/L）	3（水源限制，原水耗氧量>6mg/L时为5）
挥发性酚类（以苯酚计，mg/L）	0.002
阴离子合成洗涤剂（mg/L）	0.3
4. 放射性指标②	指导值
总α放射性（Bq/L）	0.5
总β放射性（Bq/L）	1

注 本表选自《生活饮用水卫生标准》（GB 5749—2006）。

① MPN表示最可能数；CFU表示菌落形成单位。当水样检出总大肠菌群时，应进一步检验大肠埃希氏菌或耐热大肠菌群；水样未检出总大肠菌群，不必检验大肠埃希氏菌或耐热大肠菌群。

② 放射性指标超过指导值，应进行核素分析和评价，判定能否饮用。

表1.2-11　　饮用水中消毒剂常规指标及要求

消毒剂名称	与水接触时间	出厂水中限值	出厂水中余量	管网末梢水中余量
氯气及游离氯制剂（游离氯，mg/L）	至少30min	4	≥0.3	≥0.05
一氯胺（总氯，mg/L）	至少120min	3	≥0.5	≥0.05
臭氧（O_3，mg/L）	至少12min	0.3		0.02 如加氯，总氯≥0.05
二氧化氯（ClO_2，mg/L）	至少30min	0.8	≥0.1	≥0.02

注　本表摘自《生活饮用水卫生标准》（GB 5749—2006）。

表1.2-12　　水质非常规指标及限值

指　标	限　值	指　标	限　值
1. 微生物指标		马拉硫磷（mg/L）	0.25
贾第鞭毛虫（个/10L）	<1	五氯酚（mg/L）	0.009
隐孢子虫（个/10L）	<1	六六六（总量，mg/L）	0.005
2. 毒理指标		六氯苯（mg/L）	0.001
锑（mg/L）	0.005	乐果（mg/L）	0.08
钡（mg/L）	0.7	对硫磷（mg/L）	0.003
铍（mg/L）	0.002	灭草松（mg/L）	0.3
硼（mg/L）	0.5	甲基对硫磷（mg/L）	0.02
钼（mg/L）	0.07	百菌清（mg/L）	0.01
镍（mg/L）	0.02	呋喃丹（mg/L）	0.007
银（mg/L）	0.05	林丹（mg/L）	0.002
铊（mg/L）	0.0001	毒死蜱（mg/L）	0.03
氯化氰（以CN^-计，mg/L）	0.07	草甘膦（mg/L）	0.7
一氯二溴甲烷（mg/L）	0.1	敌敌畏（mg/L）	0.001
二氯一溴甲烷（mg/L）	0.06	莠去津（mg/L）	0.002
二氯乙酸（mg/L）	0.05	溴氰菊酯（mg/L）	0.02
1，2-二氯乙烷（mg/L）	0.03	2，4-滴（mg/L）	0.03
二氯甲烷（mg/L）	0.02	滴滴涕（mg/L）	0.001
三卤甲烷（三氯甲烷、一氯二溴甲烷、二氯一溴甲烷、三溴甲烷的总和）	该类化合物中各种化合物的实测浓度与其各自限值的比值之和不超过1	乙苯（mg/L）	0.3
		二甲苯（mg/L）	0.5
		1，1-二氯乙烯（mg/L）	0.03
1，1，1-三氯乙烷（mg/L）	2	1，2-二氯乙烯（mg/L）	0.05
三氯乙酸（mg/L）	0.1	1，2-二氯苯（mg/L）	1
三氯乙醛（mg/L）	0.01	1，4-二氯苯（mg/L）	0.3
2，4，6-三氯酚（mg/L）	0.2	三氯乙烯（mg/L）	0.07
三溴甲烷（mg/L）	0.1	三氯苯（总量，mg/L）	0.02
七氯（mg/L）	0.0004	六氯丁二烯（mg/L）	0.0006

续表

指　　标	限　　值	指　　标	限　　值
丙烯酰胺（mg/L）	0.0005	苯并（a）芘（mg/L）	0.00001
四氯乙烯（mg/L）	0.04	氯乙烯（mg/L）	0.005
甲苯（mg/L）	0.7	氯苯（mg/L）	0.3
邻苯二甲酸二（2-乙基己基）酯（mg/L）	0.008	微囊藻毒素-LR（mg/L）	0.001
		3. 感官性状和一般化学指标	
环氧氯丙烷（mg/L）	0.0004	氨氮（以N计，mg/L）	0.5
苯（mg/L）	0.01	硫化物（mg/L）	0.02
苯乙烯（mg/L）	0.02	钠（mg/L）	200

注　本表选自《生活饮用水卫生标准》(GB 5749—2006)。

表 1.2-13　　农村小型集中式供水和分散式供水部分水质指标及限值

指　　标	限　　值	指　　标	限　　值
1. 微生物指标		pH值	不小于6.5且不大于9.5
菌落总数（CFU/mL）	500		
2. 毒理指标		溶解性总固体（mg/L）	1500
砷（mg/L）	0.05	总硬度（以 $CaCO_3$ 计，mg/L）	550
氟化物（mg/L）	1.2	耗氧量（COD_{Mn} 法，以 O_2 计，mg/L）	5
硝酸盐（以N计，mg/L）	20		
3. 感官性状和一般化学指标		铁（mg/L）	0.5
色度（铂钴色度单位）	20	锰（mg/L）	0.3
浑浊度（NTU-散射浊度单位）	3 水源与净水技术条件限制时为5	氯化物（mg/L）	300
		硫酸盐（mg/L）	300

注　本表选自《生活饮用水卫生标准》(GB 5749—2006)。

表 1.2-14　　生活饮用水水质分级要求

项　　目	一　级	二　级	三　级
感官性状和一般化学指标			
色（度）	15，并不呈现其他异色	20	30
浑浊度（度）	3，特殊情况不超过5	10	20
肉眼可见物	不得含有	不得含有	不得含有
pH值	6.5～8.5	6～9	6～9
总硬度（以 $CaCO_3$ 计，mg/L）	450	550	700
铁（mg/L）	0.3	0.5	1.0
锰（mg/L）	0.1	0.3	0.5
氯化物（mg/L）	250	300	450
硫酸盐（mg/L）	250	300	400
溶解性总固体（mg/L）	1000	1500	2000

续表

项　目	一　级	二　级	三　级
毒理学指标			
氟化物（mg/L）	1.0	1.2	1.5
砷（mg/L）	0.05	0.05	0.05
汞（mg/L）	0.001	0.001	0.001
镉（mg/L）	0.01	0.01	0.01
铬（6价，mg/L）	0.05	0.05	0.05
铅（mg/L）	0.05	0.05	0.05
硝酸盐（以氮计，mg/L）	20	20	20
细菌学指标			
细菌总数（个/mL）	100	200	500
总大肠菌群（个/L）	3	11	27
接触30min后游离余氯（mg/L）			
出厂水不低于	0.3	0.3	0.3
末梢水不低于	0.05	0.05	0.05

注　1. 本表选自《农村实施〈生活饮用水卫生标准〉准则》（1991年5月3日，全国爱国卫生运动委员会、卫生部）。
2. 一级：期望值；二级：允许值；三级：缺乏其他可选择水源时的放宽限值。

1.3 需水量分析

1.3.1 灌溉用水

1.3.1.1 作物需水量

作物需水量受气象条件、土壤含水量与农业措施等因素的影响，各地相差悬殊，应直接采用当地或自然条件类似的邻近地区的灌溉试验资料确定。在缺乏实测资料的地区，可利用当地气象资料采用式（1.3-1）计算：

$$ET = K_w K_c ET_0 \tag{1.3-1}$$

式中　ET——阶段日平均作物需水量，mm/d；
K_w——土壤水分修正系数；
K_c——作物系数；
ET_0——阶段日平均参照作物需水量，mm/d。

ET_0按联合国粮农组织（FAO）推荐的彭曼—蒙特斯（Penman-Monteith）公式计算：

$$ET_0 = \frac{0.408\Delta(R_n - G) + \gamma \frac{900}{T+273} u_2 (e_s - e_a)}{\Delta + \gamma(1 + 0.34u_2)} \tag{1.3-2}$$

式中　Δ——气温—水汽压关系曲线上的斜率；
R_n——到达作物表面的净辐射，MJ/(m^2/d)；
G——土壤热通量，MJ/(m^2/d)；
γ——干湿计常数，kPa/℃；
T——2m高处的日平均气温，℃；
u_2——2m高处的风速，m/s；
e_s——饱和水汽压，kPa；
e_a——实际水汽压，kPa。

具体计算方法可参考李远华主编的《节水灌溉理论与技术》和陈玉民等编著的《中国主要作物需水量与灌溉》。表1.3-1和表1.3-2给出了我国部分地区几种主要作物的参照作物需水量和作物系数，表1.3-3～表1.3-5给出了部分省份主要作物的需水量，表1.3-6给出了几种主要作物不同水文年份的需水量，表1.3-7～表1.3-10为部分地区几种主要作物各生育阶段需水量统计，可供规划设计时参考。

除彭曼—蒙特斯法以外，我国几种传统的方法也可用来估算作物需水量，包括以水面蒸发为参数的需水系数法（a值法）、以气温为参数的需水系数法（积温法）、以气温和水面蒸发为参数的需水系数法以及以计划产量为参数的需水系数法等。其中，以水面蒸发为参数的需水系数法（a值法）目前在我国南方地区仍有较广泛的应用，如式（1.3-3）：

表 1.3-1 **部分省份控制性站点各月 ET_0 值** 单位：mm/d

省份	站点	多年平均强度											
		1月	2月	3月	4月	5月	6月	7月	8月	9月	10月	11月	12月
湖南	长沙	0.87	1.06	1.57	2.36	2.94	3.75	5.30	4.73	3.38	2.12	1.28	0.90
	常德	0.77	1.02	1.52	2.31	3.02	3.72	4.85	4.35	3.00	1.94	1.085	0.75
	邵阳	0.83	1.00	1.46	2.17	2.69	3.49	4.72	4.24	3.22	2.02	1.20	0.84
湖北	武汉	0.91	1.21	1.75	2.61	3.51	4.27	5.24	4.98	2.29	2.22	1.19	0.87
	谷城	1.54	1.83	2.23	2.23	3.35	4.54	4.24	3.94	2.44	1.71	1.23	1.29
	宜昌	0.78	1.05	1.60	2.30	3.00	3.70	4.30	4.45	2.61	1.76	1.05	0.69
广东	广州	1.63	1.60	1.82	2.20	2.97	3.28	4.11	3.76	3.35	3.02	2.43	1.79
	梅州	1.35	1.56	2.08	2.80	3.37	3.61	4.75	4.36	3.61	2.89	1.92	1.37
广西	南宁	1.10	1.10	1.60	2.40	3.40	3.80	4.50	4.00	3.70	2.80	1.90	1.30
	百色	1.10	1.70	2.40	3.20	3.70	3.70	4.80	3.90	3.20	2.50	1.60	1.20
	临桂	1.00	1.20	1.40	2.10	2.80	3.30	4.50	4.30	3.90	2.60	1.80	1.20
海南	海口	2.45	2.78	3.49	3.73	4.34	4.38	4.75	4.19	3.56	3.06	3.16	2.59
云南	昆明	1.64	2.44	3.48	4.32	4.09	3.21	3.07	2.98	2.49	1.90	1.51	1.21
	大理	1.09	1.65	2.84	3.52	3.35	3.99	3.46	3.12	2.30	1.47	1.04	0.80
	开远	2.00	2.89	4.08	4.95	4.74	3.78	3.66	3.37	3.06	2.36	1.75	1.52
贵州	贵阳	1.01	1.36	2.12	2.78	3.06	3.25	4.02	3.66	2.73	1.99	1.36	1.05
	铜仁	0.92	1.15	1.61	2.28	2.69	3.21	4.29	3.90	2.84	1.90	1.24	0.98
	遵义	0.80	1.06	1.69	2.47	2.75	3.11	4.24	3.74	2.63	1.80	1.15	0.83
四川	成都	0.59	0.85	1.47	2.11	2.79	2.94	3.10	3.10	1.91	1.19	0.76	0.53
	西昌	1.41	1.43	3.65	4.19	4.12	3.05	3.50	3.39	2.64	1.85	1.27	0.99
重庆	重庆	0.44	0.67	1.26	1.95	2.23	2.43	3.62	3.65	1.80	1.00	0.60	0.42
福建	福州	1.37	1.40	1.75	2.64	3.02	3.58	5.27	4.69	3.68	2.86	2.08	1.51
	龙岩	1.43	1.54	1.91	2.85	3.22	3.56	4.65	4.13	3.56	2.76	1.93	1.47
	南平	0.86	1.07	1.53	2.30	2.88	3.27	4.69	4.20	3.16	2.09	1.32	0.86
安徽	合肥	0.60	0.95	1.55	2.39	3.23	3.75	4.15	4.03	2.53	1.59	0.90	0.57
	安庆	0.80	1.06	1.52	2.25	2.95	3.47	4.41	4.30	2.92	1.84	1.12	0.77
	固镇	0.83	1.16	1.85	2.96	3.65	3.54	4.02	4.01	2.68	1.90	1.22	0.97
江苏	南京	0.83	1.15	1.87	2.73	3.51	3.91	4.27	4.23	2.78	2.15	1.22	0.78
	宿迁	0.77	1.19	2.01	3.00	3.93	4.37	3.86	3.88	2.75	2.04	1.13	0.71
	东台	0.73	1.10	1.71	2.59	3.43	3.80	3.97	4.07	2.72	2.02	1.11	0.67
江西	南昌	1.10	1.30	1.70	2.50	3.20	3.60	5.30	5.10	3.80	2.60	1.50	1.10
	上饶	0.90	1.20	1.70	2.60	3.20	3.70	5.30	5.10	3.60	2.40	1.40	0.90
	樟树	0.80	1.10	1.50	2.40	3.20	3.60	5.30	5.00	3.40	2.10	1.20	0.80
浙江	杭州	0.84	1.10	1.75	2.66	3.36	3.89	5.43	5.22	3.25	2.16	1.23	0.78
	温州	1.09	1.33	1.79	2.51	2.90	3.46	5.29	5.14	3.79	2.53	1.65	1.14
	金华	1.01	1.34	2.02	3.04	3.63	4.24	6.20	5.87	4.04	2.53	1.51	0.99

续表

省份	站点	多年平均强度											
		1月	2月	3月	4月	5月	6月	7月	8月	9月	10月	11月	12月
新疆	吐鲁番	0.21	1.02	2.97	4.88	6.81	7.97	7.65	6.65	4.50	1.94	0.70	0.15
	且末	0.58	1.39	3.26	4.90	6.03	6.17	6.16	5.94	4.33	2.65	1.10	0.45
	喀什	0.32	0.85	2.52	3.90	5.06	6.20	5.87	4.90	4.37	2.10	0.57	0.15
辽宁	沈阳	0.19	0.58	1.57	3.26	4.58	4.42	4.08	3.53	2.51	1.32	0.49	0.16
	大连	0.77	1.15	2.04	3.42	4.44	4.43	3.78	3.79	3.38	2.25	1.29	0.76
	本溪	0.17	0.52	1.42	3.00	4.39	4.17	3.87	3.33	2.40	1.31	0.67	0.13
吉林	长春				3.26	4.82	4.29	3.94	3.19	2.32			
	敦化				2.68	3.90	3.44	3.27	2.77	2.00			
	延吉				3.06	4.11	3.47	3.37	2.95	2.07			

注　本表摘自《中国主要作物需水量与灌溉》（陈玉民，郭国双主编，水利电力出版社，1995）。

表1.3-2　　**不同地区几种主要作物的作物系数 K_c 值**

作物	省份	站点或地区	多年平均各月作物系数												全生育期平均值
			10月	11月	12月	1月	2月	3月	4月	5月	6月	7月	8月	9月	
春小麦	辽宁	昌图							0.784	0.759	0.890	1.156			0.709
		朝阳							0.601	0.887	1.441	1.507			0.821
	内蒙古	通辽							0.393	0.893	1.600	0.840			0.920
		凉城							0.329	0.761	1.155	1.527			1.071
		临河							0.521	0.831	1.147	1.373			0.907
冬小麦	陕西	陕北	1.572	1.514	1.304	1.214	0.646	0.768	0.971	1.207	1.263			1.190	1.225
		关中东部	1.186	1.737	1.678	1.672	1.122	1.207	1.213	1.049					1.196
		关中西部	1.213	1.725	1.729	1.325	1.016	1.106	1.335	0.938	0.565				1.155
		陕南	0.685	0.798	1.313	1.177	0.962	1.092	1.138	1.005	0.849				0.989
	安徽	蚌埠	1.177	1.151	1.245	1.131	1.140	1.066	1.164	0.865					1.056
		宿县	1.235	1.424	1.258	1.349	1.126	1.061	1.202	0.879					1.081
		合肥	0.763	1.148	1.346	1.128	1.050	1.464	1.249	0.827					1.067
	江苏	徐州	1.140	1.140	1.190	0.820	0.910	0.860	1.770	1.430	0.410				1.270
		淮阴	0.510	0.880	0.890	0.820	0.690	0.810	1.310	1.890	1.280				1.220
		南通	0.650	1.100	1.380	1.200	1.190	1.630	1.020						1.200
	河北	临西	1.080	0.811	0.770	0.770	0.770	0.792	0.844	0.826	0.630				0.860
		藁城	0.560	0.380	0.200	0.200	0.200	0.589	1.310	1.137	1.080				0.880
		望都	0.580	0.580	0.580	0.580	0.580	0.755	1.186	1.179	0.650				0.880
	河南	南阳		0.138	0.630	0.706	0.481	0.383	1.442	1.069	0.863				1.070
		信阳	0.630	0.787	0.592	0.379	1.260	1.280	0.425	0.817					1.100
		郑州	0.597	0.896	0.973	0.307	1.038	0.958	1.430	1.326	0.653				0.930
		林县	0.644	0.661	0.676	0.583	0.579	1.295	1.054	1.831	1.304				1.000
	山东	全省平均	1.050	1.050	0.320	0.320	0.320	0.760	1.150	1.220					1.010

续表

作物	省份	站点或地区	多年平均各月作物系数												全生育期平均值
			10月	11月	12月	1月	2月	3月	4月	5月	6月	7月	8月	9月	
玉米	辽宁	昌图							0.597	0.418	0.680	1.029	1.078	0.861	0.822
		朝阳							0.474	0.365	0.530	1.344	0.969	1.295	0.990
		大连							0.336	0.271	0.530	1.193	1.033	0.768	0.781
		丹东							0.331	0.575	0.831	1.655	1.127	1.013	0.848
	内蒙古	通辽								0.203	0.583	1.573	1.610	0.660	0.890
	陕西	陕北								0.754	0.794	1.644	1.684	1.250	1.072
		陕南							0.550	0.790	0.784	1.180	0.954	1.094	0.897
		关中东部									0.513	0.974	1.198	1.648	0.975
		关中西部									0.810	1.154	1.447	1.384	1.130
早稻	广东	北部							1.389	1.289	1.448	1.190			1.329
		南部						1.648	1.456	1.476	1.444	1.311			1.422
	广西	北部							1.020	1.120	1.140	1.030			
		南部							1.090	1.110	1.100	0.990			
	湖北	江北							1.000	1.090	1.300	1.200			
		江南							1.000	1.320	1.440	1.260			
	安徽	合肥								1.180	1.401	1.480			
		六安								1.292	1.305	1.486			
		芜湖								1.128	1.288	1.485			
中稻	辽宁	中部平原								0.803	1.122	1.416	1.770	1.012	1.270
		西部旱区								0.612	0.997	1.517	1.704	0.979	1.206
		南部丘陵								0.924	1.350	1.754	1.661	1.104	1.458
		东部山区								0.914	1.304	1.626	1.533	1.215	1.403
	安徽	蚌埠									1.180	1.330	1.420	1.120	1.370
		合肥									1.330	1.250	1.450	1.240	1.290
		芜湖									1.130	1.270	1.330	1.050	1.274
	云南	全省平均								1.200	1.300	1.500	1.700	1.800	1.500
	陕西	陕南								1.619	1.277	1.720	2.001	1.975	1.559
	湖北	全省平均							1.030	1.350	1.500	1.400	0.940	1.240	
晚稻	湖北	江北片	1.100									1.010	1.090	1.260	
		江南片	1.330									1.090	1.150	1.420	
	安徽	合肥	1.638									1.157	1.610	1.756	
		六安	1.709									1.229	1.550	1.734	
		芜湖	1.711									1.018	1.323	1.719	
	广东	北部	1.506	1.494								1.121	1.295	1.529	1.389
		南部	1.532	1.331							1.408	1.155	1.365	1.537	1.376

续表

作物	省份	站点或地区	多年平均各月作物系数												全生育期平均值
			10月	11月	12月	1月	2月	3月	4月	5月	6月	7月	8月	9月	
大豆	辽宁	中部平原							0.924	0.437	0.557	1.130	0.898	0.622	0.711
		西部旱区							0.405	0.412	0.720	1.216	1.080	0.749	0.729
		南部丘陵							0.541	0.427	0.733	1.282	0.767	0.580	0.581
		东部山区							0.650	0.597	0.951	1.415	1.193	0.886	0.999
	内蒙古	通辽								0.311	0.581	1.283	1.071	0.710	0.762
	安徽	蚌埠									0.538	0.904	1.119	0.932	0.864
		宿县									0.536	0.909	1.145	1.279	0.914
		合肥									0.538	0.904	1.119	0.932	0.864
棉花	江苏	徐州	1.077							0.697	0.737	0.990	1.303	1.283	0.990
		南通	0.787								0.560	1.360	1.817	1.133	1.230
		常熟	0.707							0.440	0.837	1.410	1.583	0.570	1.260
	辽宁	西部旱区	0.284						0.807	0.475	0.481	0.723	0.920	0.603	0.681
	陕西	关中东部	1.607						0.659	0.603	0.769	1.159	1.437	1.587	0.964
		关中西部	1.648						0.664	0.732	0.695	1.230	1.296	1.248	0.966
谷子	辽宁	中部平原							0.270	0.450	0.653	0.987	0.795	0.603	0.630
		西部旱区							0.295	0.347	0.582	1.169	1.050	0.800	0.767
糜子	陕西	陕北	1.463								0.368	1.052	1.539	1.463	1.180
油菜	陕西	关中	1.206	1.282	1.605	1.248	0.941	1.255	1.1113	0.810	0.700			1.301	1.183
		陕南	1.120	1.560	2.000	1.525	1.050	1.255	0.963	0.840					1.036
马铃薯	陕西	陕北							0.346	0.627	1.131	1.608	0.539		0.928
烤烟	陕西	陕北								0.616	0.991	1.040	1.313	1.778	1.145

注 本表摘自《节水灌溉理论与技术》(李远华主编，武汉水利电力大学出版社，1999)。

表 1.3-3　部分省份水稻需水量统计　单位：mm

省 份	中 稻	晚 稻	双季早稻	双季晚稻	备 注
广东			410～500	440～610	除宁夏、新疆外，均不包括田间渗漏和泡田用水
广西	500～700		320～370	300～360	
湖南			540～690	400～480	
湖北	520～610		350～420	360～400	
福建			350～450	450～570	
江苏	430～520	530～770			
河南	500～645				
安徽	420～560		330～470	400～450	
四川	330～700		300～540	300～420	
浙江			420～570	390～600	
天津		900			
吉林	450～645				
辽宁	500～740				
宁夏	1200～1800				
新疆	1500～1800				

表 1.3-4 部分省份旱作物需水量统计 单位：mm

省 份	小 麦	玉 米	大 豆	高 粱	谷 子
黑龙江	300～540	390～600	525	300～495	195～390
吉 林	315～375	345～510	375～495	345～570	390～465
内蒙古	285～360				
新 疆	375～420	360～420	405	375～435	
宁 夏	370～580				
陕 西	375～600	420～495			450
北 京	510～555				
山 西	405～525	330～525			450
山 东	290～390	390	330		
河 南	285～525	370	360～450		285～345
天 津	510	360～405			
江 苏	330～555				
安 徽	480				
广 东	135～345				
四 川	210～390	200～390	100～200		

表 1.3-5 部分省份经济作物需水量统计 单位：mm

省 份	棉花	麻类	芝麻	花生	油菜	甘蔗	蔬菜	苜蓿
广 东				390～705		840～1725		
广 西					420			
湖 北	540～570							
江 西	415～750				90～165			
四 川	300～645				195～450	350～800	650～950	
安 徽						855～1125		
河 南	390～705		240～300				500	
江 苏	465			495				
山 东	435～750							510
山 西	450～630	300～465						
陕 西	480～600							
新 疆	600～660	345～375	375	525	345～375			435～510

表 1.3-6 几种主要作物不同水文年份的需水量统计 单位：mm

作 物	地 区	干旱年	中等年	湿润年
单季稻	东 北	375～825	330～750	300～675
	黄河流域及华北沿海	600～900	525～825	375～750
中 稻	长江流域	600～825	450～750	375～675
单季晚稻		750～1050	625～975	600～900
双季早稻		450～625	375～600	300～450

续表

作 物	地 区	干旱年	中等年	湿润年
双季晚稻	华 南	450～600	375～525	300～450
冬小麦	人民胜利渠	450	300	
	华 北	450～750	375～600	300～525
	长江流域	375～675	300～525	225～420
	黄河流域	375～675	300～600	240～450
春小麦	东 北	300～450	270～420	225～375
	西 北	375～525	300～450	
棉 花	华北及黄河流域	600～900	525～750	450～675
	西 北	525～750	450～675	
	长江流域	600～975	450～750	375～600
玉 米	西 北	375～450	300～375	
	华北及黄河流域	300～375	225～300	195～270

表1.3-7　　水稻各生育阶段需水量统计　　单位：mm

作物	地区	移植返青	分蘖前期	分蘖后期	拔节孕穗	抽穗开花	乳熟	黄熟	全生育期
双季早稻	广西	22.0	64.3	62.4	85.4	47.3	46.2	40.0	367.6
	广东	28.5	59.8	40.2	135.4	50.2	61.2	84.9	460.2
	福建	22.5	59.7	51.1	71.6	64.3	56.6	89.1	414.9
双季晚稻	广西	29.6	74.0	61.7	77.3	41.6	43.8	35.1	363.1
	广东	37.3	71.1	50.2	133.8	54.0	59.5	85.0	490.9
	福建	31.6	103.6	83.8	131.7	67.0	60.2	93.0	570.9
中稻	湖北团林	40.3	104.4	81.7	111.3	78.7	65.9	40.0	522.3
	湖北四湖	32.9	117.3	57.8	143.3	59.8	62.4	67.9	541.4
	安徽天长	38.4	122.1		171.1	77.1	115.0		523.7
	安徽颍上	34.1	158.6		82.8	71.7	78.3		425.5
	辽宁丹东	65.6	186.9		80.8	75.7	70.7	25.3	505.0
	辽宁锦州	96.7	275.3		119.0	111.6	104.2	37.2	735.0
	吉林舒兰	33.2	118.4		151.6	75.6	40.5	31.5	451.0
	吉林梨树	89.9	199.5		93.5	82.7	123.8		589.4
单季晚稻	江苏常熟	40.3	171.8		247.0	60.9	101.6	66.9	688.5
	江苏昆山	50.5	195.2		188.6	58.3	53.1	64.4	610.1
	江苏无锡	32.1	160.1		166.2	53.1	67.4	58.6	537.5
	江苏丹阳	57.5	246.3		228.1	49.3	97.4	88.4	767.0
	江苏金坛	18.1	118.6		259.2	59.3	109.5	53.7	618.4

注 1. 本表摘自《中国主要作物需水量与灌溉》（陈玉民，郭国双主编，水利电力出版社，1995）。
2. 表中需水量不包含稻田渗漏量。

表 1.3-8　　冬小麦各生育阶段需水量统计　　单位：mm

生育阶段	河南		山东		北京	
	日期（月-日）	需水量	日期（月-日）	需水量	生育阶段及天数	需水量
播种～分蘖	10-15～11-10	31.5	10-01～10-22	30.0	播种～越冬 58 天	117.0
分蘖～越冬	11-11～12-30	67.5	10-23～11-30	45.0	越冬	
越冬～返青	12-31～02-10	54.0	12-01～03-01	43.5		
返青～拔节	02-11～03-15	48.0	03-02～04-12	93.0	越冬～起身 126 天	94.5
拔节～抽穗	03-16～04-22	189.0	04-13～05-01	93.0	起身～扬花 51 天	217.5
抽穗～成熟	04-23～06-04	138.0	05-02～06-12	210.0	扬花～成熟 32 天	108.0
全生育期	10-15～06-04	528.0	10-01～06-12	514.5		537.0

表 1.3-9　　玉米各生育阶段需水量统计　　单位：mm

生育阶段	山东		河南		淮北	
	日期（月-日）	需水量	日期（月-日）	需水量	日期（月-日）	需水量
播种～拔节	06-11～07-10	114.0	06-18～07-10	126.0	06-11～07-10	63.0
拔节～抽穗	07-11～07-27	85.5	07-11～07-20	96.0	07-11～07-20	40.5
抽穗～扬花	07-28～08-02	39.0	07-21～07-31		07-21～07-31	67.5
扬花～灌浆	08-03～08-17	79.5	08-01～09-10	94.5	08-01～09-10	190.5
灌浆～成熟	08-18～09-15	75	09-11～09-20	55.5	09-11～09-20	18.0
全生育期	06-11～09-15	393.0	06-11～09-20	372.0	06-11～09-20	379.5

表 1.3-10　　棉花各生育阶段需水量统计　　单位：mm

生育阶段	河北		山东		湖北	
	日期（月-日）	需水量	日期（月-日）	需水量	日期（月-日）	需水量
播种～出苗	04-10～04-26	19.5	05-07～05-16	18.0	04-15～05-07	67.5
出苗～三叶	04-27～05-22	57.0				
三叶～现蕾	05-23～06-07	28.5	05-17～06-15	30.0	05-08～06-14	145.5
现蕾～开花	06-08～07-06	145.5	06-16～07-17	207.0	06-15～07-07	138.0
开花～吐蕾	07-07～09-06	366.0	07-18～09-02	345.0	07-08～08-20	49.5
吐蕾～收花	09-07～09-25	58.5			08-21～09-15	117.0
收花～收完	09-26～10-30	21.0	09-03～11-09	109.5		
全生育期	04-10～10-30	696.0	05-01～11-09	709.5	04-15～09-15	517.5

$$E = \sum a_i E_{0i} = aE_0 \qquad (1.3-3)$$

式中　E——作物全生育期需水量，mm；

E_0、E_{0i}——全生育期、生育阶段的水面蒸发量，mm，一般采用 80cm 的口径蒸发皿（E_{80}），若系 20cm 的口径（E_{20}）时，应按当地实测资料进行换算，通常 $E_{80}=0.8E_{20}$；

a、a_i——全生育期、生育阶段的需水系数，即作物需水量与同期水面蒸发量之比，南方稻区 a 值多在 0.8～1.2 之间，见表 1.3-11。

全生育期水面蒸发量（E_0）值，可从当地气象资料中取得，a 值根据试验资料确定。

表 1.3-11　**水稻需水系数 a 值**

稻别	地区	生育阶段						
		返青	分蘖	孕穗	抽穗	乳熟	收割	全生育期
早稻	湖南16个站年分析	0.84	0.97	1.15	1.47	1.44	1.20	1.21
	广西23个站年分析	0.95	1.09	1.28	1.26	1.22	1.20	1.15
	广东新兴站26年分析	1.31	1.34	1.08	1.30	0.96	0.86	1.14
	湖北长渠站15年资料	0.57	1.01	1.25	1.34	1.35	0.68	1.04
	江苏44个站年分析	0.99	1.08	1.25	1.25	1.15		1.13
中稻	湖南黔阳站2年资料	0.74	0.92	1.11	1.33	1.32	1.19	1.15
	湖北长渠站15年资料	0.78	1.06	1.34	1.18	1.06	1.13	1.10
	湖北随县车水沟资料	0.88	0.92	1.04	1.13	1.00		0.97
	广西磺桑江站3年资料	0.98	1.09	1.65	2.20	1.22		1.38
	江苏155个站年分析	0.96	1.25	1.57	1.72	1.76		1.33
晚稻	湖南38个站年分析	0.81	0.99	1.07	1.27	1.36	1.40	1.13
	广西23个站年分析	0.95	1.10	1.32	1.36	1.23	1.00	1.17
	广东新兴站19年资料	0.89	1.04	1.36	1.23	1.05	0.79	1.09
	湖北随县车水沟资料	1.18	1.16	1.75	1.10	1.06		1.19
	江苏12个站年分析	0.86	1.11	1.45	1.45	1.40		1.38

1.3.1.2 作物的灌溉制度

作物的灌溉制度指播种前（泡田期）及全生育期内的灌水次数、灌水时间、灌水定额和灌溉定额。它随作物种类、品种、自然条件、农业技术措施和灌水技术的不同而变化，必须根据当地的具体条件分析确定。通常采用总结群众丰产灌水经验、灌溉试验资料和水量平衡原理三种方法来进行分析。大型灌区的规划设计应有灌溉制度试验资料。

1. 旱作物的灌溉制度

（1）水量平衡方程式。旱作物在整个生育期内任一时段 t，土壤计划湿润层 H 的含水量的变化可用式（1.3-4）计算：

$$w_t - w_0 = w_T + P_0 + K + m - E \qquad (1.3-4)$$

式中　w_t、w_0——任一时段 t、时段初的土壤计划湿润层 H 的含水量；

w_T——由于土壤计划湿润层增加而增加的水量（如果无变化则无此项）；

P_0——进入土壤计划湿润层的有效降雨量；

K——时段 t 内地下水补给量，$K=kt$，其中 k 为 t 时段内平均每昼夜地下水补给量；

m——时段 t 内的灌水定额；

E——时段 t 内的作物需水量，$E=et$，其中 e 为 t 时段内平均每昼夜的作物需水量。

以上各值可用“mm”或“m^3/亩”计。

（2）水量平衡方程式（1.3-4）中各项数据的确定。

1）土壤计划湿润层深度 H。作物生长初期根系很浅，一般为30～40cm；随着作物的生长，根系逐步发育，土壤计划湿润层也应逐渐增加，但最大不超过0.8～1.0m；在地下水位较高、有盐碱化威胁的地区，不宜大于0.6m，参考表1.3-12。

表 1.3-12　**几种作物的土壤计划湿润层深度 H**　单位：cm

小麦		玉米		棉花		甘蔗	
生育阶段	计划层	生育阶段	计划层	生育阶段	计划层	生育阶段	计划层
三叶	30～40	幼苗	40	幼苗	30～40	幼苗	40
分蘖	40～50	拔节孕穗	40	现蕾	40～60	分叶	40

续表

小麦		玉米		棉花		甘蔗	
生育阶段	计划层	生育阶段	计划层	生育阶段	计划层	生育阶段	计划层
拔节	50～60	抽穗开花	50～60	开花	60～80	伸长	60
抽穗	50～80	灌浆	50～80	吐絮	60～80	成熟	60
成熟	60～100	成熟	60～80				

2）土壤适宜含水率及容许最大含水率和容许最小含水率 β_{max}、β_{min}。土壤适宜含水率随作物种类、土壤性质、施肥情况等因素而异，一般通过试验确定，表 1.3－13 可供参考。由于作物需水的持续性和农田灌溉或降雨的间歇性，土壤含水率不可能总是保持在适宜含水率，通常要求控制在容许最大和最小含水率之间。容许最大含水率一般采用田间持水率，参见表 1.3－14；容许最小含水率一般应大于凋萎系数，参见表 1.3－15。

3）有效降雨量 P_0。这是指作物生长期内可被作物利用的降水量，其值为降雨总量减去径流量及渗入最大根系吸水层以下的渗漏量，通常采用式（1.3－5）计算：

$$P_0 = \sigma P \tag{1.3-5}$$

式中 P——一次降雨量，mm；

σ——降雨有效利用系数，与土壤性质、作物种类有关，一般应由当地实测资料确定，旱地降雨有效利用系数也可参考表 1.3－16 所列数值。

表 1.3－13 作物与土壤适宜含水率

作物	生育阶段	土壤适宜含水率（占田间持水率的比例，%）
冬小麦	幼苗	60～70
	越冬	75～90
	返青	65～80
	拔节	70～80
	抽穗灌浆	70～85
	成熟	60～75
玉米	幼苗	60～70
	拔节	65～75
	抽穗	70～80
	灌浆	70～80
	成熟	60～70

续表

作物	生育阶段	土壤适宜含水率（占田间持水率的比例，%）
谷子	幼苗	55～60
	拔节	60～70
	抽穗开花	70～75
	灌浆	70
	成熟	65
大豆	幼苗	60～65
	分枝	65～70
	开花结荚	70～80
	成熟	70～75
棉花	幼苗	60～70
	现蕾	60～70
	开花结铃	70～80
	吐絮	55～70
高粱	幼苗	60～65
	拔节	65～75
	抽穗	65～70
	灌浆	70
	成熟	60

表 1.3－14 几种土壤的容重和田间持水率

土质	容重（g/cm²）	田间持水率		备注
		重量比（%）	体积比（%）	
紧砂土	1.45～1.60	16～22	26～32	田间持水率（体积比，%）＝田间持水率（重量比，%）×土壤容量
砂壤土	1.36～1.54	22～30	32～42	
轻壤土	1.40～1.52	22～28	30～35	
中壤土	1.40～1.55	22～28	30～35	
重壤土	1.38～1.54	22～28	32～42	
轻黏土	1.35～1.44	28～32	40～45	
中黏土	1.30～1.45	25～35	35～45	
重黏土	1.32～1.40	30～35	40～50	

表 1.3-15 不同土质与不同作物的凋萎系数

作 物	黏 土	壤 土	砂壤土	砂 土
小麦	14.5	10.3	6.3	4.9
玉米	15.5	9.9	6.5	5.0
高粱	14.1	10.0	5.9	5.0

注 表中数据为占干重量的比例（%）。

表 1.3-16 降雨有效利用系数

日雨量（mm）	<5	5～30	30～50	50～100	>100
降雨有效利用系数	0	0.80	0.60	0.30	0.15

4）地下水补给量 K。指地下水借土壤毛细管作用上升至作物根系吸水层内被利用的水量，其大小与地下水埋深、土壤质地、作物种类、作物需水强度、计划湿润层含水量等有关。当地下水埋深大于 3.5m 时，补给量很小，可忽略不计。但地下水位较高地区，其补给量则相当可观，比如地下水位在 1m 左右时，棉花、玉米、小麦可利用的地下水量分别占总需水量的 50%、30%、20%。部分地区的试验资料列于表 1.3-17～表 1.3-19，可供参考。

表 1.3-17 北京地区小麦生长期地下水补给量

地下水埋深变幅（m）	地下水补给量（m^3/亩）			备 注
	中壤土	砂壤土	粉砂土	
0.5～1.5	294	191	318	地下水埋深变幅系指播种至收获时的变幅
1.0～2.0	162	59	169	
1.5～2.5	84	14	51	
2.0～3.0	43	5	5	
2.5～3.5	20	0	0	

表 1.3-18 吉林省粮菜地下水补给量

土 质	地下水补给量（m^3/亩）					
	一般大田作物地下水埋深			蔬菜地下水埋深		
	1.0～1.5m	1.5～2.0m	2.0～2.5m	0.5～1.0m	1.0～1.5m	1.5～2.0m
轻砂壤土	50～70			40～60		
轻黏壤土	70～80	30～70		50～70	30～50	
中黏壤土	80～100	40～80		60～80	40～60	30～40
重黏壤土	100～130	70～100	30～70	80～110	50～80	30～50
黏 土	130～200	100～130	70～100	100～130	70～100	30～50

表 1.3-19 山东省棉花生育阶段地下水补给量

生育阶段	天数（d）	各地下水埋深的地下水补给量（m^3/亩）				备 注
		1.5m	2.0m	2.5m	3.0m	
出苗期	24	31	4	2	1	此系德州站 1963 年资料，全剖面为轻壤土
幼苗期	41	51	7	7	2	
现蕾期	20	77	9	15	2	
花铃期	66	194	166	100	28	
吐絮期	50	89	76	44	31	
全生育期	201	442	262	169	64	

5）由于土壤计划湿润层增加而增加的水量 w_T。在作物生育期内计划湿润层是变化的，由于湿润层增加，可利用一部分深层土壤的原有储水量。w_T（m^3/亩）可用式（1.3-6）计算：

$$w_T = 6.67(H_2 - H_1)\beta = 6.67(H_2 - H_1)\gamma\beta' \tag{1.3-6}$$

式中 H_1、H_2——计算时段初、时段末土壤计划湿润层深度，m；

β、β'——H_2-H_1 深度的土层中平均含水率，分别以占土壤体积、干土重的百分比计；

γ——H_2-H_1 深度的土层中土壤平均干容重，t/m³。

（3）灌溉制度的制定方法。旱作物的总灌溉定额 M 包括播前灌溉定额 M_1 和生育期内灌溉定额 M_2 两部分。播前灌溉定额可用式（1.3-7）计算：

$$M_1 = 6.67H(\beta_{max}-\beta_0) = 6.67H(\beta'_{max}-\beta'_0)\gamma \tag{1.3-7}$$

式中　M_1——播前灌溉定额，m³/亩；

H——土壤计划湿润层最大深度，m；

β_{max}、β'_{max}——H 土层的田间持水率，分别以土壤体积、干土重的百分比计算；

β_0、β'_0——灌前土层内平均含水率，分别以土壤体积、干土重的百分比计算；

γ——H 土层内土壤平均干容重，t/m³。

生长期灌水定额 m 和生育期内灌溉定额 M_2 可根据式（1.3-4）采用列表法计算确定，见表1.3-20。

表1.3-20　棉花灌溉制度水量平衡计算表示例

作物生育阶段	时段起止日期（月-日）	计划湿润层深 H（m）	计划湿润层内含水量 w_t（m³/亩）		时段初期计划湿润层含水量 w_0（m³/亩）	时段内作物需水量 E（m³/亩）	时段内天然来水量（m³/亩）				来去水量平衡差（+，-）	灌水定额（m³/亩）	时段末期计划湿润层储水量（m³/亩）	灌水日期（月-日）
			最大	最小			有效降雨量 P_0	计划湿润层加深增加水量 w_T	地下水补给量 K	合计				
幼苗	04-21～04-30	0.3	65	42	60.0	3.5	—	—	—	—	56.5		56.5	
	05-01～05-10	0.3	65	42	56.5	4.2	4.3	—	—	4.3	56.6		56.6	
	05-11～05-20	0.4	87	56	56.6	5.2	—	22.0	—	22.0	73.4		73.4	
	05-21～05-31	0.4	87	56	73.4	7.7	4.1	—	—	4.1	69.8		69.8	
	06-01～06-10	0.4	87	56	69.8	9.7	3.5	—	—	3.5	65.6		65.6	
	06-11～06-15	0.4	87	56	63.6	5.6	—	—	—	—	58.0		58.0	
结蕾	06-16～06-20	0.5	108	70	58.0	6.6	—	21.0	—	21.0	72.4		72.4	
	06-21～06-30	0.5	108	70	72.4	16.0	—	—	—	—	91.4	35	91.4	06-22
	07-01～07-04	0.5	108	70	91.4	7.3	7.5	—	—	7.5	91.6		91.6	
开花结铃	07-05～07-10	0.6	130	90	91.6	12.9	7.5	22.0	—	29.5	108.2		108.2	
	07-11～07-20	0.6	130	90	108.2	25.0	6.7	—	—	6.7	129.9	40	129.0	
	07-21～07-31	0.6	130	90	129.9	33.4	19.8	—	—	19.8	116.3		116.3	07-17
	08-01～08-10	0.6	130	90	116.3	34.8	25.3	—	—	25.3	106.8		106.8	
	08-11～08-15	0.6	130	90	106.8	17.1	4.9	—	—	4.9	94.6		94.6	
吐絮	08-16～08-20	0.7	152	105	94.6	17.4	26.9	—	—	26.9	104.1		104.1	
	08-21～08-31	0.7	152	105	104.1	37.2	—	—	—	—	111.9	45	111.9	08-21
	09-01～09-10	0.7	152	105	111.9	31.3	24.7	—	—	24.7	105.3		105.3	
	09-11～09-20	0.7	152	105	105.3	25.8	5.8	—	—	5.8	130.3	45	130.3	09-11
	09-21～09-30	0.7	152	105	130.3	16.7	—	—	—	—	113.6		113.6	
	10-01～10-10	0.7	152	105	113.6	11.5	12.0	—	—	12.0	114.1		114.1	
	10-11～10-20	0.7	152	105	114.1	8.7	—	—	—	—	105.4		105.4	
	10-21～10-31	0.7	152	105	105.4	4.9	—	—	—	—	100.5		100.5	
	11-01～11-20	0.7	152	105	100.5	3.8	—	—	—	—	96.7		96.7	
	11-21～11-30	0.7	152	105	96.7	1.7	—	—	—	—	95.0		95.0	
合计						348.0	153.0	65		218.0		165		

注　1. 3月下旬进行播前灌溉，计划湿润层为0.7m，经保墒措施于4月中旬播种，该时段计划湿润层在0.3m内土壤含水量为21.4%（干土重），其储水量为60m³/亩。

2. 来水量与耗水量校核：来水量=60+218+165=443m³/亩，耗水量=348+95=443m³/亩。

3. 当时段内水量平衡差额少于该时段内所允许的最小储水量时即进行灌水，其灌入水量以不超过该时段计划湿润层内所容许的最大储水量为准。

2. 水稻的灌溉制度

（1）水量平衡方程式。水稻生育期任一时段 t 内田面水层的变化，可用水量平衡方程式（1.3－8）表示：

$$h_2 = h_1 + P + m - E - C \quad (1.3-8)$$

式中　h_1、h_2——时段初、时段末的田间水层深度，mm；

P——时段 t 内降雨量，mm；

m——时段 t 内灌水定额，mm；

E——时段 t 内田间耗水量，mm；

C——时段 t 内田间排水量，mm。

如果时段初田面水层处于适宜水层上限 h_{max}，经过一个时段的消耗，田面水层降至适宜水层下限 h_{min}，此时如果没有降雨，便需灌溉，其灌水定额为：$m=h_{max}-h_{min}$。

水稻的适宜水层上下限因气候条件、土壤、水稻品种及生育阶段以及灌溉习惯等而不同，通常通过灌溉试验确定。传统的灌水方式大都采用“浅水勤灌”，在水量不足地区或滨湖地区，为了减少排水量，常采用“浅水深蓄”法（即浅水灌溉、降雨深蓄），以充分利用天然降雨，满足作物生长需要，并规定水层上下限，超则排、少则蓄。表 1.3－21 为湖北省传统的灌水方式下水稻的适宜水层上下限及降雨最大蓄水深度的统计。

表 1.3－21　湖北省水稻各生育阶段适宜水层上下限及降雨最大蓄水深度统计　单位：mm

作　物	返青	分蘖前	分蘖末	拔节孕穗	抽穗开花	乳熟	黄熟
早稻	1～30～50	20～50～70	20～50～80	30～60～90	10～30～80	10～30～60	10～20
中稻	1～30～50	20～50～70	30～60～70	30～60～120	10～30～100	10～20～60	落干
晚稻	2～40～70	10～20～70	10～30～30	20～50～90	10～30～50	10～20～60	落干

注　表中各栏最大数值为雨后最大蓄水深度。

随着水资源的日益短缺，20 世纪 80 年代以来，我国水稻种植地区广泛开展了水稻节水灌溉试验研究，各地根据自身的实际情况，探索出了不少新的节水灌溉方式，如控制灌溉、“浅湿晒”交替间断灌溉、间歇灌溉等，这些新的灌溉方式目前已成为水稻灌溉的主要方式。适宜水层上下限也发生了变化，特别是下限，不少地区某些生育阶段甚至全生育阶段都采取了无水层或者非饱和状态作为下限。表 1.3－22 为南方部分地区所采用的间歇灌溉方式下的适宜水层上下限及降雨最大蓄水深度的统计。制定灌溉制度时应充分调查了解本地或相近地区的灌水方式后拟定。

表 1.3－22　南方部分地区水稻间歇灌溉适宜水层　单位：mm

作物	适宜水层	返青	分蘖前	分蘖末	拔节孕穗	抽穗开花	乳熟
早稻	h_{max}	30	20	10	20	30	10
	h_{min}	0	$0.8\theta_s$	$0.7\theta_s$	$0.8\theta_s$	$0.9\theta_s$	$0.7\theta_s$
	h_p	50	50	40	60	70	40
中稻	h_{max}	40	20	10	30	30	10
	h_{min}	0	$0.8\theta_s$	$0.7\theta_s$	$0.8\theta_s$	$0.9\theta_s$	$0.7\theta_s$
	h_p	60	50	40	70	80	40
晚稻	h_{max}	40	40	10	30	30	10
	h_{min}	5	0	$0.7\theta_s$	$0.9\theta_s$	$0.8\theta_s$	$0.7\theta_s$
	h_p	60	70	40	70	80	40

注　1. 表中 h_p 为雨后最大蓄水深度。
2. θ_s 为 0～30cm 土层饱和含水率。

（2）稻田渗漏。稻田渗漏是水稻耗水量中不可缺少的一部分，适当的渗漏有利于排除土壤中积累的有毒物质（如硫化氢、氧化亚铁等），改善土壤通气和营养条件。

稻田开始泡田时，土壤未饱和，渗漏量较大，以后逐渐减少，并趋于稳定。稻田渗漏量受土质、田块位置、地下水及水层深浅等因素影响很大，一般采用实测和调查资料确定，表 1.3－23 可供参考。

表 1.3-23　稻田平均渗漏量　单位：mm/d

地　区	黏　土	黏壤土	中壤土	砂壤土
广东省	0.80～1.53	2.66～3.30	3.60～4.20	
湖北省		1.35～2.00		
湖南省	0.70	2.07	3.01	7.09
贵州省	1.51	2.78		4.51
福建省	1.50～2.00	0.60～2.50		3.50～4.50
四川省	0.80～1.50	1.50～2.50	2.50～3.50	5.00～8.00
陕西省		3.80	4.60	10.40
江苏省		0.90～2.50	1.50～4.90	3.30～12.30
杭州市	1.50～2.00		2.50～3.00	

（3）秧田用水和泡田定额。传统的水稻栽培通常先育秧，后移栽。秧田用水量因育秧方式不同而有较大差异。一般秧龄期40～50天间，水育秧时秧田总耗水量可达450～675mm；半旱育秧时为375～525mm；旱育秧时约100～150mm。目前我国的育秧方式发生了较大变化，水稻旱育稀植技术得到普遍推广。秧田用水量应调查当地情况后确定。

水稻本田灌溉定额包括泡田定额和生育期灌溉定额两部分。传统的移栽方式通常要求较大的泡田用水，参见表1.3-24和表1.3-25。目前不少地方采用了抛秧技术、水稻旱栽技术以及水稻直播等新的栽培方式，从而也改变了对泡田的要求。泡田定额应根据当地调查资料或灌溉试验确定。

表 1.3-24　不同水稻的泡田定额　单位：m^3/亩

作　物	早　稻	中　稻	一季晚稻	双季晚稻	备　注
泡田定额	70～80	80～100	70～80	30～60	湖北省资料

表 1.3-25　不同地下水埋深与土质的泡田定额

土　质	不同地区（地下水埋深）的泡田定额（m^3/亩）				
	苏北0.5～1.0m	苏北1.0～1.5m	苏北1.5～2.0m	江苏太湖	陕西汉中
黏壤土	40～60	60～80	80～100	90～100	80～100
中壤土	50～80	80～100	110～130	95～120	90～110
砂壤土	70～120	120～160	160～200	110～170	110～150

（4）灌溉制度的制定方法。按式（1.3-8）用列表法进行逐日（候）水量平衡计算，可推求作物生育期的灌溉制度。具体方法步骤是：将式（1.3-8）改写为

$$h_2 = h_1 + P + m - e - C$$

式中　h_2——当天末的田面水层深，mm；

h_1——前一天末的田面水层深，mm；

P——当天降雨量，mm；

m——当天灌水量，mm；

e——所在生育阶段日平均耗水量，mm；

C——当天排水量，mm。

依上式逐日进行水量平衡计算。

水稻各生育阶段灌溉制度计算方法见表1.3-26。

表 1.3-26　某灌区某年早稻各生育阶段灌溉制度计算表　单位：mm

日期 月	日期 日	生育阶段	设计淹灌水层	逐日耗水量	逐日降雨量	淹灌水层变化	灌水量	排水量	备　注
(1)		(2)	(3)	(4)	(5)	(6)	(7)	(8)	(9)
4	24	返青	5～30～50	4.0		10.1			
	25					6.1			
	26				7.7	9.7			
	27					5.7			
	28				7.4	9.1			
	29					5.1			
	30				61.0	50.0		12.1	

续表

日期		生育阶段	设计淹灌水层	逐日耗水量	逐日降雨量	淹灌水层变化	灌水量	排水量	备注
月	日								
(1)		(2)	(3)	(4)	(5)	(6)	(7)	(8)	(9)
5	1	返青	5～30～50	4.0		46.0			
	2					42.0			
	3	分蘖前	20～50～70	7.0		35.0			
	4				16.0	44.0			
	5				12.9	49.9			
	6					42.9			
	7					35.9			
	8					28.9			
	9					21.9			
	10					44.9		30.0	
	11	分蘖末	20～50～80	7.0	6.7	44.6			
	12					37.6			
	13				24.3	54.9			
	14				5.3	53.2			
	15					46.2			
	16					39.2			
	17				21.5	53.7			
	18					46.7			
	19					39.7			
	20				1.9	34.6			
	21					27.6			
	22					20.6			
	23					43.6	30.0		
	24					36.6			
	25					29.6			
	26					22.6			
	27	拔节孕穗	30～60～90	8.5		54.1	40.0		
	28					45.6			
	29					37.1			
	30					28.6			
	31					60.1	40.0		
6	1					51.6			
	2					43.1			
	3					34.6			

续表

日期 月	日期 日	生育阶段	设计淹灌水层	逐日耗水量	逐日降雨量	淹灌水层变化	灌水量	排水量	备注
(1)		(2)	(3)	(4)	(5)	(6)	(7)	(8)	(9)
6	4	拔节孕穗	30～60～90	8.5		26.1			
6	5	拔节孕穗	30～60～90	8.5		57.6			
6	6	拔节孕穗	30～60～90	8.5		49.1			
6	7	拔节孕穗	30～60～90	8.5		40.6			
6	8	拔节孕穗	30～60～90	8.5		32.1			
6	9	拔节孕穗	30～60～90	8.5	2.3	25.9			
6	10	拔节孕穗	30～60～90	8.5	5.3	22.7			
6	11	拔节孕穗	30～60～90	8.5		54.2	40.0		
6	12	拔节孕穗	30～60～90	8.5		45.7			
6	13	抽穗开花	10～30～80	9.0		36.7			
6	14	抽穗开花	10～30～80	9.0		27.7			
6	15	抽穗开花	10～30～80	9.0		18.7			
6	16	抽穗开花	10～30～80	9.0		9.7			
6	17	抽穗开花	10～30～80	9.0		30.7	30.0		
6	18	抽穗开花	10～30～80	9.0		21.7			
6	19	抽穗开花	10～30～80	9.0		12.7			
6	20	抽穗开花	10～30～80	9.0	2.5	36.2	30.0		
6	21	抽穗开花	10～30～80	9.0	2.1	29.3			
6	22	抽穗开花	10～30～80	9.0		20.3			
6	23	抽穗开花	10～30～80	9.0		11.3			
6	24	抽穗开花	10～30～80	9.0		32.3	30.0		
6	25	抽穗开花	10～30～80	9.0		23.3			
6	26	抽穗开花	10～30～80	9.0	10.0	24.3			
6	27	抽穗开花	10～30～80	9.0		15.3			
6	28	乳熟	10～30～60	4.0		11.3			
6	29	乳熟	10～30～60	4.0		37.3	30.0		
6	30	乳熟	10～30～60	4.0		33.3			
7	1	乳熟	10～30～60	4.0		29.3			
7	2	乳熟	10～30～60	4.0		25.3			
7	3	乳熟	10～30～60	4.0		21.3			
7	4	乳熟	10～30～60	4.0		17.3			
7	5	乳熟	10～30～60	4.0		13.3			
7	6	乳熟	10～30～60	4.0	4.6	13.9			
7	7	黄熟	落干	4.0					
7	⋮	黄熟	落干	4.0					
7	14	黄熟	落干	4.0					

3. 几种主要旱作物的灌溉经验

（1）冬小麦。其主要产区集中在长江以北的黄、淮、海地区。每年9月下旬～10月下旬播种，次年5月下旬～6月中旬成熟，生长期240～260天，一般灌水3～6次，多采用畦灌，定额为45～75m^3/亩，若兼有储水防旱、洗盐压碱作用时，可加大到105～135m^3/亩。灌水时间为：播前、越冬、返青、拔节、抽穗、扬花、灌浆、乳熟等阶段。北方部分地区冬小麦灌溉制度，可参考表1.3-27。

（2）夏玉米。6月中、下旬播种，9月中、下旬成熟，生育期100天左右。其需水规律是：足墒播种、蹲苗促壮、拔节水不可少，巧浇抽穗水，防止卡脖旱（抽穗期），浇好灌浆水，攻粒夺高产。一年灌3～5次水，定额为45～75m^3/亩。灌水时间为：播前、幼苗、拔节、抽穗、灌浆。北方部分地区不同水文年份的夏玉米灌溉制度，可参考表1.3-28。

表1.3-27　冬小麦灌溉制度　　单位：m^3/亩

地区	水文年	灌水次序	生育阶段	灌水时间	灌水定额	灌溉定额
河南	湿润年	1	越冬	12月上旬	45～50	135～150
		2	拔节	4月中旬	45～50	
		3	灌浆	5月中旬	45～50	
	一般年	1	越冬	12月上旬	45～50	185～205
		2	返青	3月上旬～中旬	45～50	
		3	拔节	4月中旬	50～55	
		4	抽穗	5月中旬	45～50	
	干旱年	1	越冬	12月上旬	45～50	240～265
		2	返青	3月上旬～中旬	45～50	
		3	拔节	4月中旬	50～55	
		4	抽穗	5月上旬	45～50	
		5	灌浆	5月中旬	55～60	
陕西（关中）	湿润年	1	越冬	11月下旬～12月上旬	40～45	95～105
		2	拔节	4月上旬～中旬	55～60	
	一般年	1	越冬	11月下旬～12月上旬	45～50	145～165
		2	拔节	4月上旬～中旬	55～65	
		3	抽穗	5月上旬～中旬	45～50	
	干旱年	1	越冬	11月下旬～12月上旬	40～45	165～185
		2	拔节	4月上旬～中旬	40～45	
		3	抽穗	5月上旬～中旬	40～45	
		4	麦黄	5月下旬	45～50	
新疆		1	越冬	10月下旬	40～50	205～235
		2	拔节	4月下旬～5月上旬	45～50	
		3	孕穗	5月中旬	40～45	
		4	抽穗	6月上旬	40～45	
		5	灌浆乳熟	6月中旬	40～45	
北京（平原区）	湿润年	1	越冬前	11月上旬	40～45	120～135
		2	拔节	4月中旬～下旬	40～45	
		3	灌浆	5月中旬～下旬	40～45	
	一般年	1	越冬前	11月上旬	40～45	175～195
		2	返青	3月下旬	45～50	
		3	拔节	4月中旬～下旬	45～50	
		4	灌浆	5月中旬～下旬	45～50	
	干旱年	1	越冬前	11月上旬	45～50	215～240
		2	返青	3月下旬	45～50	
		3	拔节	4月中旬～下旬	45～50	
		4	抽穗	5月上旬～中旬	40～45	
		5	麦黄	5月下旬～6月上旬	40～45	

续表

地区		水文年	灌水次序	生育阶段	灌水时间	灌水定额	灌溉定额
北京（平原区）		干旱年	1	播前	9月中旬～下旬	45～50	245～275
			2	越冬前	11月上旬	40～45	
			3	返青	3月下旬	40～45	
			4	拔节	4月中旬～下旬	40～45	
			5	抽穗	5月上旬～中旬	40～45	
			6	麦黄	5月上旬～6月上旬	40～45	
山东	鲁中渠灌区	中等旱年	1	越冬前	11月前	50～70	170～220
			2	返青	3月中旬～下旬	40～50	
			3	拔节孕穗	4月上旬～下旬	40～50	
			4	抽穗灌浆	5月上旬～下旬	40～50	
	井灌区		1	越冬前	11月前	50～60	260～330
			2	返青	3月中旬～下旬	40～50	
			3	拔节	4月上旬～中旬	40～50	
			4	孕穗	4月中旬～下旬	40～50	
			5	抽穗扬花	4月下旬～5月上旬	30～40	
			6	灌浆	5月中旬～下旬	30～40	
			7	麦黄	5月下旬～6月上旬	30～40	

表 1.3-28　夏玉米灌溉制度　单位：m^3/亩

地区		水文年	灌水次序	生育阶段	灌水时间	灌水定额	灌溉定额
陕西（关中）		湿润年	1	播前	6月上旬	45～50	130～145
			2	拔节孕穗	7月下旬	45～50	
			3	抽穗开花	8月上旬	40～45	
		一般年	1	播前	6月上旬	45～50	155～170
			2	拔节孕穗	7月下旬	40～45	
			3	抽穗开花	8月上旬	40～45	
			4	乳熟	8月中旬～下旬	30	
		干旱	1	播前	6月上旬	45～50	185～200
			2	幼苗	7月上旬～中旬	30	
			3	拔节孕穗	7月下旬	40～45	
			4	抽穗开花	8月上旬	40～45	
			5	乳熟	8月中旬～下旬	30	
山东	渠灌区	中等干旱年	1	播前	5月下旬	50	140
			2	抽穗	7月下旬～8月中旬	50	
			3	灌浆	8月中旬～9月中旬	40	
	井灌区		1	播前	5月下旬	50	190
			2	拔节	7月中旬～下旬	50	
			3	抽穗	7月中旬～8月中旬	50	
			4	灌浆	8月中旬～9月中旬	40	
黑龙江		湿润年	1	苗期		30～35	30～35
		一般年	1	拔节初期		30～45	70～90
			2	抽穗开花		40～45	
		干旱年	1	苗期		30	120～140
			2	拔节		30～40	
			3	抽穗开花		40	
			4	灌浆		20～30	

(3) 棉花。4月中、下旬播种，8月下旬～9月上旬开始吐絮，10月下旬～11月上旬收完，生育期200余天，灌水定额为30～50m³/亩，有储水保墒或压盐要求时，可加大到80～100m³/亩。灌水时间为：播前、苗期、现蕾、花铃、吐絮。铃期灌后如遇降雨，土壤水分过多易引起落铃，须多加注意。北方部分地区不同水文年份的棉花灌溉制度，可参考表1.3-29。

表1.3-29　棉花灌溉制度　　单位：m³/亩

地区	水文年	灌水次序	生育阶段	灌水时间	灌水定额	灌溉定额
山东	中等干旱年	1	播前	4月上旬前	50～70	130～150
		2	现蕾	6月上旬～下旬	40	
		3	花铃	7月中旬～8月下旬	40	
		1	播前	4月上旬前	50～70	170～190
		2	现蕾	6月上旬～下旬	40	
		3	花铃	7月中旬～8月中旬	40	
		4	吐絮	9月上旬	40	
黄河流域	湿润年	1	冬灌储水	11月中旬～下旬	70～100	100～140
		2	开花结铃	7月上旬～8月下旬	30～40	
	一般年	1	冬灌储水	11月中旬～11月下旬	70～100	130～180
		2	开花结铃	7月上旬～中旬	30～40	
		3	开花结铃	8月上旬	30～40	
	干旱年	1	冬灌储水	11月中旬～下旬	70～100	155～220
		2	现蕾	6月中旬～下旬	25～40	
		3	开花结铃	7月上旬～中旬	30～40	
		4	开花结铃	8月上旬	30～40	
西北内陆		1	冬灌储水	10上旬～11月下旬	80～100	335～380
		2	现蕾	6月上旬～中旬	30～40	
		3	开花结铃	7月上旬	45～50	
		4	开花结铃	7月下旬	50	
		5	开花结铃	8月上旬	50	
		6	开花结铃	8月下旬	45～50	
		7	吐絮	9月上旬	35～40	

注　山东地区灌溉定额130～150m³/亩为地下水埋深2～3m的易碱地区情况，170～190m³/亩为地下水埋深大于3m的情况。

1.3.1.3　盐碱地的冲洗用水

1. 植物的耐盐能力

植物耐盐能力随植物生理特性不同而不同。过多吸收盐分会影响植物生长，严重的会使植物死亡。如稻田根系层含盐量超过0.15%，就影响正常生长，稻田水质含盐量达到1.5～2.0g/L时稻叶发黄，含盐大于2g/L时就凋萎。旱作物首先要求土壤含盐量不致危害作物幼苗的正常生长。主要旱作物的耐盐能力见表1.3-30～表1.3-33。

2. 冲洗脱盐标准

冲洗脱盐标准包括脱盐层允许含盐量和脱盐层厚度两个指标。脱盐层容许含盐量主要决定于盐分组成和作物种类，以及作物苗期的耐盐能力，此外还与土壤肥力、土壤水分状况、农业技术水平等有关。脱盐层厚度（即计划冲洗土层的深度）主要根据作物根系的分布深度而定，一般采用60～100cm。黄、淮、海平原区几种作物的冲洗脱盐标准见表1.3-34。

表1.3-30　北方各种作物耐盐能力

作物	耐盐程度	耐盐极限（全盐,%）	
		氯化物盐土	氯化物硫酸盐盐土
小麦	轻度耐盐	0.20	0.30
棉花	中等耐盐	0.30	0.35
玉米	轻度耐盐	0.20	0.28
大豆	轻度耐盐	0.23	0.30
谷子	轻度耐盐	0.18	0.21
高粱	中等耐盐	0.28	0.32
向日葵	耐盐较强	0.40	0.45
田菁	耐盐较强	0.35	0.40
甜菜	耐盐较强	0.35	0.42
碱谷	耐盐较强	0.32	—
苜蓿	中等耐盐	0.25	0.30

表 1.3-31　　部分树种耐盐能力

树种	根深 (cm)	耐盐适宜能力 (NaCl,%)	耐盐极限能力 (NaCl,%)	土壤类别	地下水埋深 (cm)
榆树	70~80	<0.2	>0.3	黏土、壤土	50~70
柳树	100~130	<0.2	>0.3	黏土、轻壤	耐水淹
刺槐	40	<0.2	>0.3	黏砂土	80~90
臭椿	80	<0.2	>0.3	黏砂土	80~90
国槐	90	<0.2	>0.3	黏砂土	80~90
加拿大杨	40~50	<0.1	0.2~0.25	黏土、壤土	较耐水淹
枣树	30~50	<0.3	>0.4		50
棉絮	50~60	<0.3	0.4~0.5		耐水淹

表 1.3-32　　山东省部分农作物各生育阶段耐盐能力

作　物	生育阶段	正常生长 (全盐,%)	严重抑制或不能生长 (全盐,%)
小麦(潍北农场)	幼苗~越冬	0.19	0.40
	返青~拔节	0.19	0.39
	灌浆~乳熟	0.21	—
谷子(平原苇子园)	幼苗期	0.026	—
	拔节期	0.217	0.48
	抽穗期	0.172	—
	成熟期	0.081	0.276
棉花(六户试验站)	幼苗期	0.30	0.45
	开花结铃	0.35	0.50
	吐絮期	0.45	0.65
碱谷	幼苗期	0.32	0.50
	抽穗期	0.40	0.54
	成熟期	0.45	0.70
田菁	幼苗期	0.34	0.48
	开花期	0.48	0.68

表 1.3-33　　小麦和棉花各生育阶段耐盐指标(氯化物—硫酸盐盐土)

作物	生育阶段	土层深度 (cm)	生长正常			生长受抑制			死　苗		
			Cl^-含量 (%)	全盐量 (%)	土壤溶液浓度 (g/L)	Cl^-含量 (%)	全盐量 (%)	土壤溶液浓度 (g/L)	Cl^-含量 (%)	全盐量 (%)	土壤溶液浓度 (g/L)
小麦	冬前	2~5	<0.04	<0.40	<20	0.04~0.14	0.40~0.60	20~40	>0.14	>0.60	>40
	返青	2~10	<0.04	<0.25	<10	0.04~0.12	0.25~0.50	10~25	>0.12	>0.50	>25
	拔节	5~20	<0.05	<0.40	<20	0.05~0.12	0.40~0.60	20~40	>0.12	>0.60	>40
棉花	出苗	2~5	<0.07	<0.40	<20	0.07~0.17	0.40~0.70	20~50	>0.17	>0.70	>50
	苗期	5~10	<0.07	<0.40	<20	0.07~0.17	0.40~0.70	20~50	>0.14	>0.70	>50
	小雨死苗	5~10	<0.15	<0.80	<40	0.15~0.30	0.80~1.00	40~60	>0.30	>1.00	>60

注　"小雨死苗"指6月中下旬,棉花6~8片真叶进入蕾期,此时土壤盐分在0~2cm表土强烈积聚,如遇小雨,表土盐分下淋至棉苗根系主要活动层5~10cm,使棉苗受害,造成棉苗骤然死亡,对棉花生产影响很大。

表 1.3-34 几种作物的冲洗脱盐标准（土壤脱盐层厚度 100cm）

盐碱土类型 \ 脱盐层容许含盐量（%）\ 作物	小麦	玉米	高粱	棉花	草木樨	田菁
氯化物盐土和硫酸盐氯化物盐土	0.20	0.20	0.25	0.30	0.35	0.40
氯化物硫酸盐盐土和硫酸盐盐土	0.30	0.25	0.32	0.40	0.45	0.55

3. 冲洗定额

在单位面积上使计划脱盐层的含盐量降低到作物生长容许的程度所需的冲洗水量，称为冲洗定额。其大小与盐碱地类型、土壤含盐量、土壤质地、排水条件、冲洗技术及冲洗季节有关，采用式（1.3-9）计算：

$$M = m_1 + m_2 + E - P \qquad (1.3-9)$$

其中

$$m_1 = 666.7h\gamma(\beta_1 - \beta_2) \qquad (1.3-10)$$

$$m_2 = 666.7h\gamma(s_1 - s_2)/K \qquad (1.3-11)$$

式中 M——冲洗定额，m^3/亩；

E——冲洗期内蒸发损失水量，m^3/亩；

P——冲洗期内可利用的降水量，m^3/亩；

m_1——冲洗前灌至土壤田间持水率所需水量，m^3/亩；

m_2——冲洗盐分所需的水量，m^3/亩；

h——冲洗计划脱盐层深度，m；

γ——冲洗计划脱盐层土壤干容重，t/m^3；

β_1、β_2——冲洗计划脱盐层田间持水率、冲洗前自然含水率，%，均以干土重百分比表示；

s_1、s_2——冲洗前、后计划脱盐层含盐量，%，均以干土重的百分数表示；

K——排盐系数，即每立方米冲洗水所能排走的盐量，kg/m^3。

排盐系数 K 受盐碱地类型、土壤含盐量、土壤质地、排水条件等影响，应根据冲洗试验或观测资料计算而得。根据各地试验资料，K 值可按土壤盐分组成分为以氯化物为主的盐碱土（包括氯化物盐土和硫酸盐氯化物盐土）和以硫酸盐为主的盐碱土（包括氯化物硫酸盐盐土和硫酸盐盐土）两大类。前者分布在滨海，后者分布在内陆。据山东六户试验站和江苏射阳试验站的资料，以氯化物为主的盐碱土，其排盐系数比以硫酸盐为主的盐碱土大 25%～30%。黄、淮、海及滨海各地盐碱地的排盐系数比较接近，图 1.3-1 的数据可供参考；硫酸盐为主的盐土其排盐系数参见图 1.3-2。

为了提高冲洗效果，冲洗定额的水应分数次灌入田间。一般每次灌水以 67～100m^3/亩为宜，即相当于畦中水层深 10～15cm。

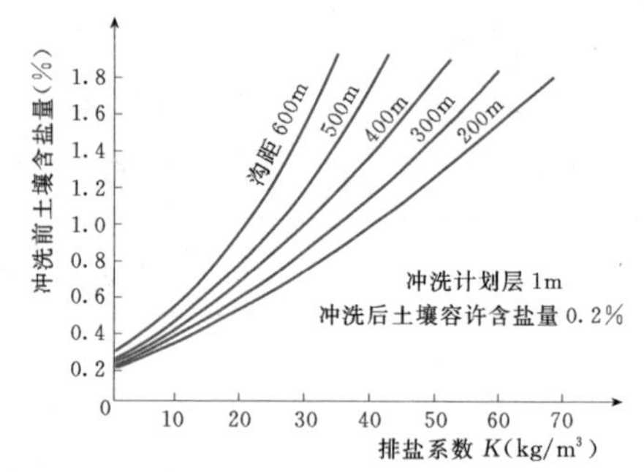

图 1.3-1 黄、淮、海及滨海各地盐碱地排盐系数

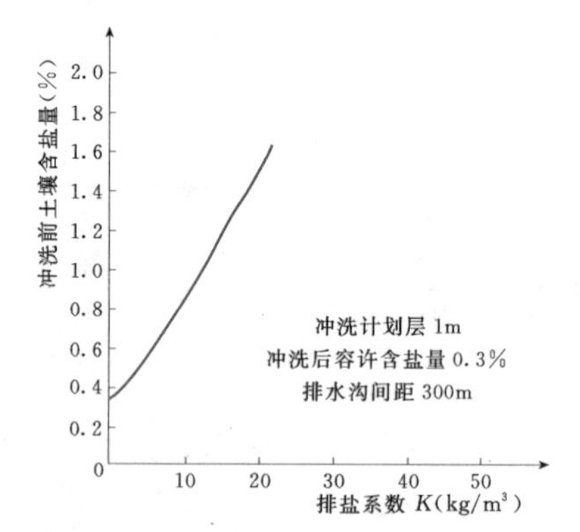

图 1.3-2 以硫酸盐为主的盐土排盐系数
（河南人民胜利渠丁村试验站资料）

4. 冲洗季节

冲洗季节，应考虑到水源充足、地下水位低、蒸发量小和便于耕作栽培等因素，黄、淮、海平原地区一般选择在早春、伏季、晚秋（或初冬）三个季节冲洗。

（1）早春冲洗。3 月初土地解冻后，地下水位低，有利于土壤排水脱盐。自解冻至春播只有 40 多天的时间，农活忙，劳力紧张，春灌任务大，用水很集中。加之这个时期蒸发量逐渐增大，冲洗用水量相应增大，冲洗后防止返盐较困难。一般各地都是结合春灌，加大灌水定额，进行盐碱耕地的冲洗工作。

（2）伏季冲洗。一般盐碱荒地和“一茬麦”地的冲洗可选择在这个时期，因正值汛期，水源充沛，水质淡，温度高（对硫酸盐盐土冲洗更为有利），距小麦播种期有两个月左右的时间，冲洗时间长，降雨量大，土壤返盐机会少。

(3) 晚秋（或初冬）冲洗。盐碱荒地的冲洗或盐碱耕地加大灌水定额的冲洗，都可在晚秋（或初冬）进行，此时水源一般是充足的，地下水位处于回落过程中，土壤蒸发小，对土壤脱盐和地下水位回降都有充分的时间，晚秋（或初冬）冲洗的土地，土壤水分充足，春播墒情好，并便于农事活动的安排。

1.3.1.4 灌溉用水量

灌溉用水量是灌溉面积上需要水源供给的灌溉水量，它与灌溉面积、作物组成、各种作物的灌溉制度、渠系输水和田间灌水的水量损失等因素有关。灌溉用水量可用式（1.3-12）计算：

$$M_{毛} = \frac{M_{净}}{\eta_{水}} = \frac{mA}{\eta_{水}} \tag{1.3-12}$$

式中 $M_{毛}$、$M_{净}$——某种作物的某次毛灌溉用水量、净灌溉用水量，m^3；

m——某种作物某次灌水的灌水定额，m^3/亩；

A——某种作物的灌溉面积，亩；

$\eta_{水}$——灌溉水利用系数。

对于任何一种作物，在该年内的灌溉面积、灌溉制度确定后，便可用式（1.3-12）推算出各次灌水的灌溉用水量，确定灌溉用水量过程线，具体计算参见表1.3-35。

典型年灌溉用水过程线，也可用式（1.3-13）～式（1.3-15）所示的综合灌水定额法求得（见表1.3-36）：

$$M_{净} = m_{综净} A \tag{1.3-13}$$

$$M_{毛} = m_{综毛} A = \frac{m_{综净}}{\eta_{水}} A \tag{1.3-14}$$

$$m_{综净} = \alpha_1 m_1 + \alpha_2 m_2 + \alpha_3 m_3 + \cdots \tag{1.3-15}$$

式中 $m_{综净}$、$m_{综毛}$——某时段内灌区综合净灌水定额、综合毛灌水定额，m^3/亩；

$M_{净}$、$M_{毛}$——全灌区某时段内的净灌溉用水量、毛灌溉用水量，m^3；

m_1、m_2、m_3——各种作物在该时段内的灌水定额，m^3/亩；

α_1、α_2、α_3——各种作物灌溉面积占全灌区灌溉面积的百分数；

A——全灌区的灌溉面积。

小型灌区多用直接算法，大型灌区多用综合灌水定额法。有时灌区范围需根据水源条件决定，可利用综合灌溉定额推求灌溉面积，其式为

$$A = \frac{M_{源}}{m_{综毛}} \tag{1.3-16}$$

式中 $M_{源}$——水源年供给的灌溉水量，m^3；

$m_{综毛}$——综合毛灌溉定额，m^3/亩。

1.3.1.5 灌水率及流量过程线

1. 灌水率

单位灌溉面积上灌溉净流量 q 称为灌水率，以 m^3/(s·万亩) 计。灌水率的大小，取决于灌区作物组成、灌水定额和灌水延续时间。一般先采用式（1.3-17）计算各种作物的灌水率，然后用图解法制定。

$$q = \frac{\alpha m}{0.36Tt} \tag{1.3-17}$$

式中 m——某种作物各次灌水定额，m^3/亩；

α——某种作物种植百分数；

T——某种作物各次灌水延续时间，d；

t——每昼夜实际灌水小时数，机械提水一般每昼夜工作20～22h，自流灌溉24h。

表1.3-35 灌溉用水过程线推算表（直接推算法）

时间		灌水定额（m^3/亩）					灌溉定额（万 m^3）					全灌区净灌溉用水量（万 m^3）	全灌区毛灌溉用水量（万 m^3）
月	旬	双季早稻 $A_1-44.1$	中稻 $A_1-12.6$	单季晚稻 $A_3-6.3$	双季晚稻 $A_4-37.4$	旱作物 A_5-27	双季早稻 $A_1-44.1$	中稻 $A_2-12.6$	单季晚稻 $A_3=6.3$	双季晚稻 $A_4-37.4$	旱作物 A_5-27		
4	中						3540					3540	5450
	下	80泡											
5	上	20	90泡				880	1130				2010	3090
	中												
	下	73.5	100				3250	1260				4510	6940
⋮	⋮	⋮	⋮	⋮	⋮	⋮	⋮	⋮	⋮	⋮	⋮	⋮	⋮
8	上											630	970
	中			100					630				
	下				60					2240		2240	3450
全年		307	500	300	240	50	13570	6290	1890	8980	1350	32080	49400

注 全灌区灌溉面积 A=90万亩，灌溉水利用系数 $\eta_{水}=0.65$。

表 1.3-36　　灌溉用水过程线推算表（间接推算法）

项目		各种作物净灌水定额（m^3/亩）					综合净灌水定额（m^3/亩）	综合毛灌水定额（m^3/亩）	全灌区毛灌溉用水量（万 m^3）
时间	作物及种植比例 α	双季早稻 $\alpha_1=49\%$	中稻 $\alpha_2=14\%$	单季晚稻 $\alpha_3=7\%$	双季晚稻 $\alpha_4=41.6\%$	旱作物 $\alpha_4=30\%$			
4月	中旬	80 泡					39.2	60.3	5430
	下旬								
5月	上旬	20	90 泡				22.4	34.4	3090
	中旬								
	下旬	73.5	100				50	76.9	6920
⋮	⋮	⋮	⋮	⋮	⋮	⋮	⋮	⋮	⋮
8月	上旬			100			7.0	10.8	970
	中旬								
	下旬				60		25.2	38.5	3480
全年		307	500	300	240	50	357.2	549.3	49400

注　全灌区灌溉面积 $A=90$ 万亩，灌溉水利用系数 $\eta_{水}=0.65$。

作物灌水延续天数，对灌水率 q 值影响甚大，必须慎重选定。万亩以上灌区主要作物可按表 1.3-37 选用，万亩及万亩以下灌区可按表 1.3-37 所列数值适当减小。

表 1.3-37　万亩以上灌区作物灌水延续时间

作　物	播前（d）	生育期（d）
水稻	5～15（泡田）	3～5
冬小麦	10～20	7～10
棉花	10～20	5～10
玉米	7～15	5～10

注　本表摘自《灌溉与排水工程设计规范》（GB 50288—99）。

根据拟定的各种作物的灌溉制度，按式（1.3-17）算出灌区内各种作物的灌水率，初步制定灌水率图，并作必要的修正。修正时以不影响作物需水为原则，消除灌水高峰和短期停水现象，使修正后的灌水率比较均匀。一般以累计 30 天以上的最大灌水率为设计灌水率，短期的峰值不应大于设计灌水率的 120%，最小灌水率不应小于设计灌水率的 30%。某灌区灌水率及灌溉用水流量过程线计算如图 1.3-3 所示。

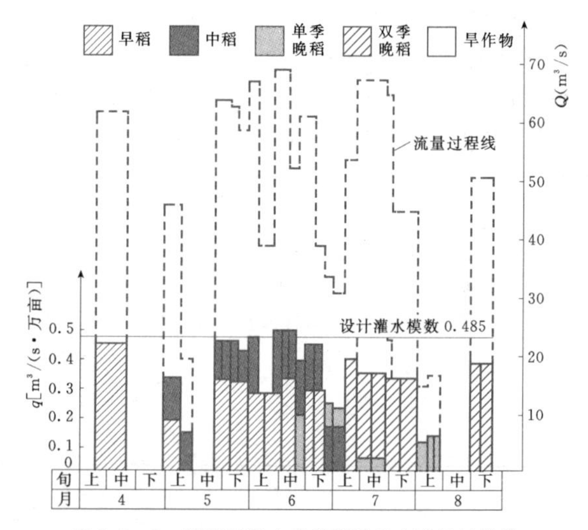

图 1.3-3　某灌区灌水率及灌溉用水流量过程线

2. 灌溉用水流量过程线

灌区所需要的灌溉用水流量在时间上的分配称为灌溉用水流量过程线，一般采用式（1.3-18）计算：

$$Q_i = \frac{q_i A}{\eta_{水}} \qquad (1.3-18)$$

式中　Q_i——各时段的灌溉用水流量，m^3/s；

q_i——各时段的灌水率，$m^3/(s·万亩)$；

A——灌区总灌溉面积，万亩；

$\eta_{水}$——灌溉水利用系数。

根据计算结果，可绘出全灌区流量过程线，如图 1.3-3 虚线所示。对于较大灌区，需按气候、土壤、水文地质、作物组成等条件将灌区划分成若干区，制定各区的灌水率图，并按照面积比例进行加权平均，求得全灌区的灌水率图，从而进一步求得灌溉用水流量过程线。将各时段的灌溉用水流量乘以灌水时间，即得各时段的灌溉用水量。

1.3.2 工业用水

根据《工业用水分类及定义》（CJ 40—1999），工业用水指工矿企业的各部门，在工业生产过程（或期间）中，制造、加工、冷却、空调、洗涤、锅炉等处使用的水及厂内职工生活用水的总称。

工程规划设计阶段，通常采用万元工业增加值用水量法、趋势分析法和弹性系数法计算工业用水量。

1.3.2.1 万元工业增加值用水量法

万元工业增加值用水量法一般是根据当地统计资料分析确定。受工业门类、企业规模、工艺水平以及管理水平等因素的影响，即使同一种产品的用水量在不同的地区、不同的企业都有较大的差异。表 1.3-38 为国家发展和改革委员会、水利部和国家统计局公布的 2008 年和 2009 年各省（自治区、直辖市）万元工业增加值用水量情况，可供规划设计时参考。

表 1.3-38 2008 年和 2009 年各省（自治区、直辖市）万元工业增加值用水量

单位：m^3/万元

省份	2008 年	2009 年
全国	127	116.2
北京	24	22.6
天津	12	11.8
河北	36	31
辽宁	44	39.1
山东	17	15.1
上海	141	150.2
江苏	145	119
浙江	65	56
福建	165	154.4
广东	84	75.6
海南	182	140.4
山西	43	34.1
吉林	83	87.4
黑龙江	149	129.3
河南	64	59.8
安徽	276	254.1
江西	237	177.5
湖北	253	216
湖南	229	195.5

续表

省份	2008 年	2009 年
内蒙古	68	57
陕西	48	38.6
甘肃	130	117.7
青海	233	80.3
宁夏	91	91.7
新疆	69	67.4
西藏	496	473.1
广西	235	212.2
重庆	260	180.7
四川	135	120
贵州	326	310.3
云南	122	111.4

由于技术和管理水平的不断提高，近年来我国工业用水的整体水平提高很快，全国万元工业增加值用水量从 2001 年的 268m^3 下降到了 2010 年的 105m^3。按照《全国水资源规划纲要》，到 2020 年，全国万元工业增加值用水量将下降到 65m^3，到 2030 年，要下降到 40m^3。因此，规划设计人员在计算工业用水量时，一定要根据当地实际情况采用最新的统计数据加以分析。

1.3.2.2 趋势分析法

趋势分析法是根据当地工业用水的历年统计资料，估算规划水平年工业用水量的一种方法，常用的有多项式模型、指数模型、对数模型等，目前应用最多的是指数模型，见式（1.3-19）：

$$Q_{fn} = Q_{f0}(1+d)^n \quad (1.3-19)$$

式中 Q_{fn}——规划水平年的工业用水量；

Q_{f0}——现状水平年的工业用水量；

d——多年平均工业用水量增长率；

n——现状水平年到规划水平年的年数。

1.3.2.3 弹性系数法

趋势分析法采用的是根据工业用水的历史统计资料计算的多年平均增长率，没有考虑未来用水的增长率的变化。弹性系数法则是首先根据以往工业增加值的增长率预测未来工业用水的增长率，再根据这一增长率预测未来的工业用水。具体步骤如下：

（1）根据历年的工业用水量和工业增加值增长情况，用式（1.3-20）计算未来的工业用水弹性系数：

$$\varepsilon = \frac{d}{E} \quad (1.3-20)$$

式中　ε——工业用水弹性系数；

d——根据历史资料计算的工业用水增长率；

E——根据历史资料计算的工业增加值增长率。

(2) 根据当地工业发展规划确定现状水平年到规划水平年的工业增加值增长率 E_n。

(3) 根据式 (1.3-20) 预测现状水平年到规划水平年的工业用水增长率 d_n：$d_n = \varepsilon E_n$。

(4) 按式 (1.3-21) 预测规划水平年的工业用水量：

$$Q_{fn} = Q_{f0}(1 + d_n)^n \qquad (1.3-21)$$

式中除 d_n 外，其他符号意义同式 (1.3-19)。

此外，对于当地工业规模较小，工业产品较为单一的情况，还可采用单位产品用水定额法估算工业用水量。如果当地有实际统计资料，单位产品用水定额可直接采用统计资料；如果缺乏统计资料，可以借用邻近地区相似企业的资料。也可根据国家或地方发布的工业用水定额进行估算，但采用该方法估算的结果往往比较粗略。

目前颁布的有关工业取水定额的国家标准有：《工业企业产品取水定额编制通则》(GB/T 18820—2002)、《取水定额　第1部分：火力发电》(GB/T 18916.1—2002)、《取水定额　第2部分：钢铁联合企业》(GB/T 18916.2—2002)、《取水定额　第3部分：石油炼制》(GB/T 18916.3—2002)、《取水定额　第4部分：棉印染产品》(GB/T 18916.4—2002)、《取水定额　第5部分：造纸产品》(GB/T 18916.5—2002)、《取水定额　第6部分：啤酒制造》(GB/T 18916.6—2004)、《取水定额　第7部分：酒精制造》(GB/T 18916.7—2004)、《取水定额　第8部分：合成氨》(GB/T 18916.8—2006)、《取水定额　第9部分：味精制造》(GB/T 18916.9—2006)、《取水定额　第10部分：医药产品》(GB/T 18916.10—2006)。除个别省份以外，全国各省（自治区、直辖市）目前也都发布了本省（自治区、直辖市）的行业用水定额标准，有的地市也制定了相关定额标准，规划设计时可以参考。

1.3.3　生活用水

生活用水包括城镇生活用水和农村生活用水。城镇生活用水包括：居民生活用水和公共用水（含商业、建筑业、消防、环境、旅游用水等）。农村生活用水包括居民生活用水和畜禽用水。

城镇生活用水量通常根据人口数和综合生活用水定额确定，也可按居民生活用水和公共用水分项估算。农村生活用水则按居民生活用水和畜禽用水分别估算。

居民生活用水一般根据城乡人口按照生活用水定额（人均日生活用水量）估算。现状人口通常根据统计资料或调查取得，规划水平年人口通常采用式 (1.3-22) 估算：

$$P_n = P_0(1 + \gamma)^n \qquad (1.3-22)$$

式中　P_n——规划水平年人口数；

P_0——现状水平年人口数；

γ——规划年限内的人口自然增长率，可根据当地近年来的人口自然增长率确定；

n——现状水平年到规划水平年的年数。

生活用水定额应根据实际调查确定。在资料缺乏的地区，城市和村镇的生活用水定额也可分别参照《村镇供水工程技术规范》(SL 310) 和《室外给水设计规范》(GB 50013) 确定，公共建筑用水和消防用水可分别参照《建筑给水排水设计规范》(GB 50015)、《建筑设计防火规范》(GB 50016)、《高层民用建筑设计防火规范》(GB 50045)、《村镇建筑设计防火规范》(GBJ 39)、《城市给水工程规划规范》(GB 50282) 和《城市综合用水量标准》(SL 367) 的规定选取，表1.3-39～表1.3-41列出了部分用水定额，可供缺乏资料的地区参考。

畜禽用水则按照畜禽种类、数量和用水定额确定。表1.3-42列出了饲养畜禽的最高日用水定额。

1.3.4　生态用水

生态用水一般是指为维持生态与环境功能和进行生态环境建设所需要的最小水量，通常分为河道内生态用水和河道外生态用水。其估算方法简述如下。

1.3.4.1　河道内生态用水

河道内生态用水一般包括以下几部分：

(1) 维持水生生物栖息地生态平衡所需的水量。

(2) 维持合理的地下水位及水景观所必需的入渗补给水量和蒸发消耗水量。

(3) 河流保持一定的稀释净化能力所需的水量。

(4) 维持河流水沙平衡所需的水量等。

各部分需水量之间具有一定的交叉和重复，一般对具有兼容性的各项生态环境需水量分别计算之后，取其中最大值作为最终的河道内生态用水。

1. 河道生态基流用水

河道生态基流用水是维持河流基本生态功能的最小用水量，主要用以维持河床基本形态、防止河道断流、保持水体天然自净能力、避免河流水体生物群落遭到无法恢复的破坏等。其主要计算方法有以下几种：

(1) 多年最小月平均流量法。以河流最小月平均天然径流量的多年平均值作为河流生态基流，计算式如式 (1.3-23)：

表 1.3-39　　居民生活用水定额　　单位：L/(人·d)

城市规模	特大城市		大城市		中、小城市	
分区＼用水情况	最高日	平均日	最高日	平均日	最高日	平均日
一	180～270	140～210	160～250	120～190	140～230	100～170
二	140～200	110～160	120～180	90～140	100～160	70～120
三	140～180	110～150	120～160	90～130	100～140	70～110

注　1. 本表选自《室外给水设计规范》(GB 50013—2006)。
2. 特大城市指：市区和近郊区非农业人口 100 万及以上的城市；大城市指：市区和近郊区非农业人口 50 万及以上，不满 100 万的城市；中、小城市指：市区和近郊区非农业人口不满 50 万的城市。
3. 一区包括：湖北、湖南、江西、浙江、福建、广东、广西、海南、上海、江苏、安徽、重庆；
二区包括：四川、贵州、云南、黑龙江、吉林、辽宁、北京、天津、河北、山西、河南、山东、宁夏、陕西、内蒙古河套以东和甘肃黄河以东的地区；
三区包括：新疆、青海、西藏、内蒙古河套以西和甘肃黄河以西的地区。
4. 经济开发区和特区城市，根据用水实际情况，用水定额可酌情增加。
5. 当采用海水或污水再生水等作为冲厕用水时，用水定额相应减少。

表 1.3-40　　综合生活用水定额　　单位：L/(人·d)

城市规模	特大城市		大城市		中、小城市	
分区＼用水情况	最高日	平均日	最高日	平均日	最高日	平均日
一	260～410	210～340	240～390	190～310	220～370	170～280
二	190～280	150～240	170～260	130～210	150～240	110～180
三	170～270	140～230	150～250	120～200	130～230	100～170

注　本表摘自《灌溉与排水工程设计规范》(GB 50288—99)。

表 1.3-41　　村镇最高日居民生活用水定额　　单位：L/(人·d)

主要用（供）水条件	一区	二区	三区	四区	五区
集中供水点取水，或水龙头入户且无洗涤池和其他卫生设施	30～40	30～45	30～50	40～55	40～70
水龙头入户，有洗涤池，其他卫生设施较少	40～60	45～65	50～70	50～75	60～100
全日供水，户内有洗涤池和部分其他卫生设施	60～80	65～85	70～90	75～95	90～140
全日供水，室内有给水、排水设施且卫生设施较齐全	80～110	85～115	90～120	95～130	120～180

注　1. 本表所列用水量包括了居民散养畜禽用水量、散用汽车和拖拉机用水量、家庭小作坊生产用水量。
2. 一区包括：新疆、西藏、青海、甘肃、宁夏，内蒙古西北部，陕西和山西两省黄土沟壑区，四川西部；
二区包括：黑龙江、吉林、辽宁，内蒙古西北部以外的地区，河北北部；
三区包括：北京、天津、山东、河南，河北北部以外、陕西和山西两省黄土沟壑区以外的地区，安徽、江苏两省的北部；
四区包括：重庆、贵州、云南，四川西部以外地区，广西西北部，湖北、湖南两省的西部山区；
五区包括：上海、浙江、福建、江西、广东、海南、台湾，安徽、江苏两省北部以外的地区、广西西北部、湖北、湖南两省西部山区以外的地区。
3. 取值时，应对各村镇居民的用水现状、用水条件、供水方式、经济条件、用水习惯、发展潜力等情况进行调查分析，并综合考虑以下情况：村庄一般比镇区低；定时供水比全日供水低；发展潜力小取较低值；制水成本高取较低值；村内有其他清洁水源便于使用时取较低值。调查分析与本表有出入时，应根据当地实际情况适当增减。
4. 本表中的卫生设施主要指洗涤池、洗衣机、淋浴器和水冲厕所等。

表1.3-42　圈养饲养畜禽最高日用水定额　单位：L/(头或只·d)

畜禽类别	用水定额	畜禽类别	用水定额	畜禽类别	用水定额
马	40～50	育成牛	50～60	育肥猪	30～40
骡	40～50	奶牛	70～120	羊	5～10
驴	40～50	母猪	60～90	鸡	0.5～1.0

$$W_b = \frac{T}{n}\sum_{i=1}^{n} Q_{\min i} \quad (1.3-23)$$

式中　W_b——河流生态基流用水，万m^3；

$Q_{\min i}$——第i年最小月均流量，m^3/s；

n——统计年数；

T——单位换算常数，为3153.6。

(2) Q_{90}法。将90%频率下的最小月平均径流量作为河道内生态基流。

(3) 典型年最小月流量法。选择满足河道一定功能、未断流，又未出现较大生态环境问题的某一年作为典型年，将典型年最小月平均流量或月径流量作为河道生态基流。

2. 水生生物需水量

水生生物需水量是指维持河道内水生生物群落的稳定性和保护生物多样性所需要的水量。可按式(1.3-24)计算：

$$W_C = \sum_{i=1}^{12} \max(W_{C_{ij}}) \quad (1.3-24)$$

式中　W_C——水生生物年需水量，万m^3；

$W_{C_{ij}}$——第i月第j种水生生物需水量，万m^3，需根据具体生物物种生活习性确定。

缺乏资料地区可采用Montana法，又称Tennant法。该法将全年分为两个计算时段，根据多年平均流量百分比和河道内生态环境状况的对应关系，直接计算维持河道水生生物正常生长的需水量，计算式为

$$W_R = 8.64\sum_{i=1}^{12} M_i Q_i P_i \quad (1.3-25)$$

式中　W_R——多年平均条件下维持河道水生生物正常生长的需水量，万m^3；

M_i——第i月天数，d；

Q_i——第i月多年平均流量，m^3/s；

P_i——第i月生态环境需水百分比，%。

Tennant法将一年分为2个计算时段，4～9月为多水期，10月至次年3月为少水期，不同时期流量百分比有所不同，通常在10%～40%之间选取。

3. 维持河流水沙用水

维持河流水沙用水是指维持河流冲刷与侵蚀动态平衡需要的河道水量。在一定的输沙总量要求下，输沙水量直接取决于水流含沙量的大小。对于北方河流而言，汛期的输沙量约占全年输沙总量的80%以上，因此，可以忽略非汛期的输沙水量。这种情况下，河流汛期输沙用水量按式(1.3-26)和式(1.3-27)计算：

$$W_s = \frac{S_t}{C_{\max}} \quad (1.3-26)$$

$$C_{\max} = \frac{1}{n}\sum_{i=1}^{n} \max(C_{ij}) \quad (1.3-27)$$

式中　W_s——河流水沙平衡用水量；

S_t——多年平均输沙量；

$C_{\max}$——多年最大月平均含沙量的平均值；

C_{ij}——第i年第j月平均含沙量；

n——统计年数。

4. 环境保护稀释用水

环境保护稀释用水是指把污水浓度稀释到某一标准所需的河流水量。可按式(1.3-28)近似估算：

$$W_p = \frac{W_m - 86.4q(C_N - C_0)}{C_N - C} \quad (1.3-28)$$

式中　W_p——河段稀释用水量，m^3；

W_m——河段的容许负荷量，kg/d；

q——污水排放量，m^3/s；

C_N——按照规定的水质标准容许污染物的浓度，mg/L；

C_0——上游来水中污染物浓度，mg/L；

C——流经该河段后污染物的浓度，mg/L。

1.3.4.2　河道外生态用水

河道外生态用水又包括天然生态用水和人工生态用水。天然生态用水包括荒地植被用水，湿地、湖泊用水等；人工生态用水包括人工防护林、城镇绿地、景观用水等。河道外生态用水的估算方法依其类别各不相同，以植被为主体的，比如防护林、城镇绿地、荒地植被等可参照类似计算农作物需水量的方法进行估算；以水域为主体的，比如湿地、湖泊，可根据水面蒸发量观测资料进行估算。

1.4　水源工程规划

1.4.1　水源的选择

各类供水工程的水源包括地面水源和地下水源两

大类型。地面水源包括河流、湖泊、水库、淡化海水等；地下水源包括潜水、承压水、裂隙水、岩溶水和泉水等。灌溉回归水、经过处理达标的城市工业废水和生活污水也可作为农业灌溉水源。

1. 城市供水水源的选择

城市供水水源的选择应综合考虑水质、水量、取水和供水的便利程度等，经多方案技术经济论证确定。

城市供水水源的选择，一般优先利用就近的地下水、附近清洁的泉水、能自流输水的地面水等。随着城市规模的扩大和水资源紧缺问题的加剧，多水源供水和远距离调水是许多城市的选择。

选择城市给水水源应以水资源勘察或分析研究报告以及区域、流域水资源规划及城市供水水源开发利用规划为依据，并应满足规划区城市用水量和水质等方面的要求。低于生活饮用水水源水质要求的水源，可作为水质要求低的其他用水的水源。水资源不足的城市，污水再生处理后可用作工业用水、河湖环境用水、农业灌溉用水等，其水质应符合相应标准的规定。缺乏淡水资源的沿海或海岛城市宜将海水直接或经处理后作为城市水源，其水质应符合相应标准的规定。

2. 乡镇供水水源的选择

乡镇供水可按下列顺序选择水源：

(1) 可直接饮用或经过消毒等简单处理即可饮用的水源，如泉水、深层地下水（承压水）、浅层地下水（包括潜水）、山溪水、未污染的洁净水库水。

(2) 经常规处理后即可饮用的水源，如江、河水。

(3) 受轻微污染的水库及湖泊水。

(4) 便于开采，但需经特殊处理方可饮用的地下水源，如含铁（锰）量超过《生活饮用水卫生标准》(GB 5749—2006) 的地下水源，高氟水。

(5) 缺水地区的乡镇，应论证修建收集雨水的装置或构筑物（如水窖等）。

(6) 水量充足，水源卫生条件好、便于卫生防护。

对于供水范围广、存在多个水源地的农村或居民区分散的城镇区，应收集居民对水源地选择、水源地保护措施的意见或建议。

3. 农业灌溉水源的选择

农业灌溉水源的选择除考虑水源的位置尽可能靠近灌区和附近具备便于引水的地形条件外，还应对水源的水量、水质以及水位条件进行分析研究，以便制定利用水源的可行方案。

1.4.2 取水方式

根据水源位置及水量、水位条件的不同，可选择不同的取水方式。

1.4.2.1 地表水取水方式

地表水取水方式分为以下几种：

(1) 无坝取水。适用于河流水位流量均能满足灌溉要求的情况。

(2) 闸坝取水。适用于流量满足要求，但水位不满足要求需修堰坝或拦河闸以抬高水位的情况。

(3) 抽水取水。适用于流量满足但灌区位置较高，修建其他自流引水工程不经济的情况。

(4) 水库取水。适用于流量水位均不满足，必须修建水库进行径流调节，以解决来水和用水之间的矛盾，并综合利用河流水源，如发电、航运、养殖等，这是一种常见的取水方式。

(5) 综合取水方式。上述几种取水方式，除单独使用外，还经常同时采用多种取水方式，引取多种水源，形成蓄、引、提结合的灌溉系统；即便只是水库取水方式，也可以对水库泄入原河道的发电尾水，在下游适当地点修建壅水坝，将它抬高，引入渠道，以充分利用水库水量及水库与壅水坝前的区间径流。

1.4.2.2 地下水取水方式

地下水取水方式分为以下几种：

(1) 垂直取水建筑物。管井、筒井。

(2) 水平取水建筑物。坎儿井、卧管井、截潜流工程。

(3) 双向取水建筑物。辐射井。

1.4.3 地表取水工程水利计算

1.4.3.1 无坝引水

无坝引水工程水利计算的任务，主要是根据河流天然来水情况，确定经济合理的供水规模或灌溉面积以及进水建筑物的相应尺寸。具体计算内容主要包括确定设计引水流量、闸前设计水位、闸后设计水位和进水闸尺寸等。

1. 设计引水流量的确定

无坝引水枢纽的设计引水流量可采用下列方法计算：

(1) 长系列法。根据灌溉面积、历年的灌水率图以及灌溉水利用系数，求得灌区历年灌溉用水流量过程线，有城乡供水和工业供水要求的需加上供水流量过程；选择历年的最大灌溉（供水）流量进行频率分析；选取相应于灌溉设计保证率的流量，作为进水闸设计引水流量。大、中型引水工程应尽量采用此法。

(2) 设计代表年法。此法系根据灌区历年灌溉期降雨量，进行频率分析，选择 2～3 个相当于灌溉设计保证率的年份，作为设计代表年，然后作各设计代表年的灌溉（供水）用水过程线，以确定各设计代表年的最大引水流量，再从中选择一个最大的灌溉引水流量，作为设计引水流量。此法一般用于小型工程。

无坝引水渠首的引水比宜小于 50%，多沙河流无坝引水的引水比宜小于 30%。若设计引水流量不满足此要求，则需减小灌溉面积或供水规模。

2. 闸前设计水位的确定

为了确定闸前设计水位 x（见图 1.4－1），首先应确定外河设计水位 x_1。外河设计水位可根据历年灌溉期的最低旬（或月）平均水位进行频率分析，选取相当于灌溉设计保证率的水位作为外河设计水位。如果大江大河枯水位比较稳定，也可以选取历年灌溉期的平均枯水位，作为外河设计水位。

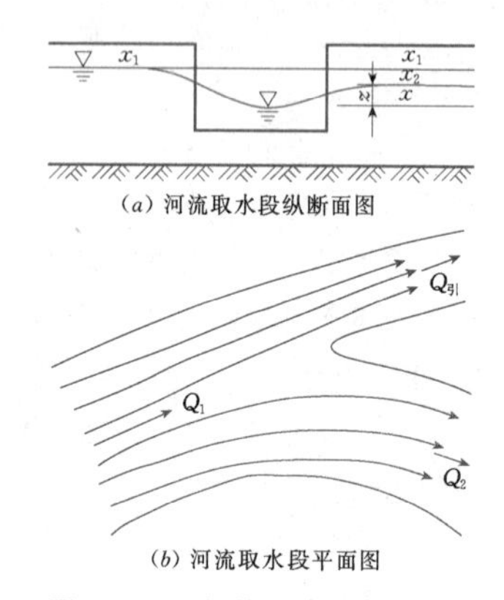

(a) 河流取水段纵断面图

(b) 河流取水段平面图

图 1.4－1　闸前设计水位示意图

在外河设计水位确定之后，便可根据与外河设计水位相应的河流平均流量 Q_1 减去设计引水流量 $Q_{引}$ 得到引水后的河流流量 Q_2，并根据 Q_2 查河流水位流量关系曲线得引水后河流相应的水位 x_2。此外，还应考虑引水时闸前有一定流速引起的水面降落 z，闸前设计水位可用式（1.4－1）～式（1.4－3）计算：

$$x = x_2 - z \tag{1.4-1}$$

$$z = \frac{3}{2} \times \frac{K}{1-K} \times \frac{v_2^2}{2g} \tag{1.4-2}$$

$$v_2 = \frac{Q_1 - Q_{引}}{A_2} = \frac{Q_2}{A_2} \tag{1.4-3}$$

式中　x——闸前设计水位，m；

x_2——与 Q_2 相对应的外河水位，由水位流量关系曲线查得，m；

z——引水时部分位能转化为动能后所形成的闸前水位降落，m；

K——取水系数，为引水流量 $Q_{引}$ 与引水前河流流量 Q_1 之比值；

v_2——与 x_2 相应的河流平均流速，m/s；

A_2——相应于水位 x_2 时下游河道的过水断面面积，m^2。

由式（1.4－2）可以看出，z 值的大小与取水系数 K 直接有关。南方山区丘陵地区中、小河流上的无坝引水工程，其取水系数一般在 30% 以下，若取 $K=0.3$，$v_2=1.0m/s$，则 $z \approx 0.3m$，设计时可取此值进行估算；而自大江大河引水时，取水系数 K 往往很小，由式（1.4－2）计算的 z 甚微，设计时一般可忽略不计，即取闸前设计水位为 $x \approx x_2$。

若闸前引水渠较长，则闸前设计水位还应减去引水渠中的水头损失。

3. 闸后设计水位的确定

闸后设计水位一般是根据灌区高程控制要求确定的干渠渠首水位，但这一水位还应根据闸前设计水位扣除过闸水头损失加以校核。如果不足，则应以闸前水位扣除过闸水头损失作为闸后设计水位，而将灌区范围适当缩小，或者向上游重新选择新的取水地点。

4. 进水闸尺寸的确定及校核

进水闸闸孔尺寸，主要指闸底板高程和闸孔的净宽，在满足灌区高程控制要求的前提下，对于同一设计流量，闸底板高程定得低些，闸孔净宽就可小一些；相反，闸底板高程定得高些，闸孔净宽就需要大些。设计时，必须根据建闸处地形、地质条件、河流挟沙情况等综合考虑，反复比较，以求得经济合理的闸孔尺寸。

如果闸底板高程已经确定，根据设计引水流量、闸前及闸后设计水位，即可按水力学的方法判别过闸水流状态并采用相应的公式计算闸孔净宽，如果过闸水流状态为宽顶堰淹没出流，则闸孔宽度可用式（1.4－4）计算：

$$B = \frac{Q_{设引}}{\sigma_s \varepsilon m \sqrt{2g} H_0^{3/2}} \tag{1.4-4}$$

式中　B——闸孔净宽，m，若分孔，则 $B=nb$（n 为孔数，b 为每孔净宽）；

$Q_{设引}$——设计引水流量，m^3/s；

σ_s——淹没系数，与闸前及闸后水位有关，可按水力学中有关公式计算或查表确定；

ε——侧收缩系数，与边墩及中墩形状、个数及闸孔净宽有关，可参阅水力学中有关公式计算或查表确定；

m——宽顶堰流量系数，与进口底坎的形状有关，可查水力学中有关表确定；

H_0——包括行近流速水头的闸前堰顶总水头，m。

在进行闸孔净宽计算时，由于侧收缩与闸孔净宽有关，一般需要试算。可先不考虑侧收缩影响，计算闸孔总净宽 B，再结合分孔情况，计入侧收缩影响，检验闸孔的过水能力。

大型工程在设计计算后，必要时还应通过模型试验加以验证。

实际工程设计中，设计条件有时比较复杂，灌溉临界期往往不止一个，如按某一灌溉临界期设计进水闸尺寸，还应按另一个灌溉临界期的引水流量进行校核，以满足保证年份内各个时期的灌溉用水要求。

1.4.3.2 闸坝取水

闸坝取水工程的水利计算与无坝引水工程类似，不同之处在于增加了拦河闸或堰坝，即闸坝引水可能引取的流量，不但与河流天然来水流量有关，而且与闸坝抬高后的河流水位有关。闸坝取水工程水利计算的内容主要是在已给灌区面积情况下，确定设计引水流量、拦河闸坝的基本尺寸及进水闸尺寸等。如果河道的流量不能满足灌溉供水的要求，则应适当调整灌溉面积和供水规模或降低设计标准等，并重新进行计算，最后通过方案比较，合理确定设计取水流量和灌区的范围。

1. 设计取水流量的确定

（1）长系列法。具体步骤如下：

1）选择有代表性的系列年组。

2）计算历年的河流来水和灌区用水过程。在计算河流来水和灌区用水过程中，一般可采用5日或旬作为计算时段。

3）逐年进行引水水量平衡计算（可采用表格形式计算，见表1.4-1），将表1.4-1中同一段时间的可引取河流来水量与灌区毛灌溉水量进行比较，取两者中较小的数字作为实际引水量，填入该栏。当同一时段的实际引水量小于用水量时，即表示该时段的河流引水量不能满足用水要求。

4）统计系列年组 n 中河流来水满足用水的保证年数 m，计算灌溉（供水）保证率。

5）如果按步骤4）计算得到的保证率与灌区所要求的设计保证率相一致，则可在引水量平衡计算表1.4-1内实际引水量一栏中，选取其中最大的实际引水量 W（万 m^3），采用式（1.4-5）计算设计引水流量：

$$Q=\frac{W}{8.64t} \tag{1.4-5}$$

式中 t——采用的计算时段，s。

如果计算得到的保证率与灌区要求的设计保证率不一致，则需调整供水规模或减少灌溉面积或改变作物种植比例等。

表1.4-1　某灌区历年引水量平衡计算表

年	月	旬	可引取河流来水量（万 m^3）	毛灌溉用水量（万 m^3）	实际引水量（万 m^3）	引水保证情况（+）或（-）
(1)	(2)	(3)	(4)	(5)	(6)	(7) = (6) - (5)
1952	4	中	1000	400	400	+
		下	1200	700	700	+
	5	上	500	800	500	-
		⋮	⋮	⋮	⋮	⋮

（2）设计代表年法。设计代表年法是选择某几个代表年份，进行引水量平衡计算，其计算方法与长系列法相同，但该法仅就选定的代表年份进行计算，故计算工作量较小。具体计算步骤如下：

1）按下述方式选择一个代表年组：①对渠首河流历年的来水量进行频率分析，按灌区所要求的灌溉设计保证率，选出2～3年作为设计代表年，并求出相应年份的灌溉用水过程；②对灌区历年作物生长期降雨量或灌溉定额进行频率分析，选择频率接近灌区所要求的灌溉设计保证率的年份2～3年，作为设计代表年，并根据水文资料，查得相应年份渠首河流的来水过程；③由上述一种或两种方法所选得的设计代表年中，选出2～6年，组成一个设计代表年组。

2）对设计代表年组中的每一年，进行引水量平衡计算与分析（具体计算方法同长系列法），如在引水量平衡计算中，发生破坏情况，则应缩小供水规模或减少灌溉面积或改变作物组成或降低设计标准等措施，并重新计算。

3）选择设计代表年组中实际引水流量最大的年份，作为设计代表年，并以该年最大引水流量作为设计流量。

2. 进水闸尺寸的确定

进水闸的尺寸取决于过闸水流状态，设计引水流量、闸前及闸后设计水位等，而闸前设计水位 $z_{前}$ 又与设计时段河流来水流量有关（见图1.4-2）。

（1）当设计时段河流来水流量等于设计引水流量

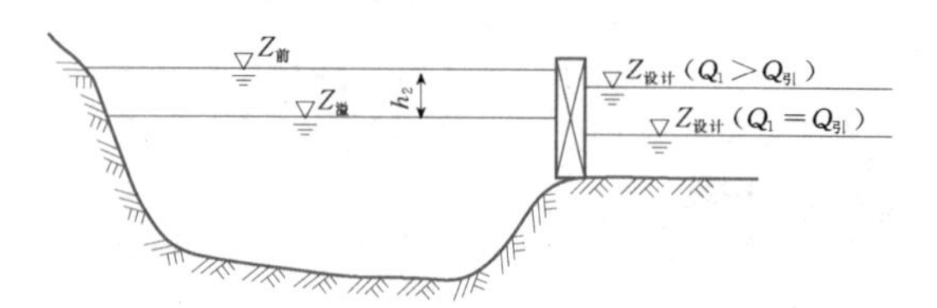

图 1.4-2　闸坝引水闸前设计水位计算示意图

($Q_1=Q_{引}$) 时

$$z_{前}=z_{溢}+\Delta D_1 \qquad (1.4-6)$$

式中　$z_{前}$——相应于设计取水流量的干渠渠首水位，m；

$z_{溢}$——拦河坝溢流段坝顶高程，m；

ΔD_1——安全超高，一般中、小型取水工程取 0.2～0.3m。

(2) 当设计时段河流来水流量大于设计引水流量 ($Q_1>Q_{引}$) 时

$$z_{前}=z_{溢}+h_2 \qquad (1.4-7)$$

式中　h_2——相应于设计年份灌溉临界期河流来水流量 Q_1 减去设计引水流量 $Q_{引}$ 后的河流流量 Q_2 的溢流水深，可用式 (1.4-8) 计算，当 h_2 很小时，可略去不计。

$$h_2=\left(\frac{Q_2}{\varepsilon mB\sqrt{2g}}\right)^{2/3} \qquad (1.4-8)$$

式中　B——拦河坝溢流段宽度，m，若是分孔，则 $B=nb$(n 为孔数，b 为每孔宽)；

m——溢流坝流量系数；

ε——侧收缩系数。

如果有引水渠，式 (1.4-6) 和式 (1.4-7) 中还需考虑引水渠的水头损失。

闸后设计水位的确定和闸孔尺寸的具体计算方法，与无坝引水工程中有关部分相同。

1.4.3.3　抽水取水

可参考水泵及水泵站部分。

1.4.3.4　水库取水

大中型水库的供水量及库容一般要根据水文资料及灌溉综合利用等要求进行径流调节计算确定（参见本手册第2卷第4章"水文分析与计算"和第5章"水利计算"）。小型水库、小型河坝、塘堰的供水量多用下列简易方法估算。

1. 小型水库兴利库容及供水量估算

(1) 小型水库兴利库容 $V_{兴}$ 采用下列两种方法估算：

1) 按来水量估算。适用于供水规模较大，而水库流域面积相对较小的情况，可用式 (1.4-9) 计算：

$$V_{兴}=\beta W_0=0.1\beta\bar{h}F \qquad (1.4-9)$$

式中　β——库容系数，各地均有统计数值，如湖北省一般采用 0.7～0.9，山东省采用 0.7～0.75；

W_0——多年平均径流量，万 m^3；

$\bar{h}$——多年平均径流深，mm；

F——流域面积，km^2。

2) 按用水量估算。适用于供水规模较小，而水库流域面积相对较大的情况，可用式 (1.4-10) 计算：

$$V_{兴}=M+\varphi \qquad (1.4-10)$$

式中　M——灌区（供水区）实际用水量，万 m^3；按本章1.3节需水量分析计算所述方法确定；

φ——水库水量损失，一般取 $\varphi=0.1M$。

(2) 小水库供水量 W_p 采用式 (1.4-11) 估算：

$$W_p=k_pW_0=0.1k_p\bar{h}F \qquad (1.4-11)$$

式中　W_p——不同设计年的年供水量，万 m^3；

k_p——不同保证率的模比系数，根据不同的 C_v 值，可从皮尔逊Ⅲ型频率曲线的模比系数 k_p 表中查得（一般用 $C_s=2.0C_v$）。

2. 小型河坝引水量估算

小型河坝引水量的大小取决于截引面积、年径流及其分配过程和引水渠的断面尺寸，采用式 (1.4-12) 计算：

$$W_{引}=0.1F\bar{h}\eta \qquad (1.4-12)$$

式中　$W_{引}$——河坝可引水量，万 m^3；

F——截引面积，km^2；即河坝与引水渠拦截的集雨面积；

$\bar{h}$——相应时段的径流深，mm；

η——径流利用率，与月径流量的大小、引水渠的大小及沿渠土质有关，根据湖南省的经验一般为 0.7～0.8。

3. 塘堰供水量

(1) 复蓄次数法。塘堰供水量可用不同年份塘堰有效容积的复蓄次数估算，计算公式为

$$W=NV \qquad (1.4-13)$$

式中　W——可用于灌溉的塘堰供水量，m^3/亩；

V——单位灌溉面积上的塘堰有效容积，m^3/亩（塘堰有效容积一般可通过调查确定，如湖北省丘陵地区约为 100m^3/亩，有些管理运用较好的灌区可达 150～200m^3/亩，湖南省为 100～200m^3/亩，可参考表 1.4-2)；

N——塘堰一年内的复蓄次数，不同地区不同年份均不一致，可经调查获得，可参考表1.4-3。

表1.4-2 单位灌溉面积上的塘堰容积统计

单位：m^3/亩

省份	灌区名称	塘堰容积
湖北	南漳	94
	长渠	113
	随县黑屋湾水库	91
	麻城浮桥河	119
	麻城明山水库	183
	枣阳青庄	180
安徽	六安	133
	滁县	191
	安庆	150
	巢湖	168
	芜湖	153
	徽州	72

表1.4-3 湖北、湖南塘堰复蓄次数

塘堰类别	湖南	湖北	
孤立塘堰	0.7～1.2	丰水年	1.5～2.0
		平水年	1.2～1.5
		干旱年	0.5～1.0
“结瓜”塘堰	1.2～1.5	比孤立塘堰大0.5～1.0倍	

(2) 抗旱天数法。塘堰的抗旱天数综合反映了其供水能力的大小，通过对干旱年份塘堰抗旱天数 t 及作物田间耗水强度 e(mm/d) 的调查，塘堰供水能力 W(m^3/亩) 可用式 (1.4-14) 推算：

$$W = 0.667te \tag{1.4-14}$$

此法比较简单，有一定可靠性。如果灌区较大，应分区进行调查。

(3) 塘堰径流法。各时段塘堰供水量 W，可用式 (1.4-15) 估算：

$$W = 0.667\alpha_i P_i f \eta_i \tag{1.4-15}$$

式中 P_i——时段降雨量，mm；

α_i——各时段径流系数，根据径流站观测试验资料确定，如果无实测资料可借用邻近相似地区的观测资料；

f——塘堰集雨面积与灌溉面识之比值，经调查分析确定，如湖北省 f 值一般在0.8～1.5范围内；

η_i——各时段塘堰蓄水利用系数，它与塘堰蒸发渗漏、水量排泄有关，一般用0.5～0.7。

用上述方法求得塘堰供水量后，其月（旬）分配过程可参照各地径流站或小水库相应年份径流分配情况进行分配。

以上三种方法，都是根据调查研究，参考经验数据确定各种参数，因此，计算结果均带有一定的经验性质，需根据具体情况加以选用。

1.4.3.5 综合取水方式——长藤结瓜式灌溉系统

为了综合利用各种水源，充分发挥各种水利设施的调节作用，提高供水能力，我国南方地区，把灌区或供水区范围内的水库和塘堰与骨干工程用渠道连接起来统一运用，组成渠道为“藤”、水库和塘堰为“瓜”的灌溉系统。此时灌区或供水区内的水库和塘堰可以接受来自渠道的补水，发挥反调节作用，即“闲时灌库，忙时灌田”。

长藤结瓜式灌溉系统的水利计算比较复杂，既要研究灌区内水库和塘堰工程供水量及其反调节作用，又要研究骨干工程的调节作用，具体计算方法如下所述。

1. 平衡区的划分

为了便于径流调节计算，将复杂而众多的蓄、引水工程设施，按其分布情况、自然地理条件、水文单元以及行政区划等，划分成相对独立的平衡区，进行分区平衡计算，但分区不宜过细。

2. 径流调节计算方法

某灌区水利设施分布情况如图1.4-3所示，其平衡区划分为下列三个：

(1) 塘堰区（Ⅰ区）。本区水利设施简单，仅有塘堰等小型工程。

(2) 高库区（Ⅱ区）。本区除塘堰供水外，还有位置高于渠道的水库，这些水库可通过渠道向灌区输水。

(3) 低库区（Ⅲ区）。本区除塘堰外还有位置低于渠道的水库，这些水库既能蓄水灌田，又能接受干支渠等来水进行充蓄。

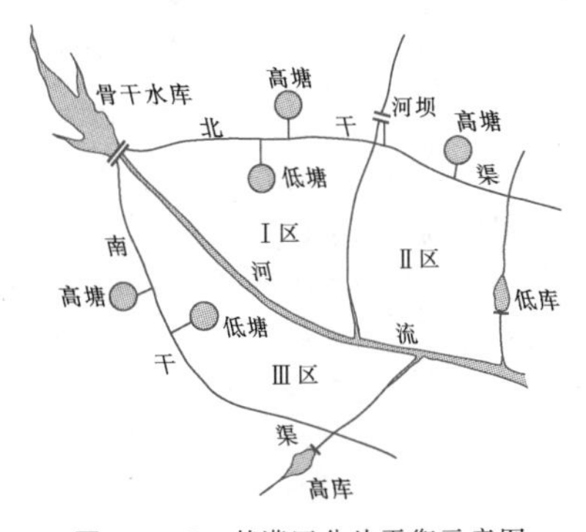

图1.4-3 某灌区分片平衡示意图

设计年当地径流深年内分配见表1.4-4，灌溉用水量见表1.4-5，径流利用率采用0.7～0.8，高塘复蓄次数为1.2，低塘为1.5，推求水库供水过程线。

表1.4-4　径流深年内分配　单位：mm

月　份	11	12	1	2	3	4	5	6	7	8	9	10	全年
径流深	21	29	18	45	29	40	195	170	34	29	40	25	675

表1.4-5　灌溉用水量　单位：万 m^3

月　份	4	5	6	7	8	9	10	全年
Ⅰ区	293	323.6	981	1602	985	583	302	5069.6
Ⅱ区	164.5	180.4	449	895	552	327	168.8	2736.7
Ⅲ区	51.5	56.4	171.7	280	172.5	102	52.8	886.9

分别对Ⅰ、Ⅱ、Ⅲ区进行调节计算后，再按全灌区进行调节计算，其方法如下：

（1）塘堰区（Ⅰ区）调节计算。首先使用河坝来水（即小型引水工程）和坡面径流，若有余水则可充塘或作弃水，若不够则先由低塘后由高塘供水，若仍不够则需骨干水库调配。计算结果见表1.4-6。

表1.4-6　骨干水库供水量　单位：万 m^3

月份	Ⅰ区	Ⅱ区	Ⅲ区	水库总供水
11		91.8		91.8
12		91.8		91.8
1		91.8		91.8
2		91.8		91.8
3		91.8		91.8
4	308.6	225.6		534.2
5	294.0	92.1		386.1
6	1047.0	271.5		1318.5
7	1714.0	547.0	96.2	2357.2
8	1007.0	127.0		1134.0
9	658.0	336.8	35.9	1030.7
10	340.0	166.0	21.7	527.7
全年	5368.6	2225.0	153.8	7747.4

（2）低库区（Ⅱ区）调节计算。当河坝来水、坡面径流、低塘和高塘供水仍不能满足本区用水时，首先由低库调节本区河川径流供水。若低库库容大，当地水源不足以充蓄时，则需骨干水库供水充蓄，以发挥低库的调蓄作用。若低库在骨干水库供水充蓄后，仍不能满足本区供水需要，其不足部分也应由骨干水库调配。具体计算见表1.4-7。骨干水库向低库供水充蓄时，应力求使干渠供水均匀。

（3）高库区（Ⅲ区）调节计算。当坡面径流、低塘、高塘供水后仍不能满足该区用水时，则由高库调配。高库调配后，若有余水，则用来充蓄低处塘库，不要随便弃水。高库若不能满足本区用水，则需骨干水库加以调配。计算结果见表1.4-6。

（4）全灌区平衡计算。在灌区三个分片（即Ⅰ、Ⅱ、Ⅲ区）进行水量平衡计算后，汇总各片的缺水总和即为骨干水库供水过程，见表1.4-6。骨干水库供水过程求得后，其兴利库容的调节方法与单一水库的调节方法相同。

1.4.4　地下水资源评价及机井灌溉规划

1.4.4.1　可开发利用的地下水资源

可开发利用的地下水资源，系指在一定开采技术条件下，在一定时期内既有补给的保证又能提取出来的地下水开采量。它应技术上可行，经济上合理，并不致引起开采区水文地质条件的恶化，不产生地面沉降、海水入侵和土壤次生盐碱化等环境问题，不影响开采设备正常工作，而且在一定时期内基本保持地下水的均衡。

1. 浅层地下水的补给和消耗

（1）开采区内地下水的补给和消耗。

1）降雨补给。降雨是浅层地下水的主要补给来源，其补给量与降雨量、降雨强度、降雨在时间上的分布、地形、地貌、土壤土质、前期土壤含水量、地下水埋深以及植被等多种因素有关，其计算方法有水量平衡法、水文学法、相关分析法、地下水动态分析法以及降雨入渗补给系数法等。

一般可根据降雨量乘降雨入渗补给系数 α（即降雨补给地下水量与降雨量的比值）求得。影响降雨入渗补给的因素很多，有条件时应通过试验来确定 α 值，或者参考同类地区的资料选定 α 值。表1.4-8～表1.4-10为相关的试验资料，可供参考。

表 1.4-7　　某灌区Ⅱ区（3万亩）水量平衡计算表　　单位：万 m^3

月份	灌溉用水量	河坝可利用水量（$F=10km^2$）				干渠拦截坡面径流量（$F=2km^2$）			第一次平衡		高塘供水量（$V=20$ 万 m^3）	
		径流深（mm）	河坝产水量	利用率	可利用水量	坡面产水量	利用率	可利用水量	余（+）	缺（-）	复蓄次数	可供水量
(1)	(2)	(3)	(4)=(3)F	(5)	(6)=(4)×(5)	(7)=(3)F	(8)	(9)=(7)×(8)	(10)=(6)+(9)-(2)		(11)	(12)=(11)V
1		18	18	0.8	14.4	3.6	0.7	2.5	16.9			
2		45	45	0.8	36.0	9.0	0.7	6.3	42.3			
3		29	29	0.8	23.2	5.8	0.7	4.1	27.3			
4	164.5	40	40	0.8	32.0	8.0	0.7	5.6		126.9		
5	180.4	195	195	0.7	136.5	39.0	0.7	27.3		16.6		
6	449.0	170	170	0.7	119.0	34.0	0.7	23.8		306.2	0.2	4.0
7	895.0	34	34	0.75	25.5	6.8	0.7	4.8		864.7	0.5	10.0
8	552.6	29	29	0.75	21.8	5.8	0.7	4.1		526.1	0.5	10.0
9	327.0	40	40	0.8	32.0	8.0	0.7	5.6		289.4		
10	168.8	25	25	0.8	20.0	5.0	0.7	3.5		145.3		
11		21	21	0.8	16.8	4.2	0.7	2.9	19.7			
12		29	29	0.8	23.2	5.8	0.7	4.1	27.3			
总计	2736.7	675			500.4	135			133.5	2275.2	1.2	24.0

月份	第二次平衡		低库（$F=5km^2$）		第三次平衡		低库要求干渠供水量	低库蓄放水量（$V=800$ 万 m^3）			第四次平衡	本区要求干渠净灌水量	干渠水量损失率	本区要求骨干水库渠首供水量
	余（+）	缺（-）	产水量	入库水量	余（+）	缺（-）		蓄水过程	水库容积	水库供水量				
(1)	(13)=(10)-(12)		(14)=(3)F	(15)=(14)+(13余)	(16)=(15)-(13缺)		(17)	(18)=(16余)+(17)	(19)=(18)累计值	(20)	(21)=(16缺)-(20)	(22)=(17)+(21)	(23)	(24)=(22)/0.8
1	16.9		9.0	25.9	25.9		73.5	99.4	317.4			73.5	20%	91.8
2	42.3		22.5	64.8	64.8		73.5	138.3	455.7			73.5	20%	91.8
3	27.3		14.5	41.8	41.8		73.5	115.3	571.0			73.5	20%	91.8
4		126.9	20.0	20.0		106.9	73.5	73.5	644.5		106.9	180.4	20%	225.6
5		16.6	97.5	97.5	80.9		73.6	154.5	799			73.6	20%	92.1
6		302.2	85.0	85.0		217.2			800		217.2	217.2	20%	271.5
7		854.7	17.0	17.0		837.7			400	400	437.7	437.7	20%	547.0
8		516.1	14.5	14.5		501.6			0	400	101.6	101.6	20%	127.0
9		289.4	20.0	20.0		269.4			0		269.4	269.4	20%	336.8
10		145.3	12.5	12.5		132.8			0		132.8	132.8	20%	166.0
11	19.7		30.2	30.2	30.2		73.5	103.7	103.7			73.5	20%	91.8
12	27.3		14.5	41.8	41.8		73.5	114.3	217.0			73.5	20%	91.8
总计	133.5	2251.2	337.5	471.0	285.4	2065.6	515.6			800	1265.6	1780.2		2225.0

注　1. 第二次平衡后的余水用于充蓄低库。
2. 第三次平衡后的余水很少，不能满足低库库容的需要，尚需干渠充水，充水量=800（库容）-285.4（余水）=514.6 万 m^3。为了使 11 月至次年 5 月干渠充水均匀，故平均分配，则每月供水=514.6/7=73.5 万 m^3。
3. 低库蓄水集中分配在 7 月、8 月内使用。
4. 各种利用系数均系假定值，干渠水量损失率是指骨干水库渠首至第Ⅱ区干渠的总损失率。
5. 第 19 项自 11 月开始计算累计值。

表 1.4-8　　黄淮海平原降雨入渗补给系数 α 值

土　质	河南省	河北省	山东省	安徽省	江苏省	北京市
砂	0.36～0.40		0.20～0.45			
亚砂土	0.22～0.31	0.20～0.30	0.22～0.30	0.25～0.28	0.25～0.28	0.20～0.30
亚黏土	0.18～0.20	0.17～0.23	0.18～0.23	0.19～0.22	0.17～0.20	0.20～0.30
黏土	0.10～0.12	0.10～0.14	0.10～0.14	0.10～0.13	0.10～0.13	
亚砂土/亚黏土	0.21～0.23	0.20～0.21	0.20～0.22	0.22～0.23		
亚砂土/粉砂	0.32～0.37	0.32～0.38	0.32～0.38	0.28～0.31		
亚砂土/粉砂	0.19～0.22	0.20～0.24	0.20～0.25	0.20～0.23		

注　在"砂"一栏中，山东省的数据是山前区的，平原区为 0.35～0.38。

表 1.4-9　　不同气候条件下降雨入渗补给系数 α 值

地下水埋深（m）		1～2		2～4		4～6		7	
土质		亚砂土	亚黏土	亚砂土	亚黏土	亚砂土	亚黏土	亚砂土	亚黏土
条件	丰水年		0.26	0.26	0.22	0.21	0.19	0.21	0.18
	平水年		0.21	0.20	0.18	0.17	0.15	0.17	0.14
	干旱年		0.16	0.14	0.13	0.12	0.11	0.12	0.10

表 1.4-10　　不同降雨量降雨入渗补给系数 α 值

地下水埋深（m）	年降雨量（mm）						
	300	.400	500	600	700	800	900
0.5	0.39	0.39	0.41	0.44	0.48	0.52	0.55
1.0	0.12	0.20	0.26	0.32	0.39	0.45	0.49
2.0		0.06	0.13	0.20	0.26	0.31	0.35
3.0		0.04	0.11	0.16	0.21	0.26	0.29
4.0		0.03	0.08	0.13	0.18	0.22	0.26

2）河流、沟渠对地下水的渗漏补给。单位长度河、渠一侧的渗漏量 q 可用式（1.4-16）计算：

$$q = K\bar{h}J \tag{1.4-16}$$

式中　q——单位长度河、渠的一侧渗漏水量，$m^3/(d \cdot m)$；

K——渗透系数，根据试验资料求得，参见表 1.4-11 和表 1.4-12；

$\bar{h}$——地下水含水层平均厚度，m；

J——地下水力坡降。

3）灌溉水补给。田面灌溉水入渗补给与土壤质地、灌水定额、灌水技术、地下水埋深等因素有关。表 1.4-13 所示的是河南省人民胜利渠在轻质土壤上的不同灌水定额入渗补给量试验资料，可供参考。

灌溉渠系的渗漏补给，对大型渠道应单独计算，其他各级渠道可根据渠系水利用系数采用式（1.4-17）或式（1.4-18）计算：

表 1.4-11　黄淮海平原地区渗透系数 K 值

土　质	渗透系数（m/d）
砂卵石	80
砂砾石	45～50
粗砂	20～30
中粗砂	22
中砂	20
中细砂	17
细砂	6～8
粉细砂	5～8
粉砂	2～3
亚砂土	0.2
亚砂土～亚黏土	0.1
亚黏土	0.02
黏土	0.001

表 1.4-12 **渗透系数 K 值的经验数值**

土质	渗透系数（m/d）	土质	渗透系数（m/d）
重亚黏土	<0.05	中粒砂	5～10
轻亚黏土	0.05～0.10	粗粒砂	20～50
亚黏土	0.10～0.50	砾石	100～500
黄土	0.25～0.50	漂砾石	20～150
粉土质砂	0.50～1.00	漂石	500～1000
细粒砂	1.0～5.0		

表 1.4-13 **河南省人民胜利渠在轻质土壤上的不同灌水定额入渗补给量试验资料**

地下水埋深（m）	不同灌溉定额的入渗补给量（mm）						
	20m³/亩	30m³/亩	40m³/亩	50m³/亩	60m³/亩	70m³/亩	80m³/亩
1.0	4.0	10.0	17.0	25.0	34.0	49.0	72.0
1.5	—	1.5	4.0	9.0	16.0	25.0	38.0
2.0	—	—	—	2.0	5.0	10.0	20.0

$$Q_s = Q(1-\eta) \quad (1.4-17)$$

$$W_s = W(1-\eta) \quad (1.4-18)$$

式中 Q_s——渠系水补给地下水的流量，m³/s；

Q——渠系引水流量，m³/s；

W_s——一定时间内补给地下水的总量，万 m³；

W——渠系引进的总水量，万 m³；

η——渠系水利用系数。

灌溉渗漏量并不全部补给地下水，在灌水时间较长后，可近似地把灌溉渗漏量作为补给地下水量。单位面积上的补给模数或补给量分别采用式（1.4-19）和式（1.4-20）计算：

$$\varepsilon = Q_s/A \quad (1.4-19)$$

$$S = W_s/A \quad (1.4-20)$$

式中 ε——渠系补给地下水模数，m³/(s·km²)；

S——渠系补给的总水量，万 m³/km²；

A——渠系控制面积，km²。

4）越层补给。越层补给量的大小与相邻含水层之间的水头差 ΔH 及其隔水层厚度 m'、渗透系数 K 有关。越层补给强度 ε' 采用式（1.4-21）计算：

$$\varepsilon' = K\frac{\Delta H}{m'} \quad (1.4-21)$$

5）潜水蒸发。潜水蒸发是地下水的重要消耗因素，它与土壤的质地、地下水埋深和气候条件有密切关系，其值主要取决于蒸发强度（以水面蒸发大小表示），可用式（1.4-22）计算：

$$\varepsilon = \varepsilon_0\left(1-\frac{\Delta}{\Delta_0}\right)^n \quad (1.4-22)$$

式中 ε——潜水蒸发强度，mm/d；

n——与土壤的质地和植被等有关的指数，一般情况下，$n=1\sim3$；

Δ——地下水埋深，m；

Δ_0——地下水蒸发极限深度（或潜水停止蒸发深度），m；

ε_0——水面蒸发强度，mm/d。

式（1.4-16）也可写成式（1.4-23）的形式：

$$C = \frac{\varepsilon}{\varepsilon_0} = \left(1-\frac{\Delta}{\Delta_0}\right)^n \quad (1.4-23)$$

式中 C——潜水蒸发系数，等于潜水蒸发强度与水面蒸发强度的比值，C 值可参见表 1.4-14、表 1.4-15。

表 1.4-14 **不同土质的潜水蒸发系数 C 值**

土质	潜水埋深				
	0.5m	1.0m	1.5m	2.0m	3.0m
亚黏土	0.529	0.298	0.147	0.082	0.046
黄土质亚砂土	0.801	0.431	0.194	0.087	0.028
亚砂土	0.743	0.255	0.032	0.017	
粉细砂	0.826	0.472	0.168	0.044	
砂砾石	0.486	0.410	0.014	0.004	0.001

在具有一定时间观测资料的地区，可根据潜水蒸发量、水面蒸发量和地下水埋深等资料，绘制不同地下水位埋深时潜水蒸发强度 ε 与水面蒸发强度 ε_0 关系曲线，如图 1.4-4 所示（土质为粉质亚砂土）。

表 1.4-15　　不同地表覆盖下的潜水蒸发系数 C 值

地表覆盖情况	地下水埋深							
	0.5m	1.0m	1.5m	2.0m	2.5m	3.0m	3.5m	4.0m
无作物	0.33	0.15	0.05	0.03	0.03	0.02	0.02	0.02
有作物	0.63	0.39	0.14	0.07	0.04	0.03	0.02	0.02

根据实测的水面蒸发资料，利用关系曲线即可推求多年的潜水蒸发量。北方汛后地下水位高，潜水蒸发强，也是水面蒸发强度比较大的时期。随着地下水位的下降，埋深加大，潜水蒸发减弱，同时由于季节的原因，水面蒸发也逐渐减弱。因此，一般潜水蒸发与水面蒸发关系点据大多位于图 1.4-4 中斜线的左侧，即潜水蒸发决定于地下水埋深和水面蒸发的区域，斜线右侧为潜水蒸发决定于土层输水能力的区域。

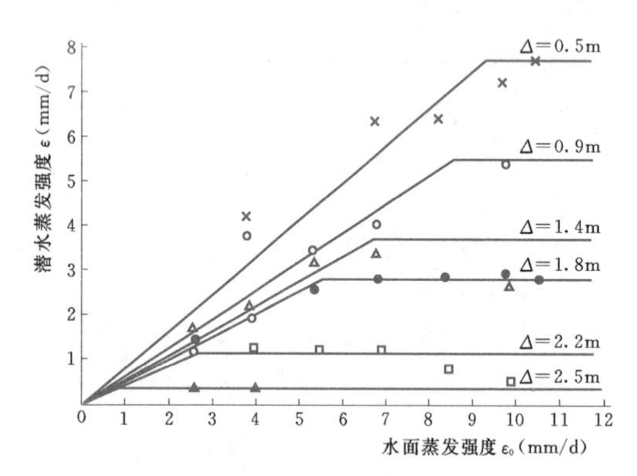

图 1.4-4　潜水蒸发强度—地下水埋深—水面蒸发强度关系曲线

（2）开采区外的地下水补给。地下水开发后，引起地下水位下降，开采区周围的地下水向开采区补给，这种侧向补给有时也称为周边补给。

（3）可开发利用的地下水储存量。系指地下水在开发利用之前，静水位与开采设备正常工作允许的最大静水位降深之间的含水层中储存的水量，可用式(1.4-24) 计算：

$$W_{静} = \mu S_1 A \qquad (1.4-24)$$

其中

$$S_1 \leqslant H_s - S_0 - S_2 \qquad (1.4-25)$$

式中　$W_{静}$——含水层中储存的水量；

A——开采区的面积；

μ——潜水位下降时疏干层的给水度，可通过抽水试验、地下水动态分析等方法求得，各种土壤的给水度如表 1.4-16 和表 1.4-17 所示；

S_1——开采区平均容许静水位降，即天然状况下的静水位与开采设备正常工作容许的最大静水位降深之间的差值；

H_s——抽水机总吸水扬程，m；

S_0——原静水位埋深，m；

S_2——抽水时的动水位降，m。

表 1.4-16　黄淮海平原地区给水度经验数值

土　质	给水度
砂砾石	0.26
粗砂	0.24
中粗砂	0.22
中砂	0.21
中细砂	0.20
细砂	0.18～0.19
粉细砂	0.16～0.18
粉砂	0.14～0.16
亚砂土	0.12～0.14
亚砂土～亚黏土	0.11～0.12
半胶结砂	0.10
淤泥	0.10
黏土	0.08

表 1.4-17　某些松散岩石的给水度平均值

土　质	给水度
砾砂	0.30～0.35
粗砂	0.25～0.30
中砂	0.20～0.25
细砂	0.15～0.20
极细砂	0.10～0.15
亚砂土	0.07～0.10
亚黏土	0.04～0.07

2. 深层承压水的补给

深层承压水的补给有以下几种方式：

(1) 开采区内部的越层补给。承压水埋藏较深，又有弱透水层阻隔，不能直接承受当地降雨入渗补给，而主要靠含水层压力水位的降低使相邻含水层之间形成压力差而产生越层补给。单位面积单位时间内产生的越层补给数量很小，但长期在大面积上生产的越层补给总量，仍然十分可观。

(2) 区外地下水的侧向补给。与潜水一样，在开采地下水下降漏斗范围未达到承压含水层补给区以前，区外对开采区的补给水量未增加。只有当地下水漏斗范围扩大到含水层给水边界后，侧向补给的水量才由于地下水坡降的增大而增大。但由于含水层输水能力有限，侧向补给一般较小，只有开采区距边界较近，侧向补给才能达到一定数量。

(3) 可开发利用的承压水弹性储量。由于压力水位下降，承压含水层中水体膨胀而释放出的水量与含水层土壤骨架受压空隙减少而释放出来的水量，称为承压含水层的弹性释水或弹性储量，其计算公式和潜水所采用的可开采利用的储存量类似，即为

$$W=\mu_e S_1 A \qquad (1.4-26)$$

式中 μ_e——承压含水层的弹性释水系数。

承压含水层的弹性释水系数与潜水给水度相比，概念显著不同。其值可用式（1.4-27）计算：

$$\mu_e=m\mu_{e1} \qquad (1.4-27)$$

式中 μ_{e1}——比弹性释水系数，即单位厚度含水层的释水系数，1/m；

m——含水层厚度，m。

各种土层的比弹性释水系数，见表1.4-18。

承压水的越层补给、侧向补给和弹性储量都很有限，农业灌溉不宜开采。在缺乏其他水源的地区，居民生活用水可少量开发利用。

表1.4-18 各种土层的比弹性释水系数

土质	比弹性释水系数（1/m）
塑性黏土	$1.9\times10^{-3}\sim2.4\times10^{-4}$
固结黏土	$2.4\times10^{-4}\sim1.2\times10^{-4}$
稍硬黏土	$1.2\times10^{-4}\sim8.5\times10^{-5}$
松散砂层	$9.4\times10^{-5}\sim4.6\times10^{-5}$
密实砂层	$1.9\times10^{-5}\sim1.3\times10^{-5}$
密实砂砾	$9.4\times10^{-6}\sim4.6\times10^{-6}$
裂隙岩层	$1.9\times10^{-6}\sim3.0\times10^{-7}$
固结岩石	3.0×10^{-7}以下

1.4.4.2 地下水资源评价

地下水资源的评价主要是确定可开采利用的地下水量。对于浅层地下水，包括计算可开采利用的总水量、不同用水条件下（不同水利化程度和不同灌溉用水保证率）连续干旱年可能达到的最大降深以及连续干旱年动用的地下水储存量在丰水期能否回补；对于深层承压水，主要计算在一定期限内允许的地下水位降深，然后根据抽水设备的开采能力和越层补给情况，确定地区内可开发利用的地下水量；或根据要求的开采量，预测在规定时间内地下水位的下降深度，并据此来选择抽水设备或校核现有（或规划）的抽水设备能否满足要求。

1. 地下水资源的评价方法

(1) 以实际的地下水开采量为基础的方法。

1) 允许开采模数法。调查一年内地下水的实际开采量，求得区内不同地点每平方公里实际开采量(称为开采模数)，再对这一年前后多年的地下水位进行调查，在一定时期内，如果地下水位基本保持均衡，则为容许开采模数。根据不同地段的容许开采模数，乘以地段面积，即可求得区域内的地下水资源量。

2) 相关分析法。根据区内地下水的实际开采量、地下水位和降水量进行复相关，求得回归方程。根据平水年的降水量和设计的容许地下水位，由回归方程求得容许开采量。

以上两种方法是以调查为基础的，比较反映实际情况，但有时实际开采量的调查精度偏低会影响计算结果。应用相关分析法时，须有较长的地下水动态观测资料，实际情况常不能满足分析要求。

(2) 以地下水均衡为基础的方法。根据水量平衡原理，分析均衡区在一定时段内地下水的流入量、流出量、地下水位升降等因素，从而确定影响地下水动态的各要素及其规律，在此基础上评价地下水资源。

1) 水量平衡法。通过分析均衡区内降雨、蒸发和形成地面径流、地下径流的过程，建立水量平衡方程，推求水量平衡的各项要素，进而对地下水资源作出评价。

2) 水文图的成因分析法。根据河流的流量过程线，考虑具体的水文地质条件，将流域内地下水径流直接分割出来，并进一步推求在开采条件下的容许开采量。

以上两种方法需应用大量的水文资料，对资料系列较长的地区是一种可行的方法。各项均衡要素不易准确测定，同时有些要素的确定尚待探索，因而计算结果比较粗略。

(3) 数值解法。以地下水动力学为基础，建立数学模型，给出边界条件与初始条件，然后用数值方法求解。目前国内外有不少计算机软件可以利用。

2. 地下水均衡计算法

(1) 多年均衡的概念。在区域性大面积开采条件下，地下水位随各年开采、补给状况而变化。如果按多年系列进行均衡计算，将会看出在连续干旱年份出现的地下水位下降及动用的储量能否在丰水年份得到回补。计算方法是将地下含水层作为一个多年调节的地下水库。汛期滞蓄渗入地下的水量，容许短期内达到的最高水位为地下水库的最高滞涝水位；保证作物高产和防止土壤盐渍化所容许长期保持的最高水位为正常高水位；提水机械吸水扬程所容许达到的最低水位为最低静水位。地面水库与地下水库的水位、库容对照关系，如图1.4-5所示。

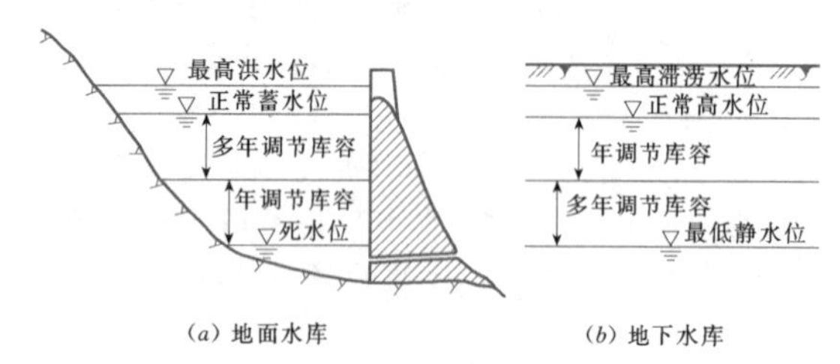

图1.4-5 地面水库与地下水水库水位、库容对照关系图

根据水量平衡原理，可按照地面水库相似的方法进行多年调节计算，确定地下水库库容和最低静水位。地下水库的调节计算，从正常高水位开始，根据各年（或月）的补给量和开采量，逐年（或月）推算时段末的地下水埋深（或降深）。经多年调节计算后，分析在满足一定用水条件下（水利化程度和灌溉保证率），地下水位在多年内达到的最大降深及干旱年份动用的地下水储量（即兴利库容）能否在丰水年份得到完全回补。

(2) 均衡计算的方法和步骤。

1) 均衡区和均衡段的划分。区域性均衡法，以某一特定的区域作为一个整体进行分析计算。所采用的水文地质等参数要能够反映这一区域的平均情况。在评价面积较小或区内水文地质情况、补给与开采条件并无显著差异时，可将整个区域作为一个均衡区计算；否则须将计划区域划分成若干个均衡区。根据条件的差异和计算要求，均衡区内又可分成若干均衡段。

划分均衡区、均衡段时，既要考虑地形、地貌、土质和水文地质条件，力求区（或段）内水文参数和水文地质参数比较均一，区内边界条件、补给和排泄条件清楚，还要适当考虑地区的开采条件和行政区划，尽量使区内机井密度、水利化程度、地下水开采强度比较均匀。

2) 潜水地下水均衡方程。将均衡区作为一个整体进行水量均衡分析时，单位时间内水量均衡方程可写成式（1.4-28）：

$$\mu \frac{\Delta H}{\Delta t} A = q_1 - q_2 + \omega A \qquad (1.4-28)$$

Δt 时段内均衡方程为

$$\mu \Delta H A = Q_1 - Q_2 + WA \qquad (1.4-29)$$

单位面积上的均衡方程为

$$\mu \Delta H = \frac{Q_1 - Q_2}{A} + W \qquad (1.4-30)$$

其中

$$Q_1 = q_1 \Delta t$$
$$Q_2 = q_2 \Delta t$$
$$W = \omega \Delta t$$

式中 μ——含水层给水度；

Δt——计算时段；

ΔH——均衡区在时段 Δt 内的平均地下水位变幅；

A——均衡区面积；

q_1——均衡区地下水入流量；

q_2——均衡区地下水出流量；

Q_1——均衡区在时段 Δt 内的入流总量；

Q_2——均衡区在时段 Δt 内的出流总量；

ω——均衡区内部补给（或消耗）强度；

W——均衡区内在计算时段 Δt 内的补给（或消耗）量。

对于潜水，计算公式为

$$W = P_r + R_r + M_r + W_y - E \qquad (1.4-31)$$

$$W_y = \frac{K'}{m'} \Delta H' \Delta t \qquad (1.4-32)$$

式中 P_r——计算时段 Δt 内的降雨入渗补给量；

R_r——计算时段 Δt 内大型河流和渠道对地下水的补给量；

M_r——计算时段灌溉水对地下水的补给量；

W_y——计算时段的越层补给量；

K'——弱透水层的渗透系数；

m'——弱透水层的厚度；

$\Delta H'$——开采含水层水位与相邻含水层的水位差；

E——计算时段的潜水蒸发量。

对于承压含水层，计算公式为

$$W = W_y + W_s \qquad (1.4-33)$$

式中 W_s——计算时段弱透水层的释水量。

均衡法一般适用于区域内开采强度均匀、侧向补给和排泄量较小的情况。

以下举例说明年均衡条件下灌溉用水保证率的计算方法。

a. 年均衡条件下灌溉用水保证率的分析。某地区各年地下水补给量和灌溉用水量见表1.4-19，多年平均补给量为80.18mm，多年平均灌溉用水量为83.8mm，扣除灌溉水回渗量10%，得净灌溉用水量为75.42mm。这表明地下水资源能满足灌溉用水的需要。表1.4-20所列为年均衡条件下灌溉用水保证率。

表1.4-20表明，进行地下水年调节运用时，灌溉用水保证率仅为31.8%，是比较低的，为了提高灌溉用水保证率还必须进行多年调节。

表1.4-19　某地区各年地下水补给量和灌溉用水量　单位：mm

年　度	地下水补给量	灌溉用水量	年　度	地下水补给量	灌溉用水量
1954～1955	72.28	91.50	1965～1966	73.60	91.50
1955～1956	104.26	69.20	1966～1967	71.00	84.80
1956～1957	46.30	69.20	1967～1968	11.88	107.00
1957～1958	43.55	84.80	1968～1969	54.10	69.20
1958～1959	64.80	69.20	1969～1970	72.63	84.80
1959～1960	165.00	100.00	1970～1971	146.11	69.20
1960～1961	63.80	107.00	1971～1972	11.88	91.50
1961～1962	240.40	91.50	1972～1973	59.35	69.20
1962～1963	45.43	76.00	1973～1974	98.35	91.50
1963～1964	191.40	69.20	1974～1975	28.19	69.20
1964～1965	19.24	107.00	多年平均	80.18	83.80

注　均衡时段采用灌溉年度，自上一年10月1日至下一年9月30日。

表1.4-20　年均衡条件下灌溉用水保证率

序　号	年　度	补给量(mm)	用水量(mm)	差　值		保证率(%)
				+	−	
1	1961～1962	240.4	82.3	158.1		4.6
2	1963～1964	191.4	62.3	129.1		9.1
3	1970～1971	146.11	62.3	83.81		13.6
4	1959～1960	165	90	75		18.2
5	1955～1956	104.26	62.3	41.96		22.7
6	1973～1974	98.53	82.3	16.23		27.3
7	1958～1959	64.8	62.3	2.5		31.8
8	1972～1973	59.35	62.3		2.95	36.4
9	1969～1970	72.63	76.4		3.77	40.9
10	1966～1967	71	76.4		5.4	45.4
11	1968～1969	54.1	62.3		8.2	50.5
12	1965～1966	73.6	82.3		8.7	54.6
13	1954～1955	72.28	82.3		10.02	59.1
14	1956～1957	46.3	62.3		16	63.6
15	1962～1963	45.43	68.3		22.87	68.2
16	1960～1961	63.8	96.4		32.6	72.7
17	1957～1958	43.55	76.4		32.85	77.3
18	1974～1975	28.19	62.3		34.11	81.8
19	1971～1972	11.88	82.3		70.42	86.4
20	1964～1965	19.24	96.4		77.16	90.9
21	1967～1968	11.88	96.4		84.52	95.4

注　用水量为表1.4-19中灌溉用水量扣除10%灌溉回归水后的数值。

b. 地下水资源的多年均衡分析（地下水库的多年调节计算）。在用水超过来水（补给）的年份，需要运用地下水库中多年存储的水量，但各年的灌溉用水能否得到保证，在连续干旱年份地下水可能达到的最大降深是多少，连旱年份动用的地下水储存量在多年范围内能否得到回补等都要通过多年均衡（地下水库的多年调节）计算进行分析。

在以制订地下水开发利用规划为目的的资源评价中，可以根据历史资料进行多年均衡计算（即认为今后可能出现的情况与历史过程相同）。在以管理为目的的地下水预报中，则根据气象预报确定未来的补给量和开采量，通过均衡计算预测在已有提水设备、限定地下水降深等条件下地下水的可开采量。地下水资源评价的多年均衡法可以采用时历法，也可以采用数理统计分析的方法。以下介绍多年均衡的时历法。

时历法是在一定的开采方案下根据历史上各年实测的资料进行连续的均衡计算的方法（以一年或一个月作为一个计算时段）。为了确定连续干旱年份可能达到的最大水位降深和被利用的多年存蓄地下水是否能够得到回补，可以自系列中连旱年份的第一年作为均衡计算的起始时间，而将这一年以前的各年（来水较多的年份）排在实际系列终了年份的后面（即认为水文周期循环出现）。表 1.4-21 为采用时历法进行均衡计算的实例。例中水量调节由 1964～1965 年度（枯水年）开始计算，计算系列按 1964～1965 年度至 1974～1975 年度（本例实测资料由 1954～1975 年）和 1954～1955 年度至 1963～1964 年度排列，即 1974～1975 年度完后又重复出现 1954～1955 年度的情况。显然，实测资料系列越长越接近真实情况。考虑到埋深在 3.0m 以内的地下水量大部分将消耗于潜水蒸发和沟渠排水，难以开发利用。为此，均衡计算的起算水位（正常蓄水位）埋深定为 3.0m。以下举例说明计算方法与步骤。

首先将各年（本例中以一年为一个均衡计算时段）的来水量（补给）和用水量列入表 1.4-21 的第 2、3 栏内，根据各时段（年）的来水用水差值（第 4、5 栏）求得各年的地下水位变化值（均衡差除以给水度 0.048），列入第 6、7 栏。自 1964～1965 年度（开始时的地下水埋深为 3.0m）逐年推算多年均衡要求的地下水埋深，见表 1.4-21 中第 8 栏。由于年内灌溉用水与补给（来水）在时间分配上的不一致，如北方许多地区灌溉用水大多在汛期以前，而降雨补给则在汛期，为了满足年内灌溉用水要求，还需要一定的地下库容（即年调节库容）作年调节之用。在无复蓄的情况下（北方雨季集中，旱季降雨补给极少，汛前地下水位达到最低，每年只在汛期蓄水一次），年内最大埋深为年度初多年调节要求的地下水埋深加年用水除以给水度。年用水要求的地下水位变幅列入表 1.4-21 第 9 栏。将多年均衡要求的地下水埋深和年用水要求的地下水位变幅相加（即第 8、9 栏相加）即可求得满足灌溉用水要求所需要的多年调节和年调节要求的地下水埋深（第 10 栏）。在年内有两个以上降雨季节（如安徽淮北）、地下水库有两次以上蓄水过程（复蓄）或虽有一个季节但汛期灌溉用水量不容忽视的情况下，需要通过逐月均衡单独计算每年的年调节库容，然后与多年库容相加。也可以根据多年逐月补给和用水量系列，直接推求各年要求的最大埋深。求得各年要求的地下水埋深后，将各年埋深按由小到大的顺序排列，即可计算出水泵提水能力达到或超过第 10 栏内最大值时，地下水位各种埋深值出现的频率值。从表 1.4-21 可以看到，如果农田用水得到保证，地下水埋深将达到 9.25m（静水位），年最大地下水位埋深出现的频率曲线如图 1.4-6 所示，各年的地下水位变化过程如图 1.4-7 所示。

表 1.4-21　采用时历法进行多年均衡计算的实例

年　度	来水量（补给）(mm)	用水量 (mm)	来、用水差值 (mm)		地下水位变化值 (m)		多年均衡要求的地下水埋深 (m)	年用水要求的地下水位变幅 (m)	多年调节和年调节要求的地下水埋深 (m)	序号	保证率 (%)	年最大地下水埋深出现的频率 (%)
			+	−	+	−						
1	2	3	4	5	6	7	8	9	10	11	12	13
							3.00					
1964～1965	19.24	96.40		77.16		1.61	4.61	2.01	5.01	3	13.6	86.4
1965～1966	73.60	82.30		8.70		0.18	4.79	1.71	6.32	4	18.2	81.8
1966～1967	71.00	76.40		5.40		0.11	4.90	1.59	6.38	5	22.7	78.0

续表

年　度	来水量（补给）(mm)	用水量 (mm)	来、用水差值 (mm)		地下水位变化值 (m)		多年均衡要求的地下水埋深 (m)	年用水要求的地下水位变幅 (m)	多年调节和年调节要求的地下水埋深 (m)	序号	保证率 (%)	年最大地下水埋深出现的频率 (%)
			+	−	+	−						
1	2	3	4	5	6	7	8	9	10	11	12	13
1967～1968	11.88	96.40		84.52		1.76	6.66	2.01	6.91	7	31.8	68.2
1968～1969	54.10	62.30		8.20		0.17	6.83	1.30	7.96	12	54.5	45.5
1969～1970	72.63	76.40		3.77		0.08	6.91	1.59	8.42	17	77.3	22.7
1970～1971	146.11	62.30	83.81		1.75		5.17	1.30	8.21	14	63.6	36.4
1971～1972	11.88	82.30		70.42		1.47	6.63	1.71	6.88	6	27.3	72.7
1972～1973	59.35	62.30		2.95		0.06	6.69	1.30	7.93	11	50.0	50.0
1973～1974	98.53	82.30	16.23		0.34		6.36	1.71	8.41	16	72.7	27.3
1974～1975	28.19	62.30		34.11		0.71	7.07	1.30	7.65	8	36.4	63.6
1975～1955	72.28	82.30		10.02		0.21	7.28	1.71	8.78	20	90.9	9.1
1955～1956	104.26	62.30	41.96		0.87		6.40	1.30	8.57	18	81.8	18.2
1956～1957	46.30	62.30		16.00		0.33	6.73	1.30	7.70	9	40.9	59.1
1957～1958	43.55	76.40		32.85		0.68	7.42	1.59	8.33	16	72.7	31.8
1958～1959	64.80	62.80	2.00		0.04		7.38	1.31	8.73	19	86.4	13.6
1959～1960	165.00	90.00	75.00		1.56		5.81	1.88	9.25	21	95.5	4.5
1960～1961	63.80	96.40		32.60		0.68	6.49	2.01	7.82	10	45.5	54.5
1961～1962	240.40	82.30	158.10		3.29		3.20	1.71	8.21	13	59.1	40.9
1962～1963	45.53	68.30		22.77		0.47	3.67	1.42	4.62	1	4.5	95.4
1963～1964	191.40	62.30	129.10		2.69		3.00	1.30	4.97	2	9.1	90.9

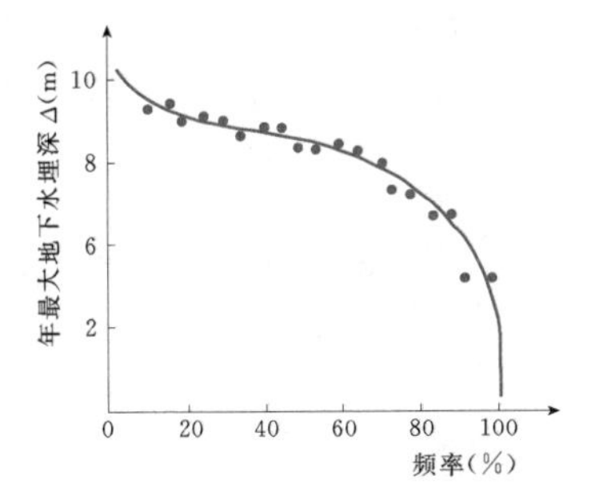

图 1.4-6　年最大地下水埋深出现的频率曲线

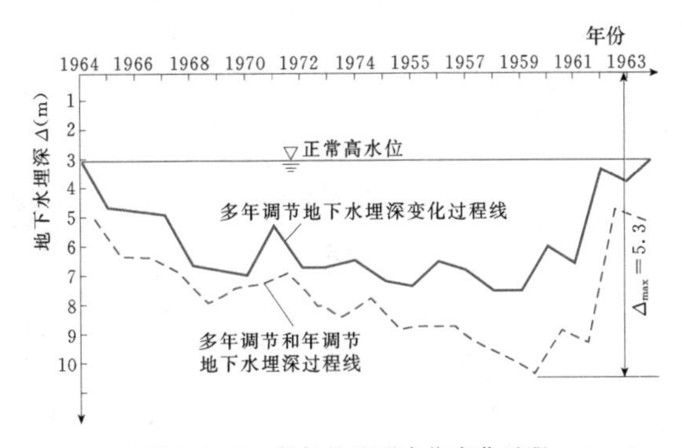

图 1.4-7　各年的地下水位变化过程

由表 1.4-21 和图 1.4-7 可以看到，在整个水文周期中，干旱年份的地下水位虽然有所下降，最大降深达到 9.25m，但丰水年份水位又逐渐回升至埋深 3.0m 左右，这表明用水是可以保证的。

1.4.4.3　机井灌溉规划

1. 规划原则

(1) 地下水和地面水的开发利用，应全面规划，统筹安排。根据本地区工、农业用水的需要，地面水的丰缺和地下水的分布情况，因地制宜地统一调配，合理使用。

(2) 地下水开发利用必须坚持浅、中、深结合，分层取水。浅层地下水，易于补给和恢复，开采费用较低，在单井出水量较大的地区，应以开采利用浅层水为主；对浅层含水层厚度较小、砂层较薄，在经过资源评价分析表明单纯利用浅层水不能满足灌溉要求的地区，在可能条件下，进行人工回灌补给地下水，做到有采有补，采补结合；在有浅层咸水覆盖的地区，应积极开展咸水利用和改造的工作，以扩大地下水源。中、深层承压水，一般出水量大，但补给不易，长期开采会出现地下水位下降过深，造成不应有的损失，故在制定开采规划时，应根据各含水层的补给能力确定各层水井数目和开采的水量，做到分层取水，浅、中、深相结合。在以开采浅层水为主的地区，深层水应作为大旱和连旱年份的后备水源。

(3) 地下水的开发利用必须与地区旱、涝、碱的治理统一规划。在提供地下灌溉水源的同时，降低了地下水位，起到了防碱、防渍的作用。汛前开采地下水，腾空了地下库容，汛期能更多地存蓄降雨和地面径流，也为防涝、防碱提供条件。

(4) 加强地下水的运用管理，注意水资源的保护，防止地下水污染。进行经济核算，制定征收水费的办法。

2. 水井布局

根据选定的开发利用方案，结合水文地质条件、地形条件与作物布局等情况，进行水井的平面布置。井距一般按下列情况确定：

(1) 平均布井法。本法适用于水文地质条件差异不大，地下水补给比较充足，地下水静水位降深在一定时间内能达到相对稳定的大面积井灌区。

按方形布置，其井的间距采用式 (1.4-34) 计算：

$$D=\sqrt{\frac{667QtT\eta}{m}} \tag{1.4-34}$$

按梅花形布置，其井的间距采用式 (1.4-35) 计算：

$$d=\sqrt{\frac{770QtT\eta}{m}} \tag{1.4-35}$$

式中　Q——出水量，m^3/h；

t——每日工作的小时数；

T——每次的工作日数；

m——灌水定额；

η——灌溉水利用系数。

Q 值系指在地下水位降深达到均衡深度，且有群井抽水、动水位在互相干扰情况下的出水量，与井距有关，一般应根据试验或计算确定。

(2) 开采模数法。在地下水补给不足，不能满足灌溉用水要求时，应根据各含水层容许的开采模数 [可开发利用的地下水量，单位为 $m^3/(km^2 \cdot a)$] 和单井出水量，确定单位面积上的井数和井距。每平方公里的井数可用式 (1.4-36) 估算：

$$N=\frac{\varepsilon}{QTt} \tag{1.4-36}$$

井的间距采用式 (1.4-37) 估算（按正方形布井）：

$$D=1000\sqrt{\frac{1}{N}}=1000\sqrt{\frac{QTt}{\varepsilon}} \tag{1.4-37}$$

式中　D——井的间距，m；

ε——开采模数，$m^3/(km^2 \cdot a)$；

N——每平方公里布井数；

T——每年的工作日数；

其他符号意义同前。

井距确定后，在具体布井时，还应考虑地形、地下水流向和作物种植等条件。在与地下水流向垂直布井时，井位成直线排列，若顺地下水流向，井位最好是互相错开成三角形或梅花形。为便于输水，井位应尽量布置在高地，以便控制较大的面积，井位布置还应与沟、渠、路、林、输电线路相结合。

各地井距与布井密度可参考表 1.4-22 和表 1.4-23。

3. 机井配套与挖潜

(1) 机井配套。机井配套包括井泵配套和机泵配套。

1) 井泵配套要以井配泵。根据井的出水量和动水位选择水泵，井的出水量可以通过抽水试验求出，动水位一般以大旱年的动水位确定。确定动水位及输水管道水力损失，就可估算水泵的吸程及提水总扬程。有了出水量、吸程和总扬程，就能根据各类

表 1.4-22　江苏丰县不同地下水区井距与布井密度

地区类别	单井出水量 (m^3/h)	枯水期群井干扰时出水量 (m^3/h)	布井密度 (眼/km^2)	建议井距 (m×m)	布井形状	单井灌溉面积 (亩)
富水区	>40	25～30	5～6	400×400	方格状	167～200
中等水区	25～40	18～20	8～10	200×500	梅花状	100～125
贫水区	<25	12～13	12～14	200×350	梅花状	72～83

注　本表适用于田地平整、渠道防渗、开采浅层地下水的情况。

表 1.4-23　　河北省深层水井的井距与密度

井深（m）	参考井距（m）	布井密度（眼/km^2）	井深（m）	参考井距（m）	布井密度（眼/km^2）
100～150	500～700	2.00～4.00	250～350	1000～1500	0.44～1.00
150～250	700～1000	1.00～2.00	>350	1500～2000	0.25～0.44

注　本表适用于在水井之间不产生严重干扰的情况。

水泵性能选出合适的水泵。平原地区地下水埋深较浅，机井动水位埋深一般小于 8～10m，农用机井多应用 BA 型离心泵，其容许吸上真空高度约 5～8m，可根据出水量选用水泵。出水量小于 50m^3/h，用 3 英寸水泵；出水量为 50～90m^3/h，用 4 英寸水泵；出水量大于 90m^3/h，用 5 英寸或 6 英寸水泵。

2）机泵配套应以泵配机。配套时要根据水泵所需要的配套功率去选动力机，避免机大泵小，造成浪费。

（2）增加机井出水量。当地下水埋深接近水泵的容许吸程时，出水量减少，甚至抽不出水，一般有以下两种解决办法：

1）水泵下卧（落井安装），将水泵安在地面下坑内，使接近井中静水位，减少水泵实际吸程。

2）封闭井（对口井），将水泵的吸水管口与机井口直接连接，加以封闭形成真空，促使动水位增高。

1.4.4.4　地下水取水建筑物的型式与结构

根据不同地形、地貌、土壤土质和水文地质条件以及各地群众习惯，地下水取水建筑物型式多达几十种，常见井型的结构特点和适用条件见表 1.4-24。

表 1.4-24　　各种井的结构特点和适用条件

名称	结构特点	适用条件
管井	直径 200～500mm，深度可由几十米到百米以上；井壁管和滤水管多采用钢管、铸铁管、石棉水泥管、混凝土管和塑料管等	既适用于开采浅层水，更适用于开采中、深层地下水
筒井	直径一般为 1～2.5m，也有直径达到 10m 以上；深度一般为 10～20m，深的达 50～60m；多用预制混凝土或钢筋混凝土管，或用砖石圈砌	适用于开采浅层地下水
筒管井	在筒井底部打管井，是筒井和管井的结合	适用于浅层水贫乏、深层水丰富的地区，可增加水井出水量
卧管井	由水平卧管和竖井组成，卧管一般长 100m 左右	适用于浅层淡水厚度很薄，土质又比较黏重的地区
辐射井	由大口竖井和若干水平集水管（又称辐射管）组成，辐射管长约 100～150m，向竖井方向呈约 1/250 的坡降，辐射管是直接在黄土中钻成，出口处套有长约 10～15m 的滤水管，以防孔口塌陷和冲刷	适用于黄土和裂隙黏土、亚黏土等黏性土层
坎儿井	由立井（工作井）、集水廊道和明渠三部分组成，立井的布置，上游间距较稀、下游间距较密。集水廊道为截取地下潜流、联结立井的输水通路，断面多呈拱形，高 1.3～2.0m，宽 0.5～0.7m，拱高 0.2～0.3m	适用于地下水埋深浅、含水厚度较薄、地面坡度较陡的地区
真空井	将水泵与进水管和井管密封连接	适用于动水位需在水泵容许吸程以内的情况
联井	两个以上的井连通或用虹吸管连接，抽水机可与虹吸管相连（吸水式）或不连（虹吸式）	适用于以利用潜水为主的地区
方塘	直径数米至数十米的圆形或方形的潜水井（储水塘）	适用于潜水较贫乏而埋藏较浅的地区

取水建筑物有如下三种形式。

1. 垂直取水建筑物

（1）管井。管井是开采浅层或深层承压水的有效形式。管井直径视井深和要求的出水量而定，井深在 60m 以内时，井径一般为 500～1000mm；井深在 60～150m 时，井径常用 300mm 左右。管井的一般结构如图 1.4－8 所示。

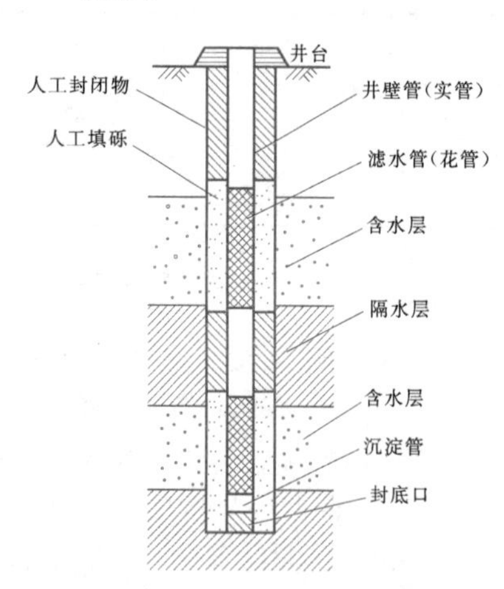

图 1.4－8　管井的一般结构图

管井由井壁管（实管）、滤水管（花管）和沉淀管组成。在井管和井孔的环状间隙中（取水含水层段），填入经过筛选的砾石，以增大管井的出水量，并起滤水阻砂作用。井台安装抽水机并保护井口。

井管及滤水管（花管）可用钢管、铸铁管、石棉水泥管、砾石水泥管和塑料管等管材。砾石水泥管和塑料管有重量轻、造价低、防腐蚀等优点；砾石水泥管也称为无砂砾石管，用 500 号水泥与砾石（碎石）制成，骨料（碎石）粒径根据含水砂层的粒径选用。不同含水砂层选用的骨料粒径见表 1.4－25。

表 1.4－25　不同含水砂层选用骨料粒径

含水砂层	粉细砂	中砂	粗砂
选用骨料的粒径（mm）	3～6	5～8	8～12

滤水管安装的好坏，直接影响水井的质量。在粗砂、砾石含水层中，可采用填砾、缠丝和包网等滤水措施。缠丝滤水是在滤水管外缠以镀锌铅丝、铜丝或塑料丝等材料而成。包网滤水是在滤水管外包以铁丝网、棕皮或铜丝网等材料而成。在中砂、细砂、粉细砂等含水层中，除了在管外缠丝、包网之外，尚需回填砾石滤水层，其厚度一般为 75～100mm，即钻孔直径应比滤水管外径大 150～200mm。滤料粒径为含水层粒径的 8～10 倍。不同砂层要求的滤料规格见表 1.4－26。

管井深度，由出水量、砂层厚度和砂层出水率而定。砂层出水率是指每米砂层在水位降低 1m 时的出水量，根据河北省、河南省的资料，各种砂层的出水率可参考表 1.4－27。

表 1.4－26　不同砂层要求的滤料规格

单位：mm

含水层	含水层砂的粒径	规格滤料	混合滤料
粉砂	0.05～0.10	0.75～1.50	1.00～2.00
细砂	0.10～0.25	1.00～2.50	1.00～3.00
中砂	0.25～0.50	2.00～5.00	1.00～5.00
粗砂	0.50～2.00	4.00～7.00	1.00～7.00

表 1.4－27　各种砂层的出水率

单位：$m^3/(h\cdot m)$

省　份	砂　层				
	粉砂	细砂	中砂	粗砂	砾石
河北（井径 200mm）	0.12～0.15	0.19～0.23	0.30～0.48	0.41～0.62	
河南（井径 700mm）		0.60	1.00	1.40	5.00

将水井的设计出水量 Q 除以水井容许的抽水降深 S（一般采用 4～6m）和砂层出水率 q，可以求得所需要的取水砂层厚度 m，即

$$m=\frac{Q}{qS} \tag{1.4-38}$$

参照取水砂层厚度和预留沉淀管长度（4～8m），即可根据地层情况确定井深。

（2）筒井。筒井一般直径为 1～2.5m，大者为 3～4m，多用砖石砌筑，或用预制混凝土管作井筒。筒井具有结构简单、检修容易和能就地取材等优点，但不宜过深。多用于开采浅层地下水，深度一般为 10～20m，深者 30m 左右。

井筒由三个部分组成：①井台，供安装机械，并保护井身；②井筒，含水层以上部分多用砖石结构；③进水部分，埋藏在含水层内，为筒井的主要组成部分。地下水自含水层通过井壁（非完整井通过井壁或井底）的专门进水口进入井中，井壁周围设置滤水层。对非完整井的井底，为了防止井底涌砂，要采取封底措施或设置滤水层。井壁周围的填砾层深度应高于最高井水位 30～60cm，其上应填筑防渗层。井底如有承压含水层时，为增大出水量，可在井底打管井穿透隔水层，这类井型称为筒管井。

2. 水平取水建筑物

水平取水建筑物有截潜流、坎儿井等型式，它适用于地下水埋藏浅、含水层厚度较薄、地面坡度较陡地区。坎儿井是典型的水平取水建筑物型式，它由以下三部分组成：

(1) 立井（工作井）。立井是与地面垂直的竖井，在挖集水廊道时，作为出土和通风之用，立井间距不一，一般是上游稀，下游密，但上游较深，下游较浅。

(2) 集水廊道。集水廊道是截取地下潜流和把立井联在一起的输水通道，断面多呈拱形，高1.3～2.0m，宽0.5～0.7m，拱高约0.2～0.3m，一般用木材或块石构筑，坑道的坡度通常较小。

(3) 明渠。明渠是从集中坑道的出口引水至田间的渠道。

新疆地区广泛使用的坎儿井，如图1.4-9所示。

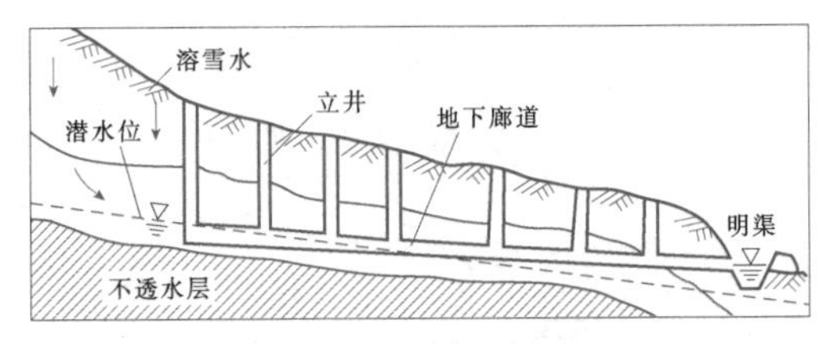

图1.4-9 坎儿井示意图

3. 辐射井

辐射井是水平和垂直两个方向联合的取水型式，如图1.4-10所示。

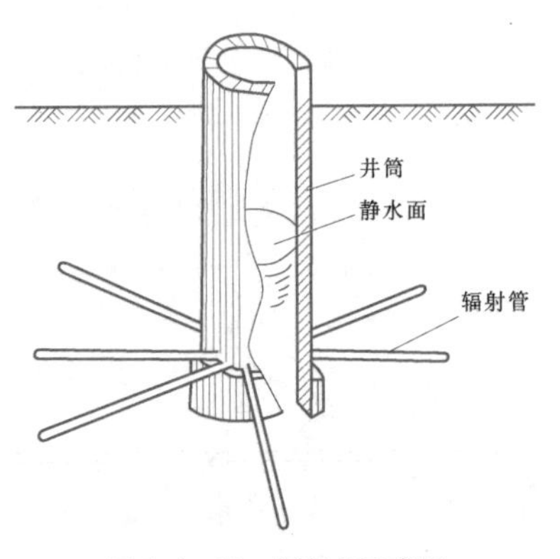

图1.4-10 辐射井示意图

在大口井内设置辐射井管集取地下水，辐射井管沿井筒周围均匀分布，其数目一般为3～8个。当含水层较厚时，亦可设置多层辐射管。辐射井出水量较大，可达200～2000m^3/h。辐射井应选在地下水位较浅、渗透系数较大的地段，辐射管长度在10～30m时，管径为100～200mm；长度为10m时，管径为75～150mm。辐射管的进水孔一般有圆形和条形两种。采用圆形时，孔径为6～12mm；采用条形时，孔宽为2～9mm，孔长为40～140mm，孔距为25～30mm，多呈梅花形交错排列。

1.4.5 水土资源供需平衡分析

水土资源供需平衡分析的目的是通过对灌区（供水区）供用水过程进行平衡分析，评价工程的供水保证程度，确定合理的工程规模。

水土资源供需平衡分析的基本内容包括用水或需水分析、来水及供水分析，以及来用水供需平衡分析三个部分。其具体内容和要求依工程的性质、规模等有所不同，大体有下列几种情况：

(1) 水源工程、灌溉面积、灌溉设计保证率均不定，需要根据水土资源平衡情况确定合理的灌溉设计保证率、灌溉面积和水源工程规模，新建工程一般属于这种情况。

(2) 灌溉面积已定，确定适当的灌溉设计保证率和水源工程规模。

(3) 水源工程已定，确定适当的灌溉设计保证率和合理的灌溉面积。

(4) 水源工程、灌溉面积、灌溉设计保证率均已定，对灌区内部渠系及田间工程进行配套或改造。

我国目前新建灌排工程不多，多数情况是对已有工程的配套或更新改造。这种情况下水土资源供需平衡分析通常是考虑灌区（供水区）内社会经济条件的变化以及用水结构的变化，对已有工程的供水能力进行复核，在此基础上提出改扩建措施。

1.4.5.1 供需平衡分析的一般原则

(1) 对于大型灌区，或灌区有长系列的来用水资料时，进行长系列调节计算，逐年进行供需平衡分析，并给出多年平衡分析结果；当资料有限时，可按照年降雨量或年综合灌溉定额排频，选择平水年(50%)、中等干旱年（75%）和特大干旱年（95%）等典型年以及灌溉设计保证率相应年份进行调节计算。

(2) 水土资源平衡分析原则上应以月为时段进行分析，大型工程且资料情况较好时，可以旬为计算时段。

(3) 应分别对现状水平年和规划水平年（近期、中期、远期）进行水土资源供需平衡分析。

(4) 对于灌区自然条件或社会经济条件较复杂的地区，特别是山丘区，往往需要根据其自然条件、水源情况和灌溉系统的构成，将灌区分为若干个分区，分别进行水土资源供需平衡分析。对于中小型灌区，或者自然社会经济条件比较单一的灌区，一般不用分区。

我国目前不少工程项目如农业综合开发项目、土地整理项目等往往是对灌区的局部地区进行配套或改造，这类项目区有时不是一个独立的系统，常与其他地区（非项目区）共用水源，进行水土资源供需平衡分析时，需要明确共用水源分配给项目区的水量及过程，或者将项目区及与其共用水源的非项目区一起进行供需平衡分析。

(5) 当灌区内有多个水源工程时，通常是按照当地河沟自流引水—塘堰—小型水库—中型水库—大型水库—泵站提水的顺序进行调配计算；如果是北方井渠结合灌溉系统，则一般按照先地表水再地下水的顺序进行调配计算。具体要根据灌区的实际情况进行优化调配。

(6) 当灌区内有多个用水部门时，一般是按照先居民生活用水，再农业灌溉用水或工业用水、生态环境用水和其他用水的顺序进行调配使用，具体的优先顺序要根据当地社会经济发展的需要统筹考虑。

(7) 水土资源供需平衡分析的结果，规划水平年灌溉设计保证率相应年份的可供水量应不小于需水总量。如果用水不能得到满足，就需要减小供水规模或灌溉面积或者调整种植结构，或者适当降低灌溉设计保证率。

1.4.5.2 现状水平年水土资源供需平衡分析

一般情况下，现状水平年的水土资源供需平衡结果达不到设计标准，或者实际供水规模达不到原设计规模，大多数续建配套与改造工程都属于这种情况。也有少数情况下，实际供水规模已达到原设计规模，且供水标准也达到了设计标准，但水资源较为丰富，需要扩大供水规模或灌溉面积。因此，现状水平年水土资源供需平衡分析的重点在于对灌区所存在的问题进行甄别。

如果现状供水规模或灌溉面积或灌溉保证率达不到设计标准，要分析出问题的原因，是资源性缺水？还是水质性缺水？还是工程性缺水？还是由于管理的原因造成的缺水？如果是工程性缺水，是水源工程的问题？还是输配水渠道的问题？还是田间工程的问题？以便提出有针对性的规划方案。

如果要扩大供水规模或灌溉面积，则需要通过水土资源供需平衡分析充分说明现状用水在得到完全保证后尚有足够的富裕。

如果现有实际灌溉面积达不到设计灌溉面积，在进行现状水平年水资源供需平衡分析时，应分别对现有实际灌溉面积和原有设计灌溉面积按照设计保证率进行平衡分析。只对现有实际灌溉面积进行分析时，由于灌溉面积小于原设计灌溉面积，有可能出现灌溉保证率达到设计保证率的情况。

现状水平年水土资源供需平衡分析的方法，如果灌区现有工程有多年的实际运行观测记录，包括水库的放水记录或泵站的抽水记录或河道引水记录以及各渠段的用水记录等，可直接利用实际观测资料进行长系列平衡分析。

1.4.5.3 规划水平年水土资源供需平衡分析

规划水平年水土资源供需平衡分析与现状水平年主要有两点不同：

(1) 由于社会经济的发展，规划水平年的用水结构和用水规模会有所变化。

(2) 由于项目的建成，工程条件将会有相应的改观，供水条件、输配水能力、灌水效率等都将因项目的实施而相应提高。

因此，规划水平年的水土资源供需平衡分析应在科学分析工程条件和需水量的基础上进行。

1.5 工程总体规划

1.5.1 系统组成及布置原则

1.5.1.1 系统组成

灌溉渠道系统是指从水源取水，通过渠道及其附属建筑物向农田供水，经由田间工程进行农田灌水的工程系统，包括渠首工程、输配水工程和田间工程三大部分。

排水沟道系统一般包括排水区内的排水沟系和蓄水设施（如湖泊、河沟、坑塘等）、排水区外的承泄区以及排水枢纽（如排水闸、抽排站等）三大部分所组成。

在现代灌区建设中，灌溉渠道系统和排水沟道系统是并存的，两者互相配合，协调运行，共同构成完整的灌区水利工程系统，如图 1.5-1 所示。

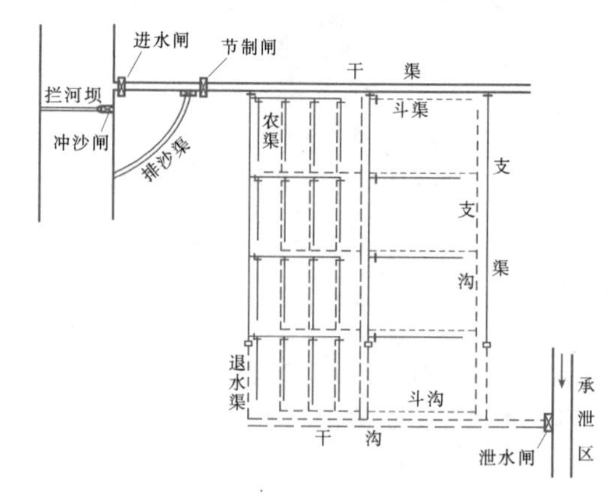

图 1.5-1　灌溉排水系统示意图

1.5.1.2 布置原则

(1) 灌区总体布局应根据旱、涝、洪、渍、碱综合治理，山、水、田、林、路、村统一规划，以及水土资源合理利用的原则，对水源工程、灌排渠系、灌排建筑物、承泄区、道路、林带、居民点、输电线路、通信线路、管理设施等进行合理布局，绘制灌区总体布局图。

(2) 灌区应按照蓄泄兼筹的原则，选定防洪标准，做好防洪工程设计，并将防洪工程纳入灌区的总体布局。

(3) 灌溉系统和排水系统的布局应协调一致，满足灌溉和排涝要求，有效地控制地下水位，防止土壤盐碱化或沼泽化。

(4) 自然条件有较大差异的灌区，应区别情况，结合社会经济条件，确定灌排分区，并分区进行工程布局。

(5) 土壤盐碱化或可能产生土壤盐碱化的地区，应根据水文气象、土壤、水文地质条件以及地下水运动变化规律和盐分积累机理等，进行灌区土壤改良分区，分别提出防治措施。

(6) 提水灌区应根据地形、水源、电源和行政区划等条件，按照总功率最小和便于运行管理的原则进行分区、分级。

(7) 山区、丘陵区灌区应遵循高水高用、低水低用的原则，采用长藤结瓜式的灌溉系统，并宜利用天然河道与沟溪布置排水系统。

(8) 平原灌区宜分开布置灌溉系统和排水系统；骨干灌排渠沟经论证可结合使用，但必须严格控制渠沟蓄水位和蓄水时间。

(9) 沿江、滨湖圩垸灌区应采取联圩并垸、整治河道、修筑堤防涵闸、分洪蓄涝等工程措施，在确保圩垸防洪安全的前提下，按照以排为主、排蓄结合、内外水分开、高低水分排、自排提排结合和灌排分开的原则，设置灌排系统和必要的截渗工程。

(10) 滨海感潮灌区应在布置灌排渠系的同时，经技术经济论证设置必要的挡潮、防洪海塘、涵闸及引蓄淡水工程，做到挡咸蓄淡，适时灌排。

(11) 排水承泄区充分利用江河湖淀，并应与灌区内排水分区以及排水系统的布置相协调。排水干沟与承泄河道的交角宜为30°～60°。

(12) 灌区田间工程应根据各分区特点选择若干典型区，分别进行设计。

(13) 灌区道路、桥涵的布置，应与灌排系统及田间工程的布置相协调。灌区公路和简易公路应参照国家现行有关规范的规定，确定其设计等级和技术标准。

(14) 灌区防风林、经济林等专用林带及防沙草障等，可按国家现行有关规范要求进行布置，并充分利用渠、沟、路旁空地种植树木。

(15) 灌区居民点布置应服从灌区总体设计要求，并应少占耕地，选择在地基坚实、地势较高、水源条件较好和交通方便的地点。居民点宜按原有的自然村进行改建。

(16) 灌区的输电线路和通信线路应根据灌区总体布局的需要，在征求电力部门和邮电部门意见的基础上进行选线布置，并提出专项设计。

1.5.2 灌溉系统的布置

灌溉系统由各级灌溉渠道和退（泄）水渠道组成。灌溉渠道按控制面积大小和水量分配分为若干等级。大、中型灌区的固定渠道一般分为干渠、支渠、斗渠、农渠四级，如图1.5-1所示；在地形复杂的大型灌区，固定渠道的级数往往多于四级，干渠可分成总干渠和分干渠，支渠可下设分支渠，甚至斗渠也可下设分斗渠；在灌溉面积较小的灌区，固定渠道的级数较少；如果灌区呈狭长的带状地形，固定渠道的级数也较少，干渠的下一级渠道很短，可称为斗渠，这种灌区的固定渠道就分为干、斗、农三级。

灌溉系统骨干渠道（干渠、支渠）的布置型式主要取决于地形条件，大致可以分为下列三种类型：

(1) 山区、丘陵区灌区的干渠、支渠布置。山区、丘陵区地形比较复杂，岗冲交错，起伏剧烈，坡度较陡，河床切割较深，比降较大，耕地分散，位置较高。一般需要从河流上游引水灌溉，输水距离较长。所以，这类灌区干渠、支渠渠道的特点是：渠道高程较高，比降平缓，渠线较长而且弯曲较多，深挖、高填渠段较多，沿渠交叉建筑物较多。渠道常和沿途的塘坝、水库相连，形成长藤结瓜式水利系统，以求增强水资源的调蓄利用能力和提高灌溉工程的利用率。

山丘、丘陵区的干渠一般沿灌区上部边缘布置，大体上和等高线平行，支渠沿两溪间的分水岭布置，如图1.5-2所示。在丘陵地区，如果灌区内有主要岗岭横贯中部，干渠可布置在岗脊上，大体和等高线垂直，干渠比降视地面坡度而定，支渠自干渠两侧分出，控制岗岭两侧的坡地。

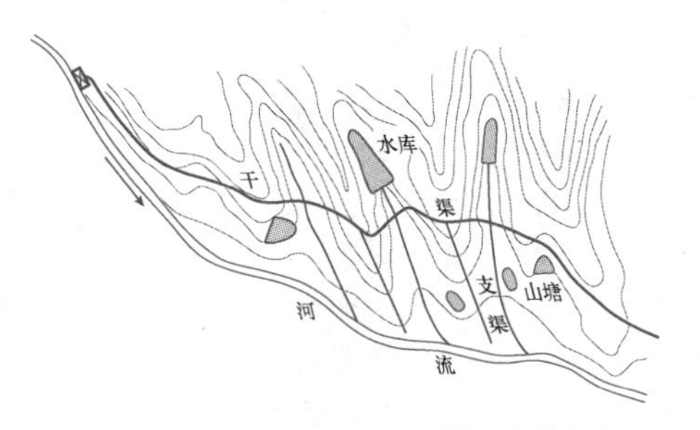

图1.5-2 山区、丘陵区干渠、支渠布置

（2）平原区灌区的干渠、支渠布置。平原区灌区大多位于河流中、下游地区的冲积平原，地形平坦开阔，耕地集中连片。山前洪积冲积扇，除地面坡度较大外，也具有平原地区的其他特征。河谷阶地位于河流两侧，呈狭长地带，地面坡度倾向河流，高处地面坡度较大，河流附近坡度平缓，水文地质条件和土地利用等情况和平原地区相似。这些地区的渠系规划具有类似的特点，可归为一类。干渠多沿等高线布置，支渠垂直等高线布置，如图1.5－3所示。

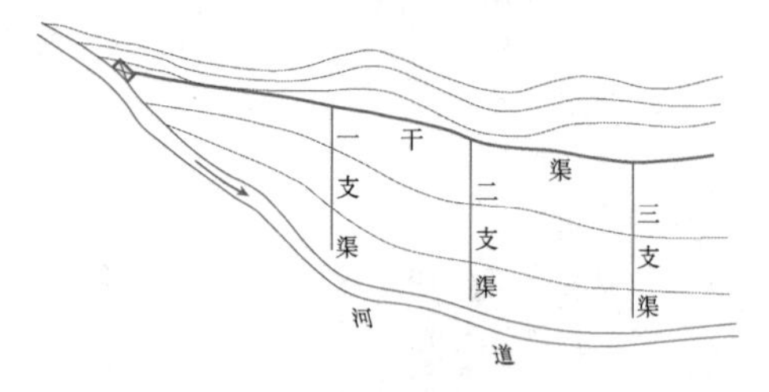

图1.5－3 平原区干渠、支渠布置

（3）圩垸区灌区的干渠、支渠布置。分布在沿江、滨湖低洼地区的圩垸区，地势平坦低洼，河湖港汊密布，洪水位高于地面，必须依靠筑堤圈圩才能保证正常的生产和生活，一般没有常年自流灌排的条件，普遍采用机电灌排站进行提灌、提排。面积较大的圩垸，往往一圩多站，分区灌溉或排涝。圩内地形一般是周围高、中间低。灌溉干渠多沿圩堤布置，灌溉渠系通常只有干、支两级，如图1.5－4所示。

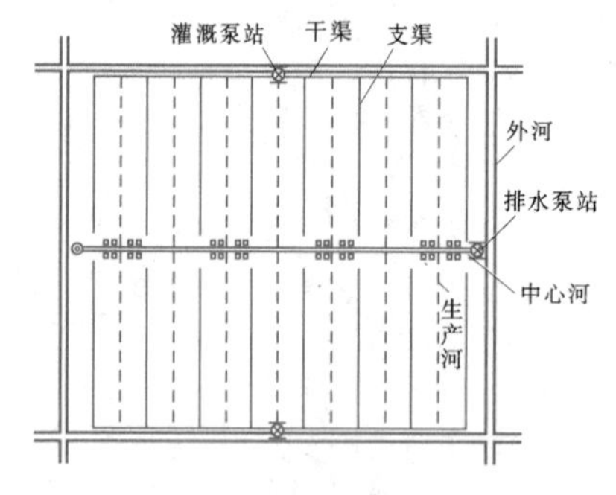

图1.5－4 圩垸区干渠、支渠布置

1.5.3 排水系统的布置

1.5.3.1 骨干沟道系统的布置

骨干沟道系统的布置，往往取决于灌区或地区的排水方式。我国各地区和各灌区的排水类别基本上可以归纳为下列几种：

（1）汛期排水和日常排水。汛期排水是为了防止耕地受涝水淹没和江河泛滥。日常排水是为了控制地区的地下水位和农田水分。两者排水任务虽然不同，但目的都是为了保障农、林、牧业的生产，所以在规划布置排水沟系时，应能同时满足这两方面的要求。

（2）自流排水和抽水排水。当承泄区水位低于排水干沟出口水位时，一般进行自流排水，否则需要采取抽水排水或抽排与滞蓄相结合的除涝排水方式。

（3）水平（或沟道）排水和垂直（或竖井）排水。对于主要由降雨和灌溉渗水成涝的地区，常采用水平排水方式；如果由于以地下深层承压水补给潜水而致涝渍，则应考虑采用竖井排水方式；对于旱涝碱兼治地区，如果地下水质和含水层出水条件较好，宜实行井灌井排，配合田间排涝明沟，形成垂直与水平相结合的排水系统。

（4）地面截流沟（有些地区称撇洪沟）和地下截流沟排水。对于由外区流入排水区的地面水或地下水以及其他特殊地形条件下形成的涝渍，可分别采用地面截流沟或地下截流沟排水的方式。

排水系统的布置，主要包括承泄区和排水出口的选择以及各级排水沟道的布置两部分。它们之间存在着互为条件、紧密联系的关系。骨干排水沟的布置，应尽快使排水地区内多余的水量泄向排水口。选择排水沟线路，通常要根据排水区或灌区内、外的地形和水文条件，排水目的和方式，排水习惯，工程投资和维修管理费用等因素，编制若干方案，进行比较，从中选用最优方案。

骨干排水沟布置一般遵循下列原则：

1）骨干排水沟要布置在各自控制范围的最低处，以便能排除整个排水地区的多余水量。

2）尽量做到高水高排，低水低排，自排为主，抽排为辅；即使排水区全部实行抽排，也应根据地形将其划分为高、中、低等片，以便分片分级抽排，节约排水费用和能源。

3）干沟出口应选在承泄区水位较低和河床比较稳定的地方。

4）下级沟道的布置应为上级沟道创造良好的排水条件，使之不发生壅水。

5）骨干沟道要与骨干渠系的布置、土地利用规划、道路网、林带和行政区划等协调。

6）工程费用小，排水安全及时，便于管理。例如干沟一般布置成直线，但当利用天然河流作为干沟时，就不能要求过于直线化。

7）在有外水入侵的排水区或灌区，应布置截流沟或撇洪沟，将外来地面水和地下水引入排水沟或直接排入承泄区。

8）为防止过度排水，减轻上游排水对下游地区的排水压力和对下游水体的污染，必要时可在排水沟道出口处设置控制排水设施。

1.5.3.2 承泄区的布置

承泄区按性状可分为河川式、湖泊式、感潮式和地下式四种。地下式承泄区，一般为地表以下排水条件良好的未饱和透水层、多孔岩层、岩溶溶洞或裂隙。

1. 承泄区的基本要求

承泄区应满足下列要求：

(1) 保证排水系统有良好的出流条件。承泄区水位，不致在排水系统内造成有害的壅水、浸没和淤积。

(2) 具有足够的输水能力或调蓄容积，以确保宣泄排水区的设计流量，或调蓄其涝水。

(3) 要有稳定的河槽和安全的堤防。

天然条件下的承泄区，有时难以满足上述要求。承泄区作用不良的原因主要有：

1) 河道弯曲，坡降过小，流速缓慢，水位壅高。

2) 河槽横断面过小。

3) 河槽断面形状急剧变化，水流紊乱，水位壅高，过水能力降低。

4) 河槽被泥沙等阻塞，过水断面减小，河床糙率加大。

5) 各种人工建筑物，如闸、坝、桥、涵、鱼栅等造成壅水。

6) 河、湖串通，洪水倒灌，抬高湖泊水位。

7) 山丘区或坡地洪水进入承泄区。

8) 感潮河道潮水顶托和河口淤积。

9) 承泄区位置较高。

针对承泄区作用不良的原因，应采取适当的整治措施（如裁弯、河道整治、分洪减流、建闸等)。

选择承泄区位置时，应注意以下各点：

1) 承泄区应选在治涝区最低处，使水位较低，以争取自排。

2) 要有适宜的排水出口。

3) 应考虑排水系统布置的要求。

2. 承泄区与排水系统的连接方式

当承泄区水位满足排水系统出口要求水位时，连接处应根据引水、蓄水、航运等要求及河底落差的大小，确定是否修建闸、涵、跌水等建筑物。

当承泄区水位高于排水出口要求水位时，则排水受顶托，此时其连接方式有下列几种：

(1) 修回水堤。当洪水顶托的回水距离不长时，可在排水口两侧修回水堤。回水堤与承泄区防洪堤相连，堤顶高程为设计回水高程加超高。回水范围以上的涝水要使其能自排；对于回水范围以内部分面积的涝水，可在支流口建涵闸抢排。

(2) 修建闸涵。顶托时间较短时，可利用闸涵抢排。

(3) 建泵站抽排。当外水位长期高于内水位、无自流排水条件时，可利用泵站抽排。

(4) 争取落差自排。当承泄河道纵坡陡于排水干沟的纵坡较多时，可考虑下延排水沟，从下游水位较低处排入承泄河道。

3. 承泄区设计水位和库容的确定

(1) 河川式承泄区的设计水位和水位过程线的推求。

1) 当涝区暴雨与承泄河道洪水相遭遇的可能性较大时，建议采用与涝区设计暴雨同频率的外河（承泄区）水位作为设计水位。用排水口附近水文站的实测流量资料进行频率计算，求出与涝区设计暴雨同频率的流量（或排涝天数的平均流量）和相应的水位或水位过程线。再从水文站推算水面线至排水口，得承泄区的设计水位或水位过程线。如果排水口距水文站较远，要求水面曲线推到过排水口的另一个水文站，以校核水面曲线推算成果。

承泄区的设计水位，要考虑排涝流量所引起的水位壅高值。

2) 当涝区暴雨与承泄河道洪水相遭遇的可能性较小时，设计水位可根据具体情况确定，一般采用涝期排涝天数（一般3～5天）平均高水位的多年均值。若从偏于安全考虑，也可采用上述1）的方法。

若承泄区为规则断面的人工河道，则可由承泄河道的断面水力要素和设计流量或流量过程线，按明渠恒定流公式，推算出相应的设计水位或水位过程线。

(2) 湖泊式承泄区的设计水位和水位过程线的推求。湖泊式承泄区的设计水位和水位过程线，需由调蓄计算确定。

1) 入湖蓄涝计算。规划确定自排或抽排入湖面积后，由水文产流计算可确定排水面积的来水（或净雨）过程线，然后用式（1.5-1）所示的水量平衡方程式进行入湖蓄涝计算：

$$V_2 = V_1 + \Delta V \tag{1.5-1}$$

其中

$$\Delta V = \Delta V_1 + \Delta P - \Delta E - \Delta V_2 - \Delta V_3 \tag{1.5-2}$$

式中 V_1——计算时段初的内湖蓄水量；

V_2——计算时段末的内湖蓄水量；

ΔV——计算时段内的净入湖水量；

ΔV_1——在计算时段内和设计治涝标准情况下，农田排入湖中的水量，可由自流或抽排入湖的来水过程线确定；

ΔP——计算时段内湖面上的降水量；

ΔE——计算时段内的湖面蒸发水量，由当地水面蒸发观测资料确定；

ΔV_2——计算时段内自湖中取用的水量；

ΔV_3——计算时段内的外排水量。

当蓄涝容积较大、不外排时，$\Delta V_3=0$；当内湖为抽排时，抽排流量 Q 一般不受外水位限制，且在计算时段 Δt 内可取为常数，故 $\Delta V_3=Q\Delta t$；当内湖自流外排时，排水流量受内外水位的影响，ΔV_3 按式（1.5－3）计算：

$$\Delta V_3=\frac{Q_i+Q_{i+1}}{2}\Delta t_i \qquad (1.5-3)$$

式中　ΔV_3——时段 Δt_i 内内湖经排水闸外排的水量；

Q_i——时段初排水闸的排水流量；

Q_{i+1}——时段末排水闸的排水流量；

Δt_i——计算时段，根据水位变化快慢及计算精度要求采用，若库容较小、水位变化较快、计算精度要求较高时，采用较小的时段，各时段一般均采用 1 天、3 天或 5 天。

全部湖蓄与抽排的调蓄计算，由来水过程线逐时段按式（1.5－1）进行。起调水位可根据农田排水、湖泊养殖、灌溉、航运、卫生等要求确定，例如，养殖要求最小水深为 1～1.5m，防疟水深要求不小于 1.5～2m。由计算所得每一时刻的内湖蓄水量，在容泄区水位—库容曲线上可求出对应的湖水位，故可绘出内湖蓄水水位过程线。

2）内湖自流外排的调蓄计算。内湖建闸自流外排的流量随内外水位的升降而变化，调蓄计算仍用式（1.5－1）和式（1.5－2），但式中的 ΔV_3 采用式（1.5－3）计算：

自流外排计算，需借助于内湖水位 H、外河水位 H_w 和过闸流量 Q 关系曲线（此根据排水闸尺寸和过闸流态进行水利计算绘制而成）。在计算中，若排水闸临近内湖和外河，则内湖水位即为闸前水位，外河水位即为闸后水位。

内湖自流外排调蓄计算，可以从内外水位相平的时刻 t_0 开始，按表 1.5－1 的格式进行试算。

表 1.5－1　内湖自流外排调蓄计算表

时间	外河水位 H_w (m)	内湖水位 H (m)	过闸流量 Q (m^3/s)	平均排出流量 $(Q_i+Q_{i+1})/2$ (m^3/s)	过闸水量 ΔV_3 (m^3)	取用水量 ΔV_2 (m^3)	湖面降水量 ΔP (m^3)	湖面蒸发水量 ΔE (m^3)	排入内湖水量 ΔV_1 (m^3)	内湖蓄水量 V (m^3)

3）内湖设计水位和蓄水水位过程线的确定。当内湖在排涝期全部存蓄涝水时，按前述方法利用式（1.5－1）对设计典型年进行内湖蓄涝演算，求出蓄水期间的内湖蓄水水位过程线，其最高水位即为内湖设计水位。

当排涝期间内湖有可能自流外排或抽排时，可拟定不同规模的排水闸或泵站方案，用典型年的来水过程线与外河水位过程线，按式（1.5－3）进行调蓄演算。根据内湖蓄水条件及技术经济比较，确定建筑物的规模及相应的内湖蓄水水位过程线。其最高水位即为设计水位。

内湖设计水位有时需根据湖区地形条件、防洪安全等要求确定。

（3）感潮式承泄区设计水位的确定。感潮式承泄区设计水位的确定，原则上与河川式承泄区设计水位的确定方法相同，但要考虑潮汐影响。可取各年排涝期内的高潮位与低潮位，按排涝天数的平均值（即连续高高潮与高低潮的半潮水位）作频率计算，与涝区设计标准同频率的潮位作为设计潮水位，其对应的连续高潮位的潮型作为设计潮位过程线。

（4）地下式承泄区的蓄涝水位和库容估算。

1）蓄涝水位。地下式承泄区的最高蓄涝水位，应控制在作物适宜地下水深度以下。在有盐碱威胁的地区，在返盐季节要控制在临界深度以下。

2）库容估算。地下式承泄区的蓄涝库容可用式（1.5－4）粗估：

$$V=\mu\Delta hA\times10^6 \qquad (1.5-4)$$

式中　μ——地下水变幅 Δh 内透水层的平均给水度，由抽水试验或参照表 1.5－2 确定；

Δh——最高蓄涝水位与最低地下水位之差，m；

A——地下水库面积，km^2。

排入地下承泄区的水质，要符合人工回灌的要求，以免污染承泄区的土壤和地下水。

1.5.4　灌排建筑物的布置

1.5.4.1　建筑物布置及选型的一般要求

（1）建筑物的位置。要根据渠系平面布置图和纵横断面图相互结合研究确定建筑物的位置，如跌水应布置在地形变化较大的地带，桥梁应尽量与渠沟正交，节制闸应考虑渠道的轮灌及渠道水位的降低情况等。

表 1.5-2　　土壤给水度

土　　质	给 水 度
黏土	0.01～0.02
亚黏土（壤土）	0.02～0.04
粉砂质亚砂土（粉砂壤土）	0.02～0.05
亚砂土（砂壤土）	0.05～0.07
粉砂	0.07～0.11
细砂	0.12～0.16
中砂	0.18～0.22
粗砂	0.22～0.26

（2）尽量考虑采用联合枢纽的布置形式，以便综合利用，节约工程数量，如进（分）水闸与节制闸联合修建，闸与桥联合修建等。

（3）建筑物的布置。在能满足水位、流量、安全及管理方便的条件下，建筑物的数量应尽可能少些，以节省投资和减少管理工作量。

（4）建筑物的型式。应根据就地取材、降低造价和安全适用的原则选用建筑物的型式。有条件的情况下，尽量考虑美观，并与周边景观协调一致。

1.5.4.2　建筑物布置和选型应注意的问题

（1）桥梁。布置时尽量利用渠道上的节制闸与进水闸。桥梁的位置和数量应该考虑群众生产方便。

（2）节制闸。一般应布置在轮灌组分界、渠道分出流量较多、断面变化较大以及下级渠道水位要求较高的地方，也常布置在泄水闸的下游，以便联合运用。

（3）渡槽与倒虹吸管。当渠道与沟、河、路交叉时，通常选用渡槽，具有水头损失小、泥沙淤积容易处理的优点。当为下述情况下，以选用倒虹吸管为宜：

1）渠道流量较小，水头充裕，含沙量小，穿越较大河谷。

2）河谷深度很大，采用渡槽时槽架太高（如架高大于25～30m）。

3）河道宽浅，洪水位较高，如修建渡槽，槽下净空不能满足泄洪要求。

4）渠路相交，而净空较小。

（4）尾水闸与泄水闸。尾水闸布置在斗渠尾端，而一般支渠不设尾水闸，可通过斗渠尾水闸退水；当斗渠较小，不设尾水闸时，则支渠应设置尾水闸。

为保证建筑物的安全，在干渠大型建筑物（如渡槽、倒虹吸管、跌水等）上游的一侧，应布置泄水闸。当干渠较长时，泄水闸的布置还应照顾到干渠分段的长度，一般每10～15km应结合适当建筑物布置一座泄水闸。环山渠的泄水闸还有排泄入渠坡水、防止漫溢渠堤的作用，故应根据坡水入渠的情况分段设置。有时为了便于管理，也可考虑采用溢洪堰。

（5）跌水与陡坡。选用时应作经济比较。通常多选用跌水，但在下述情况时可选用陡坡：

1）由环山干渠直接分出支渠、斗渠，在渠道附近无灌溉任务时，一般可顺地面坡度建陡坡工程，引水到要求灌溉的地方。

2）当布置跌水处的地质为岩石，可顺岩石坡向修建陡坡代替跌水，以减少石方开挖。

（6）隧洞。隧洞具有输水距离短、水位下降少、渗漏损失小、坡水与泥沙不易入渠等优点，其进、出口应选在岩石较好的地方，以防塌方，影响施工。

（7）建筑物尺寸。如果灌区范围可能发展，考虑到今后扩建的需要，对有关重要建筑物尺寸应适当留有余地。

1.5.5　田间工程

田间工程通常指最末一级固定渠道（农渠）和固定沟道（农沟）之间的条田范围内的临时渠道、排水小沟、田间道路、稻田的格田和田埂、旱地的灌水畦和灌水沟、小型建筑物以及土地平整等农田建设工程。

1.5.5.1　田间工程规划布置

1. 田间工程的规划要求

田间工程要有利于调节农田水分状况、培育土壤肥力和实现农业现代化。为此，田间工程规划应满足下列基本要求：

（1）有完善的田间灌排系统，旱地有沟、畦，种稻有格田，配置必要的建筑物，灌水能控制，排水有出路，避免旱地漫灌和稻田串灌串排，并能控制地下水位，防止土壤过湿和产生土壤次生盐渍化现象。

（2）田面平整，灌水时土壤湿润均匀，排水时田面不留积水。

（3）田块的形状和大小要适应农业现代化需要，有利于农业机械作业和提高土地利用率。

2. 田间工程的规划原则

（1）因地制宜、经济合理。结合地形条件，渠道尽可能布置在高处，避免过大的填方、挖方，并减少建筑物数量和渠道长度。

（2）要便于机耕和整地。渠道布置要互相平行，上下级渠道互相垂直，避免出现三角地。力求田块整齐，大小相等，便于轮作和机耕。

（3）沿乡镇边界布渠，使用水单位尽可能有独立的引水口，便于用水和管理养护。

（4）田间工程规划要以治水改土为中心，实行山、水、田、林、路综合治理，创造良好的生态环境，促进农、林、牧、副、渔全面发展。

3．条田规划

末级固定灌溉渠道（农渠）和末级固定沟道（农沟）之间的田块称为条田，有的地方称为耕作区。它是进行机械耕作和田间工程建设的基本单元，也是组织田间灌水的基本单元。条田的基本尺寸要满足下列要求：

（1）排水要求。为了排除地面积水和控制地下水位，排水沟应有一定的深度和密度。排水沟太深时容易坍塌，管理维修困难。因此，农沟作为末级固定沟道，间距不能太大，一般为 100～200m。

（2）机耕要求。根据实际测定，拖拉机开行长度小于 300～400m 时，生产效率显著降低。但当开行长度大于 800～1200m 时，用于转弯的时间损失所占比重很小，提高生产效率的作用已不明显。因此，从有利于机械耕作这一因素考虑，条田长度以 400～800m 为宜。

（3）田间用水管理要求。在旱作地区，特别是机械化程度较高的大型农场，为了在灌水后能及时中耕松土，减少土壤水分蒸发，防止深层土壤中的盐分向表层聚积，一般要求一块条田能在 1～2 天内灌水完毕。从便于组织灌水考虑，条田长度以不超过 500～600m 为宜。

综上所述，条田大小既要考虑除涝防渍、防治盐碱化和机械化耕作的要求，又要考虑田间用水管理要求，宽度一般为 100～200m，长度以 400～800m 为宜。我国部分地区旱作区条田规格见表 1.5－3。

表 1.5－3　我国部分地区旱作区条田规格

地　　区	长度（m）	宽度（m）
陕西关中	300～400	100～300
安徽淮北	400～600	200～300
山东	200～300	100～200
新疆军垦农场	500～600	200～350
内蒙古机耕农场	600～800	200

4．稻田区的格田规划

水稻田一般都采用淹灌方法，需要在田间保持一定深度的水层。因此，在种稻地区，田间工程的一项主要内容就是修筑田埂，用田埂把平原地区的条田或山丘地区的梯田分隔成许多矩形或方形田块，称为格田。格田是平整土地、田间耕作和用水管理的独立单元。

田埂的高度要满足田间蓄水要求，一般为 20～30cm，埂顶兼做田间管理道路，宽约 30～40cm。

格田的长边通常沿等高线方向布置，其长度一般为农渠到农沟之间的距离。沟、渠相间布置时，格田长度一般为 100～150m；沟、渠相邻布置时，格田长度为 200～300m。格田宽度根据田间管理要求而定，一般为 15～20m。在山丘地区的坡地上，农渠垂直等高线布置，可灌排两用，格田长度根据机耕要求确定。格田宽度视地形坡度而定，坡度大的地方应选较小的格田宽度，以减少修筑梯田和平整土地的工程量。

稻田区不需要修建田间临时渠网。在平原地区，农渠直接向格田供水，农沟接纳格田排出的水量，每块格田都应有独立的进、出水口，如图 1.5－5 所示。

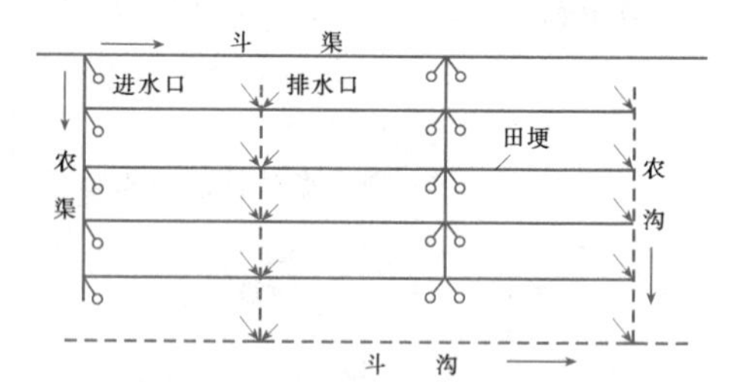

图 1.5－5　稻田区田间灌排工程布置

5．田间渠系布置

田间渠系指条田内部的灌溉网，包括毛渠、输水垄沟和灌水沟、畦等。田间渠系布置有下列两种基本形式：

（1）纵向布置。灌水方向垂直农渠，毛渠与灌水沟、畦平行布置，灌溉水流从毛渠流入与其垂直的输水垄沟，然后再进入灌水沟、畦。毛渠一般沿地面最大坡度方向布置，使灌水方向和地面最大坡向一致，为灌水创造有利条件。在有微地形起伏的地区，毛渠可以双向控制，向两侧输水，以减少土地平整工程量。地面坡度大于 1%时，为了避免田面土壤冲刷，毛渠可与等高线斜交，以减小毛渠和灌水沟、畦的坡度。田间渠系的纵向布置如图 1.5－6 所示。

（2）横向布置。灌水方向和农渠平行，毛渠和灌水沟、畦垂直，灌溉水流从毛渠直接流入灌水沟、畦，如图 1.5－7 所示。这种布置方式省去了输水垄沟，减少了田间渠系长度，可节省土地和减少田间水量损失。毛渠一般沿等高线方向布置或与等高线有一

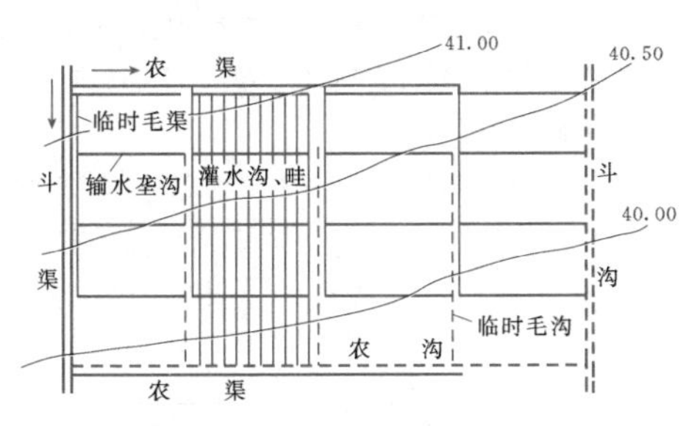

图 1.5-6 田间渠系纵向布置

个较小的夹角，使灌水沟、畦和地面坡度方向大体一致，有利于灌水。

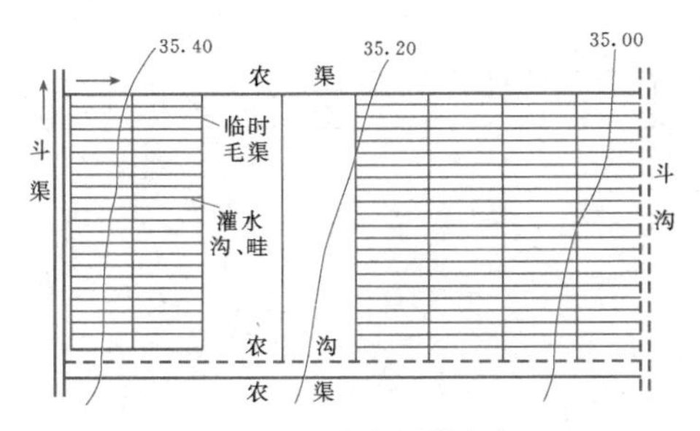

图 1.5-7 田间渠系横向布置

在以上两种布置形式中，纵向布置适用于地形变化较复杂、土地平整较差的条田；横向布置适用于地面坡向一致、坡度较小的条田。但是，在具体应用时，田间渠系布置方式的选择要综合考虑地形、灌水方向以及农渠和灌水方向的相对位置等因素。

1.5.5.2 土地平整

1. 基本原则和要求

在实施地面灌溉的地区，为了保证灌溉质量，必须进行土地平整。土地平整工作有下列要求：

(1) 平整土地必须在沟、渠、路、林、田全面规划的基础上进行，以免造成返工浪费和影响农业生产。

(2) 在平整土地区内，要根据当年作物种植安排有计划地进行复种、倒茬和休闲等，安排好在冬春或夏秋准备平整的土地，以防弄乱茬口，损坏庄稼，影响当年农业增产。

(3) 注意保持土壤肥力。在施工中，对高差较大而土壤又瘠薄的田块，应先将表土层放在一旁，然后挖去要削平的部位，最后再铺表土层，并适当增施有机肥料，做到当年施工、当年增产。

(4) 改良土壤，扩大耕地。对质地黏重、容易板结的土壤，可进行掺砂改良。通过填平废沟、废塘，拉直沟、渠、田埂等措施，扩大耕地面积，改善耕作和水利条件。

(5) 为了便于灌溉，平整土地要具有合适的田面坡度。在旱作区，纵坡以 0.001～0.004 为宜，最大不超过 0.01，横向坡度应小于纵坡。在水稻区，要求在格田范围内精细平整，基本达到水平。对于水平梯田，为了防止水土流失，一般可设计成外高内低的反坡梯田，其坡度以 0.1%～0.2%为宜。

(6) 合理分配土方，就近挖、填平衡，运输线路没有交叉和对流，使平整工程量最小，劳动生产率最高。

(7) 在规划梯田时，既要照顾到陡坡，又要照顾到缓坡，要考虑田面不能过窄，地堰不可过高，要贯彻“等高第一，兼顾等距，大湾就势，小湾取直”的原则。等高和等距不能兼顾时，要等高，在等高的基础上尽可能地等距。一般地堰高度不宜大于 2.0m（即下挖上填各 1.0m 左右）。田面宽度取决于地面坡度，表 1.5-4 可供参考。

梯田宽度 B 与地面坡度 α，有如下函数关系式：

$$B = -9.51 \times \lg\alpha + 18.45 \qquad (1.5-5)$$

表 1.5-4 梯田堰高与田面宽度关系

地面坡度（°）	堰高（m）	田面宽（m）	地面斜长（m）
3	0.5	9.4	9.6
	1.0	18.8	19.1
	1.5	28.2	28.7
	2.0	37.6	38.2
4	0.5	7.1	7.2
	1.0	14.1	14.3
	1.5	21.1	21.5
	2.0	28.0	28.6
5	0.5	5.6	5.7
	1.0	11.2	11.5
	1.5	16.7	17.2
	2.0	22.3	22.9
6	1.0	9.3	9.6
	1.5	13.9	14.4
	2.0	18.5	19.1
	2.5	23.0	23.9
7	1.0	7.9	8.2
	1.5	11.8	12.3
	2.0	15.7	16.4
	2.5	19.6	20.5

续表

地面坡度(°)	堰高(m)	田面宽(m)	地面斜长(m)
8	1.0	6.9	7.2
	1.5	10.3	10.8
	2.0	13.7	14.4
	2.5	17.0	18.0
9	1.0	6.1	6.4
	1.5	9.1	9.6
	2.0	12.1	12.8
	2.5	15.0	16.0
10	1.0	5.4	5.8
	4.5	8.1	8.6
	2.0	10.8	11.5
	2.5	13.4	14.4

根据以上要求进行土地平整工程的设计和施工。通常以条田或格田作为平整单元，测绘地形图，计算田面设计高程和各点的挖、填深度，确定土方分配方案和运输路线，有组织地进行施工，达到省劳力、速度快、效果好的目的。

2. 土地平整的测量计算

平整土地前，应对拟平整的田块进行测量计算，以确定挖、填分界线和各点的挖深、填高尺寸，并计算挖、填土方量。一般要求：挖、填土方量基本平衡，平整后田块符合设计的田面坡度；工程量小、运距短、搬运线路合理、功效高；绘制施工图，确定运土方向和搬运路线，以作为施工的依据。最常用的是方格网络测量法，方格的大小依地形复杂程度和施工方法而异。对于地形较平坦、人工施工的，一般采用20m×20m方格，而地形起伏较大或水田地区，常用10m×10m方格；对于机械化施工的，多用50m×50m方格。根据不同地形条件，方格网络测量法又分方格中心点法和方格角点法，以实例说明如下。

(1) 方格中心点法。适用于非均匀变化的凹凸不平地面和挖、填分界线不分明的地段，具体做法如下：

1) 如图1.5-8所示为一拟平整的格田。平整后要求达到水平，为此，在格田范围内布置方格网，纵横每10m一个方格。

2) 测量方格网各桩点高程（注于图1.5-8上）。

3) 计算格田的平均田面高程。因各桩点高程代表其周围一块四方形（图中虚线所示）的中心点高程，故格田的平均田面高程为各桩点地面高程之和除以桩点数。本例为363.53÷18=20.14m，即为平整后的设计田面高程。

4) 计算挖填深度。将各桩点地面高与设计田面高相比较，用“+”或“−”分别表示“填”与“挖”，并将其数值注在各桩点下方，如图1.5-8所示。

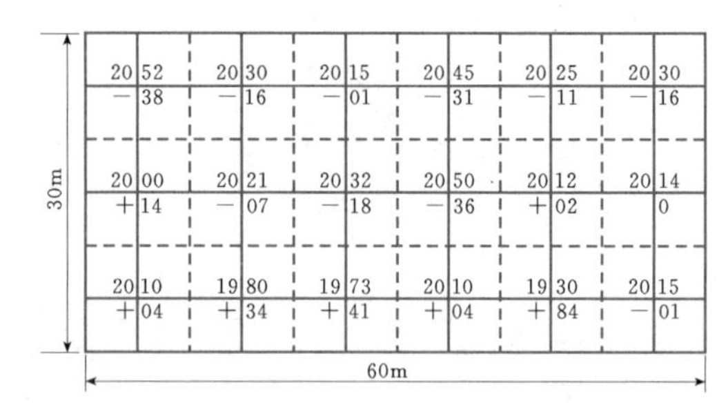

图1.5-8　方格中心点法

5) 计算挖（填）土方量。挖（填）深度乘方格面积，即得其方格的挖（填）土方数。计算时，若挖填深度不超过5cm，可忽略不计，此值通过农业耕作能得到调整。本例土方量为

$$\text{总填方} = (0.14+0.34+0.41+0.84)\times 100 = 173(\text{m}^3)$$

$$\text{总挖方} = (0.38+0.16+0.31+0.11+0.16+0.07+0.18+0.36)\times 100 = 173(\text{m}^3)$$

6) 绘制施工图，如图1.5-9所示。

(2) 方格角点法。适用于地面坡度变化均匀和可找到挖填分界线的地段，具体做法如下：

1) 布置方格网。按图1.5-10设计田面坡度，纵向1/400，横向1/800，取50m×50m方格。

2) 测量方格网各角点高程（注于图1.5-10上）。

3) 计算格田的平均高程。其计算式为

$$H_0 = \frac{\sum h_{角} + 2\sum h_{边} + 4\sum h_{中}}{4n} \qquad (1.5-6)$$

式中　$\sum h_{角}$——各角点高程之和；

$\sum h_{边}$——各边点高程之和；

$\sum h_{中}$——各中点高程之和；

n——方格总数。

图1.5-10中测点1、5、11、15为角点，各点高程代表一个方格，故乘系数1，测点2、3、4、6、10、12、13、14为边点，其高程代表左右两个方格，故乘系数2，测点7、8、9为中心点，其高程代表上下左右四个方格，故乘以系数4。

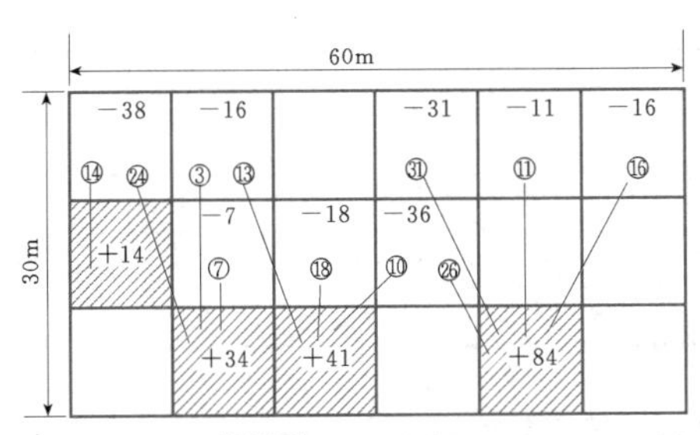

图 1.5-9　土地平整施工简图

注　图中数字表示挖方量；带"+"、"−"的数表示填挖深度（cm）。

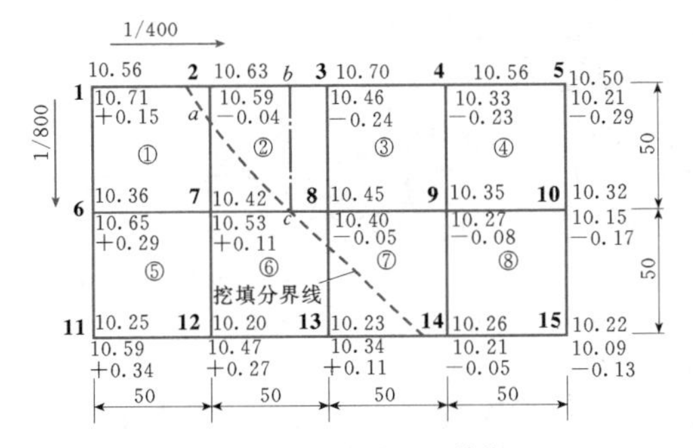

图 1.5-10　方格角点法（单位：m）

本例$\sum h_{角}=10.56+10.50+10.25+10.22$

$=41.53$（m）

$\sum h_{边}=10.63+10.70+10.56+10.36$

$+10.32+10.20+10.23+10.26$

$=83.26$（m）

$\sum h_{中}=10.42+10.45+10.35+31.22$（m）

代入式（1.5-6），得

$$H_0=\frac{41.53+2\times 83.26+4\times 31.22}{4\times 8}=10.40(\mathrm{m})$$

4）计算各测点设计田面高程。各测点设计田面高程等于平均田面高程 H_0 加（减）设计比降乘地块中心至各测点的距离所得之高差。将计算结果注于图 1.5-10 中测点下方。

5）勾绘出挖填分界线（如图 1.5-10 中虚线所示）。

6）计算各测点的挖填深度（注于图 1.5-10 中测点下方）。

7）计算挖填土方量。

在一个方格内，凡属全部挖（填）者，其土方等于各点挖填高度之和的平均值乘以方格面积；如果在同一方格既有挖方，又有填方，则以挖填分界线为准，根据图形情况将方格分解为矩形、三角形和梯形等几何图形（如方格②可分解为矩形 $b38c$、三角形 $ac7$ 和梯形 $2bca$ 三个图形），未知点 b 的挖（填）高度，可按相邻两点的挖（填）高度比例求得，各图形的土方等于各点的平均挖（填）高度乘以图形面积。

本例经分块计算，得总的挖方为 $1361\mathrm{m}^3$，总的填方为 $1309\mathrm{m}^3$，挖填基本平衡。实际施工时，挖方须大于填方，考虑到土壤的沉陷，须留有 10%左右的虚高。

1.5.6　道路、林带及居民点规划

1.5.6.1　道路规划

1. 道路种类

（1）灌区内乡（镇）、厂、矿、县城间和对外联络的公路。

（2）灌区内乡（镇）、厂、矿、各村庄间的交通道路。

（3）各生产单位通往田间的生产道路。

（4）沿渠布置的渠系管理道路。

2. 道路标准

道路标准根据不同的道路等级和交通工具确定。

（1）公路。四级以上公路按照《公路工程技术标准》（JTG B01—2003）的要求设计。

（2）农村公路。应根据中华人民共和国交通部 2004 年发布的《农村公路建设标准指导意见》设计。表 1.5-5 可供参考。

3. 交通道路的布置原则

（1）道路要联结成网，以满足交通运输、农机行驶和田间管理的要求。

（2）线路要短直，对于平原、坡地和浅丘地区的主要交通道路，应力求走直线，互相正交，以利于渠系布局；对于丘陵地区，应结合地形条件采取"分段取直"的形式；对于田间生产道路，要考虑便于农机下地和农民出工。

（3）线路要与渠系密切结合，统一规划，合理安排，对于平原地区宜采用"先路后渠"的办法，即先定好主要道路作为骨架，然后定渠、沟、田的布置方式；对于山丘、丘陵地区，规划时应采用"先渠后路"的办法，即先定好骨干渠系，再依渠傍沟布设道路；对于田间生产道路，要与田间渠系和田块布置形式结合，使渠、沟、路总的工程量小，占地少，交叉建筑物少，又能充分发挥渠、沟、路的效能。

（4）灌区原有公路一般不宜改变线路，渠道和排水沟应尽可能沿原公路或平行公路布置，以减少交通建筑物，并有利于田块方整。

（5）在干渠及较大支渠上，一般应结合交通道路沿堤脚布置通行机动车的管理道路；在支渠、斗渠上应利用一侧堤顶来布置通行人力车和自行车的管理道路。

表1.5-5　　农村公路规格

交通道路	主要联系范围	行车情况	路面宽（m）	路面高于地面（m）
干道	县与乡（镇）之间，乡（镇）与村之间	双车道	6～8	0.7～1.0
支道		单车道加错车道	3～5	0.5～0.7
田间道		单车道	3～4	0.3～0.5
生产道		不通行机动车	1～2	0.3

4. 沟、渠、路的布置形式

沟、渠、路的布置形式，应有利于排灌、机耕和田间管理，不影响田间作物光照条件，并能节约占地，使平整土地和修建渠系建筑物的工程量少。常见的布置形式有下列几种：

(1) 沟—渠—路—田块（见图1.5-11）。道路布置在田块上端，位于灌溉渠道一侧。有扩展余地，可兼作管理道路，农业机具可直接进入田间。道路穿过下级渠道，可结合分水闸或斗门修建桥梁。这种布置形式的优点是比较经济，缺点是路面起伏较大。

(2) 田块—路—沟—渠（见图1.5-12）。道路布置在田块下端，位于排水沟一侧。这种布置形式的优点是路面较平坦，便于交通和进入田间，缺点是与下级排水沟相交，需修建桥涵。

(3) 田块—沟—路—渠（见图1.5-13）。道路布置在排水沟与渠道之间。便于维修管理沟、渠。但农业机具进入田间必须跨越排水沟或渠道，需要修建较大的桥涵。另外，今后扩宽道路也有困难。一般多用于以交通为主的道路。

以上三种布置形式，应根据具体情况选用，田间机耕路以第（1）、第（2）种形式较好。

图1.5-11　沟—渠—路—田块

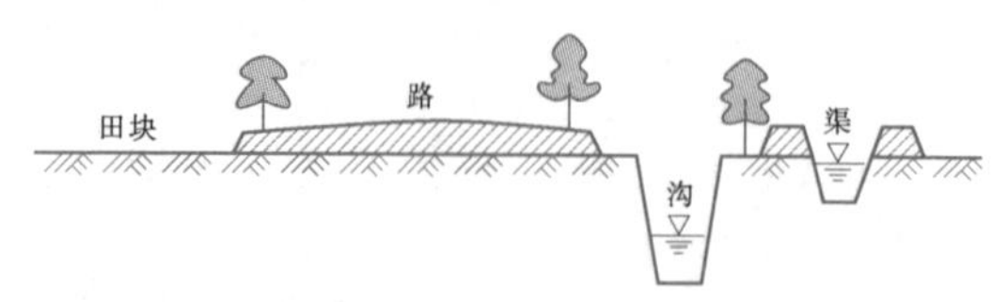

图1.5-12　田块—路—沟—渠

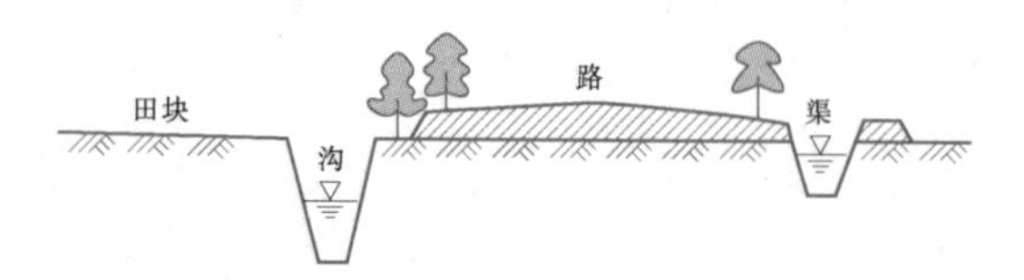

图1.5-13　田块—沟—路—渠

1.5.6.2　林带规划

沟、渠、路旁要因地制宜布设林带。通常在干渠、支渠和主要交通道路的两侧植树，每侧1～2行；在斗渠、农渠及田间生产道路两侧或一侧植树1～2行。在田间生产道路两侧植树时，应对每个田块留8～10m缺口，以便农机下地。若在一侧植树，当林带为南北向时在西边植树；当林带为东西向时在南边植树，这样可减少对作物的影响。在人均土地较少的地区，可在不增加占地的前提下，于堤脚、沟边植树。堤内植树以不影响水流为原则。在风沙灾害严重的地区，应按防护农田的要求布置林带。

防护林一般要求主林带垂直于当地风害方向，偏角不宜大于30°，副林带垂直于主林带。林带间距应按林带的防风范围来确定。一般林带的有效防风范围为树高的20～25倍，在具体确定林带间距时，还要考虑风害的程度。林带宽度需要根据风害大小、林带结构及土地利用情况来确定。林带结构通常有透风结构和稀疏结构两种形式。透风结构林带，由单层或两层林冠组成，林冠部分适度透风，树干部分大量透风，在风沙灾害较轻的地区适宜采用。稀疏结构林带的透风能力大，防风效果好，风沙危害严重的地区适宜采用。

要根据当地自然条件和林带性质选择适宜的树种。在灌区内堤脚、路旁植树，一般以速生、端直、不给作物传染病虫害的乔木为主，而在堤坡、岸边，多以紫穗槐、柠条等灌木为主。为便于选择树种，将一些主要树种的习性、种植规格列入表1.5-6，供参考。

1.5.6.3　居民点规划

1. 居民点布局的规划原则

(1) 居民点规划必须在农田基本建设统一规划的基础上进行，一般以原有自然村为基础进行改建，过分零乱分散时，可适当合并，布局不合理的要另选居民点。

(2) 居民点规划要便利生产、生活。

(3) 布置居民点要全面安排居民住房和自留地、乡（镇）的集体用房、用地。

(4) 居民点建设应本着长远规划，分期实施的精神一次规划，分期分批实施。

表 1.5-6　主要树种

树种	植树规格		主要特性	树种	植树规格		主要特性
	株行距（尺）	每亩株数（株）			株行距（尺）	每亩株数（株）	
马尾松	5×5，4×4	240～375	适应性强，耐干旱、瘠薄，系荒山造林先锋树种	臭椿	5～6	150～200	喜湿润深厚的水质土壤，适于平原、山谷和“四旁”种植
金钱松	5×6	150～200	喜阳光，湿润气候，抗风，耐寒，畏热，在土壤深厚、疏松、肥沃的高山地生长迅速	枫杨	6～8		喜光、耐水湿，适宜平原，汙区、河滩、公路两旁种植
杉木	6×5，4×5	200～240	系优良用水、速生树种。喜温暖、土层要深厚、肥沃。适于山腰、山脚、阴坡种植	喜树	零星种道		要求疏松湿润土壤，不耐干旱、瘠薄，适于“四旁”种植
黑松	5×5，4×4	240～375	耐盐碱，抗风力强，适于海岛和沿海山地种植	相思树	3×5，3×3	400～667	喜温暖，不耐蔽阴，畏寒，适于用作南方沿海防护林和荒山造林
水杉	6～8	200 左右	喜湿润，土壤要肥沃，适于低湿地、平原“四旁”种植	木麻黄	3×3	667	喜潮湿海洋性气候，耐瘠、旱、盐碱，防风固沙，适作丘陵、山地、沿海防护林
柏树	5～6	200～240	较耐干旱、瘠薄，适于石灰岩山地，钙质土壤，缓风山坳种植	紫穗槐	3×3，3×4	500～667	适应性很强，耐风沙、盐碱、干旱、瘠薄，适于水土保持“四旁”种植
樟树	6×6，5×6	167～200	喜阳光、肥沃湿润土壤，适于平原、丘陵“四旁”种植	杞柳	每穴 4～5 株	600 穴	适应性强，喜湿润，耐盐碱，适作水土保持林
楠木	5×5，5×6	200～240	喜温暖湿润略有蔽阴的环境，适于山下坡，山洼、山谷或河岸种植	柠条	每穴 4～5 株	600 穴	适应性强，耐瘠薄、干旱、寒冷，适作干旱地区水土保持林
檫树	6×9，6×6	111～167	适于土层深厚、湿润、排水良好的缓风山坳、山脚种植	刺槐		240～300	适应性强，耐瘠、旱，适于丘陵、平原种植
桉树	6×6，6×5	167～200	喜阳光、温暖，要求土层深厚、水分充足，适于“四旁”和平原种植	白榆	5～6		适于平原和“四旁“种植”
苦楝	6×6		喜光，不耐蔽阴，耐干旱、水湿、轻微盐碱，适于“四旁”和沿海砂地、盐碱地种植	油茶	8×10，7×8	80～120	根深，喜光、喜温暖和湿润气候
泡桐	8×9	90	适应性较强，适于低山、丘陵、平原和“四旁”种植	油桐	8～10		适应性较广，山区、丘陵（土层较深厚）均可种植
香椿	6～7	160～200	喜阳光和深厚砂质土壤，适于平原和“四旁”种植	乌桕	10×10	60	喜温暖、雨量充沛，耐水湿，在水边、堤岸、平原、丘陵均可种植
板栗	15～20		耐旱、寒、不择土壤，适于丘陵山区种植	梧桐	6～8		喜光、喜肥沃黏壤土，根深，适于平原、“四旁”、丘陵种植
榆树		200～240	喜光，根深，适应性强，耐旱、瘠、寒、碱	毛竹		20～30	怕寒、怕旱、怕风，适于避风偏阴的山坳种植

2. 居民点的规模及布置形式

农村居民点可分为中心居民点和一般居民点。中心居民点是所辖范围内的政治、经济、文化中心，其规模较大；一般居民点主要为方便农业生产和田间管理而设立，其规模和布局应与生产作业区的范围和大小相适应。居民点的布置形式分集中与分散两种。中心居民点布置在骨干渠道及主要交通道路一侧，并居于一般居民点的中心位置。一般居民点通常以一个自然村或几个自然村为单位，有规则地集中或分散布置在渠道（排水沟）一侧，以便耕种附近的田块。在低洼圩区和滨湖区，可结合安全台的建设，沿大堤布置居民点。

3. 居民点的位置

选择居民点时，应尽可能少占或不占好耕地，并应满足下列要求：

（1）位置适中，便于生产劳动。

（2）交通方便，有利于内外联系。

（3）地势较高，干燥、向阳，利于排水。

（4）有良好的水源条件，防止水质污染。

（5）地下水位低，无盐碱化危害，不受山洪、河流泛滥和风害的威胁。

（6）离铁路（公路）应有一定距离（100～200m），也不宜位于水坝脚下，以利人、畜和机具的安全。

1.5.7 排水区规划

1.5.7.1 圩区规划

圩区主要分布在我国南方各主要河流中下游的江湖冲积平原地区，其特点是：地势低平，汛期外河水位常高出地面，依靠圈圩筑堤防御洪水；圩内以涝渍为主要威胁，治理上以排为主，蓄泄兼顾。

1. 防洪措施

（1）圩堤整修。

1）防洪标准。根据防护对象的重要性，历次洪水灾害情况及社会经济影响，结合防护对象和工程的具体条件，并征求有关方面的意见，按照《防洪标准》（GB 50201—94）确定。海堤防潮标准，各地不一，可参照当地制定的标准确定。

2）堤距和堤顶高程的确定。河道两侧圩区的堤距，要能通过设计洪峰流量。若采用的堤距较窄，则设计洪水位较高，河道水流较急，修堤土量较大，但圈为河滩地的土地较少；若采用的堤距较宽，则相反。选择什么样的堤距和堤顶高程，应根据当地条件，经方案比较后确定。堤顶高程可用式（1.5-7）计算：

$$H_{堤顶} = H_{洪} + a + \Delta \qquad (1.5-7)$$

式中　$H_{堤顶}$——设计堤顶高程，m；

$H_{洪}$——设计洪水位，m；

Δ——安全超高，一般取 0.5～1m；

a——波浪爬高，m。

波浪爬高在 $\alpha=14°\sim45°$ 的范围内采用式（1.5-8）计算：

$$a = 3.2Kh_b\tan\alpha \qquad (1.5-8)$$

式中　K——堤坡护面粗糙系数，混凝土为1.0，土坡、草皮为0.9，干砌块石为0.8，抛石为0.75；

α——堤的迎水坡与水平面夹角；

h_b——波高，m。

波高采用式（1.5-9）或式（1.5-10）计算：

$$h_b = 0.76 + 0.34\sqrt{L} - 0.26\sqrt[4]{L}（适用于 L < 60） \qquad (1.5-9)$$

$$h_b = 0.208v^{1.25}L^{1/3}（适用于 3 < L < 30） \qquad (1.5-10)$$

式中　L——最大水面宽或吹程，km；

v——最大风速，m/s。

3）堤防断面。一般采用梯形断面，堤顶宽与边坡常根据经验确定。堤顶宽主要考虑防洪与交通的要求，可参考表1.5-7、表1.5-8选用。

表1.5-7　　堤顶宽度

堤高（m）	<3	3～5	5～7	7～10	>10
堤顶宽（m）	2～3	3～5	5～6	6～8	8～10

表1.5-8　　有公路的堤顶宽

公路等级	路面宽（m）	堤顶宽（m）
二	7或9	10或12
三	7	8.5
四	3.5	4.5～6.5

注　6.5m为错车段的堤顶宽。

边坡的大小取决于土壤性质、堤身高度、高水位的持续时间和风浪大小，参考表1.5-9采用。当堤身较高时，在背水坡可加设戗台。

（2）联圩并垸。有的地区历史上遗留下来的圩区面积较小，防洪任务大，宜采取联圩并圩措施，把影响泄洪流量不大的支流叉河，筑堤或建涵闸堵塞，使相邻分散的小圩合并成一个大圩，如图1.5-14所示。

有的地区在骨干河道之间建立大联圩，大联圩中有小联圩，大联圩的圩堤防洪标准高，平水年不封闭。小联圩抗御一般洪水及排涝防渍。两级联圩，分级控制，使洪涝水分开，提高防洪治涝标准，减少圩堤工程量。

表 1.5-9 圩堤边坡

堤身土质	迎水坡			背水坡		
	堤高3m以下	3～6m	6～10m	堤高3m以下	3～6m	6～10m
壤土	1∶2	1∶2.5	1∶3	1∶2	1∶2.5	1∶3
砂土	1∶2.5	1∶3	1∶3.5	1∶3	1∶3.5	1∶4

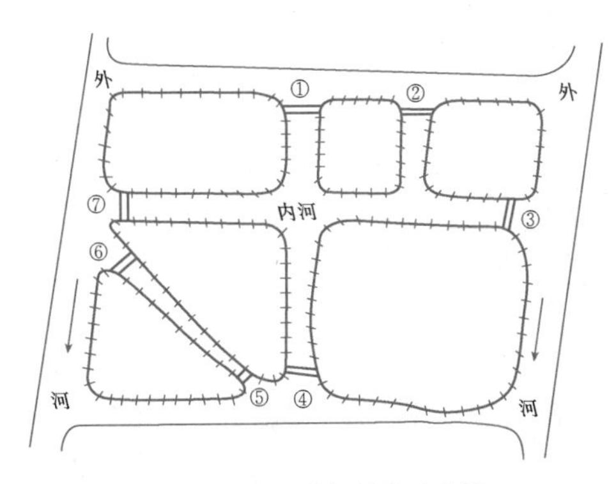

图 1.5-14 联圩并垸示意图

联圩并垸的主要作用是：缩短堤线，减轻防洪负担；减少圩堤的入渗量；增加了圩内滞涝容积，提高了治涝能力，大圩内水系可统一规划，便于综合利用；无分片分级控制要求的各小圩间的圩堤，可拆除，以增加农田面积。

联圩规划，应注意以下几点：

1）联圩并垸是防洪措施，也是圩区规划问题，涉及圩区的适宜大小、圩内外水系的调整和改选，需统一规划。

2）不堵断主要河道，以免影响泄洪和通航。

3）注意圩内外水面积的适当安排，较大的湖泊原则上不要并入圩内。圩内水面积的大小，与所在地区的河网密度有关，一般以圩内面积的10%左右为宜。

4）联圩的大小要考虑圩内地形与外河水位的变幅。圩内地面高差大的，联圩应小些，以减少圩内分级控制建筑物。汛期外水位较高，从防洪考虑，联圩应大些。

5）要考虑原有排灌站的位置，尽可能使排灌站仍位于圩边，以便运用。

6）适当照顾行政区划，以便管理。

(3) 改道撇洪。有的滨湖圩区，地势低洼，河湖相通，上有山洪汇注，下受江水倒灌，对此，可采取河流改道分洪入江的措施（见图 1.5-15）。其作用是：减少湖区的汇水面积，减轻洪涝威胁，降低湖泊的蓄水位；减少机电排水设备。

对于傍山沿江圩区，可开挖截流沟进行等高截

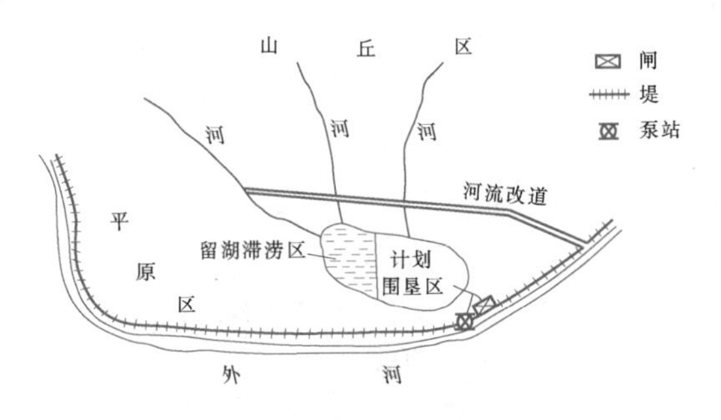

图 1.5-15 改道撇洪

流，以便洪涝分家。

(4) 蓄洪与分洪。蓄洪与分洪包括上游水库蓄洪，中下游利用湖泊分洪，以及蓄洪垦殖等措施。

2. 圩外水系规划要点

(1) 布置上，以流域（区域）规划的主要行水河道为骨干河道，并按照行洪、排涝、灌溉、航运和圩区面积大小的要求，进行各级河道的规划。

(2) 涉及两个县上下游关系的河道，不要轻易切断或废除，要上下游统一规划，确定布局。

(3) 要充分利用与改造现有骨干河道。现有骨干河道如较弯曲，水流迂回不畅，可适当截弯取直，但不强求笔直。河道交叉也不强求正交。

(4) 开辟新河，增加排涝出路，要有方案比较与论证。新河的路线应根据地形、水系等条件，使流程短、工程量小，并尽可能避免穿过湖泊、沼泽地及地质不良的地段。

(5) 水网地区的老河网，要按综合利用的要求，改造成以骨干河道为纲、分布均匀、运用方便的新河网，在新河网的规划中，不要片面追求填河造田，以致减少水面积，削弱调蓄能力。

(6) 结合土地利用规划，照顾行政区划。

3. 圩内除涝灌溉规划

(1) 治理经验。

1）等高截流，分片排涝（见图 1.5-16）。为了解决高低之间的排涝矛盾，应使高水高排，并争取自排。若高排区不能全部自排，则可在高排闸处建排水站进行抽排；或把高排区不能自排的涝水，由沟引至低排区湖泊滞蓄，或用低排水站外排，沟内建闸控制，做到先排田、后排湖，先排低、后排高，顺序排涝。

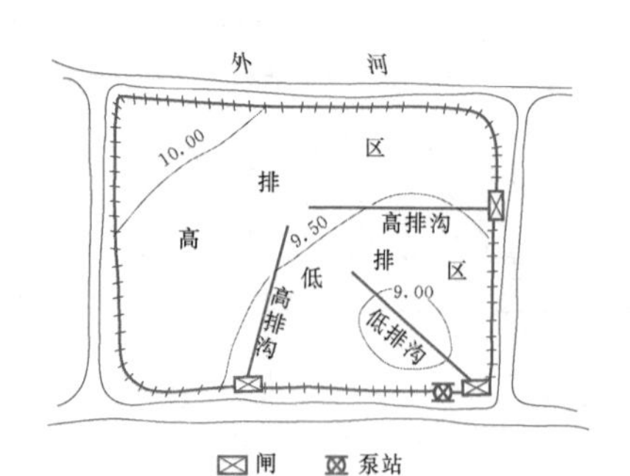

图 1.5-16 等高截流，分片排涝

2）留湖蓄涝，内河预降。应充分发挥圩内湖、塘、沟港对致涝暴雨的滞蓄作用，以减少排涝流量，节省工程投资。根据湖南、江西等省的经验，内湖蓄涝面积以占圩区总面积的10%～15%或内蓄水窖以每平方公里圩内面积为10万～15万m^2为宜。

3）尽量利用和创造自流排水的条件。例如，排水站联建自流排水闸涵；适当地抬高内湖蓄涝水位，以争取内湖有更多的自流外排条件；尽量利用河湖汛期蓄涝，汛后自排，等。

4）排灌分开。这样可消除在同一时刻有的作物要排，有的作物要灌的矛盾，以利充分发挥排水沟的排涝和控制地下水位的作用。

（2）留湖蓄涝规划。在地形有一定高差或有内湖的圩区，应留部分面积或内湖作为调蓄（滞涝）区，并围湖堤。调蓄区设计蓄水位以上的高地，涝水通过截流沟自排入调蓄区，称自排区。截流沟以下的低田，涝水向外河抽排（排田），称抢排区。暴雨时，外河水位高于内河（湖）水位，抢排区的涝水必须抽排；自排区的涝水入湖调蓄后分两种情况：一是入湖涝水量大于调蓄容积，对超过调蓄容积的那部分涝水需向外河抽排（排湖）；二是涝水量小于或等于调蓄容积，或在两次暴雨间歇内排除（用此校核排田的装机容量），或留待外河水位下降后自流排出。留湖面积及蓄水容积的确定，将影响到圩区土地的开发利用及抽水站的装机容量，因此，必须进行比较，选定经济、合理的方案。

设计蓄水位按照只排田不排湖的要求，采用下列步骤计算。

第一步：绘制湖泊水位$H_{湖}$与有效容积V的关系曲线。有效容积是湖泊设计低水位（即死水位）以上的容积。设计低水位根据水生养殖、交通、灌溉用水及卫生等要求确定。

第二步：绘制圩田高程$H_{圩}$与面积的关系曲线，绘制时由高至低计算不同高程的面积。

第三步：计算不同高程的控制面积的产水量W（计入湖泊本身产水量），得$H_{圩}—W$关系曲线。

第四步：把$H_{湖}—V$曲线与$H_{圩}—W$曲线绘在一张图上，如图1.5-17所示，两条曲线交点处的高程作为湖泊设计蓄水位$H_{设}$，其有效容积与该高程以上的圩田排水量相等。

若内湖蓄涝容积不能满足只排田不排湖的要求，则根据实际条件，拟定不同留湖面积、蓄水位，计算得相应的排湖水量及装机容量。经比较，选定留湖面积与设计蓄水位。

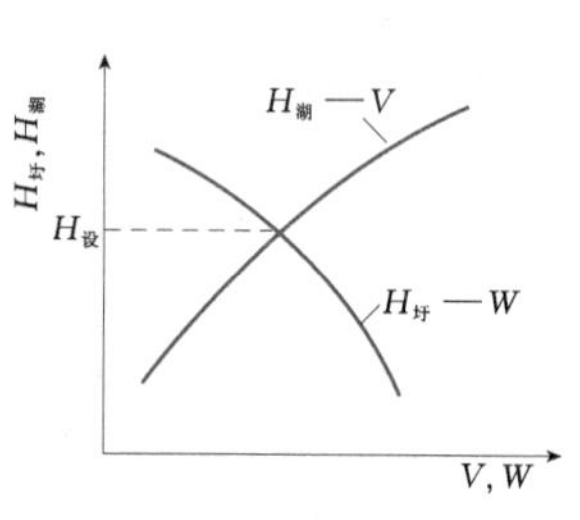

图 1.5-17 $H_{湖}—V$曲线与$H_{圩}—W$曲线

（3）排灌系统的规划。排灌系统的规划布局，要根据圩区的地形、形状、规模、排灌站、内湖的规划和现有河道及闸涵的位置来拟定。其布置原则、形式与明沟排灌系统相同。中小型圩内，目前常用的布置形式有下列几种：

1）圩区地形四周稍高，中间低洼。对此，排水干沟（干河）布置在圩区的中心位置或接近中心位置（利用旧河）。干沟的方向，随圩区形状宜为南北向或东西向。布置支沟时，若旧河道迂回曲折，除根据条件利用一部分外，多数是采取开新河、填老河，结合平田整地进行，使支沟、斗沟、农沟相互垂直，形成矩形网格，以满足机耕和园田化的要求。村、组的界线，可按河网布置进行调整，以便于管理。灌溉干渠沿圩堤布置，灌溉支渠与排水支渠有相间和相邻的布置形式。有的在圩内需多处通航和排涝时，可以选择一条或数条支沟扩大开挖标准，并在圩口建闸建站，进行调度，以满足排涝和农航的要求。

2）圩内地形平坦。对此，可把排水干沟环堤河，灌溉干渠布置在圩中心。其优点是起截渗作用，缺点是干沟土方量大。

3）圩内地形向一边倾斜。对此，排灌渠道一般为相邻布置，单向排灌，等高截流。

1.5.7.2 平原河网规划

河网是排水、滞蓄、引水、灌溉、通航与水产养殖等综合利用的工程。其特点是：河道深度大，骨干河网的深度一般在4～5m以上；河底纵坡平缓；河河相通，建闸控制。

河网的主要作用是：具有较大的调蓄能力，提高了治涝标准；增加灌溉水源，有利于抗旱；河网建闸控制，便于高、低地分开排水，可适当解决高低地、上下游的排水矛盾；发展航运与水产事业。

但是，河网也存在着土方量大，建筑物多，管理运用不当会产生治涝与蓄水的矛盾，盐碱地区排咸与蓄水的矛盾。

1. 分级名称和规格

河网的分级名称各地不同，有的称干、支河为骨干河网；大、中、小沟为基本河网；毛沟、墒沟等为田间调节网。有的称干、支河为一、二级河；大、中沟为三、四级河；小沟为生产河等。江苏省的基本河网规格见表1.5-10。

表1.5-10　　江苏省基本河网规格

尺寸		徐淮平原	南通地区和太湖平原
大沟	间距（m）	3000～5000	1000～3000
	沟深（m）	4～5	4.5～6.5
	底宽（m）	4～6	3～6
中沟	间距（m）	500～1000	600～1000
	沟深（m）	3～4	3.5～6.0
	底宽（m）	3～4	2～4
小沟	间距（m）	100～200	100～200
	沟深（m）	2	2
	底宽（m）	1～2	1

2. 河网布置

(1) 骨干河网。一般是利用现有的干、支流河道，根据要求予以浚深和拓宽。如果河道上下游的高差较大，为了高低分开，高水高蓄，可在河道内分段修建节制闸，形成梯级河道。

在梯级布置中，级差是根据蓄水要求、河道深度与纵坡等拟定的，一般为2～4m。上下两级节制闸的间距，应使上级节制闸的闸下水深满足灌溉、航运的要求，灌溉要求水深为1m，航运要求水深见表1.5-11。闸前蓄水位的确定，要满足附近地区农田的防渍和治碱的要求。闸位应结合交通桥梁，考虑行政区划与管理要求来拟定。

(2) 基本河网。大、中沟是排、滞、蓄、航等综合利用的沟道。小沟的作用是排涝和降低地下水位，在水网地区兼供农船通航。

布置时，先确定大沟的位置，大沟与骨干河网的衔接，其间距大小，要尽量利用现有河沟与公路沟；在大沟的控制建筑物，要照顾行政区划，以便于管理。中沟一般垂直于大沟，其间距为小沟的长度。小沟为末级固定沟，根据现有农机运行效率和灌溉配水的要求，其长度为400～1000m，间距为100～200m，其深度按防渍与治碱的要求确定。

(3) 联结沟。为了调节水量和通航，在骨干河道或大沟之间设联结沟，把河道组成网状，联合运用，以提高排蓄能力。联结沟要尽量与大沟相结合，并按运用的要求建造节制闸。

表1.5-11　　枯水期最小航道尺度

通航等级	通航驳船吨级	天然区划河流		人工运河		弯曲半径（m）
		浅滩水深（m）	底宽（m）	水深（m）	底宽（m）	
一	3000	3	75～100	5.0	60	900～1200
二	2000	2.5～3	75～100	4.0	60	850～1100
三	1000	1.8～2.3	60～80	3.0	50	700～900
四	500	1.5～1.8	45～60	2.5	30	600～750
五	300	1.2～1.5	35～50	2.5	30	200～500
六	100	1～1.2	20～30	2.0	15	150～400
七	24～50	0.8～1.0	20～30	1.6	10	100～300

(4) 灌溉渠系布置。多数为提水灌溉，在布置上，一种是集中扬水，即建造扬水站，从骨干河网或大沟抽水，并修建斗、农级灌溉渠系；另一种是分散提水，即由扬水点直接提水至灌溉农渠。

(5) 排水站。在需机排的河网地区，其排水站的位置，应选在地势低洼、进出流顺畅、外河河段顺直、河岸稳定、河床冲淤变化不大的地点。若采用分散排水方式，要通过联结沟使站站相连，统一调水，联合运用，以提高排水标准或减少装机容量。

1.6 灌排渠沟设计流量及水位推算

1.6.1 灌溉渠道设计流量及水位推算

1.6.1.1 灌溉渠道流量概述

在灌溉实践中，渠道的流量是在一定范围内变化的，设计渠道的纵横断面时，要考虑流量变化对渠道的影响。通常用下列三种特征流量覆盖流量变化的范围，代表在不同运行条件下的工作流量。

1. 设计流量

在灌溉设计标准条件下，为满足灌溉用水要求，需要渠道输送的最大流量。通常根据设计灌水率和灌溉面积进行计算。

在渠道输水过程中，有水面蒸发、渠床渗漏、闸门漏水、渠尾退水等水量损失。需要渠道提供的灌溉流量称为渠道的净流量，计入水量损失后的流量称为渠道的毛流量，设计流量是渠道的毛流量，它是设计渠道断面和渠系建筑物尺寸的主要依据。

2. 最小流量

在灌溉设计标准条件下，渠道在工作过程中输送的最小流量。用修正灌水率图上的最小灌水率和灌溉面积进行计算。应用渠道最小流量可以校核对下一级渠道的水位控制条件和确定修建节制闸的位置等。

3. 加大流量

加大流量是续灌渠道运行过程中可能短时出现的最大流量，它是设计渠堤堤顶高程的依据。

在灌溉工程运行过程中，可能出现一些和设计情况不一致的变化，如扩大灌溉面积、改变作物种植计划等，要求增加供水量；或在工程事故排除之后，需要增加引水量，以弥补因事故影响而少引的水量；或在暴雨期间因降雨而增大渠道的输水流量。这些情况都要求在设计渠道和建筑物时留有余地，按加大流量校核其输水能力。

1.6.1.2 渠道输水损失估算

灌溉渠道在输水过程中的部分流量损失为输水损失 ΔQ，渠道断面设计时，设计流量 $Q_{毛}$ 应包括输水损失，即

$$Q_{设} = Q_{毛} = Q_{净} + \Delta Q \tag{1.6-1}$$

渠道的输水损失，主要考虑沿渠床土壤渗漏所损失的水量。其值的大小与渠道土壤、水文地质条件及渠道工作制度、渠道断面情况等因素有关，一般应通过实测确定。在规划设计中常用经验公式（1.6－2）及式（1.6－3）进行估算：

$$\Delta Q = SL \tag{1.6-2}$$

$$S = 10AQ_{净}^{1-m} \tag{1.6-3}$$

式中　S——每公里渠道长度输水损失流量，L/(s·km)；

L——渠道（渠段）长度，km；

$Q_{净}$——渠道净流量，m^3/s；

A、m——与土壤透水性有关的系数、指数，无实测资料时，可采用表1.6－1所列数值。

对于渠道流量小于30m^3/s时的S值，已计算成表（见表1.6－2），可供查用。

式（1.6－3）适用于自由渗透的情况。若灌区地下水位较高，渠道渗透受地下水顶托的影响，对连续放水渠道，可将其计算成果乘以表1.6－3所列校正系数。

表1.6－1　土壤透水参数

渠系土壤	透水性	A	m
重黏土及黏土	弱	0.7	0.3
重黏壤土	中下	1.3	0.35
中黏壤土	中	1.9	0.4
轻黏壤土	中上	2.65	0.45
砂壤土及轻砂壤土	强	3.4	0.5

当渠道天然土壤透水性过强时，应采取渠道防渗措施。防渗后的渠道渗漏损失，可根据试验确定，如无试验资料，可用式（1.6－4）估算：

$$S_{防} = rS \tag{1.6-4}$$

式中　$S_{防}$——防渗后每公里渠道渗漏损失；

r——防渗后渗漏损失系数，其值可按表1.6－4采用。

1.6.1.3 渠道与灌溉水利用系数

某渠道的净流量（$Q_{净}$，即该渠道同时供给下一级渠道的总流量）与毛流量（$Q_{毛}$，即该渠道进口处流量）之比值，为该渠道的渠道水利用系数 $\eta_{渠道}$，即

$$\eta_{渠道} = \frac{Q_{净}}{Q_{毛}} \tag{1.6-5}$$

对于渠系而言，同时灌溉的净灌水流量与该渠系渠首引入流量之比，为渠系水利用系数。渠系水利用系数是各级固定渠道运用质量的综合指标，其值用各级渠道的渠道水利用系数的乘积表示：

$$\eta_{渠系} = \frac{Aq}{Q_{首}\ \eta_{田}} = \eta_{干}\ \eta_{支}\ \eta_{斗}\ \eta_{农} \tag{1.6-6}$$

式中　A——渠系所控制净灌溉面积，万亩；

q——设计灌水率，$m^3/(s·万亩)$。

《灌溉排水工程设计规范》（GB 50288—99）规定，自流灌区的渠系水利用系数，一般不应低于表1.6－5所列数值；提水灌区的渠系水利用系数要求高于自流灌区。

农渠以下（包括临时毛渠道直至田间）水的利用系数，为田间水利用系数 $\eta_{田}$，是指田间有效利用水量与进入田间的毛水量之比。田间水量损失主要包括水田田面泄水、田埂漏水及旱田的深层渗漏和田间退水等。在田间工程配套齐全、质量良好、灌水技术合理的情况下，其 $\eta_{田}$ 值一般为0.95～0.98，稻田地区较高。

表 1.6-2　　渠道输水损失水量

渠道流量（m³/s）	每公里渠长的输水损失量（L/s）					渠道流量（m³/s）	每公里渠长的输水损失量（L/s）				
	弱透水性	中下透水性	中等透水性	中上透水性	弱透水性		弱透水性	中下透水性	中等透水性	中上透水性	弱透水性
0.010～0.020	0.37	0.85	1.52	2.65	4.08	0.851～1.000	6.5	12.3	18.0	25.0	33.0
0.021～0.030	0.53	1.19	2.10	3.50	5.45	1.001～1.250	7.1	13.7	20.0	28.2	36.0
0.031～0.040	0.67	1.47	2.50	4.20	6.50	1.251～1.500	8.7	15.7	23.0	31.2	40.0
0.041～0.050	0.80	1.73	2.85	4.83	7.15	1.501～1.750	9.9	18.3	26.0	34.8	43.0
0.051～0.060	0.90	2.0	3.30	5.40	8.00	1.751～2.000	11.0	19.3	28.0	37.0	46.0
0.061～0.070	1.0	2.2	3.7	5.9	8.7	2.001～2.500	12.0	22.0	31.0	41.0	51.0
0.071～0.080	1.1	2.5	4.0	6.4	9.3	2.501～3.000	14.0	24.3	35.0	46.0	57.0
0.081～0.090	1.2	2.6	4.3	6.8	9.8	3.001～3.500	16.0	27.1	39.0	50.1	62.0
0.091～0.100	1.3	2.8	4.6	7.3	10.0	3.501～4.000	18.0	30.0	42.0	54.0	66.0
0.101～0.120	1.5	3.1	5.0	7.9	11.0	4.001～5.000	20.0	34.0	47.0	60.0	72.0
0.121～0.140	1.7	3.4	5.6	8.6	12.0	5.001～6.000	23.0	38.1	53.0	68.0	80.0
0.141～0.170	1.9	3.8	6.2	9.7	13.0	6.001～7.000	26.0	43.0	58.0	74.0	87.0
0.170～0.200	2.2	4.3	6.9	10.6	15.0	7.001～8.000	29.0	47.0	64.0	801.0	93.0
0.201～0.230	2.4	4.7	7.6	11.6	16.0	9.001～10.000	31.0	51.0	69.0	86.0	99.0
0.231～0.260	2.6	5.1	8.2	12.2	17.0	10.001～12.000	34.0	55.0	74.0	91.0	105.0
0.261～0.300	2.9	5.6	8.8	13.1	18.0	12.001～14.000	37.0	61.0	81.0	98.0	112.0
0.301～0.350	3.2	6.0	9.6	14.2	19.0	14.001～17.000	42.0	68.0	89.0	100.0	122.0
0.351～0.400	3.5	6.6	10.0	15.4	21.0	17.001～20.000	48.0	76.0	98.0	120.0	134.0
0.401～0.450	3.8	7.3	11.0	16.4	22.0	20.001～23.000	54.0	86.0	109.0	132.0	147.0
0.451～0.500	4.2	7.9	12.0	17.5	23.0	20.001～23.000	60.0	94.0	120.0	144.0	158.0
0.501～0.600	4.6	8.7	13.0	19.0	25.0	23.001～26.000	66.0	102.0	130.0	152.0	168.0
0.601～0.700	5.2	9.7	15.0	20.8	27.0	26.001～30.000	72.0	110.0	139.0	162.0	180.0
0.701～0.850	5.8	10.9	16.0	22.8	30.0						

表 1.6-3　　有顶托现象的水量损失校正系数

渠道流量（m³/s）	各地下水埋深的校正系数					
	＜3m	3m	5m	7.5m	10m	15m
0.3	0.82					
1.0	0.63	0.79				
3.0	0.50	0.63	0.82			
10.0	0.41	0.50	0.65	0.79	0.91	
20.0	0.36	0.45	0.57	0.71	0.82	
30.0	0.35	0.42	0.54	0.66	0.77	0.94
50.0	0.32	0.37	0.49	0.60	0.69	0.84
100.0	0.28	0.33	0.42	0.52	0.58	0.73

表 1.6-4　　防渗后渗漏损失系数 r

防渗措施	防渗后渗漏损失系数 r	防渗措施	防渗后渗漏损失系数 r
渠道厚土翻松夯实（厚度大于 0.5m）	0.30～0.20	黏土护面	0.40～0.20
渠道原土夯实（影响厚度大于 0.4m）	0.70～0.50	人工淤填	0.70～0.50
灰土夯实	0.15～0.10	浆砌石	0.20～0.10
混凝土护面	0.15～0.05	塑料薄膜	0.10～0.05

注　透水性很强的土壤，挂淤和夯实能使渗漏量显著减少，可采取较小的 r 值。

表 1.6-5　　渠系水利用系数

灌溉面积（万亩）	>30	30～1	<1
渠系水利用系数	0.55	0.65	0.75

全灌区的灌溉水利用系数 $\eta_水$，是田间所需要的净流量（净水量）与渠首引入流量（水量）之比，或等于渠系水利用系数和田间水利用系数的乘积。

1.6.1.4　渠道的工作制度

渠道的工作制度就是渠道的输水工作方式，分为续灌和轮灌两种。

1. 续灌

在一次灌水延续时间内，自始至终连续输水的渠道称为续灌渠道。这种输水工作方式称为续灌。

为了各用水单位受益均衡，避免因水量过分集中而造成灌水组织和生产安排的困难，一般灌溉面积较大的灌区，干渠、支渠多采用续灌。

2. 轮灌

同一级渠道在一次灌水延续时间内轮流输水的工作方式称为轮灌。实行轮灌的渠道称为轮灌渠道。

实行轮灌时，缩短了各条渠道的输水时间，加大了输水流量，同时工作的渠道长度较短，从而减少了输水损失水量，有利于农业耕作和灌水工作的配合，有利于提高灌水工作效率。但是，因为轮灌加大了渠道的设计流量，也就增加了渠道的土方量和渠道建筑物的工程量。如果流量过分集中，还会造成劳力紧张，在干旱季节还会影响各用水单位的均衡受益。所以，一般较大的灌区，只在斗渠以下实行轮灌。

实行轮灌时，渠道分组轮流输水，分组方式可归纳为下列两种：

(1) 集中编组。将邻近的几条渠道编为一组，上级渠道按组轮流供水，如图 1.6-1 (a) 所示。采用这种编组方式，上级渠道的工作长度较短，输水损失水量较小。但相邻几条渠道可能同属一个生产单位，会引起灌水工作紧张。

(2) 插花编组。将同级渠道按编号的奇数或偶数分别编组，上级渠道按组轮流供水，如图 1.6-1 (b) 所示。这种编组方式的优缺点恰好和集中编组的优缺点相反。

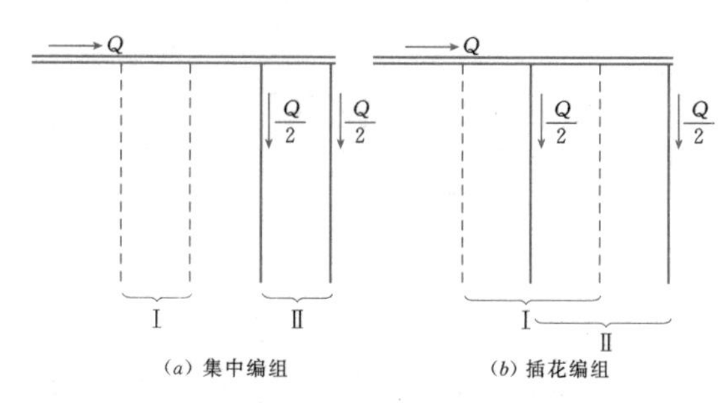

(a) 集中编组　　(b) 插花编组

图 1.6-1　轮灌组划分方式

实行轮灌时，无论采取哪种编组方式，轮灌组的数目都不宜太多，以免造成劳动力紧张，一般以 2～3 组为宜。

划分轮灌组时，应使各组灌溉面积相近，以利配水。

1.6.1.5　各级渠道设计流量推算

渠道的工作制度不同，设计流量的推算方法也不同。

1. 轮灌渠道设计流量的推算

轮灌渠道的输水时间小于灌水延续时间，因此，不能直接根据设计灌水率和灌溉面积自下而上的推算渠道设计流量。常用的方法是：根据轮灌组划分情况自上而下逐级分配末级续灌渠道（一般为支渠）的田间净流量，再自下而上逐级计入输水损失水量，推算各级渠道的设计流量。

(1) 自上而下分配末级续灌渠道的田间净流量。以图 1.6-2 为例，支渠为末级续灌渠道，斗渠、农渠的轮灌组划分方式为集中编组，同时工作的斗渠有两条，农渠有 4 条。为了使讨论具有普遍性，设同时工作的斗渠为 n 条，每条斗渠里同时工作的农渠为 k 条。

1) 计算支渠的设计田间净流量。在支渠范围内，

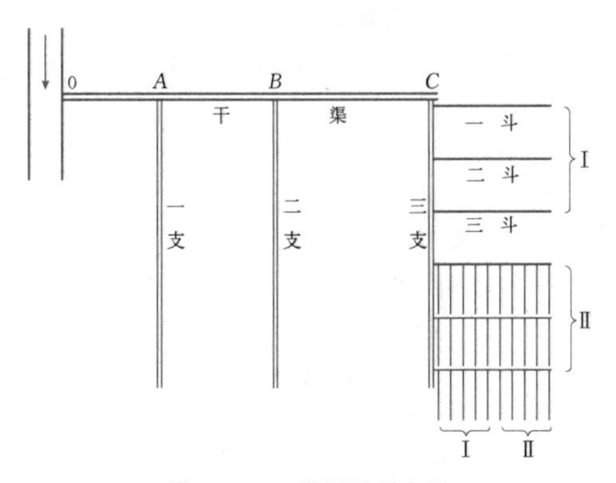

图 1.6-2　灌溉渠系布置

不考虑损失水量的设计田间净流量为

$$Q_{支田净} = A_{支}\, q_{设} \tag{1.6-7}$$

式中　$Q_{支田净}$——支渠的田间净流量，m^3/s；

$A_{支}$——支渠的灌溉面积，万亩；

$q_{设}$——设计灌水率，$m^3/(s \cdot 万亩)$。

2）由支渠分配到每条农渠的田间净流量：

$$Q_{农田净} = \frac{Q_{支田净}}{nk} \tag{1.6-8}$$

式中　$Q_{农田净}$——农渠的田间净流量，m^3/s。

在丘陵地区，受地形限制，同一级渠道中各条渠道的控制面积可能不等。在这种情况下，斗渠、农渠的田间净流量应按各条渠道的灌溉面积占轮灌组灌溉面积的比例进行分配。

（2）自下而上推算各级渠道的设计流量。

1）计算农渠的净流量。先由农渠的田间净流量计入田间损失水量，求得田间毛流量，即农渠的净流量。采用式（1.6-9）计算：

$$Q_{农净} = \frac{Q_{农田净}}{\eta_f} \tag{1.6-9}$$

式中符号意义同前。

2）推算各级渠道的设计流量（毛流量）。根据农渠的净流量自下而上逐级计入渠道输水损失，得到各级渠道的毛流量，即设计流量。由于有两种估算渠道输水损失水量的方法，由净流量推算毛流量也就有两种方法。

①用经验公式估算输水损失的计算方法。根据渠道净流量、渠床土质和渠道长度用式（1.6-10）计算：

$$Q_g = Q_n(1+\sigma L) \tag{1.6-10}$$

式中　Q_g——渠道的毛流量，m^3/s；

Q_n——渠道的净流量，m^3/s；

σ——每公里渠道损失水量与净流量比值；

L——最下游一个轮灌组灌水时渠道的平均工作长度，km；计算农渠毛流量时，可取农渠长度的一半进行估算。

②用经验系数估算输水损失的计算方法。根据渠道的净流量和渠道水利用系数用式（1.6-11）计算：

$$Q_g = \frac{Q_n}{\eta_c} \tag{1.6-11}$$

在大、中型灌区，支渠数量较多，支渠以下的各级渠道实行轮灌。如果都按上述步骤逐条推算各条渠道的设计流量，工作量很大。为了简化计算，通常选择一条有代表性的典型支渠（作物种植、土壤性质、灌溉面积等影响渠道流量的主要因素具有代表性）按上述方法推算支斗农渠的设计流量，计算支渠范围内的灌溉水利用系数 $\eta_{支水}$，以此作为扩大指标，用式（1.6-12）计算其余支渠的设计流量：

$$Q_{支} = \frac{qA_{支}}{\eta_{支水}} \tag{1.6-12}$$

同样，以典型支渠范围内各级渠道水利用系数作为扩大指标，可计算出其他支渠控制范围内的斗农渠的设计流量。

2. 续灌渠道设计流量计算

续灌渠道一般为干、支渠道，渠道流量较大，上、下游流量相差悬殊，这就要求分段推算设计流量，各渠段采用不同的断面。另外，各级续灌渠道的输水时间都等于灌区灌水延续时间，可以直接由下级渠道的毛流量推算上级渠道的毛流量。所以，续灌渠道设计流量的推算方法是自下而上逐级、逐段进行推算。

由于渠道水利用系数的经验值是根据渠道全部长度的输水损失情况统计出来的，它反映出不同流量在不同渠段上运行时输水损失的综合情况，而不能代表某个具体渠段的水量损失情况。所以，在分段推算续灌渠道设计流量时，一般不用经验系数估算输水损失水量，而用经验公式估算。具体推算方法以图 1.6-3 为例说明如下。

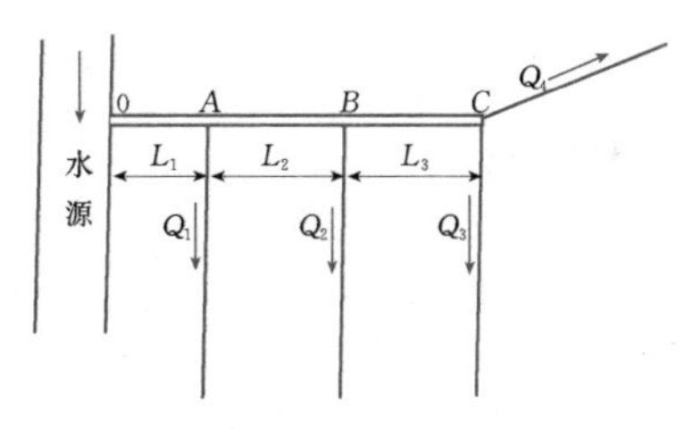

图 1.6-3　干渠流量推算图

图 1.6-3 中表示的渠系有 1 条干渠和 4 条支渠，各支渠的毛流量分别为 Q_1、Q_2、Q_3、Q_4，支渠取水口把干渠分成 3 段，各段长度分别为 L_1、L_2、L_3，

各段的设计流量分别为 Q_{OA}、Q_{AB}、Q_{BC}，计算公式如下：

$$Q_{BC}=(Q_3+Q_4)(1+\sigma_3 L_3) \quad (1.6-13)$$

$$Q_{AB}=(Q_{BC}+Q_2)(1+\sigma_2 L_2) \quad (1.6-14)$$

$$Q_{OA}=(Q_{AB}+Q_1)(1+\sigma_1 L_1) \quad (1.6-15)$$

1.6.1.6 渠道最小流量和加大流量的计算

1. 渠道最小流量的计算

以修正灌水率图上的最小灌水率作为计算渠道最小流量的依据，计算的方法步骤和设计流量的计算方法相同。

对于同一条渠道，其设计流量 $Q_{设}$ 与最小流量 $Q_{最小}$ 相差不要过大，否则在用水过程中，有可能因水位不够而造成引水困难。为了保证对下级渠道正常供水，目前有些灌区规定渠道最小流量以不低于渠道设计流量的40%为宜；也有的灌区规定渠道最低水位等于或大于70%的设计水位，在实际灌水中，如某次灌水定额过小，可适当缩短供水时间，集中供水，使流量大于最小流量。

2. 续灌渠道加大流量计算

续灌渠道加大流量的计算是以设计流量为基础，采用式（1.6-16）计算：

$$Q_J=Q_d(1+J) \quad (1.6-16)$$

式中 Q_J——续灌渠道加大流量，m^3/s；

J——续灌渠道加大流量的加大百分数，见表1.6-6；

Q_d——续灌渠道设计流量，m^3/s。

表1.6-6 续灌渠道加大流量加大百分数

设计流量（m^3/s）	<1	1～5	5～20	20～50	50～100	100～300	>300
加大百分数（%）	35～30	30～25	25～20	20～15	15～10	10～5	<5

轮灌渠道控制面积较小，轮灌组内各条渠道的输水时间和输水流量可以适当调剂，因此，轮灌渠道不考虑加大流量。

在抽水灌区，渠首泵站设有备用机组时，干渠的加大流量按备用机组的抽水能力而定。

1.6.1.7 渠道流量进位规定

为了设计渠道时计算方便，要求渠道设计流量具有适当的尾数。根据我国经验，渠道流量进位可参考表1.6-7取值。

表1.6-7 渠道流量进位规定

渠道流量范围（m^3/s）	进位要求的尾数（m^3/s）	渠道流量范围（m^3/s）	进位要求的尾数（m^3/s）
>50	1.0	<2	0.05
10～50	0.5	<1	0.01
2～10	0.1		

1.6.1.8 渠道水位推算

1. 地面坡度较陡的灌区

当灌区地面坡度较陡（陡于1/1000）、渠首水位已经确定后，可根据渠首水位，参照各渠道纵断面图，自上而下地逐级确定水面线即可。一般能满足自流灌溉要求的各级渠道水位高出地面的最小高度，可参考下列数值：

（1）农渠水位高出地面一般不应小于0.20～0.25m，对局部高地容许与地面相平或稍低。

（2）支渠、斗渠水位高出地面一般不应小于0.25～0.30m，在无分出下级渠道的渠段，允许低于地面。

（3）干渠一般按平行于等高线布置，只要在下级渠道出口处水位高于地面0.3～0.5m，即能满足自流灌溉要求，其他渠段容许水位低于地面。

2. 地面坡度较缓的灌区

地面坡度较缓的灌区（缓于1/10000），一般用式（1.6-17）进行水位推算：

$$H_x=A_0+h_0+\sum Li+\sum\Delta h \quad (1.6-17)$$

式中 H_x——某渠道对上一级渠道要求的水位，m；

A_0——起点（“参考点”）地面高程，m，参考点通常选在距离渠首最远、地面又较高的地方，但当沿渠地面坡度较水面比降大时，应选在渠首附近；

h_0——参考点要求的灌水深，m，一般取为0.10～0.15m；

L——各级渠道长度，m；

i——各级渠道比降；

Δh——通过建筑物的水头损失，m；可参考表1.6-8选用。

按式（1.6-17）可推算任一级渠道渠首或渠段的要求水位，但一般是自下而上逐级推算，例如农渠渠首要求的水位，可按表1.6-9的格式推求。

农渠渠首要求水位求得后，可将其数据点绘于斗渠纵断面图上，这些点称为“参考水位”。参照“参考水位”和斗渠地面线，在力求满足自流灌溉的条件下，按照渠道不冲不淤的要求确定渠道纵坡，并尽量与地面平行（减少过大填挖方），初步确定斗渠水面线。当地形突变和地面过陡，采用与地面基本平行的比降。超过容许不冲流速时，应设计跌水。

斗渠水面线初步确定后，将斗渠渠首要求水位点绘于支渠纵断面图上，以此为"参考水位"，再结合地面线初步确定支渠水面线。以同样的步骤和方法，来初步确定干渠水面线，一直至引水口。然后再根据水源的水位，自下而上地进行调整。最后确定各级渠道的设计水面线，使其达到经济合理的要求。

表 1.6-8　建筑物水头损失最小数值

单位：m

渠别	进水闸	节制闸	渡槽	倒虹吸
干	0.1～0.2			
支	0.05～0.1	0.05～0.1	0.1～0.15	0.2～0.5
斗	0.05～0.1			
农	0.05			
毛	0.05			

表 1.6-9　斗渠水位分析表格

单位：m

斗渠名称	桩号	农渠	参考点编号	参考点地面高程	参考点与农渠水位差		农渠至斗渠水位差		毛渠口水头损失用 0.05	h_0 取 0.15	农渠渠首要求水位 (7)+(9)+(10)+(11)
					参考点至农渠垂直距离 L_1	$L_1 i_1$	农渠至斗渠距离 L_2	$L_2 i_2$			
(1)	(2)	(3)	(4)	(5)	(6)	(7)	(8)	(9)	(10)	(11)	(12)

注　i_1 为毛渠比降；i_2 为农渠比降。

1.6.2　排水沟设计流量及水位推算

排水流量是确定各级排水沟道断面、沟道上建筑物规模以及分析现有排水设施排水能力的主要依据。设计排水流量分设计排涝流量和设计排渍流量两种。前者用以确定排水沟道的断面尺寸；后者作为满足控制地下水位要求的地下水排水流量，又称日常排水流量，以此确定排水沟的沟底高程和排渍水位。

1.6.2.1　排涝设计流量

以排水面积上的设计净雨在规定的排水时间内排除的排涝流量或排涝模数作为设计排涝流量或排涝模数，国内计算排水设计流量或排涝模数常用的方法如下所述。

1. 平原区排涝模数

(1) 经验公式法。黄淮海流域的旱作区，采用较普遍的公式为式（1.6-18）和式（1.6-19）：

$$q = KR^m F^{-n} \tag{1.6-18}$$

$$Q = qF \tag{1.6-19}$$

式中　q——排涝模数，$m^3/(s \cdot km^2)$；

Q——排涝流量，m^3/s；

F——排水面积，km^2；

R——设计暴雨所产生的径流深，mm；

K——综合系数（反映河网配套程度、河道坡度、净雨历时及流域形状等因素）；

m——峰量指数；

n——面积指数。

K、m、n 为待定参数，随流域情况与治理程度而异，根据本地区已治理且程度相当的河道实测峰量资料求出。

(2) 平均排除法。扬水站及汇水面积较小的排水沟，可以不按最大流量设计，可按设计暴雨所产生的径流量在作物容许的耐淹历时内平均排出进行设计。

1) 旱地排涝模数按式（1.6-20）计算：

$$q_{旱} = \frac{R_{旱}}{3.6Tt} \tag{1.6-20}$$

式中　$q_{旱}$——旱地的排涝模数，$m^3/(s \cdot km^2)$；

$R_{旱}$——历时为 T 的设计径流深，mm；

T——排涝历时，天，一般取旱作物的耐淹历时为排涝历时，通常采用1～2天。作物不同生长期的耐淹水深及历时可参考《灌溉与排水工程设计规范》（GB 50288—99）；

t——每天排水时数。自流排水 t=24h，抽排按每天运转时数计，一般为20～22h。

2) 水田排涝模数按式（1.6-21）计算：

$$q_{水} = \frac{R_{水田}}{3.6T't} \tag{1.6-21}$$

式中　$q_{水}$——水田的排涝模数，$m^3/(s \cdot km^2)$；

T'——排涝历时，天，一般采用水稻的耐淹历时为排涝历时，通常采用3天；

t——含义同式（1.6-20）；

$R_{水田}$——历时为T'的设计净雨深，mm。

设计净雨深按式（1.6-22）计算：

$$R_{水田}=P-h_1-E-f \quad (1.6-22)$$

式中 P——历时为T'的设计雨量，mm；

h_1——水田滞蓄水深，mm，其滞蓄量大小与暴雨发生时间、品种、生长期及耐淹历时有关，根据当地试验及调查资料确定；

E——历时为T'的田间腾发量，mm；

f——历时为T'的水田渗漏量，mm。

3）综合排涝模数（涝区内既有旱田又有水田时）按式（1.6-23）计算：

$$q=\frac{q_{旱}F_{旱}+q_{水}F_{水田}}{F_{旱}+F_{水田}} \quad (1.6-23)$$

式中 q——综合排涝模数，$m^3/(s\cdot km^2)$；

$F_{旱}$、$F_{水田}$——旱地、水田面积，km^2；

其他符号意义同前。

2. 圩区排涝模数

圩区设计排涝流量的确定，较好的方法是采用水量平衡概念，即在设计暴雨时段内，考虑圩区由暴雨变为净雨的特点，圩区沟塘湖泊对净雨的滞蓄作用以及河网的预降抽排等因素，得出逐日净雨深，再由单位线得出排涝流量过程线。对于中小圩区，一般采用在作物耐淹历时内平均排出涝水的方法，这种方法分两种情况进行计算。

（1）圩区内没有较大湖泊洼地作为调蓄区。涝水必须在作物规定的耐淹历时内由排水站向外河提排，机排模数$q_{机}$用式（1.6-24）计算：

$$q_{机}=\frac{F_{水田}R_{水田}+F_{旱}R_{旱}+F_{水面}R_{水面}+\dfrac{W_{渗}+W_{船}}{1000}}{3.6TtF} \quad (1.6-24)$$

其中
$$R_{水面}=P-E-h_2$$

式中 F——涝区总面积，km^2；

$F_{水面}$——沟塘等水面面积，km^2；

$R_{水面}$——沟塘的产水深，mm；

h_2——沟塘滞蓄水深，mm，采用调查或所在地区经验数值并考虑预降深度后确定，若$h_2>P$值，则表示沟塘尚能滞蓄部分田地的径流量；

$W_{渗}$——涵闸圩堤的渗漏量，m^3；

$W_{船}$——船闸通航入圩水量，m^3，根据圩口船闸数，每天开闸次数及每次过闸水量计算而得；

其他符号意义同前。

$W_{渗}$用式（1.6-25）计算：

$$W_{渗}=86400T[q_1L+q_2B] \quad (1.6-25)$$

当堤基渗流可略去不计时，q_1用式（1.6-26）计算：

$$q_1=K\frac{H^2-h^2}{2l} \quad (1.6-26)$$

上二式中 q_1——1m堤长的圩堤渗漏流量，m^3/m；

H、h——堤上、下游的水深，m；

l——堤内浸润线的水平距离，m；

K——堤身土壤的渗透系数，m/s；

L——圩堤长度，m；

q_2——每米宽涵闸的渗漏流量，可按0.005～0.01m^3/s估算；

B——圩口闸涵的总净宽，m。

在初步计算时，如排涝天数较短，$W_{渗}$、$W_{船}$等入圩水量和水面蒸发、作物蒸腾、水田渗漏等出圩水量均较小，且互相抵消，可忽略不计。式（1.6-24）可简化为

$$q_{机}=\frac{F_{水田}(P-h_1)+F_{旱}R_{旱}+F_{水面}(P-h_2)}{3.6TtF} \quad (1.6-27)$$

（2）圩区内有较大湖泊洼地作为调蓄区。其各种排涝模数的计算方法如下：

1）自排区与抢排区的排涝模数。$q_{自}$和$q_{抢}$均用式（1.6-24）或式（1.6-27）计算，公式中的F应改为$F_{自}$（自排区面积）或$F_{抢}$（抢排区面积）。

2）机排的设计排涝模数。向外河抢排（排田）与排湖的机排设计排涝模数用式（1.6-28）计算：

$$q_{机}=\frac{M_{抢}F_{抢}}{F}+\frac{W-V}{3600TtF} \quad (1.6-28)$$

式中 W——自排区在排涝历时T天内的产水量，m^3；

V——内湖的调蓄容积，m^3，可由湖水位—容积曲线中查得，或用设计蓄水位与设计低水位之间的平均水面积乘以两水位间的水深；

F——圩区排涝总面积，km^2，$F=F_{自}+F_{抢}$。

“$W-V$”项表示T天内的排湖总水量。若$W\leqslant V$，表示不需排湖，该项数字应取为零。

3. 山丘区洪峰流量计算

山丘区撇洪渠、截流沟的洪峰流量计算，因无实测资料，常用洪水调查、推理公式、地区经验公式等方法计算。

（1）中国水利水电科学研究院推理公式。此适用

于流域面积 F 小于 500km² 的情况，其计算式为

$$Q_m = 0.278\frac{\psi s}{\tau^n}F \quad (1.6-29)$$

当 $t_c \geqslant \tau$ 时

$$\psi = 1 - \frac{\mu}{s}\tau^n \quad (1.6-30a)$$

当 $t_c < \tau$ 时

$$\psi = n\left(\frac{t_c}{\tau}\right)^{1-n} \quad (1.6-30b)$$

又

$$s = \frac{H_{24}}{24^{1-n}} \quad (1.6-31)$$

$$\tau = \tau_0 \psi^{-\frac{1}{4-n}} \quad (1.6-32)$$

$$\tau_0 = \frac{0.278}{\left(\frac{mJ^{1/3}}{L}\right)^{\frac{4}{4-n}}(sF)^{\frac{1}{4-n}}} \quad (1.6-33)$$

$$t_c = \left[(1-n)\frac{s}{\mu}\right]^{\frac{1}{n}} \quad (1.6-34)$$

以上式中 Q_m——设计频率的洪峰流量，m³/s；

ψ——洪峰径流系数；

s——暴雨雨力，mm/h；

τ——汇流时间，h；

n——暴雨强度衰减指数，其分界点为1h，当$t<1$h时取 $n=n_1$，当 $t>1$h时取 $n=n_2$；

F——汇水面积，km²；

μ——产流历时内流域平均入渗率，mm/h；

t_c——产流历时，h；

H_{24}——设计频率的最大 24h 雨量，mm；

m——汇流参数；

L——自分水岭至出口断面处的主河道长度，km；

J——主河道加权平均比降。

以上公式中，待定参数 F、L 和 J 可由流域地形图量得。s（或 H_{24}）、n、μ 和 m 由各省（自治区、直辖市）的水文手册查得。

（2）中国水利水电科学研究院经验公式。此式适用于流域面积 F 小于 100km² 的情况。此式计算简便，但较粗略，可供估算用。其计算式为

$$Q_m = KsF^{\frac{2}{3}} \quad (1.6-35)$$

式中 K——洪峰流量参数，见表 1.6-10 所列；

其他符号意义同前。

（3）公路科学研究所经验公式。此适用于流域面积 F 小于 10km² 的情况，供估算用。其计算公式为

$$Q_m = KF^n \quad (1.6-36)$$

式中 K——径流模数，见表 1.6-11；

n——面积指数，当 1km²$<F<$10km² 时按表 1.6-11 取用；当 $F\leqslant$1km² 时 $n=1$；

其他符号意义同前。

表 1.6-10　洪峰流量参数 K 值

汇水区 \ 项目	J(‰)	径流系数 ψ	集流流速 v (m/s)	K ($=0.42\psi v^{0.7}$)
石山区	>15	0.80	2.2～2.0	0.60～0.55
丘陵区	>5	0.75	2.0～1.5	0.50～0.40
黄土丘陵区	>5	0.70	2.0～1.5	0.47～0.37
平原坡水区	>1	0.65	1.5～1.0	0.40～0.30

表 1.6-11　我国一些地区的径流模数 K 与面积指数 n 值

地　区	K 值					n 值
	P=50%	P=20%	P=10%	P=6.7%	P=4%	
华　北	8.1	13.0	16.5	18.0	19.0	0.75
东　北	8.0	11.5	13.5	14.6	15.8	0.85
东南沿海	11.0	15.0	18.0	19.5	22.0	0.75
西　南	9.0	12.0	14.0	14.5	16.0	0.75
华　中	10.0	14.0	17.0	18.0	19.6	0.75
黄土高原	5.5	6.0	7.5	7.7	8.5	0.80

注　因资料缺乏，表中未包括西藏、西北部分地区和台湾省。华东地区除东南沿海单独划成一个地区外，其余部分并入华中地区。

4. 设计流量过程线法

当涝区内有较大的蓄涝区时，即蓄涝区水面占整个排涝区面积的5%以上时，需要考虑蓄涝区调蓄涝水的作用，并合理确定蓄涝区和排水闸、站等除涝工程的规模。对于这种情况，就需要采用概化过程线等方法推求设计排涝流量过程线，供蓄涝、排涝演算使用。

1.6.2.2 排渍流量的计算

地下水排水流量，自降雨开始至雨后同样也有一个变化过程和一个流量高峰。当地下水位达到一定控制要求时的地下水排水流量称为日常流量，它不是流量高峰，而是一个比较稳定的较小的数值。单位面积上的排渍流量称为设计地下水排水模数或排渍模数[$m^3/(s \cdot km^2)$]，其大小决定于地区气象特点（降雨、蒸发条件）、土质条件、水文地质条件和排水系统的密度等因素。对于排渍模数，一般难于进行理论分析，给出计算公式，而是根据实测资料分析确定。

一般在降雨持续时间长、土壤透水性强和排水沟系密度较大的地区，设计排渍模数具有较大的数值。根据某些地区资料，由于降雨而产生的设计排渍模数见表1.6-12。

表1.6-12 各种土质设计排渍模数

土 质	设计排渍模数 [$m^3/(s \cdot km^2)$]	备 注
轻砂壤土	0.03～0.04	
中壤土	0.02～0.03	
重壤土、黏土	0.01～0.02	

在盐碱土改良地区，由于冲洗而产生的设计排渍模数常大于表1.6-12所列数值。如山东省打渔张灌区在洗盐的情况下，实测的排渍模数约为0.02～0.1$m^3/(s \cdot km^2)$。而防止土壤次生盐碱化地区，在强烈返盐季节，其地下水控制在临界深度时的设计排渍模数一般较小。例如河南省引黄人民胜利渠灌区，其排涝模数在0.002～0.005$m^3/(s \cdot km^2)$以下。

1.6.2.3 排水沟水位推算

设计排水沟，一方面要使沟道能通过排涝设计流量，使涝水顺利排入外河；另一方面还要满足控制地下水位等要求。

排水沟的设计水位可以分为排渍水位和排涝水位两种，确定设计水位是设计排水沟的重要内容和依据，需要在确定沟道断面尺寸（沟深与底宽）之前，加以分析拟定。

1. 排渍水位

排渍水位（又称日常水位）是排水沟经常需要维持的水位，在平原地区主要由控制地下水位的要求（防渍或防止土壤盐碱化）所决定。

为了控制农田地下水位，排水农沟（末级固定排水沟）的排渍水位应当低于农田要求的地下水埋藏深度，离地面一般不小于1.0～1.5m；有盐碱化威胁的地区，轻质土不小于2.2～2.6m，如图1.6-4所示。而干、支、斗沟的排渍水位，要求比农沟排渍水位更低，因为需要考虑各级沟道的水面比降和局部水头损失，例如排水干沟，为了满足最远处低洼农田（见图1.6-5）降低地下水位的要求，其沟口排渍水位可由最远处农田平均田面高程A_0，考虑降低地下水位的深度和干、支、斗各级沟道的比降及其局部水头损失等因素逐级推算而得，即

$$z_{排渍} = A_0 - D_{农} - \sum Li - \sum \Delta z \qquad (1.6-37)$$

式中 $z_{排渍}$——排水干沟沟口的排渍水位，m；

A_0——最远处低洼地面高程，m；

$D_{农}$——农沟排渍水位离地面距离，m；

L——干、支、斗各级沟道长度，m，如图1.6-5所示；

i——干、支、斗各级沟道的水面比降，如果为均匀流，则为沟底比降；

Δz——各级沟道沿程局部水头损失，如果过闸水头损失取0.05～0.1m，上下级沟道在排地下水时的水位衔接落差一般取0.1～0.2m。

对于排渍期间承泄区（又称外河）水位较低的平原地区，如干沟有可能自流排除排渍流量时，按式(1.6-37)推得的干沟沟口处的排渍水位$z_{排渍}$，应不低于承泄区的排渍水位或与之相平。否则，应适当减小各级沟道的比降，争取自排。而对于经常受外水位顶托的平原水网圩区，则应利用抽水站在地面涝水排完以后，再将沟道或河网中蓄积的涝水排至承泄区，使各级沟道经常维持排渍水位，以便控制农田地下水位和预留沟网容积，准备下次暴雨后滞蓄涝水。

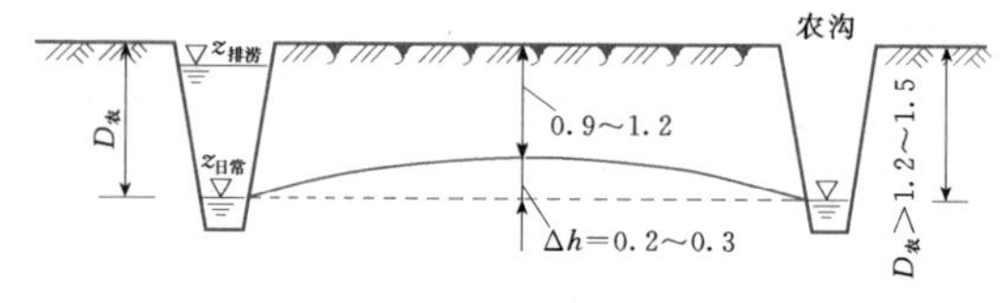

图1.6-4 排渍水位与地下水位控制的关系（单位：m）

2. 排涝水位

排涝水位（又称最高水位）是排水沟宣泄排涝设计流量（或满足滞涝要求）时的水位。由于各地承泄

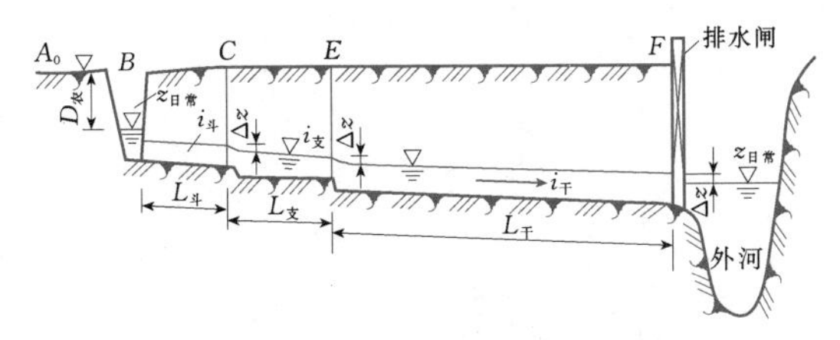

图 1.6-5 干、支、斗、农排水沟排渍水位关系图

区水位条件不同，确定排涝水位的方法也不同，但基本上分为下述两种情况：

(1) 当承泄区水位一般较低，如汛期干沟出口处排涝设计水位始终高于承泄区水位，此时干沟排涝水位可按排涝设计流量确定，其余支、斗沟的排涝水位亦可由干沟排涝水位按比降逐级推得；但有时干沟出口处排涝水位比承泄区水位稍低，此时如果仍须争取自排，势必产生壅水现象，于是干沟（甚至包括支沟）的最高水位就应按壅水水位线设计，其两岸常需筑堤束水，形成半填半挖断面，如图 1.6-6 所示。

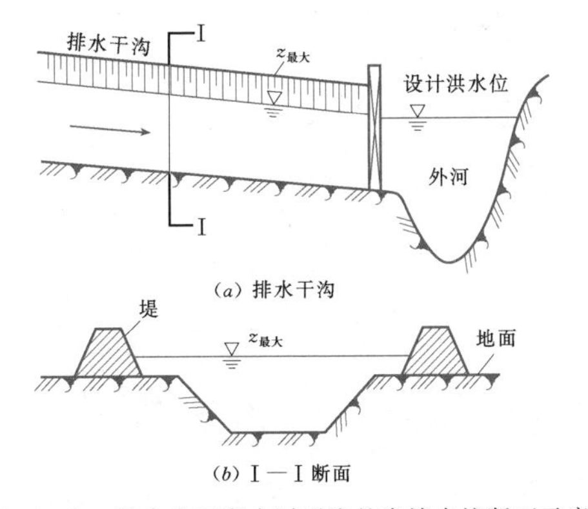

图 1.6-6 排水出口壅水时干沟的半填半挖断面示意图

(2) 在承泄区水位很高、长期顶托无法自流外排的情况。此时沟道最高水位是分两种情况考虑，一种情况是没有内排站的情况，这时最高水位一般不超出地面，以离地面 0.2～0.3m 为宜，最高可与地面齐平，以利排涝和防止漫溢，最高水位以下的沟道断面应能承泄除涝设计流量和满足蓄涝要求；另一种情况是有内排站的情况，则沟道最高水位可以超出地面一定高度，相应沟道两岸亦需筑堤。

参 考 文 献

[1] 华东水利学院．水工设计手册 第8卷 灌区建筑物［M］．北京：水利电力出版社，1984.

[2] 郭元裕．农田水利学（第三版）［M］.3版．北京：中国水利水电出版社，1997.

[3] 李远华．节水灌溉理论与技术［M］．武汉：武汉水利电力大学出版社，1999.

[4] 朱庭芸．水稻灌溉的理论与技术［M］．北京：中国水利水电出版社，1998.

[5] GB 50288—99 灌溉与排水工程设计规范［S］．北京：中国计划出版社，1999.

[6] 高占义，刘钰，等．全国农业灌溉用水及节水指标与标准研究成果报告［R］.2007.

[7] 陈玉民，郭国双．中国主要作物需水量与灌溉［M］．北京：水利电力出版社，1995.

[8] CJ 40—1999 工业用水分类及定义［S］．北京：中国标准出版社，2001.

[9] 林洪孝，王国新，等．用水管理理论与实践［M］．北京：中国水利水电出版社，2003.

[10] 常明旺，等．工业用水标准化及用水定额［M］．北京：中国标准出版社，2008.

[11] 阮本清，等．灌区生态用水研究［M］．北京：中国水利水电出版社，2007.

[12] 张展羽，俞双恩．水土资源分析与管理［M］．北京：中国水利水电出版社，2006.

[13] 王浩，等．流域生态调度理论与实践［M］．北京：中国水利水电出版社，2010.

第2章

引水枢纽工程

本章在第1版《水工设计手册》的基础上对内容作了较大的调整，从原来的3节增加到现在的4节，拓展了引水枢纽工程的理论基础和工程设计应用方面的内容，主要包括：①环流理论及其应用，将引水枢纽工程细分为无坝引水枢纽工程和有坝引水枢纽工程，并增加了相应的理论和应用内容；②国内外最新的科研成果，如引水口分流分沙试验成果、漏斗式排沙设计应用成果等；③通过图文并茂的方式说明理论计算与应用。

章主编　石自堂

章主审　徐云修

本章各节编写及审稿人员

节次	编　写　人	审稿人
2.1	石自堂	徐云修
2.2	石自堂　王海波	
2.3	石自堂　赵丽子	
2.4	石自堂　许第平	

第2章 引水枢纽工程

2.1 引水枢纽工程概况

2.1.1 引水枢纽工程的作用及类型

为了从河流、湖泊、水库等水源引水，以满足农田灌溉或城市供水等用水部门的需要，而在适当河段附近修的引水建筑物称为引水枢纽工程。引水枢纽工程除应满足多用水部门对水量及水位要求外，还对水中泥沙、漂浮物有一定的要求。例如：为防止有害泥沙入渠，以免引起渠道淤积及对水轮机或水泵叶片的磨损；在有漂浮物的河流上还应能阻拦漂浮物及冰凌等进入渠道。

引水枢纽工程一般可分为以下 3 种类型。

1. 无坝引水枢纽工程

当河道枯水期的水位和流量都能满足灌溉或城市供水要求时，可在河道岸边选择适宜地点，设置引水建筑物，自流引水以用于灌溉或城市供水，这种引水方式称为无坝引水，如图 2.1－1 所示。一般来说，无坝引水枢纽工程具有工程简单、投资较省等优点，但供水可靠程度低。

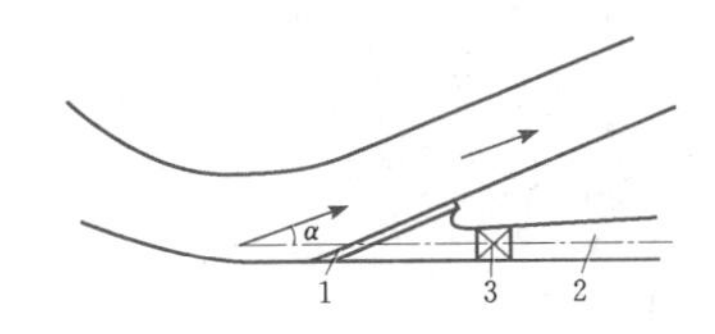

图 2.1－1 无坝引水枢纽工程平面布置示意图

1—拦沙坎；2—引水渠；3—进水闸；α—引水角

2. 有坝引水枢纽工程

有坝引水枢纽工程又分为闸堰引水枢纽工程和水库引水枢纽工程。

虽然河流水量丰富，但由于水位较低，不能实现自流引水时，可在河流适当地点，修建拦河闸或溢流堰（坝），抬高水位以满足用水部门的需要，这种引水方式称为闸堰引水，如图 2.1－2 所示。闸堰引水枢纽工程与无坝引水枢纽工程相比，虽然增加了修建闸（或堰）的工程费用，但供水可靠程度高，还可为引水冲沙及综合利用创造有利条件。

当河道的年径流量能满足灌溉或城市供水要求，但其来流过程与灌溉或其他供水所需的水量不相适应时，可在河流适当地点修建拦河大坝，形成水库这种引水方式，称为水库引水。水库引水枢纽工程与闸堰引水枢纽工程相比，由于库容较大，能够进行流量调节，不仅可以满足灌溉或城市供水等部门的用水要求，若配以相应设施，还可以满足一定量的发电或其他需求，是综合利用水利资源的有效措施，如图 2.1－3 所示。

3. 泵站引水枢纽工程

河道水量丰富，但水位较低，又不宜拦河筑坝或修建拦河坝费用太高，不经济时，为了灌溉或城市用水需要，需修建泵站引水，这种引水方式称为泵站引水枢纽工程，如图 2.1－4 所示。

2.1.2 引水枢纽工程的规划设计要求

引水枢纽工程的规划设计应满足下列要求：

（1）根据灌溉、发电、生活用水及其他工业用水部门对水质、水量的要求，应保证有计划地进行供水。

（2）在多泥沙河流上，应采用有效的防沙措施，防止有害泥沙进入渠道，以免引起渠首淤积，以及对水轮机、水泵叶片的磨损。

（3）在有漂浮物的河流上，应采取有效的拦、排措施，防止漂浮物及冰凌进入渠道。

（4）对引水工程附近的上、下河道，应因地制宜地进行整治，使河床保持稳定，保证取水口引水顺畅。

（5）在满足安全运用和方便管理的前提下，尽可能采用现代化管理设施。

2.1.3 引水枢纽工程的设计资料

设计引水枢纽工程时，需搜集下列勘测、观测及试验研究资料，仔细分析，作为设计的依据。

（1）河流水文、气象资料。河流水文、气象资料应包括径流、水位、坡降、流速资料，悬移质与推移质泥沙资料，以及漂浮物、封冻、流冰和冰屑等资料。以上实测资料，大型工程资料系列不应少于 30 年，中型工程资料系列不应少于 10 年，小型工程可适当缩短。如果拟建枢纽工程处没有水文站，可在适宜地点设置临时水文站，进行观测，并根据临近水文站多年观测的资料，应用面积比相关法进行移置，推求引水枢纽所在位置的径流及洪水成果。

(2) 有关河床演变的资料。河床演变的资料包括河势、河床及河岸的稳定性；泥沙冲淤、有无浅滩、汊道、河弯与其演变情况，以及修建枢纽后，对其附近上、下游河道的影响程度。

(3) 地形及地质资料。地形资料主要是枢纽工程附近的地形图，上游测至回水末端以上200m，下游测至建筑物以下200～500m。地质资料包括河床及两岸的地质构造、地层分布、岩石性质及岸坡稳定等，岩石力学性质指标（承载力、黏聚力、摩擦角）；地下水状况及对建筑物有害的化学性质方面的资料等。

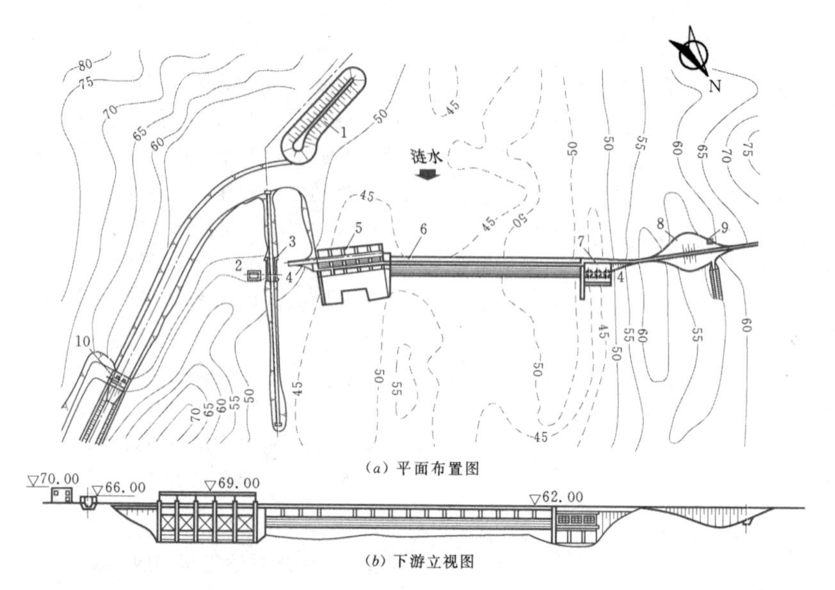

图2.1-2 韶山引水枢纽工程总体布置图（单位：m）

1—导流堤；2—工作用房；3—斜面升船机；4—重力坝；5—泄洪闸；6—壅水坝；7—水电站；8—土坝；9—进水涵管；10—进水闸

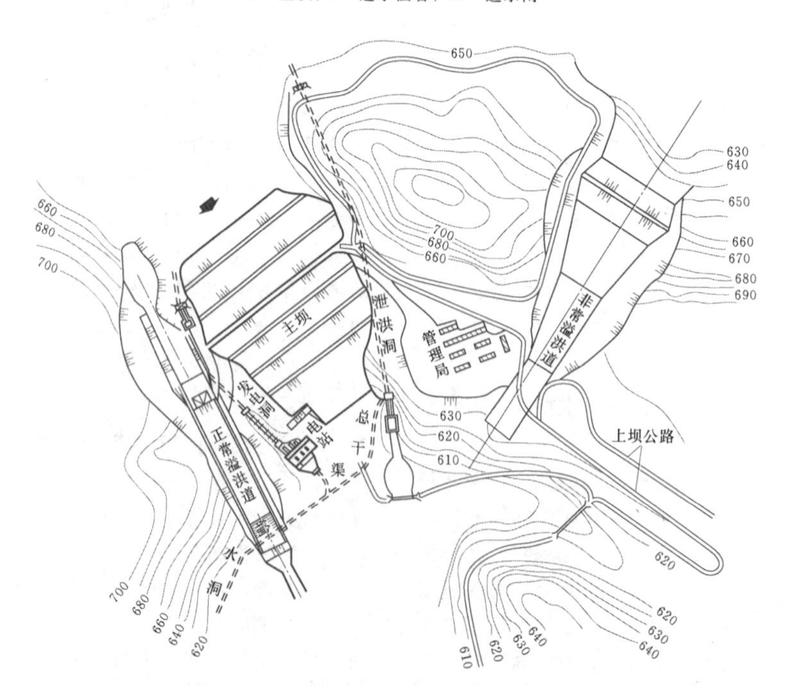

图2.1-3 水库引水平面布置图（单位：m）

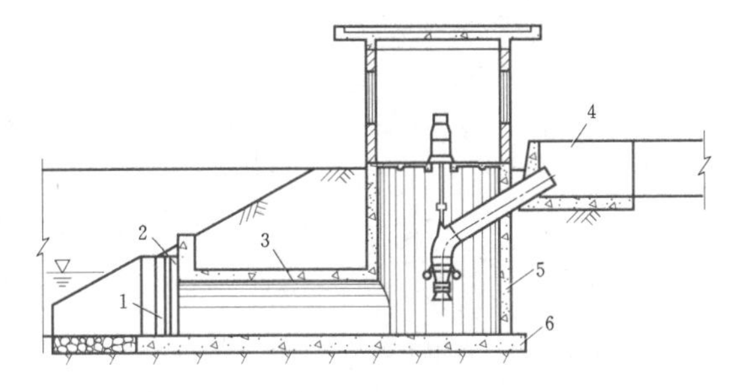

图 2.1-4 泵站引水枢纽工程布置示意图

1—检修门槽；2—拦污栅槽；3—拱形进水涵洞；4—出水池；5—井筒壁；6—底板

(4) 建筑材料资料。枢纽附近的建筑材料分布及其数量、质量、开采条件和运输条件（运输工具和道路）等资料。

(5) 其他资料。灌溉、城市供水等部门对引水高程的要求；河流有航运要求的，应搜集引水枢纽工程对航运的影响；河流的水利资源有综合利用要求的，应在规划阶段加以协调。

2.2 无坝引水枢纽工程

2.2.1 环流理论

环流是指与主流方向垂直的横向水流形成的环形水流。表层的横向水流与底层横向水流方向相反，如不考虑纵向流速的影响，横向水流在过水断面上的投影将构成一个封闭的旋转水流，即环流。实际上，由于横向水流与纵向水流同时存在，就形成了河流或渠道中最常见的螺旋流。弯道环流是由于水流沿曲线运动时受离心力与重力的共同作用形成的。弯道水流受离心力作用，形成横向水面比降；任一水体均承受由于水头差而产生的侧压力，该力与离心力的合力决定了环流运动的方向（见图 2.2-1）。横向环流与纵向水流形成的螺旋流，使表层较清的水流向凹岸，造成冲刷；从凹岸向下转向凸岸底层流携带大量泥沙，导致凸岸淤积 [见图 2.2-1 (*a*)]。由于这种作用使主流不断向凹岸偏移，因此，弯道环流是引起河道横向变形的一个重要因素。弯道环流在河道引水中可起积极作用，正确选择取水口在弯道凹岸上的位置，可防止底沙进入渠道，有些引水枢纽工程在缺少天然弯道的情况下，可布置人工弯道，利用它所引起的人工环流防沙或排沙。

弯道环流的计算包括：确定横向水面比降、横向流速及纵向水面比降等。

2.2.1.1 横向水面比降计算

当水流沿弯道做曲线运动时，由于离心力作用沿

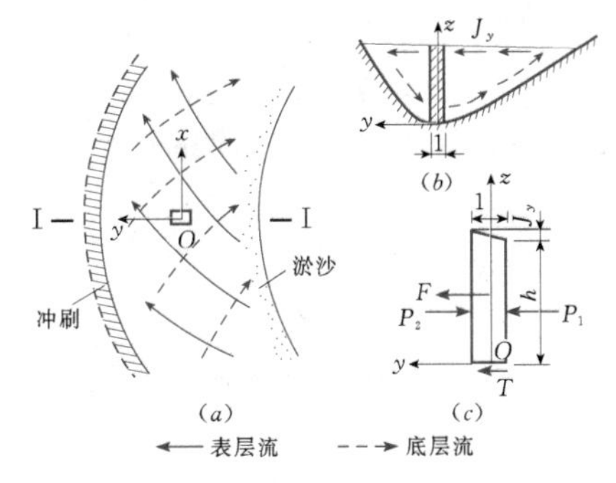

图 2.2-1 弯道环流（"1" 指单位长度）

外法线方向使外侧水面升高，内侧水面降低，形成横向水面比降（见图 2.2-1）。取长、宽各为单位长度的水柱进行分析。该水柱横向受力情况用图 2.2-1 (*c*) 表示。则横向动力平衡方程式为

$$F + T + P_1 - P_2 = 0 \tag{2.2-1}$$

其中

$$F = \frac{1}{2}(2h + J_y)\rho\alpha_0\,\frac{v^2}{R}$$

$$P_1 = \frac{1}{2}\gamma h^2$$

$$P_2 = \frac{1}{2}\gamma(h + J_y)^2$$

考虑到水柱底面积很小，忽略 T 的作用，将 F、P、P_2 代入式 (2.2-1) 得

$$\frac{1}{2}(2h + J_y)\rho\alpha_0\,\frac{v^2}{R} + \frac{1}{2}\gamma h^2 - \frac{1}{2}\gamma(h + J_y)^2 = 0 \tag{2.2-2}$$

式 (2.2-2) 中 J_y 很小，$\frac{J_y^2}{2}$可忽略不计，同时取 $2h + J_y \approx 2h$，式 (2.2-2) 改写为

$$h\rho\alpha_0\,\frac{v^2}{R} - \gamma h J_y = 0 \tag{2.2-3}$$

其中

$$J_y = \alpha_0\,\frac{v^2}{gR} \tag{2.2-4}$$

以上式中 F——离心力；

T——水体底面与河底的摩擦力；

P_1、P_2——水柱两侧水压力；

ρ——水的密度；

h——单位长度的水柱高度；

γ——水的容重；

v——所取水体沿水深方向的纵向平均流速；

R——弯道半径；

J_y——水面横向比降；

g——重力加速度；

α_0——流速分布系数，可根据流速分布公式求得。

由于 $\alpha_0 \dfrac{v^2}{R}$ 为离心力加速度（g 为重力加速度），因此 J_y 为离心力加速度与重力加速度的比值。

如采用卡尔曼—勃兰德尔对数流速分布公式

$$u_x = v\left[1+\frac{\sqrt{g}}{Ck}(1+\ln\xi)\right] \quad (2.2-5)$$

其中

$$\xi = \frac{z}{h}$$

式中　u_x——计算垂线上相对水深为 ξ 计算点的纵向流速；

h——计算垂线处总的水深；

z——从底部算起的计算点位置；

C——谢才系数；

k——卡曼常数，$k=0.4\sim0.5$，河道上可用0.5。

可得

$$\alpha_0 = \frac{1}{v^2}\int_0^1 u_x^2 \mathrm{d}\xi = \int_0^1\left[1+\frac{\sqrt{g}}{Ck}(1+\ln\xi)\right]^2 = 1+\frac{g}{C^2k^2} \quad (2.2-6)$$

代入式（2.2-2），得

$$J_y = \left(1+\frac{g}{C^2k^2}\right)\frac{v^2}{gR} \quad (2.2-7)$$

沿 oy 轴不同的水柱，其铅直线上的纵向平均流速 v、曲率半径 R 均不相同，因而横向水面比降 J_y 也不同，因此，在弯道上横剖面中的水面线是一条曲线，而不是直线。

2.2.1.2　横向流速计算

图2.2-2（a）～（c）中上层水体所受的合力向右，因而发生向右的流动；下层水流所受的合力向左，因而发生向左的流动。在横断面上形成一个封闭环流，其流速分布如图2.2-2（d）所示。由于采用的纵向流速沿水深分布公式不同，得出的横向流速计算公式也不同。下面仅介绍罗卓夫斯基公式，供参考。

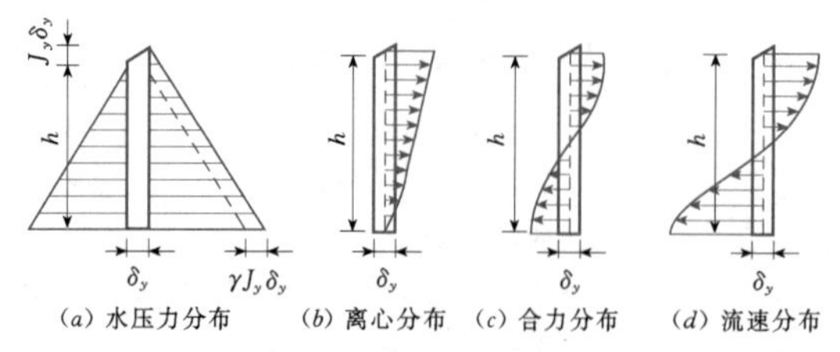

图2.2-2　作用于水柱上的力及流速分布

在弯道水流中取一微小的六面体 $\delta_x\delta_y\delta_z$ 进行分析，其横向受力情况如图2.2-3所示。图中 P_1、P_2 为横向静水压力；P_3 为作用于六面体重心的离心力；P_4、P_5 为作用于六面体底面及表面的切力。

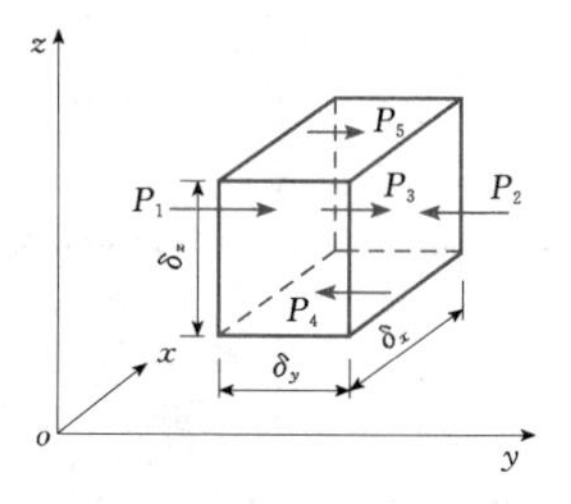

图2.2-3　作用于微小六面体上的横向力

在稳定流中，六面体所受的力是平衡的，因此，可列出动力平衡方程式为

$$P_1 - P_2 + P_3 - P_4 + P_5 = 0 \quad (2.2-8)$$

其中

$$P_1 = P_y\delta_x\delta_z$$

$$P_2 = \left(P_y + \frac{\partial P_y}{\partial y}\delta_y\right)\delta_x\delta_z$$

$$P_3 = \rho\delta_x\delta_y\delta_z\frac{u_x^2}{R}$$

$$P_4 = \tau_y\delta_x\delta_y$$

$$P_5 = \left(\tau_y + \frac{\partial P_y}{\partial z}\delta_z\right)\delta_x\delta_y$$

式中　P_y——作用于六面体左侧面上的静水压强；

τ_y——作用于底面上的切应力；

其他符号意义同前。

将各值代入化简后得弯道环流的运动方程式为

$$\frac{\partial P_y}{\partial y} + \frac{\partial \tau_y}{\partial z} + \rho\frac{{u_x}^2}{R} = 0 \quad (2.2-9)$$

因 $P_y = \gamma(h-z)$，z 为常数

$$\frac{\partial P_y}{\partial y} = \gamma\frac{\partial h}{\partial y} = \gamma J_y \quad (2.2-10)$$

代入式（2.2-9），得

$$\frac{\partial \tau_y}{\partial z} = \gamma J_y - \rho\frac{u_x^2}{R} \quad (2.2-11)$$

对式（2.2-11）经过代换及积分后，可得出有实用价值的横向流速计算式。

对光滑床面

$$u_y = \frac{1}{k^2}\frac{vh}{R}\left[F_1(\xi) - \frac{\sqrt{g}}{kC}F_2(\xi)\right] \quad (2.2-12)$$

对粗糙床面

$$u_y = \frac{1}{k^2}\frac{vh}{R}\left\{F_1(\xi) - \frac{\sqrt{g}}{kC}[F_2(\xi) + 0.8(1+\ln\xi)]\right\} \quad (2.2-13)$$

式中　u_y——横向流速，方向如图2.2-1（a）所示，当计算值为正时为表层流，为负值时为底层流；

$F_1(\xi)$、$F_2(\xi)$——相对水深 ξ 的函数，可由图2.2-4查得（参见文献[1]）。

在选择计算公式时，如 $C<50\mathrm{m}^{1/2}/\mathrm{s}$，可用式

(2.2-13)；$C>50\text{m}^{1/2}/\text{s}$，则用式（2.2-12）。取不同的$\xi$值，可得出不同水深处的横向流速。

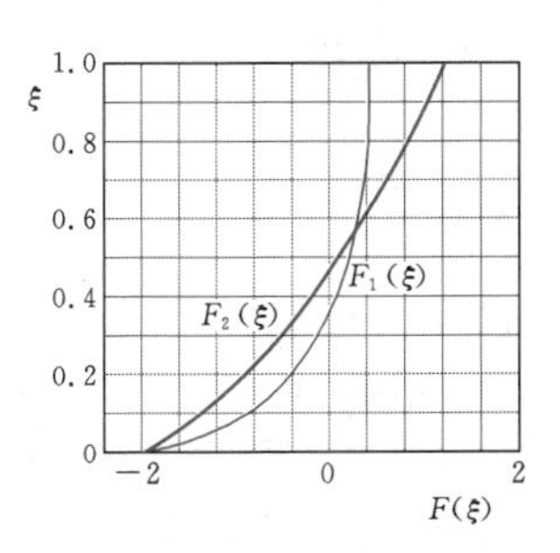

图 2.2-4 $F(\xi)$—ξ关系曲线

2.2.1.3 弯道上的纵向水面比降

由于弯道上有螺旋流存在，离心力要做功，就需要消耗较多的能量，产生了附加的水头损失，故弯道的水头损失大于相同长度直段上的水头损失。其纵向水面比降可用J.V.布辛涅斯克公式计算，即

$$J=\frac{v^2}{h_{cp}}\left(\frac{1}{C^2}+\frac{3}{4}\frac{1}{C^2}\sqrt{\frac{B}{R}}\right) \quad (2.2-14)$$

式中 h_{cp}——计算断面上的平均水深；

B——水面宽度；

其他符号意义同前。

2.2.2 引水口的分流分沙问题

要解决取水防沙问题，需对引水口的分流分沙情况进行了解。因为这是确定进水口防沙设施的位置和尺寸的基础。

引水口位于直段，进行侧向分流时，影响泥沙分配的主要因素如下：

(1) 引水口附近的水流条件包括流量、水深、流速及其分布、弗劳德数、环流强度等。

(2) 泥沙因子包括泥沙粒径及级配、沉降速度、起动流速、含沙量及其沿水深的分布、河床糙率等。

(3) 引水口的边界条件包括分水角度、分水口侵入主河槽的相对宽度、水面宽度、拦沙坎高度及断面形态等。

由于以上各种条件及其组合是千变万化、错综复杂的。下面就几个主要问题，介绍目前已有的研究成果。

2.2.2.1 分水角对引水沙量的影响

分水角系指河道水流与引水渠轴线的夹角。为便于确定，一般取河道岸堤与引水渠轴线的夹角。分水角的大小是否影响入渠底沙量的问题，目前尚有争议。从理论上分析，一般都认为分水角的大小影响水流中产生的环流强度，从而影响了进入引水渠表层流及底流的宽度；而粗粒泥沙大部分集中在水流底层，因而分水角影响着入渠底沙的数量。

Serge Leliausky 根据模型试验及原型观测认为，假定分水时，水流转弯的平均曲率半径 $R=\frac{B}{2}\tan\frac{\pi-\theta}{2}$，$B$为分水渠宽度，如图2.2-5所示。

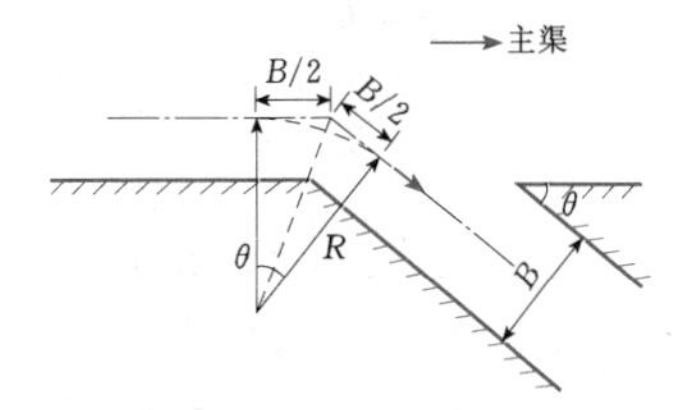

图 2.2-5 分水计算简图

当发生横向环流时，水面横向坡度J_y为

$$J_y=\alpha_0\frac{2v^2}{Bg}\tan\frac{\theta}{2} \quad (2.2-15)$$

由式（2.2-15）可见，当流速v及渠宽B一定时，θ越大，J_y也越大，环流强度也越大，因而设在凸岸的引水口底进沙量也越多。但不同研究者对各自的试验或观测成果进行分析后，得出的结论并不完全一致。

1. 无坝引水口的情况

20世纪80年代的清水及含沙水流试验资料表明，底沙入渠量与分水角的关系不大，其最大差别不超过5%～10%，几乎可以忽略，因而作出底沙分沙比与分水角无关的结论；但我国引黄灌溉运行经验表明：引水角越大，进渠泥沙也越多。实际工程中，当引水角为90°时，含沙比（引水含沙量与河水含沙量的比值）为1.04～1.24；引水角为47.5°时，含沙比为0.81～0.85。山东省水利厅的试验研究报告中提到：山东省32处引黄无坝取水口中，分水角为45°及以下的5处，60°左右的10处，75°左右的8处，90°左右的6处，不固定的3处。其中分水角为30°～45°者，均能取得一定的防沙效果。

2. 低水头引水枢纽的模型试验及原型观测

印度学者对模型实验及原型的研究表明：当分水角θ在70°～90°范围内变化时，进沙量随θ角的减少而减少；当θ达到实验最小值70°～75°时，进沙量最小。其实验曲线如图2.2-6所示。

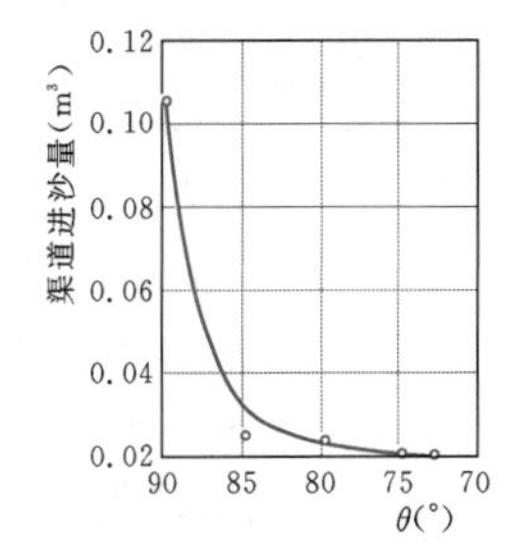

图 2.2-6 θ角与渠道进沙量关系曲线

我国西北电力设计院对陕西省沉沙槽式渠首进行调查的结果表明：凡进水闸中心线与水流方向正

交的布置方式（即分水角为90°），底沙入渠现象一般都很严重，当引水角为30°～60°时，防沙效果较好。

上述情况表明：引水角的大小影响入渠泥沙量的多少，实验及观测资料也证实了这一影响的存在，特别是在低水头引水枢纽中表现得更加明显。为了合理地进行渠首防沙设计，建议在允许条件下，尽量选择小于90°的引水角，宜取30°～60°。

2.2.2.2　分流比及分水口型式对分沙比的影响

1. 分流比对分沙比的影响

无坝取水的试验资料表明：当分流比增加时，进入渠道底层流的宽度比表层流宽度增加幅度要大得多，故进沙量增加较快。分流比与分沙之间存在着二次抛物线的关系，可表示为

$$1-K_g=4(0.55-K)^2 \qquad (2.2-16)$$

其中

$$K=\frac{Q_2}{Q_0}$$

$$K_g=\frac{G_2}{G_0}$$

式中　K——分流比；

Q_2、Q_0——渠道引水流量、河道流量；

K_g——分沙比；

G_2、G_0——渠道进沙量、河道总输沙率。

式（2.2-16）的适用范围为$0.06<K<0.55$。当$K>0.5$时，几乎全部泥沙进入渠道；而$K<0.06$时，分流比与分沙比非常接近，即$K=K_g$。在无坝取水中，一般要求引水比不大于50%，多沙河流上引水比不大于20%～30%，以减少渠道进沙量。

2. 分水口侵占主河槽宽度对分沙比的影响

分水口侵占主河槽的相对宽度$P=d/B$（见图2.2-7）对分沙比有影响。根据试验资料分析，分水口侵入宽度越大，越符合正面引水的原则，其分沙比也越小。

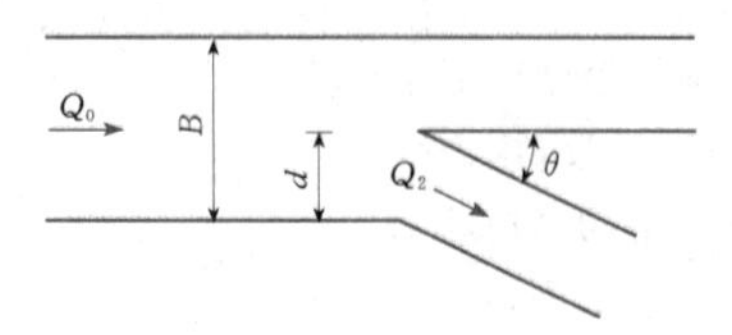

图2.2-7　侵入宽度示意图

当分流比K与侵占相对宽度P相等时，其分沙比也相等。当$K=0.5(1+P)$，$K_g\approx1$，几乎全部泥沙入渠；当$K=0.5P$时$K_g\approx0$，可以完全防止底沙入渠，从试验得到下列经验公式：

$$\left.\begin{aligned}&\text{当 } P<K<0.4(1+0.5P)\text{ 时}\\&K_g=K+10(K-P)m\sqrt{5-23m+27.1m^2}\\&\text{当 } 0.6P<K<P\text{ 时}\\&K_g=K-10(K-P)m'\sqrt{5-23m'+27.1m'^2}\end{aligned}\right\} \qquad (2.2-17)$$

其中

$$m=\frac{K-P}{1-P},\ m'=\frac{P-K}{P}$$

2.2.2.3　拦（导）沙坎对防止泥沙的影响

拦沙坎就是在引水口前设置具有一定高度和长度的坎，其轴线方向与水流方向成一定夹角，使底部水流形成螺旋流，将泥沙（特别是底沙）导离引水口，以达到引水防沙的目的。拦沙坎的断面形状有梯形、矩形和T形，引水口前设置拦沙坎对防止泥沙进入有显著效果，故广泛用于有坝引水及无坝引水中。根据经验在卵石河床中坎高常用1.0～2.5m，细沙河流常用2.0～3.0m，并与水深有关。

泥沙在导沙坎前由于螺旋流作用能升到一定高度。当爬高大于坎高时，泥沙则会越过坎顶面进入引水口；当爬高低于坎高，且坎前的螺旋流有足够的强度时，泥沙将被导走。因此，导沙坎的高度应根据泥沙的爬高计算，即

$$\frac{H}{D}=410\Theta^{1.5} \qquad (2.2-18)$$

其中

$$\Theta=\frac{\gamma hJ}{(\gamma_s-\gamma)D}$$

式中　H——坎高，mm；

D——泥沙代表粒径，可用D_{50}表示，mm；

Θ——相对水流强度；

γ、γ_s——水、泥沙的重度，kN/m³；

h——水深，m；

J——水力比降。

2.2.3　无坝引水枢纽工程布置及防沙的影响

不设拦河闸或壅水坝等拦河建筑物，从天然河道中自流引水的枢纽工程称无坝引水枢纽工程，通常适用于河流水量较丰富、引水比不大、水位及河势能满足或基本满足引水要求的情况。无坝引水枢纽工程简单，投资少，对天然河道的影响较小。

2.2.3.1　无坝引水枢纽工程的工作特点及类型

1. 无坝引水枢纽工程的工作特点及设计要求

无坝引水枢纽工程受河道水流及泥沙运动的影响大，其工作状况具有下列特点：

（1）引水的水量和含沙量受河流水位及含沙量变化的影响大。

（2）工程运行效果与所在河段的水文泥沙特性、河床稳定性及引水量大小等因素密切相关。在不稳定的河段上，常由于主流摆动或引水口淤塞而不能满足

设计引水流量要求，甚至由于脱流而无法引水。

(3) 在岸边设进水闸进行侧面引水时，由于水流转弯而产生的横向环流，使大量泥沙进入渠道，并导致引水口的上唇淤积、下唇冲刷。在不坚固的河岸段，引水口将不断向下游移动，使引水条件恶化。

(4) 当引水比增加时，进沙比也随之增加，引水比与进沙比成二次抛物线关系；当引水比达到 50% 时，河流底沙大部分将进入引水口。

针对以上特点，在进行无坝引水口规划设计时，除满足引水枢纽工程的一般要求外，还应综合考虑下列特殊要求：

(1) 正确选择引水口的位置及布置型式，并采取必要的河道整治措施，以保证在设计水位时，能满足设计流量。

(2) 采用有效工程措施减少泥沙入渠。

(3) 控制适当的引水比，当枯水期引水比超过 20%～30%或防沙要求特别高时，应考虑采用有坝引水的可行性。

2. 无坝引水枢纽工程的类型

一般按干渠引水口的数目分为一首制及多首制引水两种。

(1) 一首制引水干渠仅设置一个引水口引水，根据渠首是否设置进水闸而分为有闸及无闸一首制引水口。无闸一首制引水是最简单的一种引水方式，即从岸边直接开挖明渠引水，其缺点是不能控制入渠流量；洪水期引水流量加大，进沙量也加大，如不及时清淤，则低水位时不能引入设计流量。为了克服这一缺点，可在引水渠渠首设进水闸，成为有闸一首制引水口，这种形式能比较准确地控制渠道进流量，因而也在一定程度上减少了淤积，进水闸前可设引渠段以保证进水闸的安全或作为沉沙渠之用；引渠中心线与河道水流间的夹角宜取为 30°～60°。

(2) 多首制引水。在不稳定的多沙河流上采用一首制引水常常因泥沙淤塞而不能满足设计引水流量，这时可采用多首制引水。

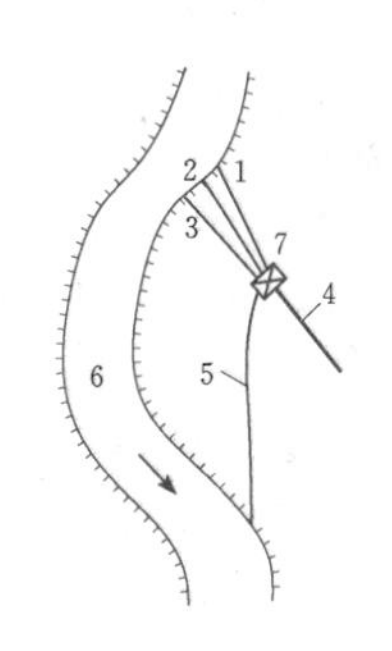

图 2.2-8 多首制引水示意图
1、2、3—引渠；4—干渠；5—泄水排沙渠；6—河流；7—进水闸

多首制引水一般设 2～3 条引渠，各渠口相距 1～2km，甚至长达 3～4km。渠首一般不设进水闸，有时也可在每条引渠入口或在各引渠的汇合处设置进水闸以控制流量（图 2.2-8）。枯水期由几条引渠同时引水，以满足设计流量；洪水期一条引渠工作，其他引渠可进行机械或人工清淤。这种布置形式的优点是清淤工作可分散进行，缓解了集中时间、集中地点清淤的工作强度；其缺点是河流中水位较高时，可使引水渠及泄水渠中的水位壅高，水力冲洗困难。此外，当引渠及泄水渠不工作时，易生杂草，甚至疟蚊孳生，对环境产生不利影响。

2.2.3.2 无坝引水口位置选择

正确选择无坝引水口位置，对保证引水及减少泥沙入渠起着决定性作用。在确定渠首位置时，必须详细了解河段特性、河岸地质情况、河道的洪水特性、含沙量情况及河道演变规律等，并根据下述方法进行合理选择。

1. 河流弯道上引水口位置的选择

天然河道大都是弯曲的，据统计，弯曲段一般占全河长的 80%～90%。如前所述，经过弯道的水流将产生弯道环流。弯道环流使凹岸受到强烈的冲击和淘刷，形成水深流急的主流深槽；而凸岸则不断淤积，形成水浅流缓的浅滩。实验和实际观测资料表明：最大水深位于凹岸顶点稍偏下游处。引水口选在这个位置，可加大进流量，有效地防止泥沙入渠。确定引水口具体位置的方法很多，一般情况下的计算公式为

$$L = KB\sqrt{\frac{4R}{B}+1} \tag{2.2-19}$$

式中 L——引水口至弯道起点间的距离，m；
R——弯道河槽中心线的弯曲半径，m；
K——系数，一般取 0.8～1.0；
B——弯道前直线段的河槽宽度，m。

弯道上引水口位置的确定如图 2.2-9 所示。

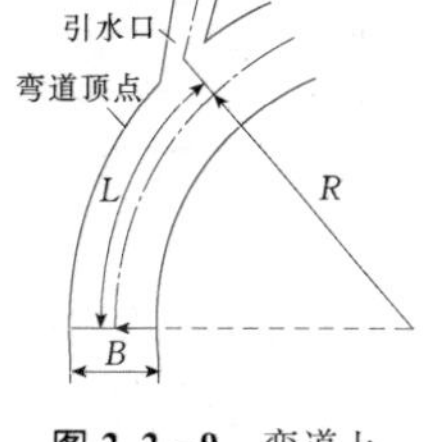

图 2.2-9 弯道上引水口位置确定

2. 河流直段引水口位置

在河流直段上，引水口应选在主流靠近岸边、河床稳定、水位较高及流速较大的地方。

3. 分汊河段上引水口的位置

分汊河段一般不宜设置引水口，如由于其他条件限制必须设置时，则应选择流量较大、河床稳定的汊道并加以整治。

无论在哪种河段布置引水口，其位置的选择均应避开陡岸、深谷及塌方地段，以减少土石方工程量及工程总投资。

2.2.3.3 无坝引水枢纽工程布置及防沙设施

在考虑和选取引水枢纽工程的防沙设施时，应充分利用水流及泥沙的运动规律，使进水闸能引进含沙量较少的水流。引水枢纽工程的防沙设施一般只能解决防止推移质及粗颗粒悬移质入渠的问题；而细颗粒悬移质的排除，目前只能用设置于渠首或渠系内部的、尺寸较大的沉沙池解决。

1. 利用环流防沙的无坝引水枢纽工程

在河流的天然弯道上设置无坝或有坝引水口，利用弯道环流的有利作用，是实现取水防沙最方便的措施。但有时受各种条件限制，并不是每个引水枢纽工程都有可能布置在天然弯道上，这就需要采取工程措施使水流按设定方向产生横向环流运动，此种环流称人工环流。

人工环流可分为两类：一类是利用工程设施引起水流内部结构的改变，使表层水流向一侧，底层水流向另一侧，形成断面环流（见图 2.2－10），由于它经常充满全部或大部过水断面，故为主流；另一类是利用主流摩擦力或冲击力而引起的旋滚，这种旋滚受到沿轴方向的作用力，产生沿旋滚轴线方向的螺旋流，这是存在于主流外的副流，它从主流取得水体，与主流间有能量传递，常具有较大的流速，且临底流速远大于主流流速，故输移泥沙的能力较强。人工环流可通过水流运动控制泥沙运动方向；而且由于螺旋流的卷扬作用，提高了排沙能力，因而广泛用于河道整治、渠首及渠系的防沙、排沙等方面。

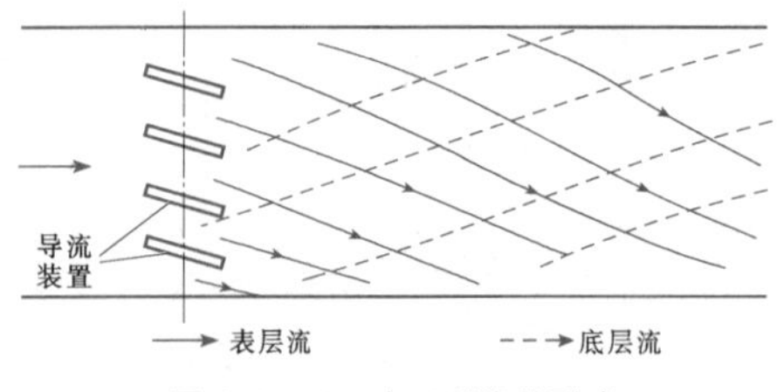

图 2.2－10 人工环流的形成

常用的引起人工环流的设施主要有人工弯道、侧面排沙设施、表层及底层导流装置及导沙槽等。

2. 设有拦沙、沉沙设施的无坝引水枢纽工程

（1）设拦沙坎及沉沙池的无坝引水枢纽工程。拦沙坎布置在引水口的岸边，坎的形状有梯形或Γ形，坎顶一般高出引水渠底 0.5～1.0m，如图 2.2－11 所示。拦沙坎改变了引水口前的水流结构，减少了进入引水口的底流宽度，增加了表流宽度，从而减少了入渠沙量，特别是粗粒径泥沙，拦沙效果最高可达 50%。当进水闸引入水流的含沙量仍较高时，可在闸后设沉沙池，将有害泥沙作进一步清除（见图 2.2－12）。

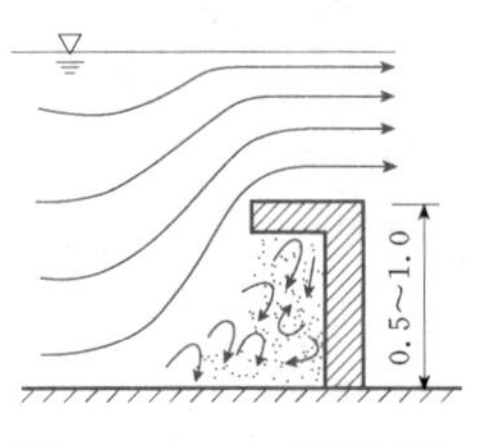

图 2.2－11 Γ形拦沙坎（单位：m）

（2）设橡胶坝拦沙的无坝引水枢纽工程。橡胶坝的主要特点为：①与固定刚性拦沙坎相比，具有柔性和可变性，升坝则高，落坝则平；②具有固定坎及叠梁的功能，但其相对挡水高度（坝高/水深）可连续变化，操作方便、灵活。当水位较低、河水含沙量少时，可将坝顶塌落到与进水闸底板齐平，不影响引水流量；当水位升高、河水含沙量增大时，可将坝逐渐升高直至设计高程，以提高防沙能力。

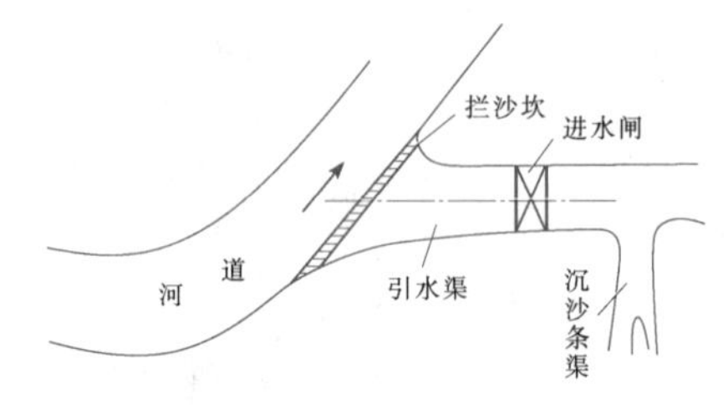

图 2.2－12 设拦沙坎及沉沙池的无坝引水枢纽工程

3. 虹吸式无坝引水枢纽工程

虹吸式无坝引水是利用具有虹吸作用的弯管从水源跨越堤坝的一种无坝引水方式。虹吸式引水多用于江湖水源最低引水位高于受灌溉农田的情况。引水时，水流由水源进入虹吸管、跨过堤顶流向下游渠道。当进水与出水侧的水位差及相应出口流速较大时，出口处可设消力池以削减入渠水流的能量，避免冲刷，保证渠道及建筑物安全。虹吸式引水枢纽工程布置如图 2.2－13 所示。虹吸式引水工程，根据引水流量的大小可设一根或数根虹吸管，它除管道及土建部分外，尚需设置真空泵、抽气管等机电设备。虹吸管多采用圆形断面的钢管或铸铁管，其进口设在临水一侧，置于水源水位下一定深度，以保证吸水时不致产生漩涡而吸入空气。管道最高处的驼峰底部应高出水源最高水位，以保证停止引水时，水流不致翻越驼峰而进入渠道。虹吸式引水在开始引水前需抽气充水，因此，需在管道的驼峰部位设空气室或抽气管，用真空泵排除虹吸管内的空气，造成真空虹吸引水；停止引水时，可利用真空泵充气以破坏真空。管道出口处应设闸门，用以控制水流，并在抽气时封闭管道。在水位变幅较大的河流上引水时，为避免管道长期淹没水下，可将进水口管段做成活动式的，利用起重机架支承活动管，用绞车控制进水管的升降；不引水时，将进水管提出水面。此外，也可用

船体支撑活动管节。

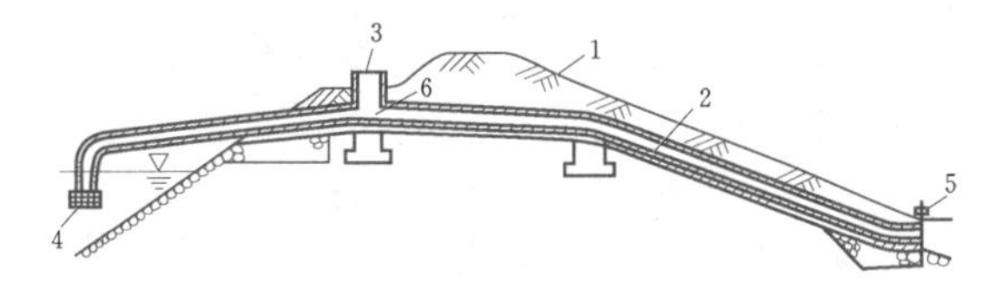

图 2.2-13 虹吸式引水枢纽工程示意图

1—堤防；2—虹吸管；3—空气室；4—上游进口；
5—下游出口闸门；6—驼峰

虹吸式引水与涵闸引水相比，不需在堤上开口建闸，可避免影响堤防安全，并能引取表层清水，施工较简单，工程投资也较小，适用于小型引水枢纽工程。

4. 引渠式无坝引水枢纽工程

进水闸前设置兼有沉沙作用的引渠，其布置如图 2.2-14 所示。引渠按沉沙及冲沙要求设计，一般具有较大的断面及长度。渠道末端按正面引水、侧面排沙的原则布置进水闸和冲沙闸，使较清的表层水引入进水闸，底层含沙较多的水通过冲沙闸排至河道。当引渠淤积到一定程度影响沉沙效果时，则需关闭进水闸，利用引渠进出口之间的天然水头差进行冲沙。为了提高防沙效能，可在引渠进口及进水闸前设导沙坎。这类引水方式适用于河岸土质较差，易受水流冲刷而变形的情况。其平面布置应使引渠尽可能获得较大的冲沙水头，否则需对引渠中的淤沙进行机械挖除，从而增加了管理上的难度。由于这一特点，使引渠式无坝引水的应用范围受到一定限制，因而常采用有坝引水。

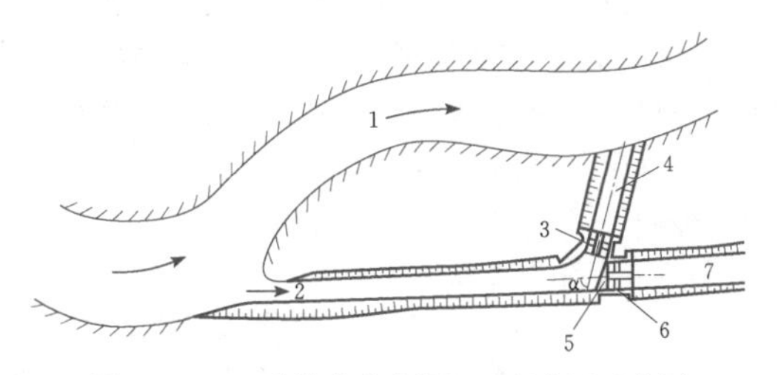

图 2.2-14 引渠式取水枢纽工程布置示意图

1—河道；2—引渠；3—冲沙闸；4—泄水渠；
5—导沙坎；6—进水闸；7—渠道

5. 导流坝（堤）式引水枢纽工程

在河床不稳定的河段或在坡降较陡的山区河流上，当引水比较大时，为了控制河道流量以保证引水防沙，常采用导流坝（堤）式引水，其枢纽工程布置如图 2.2-15 所示。引水枢纽由导流坝（堤）、进水闸及泄洪冲沙闸等建筑物组成。导流坝的作用是束缩水流，抬高水位，以满足进水流量的要求；泄洪冲沙闸除宣泄部分洪水外，平时也可用以冲沙，它是从无坝引水向有坝引水过渡的一种布置型式。

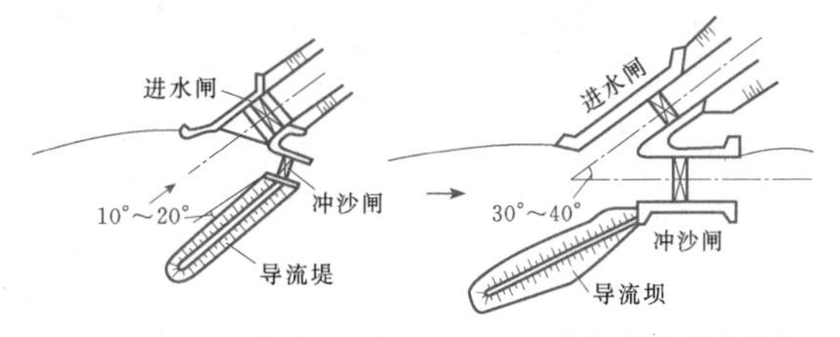

图 2.2-15 导流坝（堤）式无坝引水枢纽工程布置示意图

进水闸与泄洪冲沙闸的布置，通常按正面引水、侧面排沙的原则，使进水闸与河流引水段主流方向一致；泄洪闸与主流方向大致垂直；以利引水防沙，具体布置如图 2.2-14（*a*）所示。但在河道来水流量大、含沙量高且引水比较小的情况下，进水闸与泄洪冲沙闸也可布置成正面排沙、侧面引水的形式。闸的中心线与河道主流方呈 30°～40°角，而冲沙闸则与主流方向一致［见图 2.2-15（*b*）］。这种布置可避免主流对进水闸的冲刷，且能有效地排除引水口前的泥沙淤积，但进入进水闸的沙量将会增加。为了拦截泥沙入渠，进水闸的底板应高出河床 0.5～1.0m。泄洪冲沙闸的底板则与河底齐平，以利于冲沙。导流堤的布置，一般是从冲沙闸向上游方向延伸，使其接近主流。导流堤与主流夹角不宜过大或过小，过大易遭洪水冲刷，过小则导致堤长加大而增加工程量，一般以 10°～30°为宜。

2.2.4 引水口附近的河道整治

引水口工作情况的好坏与河流的水沙特性及河道演变特点密切相关，而侧面引水更会引起引水口附近的河床变化。为了使主流靠近引水口而不脱流，同时又保护河岸不受到冲刷，按设计供水和减少入渠泥沙的要求，在很多情况下必须对引水口附近的河道进行整治。下面介绍几种经常遇到的情况及可采取的整治措施。

（1）当渠道自河道侧面取水时，由于河水入渠时流线弯曲引起的横向环流，使取水口上唇发生淤积，而下唇发生冲刷。因此，在不坚固的河岸上引水口将不断地向下游移动，造成不利的引水条件，并加大了入渠的沙量。

为了改善取水条件，可设导流装置，如图 2.2-16 所示，使主流冲向下唇淤积区，将淤积泥沙冲走，并在口门下游设置护岸工程，防止引水口下移。

（2）引水口在运用过程中，要求主流经常靠近，

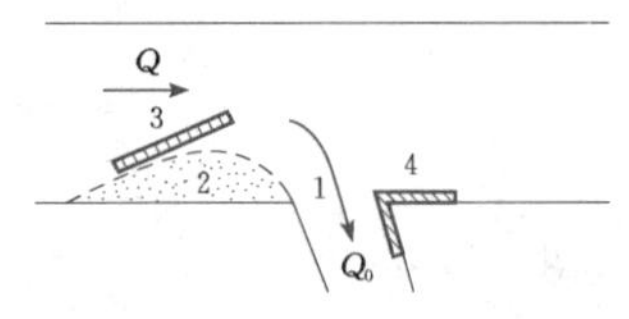

图 2.2-16 引水口处的整治

1—引水口；2—泥沙淤积区；3—导流装置；4—护岸工程

但又不致引起严重的冲刷，以免危及进水闸和下游输水渠道的安全。在已建的引水枢纽工程中，由于河道不稳定（如边滩和潜洲下移与发展、主流摆动偏离等）或弯道向下游移动等原因，也经常存在主流偏离引水口而造成脱流；或渠道大量引进泥沙使口门淤塞的情况。为此，可设置与水流垂直的一系列丁坝群或平行于水流的顺坝工程。迫使主流靠近引水口，并对易冲性的河岸加以保护。图 2.2-17 中，在抗冲刷能力差的河岸处修筑顺挑丁坝群，调整主流线的位置，使主流靠近引水口。

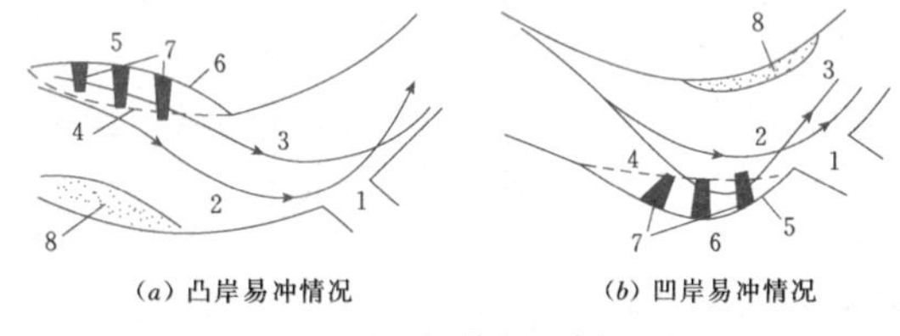

图 2.2-17 河道主流线的调整

1—引水口；2—整治后的主流线；3—整治前的主流线；4—原岸边线；5—冲刷后的河岸线；6—护岸工程；7—丁坝；8—浅滩

若进水闸上游岸边有凸出的岩石或矶头，导致主流偏离引水口，则应在建闸前对其予以清除或整治。

1）在河宽较大的河道上，低水位时往往出现若干河汊，使水流分散，影响引水，如图 2.2-18 所示。在这种情况下，常需要修筑导流堤拦断支汊，将水流导向引水口。导流堤顶稍高于枯水期的水位，洪水能由堤顶漫溢，以免造成大流量对引水口附近河岸的冲刷。

2）如果引水口附近河道水位不满足引水要求，但差值不大时，可在引水口下唇修建丁坝，如图 2.2-19 所示。当水流至丁坝受阻后，部分动能变为位能，使闸前水位壅高，同时，减小了进闸横断面的收缩系数。据研究，建坝后的进流量比不设丁坝时大 10%～20%。

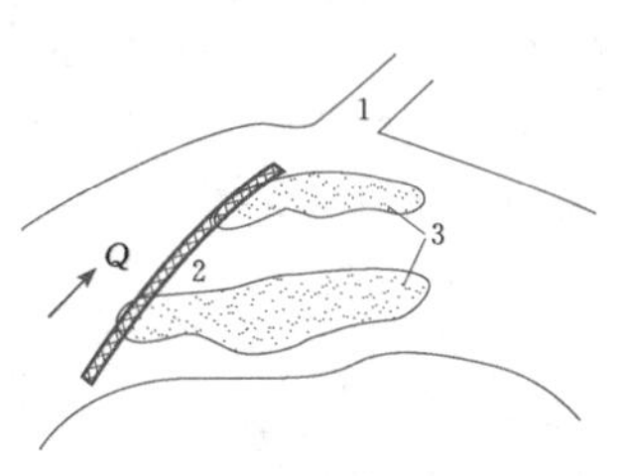

图 2.2-18 河汊的堵塞

1—取水口；2—导流堤；3—潜洲

丁坝长度 L 的计算公式为

$$L = K\frac{Q_k}{q_p} \tag{2.2-20}$$

式中 Q_k——引水流量，m^3/s；

q_p——靠近引水口河岸处河道单宽流量，$m^3/(s \cdot m)$；

K——系数，取 1.5。

截水丁坝不仅对引水有利，而且对防止泥沙入渠也是有利的。这是因为水流碰到障碍物时，产生带有横轴的环流（亦称反向底流），使底层含沙量较高的水流未到障碍物前即转由侧面流走，如图 2.2-19 中的虚线所示的底层流绕过丁坝的情况。

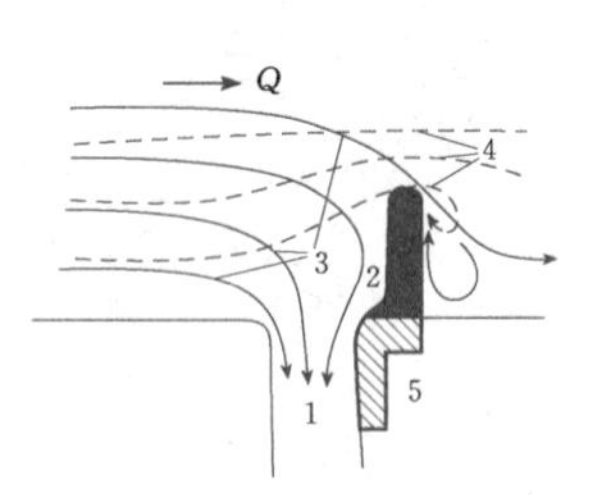

图 2.2-19 截水丁坝

1—引水口；2—短丁坝；3—表层水流；4—底层水流；5—护岸工程

上述局部性的整治工程具有简单可行、投资小、收效快的特点。但这些措施往往不能彻底改变河道演变对引水口的不利影响。特别是在不稳定性的河道上，常由于上下游河道的演变引起整个河段的河势变化，使局部整治措施失效。因此，在确定局部整治措施时，应对该河段的河道演变情况进行全面分析，以避免将引水口设在河床不稳定河段上。

2.2.5 无坝引水改建成有坝引水应注意的问题

随着工农业生产的发展，用水量不断增加，一些无坝引水口愈来愈不能满足生产部门的用水要求，其中相当一部分无坝引水口已改建或待改建为有坝引水口。已往在一些改建工程中常以工程量大小以及施工难易作为方案优选的目标，因此，在选择河段及坝轴线时，考虑重点集中在坝区地质条件、建筑物布置条件和施工条件，而对河势则不够重视，甚至不予考虑。由于对有坝引水渠首抬高上游水位，改变原有河道的水流输沙条件，引起河道变化认识不充分，致使工程运行若干年后进水口的主流道堵塞、直至淤死。此外，枢纽布置不合理、设计及运用不当等都可能带来一些难以处理或补救的问题。

2.2.5.1 无坝引水改建成有坝引水后对河道的影响

无坝引水改建成有坝引水后对河道的影响：当设计引水流量加大后，河流中的水位不能满足无坝自流引水要求；或灌溉临界期引水比较大，引水含沙量较大；以及在无坝引水口设置之后，引水口附近及上下游一定距离内的河道发生变化影响引水时，需将无坝引水改建为有坝引水，即修建拦河壅水坝（闸）等控制建筑物抬高水位，以保证引水需求。

有坝引水渠首一般由进水闸、冲沙闸、壅水坝或拦河闸等组成，为了降低枢纽造价，拦河建筑物常采用壅水坝。

壅水坝抬高了上游水位，相应增大了过水断面。由于壅水区内流速减小，河道来沙大部分淤积在壅水区上游部位。随着淤积地形加高，过水断面减小，流速增大，上游来沙淤积不断向过水断面大的方向延伸，直到壅水区内淤积体与坝顶齐平，改变原河床的输沙状态。

1. 建壅水坝后将产生的影响

（1）弯道环流作用减弱。引水口的位置多选择在弯道凹岸顶点下游，该处环流最强，不但水流比较集中，水深较大，且在环流作用下，含沙量较低的表层水流流向凹岸，含沙量较高的底流则流向凸岸。引水口选在凹岸不仅容易保证引水流量，而且还可以减少入渠淤沙。

建坝后，由于壅水影响，坝上游的河宽将会增大。有坝引水渠首建坝后与建坝前坝上游河宽的变化范围与坝高、河床横断面、形状有关，据调查：壅水较低的枢纽约为1.0～1.2，壅水较高的枢纽约为1.2～1.8。建坝后与建坝前上游水流流速比：枯水期约为0.5～0.2，丰水期约为0.9～0.5。弯道环流的强度与水流的纵向流速的平方成正比，纵向流速越大，弯道环流的强度也就越大。由于坝的壅水作用，上游水流流速减小，因而减小了环流强度，对引水防沙不利，故对有坝引水渠首而言，只利用弯道环流引水防沙是不够的。

（2）主流线偏离引水口。无坝引水的一个基本要求是保证引水流量。引水口附近河段的演变对引水口的正常运用影响极大，它关系着河道主流是否能够经常靠近引水口的问题。无坝引水一般引水比较小，在引水的同时引走一部分泥沙，所以对原河道的影响不大。引水口位置选择应结合弯道的地形，并经过河道演变资料分析，确定出洪、中、枯不同来水情况下的主流顶冲范围，然后根据引水要求确定引水口的具体地点。在这种情况下，保证主流靠近引水口难度不大。

天然河道主流中、枯水期基本上沿主槽运动，而建坝后完全改变了上游的水流特性，破坏了天然河道的水流条件与河床输沙的相对平衡状态，使水沙条件与河床形态重新调整。修建有坝引水枢纽后，河宽增大，边界条件发生了新的变化，出现了回流区及小流速区，在这些区内泥沙大量落淤，形成边滩，如果不采取措施，边滩逐渐发展、壮大，直至堵塞、淤死主流道，致使主流偏离引水口。

2. 整治措施

下面结合具体工程讨论无坝引水渠首改建工程的引水防沙设计措施。

图2.2-20为新疆提孜那甫河红卫渠首平面布置图，原为一无坝引水口［见图2.2-20（*a*）］，由于提孜那甫河水位涨落变化较大，引水量难以保证，洪水期渠首常遭冲毁，无法保证正常引水灌溉，严重影响农牧业的发展。为了保证现有灌区农牧业生产的持续稳产高产和进一步利用提孜那甫河的水源，扩大灌溉面积，将无坝引水枢纽工程改建为有坝引水枢纽工程，并对该枢纽进行了动床整体模型试验。图2.2-20（*b*）为原方案有坝引水枢纽工程运行后的状况，由于事先对河势规划考虑不足，对建坝后上游河道的影响认识不充分，加上枢纽上游有一个S形弯道的影响，在模型中经过一次设计洪水过程线后，上游主流道发生剧烈变化，主流改道，进水闸前出现大量淤积。图2.2-20（*c*）为修改方案的有坝引水布置，其出发点是顺应河势，调整主流。枢纽位于S形弯道之后，弯道的变化和两个弯道的衔接形式对水流泥沙运动关系较大，上弯道对引水防沙不利，要削弱其影响，需加大上下弯道过渡段的相对长度（即长度与河宽比），相应增强下弯道的作用。左岸整治工程的作用是调整弯道形状，改善河势，使壅水区河势接近原河道情况。为此，在左岸主流顶冲部位增设丁坝群以改变主流流向，并束窄主流宽度，增大主流流速及过渡段相对长度。由于采取了一系列措施，坝上游保持一条通向进水口的过流段主槽，既有利于取水及宣泄洪水和泥沙，又减轻了坝上游的淤积。

该工程实例表明，在有坝引水设计中，是否考虑河势规划及建坝对河道的影响其结果是很不一样的。如果没有考虑河势规划，或者考虑不当，往往会带来一些难以处理或补救的问题；即使能够处理或补救，在解决问题的难易程度和效果大小上与考虑周全的工程也会存在差异。

2.2.5.2 无坝引水改建为有坝引水应考虑的问题

无坝引水改建为有坝引水后，坝区泥沙淤积往往造成许多严重后果。因此，在规划设计和管理运用中，应重点处理好泥沙问题。此外，为保证工程正常运用，对其他几个问题也应予以重视。

1. 坝区河势控制

坝区的河势稳定是引水工程成败的关键。坝区河势应比较稳定，主流位置在各级流量及冲淤发展过程中，不应该有大的变化。这种稳定状态或者是建坝后自然发展的必然结果，或者是采取河床整治措施之后

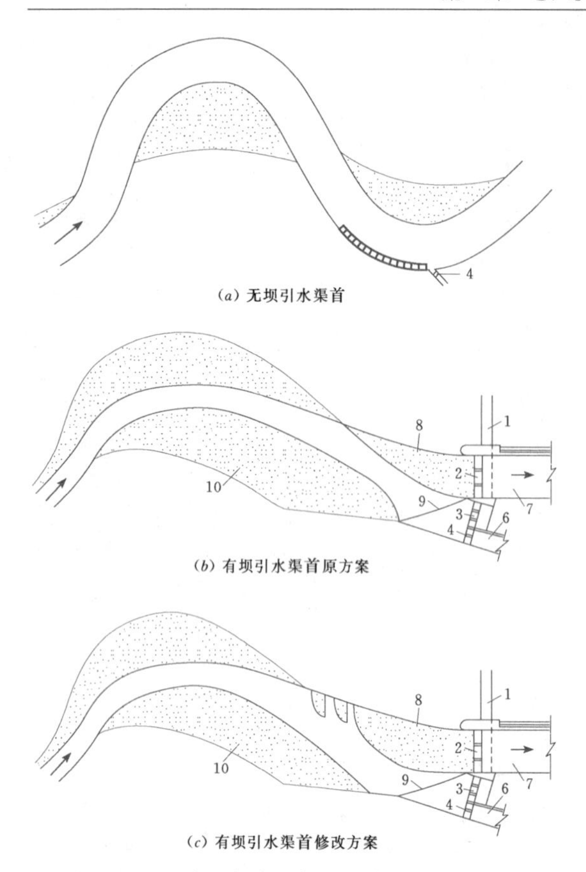

图 2.2-20 新疆提孜那甫河红卫渠首平面布置图

1—底部设涵洞的壅水坝；2—冲沙闸；3—向左岸引水的进水闸；4—右岸进水闸；5—左岸引水渠；6—右岸引水渠；7—排沙道；8—上游导流墙；9—拦沙坎；10—淤积沙滩

的人为产物。只要条件许可，应尽可能使坝区河势接近原自然河势。

河道过宽则主流不稳定，对引水不利，枯水期流量愈小愈严重。将无坝引水渠首改建为有坝引水渠首，坝上游的河宽必然要增加。为了避免河身过宽带来的水流不集中的危害，在河段的平面控制及枢纽布置上，应使河流有可能在适宜地点淤出较大的边滩或心滩，迫使水流在枯水期集中到利于引水的一侧。

2. 枢纽布置原则

设在弯道上的有坝引水枢纽工程，尽管壅水坝抬高了水位，相应减小了弯道的环流作用，但并没有完全破坏弯道环流的水流结构。这种水流结构和与之相应的泥沙运动决定了在弯段的外侧（凹岸）会出现深槽，而在其内侧（凸岸）则出现边滩和心滩。弯曲水流的这种水流泥沙运动特点，是选择河段及枢纽布置时须考虑的重要因素。当坝上游整个河段具有弯曲外形时，引水建筑物布置在弯道靠凹岸一侧，紧靠引水建筑物处设置有足够泄量且底板较低的冲沙闸，有利于吸引主流靠近引水建筑物，避免主流道及闸前堵塞。

3. 闸前斜向入流对引水流量及建筑物安全的影响

进水闸孔口设计条件是在正常挡水位情况下能引进设计流量。有坝引水枢纽工程的壅水作用，对进水闸的进流方向产生一定的影响，因此在进水闸孔口尺寸设计时需考虑这种因素的影响，否则，进水闸达不到设计流量要求。例如在图 2.2-20 新疆红卫渠首初步设计时没有充分考虑到有坝渠首抬高水位改变了进水闸水流条件的影响，尽管在进水闸的设计中，进水闸孔口尺寸留有一定的安全富裕度；但模型试验表明：进水闸引水流量仍达不到要求，特别是右岸进水闸差值更大。模型水流流态观测表明：引水流量不足的原因主要是引水时水流进入进水闸的流向偏折角 α 较大，如图 2.2-21 (*b*) 所示，增加了墩边的侧向收缩，与实际计算时水流与进水闸轴线正交的假设不符。

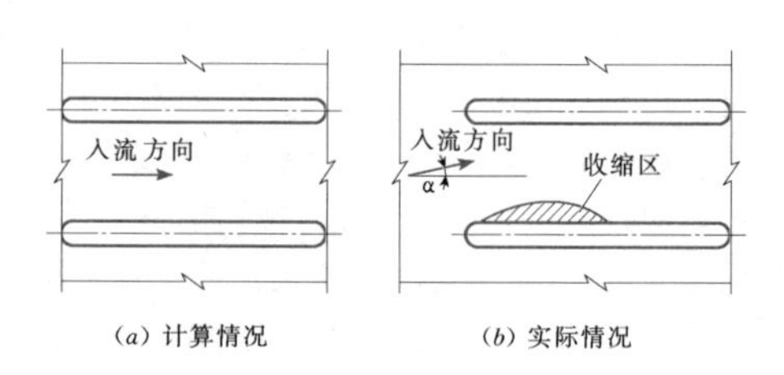

图 2.2-21 进水闸前水流进闸示意图

此外，在收缩区常伴随着水位降低和涡旋流现象的发生，从而导致该范围内闸墩和底板的磨损。苏联的康贝尔—拉瓦斯卡亚有坝引水枢纽工程，其拦河闸为斜向进水，入流偏折角为 45°～70°。其运行数十年后，8 个闸孔有 2 孔被泥沙淤死，其余 6 孔泄流量低于设计流量，整个拦河闸的泄水能力降低了 40%。且闸墩及底板遭到不同程度的破坏，最严重的（偏折角最大的）一孔，由于含沙水流的作用，将闸墩的铸铁护面磨蚀后冲走，闸墩及底板交接处出现长 2m、宽 1.5m、深 0.8m 的磨蚀孔洞。

因此，在设计时，应通过工程措施调整主流方向，使水流正面入闸，以保证引水流量及建筑物安全。对不能完全保证正面入流的进水闸，在确定孔口尺寸时，应留出较大的富裕度，并设置防磨耐蚀的护面。

4. 枢纽工程下游冲刷对消能防冲效果的影响

闸坝下游消能防冲不充分而导致建筑物损坏的实例屡见不鲜。这主要由于枢纽运用初期来水中的泥沙淤在壅水区，下泄清水的冲刷能力大于天然河道的抗冲能力，加剧了对下游河床的淤积冲刷，使下游水位低于建坝前同样流量下的水位。而消能设施的尺寸一般按建坝前天然河道水位流量关系设计，故在水闸运用一段时间后会出现消能设施尺寸偏小、消能作用不充分的问题，在设计中应予以重视，以保证闸、坝的安全。

5. 正确处理引水冲沙的关系

引水枢纽工程在灌溉临界期运行中，引水和冲沙常存在着矛盾，特别是干旱地区，用水紧张，希望多引而少弃水。但当淤沙面上升到允许的高程时，必须及时放水冲沙，以免泥沙淤堵，造成不良影响。

丰水期，洪水挟带大量泥沙，对上游河道冲淤变化的作用最大。因此，要保持坝上游一条相对稳定的主槽，不致被泥沙淤堵，冲沙闸需有足够的泄流能力及较低的底板高程作为保证。在保证引水流量的同时，应尽可能降低水位进行冲沙，控制泥沙不在主流道落淤。不应为了减少引水含沙量而盲目抬高水位，壅水沉沙，将泥沙淤积在坝上游。

枯水期，来水和用水存在矛盾，特别是干旱地区更为突出。不少灌区为了满足当时需要，只强调引水，忽视了冲沙、排沙。由于枯水期流量较小，在正常挡水位的情况下，主流道的流速达到较小值，尽管枯水期含沙量及泥沙粒径都较小，但仍有相当一部分泥沙淤积在主河道内。这就造成有些有坝引水口在高含沙水流时能保持主流畅通，而在低含沙水流情况下反而出现主流摆动，因此，处理好引水与冲沙的关系是不可忽视的问题。

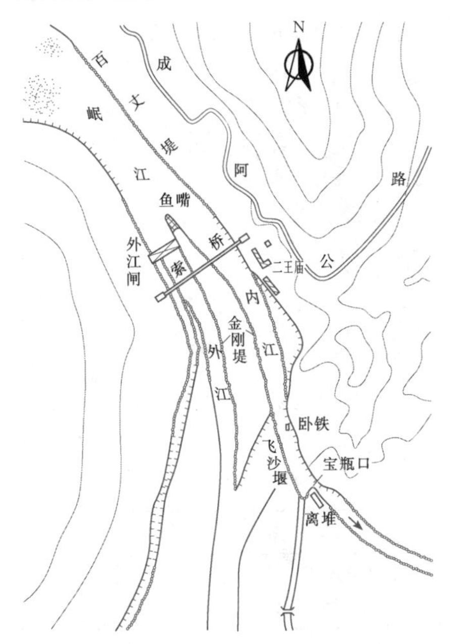

图 2.2-22 都江堰引水枢纽工程布置示意图

2.2.6 都江堰引水枢纽

举世闻名的都江堰引水枢纽工程属于无坝引水工程。图 2.2-22 为都江堰引水枢纽工程布置示意图，该枢纽工程由战国时期著名水利家李冰于公元前 256 年至公元前 251 年期间主持兴建。整个枢纽工程由引水口、外江闸、百丈堤、金刚堤及飞沙堰等组成。岷江水由百丈堤引导，在鱼嘴处分别进入内江和外江。引水口主要设在宝瓶口，平时外江闸关闭，以便保证内江引水的水位和流量；洪水期开启外江闸，让洪水主要从外江泄走，此时进入内江的洪水，大部分由飞沙堰宣泄。这种引水方式的特点是：正面引水，侧面排沙，水流通过弯曲的内江，发挥了横向环流作用，使泥沙含量高的洪水从飞沙堰排走，而宝瓶口处则引进泥沙较少的水流。由于渠首建筑物的布置合理，相互调节，起到分水、引水、泄洪和防沙的作用，使成都平原广大农田可以自流灌溉。

2.3 有坝引水枢纽工程

2.3.1 闸堰引水枢纽工程

2.3.1.1 沉沙槽式引水枢纽工程

1. 沉沙槽式引水枢纽工程布置

沉沙槽式引水枢纽工程具有结构简单、管理方便的优点，其引水枢纽工程主要由拦河建筑物、冲沙闸、进水闸及沉沙槽等组成，其典型布置如图 2.3-1 所示。

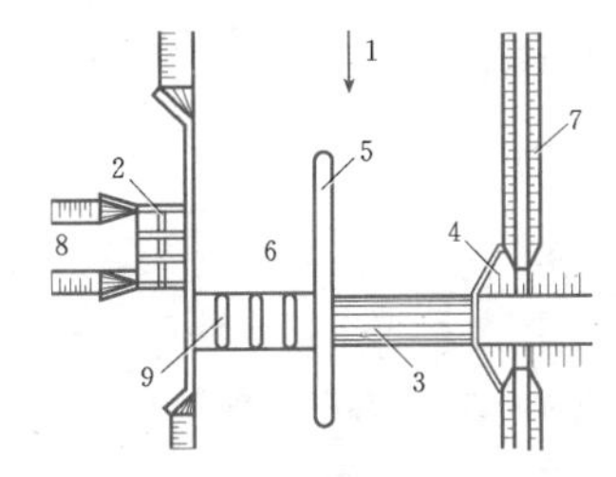

图 2.3-1 沉沙槽式引水枢纽工程

1—河流；2—进水闸；3—壅水坝；4—土坝；5—导流墙；6—沉沙槽；7—导流堤；8—渠道；9—冲沙闸

(1) 拦河建筑物。拦河建筑物可采用壅水坝、拦河闸或闸坝结合型式。与拦河闸相比，壅水坝具有结构简单、造价低廉、施工方便等优点。但在多沙河流上，当壅水坝为固定坝时，其坝顶高程以下的淤沙很难排至下游，上游的淤积容易引起河流主流摆动，严重时可使进水闸无法引水。此外，洪水期壅水较高，不宜修建在平原河流上，因此，可考虑采用拦河闸或橡胶坝。拦河闸具有操纵灵活，便于冲沙及降低上游洪水位等优点，尽管其结构复杂、造价较高，但在平原河道及两岸引水的情况下采用是比较合理的。因此，引水枢纽布置方案应通过多方案比较，择优选取。

（2）进水闸的型式及布置。为了改善工作条件，可减小引水角，使进水闸处于斜向取水的位置，引水角可采用30°～70°。

1）闸孔型式及底板高程。进水闸多采用开敞式水闸，底板为宽顶堰型，为了减小闸门高度及启闭设备，一般设置胸墙挡水。为使胸墙不影响进流，其底部应高出闸前设计水位0.1～0.2m。底板高程的选择，除考虑经济条件外，应特别重视防沙要求，通常应比闸前河底平均高程高出1.0～2.0m，视河流含沙量的多少及颗粒粗细而定，可与闸后干渠高程相同或稍高。

2）闸前设计水位。根据要求推求干渠渠首水位，此水位即为闸后水位。引水要求的闸前河道水位（即正常壅水位或设计水位）应比闸后水位高出0.1～0.3m，此值为水流过闸的水头损失。

3）冲沙闸孔口设计。冲沙闸的孔口设计主要是确定闸底板高程及其设计流量。

a. 底板高程的确定。一般要求冲沙闸底板高程低于拦河泄洪闸底板高程1.0m左右。新疆的运用经验表明：山区河流上置于河底高程上的冲沙闸，在运用过程中由于冲沙水量不足及底板过低，其上下游均发生淤积，致使闸底板埋没，严重的淤深达3.0m以上。因而在山区砂卵石河床中，当引水比大、冲沙水量不足时，应将冲沙闸底板适当抬高。

b. 冲沙闸的设计流量。冲沙闸的设计流量是指溢流坝段或泄洪闸不泄水时冲沙闸所能通过的最大流量。一般应对河流的水文、泥沙资料进行分析，使选择的流量能在每年汛期出现次数较多，以满足冲沙及稳定主槽的要求。

2. 沉沙槽式引水枢纽工程的水力计算

沉沙槽的作用相当于进水闸前的枢纽工程沉沙池。引水时壅水沉沙，此时冲沙闸关闭，沉沙槽内流速比较小，一般为0.7～1.0m/s，使大于设计粒径的泥沙下沉，并要求槽内流速小于设计粒径的平均落淤流速。当开闸冲沙时，槽内应产生较大的流速，其值一般不小于1.5～3.0m/s，并应大于淤沙中最大粒径d_{max}的起动流速，以利冲沙。在沉沙槽内下沉的最小粒径称设计粒径，用d_{min}表示。设计粒径的大小直接影响沉沙槽的尺寸，在水电站引水中，一般规定$d_{min}\leqslant0.5$mm，以避免泥沙对水轮机的磨损。灌溉引水中，设计粒径的选择尚无统一标准，一般情况下d_{min}为0.2～0.5mm，且澄清过的水流含沙量应与干渠的输沙能力相适应。如在渠首不能达到设计的排沙要求，还可利用渠系内部的沉沙池进一步处理。冲沙的最大粒径应根据引水时槽内可能淤积的最大粒径而定，这主要取决于河流的水文泥沙状况及枢纽工程引水要求。

沉沙槽尺寸拟定主要包括以下内容：

（1）上、下游导流墙长度及平面形状。上游导流墙的作用是将引入进水闸的那部分水流在行近至进水闸前时与河道水流分开，以保证沉沙槽内有较小的流速。导流墙的平面形状有直线、曲线以及上游端带曲线段的直线形等，图2.3-2所示为设直线导流墙的沉沙槽。上游导流墙的长度即沉沙槽长度L，一般应大于取水口的宽度b，当有拦沙坎时应延伸至拦沙坎上游端以上。对较宽的引水口，L应等于b；当进水闸孔数少、宽度小时，可取$L=2b$或$L=b+B$，B为沉沙槽宽度。下游导流墙的作用是使出闸的冲沙水流集中，将泥沙输送得比较远，避免在枢纽附近淤积，其长度可达护坦末端。

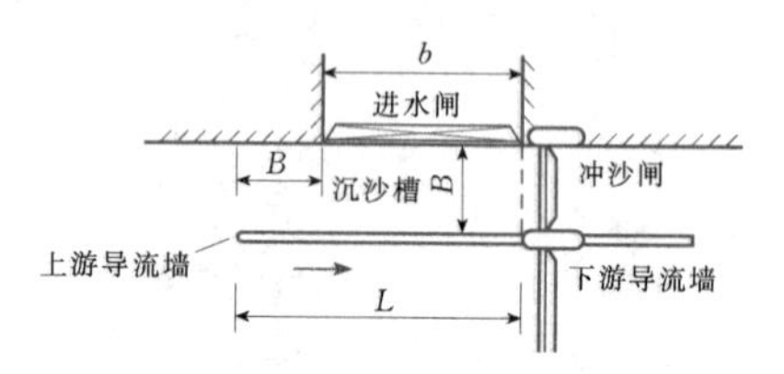

图2.3-2 直线导流墙沉沙槽示意图

（2）沉沙槽的宽度B。为使槽内流速低于引水渠流速，其横断面面积常为渠道断面面积的1.25～1.50倍。当冲沙闸关闭时，沉沙槽内进入的流量在理论上应等于引水流量Q_k，当槽内流速v_2及壅水位已知时，则$Q_k=BHv_2$，H为扣除淤沙厚度后沉沙槽内水深，据此即可求出B。通常情况下由于槽内存在回流、漩涡，故选用的B值应大于计算值，而且B值的大小还应与冲沙闸的孔数和总宽相宜。

沉沙槽宽度B选定后需进行流速复核。在水深中扣除淤沙最大允许厚度后，按选定的槽宽及取水流量计算工作流速v_2，使v_2小于d_{min}。对应的平均临界落淤流速v_0的计算公式为

$$v_0=0.645\sqrt{fR} \tag{2.3-1}$$

式中 v_0——平均临界落淤流速，m/s；

R——水力半径，m；

f——泥沙系数，根据泥沙类型，按表2.3-1选用。

表2.3-1 **泥沙系数f**

泥沙种类	砾	粗沙	中沙	细沙或粗淤泥
粒径（mm）	>2.00	0.50～2.00	0.25～0.50	0.10～0.25
f	>2.00	1.50	1.25	1.00

当沉沙槽内泥沙淤到规定高度时，槽内流速 v_2 大于 v_0。此时，需关闭进水闸，打开冲沙闸，槽内水位降低。流速加大，过闸水流一般为堰流，可用堰流公式求出堰前水深，从而算得槽内相应的流速 v_1，此流速应大于淤沙最大粒径 d_{max} 的起动流速，即 $v_1 > v_{m0}$，v_{m0} 可按起动流速公式计算。对粒径特别大的个别砂石，上述起动流速公式已经不能适用，在人工铺砌的渠槽中的计算公式为

$$v_{m0} = 3\sqrt{gd_{max}} \quad (m/s) \qquad (2.3-2)$$

式中　g——重力加速度，m/s^2；

d_{max}——最大粒径，m。

（3）沉沙槽底坡 i。沉沙槽一般为平底，$i=0$。当冲沙流量较小时，为了得到较大的冲沙流速，也有将底坡 i 设计成陡坡的。

（4）导流墙顶部高程。上游导流墙的顶部高程应大于槽内过水时可能出现的最高水位，以避免动、静相互干扰。有壅水坝时，墙顶应高出坝顶 0.2～0.3m，以防止坝上游淤满后，河道泥沙翻越导流墙进入沉沙槽内。

（5）拦沙坎高程。拦沙坎高程一般与进水闸底板高程相同，要求冲沙时底沙不跳越拦沙坎，引水时起到防沙作用。

2.3.1.2 底栏栅式引水枢纽工程

1. 底栏栅式引水枢纽工程的工作特点

底栏栅式引水枢纽工程主要靠栏栅的筛析作用阻拦粗粒沙石进入输水廊道，多用于山区河流。按其布置型式可以分为两种：不设冲沙闸的底栏栅式和设冲沙闸的底栏栅式，如图 2.3-3、图 2.3-4 所示。由于大部分或者部分洪水通过底栏栅坝顶进入廊道，洪水中挟带的巨石有时候会破坏栅条，工程中常在底栏栅前增设排砾槽。后者多用于两岸引水，一般冲沙闸布置在河槽中部。

2. 枢纽中建筑物的型式选择及尺寸拟定

（1）底栏栅坝的剖面型式及坝高选择。一般采用堰顶加宽的实用剖面堰，堰顶宽应利于底栏栅的布置，一般不小于 2m。底栏栅坝的坝高与引水枢纽组成、河道状况及运用要求有关。根据新疆的运用经验，设冲沙闸的灌溉引水枢纽中，决定底栏栅坝高的原则是使枢纽上游形成一定库容，以减少底栏栅进沙量及延长渠首使用年限，并使冲沙闸获得足够的冲沙水头等，具体高度视河道推移质及水文情况而定，一般为 1.5～3.0m。山溪性河道上为小型发电站修建的底栏栅坝，一般不设冲沙闸。从不过多地改变原河道水流条件出发，应尽可能降低坝高以利推移质过坝，坝高多取 0.5～1.0m。

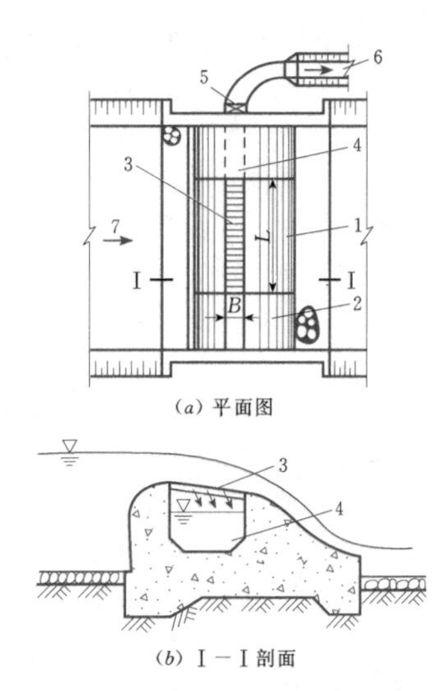

图 2.3-3　不设冲沙闸的底栏栅式引水枢纽工程布置

1—底栏栅坝；2—溢流坝；3—金属栏栅；4—引水廊道；5—进水闸；6—渠道；7—河流

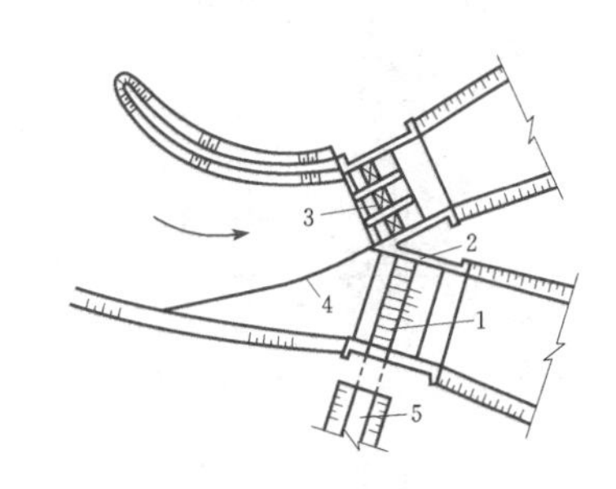

图 2.3-4　设冲沙闸的底栏栅式引水枢纽工程布置

1—底栏栅坝；2—双排底栏栅；3—冲沙闸；4—导沙坎；5—渠道

（2）底栏栅的型式尺寸。常用的栅条断面型式有矩形、圆形、梯形等，为了加大流量系数且便于施工，也有采用圆头形的，上述栅条中以矩形、圆形加工最方便，但泥沙卡栅后不易清除，且矩形断面的流量系数小；梯形断面虽然加工较困难，但卡栅泥沙容易清除，因而实际工程中采用较多。

栅条顺水流方向布设，栅面向下游倾斜，底坡为 0.1～0.3。栅隙大小应根据河道中推移质粒径的大小和数量而定。一般认为栏栅间隙应能拦截河道来沙量的 70%。我国常用的栅条顶宽 $t=15$～25mm，栅隙（栅条净距）$s=8$～25mm，栅隙系数 $P=\frac{s}{s+t}=0.3$～0.5。

（3）冲沙闸及导沙坎。河岸单侧引水时，冲沙闸设在不引水的一侧。两岸引水时，冲沙闸设在两侧底栏栅坝之间。在推移质粒径大、数量多的河道上，冲沙闸底板的堰顶高程可高出天然河床 0.5～1.5m。抬

高的闸底板与河床间的高差在下游形成的容积，可起储沙作用，利用丰水年水量冲走淤沙。

导沙坎可做成梯形或T形断面，设在底栏栅坝的上游，利用它所引起的人工环流，可将底沙导至冲沙闸，具有良好的挡沙、导沙功能。

（4）上下游整治及下游消能防冲设施。在较宽的河床上修建引水枢纽时，上下游需采取整治措施。上游整治工程要形成直线或曲线形引渠，以保证主流稳定，集中冲沙。下游整治工程用以缩窄河床，保证水流有一定的输沙能力，防止淤积。

3. 底栏栅式引水枢纽工程的水力设计

（1）底栏栅尺寸的确定。根据我国工程实践经验，从栅条的刚度要求考虑，底栏栅顺水流方向的长度 B 一般采用1.5～2.0m。设计引水流量 $Q=qL$，如引水流量 Q 比较大时，可设置双排底栏栅引水，此时 B 可加大到3.5～4.0m。在设计条件下，为增加进流量，廊道应保证为无压流。下面介绍单宽流量 q 的计算方法。按孔口出流方法计算。

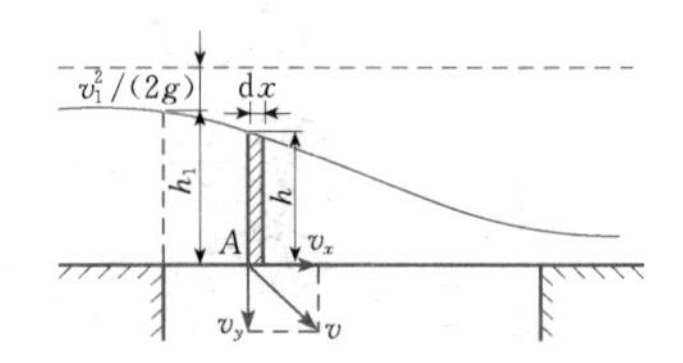

图2.3-5 底栏栅进流量计算简图

根据图2.3-5所示计算简图采用孔口出流公式计算，其基本假定为：①流经底栏栅表面水流的内部压力按静水压力分布；②通过底栏栅进入廊道的水流，其铅直方向的流速仅与该点的压力有关。其基本表达式为

$$v=\varphi\sqrt{2gh} \tag{2.3-3}$$

式中 φ——流速系数；

h——栅面上水深沿流程 x 变化，$h=f(x)$。

通过 dx 长度引取的流量 dq 为

$$dq=\mu P\sqrt{2gh}\,dx \tag{2.3-4}$$

式中 μ——流量系数；

P——栅隙系数；

其他符号意义同前。

将 h 取为某一固定值，则式（2.3-4）积分后可得

$$q=\mu PB\sqrt{2gh_{cp}} \tag{2.3-5}$$

式中 q——在底栏栅顺水流长度 B 上的单宽流量（$L=1$）；

h_{cp}——栏栅上的平均水深。

h_{cp} 的计算公式为

$$h_{cp}=\frac{1}{2}(h_1+h_2)=0.8\frac{h_k'+h_k''}{2}=0.4(h_k'+h_k'') \tag{2.3-6}$$

式中 h_1、h_2——栏栅顶上始、末端的实际水深；

h_k'、h_k''——栏栅顶上始、末端的临界水深。

（2）引水廊道的水力计算。引水廊道的水流状态与廊道出口的水位有关，而出口水位又取决于进流量的大小，在设计情况下廊道应保证为无压流。当天然河道的来流量增加时，过栅水流的水头也随之加大，致使进入廊道的流量增加；当流量达到一定程度，下游水位淹没廊道出口时，则廊道内出现有压流。由于引水廊道内的水流为变量流，故计算方法与定量流不同。

1）廊道无压流水力计算。图2.3-6为廊道无压流水力计算简图。

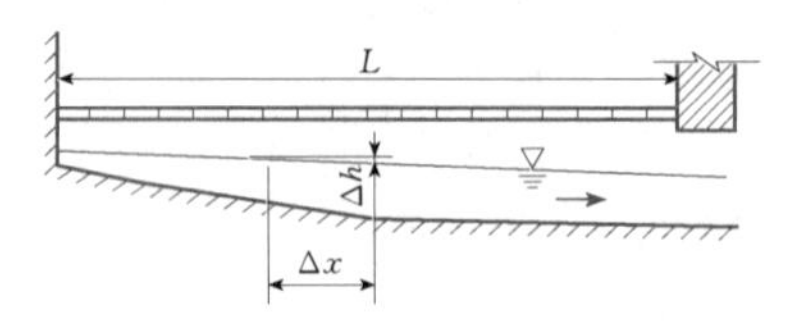

图2.3-6 廊道无压流水力计算简图

廊道无压流的水力计算可采用下列步骤：

a. 根据流量大小及引水底栏栅的尺寸拟定廊道尺寸，一般情况下廊道采用矩形断面，底宽1.5～2.0m，底坡1/8～1/20，后接过渡段及下游渠道。

b. 利用式（2.3-7）判断廊道通过设计流量时的流态及其与下游渠道水流衔接的方式，即

$$G_l=\frac{i_0L}{h_l} \tag{2.3-7}$$

式中 i_0——廊道底坡；

L——廊道长度；

h_l——廊道出口断面水深。

当 $G_l=2$ 时，$h_l=h_{kp}$（h_{kp} 为临界水深）；相应的底坡为临界坡度 i_{kp}，$i_{kp}=\frac{2h_{kp}}{L}$。

当廊道底坡 $i<i_{kp}$，廊道内为缓流。

c. 根据情况，分别用式（2.3-8）或式（2.3-9）计算廊道出口断面水深 h_l（外侧）。

当廊道为等宽矩形断面时，出口断面水深为

$$h_l=(1.2\sim1.3)h_{kp} \tag{2.3-8}$$

采用此方法计算误差在5%左右。

当渠道正常水深大于廊道出口断面临界水深时，由于水深差值大小及过渡段长度的不同，壅水影响范围各异，因而可能出现出口水深受壅水影响及不受壅水影响两种情况。故首先可按受壅水影响计算，如得出的出口水深小于自由出流时的水深 $h_l<(1.2\sim$

1.3)h_{kp} 时，可认为壅水已不影响廊道出流，取 $h_l >$ (1.2 ～ 1.3)h_{kp}，当过渡段不长时壅水曲线近似作为水平直线计算：

$$h_l = h_{02} - i_0 l \tag{2.3-9}$$

式中　h_{02}——渠道正常水深（在非均匀流中为渠道起始断面实际水深）；

i_0、l——过渡段的底坡、长度。

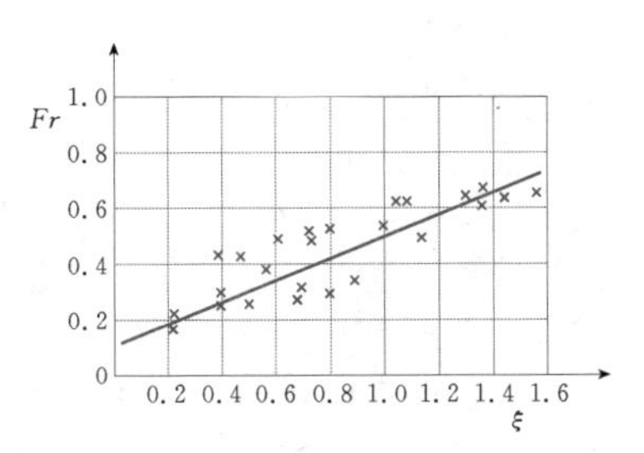

图 2.3-7　ξ—Fr 关系图

d. 用式（2.3-10）计算出口水头损失 Δh_l，即

$$\Delta h_l = \xi \frac{v_l^2}{2g} \tag{2.3-10}$$

式中　v_l——出口断面流速；

ξ——水头损失系数，其值随出口断面水流的弗劳德数 Fr 变化，如图 2.3-7 所示。

e. 以 h_l（外侧）+Δh_l 作为廊道末端（内侧）水深，计算廊道水面线。

f. 廊道实际水深应计入横向环流及水流掺气影响。求出廊道实际水深后，在水面上留一定余幅以保证无压流，即可定出输水廊道的高度。

g. 根据泥沙情况，验算各断面流速是否能满足输沙要求。

2）廊道有压流水力计算。

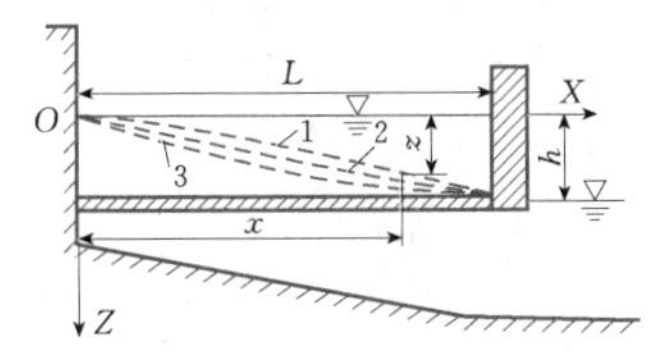

图 2.3-8　廊道有压流水力计算简图

1—压力线为凸形的抛物线；2—压力线为直线；3—压力线为凹形抛物线

廊道有压流水力计算的具体方法如下：

a. 假定沿廊道长度方向平均压力水头线的形状，求总进流量 Q 及沿程流量 Q_x 的计算式。

a）假定压力线为凸形的抛物线（图 2.3-8 中的曲线 1），其表达式为

$$z = h\left(\frac{x}{L}\right)^2 \tag{2.3-11}$$

在 0～x 范围内积分，得 x 段上的进流量 Q_x 为

$$Q_x = 0.5\mu PB\sqrt{2gh}\frac{x^2}{L} \tag{2.3-12}$$

当 $x=L$ 时，栏栅总进流量 Q 为

$$Q = 0.5\mu PB\sqrt{2gh} \tag{2.3-13}$$

以上各式中的符号意义同前。

b）假定压力线为直线（图 2.3-8 中的曲线 2），其表达式为

$$z = h\frac{x}{L} \tag{2.3-14}$$

按上述相同步骤可得

$$Q_x = 0.67\mu PB\sqrt{2gh}\frac{x^{1.5}}{L^{0.5}} \tag{2.3-15}$$

$$Q = 0.67\mu PBL\sqrt{2gh} \tag{2.3-16}$$

c）假定压力线为凹形抛物线（图 2.3-8 中的曲线 3），压力水头线的表达式为

$$z = h\left(\frac{x}{L}\right)^{0.5} \tag{2.3-17}$$

$$Q_x = 0.8\mu PB\sqrt{2gh}\frac{x^{1.25}}{L^{0.25}} \tag{2.3-18}$$

$$Q = 0.8\mu PBL\sqrt{2gh} \tag{2.3-19}$$

b. 总进流量 Q 已经限定，根据下游渠道的几何尺寸及糙率可求出下游水位，则相应的 h 可算得。按假定的压力线形状，在式（2.3-13）、式（2.3-16）、式（2.3-19）中选择相应公式，即可确定底栏栅平面尺寸 B、L 中的一个（另一个为已知）。根据底栏栅尺寸拟定廊道宽度（$\geqslant B$）及廊道长度（等于栏栅垂直水流方向的长度 L）。

c. 利用 $z = f(x)$ 关系式，求出任意断面 x 处的水力比降（即压力水头线的坡度）i_x 为

$$i_x = \frac{\mathrm{d}z}{\mathrm{d}x} \tag{2.3-20}$$

d. 在式（2.3-12）、式（2.3-15）、式（2.3-18）中选择相应公式求出 x 断面的过流量 Q_x，利用均匀流公式近似计算廊道在该断面的高度 H_x：

$$Q_x = H_x B C_x \sqrt{R_x i_x} \tag{2.3-21}$$

式中　C_x——x 断面的谢才系数，廊道采用加大的糙率系数 0.02～0.025；

R_x——x 断面的水力半径。

e. 廊道顶部高程（即栏栅底部高程）及廊道高度 H_x 已知，可得出廊道底部高程。分段计算若干断面后，即可得到廊道底面线。用这种方法求得的底面线一般不为直线。

（3）底栏栅的堵塞系数。在设计条件下，如河水挟带泥沙，为保证引水流量，在确定底栏栅过水面积时需增加一个折减系数，也称堵塞系数 η（该系数为栅隙堵塞面积与整个栅隙面积的比值）。

$$底栏槽采用面积 = \frac{计算面积}{1-\eta}$$

目前工程设计中，常采用将计算面积扩大20%～30%的方法。

4. 工程实例

设有泄洪冲沙闸的底栏栅式渠首。当河流水量较大，含沙量较高，引水比较大时，为了提高防沙效果，可在渠首中设置泄洪冲沙闸。

在枢纽工程中增设泄洪冲沙闸的同时，有的工程还在坝前设导沙坎（见图2.3-9），将含沙量大的底层水导向泄洪冲沙闸泄走，从而减少入栅沙量。引水渠前还可设置沉沙池，进行二次泥沙处理。此种类型的枢纽还可以用于双侧引水（见图2.3-10）。将泄洪冲沙闸布置在河槽中部，两侧设底栏栅坝以利于向两岸引水。大中型引水工程常采用这种布置形式。

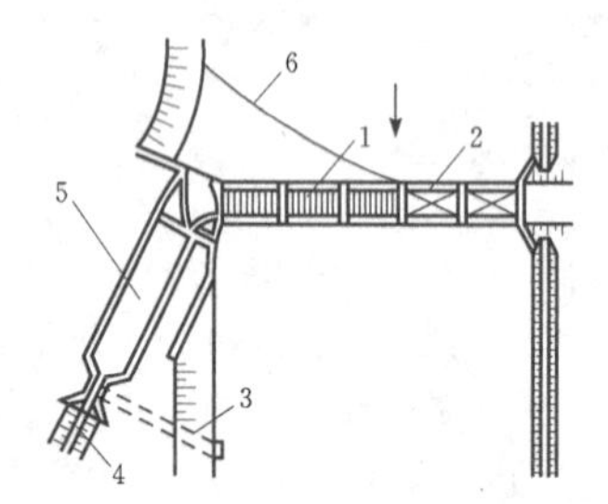

图2.3-9　设有冲沙闸的底栏栅渠首

1—底栏栅坝；2—泄洪冲沙闸；3—排沙底孔；4—渠道；5—沉沙池；6—导沙坎

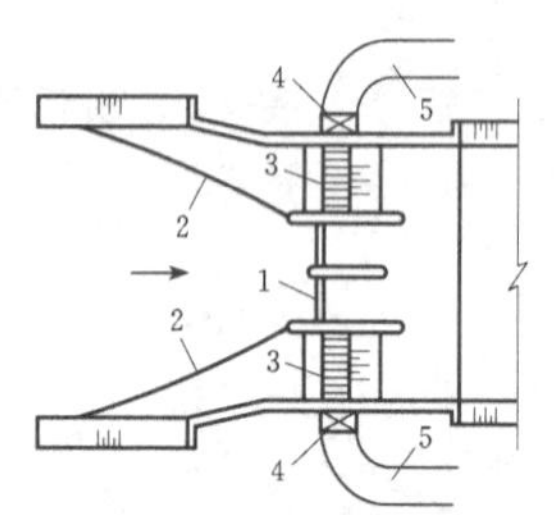

图2.3-10　设有冲沙闸的底栏栅两岸引水渠首

1—泄洪冲沙闸；2—导沙坎；3—底栏栅坝；4—进水闸；5—干渠

枢纽工程增设泄洪冲沙闸后，在工程管理运用方面，可充分解决引水、防沙、泄洪问题，各级流量下都能保证底栏栅的引水和防沙。在防沙效果方面，枯水期壅水沉沙，在泄洪冲沙闸前形成一沉沙池，底栏栅廊道可引取表层清水，只需隔几天冲一次沙，在河床比降陡、流速大的情况下，可保证坝前不被淤堵；中水期，泄洪冲沙闸控制运用，既保证了引水，又可泄水排沙，能较长时间保持闸前通畅；洪水期，开闸泄洪，大部分沙石由泄洪冲沙闸通过，可减少底栏栅廊道的进沙量。

工程经验表明：不设冲沙闸的引水枢纽工程运行1～3年后，坝上游就会淤平，坝高降为零。枢纽工程上游淤满后，比降变缓，淤积上延，形成三角洲，主流易摆动。洪水时，淤积三角洲向下游推移，易造成栅隙卡石和阻塞。

2.3.1.3　人工弯道式引水枢纽工程

1. 人工弯道式引水枢纽工程的工作特点

人工弯道式引水枢纽工程是利用天然河道中修建的人工弯道所产生的横向环流，将挟带推移质泥沙的底流导至排沙闸，而将含沙量较小的表层流引向凹岸进水闸。在选址时应特别重视如下几点：①当引水河段存在天然弯道时，应当加以利用，当河道弯度长度不足时，可利用天然河弯为弯道首段，后接人工弯道；②在水源紧张的中小型河流上，引水枢纽应选在上游河床渗漏量小，最好能拦截河床潜流的河段；③为避免泄洪闸或冲沙闸下游的淤积，引水枢纽应选在河床纵坡较陡的下切河段，以保证引水后剩余流量能挟带泥沙向下游输移。

人工弯道式引水枢纽工程的主要由人工弯道、溢流堰，泄洪闸、冲沙闸及进水闸等组成，如图2.3-11所示。其中对防沙效果影响最大的是人工弯道的环流强度。

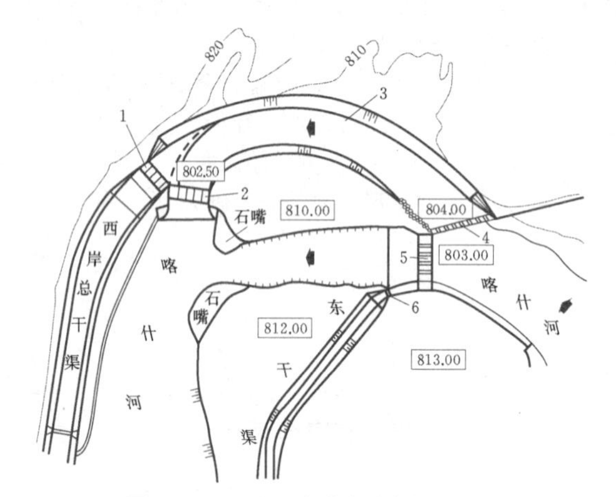

图2.3-11　人工弯道式引水枢纽工程

1—西岸进水闸；2—冲沙闸；3—人工弯道；4—拦污栅；5—泄洪闸；6—东岸进水闸

2. 人工弯道式引水枢纽工程的水力设计

（1）弯道宽度 B_k 为

$$B_k = (0.5 \sim 0.75)AQ^{0.5}/J_0^{0.2} \quad (2.3-22)$$

式中　B_k——弯道段稳定河宽，m；

Q——造床流量，按3%～10%频率洪水流量计算，m^3/s；

J_0——天然河流的水面比降；

A——经验系数，山区河道 $A=0.75$，山麓河道 $A=1.0$，平原河道 $A=1.23$。

（2）弯道半径为

$$R_1=(4.5\sim 8.0)B_k \tag{2.3-23}$$

$$R_2=(3.5\sim 7.0)B_k \tag{2.3-24}$$

上二式中 R_1、R_2——凹岸半径、凸岸半径。

弯道中心半径 R_0 最小值不得小于 $3.5B_k$。

（3）弯道段长度为

$$L_p\geqslant(5.0\sim 6.0)B_k \tag{2.3-25}$$

（4）弯道纵比降 J 为

$$J=0.00192\frac{\varphi^{0.613}\bar{u}^{-3.26}}{Q^{0.326}} \tag{2.3-26}$$

其中

$$\bar{u}=4.85\sqrt{d_{\max}}\left(\frac{H}{d_{\max}}\right)^{1/6} \tag{2.3-27}$$

上二式中 φ——河道断面特征系数，一般选用 $\varphi=0.9$；

$\bar{u}$——水深为1m时的水流流速值；

H——水深，计算时取 $H=1.0$m；

$d_{\max}$——洪水期最大推移质泥沙直径，m，可按经验公式计算，C.T. 阿尔图宁建议 $d_{cp}=4710J_0^{0.9}$ 或 $d_{cp}=(0.25\sim0.33)d_{\max}$，从而可以反求出 $d_{\max}$ 值，然后再求出 J 值。

2.3.1.4 分层式引水枢纽工程

1. 分层式引水枢纽工程的工作特点

分层式引水枢纽是利用廊道冲沙，廊道进口需设闸门；如下游为淹没出流时，为防止不冲沙时含泥沙水流倒灌，出口亦需设闸，因而构造比较复杂，但可边引水边冲淤，防沙效果好，适用于多沙河流。其防沙设施的水力设计主要是确定冲沙廊道尺寸及验算其冲沙能力，使之满足引水枢纽的排沙要求。

2. 分层式引水枢纽的水力设计

（1）设计步骤。以引水时河道最大流量（此时河流挟带泥沙粒径粗、数量大）作为设计条件，用试算法进行。

1）初步拟定廊道尺寸及纵向布置。为便于施工，多采用矩形断面，其最小尺寸为0.5m×0.7m（宽×高），以利于检修。廊道间距不宜过大，中心线距离不超过3～5m，以避免出现水流无法冲沙的死区。平面上尽可能成直线形，出口不被淹没，尽量减少水头损失并使廊道内产生无压流，以增加冲沙流速。冲沙廊道的布置可根据进口位置、进水闸孔口尺寸、冲沙流量等，采用每条廊道一个进口的型式及每条廊道多个进口的型式。后者用于进水前缘较长、所需冲沙流量相对较小的情况，这种布置可在不过多影响流量的情况下缩小进口间距，以避免出现“死区”。

2）验算流速。在设计条件下，判断廊道内水流为无压流或有压流，分别用不同的公式进行计算。以确定廊道内的流速 v 及流量 Q_t，并使 v 大于最大粒径泥沙的起动流速 v_m。

3）确定廊道的输沙能力及需排除的沙量。如廊道的输沙能力（即总的推移质输沙量）不小于需排除的沙量，说明拟定的廊道尺寸是合适的，否则需要重新拟定尺寸，重复以上计算，直至互相协调为止。

（2）冲沙廊道的水力计算。首先需要进行流态判别，然后按不同方法进行计算。

1）无压廊道的水力计算。根据廊道流速大于起动流速的条件确定廊道流速 v，然后确定廊道底坡 i 为

$$i=\frac{\lambda_R v^2}{2Rg}=\frac{\lambda_R Q_t^2}{2RgB^2h^2} \tag{2.3-28}$$

其中

$$\lambda_R=0.002+\frac{1}{8\left(2\lg\frac{2R}{d}+1.74\right)^2}$$

式中 λ_R——沿程阻力系数；

R——廊道的水力半径，m；

B、h——廊道的宽度、水深，m；

d——泥沙平均粒径，其大小等于 $d_{60\sim70}$，mm。

2）有压廊道的水力计算。廊道有压流可分为定量流及变量流两种，每个廊道仅有一个进口的为定量流；每个廊道有数个进口的，在进口段为变量流，其计算方法有所不同。

a. 流量固定的有压廊道：

$$Q_t=\mu Bh\sqrt{2gz} \tag{2.3-29}$$

其中

$$\mu=\frac{1}{\sqrt{1+\zeta_{BX}+\lambda_R\frac{l}{R}}}$$

$$\lambda_R=0.003+\frac{1}{16\left(2\lg\frac{2R}{d}+1.74\right)^2}$$

式中 Q_t——廊道流量，m³/s；

μ——流量系数；

ζ_{BX}——进口阻力系数，进口光滑平顺时 $\zeta_{BX}=0.1$，进口稍有加圆的时 $\zeta_{BX}=0.3$，进口后立即转弯时 $\zeta_{BX}=0.3\sim0.6$；

λ_R——沿程阻力系数；

l——廊道长度，m；

z——流速水头的廊道上下游水头差，m。

b. 进口段为变量流的有压廊道。图2.3-12所示为进口段是变量流的有压廊道水力计算简图，计算时将廊道分为两段：具有变量流的进口段 l_1 及具有定量流的输沙段 l_2。根据廊道内流速保持常数的原则，在 l_1 段内，随流量均匀增加，廊道过水断面面

积也按直线变化，即距廊道始端 x 处的廊道断面面积 w_x 为

$$w_x = w_1 + (Bh - w_1)\frac{x}{l_1} \qquad (2.3-30)$$

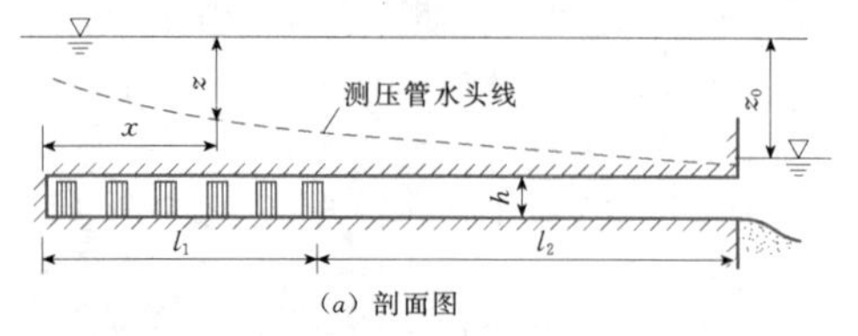

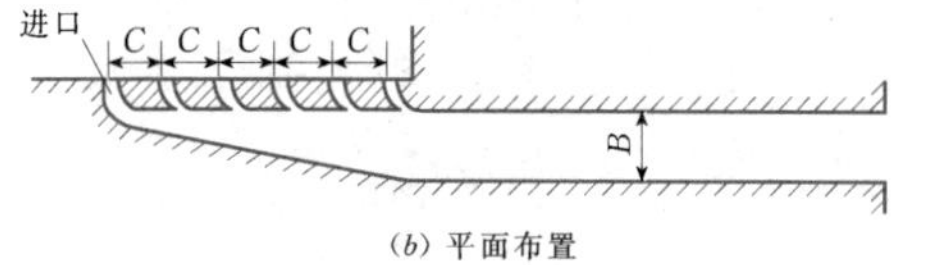

图 2.3-12 变量流有压廊道计算简图

当廊道高度保持不变时，x 断面的高度 B_x 按直线变化加大，即

$$B_x = B_1 + (B - B_1)\frac{x}{l_1}$$

式中 w_1——进口段始端的断面面积，m^2；

B_1——进水口段始端的宽度，m；

h、B——进口段末端的断面高度、宽度，m。

廊道流量 Q_t，仍按式（2.3-29）计算，但考虑到变量流段能量损失将增大，流量系数 μ 改用式（2.3-31）确定：

$$\mu = \frac{1}{1 + \zeta_{BX} + \frac{\lambda_R}{R}(2l_1 + l_2)} \qquad (2.3-31)$$

ζ_{BX} 也采用加大值，$\zeta_{BX} = 0.5 \sim 0.7$。

廊道进口数为 n 时，每个孔口的进流量 Q_n 为

$$Q_n = \frac{Q_t}{n} \qquad (2.3-32)$$

进口断面面积 w_n 的计算公式为

$$w_n = \frac{Q_n}{\mu_n \sqrt{2gz_x}} \qquad (2.3-33)$$

其中

$$z_x = \left(0.4 + 2\frac{\lambda_R l_1}{R}\sqrt{\frac{x}{l_1}}\right)\frac{v^2}{2g} \qquad (2.3-34)$$

式中 μ_n——进口段的流量系数；

z_x——上游水位与距廊道始端为 x 处的水位差值。

(3) 廊道输沙能力的检验。廊道的冲沙流量及流速确定后，即可进行输沙能力的验算。

1) 廊道单宽输沙率 g_x 的确定。由于边界条件与河道不同，故不能应用天然河道中的输沙率公式，其计算公式为

$$g_x = 5\left[\left(\frac{v}{\sqrt{gd}}\right)^2 - 3\frac{v}{\sqrt{gd}}\right]vd \qquad (2.3-35)$$

式中 v——廊道内的流速，m/s；

d——底沙平均计算粒径，mm，其大小等于 $d_{60\sim70}$，即指小于该粒径的泥沙量占总量的 60%～70%的泥沙粒径。

2) 廊道输沙能力（即总的推移质输沙量）为

$$G_t = Bg_x \qquad (2.3-36)$$

式中 B——全部冲沙廊道的总宽度，m。

3) 计算需排除的沙量 G_s'。计算时假定渠道的分沙比=引水比，则

$$\frac{\text{通过廊道需排除的沙量 } G_s'}{\text{河道总的推移质输沙量 } G_s} = \frac{\text{引水流量 } Q + \text{廊道冲沙流量 } Q_t}{\text{河道流量 } Q_s}$$

其中 G_s、Q、Q_t、Q_s 为已知，则

$$G_s' = G_s\frac{Q_t + Q}{Q_s} \qquad (2.3-37)$$

如计算得出的 G_s' 与廊道输沙能力 G_t 相近或 G_s' 稍小于 G_t，说明拟定出的尺寸是合适的，否则需重新拟定尺寸进行计算。

2.3.2 水库（分层）引水枢纽工程

水库往往分不同深度引水。通常，从农业增产及生态角度出发，水库的灌溉用水应引表层水，即根据水库水位变化，应能分层引水。分层引水建筑物的结构类型较多，在我国常用的有下列几种。

2.3.2.1 斜卧管式分层引水结构

图 2.3-13 为斜卧管式引水结构，该引水结构是沿着岸坡设倾斜卧管，分级（不同高程）设固定式引水口，以引取表层水。其优点是造价低、构造与施工简单。缺点是操作安全性差、易漏水、引水流量不能准确控制。

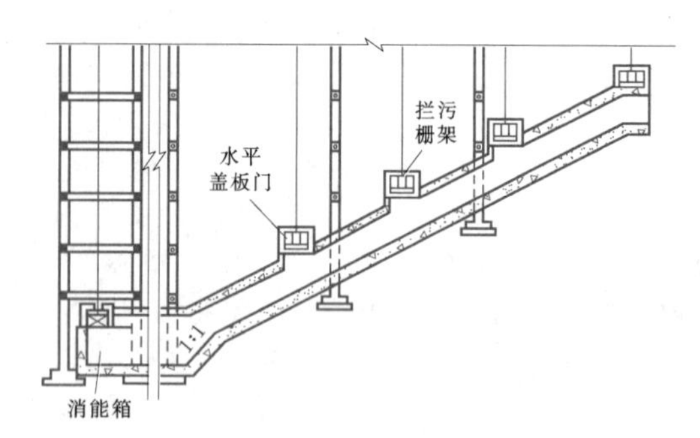

图 2.3-13 斜卧管式引水结构

2.3.2.2 竖塔（井）式分层引水结构

竖塔（井）式分层引水结构为一封闭式的独立塔或靠坝面的竖井，其引水口分为固定式和活动式

两种。

固定式引水口是在不同高程处设置多层引水进口，可单面（一个塔面）或多面设置，随库水位变化开启不同高程的进口，以引取表层温水，如图 2.3-14 所示。

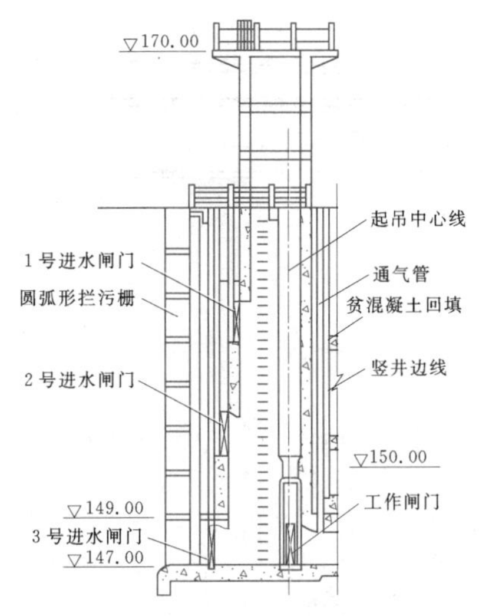

图 2.3-14 固定孔口式单面分层引水塔

活动孔口式的引水口是活动的，其引水效率较固定式引水口高，如图 2.3-15 所示。

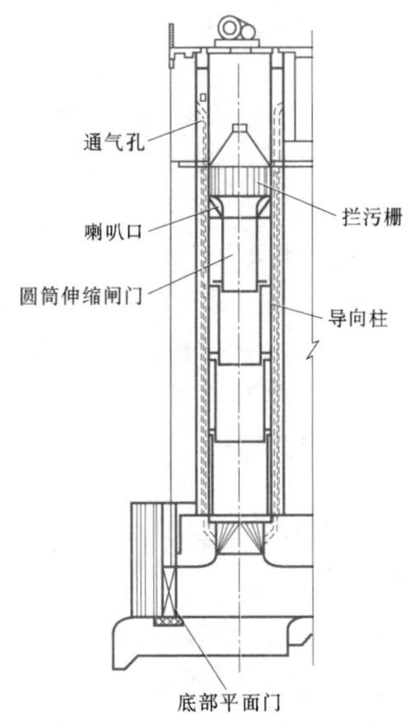

图 2.3-15 活动孔口式圆筒闸门

2.3.2.3 浮子式分层引水结构

浮子式分层引水结构有框架式及摇臂式两种。

框架式由浮子、引水盘、多节伸缩套筒引水管以及框架竖塔组成。浮子为一中间空心、形似铁饼的装置，经常浮于水面，以它提供的浮力承受引水结构及其下的引水管的全部重力，自动适应库水位变化，引取表层温水，如图 2.3-15 所示。

摇臂式结构的基本组成及工作原理与框架式相似，不同之处在于取消了框架及伸缩套筒，代之以柔性结构，以摇臂的形式来适应库水位升降。

2.3.3 其他形式引水枢纽工程

2.3.3.1 截沙廊道式引水枢纽工程

与侧面分层式引水枢纽工程布置相类似，其特点是将进水闸设在反向底流区内。第一条冲沙廊道不是布置在进水闸底板下而是稍偏上游。引水时，冲沙闸关闭，水流受阻而形成反向底流区，底沙受反向底流的作用不能进入该区，因而进水闸可引较清的水。底沙堆积在该区边界线附近，当底部截沙廊道开启时可排至下游。实践表明，这种引水枢纽工程的防沙效果优于侧面分层引水枢纽。图 2.3-16 所示为截沙槽式引水枢纽工程布置及泥沙运动情况。

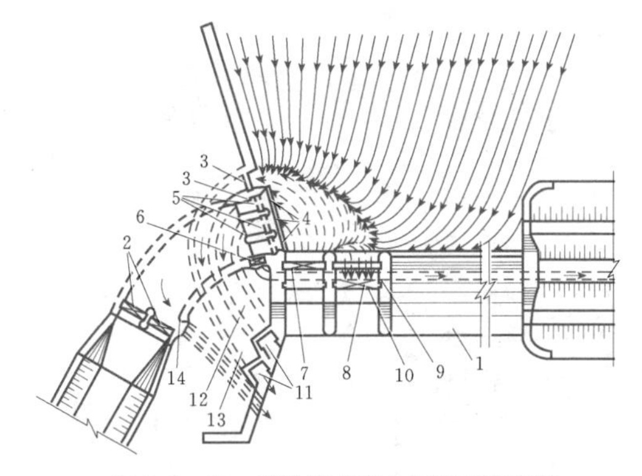

图 2.3-16 截沙槽式引水枢纽工程布置

1—溢流坝；2—渠首闸门；3—冲沙廊道闸门；4—拦污栅；5—引水口闸门；6—向另一岸输水廊道闸门；7、8—冲沙闸闸门；9—输水廊道进水孔；10—叠梁；11—截沙廊道出口闸门；12、13—截沙廊道；14—冲沙孔

2.3.3.2 多种防沙设施的引水枢纽工程

为提高防沙效果，一个枢纽工程中常采用几种防沙设施联合运用。以四川映秀湾水电站引水枢纽工程（见图 2.3-17）为例介绍其布置特点。水电站位于岷江上游，引水枢纽工程位于东介脑河弯处，河道平均坡降约 8/1000，河宽 80～100m，多年平均流量 396m^3/s。推移质为砾石、卵石及沙，年平均输沙量约 110 万 t。引水枢纽工程担负泄洪引水、防沙、漂木等任务。

引水枢纽工程的防沙导漂设施包括下列部分：

（1）天然弯道。弯道长约 850m，曲率半径为 400～500m，引水口位于弯道顶点以下凹岸侧，弯道半径 $R=5.5B$，B 为弯道宽度。

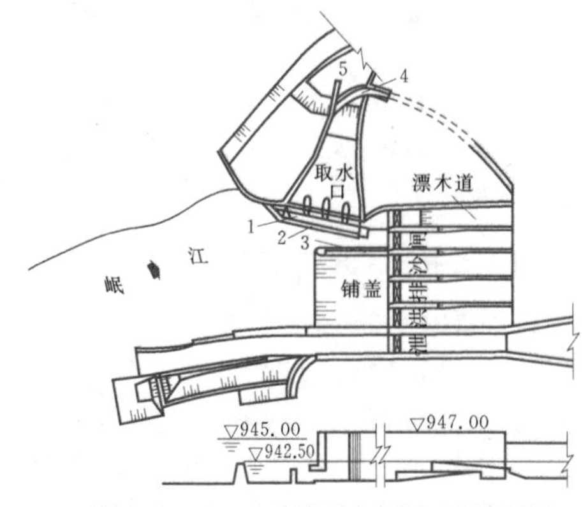

图 2.3-17 映秀湾引水枢纽工程布置图

1—防沙槽；2—导沙坎；3—束水墙；4—截沙槽；5—引水渠

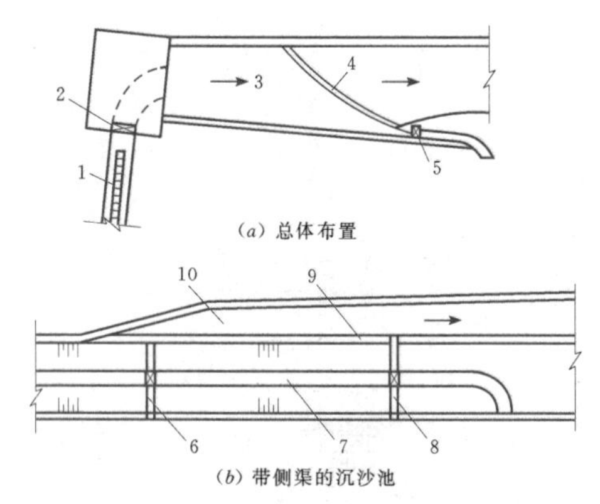

图 2.3-18 带侧渠间断冲洗的沉沙池式渠首示意图

1—底栏栅坝；2—渠首控制闸；3—冲沙沉沙池；4、9—拦沙溢流坎；5—渠首冲沙闸；6—控制闸；7—带侧渠间断冲洗的沉沙池；8—冲沙闸；10—渠道

(2) 导沙坎及防沙槽。在引水口前设离胸墙 5m、与胸墙平行的导沙坎。导沙坎与胸墙间构成内防沙槽；与束水墙构成外防沙槽。防沙槽内为螺旋流，流速均大于 3m/s，行近槽区的沙石在高速水流作用下排向下游。

(3) 截沙槽及排沙道。为进一步排除进入渠内的沙石，利用施工交通洞作为排沙道，利用侧向分流特点排除渠道内大部分泥沙。为了提高排沙效率，在排沙道前的渠底设截沙槽。

(4) 沉沙池。引渠以下设机械清淤（吸泥泵）的沉沙池以排除细沙。

(5) 漂木道设于 1 号闸孔左侧。

1970 年建成后，在截沙道未充分发挥作用的情况下，仍取得较好的防沙效果。经过多年运行，引水仍很顺利；但拦河闸上、下游河床有淤积。

2.3.3.3 带侧渠间断冲洗的沉沙池式引水枢纽工程

湖北省秭归县九湾溪水电站的引水防沙建筑物原为底栏栅后接一座拦沙溢流坎式沉沙池（见图 2.3-18），由于地形、水头条件所限，沉沙池容积太小，沉沙效果不够好，故由底栏栅坝进入的大量泥沙，经渠道进入水轮机，3 台机组全部报废，严重影响正常发电。为了解决泥沙问题，采取了如下措施：首先利用渠首地形条件，设置一座坝高 1.3m、长 16m 的拦沙溢流坎式沉沙池，配合渠首快速闸门（渠首控制闸）启闭冲沙，将被拦沙溢流坎截留的较粗颗粒泥沙冲走（见图 2.3-18 (*a*)]，余下小粒径泥沙，再利用渠道上设置的带侧渠间断冲洗的沉沙池排除 [见图 2.3-18 (*b*)]。

带侧渠间断冲洗的沉沙池式渠首，其全部结构包括四个部分：沉沙室、冲沙槽、两道拦沙溢流坎和两座控制闸。其工作方式为：引水时，打开渠首控制闸，关闭后面冲沙闸，含沙量大的水流经过沉沙池沉淀，高出拦沙溢流坎的表层水流（含沙量很小）进入渠道；沉沙室冲沙时，关闭前面控制闸，使水流从第一道溢流坎溢过，供水发电，同时可利用控制闸调节冲沙流速和流量，使池内保持较理想的冲沙水位，还可进一步利用冲沙闸门底下的冲沙槽造成小流量高速水流冲沙。

该渠首经过 20 多年的运行实践证明效益很好。在洪水期间每 15～20 天冲沙一次，每次冲沙时间 50min 左右，每年冲沙 5～8 次，使电站发挥了正常效益。但是须注意，在渠道设计时，要将挟沙的渠首部分的断面适当加大，以保障洪水期冲沙时，不减少发电用水，且渠道要有足够的挟沙能力；冲沙闸门要紧靠主要的拦沙溢流坎，以利于将大量泥沙带到冲沙闸门前，提高冲沙效率。对于坝高较小、渠首冲沙水头不够的引水建筑物，采用此布置型式较为理想。

2.4 沉 沙 池

2.4.1 沉沙池的作用及类型

2.4.1.1 沉沙池的作用

为了防止渠道淤积及较大粒径泥沙对水轮机的磨损，工程上常在进水闸后面的适当位置设尺寸较大的沉沙池，当水流经过时，由于流速降低而使泥沙沉积其中，以达到澄清水流的目的。经沉沙池澄清后的水流不含有害粒径的泥沙，且含沙量与沉沙池下游渠道的挟沙力相适应。

2.4.1.2 沉沙池的类型

沉沙池的分类方式如下：

(1) 根据沉沙池布置位置可分为渠首沉沙池及渠

系内部沉沙池。

（2）根据清淤方式不同，沉沙池可分为机械清淤、水力冲洗及联合清淤等几种类型，除此之外，还有不需清淤的沉沙条渠。水力冲洗式沉沙池由于冲沙方式不同可分为定期冲洗式及连续冲洗式两类。

（3）根据沉沙池的平面形状以及冲沙时是否利用弯道环流作用，将沉沙池分为直线形及曲线形两类。

2.4.2　定期冲洗式沉沙池

2.4.2.1　定期冲洗式沉沙池的工作特点、布置及构造

1. 定期冲洗式沉沙池的工作特点

定期冲洗式沉沙池的工作特点是沉沙与冲沙不同时进行。沉沙池在运用过程中，沉淀室过水断面由于泥沙沉积而逐渐减小，流速逐渐加大，当有害泥沙开始随水流进入干渠时，则必须停止引水，进行冲洗。冲洗的间隔时间是由进入沉沙池水流的流量、含沙量、澄清度以及沉沙池的尺寸确定。洪水期每隔几天需冲洗一次，汛期过后，间隔时间可加长，枯水期一般不需清淤。

2. 定期冲洗式沉沙池的布置

根据流量大小及运用要求，定期冲洗式沉沙池可做成单室、双室及多室的［见图 2.4－1（*a*）、（*c*）、（*d*）］。单室沉沙池构造简单，适用于流量小于 15～20m^3/s 的情况。单室沉沙池冲洗时，必须将上部闸孔关闭，停止向渠系供水，以免将搅起的泥沙带进渠道。为了避免这一缺点，可在其旁建侧渠向渠系供水［见图 2.4－1（*b*）］，但所供给的水是未经澄清的。双室及多室沉沙池的优点是在不影响供水的情况下，可对沉淀室进行轮流冲洗。

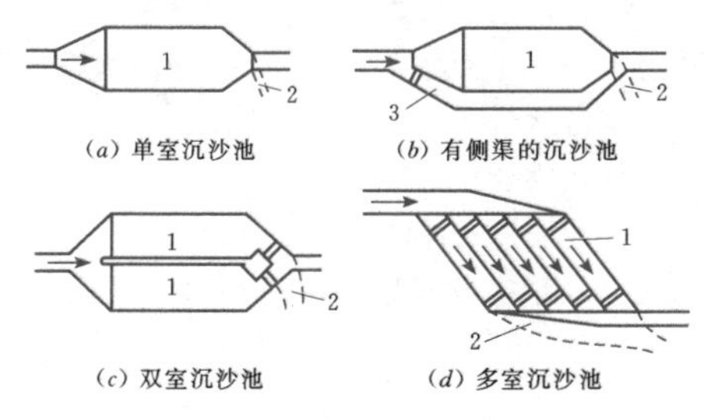

图 2.4－1　定期冲洗式沉沙池示意图

1—沉淀室；2—冲沙设施；3—侧渠

3. 定期冲洗式沉沙池的构造

定期冲洗式沉沙池包括下列组成部分：上游连接段、进口控制闸、沉淀室、出口控制闸、包括冲沙闸门及冲沙廊道等冲沙设施、下游连接段及冲沙道等。引水枢纽中的沉沙池可不设上游连接段，进口控制闸与进水闸共用。各部分连接处应设沉陷缝，如沉淀室长度过大，也应设横向沉陷缝（见图 2.4－2）。

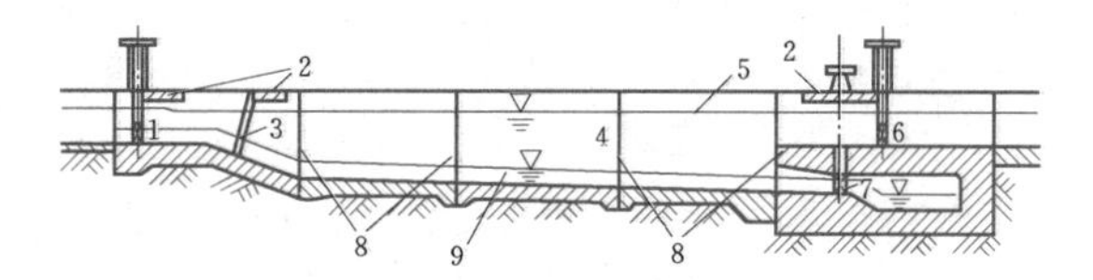

图 2.4－2　定期冲洗式沉沙池纵剖面图

1—进口控制闸；2—工作桥；3—整流栅；4—沉淀室；5—沉沙时的水位；6—出口控制闸；7—冲沙闸门；8—沉陷缝；9—冲沙时的水位

沉沙池的进口水流应平顺，流速要分布均匀，避免发生涡流、紊流或集中底流等现象，以免影响沉沙效率。沉沙池的进出口连接段要使水流沿平面及铅直方向均能均匀扩散和收缩。

沉淀室在平面上应做成顺直轮廓，过水断面一般为矩形。为使冲沙时的无压水流具有一定的流速，沉沙室应具有 $i \approx 0.02 \sim 0.005$ 的底坡，根据不同情况，底坡可做成正坡或负坡。

沉沙池各部分的尺寸是根据计算确定的，在选择计算条件时应注意：沉沙池的工作深度过大是不经济的，一般水电站用的沉沙池深为 4～5m，灌溉用的沉沙池深约 2.5～3.5m；侧墙高出水面 0.3～0.5m。此外，如按冲沙流量及流速确定的冲沙廊道断面过小时，则应根据管理要求选择断面尺寸，其高度不应小于 1.5m。

2.4.2.2　定期冲洗式沉沙池的泥沙冲淤计算

在已知原始资料后，沉沙池各部分的计算可分别进行，主要有连接沉沙池的渠道、沉淀室及冲沙廊道的水力计算。

1. 计算假定及原始资料

为了便于计算，通常将沉沙池中水流及泥沙运动的情况加以简化，计算中采取的基本假定有：①沉沙池在沉沙阶段其水面为水平的；②水流进入沉沙池时，悬移质含沙量沿水深呈矩形分布，其大小等于河道水流含沙量；③泥沙沉积时，沉沙池内任一点的流速均为常数，等于断面平均流速；④冲洗泥沙时的水流为均匀流。

进行沉沙池设计时，需收集下列原始资料：①根据供水要求确定的设计流量；②河道水流含沙量及悬移质颗粒级配曲线；③要求在沉沙池内沉积的泥沙最小粒径；④有坝引水枢纽上游水位及冲沙道出口处的下游水位。

根据经验，沉沙池沉沙时的纵向平均流速常用 0.2～0.4m/s；冲洗流量 Q_{np} 常采用（1.0～1.5）Q_k，Q_k 为沉沙池下游渠道的设计流量。

2. 渠道水力计算要求及原则

渠道的水力计算按均匀流进行。渠道的设计流速应能输送水流中全部悬移质而不出现淤积；在渠道不进行衬砌的情况下不发生冲刷。渠道的最大流量应按有一个沉淀室进行冲洗的情况进行。

3. 沉淀室尺寸的确定

沉淀室工作长度 L 的计算公式为

$$L = Kl_0 = KH_{cp}\frac{v_{cp}}{\omega} \tag{2.4-1}$$

式中 ω——要求在沉沙池内全部沉积的最小粒径（设计粒径）泥沙的沉速，m/s；

H_{cp}——拟定的平均工作水深，m；

v_{cp}——沉沙时纵向平均流速，m/s；

l_0——泥沙颗粒呈直线运动时所经过的水平距离，m；

K——保证系数，一般采用1.2～1.5，根据黄河下游一些沉沙池的实测资料统计，K 值不为常数，它与沉沙池的流速、含沙量、平均水深及泥沙的沉降速度有关，且变幅较大，黄河下游泥沙的平均粒径 d_{50} 一般在0.03mm左右，绝大部分泥沙粒径小于0.2mm，根据实验 $K=100\omega^{0.767}$。

沉沙池的长度 S 可等于或稍大于其工作长度 L。

沉沙池的纵向底坡根据冲沙要求确定，当选定冲沙流速 v_s 后，即可按均匀流公式计算沉沙池的底坡，即

$$i = \frac{v_s^2}{C^2R} \tag{2.4-2}$$

式中 C——谢才系数，在选择计算该系数所需的糙率系数 n 时，应考虑泥沙淤积的影响，一般采用 $n \geqslant 0.025 \sim 0.0275$；

R——相应于该冲沙流速时的水力半径，可近似采用冲洗时的水深。

假定不同的冲沙流速，可计算出不同的底坡，因此，应通过技术经济比较选择合理的底坡。

4. 沉沙池的淤积计算

该计算目的是确定沉沙池运用期的淤沙量，求出沉沙池死容积淤满的时间，据此制定冲洗制度。沉沙池的泥沙淤积过程比较复杂，工程上常采用简化计算方法，即将泥沙淤积过程分成若干时段，按不同泥沙粒径组分别计算其淤积量，每个计算时段约2～4h，在计算时段内假定各粒径组的淤积长度不变。

每个粒径组采用该组平均粒径计算，假设各粒径组的淤沙厚度在淤积长度内均匀分布，则每个计算时段内各粒径组的淤积厚度的计算公式为

$$\delta_i = \frac{q\rho_i t}{10\gamma_s l_i} \tag{2.4-3}$$

式中 δ_i——第 i 组粒径泥沙的淤积厚度，m；

q——沉淀室的单宽流量，$m^3/(s \cdot m)$；

ρ_i——进口水流中第 i 组粒径含沙量，kg/m^3；

t——计算时段的时间，s；

γ_s——淤积重度，kN/m^3，一般采用13～$16kN/m^3$；

l_i——第 i 组粒径的沉积长度，m。

将各粒径组的淤沙厚度叠加起来，即可求出上时段末沉沙池始、末端的水深及流速，作为下一时段计算的依据。则第 $j+1$ 时段末沉沙池始、末端的水深分别为

$$\left.\begin{aligned} H_{始}^{j+1} &= H_{始}^{j} - \sum\delta_{i1}^{j} \\ H_{末}^{j+1} &= H_{末}^{j} - \sum\delta_{i2}^{j} \end{aligned}\right\} \tag{2.4-4}$$

式中 $\sum\delta_{i1}^{j}$、$\sum\delta_{i2}^{j}$——沉淀室始、末断面在第 j 时段内总淤积厚度。

上述计算按时段循环进行，沉淀室内水深不断减小，纵向流速不断增加，各粒径组的沉积长度随之增加。当设计粒径的沉积长度等于沉沙池长度时，则沉淀室不能继续工作，必须进行冲洗，各时段总和即为淤满死容积的时间，也是冲洗的间隔时间。沉积在沉淀室内的淤沙总量为

$$W = B\sum(l_i\delta_i) \tag{2.4-5}$$

式中 W——以体积表示的淤沙总量，m^3；

B——沉淀室宽度，m。

5. 沉沙池的冲洗计算

(1) 冲洗程序。定期冲洗式沉沙池的冲洗程序如下：①关闭沉淀室出口控制阀，使水停止流出，室内水位逐渐上升到与上游水位齐平；②放下沉淀室进口控制阀，但不完全关闭，留一孔口，使在自由泄流情况下通过孔口能供给所规定的冲沙流量；③打开冲沙闸门进行冲沙；④冲洗完毕后，关闭冲沙闸门，使室内水位与上游水位齐平；⑤打开沉淀室进口控制闸及出口控制闸，恢复正常供水。

(2) 冲沙流速。冲沙流速一般为3～5m/s，可根据冲沙时呈悬浮状态运动送出的泥沙数量及粒径大小进行计算：

$$v_s = \omega\sqrt{\frac{h_{cp}}{d_{75}}}\sqrt[4]{\rho} \tag{2.4-6}$$

式中 v_s——冲沙流速，m/s；

h_{cp}——冲沙时沉淀室内的平均水深，m，可采用沉淀室工作水深的10%～30%；

ρ——冲沙水流中以重量表示的含沙量，kg/m^3；

d_{75}——冲洗泥沙中小于此值的泥沙占75%的泥沙粒径，mm；

ω——粒径 d_{75} 的泥沙颗粒的沉速，m/s。

为保证此冲沙流速，采用的单宽流量 q_s 应比计算值大 10%～25%，即

$$q_s = (1.1 \sim 1.25) v_s h_{cp} \tag{2.4-7}$$

(3) 冲沙时间。假定冲沙时的水流为均匀流，则冲洗时间可近似表示为

$$T = \frac{100\gamma_s v}{(\rho_0 - \rho) q_s B} \tag{2.4-8}$$

式中 T——冲洗历时，s；

γ_s——泥沙重度，kN/m^3；

ρ_0——水流挟沙力，以重量计，kg/m^3；

其他符号意义同前。

当冲沙流速 v_s 及冲沙时平均水深 h_{cp} 已知时，水流挟沙力的计算公式为

$$\rho_0 = \frac{(v_s - 0.35)^3}{h_{cp}} \tag{2.4-9}$$

由于闸门操作、沉淀室水位升、降等都需要一定时间，且在冲洗过程中因流速分布不均匀降低了冲沙效果，也导致冲沙历时的增加，因而实际冲洗历时常为计算值的 1.5～2.0 倍。

2.4.3 连续冲洗式沉沙池

连续冲洗式沉沙池的工作特点是沉沙、冲沙及供水同时进行。沉沙池的水深沿池长不变，但由于沿程供给冲沙设施一定的冲沙流量，因而池内形成变流量。连续冲洗式沉沙池具有边沉沙边冲洗的特点，不需要储放淤沙的死容积，而且由于该类沉沙池往往只能清除颗粒较粗的泥沙，因此，其工程规模一般小于定期冲洗式沉沙池。

连续冲洗式沉沙池的组成与定期冲洗式沉沙池相同，可分为上、下游连接段，进、出口控制闸门，沉淀室及冲沙设备等。沉淀室及冲沙设施具有不同的型式及构造，反映了连续冲洗式沉沙池的特点。

由于连续冲洗式沉沙池构造比较复杂，需经常保持一定的冲沙流量，沉积泥沙的粒径较粗等，因而一般用于用水保证率较高的引水式水电站枢纽及山区河流的灌溉引水枢纽，布置在进水闸前后，作为二级防沙设施。

下面根据沉淀室的平面形状不同，分为直线形沉沙池、斜板式沉沙池及曲线形沉沙池三类加以介绍。

2.4.3.1 直线形沉沙池

1. 工作原理及结构布置

(1) 底板内设冲沙廊道的沉沙池（见图 2.4-3）。底板内设冲沙廊道的沉沙池纵剖面如图 2.4-3 (*a*) 所示。此类沉沙池的特点是将纵向冲沙廊道布置在沉淀室的底板内。水流经过沉淀室时，由于流速降低，泥沙逐渐下沉，下沉泥沙随冲洗水流进入纵向冲沙廊道“7”，再通过排沙渠道送往下游河道，为了形成足以沿冲沙廊道输送泥沙的流速，可用带孔的水平盖板“12”，将流速较大的廊道水流与沉淀室内流速很小的水流分开。冲沙廊道末端设置闸门“6”，便于调节廊道流速以适应各种含沙量的来水情况及控制适当的冲沙流量。

图 2.4-3 (*b*) 所示为沉淀室横剖面布置，结构比较简单，但在运用过程中往往有淤沙堆积在纵向冲沙廊道间的底板上，并被水流带进下游引水渠道。为了提高冲沙效果，使更多的淤沙进入廊道，可采用图 2.4-3 (*c*) 的布置型式，在纵向廊道间加设三角形隔墩，促使泥沙沿斜面下滑后进入廊道。

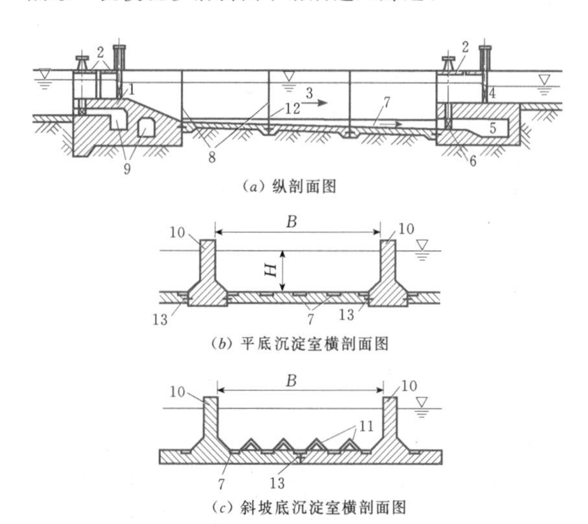

图 2.4-3 底板内设冲沙廊道的沉沙池

1—进口控制闸；2—工作桥；3—沉淀室；4—出口控制闸；5—冲沙道；6—冲沙闸门；7—纵向冲沙廊道；8—沉陷变形缝；9—引水枢纽中底部廊道；10—沉淀室隔墙；11—装配式三角形隔墩；12—水平盖板；13—止水

(2) 隔墙内设冲沙廊道的沉沙池。隔墙内设冲沙廊道的沉沙池布置如图 2.4-4 所示。这种型式的沉沙池为多室的，每个沉淀室的流量不大于 3～4m^3/s，沉淀室的底面做成中间突起的三角形，斜面的倾角 α = 35°～45°，以保证泥沙的沉积。隔墙两侧设竖井，顶部设冲沙槽。沉在三角形底部的泥沙随水流由底孔“1”带入竖井“2”后，由冲沙道“3”输送至沉淀室末端的输沙道“7”排走。设计时应保证竖井及冲沙道的水流有足够的挟沙能力。

2. 沉沙池的水力计算

(1) 沉淀室尺寸的确定。当确定了沉淀室的纵向平均流速 v_{cp} 后，沉沙池中间的过水面积 A_0 为

$$A_0 = \frac{Q_k + Q_s}{v_{cp}} \tag{2.4-10}$$

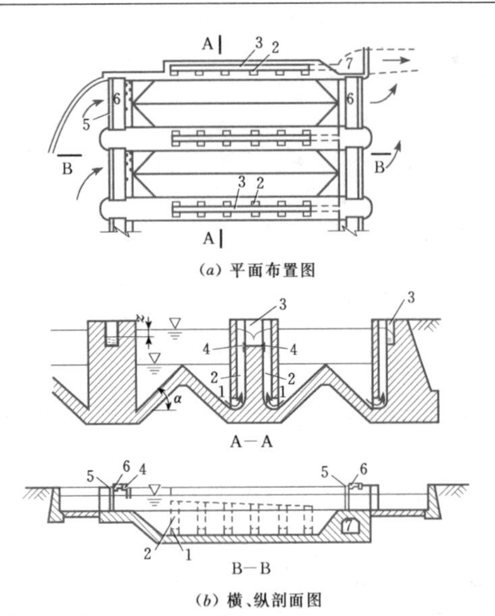

图 2.4-4 隔墙内设冲沙廊道的沉沙池

1—底孔；2—竖井；3—冲沙道；4—控制冲沙流量的小闸板；5—整流栅；6—工作桥；7—输沙道

$$Q_s = (0.1 \sim 0.2)Q_k \quad (2.4-11)$$

式中 Q_k——引水最大流量；

Q_s——沉沙池全部冲洗流量。

A_0 已知后即可分成几个沉淀室，每个室的尺寸应满足有关规定及要求。

沉淀室长度确定的原则与定期冲洗式沉沙池相同，即室长应满足进口水流表层所含的设计粒径泥沙能沉至池底的要求，考虑到由于 Q_s 流向冲沙廊道或底孔时产生向下的流速 u_B，加速了泥沙的沉积，故沉淀室的长度可以缩短。

沉淀室长度 L_s 的计算公式为

$$L_s = KS$$

其中
$$S = H\frac{v_{cp}}{\omega} - \frac{Q_s}{B_0\omega} \quad (2.4-12)$$

式中 S——沉沙运动的水平距离，m；

H——沉淀室的工作水深，m；

B_0——沉淀室的宽度，m；

v_{cp}——沉淀室的纵向平均流速，m/s；

ω——粒径 d_{75} 的泥沙颗粒的沉速，m/s；

Q_s——沉沙池全部冲洗流量，m^3/s，常取 $(0.1 \sim 0.2)Q_k$。

(2) 泥沙沉积计算。按上述方法设计的沉沙池中，粒径不小于设计粒径的泥沙将全部沉积，而小于设计粒径的泥沙仅部分沉积在沉沙池内，沉积部分距池底高度 h 的计算公式为

$$h = S\frac{\omega}{v_{cp}} + \frac{Q_s}{v_{cp}B_0} \quad (2.4-13)$$

该粒径沉积的含沙量百分比 ρ_i' 为

$$\rho_i' = \rho_i \frac{h}{H} \quad (2.4-14)$$

式中 ρ_i——该组（第 i 组）粒径在进口水流中的含沙量。

冲沙廊道中水流的含沙量 ρ_l 为

$$\rho_l = \rho + \frac{Q_k}{Q_s}(\rho_1 + \rho_2) \quad (2.4-15)$$

其中
$$\rho_2 = \sum \rho_i'$$

式中 ρ——进口水流含沙量，kg/m^3；

ρ_1——粒径不小于设计粒径泥沙的含沙量，kg/m^3；

ρ_2——粒径小于设计粒径中沉积部分的含沙量，kg/m^3。

(3) 冲沙廊道的水力计算。在廊道布置、尺寸已定的情况下，可推求冲沙流量及廊道中的测压管水头线（见图 2.4-5）。利用变量流（非均匀流）理论，假定孔口入流为非均匀连续或非连续的，可得以下方程组。

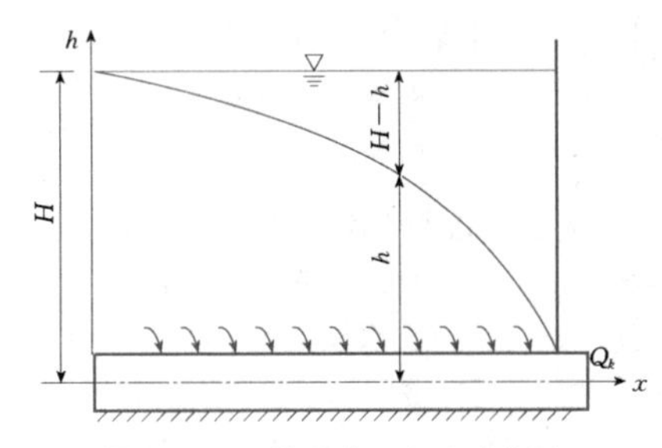

图 2.4-5 沿程孔口入流示意图

沿程非均匀入流的运动方程为

$$\frac{dh}{dx} = i - \frac{Q^2}{A^2C^2R} + \frac{Q^2}{gA^3}\frac{dA}{dx} - \frac{(2-m_1)Q_s}{gA^2}\frac{dQ_s}{dx} \quad (2.4-16)$$

其中
$$m_1 = \frac{0.4v_1}{\sqrt{v_1^{\ 2} + 0.16v^2}}$$

式中 h——廊道测压管水头；

i——廊道底坡；

Q_s——廊道流量，随水平距离 x 变化；

A——过水断面；

C——谢才系数；

m_1——入流系数，根据实验及实测资料分析；

v_1——入流流速，m/s；

v——廊道内水流流速，m/s。

沿程孔口入流公式为

$$\frac{dQ_s}{dx} = \mu B\sqrt{2g(H + ix - h)} \quad (2.4-17)$$

式中 B——孔口宽度，m，随距离 x 变化，$B = B(x)$；

H——从廊道始端中心线算起的沉沙池中的水

深，m；

μ——孔口入流的流量系数，根据孔口形状选定；

dQ_s——dx 长度上的入流流量。

当廊道前端有固定入流量 Q_0 时

$$Q = Q_0 + Q_s \tag{2.4-18}$$

将式（2.4-16）～式（2.4-18）联立求解，可求出各断面的3个未知数 Q_s、Q 及 h。由于求解困难，可采用数值计算法，利用电算程序进行计算。将 n 个出口断面的 Q_s 值相加即得到沉沙池全部冲洗流量 $\sum_{i=1}^{n} Q_s$。

求出的各断面流速应满足冲沙流速的要求，以避免廊道淤积。在圆形有压廊道中，冲沙流速不小于 v_n 值，其计算公式为

$$v_n^{5/4} = \omega \sqrt[6]{\rho_l} \sqrt[4]{\frac{4Q_s}{\pi D^2}} \tag{2.4-19}$$

式中 ω——沉沙中粒径为 d_{15} 的泥沙颗粒的沉降速度，m/s；

D——廊道断面直径，m；

ρ_l——冲沙水流中泥沙含量百分数，一般采用2%～8%；

其他符号意义同前。

2.4.3.2 斜板式沉沙池

1. 斜板式沉沙池的布置型式

斜板式沉沙池的布置型式如图2.4-6所示。这种型式是在底板内设冲沙廊道的沉沙池（见图2.4-3）的基础上提出来的。除了在池底设有排沙廊道外，还在廊道上布置从上而下的排沙竖井，两侧对称布置斜板，斜板下端布置排沙孔与排沙竖井相通。泥沙沿斜板下滑，通过排沙孔进入排沙竖井，再由排沙竖井下沉到池底，然后进入排沙廊道排出池外。

2. 斜板式沉沙池构造设计

设计布置和尺寸拟定时，需考虑的主要因素有：斜板倾角、斜板相对长度及相对沉速、斜板间距、进水方向。

（1）倾角 θ。当水流与泥沙的运动方向相反（异向流），其倾角以45°～60°为宜，一般可采用60°；当水流与泥沙沉淀的运动方向一致时（同向流），沉淀区一般可采用40°，排沙区则采用60°。

（2）斜板相对长度 l/h 及相对沉速 ω/u。斜板相对长度是斜板沿水流方向的长度和斜板间水深之比；相对沉速是泥沙沉降速度与平均流速之比。斜板相对长度设计以40左右为宜；在设计斜板沉沙池确定有害粒径之后，与设计有害粒径对应的相对沉速可选为

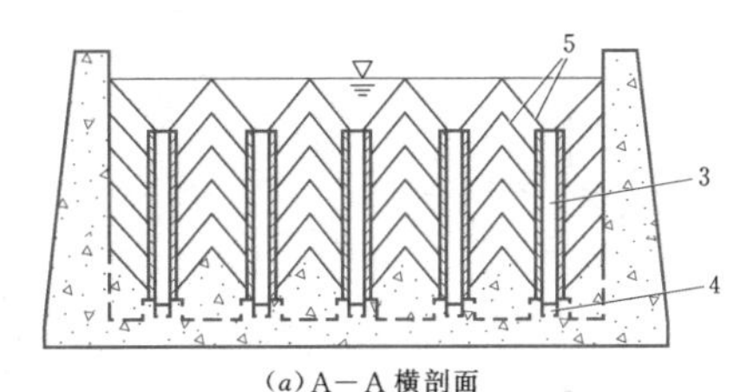

(a) A—A横剖面

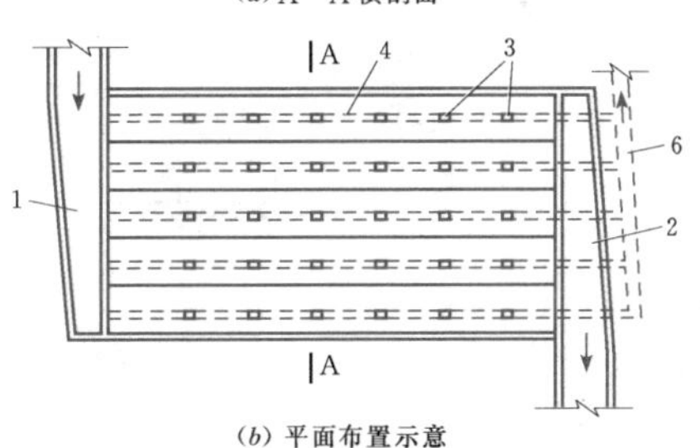

(b) 平面布置示意

图2.4-6 斜板式沉沙池

1—进水渠道；2—出水渠道；3—排沙竖井；4—纵向冲沙廊道；5—分层斜板；6—池外排沙廊道

0.0435左右，使大于有害粒径的泥沙都处在沉沙效率范围。

（3）斜板间距。从增大沉淀面积，提高沉淀效率上考虑，斜板间距越小越好；但从施工安装和排沙角度看，过小的斜板间距将给施工管理带来困难，使用时容易导致堵塞，因而不宜过小。

（4）进水方向。斜板沉沙池的进水方向有3种（见图2.4-7），通常情况下多采用平向流和下向流形式。

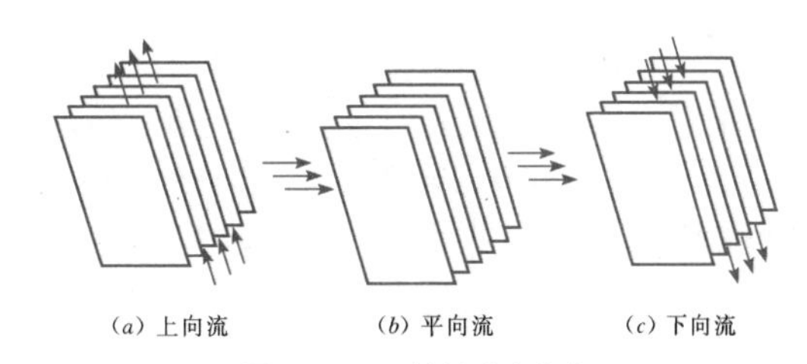

(a) 上向流　(b) 平向流　(c) 下向流

图2.4-7 斜板进水方向

2.4.3.3 曲线形沉沙池

1. 工作原理及结构布置

曲线形沉沙池是利用人工弯道上的环流作用，以提高防沙效果的一种连续冲洗式沉沙池。当水流进入曲线段时，水流中的推移质及靠近底部的悬移质泥沙在离心力的作用下，随横向环流的底层流不断向凸岸移动，并由设在凸岸的一系列冲沙廊道引入排沙渠后，随冲沙水流泄往下游河道。曲线形沉沙池的结构布置如图2.4-8所示。

曲线形沉沙池要尽可能利用天然河道、河势，沉

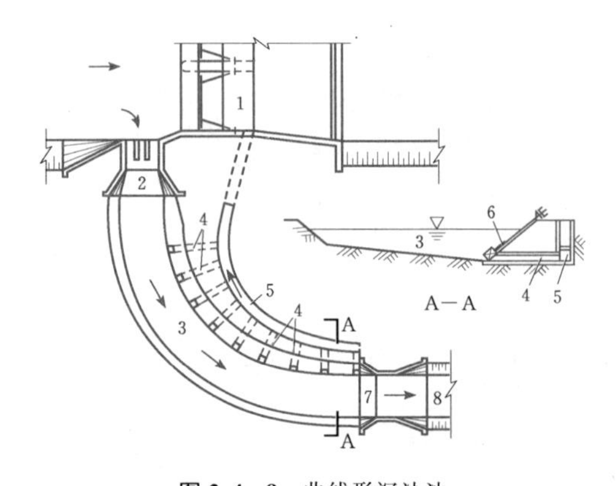

图 2.4-8　曲线形沉沙池

1—拦河闸；2—进水闸；3—沉沙池；4—冲沙廊道；5—排沙渠；6—廊道闸门；7—出口闸门；8—渠道

沙池池底和边坡应衬砌。冲沙廊道和排沙明渠由于经常排沙，冲刷磨损严重，因此应采取相应的防冲耐磨措施。排沙明渠与下游河道的衔接一般采用落差较大的跌水或陡坡，以防止泥沙在明渠末端淤积，同时还应考虑在洪水期能利用大流量水流将部分堆积的泥沙冲走。

在平面布置上，除能利用主流将泥沙输送到河道下游外，还应考虑沉沙池上游与干渠连接平顺。干渠进入沉沙池一般采用渐变段连接，渐变段长度不小于16倍的沉沙池底宽，沉沙池上游应设置导流墩及其他分流装置，使沉沙池水流和泥沙分布均匀。对于漂浮物较多的河流，还应考虑设置拦污栅。

2. 沉沙池的水力计算

(1) 沉沙池尺寸的确定。由于在曲线形沉沙池中的水流及泥沙运动情况比较复杂，曲线形沉沙池的基本尺寸通常参考已建成并运行良好的同类型沉沙池的尺寸进行初步拟定。根据沉沙粒径，选择沉沙池的平均流速 v_{cp} 后，可根据设计流量求出过水断面 $\left(Bh=\dfrac{Q}{v_{cp}}\right)$，然后选用适宜的相对水深 h/B，即可求出沉沙池的水深 h 和底宽 B。

(2) 沉沙池内泥沙总澄清度 S 的确定：

$$S=\frac{\sum(\Delta P_{\omega})\times 100}{\rho} \qquad (2.4-20)$$

式中　$\sum(\Delta P_{\omega})$——总澄清量，kg/m³；

ρ——沉沙池进口处的含沙量，kg/m³。

2.4.4　沉沙条渠

沉沙条渠是指利用天然洼地沉沙的带形或梭形渠道，不需清淤，洼地淤满后可作为耕地使用。灌溉引水渠道上的沉沙池，一般有湖泊式、带形条渠及梭形条渠等几种型式，如图 2.4-9 所示。

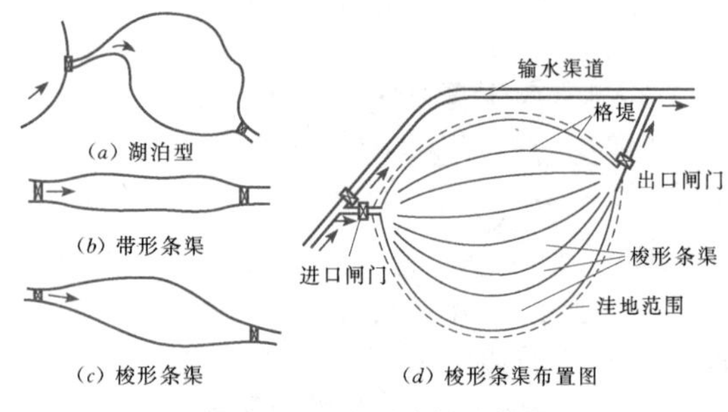

图 2.4-9　沉沙条渠示意图

2.4.4.1　沉沙条渠的布置及要求

沉沙条渠的规划布置应考虑下列要求：

(1) 沉沙条渠一般应由进口段、工作段及出口段组成。进口段前有进水闸及引水渠道，平面上应逐渐展宽，中段要顺直，下段要徐缓收缩，尾部不宜过窄，以利后期沉沙。沉沙条渠出口应设控制闸门或其他临时性壅水建筑物，以便调节水位，使沉沙渠内水位平稳，流速分布均匀，避免渠内水流游荡分散，保证泥沙均匀沉降，淤土表面较平坦，以利耕种。

(2) 条渠周边应围土堤，以限制条渠的淤沙范围。每个条渠应集中使用，尽量缩短还耕时间，最好能做到一年还耕以提高经济效益。

(3) 条渠周围应采取适当的排水措施，以降低地下水水位，防止条渠附近土壤的盐碱化。

2.4.4.2　沉沙条渠的计算方法

条渠的沉沙过程比较复杂，条渠横断面沿长度方向是不相同的，且由于泥沙不断淤积，同一断面的过水面积随时间而变，因而水流为非均匀流，当流量一定时流速随时间而变。正因为水力因素沿程、随时间而变，故水流的挟沙能力也随时间及渠长而变。目前的计算方法均采用近似的半经验公式，基本上可分为4类。

(1) 从研究泥沙运动轨迹出发，按沉降过程计算泥沙淤积长度。用此法可算出泥沙沿程淤积变化，适用于长度较短的、沉积粗粒泥沙的引水式电站沉沙池。

(2) 根据水流挟沙力计算。此方法的实质是认为在较长的沉沙池中（2～4km），沉沙池入口的含沙量等于河流或干渠的挟沙力，而沉沙池出口水流的含沙量等于该断面的水流挟沙力，这样即可利用入口、出口含沙量之差乘以流量得出沉沙池内总的淤沙量。

(3) 从水流挟沙力出发兼顾泥沙的沉降过程。此方法既考虑到沉降过程，也考虑了水流的挟沙力，即在沉沙池中由于流速减小，水流挟沙力也随之减少，水流不能挟带的那部分多余含沙量开始在池中沉降，这样求出的计算结果比较符合实际情况。

(4) 超饱和输沙法。这种计算方法是从泥沙连续方程出发进行沉沙池泥沙淤积计算的。考虑到沉沙池进口的含沙量很大，而池内水流挟沙力很小，在池长不很大的情况下，挟沙水流往往处于超饱和状态。为了更符合这种实际情况，计算时采用考虑超饱和特点的泥沙连续方程式。属于此类型的计算方法可分为两种：一种是将水流作为一维（流）考虑的半经验性质的计算方法，适用于带形条渠；另一种是将水流作为二维均匀流考虑的理论计算方法，适用于湖泊型或梭形条渠。

2.4.5 漏斗式排沙

漏斗式排沙作为一种高效、节水、经济的泥沙处理技术，已成功用于灌溉、发电、工业及人畜引水等诸多领域的泥沙处理，取得了良好的经济效益、社会效益和环境效益。

2.4.5.1 漏斗式排沙原理

1. 排沙漏斗的结构

排沙漏斗结构主要包括漏斗进水涵洞、调流装置、漏斗室、溢流堰、排沙底孔和排沙廊道。含沙水流由进水涵洞进入漏斗室，在漏斗圆形边壁的约束与调流装置的综合作用下产生较稳定的螺旋流，通过螺旋流的水沙分离作用，泥沙从排沙底孔进入排沙廊道排走，较清的水从溢流堰进入原引水渠道。排沙漏斗结构布置如图 2.4-10 所示。

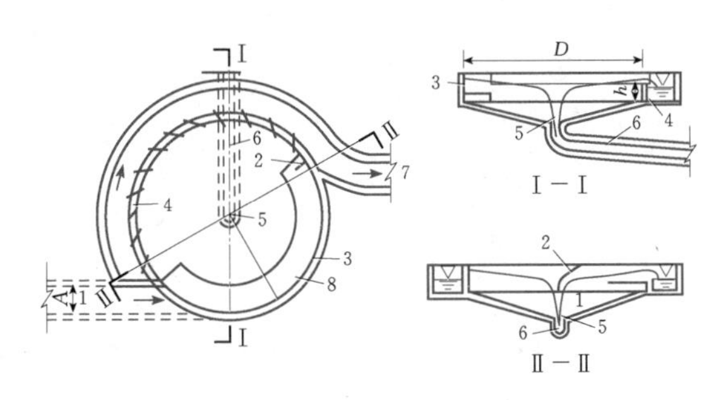

图 2.4-10　排沙漏斗结构布置示意图

1—进水涵洞；2—调流墩；3—边墙；4—溢流堰；5—排沙底孔；6—排沙廊道；7—引水渠；8—悬板

2. 排沙漏斗的工作原理

排沙漏斗之所以有高效而稳定的排沙与节水性能，是由其水流工作原理所决定的：即由进水涵洞进入漏斗的含沙水流的动能，在漏斗圆形边壁的约束下促使水体产生一个强迫涡，同时在漏斗底孔附近由重力引起一个势涡，两涡在漏斗内调流装置的作用下，耦合成稳定的螺旋流，此螺旋流系典型的三维水流，切向、轴向与径向均存在较大的流速。这些流速加速泥沙向漏斗底部和中心的排沙底孔运动（这种流场在厢形沉沙池中是不存在的）。螺旋流在中心排沙底孔中形成一空气漏斗，空气漏斗周围形成具有高排沙能力的涡流，它将运动至漏斗排沙底孔附近的泥沙迅速带入排沙底孔，并通过与排沙底孔连接的排沙廊道排走。因此，泥沙随螺旋水流运动的同时，粗颗粒泥沙很快进入排沙底孔排走，细颗粒泥沙随螺旋水流运转数周后进入排沙底孔排走。另外，调流装置使空气漏斗稳定在排沙底孔轴线上，且得以充分发展，使排沙底孔过水断面减小，这是排沙漏斗排沙耗水量很少的关键所在。

2.4.5.2 漏斗式排沙设计方法

1. 进水涵洞和溢流堰过流能力的计算

进水涵洞按有压淹没出流设计，采用的公式为

$$Q = \mu\omega\sqrt{2g\Delta H} \tag{2.4-21}$$

其中

$$Q = Q_1 + Q_2$$

$$\omega = ab(\text{高}\times\text{宽})$$

式中　Q——漏斗设计流量，m^3/s；

Q_1——溢流堰设计流量；

Q_2——底孔冲沙流量；

μ——流量系数；

ω——进水涵洞过水断面面积，m^2；

ΔH——作用水头，m，等于进水涵洞上、下游水面的高程差。

有压洞进口水流须满足

$$\frac{h_x}{a} > 1.5 \tag{2.4-22}$$

式中　h_x——洞前水深，m。

溢流堰过流采用的公式为

$$Q_1 = mB\sqrt{2g}H_1^{\frac{3}{2}} \tag{2.4-23}$$

式中　B——溢流堰长，m；

H_1——堰顶水头，m；

m——大于折线形堰而小于曲线形堰的流量系数，约在 0.34～0.42 之间。

漏斗内直径 D 为

$$D = \frac{2Q_1}{m\pi\sqrt{2g}\left[h_x - \left(\frac{Q}{\mu\omega\sqrt{2g}}\right)^2 - P_1 + i_1 L_1\right]^{\frac{2}{3}}} \tag{2.4-24}$$

式中　i_1——涵洞底坡；

L_1——涵洞长度；

P_1——溢流堰坎高；

其他符号意义同前。

2. 侧槽明渠尺寸的确定

溢流堰的过堰水流跌入侧槽中，其水流方向与漏斗内水流方向相反。槽内水流为沿程增量流，应按动量方程计算其水面曲线；考虑到流量较小，设计时须在控制槽内不产生淹没的同时兼顾下游明渠的水面连接。侧槽出口深用堰流公式估算；为了施工方便侧槽断面采用等底宽设计，底坡为1/50左右。

3. 排沙廊道内水流挟沙能力估算

由于进入廊道的水流量仅占漏斗设计流量的3%～8%，而进泥沙量占总的90%以上，这种高含沙量的二相流，目前尚无较准确的公式计算其推移质输沙率，根据渠首和其他沉沙池设计的工程经验，以断面平均流速作为控制判断依据，故采用小流量、陡底坡、大流速的设计原则。

参考文献

[1] 周素真，石自堂，马有国．取水枢纽工程［M］．武汉：武汉水利电力大学出版社，2000.

[2] 宋祖昭，张思俊，詹美礼．取水工程［M］．北京：中国水利水电出版社，2002.

[3] 张德茹，梁志勇，罗福安，袁玉萍．导沙坎导沙机理及设计方法［J］．水利水电技术，1996（4）．

[4] 张开泉，刘焕芳．涡管螺旋流排沙的研究与实践［J］. 水利水电技术，1991（11）．

[5] 王焕才，王笑思．水电站斜板沉沙池试验研究［J］．泥沙研究，1986（2）．

[6] 石自堂．无坝渠首改建中几个问题的探讨［J］．农田水利与小水电，1993（3）．

[7] 张开泉．环流强度的判别及螺旋排沙［J］．新疆水利科技，1982（4）．

第3章

灌排渠沟与输水管道工程设计

本章在第1版《水工设计手册》的基础上，做了较大调整、修订和扩充，主要包括六个方面：

(1) 侧重工程设计，加强了基本概念、基本理论的介绍。

(2) 将第1版第39章与第41章的相关内容合并为3.1节、3.2节、3.4节。

(3) 对渠道衬砌防渗部分进行了扩充，增加了新型材料防渗和渠道防冻胀内容。

(4) 增加了"3.3 特殊地基渠道设计"和"3.5 管道输水工程设计"。在特殊地基渠道设计中，侧重对各种地基处理措施的介绍；在输水管道设计中，以输水管道水力计算和结构设计为主，适当考虑了适应农业、城市、工业供水情况下的树状、环状管网的设计。

(5) 对第1版第39章第1节 "渠线选定"以及第41章第1节 "设计依据资料"、第6节 "排水区规划"、第7节 "承泄区"等内容做了较大删减。

(6) "3.1 渠道工程设计"、"3.4 排水沟道设计"主要参考了郭元裕主编的《农田水利学》(第三版)的相关内容。

"3.1 渠道工程设计"，重点为渠道流量和渠道纵断面设计两个方面；"3.2 渠道衬砌及防冻胀工程设计"，除介绍传统的衬砌方法外，增加了新型材料防渗的内容；"3.3 特殊地基渠道设计"，主要介绍了在软基、砂基和矿区地基上修建渠道的地基处理方法；"3.4 排水沟道设计"，以田间水平排水沟流量和间距，竖向排水的水位降深及布设方式、排水干沟的流量、设计水位和纵横断面设计为主；"3.5 输水管道工程设计"，结合城镇供水，介绍了树状、环状管网设计的方法。

章主编　罗金耀

章主审　陈大雕

本章各节编写及审稿人员

节次	编　写　人	审稿人
3.1	罗金耀	陈大雕
3.2	娄宗科　胡笑涛　蔡焕杰	
3.3	侍　倩	
3.4	罗金耀	
3.5	罗金耀　薛英文　李小平	

第3章 灌排渠沟与输水管道工程设计

本章内容以输（供）水渠道、排水沟和输水管道设计为主。渠首工程规划方法和渠道流量确定方法已在本手册第1章作了介绍，本章主要介绍农田灌溉排水和工业、城镇输（供）水的渠道、排水沟道和管道工程设计。

3.1 渠道工程设计

3.1.1 渠线规划

干、支渠道的渠线规划大致可分为查勘、纸上定线和定线测量三个步骤。

1. 查勘

先在小比例尺（一般为1/50000）地形图上初步布置渠线位置，地形复杂的地段可布置几条比较线路，然后进行实际查勘，调查渠道沿线的地形、地质条件，估计建筑物的类型、数量和规模，对难以施工地段要进行初勘和复勘，经反复分析比较后，初步确定一个可行的渠线布置方案。

2. 纸上定线

对经过查勘初步确定的渠线，测量带状地形图，比例尺为1/1000～1/5000，等高距为0.5～1.0m，测量范围从初定的渠道中心线向两侧扩展，宽度为100～200m。在带状地形图上准确地布置渠道中心线的位置，包括弯道的曲率半径和弧形中心线的位置，并根据沿线地形和输水流量选择适宜的渠道比降。在确定渠线位置时，要充分考虑到渠道水位的沿程变化和地面高程。在平原地区，渠道设计水位一般应高于地面，形成半挖半填渠道，使渠道水位有足够的控制高程。在丘陵山区，当渠道沿线地面横向坡度较大时，可按渠道设计水位选择渠道中心线的地面高程，且应使渠线顺直，避免过多的弯曲。

3. 定线测量

通过测量，把带状地形图上的渠道中心线放到地面上，沿线打上木桩，木桩的位置和间距视地形变化情况而定，木桩上写上桩号，并测量各木桩处的地面高程和横向地面高程线，再根据设计的渠道纵横断面确定各桩号处的挖、填深度以及开挖线位置。

4. 平原地区和小型渠道

在平原地区和小型渠道，可用比例尺不小于1/10000的地形图进行渠线规划，先在图纸上初定渠线，再进行实际查勘，修改渠线，然后进行定线测量，一般不测带状地形图。斗渠、农渠的规划也可参照这个步骤进行。

3.1.2 渠系建筑物的规划布置

渠系建筑物系指各级渠道上的建筑物，按其作用的不同，可分为以下几种类型。

3.1.2.1 引水建筑物

从河流无坝引水灌溉时的引水建筑物就是渠首进水闸，其作用是调节干渠的进水流量；有坝引水时的引水建筑物是由拦河坝、冲沙闸、进水闸等组成的灌溉引水枢纽，其作用是壅高水位，冲刷进水闸前的淤沙，调节干渠的进水流量，满足灌溉对水位、流量的要求。需要提水灌溉时，修筑在渠首的泵站和需要调节河道流量满足灌溉要求时修建的水库，也属于引水建筑物。

3.1.2.2 配水建筑物

配水建筑物主要包括分水闸和节制闸。

1. 分水闸

分水闸建在上级渠道向下级渠道分水的地方。上级渠道的分水闸就是下级渠道的进水闸。斗渠、农渠的进水闸分别惯称为斗门、农门。分水闸的作用是控制和调节向下级渠道的配水流量，其结构型式有开敞式和涵洞式两种。

2. 节制闸

节制闸垂直渠道中心线布置，其作用是根据需要抬高上游渠道的水位或阻止渠水继续流向下游。在下列情况下需要设置节制闸：

（1）在下级渠道中，个别渠道进水口处的设计水位和渠底高程较高，当上级渠道的工作流量小于设计流量时，进水就很困难。为保证该渠道能正常引水灌溉，就要在分水口的下游设一节制闸，壅高上游水位，以满足下级渠道的引水要求，如图3.1-1所示。

（2）下级渠道实施轮灌时，需在轮灌组的分界处设置节制闸，在上游渠道轮灌供水期间，用节制闸截

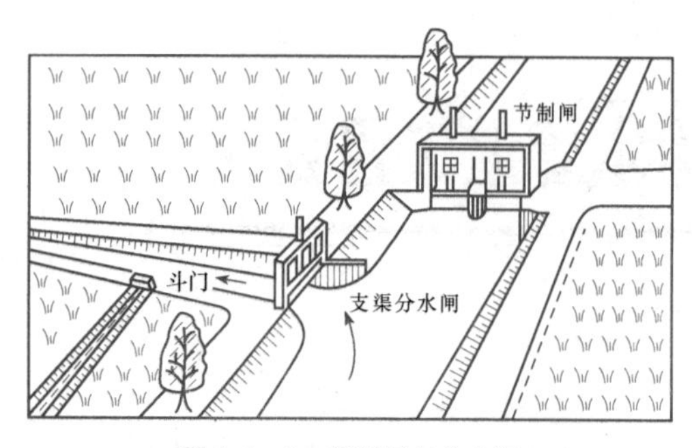

图 3.1-1　节制闸与分水闸

断水流，把全部水量分配给上游轮灌组中的各条下级渠道。

(3) 为了保护渠道上的重要建筑物或险工渠段，退泄降雨期间汇入上游渠段的降雨径流，通常在它们的上游设置泄水闸，在泄水闸与被保护建筑物之间设置节制闸，使多余水量从泄水闸流向天然河道或排水沟道。

3.1.2.3　交叉建筑物

渠道穿越山岗、河沟、道路时，需要修建交叉建筑物。常见的交叉建筑物有隧洞、渡槽、倒虹吸、涵洞、桥梁等。

1. 隧洞

当渠道遇到山岗时，或因石质坚硬，或因开挖工程量过大，往往不能采用深挖方渠道，而如果沿等高线绕行，渠道线路又过长，工程量仍然较大，且增加了水头损失。在这种情况下，可选择山岗单薄的地方开凿隧洞穿过。

2. 渡槽

渠道穿过河沟、道路时，如果渠底高于河沟最高洪水位或渠底高于路面的净空大于行驶车辆要求的安全高度时，可架设渡槽，让渠道从河沟、道路的上空通过。渠道穿越洼地时，如采取高填方渠道工程量太大，也可采用渡槽。图 3.1-2 所示为渠道跨越河沟时的渡槽。

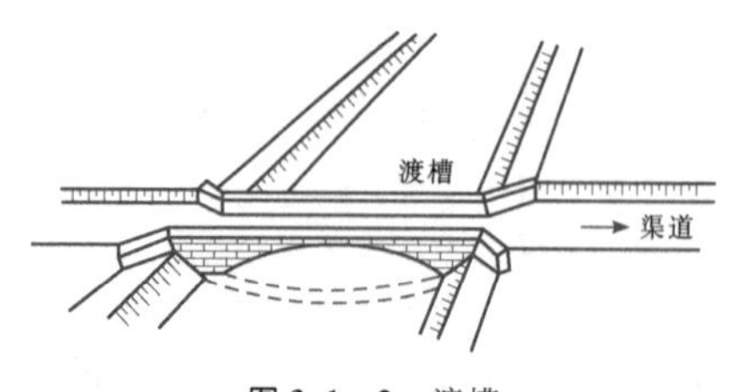

图 3.1-2　渡槽

3. 倒虹吸

渠道穿过河沟、道路时，如果渠道水位高于路面或河沟洪水位，但渠底高程却低于路面或河沟洪水位时；或渠底高程虽高于路面，但净空不能满足交通要求时，就要用压力管道代替渠道，从河沟、道路下面通过，压力管道的轴线向下弯曲，形似倒虹，故称为倒虹吸，见图 3.1-3。

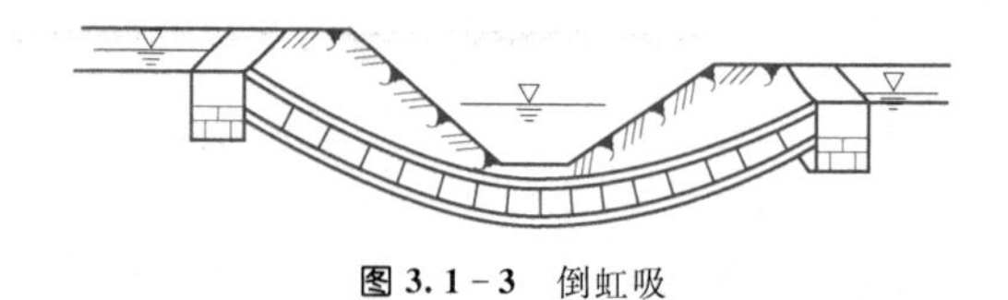

图 3.1-3　倒虹吸

4. 涵洞

渠道与道路相交，渠道水位低于路面，而且流量较小时，常在路面下面埋设平直的管道，称为涵洞。当渠道与河沟相交，河沟洪水位低于渠底高程，且河沟洪水流量小于渠道流量时，可用填方渠道跨越河沟，在填方渠道下面建造排洪涵洞。

5. 桥梁

渠道与道路相交，渠道水位低于路面，而且流量较大、水面较宽时，需在渠道上修建桥梁，以满足交通要求。

3.1.2.4　衔接建筑物

当渠道通过坡度较大的地段时，为了防止渠道冲刷，保持渠道的设计比降，就把渠道分成上、下两段，中间用衔接建筑物连接，这种建筑物常见的有跌水和陡坡，如图 3.1-4 和图 3.1-5 所示。一般当渠道通过跌差较小的陡坎时，可采用跌水；当跌差较大、地形变化均匀时，多采用陡坡。

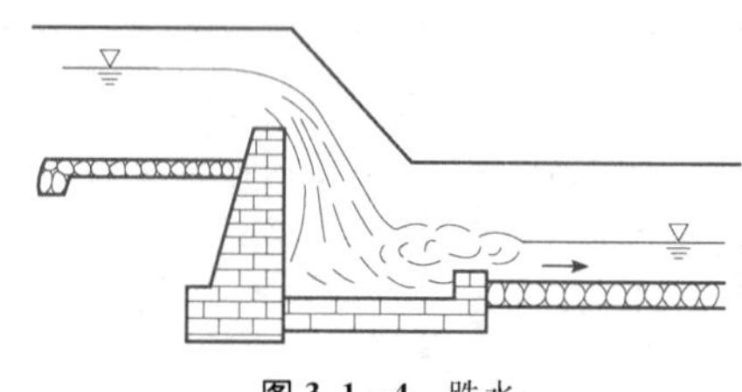

图 3.1-4　跌水

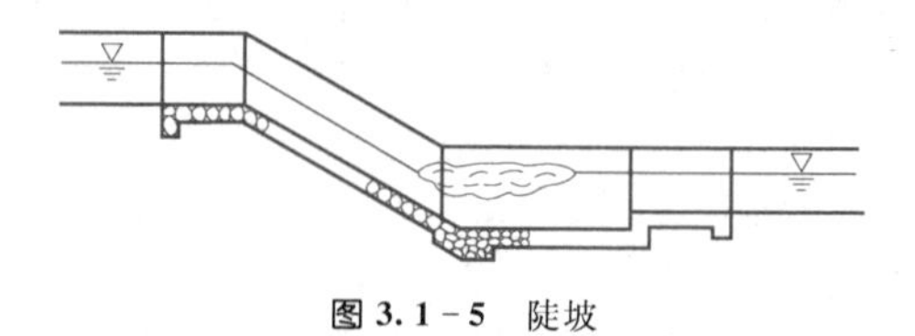

图 3.1-5　陡坡

3.1.2.5　泄水建筑物

为了防止由于沿渠坡面径流汇入渠道或因下级（游）渠道事故停水而使渠道水位突然升高，威胁渠道的安全运行，必须在重要建筑物和大填方段的上游以及山洪入渠处的下游修建泄水建筑物，泄放多余的水量。通常是在渠岸上修建溢流堰或泄水闸，当渠道水位超过加大水位时，多余水量即自动溢出或通过泄水闸宣泄出去，以确保渠道的安全运行。泄水建筑物具体位置的确定，还要考虑地形条件，应选在能利用天然河沟、洼地等作为泄水出路的地方，以减少开挖泄水沟道的工程量。从多泥沙河流引水的干渠，常在进水闸后选择有利泄水的地形，开挖泄水渠，设置泄水闸，根据需要开闸泄水，冲刷淤积在渠首段的泥沙。为了退泄灌溉余水，干、支、斗渠的末端应设退水闸和退水渠。

3.1.2.6 量水建筑物

灌溉工程的正常运行需要控制和量测水量，以便实施科学的用水管理。在各级渠道的进水口需要量测入渠水量，在末级渠道的进水口需要量测向田间灌溉的水量，在退水渠上需要量测渠道退泄的水量。可以利用水闸等建筑物的水位—流量关系进行量水，但建筑物的变形以及流态不够稳定等因素会影响量水的精度。在现代化灌区建设中，要求在各级渠道进水闸下游，安装专用的量水建筑物或量水设备。量水堰是常用的量水建筑物，三角形薄壁堰、矩形薄壁堰和梯形薄壁堰在灌区量水中广为使用。巴歇尔量水槽（见图3.1-6）也是广泛使用的一种量水建筑物，虽然结构比较复杂，造价较高，但壅水较小，行近流速对量水精度的影响较小，进口和喉道处的流速很大，泥沙不易沉积，能保证量水精度。

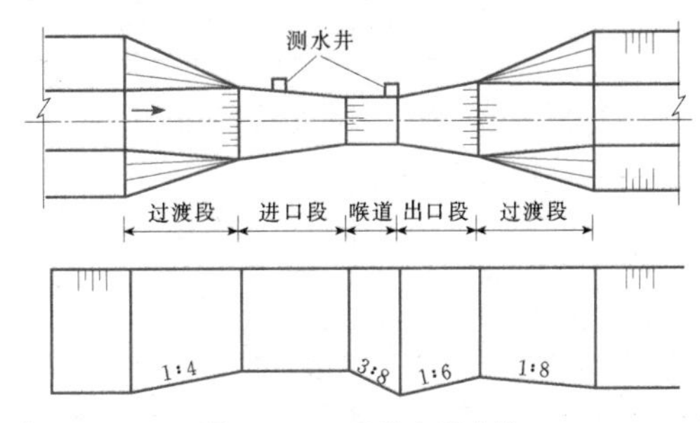

图3.1-6 巴歇尔量水槽

3.1.3 灌溉渠道纵横断面设计

合理的渠道纵、横断面除了满足渠道的输水、配水要求外，还应满足渠床稳定条件，包括纵向稳定和平面稳定两个方面。纵向稳定要求，渠道在设计条件下工作时不发生冲刷和淤积，或在一定时期内冲淤平衡；平面稳定要求，渠道在设计条件下工作时水流不发生左右摇摆。

3.1.3.1 渠道断面型式

渠道断面有梯形、矩形、U形、复合形等多种型式，如图3.1-7所示。不同防渗材料适宜的断面型式可参考表3.1-1选用。

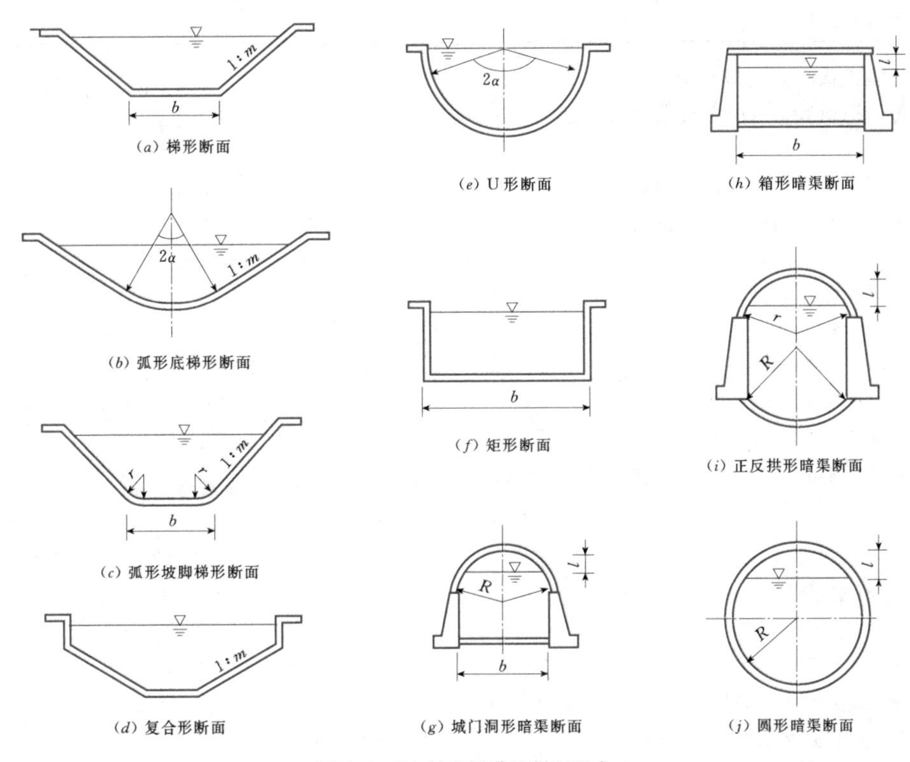

图3.1-7 衬砌渠道的断面型式

表 3.1-1　不同材料衬砌渠道适用的断面型式

渠道衬砌材料类别	衬砌渠道的断面型式									
	明渠					暗渠				
	梯形	矩形	复合形	弧形底梯形	弧形坡脚梯形	U形	城门洞形	箱形	正反拱形	圆形
素土	√	√	√	√	√					
灰土	√			√	√		√		√	
黏砂混凝土	√			√	√					
膨润混合土	√			√	√					
三合土	√	√	√	√	√		√		√	
四合土	√	√	√	√	√		√		√	
塑性水泥土	√		√	√	√					
干硬性水泥土	√	√	√	√	√		√		√	
料石	√	√	√	√	√	√	√	√	√	√
块石	√	√	√	√	√	√	√	√	√	√
卵石	√		√	√	√	√	√		√	
石板	√		√	√	√					
土保护层塑膜	√			√	√					
沥青混凝土	√			√	√					
混凝土	√	√	√	√	√	√	√	√	√	√
刚性保护层塑膜	√	√	√	√	√	√	√	√	√	√

梯形断面施工简单，边坡稳定，广泛应用于大、中、小型渠道，在地形、地质无特殊问题的地区，普遍采用。

矩形断面工程量小，适用于坚固石渠，如傍山或塬边渠道以及宽深比受到限制的城镇地区，可以采用钢筋混凝土矩形断面或砌石矩形断面。

弧形底梯形、弧形坡脚梯形、U 形渠道等，水力条件好、占地少、整体性好、适应冻胀变形能力强，在一定程度上减轻了冻胀变形的不均匀性，在北方地区特别是在小型渠道上得到了推广应用。

多边形断面适用于在粉质砂土地区修建的渠道。渠床位于不同土质上的大型渠道，亦有采用。

暗渠具有占地少、安全性高、水流不易污染、可避免冻胀破坏等优点。

3.1.3.2　渠道纵横断面设计公式

灌溉渠道一般为正坡明渠。在渠首进水口与第一个分水口之间或在相邻两个分水口之间，如果忽略蒸发和渗漏损失，渠段内的流量是个常数。因此，灌溉渠道可按明渠均匀流公式式（3.1-1）设计：

$$\left.\begin{aligned} v &= C\sqrt{Ri} \\ C &= \frac{1}{n}R^{1/6} \\ Q &= AC\sqrt{Ri} \end{aligned}\right\} \tag{3.1-1}$$

式中　v——渠道平均流速，m/s；

C——谢才系数，$m^{0.5}/s$；

R——水力半径，m；

i——渠底比降；

n——渠床糙率系数；

Q——渠道设计流量，m^3/s；

A——渠道过水断面面积，m^2。

3.1.3.3　梯形渠道横断面设计

由式（3.1-1）可知，当 A、n、i 一定时，水力半径 R 最大或湿周最小的断面就是水力最佳断面，半圆形断面是水力最佳断面。但天然土渠难以修建成半圆形，且渠床也不稳定，只能建成接近半圆的梯形断面。

1. 渠道设计的依据

（1）渠底比降 i。渠底比降 i 应根据渠道沿线的地面坡度、下级渠道进水口的水位要求、渠床土质、水源含沙情况、渠道设计流量大小等因素，参考当地灌区管理运行经验，选择适宜的渠底比降。应尽可能选用与地面坡度相近的渠底比降。抽水灌区的渠道应在满足不淤条件下尽量选择平缓的比降，以减小提水扬程和灌溉成本。黄土地区从多泥沙河流引水的渠道，满足不淤条件的渠底比降可参考原陕西省水利科学研究所的经验公式式（3.1-2）确定：

$$i = 0.275n^2 \frac{(\rho_0 \omega)^{3/5}}{Q^{1/4}} \tag{3.1-2}$$

式中　i——渠底比降；

ρ_0——水流的饱和挟沙量，kg/m^3；

ω——泥沙平均沉速，mm/s，可参考表3.1-2选用；

其他符号意义同前。

设计中可参考地面坡度和下级渠道的水位要求先初选一个比降，计算渠道的过水断面尺寸，再按不冲流速、不淤流速进行校核，若不满足要求，可修改比降重新计算。

（2）渠床糙率系数 n。渠床糙率系数 n 是反映渠床粗糙程度的技术参数。如果 n 值选得太大，设计的渠道断面就偏大；反之则偏小。糙率系数值选择要考虑渠床土质、施工质量和建成后的管理养护情况。表3.1-3中的数值可供参考。

（3）渠道的边坡系数 m。渠道的边坡系数 m 是表征渠道边坡倾斜程度的指标。m 值的大小关系到渠坡的稳定。大型渠道的边坡系数应通过土工试验和稳定分析确定。

表3.1-2　　泥沙沉降速度

泥沙粒径（mm）	各水温的沉降速度（mm/s）				泥沙粒径（mm）	各水温的沉降速度（mm/s）			
	0℃	10℃	20℃	30℃		0℃	10℃	20℃	30℃
0.001	0.000	0.001	0.001	0.001	0.350	27.400	32.800	37.100	41.400
0.002	0.002	0.002	0.003	0.003	0.400	32.900	38.700	43.400	48.600
0.003	0.003	0.005	0.006	0.007	0.500	43.300	50.600	56.700	61.900
0.004	0.006	0.008	0.011	0.013	0.600	54.300	62.600	69.200	75.000
0.005	0.009	0.013	0.017	0.021	0.700	65.200	74.200	81.200	88.500
0.006	0.014	0.019	0.024	0.030	0.800	75.000	85.500	93.700	102.000
0.007	0.019	0.025	0.033	0.041	0.900	85.500	96.000	106.000	114.000
0.008	0.024	0.033	0.043	0.053	1.000	95.200	107.000	117.000	125.000
0.009	0.031	0.042	0.054	0.067	1.500	143.000	160.000	172.000	177.000
0.010	0.038	0.051	0.067	0.083	2.000	190.000	205.000	205.000	205.000
0.020	0.152	0.021	0.267	0.333	2.500	229.000	229.000	229.000	229.000
0.030	0.341	0.463	0.601	0.748	3.000	251.000	251.000	251.000	251.000
0.040	0.604	0.822	1.070	1.330	3.500	271.000	271.000	271.000	271.000
0.050	0.946	1.290	1.670	2.080	4.000	290.000	290.000	290.000	290.000
0.060	1.360	1.850	2.400	3.170	5.000	324.000	324.000	324.000	324.000
0.070	1.850	2.520	3.500	4.050	6.000	355.000	355.000	355.000	355.000
0.080	2.420	3.410	4.410	5.130	7.000	383.000	383.000	383.000	383.000
0.090	3.060	4.190	5.550	6.180	8.000	409.000	409.000	409.000	409.000
0.100	3.700	4.970	6.120	7.350	9.000	435.000	435.000	435.000	435.000
0.150	7.690	9.900	11.800	13.700	10.000	458.000	458.000	458.000	458.000
0.200	12.300	15.300	17.900	20.500	15.000	561.000	561.000	561.000	561.000
0.250	17.200	21.000	24.400	27.500	20.000	648.000	648.000	648.000	648.000
0.300	22.300	26.700	30.800	34.400					

表 3.1-3　　　　渠床糙率系数 n

1. 土渠

流量范围 (m^3/s)	渠槽特征	糙率系数 n	
		灌溉渠道	退泄水渠道
>25	平整顺直，养护良好	0.02	0.0225
	平整顺直，养护一般	0.0225	0.025
	渠床多石，杂草丛生，养护较差	0.025	0.0275
25～1	平整顺直，养护良好	0.0225	0.025
	平整顺直，养护一般	0.025	0.0275
	渠床多石，杂草丛生，养护较差	0.0275	0.03
<1	平整顺直，养护良好	0.025	0.0275
	平整顺直，养护一般	0.0275	
	渠床多石，杂草丛生，养护较差	0.03	

2. 岩石渠

渠槽表面的特征	糙率系数 n	渠槽表面的特征	糙率系数 n
经过良好修整	0.025	经过中等修整，无凸出部分	0.033
经中等修整，无凸出部分	0.03	未经修整，有凸出部分	0.035～0.045

3. 护面渠

护面类型	糙率系数 n	护面类型	糙率系数 n
抹光的水泥抹面	0.012	混凝土衬砌较差或弯曲渠段	0.017
修整极好的混凝土直渠段	0.013	沥青混凝土，表面粗糙	0.017
不抹光的水泥抹面	0.014	一般喷浆护面	0.017
光滑的混凝土护面	0.015	不平整的喷浆护面	0.018
机械浇筑表面光滑的沥青混凝土护面	0.014	修整养护较差的混凝土护面	0.018
修整良好的水泥土护面	0.015	浆砌块石护面	0.025
平整的喷浆护面	0.015	干砌块石护面	0.033
料石衬砌护面	0.015	干砌卵石护面，砌工良好	0.025～0.0325
砌砖护面	0.015	干砌卵石护面，砌工一般	0.0275～0.0375
粗糙的水泥土护面	0.016	干砌卵石护面，砌工粗糙	0.0325～0.0425
粗糙的混凝土护面	0.017		

1）中小型渠道的边坡系数根据经验或参考表3.1-4和表3.1-5选定。

2）填方渠道的渠堤填方高度不大于3m时，其内、外边坡最小边坡系数可按表3.1-5、表3.1-6确定；渠道填方高度大于3m时，其内、外边坡系数应根据稳定分析计算确定。渠堤填方高度大于5m时，宜在其底部以上每隔5m设宽度不小于1.0m的戗道。

表 3.1-4　　　　挖方渠道最小边坡系数

渠床条件	各水深的最小边坡系数			渠床条件	各水深的最小边坡系数		
	$h<1m$	$h=1\sim2m$	$h>2\sim3m$		$h<1m$	$h=1\sim2m$	$h>2\sim3m$
稍胶结的卵石	1	1	1	中壤土	1.25	1.25	1.5
夹砂的卵石和砾石	1.25	1.5	1.5	轻壤土、砂壤土	1.5	1.5	1.75
黏土、重壤土	1	1	1.25	砂土	1.75	2	2.25

表 3.1-5 **填方渠道的最小边坡系数（以水深控制）**

土质	各水深的最小边坡系数					
	$h<1$m		$h=1\sim2$m		$h>2\sim3$m	
	内边坡	外边坡	内边坡	外边坡	内边坡	外边坡
黏土、重壤土	1.00	1.00	1.00	1.00	1.25	1.00
中壤土	1.25	1.00	1.25	1.00	1.50	1.25
轻壤土、砂壤土	1.50	1.25	1.50	1.25	1.75	1.50
砂土	1.75	1.50	2.00	1.75	2.25	2.00

表 3.1-6 **填方渠道最小边坡系数（以流量控制）**

渠库条件	各流量的最小边坡系数							
	$Q>10\text{m}^3/\text{s}$		$Q=10\sim2\text{m}^3/\text{s}$		$Q=2\sim0.5\text{m}^3/\text{s}$		$Q<0.5\text{m}^3/\text{s}$	
	内边坡	外边坡	内边坡	外边坡	内边坡	外边坡	内边坡	外边坡
黏土、重壤土、中壤土	1.25	1.00	1.00	1.00	1.00	1.00	1.00	1.00
轻壤土	1.50	1.25	1.00	1.00	1.00	1.00	1.00	1.00
砂壤土	1.75	1.50	1.50	1.25	1.50	1.25	1.25	1.25
砂土	2.25	2.00	2.00	1.75	1.75	1.50	1.50	1.50

3）渠岸以上的边坡系数。渠岸以上的边坡，根据高度可分为低边坡（小于15～20m）和高边坡（大于15～20m）。坡形有直线形（一坡到顶，只应用于低边坡）、折线形（上缓下陡）及梯形（小平台及大平台）3种。低边坡坡比一般采用工程地质比拟法确定，可参考表3.1-7～表3.1-9选用。

（4）渠道断面的宽深比a。渠道断面的宽深比a是渠道底宽b与水深h的比值。渠道宽深比的选择要考虑下列要求：

1）工程量最小。梯形渠道水力最优断面的宽深比按式（3.1-3）计算：

$$a_0 = 2(\sqrt{1+m^2}-m) \qquad (3.1-3)$$

式中 a_0——梯形渠道水力最优断面的宽深比；

m——梯形渠道的边坡系数。

根据式（3.1-3）可算出不同边坡系数相应的水力最优断面的宽深比，见表3.1-10。

表 3.1-7 **渠岸以上黏土低边坡容许坡比值**

土的类别	密实度或黏土的状态	不同边坡高度的容许坡比值	
		<5m	5～10m
黏土、重黏土	坚硬	1∶0.35～1∶0.50	1∶0.50～1∶0.75
	硬塑	1∶0.50～1∶0.75	1∶0.75～1∶1.00
一般黏性土	坚硬	1∶0.75～1∶1.00	1∶1.00～1∶1.25
	硬塑	1∶1.00～1∶1.25	1∶1.25～1∶1.50

表 3.1-8 **渠岸以上黄土低边坡容许总坡比值**

年代	开挖情况	不同边坡高度的容许总坡比值		
		<5m	5～10m	10～15m
次生黄土（Q_4）	锹挖容易	1∶0.50～1∶0.75	1∶0.75～1∶1.00	1∶1.00～1∶1.25
马兰黄土（Q_3）	锹挖较容易	1∶0.30～1∶0.50	1∶0.50～1∶0.75	1∶0.75～1∶1.00
离石黄土（Q_2）	镐挖	1∶0.20～1∶0.30	1∶0.30～1∶0.50	1∶0.50～1∶0.75
午城黄土（Q_1）	镐挖困难	1∶0.10～1∶0.20	1∶0.20～1∶0.30	1∶0.30～1∶0.50

表 3.1-9　　碎石土边坡总坡比参考值

土体结合密实程度		不同边坡高度的总坡比参考值		
		<10m	10～20m	20～30m
胶　结		1∶0.30	1∶0.30～1∶0.50	1∶0.50
密　实		1∶0.50	1∶0.50～1∶0.75	1∶0.75～1∶1.10
中等密实		1∶0.75～1∶1.10	1∶1.00	1∶1.25～1∶1.50
松散的	多数块径大于 40cm	1∶0.50	1∶0.75	1∶0.75～1∶1.00
	多数块径大于 25cm	1∶0.75	1∶1.00	1∶1.00～1∶1.25
	块径一般小于 25cm	1∶1.25	1∶1.50	1∶1.50～1∶1.75

注　1. 含土多时，还需要按土质边坡进行验算。
2. 含石多且松散时，可视其具体情况挖成折线形或台阶形。
3. 如大块石中含较多黏性土时，边坡一般为 1∶1.00～1∶1.50。

表 3.1-10　　$m-a_0$ 关系

边坡系数 m	0	0.25	0.50	0.75	1.00	1.25	1.50	1.75	2.00	3.00
a_0	2.00	1.56	1.24	1.00	0.83	0.70	0.61	0.53	0.47	0.32

水力最优断面具有工程量最小的优点，小型渠道和石方渠道均可以采用。因水力最优断面比较窄深，因此大型渠道常采用宽浅断面。

2）断面稳定。稳定断面的宽深比应满足渠道不冲、不淤要求，它与渠道流量、水流含沙情况、渠道比降等因素有关，应在总结当地已建成渠道运行经验的基础上研究确定。这里介绍几个常用的公式，供参考使用。

a. 陕西省对从多泥沙河道引水的灌溉渠道进行了研究，提出了以下公式：

当 $Q<1.5\text{m}^3/\text{s}$ 时，

$$a=NQ^{0.1}-m \tag{3.1-4}$$

当 $Q=1.5\sim50\text{m}^3/\text{s}$ 时，

$$a=NQ^{0.25}-m \tag{3.1-5}$$

上二式中　N=2.35～3.25，一般采用 2.8；

m——边坡系数。

b. 苏联 C. A. 吉尔什坎公式：

$$a=3Q^{0.25}-m \tag{3.1-6}$$

c. 美国垦务局公式：

$$a=4-m \tag{3.1-7}$$

每个经验公式都是在一定地区的特定条件下产生的，具有一定的局限性。这些经验公式的计算结果只能作为设计的参考。

(5) 渠道的不冲流速（v_{cs}）及不淤流速（v_{cd}）。为维持渠床稳定，渠道通过设计流量时的平均流速（设计流速）v_d 应满足以下条件：

$$v_{cd}<v_d<v_{cs} \tag{3.1-8}$$

1）渠道的不冲流速。渠道不冲流速与渠床土壤性质、水流含沙情况、渠道断面水力要素等因素有关，具体数值要通过试验研究或总结已建成渠道的运用经验而定。一般土渠的不冲流速为 0.6～0.9m/s。表 3.1-11 中的数值可供设计参考。

表 3.1-11　土质渠床的不冲流速

土　质	不冲流速（m/s）	备　　注
轻壤土	0.60～0.80	干容重为 1.3～1.7t/m³
中壤土	0.65～0.85	
重壤土	0.70～1.00	
黏　土	0.75～0.95	

注　表中所列不冲流速值属于水力半径 R=1.0m 的情况，当 $R\neq1.0$m 时，表中所列数值乘以 R^{ζ}。指数 ζ 值依据下列情况采用：①各种大小的砂、砾石和卵石及疏松的壤土、黏土，ζ=1/4～1/3；②中等密实的和密实的砂壤土、壤土及黏土 ζ=1/5～1/4。

土质渠道的不冲流速也可用 C. A. 吉尔什坎公式计算：

$$v_{cs}=KQ^{0.1} \tag{3.1-9}$$

式中　v_{cs}——渠道不冲流速，m/s；

K——根据渠床土壤性质而定的耐冲系数，可查表 3.1-12；

Q——渠道的设计流量，m³/s。

有衬砌护面的渠道其不冲流速比土渠大得多，如混凝土护面的渠道容许最大流速可达 12m/s。但从渠床稳定考虑，仍应对衬砌渠道的容许最大流速限制在较小的数值。美国垦务局建议，无钢筋的混凝土衬砌渠道的流速不应超过 2.5m/s。

表 3.1-12　　渠床土壤耐冲程度系数 K

非黏性土	K	黏性土	K
中砂土	0.45～0.50	砂壤土	0.53
粗砂土	0.50～0.60	轻黏壤土	0.57
小砾石	0.60～0.75	中黏壤土	0.62
中砾石	0.75～0.90	重黏壤土	0.69
大砾石	0.90～1.00	黏土	0.75
小卵石	1.00～1.30	重黏土	0.85
中卵石	1.30～1.45		
大卵石	1.45～1.60		

表 3.1-13～表 3.1-15 给出了衬砌渠道的容许不冲流速，可供设计时参考。

2）渠道的不淤流速。渠道不淤流速主要取决于渠道含水情况和断面水力要素，也应通过试验研究或总结实践经验而定。当缺乏实际研究成果时，可采用原黄河水利委员会科学研究所的不淤流速经验公式计算：

$$v_{cd} = C_0 Q^{0.5} \tag{3.1-10}$$

式中　v_{cd}——渠道不淤流速，m/s；

C_0——不淤流速系数，随渠道流量和宽深比而变，见表 3.1-16；

Q——渠道的设计流量，m^3/s。

式（3.1-10）适用于黄河流域含沙量为 1.32～83.8kg/m^3、加权平均泥沙沉降速度为 0.0085～0.32m/s 的渠道。

对渠道的最小流速仍有一定限制，通常要求大型渠道的平均流速不小于 0.5m/s，小型渠道的平均流速不小于 0.3～0.4m/s。

表 3.1-13　　非黏性土渠道容许不冲流速

土　质	粒　径（mm）	不同水深的容许不冲流速（m/s）			
		0.4m/s	1.0m/s	2.0m/s	≥3.0m/s
淤　泥	0.005～0.050	0.12～0.17	0.15～0.21	0.17～0.24	0.19～0.26
细　砂	0.050～0.250	0.17～0.27	0.21～0.32	0.24～0.37	0.26～0.40
中　砂	0.250～1.000	0.27～0.47	0.32～0.57	0.37～0.65	0.40～0.70
粗　砂	1.000～2.500	0.47～0.53	0.57～0.65	0.65～0.75	0.70～0.80
细砾石	2.500～5.000	0.53～0.65	0.65～0.80	0.75～0.90	0.80～0.95
中砾石	5.000～10.000	0.65～0.80	0.80～1.00	0.90～1.10	0.95～1.20
大砾石	10.000～15.000	0.80～0.95	1.00～1.20	1.10～1.30	1.20～1.40
小卵石	15.000～25.000	0.95～1.20	1.20～1.40	1.30～1.60	1.40～1.80
中卵石	25.000～40.000	1.20～1.50	1.40～1.80	1.60～2.10	1.80～2.20
大卵石	40.000～75.000	1.50～2.00	1.80～2.40	2.10～2.80	2.20～3.00
小漂石	75.000～100.000	2.00～2.30	2.40～2.80	2.80～3.20	3.00～3.40
中漂石	100.000～150.000	2.30～2.80	2.80～3.40	3.20～3.90	3.40～4.20
大漂石	150.000～200.000	2.80～3.20	3.40～3.90	3.90～4.50	4.20～4.90
顽　石	>200.000	>3.20	>3.90	>4.50	>4.90

注　表中所列容许不冲流速值为水力半径 $R=1.0$m 时的情况；当 $R \neq 1.0$m 时，表中所列数值应乘以 R^{α}，指数 α 值可采用 $\alpha=1/3 \sim 1/5$。

表 3.1-14　　石渠容许不冲流速

岩　性	不同水深的不冲流速（m/s）			
	0.4m	1m	2m	3m
砾岩、泥灰岩、页岩	2	2.5	3	3.5
石灰岩、致密的砾岩、砂岩、白云石灰岩	3	3.5	4	4.5
白云砂岩、致密的石灰岩、硅质石灰岩、大理岩	4	5	5.5	6
花岗岩、辉绿岩、玄武岩、安山岩、石英岩、斑岩	15	18	20	22

表 3.1-15　防渗衬砌渠道容许不冲流速

防渗衬砌结构类别			容许不冲流速 (m/s)
土　料	黏土、黏砂混合土		0.75～1.00
	灰土、三合土、四合土		<1.00
水泥土	现场填筑		<2.50
	预制铺砌		<2.00
砌　石	干砌卵石（挂淤）		2.50～4.00
	浆砌块石	单　层	2.50～4.00
		双　层	3.50～5.00
	浆砌料石		4.00～6.00
	浆砌石板		<2.50
膜　料（土料保护层）	砂壤土、轻壤土		<0.45
	中壤土		<0.60
	重壤土		<0.65
	黏　土		<0.70
	砂砾料		<0.90
沥青混凝土	现场浇筑		<3.00
混凝土	现场浇筑		<8.00
	预制铺砌		<5.00
	喷射法施工		<10.00

注　表中土料类和膜料类（土料保护层）防渗衬砌结构容许不冲流速值为水力半径 $R=1.0$m 时的情况；当 $R\neq1.0$m 时，表中所列数值应乘以 R^{ζ}。指数 ζ 值可按下列情况采用：①疏松的土料或土料保护层，$\zeta=1/4\sim1/3$；②中等密实和密实的土料或土料保护层，$\zeta=1/5\sim1/4$。

表 3.1-16　不淤流速系数 C_0 值

渠道流量和宽深比		C_0
$Q>10m^3/s$		0.2
$Q=5\sim10m^3/s$	$b/h>20$	0.2
	$b/h<20$	0.4
$Q<5m^3/s$		0.4

2. 渠道水力计算

渠道水力计算的任务是确定渠道过水断面的水深 h 和底宽 b。土质渠道梯形断面的水力计算方法有以下两种：

(1) 一般断面的水力计算。这是广泛使用的渠道设计方法。根据式 (3.1-1) 用试算法求解渠道的断面尺寸，具体步骤如下：

1) 假设 b、h 值。为便于施工，底宽 b 应取整数，或最多保留小数点后 1 位（单位为 m）。因此，一般先假设一个整数的 b 值，再选择适当的宽深比 a，用公式 $h=b/a$ 计算相应的水深值。

2) 计算渠道过水断面的水力要素。根据假设的 b、h 值按式 (3.1-11) 计算相应的过水断面面积 A、湿周 χ、水力半径 R 和谢才系数 C：

$$\left.\begin{aligned} A &= (b+mh)h \\ \chi &= b+2h\sqrt{1+m^2} \\ R &= A/\chi \end{aligned}\right\} \tag{3.1-11}$$

式中　A——渠道断面面积，m^2；

χ——渠道过水断面湿周，m；

R——水力半径，m；

m——边坡系数；

b——渠道底宽，m；

h——渠道水深，m。

3) 计算渠道流量。用式 (3.1-1) 计算渠道流量。

4) 校核渠道输水能力。以上计算出来的渠道流量 ($Q_{计算}$) 是相应于假设的 b、h 值的输水能力，一般不等于渠道的设计流量 Q，通过试算，反复修改 b、h 值，直至渠道计算流量等于或接近渠道设计流量为止。计算误差可根据采用的计算工具的精度确定，一般不超过 5%。

在实际应用中，为便于施工，对渠道底宽 b 的尾数应假定为适当的整数，大型渠道可取为 10cm，小型渠道可取为 5cm，且最小底宽不宜小于 30cm。

5) 校核渠道设计流速 v_d。

采用式 (3.1-12) 计算渠道设计流速：

$$v_d = Q/A \tag{3.1-12}$$

渠道的设计流速应满足式 (3.1-8) 的校核条件。如不满足流速校核条件，则需要改变渠道的底宽 b 值和渠道断面的宽深比 a，并重复以上计算步骤。直到既满足流量要求又满足流速校核条件为止。

6) 列出渠道断面设计成果。渠道断面设计水力要素成果见表 3.1-17。

表 3.1-17　渠道断面设计水力要素成果表

渠名	渠段	渠底比降 i	糙率 n	底宽 B_1 (m)	边坡系数		流量 Q (m^3/s)	水深 h (m)	过水面积 A (m^2)	流速 (m/s)			水力半径 R (m)	湿周 χ (m)	超高 F_b (m)	渠深 H (m)	渠顶宽 (m)	
					$m_{内}$	$m_{外}$				v_d	v_{cs}	v_{cd}					$D_{左}$	$D_{右}$

(2) 水力最优梯形断面的水力计算。采用水力最优梯形断面时，可按下列步骤直接求解：

1) 计算渠道的设计水深。由明渠均匀流流量计算公式式（3.1-3）和梯形渠道水力最优断面的宽深比公式式（3.1-3），可推得梯形渠道水力最优梯形断面的设计水深为

$$h_d = 1.189\left[\frac{nQ}{(2\sqrt{1+m^2}-m)\sqrt{i}}\right]^{3/8} \tag{3.1-13}$$

式中 h_d——渠道设计水深，m；

其他符号意义同前。

2) 计算渠道的设计底宽。渠道的设计底宽采用式（3.1-14）计算：

$$b_d = a_0 h_d \tag{3.1-14}$$

式中 b_d——渠道的设计底宽，m；

a_0——梯形渠道断面的最优宽深比。

3) 校核渠道流速。流速计算和校核方法与采用一般断面时相同。如设计流速不满足校核条件时，说明不宜采用水力最优梯形断面型式。

需要指出的是：从多沙河流引水的渠道，应采用冲淤平衡的渠道设计思想进行设计。但关于冲淤平衡设计的具体方法，还有待进一步研究。

3. 渠道过水断面以上部分有关尺寸的确定

(1) 渠道加大水深。渠道通过加大流量 Q_j 时的水深称为加大水深 h_j。计算加大水深时，渠道设计底宽 b_d 已经确定，明渠均匀流流量公式中只包含一个未知数，可直接求解。轮灌渠道一般不考虑加大水深。

如果采用水力最优断面，可近似地用式（3.1-13）直接求解，只需将式中的 h_d 和 Q 换成 h_j 和 Q_j。

(2) 安全超高。等级为4～5级及其以下的渠道，依《灌溉与排水工程设计规范》（GB 50288—99）的规定，按式（3.1-15）计算渠道的安全超高 Δh：

$$\Delta h = \frac{1}{4}h_j + 0.2 \tag{3.1-15}$$

其余等级的渠道按《灌溉与排水工程设计规范》（GB 50288）的规定确定。

(3) 堤顶宽度。为了便于管理和保证渠道安全运行，挖方渠道的渠岸和填方渠道的堤顶应有一定的宽度，以满足交通和渠道稳定的需要。渠岸和堤顶的宽度可按式（3.1-16）计算：

$$D = h_j + 0.3 \tag{3.1-16}$$

式中 D——渠岸或堤顶宽度，m；

h_j——渠道的加大水深，m。

如果渠堤为主要交通道路，渠岸或堤顶宽度应根据交通要求确定。

3.1.3.4 其他形式断面渠道的水力计算

1. 圆底三角形断面的水力计算

圆底三角形过水断面如图3.1-8所示，这种过水断面和水力最优梯形断面十分接近，可用于中、小型渠道。

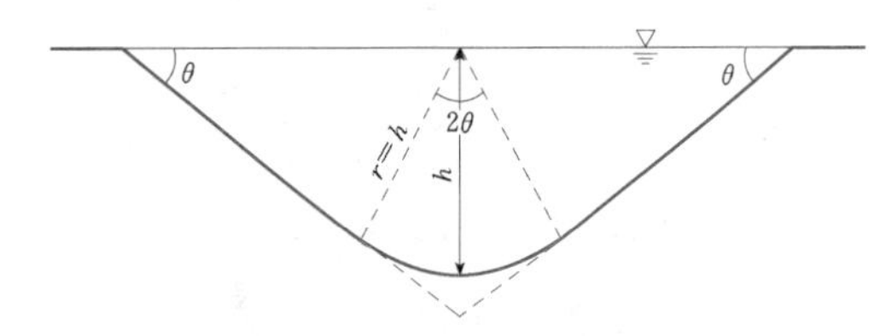

图 3.1-8 圆底三角形过水断面

(1) 过水断面面积。过水断面面积采用式（3.1-17）计算：

$$A = \pi h^2 + 2\frac{h^2\cot\theta}{2} = h^2(\theta + \cot\theta) \tag{3.1-17}$$

式中 A——过水断面面积，m^2；

h——最大水深，m；

θ——渠道边坡与水平面的夹角，(°)。

(2) 过水断面的湿周。过水断面的湿周采用式（3.1-18）计算：

$$\chi = 2\pi h\frac{\theta}{\pi} + 2h\cot\theta = 2h(\theta + \cot\theta) \tag{3.1-18}$$

式中 χ——过水断面的湿周，m。

(3) 过水断面的水力半径。过水断面的水力半径采用式（3.1-19）计算：

$$R = \frac{A}{\chi} = \frac{h^2(\theta+\cot\theta)}{2h(\theta+\cot\theta)} = \frac{h}{2} \tag{3.1-19}$$

根据断面平均流速公式可得出式（3.1-20）：

$$\frac{Q}{A} = \frac{1}{n}\left(\frac{h}{2}\right)^{2/3} i^{1/2} \tag{3.1-20}$$

根据式（3.1-20）可求出最大水深 h，即渠底圆弧的半径。

(4) 根据渠床土质选定边坡系数 m 值，按下式计算坡角 θ 值：

$$m = \cot\theta \tag{3.1-21}$$

根据 h、θ 值即可画出渠道的过水断面。

(5) 水面宽度 B 可从图纸上量取，也可用式（3.1-22）计算：

$$B = \frac{2h}{\sin\theta} \tag{3.1-22}$$

渠道平均流速应满足不冲、不淤流速要求。

2. 圆角梯形断面的水力计算

将梯形断面的两个拐角变为圆弧是提高渠道输水

能力的一种有效方法。圆角梯形断面是以梯形渠道的设计水深为半径，将梯形断面底部两个拐角变成圆弧，圆弧两端分别和渠底、边坡相切，渠底两切点间的距离为 b、圆心角为 θ，如图 3.1-9 所示。

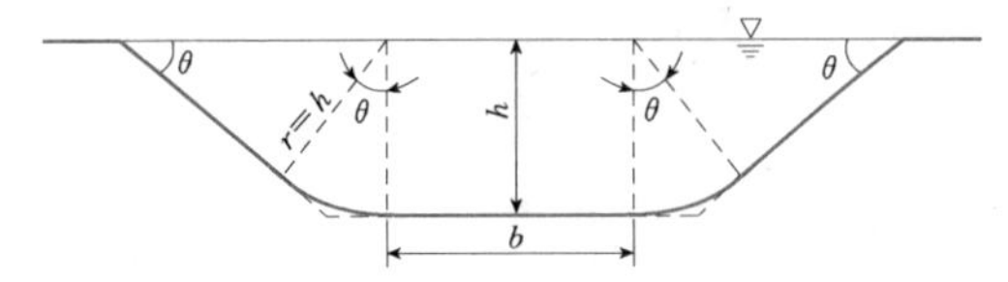

图 3.1-9　圆角梯形过水断面

圆角梯形断面的水力计算公式如下：

(1) 过水断面面积，采用式 (3.1-23) 计算：

$$A = bh + 2\pi h^2 \frac{\theta}{2\pi} + \frac{2h^2 \cot\theta}{2} = bh + h^2(\theta + \cot\theta) \quad (3.1-23)$$

(2) 过水断面的湿周，采用式 (3.1-24) 计算：

$$\chi = b + 2h(\theta + \cot\theta) \quad (3.1-24)$$

(3) 渠道的输水能力，采用式 (3.1-25) 计算：

$$Q = A\frac{1}{n}\left(\frac{A}{P}\right)^{2/3} i^{1/2} \quad (3.1-25)$$

式 (3.1-23) ～式 (3.1-25) 中包含 b、h 两个求知数，求解时，必须假定一个条件，或选择适宜的流速，或选择适宜的水深。

根据渠床土质选择适当的 θ 值，再求出 b、h 值，即可画出渠道的过水断面，水面宽度 B 可从图上量取，也可用式 (3.1-26) 计算：

$$B = b + \frac{2h}{\sin\theta} \quad (3.1-26)$$

渠道流速应满足不冲、不淤流速要求。

3. U 形断面的水力计算

U 形断面一般为混凝土衬砌断面，在我国已被广泛应用。图 3.1-10 为 U 形断面示意图，下部为半圆形，上部为稍向外倾斜的直线段。直线段下切于半圆，外倾角 $\alpha=5°\sim20°$，随渠槽加深而增大。较大的 U 形渠道采用较宽浅的断面，深宽比 $H/B=0.65\sim0.75$，较小的 U 形渠道则宜窄深一点，深宽比可增大到 $H/B=1.0$。

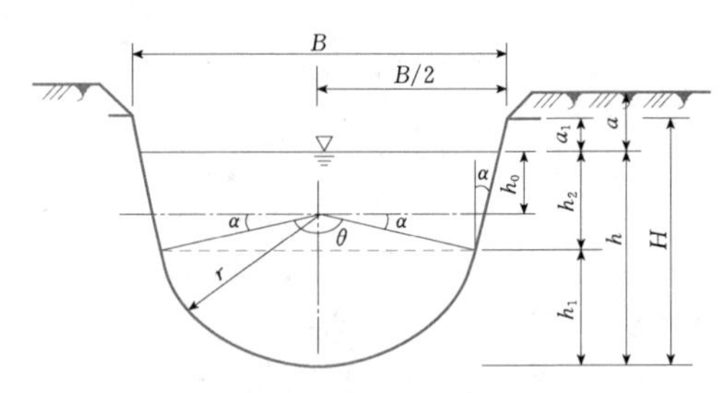

图 3.1-10　U 形断面

U 形渠道的混凝土衬砌超高 a_1 和渠堤超高 a（堤顶或岸边到加大水位的垂直距离）可参考表 3.1-18 确定。

U 形断面有关参数的计算公式见表 3.1-19。

表 3.1-18　U 形渠道衬砌超高 a_1 和渠堤超高 a 值

加大流量 (m³/s)	<0.5	0.5～1.0	1.0～10.0	10.0～30.0
a_1 (m)	0.10～0.15	0.15～0.20	0.20～0.35	0.35～0.50
a (m)	0.20～0.30	0.30～0.40	0.40～0.60	0.60～0.80

注　衬砌体顶端以上土堤高一般用 0.2～0.3m。

表 3.1-19　U 形断面有关参数计算公式

参数名称	符号	已知条件	计算公式
过水断面	A	r、α、h_2	$\frac{r^2}{2}\left[\pi\left(1-\frac{\alpha}{90°}\right)-\sin2\alpha\right]+h_2(2r\cos\alpha+h_2\tan\alpha)$
湿周	χ	r、α、h_2	$\pi r\left(1-\frac{\alpha}{90°}\right)+\frac{2h_2}{\cos\alpha}$
水力半径	R	A、χ	A/P
上口宽	B	r、α、H	$2\{r\cos\alpha+[H-r(1-\sin\alpha)]\tan\alpha\}$
直线段外倾角	α	r、B、H	$\tan^{-1}\frac{B/2}{(H-r)}+\cos^{-1}\frac{r}{\sqrt{(B/2)^2+(H-r)^2}}-90°$
圆心角	θ	r、B、H	$360°-2\left[\tan^{-1}\frac{B/2}{(H-r)}+\cos^{-1}\frac{r}{\sqrt{(B/2)^2+(H-r)^2}}\right]$
圆弧段高度	h_1	r、α	$r(1-\sin\alpha)$
圆弧段以上水深	h_2	r、α、h	$h-r(1-\sin\alpha)$
水深	h	r、α、h_2	$h_2+r(1-\sin\alpha)$
衬砌渠槽高度	H	h、a_1	$h+a_1$

由于断面各部分尺寸间的关系复杂，U形断面的设计，需要借助某些尺寸间的经验关系，如式（3.1-23）～式（3.1-24）和表3.1-20给出的经验关系。设计可按下列步骤进行：

（1）确定圆弧以上的水深 h_2。圆弧以上水深 h_2 和圆弧半径 r 有以下经验关系式：

$$h_2 = N_\alpha r \tag{3.1-27}$$

式中 N_α——直线段外倾角为 α 时的系数，$\alpha=0$ 时的系数用 N_0 表示。

直线段的外倾角 α 和 N_0 值都随圆弧半径而变化，见表3.1-20。

表3.1-20 U形渠道断面尺寸的经验关系

r（cm）	15～30	30～60	60～100	100～150	150～200	200～250
α（°）	5～6	6～8	8～12	12～15	15～18	18～20
N_0	0.65～0.35	0.35～0.30	0.30～0.25	0.25～0.20	0.20～0.15	0.15～0.10

为了保持圆心以上的水深与 $\alpha=0$ 时相同，应遵守下列关系：

$$N_\alpha = N_0 + \sin\alpha \tag{3.1-28}$$

（2）求圆弧的半径 r。将已知的有关数值代入明渠均匀流的基本公式，可得圆弧半径的计算公式如下：

$$r = \frac{\left[\pi\left(1-\frac{\alpha}{90°}\right)+\frac{2N_\alpha}{\cos\alpha}\right]^{1/4}\left[\frac{nQ}{\sqrt{i}}\right]^{3/8}}{\left[\frac{\pi}{2}\left(1-\frac{\alpha}{90°}\right)+(2N_\alpha-\sin\alpha)\cos\alpha+N_\alpha^2\tan\alpha\right]^{5/8}} \tag{3.1-29a}$$

或
$$r = \frac{\left[\theta\frac{2N_\alpha}{\cos\alpha}\right]^{1/4}\left[\frac{nQ}{\sqrt{i}}\right]^{3/8}}{\left[\frac{\theta}{2}+(2N_\alpha-\sin\alpha)\cos\alpha+N_\alpha^2\tan\alpha\right]^{5/8}} \tag{3.1-29b}$$

上二式中 θ——圆弧的圆心角，rad；

Q——渠道的设计流量，m^3/s；

r——圆弧半径，m；

α——直线段的倾斜角，（°）。

（3）求渠道水深 h：

$$h = h_1 + h_2 = h_2 + r(1-\sin\alpha) = r(N_\alpha + 1 - \sin\alpha) \tag{3.1-30}$$

（4）校核渠道流速。计算过水断面面积采用式（3.1-31）计算：

$$A = \frac{r^2}{2}\left[\pi\left(1-\frac{\alpha}{90°}\right)-\sin2\alpha\right]+h_2(2r\cos\alpha+h_2\tan\alpha) \tag{3.1-31}$$

计算断面平均流速为 $v=Q/A$，该断面平均流速应满足不冲、不淤流速要求。

U形混凝土衬砌渠道定型设计型式，可参考表3.1-21查用。

表3.1-21 混凝土U形渠道水力计算查算表（n=0.015）

半径 r（cm）	直径 D（cm）	圆心角 θ（°）	外倾角 α（°）	水深 h（cm）	槽深 H（cm）	上口宽 B（cm）	流量 Q（L/s）				型号
							i=1/600	i=1/800	i=1/1000	i=1/1200	
15	30	170	5	25	30	33	47	41	36	33	D30H30
15	30	152	14	30	40	43	63	55	49	45	D30H40
20	40	170	5	30	40	44	72	62	56	51	D40H40
20	40	152	14	40	50	56	137	119	106	97	D40H50
25	50	164	8	40	50	58	142	123	110	100	D50H50
25	50	152	14	45	55	66	208	180	161	147	D50H60
30	60	164	8	50	60	69	247	214	191	175	D60H60
30	60	152	14	50	60	77	299	259	232	212	D60H60
40	80	164	8	60	80	91	563	488	436	398	D80H80
40	80	152	14	60	80	100	575	498	446	407	D80H80

注　i 为渠道比降。

3.1.3.5 渠道的横断面结构

由于渠道过水断面和渠道沿线地面的相对位置不同，渠道断面有挖方断面、填方断面和半挖半填断面三种型式，其结构各不相同。

1. 挖方渠道断面结构

当渠道挖深大于5m时，应每隔3～5m高度设置一道平台（马道、戗台）。第一级平台的高程和渠岸（顶）高程相同，平台宽度约1～2m。如平台兼做道路，则按道路标准确定平台宽度。在平台内侧应设置集水沟，汇集坡面径流，并使之经过沉沙井和陡槽集中进入渠道，见图3.1-11。挖深大于10m时，不仅施工困难，边坡也不易稳定，应结合工程地质情况对隧洞、箱涵等方案进行技术经济比较。第一级平台以上的渠坡根据干土的抗剪强度通过计算确定。

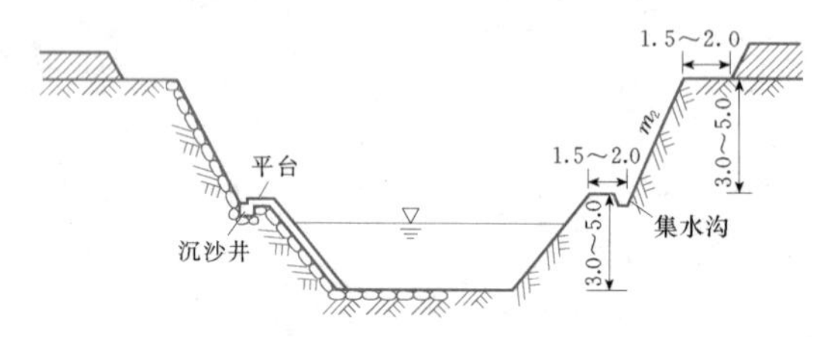

图 3.1-11 挖方渠道横断面（单位：m）

2. 填方渠道断面结构

填方渠道易于溃决和滑坡，要慎重选择内、外边坡系数。填方高度大于3m时，应通过稳定分析确定边坡系数，必要时应在外坡脚处设置排水反滤体。填方高度很大时，需在外坡设置平台。位于不透水层上的填方渠道，当填方高度大于5m或高于2倍设计水深时，一般应在渠堤内加设纵横排水槽。填方渠道施工时应预留沉陷高度，一般增加设计填高的10%。在渠底高程处，堤宽应为5～10倍的设计水深，根据土壤的透水性能通过计算确定。填方渠道断面结构见图3.1-12。

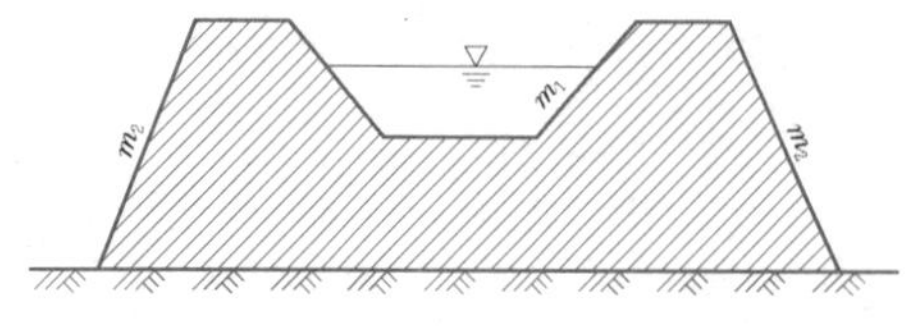

图 3.1-12 填方渠道横断面

3. 半挖半填渠道断面结构

半挖半填渠道当挖方量等于填方量（考虑沉陷影响，外加10%～30%的土方量）时，工程费用最少。挖、填土方相等时的挖方深度可按式（3.1-32）计算：

$$(b+mx)x=(1.1\sim1.3)2a\left(d+\frac{m_1+m_2}{2}a\right) \tag{3.1-32}$$

式中符号意义见图3.1-13。系数1.1～1.3是考虑土体沉陷而增加的填方量，砂质土取1.10；壤土取1.15；黏土取1.20；黄土取1.30。

为了保证渠道的安全稳定，半挖半填渠道堤底的宽度B_1应满足以下条件：

$$B\geqslant(5\sim10)(h-x) \tag{3.1-33}$$

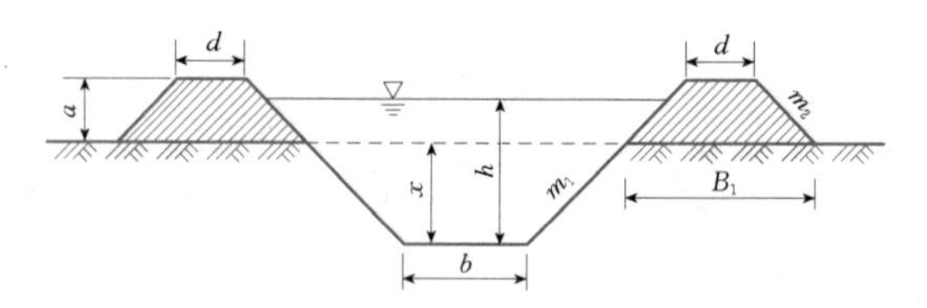

图 3.1-13 半挖半填断面

3.1.3.6 渠道的纵断面设计

输水渠道既要满足输送设计流量的要求，还要满足水位控制的要求。渠道断面设计通过水力计算确定了设计流量的断面尺寸，而纵断面设计是根据灌溉水位要求实现确定渠道的空间位置，先确定不同桩号处的设计水位高程，再根据设计水位确定渠底高程、堤顶高程、最小水位等。

1. 灌溉渠道的水位推算

为满足自流灌溉的要求，各级渠道入口处都应具有足够的水位。该水位是根据灌溉面积上控制点的高程加上各种水头损失，自下而上采用式（3.1-34）逐级推算各级渠道进口处的设计水位，即

$$H_{进}=A_0+\Delta h+\sum Li+\sum\psi \tag{3.1-34}$$

式中 $H_{进}$——渠道进水口处的设计水位，m；

A_0——渠道灌溉范围内控制点的地面高程，m，控制点是指较难灌到水的地面，在地形均匀变化的地区，控制点选择的原则是：如沿渠地面坡度大于渠道比降，渠道进水口附近的地面最难控制，反之，渠尾地面最难控制；

Δh——控制点地面与附近末级固定渠道设计水位的高差，m，一般取0.1～0.2m；

L——渠道的长度，m；

i——渠道的比降；

ψ——水流通过渠系建筑物的水头损失m，可参考表3.1-22所列数值选用。

式（3.1-34）可用来推算任一条渠道进水口处的设计水位。推算不同渠道进水口设计水位时所用的控制点不一定相同，要在各条渠道控制的灌溉面积范围内选择相应的控制点。

表 3.1-22 **渠道建筑物水头损失最小数值** 单位：m

渠道类别	控制面积（万亩）	进水闸	节制闸	渡槽	倒虹吸	公路桥
干渠	10.0～40.0	0.10～0.20	0.10	0.15	0.40	0.05
支渠	1.0～6.0	0.10～0.20	0.07	0.07	0.30	0.03
斗渠	0.3～0.4	0.05～0.15	0.05	0.05	0.20	0
农渠	—	0.05	—	—	—	—

2. 渠道纵断面图的绘制

渠道纵断面图包括：沿渠地面高程线、渠道设计水位线、渠道最低水位线、渠底高程线、堤顶高程线、分水口位置、渠道建筑物位置及其水头损失等，如图 3.1-14 所示。

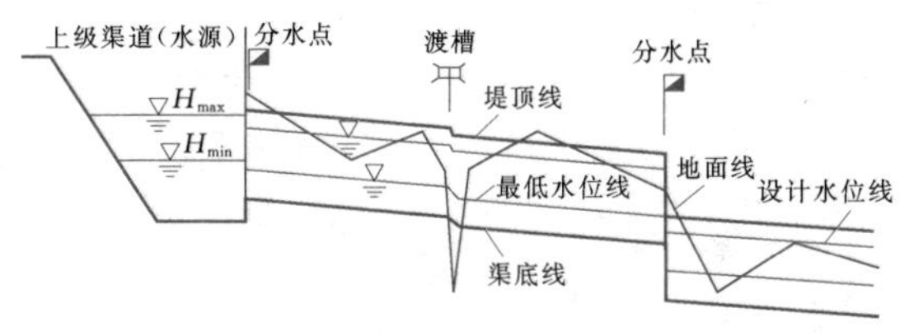

图 3.1-14 渠道纵断面图

3. 列表统计渠道建筑物及其各种相关要素

渠道建筑物设计要素见表 3.1-23。

根据渠道纵、横断面图既可以计算渠道的土方工程量，也可以进行施工放样。

4. 渠道纵断面设计中的水位衔接

在渠道设计中常遇到建筑物引起的局部水头损失和渠道分水处上、下级渠道水位要求不同以及上、下游不同渠段间水位不一致等问题，必须予以正确处理。

（1）不同渠段间的水位衔接。上游水位衔接处理方法有下列 3 种：

1）当上、下段设计流量相差很小时，可调整渠道横断面的宽深比，在相邻两渠段间保持同一水深。

表 3.1-23 **渠道建筑物设计要素表**

序号	建筑物名称	位置	桩号	流量（m^3/s）		底宽	水深（m）		边坡系数		超高	渠深	渠顶宽(m)		地面高程	渠底高程	水位		渠顶高程	预留水头
				Q_d	Q_{max}	b (m)	h	h_b	$m_内$	$m_外$	F_b (m)	H (m)	$D_左$	$D_右$	(m)	(m)	正常	加大	(m)	(m)

2）在水源水位较高的条件下，下游渠段按设计水位和设计水深确定渠底高程，并向上游延伸，画出上游渠段新的渠底线，再根据上游渠段的设计水深和新的渠底线，画出上游渠段新的设计水位线。

3）在水源水位较低、灌区地势平缓的条件下，只能用升高下游渠底高程的办法维持要求的设计水位。下游渠底升高的高度不应大于 15～20cm。

（2）建筑物前后的水位衔接。渠道上的交叉建筑物（渡槽、隧洞、倒虹吸等）一般都会产生水头损失。如建筑物较短，可将进、出口的局部水头损失和沿程水头损失累加起来（通常采用经验数值），在建筑物的中心位置集中扣除；如建筑物较长，则应按建筑物的位置和长度分别计算。

纵断面图上跌水只画出上、下游渠段的渠底和水位，于跌水所在位置处用垂线连接。

（3）上、下级渠道的水位衔接。在渠道分水口处，上、下级渠道的水位应有一定的落差，以满足分水闸的局部水头损失。设计方法是：以设计水位为标准，上级渠道的设计水位高于下级渠道的设计水位，以此确定下级渠道的渠底高程。这时，当上级渠道输送最小流量时，相应的水位可能不满足下级渠道引取最小流量的要求。这时应在上级渠道该分水口的下游修建节制闸，把上级渠道的最低水位从原来的 H_{min} 抬高至 H'_{min}，使上、下级渠道的水位差等于分水闸的水头损失 ψ，以满足下级渠道引取最小流量的要求，如图 3.1-15（a）所示；如水源水位较高或上级

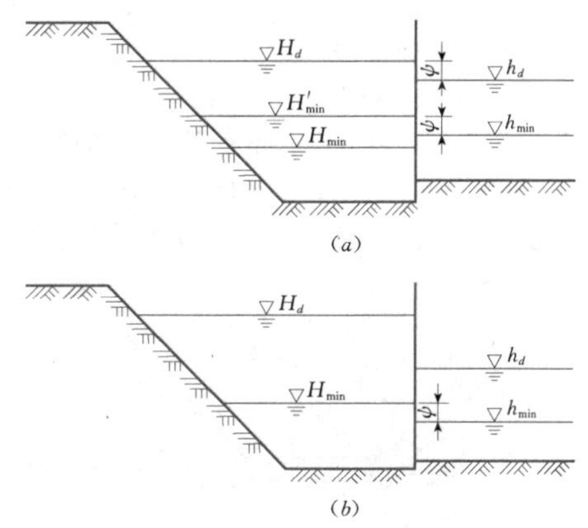

图 3.1-15 上、下级渠道水位衔接示意图

渠道比降较大，也可以最低水位为配合标准，升高上级渠道的最低水位，使上、下级渠道的最低水位差等于分水闸的水头损失 ψ，以此确定上级渠道的渠底高程和设计水位，如图 3.1-15（b）所示。

分水闸上游水位的升高可用下列两种方式来实现：

1）抬高渠首水位，渠道比降不变。

2）渠首水位不变，减缓上级渠道比降。

3.2　渠道衬砌及防冻胀工程设计

衬砌渠道按其衬砌材料可分为两类：一类是土料衬砌渠道或具有土料保护层的衬砌渠道，这类衬砌渠道的纵横断面设计方法与一般土质渠道的设计方法相同。另一类是材料质地坚硬、抗冲性能良好的衬砌渠道，这类渠道渠床糙率较小、容许流速较大、工程投资较高，为了降低工程造价和节省渠道占地，常采用水力效率更高的断面型式，其水力计算方法有自己的特色。

3.2.1　砌石防渗

砌石防渗包括干砌卵石、干砌块石、浆砌卵石、浆砌块石、浆砌石板等多种型式，其主要优点为：①就地取材，山丘及河滩地区多有丰富的石料；②抗冲流速大，浆砌石渠道抗冲流速可达到 6.0～8.0m/s，干砌石抗冲流速可达到 2.0～5.0m/s；③防渗效果好，施工质量有保证的浆砌石可减少渗漏损失 80%，干砌石可减少渗漏损失 50%左右；④抗冻害能力强，砌石防渗厚度较大，相当于采取了部分置换措施，且加大了抗力，从而减轻了冻害；⑤施工技术简单、群众易于掌握，我国具有丰富的砌石技术和经验，砌石防渗是我国应用最早、应用较为广泛的渠道防渗措施。

3.2.1.1　干砌卵石防渗

1. 断面型式

干砌卵石渠道多采用梯形和弧形底梯形，如图 3.2-1、图 3.2-2 所示。梯形断面设计的主要任务是选择适当的边坡系数 m 和宽深比 α 值。宽深比 α 不宜过大亦不宜过小，α 值过大则湿周长，渗漏大，同时流速分布不均匀，容易引起砌体局部冲毁；α 值过小，断面过于窄深，干砌石不够稳定。

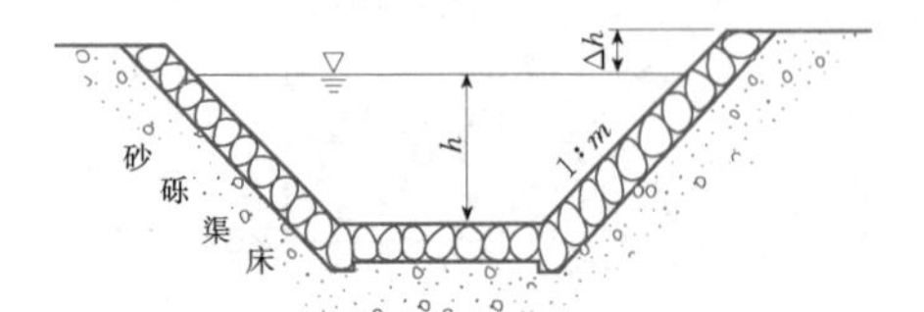

图 3.2-1　干砌卵石梯形断面图

弧形底梯形两个边坡的直线部分，决定于渠床土质和渠道断面尺寸，弧形半径应不大于渠道水深。

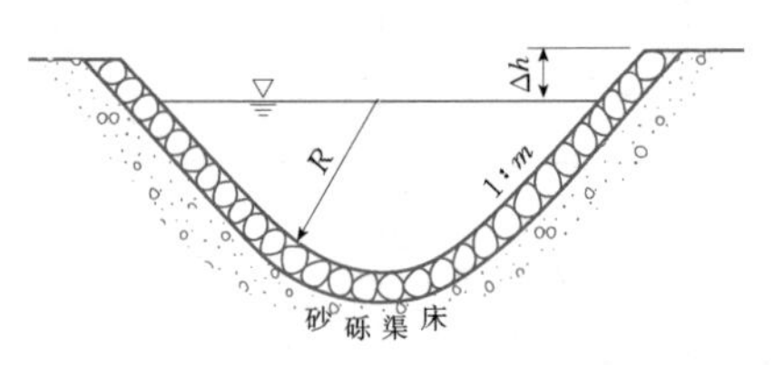

图 3.2-2　干砌卵石弧形渠底断面图

2. 边坡系数

干砌卵石渠道边坡系数以 1.0～2.0 为宜，其中水深小于 0.5m 时多采用 1.0，水深为 0.5～1.5m 时多采用 1.25，水深大于 1.5m 时宜采用 1.5～2.0。

3. 不冲流速

干砌卵石渠道容许流速为 2.5～4.0m/s，卵石粒径大取大值，卵石粒径小取小值。

4. 防渗层厚度

采用单层干砌卵石时，其厚度一般为 15～30cm，其中渠底厚度常为 25～30cm，渠坡衬砌厚度常为 20～25cm。

5. 干砌卵石垫层

设置垫层的目的是防止水流淘刷基础，同时也具有防冻和排水作用。

渠床为砂砾石，若流速小于 3.5m/s，可不设垫层；若流速超过 3.5m/s，设粒径为 2～4cm、厚度为 15cm 的砂砾石垫层。渠床为土质（砂土、壤土、黏土）时，砂砾石垫层厚度应大于 25cm。

3.2.1.2　干砌块石防渗

干砌块石的设计方法、防渗效果及施工技术要求与干砌卵石相同，不同之处主要是其边坡系数比干砌卵石稍小，但不小于 0.8。

3.2.1.3　浆砌石防渗

浆砌石渠道防渗是我国目前广泛采用的一种防渗措施，其防渗防冲效果均优于干砌石。

1. 断面型式

浆砌石渠道通常采用梯形断面，有时亦采用渠坡为挡土墙式断面，如图 3.2-3 所示。梯形断面较挡土墙式断面工程量小，造价低，是一种较普遍的型式。

2. 边坡系数

梯形断面的边坡系数视土质情况可取 1.00～1.50，小型渠道可以较陡，也有砌为矩形的。较大渠道挡土墙式断面的内边坡系数可取 0.15～0.30 左右。

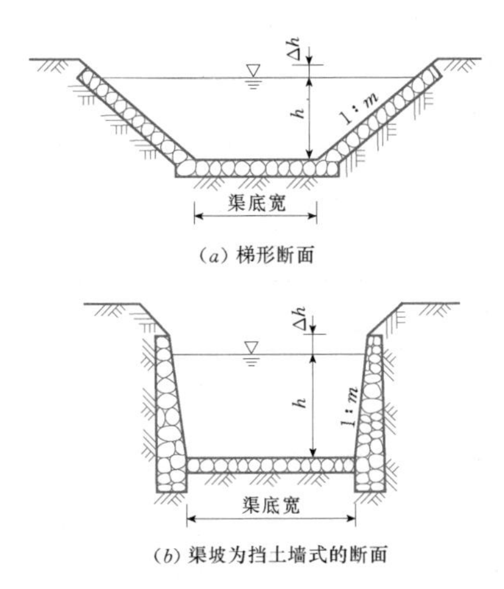

(a) 梯形断面

(b) 渠坡为挡土墙式的断面

图 3.2-3 浆砌石渠道断面

3. 衬砌厚度

护面式防渗层厚度采用浆砌料石时为15～25cm，采用浆砌块石时为20～30cm，采用浆砌石板时不小于3cm；挡墙式断面顶宽可为20～30cm。

4. 衬砌超高

渠坡砌石的高度可低于堤顶，当渠道加大流量为20～30m³/s时，超高为20～40cm；一般小型渠道的超高为10～20cm。

5. 糙率

浆砌石渠道的糙率 n 较干砌石的为小，一般为0.0225～0.0275。浆砌质量较好，石面较平整的料石、石板渠道，其糙率为0.016～0.020。

6. 容许流速

浆砌料石容许流速为4.0～6.0m/s，浆砌块石和浆砌卵石的容许流速为3.0～5.0m/s。因此适于纵坡大、流速大的渠道。

7. 伸缩缝

护面式浆砌石防渗结构，可不设伸缩缝；软基上挡土墙式浆砌石防渗结构，宜设沉陷缝，沉降缝间距可采用10～15m。砌石防渗层与建筑物连接处，应按伸缩缝结构要求处理。

8. 砌筑砂浆

防渗渠道宜用水泥砂浆、水泥石灰混合砂浆或细石混凝土砌筑，用水泥砂浆勾缝。砌筑砂浆的抗压强度温和地区为5.0～10.0MPa，寒冷地区为7.5～15.0MPa；勾缝砂浆的抗压强度温和地区为7.5～15.0MPa，寒冷地区为10.0～20.0MPa；细石混凝土强度等级不应低于C15，最大粒径不应大于10mm，常用砂浆配合比可参考表3.2-1选用。

表 3.2-1 水泥砂浆配合比参考表

水泥品种	砂浆强度等级	水泥强度等级	水灰比	材料用量（kg/m³）			水泥：砂（重量比）
				水	水泥	中粗砂	
普通水泥	M10	32.5	0.88	280	318	1578	1：5.0
	M7.5	32.5	0.96	280	292	1601	1：5.5
	M5	32.5	1.12	280	250	1637	1：6.5
矿渣水泥	M10	32.5	0.78	285	365	1524	1：4.2
	M7.5	32.5	0.85	285	335	1550	1：4.6
	M5	32.5	0.98	285	291	1588	1：5.5

注 表中砂为粗中砂。若用细砂，水泥用量增加5%～10%，加水量按比例增加，砂用量适当减少。

3.2.2 混凝土防渗

3.2.2.1 混凝土防渗的特点和适用范围

以混凝土为衬砌基本型式的渠道，设计中还可对其他衬砌材料进行研究，论证其用于渠道衬砌的可行性与经济合理性。混凝土衬砌的压顶板宽度一般为15～25cm，坡脚应设混凝土齿墙。现浇混凝土衬砌渠段一般间隔5m设一道纵、横向伸缩缝。在冻胀条件下，按抗冻胀设计要求布置。伸缩缝采用矩形缝，缝宽一般为1cm，缝深为衬砌板厚度的75%。上部采用2cm厚聚硫密封胶或其他新型填缝材料封闭，下部采用闭孔泡沫板嵌缝[1]。

混凝土衬砌是目前应用最为广泛的一种渠道防渗措施，主要优点如下：

(1) 防渗效果好，一般能减少渗漏90%～95%。

(2) 输水能力大，混凝土护面糙率小，n=0.014

[1] 摘自《南水北调中线一期工程总干渠初步设计明渠土建工程设计技术规定（试行）(NSBD—ZGJ—1—21)》。

～0.017，沿程水头损失小，抗冲流速大，一般为3～5m/s，从而大大减小了渠道断面尺寸和渠道建筑物尺寸。

（3）经久耐用，正常情况下，混凝土衬砌渠道可运行40～50年。

（4）便于管理，混凝土衬砌不生杂草，减少了淤积。

（5）适用范围广，混凝土具有良好的模塑性，可根据需要通过配合比调整、原材料选取，制成各种性能的混凝土，也可设计成不同的形状和尺寸的结构。

混凝土衬砌适用于各种地形、气候和运行条件的大、中、小型渠道，虽然一次性投资较大，但维修费用低，管理方便，效益较高。

3.2.2.2　技术要求与原材料选择

1. 混凝土强度等级

渠道衬砌用混凝土强度等级应根据工程规模、水文气象和地质条件以及防渗要求等因素确定，应具有不透水性、抗冻性和足够的强度，其设计等级不低于表3.2-2中的数值；严寒地区和寒冷地区的冬季行水渠道，抗冻等级应比表3.2-2内的数值提高一级；渠道流速大于3m/s，或水流中挟带较多推移质泥沙时，混凝土强度不应低于15MPa。

表3.2-2　　混凝土性能的容许最小值

工程规模	混凝土性能	严寒地区	寒冷地区	温和地区
小型	强度等级（C）	15	15	15
	抗冻等级（F）	50	50	—
	抗渗等级（W）	4	4	4
中型	强度等级（C）	20	15	15
	抗冻等级（F）	100	50	50
	抗渗等级（W）	6	6	6
大型	强度等级（C）	20	20	15
	抗冻等级（F）	200	150	50
	抗渗等级（W）	6	6	6

注　1. 本表摘编于《渠道防渗工程技术规范》（GB/T 50600—2010）。
2. 表中：强度等级的单位为MPa。抗冻等级的单位为冻融循环次数。抗渗等级的单位为0.1MPa。严寒地区为最冷月平均气温低于－10℃；寒冷地区为最冷月平均气温不低于－10℃但不高于－3℃；温和地区为最冷月平均气温高于－3℃。

2. 细骨料（砂料）

砂料应质地坚硬、清洁、级配良好，使用山砂或特细砂时，应有试验依据。砂的细度模数宜为2.4～2.8。砂料中有活性颗粒时，必须进行专门试验论证，以防止发生碱—骨料反应。其他质量技术要求应符合表3.2-3中的规定；细骨料的级配，可参考表3.2-4中数值选用。

表3.2-3　　细骨料的品质要求

项目		技术指标	
		天然砂	人工砂
含泥量（%）	不小于 $C_{90}30$ 和有抗冻要求	≤3	—
	$<C_{90}30$	≤5	
泥块含量		不容许	不容许
石粉含量（%）		—	6～18
坚固性（%）	有抗冻要求	≤8	≤8
	无抗冻要求	≤10	≤10
云母含量（%）		≤2	≤2
表观密度（kg/m³）		≥2500	≥2500
轻物质含量（%）		≤1	—
硫化物及硫酸盐含量（%）（折算成 SO_3，按质量计）		≤1	≤1
有机质含量		浅于标准色	不容许

注　本表摘编于《渠道防渗工程技术规范》（GB/T 50600—2010）。

表3.2-4　　天然砂级配范围

筛孔尺寸（mm）	累计筛余百分数（%）		
	Ⅰ区	Ⅱ区	Ⅲ区
5	0	0～8	8～15
2.5	3～10	10～25	25～40
1.25	5～30	30～50	50～70
0.63	30～50	50～67	67～88
0.315	55～70	70～83	83～95
0.16	85～90	90～94	94～97

注　1. 本表摘编于《渠道防渗工程技术规范》（GB/T 50600—2010）。
2. 累计筛余量容许稍超出表列数值，但几种粒径的累计筛余量之和不得超出5%。

3. 粗骨料（石料）

粗骨料应坚硬、无裂纹、洁净和级配良好。最大粒径不得大于混凝土板厚度的1/3～1/2，抗压强度应大于混凝土强度1.5倍。温暖地区的中、小型渠道混凝土防渗工程，当没有合格的粗骨料时，容许选用抗压强度大于 10.0MPa 的石料，拌制抗压强度为 7.5～10.0MPa 的混凝土。当选用含有活性成分、黄锈等粗骨料时，必须进行专门的试验论证。

当最大料径为 40mm 时，常分成两级，即粒径 5～20mm 的占 40%～45%，20～40mm 的占 55%～60%。采用连续级配还是间断级配，应由试验来确定。如采用间断级配，应注意混凝土运输中混凝土的分层离析问题。

其他质量技术要求应符合表 3.2-5 中的规定。

4. 水

水质不纯，会影响水泥硬化及混凝土强度，并对钢筋产生锈蚀作用。为了保证混凝土的各项技术性能，应控制混凝土拌和及养护用水的质量。

3.2.2.3　防渗层型式与结构尺寸

1. 结构型式

混凝土衬砌目前采用的结构型式有板型、槽型和管型等。广泛应用的是板型结构，其衬砌边坡截面有矩形等厚板、楔形板、肋梁板、中部加厚板、Ⅱ形板、空心板、U 形渠等，部分衬砌型式如图 3.2-4 所示。

目前，在我国南方地区，不论是现浇还是预制，均广泛采用等厚板；北方地区预制法施工中，亦大部分采用等厚板。等厚板的主要缺点是适应冻胀变形能力差，故在冻胀地区的大、中型渠道现浇法施工中，已被淘汰。

表 3.2-5　粗骨料的品质要求

项　目		技术指标	备　注
含泥量（%）	D20、D40 粒径级	≤1	
坚固性（%）	有抗冻要求的混凝土	≤5	
	无抗冻要求的混凝土	≤12	
泥块含量		不容许	
硫酸盐及硫化物含量（%）		≤0.5	折算成 SO_3，按质量计
有机质含量		浅于标准色	如深于标准色，应进行混凝土强度对比试验，抗压强度比不应低于 0.95
表观密度（kg/m^3）		≥2550	
吸水率（%）		≤2.5	
针片状颗粒含量（%）		≤15	碎石经试验论证，可以放宽到 25%
各级骨料的超、逊径含量（%）		超径小于 5，逊径小于 10	以原孔筛检验

注　本表摘编于《渠道防渗工程技术规范》（GB/T 50600—2010）。

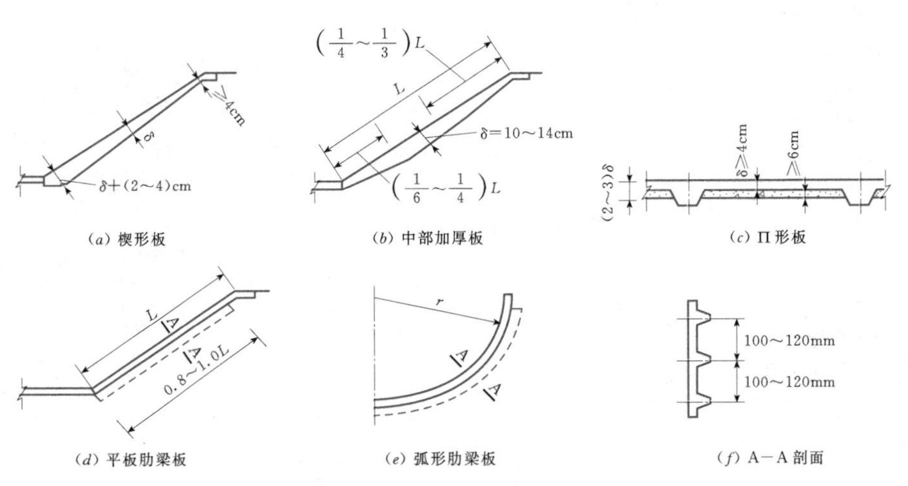

(a) 楔形板　(b) 中部加厚板　(c) Ⅱ形板　(d) 平板肋梁板　(e) 弧形肋梁板　(f) A—A 剖面

图 3.2-4　混凝土防渗层的结构型式

楔形板和肋梁板的优点是抗冻胀破坏能力强，裂缝较少，适用于有冻胀要求的现浇法施工；缺点是混凝土量有所增加，肋梁板增加了挖梁槽的工序，肋梁浇筑中容易出现粗骨料集中。

中部加厚板是在裂缝经常发生的部位，加厚混凝土板，增加其抗冻胀破坏的能力。

Ⅱ形板利用板下空间的空气保温，减轻冻胀；使混凝土板与基土脱离接触，消除基土冻胀产生的变形；四周板肋又增加了抗冻胀破坏的能力，故适用于有冻胀破坏的渠道衬砌。

U 形渠水力性能佳、防渗效果好、抗冻胀能力强、省工省料、占地少、便于管理，目前在我国已得到广泛应用，这种槽型结构，既可预制安砌，也可现浇施工，既可埋于土中，也可置于地面，甚至可采用架空式结构。

2. 防渗层厚度及尺寸

防渗层的厚度及尺寸与基础、气温、施工条件、渠道大小及重要性有关，目前尚无合适的计算方法，一般根据经验选用。

等厚板的最小厚度，当渠道流速小于 3m/s 时，应符合表 3.2-6 的规定；流速为 3～4m/s 时，最小厚度宜为 10cm；流速为 4～5m/s 时，最小厚度宜为 12cm。水流中含有砾石类推移质时，渠底板的最小厚度宜为 12cm。超高部分的厚度可适当减小，但不应小于 4cm。

肋梁板和 Π 形板的厚度，相比等厚板可适当减小，但不应小于 4cm。肋高宜为板厚的 2～3 倍。

楔形板的坡脚处厚度，相比中部宜增加 2～4cm。

中部加厚板加厚部位的厚度，宜为 10～14cm。

当渠基土稳定且无外压力时，U 形渠和矩形渠防渗层的最小厚度，可按表 3.2-6 选用；当渠基土不稳定或存在较大外压力时，U 形渠和矩形渠一般亦可按表 3.2-7 选用；渠基土不稳定或存在较大外压力时，U 形渠道和矩形渠一般宜采用钢筋混凝土结构，并根据外荷载进行结构强度、稳定性及裂缝宽度验算。

表 3.2-6　混凝土防渗层的最小厚度

渠道设计流量 (m^3/s)	温和地区（cm）			寒冷地区（cm）		
	钢筋混凝土	素混凝土	喷射混凝土	钢筋混凝土	素混凝土	喷射混凝土
<2		4	4		6	5
2～20	7	6	5	8	8	7
>20	7	8	7	9	10	8

表 3.2-7　混凝土 U 形渠槽壁厚参考值

半圆形直径 D（cm）	<50	50～75	75～100	100～125	125～150	<150
厚度 δ（cm）	4～5	5～6	6～7	7～8	8～9	9～10

预制混凝土板的尺寸，应根据安装、搬运条件确定。最小为 50cm×50cm，最大为 100cm×100cm。

3.2.2.4　伸缩缝设计

1. 伸缩缝间距

为了适应温度变化、混凝土本身收缩、冻胀地基不均匀沉陷等原因引起的变形，混凝土衬砌渠道（包括其他刚性护面渠道）需布置适当间距的纵、横向伸缩缝。纵向伸缩缝一般设在边坡与渠底连接处；当渠底宽超过 6～8m 时，可在渠底中部另加纵向伸缩缝；渠道边坡一般不设纵向伸缩缝，渠道较深、边坡较大、渠基土沉陷性差别较大时可适当分缝，并错缝砌筑。混凝土衬砌和其他刚性材料护面均须设置横向伸缩缝，其间距与基础、气候、厚度、混凝土强度等级及施工因素有关，设计时可按表 3.2-8 选用。

表 3.2-8　防渗渠道的伸缩缝间距

防渗渠道类别	防渗材料和施工情况	纵向伸缩缝间距（m）	横向伸缩缝间距（m）
砌　石	浆砌石	只设置沉降缝	
混凝土	钢筋混凝土，现场浇筑	4～8	4～8
	素混凝土，现场浇筑	3～5	3～5
	素混凝土，预制铺砌	4～8	6～8

2. 缝型

伸缩缝应能适应混凝土板的伸缩和地基的微量变形，在变形时不漏水，结构简单，便于施工和修理。

混凝土衬砌的接缝型式很多，图 3.2-5 给出了几种工程实践中应用较多的缝型。其中图 3.2-5（*a*）、（*c*）为矩形缝，图 3.2-5（*b*）、（*d*）为梯形缝，以图 3.2-5（*e*）所示的有塑料止水带型缝的防渗性能最好。矩形缝结构简单，施工方便，但如填料和施工不良，当混凝土收缩或地基沉陷时容易漏水。梯形缝内填料与混凝土呈斜面接触，在水压力下更易贴紧，止水性能可靠，但这种缝型的填料容易被浮托力顶起，不宜用于有地下水浮托力的渠段。

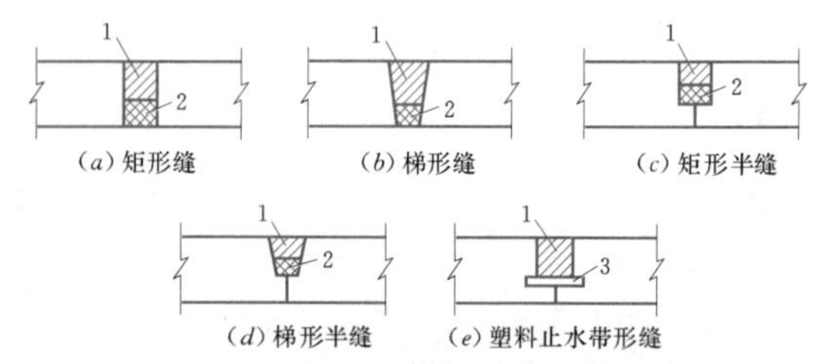

图 3.2-5　刚性材料防渗层伸缩缝形式

1—沥青砂浆；2—焦油塑料胶泥；3—塑料止水带

上述5种缝型可结合具体条件和要求选用。当渠道容许漏水时，可选用施工方便、造价低的接缝形式，如图3.2-5（*a*）、（*b*）所示。如不容许漏水，则应采取不透水的可靠缝型，如图3.2-5（*e*）所示。

3. 缝宽

缝宽取决于间距、温差、混凝土干缩量、填料伸缩性和黏结力，以及施工要求等，一般采用2～3cm。可按下列公式计算并取大值：

$$K_1\alpha(t_{\max}-t_0)L\leqslant b\xi_c \quad (3.2-1)$$

$$K_2\alpha(t_0-t_{\min})L\leqslant b\xi_p \quad (3.2-2)$$

$$K_3\xi_{yc}L\leqslant b\zeta_p \quad (3.2-3)$$

以上式中 K_1、K_2、K_3——安全系数，$K_1=1$、$K_2=2$、$K_3=2$；

α——混凝土线膨胀系数，$\alpha=10\times10^{-6}$；

t_0——施工期平均气温，℃；

$t_{\max}$——当地最高气温，℃；

$t_{\min}$——当地最低气温，℃；

ξ_c——$t_{\max}$时填料的压缩系数，$\xi_c=0.1$；

ξ_p——$t_{\min}$时填料的延伸系数，$\xi_p=0.15$；

ξ_{yc}——混凝土的干缩系数，$\xi_{yc}=4\times10^{-4}$；

L——缝的间距，cm；

b——缝宽，cm。

4. 填料

伸缩缝的填充材料应采用黏结力强、变形性能大、耐温性好（在当地最高气温下不流淌、最低气温下不脆裂）、耐老化、无毒、无环境污染的弹塑性止水材料，如石油沥青聚氨酯接缝材料（PTN）、高分子止水带及止水管等。一些常用填料的配方及制作方法见表3.2-9，供参考。

3.2.3 沥青混凝土防渗

3.2.3.1 沥青材料防渗的特点与适用条件

沥青材料防渗分为沥青薄膜类防渗（包括沥青薄膜、沥青席、沥青砂浆）和沥青混凝土防渗两种，均利用了沥青良好的胶结能力和不透水性。工程实践中常将沥青与矿物质材料拌和均匀配成沥青混合料。其中粒径大于2.5mm的矿料称为粗骨料，粒径为2.5～0.074mm的矿料称为细骨料，粒径小于0.074mm的矿料称为填料。

沥青材料防渗的主要优点是：防渗效果好，适应变形能力强。原西北水利科学研究所与青海省水利水电科学研究所的实验表明：在最低气温－7～－30℃、最大冻胀量79mm的情况下，沥青混凝土防渗层的裂缝率仅为水泥混凝土的1/17；耐久性好，具有抗碱类腐蚀的能力，一般可使用10～30年；造价低，沥青混凝土防渗层的造价仅为水泥混凝土防渗层的70%；容易修补，便于运输和机械化施工。因此，沥青混凝土防渗适用于冻害地区，且附近有沥青料源的渠道。

表3.2-9　填料和裂缝处理材料的配合比及制作方法

用途	材料名称	配合比（重量比）	制作方法
填筑伸缩缝	沥青砂浆	沥青：水泥：砂=1：1：4	按配比将沥青在一锅内加热至180℃，另一锅将水泥与砂边搅边加热至160℃。然后将沥青徐徐加入水泥与砂的锅内，边倒边搅拌，直至颜色均匀一致，即可使用
	石油沥青聚氨酯接缝材料	甲组分：乙组分=1：2～1：4	为双组分材料，制备时将甲组分和乙组分按照重量比倒入容器中充分搅拌至均匀即可。冬季气温较低施工时，乙组分较稠，可加热，便于倒出和混合，但要避免与明火接触
处理裂缝	过氯乙烯胶液涂料	过氯乙烯：轻油=1：5	按配比将过氯乙烯加入轻油中，溶化后24h即可使用
	煤焦油沥青填料	煤焦油：30号沥青：石棉绒：滑石粉=3：1：0.5：0.5（或3：0.5：0.8：0.8）	按配比将沥青加入煤焦油中，加温至120～130℃。待全部溶化后，加入石棉绒和滑石粉，搅拌均匀后即可使用

3.2.3.2 沥青混凝土防渗的技术要求

防渗层沥青混凝土的技术要求主要有以下几点：

(1) 渗透系数不大于 1×10^{-7}cm/s。沥青混凝土的渗透系数一般为 $1\times10^{-7}\sim1\times10^{-10}$cm/s，平均为 1×10^{-8}cm/s，可以认为是不透水的，一般设计中要求其渗透系数不大于 1×10^{-7}cm/s。

(2) 孔隙率不大于 4%。试验资料表明：沥青混凝土防渗能力与孔隙率密切相关，孔隙率愈大，密实度愈差，当孔隙率达到 8%时，渗透系数为 $1\times10^{-7}\sim1\times10^{-6}$cm/s。实践表明：当沥青混凝土密实度达到 96%时，沥青就会有沿边坡蠕动的危险，故要求其孔隙率不大于 4%。

(3) 斜坡流淌值小于 0.8mm。

(4) 水稳定性系数大于 0.9。水稳定系数计算公式为

$$\text{水稳定性系数}=\frac{\text{真空饱水后沥青混凝土抗压强度}}{\text{未浸水的沥青混凝土抗压强度}} \tag{3.2-4}$$

(5) 低温下不得开裂。

不同部位，不同用途沥青混凝土的技术要求详见表 3.2-10。

表 3.2-10 水工沥青混凝土主要技术要求

项目 \ 部位	碾压式沥青混凝土面板			碾压式心墙	浇筑式面板或心墙
	防渗层	整平胶结层	排水层		
孔隙率（%）	2～4	—	—	2～4	—
渗透系数（mm/s）	$<1\times10^{-5}\sim1\times10^{-6}$	$5\times10^{-2}\sim5\times10^{-3}$	>0.1	$<1\times10^{-5}\sim1\times10^{-6}$	$<1\times10^{-5}\sim1\times10^{-6}$
水稳定性系数（或残留稳定度）	>0.85	—	—	>0.85	>0.85
热稳定性系数	—	<4.5	<4.5	—	—
斜坡流淌值（1/10mm）	<8	—	—	—	—
其他性质	满足设计要求的强度、柔性，低温不开裂			满足力学性质和柔性	抗流变性好，混合料不分离
沥青含量（%）	7.5～9.0	4.0～6.0	3.0～5.0	6.0～7.5	10.0～16.0

3.2.3.3 沥青混凝土的组成材料

沥青混凝土是以沥青为胶结剂，与矿粉、矿物骨料（碎石和砂料）经加热、拌和、压实而成的具有一定强度的防渗材料。

1. 沥青

沥青是沥青混凝土的胶凝材料，应具有良好的不透水性、稳定性、柔性和黏结强度等，具体要求详见表 3.2-11 和表 3.2-12。

沥青混凝土所用沥青材料，应根据气候条件、建筑物工作条件、沥青种类和施工方法等来选择。对于气候较热的地区，受荷载较大的建筑物，细粒石或砂砾石（10mm 或 5mm）的混合料，应选用等级较低的沥青；反之，则选用等级较高的沥青。一般较重要的工程宜采用 70 号或 90 号道路石油沥青；封闭层宜用 50 号道路石油沥青；整平胶结层沥青质量标准则可适当放宽。

2. 矿料（粗、细骨料）

沥青混凝土矿料应质地坚硬、密实、清洁、有害杂质少、级配良好，并与沥青材料有较好的黏结性，具体有如下几方面的要求：

(1) 石料。由于酸性石料（花岗石类）与沥青的黏结性差，故应选用碱性石料，如石灰岩、白云岩等。同时，石料应尽量选用碎石，以增加黏结力。石料的技术要求见表 3.2-13。

(2) 砂料。砂料可选用河砂、山砂、海砂或人工砂。其含泥量不得大于 2%（河砂、山砂）～5%（人工砂），坚固性试验合格，水稳定性等级不低于 4 级。

(3) 矿粉。矿粉又称为填料，是粒径小于 0.074mm 的矿料，要求 0.074mm 筛通过率不小于 75%，亲水性系数小于 1.0。亲水性系数指将等量的填料分别放入水、煤油中，充分搅拌后让其沉淀，测定填料在水中的沉淀体积 $V_{水}$、在煤油中的沉淀体积 $V_{油}$，两者之比即为亲水性系数，即亲水性系数$=V_{水}/V_{油}$。矿粉的技术要求见表 3.2-14。

表 3.2-11 中、轻交通道路石油沥青质量要求（GB 50092—96）

质 量 指 标	A—200	A—180	A—140	A—100 甲	A—100 乙	A—60 甲	A—60 乙
针入度（25℃，100g，5s）（1/10mm）	200～300	160～200	120～160	90～120	80～120	50～80	40～80
延度（25℃）（cm），不小于	—	100	100	90	60	70	40
软化点（环球法）（℃），不低于	30～45	35～45	38～48	42～52	42～52	45～55	45～55
溶解度（三氯乙烯、四氯化碳或苯）（%），不小于	99	99	99	99	99	99	99
蒸发损失（163℃，5h）（%），不大于	1	1	1	1	1	1	1
蒸发后针入度比（163℃，5h）（%），不小于	50	60	60	65	65	70	70
闪点（开口法）（℃），不低于	180	200	230	230	230	230	230

注 当 25℃延度达不到 100cm 时，但 15℃延度不小于 100cm，也认为是合格的。

表 3.2-12 重交通量道路石油沥青质量要求（GB 15180—2000）

质 量 指 标	AH—130	AH—110	AH—90	AH—70	AH—50
针入度（25℃，100g，5s）（1/10mm）	120～140	100～120	80～100	60～80	40～60
延度（15℃）（cm）	>100	>100	>100	>100	>80
软化点（℃）	38～48	40～50	42～52	44～54	45～55
闪点（℃）	>230				
含蜡量（%）	≤3				
密度（15℃或 25℃）（kg/m³）	实测记录				
溶解度（%）	>99.0				
质量损失（%）	<1.3	<1.2	<1.0	<0.8	<0.6
针入度比（%）	>45	>48	>50	>55	>58
延度（25℃）（cm）	>75	>75	>75	>50	>40
延度（15℃）（cm）	实测记录				

表 3.2-13 沥青混凝土选用石料的质量要求

项目	坚固性（%）（硫酸钠法）	吸水率（%）	表观密度（kg/m³）	超粒径（原孔筛）（%）	针片状颗粒（%）	含泥量（%）	有机质含量	与沥青的黏结性
技术指标	<12.0	≤3.0	≥2500	超径小于 5、粒径小于 10	≤10	≤0.5	不容许	>4 级

表 3.2-14 矿 粉 的 技 术 要 求

项 目	通过率（%）			含水量（%）	亲水性系数	含泥量（%）
	0.60mm	0.15mm	0.074mm			
技术指标	100	>90	>70	<0.5	≤1.0	不含

3.2.3.4　沥青混凝土防渗体设计

1. 防渗体结构

沥青混凝土防渗体分有、无整平胶结层两种，如图 3.2-6 所示。一般岩石地基的渠道才考虑使用整平胶结层。为提高沥青混凝土的防渗效果，防止沥青老化，在沥青表面涂刷沥青玛琋脂封闭层。涂刷的沥青玛琋脂，必须满足高温下不流淌、低温下不脆裂的要求，具有较好的热稳定性和变形性能。

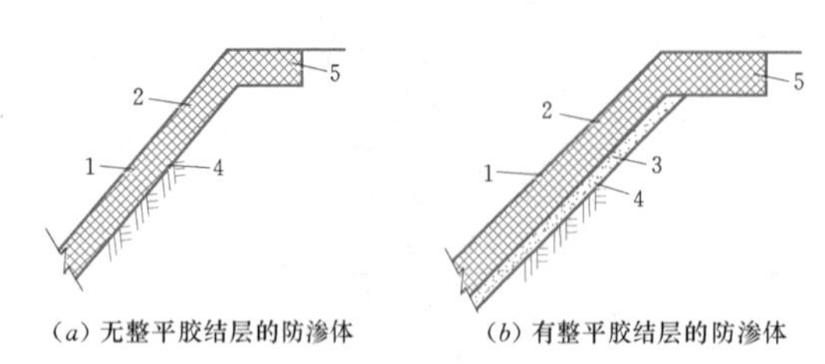

图 3.2-6　沥青混凝土渠道防渗体的结构型式

1—封闭层；2—防渗层；3—整平胶结层；4—土（石）渠基；5—封顶板

2. 防渗体厚度

（1）封闭层用沥青玛琋脂涂刷，厚度为 2～3mm。沥青玛琋脂应满足高温下不流淌、低温下不脆裂的要求。

（2）沥青混凝土防渗层一般为等厚断面，其厚度一般为 5～6cm。大型渠道可用 8～10cm。有抗冻要求的地区，渠坡防渗层也可采用上薄下厚的断面，一般坡顶厚度为 5～6cm，坡底厚度为 8～10cm。

（3）整平胶结层采用等厚断面，其厚度宜按能填平岩石基面的原则确定。

（4）沥青混凝土预制板的边长不宜大于 1.0m，厚度采用 5～8cm，密度应大于 2.3g/cm^3。预制板一般用沥青砂浆或沥青玛琋脂砌筑；在地基有较大变形时，也可采用焦油塑料胶泥填筑。

3.2.4　土工膜防渗

3.2.4.1　土工膜防渗的特点与适用条件

渠道衬砌范围为渠道边坡和渠底，一级马道高程高出加大水位小于 1.0m 时，衬砌高程应至一级马道顶部；一级马道高出加大水位不小于 1.5m 时，衬砌高程一般较加大水面线高 1.0m 以内。其他情况视技术经济比较及设计要求，经计算确定。铺设土工膜加强防渗的渠段，土工膜防渗顶部高程一般与衬砌高程一致，其设计可参照 SL 18—2004。

土工膜防渗是以塑料薄膜、沥青玻璃纤维布油毡或复合土工膜作防渗层，其上设保护层的防渗方法。采用土工膜防渗具有下列突出的优点：

（1）防渗性能好。土工膜防渗可减少渗漏损失 90%～95%。1964 年山东省打渔张灌区实验，以搭接法接缝可以减少渗漏量 86.4%。

（2）适应变形能力强。土工膜具有良好的塑性、低温柔性、延展变形和抗拉能力，故不仅适用于不同形状的渠道断面，而且适应于可能发生沉陷和冻胀变形的渠道。实践表明：土工膜防渗渠道无论是在冻深 20cm 的地区，还是冻深达 85cm 的地区，都是成功的。

（3）质轻、量小、运输方便。

（4）施工简便，易于推广。

（5）造价低。据不同地区的几项工程核算，土工膜防渗渠道，其造价仅为混凝土防渗的 1/10～1/5、浆砌石防渗的 1/10～1/4。即使采用混凝土板做保护层，由于混凝土板较做防渗层的混凝土板薄，其总造价仍不会高于混凝土防渗渠道。

（6）具有足够的使用寿命。表 3.2-15 给出了我国一些早期使用土工膜防渗的工程实例，这些早期工程有的已安全运行了 30 年，说明只要设计合理、精心施工，埋藏式土工膜防渗工程是可以达到经济使用年限（20～50 年）的。

表 3.2-15　塑膜防渗运用中的性能变化

工程或部门	测试年份	土工膜厚度 (mm)	抗拉强度（MPa）		伸长率（%）		备　注
			纵向	横向	纵向	横向	
山东打渔张灌区	1964		24.00	20.10	254.00	276.00	出厂时测定
	1980		38.35	34.40	182.90	213.20	运用 15 年后测定
	1990		39.74	35.30	145.50	153.30	运用 25 年后测定
北京东北旺农场	1965	0.12～0.15	24.43	18.87	224.00	261.30	埋设前测定
	1983		33.20	32.60	10.00～180.00	8.00～40.00	运用 18 年后测定
	1965	0.14～0.15	24.27	18.10	264.00	261.30	埋设前测定
	1983		33.20	27.10	4.00～40.00	4.00～8.00	运用 18 年后测定

续表

工程或部门	测试年份	土工膜厚度（mm）	抗拉强度（MPa）		伸长率（%）		备　注
			纵向	横向	纵向	横向	
山西浑源灌区	1965	0.12～0.17	20.00	20.00	≥200.00	≥200.00	出厂时测定
	1979		25.88	26.13	133.50	125.00	运用13年后测定
陕北织女渠		0.06～0.28	12.40～25.30		210.00～250.00		埋设前测定
			19.10		192.00		运用7年后测定
水利水电科学研究院	1958	1.2～1.5	14.07		534.00		试样埋在混凝土雾室存放10～26年后取出暴晒27个月，经历31年后实测
	1990		8.67～9.38		330.00～380.00		
纳米比亚某蓄水池尾矿坝	1996		19.69		311.00		埋设前测定
	1983		11.31		277.00		运用18年在水池周边取样
	1983		18.67		262.00		运用18年蓄工业废水坝中取样

3.2.4.2　土工膜性能与选用

防渗土工膜应具有良好的抗渗性、变形能力和强度，能够适应环境水温与气温的变化，具有较大的膜面摩擦系数和幅宽，从而节约投资、提高防渗效果、减小施工中的损坏率。选用土工膜时应结合工程实际，考虑土工膜的性能、价格、产品质量、已有的工程经验等。

目前，国内渠道防渗方面应用较多的土工膜主要有聚合物类土工膜、沥青类土工膜和复合土工膜三大类。

1. 聚合物类土工膜

该类土工膜使用的是目前发展极为迅速的一类合成高分子材料。目前各地大量应用的是聚乙烯薄膜和聚氯乙烯薄膜，有关技术指标见表3.2-16。

表3.2-16　聚乙烯土工膜和聚氯乙烯土工膜的质量要求

项　目	技术指标	
	聚乙烯	聚氯乙烯
密度（kg/m³）	≥900	1250～1350
断裂拉伸强度（MPa）	≥12	纵向不小于15，横向不小于13
断裂伸长率（%）	≥300	纵向不小于220，横向不小于200
撕裂强度（kN/m）	≥40	≥40
渗透系数（cm/s）	$<10^{-11}$	$<10^{-11}$
低温弯折性	−35℃无裂纹	−20℃无裂纹
−70℃低温冲击脆化性能	通过	—

由表3.2-16可见，聚乙烯薄膜适用的低温范围大，故在寒冷地区应优先选用聚乙烯土工膜。但聚乙烯土工膜抗拉强度低于聚氯乙烯，故在芦苇等植物丛生的地区，宜优先选用聚氯乙烯土工膜。根据工程经验，塑膜厚度以0.18～0.22mm较为经济；对于小型工程，也可选用厚度小于0.12mm的塑膜。

2. 沥青类土工膜

沥青类土工膜是将沥青玛琋脂均匀涂于玻璃纤维布上压制而成的，它克服了纸胎油毡抗拉强度低的缺点，提高了适应冻胀变形的能力，与塑膜相比，其抗老化、抗裂、抗穿透能力更强，但运输量大，造价稍高。沥青玻璃纤维布油毡的质量应符合表3.2-17的规定，并应厚度均匀，无漏涂、划痕、折裂、气泡及针孔，在气温0～40℃下易于展开等，厚度宜为0.60～0.65mm。

3. 复合土工膜

复合土工膜是由无纺布与膜料复合压制而成的，有一布一膜、二布一膜及不同厚度等系列产品。它充分利用塑膜防渗和土工织物导水、受力较好的优点，使其具有法向防渗和平面导水通气的综合功能，提高了强度和抗老化能力，是今后土工膜发展的方向；但造价较高，适用于标准较高的工程。

3.2.4.3　土工膜防渗结构型式

土工膜铺设有明铺式和埋铺式两种。为了延长土工膜使用寿命，保证其防渗效果，应采用埋铺式。埋铺式土工膜防渗体一般由土工膜防渗层、上下过渡层和保护层组成，其构造如图3.2-7所示。其中，下过渡层亦称为下垫层，其作用是防止地基面不平整或有粗粒料时对土工膜层的破坏；土工膜层主要起防渗

表 3.2-17 沥青玻璃纤维布油毡的质量要求

项目	单位面积涂盖材料重量 (g/m^2)	不透水性（动水压法，保持15min）(MPa)	吸水性（24h，18℃）($g/100cm^2$)	耐热度（80℃，加热5h）	抗剥离性（剥离面积）	柔度（0℃下，绕直径20mm圆棒）	拉力（18℃±2℃下的纵向拉力）(N/2.5cm)
技术指标	≥500	≥0.3	≤0.1	涂盖无滑动，不起泡	≤2/3	无裂纹	≥540

作用；上过渡层的作用是防止保护层材料对土工膜的破坏；保护层的主要作用是防止紫外线照射等引起土工膜老化，防止外力对土工膜的破坏，在寒冷地区兼做保温层，使土工膜免遭低温冻害。根据渠基和保护层材料的不同，可设过渡层，也可不设过渡层。无过渡层防渗体［见图3.2-7 (*a*)］适用于土渠基和用素土、水泥土作保护层的防渗工程；有过渡层防渗体［见图3.2-7 (*b*)］适用于岩石、砂砾石渠基，以及用石料、砂砾石、现浇碎石混凝土或预制混凝土作保护层的防渗工程。采用复合土工膜时，可不单独设过渡层。

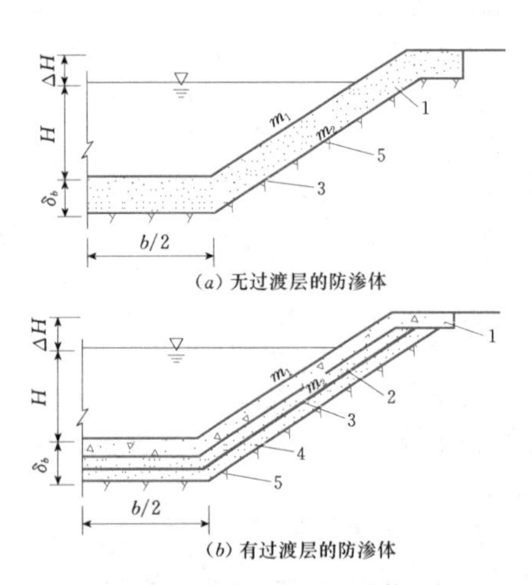

图 3.2-7 埋铺式土工膜防渗体的构造

1—水泥土、素土或混凝土、石料、砂砾石和混凝土保护层；2—过渡层；3—土工膜防渗层；4—过渡层（土渠基时不设此层）；5—土渠基或岩石、砂砾石渠基

对于设置土工膜加强防渗的渠段，宜选用抗老化双面复合土工膜。规格为不小于$576g/m^2$。其中，复合土工膜厚度不小于0.3mm，双面土工布为长纤维土工织物，规格为不小于$150g/m^2$。

土工膜采用埋铺式。膜间连接应符合有关规范的规定。岩石、砂砾石和砂质土渠基段，塑膜与渠基间应设过渡层；细粒土渠基段塑膜可直接铺在渠基上。应对土工膜的稳定性进行复核。

3.2.4.4 保护层设计

1. 材料选择

(1) 技术要求。素土、水泥土、砂砾、石料和混凝土均可作为土工膜防渗的保护层。素土作保护层时其性能应满足表3.2-18的要求。

表 3.2-18 土料的性能要求

项目 \ 性能要求	素土保护层及过渡层	灰土过渡层	水泥土过渡层
黏粒含量（%）	3～30	15～30	8～12
砂粒含量（%）	10～60	10～60	50～80
塑性指数 I_P	1～17	7～17	—
土料最大粒径（mm）	<5	<5	<5
有机质含量（%）	—	<1.0	<2.0
可溶盐含量（%）	<32.0	<2.0	<2.5
钙质结核、树根、草根含量	不含	不含	不含

(2) 材料选择。保护层材料应根据渠道流速大小和当地材料来源加以选择，一般做成素土夯实保护层或刚性材料保护层。

素土保护层的抗冲刷性能差，容许流速应较土渠的不冲流速低10%～20%，可按表3.2-19进行设计，适用于平原地区流速不大的渠道。在弯道和渠系建筑物（跌水、陡坡、桥、闸等）上、下游，由于渠水流态、流速变化对素土保护层冲刷破坏很大，需考虑加固措施，如改用混凝土、砌石等刚性材料保护层。

表 3.2-19 素土保护层土工膜防渗渠道的不冲流速

保护层土质	砂壤土	轻壤土	中壤土	重壤土	黏土
流速（m/s）	<0.45	<0.55	<0.60	<0.65	<0.70

砌石等刚性材料保护层抗冲能力强，如干砌卵石直径为10～15cm的容许流速为2.0～2.5m/s，直径30～35cm的容许流速为4.0～4.5m/s，适用于流速较大的山区、前山区的渠道和大型渠道。

2. 保护层厚度确定

（1）经验法。保护层愈厚，渠坡愈稳定，愈有利于避免植物穿透土工膜，愈能减缓土工膜老化，但却增大了工程量，提高了造价。根据国内外工程实践资料，保护层厚度以不小于30cm为宜，在寒冷地区可采用冻深的1/3～1/2。这样既便于施工，又能防止一般牧畜践踏和机械性破坏。

1）素土保护层。考虑到我国南北气候不同等因素，素土保护层的厚度，应按下列要求设计：

a. $m_1=m_2$ 时（见图3.2-7），边坡与渠底相同，可按表3.2-20选用。

表3.2-20　　素土保护层的厚度

保护层土质	不同渠道设计流量的厚度（cm）			
	$<2m^3/s$	$2\sim5m^3/s$	$5\sim20m^3/s$	$>20m^3/s$
砂壤土、轻壤土	45～50	50～60	60～70	70～75
中壤土	40～45	45～55	55～60	60～65
重壤土、黏土	35～40	40～50	50～55	55～60

b. $m_1\neq m_2$ 时（见图3.2-7），梯形和五边形渠底素土保护层的厚度按表3.2-20选用；渠坡膜层顶部素土保护层的最小厚度为：温和地区为30cm，寒冷和严寒地区为35cm。

素土保护层应按设计要求夯实，设计干容重应经过试验确定。无试验条件时，采用压实法施工，砂壤土和壤土的干容重不小于$1.50g/cm^3$；砂壤土、轻壤土、中壤土采用浸水泡实法施工时，其干容重宜为$1.40\sim1.45g/cm^3$。

2）刚性材料保护层。水泥土、石料、砂砾石和混凝土保护层的厚度，可按表3.2-21选用。也可在渠底、渠坡或不同渠段，采用具有不同抗冲能力、不同材料的组合式保护层。

表3.2-21　　不同材料保护层的厚度

保护层材料	块石、卵石	砂砾石	石板	混凝土	
				现浇	预制
保护层厚度（cm）	20～30	25～40	≥3	4～10	4～8

（2）公式法。素土保护层厚度可根据渠道水深按式（3.2-5）、式（3.2-6）计算：

温暖地区
$$\delta_b=\frac{h}{12}+25.4 \tag{3.2-5}$$

寒冷或严寒地区
$$\delta_b=\frac{h}{10}+35.0 \tag{3.2-6}$$

上二式中　δ_b——素土保护层厚度，cm；

h——渠道水深，cm。

3. 保护层边坡稳定分析

（1）计算法。由于土工膜的防渗隔水作用，使得上过渡层与膜面间往往存在薄层水膜，使其抗剪强度指标（c、φ值）降低，致使边坡稳定性下降。因此，对于大、中型渠道素土保护层的边坡系数应通过稳定分析来确定。

1）基本假定：

a. 素土保护层失稳时，假定沿图3.2-8所示的$abcd$线滑动。对黏性土，ab、bc为直线，cd为弧线；对非黏性土，ab、bc及cd均为直线。c点为最小安全系数时，降落后水位的水平延长线与膜层的交点，通过试算确定。

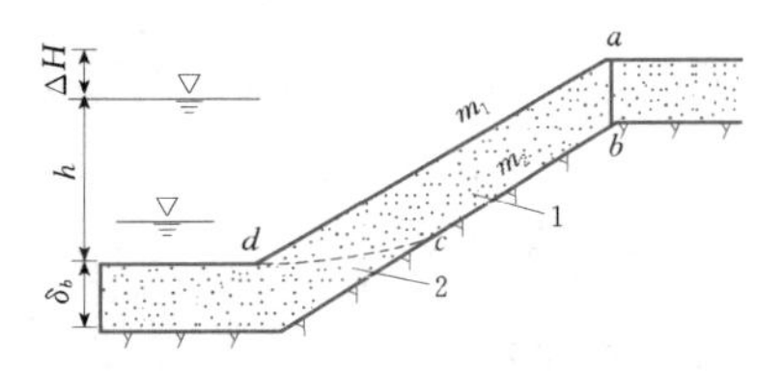

图3.2-8　土保护层失稳示意图

1—素土保护层；2—土工膜防渗层

b. 素土保护层边坡稳定分析的控制时期为渠水位骤降期。

c. 采用简化法计算渗透压力，即最高水位以上的土重按湿重度计算；计算滑动力时，最高水位至骤降后水位间的土重按饱和重度计算，骤降水位以下的土重按浮重度计算；计算抗滑动力时，最高水位以下的土重均按浮重度计算。

2）计算公式。采用简化简布法，亦称为圆弧普遍分条法，它适用于土石坝或坝基中存在软弱夹层，往往出现由直线和曲线组成的非圆弧滑动面的情况。因素土保护层与土工膜间类似一个软弱夹层，因此采用该法较合理。计算公式如下（见图3.2-9）：

$$F_s=\frac{\sum(c_ib_i+W'_i\tan\varphi_i)\dfrac{\sec^2\alpha_i}{1+\tan\varphi_i\tan\alpha_i/F_s}}{\sum W''_i\tan\alpha_i} \tag{3.2-7}$$

或

$$F_s=\frac{\sum\left[c_ib_i+b_i(h_{i1}\rho+h_{i2}\rho'+h_{i3}\rho')\tan\varphi_i\right]\dfrac{\sec^2\alpha_i}{1+\tan\varphi_i\tan\alpha_i/F_s}}{\sum b_i(h_{i1}\rho+h_{i2}\rho_m+h_{i3}\rho')\tan\alpha_i} \tag{3.2-8}$$

上二式中　b_i——土条分条的宽度，m，$b_i=L_i\cos\alpha_i$；

α_i——N_i 与铅垂线的夹角，(°)；

φ_i——滑动面上素土或素土与土工膜间的内摩擦角，(°)；

c_i——滑动面上素土或素土与土工膜间的黏聚力，MPa；

W_i'——按湿重度和浮重度计算的土条重量，kg；

W_i''——按湿重度、饱和重度和浮重度计算的土条重量，kg；

F_s——边坡稳定安全系数；

L_i——土条分条的顶底斜长，m；

ρ、ρ'、ρ_m——土条的湿容重、浮容重和饱和容重，kg/m³；

h_{i1}、h_{i2}、h_{i3}——相应于 ρ、ρ'、ρ_m 的水深，m。

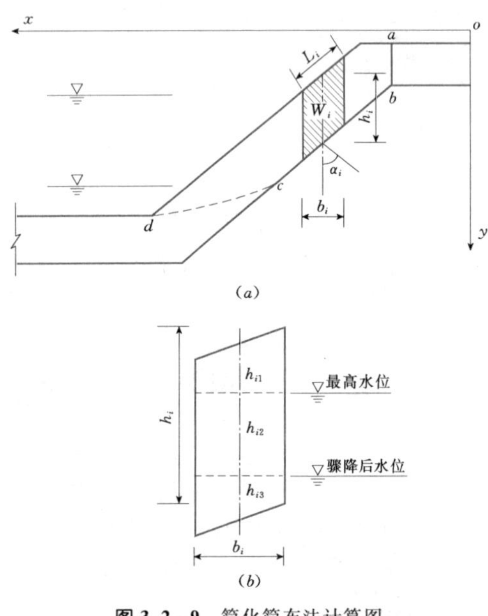

图 3.2-9　简化简布法计算图

3）抗剪强度指标（φ、c 值）的选用：

a. φ、c 值的选用，应与采用有效应力法或总应力法的计算方法相对应。即采用有效应力法简化简布法计算时，应采用有效应力情况下实测的 φ、c 值（采用直剪仪试验时，应采用饱和慢剪法测定；采用三轴仪试验时，应采用饱和不排水剪法测定，同时测孔隙水压力，确定有效应力下的 c、φ 值）；如采用总应力法计算时，应采用总应力下实测的 c、φ 值（采用直剪仪试验时，采用饱和快剪法测定；采用三轴仪试验时，应采用饱和不排水剪法测定）。

b. 计算中，滑动面的 ab 和 cd 段应采用素土的 c、φ 值；在 bc 段应采用素土与土工膜之间的 c、φ 值。因 ab 段很小，且土体在滑动前，往往先在 ab 处产生裂缝，所以计算时，略去 ab 段的抗滑力。

c. 素土与土工膜之间 c、φ 值的测定方法：

直剪仪试验法。可将土工膜夹在剪切面部位，在相应设计容量下，采用前述相应方法试验。

三轴仪试验法。根据不同土质和不同容重可按表 3.2-22 选用土工膜在试样中近似的置放夹角 α。将土工膜放入试样中，在相应容重及方法下测定 c、φ 值。因在极限平衡条件下，$\alpha=45°+\varphi/2$，因此如采用近似 α 角求得的 φ 值与前式相差过大时，可改变 α 角，重新试验和测定 c、φ 值。

表 3.2-22　土工膜在三轴试验试样中的夹角 α

土　质	不同干容重的夹角 α（°）		
	1.35g/cm³	1.50g/cm³	1.70g/cm³
砂壤土	52	55	56
壤　土	46	47	48
黏　土	45	46	47

4）边坡稳定安全系数。土工膜防渗渠道素土保护层边坡稳定的最小安全系数：3～5 级渠道应采用 1.2，1～2 级渠道应采用 1.3。

（2）经验法。小型渠道无条件进行计算时，素土保护层土工膜防渗渠道的最小边坡系数，可按表 3.2-23 参考选用；水泥土、砌石、混凝土等刚性材料保护层的最小边坡系数可参考表 3.2-24 选用。

表 3.2-23　素土保护层土工膜防渗渠道的最小边坡系数

土　质	不同渠道设计流量的最小边坡系数			
	<2m³/s	2～5m³/s	5～20m³/s	>20m³/s
黏土、重壤土、中壤土	1.50	1.50～1.75	1.75～2.00	2.25
轻壤土	1.50	1.75～2.00	2.00～2.25	2.25
砂壤土	1.75	2.00～2.25	2.25～2.50	2.75

表 3.2-24　　刚性材料保护层土工膜防渗渠道最小边坡系数

保护层材料类别	渠基土质类别	不同渠道设计水深及边坡情况的最小边坡系数											
		<1m			1～2m			2～3m			>3m		
		挖方	填方		挖方	填方		挖方	填方		挖方	填方	
		内边坡	内边坡	外边坡	内边坡	内边坡	外边坡	内边坡	内边坡	外边坡	内边坡	内边坡	外边坡
以混凝土、砌石、水泥土、灰土、三合土、四合土作为保护层的土工膜防渗	稍胶结的卵石	0.75	—	−1.00	—	—	−1.25	—	1.50	—	—	—	—
	夹砂卵石砂土	1.00	—	−1.25	—	−1.50	—	—	1.75	—	—	—	—
	黏土、重、中壤土	1.00	1.00	1.00	1.00	1.00	1.00	1.25	1.25	1.00	1.50	1.50	1.25
	轻壤土	1.00	1.00	1.00	1.00	1.00	1.00	1.25	1.25	1.25	1.50	1.50	1.50
	砂壤土	1.25	1.25	1.25	1.25	1.50	1.50	1.50	1.50	1.50	1.75	1.75	1.50

注　本表摘编于《渠道防渗工程技术规范》(GB/T 50600—2010)。

3.2.4.5　防渗层设计

1. 铺膜范围及铺膜高度

土工膜防渗渠道的铺设范围有全铺式[见图 3.2-10 (*a*) ～ (*e*)]、半铺式[见图 3.2-10 (*f*)]和底铺式[见图 3.2-10 (*g*)]三种。全铺式防渗效果最好，每昼夜平均渗漏率为 0.23%～0.67%，可减少渗漏损失 99.15%～99.71%；半铺式铺设高度为水深 0.5 倍时，每昼夜平均渗漏率为 6.58%～9.6%，可减少渗漏损失 87%～91.7%，为全铺式防渗效果的 87.7%～90.0%，但可节约很多投资；底铺式可减少渗漏损失 50%左右。如有投资限制，可以采用半铺式或底铺式土工膜防渗。

全铺式铺设高度与水位齐平即可，可不设超高，半铺式铺设高度则以渠道水深的 1/2～2/3 为宜。

2. 铺设基槽型式

埋铺式土工膜防渗渠道设计的主要任务是保证渠道断面稳定的条件下，最大限度地节约占地、材料或人力。渠道边坡系数、铺设基槽型式和保护层厚度三

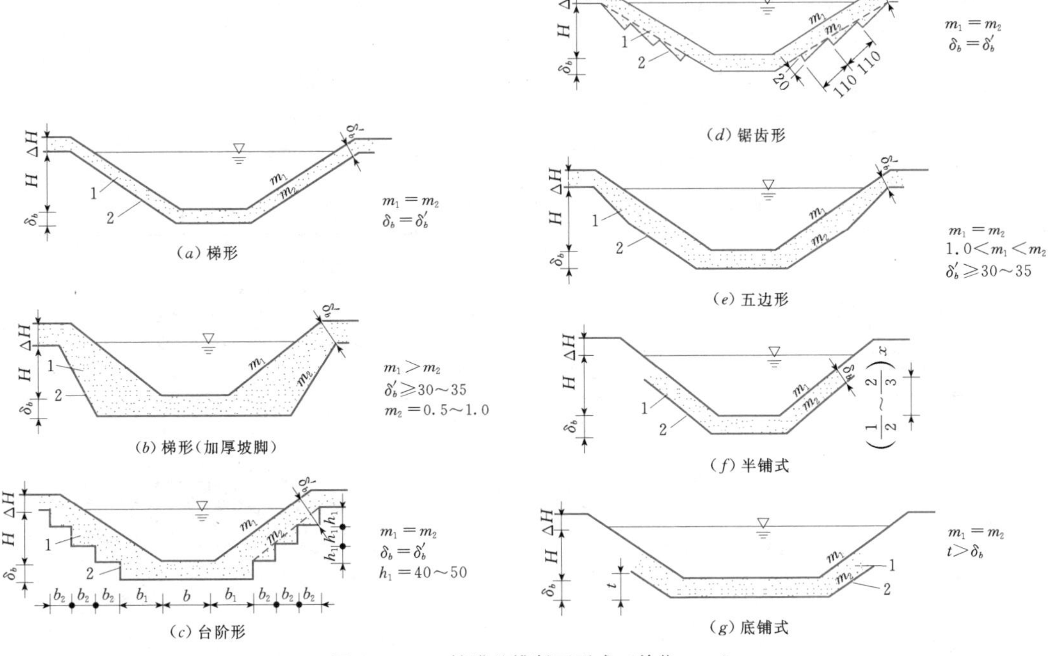

图 3.2-10　铺膜基槽断面型式(单位：cm)

1—素土保护层；2—土工膜防渗层

者之间互相影响，互相制约。为了增加边坡稳定性，我国渠道防渗工作者提出了多种铺设基槽型式（见图3.2-10）：

（1）矩形和梯形［见图3.2-10（*a*）、（*b*）］，图3.2-10（*b*）在不放缓表面边坡的条件下，加厚了坡脚保护层，提高了渠坡稳定性。这种型式土工膜用量省，但土方工程量大，适用于芦苇和杂草生长较多的塑膜防渗，也适用于油毡渠道。

（2）锯齿形。将梯形基槽挖成锯齿，边坡稳定性好，无需减缓边坡，不增加占地，土方量小，但施工复杂［见图3.2-10（*d*）］。适用于断面大，无芦苇生长的塑膜防渗渠道。如1965年山东省打渔张灌区四干渠采用锯齿形，在运用中多次停水，水位多次骤降，塑膜保护层未出现裂缝或坍塌。

（3）复式梯形。将梯形基槽边坡挖成台阶，见图3.2-10（*c*）、（*e*）。北京市东北旺南干渠以素土夯实厚30cm作保护层，采用台阶形基槽断面，效果良好。

3. 膜层厚度设计

土工膜层厚度，一般与过渡层土料粒径、土工膜种类和性能有关。规范规定时宜选用厚0.18～0.22mm的深色塑膜，小型渠道塑膜厚度不得小于0.12mm；选用玻璃纤维机制油毡时，其厚度宜为0.60～0.65mm。下面介绍一些国内外常用的土工膜厚度计算公式，供参考。

（1）原北京水利科学研究公式：

$$\delta_b = \frac{F_s p d}{4[\sigma]} \tag{3.2-9}$$

式中 δ_b——塑膜厚度，mm；

F_s——安全系数，一般采用3.0；

p——膜上压力，kPa；

d——土块最大粒径，mm；

$[\sigma]$——土工膜抗拉强度，kPa。

（2）原湖北省水利科学研究所公式：

$$\delta_b = 0.225 \frac{E^{1/2} p d_{80}}{nm[\sigma_T]^{3/2}} F_s \tag{3.2-10}$$

其中

$$m = \sqrt[3]{\frac{d_{90}}{d_{30}}} \tag{3.2-11}$$

$$[\sigma_T] = B\sigma_T \tag{3.2-12}$$

以上式中 E——土工膜的弹性模量，kPa；

d_{30}、d_{80}、d_{90}——下过渡层土粒通过筛子的重量分别为占全部重量的30%、80%、90%时相应的颗粒直径，mm；

B——折减系数，一般为1/3～1/2；

σ_T——土工膜抗拉强度，kPa；

$[\sigma_T]$——土工膜容许抗拉强度，kPa；

n——土料表面糙度系数，碎石 n 为0.6～0.7，砂 n 为0.7～0.8，卵石 n 为0.7～0.9；

m——土料级配影响系数。

（3）全苏水利科学研究院公式：

$$\delta_b = \frac{\rho H d^{1.03}}{\sqrt{\frac{([\sigma_T]/0.0347)^3}{E}}} \tag{3.2-13}$$

式中 H——水头，cm；

E——塑膜弹性模量，MPa，可由表3.2-25查取；

$[\sigma_T]$——土工膜容许抗拉强度，kPa，由表3.2-25查取；

d——下过渡层土料粒径，mm；

ρ——水的密度，t/m^3。

表3.2-25　不同温度下塑膜弹性模量及容许抗拉强度

气温（℃）	30	25	20	15	10	5	0	−5	−10	−15	−20
弹性模量（MPa）	38.8	42.1	46.6	51.3	57.4	67.2	80.4	98.0	120.0	143.0	170.0
容许抗拉强度（MPa）	2.2	2.3	2.5	2.7	2.8	30.0	3.1	3.3	3.5	3.7	4.0

4. 膜层与周边连接设计

（1）膜层顶部构造设计。为了固定膜层，防止水流进入膜层下边，土工膜层应与周边妥善连接。膜层顶部宜按图3.2-11铺设。

（2）膜层与建筑物连接设计。防渗体与建筑物的连接，应按下列要求设计：

1）土工膜防渗体应按图3.2-12用黏结剂与建筑物粘牢。

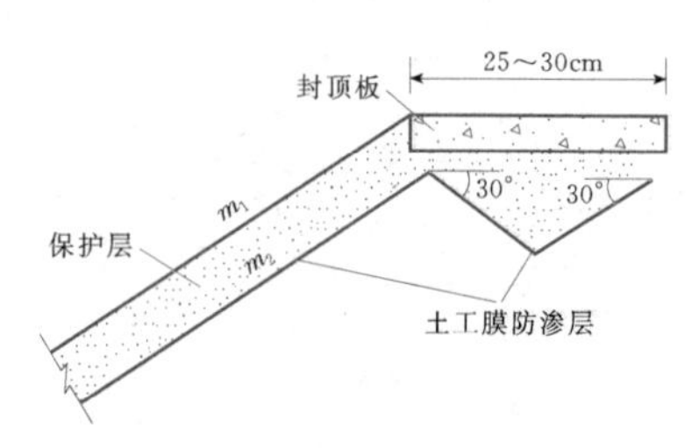

图3.2-11　膜层顶部铺设形式图

2）素土保护层与跌水、闸、桥连接时，应在建筑物上下游改用石料、水泥土、混凝土保护层。

3）水泥土、石料、混凝土保护层与建筑物连接，应按规定设置伸缩缝。

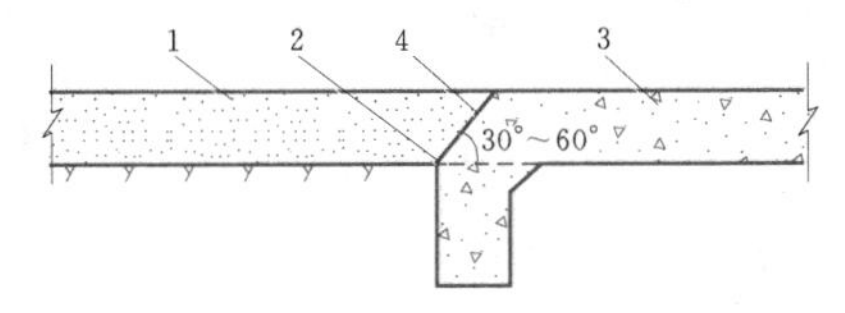

图 3.2-12 土工膜防渗体与建筑物的连接
1—保护层；2—防渗膜层；3—建筑物；
4—土工膜与建筑物黏结

3.2.4.6 过渡层设计

过渡层的作用主要是防止地基面的凹凸不平和粗粒料以及保护层材料对土工膜层的破坏，土料、水泥土、砂浆和粉砂均可作为土工膜防渗工程的过渡层材料，其厚度要求见表 3.2-26。

表 3.2-26 过渡层的厚度

过渡层材料	灰土、塑性水泥土、砂浆	素土、砂
厚度（cm）	2～3	3～5

灰土和水泥土抗冻性较差，适宜于温和地区；砂浆则可用作寒冷地区和严寒地区的过渡层；素土和砂层尽管造价低，但容易被水流淘刷，导致保护层和防渗层的破坏。因此，最好用低等级砂浆代替土料作上过渡层。

3.2.5 其他材料护面防渗

3.2.5.1 人工挂淤防渗

渠道淤填防渗就是使渠水中所含的细粒土借水流渗入并堵塞渠床土壤的孔隙，降低孔隙率，从而提高抗渗性，起到防渗作用。

人工挂淤防渗多用在断面小、坡度缓、呈周期性工作的渠道。人工挂淤防渗效果与土粒粒径、挂淤方法及施工质量密切相关，不同条件下的黏土用量见表 3.2-27。

表 3.2-27 人工淤挂土的粒径及黏土用量

渠床砂粒直径（cm）	细土粒直径（mm）	淤入深度（cm）	黏土用量（kg/m²）
粗砂 1.5～0.5	0.01	>30	18
	0.05	20	
中砂 0.5～0.25	0.05	14	9
	0.01	10	
	0.005	7.5	
细砂 0.25～0.10	0.01	5	4.5
	0.005	3	

动水挂淤时，要注意黏土浆液的浓度，并控制渠水的流速。一般流速应控制在 0.20～0.50m/s。淤填料颗粒愈细，流速应愈小，其适宜流速见表 3.2-28。

表 3.2-28 动水挂淤防渗的适宜流速

淤填材料的粒径（mm）	0.050	0.010	0.005
渠水流速（m/s）	0.20	0.15～0.10	0.05

3.2.5.2 土壤固化剂防渗

土壤固化剂是最近发展起来的专门用于固结土壤的一种新型建筑材料，将其加入土壤中，可增强土体的憎水性，降低土中水的冰点，阻止土冻结时的水分迁移，从而削减或消除冻胀，提高土体抗渗能力。土壤固化剂能在常温下直接胶结土壤颗粒，并能与黏土矿物发生化学反应，生成胶凝物质，因而固化后的土体具有一定的抗压、抗渗、抗冻能力。初步研究表明：固化土 28 天强度可达 3～20MPa，渗透系数一般为 $5\times10^{-6}\sim5\times10^{-8}$cm/s；由于其抗冻性较低，因此，直接应用于北方地区，其耐久性远不如混凝土理想，有待进一步研究。

3.2.6 渠道防渗工程抗冻胀技术

我国北方地区渠道衬砌冻害特别是由于渠基土的冻胀而造成的衬砌破坏普遍存在，因此，适应、削减，以至完全消除基土冻胀已成为渠道衬砌实践中一个亟待解决的问题。

3.2.6.1 渠道衬砌冻胀破坏形式

渠道断面本身所具有的凹槽形式和坡面朝向的不同、断面上各点的位置和高度的差异，造成断面上各点的日照、风情、表面温度状况有很大差异，从而决定了各点的冻深和冻胀量很不均匀。然而混凝土的抗拉强度很低、适应变形能力很差，在冻胀力的作用下很容易发生破坏。其主要破坏形式如下：

（1）鼓胀及裂缝。这是最常见的破坏形式，裂缝一般发生在渠坡脚以上 1/4～3/4 坡长范围内和渠底中部。

（2）隆起架空。在地下水位较高的渠段，临近坡脚处的混凝土衬砌板首先向外隆起，其高度可达 10～20cm，然后冻胀变形逐渐向上发展，造成大幅度的隆起、架空，有时顺坡向上形成数个台阶。

（3）滑塌。一种情况是冻结期混凝土衬砌隆起架空后，坡脚支承受到破坏，当基土融化时，上部板块顺坡向下滑移、错位；另一种情况则是渠坡基土融化时大面积滑坡，导致坡脚混凝土板被推开，上部衬砌板塌滑。

（4）整体上抬。主要发生在衬砌刚度较大、断面较小的整体式 U 形渠道中。

3.2.6.2　冻害成因分析

渠道的冻胀破坏是由于基土在负气温的作用下产生冻结和不均匀冻胀，而渠道衬砌体本身自重较轻，不足以抵抗冻胀力的缘故。冬季零度以下气温固然是决定冻深和冻胀量的一个关键因素，但对于某一地区，其冻结指数是相对稳定的。因此，影响渠基土冻胀和衬砌冻害的主要因素就是土质、水分和衬砌结构等条件。

1. 渠床的土质条件

当渠床为粗砂、砾石等粗颗粒土时，一般冻胀量很小。当衬砌适应不均匀冻胀变形能力稍好时，则表现不出冻害。建在砂质渠床的衬砌也有受冻害破坏的实例，说明当地下水较高时，砂也具有一定的冻胀性，同时也说明现场浇筑的刚性混凝土衬砌对冻胀敏感，其抗冻胀变形能力较低。

当渠床为细粒土，特别是粉质土时，在渠床土含水量较大，且有地下水补给时，便会产生很大的冻胀变形。如在渠床上采用混凝土或浆砌石等适应变形能力小的刚性衬砌时，往往会产生冻害破坏。据对吉林省榆树市松前灌区向阳泄洪渠和东干渠的现场观测，在有地下水补给的条件下，渠床的最大冻胀量分别达 43cm 和 41cm，在这样的强冻胀土地区，如不采用消除或削减冻因措施，即使采用适应冻胀变形能力强的柔性衬砌也难免遭受冻害破坏。

2. 渠床的水分条件

渠床水分条件是渠道衬砌发生冻害的决定性因素，而地下水补给条件是影响渠基土冻胀性的重要指标，地下水对冻胀的临界影响深度见表 3.2-29。

表 3.2-29　地下水对冻胀的临界影响深度 Z_0 值

土　质	黏土	重、中壤土	轻、砂壤土	砂
Z_0	2.0	1.5	1.0	0.5

当地下水位低于渠底时，渠坡下部和渠底土体含水量大，渠坡上部土体含水量小，如图 3.2-13 所示。上述渠床土体水分状况，决定了一般渠底和靠近渠坡下部的冻胀量大，向渠坡上部冻胀量逐渐减小。在渠坡和坡脚相接处由于相互约束，其冻胀量小于渠底中心和坡脚偏上部，其冻胀形式如图 3.2-14 所示。由此造成沿渠底中心线裂缝、隆起破坏和渠坡靠近坡脚处衬砌板折断，如图 3.2-15 所示。当地下水位高于渠底或冬季渠道行水时，渠底冻胀量较小或不出现冻胀，最大冻胀量在冰（水）面之上一定范围内。

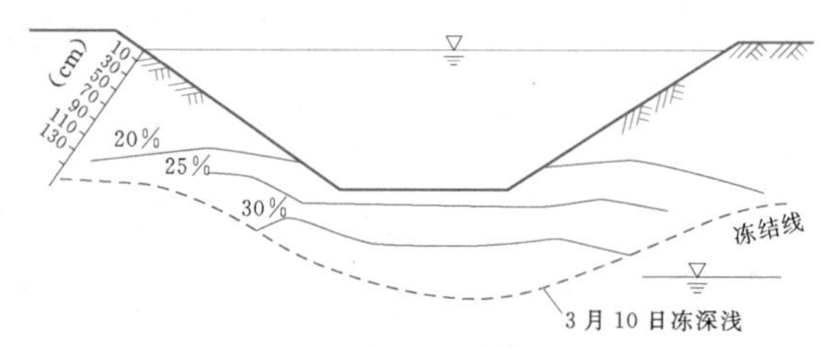

图 3.2-13　某年某渠床含水量等值线

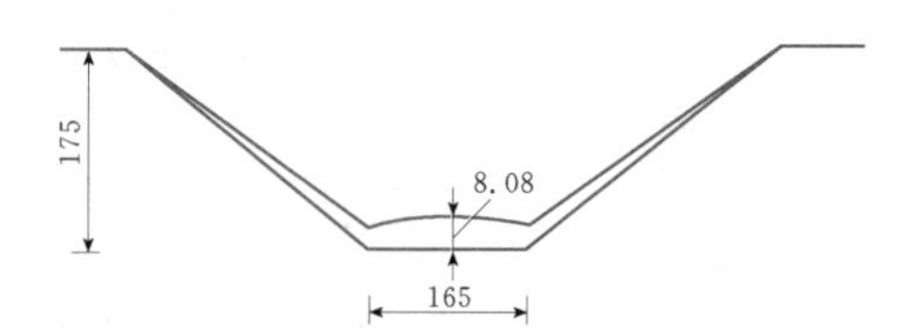

图 3.2-14　某渠道冻胀变形示意图（单位：cm）

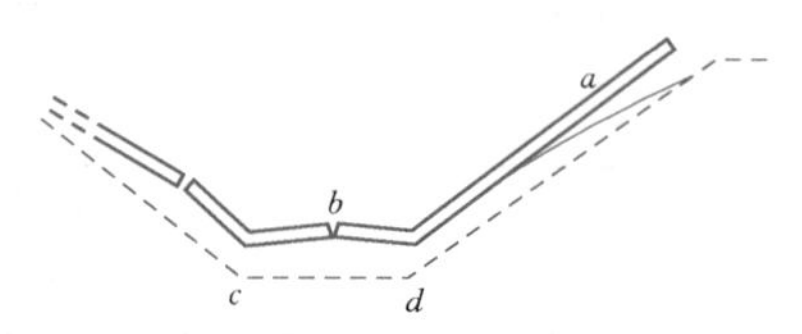

图 3.2-15　渠底衬砌板冻胀变形受边坡的约束情况

由此可见，混凝土衬砌裂缝多发生在靠近坡脚和渠底处，主要是由于渠床土体水分状况决定的。

3. 渠道衬砌结构特点

目前我国采用较多的混凝土等刚性衬砌壁薄体轻，适应不均匀变形能力较差，对冻胀敏感。因此，渠道的冻胀破坏除取决于外界负气温、渠床土质和水分条件外，渠道衬砌材料与结构型式的适应性也是发生冻害的主要原因之一。据辽宁省的观测，现浇混凝土板在冻胀量超过 20mm 时，就会出现冻胀裂缝，冻胀量超过 100mm 时，就会造成预制混凝土板冻融滑塌。据青海省的试验观测，在冻胀量达到 70～90mm 时，玻璃丝布油毡防渗体仍未见破坏。不同材料与结构型式允许的冻胀位移值见表 3.2-30。

3.2.6.3　冻胀防治设计方法

渠道冻胀防治设计包括冻深计算、冻胀量估算和冻胀的工程分类。

1. 冻深

(1) 最大冻深。历年最大冻深系气象部门提供的平地上土为天然含水量，且不存在地下水影响条件下的冻深值，使用气象条件相近的邻近气象台（站）多年实测最大冻深的平均值，其资料系列不小于 20 年。

表 3.2-30　渠道防渗结构容许位移值

断面型式	不同防渗材料的容许位移值（mm）		
	混凝土	砌石	沥青混凝土
梯形断面	5～10	10～30	30～50
弧形断面	10～20	20～40	40～60
弧形底梯形断面	10～30	20～50	40～60
弧形坡脚梯形断面	10～30	20～50	40～60
整体式U形或矩形槽	20～50	30～60	—
分离挡墙式矩形断面	40～50	50～60	70～80

注　1. 渠道断面深度大于3.0m，防渗板单块尺寸大于5m或边坡陡于1∶1.5时，取表中小值。
2. 渠道断面深度小于1.5m，防渗板单块尺寸小于2.5m或边坡缓于1∶1.5时，取表中大值。
3. 1～3级工程取小值。

（2）设计冻深。指工程地点冻深的设计取用值，按式（3.2-14）计算：

$$Z_d = \psi_d \psi_w Z_m \qquad (3.2-14)$$

式中　Z_d——渠床某部位的设计冻深，cm；
Z_m——历年最大冻深，cm；
ψ_d——考虑日照及遮阴程度的修正系数，按式（3.2-15）计算确定；
ψ_w——地下水影响系数，按式（3.2-16）计算确定。

（3）遮阴修正系数 ψ_d。考虑日照及遮阴程度的冻深修正系数 ψ_d，可根据工程所在纬度及渠道轴线走向，按式（3.2-15）计算：

$$\psi_d = \alpha + (1-\alpha)\psi_i \qquad (3.2-15)$$

式中　ψ_i——典型断面（渠道走向N—S，底宽与深度之比 $b/h=1.0$，坡比 $m=1.0$）某部位的日照及遮阴程度修正系数，阴、阳面中部的 ψ_i 值可由图3.2-16查得，底面中部的 ψ_i 值可由图3.2-17查得；
α——系数，可根据工程所在地的气候区（由图3.2-18查得）、计算断面的轴线走向、断面形状及计算点的位置，由表3.2-31查得，若渠坡较高或上部有遮阴作用，应考虑额外的遮阴影响。

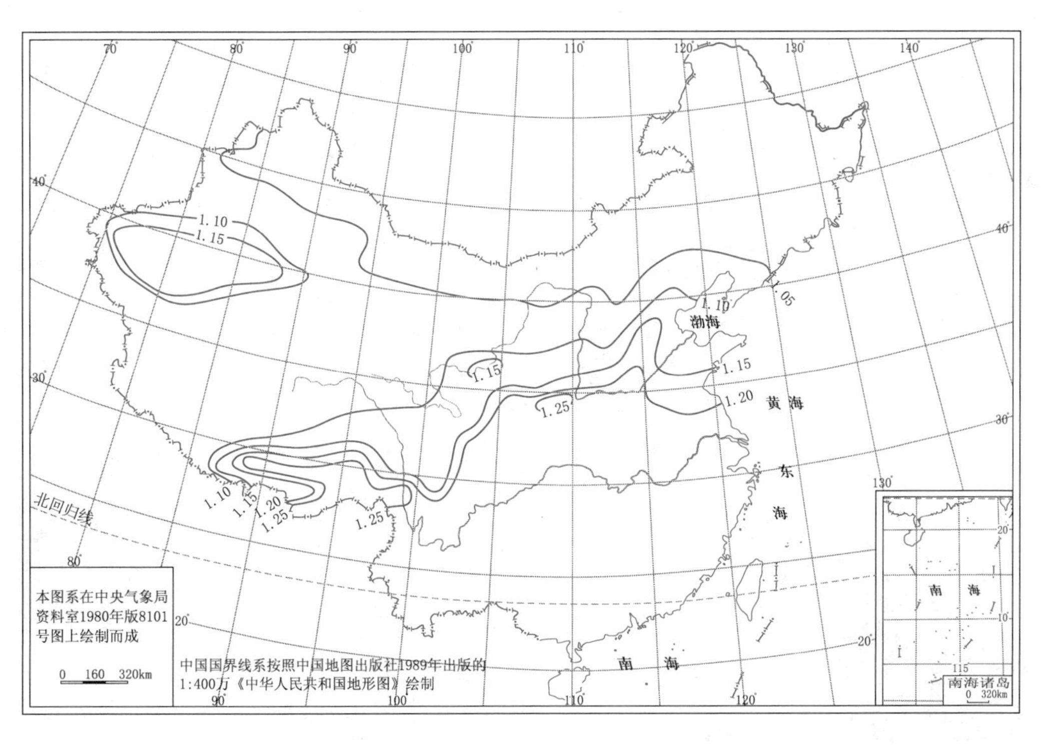

图 3.2-16　中国冻土区典型渠道（N—S，$B/h_1=1.0$，$m=1.0$）阴（或阳）面中部的 ψ_i 值分布图

［摘编于《渠系工程抗冻胀设计规范》（SL 23—2006）］

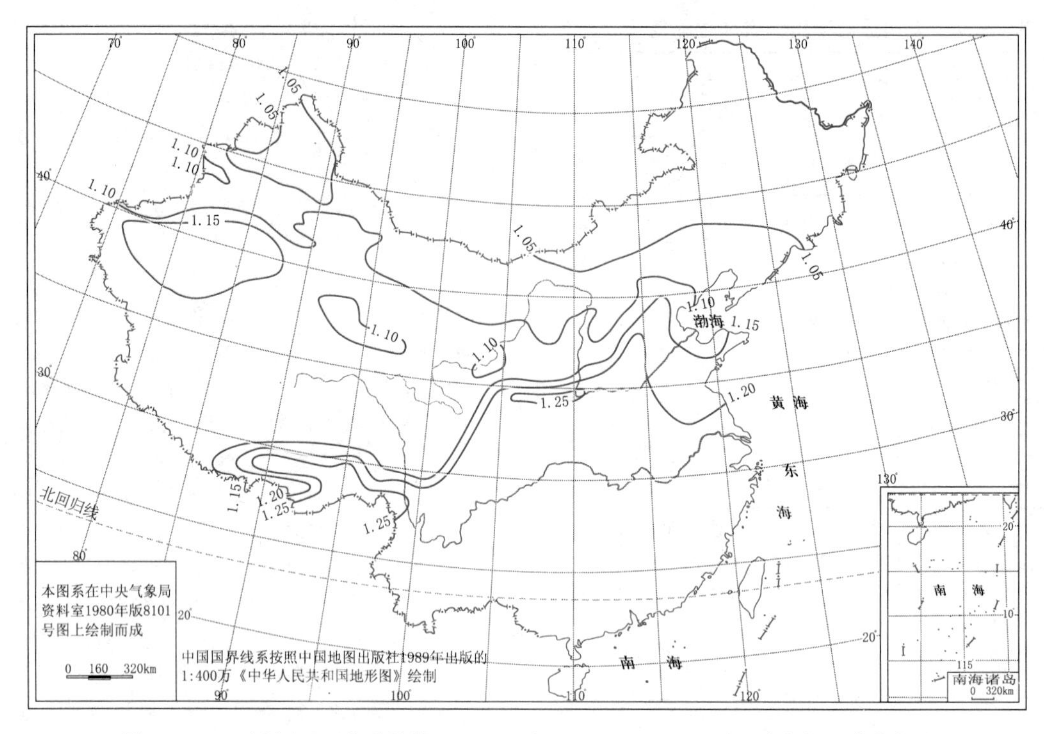

图 3.2-17 中国冻土区典型渠道（N—S，$B/h_1=1.0$，$m=1.0$）底面中部的 ψ_i 值分布图

［摘编于《渠系工程抗冻胀设计规范》（SL 23—2006）］

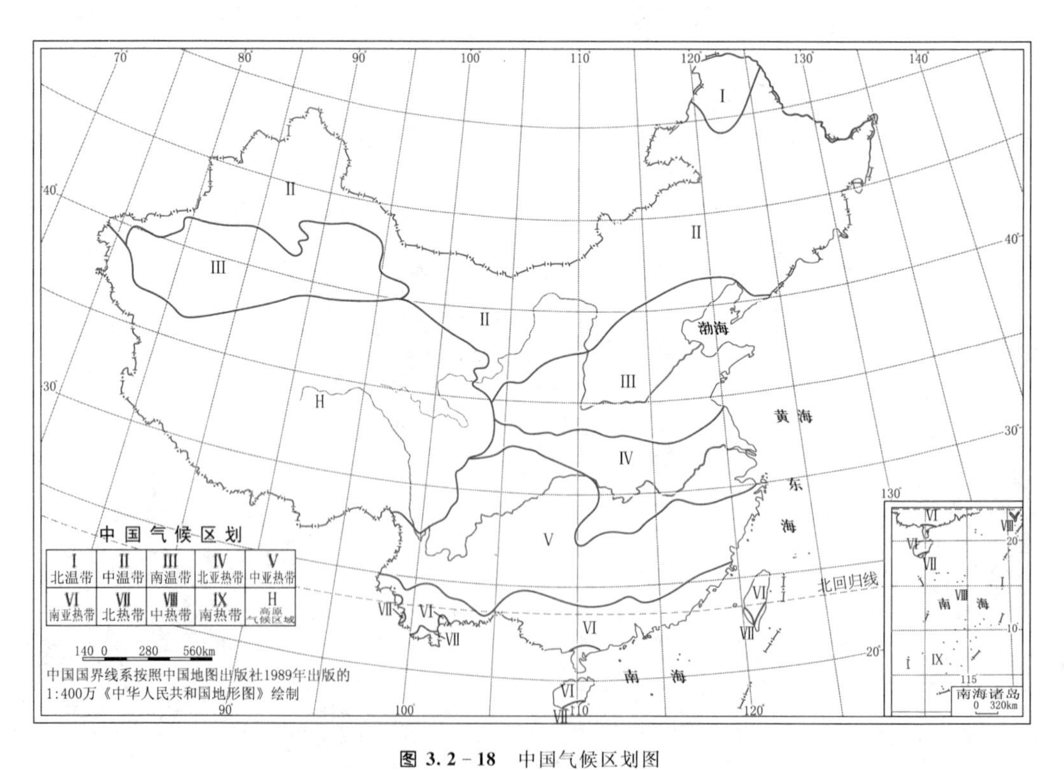

图 3.2-18 中国气候区划图

［摘编于《渠系工程抗冻胀设计规范》（SL 23—2006）］

表 3.2-31 **系数 α 值**

项目			中温带			南温带			高原气候区		
b/h	m	轴线走向	阴面	底面	阳面	阴面	底面	阳面	阴面	底面	阳面
0.5	0	E—W	−3.54	−2.3	−2.42	−2.24	−2.1	−1.8	−2.43	−2.23	−1.62
		NE45°	−3.36	−2.13	−2.24	−2.12	−1.97	−1.62	−2.3	−1.96	−1.65
		N—S	−2.79	−1.95	−2.79	−1.97	−1.89	−1.97	−2.06	−1.86	−2.06
	1.0	E—W	−2.55	−1.46	4.75	−1.36	−0.7	3.96	−0.77	0.07	0.63
		NE45°	−1.89	−0.41	2.31	−0.94	−0.24	1.2	−0.44	−0.12	0.32
		N—S	−0.14	−0.24	−0.14	−0.03	−0.23	−0.03	−0.08	−0.29	−0.08
	1.5	E—W	−2.25	−0.28	4.42	−1	0.59	4.21	−0.25	0.91	1.06
		NE45°	−1.38	0.14	2.59	−0.51	0.24	1.68	0	0.33	0.75
		N—S	0.34	0.18	0.34	0.33	0.18	0.33	0.34	0.19	0.34
	2.0	E—W	−1.81	0.62	3.91	−0.6	0.69	3.42	0.14	0.68	1.2
		NE45°	−0.98	0.45	2.53	−0.23	0.51	1.79	0.27	0.54	0.95
		N—S	0.58	0.43	0.58	0.56	0.43	0.56	0.57	0.46	0.57
1.0	0	E—W	−3.13	−2.15	1.16	−2.03	−1.8	0.05	−1.86	−2.22	−1.17
		NE45°	−2.93	−1.75	−0.82	−1.92	−1.46	−1.09	−1.8	−1.79	−1.47
		N—S	−2.11	−1.45	−2.11	−1.56	−1.36	−1.56	−1.61	−1.83	−1.61
	1.0	E—W	−2.51	−1.05	5.03	−1.33	0	4.55	−0.71	1.02	0.7
		NE45°	−1.85	−0.09	2.6	−0.87	0.04	1.21	−0.37	0.13	0.4
		N—S	0	0	0	0	0	0	0	0	0
	1.5	E—W	−2.24	0.41	4.53	−0.99	0.7	4.41	−0.22	0.68	1.1
		NE45°	−1.36	0.32	2.72	−0.49	0.38	1.79	0.05	0.46	0.79
		N—S	0.42	0.33	0.42	0.38	0.32	0.38	0.38	0.34	0.38
	2.0	E—W	−1.8	0.73	3.96	−0.6	0.73	3.55	0.14	0.7	1.21
		NE45°	−0.97	0.55	2.59	−0.22	0.59	1.85	0.28	0.63	0.98
		N—S	0.62	0.52	0.62	0.58	0.51	0.58	0.59	0.56	0.59
2.0	0	E—W	−3	−1.86	2.57	−1.89	−1.34	0.02	−1.65	−0.82	−1.33
		NE45°	−2.75	−0.81	0.32	−1.75	−0.55	−0.68	−1.56	−0.5	−1.31
		N—S	−1.56	−0.55	−1.56	−1.27	−0.48	−1.27	−1.37	−0.67	−1.37
	1.0	E—W	−2.49	0.41	5.32	−1.29	0.7	4.6	−0.66	0.68	0.81
		NE45°	−1.8	0.32	2.92	−0.82	0.38	1.67	−0.31	0.46	0.49
		N—S	0.18	0.33	0.18	0.11	0.32	0.11	0.07	0.34	0.07
	1.5	E—W	−2.22	0.73	4.65	−0.97	0.73	4.58	−0.18	0.7	1.15
		NE45°	−1.33	0.55	2.88	−0.49	0.59	1.94	0.07	0.63	0.85
		N—S	0.51	0.52	0.51	0.44	0.51	0.44	0.43	0.56	0.43
	2.0	E—W	−1.8	0.79	4.01	−0.58	0.8	3.85	0.16	0.77	1.24
		NE45°	−0.95	0.69	2.68	−0.2	0.71	1.93	0.31	0.72	1
		N—S	0.68	0.64	0.68	0.63	0.64	0.63	0.62	0.67	0.62

注 b/h 为底宽/渠深；m 为边坡系数。

（4）地下水影响系数 ψ_w。可按式（3.2-16）计算：

$$\psi_w = \frac{1+\beta e^{-Z_{w0}}}{1+e^{-Z_{wi}}} \qquad (3.2-16)$$

式中　Z_{wi}——计算点的冻前地下水水位深度，m，可取计算点地面（开挖面）至当地冻结前地下水水位的距离；

Z_{w0}——邻近气象台（站）的冻前地下水水位埋深，m，当黏土、粉土 $Z_{w0}>3.0$m、细粒土质砂 $Z_{w0}>2.5$m、含细粒土砂 $Z_{w0}>2.0$m 时，可取黏土、粉土 $Z_{w0}=3.0$m，细粒土质砂 $Z_{w0}=2.5$m，含细粒土砂 $Z_{w0}=2.0$m；

β——系数，可按表 3.2-32 取值。

表 3.2-32　β　值

土　质	黏土、粉土	细粒土	含细粒土
β	0.79	0.63	0.42

（5）基础设计冻深 Z_f。基础设计冻深指计算点自底板底面算起的冻深，可按式（3.2-17）～式（3.2-19）计算：

$$z_f = \left(1-\frac{R_i}{R_0}\right)Z_d - 1.6\delta_w \quad (Z_f \geqslant 0) \qquad (3.2-17)$$

$$R_i = \frac{\delta_c}{\lambda_c} \qquad (3.2-18)$$

$$R_0 = 0.06 I_0^{0.5}\psi_d \qquad (3.2-19)$$

以上式中　R_i——底板热阻，m²·℃/W；

R_0——设计热阻，m²·℃/W；

I_0——工程地点的冻结指数，℃·d；

Z_d——工程地点的天然设计冻深，m；

Z_f——基础下的设计冻深，m；

δ_c——基础板厚度，m；

δ_w——底板之上冰层厚度，m；

λ_c——底板（墙）的热导率，W/(m·℃)。

当 $\delta_c \leqslant 0.5$m 时，可按式（3.2-20）计算：

$$Z_f = Z_d - 0.35\delta_c - 1.6\delta_w \quad (z_f \geqslant 0) \qquad (3.2-20)$$

式中符号意义同前。

2. 冻胀量

（1）天然状态的冻胀量 h。对于 1～3 级建筑物，其冻胀量宜通过现场观测资料，按照工程建成后的土质、水分、温度及运行条件等（原型模拟试验）进行修正后确定；对于 4～5 级建筑物，或没有现场试验观测条件的，其天然状态的冻胀量 h 可根据土质和冻结前地下水位埋深 Z_w 的情况由图 3.2-19～图 3.2-21 查得。

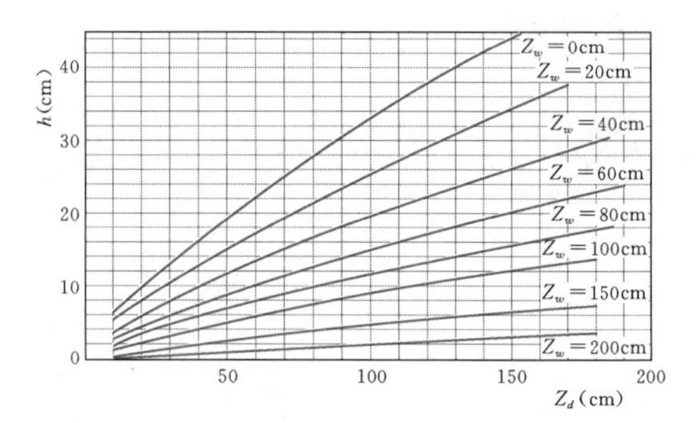

图 3.2-19　黏土冻深与冻胀量的关系曲线

［摘编于《渠系工程抗冻胀设计规范》(SL 23—2006)］

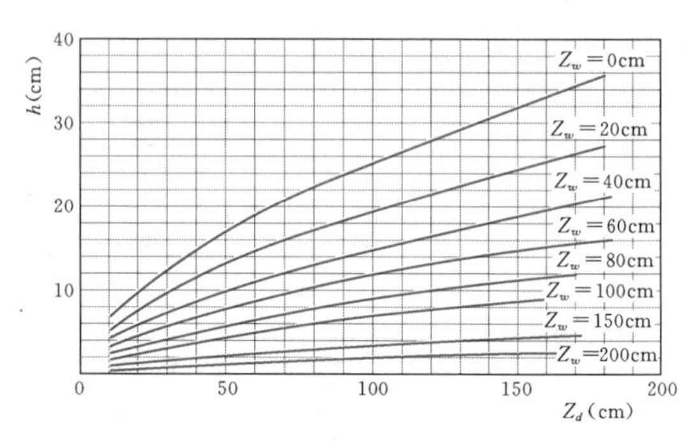

图 3.2-20　粉土冻深与冻胀量的关系曲线

［摘编于《渠系工程抗冻胀设计规范》(SL 23—2006)］

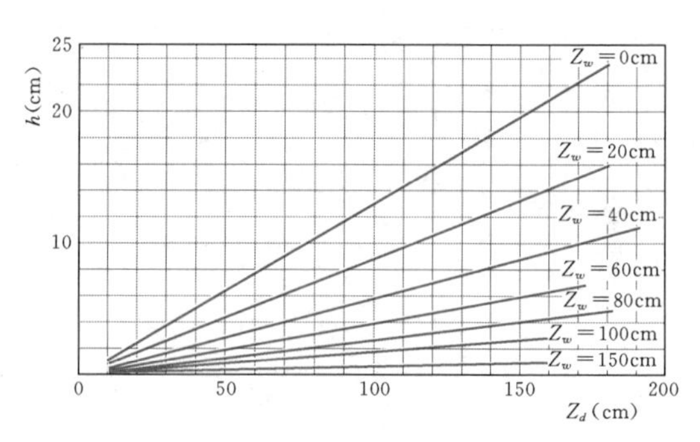

图 3.2-21　细粒土质砂、含细粒土砂冻深与冻胀量的关系曲线

［摘编于《渠系工程抗冻胀设计规范》(SL 23—2006)］

（2）基础结构下的冻胀量 h_f。可按式（3.2-21）计算：

$$h_f = hZ_f/Z_d \qquad (3.2-21)$$

式中　h_f——基础结构下冻土层产生的冻胀量，cm；

h——工程地点天然冻土层产生的冻胀量，cm。

3. 土的冻胀性分类

关于土的冻胀性分类方法，国内外研究成果很多，其中以粒径划分冻胀级别者占多数。我国《水工建筑物抗冰冻设计规范》（GB/T 50662—2011）规定：细粒土以及粒径小于 0.05mm 的土料重量超过土样总重量 6%的粗粒土，为冻胀性土；粗粒土中粒径小于 0.05mm 的土粒重量占土样总重量 6%及其以下时，为非冻胀性土。为了使土的冻胀性分类法能定量地直接应用于工程实践，规范以具体工程条件下可能产生的冻胀量大小将渠基土由弱到强划分为 5 个类别，见表 3.2-33。

表 3.2-33　　地基土的冻胀性工程分类

冻胀性类别	Ⅰ	Ⅱ	Ⅲ	Ⅳ	Ⅴ
冻胀量 h（mm）	$h \leqslant 20$	$20 < h \leqslant 50$	$50 < h \leqslant 120$	$120 < h \leqslant 220$	$h > 220$

3.2.6.4　冻害防治工程措施

土质、水分、负气温是引起渠基土冻胀的基本因素，渠基土的不均匀冻胀必然造成渠道衬砌发生破坏。因此，防治渠道衬砌冻害实际上就是设法削弱以至消除上述三个因素中的任何一个，以减少基土冻胀，或采取一定的结构措施使衬砌适应基土的冻胀变形。

1. 渠系规划布置

选定渠线时，应使渠系避开较大冻胀的自然条件，满足下列要求：

（1）尽可能避开冻胀性土和地下水埋深较浅的地段。

（2）尽可能采用填方渠道。

（3）尽量使渠线走在地形较高的脊梁地带。

（4）渠堤外侧，应植喜水性树木护渠。

2. 优化衬砌结构

（1）当渠床土的冻胀性属Ⅰ、Ⅱ类时，宜采用下列防渗结构：①采用弧形断面或弧形底梯形断面，宽浅式渠道，弧形坡脚梯形断面；②采用整体式混凝土U形槽，圆弧直径应小于 2.0m，圆弧上部直线段采用缓于 1∶0.2 的斜坡，斜坡长度不大于 0.5m；③梯形混凝土防渗渠道，可采用架空肋梁板式（预制Π形板）或预制空心板式结构。

（2）当渠床土冻胀性属Ⅲ、Ⅳ、Ⅴ类时，宜采用下列防渗结构：①渠深不超过 1.5m 的宽浅渠道，宜采用矩形断面，渠岸用挡土墙式结构，渠底用平板结构，墙、板连接处设冻胀变形缝；②小型渠道，采用地表式整体混凝土 U 形槽或矩形槽，槽底按置换措施要求设置非冻胀性土置换层，槽侧回填土高度应小于槽深的 1/3；③中、小型渠道，采用桩、墩等基础支撑输水槽体，使槽体与土基脱离，桩的容许冻拔量为零；也可采用暗渠或暗管输水，暗管（渠）顶面的埋深不宜小于设计冻深；④大、中型渠道，应结合冻胀性土基处理措施采用前述防渗结构。

3. 土体置换法

置换法就是在冻结深度内用非冻胀性土（土中粒径小于 0.05mm 的颗粒占土样总重不超过 6%），置换冻胀性土的一种方法。渠床各部位换填深度 Z_t 可按式（3.2-22）计算：

$$Z_t = \varepsilon Z_d - \delta_0 \tag{3.2-22}$$

式中　Z_t——换填深度，m；

ε——置换比，%，按表 3.2-34 选取；

Z_d——设计冻深，m；

δ_0——防渗层厚度，m。

表 3.2-34　　渠床置换比 ε 值

地下水埋深 Z_w（m）	土　质	置换比 ε（%）	
		坡面上部	坡面下部、渠底
$Z_w > Z_d + 2.0$	黏土、粉土	50～70	70～80
$Z_w > Z_d + 1.5$	细粒土	50～70	70～80
$Z_w > Z_d + 1.0$	含细粒土	40～50	40～50
Z_w 小于上述值	黏土、粉土、细粒土	60～80	80～100
	含细粒土	50～60	60～80

4. 保温法

保温法是在衬砌下铺设保温材料，以提高渠基土温度，改变水分迁移方向，从而削弱以至消除冻胀的方法。

渠基保温措施，可在衬砌及土工膜下铺设硬质泡沫塑料保温层，其厚度应通过热工计算确定。保温层铺设的部位为一级马道以下渠坡。

保温材料有水、空气、泡沫塑料以及雪、草、锯末等。保温效果好且可靠的材料是聚苯乙烯泡沫塑料板。中、小型渠道，聚苯乙烯板的厚度可按设计冻深 H_d 的 1/10～1/15 取用；大型渠道，聚苯乙烯板的厚度可按式（3.2-23）计算：

$$\delta_n = \alpha_w \lambda_n \left(R_0 - \frac{\delta_c}{\lambda_c} \right) \tag{3.2-23}$$

式中　δ_n——保温板厚度，cm；

δ_c——混凝土板厚度，cm；

λ_n、λ_c——保温板、混凝土的导热系数，W/(m·K)，几种常用保温材料的导热系数见表 3.2-35；

α_w——聚苯乙烯板的导热系数修正值，按表 3.2-36 取用；

其他符号意义同前。

表 3.2-35　　几种物质的导热系数 λ　　单位：W/(m·K)

材料	空气	水	冰	矿物	干苔藓	干泥炭	泡沫塑料	混凝土
λ	0.024	0.470～0.580	2.210～2.320	1.260～7.540	0.070～0.080	0.047～0.058	0.029～0.047	1.500～1.860

表 3.2-36　　聚苯乙烯板的导热系数修正值 α_w

体积吸水率（%）	0	1	2	3	4
α_w	1	1.05	1.1	1.2	1.4

研究表明：在标准冻深小于 50cm 的地区用约 10cm 厚的陶粒混凝土代替普通混凝土，舍弃板下保温层，渠基土就不会产生危害性冻胀。这种集防渗抗冻保温于一体的陶粒混凝土虽然一次性投资稍大一些，但考虑普通混凝土因冻胀破坏而产生的维修费用，陶粒混凝土反而比普通混凝土节省 40% 以上，经济效益显著，是一项值得推广的技术。

5. 排水隔水法

当渠道衬砌经常处于水中时，水分对渠道冻胀的作用特别突出。因此，防止地表水入渗、排除地下水补给是防治渠道衬砌冻害的又一有力措施。

（1）防止渠水入渗。防止渠水入渗有多种方法，关键是做好接缝止水。当地下水深埋而无旁渗水补给时，可在刚性衬砌下铺设土工膜，构成的复合型衬砌，其渗漏量仅为刚性衬砌的 1/15，减少冻胀 35%～55%，在新疆、甘肃等省（自治区）得到广泛应用。

（2）截断地下水补给。结合渠段的地形、水文地质条件，采用截、导、排的方法降低地下水位，排除渠道渗水，截断外水补给。

（3）防止渠堤地表水入渗。渠堤填土应注意夯实，并及时排除积水，必要时加设防渗层。

3.2.7　衬砌渠道稳定与排水设计*

3.2.7.1　衬砌渠道稳定要求

应根据渠道的运行工况对衬砌、防渗体等进行稳定复核，稳定复核荷载组合与安全系数控制标准可参考表 3.2-37。对有冰期输水要求的渠段，应考虑冰冻对衬砌稳定的影响。

表 3.2-37　　衬砌稳定计算工况、荷载及安全系数

工况		荷载			安全系数		备注
		自重	水重	扬压力	抗滑	抗浮	
正常情况		√	√	√	1.3	1.1	挖方渠段：设计水深、加大水深，地下水稳定渗流； 填方渠段：设计水深、加大水深，堤外无水渠道建成，渠内无水，施工期地下水位
非常情况	Ⅰ	√	√	√	1.2	1.05	正常情况下设计水位骤降 0.3m
	Ⅱ	√	√	√	1.2	1.05	填方渠段：渠内闸前设计水位，堤外百年一遇洪水位

注　设计中，应根据具体情况考虑其他不利荷载组合。

3.2.7.2　衬砌渠道排水设计

1. 原则要求

地下水位高于渠底的渠段，应在渠道衬砌下方设置可靠的排水措施。排水措施应根据沿线地形和水文地质条件、断面的挖填型式，以及渠道防渗结构进行设计。衬砌排水体系设计应遵循下列原则：

（1）当渠基未设砂砾石垫层，且附近又无洼地时，可采取排水沟（管）和逆止阀组合式方式，即在渠底、渠坡分别设纵向排水沟，在排水沟上设带逆止阀的排水管。地下水质达不到Ⅲ类水标准不能排水入渠。

（2）当渠基设有砂砾石换垫层，且附近有低洼地的渠段时，可采用排水暗沟、集水井排水系统，排水暗沟将水汇入集水井，通过横向排水暗沟将水排入洼地。

* 摘自《南水北调中线一期工程总干渠初步设计明渠土建工程设计技术规定（试行）》（NSBD—ZGJ—1—21）。

(3) 排水暗沟的尺寸及其布置、集水井的布置，须按排水流量、地下水位与渠底的高差和渠道断面尺寸等确定。

(4) 地下水位较高或地下水位变化较大的渠段，必要时可设置水泵抽排地下水。

2. 排水设计示例

挖方渠道或排水沟如遇地下水位过高时，应进行排水减压设计，图 3.2-22 可作为参考。

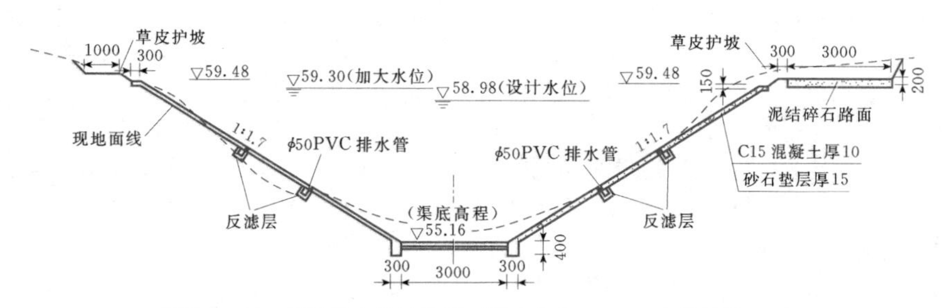

图 3.2-22 渠道排水设计示例（尺寸单位：mm；高程单位：m）

3.3 特殊地基渠道设计

3.3.1 软土地基渠道

以饱和的软弱黏性土沉积为主的地区称为软土地区；以泥炭沉积为主的地区称为泥沼地区。软土在我国沿海、沿湖、沿河地带有广泛分布；泥沼在我国兴安岭、长白山、三江平原及青藏高原等地区有广泛分布。

软土和泥沼沉积物都具有天然含水量大、孔隙比大、压缩性高和强度低的特点，在其上修建渠道，容易产生渠坡失稳或沉降过大等问题。

3.3.1.1 软土地基工程问题

1. 渠堤沉陷

渠堤因填料（主要指填土）不当、填筑方法不合理、压实不足，在荷载、水和温度的综合作用下，堤身可能向下沉陷。所谓填筑方法不合理，包括不同土混杂、未分层填筑和压实、土中含有未经打碎的大土块或冻土块等。填石渠堤亦可能因石料规格不一、性质不同或就地爆破堆积，乱石中空隙很大，在一定期限内产生局部明显下沉。

如果原地基为软土，强度很低，地基承载力基值一般为 50～80kPa，填筑前未经换土或压实，造成地基下沉，亦可能引起渠堤下陷。

2. 渠坡开裂

由于软土的压缩性高，在荷载作用下渠道的沉降和不均匀沉降较大，这种不均匀沉降会引起地基产生裂缝，进而拉裂渠道的防渗层等，再进一步发展则可能出现渠坡局部破坏乃至整体滑动。

填土因季节性交替将产生含水量变化及温度变化等物理作用，造成土体发生膨胀、收缩以及冬季冻胀、春季融化，使强度减弱，这也会引起渠坡开裂。

3. 渠堤稳定需要的时间长

由于软土渗透性小、固结速率慢，使渠道沉降达到稳定所需的时间很长，渠道在建成后的很多年间一直在缓慢变形，不仅渠道线型会变化，而且由于沉降不稳定，开裂、下沉的危险始终存在。

4. 地基加固效果差

由于软土的强度增长慢、长期处于软弱状态，影响地基加固效果。

5. 易产生扰动破坏

由于软土具有比较高的灵敏度，若在渠道施工中产生振动、挤压和搅拌等作用，就可能引起软土结构的破坏，降低软土的强度，有时甚至会形成“橡皮土”，使工程施工无法继续进行。

6. 滑坡

软土地区渠道发生滑坡的原因是：渠道开挖后渠坡内部所产生的剪应力超过其抗剪强度。土体抗剪强度的大小是由土体本身的性质和结构决定的，而边坡的形态决定了边坡内部剪应力的分布，当边坡内部产生的剪应力大于软土的抗剪强度时，边坡就会自动调整其形态而发生变形，从变形再发展到剪切破坏，产生沿破坏面的相对滑动。

3.3.1.2 软土地区的特殊岩土工程问题

(1) 由于软土层上的渠堤较低，渠堤不能得到充分压实，因而很难达到要求的承载力。

(2) 如果地下水位相对较高，地下水有时上升至渠堤附近，从而导致渠基承载力降低。

(3) 附加应力不能在渠堤中充分扩散，而会再传递到软土地基上，造成软土内部局部应力较大，因而加剧地基的变形和沉降，使渠道产生变形和沉降。

(4) 地基土层的不均匀性影响到渠堤，引起渠道差异沉降。

3.3.1.3 软土地区渠道设计原则

(1) 渠道在施工期间和完工后的使用期间应是稳

定的，不应因填筑荷载或施工机械或通水运行而引起破坏，也不应造成沿线构筑物及多种设施产生过大的变形。

（2）为了避免渠堤沉降使渠道等构筑物产生变形破坏，应考虑提前填筑，在地基充分沉降后再修筑渠道的方案。

（3）为了避免渠道沿线不均匀沉降而引起破坏，应严格控制渠道在规定年限内的工后剩余沉降量。

（4）为保证渠道稳定或控制工后剩余沉降，均需采取相应的处理措施。在选择处理措施时，应考虑地基条件、渠道条件及施工条件，尤其要考虑处理措施的特点、对地基的适用性和效果，以确定符合目的要求的处理措施。

（5）当软土地基比较复杂、工程规模很大或沉降控制的要求较高时，应考虑在正式施工之前，在现场修筑试验段，并对其稳定和沉降情况进行观测，以便根据观测结果选择适当的处理措施，或对原来的处理方案进行必要的修正。

3.3.1.4 软土地基处理方法的分类与选择

1. 处理方法的分类

软土类地基处理方法，按处理目的可分为沉降处理与稳定处理两大类。

（1）沉降处理。其作用如下：

1）加速固结沉降。加速地基沉降，减小有害的剩余沉降量。

2）减小总沉降量。减小地基的总沉降量。

（2）稳定处理。其作用如下：

1）控制剪切变形。抑制周围地基因渠堤荷载作用发生隆起或流动。

2）阻止强度降低。阻止因渠堤荷载作用而造成的软土强度降低，保证渠堤及渠道稳定。

3）促进强度增加。加速地基强度的增长，提高其稳定性。

4）增加抗滑阻力。改变渠坡的形状或者换填部分地基，增加抗滑阻力，增加稳定性。

2. 处理方法的种类

软土地基主要处理方法见表3.3-1。

各种处理方法往往不仅仅只有一种效果，而是同时具有主要效果与附带的次要效果。例如，垂直排水缩短固结排水距离，是以加速固结沉降为主的沉降处理方法，而随着固结的产生地基的强度也有所增长，从这个意义上又可以说它是稳定处理方法。

根据这个观点，表3.3-1中将主要效果作为主效果、附带的效果作为副效果，分别用◎号、○号予以区别。

3. 处理方法的选择

（1）选择处理方法的程序。选择处理方法时，首先必须充分研究进行处理的理由、目的，然后考虑地基的性状、渠道的标准、施工条件、对周围环境的影响等各种条件，选择最符合目的要求，而且最经济的方法。

（2）选择处理方法应考虑的条件：

1）地基条件。地质及地基构成不同，采用的方法也有所不同。

当地基为软土而选用以排水为目的的方法时，应考虑软土的颗粒级配范围或渗透系数大小。对灵敏度很高的软土，所采取的处理和施工方法，对地基的扰动必须尽量地小。

表3.3-1　软土地基处理方法的种类与效果

处理方法		说明	效果					
			沉降处理		稳定处理			
			加速固结沉降	减小总沉降量	控制剪切变形	阻止强度降低	促进强度增长	增加抗滑阻力
表层处理法	表层排水法 砂垫层法 铺垫法 稳定剂处治法	在地基表面铺砂、网格、柴束，或用石灰、水泥处治或者设置排水加以改善，以使软土地基处理工程与渠道工程便于进行机械施工； 砂垫层与其他方法不同，它形成固结排水层，一般与垂直排水等固结排水法并用	—	—	◎	○	○	○
	强夯法	利用强大的夯击能，在地基中产生强大的冲击波和动应力，迫使土体动力固结密实	—	○	—	—	◎	○

续表

处理方法			说明	效果					
				沉降处理			稳定处理		
				加速固结沉降	减小总沉降量	控制剪切变形	阻止强度降低	促进强度增长	增加抗滑阻力
换填法		开挖换填法 强制换填法	开挖换填法是将软土层的一部分或全部挖去，换填以良好材料的方法。通过换填增加抗剪强度，提高安全系数，换填部分的沉降量也将减小。强制换填法是采用除开挖外的其他手段强制挤出软土，换填良好材料的方法。换填法可分为开挖换填法、抛石挤淤法和爆破排淤法等	—	○	○	—	—	◎
反压护道法		反压护道法 削坡法	在渠堤侧向填筑反压护道，或者放缓边坡，以增大抗滑动力矩，防止渠坡产生滑动破坏； 由于渠坡侧面不是快速填高，侧向流动也就较小； 通过固结，待强度增加后，有时可将反压护道拆除	—	—	○	—	—	◎
软弱黏性土层的排水固结法	慢速加载法	递增加载法 分期加载法	渠堤以长时间缓慢地填起。由于要通过固结提高地基强度，因此短时间内填筑不能保证稳定，也很难安全填筑。可按高度递增填筑，也可填一段高度暂停填筑、待地基强度增长后再填筑等； 常与排水固结法及其他方法并用	—	—	○	◎	—	—
	预压法	堆载预压法 真空预压法 降低地下水位法	在计划修筑渠道或构造物的地基上，预先加载以加速沉降，然后再修筑构造物，从而减小构造物的沉降。预加荷载可利用压重荷载，也可利用水压或大气压，或者用井点降低地下水位，均可达到增加有效应力的目的等	◎	—	—	—	○	—
	排水固结法	砂井排水法 塑料板排水法	按适当的间距在地基内设置垂直砂井或袋装砂井或塑料板，缩短水平方向的固结排水距离，以加速固结沉降，达到提高强度的目的	◎	—	○	—	○	—
	挤密桩法	挤密砂桩法 碎石桩法	在地基内造成密实的砂桩或碎石桩，使软土层密实，同时靠砂桩的承载力增加稳定性，减小沉降量；还有，与垂直排水法一样，也有加速固结沉降的效果。施工方法有打入法、振动法等，还可在钻孔中填入砂砾或碎石等材料	○	◎	○	—	—	◎

续表

处理方法		说明	效果					
			沉降处理			稳定处理		
			加速固结沉降	减小总沉降量	控制剪切变形	阻止强度降低	促进强度增长	增加抗滑阻力
化学加固法	石灰桩法 电渗法 灌浆法 粉体喷射搅拌法 深层搅拌法 高压喷射注浆法	石灰桩法是用生石灰在地基内形成桩柱，靠生石灰的吸水作用，使地基疏干，靠生石灰吸水后的化合作用使地基凝固，由于地基强度的增长，稳定性提高，同时沉降减小。不仅可采用石灰桩，还可采用石灰与其他材料的混合桩、石灰与土的混合桩，也有用水泥代替石灰作为主要材料的方法； 电渗法是在地基内设置一对电极，将水集中排除。同时，还可将化学药剂注入土中，同时进行电化学凝固。还有在地基内灌注作为土质稳定剂的化学药剂，使之产生物理作用与化学反应，以提高强度等方法； 混合搅拌法是采用将水泥粉或水泥浆液进行喷射或机械拌和等措施，强制将软土与水泥粉或水泥浆液拌和，使土料胶结，以改善土的性质	—	◎	—	—	—	◎
侧向约束	板桩法 打入桩法 板承法	在渠堤侧向的地基上施打板桩，以减小地基的侧向位移，提高稳定性，因而周围地基受隆起或沉降的影响也减小； 有时用预制桩代替板桩可取得同样效果。此时，渠堤下面也同时打桩起支承桩或摩擦桩的作用，以提高稳定性，减小沉降； 为了更好地发挥支承桩的作用，可在支承桩上设置板，在板上修筑渠道	—	◎ （板桩法除外）	◎	—	—	◎
加筋法	土工织物法 加筋土法 树根桩法	在软弱土层建造树根桩，或铺设土工织物等作为拉筋，使这种人工复合的土体，具有抗拉、抗压、抗弯和抗剪作用	—	—	◎	◎	—	◎

当地基为泥炭类土时，若其天然含水量大于500%，往往压缩性很高，原始强度很低，但却有相当好的透水性；若为天然含水量在300%以下的黑泥，透水性小，受扰动时强度急剧下降。

为减小剩余沉降，经常使用慢速加载法、预压法；稳定措施常用反压护道法、挤密砂桩法和碎石桩法。

抗剪强度低的泥炭类土，一般均堆积在地表附近的浅层部位。因此，对局部性的泥炭类土地基，采用换填法是有效而又可靠的。

2）地基构成：

a. 软土层厚度。软土层浅而薄时，固结沉降量小，而且能在短时间内达到沉降稳定，滑动破坏的危险性一般也很小。因此，处理措施经常仅采用简单的表层处理法。对重要构造物的地基，也常采用开挖换填法。软土层较厚时，则按不同的目的与土质，采用垂直排水固结法或挤密砂桩法等方法配合表层处理法。

b. 夹有排水砂层。在薄层软土（厚3～4m以下）之间夹有可供排水的砂层（厚大于5cm）时，一般无需采用排水固结法或挤密砂桩法，而只需采用表层处理法、慢速加载法、预压法。

c. 顶部有厚砂层。顶部有厚4m以上的砂层、下部为软土的情况，一般来说能满足稳定性要求，但存在沉降处理问题。沉降处理采用排水固结法、预压法。

d. 基底倾斜。这种地基上的渠堤，软土层厚的一边沉降大，这个方向发生滑动的危险性也大。在这种地基上，不均匀沉降也会促进滑动，因此要尽可能减小沉降差。通常采用挤密砂桩法和石灰桩法。在软土层厚的一边，桩的间距应密些，在软土层薄的一边，桩的间距可稀些，以使沉降量均匀。

3）渠道条件：

a. 渠道的性质。对沉降要求高或工期较短的渠道必须采取有效的沉降处理措施。要求较低或工期可较长的渠道，可待沉降基本结束后再进行正式施工，而无需花大量的工程费用进行沉降处理。

b. 渠道的形状。渠道的设计高度与宽度，也是选择处理方法需要考虑的重要因素。宽而低的渠堤，采用强制换填法时，地基内可能遗留压缩性高的土。反之，窄而高的渠堤，则地基较易换填。渠堤越宽、越高，地基压缩层越深，越会引起深部土层的沉降。

4）施工条件。施工条件是选择处理方法时必须考虑的重要因素。

a. 工期。工期长，往往不需要采取专门的处理措施，采用慢速加载法在确保稳定的状态下填筑，通过长时间放置也能减小剩余沉降量。即使工期不能长到只用慢速加载法就能处理地基的程度，也可采取加大垂直排水砂井和挤密砂桩的间距、缩短砂桩或砂井长度等措施。因此，软土地基上的工程，原则上工期要尽量长，应按照工期选择处理方法。

b. 材料。地基处理工程所用材料来源之难易及其经济性，也是选择处理方法时必须考虑的。

只要材料的运距不是特别远，通常采用砂垫层法、开挖换填法、反压护道法、预压法要比采用其他方法经济。

塑料排水板现已用得很多，主要原因是其来源充分，价格便宜，且施工简便、快速。

c. 施工机械的作业条件。在软土地基上施工，无论采取何种施工方法，确保施工机械的作业条件总是一个问题。因而无论采取何种处理方法，一般都要同时采用表层处理法。

d. 施工深度。换填法的适用深度，开挖换填时为3m，强制换填时为7～10m。

排水固结法与挤密砂桩法的极限施工深度为20～30m，超过这个深度一般是不经济的。

5）周围环境。施工对周围环境的影响，包括噪声、振动、地基的变化、地下水的变化、排出的泥水或使用的化学药剂对地下水的污染等，在选择施工方法、处理方法时必须全面考虑。

在地基特别软弱、渠堤高度较大的情况下，周围地基常发生大的沉降或隆起。因此，当渠堤坡脚附近有民房或重要构筑物时，应主要考虑采用减小总沉降量并控制剪切变形的方法。

总之，当靠近城市、人口集中地区或民房以及现有构筑物时，必须在充分研究对它们造成的影响以后，再选择处理方法。

3.3.1.5 常用软土地基处理方法

1. 开挖换填法

开挖换填法是全部或部分挖除软土或泥炭类土，换填以砂、砾、卵石、片石等渗水性材料或强度较高的黏性土。对软土或泥炭层厚度小于3m的情况，一般可采取全部挖除换填的方法；对厚度大于3m的情况，通常只采取部分挖除换填的方法。全部挖除换填从根本上改善了地基，不留后患，效果最佳，是最为彻底的措施。渠道路线通过的软弱土层若位于地表、厚度很薄（小于3m）且呈局部分布的软土或泥沼地段时，常宜采用全部挖除换填法处理地基。

2. 抛石挤淤法

抛石挤淤法是在渠堤底部抛投一定数量的片石，将淤泥挤出基底范围，以提高地基的强度。这种方法施工简单、迅速、方便。

（1）适用范围：①常年积水的洼地，排水困难，泥炭呈流态，厚度较薄，表层无硬壳，片石能沉达底部的泥沼或厚度为3～4m的软土；②石料丰富，运距较近。

（2）设计要点。抛投的片石大小，随泥炭或淤泥的稠度而定，对于容易流动的泥炭或淤泥，片石可稍小些，但一般不宜小于30cm。抛投的顺序，应先从渠堤中部开始，中部向前突进后再渐次向两侧扩展，以使淤泥向两旁挤出。当软土或泥沼底面有较大的横坡时，抛石应从高的一侧向低的一侧扩展，并在低的一侧多抛填一些。

片石抛出水面后，宜用重型路碾或载重汽车反复碾压，以使填石压密，然后在其上铺设反滤层，再行填土。

抛石挤淤典型断面如图 3.3－1 所示。

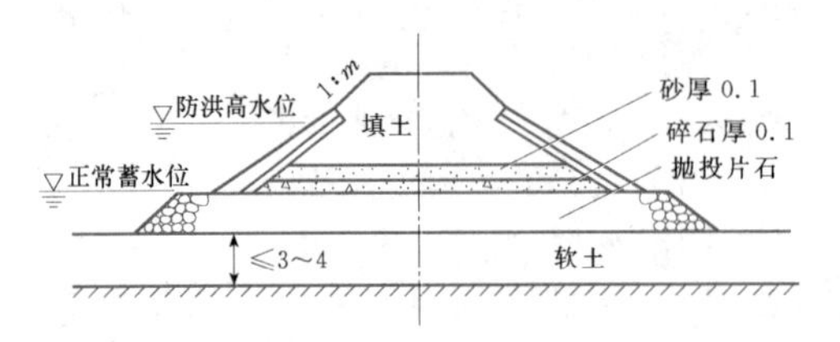

图 3.3－1　抛石挤淤典型断面（单位：m）

3. 爆破排淤法

爆破排淤法是将炸药放在软土或泥沼中爆炸，利用爆炸时产生的张力作用，把淤泥或泥炭扬弃，然后回填以强度较高的渗水性土。

爆破排淤法是一种换填施工方法，较一般方法换填深度大、工效高，软土、泥沼均可采用。

（1）适用范围。当淤泥（或泥炭）层较厚，稠度大，渠堤较高和施工期紧迫时，可采用爆破排淤法换填。

（2）设计要点。爆破排淤法可根据爆破与换填的相对关系分为两种。一种是先在原地面上填筑低于极限高度的渠堤，再在基底下爆破。这种方法适用于稠度较大的软土或泥沼。但先填后爆要严格控制炸药用量。另一种是先爆后填，适用于稠度较小、回淤较慢的软土。采用这种方法应于爆破后立即回填，做到随爆随填，填满再爆，爆后即填，以免回淤，造成浪费。

4. 反压护道法

该法是在渠道两侧填筑一定宽度和高度的护道，使渠堤下的淤泥或泥炭两侧隆起的趋势得到平衡，从而保证渠堤的稳定性。

采用反压护道，不需特殊的机具设备和材料，施工简易，但占地多，用土量大，后期沉降大，养护工作量大。

（1）适用范围：①非耕作区和取土不困难的地区；②渠堤高度不大的渠道；③处理软土地基，对泥沼地基有时也可以采用。

（2）设计要点：

1）反压护道一般采用单级形式，因为多级式护道能增加的稳定力矩并不大，作用不大。

2）反压护道高度，一般为渠堤高度的 1/3～1/2。为保证护道本身稳定，其高度不得超过天然地基所容许的极限高度。

3）反压护道宽度，一般采用圆弧稳定分析法通过稳定性验算决定。在验算中，软土或泥沼的强度指标采用快剪法测定，或用无侧限抗压强度之半或用十字板现场剪切试验所测得的强度。

4）两侧反压护道应与渠堤同时填筑。反压护道典型断面如图 3.3－2 所示。

5）当软土层或泥沼土层较薄，且其下卧硬层具有明显的横向坡度时，应采用两侧不同宽的反压护道，横坡下方的护道应较横坡上方的护道宽一些。

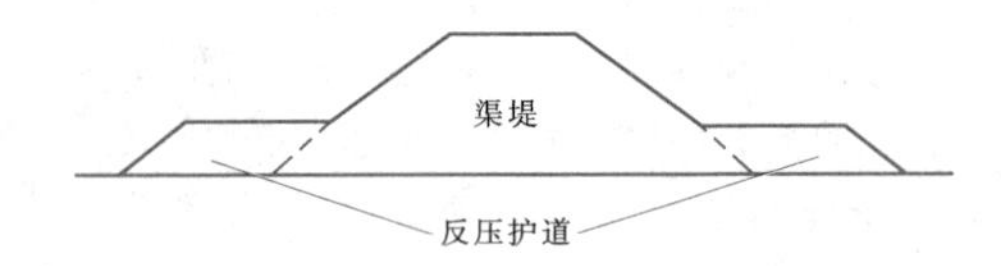

图 3.3－2　反压护道典型断面图

5. 砂垫层法

在软土层顶面铺设排水砂垫层，以增加排水面，使软土地基在填土荷载的作用下加速排水固结，提高其强度，满足稳定性的要求。这种砂垫层对于基底应力的大小和分布以及沉降量的大小无显著影响，但可加速沉降的产生，缩短固结过程。

砂垫层施工简单，不需特殊机具设备，占地较少，但需砂料较多，且填土时间较长，施工中需严格控制填筑速度。

（1）适用范围：①渠堤高度不大、软土表面无透水性低的硬壳；②软土层不很厚，或虽稍厚，但具有双面排水条件；③当地有砂料，运距不太远；④施工期限不甚紧迫。

（2）设计要点：

1）砂垫层的厚度一般为 0.6～1.0m，视渠堤高度、软土层的厚度及压缩性而定。

2）采用砂垫层时，填筑的速度应合理安排，使加荷的速率与地基承载力增加（即排水固结）的速率相适应，以保证地基在渠堤填筑过程中不发生破坏。通常可利用埋设在渠堤中线处的沉降板以及布置在渠堤坡脚处的位移边桩进行施工观测，随时掌握填筑过程中的变形情况和发展趋势，借以判断地基是否稳定，控制填土的速度。根据经验，在一般情况下水平位移量控制在每天不超过 1.0cm、垂直下沉量每天不超过 1.5cm 时，地基便可保持稳定。

砂垫层的断面如图 3.3－3 所示。

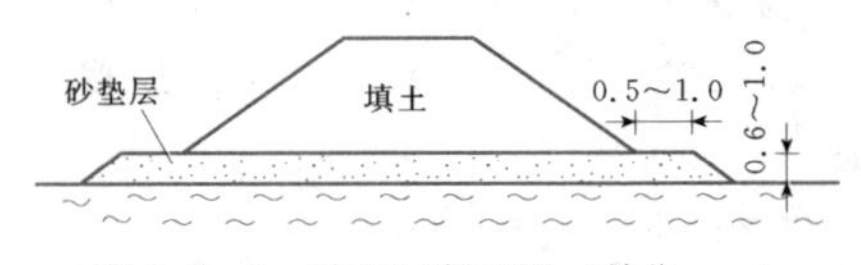

图 3.3－3　砂垫层断面图（单位：m）

(3) 砂垫层材料宜采用中砂及粗砂，不宜掺有细砂及粉砂，含泥量不得过多。

6. 砂井排水法

在软土地基中，钻成一定直径的钻孔，灌以粗砂或中砂，利用上部荷载作用，加速软土的排水固结，这种方法称为砂井排水法。所有上部荷载称为堆载，也称堆载预压法。

砂井顶部要用砂沟或砂垫层连通，构成排水系统，在渠堤荷载的作用下加速排水固结，从而提高强度，保证渠堤的稳定性。

(1) 适用范围。当软土层较厚、渠堤较高时，常采用砂井排水法，加速固结沉降。特别是当天然土层的水平排水性能较垂直向为大，或软土层中有薄层粉细砂夹层时，采用砂井排水法的效果更好。

一般软土均适合采用砂井排水法。但次固结占很大比例的土类，如泥炭类土、有机质黏土和高塑性黏土等，则不宜采用。

(2) 设计要点。砂井地基的设计，首先应考虑砂井的直径、间距、布置型式与固结速率之间的关系。通常砂井直径、间距和长度的选择，应满足在预压过程中，在不太长的时间内，地基能达80%以上的固结度。

1) 砂井地基固结度计算：

a. 竖向排水固结度采用式 (3.3-1) 及式 (3.3-2) 计算：

$$U_v = 1 - \frac{8}{\pi^2} e^{-\frac{\pi^2}{4} T_v} \tag{3.3-1}$$

$$T_v = \frac{C_v t}{H^2} \tag{3.3-2}$$

其中
$$C_v = \frac{K_v(1+e_1)}{a\gamma_w}$$

以上式中 U_v——竖向排水固结度；

T_v——竖向固结的时间因素；

H——最远排水距离，m；

C_v——竖向固结系数，cm^2/s；

K_v——竖向渗透系数，cm/s；

e_1——土的初始孔隙比；

a——土的压缩系数，kPa^{-1}；

γ_w——水的重度，kN/m^3；

t——固结时间，s。

b. 径向排水固结度计算。砂井的平面布置，一般都为等边三角形或正方形，每一个砂井所分担的排水区域假定为一个圆，如以间距 L 设置砂井，其影响圆的直径 d_e 采用式 (3.3-3) ～式 (3.3-7) 计算：

等边三角形排列

$$d_e = \sqrt{\frac{2\sqrt{3}}{\pi}} L = 1.05L \tag{3.3-3}$$

正方形排列

$$d_e = \sqrt{\frac{4}{\pi}} L = 1.128L \tag{3.3-4}$$

则
$$U_r = 1 - e^{-\frac{8}{F} T_n} \tag{3.3-5}$$

$$T_n = \frac{C_h}{d_e^2} t \tag{3.3-6}$$

$$F = \frac{n^2}{n^2-1} \ln n - \frac{3n^2-1}{4n^2} \tag{3.3-7}$$

其中
$$n = \frac{d_e}{d_w}$$

以上式中 U_r——径向排水固结度；

T_n——径向排水固结度的时间因素；

C_h——水平向固结系数，cm^2/s；

F——计算参数；

n——井径比；

d_e——每个砂井的有效影响范围直径，m；

d_w——砂井直径，m；

L——砂井间距，m。

c. 砂井地基平均固结度采用式 (3.3-8) ～式 (3.3-10) 计算：

$$U_{rv} = 1 - (1-U_r)(1-U_v) \tag{3.3-8}$$

当 $U_{rv} > 30\%$ 时，砂井地基平均固结度近似表达为

$$U_{rv} = 1 - \frac{8}{\pi^2} e^{-\beta t} \tag{3.3-9}$$

$$\beta = \frac{8C_h}{Fd_e^2} + \frac{\pi^2 C_v}{4H^2} \tag{3.3-10}$$

式中各符号意义同前。

2) 砂井的布置和尺寸：

a. 砂井间距。由砂井理论可知：砂井直径越大，间距越密，某一时间内所达到的固结度越大。计算可知：缩小间距比增大井径对加速固结的效果更好。因此，采用"细而密"的原则选择砂井的直径和间距是比较合理的，具体施工时，为了便于施工和减少扰动，井距一般不应小于1.5m。

b. 砂井直径。一般砂井直径都采用30～40cm，井距则按一定范围的井径比选取，工程上井径比常采用 $n=6\sim8$。

c. 砂井长度。如果软土层的厚度不大，且下卧有透水的砂或砾石层时，应打穿整个软土层。如果软土层的厚度较大，则应根据渠道对地基稳定及沉降的要求决定砂井的长度。从稳定方面考虑，砂井的长度应超过地基的可能滑动面；从沉降方面考虑，砂井的

长度应超过压缩层。

d. 砂井布置。由地基轮廓线向外增加约2～4m，此外在砂井顶部还应设置厚约0.5～1.0m的排水砂垫层。

3）地基抗剪强度增长。在预压荷载作用下，排水固结过程中地基土的抗剪强度增长采用下式计算：

$$S = S_0 + \Delta S_c - \Delta S_\tau \tag{3.3-11}$$

式中　S_0——地基加荷前的天然抗剪强度，或前一级荷载作用下的抗剪强度，kPa；

ΔS_c——由于固结引起的强度增量，kPa；

ΔS_τ——由于剪切和蠕变导致的强度衰减，kPa。

由于ΔS_τ目前尚难计算，式（3.3-11）改为

$$S = \eta(S_0 + \Delta S_c) \tag{3.3-12}$$

$$\Delta S_c = K\Delta\sigma_1\left(1 - \frac{\Delta u}{\Delta\sigma_1}\right) = K\Delta\sigma_1 U_t \tag{3.3-13}$$

其中
$$K_s = \frac{\sin\varphi'\cos\varphi'}{1+\sin\varphi'}$$

上二式中　η——综合折减系数；

K_s——计算参数；

φ'——有效内摩擦角，（°）；

$\Delta\sigma_1$——大主应力σ_1的增量，kPa；

Δu——孔隙水压力变化值，kPa；

U_t——t时刻地基固结度。

4）预压加荷计划制定：

a. 计算第一级容许施加的荷载P_1：

$$P_1 = \frac{1}{K}5C_u\left(1+0.2\frac{B}{A}\right)\left(1+0.2\frac{D}{B}\right)+\gamma D \tag{3.3-14}$$

式中　K——安全系数；

C_u——天然地基不排水抗剪强度，kPa；

D——基础埋深，m；

A、B——基础长、短边的边长，m；

γ——土的重度，kN/m³。

b. 按3）中的公式计算地基抗剪强度增长。

c. 采用式（3.3-15）计算停歇预压时间：

$$t = \frac{1}{\beta}\ln\frac{8}{\pi^2(1-U_{rv})} \tag{3.3-15}$$

7. *真空预压法*

真空预压法，首先是在需要加固的软土地基内设置砂井或塑料排水板等竖向排水通道；在地面铺设排水砂垫层，其上覆盖不透气的密封膜与大气隔绝，通过埋设于砂垫层中的吸气管道，用真空装置抽气，这样在膜内外产生一个气压差，这部分气压差即是作用于地基的预压荷载，如图3.3-4所示。与堆载预压不同的是，真空预压是均匀等向应力，不会产生剪应力，因而不会造成地基的失稳破坏。

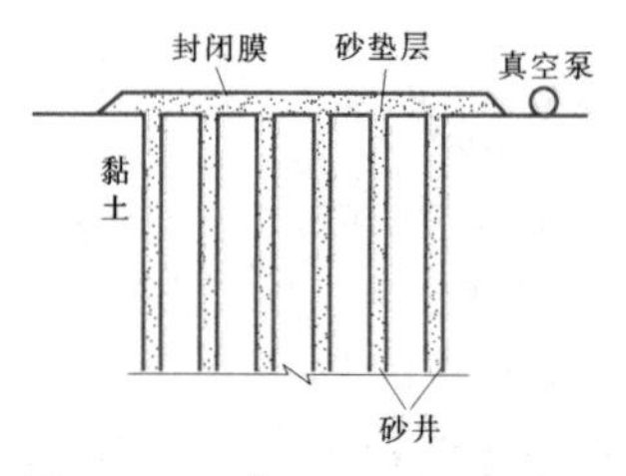

图3.3-4　真空预压法的示意图

（1）适用范围。真空预压法效果与堆载预压法、降低水位预压法相同。其优点是不会招致地基破坏；缺点是使用范围有限，工程费用一般较大。

该方法适用于一般软黏土地基。但当黏土层与有充足水源补给的透水层相连，有大量地下水流入时，或地质条件比较复杂时，不宜采用。

（2）设计要点：

1）真空预压增加的有效应力如图3.3-4（*b*）所示。抽真空前土中的有效应力等于土的自重压力，抽真空后，土体完全固结时，真空压力完全转化为有效应力。

2）真空预压的效果与密封膜内的真空度大小有极大关系。一般要求膜内真空度维持在600mmHg左右，相当于80kPa的真空压力。

3）沉降计算。先根据所要求达到的固结度推算加固区所需增加的平均有效应力，再根据应力—应变关系曲线查取相应的孔隙比，然后按分层总和法计算。

8. *石灰桩法*

用生石灰在软土地基内形成桩柱，通过生石灰的消解和水化物的生成，降低土中含水量，提高地基强度，减小沉降量。

除单独使用生石灰外，也可采用生石灰和砂并用的石灰砂桩。

（1）适用范围。该方法的优点是不需要上置荷载，能在较短时间内发挥作用。适用于含砂量低、没有滞水砂层的软土地基。

（2）加固原理及设计要点：

1）桩间土：

a. 成孔挤密。石灰桩施工时由振动钢管成孔，成孔所占地基土的体积约为7%，这种挤密效果在地下水位以上更为明显。

b. 膨胀挤密。生石灰吸水膨胀，对桩间土产生强大的挤压力，这对地下水位以下软黏土的挤密起主导作用。

c. 脱水挤密。1kg 的生石灰消解反应可吸收 0.32kg 的水。同时反应中放出大量热量提高了地基土温度，使土产生一定的汽化脱水。这样土中含水量下降，孔隙比减小，土粒靠拢挤密。

d. 胶凝作用。生石灰与黏土矿物反应生成的水化物对土颗粒产生胶结作用，从本质上改变了土的结构，提高了土的强度，因而土体的强度将随龄期的增长而增加。

2）桩身。石灰桩桩身有一定强度，尤其是与土接触的外圈强度较高，但石灰桩的作用是使土体挤密加固，而不是桩起承重作用。

3）设计。桩径一般为 0.3～0.5m，最大深度为 30m 左右，间距常用 0.75～1.50m。

9. 深层搅拌桩法

搅拌桩分为粉喷桩、深层搅拌桩，是石灰桩的发展。该方法在钻进时利用压缩空气喷射生石灰、水泥干粉或水泥浆液，与软土强制搅拌，使粉料或浆液与软土产生物理、化学作用，以达到提高地基承载力、减少沉降的目的。

水泥适用于含砂量较大的软土，石灰适用于含砂量较低的软土。采用石灰时，掺入比以 12%～15% 为佳。

桩径一般为 0.5m。桩长：国内目前最大为 12m，一般为 9m。

(1) 适用范围：

1）当渠道穿越区存在大范围软土时，需大面积地基加固，以防止边坡塌滑、渠底隆起和减少软土沉降等。

2）对软土进行加固以增加侧向承载能力，作地下防渗墙以阻止地下渗透水流。

(2) 设计要点。水泥土搅拌单桩容许承载力采用式（3.3－16）、式（3.3－17）计算：

$$P_a = \frac{q_u}{2K}A \tag{3.3-16}$$

$$P_a = fsL + m_0 A[R] \tag{3.3-17}$$

上二式中 q_u——室内水泥土试块的无侧限抗压强度，kPa；

K——水泥土强度安全系数，一般取 1.5；

A——单桩截面积，m^2；

f——桩侧土的平均容许摩阻力，kPa；

s——桩周长，m；

L——桩长，m；

$[R]$——桩端地基土容许承载力，kPa；

m_0——桩端土支承力折减系数。

单桩容许承载力取以上二式计算值中的小值。

在单桩设计时，从经济角度考虑，应使桩身强度与土对桩的支承力相接近。为此，设计时主要确定水泥掺入比和桩长两个参数。主要确定方法如下：

1）据渠道及渠系建筑对地基的要求，选定单桩承载力 P_a；再根据式（3.3－17）求得桩长 L；又根据式（3.3－16）求得 q_u 值；然后根据水泥土室内强度试验资料，求得相应于强度 q_u 的水泥掺入比 a_w。

2）当工程地质或施工条件等因素限制深层搅拌桩加固深度时，可先确定桩长 L；然后根据桩长按式（3.3－17）计算单桩容许承载力 P_a；最后根据 P_a 再求水泥掺入比 a_w。

3）当加固深度不受限制时，也可根据水泥土室内强度试验资料先确定水泥掺入比 a_w，再求得水泥土强度 q_u，从而根据 q_u 按式（3.3－16）计算单桩容许承载力 P_a；最后根据 P_a 按式（3.3－17）计算桩长 L。

10. 高压喷射注浆法

高压喷射注浆法一般是用工程钻机钻孔至设计处理的深度后，用高压泥浆泵等高压发生装置，通过安装在钻杆杆端的特殊喷嘴，向周围土体喷射浆液，同时钻杆以一定速度边旋转边向上提升，高压射流使一定范围内的土体结构遭到破坏，并强制与浆液混合，胶结硬化后，即在地基中形成直径均匀的圆柱体。也可根据工程需要，调整提升速度，增减喷射压力，或更换喷嘴孔径以改变流量，使固结体成为设计所需要的各种形状。

高压喷射注浆法包括旋转喷射注浆法（简称为旋喷法）和定向喷射注浆法（简称为定喷法）。

旋喷法施工时，喷嘴边喷射边旋转边提升，固结体呈圆柱状。主要用于加固地基，提高地基承载力，改善土的变形性能，截阻地下水流。

定喷法施工时，喷嘴一面喷射一面提升，喷射的方向固定不变，固结体形如壁状，通常用于基坑防渗，改善地基土的水流性质和稳定边坡等工程。

11. 电渗法

在软土地基中插入两根金属电极，阳极为金属棒，阴极为带有孔眼的金属管，通以直流电，土中的水便由阳极向阴极渗流，不断地在阴极抽水，即可使软土产生固结，提高地基承载力。

电渗法固结过程快。有资料表明：在电压梯度 0.3V/cm 的条件下，约 1 天即可完成电渗固结的 80%～90%。由于电渗法处理软土成本较高，因此只在特定情况下才适宜采用。

12. 侧向约束法

在渠堤两侧坡脚附近打入木桩、钢筋混凝土桩或设置片石齿墙等，可限制基底软土的挤动，从而保持基底的稳定，如图 3.3－5 所示。

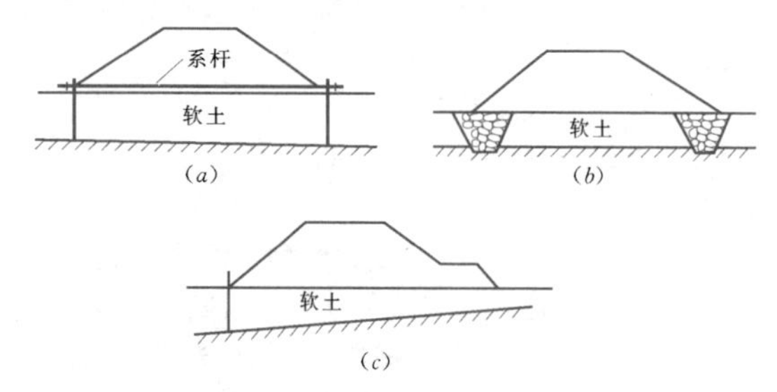

图 3.3-5　坡脚侧向约束示意图

地基在施行侧向约束后，渠堤的填筑速度可不加控制，且较反压护道节省土方，少占耕地，但需耗费一定数量的三材，成本较高。

该方法适用于软土层较薄、底部有坚硬土层和施工期紧迫的情况，下卧层面具有横向坡度时尤其适合。

13. 土工织物法

以土工织物作为补强材料加固地基，可扩大受力面积、分散荷载，可防止形成深层滑动面，保证渠道底部稳定。

渠堤基底铺设土工织物的细部构造如图 3.3-6、图 3.3-7 所示。土工布端部要折铺一段并锚固。铺设两层以上土工织物时，中间要夹 0.1～0.2m 的砂层。

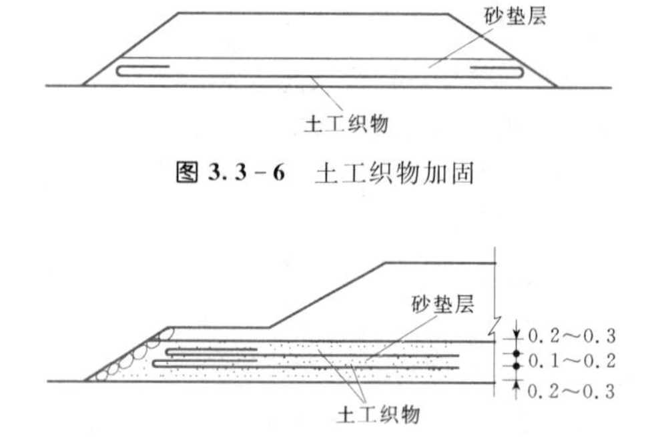

图 3.3-6　土工织物加固

图 3.3-7　土工织物锚固端构造（单位：m）

由于土工织物承受拉力，可增加一个抗滑力矩。计算时可有两种假设：①假设在滑移处土工织物产生相应于滑弧的弯曲，认为土工织物的拉力方向切于滑弧（见图 3.3-8），故增加的抗滑力矩为 PR；②假设滑移时土工织物保持原来铺设的水平方向（见图 3.3-9），则增加的抗滑力矩为 $P(a+b\tan\varphi)$。

除验算滑动圆弧穿过土工织物的稳定性外，还应验算滑动圆弧在土工织物铺设范围以外产生滑动的可能性。两种验算均满足要求时渠道才是稳定的。

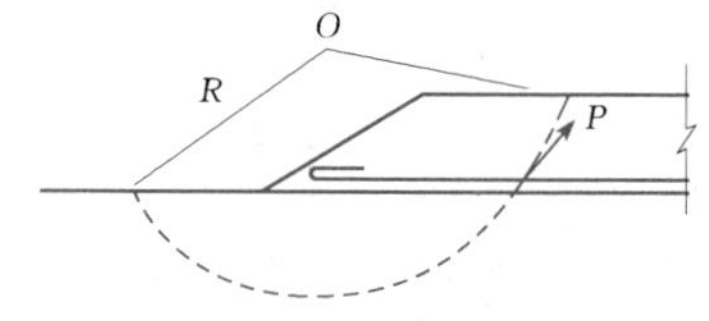

图 3.3-8　第一种假设示意图

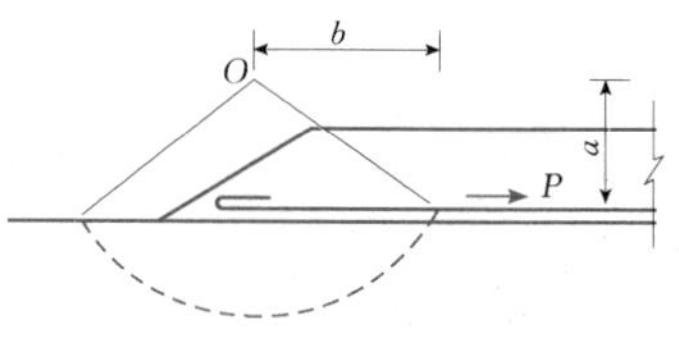

图 3.3-9　第二种假设示意图

3.3.2　膨胀土地基渠道

3.3.2.1　膨胀土的工程特性与渠道病害

1. 膨胀土的工程特性

(1) 胀缩性。膨胀土吸水体积膨胀，使其上渠道隆起，如膨胀受阻即产生膨胀力；失水体积收缩，造成土体开裂，并使其上渠道也开裂和下沉。若土中有效蒙脱石含量越多，胀缩潜势越大，膨胀力越大。土的初始含水量越低，则膨胀量与膨胀力越大。击实土的膨胀性远比原状土为大，密实度越高，膨胀量与膨胀力越大，这是在膨胀土渠道设计中特别值得注意的问题。

(2) 崩解性。膨胀土浸水后体积膨胀，在无侧限条件下则发生吸水湿化。不同类型的膨胀土其崩解性是不一样的，强膨胀土浸入水中后，几分钟之内即完全崩解；弱膨胀土浸入水中后，则需经过较长时间才逐步崩解，且有的崩解不完全。此外，膨胀土的崩解特性还与试样的初始湿度有关，一般干燥土试样崩解迅速且较完全，潮湿土试样崩解缓慢且不完全。

(3) 多裂隙性。膨胀土中的裂隙，主要可分垂直裂隙、水平裂隙与斜交裂隙三种类型。这些裂隙将土体层层分割成具有一定几何形态的块体，如棱块状、短柱状等，破坏了土体的完整性。裂隙面光滑有擦痕，且大多充填有灰白或灰绿色黏土薄膜、条带或斑块，其矿物成分主要为蒙脱石，有很强的亲水性，具有软化土体强度的显著特性。膨胀土渠堤边坡的破坏，大多与土中裂隙有关，且滑动面的形成主要受裂隙软弱结构面所控制。

(4) 超固结性。膨胀土大多具有超固结性，天然孔隙比较小，干密度较大，初始结构强度较高。超固结膨胀土开挖后，将产生土体超固结应力释放，边坡与渠基面出现卸荷膨胀，并常在坡脚形成应力集中区和较大的塑性区，使渠堤边坡容易破坏。

(5) 风化特性。膨胀土受气候因素影响，极易产生风化破坏作用。渠道开挖后，土体在风化营力作用下，会很快产生碎裂、剥落和泥化等现象，使土体结构破坏，强度降低。按膨胀土的风化程度，一般将膨胀土划分为以下3层：

1）强风化层。位于地表或边坡表层，受大气营力与生物作用强烈，干湿效应显著，土体碎裂多呈砂砾状与细小鳞片状，结构联结完全丧失，厚度约0.4～1.0m。

2）弱风化层。位于地表浅层，大气营力与生物作用有所减弱，但仍较强烈，干湿效应也较明显，土体割裂多呈碎石状或碎块状，结构联结大部分丧失，厚度约1.0～1.5m。

3）微风化层。位于弱风化层之下，大气营力与生物作用已明显减弱，干湿效应亦不显著，土体基本保持有规则的原始结构形态，多呈棱块状、短柱状等块状，结构联结仅部分丧失，厚度为1.0m左右。

我国部分膨胀土地区风化作用影响深度见表3.3-2。

表3.3-2　我国部分膨胀土地区风化作用影响深度　单位：m

地　区	不同判定标志的临界深度				大气风化作用深度
	湿度标志	地温标志	深度标志	地裂标志	
云南鸡街	3.0	—	—	—	3.0～4.0
云南江水地	5.0	—	—	—	3.0～5.0
四川成都	1.5	1.8	—	—	1.5
广西南宁	2.0～3.0	—	3.0	2.0～2.5	2.5～3.0
广西宁明	—	—	3.5	2.5～3.5	3.0
陕西安康	3.0	—	—	2.0～3.0	3.0
湖北荆门	1.5～2.0	2.0	1.5	1.2～1.5	1.5～2.0
湖北郧县	2.0	2.0	—	<2.0	2.0
湖北宜昌	—	2.1	—	—	2.1
河南南阳	—	3.2	—	—	3.2
河南平顶山	2.5	2.1	3.0	—	2.5
安徽合肥	2.0	2.0	—	—	2.0
河北邯郸	2.0	—	—	—	2.0

(6) 强度衰减性。膨胀土的抗剪强度为典型的变动强度，具有峰值强度极高、残余强度极低的特性。由于膨胀土的超固结性，其初期强度极高，一般现场开挖都很困难。然而，由于土中蒙脱石矿物的强亲水性以及多裂隙结构，随着土受胀缩效应和风化作用的时间增加，抗剪强度将大幅度衰减。强度衰减的幅度和速度，除与土的物质组成、土的结构和状态有关外，还与风化作用特别是胀缩效应的强弱有关。这一衰减过程有的是急剧的，但也有的比较缓慢。因此，有的膨胀土渠坡开挖后，很快就出现滑动变形破坏；有的渠坡则要几年，乃至几十年后才发生滑动。

在大气风化作用带以内，由于土体湿胀干缩效应显著，抗剪强度变化较大。经过多次湿胀干缩循环以后，黏聚力c大幅度下降，而内摩擦角φ变化不大。一般干湿反复循环2～3次以后强度即趋于稳定。

由于膨胀土结构的各向异性，使原状膨胀土的抗剪强度也显示出明显的方向性，垂直于裂隙面的强度较高，平行于裂隙面的强度较低。

室内测试的土块强度，一般都高于现场土体的实际强度。由于土体是由土层、裂隙、层面等组成的，因此单纯采用室内土块强度验算膨胀土渠坡稳定性，容易出现渠坡失稳破坏误判的情况。

2. 膨胀土地区的渠道病害

(1) 挖方渠道：

1）剥落。剥落是挖方渠边坡表层受物理风化作用，土块碎解成细粒状、鳞片状，在重力作用下沿坡面滚落的现象。剥落主要发生在旱季，旱季越长，蒸发越强烈，剥落越严重。一般强膨胀土较弱膨胀土剥落更甚，阳坡比阴坡剥落更严重，剥落物堆积于坡脚或渠道内常造成堵塞。

2）冲蚀。冲蚀是坡面松散土层在降雨或地表径流的集中水流冲刷作用下，沿坡面形成沟状冲蚀的现象。冲蚀的发展使边坡变得支离破碎，冲蚀主要发生在雨季。

3）外胀。外胀是渠坡由于开挖而产生了应力释放，造成渠坡不均匀卸载膨胀以及干缩湿胀效应，使局部土体产生外胀。外胀一般在渠坡的局部坡面产生，规模和范围均有限。

4）溜坍。溜坍是渠道边坡表层强风化层内的土体，吸水过饱和，在重力与渗透压力作用下，沿坡面向下产生塑流状塌移的现象。溜坍是膨胀土渠坡表层最普遍的一种病害，常发生在雨季，较降雨稍有滞后，可在边坡的任何部位发生，而与边坡坡度无关。

5）泥流。泥流是渠坡面松散土粒与坡脚剥落堆积物在雨季被水流裹带搬运形成的。一般在膨胀土长大坡面，风化剥落严重且地表径流集中处易形成。泥流常造成渠道或涵洞堵塞，严重者可冲毁渠道。

6）坍滑。坍滑是挖方渠段浅层的膨胀土，在湿胀干缩效应与风化作用影响下，由于裂隙切割以及水的作用，土体强度衰减，丧失稳定，沿一定滑面整体滑移并伴有局部坍落的现象。坍滑多发生在挖方渠坡坡面顶部，坍滑常发生在雨季，并较降雨稍有滞后。

7）滑坡。滑坡具有弧形外貌，有明显的滑床，滑床后壁陡直，前缘比较平缓，主要受裂隙控制。滑坡多呈牵引式出现，具叠瓦状，成群发生，滑体呈纵长式，有的滑坡从坡脚可一直牵引到边坡顶部，有很大的破坏性，是膨胀土渠道最严重的病害。滑体厚度大多具有浅层性，与大气风化作用层厚度密切相关，膨胀土渠道滑坡的发生主要与土的类型和土体结构有密切关系，与渠道边坡的高度和坡度并无明显关系。因此，试图以放缓边坡来防治滑坡几乎是徒劳的，必须采取其他有效的加固防护措施。

（2）填方渠道：

1）沉陷。膨胀土初期强度较高，在施工时不易被粉碎，亦不易被压实，在渠道填筑后，由于大气物理风化作用和湿胀干缩效应，土块崩解，易产生不均匀沉降及沉陷。

2）纵裂。渠堤堤肩部位常因机械碾压不到，使填土难以达到要求的密实度，因而后期沉降相对较大，同时，因堤肩临空，对大气物理作用特别敏感，干湿交替频繁，肩部失水收缩远大于堤身，故在堤肩顺堤线方向常产生纵向开裂。

3）坍肩。渠堤堤肩土体压实不够，又处于两面临空部位，易受风化影响使强度衰减，当有水渗入时，特别是当有堤肩纵向裂缝时，易形成坍塌，塌壁高度多在 1m 以内，严重者大于 1m。

4）溜坍。与挖方渠道溜坍相似，但填方渠道溜坍多与渠坡表层压实不够有关，常发生于渠堤边坡的坡腰或坡脚附近。

5）坍滑。膨胀土渠堤填筑后，表层与内部填土的初期强度基本一致。但是随着时间延续，堤坡经过几个干湿季节的反复收缩与膨胀作用后，表层填土风化加剧，裂隙发展，当有水渗入时，膨胀软化，强度降低，坍滑发生。

6）滑坡。填方渠堤滑坡与填筑膨胀土的类别、性质、填筑质量及基底条件有关，若用灰白色强膨胀土填筑，填筑质量差，土块未按要求打碎；基底有水或淤泥未清除，处理不彻底；边坡防护工程施工不及时，表层破坏未及时整治等；都可能产生滑坡。由此可见，膨胀土渠堤有从堤身滑动的，也有从基底滑动的。

3.3.2.2　膨胀土地区渠道设计原则

1. 选线原则

（1）如有可能，堤线应尽量绕避膨胀土地段。

（2）必须通过膨胀土地段时，堤线的位置应选择膨胀土分布范围最窄、膨胀性最弱以及膨胀土层最薄的地段。

（3）堤线横穿膨胀土垄岗脊线时，应选择岗脊前缘，并垂直于垄岗脊线，以尽可能降低渠道挖方深度，缩短挖方长度。

（4）尽可能减少深挖高填。

（5）当路线通过既有建筑区时，应尽量远离建筑群及重要构筑物。

2. 设计原则

（1）膨胀土地区渠道设计，应综合考虑膨胀土类型、土体结构与工程特性、环境地质条件与风化深度等因素。

（2）膨胀土中水分的迁移转化，将导致显著的湿胀干缩变形，并使土的工程性质恶化。因此，膨胀土渠道设计的关键问题是如何防水保湿，保持土中水分的相对稳定。

（3）膨胀土原则上不应作为填料，特别是强膨胀土应严禁用来填筑。若经过技术经济比较必须利用膨胀土填筑时，最好选取膨胀性较弱的土用于下层，而不用于渠堤。若不得已用于渠堤时，则须考虑采用石灰、水泥等无机结合料进行土性改良。

（4）膨胀土挖方渠设计应充分考虑膨胀土的“变动强度”与强度衰减的特性。边坡稳定性验算的抗剪强度指标，原则上应采用膨胀土在设计状态下的土体强度，不应以土块强度，尤其是不应以天然原状土块的峰值强度指标作为边坡验算的依据。

(5) 膨胀土大多属于超固结土，具有较大的初始水平应力。挖方渠边坡开挖后，超固结应力释放产生卸荷膨胀。若边坡土体长期卸荷膨胀并风化，则强度衰减，必将导致渠堤边坡破坏。因此，挖方渠道设计可考虑利用土体的一部分超固结应力，保持较高的初始结构强度不受破坏，以减少防护加固工程并增加渠坡稳定性。

(6) 膨胀土挖方渠道施工，一般均应按“先做排水，后开挖边坡，及时防护，及时支挡”的程序进行，以防边坡土体暴露后产生湿胀干缩效应及风化破坏。

3.3.2.3 膨胀土地区的渠道设计及滑坡治理

1. 渠道过水断面设计

膨胀土地区渠道过水断面应衬砌护坡，其横断面型式宜采用U形断面、弧形坡脚梯形断面、弧形底梯形断面等。护坡材料选用砌石、混凝土或沥青混凝土。对混凝土护坡渠道，宜采用整体现浇的施工方式，增强渠道的抗胀缩能力。对强膨胀土地基，应采取必要的基土置换或基土改性处理。

2. 挖方渠道非过水坡面设计

(1) 加强地表排水措施，建立地表排水网。不少渠道边坡产生滑坡就是因为没有天沟及相应的地表排水网，坡顶形成局部集水，对渠坡稳定构成极大危害，但对各种截流沟一定要注意防渗，否则反会诱发滑坡。

(2) 放缓渠坡。根据渠坡高度选择合理的边坡比。一般情况下，挖深10m左右，边坡比1：3～1：3.5；挖深20m左右，边坡比1：3.5～1：4；挖深大于20m，边坡比1：4～1：4.5。同时，每5m高设一平台，平台宽1～2m。

(3) 坡面封闭：

1) 方格骨架护坡：方格大小有2m×2m、2.5m×2.5m、3m×3m三种，采用混凝土（或浆砌石）棱形网状骨架，网格内铺草皮封面，也可以在网格内用三合土、水泥土等封闭，封闭土厚度不小于15cm，防止雨水渗入。虽然方格骨架的受力条件与支撑作用不如拱形骨架，但施工较方便。

拱形骨架护坡：拱形骨架对边坡坡面强风化土体的支撑稳固作用，较之方格骨架有明显优势，但施工较困难。

2) 对膨胀性较弱且坡高小于3m的边坡，可采用放缓边坡（1：2或1：1.75），并在坡面种植灌木、铺草皮或采用三合土封闭的方法。

a. 铺草皮。适用于弱膨胀土的低边坡的坡面防护。也可配合其他防护措施，在各种类型膨胀土边坡上采用。草皮覆盖一般生长良好，可以防止降雨和地表水对坡面的冲蚀，对于边坡的防水保湿、减小气候风化营力的影响有较好效果，对于表土也有一定固着作用。

b. 种紫穗槐。紫穗槐是一种多年生小灌木，具有耐旱易活、枝叶繁茂、根系发达等优点，适于在膨胀土中生长。可以在边坡上单独种植，也可配合其他措施种植。由于紫穗槐根系发达，因此对边坡土体有较强的固着能力。紫穗槐在雨季可防止地表水对坡面的冲蚀，但旱季较强的蒸发蒸腾作用对保持土中水分不利。

c. 三合土抹面。适用于任何坡度的边坡坡面防护，既可防止降雨和地表水对坡面的冲蚀，也可防止地表水渗入土体引起膨胀变形。但是，三合土或四合土抹面对温度的调节作用较差，在温度梯度作用下仍可引起坡面表土的湿度变化，同时边坡全部封闭，不利于土中水分的排出，故有可能产生局部胀缩变形。

3) 用混凝土或片石护面，防护效果较好，但造价高。适用于渠坡已局部破坏的各种坡段，也适用于新的挖方渠段。片石有单层和双层之分，利用自重对渠坡土体可起到反压和抑制膨胀的双重作用，同时对已受破坏牵动的土体有一定支护作用。通常使用的片石护坡有以下两种：

a. 干砌片石护坡。可以承受一定的变形，但自重有限，一旦坡面局部破坏，将引起相邻片石护坡连续破坏，故在长大坡面慎用。

b. 浆砌片石护坡。整体强度较高，自重较大，在防止渠坡继续风化、抑制膨胀方面效果较佳，但不能承受土体不均匀胀缩变形。

4) 用柔性卷材（土工布或土工膜）封闭。边坡开挖后立即铺上土工布或土工膜，预留长度至集水沟和顶部天沟，并压于沟底，外侧用0.5m厚黏土覆盖并夯实。该方法适用于边坡坡度大于1：1、坡高小于4m，且坡面无地下水的情况，坡顶至天沟也需用夯实黏土封闭。如图3.3-10所示。

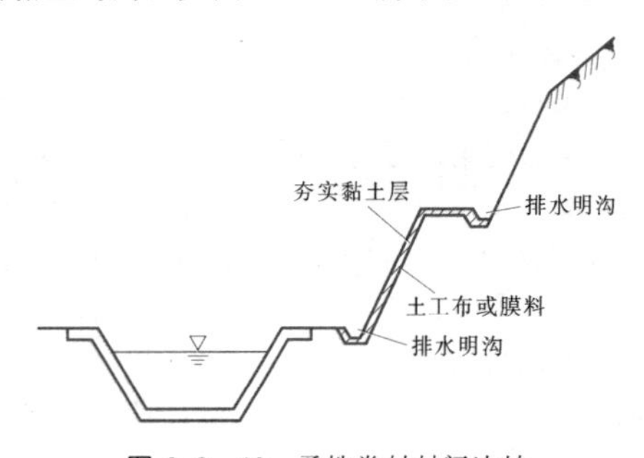

图3.3-10 柔性卷材封闭边坡

（4）利用挡土墙防护。为防止坡脚处剪应力过大产生塑性破坏，在边沟处设挡土墙。可将挡土墙做成墙体与排水沟连成一体的倾斜式，如图3.3-11所示。

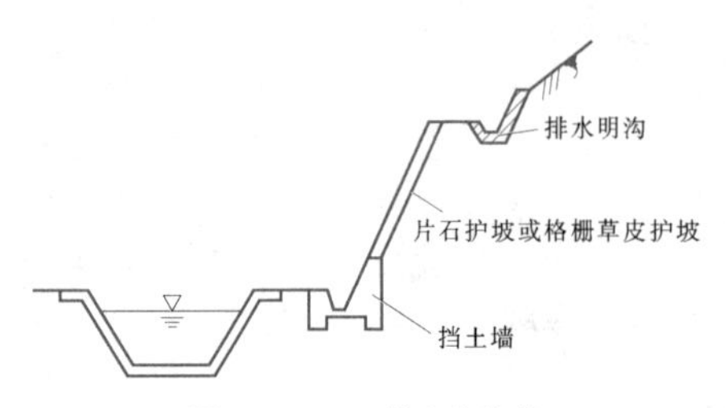

图3.3-11　挡土墙防护

这里所讲挡土墙是用于保持膨胀土挖方渠坡稳定的支挡建筑物，有别于一般土层边坡的坡脚墙，由于膨胀土边坡的土体结构特性，挡土墙既有坡脚墙也有坡顶墙；根据渠坡情况，既可以设一级挡土墙，也可以设两级或多级挡土墙。但无论何种挡土墙，在设计时均应充分考虑膨胀土的特殊工程性质，为此应注意下列问题：

1）挡土墙除可设置于坡脚外，还应考虑设置于软弱层与界面处。

2）基础应埋置在风化层以下，一般距地面不小于1.5～2.0m。

3）墙背应回填砂与碎石，以调整部分膨胀变形。

4）墙顶应设一定宽度的平台。

5）挡土墙必须设泄水孔。

（5）预应力锚杆框架护坡工程。预应力锚杆框架由框架梁、锚杆及锚具组成。它是“土钉”技术与骨架护坡的结合，能对坡面起“框箍”作用，一方面抵制土体膨胀力，抑制湿胀变形，使表土的含水量、干重度保持在一定范围内；另一方面可起补偿作用，即使土体经反复干缩湿胀后抗剪强度已有所下降，但通过拉张锚杆使框架梁对坡面施加附加应力，边坡表土仍可稳定。该方法适用于高大边坡，其施工程序为自上而下、分层进行。下一层开挖时，上一层已得到初步防护，因此适用于膨胀性土（岩）坡的快速封闭。

3．填方渠道设计

（1）填料选择。膨胀土一般情况下是不适合作为渠堤填料的。但渠道通过膨胀土地区时，膨胀土常为大面积分布，找不到非膨胀土时，则只能用膨胀土做渠堤填料。这时，应对不同类型的膨胀土填料进行选择。

1）在有多层膨胀土分布的地区，应选择膨胀性最弱的土层作为填料。蒙脱石含量高的灰白色膨胀土，由于土的亲水性特强，极易风化，强度衰减很快，不能作为填料。

2）在有砾石层出露或膨胀土中有结核层分布的地区，应尽可能选用砾石层或结核层，或采用膨胀土与砾石、结核混合的填料。

3）经过风化、流水淋滤、搬运及耕种的表层膨胀土，一般膨胀性较弱，可作为渠堤填料。

4）在无其他土可供选择时，可以采用土质改良或外包路堤等特殊设计方法，以确保渠堤长期稳定。

（2）填方渠道设计：

1）全封闭法（见图3.3-12）。填方渠堤应尽量选用胀缩性弱的土做填料，用非膨胀土包盖堤身，将封装土与填料土一道分层填筑并压实，包盖厚度不小于1m。渠堤背水面可采用网状骨架，三合土、植草皮封闭，或浆砌石护面等坡面封闭技术。

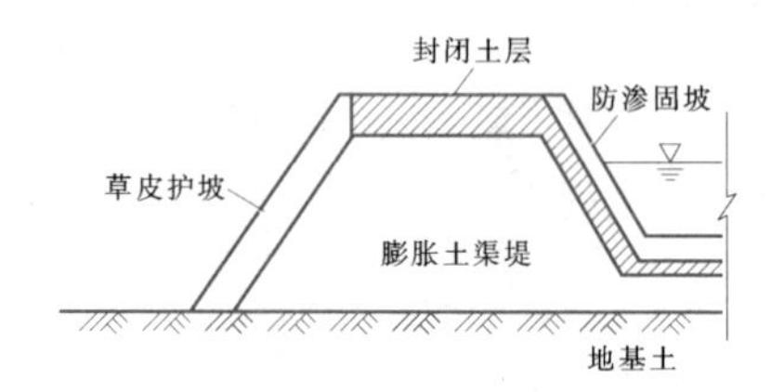

图3.3-12　封闭式渠堤

2）掺石灰改变土的性质。在膨胀土中加入石灰进行改性处理，改性主要针对黏土矿物中易亲水的蒙脱石、伊利石，使其与石灰发生复杂的物理、化学作用，通过微结构的改变使膨胀土的工程性质发生变化。其主要作用为离子交换，膨胀土中加入石灰后，由于石灰水化产生大量钙离子，与蒙脱石、伊利石中的矿物质发生反应，起吸附水作用，钙离子可以置换膨胀土颗料表面的钠离子，使石灰的水化物在膨胀土颗粒表面聚集，其作用过程与$Ca(OH)_2$的硬化过程同时进行。黏结和聚集在矿物表面的$Ca(OH)_2$经硬化结晶，形成一种防止膨胀土颗粒内水外散和外水内侵的固化层，其结果，将使膨胀土减弱亲水性，增加自身的稳定性，从而降低膨胀潜势，达到改性的目的。

石灰的掺入比一般为2%～8%，工程上应结合具体工程和土质，通过试验确定适宜的掺入比。加入石灰时，可按石灰（干重）∶水＝1∶2预先制成灰浆后加入。江苏省苏北某灌区，干渠经过膨胀土地区且为填方渠道，对筑堤土料采用加石灰改性的治理措施。改性过程中分别采用不同剂量的石灰做试验对比。

由试验资料可知，加石灰击实的膨胀土，与不加石灰击实的膨胀土相比，其胀缩总率和膨胀力大幅度下降，特别是当石灰掺入比为6%或8%时，其胀缩总率接近于零，膨胀力亦下降到接近天然稳定时的指标。稠度指标也相应变化，随着石灰剂量的增加，液限减小，塑限增大，相应塑性指数下降。改造后的土料较好地满足了筑堤要求。因此确定最佳掺入比为6%～8%。

4. 滑坡治理

膨胀土滑坡治理是当前水利工程中的一大难题。膨胀土渠道边坡一旦发生滑坡，土体强度急剧下降，土体牵引失稳，处理往往比较困难。目前常用的有下列几种处理措施：

(1) 换土处理。这种方法节省建材，投资较小，在中、小型工程中应用较多。但这种方法在处理坝体滑坡时效果还好，处理渠坡滑动则不太理想，常常失效，其原因并不在于回填质量和换土土质，而在于渠坡特有的运行条件和土体结构特征，只能在小规模滑坡情况下应用或是作为一种辅助处理方法。

(2) 清方减载。这种方法是在滑坡上部进行清方减载，以减小下滑力，是滑坡处理的一种常用方法。但在膨胀土滑坡的治理中，并不是每次都有效，除因地表水仍可下渗使清方减载失效外，另一个重要原因是由于膨胀土的胀缩特性和强度衰减并不因为清方而清除，每次清方后使滑体下部的土体暴露于大气之中，又继续风化与胀缩变形，不断积累新的不稳定因素，在一定外因（主要是水）诱发下再次滑动。因此单纯采用清方减载的措施是不行的，应结合削坡或支挡防护工程综合整治，才可收到较好效果。

(3) 采用支挡工程整治膨胀土滑坡是一种常用的有效措施，使用最普遍的是抗滑挡土墙及抗滑桩。

抗滑挡土墙可分混凝土挡土墙和浆砌石挡土墙；按支挡型式又可分为单边支挡和双边支挡。双边支挡的底板常采用支撑梁式、反弧式及平底板式等。这种工程措施在鄂北岗地使用普遍，也比较理想。但设置抗滑挡土墙的关键，除要注意挡土墙设置位置、基础埋深及挡土墙断面型式外，还要正确计算滑坡推力。

在滑坡推力计算中，不能只考虑一般土质力学平衡方法，还应当考虑膨胀土的特性。一方面土体吸水将产生水平膨胀力，另一方面膨胀土滑坡的滑动面强度极低，与原设计中的取值相差甚远，在计算中往往易忽略这一点。如引丹五干渠军干校渠深挖方渠段在滑坡治理中，同样的双边支挡及断面，发生支挡破坏的并不在深挖方处。其原因就在于深挖方处渠坡还没产生滑坡，渠坡土体强度尚能满足设计要求，而支挡破坏处虽挖深不算大，但已明显滑动，具连续滑动面，由于滑动面强度极低，同样的设计条件就无法满足稳定要求。

抗滑桩是一种用钢筋混凝土桩锚固在稳定土体中以支挡滑体的有效措施，具有破坏滑体少、施工方便、工期短、省工省料等优点，更适合于治理深层滑坡。一般断面直径为0.5～1.0m，间距为3～5倍桩径，桩深入滑动面以下深度为桩长的一半，多布置2～3排，呈梅花形。要设计技术可靠、经济合理的抗滑桩，必须考虑桩与土的相互作用，土体胀缩效应将使桩产生正负摩擦力，同时桩的弯矩和挠度都应满足侧向土压力的要求。

(4) 在深挖方渠段，当支挡工程量很大，尤其是土体膨胀性较强时，靠削坡很难稳定，宜采用涵洞处理。鄂北岗地深挖方（挖深在12m以上）渠段多采用此型式，其中枣阳邓岗涵洞长达1000m以上，效果较好。考虑到深挖方渠段常因滑坡造成渠系堵塞，故在垄岗渠段的深挖方常用涵洞来预防滑坡，调查表明：这是很有效的一种方法。但在涵洞的设计和施工中应注意以下几个问题：

1) 在设计过水涵洞衬砌时，应该重视膨胀压力的大小和膨胀围压发展的不均匀性，特别是沿洞周的膨胀围压发展不均匀时，衬砌需加强配筋，以抵抗较大的偏心弯矩作用。

2) 在设计中除了要分析膨胀力及不均一的围压外，还要考虑涵洞放水后的瞬间应力状态，以选择合理的涵洞断面型式。一般以圆形为好，涵洞底部宜为反拱型式。

3) 施工中尽量采用无爆破掘进法，尽量减小对洞周土体的扰动，快速施工，及时衬砌。

4) 若遇有地下水渗流时，应切断水流，加强排水措施。

3.3.3 砂土地基渠道

3.3.3.1 砂土的概念

砂土是指粒径大于2mm的颗粒含量不超过全重的50%，而粒径大于0.075mm的颗粒含量超过全重的50%的土。砂土按粒组含量不同又细分为砾砂土、粗砂土、中砂土、细砂土和粉砂土五类，见表3.3-3。

表3.3-3 砂土分类表

土质	粒组含量
砾砂土	粒径大于2mm的颗粒占全重的25%～50%
粗砂土	粒径大于0.5mm的颗粒超过全重的50%
中砂土	粒径大于0.25mm的颗粒超过全重的50%
细砂土	粒径大于0.075mm的颗粒超过全重的75%
粉砂土	粒径大于0.075mm的颗粒超过全重的50%

3.3.3.2　砂土液化的概念

液化一般是指饱和砂土在振动荷载作用下，因抗剪强度完全丧失而失去稳定的现象。

黏性土因为有较强的黏聚力，一般难以发生液化；而砾砂等粗粒土因为透水性大，振动时孔隙水压力消散很快，也难以发生液化；只有中等粒组的砂土和粉土最易发生液化。一般情况下，塑性指数高的黏性土不易液化，而低塑性和无塑性的土则易发生液化。例如，尾矿砂是矿山岩石粉碎后的产物，未经风化和变质作用，虽然颗粒可能很细，却属低塑性土，故易发生液化。相反，有的黏性土虽然从土粒的大小来看属于砂土，但抗液化能力却很大。

地震液化是平原强震区在经历一次地震后引起的最显著的震害形式之一。地震液化通常伴随产生大规模的地面沉陷变形、滑移、地裂和喷水冒砂，造成各种工程建筑、道路、农田及水利工程场地、地基的失效，给国计民生带来严重损失。地基土液化的原因在于饱和砂土或粉土受到振动后趋于密实，导致土体中孔隙水压力骤然上升，相应地减小了土粒间的有效应力，从而降低了土体的抗剪强度。在周期性的地震作用下，孔隙水压力逐渐累积，当抵消有效应力时使土粒处于悬浮状态。此时，土体完全失去抗剪强度而显示出近于液体的特性。这种现象称为液化。所谓“液化”主要是从宏观震害现象建立起来的概念，但在定量研究中，常用试验手段通过试验模拟和观测这一发生过程来定义液化。液化概念的定义，可从以下几个方面考虑：

(1) 液化。是将任何物质转变为液态的作用或过程。在饱和砂土或饱和粉土中，这种转变是孔隙水压力增加和有效应力减少导致的，是从固态到液态的变化。

(2) 喷水冒砂。是土体中孔隙水压力（或称为超静孔隙水压力）区产生的管涌所导致的水和砂喷出地面的现象。

由此可见，液化是喷水冒砂的前导，但喷水冒砂不一定是液化的必然结果。

(3) 微观液化。主要指人工制备或压实的土样用仪器直接观测的液化临界状态，或通过计算土体中某一点的应力而定义的临界状态。

(4) 初始液化。在动三轴或动单剪试验的循环应力作用过程中，土样的孔隙水压力增长到与土样所受的侧压力相近或相等时，这种临界状态即为初始液化。

(5) 完全液化。在达到初始液化的前提下，孔隙水压力继续发展，使有效压力显著降低，因而土样在极低的定常应力作用下可能产生连续的变形。

(6) 宏观液化。通常某一场地在地震中是否发生了液化，一般是根据宏观震害现象来识别的。其鉴别标志就是该场地是否发生了喷水冒砂或液化滑移，以及由于液化引起的沉陷。不论喷水冒砂或滑移现象是否严重，都可以肯定地说该场地土层发生了液化，这就是宏观液化。

宏观液化的定义在力学概念上是不明确的，因为没有在地面上发生喷水冒砂或滑移现象的场地，其下的饱和土层并不一定就没有达到相当于初始液化或完全液化的条件。但是国内外有关场地地震液化的实例记载和在此基础上建立的各种经验判定方法，都是凭借宏观液化的经验得来的。因为：①只有宏观液化才是能够实际有效地进行判断的客观标准，而对于那些没有直接宏观震害标志的液化，实际上是难以识别的；②只有产生了喷水冒砂或滑移的地震液化，才具有明显的工程意义，不产生这些宏观震害的液化，对一般工程的影响显然是轻的，甚至是可以忽略不计的。

(7) 液化势。是饱和砂土或饱和粉土在地震作用下产生超静孔隙水压力，使土体有效抗剪强度降低或消失，从而导致土层喷水冒砂或土体滑移失稳的一种趋势。液化势评价是基于宏观液化概念趋势性的定性估计。

3.3.3.3　地震液化的形成条件

1. 土的类型和性质

土的类型和性质是地震液化的物质基础。根据我国一些地区地震液化统计资料，细砂土和粉砂土最易液化。但随着地震烈度的增高，粉土、中砂土等也会发生液化。可见砂土、粉土是地震液化的主要土类，究其原因，主要是由于砂土、粉土的粒组组成有利于地震时形成较高的超静孔隙水压力，且不利于超静孔隙水压力消散。

砂土、粉土的密实度、粒度及级配等也是影响地震液化的重要因素。

2. 饱和砂土、粉土的埋藏条件

饱和粉土、砂土的埋藏条件包括地下水埋深和液化土层上的非液化黏性土盖层厚度。

由地震液化机理分析可知：松散的砂土层、粉土层埋藏越浅，上覆不透水黏性土盖层越薄，地下水埋深越浅，就越容易发生地震液化。

3. 地震动强度及持续时间

引起饱和砂土、粉土液化的动力是地震的加速度。显然，地震越强、加速度越大，越容易引起地震液化。

地震的持续时间越长、液化土体中产生的超静孔隙水压力增长越快，土体中有效应力降低到零的时间就越短，地震液化就越容易发生。

3.3.3.4 砂土地基的抗液化措施

1. 地基抗液化措施的基本原则

（1）抗液化措施是对液化地基的综合治理。可能液化的地基，对渠道抗震不利的地段，基本处理原则应是避开。当无法避开时，从工程勘察到结构设计都要认真对待。

（2）倾斜场地的土层液化往往会带来大面积土体滑动，造成严重后果。倾斜场地抗液化措施应专门研究。水平场地土层液化的后果一般是造成渠道的不均匀下沉和倾斜，进而引起渠道开裂或扭曲。本节的规定不适用于倾斜场地和液化土层严重不均匀的情况。

（3）地基的抗液化措施应根据渠道的重要性、地基的液化等级，结合具体条件综合确定。

（4）液化等级分轻微、中等、严重三级。根据我国百余个液化震害资料，各级液化指数时地面喷水冒砂情况以及对渠道危害程度的描述见表 3.3-4。

（5）液化等级属于轻微的场地，一般不做特殊处理，因为这类场地一般不会发生喷水冒砂现象，即使发生也不致造成严重震害。

（6）对于液化等级属于中等的场地，尽量多考虑采用较易实施的渠道自身加固措施，不一定要加固处理液化土层。

（7）在液化层深厚的情况下，可考虑消除部分液化沉陷的措施，即处理深度不一定达到容许残留部分未经处理的液化层上限，从我国目前的技术、经济发展水平的角度来看是较合适的。

2. 地基抗液化措施的选择

地基的抗液化措施应根据建筑的重要性等级和地基的液化等级确定，可按表 3.3-5 选用。

表 3.3-4　　液化等级与其对渠道的危害情况

液化等级	液化指数 I_{lE}	地面喷水冒砂情况	对渠道的危害情况
轻微	<5	地面无喷水冒砂，或仅在洼地、河边有零星的喷水冒砂点	危害性小，一般不致引起明显的震害
中等	5～15	喷水冒砂可能性大，从轻微到严重均有，多数属中等	危害性较大，可造成不均匀沉陷和开裂，有时不均匀沉陷可能达到 20mm
严重	>15	一般喷水冒砂都很严重，地面变形很明显	危害性大，不均匀沉陷可能大于 20mm，高重心结构可能产生不容许的倾斜

表 3.3-5　　地基抗液化措施的选取原则

建筑类别	不同地基液化等级的选取原则		
	轻　微	中　等	严　重
甲类	全部消除液化沉陷	全部消除液化沉陷	全部消除液化沉陷
乙类	部分消除液化沉陷，或对基础和上部结构进行处理	全部消除液化沉陷，或部分消除液化沉陷且对基础和上部结构进行处理	全部消除液化沉陷
丙类	对基础和上部结构进行处理，亦可不采取措施	对基础和上部结构进行处理或采取更高要求的措施	全部消除液化沉陷，或部分消除液化沉陷且对基础和上部结构进行处理
丁类	可不采取措施	可不采取措施	对基础和上部结构进行处理，或采取其他简单、易行措施

3. 全部消除地基液化沉陷的措施

全部消除地基液化沉陷的措施主要有换土法、加密法、桩基础、深基础等。各项处理措施的技术要求或适用范围如下：

（1）换土法。挖除全部液化土层，适用于液化土层距地表较浅且厚度不大时。

（2）加密法。可采用挤密桩法、振冲桩法、强夯法等加固措施；特定条件下，还可采用其他振动加密方法。处理深度应至液化土层下界面，且处理后土层的标准贯入锤击数的实测值，应大于相应的临界值，达到不液化的要求。

（3）桩基础。采用桩基础时，桩端伸入液化层深度以下稳定土层中的长度（不包括桩尖部分），应按计算确定，且对碎石土、砾砂土、粗砂土、中砂土、坚硬黏性土不应小于 0.5m，对其他非岩石土不应小于 2m。

(4) 深基础。采用深基础时，基础底面埋入液化层深度以下稳定土层中的深度，不应小于 0.5m。

4. 部分消除地基液化沉陷的措施

选取部分消除地基液化沉陷措施时，可采用挖除部分液化土层或进行浅层地基加密的方法。处理后的地基应符合下列要求：

(1) 处理深度应使处理后的地基液化指数减小。当判别深度为 15m 时，地基液化指数不宜大于 4；当判别深度为 20m 时，地基液化指数不宜大于 5；对独立基础与条形基础，处理深度不应小于基础底面下 5m 和基础宽度两者的较大值。对渠道地基，处理深度不应小于渠道底面以下 5～6m。

(2) 处理深度范围内，应挖除液化土层或采用加密法加固，使处理后土层的标准贯入锤击数实测值大于相应的液化临界值。

5. 抗地基液化的地基处理方法

(1) 换土垫层法：

1) 方法简介。换土垫层法就是将渠道底面下处理范围内的浅层液化土层挖去，然后分层换填入不易液化的碎石、素土、灰土、二灰（石灰、粉煤灰）、煤渣、矿渣以及其他性能稳定、无侵蚀性等的材料，并夯（压、振）至要求的密实度为止。

2) 垫层设计：

a. 垫层厚度的确定。垫层厚度一般是根据垫层底部软弱土层的承载力确定的，即作用在垫层底面处土的自重应力与附加应力之和不大于软弱土层的容许承载力：

$$\sigma_{cz}+\sigma_z\leqslant R \qquad (3.3-18)$$

式中　R——垫层底面处修正后的软弱土层的容许承载力，kPa；

σ_{cz}——垫层底面处土的自重应力，kPa；

σ_z——垫层底面处土的附加应力，kPa。

具体计算时，一般是先根据初步拟定的垫层厚度，再用式 (3.3-18) 进行复核。垫层厚度一般不宜大于 3m，太厚则施工困难；也不宜小于 0.5m，太薄则换土垫层的作用不显著。

b. 垫层宽度的确定。垫层宽度一方面要满足应力扩散要求，另一方面应根据垫层侧面土的容许承载力确定。如果垫层宽度不足，四周侧面土质又比较软弱时，垫层就有可能被挤入四周软弱土层中，促使沉降增大。目前常用的经验方法是扩散角法。对于渠道，垫层底宽 $B'\geqslant B+2Z\tan\theta$（其中，$B$ 为渠道宽度；Z 为垫层厚度；θ 为扩散角，取 22°～30°）。

c. 碎石、粗砂垫层。碎石、粗砂垫层宜选用级配良好、质地坚硬的粒料，其颗粒的不均匀系数最好不小于 10。含泥量不应超过 5%，同时不得含有草根、垃圾等有机杂物。另外，碎卵石最大粒径不宜大于 50mm。

d. 素土（或灰土、二灰）垫层。灰土垫层处理深度 1～3m，垫层中石灰和土的体积比一般为 2∶8 或 3∶7，其中 CaO+MgO 总量以达到 8%为佳。

(2) 强夯法：

1) 方法简介。强夯法亦称为动力固结法，是法国 Menard 技术公司于 1969 年首创的一种地基加固方法。它通常以 8～30t 的重锤（最重可达 200t）和 8～20m 的落距（最高可达 40m），对地基土施加很大的夯击能，一般能量为 500～8000kN·m。对地基所施加的冲击波和动应力，可起到提高土的强度、降低土的压缩性、改善砂土的振动液化条件和消除湿陷性黄土的湿陷性等作用；同时，夯击能还能提高土层的均匀程度，减少将来可能出现的差异沉降。

2) 施工机具与施工参数：

a. 起重设备和夯锤。国外的起重设备大都为大吨位履带式起重机、轮胎式起重机、三足架和轮胎式强夯机等，我国使用小吨位起重机加自动脱钩装置。

国内外的夯锤材料，多数采用以钢板为外壳和内灌混凝土的锤。为了适应日益增加的锤重，锤的材料已趋向于由钢材铸成。

夯锤的平面一般有圆形、方形等形状，锤中宜设置若干个上下贯通的气孔，锤底面积一般取决于表层土质，对砂性土一般为 3～4m²，对黏性土不宜小于 6m²。

锤重 M (kN) 和落距 h (m) 的选择，主要取决于需要加固的土层厚度 H (m)：

$$H=(0.35\sim0.7)\sqrt{\frac{Mh}{10}} \qquad (3.3-19)$$

一般对黏性土可取 0.5m，而对砂性土可取 0.7m，黄土可取 0.35～0.5m。

b. 铺设垫层。强夯前要求拟加固的场地，必须具有一层稍硬的表层，使其能支承起重设备；并便于使所施加的夯击能得到扩散；同时，也可加大地下水位与地表面的距离，因此可在地基表面铺设垫层。垫层不能含有黏土，垫层的厚度大约为 0.5～2.0m。

c. 夯距确定。夯击点一般按正方形网格或梅花形网格布置。夯距通常为 5～15m。第一遍夯击点的间距较大，下一遍夯击点往往布置在上一遍夯击点的中间。最后一遍是以较低的夯击能进行夯击，彼此重叠搭接，用以确保近地表土的均匀性和较高的密实度，俗称“搭夯”。

d. 夯击击数和遍数确定。夯击击数可以以孔隙水压力达到液化压力为准。既可以最后一击的沉降量达到某一数值为准，也可以上、下两击所产生的沉降差小于某一数值为准，一般为4～10击。

夯击遍数一般为2～5遍，夯击遍数通常按平均夯击能确定，锤重×落距×击数为夯击总能量，平均夯击能则为夯击总能量除以施工面积。

夯击时最好单击能量大，如此则夯击击数少，夯击遍数随之也相应减少，而技术经济效果好。

e. 间歇时间。对于砂性土，孔压消散时间只有2～4min，可连续夯击。对于黏性土，孔压消散需2～4周，故停歇时间达2～4周。若在黏性土地基中埋设袋装砂井或塑料排水板，间歇时间可大大缩短。

（3）振动水冲法：

1）方法简介。振动水冲法简称为振冲法，它是以起重机吊起振冲器，启动潜水电机后带动偏心块，使振冲器产生高频振动；同时，开动水泵，使喷嘴喷射高压水流，在边振边冲的联合作用下，将振冲器沉到土中的预定深度；经过清孔后，向孔中逐段填入碎石并且振动挤密，直至地面。

2）设计计算：

a. 桩孔布置及加固范围。对渠道地基，常按等腰三角形或矩形布置，并可仅在渠道范围内布孔。当加固面积大时，等边三角形布置，并在渠道轮廓线外加2～3排保护桩。

b. 桩距确定。可以从改变土的孔隙比的角度来确定桩距。

首先根据渠道工程对加固地基的要求，计算出加固后要求达到的孔隙比e_y，根据式（3.3-20）可求得加固后的土重度γ_y：

$$\gamma_y = \frac{G}{1+e_y}\left(1+\frac{e_y}{G}\right) \tag{3.3-20}$$

再由γ_y确定桩距L，如桩在平面上按正三角形布置时，则

$$L = 0.952d_c\sqrt{\frac{\gamma_y}{\gamma_y-\gamma}} \tag{3.3-21}$$

式中 γ_y——加固后土的重度，kN/m^3；

γ——原地基土的重度，kN/m^3；

d_c——碎石桩直径，m。

最后根据原地基土天然孔隙比e_0，计算振冲加固每根桩每米长度的填料量q：

$$q = \frac{e_0-e_y}{1+e_0}A \tag{3.3-22}$$

式中 A——每根桩分担的加固面积，m^2。

c. 加固深度确定。对松砂等液化地基，当其厚度不大时，碎石桩可穿透松砂层支承在好土层上。若松砂层较厚，可按标准贯入击数来衡量砂性土的抗液化性，使振冲法处理后地基的标准贯入击数$N_{63.5}$大于N'，地基就不会液化了。N'采用式（3.3-23）计算：

$$N' = \overline{N'}[1+0.125(d_s-3)-0.05(d_w-2)] \tag{3.3-23}$$

式中 d_s——饱和砂土所处深度，m；

d_w——地面到地下水位距离，m；

N'——砂土液化的临界贯入锤击数；

$\overline{N'}$——当$d_w=2$m、$d_s=3$m时，砂土液化的临界贯入锤击数，设计地震烈度为Ⅶ度、Ⅷ度和Ⅸ度时，其数值分别为6、10和16。

（4）硅化灌浆：

1）方法简介。硅化灌浆是指利用硅酸钠（水玻璃）为主剂的混合溶液进行化学加固的方法。

2）设计：

a. 浆材。水玻璃＋氯化钙。

b. 加固半径。加固半径就是注浆管周围的土可以得到加固的部分的半径，与孔隙大小、浆液黏度、凝固时间、灌浆速度、灌浆压力和灌浆量等因素有关。加固半径可用一些理论公式进行预估，但不太准确，一般应通过试验确定。

c. 灌浆管布置。灌浆管的各排间距为1.5倍的加固半径；灌浆管的间距为1.73倍的加固半径；双排布置时各管呈等边三角形排列。

d. 灌浆量可用式（3.3-24）计算：

$$Q = kVn \times 1000 \tag{3.3-24}$$

式中 Q——浆液总用量，m^3；

V——硅化土的体积，m^3；

n——土的孔隙率；

k——经验系数，细砂时取0.3～0.5。

e. 灌浆压力确定。根据经验，一般每米深度的压力为20kPa，最大灌浆压力可取土自重压力的2倍。

3.3.4 采空区地基渠道

3.3.4.1 采空区渠道建设适宜性评价

在采空区修筑渠道时，应根据地表移动特征、地表移动所处阶段、地表变形值的大小和上覆岩层稳定性划分不宜修筑的场地和相对稳定可以修筑的场地。

1. 不宜作为渠道选址路线的地段

下列地段不宜作为渠道线路选址（线）：

（1）在开采过程中可能出现非连续变形的地段。当出现非连续变形时，地表将产生台阶、裂缝、塌陷坑。这对渠道的危害要比连续变形的地段大得多。

（2）处于地表移动活跃阶段的地段。地表移动活

跃阶段内，各种变形指标达到最大值，是一个危险变形期。这对渠道的破坏性很大。

（3）特厚煤层和倾角大于55°的厚煤层露头地段。在开采极倾斜煤层时，由于煤层倾角的增大，上覆岩层破坏的特点与缓倾斜层有明显不同。它除了产生顶板方向的破坏外，采空区上边界以上的破坏范围也显著增大。而且随所采煤层厚度、倾角的增大，上边界所采煤层的破坏越来越严重。同时，开采极倾斜煤层时，采空区上边界煤层会发生抽冒。其抽冒高度严重者可达地表（冒顶）。

（4）由于地表移动和变形可能引起边坡失稳和山崖崩塌的地段。

（5）地下水位深度较浅的地段。由于地表下沉，使地面积水，影响正常使用。同时由于地基土长期受水浸泡，强度降低，会引起地基失稳，造成渠道损坏。

（6）地表倾斜大于10mm/m或地表水平变形大于6mm/m或地表曲率大于0.6×10^{-3}/m的地段。上述地表变形值对渠道及渠系建筑，其破坏等级已达Ⅳ级，渠道将严重破坏。

2. 适宜性需经研究后才能确定的渠道选址线路地段

下列地段作为渠道选址线路时，其适宜性应经专门研究确定：

（1）采空区采深采厚比小于30的地段。

（2）地表变形值处于下列范围值的地段：①地表倾斜3～10mm/m；②地表曲率（0.6～1.2）$\times10^{-3}$/m；③地表水平变形2～6mm/m。

（3）老采空区可能活化或有较大残余变形影响的地段。

（4）采深小、上覆岩层极坚硬并采用非正规开采方法的采空区地段。

3. 可作为渠道选址线路的相对稳定地段

下列地段为相对稳定区可以作为渠道建设场地：

（1）已达充分采动，无重复开采可能的地表移动盆地的中间区。

（2）预计的地表变形值小于下列数值的地段：①地表倾斜3mm/m；②地表曲率：0.2×10^{-3}/m；③地表水平变形2mm/m。

3.3.4.2　采空区地基处理措施

1. 处理地表水和地下水

在渠道建设范围内，做好地表水的截流、防渗、堵漏等工作，以杜绝地表水渗入地层内。这种措施对由地表水引起的采空区地表塌陷，可起到根治作用。对地下水，在地质条件许可时，可采用截流、改道的方法，阻止地表塌陷的发展。

2. 跨越

渠道经过采空区时，如跨越和施工条件较好，可采用跨越方式。采用这种方案时，应注意采空区两旁的承载力和稳定性，当采空区跨度大时，不宜采用该方法。

3. 加固

当采空区空间大、顶板具有一定厚度，但稳定条件较差时，为增加顶板岩体的稳定性，可用石砌柱、拱或钢筋混凝土柱支撑。采用该方法，应着重查明底部的稳定性。

4. 堵塞

对埋深不是太大的巷道或采空区较浅的采空区，可用片石堵塞，分层振实。

5. 灌砂处理

灌砂运用于埋藏深但直径不大的巷道，施工时在巷道范围的顶板上钻两个或多个钻孔，其中直径小的作为排气孔，直径大的用于灌砂，灌砂的同时冲水，直到小孔冒砂为止。也可用压力灌注强度等级为C15的细石混凝土，也可灌注水泥或砾石。

3.3.5　岩石地基

3.3.5.1　概述

风化岩与残积土都是新鲜岩层在风化作用下形成的物质，可统称为风化残留物（或残积物）。岩石受到风化作用的程度不同，其性状也不同。风化岩的原岩受风化程度较轻，保存的原岩性质较多；残积土的原岩所受风化程度极重，基本上失去了原岩的性质。风化岩基本上可以作为岩石看待，而残积土则完全成为土状物。两者的共同特点是均保持在其原岩所在的位置，没有受到水平搬运。

过去由于在基岩暴露地区的建设规模较小，对风化岩与残积土的研究不多，故缺乏有关建筑性能的资料。随着经济建设的发展，对风化岩与残积土的研究也逐渐深入。但是，应当看到，当前对这类岩土的研究距建设的要求仍然甚远。因此，在风化岩与残积土分布地区进行岩土工程勘察时，必须慎重对待。

3.3.5.2　岩石地基设计准则和技术措施

（1）对具有膨胀性和湿陷性的残积土和风化岩，在设计施工时尚应按膨胀土和湿陷性土的要求采取措施。

（2）边坡开挖前应根据岩石风化程度、岩石中软弱面产状等条件，通过计算确定稳定边坡角。

（3）在地下水位以下开挖深基时，应采取预先降水或支挡等防护措施。

（4）易风化的泥岩类，开挖后不宜暴露过久，应及时进行渠道的施工。

(5) 在岩溶地区，应对石芽与沟槽间的残积土采取工程措施。对地下溶洞，应根据其埋藏深度、顶板厚度及完整程度、洞跨大小及洞内填充情况采取措施，选用适宜的地基基础方案及施工方法。

(6) 对于较宽的脉岩，应根据其岩性、风化程度和工程性质采取利用、换土或挖除等措施。

(7) 对残积土中的球状风化的坚硬岩块（孤石），应视渠道的实际情况、残积土的物理力学性质等因素区别对待，不可一概视为不均匀地基而采取桩基。

3.3.5.3 风化岩及残积土地基处理

1. 风化岩及残积土地基换土垫层法

(1) 方法简介。换土垫层法就是将渠道底面下处理范围内的残积土或强风化岩挖去，然后分层换填强度较大的砂、碎石、灰土、二灰（石灰、粉煤灰）以及其他性能稳定、无侵蚀性等的材料，并夯（振、压）至要求的密实度为止。

换土垫层法按它的置换方式又可分为开挖换土垫层法和强制换土垫层法两种，后者是利用换填土的自重强制置换的措施，由于仅靠换填土的自重将软弱土向侧向挤出，故只适用于地基土非常软的情况，风化岩及残积土地基常采用开挖换土法。

(2) 施工方法。可采用：①机械振压法；②重锤夯实法；③平板振动法。

2. 岩溶地区残积土地基处理

(1) 石芽密布，不宽的溶槽中有残积土，若溶槽中土层不厚时，可不必处理，直接将渠道修建其上；当土层较厚时，可全部或部分挖除溶槽中的残积土；当槽宽较大较深时，可在溶槽中设若干短桩，将荷载传至基岩上。

(2) 石芽零星出露，此时最简便有效的方法是打掉一定厚度石芽，铺以数十厘米厚的褥垫材料，褥垫材料以燃煤炉渣为佳，中细砂也常被采用。

(3) 有一定厚度且变化较大的残积土地基，由于厚薄不均导致不均匀沉降，影响渠道运行，此时地基处理主要是调整沉降差。常用的措施是挖除土层较厚端的部分土；若挖除后仍不能满足要求，可在挖除后作换填处理，换填材料应选用压缩性低的材料，如级配碎石砂、粗砂、砾石等，在纵断面上铺垫做成阶梯状过渡层。

总之，在选择不均匀地基处理措施时，一般的原则是：在以硬为主的地段（岩石外露处）处理软的（指土层）；在以软（土层）为主的地段，则处理硬（岩石）的，以减少处理工作面，处理中应以调整应力状态与调整变形并重，选用的措施要施工简单，质量易于控制。

3. 残积土及风化岩边坡治理

(1) 消除滑坡体。对无向上及两侧发展可能的小型滑坡，可考虑将整个滑坡体挖除。

(2) 治理地表水及地下水：

1) 拦截。可采用截水沟、截水渗沟、盲沟，也可用盲洞、平孔等。

2) 疏干、排除。可采用盲沟，泄水隧道、平孔等。

3) 降低地下水位。

(3) 减重和反压。可根据设计计算结果，确定需减少的下滑力大小，采用在上部进行部分减重和在下部堆石反压两种措施。

(4) 锚杆挡墙。锚杆挡墙由锚杆、肋柱和挡板三部分组成。滑坡推力作用在挡板上，由挡板将滑坡推力传于肋柱，再由肋柱传至锚杆上，最后通过锚杆传到滑动面以下的稳定地层中，靠锚杆的锚固力维持整个结构的稳定。

(5) 抗滑挡土墙：

1) 方法简介。抗滑挡土墙是目前整治中小型滑坡中应用最为广泛而且较为有效的措施之一。根据滑坡性质、类型和抗滑挡土墙受力特点、材料和结构的不同，抗滑挡土墙又有多种类型。从结构型式上分，有重力式抗滑挡土墙、锚杆式抗滑挡土墙、加筋土式抗滑挡土墙、板桩式抗滑挡土墙、竖向预应力锚杆式抗滑挡土墙等。从材料上分，有浆砌条石（块石）抗滑挡土墙、混凝土抗滑挡土墙（浆砌混凝土预制块体式和现浇混凝土整体式）、钢筋混凝土式抗滑挡土墙、加筋土式抗滑挡土墙等。

选取何种类型的抗滑挡土墙，应根据滑坡的性质与类型（渐进性的滑坡或连续性的滑坡、单一性的滑坡或复合式的滑坡、浅层式的滑坡或深层式的滑坡等）、自然地质条件、当地的材料供应情况等条件，综合分析，合理确定，以期在达到整治滑坡的同时，降低整治工程的建设费用。

采用抗滑挡土墙整治滑坡措施，对于小型滑坡，可直接在滑坡下部或前缘修建抗滑挡土墙；对于中、大型滑坡，抗滑挡土墙常与排水工程、削土减重工程等整治措施联合使用。其优点是山体破坏少，稳定滑坡收效快。尤其对于那些因前缘崩塌而引起的大规模滑坡，抗滑挡土墙能取得良好的整治效果，但在修建抗滑挡土墙时，应尽量避免或减少对滑坡体前缘的开挖，必要时，可设置补偿性抗滑挡土墙，在抗滑挡土墙与滑坡体前缘土坡之间填土。

抗滑挡土墙与一般挡土墙类似，但又不同于一般挡土墙。一般挡土墙主要抵抗主动土压力，而抗滑挡土墙所抵抗的是滑坡体的剩余下滑推力。一般情况下滑坡的剩余下滑推力较大，合力作用点位置较高，因此，为了满足抗滑挡土墙自身稳定的需要，基底可做成逆坡或锯齿形，也可以在墙后设置 1～2m 宽的衡重台或卸荷平台。

工程中常用的抗滑挡土墙断面型式如图 3.3－13 所示。

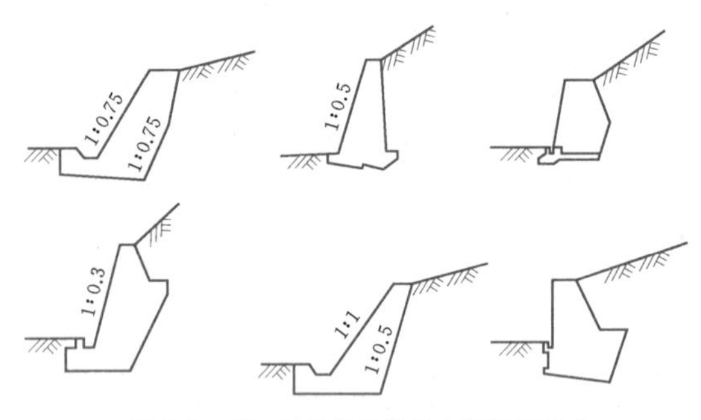

图 3.3－13 常用的抗滑挡土墙断面型式

2）抗滑挡土墙布置原则。应根据滑坡位置、类型、规模、滑坡推力大小、滑动面位置和形状，以及地质条件等因素，综合分析后确定。其布置一般应符合下列原则：

a. 中、小型滑坡，一般将抗滑挡土墙布设在滑坡前缘。

b. 多级滑坡或滑坡推力较大时，可分级布设抗滑挡土墙。

c. 当滑动面出口在渠道附近，且滑坡前缘距渠道有一定距离时，为防止修建抗滑挡土墙所进行的基础开挖引起滑坡体活动，应尽可能将抗滑挡土墙靠近渠道布置，以便墙后留有余地填土加载，增加抗滑力，减少下滑力。

d. 对于渠道工程，当滑动面出口在挖方渠道边坡上时，可按滑床地质情况决定布设抗滑挡土墙的位置。若滑床为完整岩层，可采用上挡下护办法；若滑床为破碎岩层时，可将抗滑挡土墙设置于坡脚以下稳定的地层内。

e. 对于地下水丰富的滑坡地段，在布设抗滑挡土墙前，应先进行辅助排水工程，并在抗滑挡土墙上设置好排水设施。

f. 对于水库沿岸由于水库蓄水水位的上升和下降，使浸水斜坡发生崩塌，进而可能引起的大规模滑坡，除在浸水斜坡可能崩塌处布设抗滑挡土墙外，在高水位附近还应设抗滑桩或二级抗滑挡土墙，稳定高水位以上的滑坡体；或根据地形情况及水库蓄水水位的变化情况设置 2～3 级或更多级抗滑挡土墙。

3）抗滑挡土墙设计：

a. 抗滑挡土墙平面尺寸的拟定。由于抗滑挡土墙承受的滑坡推力大，合力作用点高，因此，抗滑挡土墙具有墙面坡度缓、墙高较小、平面尺度大的特点，这有利于挡土墙自身的稳定。抗滑挡土墙墙面坡度常为 1∶0.3～1∶0.5，有时甚至缓至 1∶0.75～1∶1。其基底常做成逆坡或锯齿形，墙后还设置 1～2m 宽的衡重台或卸荷平台。

b. 抗滑挡土墙高度的拟定。抗滑挡土墙的高度如果不合理，尽管它使滑坡体原来的出口受阻，但滑坡体可能沿新的滑动面发生越过抗滑挡土墙的滑动。因此，抗滑挡土墙的合理墙高应保证滑坡体不发生越过墙顶的滑动。合理墙高可采用试算的方法确定（见图 3.3－14），先假定一适当的墙高，过墙顶 A 点做与水平线成 $45°-\varphi/2$ 夹角的直线，交滑动面于 a 点，以 Sa、Aa 为最后滑动面，计算滑坡体的剩余下滑推力。然后，再自 a 点向两侧每隔 5°做出 Ab、Ac、…和 Ab'、Ac'、…虚拟滑动面进行计算，直至出现剩余下滑推力的负值低峰为止。若计算剩余下滑推力均为正值时，则说明墙高不足，应予增高；当剩余下滑推力为过大的负值时，则说明墙身过高，应予降低。

如此反复调整墙高，经几次试算直至剩余下滑推力为不大的负值时，即可认为是安全、经济、合理的挡土墙高度。

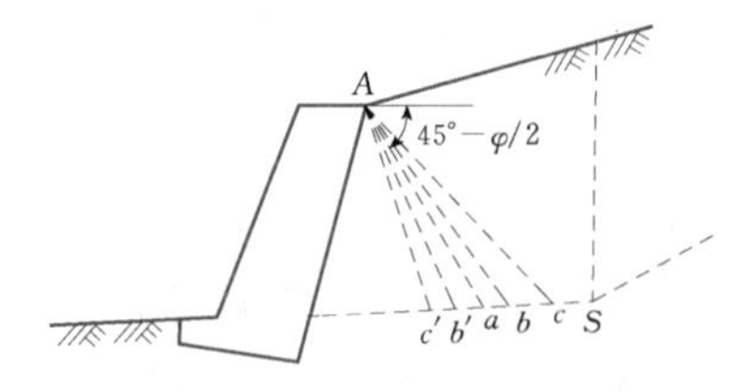

图 3.3－14 合理高度的确定

c. 基础的埋置深度。基础的埋置深度应通过计算确定。一般情况下，无论何种型式的抗滑挡土墙，其基础必须埋入到滑动面以下的完整稳定的岩（土）层中，且应有足够的抗滑、抗剪和抗倾覆的能力；对于基岩不应小于 0.5m，对于稳定坚实的土层不应小于 2m，并置于可能向下发展的滑动面以下，也就是要考虑设置抗滑挡土墙后由于滑坡体受阻，滑动面可能向下伸延的情况。当基础埋置深度较大、墙前有形成被动土压力条件时（埋入密实土层 3m 以上、中密土层 4m 以上），可酌情考虑被动土压力的作用。

（6）抗滑桩：

1）方法简介。桩是深入土层或岩层的柱形构件，边坡工程中的抗滑桩通过桩身将上部承受的坡体推力传给桩下部的侧向土体或岩体，依靠桩下部的侧向阻力来承担边坡的下推力，而使边坡保持平衡或稳定。

抗滑桩与一般桩基类似，但主要是承受水平荷载。抗滑桩也是边坡治理工程中常用的方案之一，从早期的木桩，到近代的钢桩和目前常用的钢筋混凝土桩，断面型式有圆形和矩形，施工方法有打入、机械成孔和人工成孔等，结构型式有单桩、排桩、群桩、锚桩和预应力锚索桩等。

2）抗滑桩设计。

a. 抗滑桩的平面布置。对滑坡治理工程，抗滑桩原则上布置在滑体的下部，即滑动面平缓、滑体厚度较小、锚固段地质条件较好的地方，同时也要考虑到施工的方便。对地质条件简单的中、小型滑坡，一般在滑体前缘布设一排抗滑桩，桩排方向应与滑体垂直或接近垂直。对于轴向很长的多级滑坡或推力很大的滑坡，可考虑将抗滑桩布置成两排或多排，进行分级处治，分级承担滑坡推力；也可考虑在抗滑地带集中布置2～3排、平面上呈品字形或梅花形的抗滑桩或抗滑排架。

b. 抗滑桩的间距。抗滑桩的间距受滑坡推力大小、桩型及断面尺寸、桩的长度和锚固深度、锚固段地层强度、滑坡体的密实度和强度、施工条件等诸多因素的影响，目前尚无较成熟的计算方法。合适的桩间距应使桩间滑体具有足够的稳定性，在下滑力作用下不致从桩间挤出。可以按照能形成土拱的条件下，两桩间土体与两侧被桩所阻止滑动的土体的摩阻力不少于桩所承受的滑坡推力来估算。一般采用的间距为6～10m，当抗滑桩集中布置成2～3排排桩或排架时，排间距可采用桩截面宽度的2～3倍。

c. 锚固深度。桩埋入滑动面以下稳定地层内的适宜锚固深度，与该地层的强度、桩所承受的滑坡推力、桩的相对刚度以及桩前滑动面以上滑体对桩的反力等因素有关。原则上由桩的锚固段传递到滑动面以下地层的侧向压应力不得大于该地层的容许侧向抗压强度、桩基底的压应力不得大于地基的容许承载力来确定。

锚固深度是抗滑桩发挥抵抗滑体推力的前提和条件，锚固深度不足，抗滑桩不足以抵抗滑体推力，容易引起桩的失效。但锚固过深则又造成工程浪费，并增加了施工难度。可采取缩小桩的间距、减少每根桩所承受的滑坡推力，或增加桩的相对刚度等措施来适当减少锚固深度。

当锚固段地层为土层及严重风化破碎岩层时，桩身对地层的侧压力应符合如下条件：

$$\sigma_{\max} \leqslant \frac{4}{\cos\varphi}(\gamma l \tan\varphi + c) \qquad (3.3-25)$$

式中 $\sigma_{\max}$——桩身对地层的最大侧压应力，kPa；

γ——地层岩（土）的重度，kN/m^3；

φ——地层岩（土）的内摩擦角，(°)；

c——地层岩（土）的黏聚力，kPa；

l——地面至计算点的深度，m。

桩底可按自由支承处理，即令 $Q_B=0$，$M_B=0$。

当锚固段地层为比较完整的岩质、半岩质地层时，桩身对围岩的侧向压应力应符合如下条件：

$$\sigma_{\max} \leqslant K_1' K_2' R_0 \qquad (3.3-26)$$

式中 $\sigma_{\max}$——桩身对围岩的最大侧压应力，kPa；

K_1'——岩层产状折减系数，根据岩层产状的倾角大小，取0.5～1.0；

K_2'——岩层破碎和软化折减系数，根据岩层的破碎和软化程度，取0.3～0.5；

R_0——围岩岩石单轴抗压极限强度，kPa。

桩底可按铰支承情况处理，即令 $X_B=0$，$M_B=0$。

根据经验，对于土层或软质岩层，锚固深度取1/3～1/2桩长比较合适，对于完整、较坚硬的岩层可取1/4桩长。

3）桩型选择。适用于抗滑桩的桩型有钢筋混凝土桩和钢管桩、H型钢桩等，最常用的是钢筋混凝土桩。

抗滑桩桩型的选择应根据滑坡性质、滑坡处的地质条件、滑坡推力大小、工程造价、施工条件和工期要求等因素综合考虑，按安全、可靠、经济、方便的原则，结合设计人员的工程经验来选择。

a. 钢筋混凝土桩。钢筋混凝土桩是抗滑桩用得最多的桩型，其断面型式主要有圆形、矩形。圆形断面既可机械钻孔成桩，也可人工挖孔成桩，桩径根据滑坡推力和桩间距而定，一般为 ϕ600～2000，最大可达 ϕ4500。矩形断面可充分发挥抗弯刚度大的优点，适用于滑坡推力较大、需要较大刚度的地方；一般为人工成孔抗滑桩，断面尺寸 $b \times h$ 一般有1000mm×1500mm、1200mm×1800mm、1500mm×2000mm、2000mm×3000mm等。

滑坡推力大、桩间距大，选择桩径较大或桩断面尺寸较大的桩，反之则选桩径小的桩。

b. 钢管桩。钢管桩一般为打入式桩，其特点是强度高、抗弯能力大、施工快、可快速形成桩排或桩群。钢管桩桩径一般为 D400～D900，常用的是 D600。

钢管桩适合于有沉桩施工条件和有材料可资利用的地方，或工期短、需要快速处治的滑坡工程。

c. H型钢桩。H型钢桩与钢管桩的特点和适用条件基本相同，其型号有HP200、HP250、HP310、HP360等。

3.4　排水沟道工程设计

排水沟道系统一般由排水区内的排水沟系和蓄水设施（如湖泊、河沟、坑塘等）、排水区外的承泄区以及排水枢纽（如排水闸、抽排站等）三大部分所组成。田间排水的任务是除涝、防渍、防止土壤盐渍化、改良盐碱土以及为适时耕作创造条件等。本节主要介绍排水沟系的设计方法。

3.4.1　田间排水

3.4.1.1　农作物对农田排水的要求

1. 农田对除涝排水的要求

农作物的受淹时间和淹水深度有一定的限度，其受淹减产情况和容许的淹水时间与作物种类和生育阶段有关。棉花、小麦等作物耐淹能力较差，一般在地面积水 10cm 情况下，淹水 1 天就会引起减产，受淹 6～7 天以上就会死亡。一般粮食作物当积水深 10～15cm 时，容许的淹水时间不超过 2～3 天。《灌溉与排水工程设计规范》（GB 50288—99）规定的几种主要农作物容许的淹水深度和耐淹历时见表 3.4－1。

表 3.4－1　几种主要农作物的耐淹水深和耐淹历时

农作物	生育阶段	耐淹水深（cm）	耐淹历时（d）
小麦	拔节～成熟	5～10	1～2
棉花	开花、结铃	5～10	1～2
玉米	抽穗	8～12	1～1.5
	灌浆	8～12	1.5～2
	成熟	10～15	2～3
甘薯	—	7～10	2～3
春谷	孕穗	5～10	1～2
	成熟	10～15	2～3
大豆	开花	7～10	2～3
高粱	孕穗	10～15	5～7
	灌浆	15～20	6～10
	成熟	15～20	10～20
水稻	返青	3～5	1～2
	分蘖	6～10	2～3
	拔节	15～25	4～6
	孕穗	20～25	4～6
	成熟	30～35	4～6

2. 农田对防渍排水的要求

旱地田间排水工程须满足防渍的要求，亦即满足控制和降低地下水位的要求。为保证农作物的正常生长，必须使农田土壤具有适宜的含水率。

几种主要作物降雨后容许的排水时间和在该时间内要求达到的地下水埋深见表 3.4－2，可供设计时参考。

表 3.4－2　几种主要农作物要求的排水时间和地下水埋深

农作物	生育阶段	要求的排水时间（d）	地下水埋深（m）
棉花	花铃期及以后	3～5	0.9～1.2
小麦	拔节期及以后	3～6	0.8～1.0
水稻	晒田期	3～5	0.4～0.6

国际上有根据生长期（或某一生长阶段）各日地下水位超过某一水位数量的总和为指标提出排渍要求的。例如，常用的指标为各日地下水位超过地面以下 30cm 数值的总和（SEW_{30}），根据不同作物产量与 SEW_{30} 的关系确定要求的 SEW_{30} 值。我国一些单位对 SEW_{30} 与产量关系曾作过研究，但目前尚少采用。

3. 防止土壤盐碱化和改良盐碱土对农田排水的要求

土壤中的盐分主要随水分而运动，在某一季节内，土壤的积盐或脱盐主要决定于蒸发和入渗条件。地下水位不应是一个固定值而应是一个随季节而变化的动态值，《灌溉与排水工程设计规范》（GB 50288—99）给出的地下水位临界深度见表 3.4－3。

表 3.4－3　地下水临界深度

土　质	不同地下水矿化度的临界深度（m）			
	<2g/L	2～5g/L	>5～10g/L	>10g/L
砂壤土、轻壤土	1.8～2.1	2.1～2.3	2.3～2.6	2.6～2.8
中壤土	1.5～1.7	1.7～1.9	1.8～2.0	2.0～2.2
重壤土、黏土	1.0～1.2	1.1～1.3	1.2～1.4	1.3～1.5

4. 农业耕作条件对农田排水的要求

为了适于农业耕作，一般根系吸水层内含水率在田间持水率的 60%～70%时较为适宜。为了便于农业机械下田，并具有较高的工作效率，土壤含水率应低于一定数值，视土壤质地和机具类型而定。例如，根据黑龙江省查哈阳农场在盐渍化黑钙土上的试验资料，在采用重型拖拉机带动联合收割机时，容许的最大土壤含水率为干土重的 30%～32%，要求的最小地下水埋深为0.9～1.0m。根据国外资料，一般满足履带式拖拉机下田要求的最小地下水埋深为0.4～0.5m，满足轮式拖拉机机耕要求的地下水最小埋深为0.5～0.6m。

3.4.1.2 排除地面水的水平排水系统

1. 大田蓄水能力

降雨时，大田蓄水一般包括两部分：一部分储存在地下水面以上的土层中；另一部分补充了地下水，并使地下水位有所升高（不超过规定的容许高度，以免影响作物生长）。旱田蓄水能力一般可按式（3.4-1）计算：

$$\left.\begin{aligned} V &= H(\theta_{max} - \theta_0) + H_1(\theta_s - \theta_{max}) \\ \text{或}\quad V &= H(\theta_{max} - \theta_0) + \mu H_1 \end{aligned}\right\} \tag{3.4-1}$$

其中 $\mu = \theta_s - \theta_{max}$

式中 V——大田蓄水能力，m；

H——降雨前地下水埋深，m；

θ_0——降雨前地下水位以上土层平均体积含水率，%；

θ_{max}——地下水位以上土壤平均最大持水率（与土壤体积之比），%；

θ_s——饱和含水率（与土壤体积之比），%；

H_1——降雨后地下水容许上升高度，视地下水排水标准而定，m；

μ——给水度。

在降雨量过大或连续降雨情况下，如果降雨径流形成的积水超过容许的作物耐淹深度和持续时间或渗入土中的水量超过大田蓄水能力时，必须修建排水系统，将过多的雨水（涝水）及时排出田块。

2. 田间排水沟间距

排水沟的间距（如不考虑机耕及其他方面的要求）与降雨时的田面水层形成过程以及容许的淹水深度和淹水历时有密切关系。

在设计排水沟间距时，一般以作物容许淹水历时作为主要参数之一，但作物淹水历时必须按雨水渗入田间的限度（即大田蓄水能力 V）加以校核。如果根据大田蓄水能力确定的容许淹水历时小于作物容许淹水历时，则在设计排水沟间距时，应以由大田蓄水能力确定的容许淹水历时为依据。

如果降雨历时为 t，降雨停止后容许的淹水历时为 T，则在 $t+T$ 内渗入土层的总水量（即大田蓄水能力 V）为

$$\left.\begin{aligned} i_0(t+T)^{1-\alpha} &\leqslant V \\ \text{或}\quad t+T &\leqslant \left(\frac{V}{i_0}\right)^{\frac{1}{1-\alpha}} \end{aligned}\right\} \tag{3.4-2}$$

式中 V——大田蓄水能力，mm；

i_0——土壤入渗稳定速度，mm/min；

α——经验指数，其值视土壤性质和初始含水率而定，变化于0.3～0.8之间，轻质土壤 α 值较小，重质土壤 α 值较大，初始含水率愈大，α 值愈小，一般土壤多取0.5。

我国北方地区农沟一般间距多为150～400m，毛沟间距多为30～50m。南方地区末级排水沟间距多为100～200m。单纯排除地面水的排水沟沟深视排水流量而定，一般不超过0.8～1.0m。兼有控制地下水位作用的明沟，其深度则视防渍和防盐要求而定。

3.4.1.3 控制地下水位的水平排水系统

在地下水位较高或有盐碱化威胁的灌区，必须修建控制地下水位的田间排水沟，以便降低地下水位，防止因灌溉、降雨和冲洗引起地下水位上升，造成渍害或土壤盐碱化。

控制地下水位的田间工程，有水平排水和垂直排水两种型式。水平排水又可分为明沟和暗管两种。

田间排水沟在降雨过程中可以减少地下水位的上升，雨停后又可以加速地下水排除和地下水位的回落，因而对于控制地下水位可以起到重要作用。

1. 控制地下水位要求的排水沟（或暗管）的深度和间距

实际观测资料表明：在容许的时间内要求达到的地下水埋藏深度 ΔH 一定时，排水沟的间距 L_1 越大，需要的深度 D_1 也越大；反之，排水沟的间距 L_2 越小，要求的深度 D_2 也越小，如图3.4-1所示。

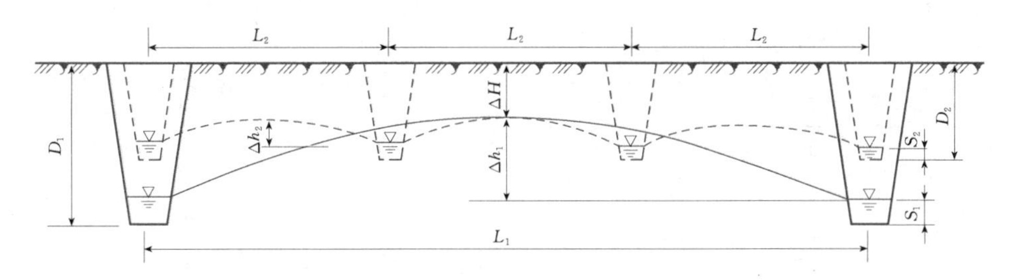

图3.4-1 明沟排水示意图

设计排水农沟时，一般先根据作物要求的地下水埋深、排水农沟边坡稳定条件、施工难易等初步确定深度，再确定相应的间距。

当作物容许的地下水埋深 ΔH 一定时，排水农沟的深度 D 可按式（3.4-3）计算：

$$D = \Delta H + \Delta h + S \tag{3.4-3}$$

式中　ΔH——作物要求的地下水埋深，m；

Δh——当两沟之间的中心点地下水位已降至 ΔH 时，地下水位与沟水位之差，m，该值视农田土质与沟的间距而定，一般不小于0.2～0.3m；

S——排水农沟中的水深，m，排地下水时沟内水深很浅，一般取0.1～0.2m。

排水农沟的间距，应通过专门的试验或参照当地或相似地区的资料和实践经验加以确定。表3.4-4根据我国一些地区试验分析统计资料，列出了不同土质、不同沟深时满足旱作物控制地下水位要求的排水沟间距的大致范围，可供参考。

表3.4-4　控制地下水位的田间排水沟深度和间距

深　度（m）	间　距（m）		
	轻壤土或砂壤土	中壤土	重壤土或黏土
1.0～1.3	50～70	35～50	20～35
1.3～1.5	70～100	50～70	35～50
1.5～1.8	100～150	70～100	50～70
1.8～2.3	—	100～150	70～100

根据调查统计，南方一些省区不同土质的排水暗管埋深与间距的经验值见表3.4-5，由于明沟的断面大于暗管，水流入沟的束缩作用和阻力损失小于暗管，因此采用的明沟间距大于暗管。

表3.4-5　南方一些省区不同土质的排水暗管埋深与间距经验数值

排水暗管埋深（m）	间　距（m）		
	渗透系数		
	<0.3m/d	0.3～0.6m/d	0.1～1.0m/d
	黏土	壤土	砂壤土
0.8	6～8	8～10	10～12
1.0	8～10	10～12	12～15
1.2	10～12	12～15	15～20
1.5	12～15	15～20	20～30

水田地区排水农沟的深度一般为0.8～1.5m，旱作物地区排水农沟的深度一般为1.5～2.0m；沟间距一般在60～200m之间，视各地土质而异。

《灌溉与排水工程设计规范》（GB 50288—99）规定的末级固定排水沟的深度与间距关系见表3.4-6，可供黄淮海平原北部地区参考。在深沟控制地段，加设深1m左右的临时性浅沟（毛排），待土壤脱盐后再行填平。根据山东打渔张灌区六户试验站资料，在砂性壤土地区，排水毛沟的间距可采用150m，在壤土黏重地区可采用100m。

表3.4-6　末级固定排水沟深度和间距

深　度（m）	间　距（m）		
	黏土、重壤土	中壤土	轻壤土、砂壤土
0.8～1.3	15～30	30～50	50～70
1.3～1.5	30～50	50～70	70～100
1.5～1.8	50～70	70～100	100～150
1.8～2.3	70～100	100～150	—

2. 排水沟间距计算

在缺乏资料时，排水沟的间距也可采用公式分不透水层位于有限深度和无限深度两种情况进行计算。

（1）不透水层位于有限深度时。此时的排水情况如图3.4-2所示，又分恒定流和非恒定流两种情况。

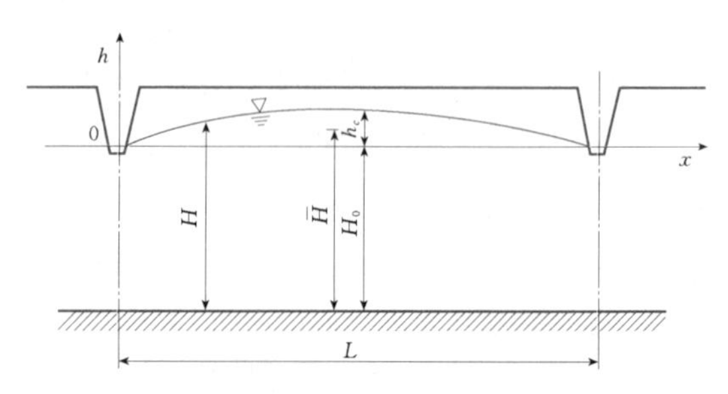

图3.4-2　排水沟间距计算示意图

1）恒定流计算公式。在雨季连续降雨时，如果由降雨入渗补给地下水的水量与排水沟排出的水量相等，则此时的地下水位达到稳定。

a. 完整沟计算公式。恒定流条件下完整沟（即沟底切穿整个透水层）时的排水沟间距计算公式为

$$L = \sqrt{\frac{8h_cK\dfrac{2H_0 + h_c}{2}}{\varepsilon}} = \sqrt{\frac{4K(h_c^2 + 2H_0h_c)}{\varepsilon}} \tag{3.4-4}$$

式中　ε——降雨入渗强度，m/d；

H_0——两条沟中点的地下水深度，m；

h_c——降雨期间两排水沟中点的地下水位上升高度，m；

K——土壤渗透系数，m/d。

b. 非完整沟计算公式。实际情况下田间排水沟的深度一般多在2.0～2.5m以下，而透水层厚度常大于沟深。在这种情况下的排水沟为非完整沟，其间距的计算公式为

$$L=\sqrt{\frac{4\overline{H}}{\pi}\ln\frac{2\overline{H}}{\pi D}+8\overline{H}\frac{Kh_c}{\varepsilon}}-\frac{4\overline{H}}{\pi}\ln\frac{2\overline{H}}{\pi D} \tag{3.4-5}$$

其中 $$\overline{H}=H_0+\frac{h_c}{2}=\frac{2H_0+h}{2}$$

式中 D——沟水面宽，m；

$\overline{H}$——平均水深，m。

2）非恒定流计算公式。发生降雨时，当降雨入渗补给地下水的水量大于排水沟排出的水量时，则地下水位将不断上升；降雨停止后，地下水位开始回降，下降的地下水位随时间而变化。

已知降雨停止后的任何一时间 t 所要求的地下水位 h_1 时，即可根据式（3.4-6）［该式在国外文献中称为格洛费（Glover）公式］计算排水沟间距：

$$L=\pi\sqrt{\frac{K\overline{H}t}{\mu\ln\frac{4h_0}{\pi h_1}}} \tag{3.4-6}$$

式中 t——降雨停止后的任一时间，d；

μ——为土壤的给水度，可参考表3.4-7选用；

h_1——降雨停止后的任何一时间 t 所要求的地下水位，m；

h_0——地下水位在地面以下的深度，m。

式（3.4-6）中的 $4/\pi=1.27$。在降雨停止时，沟间地下水面不是一个平面，而是一个4次抛物线，$4/\pi$ 用1.16代替，此时称为格洛费-达姆（Glover-Dumm）公式。

表3.4-7 各种岩层（土质）的给水度

岩层（土质）	给水度
黏土	0.01～0.02
亚黏土（壤土）	0.02～0.04
粉质亚砂土（粉砂壤土）	0.02～0.05
亚砂土（砂壤土）	0.05～0.07
粉砂	0.07～0.11
细砂	0.12～0.16
中砂	0.18～0.22
粗砂	0.22～0.26

3）由多次水位涨落过程推求的非恒定流计算公式。在生长期或生长阶段内发生多次降雨或灌水时，如根据地下水高水位持续时间和超出某一水位的累积值进行排水系统设计，则需要计算在入渗和蒸发影响下的地下水位变化过程。当降雨入渗强度发生变化时，若在 t_1 时刻，入渗强度改变为 ε_1（入渗时 ε_1 为正值，蒸发时为负值，无入渗和蒸发时，$\varepsilon_1=0$），则在 $t>t_1$ 时水位 h（m）为

$$h=\frac{\varepsilon t}{\mu}\eta+\frac{\varepsilon_1-\varepsilon}{\mu}(t-t_1)\eta_{t-t_1} \tag{3.4-7}$$

如在作物生长季节发生 n 次入渗强度的变化，仍可用类似方法求得水位高度 h（m）：

$$h=\frac{\varepsilon t}{\mu}\eta_t+\frac{\varepsilon_1-\varepsilon}{\mu}(t-t_1)\eta_{t-t_1}+\frac{\varepsilon_2-\varepsilon_1}{\mu}(t-t_2)\eta_{t-t_2}+\cdots+\frac{\varepsilon_n-\varepsilon_{n-1}}{\mu}(t-t_n)\eta_{t-t_n} \tag{3.4-8}$$

根据式（3.4-8）可以求得在排水沟（或暗管）间距和已知的条件下地下水位在时间上的变化过程，满足以水位历时累加值为指标的排水标准的排水沟间距，则可以给定不同的排水沟间距，通过计算确定相应的地下水位。

（2）不透水层位于无限深度时。当地下水不透水层埋藏极深（$H\geqslant L$）时，流向排水沟（或暗管）的地下水为非渐变流，除水平流速外还有垂直流速，排水沟（或暗管）间地段地下水流线如图3.4-3所示。

在入渗强度 ε 和容许的水位上升高度 h_c 已知时，排水沟（或暗管）的间距计算公式为

$$L=\frac{K\pi h_c}{\varepsilon\ln\frac{2L}{\pi D}} \tag{3.4-9}$$

式中 h_c——两沟中点地下水位与沟水位差，m；

D——暗管直径或明沟水面宽，m；

其他符号意义同前。

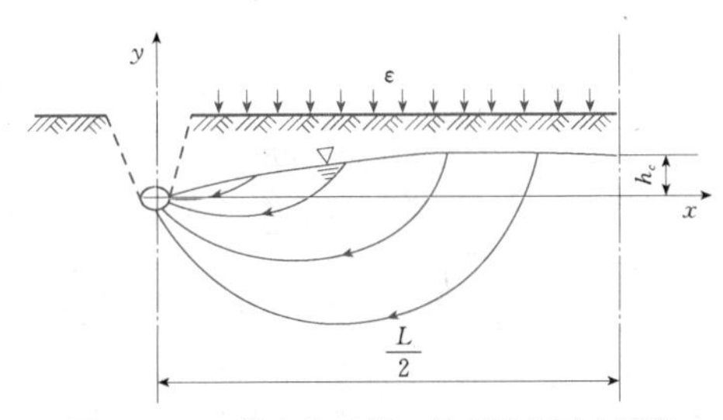

图3.4-3 排水沟（管）间地段地下水流线

3.4.2 控制水田渗漏量要求的排水沟（或暗管）间距

淹水稻田中需要保持一定的渗漏强度。在冲洗改

良盐渍化土壤时，为了在一定时间内达到脱盐要求，常需要有较大的入渗强度。排水沟（或暗管）的间距和深度必须根据要求的入渗强度进行选择。

这里以含水层厚度较大（沟间距 $L \leqslant 0.5$ 倍含水层厚度 M）的情况为例，说明水田和淹水冲洗时入渗强度的计算方法。

3.4.2.1　水田暗管排水

在暗管埋深为 D、直径为 d、间距为 L，田面水层与暗管水头差为 H 时，田面各点入渗强度 ε（m/d）的计算公式为

$$\varepsilon = \bar{\varepsilon}\frac{\alpha}{(1-\alpha^2)\sin^2\dfrac{\pi x}{L}+\alpha^2} \qquad (3.4-10)$$

其中

$$\bar{\varepsilon} = \frac{q}{L} = \frac{KH}{AL} \qquad (3.4-11)$$

$$A = \frac{1}{\pi}\mathrm{arth}\sqrt{\frac{\mathrm{th}\dfrac{\pi D}{L}}{\mathrm{th}\dfrac{\pi(D+d)}{L}}} \qquad (3.4-12)$$

$$\alpha = \sqrt{\mathrm{th}\frac{\pi D}{L}\mathrm{th}\frac{\pi(D+d)}{L}} \qquad (3.4-13)$$

以上式中　x——入渗点与暗管中心的距离，m；

$\bar{\varepsilon}$——平均入渗强度，m/d；

q——单位管长的排水流量，m^3/（d·m）。

暗管中心线（$x=0$）的入渗速度为 $\varepsilon_0=\bar{\varepsilon}/\alpha$。

暗管间地段中心 $\left(x=\dfrac{L}{2}\right)$ 的入渗强度为 $\bar{\varepsilon}_c=\bar{\varepsilon}\alpha$。

3.4.2.2　明沟冲洗排水

在冲洗条件下应尽量保持田面与排水沟之间有较大的水头差。在忽略沟内水深和田面水层厚度时，与沟不同距离 x 处的入渗强度可用下式表示：

$$\varepsilon = K\left[1-\frac{\sin\dfrac{\pi x}{L}}{\sqrt{\mathrm{ch}^2\dfrac{\pi D}{L}-\cos^2\dfrac{\pi x}{L}}}\right] \qquad (3.4-14)$$

式中　D——沟底深度；

x——田面入渗点与沟的距离。

由式（3.4-14）可知，沟边 $x=0$ 处，入渗强度 $\varepsilon=K$；在 $x=\dfrac{L}{2}$ 处（两沟中间一点），入渗强度为

$$\varepsilon = K\left[1-\frac{1}{\mathrm{ch}\dfrac{\pi D}{L}}\right]$$

在水旱轮作地区排水沟（或暗管）的深度和间距应同时根据两种作物对水位和入渗强度的要求加以确定。

3.4.2.3　鼠道排水

鼠道是指在田面以下用特殊设备形成的一种无衬砌的地下排水通道。由于其形状与鼠洞相似，故称为鼠道。鼠道是由拖拉机或电动绳索牵引机带动鼠道犁，由钻孔器在田面以下适当深度土层中挤压或振击而成形的孔道和由犁刀切割而成的切槽所构成的地下排水通道。

一般认为适于修建鼠道系统的土壤中黏粒含量至少为 25%～50%，以大于 35%～45% 为好，而砂粒含量则应小于 20%，且不含石块等杂物，以免鼠道坍塌。土质越黏重，鼠道洞壁越牢固，使用年限越长。根据我国南方各省的实践经验，黏粒含量在 50%以上并具有一定塑性的黏质土，其鼠道使用年限一般为 3～5 年，有的可达 10 年以上；而黏粒含量在 30%以下的砂质土壤或质地轻于中壤土时，鼠道遇水易塌陷，不能使用。

鼠道的长度与反复充水条件下土壤的稳定性、鼠道的坡降、土壤的均匀性和施工条件有关，常根据经验确定。在地面平整的条件下，鼠道的长度与坡降的关系可参考表 3.4-8 选用，其深度和间距可参考表 3.4-9 选用。

表 3.4-8　鼠道的长度与坡降的关系

坡降	<1/100	1/100～1/60	1/60～1/40
鼠道长度（m）	40～60	60～100	100～300

表 3.4-9　鼠道深度和间距　　单位：m

鼠道深度	鼠道间距		
	黏土	重壤土、中壤土	轻壤土、砂壤土
0.4～0.5	2～3	3～4	4～5
0.5～0.7	3～4	4～5	5～6
0.7～1.0	4～5	5～6	6～7

3.4.2.4　竖井排水

1. 竖井的规划布置

竖井在平面上一般多按等边三角形或正方形布置。由单井的有效控制面积可求得单井有效控制半径 R 和井距 L，如图 3.4-4 所示。井渠应结合灌溉渠系进行布置。

2. 竖井计算排水的降深与控制半径计算

（1）局部井排动水位降深计算。在局部井排情况下，在初步拟定了井距和布井方案之后，地下水位的动水位降深 S 可根据单井非稳定流公式计算：

$$S = \sum_{i=1}^{n}S_i = \sum_{i=1}^{n}\frac{Q_i}{4\pi T}W\left(\frac{r_i^2}{4at}\right) \qquad (3.4-15)$$

其中 $a = T/\mu$

式中 S_i——由于第 i 口井抽水引起的水位降深；

Q_i——第 i 口井的抽水流量；

t——抽水时间，d；

r_i——第 i 口井与计算点的距离；

T——含水层导水系数，m^2/d；

μ——潜水含水层给水度。

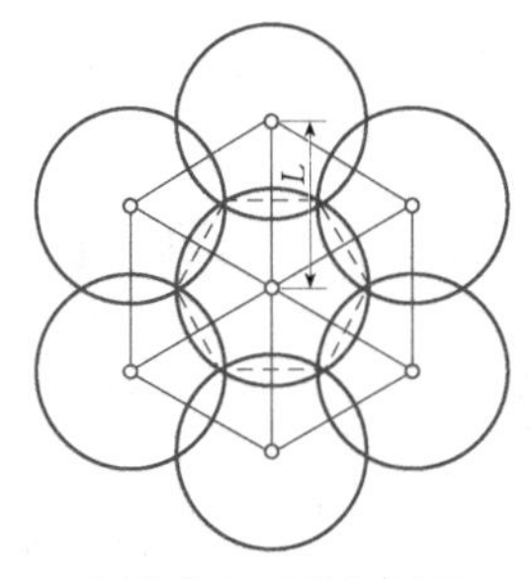

(a)按等边三角形方式布置
(井距 $L=\sqrt{3}R$)

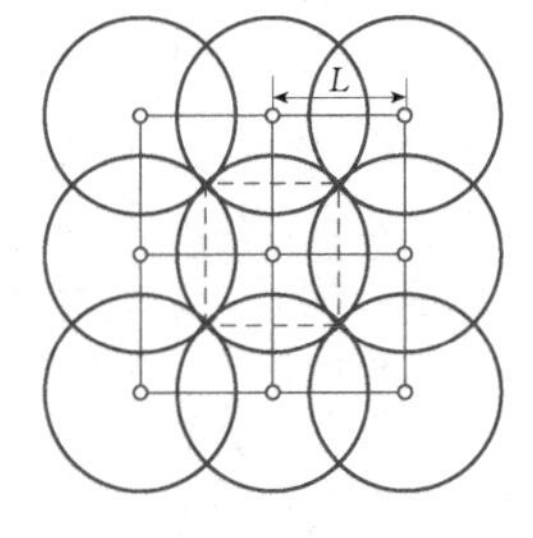

(b)按正方形方式布置
(井距 $L=\sqrt{2}R$)

图 3.4-4 竖井布置示意图

根据式（3.4-15）即可计算出在要求的时间 t 内水位下降的深度 S 如符合要求，则拟定的布局方案可作为备选方案之一。再通过多种方案比较，即可选定最优方案。

(2) 大面积均匀布井动水位降深计算。大面积均匀布井实行竖井排水时，外区补给微弱，每个单井控制相同的面积（可近似地作为圆形考虑），在这一面积内各点地下水位降深的大小，仅与井的出水量和含水层的水文地质参数 T、μ 有关，因此，每个水井控制区可以单独考虑。

在水井呈等边三角形布置时，单井有效控制半径 $R=\dfrac{L}{\sqrt{3}}$（L 为井的间距）；呈正方形布置时，$R=\dfrac{L}{\sqrt{2}}$。在水井抽水时间较久$\left(t>0.4\dfrac{R^2}{a}\right)$时，任一点（与抽水井距离为 r）地下水动水位下降深度 S 可用下式计算：

$$S = \frac{Qt}{\mu\pi R^2} + \frac{Q}{2\pi Kh}\left(0.5\frac{r^2}{R^2} - 0.75 + \ln\frac{R}{r}\right) \tag{3.4-16}$$

或

$$S = \frac{\varepsilon t}{\mu} + \frac{Q}{2\pi T}\left(0.5\frac{r^2}{R^2} - 0.75 + \ln\frac{R}{r}\right) \tag{3.4-17}$$

上二式中 Q——井的抽水流量；

ε——单位面积的平均开采强度。

当井距一定时，也可根据允许的期限 t 和要求的水位降深确定井距。如以两井中间一点水位降深为依据，则

$$R = \sqrt{\frac{Qt}{\mu\pi\left(S+\dfrac{Q}{8\pi T}\right)}}$$

$$L = \sqrt{3}R = \sqrt{\frac{3Qt}{\mu\pi\left(S+\dfrac{Q}{8\pi T}\right)}} \tag{3.4-18}$$

3.4.3 排水沟道系统的规划布置

排水系统一般由排水区内的排水沟系和蓄水设施（如湖泊、河沟、坑塘等）、排水区外的承泄区和排水枢纽（如排水闸、抽排站等）三大部分所组成。根据我国各地区排水系统的各种组成和型式，排水沟系和灌溉渠系相似，一般可分为干、支、斗、农四级固定沟道。当排水面积较大或地形较复杂时，固定排水沟可以多于四级；反之，也可少于四级。干、支、斗三级沟道组成输水沟网，农沟及农沟以下的田间沟道组成田间排水网，农田中由降雨所产生的多余地面水和地下水通过田间排水网汇集，然后经输水网和排水枢纽排泄到容泄区。

由于我国排水地区的情况各不相同，因此在规划排水系统时，必须从实际出发，由调查研究入手，搜集和分析有关资料，摸清涝、渍和盐碱化的情况及原因；然后据以制定规划原则，确定规划标准和主要措施，合理拟定各种方案；最后通过技术经济论证，选定采用方案并拟出分期实施计划。

3.4.3.1 排水方式

排水沟系的布置，往往取决于灌区或地区的排水方式。我国各地区和各灌区的排水类别基本上可以归纳以下几种：

(1) 汛期排水和日常排水。汛期排水是为了防止耕地受涝水淹没以及江河泛滥。日常排水是为了控制地区的地下水位和农田水分。两者的排水任务虽然不同，但目的都是为了保障农、林、牧业的生产，因此在规划布置排水沟系时，应能同时满足这两方面的要求。

(2) 自流排水和抽水排水。当承泄区水位低于排水干沟出口水位时，一般进行自流排水，否则需要采取抽水排水或抽排与滞蓄相结合的除涝排水方式。

(3) 水平（沟道）排水和垂直（或竖井）排水。对于主要由降雨和灌溉渗水成涝的地区，常采用水平排水方式；如因地下深层承压水补给潜水而致渍涝，则应考虑采用竖井排水方式；对于旱涝碱兼治地区，如地下水质和含水层出水条件较好，宜实行井灌井排，配合田间排涝明沟，形成垂直与水平相结合的排水系统。

(4) 地面截流沟（有些地区称撇洪沟）和地下截流沟排水。对于由外区流入排水区的地面水或地下水

以及由于其他特殊地形条件形成的涝渍，可分别采用地面或地下截流沟排水的方式。

排水系统的布置，主要包括承泄区和排水出口的选择以及各级排水沟道的布置两部分。它们之间存在着互为条件、紧密联系的关系。为便于说明，本节主要介绍排水沟的布置，而承泄区的布置将在3.4.6节中讲述。

排水沟的布置，应以尽快使排水地区内多余的水量泄向排水口为准则。选择排水沟线路，通常要根据排水区或灌区内外地形和水文条件、排水目的和方式、排水习惯、工程投资和维修管理费用等因素，编制若干方案，进行比较，从中选用最优方案。

3.4.3.2　布置排水沟的原则

(1) 各级排水沟要布置在各自控制范围的最低处，以便能排除整个排水地区的多余水量。

(2) 尽量做到高水高排、低水低排，自排为主、抽排为辅；即使排水区全部实行抽排，也应根据地形将其划分为高、中、低等片，以便分片分级抽排，节约排水费用和能源。

(3) 干沟出口应选在承泄区水位较低和河床比较稳定的地方。

(4) 下级沟道的布置应为上级沟道创造良好的排水条件，使之不发生壅水。

(5) 各级沟道要与灌溉渠系的布置、土地利用规划、道路网、林带和行政区划等协调。

(6) 工程费用小、排水安全及时，便于管理。例如，干沟应尽可能布置成直线，但当利用天然河流作为干沟时，就不能要求过于直线化；此外，排水沟还要避开土质差的地带，同时也不给居民区的交通设施带来危害等。

(7) 在有外水入侵的排水区或灌区，应布置截流沟（撇洪沟），将外来地面水和地下水引入排水沟或直接排入承泄区。

3.4.4　除涝设计标准

3.4.4.1　除涝标准的概念

排水设计标准包括两方面的内容：一方面是排除地表多余降雨径流的除涝标准，另一方面是控制农田地下水位的排渍标准，后者在本节前面已作了介绍。

除涝设计标准，一般有三种表达方式。《灌溉与排水工程设计规范》(GB 50288—99）采用的表达方式为："以治理区发生一定重现期的暴雨，作物不受涝为标准。"

除涝标准除规定一定重现期的暴雨外，还应包括暴雨历时和排涝时间。设计暴雨历时一般视流域面积大小等条件定为1～3日是适宜的。

3.4.4.2　部分地区除涝标准

目前，各地区所采用的除涝设计标准（包括暴雨重现期）、设计暴雨天数等见表3.4-10，可供设计时参考。

表3.4-10　我国部分地区除涝设计标准

省　份	地　区	设计重现期（年）	设计暴雨和排涝天数
广东	珠江三角洲	10	1日暴雨2天排至作物耐淹水深
广西		10	1日暴雨3天排至作物耐淹水深
湖南	洞庭湖地区	10	3日暴雨3天排至耐淹水深（50mm）
湖北	平原湖区	10	3日暴雨5天排至作物耐淹水深或1日暴雨3天排至作物耐淹水深
江西	鄱阳湖地区	5～10	3日暴雨3～5天排至作物耐淹水深
安徽	巢湖、芜湖地区	5～10	3日暴雨3天排至作物耐淹水深
江苏	水网圩区	5～10	日雨量150～200mm 2天排出（即雨后1天排出），已达到此标准的可提高到日雨量200～250mm 2天排出
浙江	杭嘉湖地区	5～20	3日暴雨4天排至作物耐淹水深或1日暴雨2天排至作物耐淹水深
上海	郊县	10～20	1日暴雨200mm 1～2天排出；蔬菜当日暴雨当日排出
福建		5～10	3日暴雨3天排至耐淹水深
河南	豫东地区	3～5	3日暴雨旱作地区雨后1～2天排出
河北	白洋淀地区	5	1日暴雨3天排出
辽宁	平原区	10	3日暴雨旱作物3天排干、水稻5天排至适宜水深
黑龙江	三江平原	5～10	1日暴雨3天排出
天津		5～20	1日暴雨2天排出

排涝时间应根据作物的耐淹能力，即耐淹历时和水深确定，排涝时间不应超过作物的耐淹历时，否则作物将受涝减产。在无经验资料时，通常应对排水区进行调查，以作物不减产为原则，设计排涝天数。由于不同地区现有工程基础不同、雨情与灾情不同，农业发展对治涝要求也不尽相同，应因地制宜地综合分析，慎重确定。因此，设计排涝天数视设计暴雨历时不同而异，定为一般旱作物1～3天、水稻3～5天是适宜的。

3.4.5　排水流量计算

排水流量是确定各级排水沟道断面、沟道上建筑物规模以及分析现有排水设施排水能力的主要依据。设计排水流量分设计排涝流量和设计排渍流量两种。前者用以确定排水沟道的断面尺寸；后者作为满足控制地下水位要求的地下水排水流量，又称为日常排水流量，以此确定排水沟的沟底高程和排渍水位。

3.4.5.1　设计排涝流量的计算

1. 基本途径

推求设计排涝流量（又称最大设计流量）的基本途径有两个：一是用流量资料推求，二是用暴雨资料推求。由于平原地区水文测站少，资料年限短，设计标准较低，受人类活动的影响较大，例如，排水河道开挖前与开挖后，同样的暴雨所形成的流量相差很大等，故一般难以根据实测径流资料进行统计分析，而往往采用由设计暴雨推求设计排涝流量的方法。但在不同地区和不同情况下，这类由设计暴雨推求设计排涝流量的方法也是各不相同的。

国内外对设计排涝流量的计算，分下列4种情况：

(1) 对于一般不受下游河、沟水位影响的排水沟，可由设计暴雨推求最大峰量作为设计排涝流量。

(2) 对于不直接排入容泄区而汇入低洼滞涝区的排水沟，则须通过推求排涝流量过程线来确定设计排涝流量，这种经过滞涝区调蓄后的设计排涝流量常比最大排涝峰量小得多。

(3) 对于山丘区或比降较陡的排水河沟或截流沟（撇洪沟），其设计暴雨排水过程线一般采用单位线法推求。

(4) 对于平原低洼地区，河沟排涝流量还常常受下游承泄区水位或潮位的影响，应按非恒定流或非均匀流理论计算。

部分国外的设计排涝流量的计算公式见表3.4-11。

表3.4-11　部分国外设计排涝流量计算公式

欧美各国		苏联	
$q=\dfrac{X}{F}+Y$ $q=\dfrac{X}{F+Y}+Z$ $q=\dfrac{X}{Y\sqrt{F}}$	式中，q为设计排涝模数，$m^3/(s\cdot km^2)$；F为流域面积，km^2；X、Y、Z为常数	$q=0.28\dfrac{P}{t}\varphi$ $q=\dfrac{A_p}{F^n}$ $q=\dfrac{A_p}{(F+C)^n}$ $q=\dfrac{A_p}{(F+C)^n}+B$	式中，q为设计排涝模数（又称为径流模数），$m^3/(s\cdot km^2)$；A_p为与频率有关的参数；F为流域面积，km^2；C、B为常数；n为指数；其他符号意义同前

2. 设计排涝流量常用的计算方法

国内常用的设计排涝流量（或设计排涝模数）计算主要针对第一种情况。主要有三种方法。

(1) 设计排涝模数经验公式法。该方法适用于大型涝区，需求出最大设计流量的情况，其计算公式为

$$q=KR^mF^n \tag{3.4-19}$$

式中　q——设计排涝模数，$m^3/(s\cdot km^2)$；

F——排水沟设计断面所控制的排涝面积，km^2；

R——设计径流深，mm；

K——综合系数（反映河网配套程度、排水沟比降、降雨历时及流域形状等因素）；

m——峰量指数（反映洪峰与洪量的关系）；

n——递减指数（反映排涝模数与面积的关系）。

式(3.4-19)考虑了形成最大设计流量的主要因素。首先是反映了随着排涝面积（或流域）的增大及其自然调蓄作用的增加而设计排涝模数减少的情况；其次还考虑了一次径流过程的峰量关系等。各地区分析确定的公式中的各项系数和指数详见表3.4-12，可供规划时参考使用。

必须指出，式(3.4-19)将很多因素的影响都综合在K值中，因而K值变动幅度较大，一般规律是：暴雨中心偏上，净雨历时长、平槽以下径流深大，地面坡降小，流域形状系数小，河网调节程度大，则K值小；反之则大。当流域或地区较大时，如果不考虑条件的差别，采用统一的K值，将会影响计算成果精度。

表 3.4-12　　部分地区设计排涝模数公式参数值

地　　区		适用范围（km^2）	$K_{日平均}$	m	n	降雨天数（d）
淮北地区		500～5000	0.026	1.00	−0.250	3
河南省	豫东及沙颍河平原	—	0.300	1.00	−0.250	1
	金堤河	＜1500	0.215	0.79	−0.430	—
		＞1500	0.096	0.79	−0.430	—
山东省沭泗地区	湖西地区	2000～7000	0.031	1.00	−0.250	3
	邳苍地区	100～500	0.031	1.00	−0.250	1
河北省黑龙港地区		＞1500	0.058	0.92	−0.330	3
		200～1500	0.032	0.92	−0.250	3
河北省平原地区		30～1000	0.040	0.92	−0.330	3
山西省太原地区		—	0.031	0.82	−0.250	—
湖北省平原湖区		≤500	0.014	1.00	−0.201	3
		＞500	0.017	1.00	−0.238	3
辽宁省中部平原区		＞50	0.013	0.93	−0.176	3

（2）平均排除法。平均排除法是以排水面积上的设计净雨在规定的排水时间内排除的平均排涝流量或平均排涝模数作为设计排涝流量或设计排涝模数的方法，即

$$\left.\begin{aligned} Q &= \frac{RF}{86.4t} \\ \text{或}\quad q &= \frac{R}{86.4t} \end{aligned}\right\} \tag{3.4-20}$$

其中　　水田　$R = P - h_{田蓄} - E$

　　　　旱田　$R = aP$

式中　Q——设计排涝流量，m^3/s；

q——设计排涝模数，$m^3/(s \cdot km^2)$；

F——排水沟控制的排水面积，km^2；

R——设计径流深，mm；

a——径流系数；

P——设计暴雨量，mm；

$h_{田蓄}$——水田滞蓄水深，mm，由水稻耐淹水深确定；

E——历时，为水田的田间腾发量，mm；

t——规定的排涝时间，d，主要根据作物的容许耐淹历时确定，对于水田一般选 3～5d 排除，旱地因耐淹能力较差排涝时间应当选得短些，一般取 1～3d。

如排水区既有旱地又有水田时，则首先按式（3.4-20）分别计算水田和旱地的设计排涝模数，然后按旱地和水田的面积比例加权平均，即得综合设计排涝模数。

这一方法确定的设计排涝流量或设计排涝模数是一个均值，故将此法称为平均排除法。对于水网圩区和抽水排水地区，由于河网有一定的调蓄能力，不论排水面积大小，该方法都是比较适用的。而对于排水沟道调蓄能力较差的地区（如有些坡水区等），按该方法算得的设计排涝流量可能偏小，故一般认为它仅适用于控制面积较小的排水沟。这是因为较小的排水沟，在不超过作物容许耐淹历时的条件下，可以容许地面径流在短时间内漫出沟槽。该方法计算简便是其优点，但它没有反映出排水面积越大，其设计排涝模数越小这一规律；而且当排水面积很大时，涝水汇流时间往往也超过计算中一般规定的排涝时间 3～5 天。因此，在应用该方法时，要针对具体条件，分析其适用性。

（3）设计排涝流量过程线法。当涝区内有较大的蓄涝区时，即蓄涝区水面占整个排涝区面积的 5%以上时，需要考虑蓄涝区调蓄涝水的作用，并合理确定蓄涝区和排水闸、站等除涝工程的规模。对于这种情况，就需要采用概化过程线等方法推求设计排涝流量过程线，供蓄涝、排涝演算使用。

3.4.5.2　设计排渍流量的计算

当地下水位达到一定控制要求时的地下水排水流量称为日常流量，它不是流量高峰，而是一个比较稳定的较小的数值。单位面积上的设计排渍流量称为设计地下水排水模数或排渍模数 [$m^3/(s \cdot km^2)$]，其大小决定于地区气象特点（降雨、蒸发条件）、土质

条件、水文地质条件和排水系统的密度等因素。对于设计排渍模数，一般难于进行理论分析，给出计算公式，而是根据实测资料分析确定。

一般在降雨持续时间长、土壤透水性强和排水沟系密度较大的地区，设计排渍模数具有较大的数值。根据某些地区资料，由于降雨而产生的设计排渍模数见表3.4-13。

表3.4-13　各种土质设计排渍模数

土　质	设计排渍模数 [$m^3/(s\cdot km^2)$]
轻砂壤土	0.03～0.04
中壤土	0.02～0.03
重壤土、黏土	0.01～0.02

在盐碱土改良地区，由于冲洗而产生的设计排渍模数常大于表3.4-13所列数值。而防止土壤次生盐碱化地区，在强烈返盐季节，其地下水控制在临界深度时的设计排渍模数一般较小。

3.4.6 排水沟的设计水位和排水沟断面设计

3.4.6.1 排水沟的设计水位

设计排水沟，一方面要使沟道能通过设计排涝流量，使涝水顺利排入外河；另一方面还要满足控制地下水位等要求。

排水沟的设计水位可以分为排渍水位和排涝水位两种，确定设计水位是设计排水沟的重要内容和依据，需要在确定沟道断面尺寸（沟深与底宽）之前，加以分析拟定。

1. 排渍水位

排渍水位（又称日常水位），非降雨期间，排水沟水位不能超过这个水位，在平原地区主要由控制地下水位的要求（防渍或防止土壤盐碱化）所决定。

为了控制农田地下水位，排水农沟（末级固定排水沟）的排渍水位应当低于农田要求的地下水埋藏深度，如图3.4-7所示。表3.4-2的数值亦可供参考。而斗、支、干沟的排渍水位，要求比农沟排渍水位更低，因为需要考虑各级沟道的水面比降和局部水头损失，例如排水干沟为了满足最远处低洼农田（见图3.4-5）降低地下水位的要求，其沟口排渍水位可由最远处农田平均田面高程（A_0），考虑降低地下水位的深度和斗、支、干各级沟道的比降及其局部水头损失等因素逐级推算而得，即

$$z_{排渍}=A_0-D_{农}-\sum Li-\sum\Delta z \qquad (3.4-21)$$

式中　$z_{排渍}$——排水干沟沟口的排渍水位，m；

A_0——最远处低洼地面高程，m；

$D_{农}$——农沟排渍水位离地面距离，m；

L——斗、支、干各级沟道长度，m，如图3.4-6所示；

i——斗、支、干各级沟道的水面比降，如为均匀流，则为沟底比降；

Δz——各级沟道沿程局部水头损失，m，如过闸水头损失取0.05～0.10m，上下级沟道在排地下水时的水位衔接落差一般取0.1～0.2m。

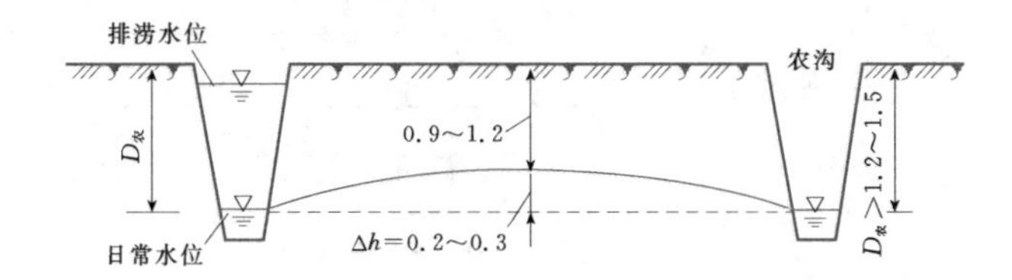

图3.4-5　排渍水位与地下水位控制的关系（单位：m）

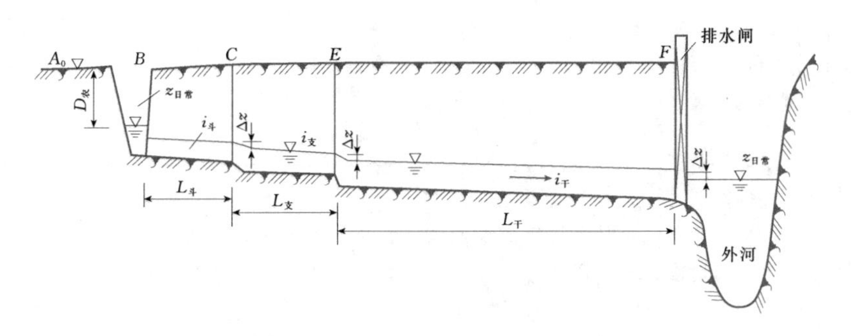

图3.4-6　干、支、斗、农排水沟排渍水位关系

对于排渍期间承泄区（又称为外河）水位较低的平原地区，如干沟有可能自流排除排渍流量时，按式（3.4-21）推得的干沟沟口处的排渍水位 $z_{排渍}$，应不低于承泄区的排渍水位或与之相平。否则，应适当减小各级沟道的比降，争取自排。对于经常受外水位顶托的平原水网圩区，则应利用抽水站在地面涝水排完以后，再将沟道或河网中蓄积的涝水排至承泄区，使各级沟道经常维持排渍水位，以便控制农田地下水位和预留沟网容积，准备下次暴雨后滞蓄涝水。

2. 排涝水位

排涝水位（又称最高水位）是排水沟宣泄排涝设计流量（或满足滞涝要求）时的水位。由于各地承泄区水位条件不同，确定排涝水位的方法也不同，但基本上分为下述两种情况：

（1）承泄区水位一般较低，如汛期干沟出口处设计排涝水位始终高于承泄区水位，此时干沟排涝水位可按设计排涝流量确定，其余支、斗、沟的排涝水位亦可由干沟排涝水位按比降逐级推得；但有时干沟出口处排涝水位比承泄区水位稍低，此时如果仍须争取自排，势必产生壅水现象，于是干沟（甚至包括支沟）的最高水位就应按壅水水位线设计，其两岸常需筑堤束水，形成半填半挖断面，如图3.4-7所示。

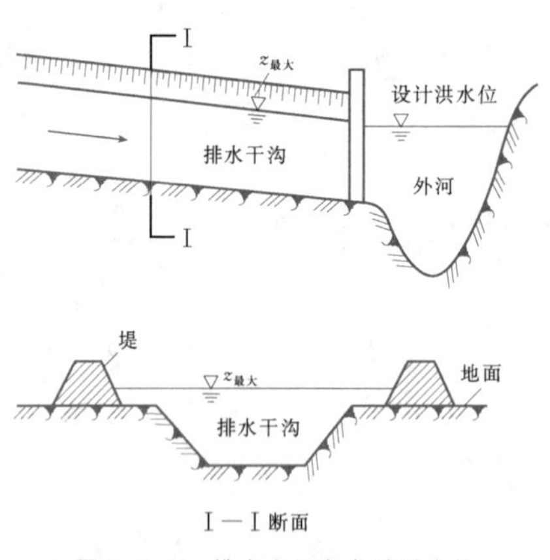

图3.4-7 排水出口壅水时干沟的半填半挖断面示意图

（2）承泄区水位很高、长期顶托无法自流外排，此时沟道最高水位分两种情况考虑：一种是没有内排站的情况，这时最高水位一般不超出地面，以离地面0.2～0.3m为宜，最高可与地面齐平，以利排涝和防止漫溢，最高水位以下的沟道断面应能承泄设计排涝流量和满足蓄涝要求；另一种是有内排站的情况，则沟道最高水位可以超出地面一定高度（如内排站采用圬工泵时，超出地面的高度就不应大于2～3m），相应沟道两岸亦需筑堤。

3.4.6.2 排水沟断面设计

当排水沟的设计流量和设计水位确定后，便可确定沟道的断面尺寸，包括水深与底宽等。设计时，一般根据设计排涝流量计算沟道的断面尺寸，如有通航、养殖、蓄涝和灌溉等要求，则应采用各种要求都能满足的断面。

1. 根据设计排涝流量确定沟道的过水断面

排水沟一般按恒定均匀流公式设计断面，但在承泄区水位顶托发生壅水现象的情况下，往往需要按恒定非均匀流公式推算沟道水面线，从而确定沟道的断面以及两岸堤顶高程等。排水沟道的断面因素如底坡 i、边坡系数 m、糙率 n 等应结合排水沟特点进行分析拟定。

（1）排水沟的比降 i。主要决定于排水沟沿线的实际地形和土质情况，沟道比降一般要求与沟道沿线所经的地面坡降相近，以免开挖太深。同时，沟道比降不能选得过大或过小，以满足沟道不冲不淤的要求，即沟道的设计流速应小于容许不冲流速（见表3.4-14）和大于容许不淤流速（0.3～0.4m/s）。此外，对于连通内湖与排水闸的沟道，其比降还决定于内湖和外河水位的情况；而对于连通泵站的沟道比降，则须注意水泵安装高程的限制。一般说来，平原地区沟道比降可在下列范围内选择：干沟为1/6000～1/2000，支沟为1/6000～1/10000，斗沟为1/2000～1/5000。

表3.4-14 容许不冲流速

土质	容许不冲流速（m/s）
淤土	0.20
重黏壤土	0.75～1.25
中黏壤土	0.65～1.00
轻黏壤土	0.60～0.90
粗砂土（d=1～2mm）	0.60～0.75
中砂土（d=0.5mm）	0.40～0.60
细砂土（d=0.05～0.1mm）	0.25

（2）沟道的边坡系数 m。主要与沟道土质和沟深有关，土质越松，沟道越深，采用的边坡系数应越大。设计时可参考表3.4-15。

（3）排水沟的糙率 n。对于新挖沟道，其糙率与灌溉渠道相同，约为0.020～0.025，而对于容易长草的沟道，一般采用较大的数值，取0.025～0.030。

表 3.4-15 土质排水沟边坡系数

排水沟开挖深度 (m) / 土质	<1.50	1.50～3.00	3.00～4.00	>4.00～5.00
黏土、重壤土	1.00	1.25～1.50	1.50～2.00	>2.00
中壤土	1.50	2.00～2.50	2.50～3.00	>3.00
轻壤土、砂壤土	2.00	2.50～3.00	3.00～4.00	>4.00
砂土	2.50	3.00～4.00	4.00～5.00	>5.00

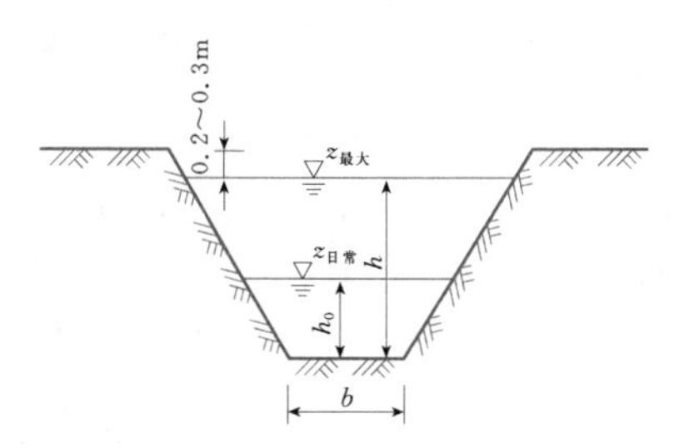

图 3.4-8 排水沟横断面图

2. 根据通航、养殖要求校核排水沟的水深与底宽

按设计排涝流量确定的排水沟水深 h（相应的排渍水深为 h_0）及底宽 b（见图 3.4-8），往往还不一定是最后采用的数值。考虑到干、支沟在有些地区需要同时满足通航、养殖要求（见表 3.4-16），还必须根据这些要求对沟道排渍水深 h_0 及底宽 b 进行校核。

表 3.4-16 通航、养殖对排水沟的要求

单位：m

沟名	通航要求		养殖水深
	水深 h_0	底宽	
干沟	1.0～2.0	5～15	1.0～1.5
支沟	0.8～1.0	2～4	1.0～1.5

在排涝流量和排渍流量相差悬殊且要求的沟深也显著不同的情况下，可以采用复式断面。

3. 根据滞涝要求校核排水沟的底宽

平原水网圩区的一个特点，就是汛期（5～10月）外江（河）水位高涨、关闸期间圩内降雨径流无法自流外排，只能依靠水泵及时提水抢排一部分，大部分涝水需要暂时蓄在田间以及圩垸内部的湖泊洼地和排水沟内，以便由水泵逐渐提排出去。除田间和湖泊蓄水外，需要由排水沟容蓄的水量（因蒸发和渗漏量很小，故不计）为

$$h_{沟蓄} = P - h_{田蓄} - h_{湖蓄} - h_{抽排} \quad (3.4-22)$$

式中 P——设计暴雨量（1日暴雨或3日暴雨），mm，按除涝标准选定；

$h_{田蓄}$——田间蓄水量，mm，水田地区按水稻耐淹深度确定，一般取30～50mm，旱田则视土壤蓄水能力而定；

$h_{沟蓄}$——沟道蓄水量，mm；

$h_{抽排}$——水泵抢排水量，mm；

$h_{湖蓄}$——湖泊洼地蓄水量，mm，根据各地圩垸内部现有的或规划的湖泊蓄水面积及蓄水深度确定；

$h_{沟蓄}$、$h_{抽排}$、$h_{湖蓄}$——折算到全部排水面积上的平均水层，mm。

由式（3.4-22）可见，只要研究确定了 P、$h_{田蓄}$、$h_{湖蓄}$、$h_{抽排}$ 等值，便可求得需要排水沟蓄在各级沟道（干、支、斗）的滞涝容积 $V_{滞}$ 内的容蓄涝水量，即图 3.4-9 中最高滞涝水位与排渍水位（或称汛期预降水位）之间的阴影部分。沟道滞涝水深 h 一般为 0.8～1.0m，排水沟的滞涝总容积 $V_{滞}$ 可用式（3.4-23）计算：

$$V_{滞} = \sum bhl \quad (3.4-23)$$

式中 b——各级滞涝河网或沟道的平均滞涝水面宽度，m，如图 3.4-9 所示；

l——各级滞涝沟道的长度，m；

$\sum bhl$——各级滞涝沟道的 bhl 之和，m^3。

校核计算可采用试算法，即先按由排涝或航运等要求确定的沟道断面计算其滞涝容积 $V_{滞}$，如果这一容积小于需要沟道容蓄的涝水量，除可增加抽排水量外，还须适当增加有关各级沟道的底宽（或改为复式断面）或沟深（甚至增加沟道密度），直至沟道蓄水容积能够容蓄涝水量为止。

4. 根据灌溉引水要求校核排水沟道底宽

当利用排水沟引水灌溉时，水位往往形成倒坡或平坡，这就需要按非均匀流公式推算排水沟引水灌溉时的水面曲线，借以校核排水沟在输水距离和流速等方面能否符合灌溉引水的要求，如不符合，则应调整排水沟的水力要素。

在一般工程设计中，对斗、农沟常常采用规定的标准断面（根据典型沟道计算而得），不必逐一计算，而只是对较大的主要排水沟道，才需要进行具体设计。设计时，通常选择以下断面进行水力计算：①沟道汇流处的上、下断面（即汇流以前和汇流以后的断面）；②沟道汇入外河处的断面；③河底比降改变处的断面等（对于较短的沟道，若其底坡和土质都基本一

致，则在沟道的出口处选择一个断面进行设计即可)。

排水沟在多数情况下是全挖方断面，只有通过洼地或受承泄区水位顶托发生壅水时，为防止漫溢才在两岸筑堤，形成又挖又填的沟道。

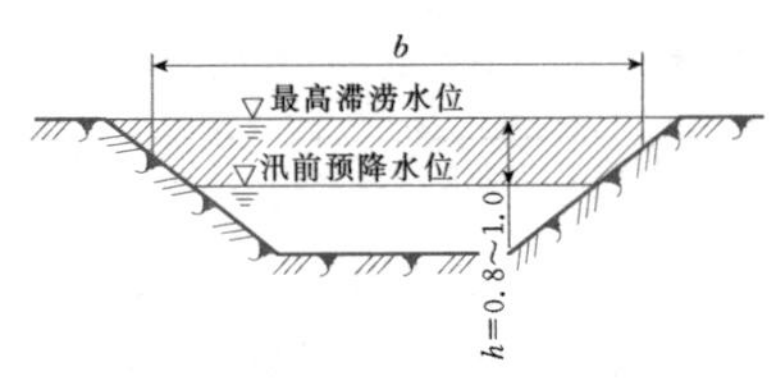

图 3.4－9　河（沟）道的滞水位和预降水位

防止排水沟的塌坡现象是设计沟道横断面的重要问题，特别是在砂质土地带，更需重视。沟道塌坡不但使排水不畅，而且增加清淤负担。针对边坡破坏的主要原因，在结构设计中，除应用稳定的边坡系数外，还可采取本章 3.2 节和 3.3 节所述的相关措施。

5. 排水沟纵断面图的绘制

首先，通常根据沟道的平面布置图，按干沟沿线各桩号的地面高程依次绘出地面高程线；其次，根据干沟对控制地下水位的要求以及选定的干沟比降等，逐段绘出日常水位线；然后在日常水位线以下，根据宣泄日常流量或通航、养殖等要求所确定的干沟各段水深，定出沟底高程线；最后，再由沟底向上，根据设计排涝流量或蓄涝要求的水深，绘制干沟的最高水位线。排水沟纵断面图的型式和灌溉渠道相似，如图 3.4－10 所示。在图上应注明桩号、地面高程、最高水位、日常水位、沟底高程、挖方深度及沟底比降等各项数据，以便计算沟道的挖方量。

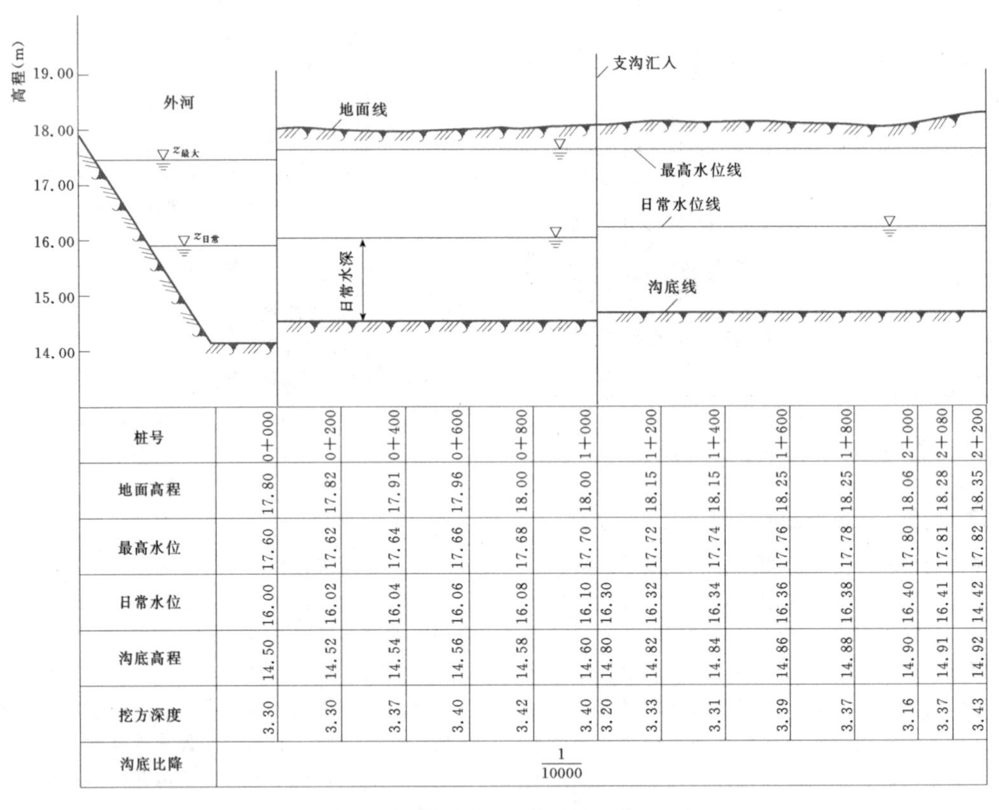

桩号	地面高程	最高水位	日常水位	沟底高程	挖方深度
0+000	17.80	17.60	16.00	14.50	3.30
0+200	17.82	17.62	16.02	14.52	3.30
0+400	17.91	17.64	16.04	14.54	3.37
0+600	17.96	17.66	16.06	14.56	3.40
0+800	18.00	17.68	16.08	14.58	3.42
1+000	18.00	17.70	16.10 16.30	14.60 14.80	3.40 3.20
1+200	18.15	17.72	16.32	14.82	3.33
1+400	18.15	17.74	16.34	14.84	3.31
1+600	18.25	17.76	16.36	14.86	3.39
1+800	18.25	17.78	16.38	14.88	3.37
2+000	18.06	17.80	16.40	14.90	3.16
2+080	18.28	17.81	16.41	14.91	3.37
2+200	18.35	17.82	14.42	14.92	3.43

沟底比降：$\frac{1}{10000}$

图 3.4－10　排水干沟纵断面图（单位：m）

3.5　输水管道工程设计

3.5.1　管网规划布置与基本参数

3.5.1.1　设计依据

1. 输水管网的布置原则

输水管网的布置应遵循以下原则：

(1) 根据取、用水点之间及用水点的地形进行管道布置，结合实际情况布置管网，同时要进行多方案技术经济比较。

(2) 主次明确，先做好输水管（渠）与主干管布置，然后布置一般管线与设施。

(3) 尽量缩短管线长度，节约工程投资与运行管理费用。

(4) 方便管道的施工、运行和维护。

2. 管网布置的型式

输配水管网的布置型式包括树状管网与环状管网两种。

树状管网从水源到用水点的管线布置成树状管网。树状管网的供水可靠性较差，因为管网中任一段管线损坏时，在该管段以后的所有管线就会断水。

环状管网中，管线连接成环状，当任一段管线损坏时，可以关闭附近的阀门，与其余管线隔开，然后进行检修，断水的地区可以缩小，增加了供水可靠性。环状管网还可以大大减轻因水锤作用而产生的危害，而在树状管网中，则往往因此而使管道损坏。但是，环状管网的造价明显高于树状管网。

设计时可在主供水区将主干管设置为环状管网，其他地区的支管可设置为树状管网。

农田灌溉中，各供水主干管可设置为树状管网，当供水可靠性要求较高时，可设置为环状管网。其他供水支管等均设置为树状管网。

根据用水点用水量的大小，先布置主干管，再布置支管等。主干管应尽可能通过用水量比较大的地区。

整个管网的等水压线应大致分布均匀。

对供水压力要求差别比较大的用水区，可采用分区供水的方式。

分区供水即将供水管网划分为多个区域，各区域管网具有独立的供水泵站，供水具有不同的水压。分区给水管网系统可以降低平均供水压力，避免局部水压过高的现象，减少爆管的几率和泵站能量的浪费。

管网分区的方法有两种：一种是采用串联分区，设多级泵站加压；另一种是并联分区，不同压力要求的区域由不同泵站（或泵站中不同水泵）供水。大型管网系统可能既有串联分区又有并联分区，以更加节省能量。

此外，若地形条件较好，可利用重力供水方式进行供水。

3.5.1.2 基本参数

输配水管的设计基本参数包括设计流量、流速、管径、管长、管坡、压降及水头损失等。

1. 用水量及水压

(1) 灌溉工程水量与水压。灌溉工程的水量需要通过需水量、灌溉制度和灌溉用水过程设计计算，才能确定，具体方法见本章3.1节、第5章的有关内容。

(2) 城乡居民生活用水量标准。城市居民生活用水量标准与水压规定可根据中华人民共和国国家标准GB/T 50331选用；乡镇居民生活、农村畜（禽）、乡镇企业生产等用水量标准与水压规定可根据中华人民共和国水利行业标准SL 310选用。

2. 设计流量

(1) 输水管设计流量。由取水水源至配水管网的输水管设计流量Q，一般按配水管网最大需水量进行设计，管网设计时还应加上输水管的漏失水量。输水管的漏失水量应根据管道的选用材质、接口型式、系统布置以及管道长度加以确定。若无统计资料，漏失水量一般按最大用水量的5%～15%考虑。

(2) 配水管网设计流量。配水管网设计流量应考虑下列3种工况：

1) 正常流量。配水管网设计正常流量应按管网内各用水处最大用水量计算。必要时可加上管网的漏失水量，漏失水量取值方法同输水管。

2) 配水管网若设计为环状管网，设计完成后，应按最不利管段发生事故时工况进行校核，校核水量$Q_{故}$可按最大用水量的70%计算：

$$Q_{故}=0.7Q\ \text{(L/s)} \tag{3.5-1}$$

3) 消防流量。城镇供水管道还应考虑消防流量，此时应在正常设计流量上加上消防流量。消防流量可按《建筑设计防火规范》(GB 50016—2010) 的规定选用，见表3.5-1。

表3.5-1 城（乡）镇居住区室外消防用水量

人数N（万人）	同一时间内火灾次数（次）	一次灭火用水量（L/s）
$N\leqslant1$	1	10
$1<N\leqslant2.5$	1	15
$2.5<N\leqslant5$	2	25
$5<N\leqslant10$	2	35
$10<N\leqslant20$	2	45
$20<N\leqslant30$	2	55
$30<N\leqslant40$	2	65
$40<N\leqslant50$	3	75
$50<N\leqslant60$	3	85
$60<N\leqslant70$	3	90
$70<N\leqslant80$	3	95
$80<N\leqslant100$	3	100

(3) 配水管网节点流量计算。城镇供水管网，农田灌溉中的管灌、喷灌、微喷灌等各用水点距离比较大，沿线用水均匀性较差时，可将每个用水处流量按其用水位置作为集中节点流量考虑。对滴灌等出水孔

距离比较小，沿线用水较均匀的管段，可先计算管段用水量，然后分配到计算节点，也可直接根据用水分布情况，计算节点流量。

对于沿线用水较均匀的管段，计算出整根管段用水量后，可按各1/2用水量分配到连接该管段的相邻节点上，因此节点的流量 Q_d 等于在该节点上各管段用水量总和的1/2。

对于其他水工建筑物的用水情况，可将其用水位置作为集中节点流量考虑。

3. 流速

管道设计流速应控制在经济流速0.9～1.5m/s范围内，超出此范围时应经技术经济比较确定。经济流速选择可参考以下经验值：

100mm$<D<$400mm时，v=0.6～0.9m/s；$D\geqslant$400mm时，v=0.9～1.4m/s。

管道发生事故时，管中的流速不需按经济流速考虑，但不能超过管道容许的最大流速，一般为2.5～3.0m/s。

对非满流输水管的管径选择，应根据管道埋设坡度和容许的流速确定。

根据经济流速计算所得的管径为非市场销售标准管径时，应将其标准化。标准管径选用的界限可参考表3.5-2。

表3.5-2 标准管径选用的界限 单位：mm

标准管径	界限管径	标准管径	界限管径
100	100～120	350	328～373
150	120～171	400	373～423
200	171～222	450	423～474
250	222～272	500	474～545
300	272～328	600	545～646

4. 管径

(1) 计算管径的确定。满流或压力流计算管径可按式(3.5-2)计算：

$$D=\sqrt{\frac{4Q_d}{\pi v}} \tag{3.5-2}$$

式中 D——管道内径，m，金属管的标称直径为内径，塑料管的标称直径为外径(含壁厚)；

Q_d——输水管计算流量，m^3/s；

v——管道经济流速，m/s，根据选用管材及当地的敷管单价和动力价格，通过计算确定，不同管径的经济流速也不相同，大直径管道的经济流速大于小直径管道。

(2) 管径标准化。输配水系统各管段直径应经技术经济比较确定，并可按沿程水头损失不变的原则，将同一管段设计成略大于和略小于计算管径的市场销售标准管径两段，按式(3.5-3)计算大管径设计长度占全管段设计长度的比例：

$$x=\frac{D^{-b}-D_2^{-b}}{D_1^{-b}-D_2^{-b}} \tag{3.5-3}$$

式中 x——大管径设计长度占全管段设计长度的比例；

D——计算管径，mm；

D_1——略大于计算管径的市场销售标准管径，mm；

D_2——略小于计算管径的市场销售标准管径，mm；

b——沿程水头损失中的管径指数，可由表5.4-9选取。

若计算的大管径长度小于50m，全管段可采用小管径。

3.5.2 管道系统水力计算

3.5.2.1 水头损失

1. 总水头损失

管道总水头损失，可按式(3.5-4)计算：

$$h_w=\sum h_f+\sum h_j \tag{3.5-4}$$

式中 h_w——管道总水头损失，m；

$\sum h_f$——管道沿程水头损失之和，m；

$\sum h_j$——管道局部水头损失之和，m。

2. 沿程水头损失

(1) 计算公式的一般形式。对于圆管，水头损失的一般计算公式为

$$h_f=\lambda\frac{L}{D}\frac{v^2}{2g} \tag{3.5-5}$$

式中 h_f——管道沿程水头损失，m；

λ——沿程水头损失系数；

D——管道内径，m；

v——管道水流流速，m/s；

L——管道长度，m。

(2) 计算公式：

1) 可采用式(5.4-26)计算。

2) 舍维列夫公式。适于铸铁管和钢管满管紊流计算，水温为10℃。公式为

$$\left.\begin{aligned}h_f&=0.00107\frac{v^2}{D^{1.3}}L\quad(v\geqslant1.2\text{m/s})\\h_f&=0.000912\frac{v^2}{D^{1.3}}\left(1+\frac{0.867}{v}\right)^{0.3}L\quad(v<1.2\text{m/s})\end{aligned}\right\} \tag{3.5-6}$$

3) 海森-威廉公式。适于较光滑的圆管满管紊流

计算。公式为

$$h_f = \frac{10.67Q^{1.852}}{C_w^{1.852}D^{4.87}}L \qquad (3.5-7)$$

式中 Q——流量，m^3/s；

C_w——海森-威廉粗糙系数，其值见表 3.5-3。

表 3.5-3 海森-威廉粗糙系数 C_w 值

管道材料	C_w
塑料管	150
石棉水泥管	120～140
混凝土管、焊接钢管、木管	120
水泥衬里管	120
陶土管	110
新铸铁管、涂沥青或水泥的铸铁管	130
使用 5 年的铸铁管、焊接钢管	120
使用 10 年的铸铁管、焊接钢管	110
使用 20 年的铸铁管	90～100
使用 30 年的铸铁管	75～90

4）柯尔勃洛克-怀特公式。适于各种紊流。公式为

$$C = -17.71\lg\left(\frac{e}{14.8R} + \frac{C}{3.53Re}\right)$$

或

$$\frac{1}{\sqrt{\lambda}} = -2\lg\left(\frac{e}{3.7D} + \frac{2.51}{Re\sqrt{\lambda}}\right) \qquad (3.5-8)$$

式中 Re——雷诺数，$Re = 4vR/\nu = vD/\nu$，其中 ν 为水的运动黏滞系数（m^2/s），与水温有关；

e——管壁当量粗糙度，m，由实验确定，常用管材的 e 值见表 3.5-4。

表 3.5-4 常用管壁材料当量粗糙度 e 单位：mm

管壁材料	光滑度	平均值	粗糙度
玻璃拉成的材料	0	0.003	0.006
钢、PVC 或 AC	0.015	0.030	0.060
有覆盖的钢	0.030	0.060	0.150
旧锌管、陶土管	0.060	0.150	0.300
铸铁或水泥衬里	0.150	0.300	0.600
预应力混凝土或木管	0.300	0.600	1.500
铆接钢管	1.500	3.000	6.000
脏的污水管道或结瘤的给水主管线	6.000	15.000	30.000
毛砌石头或土渠	60.000	150.000	300.000

式（3.5-7）需要迭代计算，不便于应用，可以简化为直接计算的形式：

$$C = -17.71\lg\left(\frac{e}{14.8R} + \frac{4.462}{Re^{0.875}}\right)$$

或

$$\frac{1}{\sqrt{\lambda}} = -2\lg\left(\frac{e}{3.7D} + \frac{4.462}{Re^{0.875}}\right) \qquad (3.5-9)$$

3. *局部水头损失*

局部水头损失用式（5.4-28）计算。局部阻力系数见表 3.5-5。

根据经验，室外给水排水管网中的局部水头损失一般不超过沿程水头损失的 10%～15%，因与沿程水头损失相比很小，因此在管网水力计算中，可粗略按此比例计入总水头损失。

表 3.5-5 局部阻力系数 ζ

配件、附件或设施	ζ	配件、附件或设施	ζ
全开闸阀	0.19	90°弯头	0.90
50%开启闸阀	2.06	45°弯头	0.40
截止阀	3.00～5.50	三通转弯	1.50
全开蝶阀	0.24	三通直流	0.10

管道的其他配件、附件或设施的局部阻力系数，可参阅李炜主编的《水力计算手册》(第 2 版)。

管道的局部水头损失应逐项按式（5.4-28）计算，初步规划时可近似地将局部水头损失按沿程水头损失的 10%～15%计。

总水头损失为沿程局部水头损失之和，计算总水头损失时，如遇并联管，可将有代表性的管段计算值计入总损失中。

3.5.2.2 管网水力计算工况

（1）应按最大用水量（Q_s）及设计水压（H_s）计算：

1）管网的设计水压应根据控制点的最高用水水压确定。

2）对于供水范围内地形起伏较大的管网，设计水压以及控制点的选取应从总体的经济性考虑，避免为满足个别点的水压要求，而提高整个管网压力，必要时应考虑分区、分压供水，或在个别区、点设置调节设施或增压泵站。

（2）设计完成后，应依据最不利管段发生故障等条件和要求进行校核。

3.5.2.3 恒定流基本方程

1. *节点流量方程*

在管网模型中，所有节点都与若干管段相关联，

根据质量守恒规律，流入节点 j 的所有流量之和应等于流出节点 j 的所有流量之和，可表示为

$$\sum_{i\in S_j}(\pm q_j)+Q_j=0 \quad (j=1,2,3,\cdots,N) \tag{3.5-10}$$

式中 j——节点编号；

q_j——管段 j 的流量；

Q_j——节点 j 的流量；

S_j——节点 j 的关联集；

N——管网模型中的节点总数；

$\sum_{i\in S_j}\pm$——对节点 j 关联集中管段进行有向求和，当管段水流方向指向该节点时取正号，反之取负号，即管段流量流出节点时取正值，流入节点时取负值。

该方程称为节点的流量连续性方程，简称为节点流量方程。管网模型中所有 N 个节点方程组成节点流量方程组。

列节点流量方程时应注意下列问题：

(1) 管段流量求和时要注意方向，应按管段的设定方向考虑（指向节点时取正号，反之取负号），而不是按实际流向考虑，因为管段流向与设定方向不同时，流量本身为负值。

(2) 节点流量总假定流出节点时流量为正值，流入节点时流量为负值。

(3) 管段流量和节点流量应具有同样的单位，一般采用 L/s 或 m^3/s 作为流量单位。

2. 管段能量方程

在管网模型中，所有管段都与两个节点关联，根据能量守恒规律，管段 i 两端节点水头之差，应等于该管段的压降，可表示为

$$H_{Fi}-H_{Ti}=h_i \quad (i=1,2,3,\cdots,M) \tag{3.5-11}$$

式中 F_i、H_{Fi}——管段 i 的上端点编号、上端点水头；

T_i、H_{Ti}——管段 i 的下端点编号、下端点水头；

h_i——管段 i 的压降；

M——管网模型中的管段总数。

该方程称为管段的能量守恒方程，简称为管段能量方程。管网中所有 M 条管段的能量方程组成管段能量方程组。

列管段能量方程时应注意下列问题：

(1) 应按管段的设定方向判断上端点和下端点，当管段流向与设定的方向相反时，管段压降本身为负值。

(2) 管段压降和节点水头的单位应相同，一般采用 m。

3. 恒定流基本方程组

管网模型的节点流量方程组与管段能量方程组联立，组成描述管网模型水力特性的恒定流基本方程组，即

$$\left.\begin{aligned}&\sum_{i\in S_j}(\pm q_j)+Q_j=0 \quad (j=1,2,3,\cdots,N)\\&H_{Fi}-H_{Ti}=h_i \quad (i=1,2,3,\cdots,M)\end{aligned}\right\} \tag{3.5-12}$$

恒定流基本方程组反映了管网节点与管段之间的水力关系，是管网规划设计、分析求解及运行调度等各种问题的基础。

3.5.2.4 树状管网水力计算

树状管网水力计算是在管网布置和各级管道流量已确定的前提和满足约束条件下，计算各级管道的经济管径。当管道首端水压未知时，根据管径、流量、长度计算水头损失，确定首端工作压力，从而选择适宜的水泵机组。当管道首端水压已知时，则在满足首端水压条件下，确定管网各级管道的管径。

树状管网中，由于各管段流量是已知的，其水力分析计算分两步：第一步用流量连续性条件计算管段流量，并计算管段水头损失，从而求得管段压降；第二步根据管段能量方程和管段压降，从定压节点出发推求各节点的工作水头。

3.5.2.5 环状管网水力计算

树状管网和树环混合管网均是环状管网的特例。目前，国内外环状管网水力计算方法的思路基本相同，即简化水头损失计算公式，然后根据连续方程和能量方程建立节点方程，其次是将非线性方程组线性化，最后选择合适的计算方法求解线性方程组。环状管网中，由于各管段的流量、流向及水头损失均为未知，必须通过计算才能确定。常用的计算方法是管网平差计算法。

1. 计算公式

(1) $\sum q=0$：流向任一节点的流量之和，应等于流离该节点的流量（包括节点流量）之和。

(2) $\sum h=0$：每一闭合环路中，若以管段顺时针方向水流的水头损失为正值，逆时针方向为负值，则正值之和应与负值之和相等。若 $\sum h\neq 0$，则存在闭合差 Δh。在实际计算中闭合差 Δh 可按下列要求控制：

1) 小环：$\Delta h\leqslant 0.1$m。

2) 大环（由管网起点至终点）：$\Delta h\leqslant 0.1\sim 0.5$m。

2. 管网平差计算步骤

(1) 绘制管网平差计算图，标出各计算管段的长度和各节点的地面标高。

(2) 计算节点流量。

(3) 假定水流方向和进行流量初步分配，流量分配按水流方向只要满足节点方程即可。若最后的计算

结果与假定方向一致，说明假定正确；否则，应按计算结果调整水流方向。

(4) 根据初分流量，先按经济流速选用管网各管段的管径（经济流速选用原则见表3.5-6、表3.5-7）。

(5) 计算各管段的水头损失 h_w，检查管段水头损失是否有过大或过小的情况。如果水头损失过大，则应增大管段的管径，反之则相反。

(6) 计算各环闭合差 Δh，若闭合差 Δh 不符合规定要求，用与 Δh 相应的校正流量进行调整，连续试算，直至各环闭合差达到上述要求为止。

校正流量一般可估算。但在闭合环路中，若各管段的直径与长度相关不大时，校正流量（ΔQ_i，其方向与 Δh 的方向相反）可按下式近似求得：

$$\Delta Q_i = -\frac{\Delta h_i}{n\sum \dfrac{h_j}{q_j}} \tag{3.5-13}$$

式中 ΔQ_i——编号为 i 的环的校正流量，m^3/s；

q_j——第 i 环第 j 管段的流量，m^3/s；

Δh_i——第 i 环水头损失的闭合差，m；

h_j——计算环路中管段 j 的水头损失，m；

n——与管材有关的常数。

当校正流量方向与水流方向相同时，管段应加上校正流量，反之应减去校正流量，此时各节点仍应满足 $\sum q_i = 0$。

3.5.3 管材选择

3.5.3.1 输水管材分类及适用条件

可用于管道输水的管材较多，按管道材质可分为塑料类管材、金属材料管、水泥类管材、其他复合材料管材四类。

1. 塑料类管材

塑料类管材按其原材料又可分为硬聚氯乙烯管材、聚乙烯管材、聚丙烯管材、工程塑料管材。具体分类见表3.5-8，其优缺点见表3.5-9，各种塑料管材的耐温性能比较（包含部分复合管材）见表3.5-10，管道管径规格与承压能力见表3.5-11。

值得注意的是，塑料管的公称直径指的是管道外径，在水力计算时要扣除壁厚。

表3.5-6 不同管材不同电价下输水管经济流速

管材	电价 [元/(kW·h)]	设计流量 (L/s)											
		10	25	50	100	200	300	400	500	750	1000	1500	2000
球墨铸铁	0.4	0.99	1.09	1.18	1.27	1.37	1.43	1.48	1.51	1.58	1.63	1.71	1.76
	0.6	0.87	0.97	1.04	1.13	1.22	1.27	1.31	1.35	1.41	1.45	1.52	1.57
	0.8	0.8	0.89	0.96	1.04	1.12	1.17	1.21	1.24	1.29	1.33	1.4	1.44
	1.0	0.75	0.83	0.9	0.97	1.05	1.09	1.13	1.16	1.21	1.25	1.31	1.35
普通铸铁	0.4	0.95	1.05	1.14	1.23	1.33	1.4	1.45	1.48	1.55	1.61	1.68	1.74
	0.6	0.84	0.93	1.01	1.1	1.19	1.24	1.28	1.32	1.38	1.43	1.5	1.55
	0.8	0.77	0.86	0.93	1.01	1.09	1.14	1.18	1.21	1.27	1.31	1.38	1.42
	1.0	0.72	0.8	0.87	0.94	1.02	1.07	1.11	1.14	1.19	1.23	1.29	1.33
钢筋混凝土	0.4	1.23	1.29	1.33	1.38	1.43	1.46	1.48	1.5	1.53	1.55	1.58	1.6
	0.6	1.08	1.13	1.17	1.21	1.26	1.28	1.3	1.32	1.34	1.36	1.39	1.41
	0.8	0.99	1.03	1.07	1.11	1.15	1.17	1.19	1.2	1.23	1.24	1.27	1.29
	1.0	0.92	0.96	1	1.03	1.07	1.09	1.11	1.12	1.14	1.16	1.18	1.2

表3.5-7 平均经济流速

管径 (mm)	平均经济流速 (m/s)
100～400	0.6～0.9
≥400	0.9～1.4

表 3.5-8　　塑料类管材按其原材料分类

管　材	分　类
聚氯乙烯（PVC）	硬聚氯乙烯（PVC-U）、软聚氯乙烯（PVC-P）、氯化聚氯乙烯（PVC-C）
聚乙烯（PE）	低密度（高压）聚乙烯（PE-LD）、中密度（中压）聚乙烯（PE-MD）、高密度（低压）聚乙烯（PE-HD）、线形低密度聚乙烯（PE-LLD）、交联聚乙烯（PE-X）
聚丙烯（PP）	均聚聚丙烯（PP-H）（Ⅰ型）、共聚（氯化）聚丙烯嵌段共聚聚丙烯（PP-B）（Ⅱ型）、无规共聚聚丙烯（PP-R）（Ⅲ型）
工程塑料	聚碳酸酯、氯化聚醚、聚砜（PSU）、聚铣胺、丙烯腈-丁二烯-苯乙烯共聚物（ABS）
玻璃钢（FRP）	酚醛（PE）、环氧（EP）、呋喃（FF）、不饱和聚酯树脂、玻璃钢夹砂：树脂-连续玻璃纤维-石英砂-玻璃纤维毡等（RPM）
氟塑料	聚四氟乙烯（PTFE）、聚三氟氯乙烯（PCTFE）、氟-40

表 3.5-9　　各种塑料管材的优缺点比较（包含部分复合管材）

管　材	优　点	缺　点
硬聚氯乙烯（PVCU）	抗腐蚀力强、易于黏合、价廉、质地坚硬	有 PVCU 单体和添加剂渗出，不适用于热水输送，接头黏合技术要求高，固化时间较长
高密度聚乙烯（HDPE）	韧性好、较好的疲劳强度、耐温度性能较好、质轻、可挠性和抗冲性能好	熔接需要动力，机械连接
交联聚氯乙烯（PEX）	耐温性能好、抗蠕变性能好	只能用金属件连接，不能回收重复利用
聚丁烯（PB）	耐温性能好、良好的抗拉与抗压强度、耐冲击、低蠕变、高柔韧性	国内还没有 PB 树脂原料，依赖进口，价高
三型聚丙烯（PP-R）	耐温性好	在同等压力和介质温度的条件下，管壁最厚
氯化聚氯乙烯（CPVC）	耐温性最好、抗老化性能好	价高，仅适用于热水系统
苯乙烯（ABS）	强度大，耐冲击	耐紫外线差，黏结固化时间较长
玻璃钢（FRP、RPM）	内壁光滑、耐腐蚀、水密封性好、重量轻、对地形适应能力强	安装技术要求较高

表 3.5-10　　部分塑料管材的耐温性能比较（包含部分复合管材）

管　材	长期使用温度（℃）	短期使用温度（℃）	软化温度（℃）
硬聚氯乙烯（PVCU）	≤40	—	—
高密度聚乙烯（HDPE）	≤60	≤80	121
聚丁烯（PB）	≤90	≤95	124
苯乙烯（ABS）	≤60	≤80	94
三型聚丙烯（PP-R）、聚丙烯（PP-C）	≤60	≤90	140
交联聚氯乙烯（PEX）	≤90	≤95	133
氯化聚氯乙烯（CPVC）	≤90	≤95	125
铝塑复合（PEX-Al-PEX）	≤60	≤90	133
玻璃钢（FRP、RPM）	-30～80		

表 3.5-11　　部分塑料管道管径规格与承压能力

管　材	常用管径规格 DN (mm)	公　称　压　力 (MPa)
硬聚氯乙烯 (PVCU)	20、25、32、40、50、63、75、90、110、160、200、225、315、400、500、630	0.40、0.60、0.80、1.00、1.25、1.60
聚乙烯 (PE)	63、90、110、160、200、250、300	0.40、0.60、0.80、1.00、1.25、1.60
苯乙烯 (ABS)	15～300	0.40、0.60、0.80、1.00
三型聚丙烯 (PP-R)、聚丙烯 (PP-C)	≤100	1.25、2.50
交联聚氯乙烯 (PEX)	16、20、25、32、40、50、63	1.25
氯化聚氯乙烯 (CPVC)	20、25、32、40、50、63、75、90、110、140、160	1.00、1.60
铝塑复合 (PEX-Al-PEX)	≤75	0.86～1.00
玻璃钢 (FRP、RPM)	110、125、150、175、200～4000	0.25、0.60、1.00、1.60、2.00、2.50

2. 金属类管材

金属管按其材质可分为钢管、铸铁管、铜管、不锈钢管等。

钢管按其制造方法分为无缝钢管和焊接钢管两种。无缝钢管用优质碳素钢或合金钢制成，有热轧、冷轧（拔）之分。焊接钢管是由卷成管形的钢板以对缝或螺旋缝焊接而成。无缝钢管可用于各种液体、气体管道等。焊接管道可用于输水管道、煤气管道、暖气管道等。

(1) 焊接钢管：

1）低压流体输送用焊接钢管与镀锌焊接钢管。由碳素软钢制造，是管道工程中最常用的一种小直径的管材，适用于输送水、煤气、蒸汽等介质，按其表面质量的不同，分为镀锌管（俗称白铁管）和非镀锌管（俗称黑铁管）。内外壁镀上一层锌保护层的较非镀锌的约重3%～6%。按其管材壁厚不同分为薄壁管、普通管和加厚管三种。薄壁管不宜用于输送介质，可作为套管用。

2）直缝卷制电焊钢管。可分为电焊钢管和现场用钢板分块卷制焊成的直缝卷焊钢管。能制成几种管壁厚度。

3）螺旋缝焊接钢管。分为自动埋弧焊接钢管和高频焊接钢管两种。

a. 螺旋缝自动埋弧焊接钢管。按输送介质的压力高低分为甲类管和乙类管两类。甲类管一般用普通碳素钢Q235、Q235F及普通低合金结构钢16Mn焊制，乙类管采用Q235、Q235F、Q195等钢材焊制，用做低压力的流体输送管材。

b. 螺旋缝高频焊接钢管。目前尚没统一的产品标准，一般采用普通碳素钢Q235、Q235F等钢材制造。

(2) 无缝钢管。按制造方法分为冷拔（轧）管和热轧管。冷拔（轧）管最大公称直径为200mm，热轧管最大公称直径为600mm。在管道工程中，管径超过57mm时，常选用热轧管，管径小于57mm时常用冷拔（轧）管。管道工程常用的无缝钢管有下列3种：

1）一般无缝钢管。简称为无缝钢管，用普通碳素钢、优质碳素钢、普通低合金钢和合金结构钢制造，用于输送液体管道或制作复杂管路构件。

无缝钢管按外径和壁厚供货，在同一外径下有多种壁厚，承受的压力范围较大。通常钢管长度，热轧管为3.0～12.5m，冷拔（轧）管为1.5～9.0m。

2）低中压锅炉用无缝钢管。由10号、20号优质碳素钢制造。

(3) 铸铁管。由生铁制成。按制造方法不同可分为砂型离心承插直管、连续铸铁直管及砂型铁管。按所用的材质不同可分为球墨铸铁管及高硅铁管。铸铁管多用于给水、排水和煤气等管道工程。

普通排水铸铁承插管及管件。柔性抗震接口排水铸铁直管，该类铸铁管采用橡胶圈密封、螺栓紧固，在内水压下具有良好的挠曲性、伸缩性。能适应较大的轴向位移和横向由挠变形，适用于高层建筑室内排水管，对地震区尤为合适。

(4) 有色金属管。用于输水系统的主要有铝及铝合金管。铝及铝合金指含铝为98%的工业纯铝和以铝为主体另掺有铜、镁、锰、锌、铬等合金元素的铝合金。铝及铝合金管由工业纯铝或铝合金经拉制或挤压制造成型。铝有较好的耐酸蚀性。

其他有色金属管还有铜及铜合金管、铅及铅合金管，在输水系统中少有应用。

3. 水泥类管材

水泥类管材包括混凝土管、钢筋混凝土管、石棉水泥管等。混凝土管又可分为自应力混凝土管、预应力混凝土管。钢筋混凝土管又可分为自应力钢筋混凝土管、预应力钢筋混凝土管。

4. 基他复合材料类管材

预应力钢筒混凝土管材（PCCP）是由预应力钢丝、钢筒、混凝土构成的复合管材。这种管材是在带钢筒的混凝土管芯上，环向缠绕预应力钢丝，最后在管芯外部施喷水泥砂浆保护层而制成的预应力管材，它可以承受较大的内水压力。这种管材主要应用于输水干线、配水管、火电厂循环水管、高压排污管、倒虹吸工程等。

3.5.3.2 管材选择的要求与方法

1. 技术要求

（1）能承受设计要求的工作压力。管材容许工作压力应为管道最大正常工作压力的1.4倍。当管道可能产生较大水击压力时，管材的允许工作压力应不小于水击时的最大压力。

（2）管壁要均匀一致，壁厚误差应不大于5%。

（3）地埋暗管在农业机具和车辆等外荷载的作用下径向变形比（即径向变形量与外径的比值）不得大于5%。

（4）满足运输和施工的要求，能承受一定的局部沉陷应力。

（5）管材内壁光滑，内外壁无可见裂缝，耐土壤化学侵蚀及年限要求。

（6）管材与管材、管材与管件连接方便。连接处应满足工作压力、抗弯折、抗渗漏、强度、刚度及安全等方面的要求。

（7）移动管道要轻便、易快速拆卸、耐碰撞、耐摩擦、不易被扎破及抗老化性能好等。

（8）当输送的水流有特殊要求时，还应考虑对管材的特殊需要。如灌溉与饮水结合的管道，要符合输送饮用水的要求。

（9）管材的选用应从节约国家资源和加强环境保护出发，尽可能采用技术成熟、耐蚀性强、节能的非金属新型管材。

2. 选择方法

在满足设计要求的前提下综合考虑下列经济因素进行管材选择：

（1）管材管件价格。

（2）施工费用，包括运输费用、当地劳动力价格、施工辅助材料及施工设备费用。

（3）工程的使用年限。

（4）工程维修费用等。

在经济条件较好的地区，固定管道可选择价格相对较高但施工、安装方便及运行可靠的硬PVC管、PE管、FRP管及RPM管等；移动管道可选择涂塑软管或合金铝管。在经济条件较差的地区，可选择价格相对较低的管材。如固定管可选素混凝土管、水泥砂土管等地方管道。在水泥、砂石料可就地取材的地方，如果压力要求不高，选择就地生产的素混凝土管较经济。在缺乏或远离砂石料的地方，选择塑料管则可能是经济的。此外，选择管材还要考虑运行条件及施工环境的特殊要求。在管道有可能出现较大不均匀沉陷的地方，不宜选择需要刚性连接的素混凝土管，可选柔性较好的塑料硬管。在丘陵和砾石较多的山前平原，管沟开挖回填较难控制，可选择外刚度较高的双壁波纹PVC管，或选用柔性较好的PE管。在跨沟、过路的地方，可选择钢管、铸铁管。在矿渣、炉渣堆积的工矿区附近，可利用矿渣、炉渣等当地材料制作水泥预制管。

3.5.4 管道系统结构设计

3.5.4.1 管道连接方式

（1）螺纹连接。*DN*80口径以下的管比较适合这种连接，管件材质为铸铁涂塑。

（2）法兰式连接。*DN*150～1020口径的管适合这种连接，管件材质为钢制涂塑或涂塑热铸。

（3）沟槽卡箍式连接。*DN*80～300口径的管适合这种连接，管件材质铸铜或球墨铸铁内塑，该方法管件价格高，而且施工中容易出现端口保护不到位的问题。

（4）承插式连接。*DN*100～1200口径的管适合这种连接，管件材质为钢或球墨铸铁，生产加工可按厂家要求进行。

（5）焊接式连接。*DN*450～1020口径的所有管均适合这种连接，管件材质为钢塑复合管，焊口要进行修补。

（6）管道丝扣连接。多用于镀锌钢管、衬塑镀锌钢管。

（7）管道黏接连接。多用于U-PVC管、ABS管。

（8）管道的卡套式连接。多用于铝塑复合管。

（9）管道的热熔连接。多用于PP-R管、PB管、PE管。

3.5.4.2 管道纵断面设计

一般情况下，管道应尽量埋设于地下，只有在特殊需要及特殊情况下才考虑明设。在基岩出露或覆盖层很浅的地区，可明设或浅沟埋设，但需考虑保温防冻和其他安全措施。

应根据土壤冰冻深度及地面承受荷载的大小确定管线覆土深度。

(1) 非冰冻地区管道的管顶埋深主要由外部荷载、管材强度、管道交叉以及土壤地基等因素决定。金属管道的覆土厚度一般不小于0.7m，当管道强度足够或者采取相应措施时，也可小于0.7m；为保证非金属管管体不因动荷载的冲击而降低强度，应根据选用管材材质适当加大覆土深度。对于大型管道，应根据地下水位情况进行管道放空时的抗浮计算，以确定覆土厚度，确保管道的整体稳定性。

(2) 冰冻地区管道的管顶埋深除决定于上述因素外，还需考虑土壤的冰冻深度，应通过热力计算确定。当无实际资料时，可参照表3.5-12采用。

表3.5-12　管顶在冰冻线以下的埋深

单位：mm

管　径	$DN\leqslant300$	$300<DN\leqslant600$	$DN>600$
管顶埋深	$DN+200$	$0.75DN$	$0.50DN$

如通过管道热力计算能满足各种条件时（如停水时的冻结时间等），可适当减少管道埋深。

(3) 当管道与铁路交叉时，其设计应按《铁路工程技术规范》(GBJ 10203) 规定执行，并取得铁路管理部门同意。

(4) 管道穿过河流时，可采用管桥或河底穿越等型式，有条件时尽量利用已有或新建桥梁进行架设。穿越河底的管道，应避开锚地，一般宜设两条，按一条停止工作时，另一条仍能通过设计流量进行设计。管道内流速应大于不淤流速。管顶距河底的埋深应根据水流冲刷条件确定，一般不得小于0.5m，但在航运范围内不得小于1.0m。并均应有检修和防止冲刷的设施。

(5) 管道纵断面设计应绘制管道埋设纵断面图，图中应标示出桩号、高程（包括地面高程、管轴线高程、管底高程、水压标高等）；还应包括管道跨（穿）越建筑物的位置、名称，管道上的阀门、安全设施、镇墩、支墩等。

3.5.4.3 管道附属设施

1. 阀门及阀门井

(1) 阀门。输配水管道上的阀门以采用暗杆为宜，亦可采用蝶阀。一般采用手动操作，直径较大时也可采用电动。

(2) 阀门井。输配水管道上的阀门一般应设在阀门井内。阀门井的尺寸应满足操作阀门及拆装管道阀件所需的最小尺寸。

阀门井应根据所在位置的地质条件、地下水位以及功能需要进行设置。

阀门井的材料一般用砖砌，需要时也可用钢筋混凝土建造。

阀门井的标准图可参见相关标准图集 (07MS101)。

2. 排气阀及排气阀井

(1) 在压力管道的隆起点上，应设置能自动进气和排气的阀门，用以排除管道内积聚的空气，并在管道需要检修、放空时进入空气，保持排水通畅；同时，在产生水锤时可使空气自动进入，避免产生负压，如图3.5-1所示。

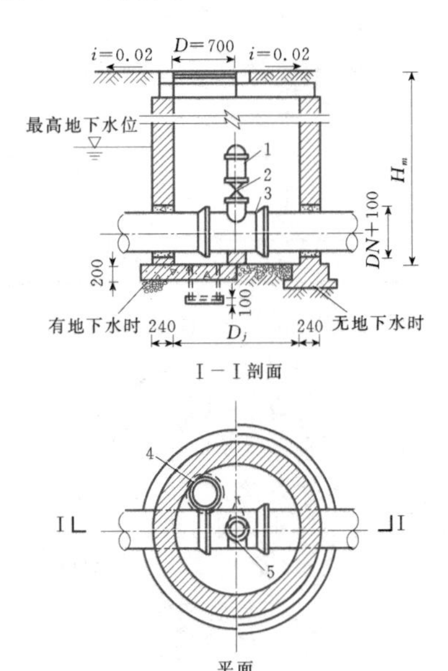

图3.5-1　管道排气阀安装井（单位：mm）
1—排气阀；2—阀门；3—排气T形管；
4—集水坑；5—支墩

(2) 排气阀的选用：

1) 排气阀的类型应根据输配水管的具体布置和排（进）气的要求，结合排气阀的功能合理选择。

2) 排气阀适用于工作压力小于0.1MPa的工作管道。

3) 排气阀及适用的管道直径见表3.5-13。小于$DN350$的管道一般选用单口排气阀，大于$DN400$管道选用双口排气阀。

(3) 排气阀必须设置检修阀门。根据管道布置，必要时可在排气阀前设置排气支管和阀门，以便于空气的紧急排放。

(4) 排气阀必须定期检修。经常养护，使进、排气灵活，尤其是直接用浮球密封气嘴的排气阀，在长期受压条件下易使浮球顶托气嘴过紧，影响浮球下落。

(5) 排气阀必须垂直安装。要求安装处环境清洁，以防止锈蚀，方便维修，并要考虑保温防冻。

表 3.5-13　　单、双排气口阀及适用的管道直径

单排气口阀			双排气口阀		
管路及丁字管直径（mm）		排气阀直径（mm）	管路及丁字管直径（mm）		排气阀直径（mm）
D	d		D	d	
100	75	16	400	75	50
125	75	16	450	75	50
150	75	16	500	75	50
200	75	20	600	75	75
250	75	20	700	75	75
300	75	25	800	75	75
350	75	25	900	100	100
—	—	—	1000	100	100
—	—	—	1200	100	100
—	—	—	1400	150	150
—	—	—	1600	150	150

（6）地下管道的排气阀须设置在井内，排气阀井可以砖砌，也可采用钢筋混凝土，阀井必须有排气出口，排气阀布置如图 3.5-1 所示。过桥管道等地面上的排气阀，应根据气候条件，采取保温措施。

3. 排水管及排水井

（1）在管道下凹处及阀门间管段的最低处，一般须设排水管和排水阀，以便排除管内沉积物或检修时放空管道。排水管应与母管底部平接并应具有一定坡度。

（2）如地形高程允许，应直接排水至河道、沟谷。如地形高程不能满足直排要求，可建湿井或集水井，再用水泵将水排出。排水井可根据地质条件和地下水位情况可以砖砌，也可采用钢筋混凝土结构。

（3）排水阀和排水管道的直径应根据要求的放空时间由计算确定，一般情况下，排水管及排水阀的布置及安装，可参考相关标准图集。

3.5.4.4 管道稳定与安全设施

敷设管道前，应充分了解沿线地段的土壤性质、地下水位情况，考虑采取相应的管道基础。

（1）一般土壤地区。应尽量埋设在土壤耐压强度较高、未经振动的天然地基上，施工时应采取适当排水措施，防止地基扰动。常用管道基础见表 3.5-14。

1）一般情况下，铸铁管、钢管、塑料管的敷设可不作基础处理，只将天然地基整平，管道敷设在未经扰动的原土上；如遇地基较差或含岩石地区埋管时，可采用砂基础。

2）承插式钢筋混凝土管的敷设如地基良好，也可不设基础；如地基较差则需做砂基础或混凝土基础。采用混凝土基础时，一般可用垫块法方式，管子下到沟槽后用混凝土块垫起，待符合设计高程进行接口。接口安装完毕后经试压合格后再浇筑整段混凝土基础。每隔一定距离，在柔性接头下留出 60～80cm 范围不浇混凝土而改用填砂，以使柔性接口可以自由伸缩沉降。

表 3.5-14　　常用的管道基础

种　类	型　式	适 用 条 件
天然弧形基础	天然土	（1）地基承载力较高，无地下水位处（如干燥的黏土、粉质黏土等）； （2）用于敷设金属管道或塑料管道时，必要时需夯实地基
砂基础	天然土　≥90°　100～200　a　$a+400$	（1）在岩石或半岩石层地基中，需铺砂找平，金属管或塑料管，其厚度应大于 100mm，对其他非金属管道，其厚度不小于 150～200mm，并均应夯实； （2）宜采用粗砂或中砂做基础材料
混凝土基础	δ　d_1　90°　$(2\sim2.5)\delta>150$　$\geqslant d_1+150$　100～150	（1）当地基土壤松软时（在遇流砂及沼泽时，还应做桩排架）； （2）混凝土强度等级不低于 C15

3）特殊管道基础的具体做法应根据所选择的不同管材，结合工程的实际条件，在设计时加以确定。

（2）流砂及淤泥地区。在地下水位较高的粉砂、细砂土中埋管，可能发生流砂，直接影响埋管施工的工程质量和投产后的使用。

1）防止出现流砂现象的措施：①宜选择地下水位低的季节进行施工；②采取降低地下水位的有效排水措施，必要时采用井点降水；③在沟槽两侧打入板桩，使水渗流途径增长，并选用适当的排水措施，避免或减轻流砂现象；④用冻结法造成一定的冰冻深度，使地下水停止流动。

2）管道土壤加固的措施：①若管底淤泥层不厚，可将淤泥层挖掉而换成砂砾石、砂垫层；②在流砂现象不严重时，可采用填块石的方法。施工时，边挖土边将块石挤入扰动土层中，挤入深度可达0.3～0.6m，块石之间的缝隙则用砂砾石填充。此外，也可先在流砂土层上铺设草包或荒芜席，其上放一层竹笆，再放大块石加固，然后再做混凝土基础。

3）桩基础。如沟槽底遇松软土质，而且地下水位较高，采用明排水有困难时，可根据实际情况采取适当的加固处理措施。根据一些地区的施工经验，可采用各种桩基础处理。

（3）膨胀土地区。膨胀土由强亲水黏土矿物组成，是一种具有吸水膨胀、失水收缩、反复胀缩变形且变形量大的黏性土。

由于输水管道接口可能产生微量渗水，加上自然降水、大气蒸发、地温梯度等周期性变化的影响，促使膨胀土得失水分，管道基础胀缩变形，以致管道升、降而开裂破坏，影响安全使用。

在膨胀土地区埋管尽量采取快速施工法，以减少土壤水分的变化。膨胀土地区埋管设计，一般采用球墨铸铁管、PCCP管或预应力钢筋混凝土管和柔性接口，并验算接口容许变形量与膨胀土基础胀缩变形的适应情况，以确定埋管的安全性。水管尽可能深埋，避开地下水位变化的影响。

设计应注意下列事项：

1）管道应采用柔性接口。

2）尽量减少胀缩变形量，可采用砂垫层，铺砂厚度视土壤胀缩情况而定，一般采用30～50cm。

3）采用分段快速施工法，施工完毕及时试压，合格后立即回填。

4）做好沟槽排水，夏季施工应防止沟槽暴晒、土壤失水；雨季施工应有防水措施，严防出现浮管和沟槽浸水。

5）膨胀土的自然稳定坡角为9°～24°，深挖管沟施工时，应防止槽壁塌方，可采用临时支撑或槽壁封面措施，或按稳定边坡开挖。

6）回填土应充分夯实，最好选用非膨胀土、弱膨胀土或掺有10%石灰的膨胀土，回填后地面不能有低洼积水，应有散水坡排除地表积水。地表最好有混凝土层。

7）管道外壁两侧各5m以内，不应有灌溉水沟，以免人为改变膨胀土得失水分的状况。

8）管道地面不可绿化，避免地面浇水渗入地下。

（4）地震区。在地震区敷设管道时，应使在出现设计烈度的地震时，将震害控制在局部范围内，尽量避免造成次生灾害，并便于抢修和迅速恢复使用。

地震区埋管设计必须满足相应抗震设计规范的规定，设计烈度高于Ⅸ度或有特殊抗震要求时，应进行专门的研究。

设计应注意下列各项：

1）管线走向应尽量选择对工程抗震有利的地段，避开不利地段，不应选择在危险地段。

管道宜埋设于稳定地段，避开Ⅳ类场地，并应尽量避免直接将可液化土层做主要持力层。

2）地下管道的管材选择，应符合下列要求：

a. 地下直埋管应尽量采用延性较好或具有较好柔性接口的管材。

b. 地下管道应尽量采用承插式胶圈接口。

c. 过河倒虹吸管和架空管、通过地震断裂带的管道、穿越铁路或其他主要交通干线以及位于地基土为可液化土地段的管道，应采用钢管。

3）地下直埋承插式管道的直线管段上，当采用胶圈水泥填料的半柔性接口代替柔性接口时，应在全线采用半柔性接口。

4）地下直埋承插式管道在下列部位应采用柔性连接：

a. 地基土质有突变处。

b. 穿越铁路及其他重要的交通干线两端。

c. 过河倒虹吸管或架空管的弯头两侧。

d. 承插式管道的丁字管、十字管和大于45°弯头等配件与直线管段连接处。

5）管网的阀门应合理布置，并应便于养护和管理，阀门应设置阀门井。

6）当设计地震烈度为Ⅶ度、Ⅷ度且地基为可液化土地段及设计地震烈度为Ⅸ度且场地土为Ⅲ类时，地下管网的阀门井等附属构筑物的砖砌体，应采用等级不低于MU7.5砖、M5砂浆砌筑，并应配置环向水平封闭钢筋，每50cm高度不宜少于2ϕ6。

7）设置在河、湖、坑、沟边缘地带的构筑物和管道，应采取适当的抗震措施。

（5）支墩。当管内水流通过承插接头的弯头、丁字支管顶端、管道顶端等处产生的外推力大于接口所能承受的拉力时，应设置支墩，以防止接口松动脱节。

1）设置条件：

a. 采用水泥填料接口的球墨铸铁管，管径不大于 350mm，且试验压力不大于 1.0MPa 时，在一般土壤地区使用石棉水泥接头的弯头、三通处可不设支墩；但在松软土壤中，则应根据管中试验压力和土壤条件，计算确定是否需要设置支墩。

b. 采用其他型式的承插接口管道，应根据其接口容许承受的内压力和管配件型式，按试验压力进行支墩计算。

c. 在管径大于 700mm 的管线上选用弯管，若水平敷设，应尽量避免使用 90°弯管；若垂直敷设，应尽量避免使用 45°及以上的弯管。

d. 支墩不应修建在松土上，利用土体被动土压力承受推力的水平支墩，其后背必须为原状土，并保证支墩和土体紧密接触，如有空隙，需用与支墩相同材料填实。

e. 水平支墩后背土壤的最小厚度应大于墩底在设计地面以下深度的 3 倍。

2）支墩材料及型式。支墩一般采用 C15 混凝土。主要支墩的一般布置型式如下：

a. 水平弯管支墩，包括 11°15′、22°30′、45°、90°等弯管，见图 3.5-2。

b. 水平叉管支墩，见图 3.5-3。

c. 水平丁字管支墩，见图 3.5-4。

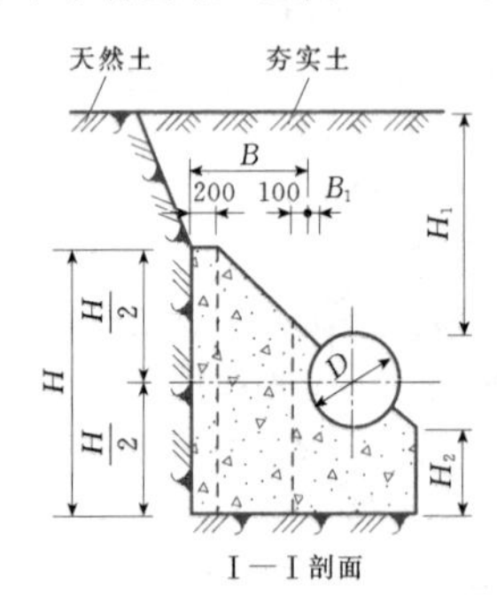

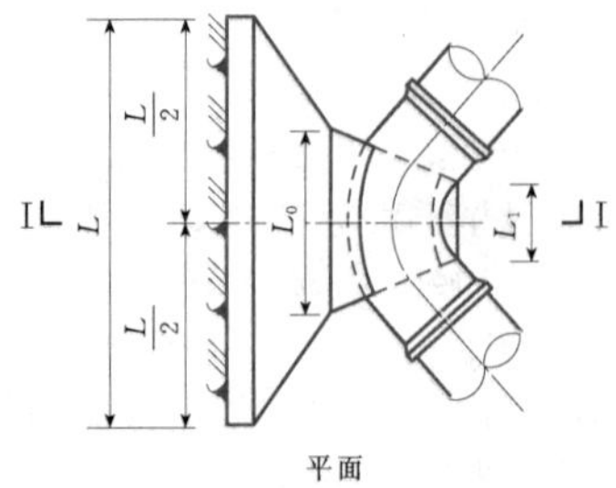

图 3.5-2　水平弯管支墩（单位：mm）

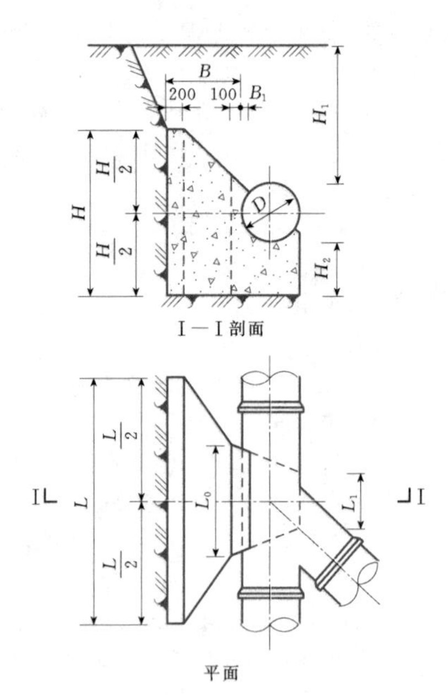

图 3.5-3　水平叉管支墩（单位：mm）

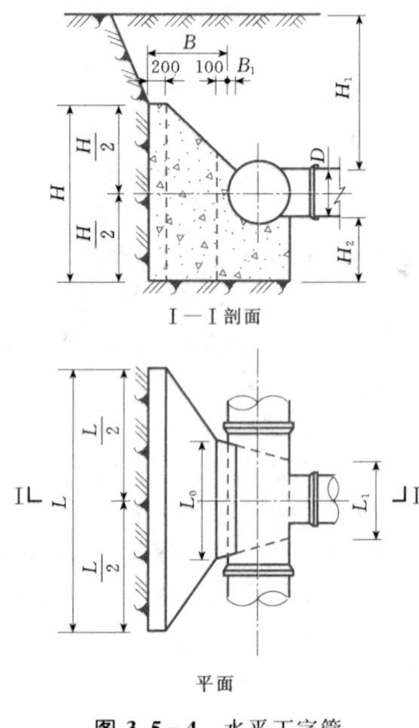

图 3.5-4　水平丁字管支墩（单位：mm）

d. 水平管堵头支墩，见图 3.5-5。

e. 向上弯管支墩，见图 3.5-6。

f. 向下弯管支墩，见图 3.5-7。向下弯管支墩内的直管段应内包玻璃布一层缠草绳两层，再包玻璃布一层。

3）设计原则及计算公式：

a. 管道截面计算外推力。考虑接口允许承受内

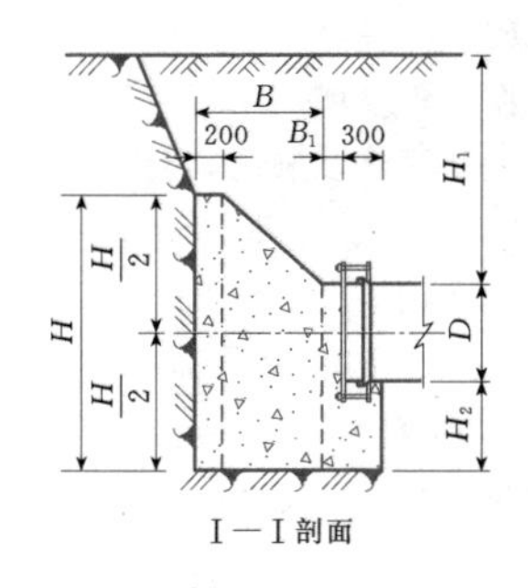

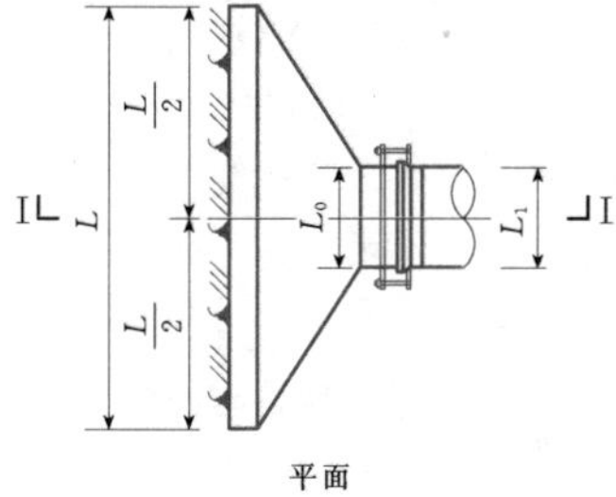

图 3.5-5　水平管堵头支墩（单位：mm）

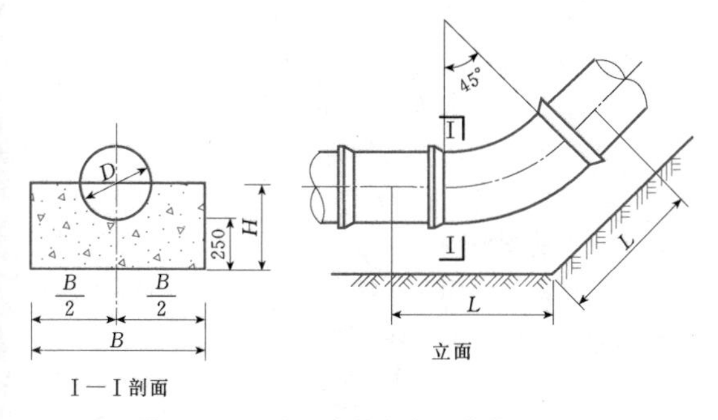

图 3.5-6　向上弯管支墩（单位：mm）

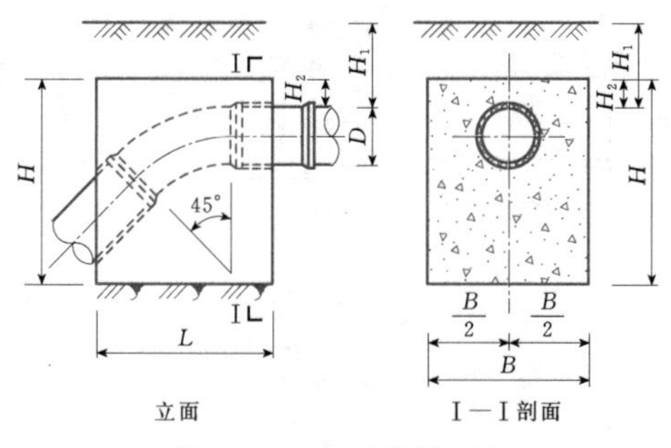

图 3.5-7　向下弯管支墩

水压后的管道截面计算外推力 P 采用式（3.5-14）计算：

$$P = 0.785D^2(p_0 - kp_s)\ \text{(N)} \tag{3.5-14}$$

式中　p_0——按国家验收标准规定的试验压力，N/mm^2；

p_s——各种接口容许内水压力，N/mm^2；

D——管道内径，mm；

k——考虑接口不均匀性等因素的设计安全系数（$k<1$）。

b. 截面计算外推力 P 对支墩产生的压力 R：

水平弯管（见图 3.5-8）采用式（3.5-15）计算：

$$R = 2P\sin\alpha/2\ \text{(N)} \tag{3.5-15}$$

式中　α——弯管的角度，(°)。

丁字管及堵头（见图 3.5-9）采用式（3.5-16）计算：

$$R = P\ \text{(N)} \tag{3.5-16}$$

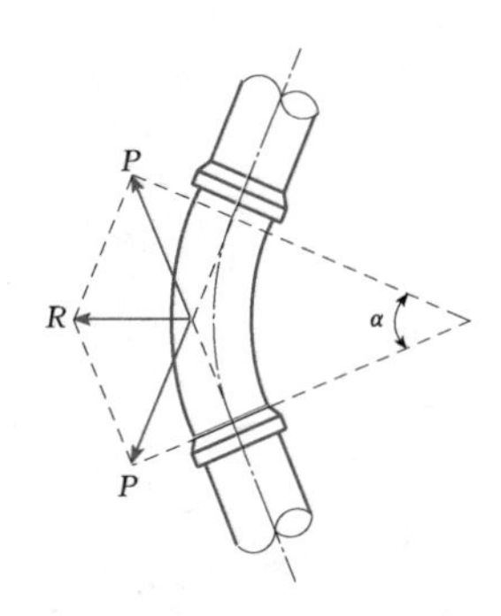

图 3.5-8　弯管受力示意图

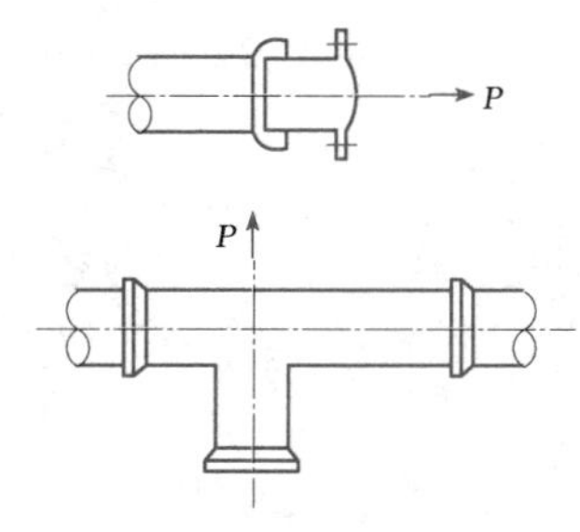

图 3.5-9　丁字管受力示意图

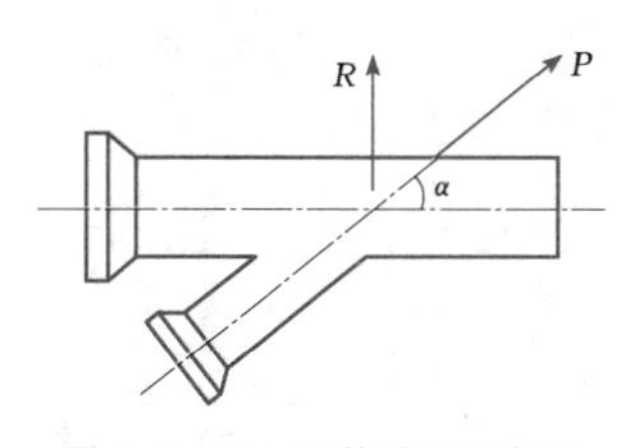

图 3.5-10　叉管受力示意图

叉管（见图 3.5-10）采用式（3.5-17）计算：

$$R = P\sin\alpha\ \text{(N)} \tag{3.5-17}$$

水平弯管、丁字管、叉管、堵头等支墩截面外推力的合力 R 应小于支墩后背被动土压力与支墩底面摩擦阻力之和（见图 3.5-13），采用式（3.5-18）计算。

$KR \leqslant$ 支墩总阻力 T：

$$T = T_1 + T_2 \quad (\mathrm{N}) \qquad (3.5-18)$$

式中　K——安全系数，$K \geqslant 1.5$；

T_1——被动土压力，N；

T_2——底面摩擦力，N。

向上弯管支墩：向上（或向下）弯管见图 3.5-11、图 3.5-12。

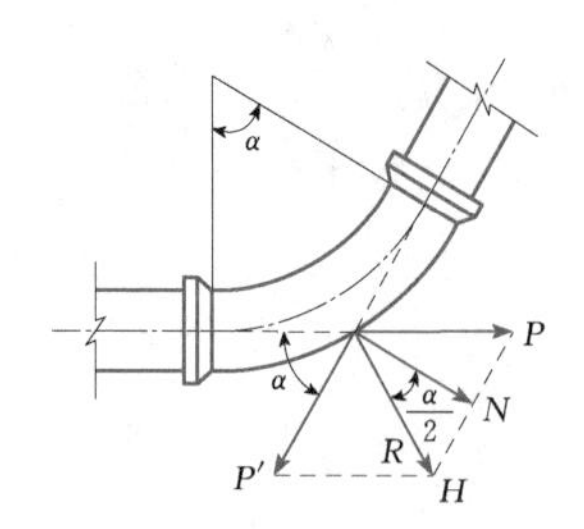

图 3.5-11　向上弯管受力示意图

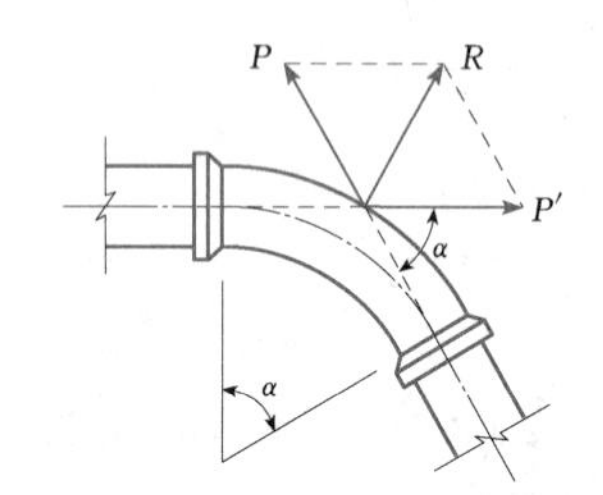

图 3.5-12　向下弯管受力示意图

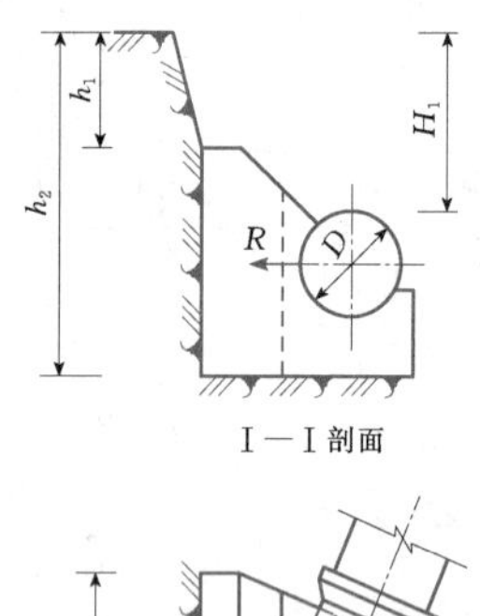

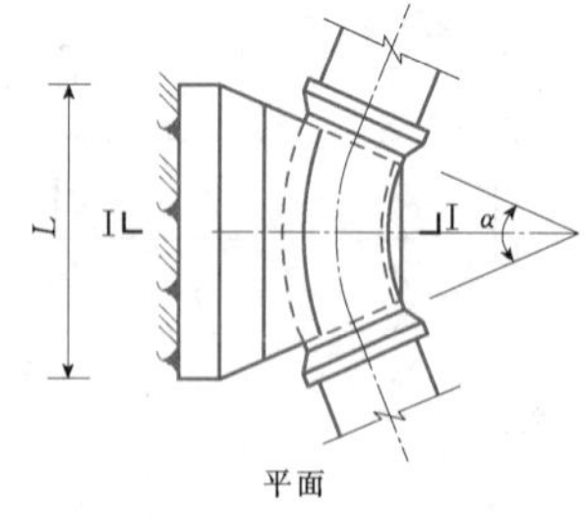

图 3.5-13　水平弯管支墩受力示意图

R 又可分解为向下（或向上）的分力及沿弯管轴线方向的分力，前者由支墩承受，后者由管道接口承受。分力 N 及水管充水重量由墩底地基土承受，其半包支墩投影面积 F 按式（3.5-19）计算：

$$F = \frac{N + G_1'}{[R] - \gamma H} \quad (\mathrm{m}^2) \qquad (3.5-19)$$

式中　N——R 的垂直分力，kN；

G_1'——作用于支墩的弯管及充水总重，kN；

$[R]$——地基容许承载力，kPa；

γ——混凝土重度，$\mathrm{kN/m^2}$；

H——墩高，m。

向下弯管支墩：向下截面外推力合力 R 的竖向分力 N 应小于墩体总重量，水平分力 N_p 应小于管道接口容许承受的摩阻力，且与 α 有关：

当 $\alpha = 11°15'$时，$N_p = 0.02P$；

当 $\alpha = 22°30'$时，$N_p = 0.08P$；

当 $\alpha = 45°$时，$N_p = 0.414P$。

由竖向作用力计算公式可知，向下弯管应尽可能选用小角度的弯管，以减少支墩的重量。

3.5.5　管道明设

管道明设一般指非埋地管道的敷设，塑料管道不得明设。

1. 一般地区

(1) 在山区敷设明管时，一定要避开滚石、滑坡地带，以防止管道被砸坏及地基破坏。

(2) 当管道坡度达 15°～25°以上时，管道下面应设挡墩支承，防止因管道下滑拉坏接口。

(3) 管道在转弯处设固定支墩。

(4) 承插式管道在接口处需设支墩。

(5) 直线管段隔 8～12m 需设一滑动支墩，并需另设固定支墩。设固定支墩的间距应按其受力条件和所采用的材料由计算确定。

(6) 明设管道由于受温度影响较大，故需设置伸缩器，套管式伸缩器应按顺水流方向安装，见图 3.5-14。

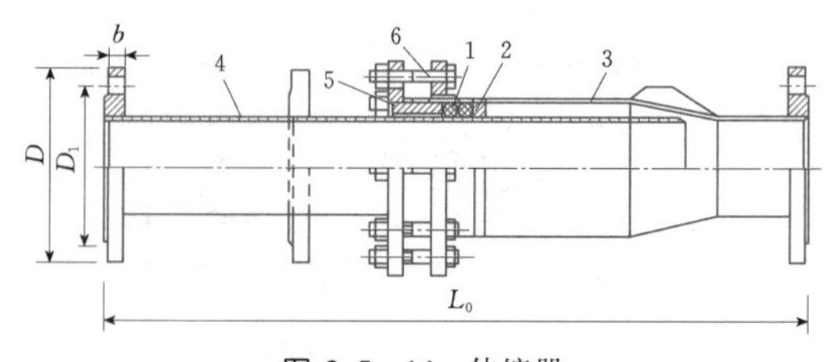

图 3.5-14　伸缩器

1—圆橡胶圈；2—钢挡圈；3—外筒；4—内筒；5—卡环；6—螺栓

安装时伸缩器可伸缩长度可按式（3.5-21）计算：

$$\Delta L = \Delta T L \alpha \qquad (3.5-20)$$

式中　ΔL——管道伸缩长度，mm；

ΔT——计算温差，℃；

α——线性膨胀系数，mm/(m・℃)，一般可取 0.07。

套管式伸缩器宜采用定型产品。具体型号及使用范围可参阅相关设计手册。

套管式伸缩器一般适用范围及布置如下：

1）工作压力 $p_N \leqslant 1.0$MPa、水温低于40℃的输水管道。

2）伸缩器的伸缩长度应符合产品容许的伸缩长度，超过时需另行设计。

3）套管式伸缩器安装在直线管道上，管道两端必须设置滑动支座，以保证管道能自由伸缩；当套管工伸缩器敷设在地下时，应设置保护井。

4）安装伸缩器时，管道中心与伸缩器中心应保持一致。

5）伸缩器的耐压性能应与管道工作压力相一致，并应满足管道试验压力要求。

2. 寒冷地区

寒冷地区要充分考虑防冻措施。

3. 地震区

在地震区应尽量考虑将管道埋于地下。如必须进行架空明设时，除满足一般地区明设规定和地震区埋管有关设计要求外，还应进行抗震核算，此外还必须注意下列事项：

（1）架空管道不得架设在设防标准低于其设计地震烈度的建筑物上。

（2）架空管道的支架宜采用钢筋混凝土结构。当设计地震烈度为Ⅶ～Ⅷ度且场地为Ⅰ、Ⅱ类时，管道支线的支墩可采用砖、石砌体。

（3）架空管道的活动支架上应设置侧向挡板。

3.5.6 管道穿越障碍物

3.5.6.1 跨越河道

管道通过河道时的跨越型式可分为河底穿越和河面跨越。

河底穿越（倒虹吸管）的施工方法有：围堰、河底开挖埋设；水下挖泥，拖运，沉管敷设；顶管等方法。河面跨越可将管道敷设于车行（人行）桥梁上或设专用的管桥架设过河。管桥型式可因地制宜选用。

1. 跨越型式的选择

选择跨越型式时，需考虑以下因素，并经过技术经济比较后确定：

（1）河道特性。包括河床断面的宽度、深度、流量、水位、流速、冲刷变迁、地质等情况。

（2）河道通航情况及施工期需要停航的可能性。

（3）过河管道的水压、管材、直径。

（4）河两岸地形、地质条件和地震烈度。

（5）施工条件及施工机具的可能。

各种跨越河道型式的一般适用条件及比较见表3.5-15。

表3.5-15 各种跨越河道型式的一般适用条件及比较

跨越型式		优　缺　点	适用条件
河底穿越	倒虹吸管	优点： （1）对河道宽度、地质条件、管径等适应性较强； （2）不需采取保温措施 缺点： （1）施工较复杂； （2）事故检修麻烦； （3）防腐措施要求较高	（1）航运繁忙，不容许或只容许短时停航的河道，可采用顶管或沉管施工；容许断航的河道，可采用围堰或水下开挖施工； （2）不容许在河道中建造支座等妨碍行洪的设施时； （3）顶管法适用于大管径管道过河； （4）冲刷较少、非岩石的较稳定河床
河面跨越	敷设在桥上	优点： （1）施工较方便，不需进行水下施工或仅有部分水下施工； （2）维修管理方便； （3）防腐措施要求一般； （4）可利用钢管自身支承跨越 缺点： （1）需采取保温、伸缩及排气等措施； （2）对河道通航有一定影响； （3）桁架、拱管等只适用于宽度不大的河道； （4）安全性较差，易遭破坏	（1）现有桥梁容许架设时； （2）一般管径较小
	支墩式		（1）施工时河道容许停航或部分停航； （2）河床及河岸地形较平缓、稳定； （3）河床及河岸地质条件尚好
	桁架式（悬索、斜拉、拱架等）		（1）河床陡峭、水流湍急，水下工程施工极为困难； （2）两岸地质条件良好、稳固； （3）两岸地形条件复杂，施工场地较小； （4）具有良好的吊装设备
	拱管式		（1）河道不容许停航，但有架设拱管的条件； （2）具有良好的吊装设备； （3）河床不宜过宽，一般不大于40～50m

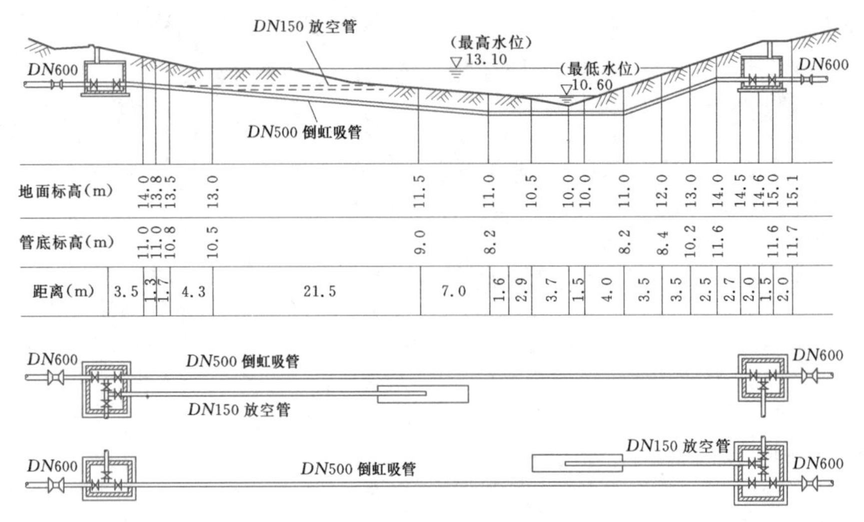

图 3.5-15 倒虹吸管（高程单位：m）

2. 水下敷设倒虹吸管

采用倒虹吸管时，应尽量避开锚地，一般敷设成两条，按一条停止工作、另一条仍能通过设计流量考虑；应选在河床、河岸不受冲刷的地段；两端根据需要设置阀门井、排气阀和泄水装置，见图 3.5-15。设计前应勘测穿越的河床横断面、水位和工程地质资料，以确定倒虹吸管的弯曲角度、敷设高度、基础型式等。

(1) 设计要点：

1) 倒虹吸管敷设在河床下的深度，应根据水流冲刷等情况确定，一般管顶距河床底面的距离不小于 0.5m，在航运范围内不得小于 1.0m，同时满足抗浮要求。

2) 在河床下敷管需考虑防止冲刷的措施，当河床土质不良时，需做管道基础（见图 3.5-16），遇有流砂时，还需设固定桩（见图 3.5-17）。

3) 倒虹吸管内流速应大于不淤流速。当两条管道中有一条发生事故时，另一条管中流速不宜超过 2.5～3.0m/s。

4) 倒虹吸管一般采用钢管。小直径、短距离的倒虹吸管也可采用球墨铸铁管，但应用柔性接口。重力输水管线上的倒虹吸管可以采用钢筋混凝土管。

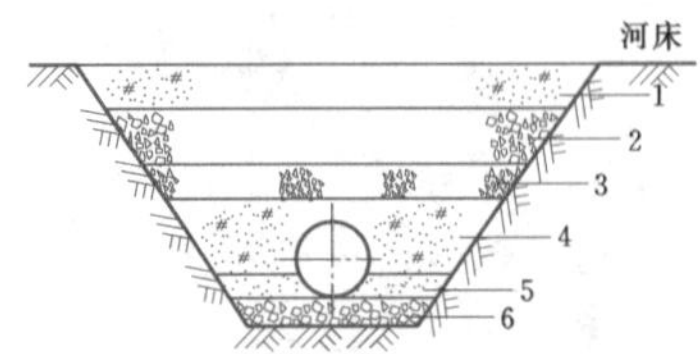

图 3.5-16 敷设于河床下的管道基础

1—回填土；2—大石块；3—小石块；4—回填土；5—砂层；6—碎石

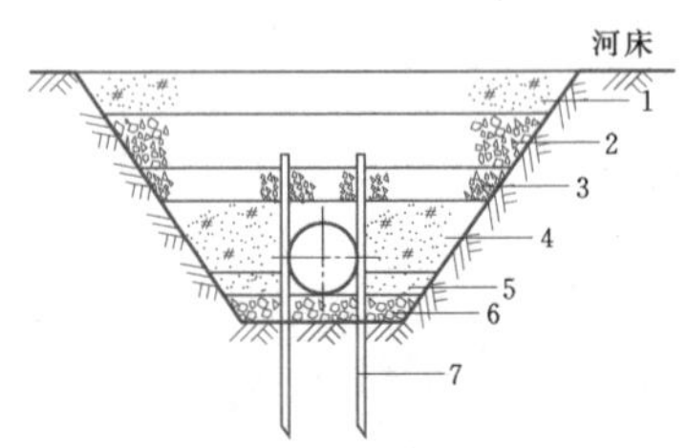

图 3.5-17 遇流砂时的管道基础

1—回填土；2—大石块；3—小石块；4—回填土；5—砂层；6—碎石；7—固定桩

5) 水下管段应按国家内河航运的有关规定，设立标志，标明水下管线位置。

6) 采用钢管时，要加强防腐措施，计算钢管壁厚时必须考虑腐蚀因素。

7) 倒虹吸管水力及结构设计请参阅第 4 章的相关内容。

(2) 施工设计要点：

1) 顶管施工法。采用顶管施工法时，管道埋深、顶管井的止水均应满足顶管施工要求；管道应加强防腐。在河床两岸设置的顶管工作井，可作为倒虹吸管运行时的检查井。

2) 沉管敷设。在航运繁忙、不容许全面停航或停航过久时，可采取预制管道水下沉放敷设方法。

3. 河面敷设架空管

跨越河道的架空管一般采用钢管、球墨铸铁管或钢骨架聚乙烯塑料类复合管，亦有采用承插式预应力钢管混凝土管的。距离较长时，应设伸缩接头，并在管道高处设排气阀门。为了防止冰冻，管道要采取保温措施。过河面架空敷设的方式如下：

(1) 敷设在桥梁上。水管跨越河道应尽量利用已有或拟建的桥梁敷设。可将水管悬吊在桥下，见图3.5-18 (*a*)，或敷设在桥边人行道下的管沟内，见图3.5-18 (*b*)，或利用桥墩架设。

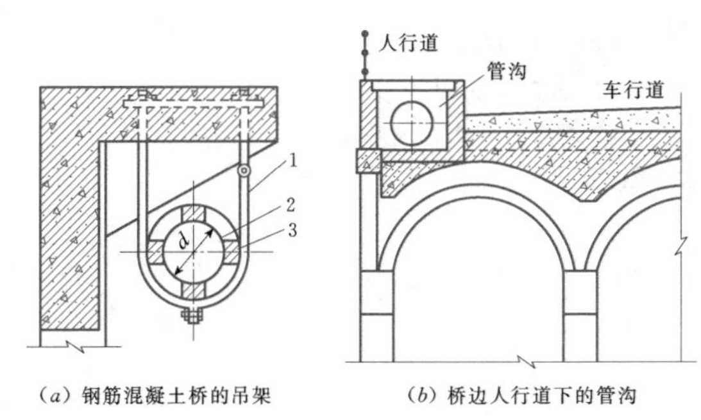

(*a*) 钢筋混凝土桥的吊架　(*b*) 桥边人行道下的管沟

图3.5-18 敷设于桥梁上的管道

1—吊环；2—钢管；3—块木

(2) 支墩式：

1) 在设计过河管道支墩时，如为通航河道，必须取得有关航道管理部门、航运部门及规划部门的同意，并共同确定管底高程、支墩跨距等；对于非通航河道亦应取得有关地区农田水利规划部门的同意。

2) 管道应选择在河宽较窄、地质条件良好的地段。

3) 支墩可采取钢筋混凝土桥墩式、桩架式（见图3.5-19）或预制支墩（见图3.5-20）等。

(3) 桁架及拉索式：

1) 可避免水下工程，但要求具有良好的吊装设备。

2) 要求两岸地质条件良好，地形稳定。

3) 两岸先建支墩或塔架，由桁架支承或钢索吊拉管道过河。

4) 一般采用的型式如下：

a. 利用双曲拱桁架的预制构件支承，采取柔性接口（见图3.5-21）。

b. 悬索桁架。所有金属外露构件、钢索等均须采取防腐处理；悬索在使用过程中下垂要增大，安装时应将悬索按设计要求的下垂度，先予以提高1/300跨长（见图3.5-22）。

c. 斜拉索过河管。斜拉索过河管是一种新型的过河方式，它的特点是利用高钢索（或粗钢筋）和钢管本身作为承重构件，可节约钢材，跨径越大越可显示其优越性。施工安装可利用两岸的塔架，施工安装方便（见图3.5-23）。

4. 拱管

(1) 拱管的特点是利用钢管本身既作输水管道，又作承重结构，施工简便，节省支承材料（见图3.5-24）。

(2) 一般采用的拱管矢高比为1/8～1/6，常用1/8。

(3) 拱管一般由若干节短管焊接而成。每节短管长度一般为1.0～1.5m，各节短管准确长度应通过计算确定。

(4) 各节短管的焊接要求较高，应采用双面坡口焊探伤检查，以避免在吊装时出现断裂。

(5) 吊装时为避免拱管下垂变形或开裂，可在拱管中部加设临时钢索固定。

(6) 拱管必须与两岸支座牢固结合。支座应按受力条件进行计算。

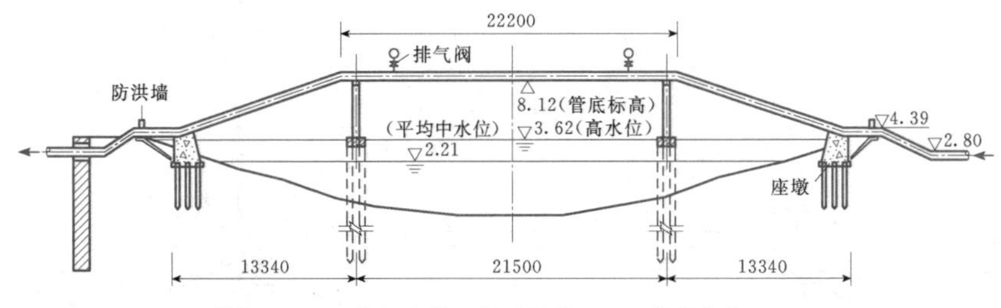

图3.5-19 桩架支墩（尺寸单位：m；高程单位：m）

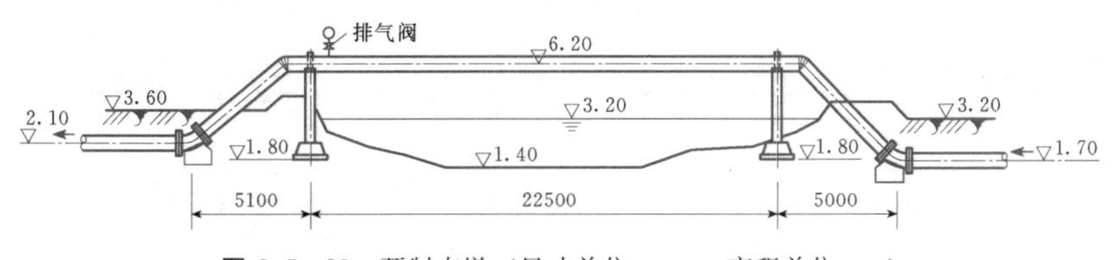

图3.5-20 预制支墩（尺寸单位：mm；高程单位：m）

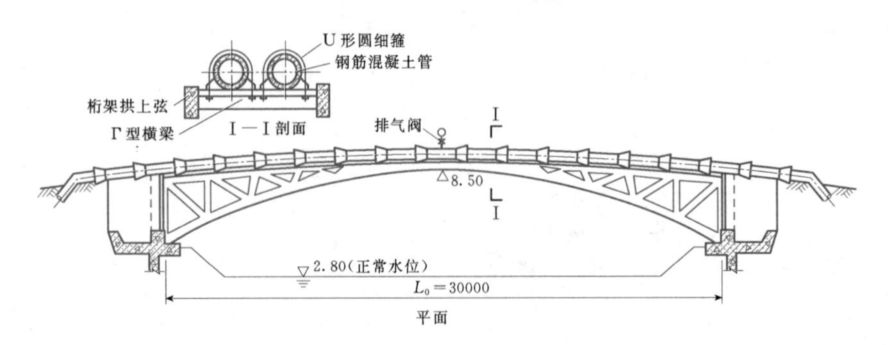

图 3.5-21 双曲拱桁架过河管（尺寸单位：mm；高程单位：m）

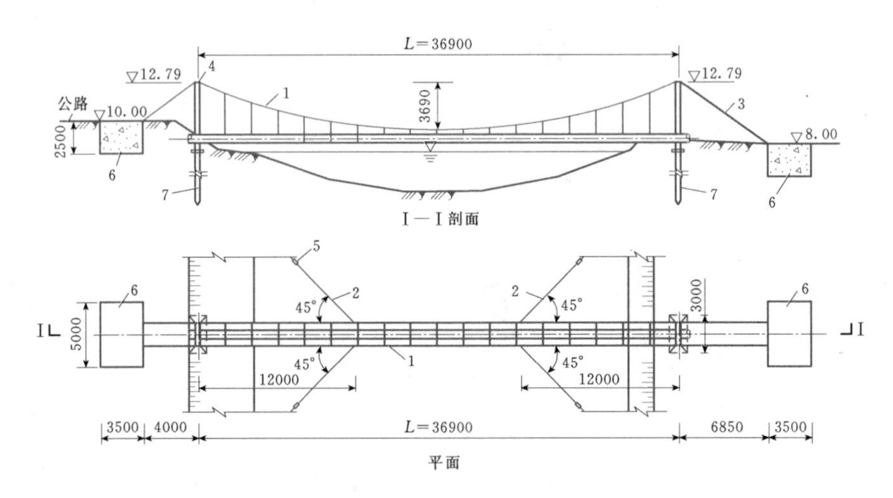

图 3.5-22 悬索桁架过河管（尺寸单位：mm；高程单位：m）

1—主缆；2—抗风缆；3—拉缆；4—索鞍；5—花篮螺丝；6—锁墩；7—混凝土桩

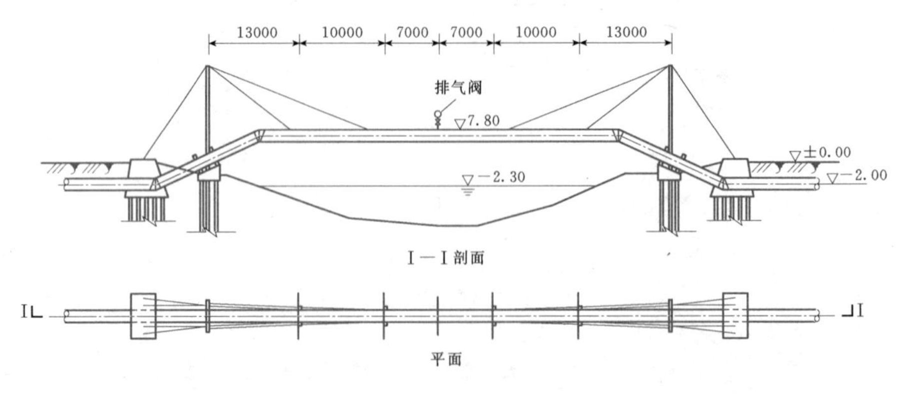

图 3.5-23 斜拉索过河管（尺寸单位：mm；高程单位：m）

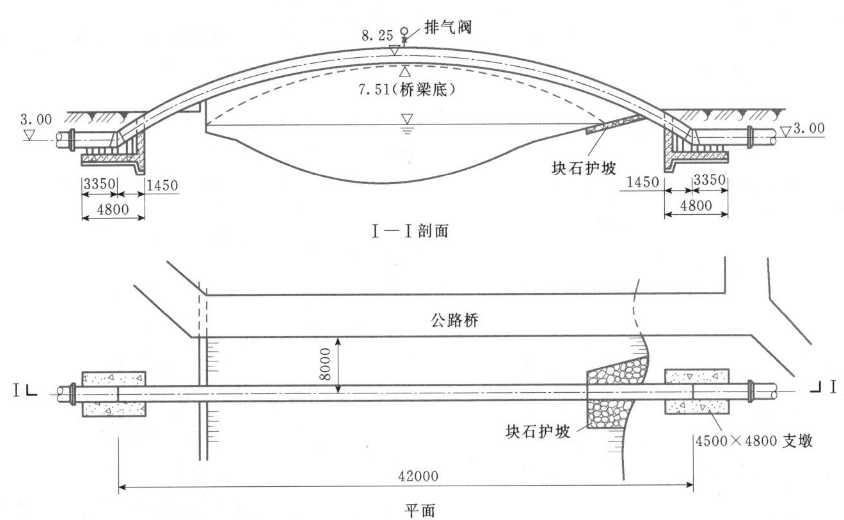

图 3.5-24 过河拱管（尺寸单位：mm；高程单位：m）

3.5.6.2 穿越铁路

确定管道穿越铁路的地点、方式和施工方法时，必须取得有关铁路部门的同意，并应遵循有关穿越铁路的技术规范。

穿越铁路方式取决于铁路等级、线路地形、作业繁忙程度等。一般应遵循下列原则：

（1）管道与铁路交叉时，一般均在路基下垂直穿越；当路堑很深时，管道可根据具体情况架空穿越，其架空底距路轨的距离一般不小于 6～7m。

（2）管道应尽量避免从站场地区穿过，当管道必须从车站轨道区间穿越时，应设防护套管。

（3）管道穿越站场范围内的正线、到发线时可采用套管（或管沟）防护。

（4）管道穿越除（2）、（3）情况以外的其他轨道时，一般可不设套管，水管直接穿越。

（5）管道穿越铁路的两端应设检查井，检查井内设阀门及支墩，并根据具体情况在井内设排水管道或集水坑。

（6）防护套管管顶（无套管时为管道管顶）至铁路轨底的深度，不得小于 1.2m，管道至路基面高度不应小于 0.7m。

3.5.7 水锤防护与水锤验算

在压力管道中，由于水泵启动、事故停泵开闸与关闸或改变开启度、投入水泵工作台数或喷头数突然变化等引起流速急剧变化而导致管道内水流压强急剧升、降的现象，称为水锤压力。

3.5.7.1 水锤防护

由于水锤对管道系统有很大的破坏作用。为防止水锤需正确设计管道系统，防止流速过高，一般设计管道流速应小于 3m/s，并需控制阀门开、闭速度。

在泵房和输水管路设计时应考虑可能发生的水锤情况，并采取相应的防范措施避免水锤的发生，或将水锤的影响控制在允许范围内。常见的水锤防护措施如下：

（1）降低输水管线的流速，可在一定程度上降低水锤压力，但会增大输水管管径，增加工程投资。

（2）输水管线布置时应考虑尽量避免出现驼峰或坡降剧变。

（3）通过模拟计算，选用转动惯量较大的水泵机组或加装有足够惯性的飞轮，可在一定程度上降低水锤压力。

（4）设置水锤消除装置，如气压罐、双向调压塔、单向调压塔、水锤消除器、缓闭止回阀等。其中采用气压罐消减停泵水锤的做法简单易行、效果显著，且不受地形影响。

3.5.7.2 水锤验算

1. 水锤计算参数

（1）水锤波传播速度（对于匀质圆形薄壁管），采用式（3.5-21）计算：

$$a=\frac{1425}{\sqrt{1+\frac{K}{E}\frac{d}{e}}} \qquad (3.5-21)$$

式中 a——管道中的水锤波传播速度，m/s；

d——管径，mm；

e——管壁厚度，mm；

K——水的体积弹性模数，N/m^2，随水温和压力增大而增加，当水温为 10℃时，$K=2.025\times10^9$N/m^2；

E——管道材料的纵向弹性模数，N/m^2，不同管材的 E 值可参考表 3.5-16 选用。

表 3.5-16　管道的纵向弹性模数

管材	钢	铸铁	钢筋混凝土	铝	石棉水泥	聚乙烯	聚氯乙烯	聚丙烯	橡胶
E (N/m²)	206×10^9	108×10^9	20.6×10^9	69.6×10^9	32.3×10^9	$(1.4\sim2)\times10^9$	$(0.8\sim3)\times10^9$	7.8×10^4	$(2\sim6)\times10^3$

（2）水锤相时。水锤相时为水锤波在管道中来回传播一次所需时间，按式（3.5-22）计算：

$$\mu=\frac{2L}{a} \tag{3.5-22}$$

式中　μ——水锤相时，s；

L——管长，m；

其他符号意义同前。

（3）管道中水柱惯性时间常数，采用式（3.5-23）计算：

$$T_b=\frac{Lv_0}{gH_0} \tag{3.5-23}$$

式中　T_b——水柱惯性时间常数，s；

v_0——正常工作时管内流速，m/s；

H_0——正常工作时的水泵扬程，m；

g——重力加速度，m/s²。

2. 水锤压力验算

对于设有单向阀门的上坡管道，应验算事故停泵的水锤压力；未设单向阀门时，应验算事故停泵时机组的最高反转转速，使其不超过额定转速的 1.25 倍。对下坡干管应验算启闭阀门时的水锤压力。当阀门关闭历时符合式（3.5-24）的条件时，可不验算关阀水锤压力：

$$T_s\geqslant\frac{40L}{a} \tag{3.5-24}$$

式中　T_s——关阀历时，s；

其他符号意义同前。

（1）关阀水锤压力验算。对于下坡管的最高与最低水锤压力，一般在迅速关闭或开启管道末端闸阀时产生，故应以此作为验算管道强度和确定是否需要采取防护措施的依据。当阀门关闭历时不大于一个水锤相时 μ 时，称为瞬时关闭。瞬时关闭产生的水锤称为直接水锤。反之，当 $T_s>\mu$ 时，为缓慢关闭，此时产生的水锤称为间接水锤。直接水锤产生的压力要比间接水锤大得多。

1）瞬时完全关闭管道末端（下游）阀门时，在阀门前产生的最高压力水头为

$$H_{max}=H_c+\frac{av_0}{g} \tag{3.5-25}$$

2）瞬时部分关闭管道末端（下游）阀门时，在阀门前产生的最高压力水头为

$$H_{max}=H_c+\frac{a(v_0-v_1)}{g} \tag{3.5-26}$$

上二式中　H_c——阀门前的静水头或初始压力水头，m；

v_1——瞬时关闸后的管内流速，m/s；

其他符号意义同前。

（2）事故停泵过程中的水锤压力验算。在事故停泵过程中，由于水锤作用引起的最高与最低压力，以及机组转子的最高逆转速等最不利参数及其出现时刻，是确定管道设计压力、选配管道阀件和水锤防护措施的主要依据。

事故停泵过程中的水锤压力验算可参见刘竹溪、刘景植主编的《水泵及泵站》（第三版，中国水利水电出版社，2004）等有关专门书籍。

3.5.8　管道防腐措施

腐蚀是金属管道的变质现象，其表现方式有生锈、坑蚀、结瘤、开裂或脆化等。

防止管道腐蚀的方法如下：

（1）采用非金属管材，如预应力或自应力钢筋混凝土管、玻璃钢管、塑料管等。

（2）在金属管表面上涂油漆、水泥砂浆、沥青等，以防止金属和水接触而产生腐蚀。

（3）阴极保护。阴极保护是保护水管的外壁免受土壤侵蚀的方法。根据腐蚀电池的原理，两个电极中只有阳极金属发生腐蚀，因此阴极保护的原理就是使金属管成为阴极，以防止腐蚀。

阴极保护有牺牲阳极法和外加电流法两种方法。

牺牲阳极法是利用一种比保护金属电位更低的金属或合金（称阳极）与被保护金属连接，使其构成大地电池，以牺牲阳极来防止地下金属腐蚀的方法。

外加电流法是由外部的直流电源直接向被保护金属通以阴极电流，使阴极极化，达到阴极保护的目的。

1. 牺牲阳极法

（1）阴极保护方法选择。阴极保护方法的优缺点比较见表 3.5-17。保护方法选择主要考虑的因素有对邻近金属构筑物的干扰、有无可利用的电源、金属外防腐涂层的质量、管道长度、经济性及环境条件等。

表 3.5-17 阴极保护方法的优缺点比较

优缺点＼方法	牺牲阳极	外加电流
优 点	(1) 对邻近管道、电缆等干扰小；(2) 不需外部电源；(3) 保护电流分布均匀，利用率高；(4) 管理方便，施工简单；(5) 不需支付经常费用	(1) 可连续调节输出电流、电压；(2) 保护电流密度大；(3) 不受土壤电阻率限制；(4) 保护范围越大越经济；(5) 保护装置寿命较长
缺 点	(1) 土壤电阻率大时不宜使用；(2) 管道外防腐涂层质量要好；(3) 保护电流几乎不可调；(4) 保护范围大时不经济	(1) 需要外部电源；(2) 对邻近金属构筑物干扰大；(3) 维护管理工作量大；(4) 需要支付日常费用

(2) 牺牲阳极选择。对牺牲材料的基本要求如下：

1) 具有足够的负电位，且很稳定。

2) 每单位消耗量所发生的电量要大。

3) 自腐蚀小，电流效率高，即实际电容量与理论电容量的比率要大。

4) 在使用过程中，很少发生极化，溶解均匀。

5) 材料来源广，价格低廉。

用于埋地金属管道的牺牲阳极材料主要有镁、铝、锌合金三种。

牺牲阳极材料一般根据土壤电阻率来选择，当土壤电阻率小于 20Ω·m，可选择锌合金、镁合金阳极，当土壤电阻率在 20～100Ω·m，可选择镁合金阳极；当土壤电阻率大于 100Ω·m，可选择带状镁阳极。在海水或海泥中宜选择铝合金阳极。

为使埋地的阳极能正常、持续地输出电流，减少周围土壤介质电阻率，同时起到活化阳极表面，防止腐蚀产物的结垢现象，必须将阳极埋置在填包料中。填包料一般装在布袋中，禁止用塑料、化纤纺织袋，填包料与阳极间的厚度不宜小于 10cm，填包料的电阻不得大于 2.5Ω。

阳极一般布置在土壤电阻率小、低洼潮湿的地段，采用大分散、小集中的方式，即根据计算每隔一定距离设置一组阳极，每组布置 1～4 支阳极，设在管道一侧或两侧。阳极支数太多会引起电流屏蔽作用。阳极距管道 2.0～5.0m，用电缆一端与阳极内钢筋焊接，另一端引入测试桩固定在测试盒的接线柱上或与钢管焊接。阳极可垂直或水平埋设。埋设深度宜在管中心处，以利电流均匀流向管道。

为防止阴极保护的电流流到与土壤连接的非保护构筑物上，应对阴极保护系统进行电绝缘。电绝缘设置在保护管道与非保护支管道连接处，保护管道在进、出泵站处，跨越管道的支架接触处，管道大型穿、跨越的两端，杂散电流干扰区等。

电绝缘方法一般是设置绝缘法兰。绝缘法兰是在两片法兰间垫入绝缘垫片，法兰连接螺栓用绝缘套筒套入螺栓体，并在螺母下设置绝缘垫圈，将螺栓同法兰绝缘。

绝缘法兰通常在工厂进行预组装，经检测合格后在现场与管道焊接起来。

绝缘法兰一般不直埋于土壤中，以免长期浸泡在水中影响绝缘性能。为此可采取整体型绝缘接头。绝缘接头在工厂内预组装，内涂环氧聚合物，可直接埋地，不用管理，寿命长，但价格高。

2. 外加电流法

外加电流是通过外部的直流电源向被保护金属管道通以阴极电流使之阴极极化达到保护的方法。

参 考 文 献

[1] 郭元裕. 农田水利学 [M]. 3 版. 北京：中国水利水电出版社，1999.

[2] GB 50285—99 灌溉与排水工程设计规范 [S]. 北京：中国计划出版社，1999.

[3] GB/T 50600—2010 渠道防渗工程技术规范 [S]. 北京：中国计划出版社，2011.

[4] GB/T 50662—2011 水工建筑物抗冰冻设计规范 [S]. 北京：中国水利水电出版社，2007.

[5] GB 50007—2002 建筑地基基础设计规范 [S]. 北京：中国建筑工业出版社，2002.

[6] GB 50025—2004 湿陷性黄土地区建筑规范 [S]. 北京：中国建筑工业出版社，2004.

[7] 《地基处理手册》编委会. 地基处理手册 [M]. 3 版. 北京：中国建筑工业出版社，2009.

[8] 华东水利学院. 水工设计手册 第 8 卷 灌区建筑物 [M]. 北京：水利电力出版社，1984.

[9] 李远华，罗金耀. 节水灌溉理论与技术 [M]. 2 版. 武汉：武汉大学出版社，2003.

[10] 康绍忠，蔡焕杰. 农业水管理学 [M]. 北京：中国农业出版社，1996.

[11] 马孝义. 北方旱区节水灌溉技术 [M]. 北京：海潮出版社，1999.

[12] 陕西省水利科学研究所. 渠道防渗 [M]. 北京：水利电力出版社，1976.

[13]　娄宗科，李宗利，冷畅俭．抗渗抗冻保温型渠道衬砌材料的研究［J］．西北农业大学学报，1995，26（增刊）．

[14]　李安国，建功，曲强．渠道防渗工程技术［M］．北京：中国水利水电出版社，1998．

[15]　建功．发展节水农业推广渠道防渗新成果［J］．防渗技术，1997，3（3）．

[16]　建功．膜料防渗有关技术问题的探讨［J］．防渗技术，1999，5（2）．

[17]　朱强，何思宁，武福学．论季节冻土的冻胀沿深分布［J］．冰川冻土，1988，10（1）．

[18]　王慧，朱步祥，朱步纲．渠道防渗新材料——土壤固化剂及其应用［J］．节水灌溉，2000（6）．

[19]　张展羽，吴玉柏．渠系改造［M］．北京：中国水利水电出版社，2004．

[20]　李亚杰．建筑材料［M］．4 版．北京：中国水利水电出版社，2000．

[21]　李安国，李浩，陈清华．渠道基土冻胀预报的研究［J］．西北水资源与水工程，1993，4（2）．

[22]　周世贵，段亚辉，李克金，等．HEC 材料在中小渠系防渗中的应用研究［J］．节水灌溉，2002（1）．

[23]　崔延军，李荣峰，冯民权，等．北方地区渠道冻胀防治技术研究与应用综述［J］．防渗技术，1997，3（1）．

[24]　童长江，管枫年．土的冻胀与建筑物冻害防治［J］．北京：水利电力出版社，1985．

[25]　水利电力部东北勘测设计院科学研究所，黑龙江省水利科学研究所，水利电力部西北水利科学研究所．水工建筑物冻害及其防治［M］．长春：吉林科学技术出版社，1990．

[26]　姚明芳，等．新编混凝土强度设计与配合比速查手册［M］．长沙：湖南科学技术出版社，2000．

[27]　吴玉柏，毕荣石，刘文俊．渠道复合式防渗技术［J］．水利水电科技进展，1996（2）．

[28]　焦胜昌．灌溉渠与排水沟［M］．北京：水利电力出版社，1986．

[29]　叶书麟．地基处理工程实例应用手册［M］．北京：中国建筑工业出版社，1998．

[30]　龚晓南．复合地基理论及工程应用［M］．北京：中国建筑工业出版社，2002．

[31]　司志明．玻璃钢夹砂管道（RPM）的设计及其在水工程中的应用和技术发展［D］．灌区节水改造技术交流会暨新产品、新技术推广会，2011．

[32]　《地基处理手册》（第二版）编写委员会．地基处理手册［M］．2 版．北京：中国建筑工业出版社，2008．

[33]　龚晓南．地基处理新技术［M］．西安：陕西科学技术出版社，1997．

[34]　GJG 79—2002 建筑地基处理技术规范［S］．北京：中国建筑工业出版社，2002．

[35]　GB 50007—2002 建筑地基基础设计规范［S］．北京：中国建筑工业出版社，2002．

[36]　叶书麟．地基处理工程实例应用手册［M］．北京：中国建筑工业出版社，1998．

[37]　叶观宝．地基加固新技术［M］．2 版．北京：机械工业出版社，2002．

[38]　顾晓鲁，钱鸿缙，刘惠珊，王时敏．地基与基础［M］．3 版．北京：中国建筑工业出版社，2003．

[39]　GB 50021—2001 岩土工程勘察规范［S］．北京：中国建筑工业出版社，2002．

[40]　龚晓楠．地基处理技术发展与展望［M］．北京：中国建筑工业出版社，2004．

[41]　司志明．预应钢筒混凝土管道（PCCP）的设计及其在水工程中的应用和技术发展［D］．灌区节水改造技术交流会暨新产品、新技术推广会，2011．

[42]　韩会玲．城镇给排水［M］．北京：中国水利水电出版社，2010．

第4章

渠系建筑物

本章以第1版《水工设计手册》框架为基础，对部分内容进行了调整和修订，主要包括：①删除了“桥梁”以及“渠库结合工程”两节；②渡槽部分单列了渡槽及其地基的稳定性验算，增加了预应力渡槽和斜拉渡槽，增加了渡槽的冻害及防冻害设计；③倒虹吸部分增加了新型管材倒虹吸管的介绍及PCCP管、玻璃钢夹砂管的结构计算；④涵洞部分更改了涵洞流态判别方法以及过流能力计算方法；⑤跌水部分增加了梯形及复式断面消力池、综合消力池、格栅式消力池的计算方法，陡坡部分增加了阶梯式陡槽设计的有关内容、消能效果和应用条件，增加了跌水与陡坡结构设计要点；⑥将原来的“量水设备”改为“量水设施”，并补充了新的内容。

章主编　方朝阳

章主审　徐云修

本章各节编写及审稿人员

<table>
<tr><th>节次</th><th>编　写　人</th><th>审稿人</th></tr>
<tr><td>4.1</td><td>方朝阳　胡　钢</td><td rowspan="3">徐云修</td></tr>
<tr><td>4.2</td><td rowspan="2">方朝阳</td></tr>
<tr><td>4.3</td></tr>
<tr><td>4.4</td><td>吴文华　胡晓明　陆芳春</td><td>徐云修　王文双</td></tr>
<tr><td>4.5</td><td rowspan="2">方朝阳</td><td rowspan="2">徐云修</td></tr>
<tr><td>4.6</td></tr>
</table>

第4章 渠系建筑物

4.1 渡 槽

4.1.1 概述

渡槽（见图 4.1-1、图 4.1-2）是输送水流跨越河渠、道路、山冲、谷口等的架空输水建筑物，在农田灌溉、城镇生活用水、工业用水、跨流域调水等工程中广泛应用。

渡槽由槽身、支承结构、基础及进出口建筑物等部分组成（见图 4.1-1、图 4.1-2）。渡槽的类型，一般是指输水槽身及其支承结构的类型。槽身及支承结构的类型各式各样，所用材料又有不同，施工方法也各异，因而分类方式甚多。

按施工方法可分为现浇整体式渡槽、预制装配式渡槽及预应力渡槽等。按所用材料可分为木渡槽、砖石渡槽、混凝土渡槽及钢筋混凝土渡槽等。按槽身断面型式可分为矩形渡槽、U形渡槽、梯形渡槽、椭圆形渡槽及圆管形渡槽等。按支承结构型式可分为梁式渡槽、拱式渡槽、桁架式渡槽、涵洞式渡槽以及斜拉式渡槽等。最能反映渡槽的结构特点、受力状态、荷载传递方式和结构计算方法区别的则是按支承结构型式分类。

（1）梁式渡槽。梁式渡槽的支承结构是重力墩或排架。槽身搁置于墩（架）顶部（见图 4.1-1），既起输水作用，又是承受荷载而起纵梁作用的结构，在竖向荷载作用下产生弯曲变形，支承点只产生竖向反力。按支承点数目及布置位置的不同，又分为简支、双悬臂、单悬臂及连续梁 4 种型式。梁式渡槽的主要优点是设计简易、施工方便，是最广泛采用的型式。

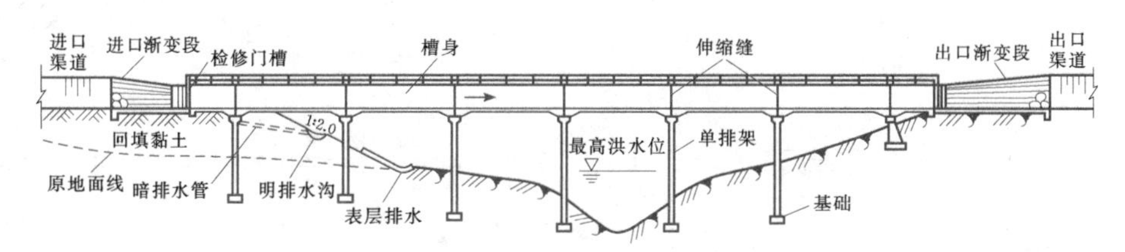

图 4.1-1 输水渡槽（简支梁式）

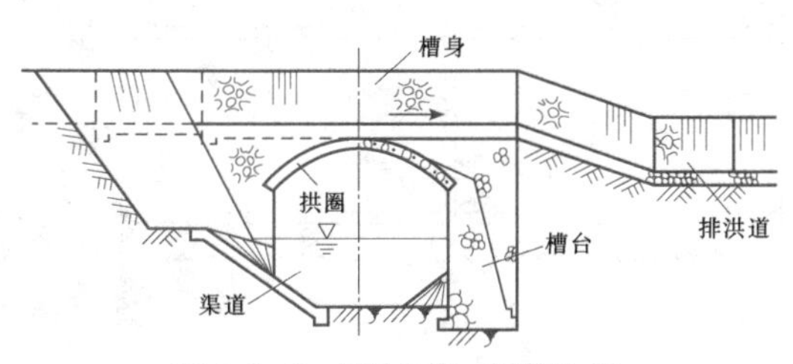

图 4.1-2 排洪渡槽（实腹拱式）

（2）拱式渡槽。拱式渡槽与梁式渡槽的不同之处是在槽身与墩台之间增设了主拱圈和拱上结构。拱上结构将上部荷载传给主拱圈，主拱圈再将传来的拱上竖向荷载转变为轴向压力，除给墩台以竖向荷载外，并给墩台以水平推力。主拱圈是拱式渡槽的主要承重结构，以承受轴向压力为主，拱内弯矩较小，因此可用抗压强度较高的圬工材料建造，跨度可以较大（可达百米以上），这是拱式渡槽区别于梁式渡槽的主要特点。由于主拱圈将对支座产生强大的水平推力，对于跨度较大的拱式渡槽一般要求建于岩石地基上。主拱圈有不同的结构型式，如板拱、肋拱、箱形拱和折线拱等。其轴线可以是圆弧线、悬链线、二次抛物线和折线等。可以设有不同的铰数，如双铰拱和三铰拱，但大多数做成无铰拱。拱上结构又有实腹与空腹之分。因此，拱式渡槽还可进一步细分为不同类型。

（3）桁架式渡槽。桁架式渡槽又分为桁架拱式、桁架梁式和梁型桁架式。前者是用横向联系（横系梁、横隔板及剪刀撑等）将数榀桁架拱片连接而成的整体结构（见图 4.1-3）。桁架拱片是主要承重结构，其下弦杆或上弦杆做成拱形，既是拱形结构又具有桁架的特点。槽身底板和侧墙板可采用预制混凝土或钢丝网混凝土微弯板组装、填平的矩形断面，有的也采用预制的矩形、U形整体结构。按槽身在桁架拱上位置的不同，桁架拱式渡槽可分为上承式、中承式、下承式和复拱式4种型式，按复杆的布置型式则有斜杆式桁架拱和竖杆式桁架拱（只有竖杆无斜杆）。桁架拱渡槽一般用钢筋混凝土建造，整体结构刚性大，能充分发挥材料力学性能，结构轻巧，水平推力小，对墩台变位的适应性也较好，因而对地基的要求较拱式渡槽低。梁型桁架是指在竖向荷载作用下支承点只产生竖向反力的桁架，其作用与梁相同。梁型桁架有简支和双悬臂两种类型。按弦杆的外形分，有平行弦桁架、折线或曲线弦桁架、三角形弦桁架等。梁型桁架式渡槽的跨度较梁式渡槽为大，一般不小于20m，宜在中等跨度条件下采用。桁架梁式与梁型桁架的不同之处在于桁架梁式以矩形截面槽身的侧墙和1/2槽底板（呈L形）取代梁型桁架的下弦杆或上弦杆，是不产生水平反力的梁型结构。取代下弦杆的称为下承式桁架梁渡槽，取代上弦杆的称为上承式桁架梁渡槽。

（4）涵洞式渡槽。当输水渠道与河道交叉时，交叉处渠底高程低于河道校核洪水位，不能满足梁式渡槽槽下净空的要求，不具备梁式渡槽跨越条件；渠道水位高于河道洪水位，不满足暗渠的要求。当输水渠道校核流量小于河道天然洪水流量，根据“小穿大”

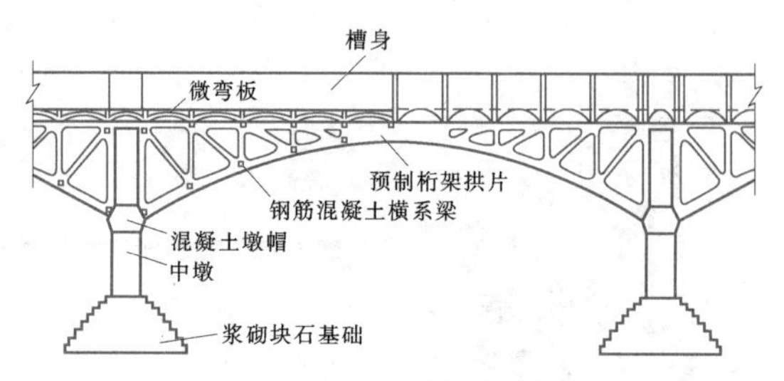

图 4.1-3　桁架拱式渡槽

的原则，不宜采用河穿渠类交叉建筑物，如河道倒虹吸、排洪渡槽、排洪涵洞等型式。根据水位流量关系，此种情况可采用涵洞式渡槽和渠道倒虹吸两种型式。一般而言，涵洞式渡槽与渠道倒虹吸相比，河道流态复杂，存在排漂问题，结构型式和受力条件较复杂，但主体结构工程量较小，投资较省。涵洞式渡槽的上部为输送渠水的钢筋混凝土矩形断面渡槽，下部为排泄河水的钢筋混凝土箱形涵洞，涵洞的顶板即为渡槽的底板，槽身总宽即为洞身的长度，多孔一联的洞身总宽度就是一节槽身的长度。图4.1-4为南水北调中线总干渠某涵洞式渡槽的槽身剖面结构布置图，槽身为双槽分缝设拉杆不加肋，槽身侧墙顶端之间设拉杆，单槽净宽11m，一节槽身长21.88m，下部为三孔一联箱涵，每孔净宽6.1m，净高7.9m。

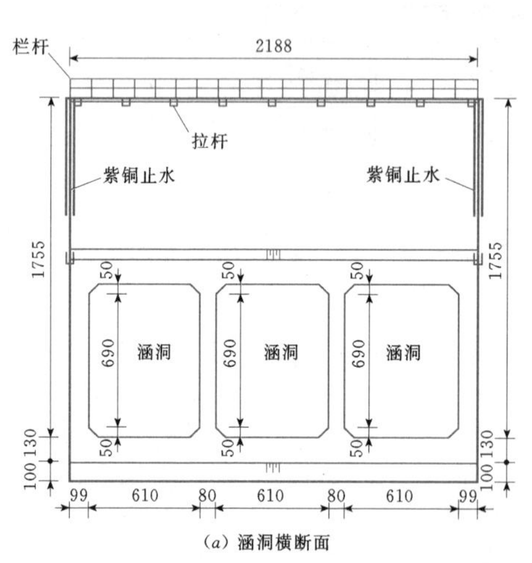

(a) 涵洞横断面

(b) 槽身纵断面

图 4.1-4　涵洞式渡槽结构布置图（单位：cm）

梁式渡槽和拱式渡槽是两种最常用的基本型式，也是本手册的重点。

渡槽在中国有着悠久的历史。随着水利事业的发展，我国在渡槽设计和施工方面积累了较丰富的经验，渡槽结构型式不断改进与创新。

（1）各种大跨度拱式渡槽不断涌现。如广西玉林县的万龙双曲拱渡槽，跨度达126m；湖南郴县乌石江渡槽，主拱采用钢筋混凝土箱形断面，跨度达110m等。

（2）预制吊装程度进一步提高，吊装重量不断增大，施工技术不断发展。如湖北省引丹灌区的排子河渡槽，为简支梁式，一节预制槽身长21.7m，吊装重量达200t，而槽墩高达30～40m，最大墩高49m，采用滑升模板法施工，加快了施工进度，保证了浇筑质量，为浇筑高墩、柱开拓了新途径。在此期间，渡槽工程引用交通部门的转体施工法取得成功，使用的最大跨度达78.65m。

（3）发展了新的结构型式，如上槽下洞式、斜拉式等。

（4）在大、中型渡槽工程中较普遍地使用了预应力混凝土结构，显著地提高了渡槽的承载力及抗裂性。如河南省陆浑灌区铁窑河渡槽，设计流量32.2m³/s，槽身段长411.4m，共分19跨，中间8跨采用双排架预应力空腹桁架槽身，跨度为37.4m。

目前，世界上已建成的最大渡槽为印度戈麦蒂（GOMTI）渡槽，是萨尔达—萨哈亚克调水工程总干渠跨越戈麦蒂河的大型交叉工程，槽身段长381.6m，设计流量357m³/s，过水槽槽宽12.8m、槽高7.45m，槽中水深6.7m，下部支承结构为空心槽墩和沉井基础。

4.1.2 渡槽设计的基本资料和总体布置要求

渡槽的设计，要在全面搜集地形、地质、水文气象、建筑材料、交通情况、施工条件等资料的基础上，确定设计标准，综合考虑各项技术经济指标，全面分析比较，选择最优方案。渡槽位置的选择，应结合渠道线路布置，尽可能修建在地形、地质条件较好的地方，对渡槽和前后渠段的综合技术经济条件，应进行不同方案比较，择优选定。同时，应控制和减少永久占地、植被破坏、弃渣流失等环境污染。

除一般设计要求外，渡槽设计需要的基本资料应包括：

（1）规划要求。在灌溉渠系规划阶段，或流域调水工程干渠总体布置阶段，或其他用途（城镇供水、环境用水等）输水线路布置阶段，渠道的纵横断面及渡槽的位置已基本确定，可据此得出上、下游衔接渠道的各级流量和相应水位、断面尺寸、渠底高程以及渠道水流通过渡槽的允许水头损失值等。

（2）设计标准。设计标准直接关系到渡槽的安全和经济，须慎重选定，凡直接应用于渡槽设计的国家标准或行业标准的规定必须遵守。

（3）地形资料。应有沿渡槽轴线（包括进口前、出口后及轴线两侧）的地形图，其范围应满足渡槽轴线的修正和施工场地布置要求。在进出口及有关附属建筑物布置范围以外，最少应有50m的富裕宽度。测图精度应随工作阶段和目的不同而异，比例尺1/200～1/2000。对于小型渡槽，也可只测绘渡槽轴线的纵剖面及若干横剖面图。对跨越河道的渡槽，尚应有槽址处一定范围内的河床纵横剖面图，纵剖面图沿主河槽最深处绘制。

（4）地质资料。通过挖试坑及钻探等方法，探明地基岩层的性质、风化层及覆盖层厚度、有无软弱夹层及不良地质隐患，探明渡槽进、出口处河道及沟谷岸坡的稳定性和新老滑坡体的情况，是否存在可能滑动、崩塌的岩（土）体，并绘制沿渡槽轴线的地质纵剖面图。通过必要的试验，测定地基土及基岩的物理力学指标，据此确定地基承载力、压缩特性等。对于冻土地区，还应提供最大冻土深和土的冻胀力指标。在Ⅶ度及Ⅶ度以上烈度的地震区，还应收集地震资料。

（5）气象资料。调查渡槽所在地区的最大风力等级与风向，最大风速及其出现频率；当地多年月平均气温，年平均气温，最高及最低月平均气温，冬夏季的最低及最高气温，最大温差及冰冻情况等。

（6）河道及水文资料。对跨越河流的渡槽，应调查河道情况并收集河流的水文资料及漂浮物情况。河道调查主要包括河流来水来沙、河床冲淤变化、有无支流汇入和沙洲以及河道历年变迁情况，并确定河型；调查河道历史上主槽、边滩、沙洲等移动情况，漫溢泛滥宽度，河岸稳定程度等，并分析预估演变发展的趋势。收集河流的水文资料主要包括河道历史洪水调查，流量—水位关系曲线，河道设计与校核洪水过程线，槽址上游的水位—容积曲线，河流的流向等。此外，尚应了解漂浮物的类型及尺寸。对于冰冻地区，还应调查历年封河及开河时间、冰块尺寸、流冰速度及流冰疏密度等。

（7）交通要求。当渡槽跨越通航河道、铁路、公路时，应了解船只、车辆所要求的净宽、净空高度。当槽上有行人及交通要求或槽身需与公路桥梁结合时，要了解行人或车辆荷载情况及今后的发展要求等。

槽址选择应遵循下列原则：

（1）应使渡槽和引渠长度较短、地质条件良好。

（2）槽身轴线宜为直线，且宜与所跨河道或沟道正交。当受地形、地质条件限制槽身必须转弯时，弯道半径不宜小于6倍的槽身水面宽度，并考虑弯道水流的不利影响。大型渡槽宜通过模型试验确定。

（3）跨河渡槽的槽址处河势应稳定，渡槽长度和跨度的选取应满足河流防洪规划的要求，减小渡槽对河势和上、下游已建工程的影响。

（4）便于在渡槽前布置安全泄空、防堵、排淤等附属建筑物。

渠槽的槽下净空应符合下列规定：

（1）跨越通航河流、铁路、公路的渡槽，槽下净空应符合相关部门行业标准关于建筑限界的规定。

（2）跨越非等级乡村道路的渡槽，槽下净空应根据当地通行的车辆或农业机械情况确定。其槽下最小净高对人行路为2.2m、畜力车及拖拉机路为2.7m、农用汽车路为3.2m、汽车路为3.5m。槽下净宽应不小于4.0m。

（3）非通航河流（渠道）的校核洪水位（加大水位）至梁式渡槽槽身底部的安全净高应不小于1.0m（0.5m），拱式渡槽的拱脚高程宜略高于河流校核或最高洪水位。双铰拱的拱脚允许校核洪水位淹没但不宜超过拱圈高度的2/3，且拱顶底面至校核水位的净高不应小于1.0m。

4.1.3　渡槽水力计算

4.1.3.1　比降的确定

在满足渠系规划高程要求的条件下，渡槽尽可能选取较陡的比降，以达到降低渡槽造价的目的。槽内流速一般取1.0～2.5m/s（最大流速有达3.0～4.0m/s的）。对于通航的渡槽，过水断面平均流速不宜超过1.6m/s。

4.1.3.2　渡槽过水能力计算

当渡槽长度$L>(15\sim20)h$时（h为槽内水深），渡槽过水流量可按明渠均匀流公式计算（图4.1-5）：

$$Q=AC\sqrt{Ri} \tag{4.1-1}$$

其中

$$C=\frac{1}{n}R^{1/6}\text{（曼宁公式）}$$

式中　Q——渡槽的过水流量，m^3/s；

A——渡槽过水断面面积，m^2；

C——谢才系数；

n——糙率，对钢筋混凝土槽身取$n=0.013\sim0.016$，砌石槽身取$n\geqslant0.017$，视具体情况而定；

R——水力半径，m；

i——渡槽比降。

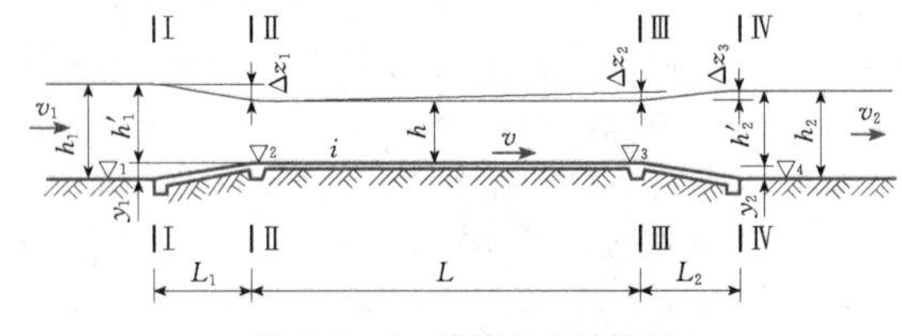

图4.1-5　渡槽水力计算图

当渡槽长度$L\leqslant(15\sim20)h$时，渡槽过水流量可按淹没宽顶堰计算。槽身为矩形断面的计算公式为

$$Q=\varepsilon\sigma_n mB\sqrt{2g}H_0^{3/2} \tag{4.1-2}$$

其中

$$H_0=h+\alpha\frac{v^2}{2g}$$

式中　ε——侧收缩系数，常取0.9～0.95；

σ_n——淹没系数，见表4.1-1，表中h_s为下游水位超出堰顶的水深；

m——流量系数，进口较平顺时$m=0.356\sim0.38$，进口不平顺时$m=0.32\sim0.34$；

H_0——渡槽进口水头，m；

B——槽宽，m；

g——重力加速度，取$9.81m/s^2$。

表4.1-1　σ_n值（有侧收缩）

$\frac{h_s}{H_0}$	0.98	0.97	0.96	0.95	0.94	0.93	0.92	0.91	0.90	0.89	0.88	0.87	0.86	0.85	0.84	0.83	0.82	0.81	0.80
σ_n	0.500	0.590	0.660	0.735	0.775	0.825	0.850	0.875	0.900	0.925	0.945	0.960	0.970	0.980	0.985	0.990	0.995	0.997	1.000

槽身为U形或梯形断面时的计算公式为

$$Q=\varepsilon\phi A\sqrt{2gz_0} \tag{4.1-3}$$

$$z_0=\Delta z_1+\frac{v_1^2}{2g} \tag{4.1-4}$$

式中　ϕ——流速系数，常取0.90～0.95；

z_0——进口水头损失，m；

v_1——上游渠道断面的平均流速，m/s；

Δz_1——进口段水面降落，m；

A——过水断面面积，m^2。

渡槽过水能力，应以加大流量进行验算。如水头不足或为了缩小槽宽，允许进口水位有适量的壅高，其值可取为$(1\%\sim3\%)h$。

4.1.3.3　水头损失与水面衔接计算

（1）进口段水面降落。槽身水流按明渠均匀流计算时，进口水面降落值的计算公式为

$$\Delta z_1=(1+\xi)\left(\frac{v_2^2-v_1^2}{2g}\right) \tag{4.1-5}$$

式中　Δz_1——进口水面降落，m；

ξ——水头损失系数，见表4.1-2；

v_1、v_2——上游渠道、槽内平均流速，m/s。

表 4.1-2　　进、出口水头损失系数

渐变段型式	示意图（以梯形断面和矩形断面连接为例）	进口渐变段局部水头损失系数 ξ_1	出口渐变段局部水头损失系数 ξ_2
曲线形反弯扭曲面		0.1	0.2
直线形扭曲面		$\theta_1=15°\sim37°$ $\xi_1=0.05\sim0.3$	$\theta_2=10°\sim17°$ $\xi_2=0.3\sim0.5$
圆弧直墙		0.2	0.5
八字形		0.3	0.5
直角形		0.4	0.75

注　θ_1 表示进口渐变段水面收缩角；θ_2 表示出口渐变段水面扩散角。

（2）槽身断面降落。其降落值的计算公式为

$$\Delta z_2 = iL \tag{4.1-6}$$

式中　i——渡槽比降；

L——渡槽长度，m。

（3）出口水面回升。渡槽出口水面回升值 Δz_3 与进口水面降落值 Δz_1 有关，一般取 $\Delta z_3=\frac{1}{3}\Delta z_1$。当下游渠道流速与槽内流速之比在 1/5～4/5 的范围内，Δz_3 值可按表 4.1-3 的数值采用。

表 4.1-3　　Δz_3 与 Δz_1 的关系　　单位：m

Δz_1	0.05	0.10	0.15	0.20	0.25
Δz_3	0	0.03	0.05	0.07	0.09

（4）通过渡槽的总水面降落。其降落值的计算公式为

$$\Delta z = \Delta z_1 + \Delta z_2 - \Delta z_3 \tag{4.1-7}$$

Δz 应不大于渠系规划中要求的水头损失值。

（5）渡槽进、出口高程的确定。渡槽槽身进、出口底板高程 ∇_2、∇_3 及出口下游渠底高程 ∇_4 的计算公式为

$$\nabla_2 = \nabla_1 + h_1 - \Delta z_1 - h \tag{4.1-8}$$

$$\nabla_3 = \nabla_2 - \Delta z_2 \tag{4.1-9}$$

$$\nabla_4 = \nabla_3 + h + \Delta z_3 - h_2 \tag{4.1-10}$$

式中　∇_1——进口上游渠底高程，m；

其他符号意义见图 4.1-5。

4.1.3.4　涵洞式渡槽中涵洞的水力设计

应先拟定各组涵洞的断面尺寸，按不同的过涵流量由涵洞下游的河道水位—流量关系曲线推求相应的涵前水位流量关系。根据洪水过程线、涵前水位—容积曲线及推求的涵前水位—流量关系曲线，进行调洪演算，推算各组尺寸的涵前最高洪水位。经综合比较后确定涵洞的孔口尺寸。

涵洞出口应进行消能防冲设计。

4.1.4　渡槽槽身的型式

4.1.4.1　槽身的横断面

槽身横断面最常用的是矩形及 U 形。浆砌块石槽身一般均采用矩形。钢筋混凝土槽身大流量时采用矩形较多，中、小流量既可采用矩形也可采用 U 形。

槽身横断面主要尺寸是净宽（水面宽）B 和净深 H（满槽水深），其值由水力计算决定，但在拟定尺寸时应注意选择合适的深宽比 H/B 值。从过水能力看，应按水力最佳断面的条件来选择深宽比（矩形槽身水力最佳断面的深宽比 $H/B=0.5$），但梁式槽身的深宽比选得大些有利于加大槽身的纵向刚度，因此一般多采用深宽比大于 0.5 的窄深式断面，矩形槽常

用的深宽比 $H/B=0.6\sim0.8$，U形槽常用的深宽（水面宽）比 $H/B=0.7\sim0.9$。对于跨度较大的槽身，深宽比可以取得再大一些，以减小槽身纵向应力，但需注意槽身高度增大将增加侧向所受风压力，对横向稳定不利。输送大流量或有通航要求而需要加大槽宽的矩形槽，其深宽比选择不受上述经验数据的限制。

1. 矩形槽身

（1）悬臂侧墙式矩形槽。矩形槽身顶部一般多设拉杆［见图4.1-6（*a*）］，间距1.5～2.5m，以改善侧墙和底板的受力状态。有通航要求时不设拉杆，侧墙做成变厚度的［见图4.1-6（*b*）］，顶厚不小于10cm，底厚常大于15cm。矩形槽身底板底面可与侧墙底缘齐平［见图4.1-6（*a*）］或适当高于侧墙底缘［见图4.1-6（*b*）］，后者用于简支梁式槽身时可以减小底板的拉应力。侧墙和底板的连接处常加设30°～60°的贴角，边长一般采用20～30cm（大流量矩形槽可为50cm），以减小转角处的应力集中。为便于交通，常在槽顶设人行道，人行道宽70～150cm，对于设拉杆的矩形槽，可以在拉杆上直接铺板，也可在侧墙顶的外侧［见图4.1-6（*b*）］或内、外两侧［见图4.1-6（*c*）、（*e*）］做外伸悬臂板，板厚6～20cm。

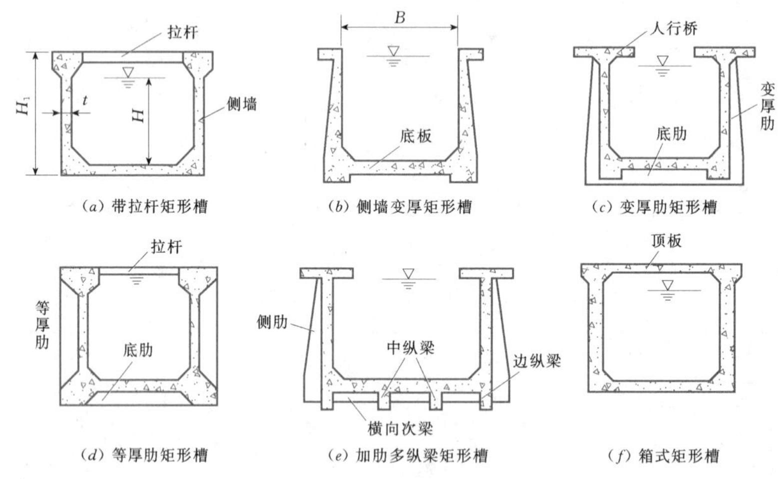

图4.1-6　矩形槽横断面型式图

矩形槽身的侧墙兼做纵梁用，但其薄而高，且需承受侧向水压力作用，因此，设计时除考虑强度外，还应考虑侧向稳定要求。一般以侧墙厚度 t 与墙高 H_1 的比值 t/H_1 作为衡量指标，其经验数据为（对设拉杆的矩形槽）：$t/H_1=1/16\sim1/12$，常用的侧墙厚度 $t=12\sim25$cm。

（2）加肋矩形槽。当有通航要求槽身不允许设拉杆时，或虽无通航要求但通过槽身的流量较大时，为了减薄矩形槽身侧墙和底板的厚度，可沿槽身纵向每隔一定距离在两侧和底板下加设横肋，成为肋板式矩形槽［见图4.1-6（*c*）、（*d*）、（*e*）］。在该种型式槽身中，侧墙厚度与高度之比常取 $t/H_1=1/21\sim1/18$。如侧墙兼做纵梁，其厚度应先按纵向计算选定，然后再做横向校核。

侧墙顶部和底板常局部加厚，形成顶梁与底梁（即上、下纵梁）。肋间距的确定应考虑在与顶梁和底梁的共同作用下，使侧墙和底板成为双向受力的四边支承板。槽身两侧的横肋（侧肋）可以采用等厚度［见图4.1-6（*d*）］，也可采用变厚度［见图4.1-6（*c*）、（*e*）］即从顶到底逐渐加厚。

对于不通航的肋板式矩形槽，可在侧肋顶部加设拉杆［见图4.1-6（*d*）］，使肋与拉杆形成箍框，以加强槽身的整体性，并通过箍框将槽身荷载传给下部支承结构。

（3）多纵梁式矩形槽。大流量或有通航要求的矩形槽多做成宽浅式，为减小底板厚度，可根据不同槽身宽度在底板下加设一根或几根中纵梁，做成多纵梁式结构［见图4.1-6（*e*）］。纵梁间距一般为1.5～3.0m。如槽身较宽，多纵梁式矩形槽其荷载主要由纵梁承担，侧墙和底板主要起挡水作用。

当多纵梁矩形槽的跨度与宽度之比较小时，渡槽槽身明显呈三维应力状态，不能将纵向承重构件简单地合并为倒T形受弯构件进行截面内力和配筋计算。计算及试验表明：多纵梁矩形面各主梁最大应力不相同，边纵梁由于与侧墙在一定程度上构成整体，其内力远小于中纵梁，愈靠近中部的中纵梁跨中应力愈大。亦即对于较宽的槽身，侧墙刚度对边纵梁应力有一定影响，对中间纵梁的影响则较小。因各纵梁垂直变位不一，导致纵梁产生扭转变位，对底板内力亦产生较大影响。为了加强纵向承重件的受力和变形协调，各纵梁间需设置横向次梁，还可在侧墙外侧加设竖肋，使槽身形成空间整体受力结构，有效地改善内力分布状况。

(4) 箱式矩形槽。这种型式槽身是一闭合框架结构［见图 4.1-6 (f)］，顶板可用做交通桥，箱中按无压流设计，水面以上应留 0.2～0.6m 净空，深宽比常用 0.6～0.8 或更大些。陕西省洛河渡槽跨河段槽身采用简支分离式双箱预应力钢筋混凝土箱形结构，箱顶设沥青混凝土柔性路面，单孔跨度 30m，通过设计流量 40m³/s，校核流量 44m³/s；单个槽箱底宽为 3m，槽深 3.5m，深宽比 1.17；槽内设计水深 2.94m，校核水深 3.24m，槽箱在校核水位以上超高为 0.26m。

箱形槽身截面刚度大，可提高纵向承载能力，侧墙和底板受拉区主要在槽身外侧，受力条件较悬臂侧墙式矩形槽为好。但箱形槽身为全封闭结构，内外温差大，温度应力较大。此种型式槽身适用于地基条件良好的连续梁式渡槽，亦可用于简支式或双悬臂梁式渡槽。根据分析，在相同条件下，双悬臂式比简支梁式少使用钢材 20%～30%，因此箱形槽用于中小流量双悬臂梁式槽身可能比较经济。

(5) 多厢互联式矩形槽。对于过水流量很大的特大型渡槽，由于荷载特别巨大，可在槽身中加设纵向隔墙，形成多厢互联矩形断面型式。多厢互联式矩形槽与多纵梁式矩形槽相比，犹如将设在底部的数个纵梁叠加在一起形成隔墙，将输水结构与承重结构相结合，其工程量变化不大，但承载力却大大增加，可提高渡槽的纵向跨越能力，减少下部支承结构工程量。如果在侧墙和隔墙顶部设置拉杆，则槽身整体刚度更大，工作性能更好。如图 4.1-9 所示，槽身采用矩形三槽互联、上口带拉杆、底板加横梁的三向预应力钢筋混凝土结构，简支支承于重力墩上，尽管过水流量很大，单跨长度却达到 40m。

2. U 形槽身

U 形槽身横断面为半圆加直段，与矩形槽相比有水力条件好等优点。槽顶一般设置拉杆，拉杆间距 1.0～2.0m。U 形槽身的槽壁顶端应加大形成顶梁，顶梁面积（不含槽壁厚）宜为槽身横断面的 15%～18%。对于跨宽比大于 3～4 的梁式 U 形槽身，槽底弧形段局部常加厚（见图 4.1-7），用以加大槽身纵向刚度并便于布置纵向受力钢筋。

槽顶设拉杆的钢筋混凝土 U 形槽，在初拟断面尺寸时可参考下列经验数据（见图 4.1-7）：

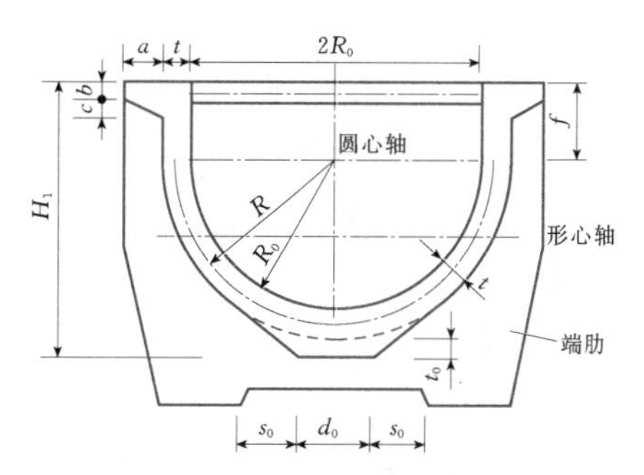

图 4.1-7　U 形槽断面尺寸图

槽壁厚度

$$t=(1/10\sim1/15)R_0$$

直段高度

$$f=(0.4\sim0.6)R_0$$

顶梁尺寸

$$a=(1.5\sim2.5)t,\ b=(1\sim2)t,\ c=(1\sim2)t$$

槽底弧段加厚

$$d_0=(0.5\sim0.6)R_0,\ t_0=(1\sim1.5)t$$

图 4.1-7 中 s_0 是从 d_0 的两端分别向槽壳外壁所作切线的水平投影长度，可由作图求出。

为使 U 形槽身有足够的横向刚度，防止壳槽在水压力作用下产生过大的横向变形，一般要求槽身高度 H_1 与槽壁厚度 t 之比 $H_1/t\leqslant15\sim20$。

为了改善 U 形槽身纵向受力状态并便于支承于槽墩（架）上，在槽身两端的支座部位应设置端肋，端肋的外轮廓可做成梯形或折线形。

U 形槽身多用钢筋混凝土制作，当跨径及过水流量较大时可采用预应力钢筋混凝土结构，在纵向或纵、横两个方向施加预应力，以利于抗裂防渗。小型 U 形槽身也有用钢丝网水泥砂浆制作的，但防渗、抗冻及耐久性较差。

4.1.4.2　槽身纵向的支承型式

1. 梁式

如图 4.1-8 所示，梁式渡槽的槽身是直接搁置于槽墩或槽架上的。为适应温度变化及地基不均匀沉陷等原因而引起的变形，必须设置横向伸缩缝将槽身分为独立工作的若干节，并将槽身与进出口建筑物分开。伸缩缝之间的每一节槽身沿纵向设有支点，既起输水作用又起纵向梁作用。根据支点数目及位置的不同，梁式渡槽有简支梁式［见图 4.1-8 (a)］、双悬臂梁式［见图 4.1-8 (b)］、单悬臂梁式［见图 4.1-8 (c)］及连续梁式［见图 4.1-8 (d)］4 种型式。前 3 种型式一节槽身在纵向只有 2 个支点，是静定结构；连续梁式渡槽一节槽身在纵向的支点数目多于 2 个，是超静定结构。

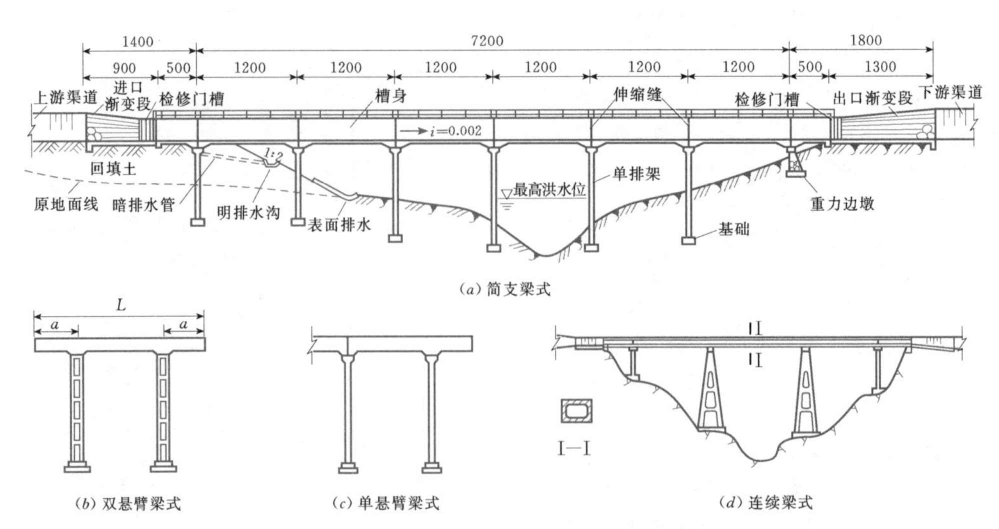

图 4.1-8　梁式渡槽布置图（单位：cm）

简支梁式槽身施工吊装较方便，接缝止水构造简单，为常用型式，但跨中弯矩较大，底板受拉对抗裂防渗不利。

双悬臂梁式槽身又分为等跨（槽墩或槽架中心线间距相等）双悬臂和等弯矩双悬臂两种型式。设每节槽身的长度为 L，悬臂长度为 a，对于等跨双悬臂，$a=0.25L$；对于等弯矩双悬臂，$a=0.207L$。等弯矩双悬臂梁式槽身，在均布荷载作用下的跨中正弯矩等于支座负弯矩，弯矩的绝对值较小，但由于纵向上下层均需配置受力钢筋和一定数量的构造钢筋，总配筋量可能比等跨双悬臂梁式槽身要多，且墩架间距不等，因而采用较少。双悬臂梁式槽身由于有悬臂的作用，跨度可以增大，跨度较小时则可节省钢材用量，但一节槽身的总长度大、重量大，施工吊装较困难。此外，当悬臂端部产生变形或地基产生不均匀沉陷时，两节槽身间的接缝将产生错动而使止水容易被拉裂。根据对已建工程的观察，双悬臂梁式槽身在支座附近易产生横向裂缝，应予以注意。单悬臂梁式槽身一般只在双悬臂梁式向简支梁式过渡或与进出口建筑物连接时采用，悬臂的长度不能过大，以保证槽身在另一端支座处有一定的压力，而绝对不允许出现拉力。连续梁式槽身较简支梁式槽身受力条件好，在同样跨度和荷载条件下，跨中弯矩较简支梁式小，因而可以加大跨度。实际工程中，连续梁式槽身常采用钢筋混凝土箱形结构，纵向按整体空心梁考虑，不仅结构轻、刚度大，还能充分发挥各部分材料的性能。陕西宝鸡峡引渭灌溉工程漆水河渡槽采用了多跨（三跨或六跨）连续梁式槽身，在地形平坦、地基经处理后较可靠的西岸采用六跨一缝，一节槽身长 33.5m，纵向设 7 个支点，为六跨连续梁；在地形较陡、地基性质很不均匀的东岸，采用三跨一缝，一节槽身长 17m，纵向设 4 个支点，为三跨连续梁。连续梁式槽身存在的主要问题是各支点要保证具有相同的沉降变形十分困难，如果各支点产生不均匀沉降，槽身将产生较大的附加弯矩，还可能产生扭曲应力，因而对地基条件要求高，或需采用不易产生沉降的基础结构。

根据实践经验及统计资料，简支梁式渡槽的常用跨度为 8～15m，双悬臂梁式槽身每节长度可为 25～40m。当槽高（槽底距地面的高度）较大、地基较好或基础施工较困难时宜选用较大的跨度，槽高不大或地基较差时则以采用较小跨度为宜。实际已建工程中，有的梁式渡槽根据具体条件，采用了比常用跨度大得多的跨度。例如湖北省引丹灌区排子河渡槽，通过设计流量 $35m^3/s$，加大流量 $38.5m^3/s$，槽高较大（最大墩高 49m），槽身采用简支梁式有拉杆加肋矩形槽（总高 425cm，总宽 380cm），整体预制吊装，中部河床部分渡槽跨度达 25m。

梁式渡槽槽身多采用钢筋混凝土结构。目前在大中型渡槽工程中，为了改善结构的力学性能以减小截面尺寸、减轻自重，较广泛地采用了预应力钢筋混凝土结构，使简支梁式渡槽的跨度加大到 30～40m。

2. 拱上的槽身支承型式

按槽身纵向受力情况可分为两种类型：一种是槽身纵向不受力并直接支承于实腹拱（见图 4.1-2）、空腹拱及上承式桁架拱之上，另一种是槽身支承于拱上的排架、直墙上（见图 4.1-19），形成简支式、双悬臂、肋板式、连续梁式等支承型式。支承结构的间距：当主拱圈跨径较小时采用 1.5～4.0m，跨径较大时采用5～10m。

4.1.4.3 预应力混凝土槽身

在大中型渡槽工程中，槽身承受的水荷载很大，同时要求使用阶段结构变形小，水密性好，不产生漏水。为了改善结构的力学性能，减轻槽身自重，加大跨度，预应力混凝土槽身已得到愈来愈多的应用。预应力筋的数量和布筋位置要根据槽身在使用阶段的受力状态确定，同时也要满足施工各阶段的受力需要。采用不同的施工方法，在施工阶段槽身的受力状态有很大差别，因此，配筋必须考虑施工方法。

印度戈麦蒂渡槽通过设计流量357m^3/s，总长473.6m，其中槽身段长381.6m，共12跨，单跨长31.8m，系简支结构。过水槽宽12.8m，槽身高7.45m。渡槽上部结构采用预应力承重框架直承非预应力输水槽身的布置型式。框架由纵梁、横梁、竖肋和拉杆组成，为增强框架的刚度，底部纵梁和横梁之间还设置了十字交叉的联系梁。框架的每一个部件均为预应力混凝土结构，每根纵梁设有38根纵向预应力钢绞线，每根横梁设有12根横向预应力钢绞线，每根竖肋设有3根竖向预应力钢绞线，每根拉杆设有4根横向预应力钢绞线。这个由三向预应力构成的高9.9m、宽14.6m、跨度31.8m的承重箱型框架具有很高的承载能力，由于不直接挡水，不必进行抗裂计算。输水槽身三面支承在间距为1.95m的横梁和竖肋上，属于密肋板结构，每跨槽身分3节，每节长10.6m，以增强槽身对沉陷、位移、温度变化、地震作用等的适应能力。承重框架预应力的施加程序为纵梁（先垂直后纵向）、横梁、拉杆。该调水工程建于20世纪70年代中后期，已正常运行30余年。

陕西省洛河渡槽跨河段槽身总长1200m，单孔跨度30m，槽身为简支梁型式。为满足输水与交通以及施工吊装要求，槽身采用分离式双箱预应力钢筋混凝土箱形结构，箱顶设沥青混凝土柔性路面。槽身单箱内孔高3.5m、宽3.0m、槽壁厚0.2m，采用C40混凝土预制。槽身用后张法施加预应力，纵向每孔用4束$7\phi5$的钢绞线张拉，顶板横向用$12\phi5$高强碳素钢丝张拉。

东深供水改造工程樟洋渡槽设计输水流量90m^3/s，槽身总长1000m，其中跨度12m的有53跨，跨度24m的有15跨。槽身采用大型U形薄壁后张拉预应力钢筋混凝土结构，槽身内半径3.5m。直段高1.6m，槽身总高6.15m，顶部设拉杆，拉杆间距2.0m，槽壁厚仅0.3m。槽身混凝土强度等级C40，抗渗等级W6。对于24m跨的槽身，在纵向及横向均施加预应力；12m跨的槽身横向施加预应力，纵向采用常规钢筋混凝土结构。预应力筋的布置方案如下：

（1）24m跨的槽身在U形槽底部加厚部分布置10束纵向预应力锚索，第2、第9束每束为$7\phi^{j}15.2$钢绞线，其余每束为$6\phi^{j}15.2$钢绞线。施加纵向预应力的方法采用有黏结预应力体系、后张法施工、单端张拉。首先预埋波纹管成孔（第1、第10束预埋钢管），将钢绞线穿入孔道，利用槽身本身作为加力台座进行张拉，张拉完毕后用锚具将钢绞线锚固在槽身两端，锚固端为P锚，张拉端为HVM-6（HVM-7）圆锚，然后向孔道内进行灌浆，待锚固端的回浆管出浆均匀稳定停止灌浆，使预应力钢绞线与混凝土结成一个整体。

（2）槽身横向采用后张法无黏结预应力筋张拉锚固体系，预应力筋为$3\phi^{j}15.2$无黏结钢绞线（单束），24m跨槽身单跨内布置59束。无黏结预应力钢绞线束是通过专门设备在钢绞线上涂以润滑防锈油脂并包裹PE套管而成，PE套管的厚度不小于1.5mm。对于12m跨的槽身，混凝土强度达到设计强度的80%以后，拆除承重模板，进行横向无黏结预应力钢绞线束的张拉；对于24m跨的槽身，横向预应力钢绞线束的张拉在纵向预应力锚索张拉完成后进行。张拉时两端同步进行，张拉端锚具为HVM-3扁锚。

南水北调中线工程洛河渡槽设计流量230m^3/s，加大流量250m^3/s，由于渡槽工程规模很大，从有利于增强结构刚度以及运行和维护考虑，槽身采用三槽互联带拉杆大型矩形槽。该渡槽承受的水荷载大，设计中经过分析比较，选用了纵向支承结构与横向挡水结构相结合的预应力结构体系，在纵、横、竖3个方向布置预应力筋，对槽身施加预应力（见图4.1-9）。

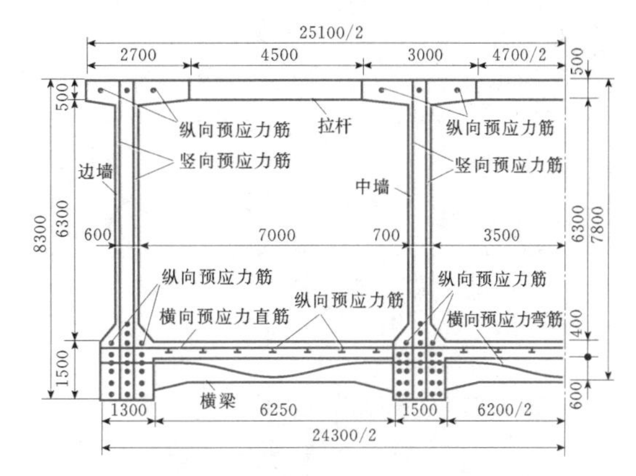

图4.1-9 洛河渡槽三槽互联带拉杆矩形槽身预应力筋布置图（单位：mm）

1）槽壁竖向预应力筋。竖向预应力筋主要是承受竖向拉力与提高截面的抗剪能力，由于其长度较短，采用 ϕ32 精轧螺纹钢筋锚固体系，具有预应力损失小、锚固简单、安全可靠及施工方便等优点。

2）槽身纵向预应力筋。按槽身受力要求计算出的纵向预应力筋主要布置在中墙和边墙底部的大梁内，并在槽底板宽度内沿纵向也布置部分通长直筋。由于纵向预应力筋长度长，采用钢绞线（7 ϕ^j 15.2）群锚体系，后张法施工。

3）横向预应力筋。横梁高度不大，预应力筋可采用直筋和曲筋相结合，根据结构各部分的弯矩大小确定布置位置，横向预应力筋也采用 7 ϕ^j15.2 钢绞线，预应力筋的张拉锚固体系与纵向相同。

为防止渡槽出现过大的偏心荷载，当一边槽检修时，另一边槽也要停水，只允许中槽过水；当中槽检修时，两边槽应同时过水。

4.1.5 渡槽的支承结构

4.1.5.1 墩式

1. 重力墩

根据墩身结构型式的不同，重力式槽墩有实体墩和空心墩两种型式。重力式实体墩［见图 4.1-10 (*a*)］由墩帽、墩身和基础三部分组成。墩身材料结构强度必须满足有关标准要求。墩身的主要尺寸为墩高、墩顶和底面的平面尺寸及墩身侧坡。墩身顶部顺渡槽水流方向的宽度应稍大于槽身支承面所需宽度，一般不小于 80～100cm，小型渡槽可以小些。墩身顶部垂直渡槽水流方向的长度应稍大于槽身宽度（每边约宽出 20cm）。为满足墩体和地基承载力的要求，墩身四侧可按 20：1～40：1（竖：横）坡比向下扩大，基底面则根据地质条件适当再扩大。墩帽直接支承槽身结构，应力较集中，大型渡槽的墩帽厚度不小于 40cm，中小型渡槽不小于 30cm。墩帽周边一般比墩身顶部外伸 5～10cm，做成檐口。墩帽采用 C25 以上强度等级混凝土浇筑，加配构造钢筋。小型渡槽墩帽混凝土强度等级可稍低，也可不设构造钢筋。在墩帽放置支座的部位，应布置一层或多层钢筋网，以防墩帽和墩身产生裂缝。支座边缘到墩顶边缘的距离视渡槽规模、墩（台）构造型式及安装上部结构的施工方法而定，其最小距离应不小于 15～20cm。

梁式渡槽的边槽墩（也称槽台）常采用图 4.1-10 (*b*) 所示挡土墙式实体重力墩，除承受槽身传来的荷载外，还承受背面的填土压力，是挡土墙式结构，高度一般不宜超过 5～6m。边槽墩背面坡的坡度系数一般为 $m=0.25\sim0.5$，顶部也需设置墩帽。墩下部设排水孔，孔径 4～6cm，可设 1～2 排，孔进口设反滤层，出口高出地面 10～30cm。

重力式实体墩的墩体强度及稳定易满足要求，但用材多，自重大，适用于盛产石料地区，墩高一般在 8～15m，不宜用于高槽墩和地基较差的情况。如墩高较大，则宜采用空心重力墩。

空心重力墩可充分利用材料强度，自重轻，用料省，一般高度下可比实体墩节省圬工 20%～30%，钢筋混凝土空心墩可节省圬工约 50%。空心墩可采用钢滑动模板施工，施工速度快，质量好，也可采用混凝土预制块砌筑。空心墩的最小壁厚，对于钢筋混凝土墩不宜小于 30cm，对于混凝土墩不宜小于 50cm。空心墩内沿高度方向每隔 2.5～4.0m 宜设置钢筋混凝土横梁，以加强空心墩的整体性，但设置横梁对滑模施工带来困难，目前趋势是尽量不设或少设，当壁厚与宽度（或半径）之比大于 1/10 时可不设横梁。空心墩的外形轮廓尺寸和墩帽的构造与实体墩基本相同，水平截面有圆矩形、双工字形及矩形三种基本型式（见图 4.1-11）。圆矩形的水流条件好，外形较美观且便于使用滑模施工，因而采用较多；双工字形施工较方便，对 *y* 轴（顺渡槽水流方向）的惯性矩大，边缘应力较小，但水流条件差，因此不宜用于河道中；矩形墩施工也方便，截面惯性矩也较大，水流条件处于两者之间，适用于河水不深的滩地和两岸无水的槽墩。空心墩的墩帽下面宜设实体过渡段，实体段高度为 1～2m，并增设补充钢筋。空心墩身与基础的连接处，应采用墩壁局部加厚或设置实体段措施，实体过渡段也需增设补充钢筋。有的工程采用空心墩下部为现浇混凝土，上部用预制块拼装，预制块大小决定于运输、起吊能力，砌筑时上下层竖缝必须错开，竖缝和水平缝都必须用水泥砂浆填塞密实。在墩身下部和墩帽中央可设置进人孔。

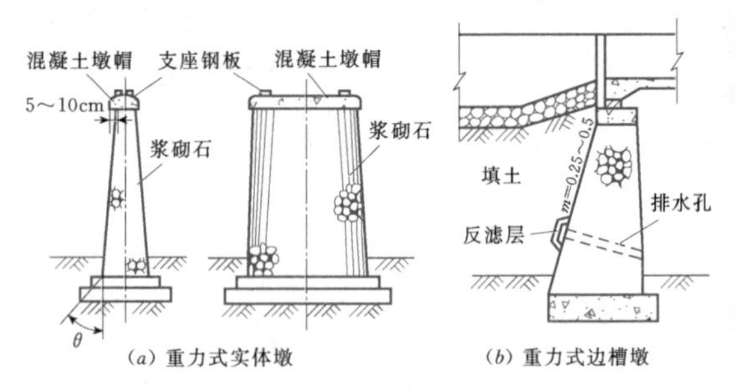

图 4.1-10 重力式槽墩

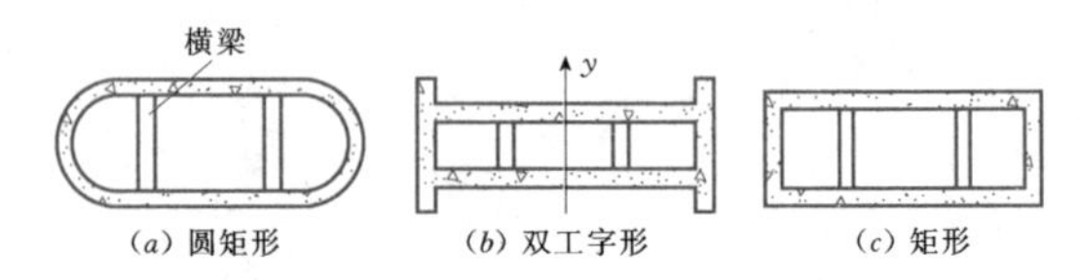

图 4.1-11 空心墩的截面型式

拱式渡槽的重力墩与梁式渡槽的重力墩基本相同。墩顶宽度 b 对于混凝土墩取为拱跨的 1/25～1/12；对于砌石墩取为拱跨的 1/20～1/10，且均不小于 0.8m。

2. 加强墩

多跨简支排架渡槽和多跨连拱渡槽，为防止因一跨失事而导致其余多跨相继破坏，须设置加强墩。简支式渡槽可每隔 7～10 跨设一加强墩（重力墩或双排架），连拱渡槽可每隔 3～5 跨设一加强墩，其型式如图 4.1－12 所示。

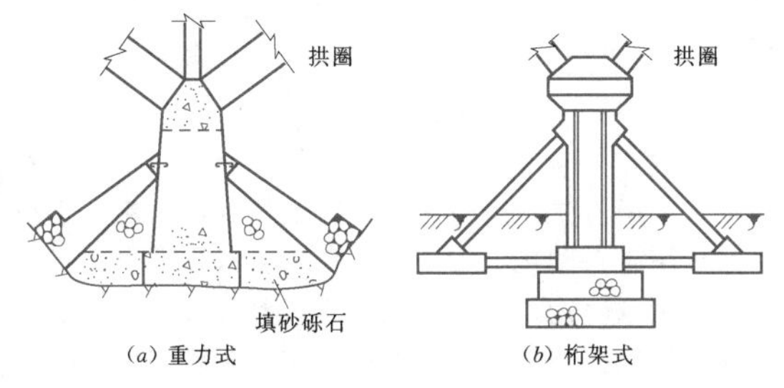

图 4.1－12　连拱渡槽的加强墩

4.1.5.2　排架式

梁式渡槽的排架是钢筋混凝土结构，有单排架、双排架和 A 型排架等几种型式（见图 4.1－13）。

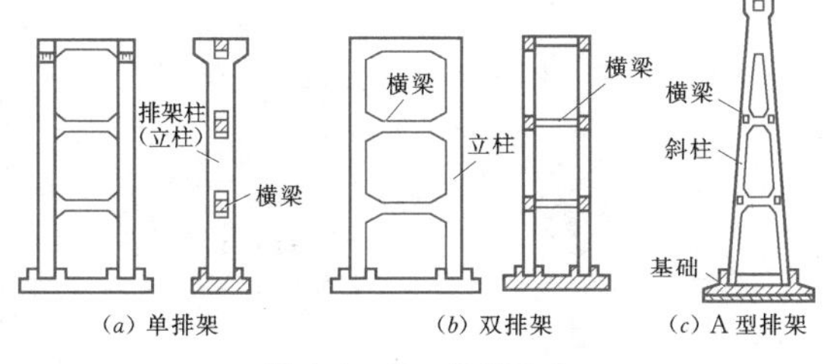

图 4.1－13　槽架型式

1. 单排架

采用钢筋混凝土结构，可现场浇筑或预制吊装。常用的单排架高度为 10～20m。湖南省欧阳海灌区野鹿滩渡槽的单排架最大高度达 26.4m。

排架柱的断面尺寸，可按下述关系拟定：立柱的纵向尺寸长边（顺槽向）b_1 约为排架高 H 的 1/30～1/20，常用 $b_1=0.4\sim0.7$m，横向尺寸 $h_1=(0.5\sim0.8)b_1$，常用 $h_1=0.3\sim0.5$m。梁高 h_2 可为跨度（即立柱间距）的 1/8～1/6，梁宽 b_2 为 $(0.5\sim0.7)h_2$。横梁按等间距布置，为适应同一渡槽排架具有不同的高度，最下一层的间距可适当调整。排架横梁的间距，一般为 3～4m，最大不超过 5m，横梁与立柱连接处常设承托，以改善交角处的应力状态，承托高 10～20cm，其中布置斜筋。为支承槽身，排架顶部在顺水流方向设短悬臂梁式牛腿，悬臂长度 $c=b_1/2$，高度 $h\leqslant b_1$，倾角 $\theta=30°\sim45°$，参见图 4.1－14。

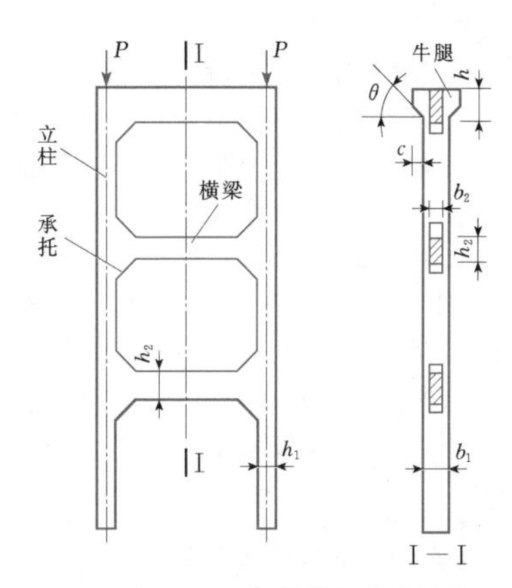

图 4.1－14　单排架构造尺寸

排架与基础（一般为板式基础）的连接可采用固接或铰接两种形式。现场浇筑时，排架与基础常整体结合，立柱竖向钢筋直接伸入基础内，按固接考虑。预制装配式排架，则根据排架吊装就位后的杯口处理方式而按固接或铰接考虑（见图 4.1－15）。如设计为固接，应在基础混凝土终凝前拆除内模板并将杯口凿毛，立柱安装前将杯口清洗干净并于杯底浇灌不低于 C20 级的细石混凝土，立柱插入就位后于四周再浇筑细石混凝土，对于重要工程，也可采用预留连接钢筋浇筑二期混凝土的方式。如设计为铰接，只在柱底 5cm 厚范围内填以 C20 级细石混凝土并抹平，立柱插入就位后于四周灌以 5cm 的 C20 级细石混凝土，再填沥青麻丝。由于预制装配式排架立柱边宽一般都在 100cm 以内，故无论固接或铰接，立柱插入杯口内的深度 H_1 应满足下列要求：① $H_1\geqslant b_1$（立柱的长边宽度）；② $H_1\geqslant 20d$（d 为立柱纵向受力钢筋直径）；③如用吊装施工，$H_1\geqslant 0.05H$（H 为吊装时排架高度）。杯壁厚度 $t\geqslant 15\sim30$cm（b_1 大时取大值）；杯底厚度 $H_3\geqslant 15\sim40$cm（b_1 大时取大值）。

2. 双排架

双排架是空间结构，在较大的竖向及水平向荷载

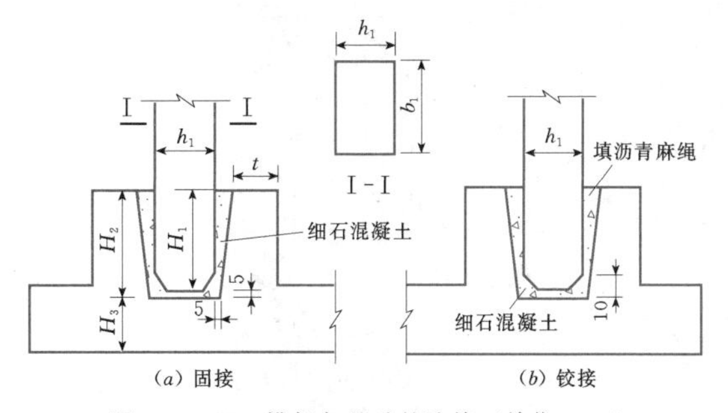

图 4.1－15　排架与基础的连接（单位：cm）

作用下，其强度、稳定及地基应力较单排架容易得到满足，适应高度一般为15～35m。

3. A型排架

A型排架是由两片互相平行、铅直平面为A字形的刚架组成。对于大流量渡槽槽宽已较大，故将A字形架置于顺渡槽水流方向，以满足稳定和加大基础面积、减小基底压应力的要求；对于小流量的高渡槽，为了满足满槽水时槽架本身的稳定和空槽时在横向风荷载等作用下渡槽抗倾稳定的要求，则将A字形架置于垂直渡槽水流方向。A字形槽架虽然适应高度大，但施工较复杂，造价较高。排架所用混凝土材料强度等级，对于2、3级渡槽不得低于C20，1级渡槽不得低于C25，4、5级小型渡槽不得低于C15。

4.1.5.3 混合式墩架及桩柱式槽架

混合式墩架的上部是排架，下部是重力墩。单排架的立柱在顺渡槽水流方向仍然是单柱。跨越河流的渡槽，当槽身底部高程高于河道最高洪水位以上有较大距离时，宜采用混合式墩架，即最高洪水位以下是重力墩，以上为排架。当槽高较大，用加大立柱截面尺寸以满足稳定要求不经济时，也可考虑采用混合式墩架，这时，重力墩以上的排架高度由柱的稳定（纵向弯曲）计算决定。重力墩以上如采用双排架，则可加大排架的高度。

地基条件差而采用桩式基础时，将基桩向上延伸便构成桩柱式槽架，桩柱在横槽向可以是单根、双根或多根。在柱顶浇筑盖梁，盖梁可以是矩形或T形、等截面或变截面。图4.1-16（a）所示为等截面双

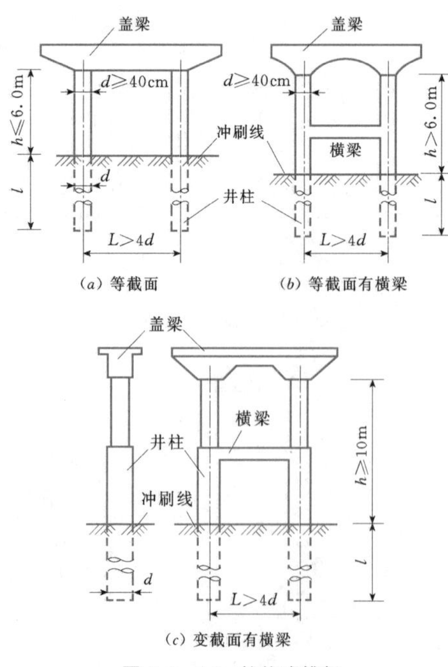

图4.1-16 桩柱式槽架

柱式槽架，适用于跨度为5～15m的渡槽。槽架高度大于6m时，两柱间应设置横梁［见图4.1-16（b）］。柱顶钢筋布置成喇叭形锚固于盖梁内，盖梁做成双悬臂式，其上搁置槽身。当渡槽跨度达15～20m、地面以上的支承柱高大于10m，宜采用变截面柱［见图4.1-16（c）］（河道水位以下部分用较大的直径，以上部分柱径则减小），接头处设横梁。这样，不但节省工程量，而且便于对施工中发生的桩位偏差在变换截面处加以调整，保证上部桩位准确。图4.1-16给出的各种形式桩柱式槽架的布置尺寸和适用范围供设计参考。

4.1.5.4 拱式

1. 板拱

板拱在径向的截面为矩形实体截面，除采用砌石外，也可用混凝土现浇或用混凝土预制块砌筑，小型渡槽可用砖石砌筑。如图4.1-17所示，当用料石或混凝土预制块砌筑时，沿径向应布置成通缝。分层砌筑的较厚拱圈，各层间的切向缝应互相错开，错距不应小于10cm，以保证拱圈的整体性。对于厚度较大的变截面拱，可用料石砌筑内圈，而用块石砌筑外圈，以便从拱顶到拱脚逐渐加大拱厚。拱圈与墩台、横墙等的接合处常采用特制的五角石砌筑，使倾斜的拱面转变为水平层次，以便逐渐扩散拱脚的压力或使横墙比较可靠地支承于具有水平层次的拱圈上。

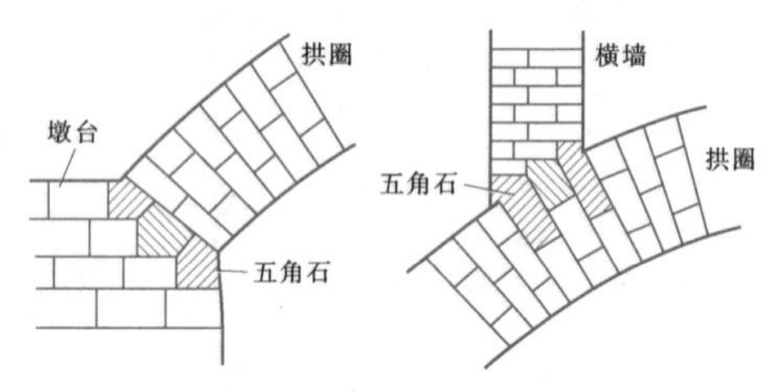

图4.1-17 砌石拱圈与墩台及横墙的连接

板拱的矢跨比一般为1/6～1/3，板拱的拱顶厚度可参考已建类似工程拟定，或按表4.1-4所列数据拟定。对于混凝土板拱，拱顶厚度可较表列数值减小10%～20%。当拱圈较平坦时，表中数值采用较大值。拱圈净跨大于20m时宜采用变截面拱，拱脚厚度可采用1.2～1.5倍拱顶厚度。

板拱构造简单、施工方便，多用于地基条件较好的中小跨径石拱渡槽。

2. 箱形拱

对于大跨度拱圈，可采用钢筋混凝土箱形拱，这种拱的外形与板拱相似，但截面为空心，空心面积一般占全截面的50%～70%。箱形拱在纵向可分成两段、三段或四段预制，在横向由工字形、倒T形及倒Ⅱ形等截面形式的构件拼接而成。纵向采用钢筋、

表 4.1-4 **砌石拱渡槽主拱圈拱顶厚度**

拱圈净跨(m)	6.0	8.0	10.0	15.0	20.0	30.0	40.0	50.0	60.0
拱顶厚度(m)	0.3	0.30～0.35	0.35～0.40	0.40～0.45	0.45～0.55	0.55～0.65	0.70～0.80	0.90～0.95	1.00～1.10

型钢或钢板连接，横向采用钢筋或螺栓拼接。施工时，分段构件吊装就位后，处理好连接的接头，然后再现浇二期钢筋混凝土构件，如顶盖、横隔板等。横隔板设在横墙或排架与主拱圈的交接处以及分段接头处等位置，间距不宜大于10m，以加强拱圈结构的整体性和横向抗弯与抗扭刚度。

对于中小型无筋或少筋混凝土拱圈，可采用箱形拼装拱，其构件有图 4.1-18 所示的各种型式，施工时在拱架上拼装，砂浆灌缝而成整体。拱端做成实心的拱铰并预留螺孔，以便安装施工用的临时拉杆。这种型式的拱圈水泥用量少并节约钢材，施工速度快，但结构的整体性全靠各箱形构件互相间的挤压来维持，由于构件很薄，较难做到全部接触，即工程的可靠性与耐久性较差，故要求较高的施工质量。

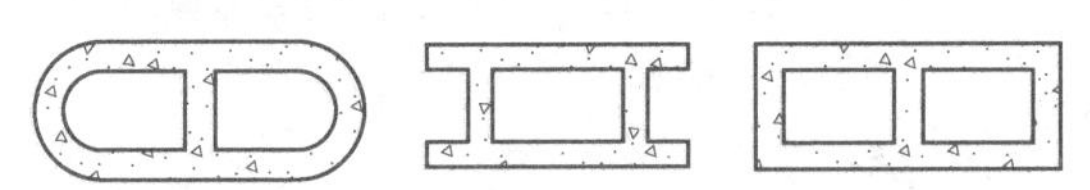

图 4.1-18 箱形拼装拱构件型式

3. 肋拱

肋拱式支承一般采用钢筋混凝土结构，拱圈由分离的拱肋组成，肋间用横撑连接以加强拱肋的整体性，保证拱肋横向稳定。肋拱结构(见图 4.1-19)外形轻巧美观，自重较轻，工程量少。大中跨径的钢筋混凝土肋拱结构，可采用分段预制装配施工，也可现场浇筑。

对于跨径 20～30m 的肋拱，常采用等截面的圆弧拱或二次抛物线拱。对于大跨径的肋拱，多采用变截面的悬链线拱或二次抛物线拱。矢跨比常取 1/6～1/3。在严寒地区宜采用较大的矢跨比及较小的拱轴系数。大跨径拱肋可用工字形或 T 形截面，这种拱肋刚度大，但温度应力也较大。一般多采用矩形截面，初拟尺寸时拱顶截面高度可取跨径的 1/60～1/40，拱脚处约为跨径的 1/50～1/20（小跨径取大值）。矩形拱肋的高宽比约为 1.5～2.5。

肋拱也有做成三铰拱型式的，三铰拱可减小各种因素产生的附加应力。拱铰以采用钢铰效果较好。

大跨度肋拱为便于预制、运输，一般均分段预制再吊装拼接成拱。当采用有支架施工时，肋拱段的连接可用主筋焊接或绑扎后现浇混凝土接头，也可用主筋环形套接的现浇混凝土接头［见图 4.1-20 (a)］。当采用无支架施工时，肋拱段可选用图 4.1-20 (b) 所示的卡砌组合接头，即先在接缝处涂抹环氧树脂，卡砌合拢，将主筋电焊接头，再浇灌小石子混凝土封固，使肋拱段快速拼接成拱。

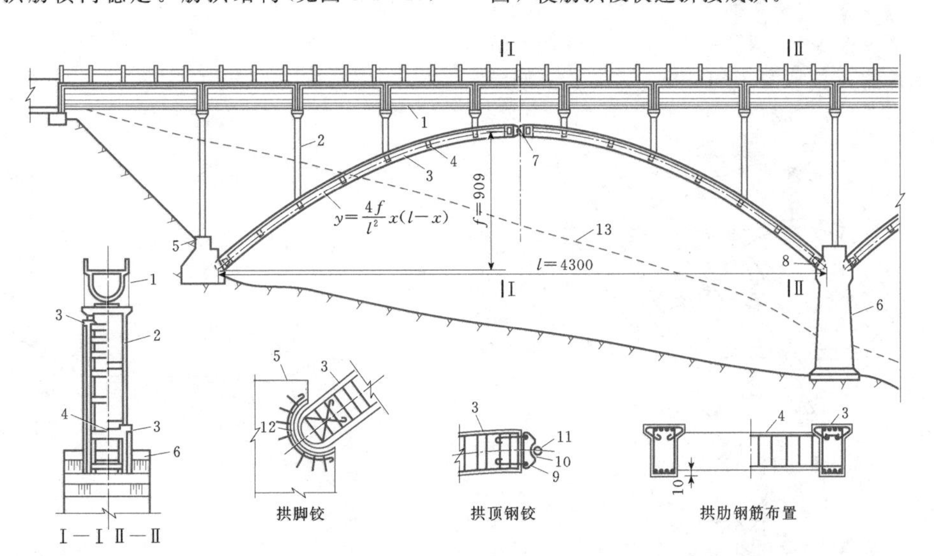

图 4.1-19 肋拱渡槽（单位：cm）

1—C25 钢筋混凝土 U 形槽身；2—C25 钢筋混凝土排架；3—C25 钢筋混凝土肋拱；4—C25 钢筋混凝土横系梁（横隔板）；5—C15 混凝土埋 15%块石拱座；6—C15 混凝土埋 15%块石槽墩；7—拱顶钢铰；8—拱脚铰；9—铰座；10—铰套；11—铰轴；12—钢板镶护；13—原地面线

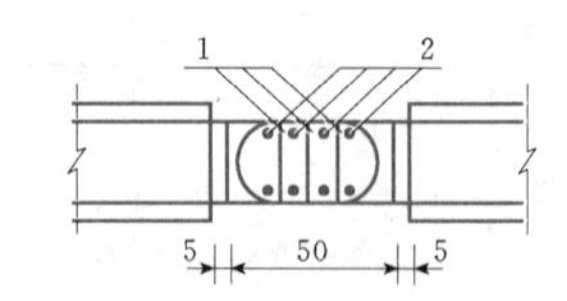

(a) 有支架施工肋拱主筋环形套接现浇接头

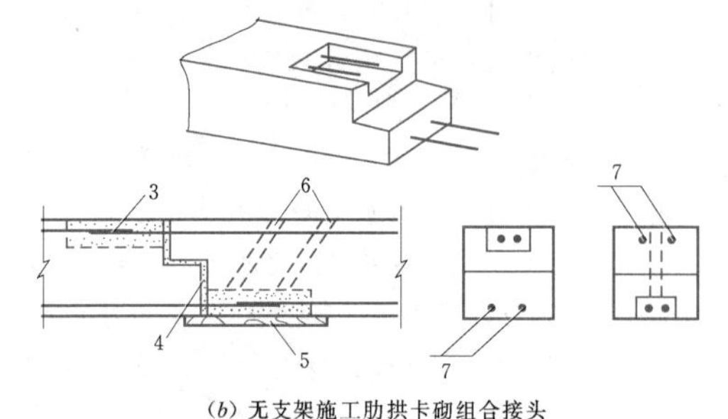

(b) 无支架施工肋拱卡砌组合接头

图 4.1-20 肋拱段的连接（单位：cm）

1—箍筋（间距 10cm）；2—横向插筋；3—主筋电焊接头；
4—环氧树脂水泥胶接缝；5—木底板托槽口；
6—ϕ5cm 孔灌快凝混凝土；7—主筋

4. 双曲拱

双曲拱由拱肋、拱波、拱板、横系梁（横隔板）等构件组成（见图 4.1-21）。双曲拱能充分发挥材料的性能，造型美观，主拱圈可以分块预制，吊装施工，适于修建大跨径渡槽。广西玉林万龙双曲拱渡槽，跨径达 126m。

拱轴线的选择，应注意使主拱圈的施工荷载与设计荷载的压力线尽可能接近，对于中小跨径，多取圆弧线或悬链线型，对于大跨径渡槽，有些采用高次抛物线，但一般仍采用悬链线。

对于悬链线双曲拱，当采用无支架或早期脱架施工时，拱轴系数 m 值取为 2.24～3.50；当有支架施工时，可取为 2.814～5.321。

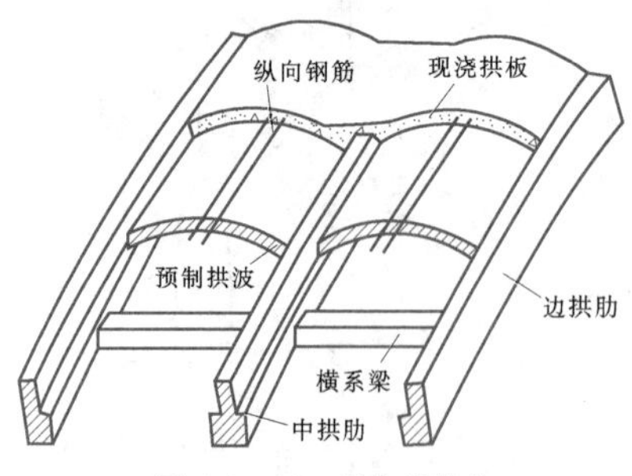

图 4.1-21 双曲拱结构

根据经验，矢跨比一般采用 1/8～1/4 为宜。矢跨比小的坦拱便于施工，拱上结构高度也较低，可节省材料，但水平推力大，附加内力也大；矢跨比大的陡拱，水平推力小，但施工较困难，特别是当无支架施工时，拱肋的稳定性和安全条件都较差。

双曲拱主拱圈的截面型式，根据现浇拱板的形状可分为平板型、波型和折线型。按拱波的多少又可分为单波、双波和多波等型式。为了减少主拱圈内的接缝，以加强整体性，拱波宜采用单波、双波或三波型的。中小跨径主拱圈的拱肋常用矩形、⊥形、L 形截面。较大跨径宜采用⊥形、工字形截面（图 4.1-21）。拱肋可现浇或分段预制吊装，常在拱肋顶面设齿槽，埋设锚筋以利于加强拱肋、拱波连接。拱波横截面为圆弧形，跨径一般为 1.2～1.6m，也有用 1.8～2.0m 的，矢跨比为 1/5～1/3。预制拱波厚度为 6～8cm，宽度为 30～50cm。拱板的厚度不宜小于拱波的厚度。横系梁的间距一般约为 2m。横隔板的间距不超过 10m，通常在拱顶、1/4 拱跨、立腹的立柱（墙）下面以及分段预制拱肋的接头处设置。

计算主拱圈高度 t 的经验公式为

$$t=\left(\frac{l}{100}+35\right)K \quad (\text{cm}) \tag{4.1-11}$$

式中 l——主拱圈计算跨径，cm；

K——系数，跨径较小或槽水较浅时取 1.0～1.3，跨径较大或槽水较深时取 1.4～1.8，跨径大且槽水较深时取 1.9～2.5。

当拱肋中距大于 2.0m 时，t 值宜适当加大。

计算拱肋截面尺寸的经验公式如下：

肋宽

$$b=\frac{l}{800}+18 \quad (\text{cm}) \tag{4.1-12}$$

肋高

$$h=0.4t \quad (\text{cm}) \tag{4.1-13}$$

中肋上的波沟（谷），用混凝土加高至 $0.6t$。

计算拱波厚度（包括拱板）的经验公式为

$$d=\frac{l}{800}+8 \quad (\text{cm}) \tag{4.1-14}$$

除预制拱波厚度外，不足的尺寸用混凝土现浇补足。

主拱圈各部尺寸的符号如图 4.1-22 所示。

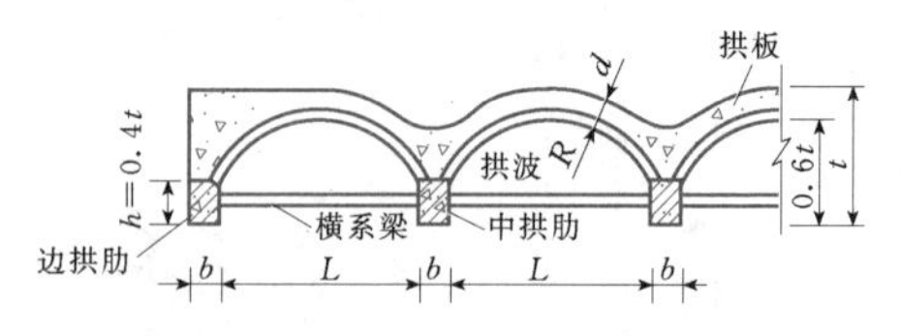

图 4.1-22 拱圈结构尺寸示意图

5. 折线拱

对于空腹拱式渡槽，由于其主拱圈的荷载压力线是折线，故采用折线型拱轴线是合理的，其折点即为竖向集中荷载的作用位置。对于只有两个折点的对称折线拱（两肢柱斜置的Ⅱ形刚架）（见图 4.1-23），在对称竖向节点荷载作用下，当不计弹性压缩等影响时，拱内只产生轴向压力，不产生弯矩，即不论竖向节点荷载的大小如何，其压力线始终与拱轴线重合，而由拱肋自重产生的弯矩往往不大。因此，对于跨度不是很大的中小型渡槽，采用对称三段折线型肋拱做渡槽的支承结构是比较理想的。拱肋的数目根据渡槽输送流量的大小选定，可以大于 2 片，并用横系梁将各片拱肋连接成整体。拱肋可以设计为无铰或双铰，其上的槽身可以采用三节简支梁式或两节单悬臂梁式结构，将槽身支承肋置于拱肋的折点上，使槽身的荷载成为拱肋的节点荷载。这种折线拱由于只有三段，其上的槽身是梁式结构，拱的跨度决定于槽身的跨度，故拱的跨度不能过大，设计时通过方案比较选定。

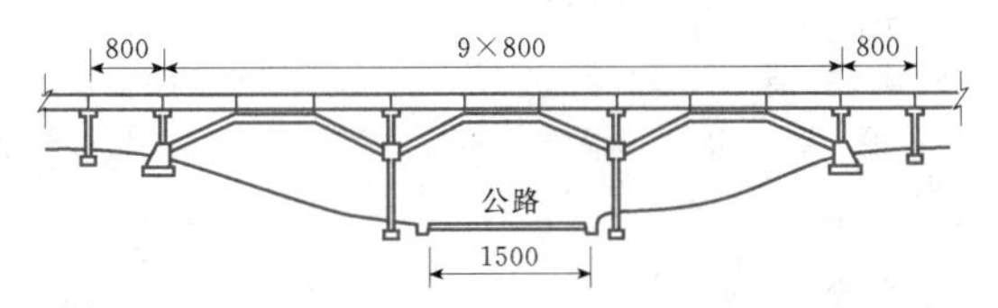

图 4.1-23 折线拱式渡槽（单位：cm）

6. 桁架拱

桁架拱既是拱形结构，又具有桁架的特点，因此能充分发挥材料的力学性能。桁架拱渡槽常采用上承式和下承式两种。上承式桁架拱渡槽［见图 4.1-24 (*a*)］的上、下弦杆均承受压力，刚性好，适用于较大跨径。桁架拱自重轻，水平推力小，对地基的要求相对较低。桁架拱片可分段预制，施工安装方便。下承式桁架拱渡槽［见图 4.1-24 (*b*)］的槽身位于拱圈桁架的下部，当槽身与拱圈的吊杆及下弦杆连成整体时，槽身可起拉杆的作用。

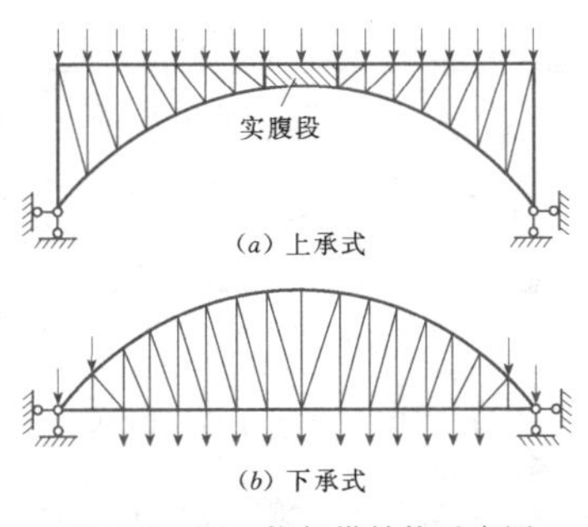

(*a*) 上承式

(*b*) 下承式

图 4.1-24 桁架拱结构示意图

下承式桁架为无推力结构，对温度应力和基础沉陷不敏感，可适应软弱地基，也有利于缩小支墩尺寸。由于竖杆和上下横梁既是空腹桁架杆件又是槽身组成部分，故可节省工程量。杆件、梁板等大多是受拉构件，需用钢筋较多，但均可预制吊装，逐跨施工，简单安全。下承式桁架拱适用于较大流量、大跨度、软弱地基的情况。

4.1.5.5 斜拉渡槽

1. 斜拉渡槽的结构特点

斜拉渡槽一般由塔、墩、拉索及主梁（槽身）四部分组成（见图 4.1-25），自塔上伸出若干斜向拉索将主梁吊起，从而形成一种多次超静定的承重跨越结构。斜拉结构具有下列特点：

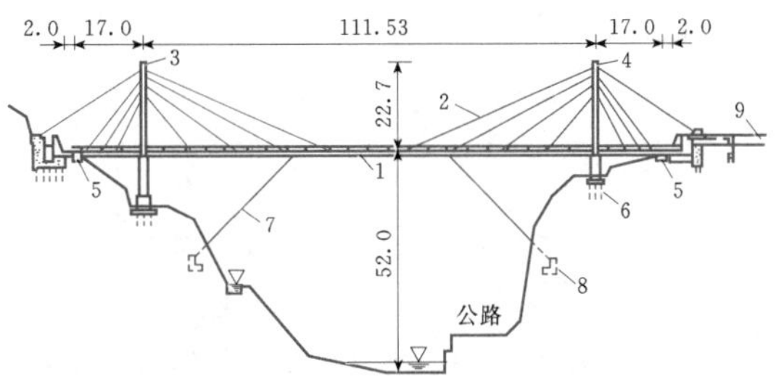

图 4.1-25 江西莲花九曲山斜拉渡槽（单位：m）

1—槽身；2—拉索；3—进口塔架；4—出口塔架；5—拉压支座；6—锚筋；7—风缆；8—地锚；9—下游渠道

(1) 由于有拉索支承，梁跨内增加了若干弹性支承点，使主梁获得合理的内力分布，梁内弯矩大大减小，可采用较小的梁体尺寸并使结构的跨越能力增强。

(2) 斜拉索的水平分力对主梁起着轴向预施压力的作用，能增强混凝土的抗裂性能，有利于充分发挥混凝土抗压和高强钢丝或钢绞线抗拉的材料特性。

(3) 斜拉结构是一种高次超静定结构，其构造衰减性能良好，与悬索桥比较具有较好的抗风稳定性。

(4) 斜拉结构对各种地形、地基的适应性较强，造型简明轻巧美观。

但是，斜拉结构作为一种高次超静定结构，在内力变形计算以及施工作业等方面要求均较严格。

2. 斜拉结构体系、组成部分布置型式及各参数的拟定

(1) 斜拉结构体系。斜拉结构一般由索、梁、塔、墩四部分组成，其结构体系按塔（及墩）的数目可分为单塔体系、双塔体系及多塔体系，按索、梁、塔之间的关系可分为悬浮体系、支承体系、塔梁固结体系与刚构体系四种基本体系。

1) 悬浮体系［见图 4.1-26 (*a*)］。在该体系中，塔与墩固结，主梁除两端支承于两岸的墩台上外，中间完全悬挂在斜拉索上。当拉索间距较密时，主梁沿纵向各断面变形及内力变化较为均匀。主梁不允许在横向自由摆动，需要在两端墩台及塔柱处设置横向约束，以增加结构的抗风及抗震稳定性。

2）支承体系［见图4.1-26（*b*）］。在支承体系中，塔与墩固接，主梁除支承于两岸墩台外，塔墩处还设有支点。为了减少主梁的温度应力，各支承点应采用相同的滚动支座或连杆支座，使之无纵向水平约束，但在横槽方向，仍需在塔墩处和两端墩台处设置水平约束。由于主梁在支点处出现较大的负弯矩，通常需要局部增高塔墩附近主梁的高度，以增加梁断面的惯性矩。

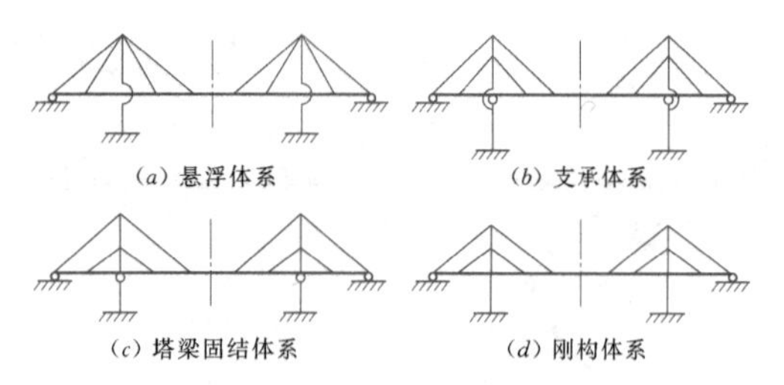

图4.1-26　斜拉结构基本体系

3）塔梁固结体系［见图4.1-26（*c*）］。这一体系的特点是塔固结于梁，再将梁支承于墩上。塔梁固结体系的优点为：塔与梁内温度应力很小，主梁跨中的轴向拉力接近于零，而塔墩处轴向压力较其他三种体系均大，这一轴向力分布情况对混凝土结构十分有利。但塔梁固接体系的整体刚度较小，由于塔、梁、索的全部重量需通过支座传给塔墩，要求设置价格较高的特制支座。

4）刚构体系［见图4.1-26（*d*）］。刚构体系的塔、梁、墩在交点处互相固结，整个结构的刚度较大，在荷载作用下，梁和塔的挠曲较小。但塔、梁、墩固结处的负弯矩较大，要求加高固结点附近梁的断面，此外，温度变化及混凝土收缩徐变等也将产生较大影响。

实际工程中，根据具体的地形、地质，施工、运用等条件，在上述基本体系的基础上还可采用一些结构措施，以改善斜拉结构的受力及变形情况。例如，由于地形、地质条件限制，斜拉结构边跨与主跨比值过小时，可以采用在边跨加设辅助墩的方案，辅助墩一般为拉压墩，用以增强边跨拉索的作用，使主梁跨中挠度和塔顶水平位移减小，塔脚弯矩和主梁跨中弯矩相应减小。辅助墩的数目及设置位置应通过内力分析计算确定。

（2）斜拉结构各组成部分布置型式：

1）斜拉索。我国建造的斜拉结构一般均采用柔性索，拉索用高强钢丝或钢绞线等做成，外包用于防锈蚀的索套。拉索组成的平面称为索面，通常有单索面与双索面两种基本型式。单索面位于主梁纵轴线上，拉索锚固块设置于槽身顶部；双索面布置在槽身宽度之外，槽壁两侧设短悬臂梁供拉索锚固。

拉索的纵向布置型式如下：

a. 辐射型［见图4.1-27（*a*）］。辐射型是将全部拉索引向塔顶，使各根拉索具有可能的最大倾角，以减小索拉力，减少拉索用钢量。但多根拉索汇集到塔顶，锚头构造处理比较困难。

b. 扇型［见图4.1-27（*b*）］。拉索锚固点在塔上和梁上分别按不同间距布置，拉索受力较竖琴型小，而塔身稳定较辐射型为好，是介于辐射型与竖琴型之间的一种型式。

c. 竖琴型［见图4.1-27（*c*）］。拉索彼此平行，倾角相同。因各对拉索锚着在塔柱的不同高度，塔中压力逐段向下加大，有利于塔的纵向稳定；此外，各平行拉索的长度相差较大，使索的自振频率有较大差别，抗风抗震稳定性较好。

d. 星型［见图4.1-27（*d*）］。斜拉索在梁上汇集于一点，在塔上锚固于不同高度。这种布置型式对主梁内力分布及变形不利，可用于跨度不大或主梁边跨特别短的斜拉结构。

e. 组合型［见图4.1-27（*e*）］。由上述四种基本型式可组配成多种组合型式。

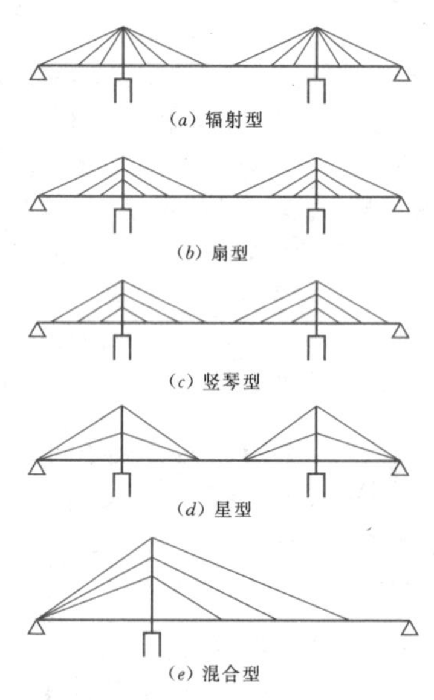

图4.1-27　拉索纵向布置型式

2）主梁。斜拉渡槽的槽身作为主梁需兼起输水与承力的双重作用，为了保持结构的空气动力稳定，槽身还应选择合适的横截面型式，用以分切及削弱风力。常采用的型式有矩形、梯形、U形和圆形。

矩形槽身有较大的抗弯和抗扭能力，槽身预制施工方便，锚块构造简单，便于拉索与槽身连接。但是矩形槽身迎风面积大，风动力荷载影响较大。

U形槽身横向受力条件及抵抗风动力性能均较好。北京二道河斜拉渡槽槽身选用了半封闭式U形壳（见图4.1-28），槽壳内半径1.2m、直段高0.2m、槽壁厚0.15m，槽顶盖板中每隔0.4～0.8m开设一个1.0m×1.4m的矩形孔。U形槽身的施工较为复杂，拉索锚固块（俗称牛腿）对槽壳应力分布的影响较大。

3）索塔与塔墩。索塔的构造型式沿纵向（渡槽水流方向）有柱型、A型和倒Y型（见图4.1-29）。

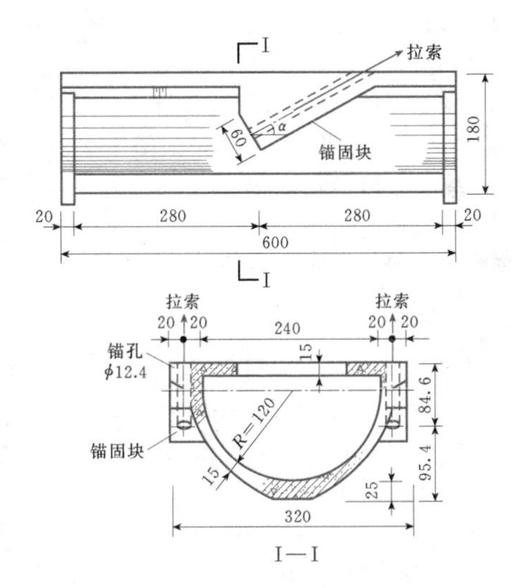

图4.1-28 二道河斜拉渡槽槽身结构布置（单位：cm）

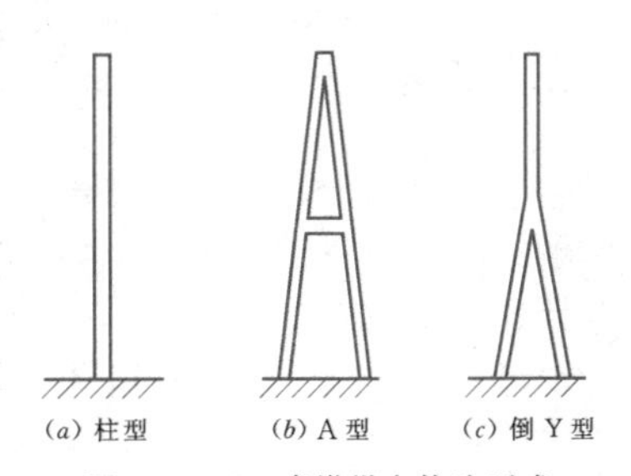

图4.1-29 索塔纵向构造型式

横向（垂直渡槽水流方向）布置型式如下：

a. 门型塔［见图4.1-30（*a*）、（*b*）、（*c*）］。门型塔是由两根塔柱和横梁组成的门式框架。门型塔适用于双索面，塔柱可采用直立式或倾斜式。

b. A型塔及倒Y型塔［见图4.1-30（*d*）、（*e*）］。两根塔柱倾斜，顶部交会在一起，索塔具有较高的横向刚度。A型塔及倒Y型塔可用作单面索的索塔，亦可用做倾斜双面索的索塔，后者在塔的顶部有两列竖直向锚固点。

c. 单柱型塔［见图4.1-30（*f*）］。仅一根单柱，用做单面索的索塔。塔柱横截面可以是实心的，当承受荷载较大时，也可采用工字形或箱形截面。

索塔支承于塔墩上，塔墩可以采用实体重力式墩、空心重力式墩或框架结构（如二道河斜拉渡槽的塔墩）。

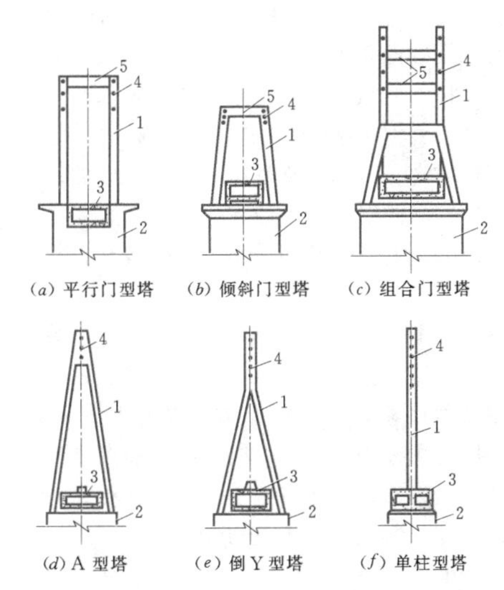

图4.1-30 索塔横向构造型式

1—塔柱；2—塔墩；3—槽身；4—拉索锚固点；5—横梁

（3）斜拉结构各参数的拟定。斜拉结构的三个主要组成部分（索、梁、塔）的尺寸及相互关系对整个结构内力分布有很大影响，设计时必须根据地形、地质、气象条件、建筑材料、施工方法等初步拟定一些参数，作出几个方案，进行静、动力分析比较，最后得出一个合理方案。

1）主梁的梁宽与梁高。斜拉结构中，主梁的基本结构型式为连续梁，在施工阶段刚完成时，由于对斜索施加了预拉力，拉索各锚固点可视为刚性支承点，主梁的工作状态为刚性支承连续梁；当整个体系完成之后继续增加静载或作用活载时，将会引起拉索伸长与索塔变形，拉索各锚固点形成弹性支承点，主梁的工作状态为弹性支承连续梁。

主梁截面尺寸的变化将影响梁内弯矩数值，梁截面的弯矩随主梁抗弯刚度的增加而加大，其变化规律呈非线性，为了减小梁内弯矩，充分发挥斜拉索的抗拉作用，在主梁设计中应取尽可能小的惯性矩。

对于斜拉渡槽，由于需要通过规定的设计流量，以及在运行过程中希望尽量减小槽身挠度，选择槽身宽度与高度时，应同时考虑水力条件与结构受力条件。从水力最优的角度看，矩形槽身的宽深比宜为2；从保证结构横向动力稳定的角度看，槽身断面宜设计得宽浅一些为好。但在实际工程中由于输水要求限制，槽身宽深比往往不大，例如北京二道河斜拉渡槽的槽身宽深比为1.78、宽跨比为1/39.4，因此，斜拉渡槽的抗风稳定问题有时比斜拉桥更为突出。

斜拉渡槽槽身（即主梁）断面尺寸主要由过水要求、节段的局部弯矩、抗扭刚度以及构造要求决定。

2）斜拉索的倾角与索距。斜拉索的受力情况与拉索对主梁的倾角大小有关，当倾角增大时，拉索索力减小，拉索的截面可以减小，但要增加塔的高度和拉索长度。根据已建工程经验，双塔体系外层拉索的倾角可选用21°～30°，单塔体系外层拉索的倾角可选用19°～22°。在双塔体系的跨中处，拉索倾角不宜小于20°，倾角过小将使拉索对主梁的挠曲控制能力减弱。

在主梁上，拉索锚固点间水平索距λ_h的确定与结构受力、施工方法等因素有关，我国已建斜拉渡槽多采用密索体系，由于密索体系中单根拉索受力较小，可以简化锚固结构，同时，密索布置还允许减小主梁高度，改善结构的空气动力性能。但是，为了利用梁的强度，索距也不宜过小，水平索距λ_h一般可为4～10m，工程中常采用6～8m。在双塔体系的跨中，主梁承受拉力和弯矩，跨中无索区长度可选用$(0.8\sim1.0)\lambda_h$。外层拉索锚固点距槽台支承点的距离在初拟方案时可选用$(0.7\sim0.8)\lambda_h$。

塔上锚固点间竖向索距λ_v的确定与拉索的纵向布置型式有关，对于扇形布置的拉索，λ_v应在满足施工张拉要求的条件下越小越好，λ_v一般可选择1～2m。

拟定出拉索的水平索距和倾角后，按照每根拉索承受其控制段内主梁最大重量的原则，即可初步估算出一根拉索所需的截面面积。

3）索塔高度。索塔高度与拉索布置型式、倾角及索距等因素有关。索塔加高、拉索倾角加大对拉索受力有利，但索塔过高不利于结构稳定，塔的造价也将加大。初拟索塔高度时可参考以下建议尺寸：

双塔体系：塔高＝（0.18～0.25）主跨长度（即两索塔间的距离）。

单塔体系：塔高＝（0.35～0.4）两跨中较大一跨的跨径。

4）主梁边跨与主跨比值。一个经济的斜拉渡槽设计除与索塔高度、拉索数目、拉索倾角等因素有关外，主梁边跨与主跨的比值（称为跨度比）不同常有着很大影响，跨度比的选择应使结构有良好的受力状况。初拟尺寸时，可参考已建工程的下述经验：

在不对称双跨的布置中，其长跨约占总长的60%～70%，个别达80%。

在三跨布置中，主跨（两索塔之间的距离）一般占全长55%左右，边跨与主跨之比的变化范围在0.35～0.68之间，国内常采用的跨度比为0.4～0.5。

当选用的跨度比小于一般比例时，表示边跨较短，边跨外层拉索将承受很大的拉力，槽台处边支点也将产生较大的负反力，这时，在边支点必须设置可靠的拉压支座，还可在边跨内增加平衡重或设置辅助墩。设置辅助墩可以明显地改善边跨内力并减小挠度，如果索塔刚度不大，由于辅助墩处的边跨拉索约束了索塔变形，主跨内力及挠度亦将大大减小。

边跨过长是不适宜的，它将使拉索在恒载作用下没有足够的拉力储备，以致某些拉索在续加静载或活载作用时退出工作，影响整个体系的正常受力。

5）塔柱的截面积与惯性矩。索塔承受的荷载有主梁重、索重、锚具锚块重以及索塔自重等，初拟索塔尺寸时，全部荷载可按主梁重量的1.3倍考虑。对于双面索塔，每一塔柱所需的横截面面积的计算公式为

$$F=\frac{1.3qL_a}{[\sigma_a]} \tag{4.1-15}$$

式中 q——每米长主梁重量的一半（在斜拉渡槽中，q包括槽身自重、满槽水重、人群荷载等），kN/m；

L_a——一个塔柱所控制的槽身长度，m；

$[\sigma_a]$——混凝土容许轴心抗压强度，kPa。

索塔的纵、横向尺寸与惯性矩的合理选择对结构受力、抗风稳定等方面有较大影响。在横向，索塔应满足施工要求及抵抗侧向风压力的要求；纵向则应满足在两侧索拉力及索塔自重作用下的强度与稳定要求。

在上述各项参数中，以梁的主跨长度、边跨与主跨比值（跨度比）、主梁惯性矩及塔的惯性矩影响较大。实际设计时，应根据具体情况选择多种参数的不同组合，初拟出几个方案，经过分析比较，最后确定一个符合安全经济要求的最优方案。

3. 斜拉渡槽静力分析

（1）平面杆系有限元法分析斜拉渡槽。目前，斜拉渡槽分析计算多采用平面杆系有限单元法。该法把空间结构简化成平面结构，分析理论基于微小变形理论，不考虑斜拉索的自重垂度以及受力后垂度有变化时对变形计算的影响，即将斜拉索视为一直线杆件，其单元抗弯刚度记为零，以斜拉索的弦长作为直杆长度。由于柔性索在自重作用下有垂度，垂度大小受到索力影响，属于几何非线性构件。对于斜拉索的非线性影响可以通过修正弹性模量的办法加以考虑，使问题线性化。弹性模量的修正值可按简化的厄恩斯特（Ernst）公式计算，即

$$E=\frac{E_c}{1+\frac{(\gamma L)^2}{12\sigma^3}E_c} \quad (4.1-16)$$

式中 E——拉索的修正弹性模量，kPa；

E_c——拉索材料的弹性模量，kPa；

γ——拉索材料重度，kN/m^3；

L——斜拉索的水平投影长度，m；

σ——拉索中的应力，kPa。

用平面杆系有限元法对斜拉渡槽分析的步骤包括如下六步：结构离散及坐标系的建立；单元刚度矩阵的形成；整体结构刚度矩阵的形成；荷载向量列阵的组成；线性方程组求解；杆件内力及支座反力计算。

在进行结构离散时，拉索与主梁的交点、拉索与塔柱的交点以及塔与墩的交点都必须取作节点。每根拉索、两个拉索锚固点间的梁段、两个拉索锚固点间的塔柱段各划分成一个单元。塔墩划分成一个单元。如果计算精度要求高且计算机容量大，节点及单元数可酌情增加。

(2) 恒载内力计算。斜拉渡槽为超静定结构，斜拉索的预拉力作为斜拉结构的赘余力，可以在满足力的平衡的条件下，根据主梁轴线达到预定线形的要求加以确定。在斜拉渡槽的设计中，通常要求恒载条件下主梁轴线保持为一直线。当求出了斜拉索的拉力后，梁、塔、墩各截面的内力则可按静定结构进行计算。

渡槽系输水建筑物，长期作用的荷载除槽身自重外还有水重，设计时可以选择自重或自重加某一水重作为恒载，并据此确定对各斜拉索施加的张拉力。由于荷载是变化的，槽身内力及位移将随着槽内水重的变化而改变，应对不同工况进行验算，保证槽身均能满足强度、抗裂及允许挠度的要求。

下面以二道河斜拉渡槽为例说明恒载的选择。根据灌区用水要求，渡槽输送不同流量的年运用累计时间统计如下：满槽输水（$Q=5m^3/s$）不多于 25 天；半槽输水（$Q=2.5m^3/s$）不少于 220 天；空槽 120 天。由于槽身输送半槽水的运营时间占全年 60% 以上，因此，选择槽身自重加半槽水重作为恒载，在此恒载作用下对斜拉索施加预拉力，使槽身支承点处于零位移状态，形成刚性支承连续梁。上述恒载选择可使结构在绝大多数运营时间内处于受力、变形最小的状态，还可减小混凝土徐变影响。

斜拉结构恒载内力计算有以下几种方法：按简支梁图式计算；按连续梁图式计算；用内力平衡法计算。

4. 风振问题与设防措施

(1) 风动力影响及临界风速计算。由风引起的斜拉结构的振动，常分为竖向弯曲振动、扭转振动和弯扭联合振动。竖向弯曲振动主要表现在主梁的垂直方向弯曲振动及塔柱沿渡槽纵向的弯曲振动。当发生越出渡槽垂直平面的横向弯曲振动时，由于斜拉索的牵制作用，它总是与主梁及塔架的扭转振动耦连在一起，称之为横向振动。大跨径斜拉结构中，主梁宽跨比较小，对于风的动力作用应该给予足够重视。

保证斜拉结构空气动力稳定的可靠方法是尽力提高结构的动力性能，即提高使其发生危害的临界风速，要求临界风速大于槽址处可能出现的最大风速，从而避免渡槽被风吹毁。根据有关资料介绍，只要临界风速 $v_{cr}\geqslant 60m/s$，斜拉结构遭受破坏的几率就可小到 2000 年一遇。

斜拉渡槽临界风速的计算可参考桥梁有关公式。以下为 Ven der put 提供的计算临界风速 v_{cr} 的近似公式：

$$v_{cr}=\eta\left[1+(\varepsilon-0.5)\sqrt{\frac{r}{b}\times 0.72\mu}\right]\omega_b b \quad (4.1-17)$$

其中

$$\varepsilon=\omega_T/\omega_b$$

$$\mu=m/\pi\rho b^2$$

$$\rho=1/8$$

式中 η——主梁形状对风速影响的系数，平头梁 $\eta=0.1$，粗形端头 $\eta=0.3$，纤细端头 $\eta=0.5$，流线型端头 $\eta=0.7$；

ε——扭转振动与弯曲振动的频率比，必须大于 1.2；

r——主梁的回转半径，m；

b——桥宽之半，m；

μ——桥梁单位面积质量 m 与空气的密度比；

ω_b——弯曲振动圆周频率。

若取 $\varepsilon=1.3$、$r/b=0.6$（常见的是 $r/b=0.5\sim0.8$），得到临界风速简化计算公式为

$$v_{cr}=\left(1+\sqrt{0.3\frac{G}{B}}\right)\frac{1.5B}{\sqrt{a_{st}}} \quad (4.1-18)$$

式中 G——每平方米的恒载，kN/m^2；

B——桥宽，m；

a_{st}——恒载最大挠度，它反映了梁、索、塔组合体系的刚度，m。

对于比较重要的工程，在有条件的情况下，最好通过模型试验论证结构的动力稳定性。二道河斜拉渡槽进行了节段风洞试验、结构自振特性测试以及在上述试验基础上的分析估算，动力试验结果得出：渡槽颤振型式属弯扭非耦合颤振，竖向颤振和扭转颤振临界风速分别为 66m/s 和 47m/s。

(2) 减小风振的措施。当规划修建的斜拉渡槽位

于风速较大的地点时，设计中应采取一定的抗风措施，即减小风振的措施。

1）梁的抗风措施。影响主梁抗风能力有两项重要的轮廓设计标准：一是主跨的宽跨比，二是梁的宽高比。其原因是过于窄长的主梁容易产生横向弯曲振动与扭转振动，导致临界风速 v_{cr} 降低；而主梁的宽高比直接影响它的形状系数 η，对于宽高比不大的矩形断面，η 值仅为0.3左右。因此，斜拉渡槽的槽身（主梁）应尽量选用流线型的宽浅断面，必要时可以在槽身两侧加设流线型风嘴。为了提高主梁的抗扭刚度，还可考虑采用倾斜的双索面。

2）索的减振措施。索振是在低风速下产生的，与全槽颤振的临界风速相距很远，故与主梁的抗扭自振频率无关。钢索在低风速下的激振虽然振幅不大，但如果经常发生就会导致钢索疲劳，故必须设法避免。为了改善索的振动，桥梁工程中曾采用过在各根钢索之下用三脚架支撑的方法；还可在各拉索间加设隔夹板，使各索在竖向不能自由振动，在水平向也不致发生共振。当索套表面过于光滑时，容易产生涡流滑脱现象，可以在索套外缠绕细钢丝，以增加索套表面的阻尼系数。

3）塔的减振措施。一般是将塔柱截面尽可能做成流线型，以求减小背风面的局部真空吸力。塔的截面在纵、横向还可逐渐向下放大，并使塔、墩固结，减小变形。

4.1.6 渡槽的基础

渡槽基础根据其埋置深度可分为浅基础和深基础。埋置深度小于5m的为浅基础，大于5m的为深基础。基础型式的选择与上部荷重、地质及河流水文、冲刷等因素有关，其中地质条件是主要影响因素。

渡槽中的浅基础，常采用刚性基础和柔性基础。深基础常采用桩基或沉井。

4.1.6.1 浅基础

1. 浅基础的埋置深度

浅基础的底面应埋置在地面以下一定深度，其值根据地基承载力、地形情况、地下水位、耕作要求、冻结深度及河床冲刷情况等，并结合上部结构型式和基础型式与尺寸来确定。具体选择时，可从以下几方面考虑：

（1）应满足地基承载力、沉降变形及稳定要求。基础基底应力不得超过地基的容许承载力；地基沉降和沉降差满足结构使用要求；基础在水平荷载作用下满足抗滑和抗倾覆要求。当地基承载力较小时，可采取增加基础宽度或埋置深度的措施来满足地基承载力的要求。对于多层土地基，则应视地基土层的组成类型而定。例如，当上层土承载力低于下层土时，如取下层土为持力层，所需基础底面积较小但埋深较大，若取上层土为持力层则情况相反，故应从造价、施工难易程度等多方面进行方案比较后确定。如果上层土的承载力大于下层土，则尽量利用上层土作持力层以减小埋深，但基底面以下的持力层厚度应不小于1.0m，同时验算下层土的承载力和沉降能否满足要求，尤其下卧土层存在软土层的情况。在满足地基承载力和沉降要求的前提下，应尽量浅埋，但不得小于0.5m。通常渡槽基础底面埋在地面以下1.5～2.0m。

（2）对建于坡地上的基础，应尽量避免一部分放在岩基而另一部分放在软基上。基底面应全部置于稳定坡线之下，并应清除不稳定的坡土和岩石。基础埋置深度应进行核算。

（3）对设置在岩石上的基础，一般应清除基岩表面的强风化层。如风化层较厚，全部清除有困难，在保证安全的条件下可考虑将基础设在风化层内，其埋置深度应根据风化程度和相应的承载力经计算确定。对于重要的大型渡槽的墩台基础，除应清除基岩表面的风化层外，尚应根据基岩强度嵌入弱风化层0.2～0.5m，或采用其他锚固措施，使基础与岩石连成整体。

（4）对位于耕作地内的基础，基顶面以上应有不小于0.5～0.8m厚的覆盖层，以利农田耕作。

（5）建于寒冷地区的渡槽，应考虑抗冻设计规范的要求计算基础顶面的埋置深度，具体参考《水工建筑物抗冰冻设计规范》（SL 211—2006）。

（6）修建在河道中的渡槽基础，其底面必须埋置在最大冲刷线以下一定深度，以保证基础的安全。

渡槽墩台冲刷包括河床自然演变冲刷、槽下断面的一般冲刷及墩台的局部冲刷，如图4.1-31所示（图中未绘出自然演变冲刷线）。计算时，通常将3类冲刷分类计算，然后叠加。

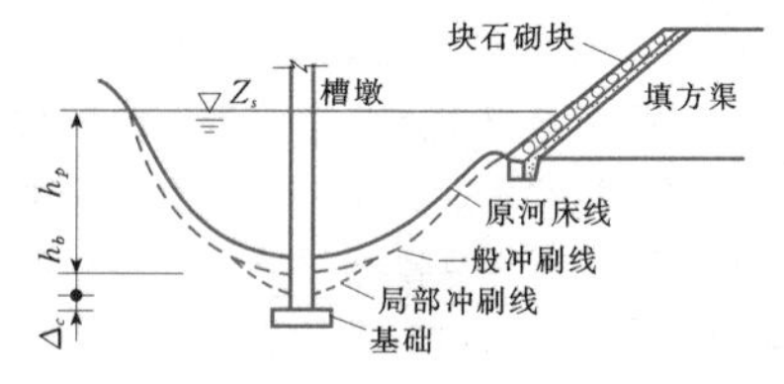

图 4.1-31 冲刷深度计算图

渡槽墩台基础底面最低埋设高程的计算公式为

$$Z_d = Z_s - h_p - h_b - \Delta h - \Delta_c \tag{4.1-19}$$

式中 Z_d——墩台基础底面埋置高程，m；

Z_s——槽址处河道设计水位，m；

h_p——一般冲刷深度，m；

h_b——局部冲刷深度，m；

Δh——渡槽使用年限内河槽自然演变的冲刷深度，m；

Δ_c——基础底面埋深安全值（表4.1-5）；

其他符号意义同前。

表4.1-5　非岩基河床墩台基底埋深安全值

渡槽类别	不同总冲刷深度的安全值				
	0m	5m	10m	15m	20m
一般渡槽	1.5	2.0	2.5	3.0	3.5
特殊大型渡槽	2.0	2.5	3.0	3.5	4.0

注　1. 总冲刷深度为自河床面算起的河床自然演变冲刷、一般冲刷与局部冲刷深度之和。
2. 表列数字为墩台基底埋入总冲刷深度以下的最小限值，若计算流量、水位和原始断面资料无十分把握或河床演变尚不能获得准确资料时，安全值可适当加大。
3. 若槽址上下游有已建桥梁，应调查已建桥的特大洪水冲刷情况。
4. 建在抗冲能力强的岩石上的墩台基础，不受表中数值限制。

对于非黏性土河床，槽下断面的一般冲刷及槽墩周围的局部冲刷可按式（4.1-20）～式（4.1-24）计算。

1）槽下一般冲刷（河槽部分）的计算公式为

$$h_p = 1.04\left(A_c\frac{Q'_c}{Q_c}\right)^{0.9}\left[\frac{B_c}{(1-\lambda)\mu B'_c}\right]^{0.66}h_{\max} \tag{4.1-20}$$

其中

$$A_c = (\sqrt{B_r}/h_r)^{0.15}$$

$$\mu = 1 - 0.375v_p/L_0$$

式中　h_p——槽下断面一般冲刷后的最大水深，m；

Q_c——计算断面天然状态下的河槽流量，m^3/s；

Q'_c——渡槽修建后河槽部分通过的设计流量，m^3/s；

A_c——单宽流量集中系数；

B_r、h_r——平滩水位时河槽宽度、河槽平均水深；

B_c——天然河槽宽度，m；

B'_c——渡槽修建后的河槽宽度（扣除墩宽），m；

λ——设计水位下槽墩阻水总面积与槽下过水面积的比值；

μ——槽墩水流侧向压缩系数；

v_p——一般采用河槽的天然平均流速，m/s；

L_0——单孔净跨径，m；

$h_{\max}$——槽下河槽最大水深，m。

2）槽下一般冲刷（河滩部分）计算公式为

$$h_p = \left[\frac{Q'_t}{\mu B'_t}\left(\frac{h_{mt}}{\overline{h'_t}}\right)^{5/3}/v_{H1}\right]^{\frac{5}{6}} \tag{4.1-21}$$

式中　h_p——河滩一般冲刷后的最大水深，m；

Q'_t——槽下河滩部分通过的设计流量，m^3/s；

h_{mt}——槽下河滩最大水深，m；

$\overline{h'_t}$——槽下河滩平均水深，m；

B'_t——河滩部分槽孔净长（扣除墩宽），m；

v_{H1}——河滩水深1m时非黏性土不冲刷流速，m/s。

3）局部冲刷的计算公式为

$$h_b = 0.46K_\zeta B_1^{0.6}h_p^{0.15}\bar{d}^{-0.068}\left(\frac{v-v'_0}{v_0-v'_0}\right)^n \tag{4.1-22}$$

$$v_0 = \left(\frac{h_p}{\bar{d}}\right)^{0.14}\left(29\bar{d} + 6.05\times10^{-7}\frac{10+h_p}{\bar{d}^{0.72}}\right)^{0.5} \tag{4.1-23}$$

$$v'_0 = 0.645\left(\frac{\bar{d}}{B_1}\right)^{0.053}v_0 \tag{4.1-24}$$

其中　$v = Ed$ [illegible]

式中　h_b——槽（桥）墩局部冲刷深度，m；

K_ζ——墩形系数，参见《公路桥位勘测设计规范》（JTJ 062—2002）附录；

B_1——槽（桥）墩计算宽度，m；

h_p——一般冲刷后水深，m；

$\bar{d}$——河床泥沙平均粒径；

v——一般冲刷后墩前行近流速，m/s；

E——与汛期含沙量ρ有关的系数，按表4.1-6查用；

v_0——河床泥沙起动流速，m/s；

v'_0——墩前泥沙始冲流速，m/s；

n——指数，清水冲刷（$v \leqslant v_0$）时$n=1.0$，动床冲刷（$v > v_0$）时$n = \left(\frac{v_0}{v}\right)^{(9.35+2.23\lg\bar{d})}$。

表4.1-6　E 值表

含沙量ρ（kg/m^3）	<1.0	1～10	>10
E	0.46	0.66	0.86

注　含沙量ρ采用历年汛期月最大含沙量平均值。

对黏性土河床可参照有关资料进行计算。

2. 刚性基础

一般实体重力墩及空心重力墩的基础常做成刚性基础（见图4.1-32）。这种基础常用浆砌石、混凝土建造。由于这些材料的抗弯能力很小，而抗压能力很高，故基础悬臂的挑出长度不能太大，基础顶面周边比槽墩四周的外边缘伸出的距离C_0（称为襟边）一

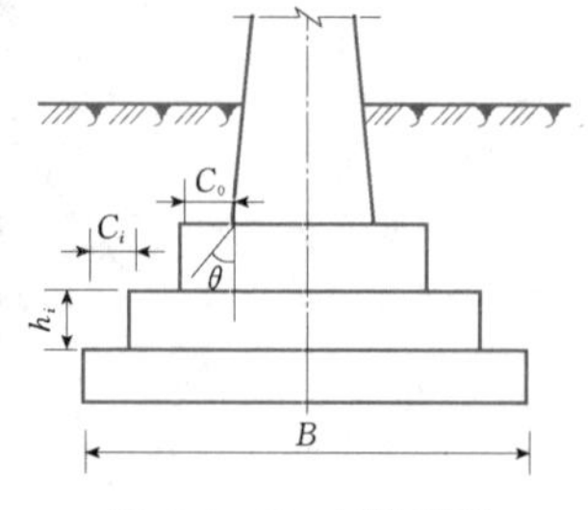

图 4.1-32 刚性基础

般不小于20～25cm。若加了襟边后的基底面积仍不满足地基承载力要求，可采用台阶形式向下扩大，台阶的高度与所用材料有关，一般以0.5～0.7m为一级。当基础高度较大需用多级台阶时，可采用等高台阶，每级台阶的悬臂长度 C_i 应与级高 h_i 保持一定的比值，而采用刚性角 θ 来控制。各级台阶刚性角的计算公式为

$$\theta = \tan^{-1}\frac{C_i}{h_i} \leqslant [\theta] \tag{4.1-25}$$

式中 C_i——基础第 i 阶的悬臂长度，m；

h_i——基础第 i 阶的高度，m；

$[\theta]$——刚性角容许值。对于砌片石、块石、粗料石基础，当用M5及M5以上水泥砂浆砌筑时取 $[\theta]=35°$，用低于M5的水泥砂浆砌筑时取 $[\theta]=30°$，对于混凝土基础取 $[\theta]=40°$。

刚性基础如满足式（4.1-25）要求时，一般可不做弯曲和剪切验算。

3. 整体板式基础

如地基承载力较低，可采用整体板式钢筋混凝土基础（见图4.1-33）。由于这种基础设计时需考虑弯曲变形，因此又称柔性基础。它能在较小的埋置深度下获得较大的基底面积，故体积小，施工较方便，适应不均匀沉陷的能力强。排架结构一般都采用这种基础。

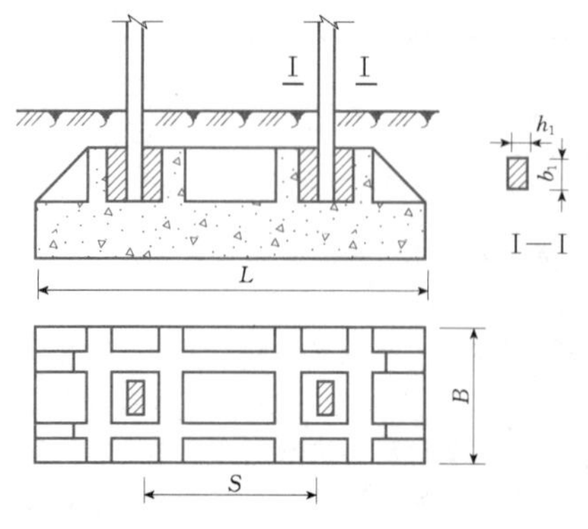

图 4.1-33 整体板式基础

基础板的面积应满足地基承载力要求，可参考式（4.1-26）初步拟定基础板的尺寸：

$$\left.\begin{array}{ll}\text{顺槽向宽度(短边)} & B \geqslant 3b_1 \\ \text{横槽向长度(长边)} & L \leqslant S + 5h_1\end{array}\right\} \tag{4.1-26}$$

式中 S——排架两肢柱间的净距，m；

b_1、h_1——肢柱横截面长边（顺槽向）、短边（横槽向）的边长，m。

基础底板的最小厚度是由基础材料的冲切强度决定的。对于图4.1-34所示整体板式基础，底板顶部用矩形台阶或矩形锥体与排架柱整体连接时，应验算柱与基础交接处［见图4.1-33（*a*）］和基础变阶处［见图4.1-34（*b*）］的冲切强度。预制装配式排架与基础的连接采用铰式构造时，如图4.1-35所示，则需验算杯口底处的冲切强度，柱底面为冲切破坏锥体的顶面，锥体的底面与基础板的下层钢筋重合，锥体的高度 h_0 即为基础板的有效高度。

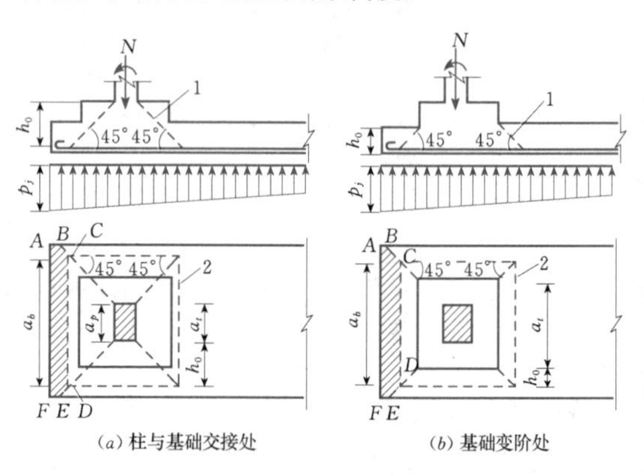

图 4.1-34 柱与基础整体连接的冲切强度计算图

1—冲切破坏锥体斜截面；2—冲切破坏锥体底面线

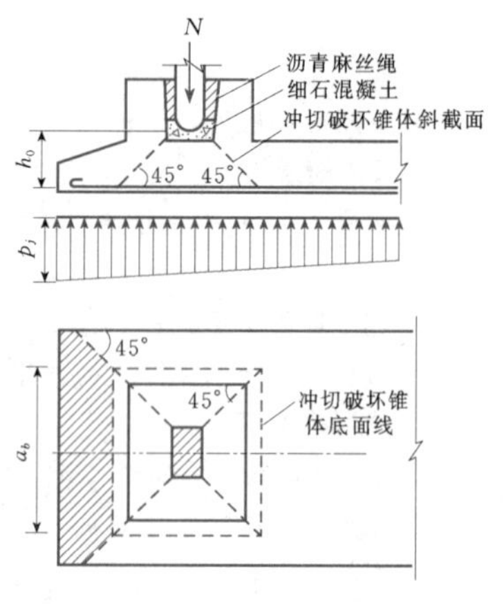

图 4.1-35 柱与基础铰式连接的冲切强度计算图

4.1.6.2 桩基础

桩基础按其作用，可分为摩擦桩和端承桩；按其施工方法可分为打入桩（包括射水和震动下沉）、钻

孔桩、挖孔桩等。

(1) 打入桩。可用木桩、钢筋混凝土实心方桩、钢筋混凝土管桩、钢桩等，适用于砂性土、黏性土、有承压水的粉土、细砂以及砂卵石类土等，对于淤泥、软土地基也可以采用。

打入桩以钢筋混凝土桩应用较广泛。对于截面尺寸大的桩，采用钢筋混凝土管桩和预应力钢筋混凝土管桩。

(2) 钻孔桩。这是利用钻井工具打孔，在孔内放置钢筋并浇灌混凝土而成的桩。施工设备简单，造价低，比预制钢筋混凝土桩省钢筋；当持力层顶面起伏不平时，桩长便于掌握；水下施工方便，适用于各类土层；缺点是混凝土用量较多，如果施工质量不好，在桩柱中部可能出现夹土断裂或混凝土中有大量蜂窝，质量不易保证。

钻孔桩顶部与排架或墩（台）组合，常用于大中型渡槽的支承结构。当槽身宽度为 3～4m、跨径为 15～20m 时，可采用双桩柱排架（图 4.1-36），当槽身宽度大于 5～6m 时，可采用三桩柱（或多桩柱）排架。重力式墩台的钻孔桩，一般为多桩柱或桩群的布置。钻孔桩的直径常采用 80～150cm。

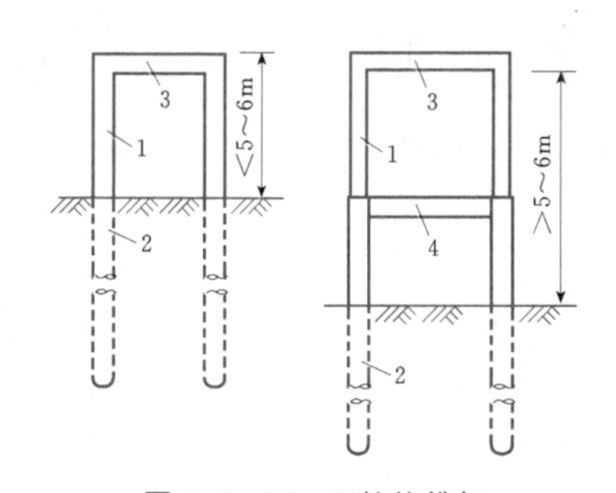

图 4.1-36 双桩柱排架

1—柱；2—钻孔桩；3—盖梁；4—横系梁

(3) 挖孔桩。这是利用开挖成孔浇筑的混凝土桩。施工不受设备、地形等条件的限制，适用于无地下水或少地下水的地层，以及不便于机械施工和入土深度不大的情况。挖孔桩的直径，一般不小于 120cm。

当采用浅基础不能满足渡槽基底地基承载力要求或沉降量过大且地基土适宜钻孔时，宜优先采用钻孔灌注桩基础。灌注桩应根据工程地质、水文地质和施工条件等因素，合理选用摩擦桩或端承桩。同一墩台基础下应采用同一种型式、桩径或深度相同（或接近）的灌注桩。灌注桩基础设计应满足下列规定：

1) 1、2 级渡槽或在淤泥、流砂土层中的灌注桩基础，应进行试桩并经荷载试验验证设计。用于湿陷性黄土或膨胀土中的桩，应采取抗湿陷或膨胀等消除不利影响的措施。

2) 灌注桩基宜采用低桩承台，应设置盖梁，并根据需要设置横系梁。

3) 灌注桩直径不宜小于 80cm。桩群可采用对称形、梅花形或环形布置。采用摩擦桩时中心距应不小于桩径的 2.5 倍，桩入土深度自一般冲刷线以下应不小于 4m。采用端承桩时中心距应不小于桩径的 2 倍。对于直径（或边长）不大于 100cm 的桩基础，其边桩外侧与承台边缘的距离应不小于 0.5 倍桩径（或边长），且应不小于 25cm；直径（或边长）大于 100cm 时，其边桩外侧与承台边缘的距离应不小于 0.3 倍桩径（或边长），且应不小于 50cm。

4) 灌注桩承台顶面应低于冻结线或最低冰层面以下 0.25m，承台厚度宜不小于 1.5m，避免流冰、流筏或其他飘浮物的直接撞击。

5) 灌注桩顶主筋伸入承台时，灌注桩身应嵌入承台 15～20cm，灌注桩顶主筋伸入盖梁时，桩身可不嵌入盖梁。桩顶直接埋入承台连接时桩径（或边长）小于 60cm 的埋入长度应不小于 2 倍桩径（或边长），桩径（或边长）为 60～120cm 时埋入长度应不小于 120cm，桩径（或边长）大于 120cm 时，埋入长度应不小于桩径（或边长）。

6) 承台以上的竖向荷载宜由灌注桩基全部承受，所有水平荷载宜由基桩平均分担。灌注桩基应验算由水平力所产生的挠曲、向前移动及剪切。边桩桩顶位于实体墩、空心墩或桩式墩底面以外的承台应验算外伸部分承台襟边的抗剪强度。

7) 灌注桩、承台、盖梁的混凝土强度等级应不低于 C20，水下浇筑时应不低于 C25，并应满足耐久性要求。

8) 特殊条件下的桩基要求参考相关文献。

关于桩基的计算，参见相关文献。

4.1.6.3 沉井基础

沉井基础由在一个具有一定断面形状的井筒内挖土，井筒靠自身重力下沉并分节加高，下沉至设计标高并验算地基符合要求后用混凝土封闭井底，井筒内填以砂石或混凝土，井筒顶再加筑盖板（承台）而成（见图 4.1-37）。当软弱土层下有持力好的土层或岩层，其埋藏深度不太大，或河床冲刷严重基础要有较大埋置深度，而水深、流速较大水下施工有困难时，宜采用沉井基础。但是，当覆盖层内有巨大漂石、孤石或树根等阻碍沉井下沉的障碍物，井底岩层表面倾斜度较大而又无法抽水凿岩或井壁外侧与土之间的摩擦力过大而无法使井筒下沉时，则不宜采用沉井。

沉井基础由井壁、取土井、隔墙、封底、顶盖及

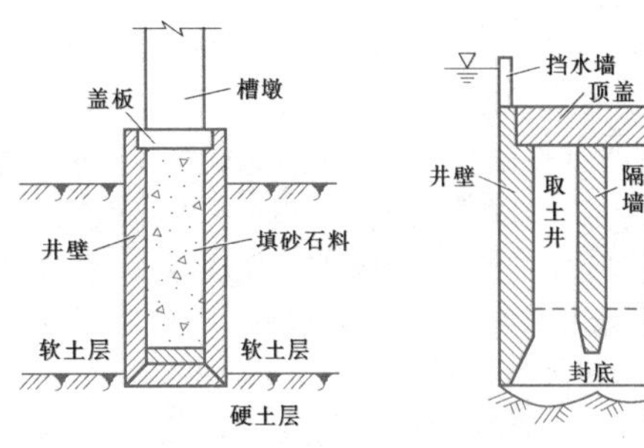

图 4.1-37 沉井基础　　**图 4.1-38** 沉井构造

挡水墙（施工时挡水）等部分组成（见图 4.1-38）。单孔沉井则无隔墙，非河槽内的沉井不设挡水墙。沉井的每节高度视沉井的总高度、地基土情况和施工条件而定，一般不宜高于 5m。沉井的水平断面有单孔、双孔或多孔的圆形、圆端形和矩形等各种型式。取土井尺寸应满足施工时取土和机械上下方便的要求，布置应对称，以利于沉井均匀下沉。

沉井外壁可做成铅直面、斜面、台阶形等各种型式（见图 4.1-39）。一般多采用铅直断面，其优点是下沉时不易倾斜，但井壁与土之间的摩擦力大，可能使下沉产生困难。如沉井过高或通过紧密土层时，为减小井壁与土之间的摩擦力，可做成斜面或与斜面坡度相当的台阶形，斜面坡度一般为 1/40～1/20，台阶错台宽约 10～20cm。

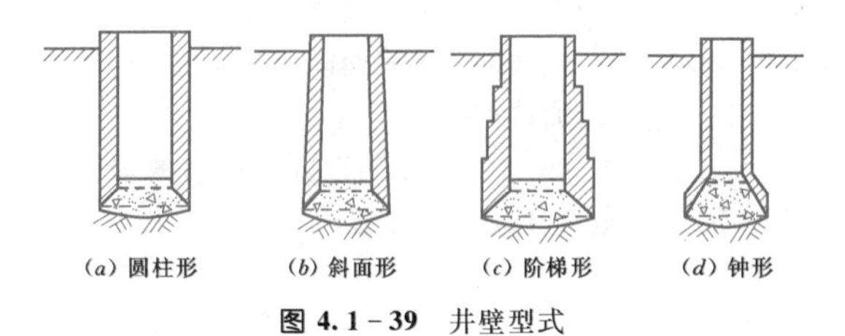

图 4.1-39 井壁型式

沉井的材料一般采用钢筋混凝土或少筋混凝土，下沉深度不大时亦可采用无筋混凝土。混凝土强度等级应不低于 C20。井内填料可用贫混凝土、片石混凝土或填砌片石，无冰冻影响时也可采用粗砂或砂砾。当荷载不大时，也可仅封底而不填实。沉井底节应配置铅直和水平钢筋，其含筋率对于钢筋混凝土不宜小于 0.1%，少筋混凝土不宜小于 0.05%，其余各节可不配筋。井壁厚度应根据结构强度、下沉需要重量等因素而定，对于无筋或少筋混凝土一般采用 80～120cm，钢筋混凝土不宜小于 40cm。对于双孔及多孔沉井，隔墙的作用是增加井壁的刚度和整体性，以承受外侧土压力，其厚度可等于或略小于井壁厚度，常用 80～100cm。隔墙底面与刃脚底缘之间的距离不小于 50cm，并留 1.0m×1.2m 孔口以便工人来往挖土。

刃脚（见图 4.1-40）一般采用不低于 C20 的钢筋混凝土制成。刃脚外形做成利于切入土中的形状，最下端留 10～20cm 宽的踏面。对于硬土或夹有卵石的地基，在刃脚的外侧应包 100mm×100mm 的角钢，以防破坏混凝土。刃脚斜面与水平面夹角一般应大于 45°。

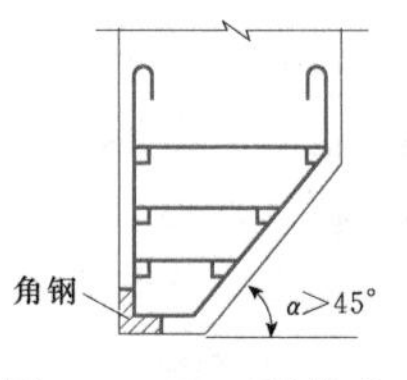

图 4.1-40 刃脚构造

封底厚度通过计算决定，并应高出井壁刃脚跟至少 0.5m。封底层的水下混凝土，对于岩石地基用 C15，一般土基用 C20。当井中仅填砂石料或采用空心井时，井壁上端设钢筋混凝土顶盖，厚度不小于 1.0m，使上部荷载均匀通过井壁传至地基。

4.1.7 渡槽及其地基的稳定性验算

4.1.7.1 槽身的整体稳定性验算

当槽中无水时，为防止槽身在风荷载作用下沿支承面滑动或被掀落，需进行槽身整体稳定性验算。如图 4.1-41 所示，当槽中无水时，槽身竖向荷载仅有槽身重力 N_1 及作用于槽身的水平向风压力 P_1。

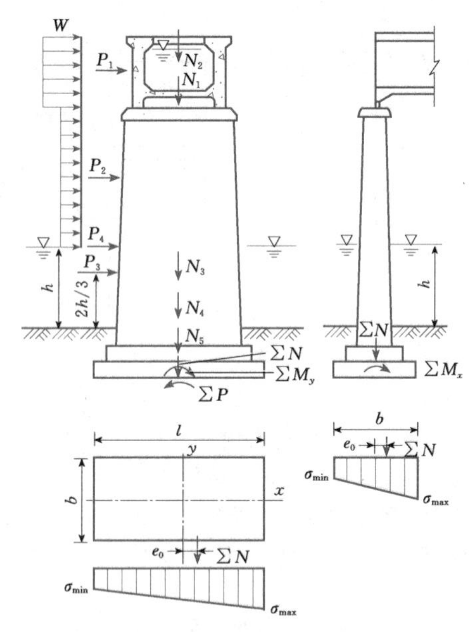

图 4.1-41 渡槽及其地基稳定性验算

(1) 槽身抗滑稳定安全系数 K_1 的计算公式为

$$K_1 = f_b N_1 / P_1 \geqslant [K_1] \qquad (4.1-27)$$

式中 N_1——槽身自重，kN；

P_1——作用于槽身的水平向风压力，为矩形槽身迎风面积或 U 形、梯形槽身迎风面垂直投影面积与风荷载设计值的乘积，kN；

f_b——支座的摩擦系数，可按表 4.1-7 选用；

$[K_1]$——槽身抗滑稳定安全系数，$[K_1]=1.05$。

(2) 槽身抗倾覆稳定安全系数 K_2 的计算公式为

$$K_2 = M_n/M_p \geqslant [K_2] \quad (4.1-28)$$

式中　M_p——绕背风面支点转动的倾覆力矩，kN·m；

M_n——抗倾覆力矩，kN·m；

$[K_2]$——槽身抗倾覆稳定安全系数，$[K_2]=1.1$。

表 4.1-7　支座摩擦系数 f_b 值

支座种类		f_b
滚动支座或摆动支座		0.05
弧形钢板滑动支座		0.20
平面钢板滑动支座		0.30
油毛毡垫层（老化后）		0.60
盆式橡胶支座	(1) 纯聚四氟乙烯滑板	
	常温型活动支座	0.04
	耐寒型活动支座	0.06
	(2) 充填聚四氟乙烯滑板	
	常温型活动支座	0.08
	耐寒型活动支座	0.12

4.1.7.2 渡槽的抗滑稳定性验算

槽墩（或槽架）及其基础的抗滑稳定安全系数的计算公式为

$$K_c = f_c \sum N / \sum P \geqslant [K_c] \quad (4.1-29)$$

式中　$\sum N$——作用于基底面所有铅直力的总和，kN；

$\sum P$——作用于基底面所有水平力的总和，kN；

f_c——基础底面与地基之间的摩擦系数，当缺少实测资料时，可参照表 4.1-8 选用；

$[K_c]$——抗滑稳定安全系数，可参照表 4.1-9 酌情采用。

表 4.1-8　摩擦系数 f_c 值

地基土的类别		f_c
黏性土	软　塑	0.25
	硬　塑	0.30
	半坚硬	0.30～0.40
亚黏土、轻亚黏土		0.30～0.40
砂类土		0.40
碎、卵石类土		0.50
软质岩石		0.30～0.50
硬质岩石		0.60～0.70

注　1. 对易风化的软质岩和塑性指数 $I_P>22$ 的黏性土，基底摩擦系数应通过试验确定。
　　2. 对碎石土，可根据其密实程度、填充物状况、风化程度等确定。

表 4.1-9　抗倾覆和抗滑动稳定安全系数容许值

荷载组合		稳定安全系数类别	渡槽级别	
			1，2，3	4，5
基本	空槽、有风	$[K_0]$	1.5	1.4
		$[K_c]$	1.3	1.2
偶然	施工、有风	$[K_0]$、$[K_c]$	1.2	1.1
	空槽、有飘浮物撞击	$[K_0]$、$[K_c]$	1.3	1.2

在利用式（4.1-29）计算时应选择对渡槽抗滑稳定不利的条件，如：①当$\sum N$小时，对抗滑稳定是不利条件，故应计算槽中无水情况，即$\sum N$中不包括槽中水重 N_2（见图 4.1-41）；对河道中的槽墩，其水下部分的重力、基础重力 N_4 及基础顶面以上土的重力 N_5 均需按浮重度计算。②当河道是高水位时，不仅减少了有效铅直荷载$\sum N$，且因水深及流速均较大，故水平动水压力 P_3 大，因而是抗滑稳定的不利条件。有洪水时起大风的可能性大，但起大风又遇漂浮物的撞击则可能性较小，因此，只取水平风压力 P_1+P_2（作用于槽墩的水平风压力）或漂浮物的撞击力 P_4 中的大者组合于$\sum P$之中。

4.1.7.3 渡槽的抗倾覆稳定性验算

对于图 4.1-41 所示情况，抗倾覆稳定的不利条件与抗滑稳定的不利条件是一致的，因此，抗倾覆稳定性验算的计算条件及荷载组合与抗滑稳定性验算相同。抗倾覆稳定安全系数的计算公式为

$$K_0 = \frac{l_a \sum N}{\sum M_y} = \frac{l_a}{e_0} \geqslant [K_0] \quad (4.1-30)$$

式中　l_a——承受最大压应力的基底面边缘到基底面重心轴的距离，m；

$\sum N$——基底面承受的铅直力总和，kN；

$\sum M_y$——所有铅直力及水平力对基底面重心轴（y—y）的力矩总和，kN·m；

e_0——荷载合力在基底面上的作用点到基底面重心轴（y—y）的距离（偏心矩）。

此时重心轴的方向与矩形基底面的短边平行，$[K_0]$为抗倾覆稳定安全系数，可按表 4.1-9 规定酌情采用。

4.1.7.4 浅基础的基底压应力验算

矩形基底面假定基底压应力（即地基反力）呈直线变化，当不考虑地基的嵌固作用时，由偏心受压公式可得基底边缘应力（见图 4.1-41）的计算公式

如下：

横槽向
$$\left.\begin{aligned}\sigma_{max}&=\frac{\sum N}{bl}+\frac{6M_y}{bl^2}\\\sigma_{min}&=\frac{\sum N}{bl}-\frac{6M_y}{bl^2}\end{aligned}\right\}\qquad(4.1-31)$$

顺槽向
$$\left.\begin{aligned}\sigma_{max}&=\frac{\sum N}{bl}+\frac{6M_x}{lb^2}\\\sigma_{min}&=\frac{\sum N}{bl}-\frac{6M_x}{lb^2}\end{aligned}\right\}\qquad(4.1-32)$$

上二式中 M_x——所有铅直力及水平力对基底面重心轴（$x—x$）的力矩；

其他符号意义同前。

基底面的核心半径 ρ 的计算公式为

横槽向 $\rho=\frac{l}{6}$；顺槽向 $\rho=\frac{b}{6}$ (4.1-33)

基底的合力偏心距 e_0 的计算公式为

横槽向 $e_0=\frac{\sum M_y}{\sum N}$；顺槽向 $e_0=\frac{\sum M_x}{\sum N}$ (4.1-34)

如果基底的合力偏心距 e_0 等于基底面的核心半径 ρ，则基底最小边缘应力 σ_{min} 等于零。对于岩基上的基础，当 e_0 大于 ρ 时，按式（4.1-31）及式（4.1-32）计算的 σ_{min} 为负值，即产生拉应力。这时，可不考虑地基与基础间的拉应力，而仅按受压区计算最大压应力（压应力呈三角形分布），对于矩形基底面为

横槽向
$$\sigma_{max}=\frac{2\sum N}{3(l/2-e_0)b}$$
顺槽向
$$\sigma_{max}=\frac{2\sum N}{3(b/2-e_0)l}\qquad(4.1-35)$$

对于非岩基上的基础，e_0 不允许大于 ρ。

为了保证渡槽工程的安全和正常运用，基底压应力及其分布应满足下列条件：

(1) $\sigma_{max}\leqslant[\sigma]$，$[\sigma]$ 为地基土的容许承载力，可根据地质勘探成果采用，也可参考《公路桥涵地基与基础设计规范》(JTG D63—2007) 选用。

(2) 基础底面合力偏心距应满足表4.1-10的规定。表中非岩石地基上槽墩（或槽架）的基础，要求在基本组合荷载情况下满足 $e_0\leqslant0.1\rho$，对于某些中小型渡槽工程，当满足这一要求较困难时，经论证后，可考虑适当放宽。例如，湖南省有些渡槽工程采用 $e_0\leqslant0.33\rho$，可供参考。

表4.1-10 基础底面合力偏心距的限制范围

荷载情况	地质条件	合力偏心距
基本组合	非岩石地基	槽墩（架）$e_0\leqslant0.1\rho$ 槽台 $e_0\leqslant0.75\rho$
特殊组合	非岩石地基 石质较差的岩石地基 坚密岩石地质	$e_0\leqslant\rho$ $e_0\leqslant1.2\rho$ $e_0\leqslant1.5\rho$

注 1. 对于非岩石地基上的拱式渡槽墩台基础，在基本组合荷载情况下，基底面的合力作用点应尽量保持在基底中线附近。
2. 建筑在岩石地基（较好的）上的单向推力墩，当满足强度 $\sigma_{max}\leqslant[\sigma]$ 和稳定（抗倾覆）要求时，合力偏心距不受限制。

渡槽浅基础的基底压应力验算按横槽向和顺槽向分别计算基底压应力而不叠加，并分别考虑各自的不利条件。横槽向验算时，槽中通过设计流量或满槽水、河道最低水位加横向风压力是 σ_{max} 验算的不利条件；槽中无水、河道高水位加横向风压力或漂浮物的撞击力是验算基底合力偏心矩 e_0 的不利条件，也是抗倾覆稳定验算的不利条件。对于顺槽向一般只验算施工情况和地震情况，如一跨槽身已吊装另一跨未吊装（见图4.1-41）、吊装设备置于已吊槽身上进行另一跨槽身起吊等情况。

浅基础底面下（或基桩桩尖下）有软土层时，软土层的承载力验算公式为

$$\sigma_{h+z}=\gamma_1(h+z)+\alpha(p-\gamma_2h)\leqslant[\sigma]_{h+z}\qquad(4.1-36)$$

式中 σ_{h+z}——软土层顶面的压应力，kPa；

h——基底（或桩尖处）的埋置深度，m，当基础受水流冲刷时由一般冲刷线算起，当不受水流冲刷时由天然地面算起，如位于挖方内则由开挖后地面算起；

z——从基础底面或基桩桩尖处到软土层顶面的距离，m；

γ_1——深度（$h+z$）之间各土层的换算容重，kN/m^3；

γ_2——深度 h 范围内各土层的换算容重，kN/m^3；

α——土中附加压应力系数，见《公路桥涵地基与基础设计规范》(JTG D63—2007) 附录M；

p——由使用荷载产生的基底压应力，kPa，当 $z/b>1$ 时 p 采用基底平均压力，

当 $z/b\leqslant 1$ 时 p 按基底应力图形采用距最大压力点 $b/3\sim b/4$ 处的压力（b 为矩形基底的短边长度）；

$[\sigma]_{h+z}$ ——软土层顶面土的容许承载力，kPa。

若下卧层为压缩性较大的厚层软黏土时，还须验算沉降量。

4.1.7.5 渡槽基础的沉降计算

对于跨径不大的中小型渡槽，如地基属一般地质情况，按地基承载力设计的基础通常可满足地基变形的要求，可不进行基础沉降计算。但是非岩石地基上部为超静定结构的渡槽基础，湿陷性黄土或软土上的基础，槽下净空要求较严格的渡槽基础，以及相邻墩台基础的基底应力或地基土质不同时，应计算地基沉降量。

渡槽基础的地基最终沉降量宜按通过设计流量时的基本荷载组合采用分层总和法计算，地基压缩层计算深度宜按计算层面处土的附加应力与自重应力之比为0.10～0.20（软土地基取小值，坚实地基取大值）的条件确定。运行期的地基沉降量应不大于渡槽墩台基础的容许沉降量，相邻墩台运行期的地基沉降差应不大于渡槽墩台基础的容许沉降差。运行期墩台基础地基的容许沉降量可按式（4.1-37）计算，容许沉降差可按式（4.1-38）计算。

$$h_1 = 20\sqrt{l} \qquad (4.1-37)$$

$$\Delta h_1 = 10\sqrt{l} \qquad (4.1-38)$$

上二式中 h_1——运行期的基础容许沉降量，mm；

l——相邻墩台间最小跨径长度，m，小于25m时仍以25m计；

Δh_1——运行期的基础容许沉降差，mm。

4.1.8 渡槽的细部构造

4.1.8.1 渡槽与两岸的连接

1. 槽身与填方渠道的连接

（1）斜坡式连接（见图4.1-42）。这种连接方式是将连接段（或渐变段）伸入填方渠道末端的锥形土坡内。按连接段的支承方式不同，又分为刚性连接和柔性连接两种。

刚性连接［见图4.1-42（a）］是将连接段支承在埋置于锥形土坡内的支承墩上，支承墩建于可靠的基土或岩基上；当填方渠道产生沉陷时，连接段不会因填土沉陷而下沉，伸缩缝止水工作可靠，但槽底会与填土脱离而形成漏水通道，故需做好防渗处理和采取措施减小填土沉陷。对于小型渡槽，也可不设连接段，而将渐变段直接与槽身连接，但要按伸缩缝要求设置止水，防止接缝漏水影响渠坡安全。

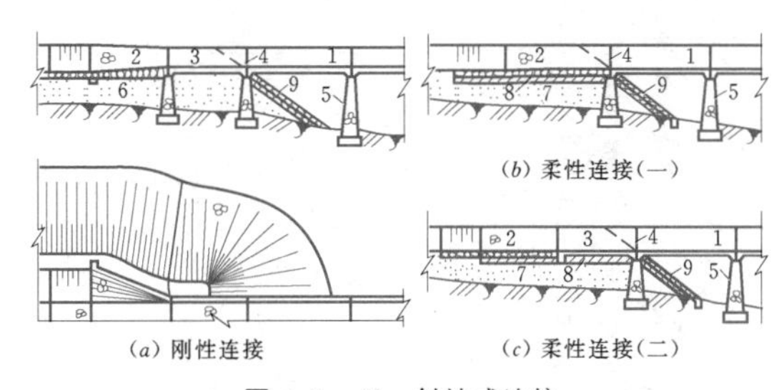

（a）刚性连接　（b）柔性连接（一）　（c）柔性连接（二）

图4.1-42 斜坡式连接

1—槽身；2—渐变段；3—连接段；4—伸缩缝；5—槽墩；6—回填黏性土；7—回填砂性土；8—黏土铺盖；9—砌石护坡

柔性连接［见图4.1-42（b）、（c）］是将连接段（或渐变段）直接置于填土上，填土下沉时槽底仍能与之较好结合，对防渗有利且工程量较小，但对施工技术的要求较高，伸缩缝止水的工作条件差。因此，对填土质量要严格控制以尽量减小沉陷，并应根据可能产生的沉陷量在连接段预留沉陷高度，以保证填土沉陷后进、出口建筑物达到设计高程，伸缩缝止水所用的材料和构造型式则应能适应因填土沉陷而引起的变形。

无论刚性连接还是柔性连接都应尽量减小填方渠道的沉陷，做好防渗和防漏处理，保证填土边坡的稳定。为了防止产生过大的沉陷，渐变段和连接段下面的填土宜用砂性土填筑，并严格分层夯实，上部铺筑厚0.5～1.0m的防渗黏土铺盖以减小渗漏影响［见图4.1-42（b）、（c）］。如当地缺少砂性土时也可用黏性土填筑［见图4.1-42（a）］，但必须严格分层夯实，最好在填筑后间歇一定时间，待填土预沉之后再于其上建造渐变段和连接段。为了防渗，进、出口建筑物的防渗长度一般应不小于渠道最大水深的3～5倍。对于大中型渡槽，必要时应进行防渗计算，验算渗流逸出处的渗透坡降是否大于土壤的容许渗透坡降，以免发生管涌或流土，危及渡槽进、出口的安全。如渗径长度不足，可在连接段底部及两侧设置截水齿环以增长渗径。需用渐变段防渗时，浆砌石渐变段必须砌筑密实，迎水面用水泥砂浆勾缝或浇筑5～10cm厚的混凝土护面。为保证土坡稳定，填方渠道末端的锥体土坡不宜过陡，并采用砌石或草皮护坡，在坡脚处设排水沟用以导渗和排水。

（2）挡土墙式连接（见图4.1-43）。挡土墙式连接是将边跨槽身的一端支承在重力挡土墙式边槽墩上，并与渐变段或连接段连接。挡土边槽墩应建在可靠基土或基岩上，以保证稳定并减小沉陷，两侧用一字形或八字形斜墙挡土。为了降低挡土墙背后的地下水压力，在墙身和墙背面应设置排水设施。其余要求与斜坡式连接相同。

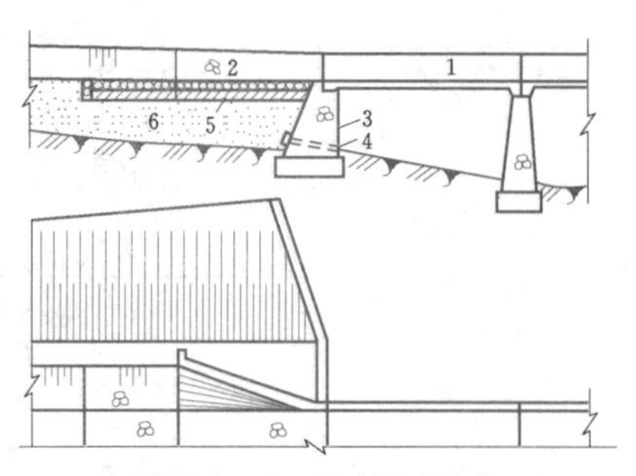

图 4.1-43　挡土墙式连接

1—槽身；2—渐变段或连接段；3—挡土边槽墩；4—排水孔；5—黏土铺盖；6—回填砂性土坡

挡土墙式连接常属柔性连接，工作较可靠，但用料较多，一般在填方高度不大时采用。

2. 槽身与挖方渠道的连接

槽身与挖方渠道连接时，常用图 4.1-44 所示的连接方式。边跨槽身靠近岸坡的一端支承在地梁［见图 4.1-44（*a*）］或高度不大的实体墩上，与渐变段之间用连接段连接，小型渡槽可不设连接段。这种布置的连接段，底板和侧墙沿水流方向基本上不承受弯矩作用，故可采用浆砌石或素混凝土建造。有时，为了缩短槽身长度，可将连接段向槽身方向延长，并建造在浆砌石底座上［见图 4.1-44（*b*）］。

（*a*）槽身支承在地梁上

（*b*）槽身支承在槽墩上

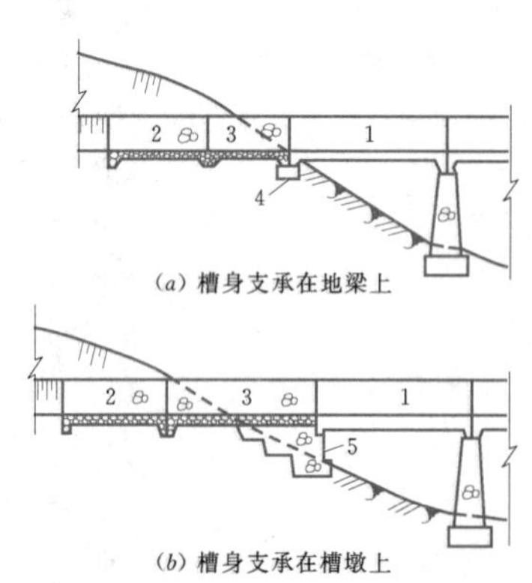

图 4.1-44　槽身与挖方渠道的连接

1—槽身；2—渐变段；3—连接段；4—地梁；5—浆砌石底座

3. 槽跨结构与其他建筑物的连接

渡槽进、出口有时直接与其他渠系建筑物相连，工程中遇到较多的是直接与隧洞相连。根据隧洞与渡槽的断面型式、尺寸等有关因素，有的将两者直接相连，有的则在两者间设一连接段。例如，河北省横河渡槽的出口与隧洞连接，隧洞为圆拱直墙式，渡槽为矩形，两者之间用八字墙直接相连。又如广东省东深供水改造工程樟洋渡槽，其进、出口均与隧洞相连，隧洞为圆拱直墙式，渡槽为 U 形断面，两者之间设置了矩形明槽连接段，分别与渡槽和隧洞相连。

4.1.8.2　渡槽的伸缩缝

梁式渡槽的伸缩缝，设在各段槽身之间。跨径在 25m 以内的拱渡漕，伸缩缝设在各跨槽墩（台）顶部，其型式如图 4.1-45 所示。大跨径的拱渡槽，砌石槽身的伸缩缝间距一般为 20～25m；若拱上采用多跨连续梁式支承槽身，缝距一般不宜超过 25m，拱上的其他梁式支承槽身，仍按在各段槽身之间设伸缩缝的原则处理。

槽身和进、出口之间的接缝宜设不同类型的、可靠的双止水或复合式止水，内侧表面止水材料宜选用可更换的材料形式。渡槽伸缩缝（或变形缝）主要止水型式如图 4.1-46 所示。

（*a*）无铰腹拱　　（*b*）双铰腹拱

（*c*）三铰腹拱

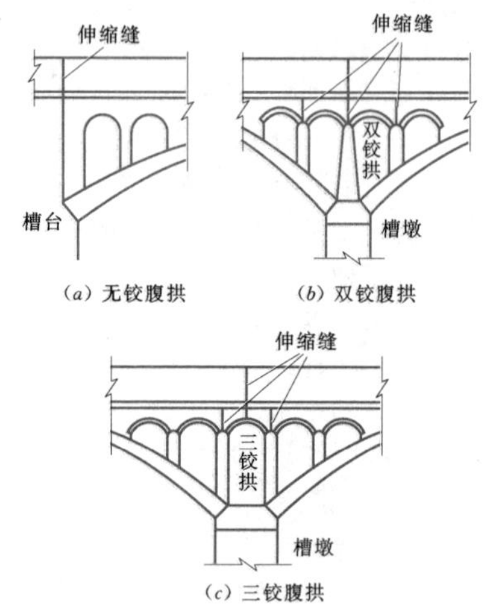

图 4.1-45　空腹式拱上结构分缝图

1. 橡皮压板式止水

橡皮压板式止水［见图 4.1-46（*a*）］是在伸缩缝两侧预埋螺栓，将止水橡胶带（厚 6～12mm）用扁钢（厚 4～8mm、宽 6cm 左右）并通过拧紧螺母紧压在接缝处。螺栓直径 9～12mm，间距等于 16 倍螺栓直径或 20 倍扁钢厚，常用 20cm 左右。临水面凹槽内填入沥青砂浆或 1∶2 水泥砂浆，也有工程采用环氧砂浆或建筑油膏等，可对止水起辅助作用并防止橡胶老化与铁件锈蚀。这种止水的效果受紧固面平整度与紧固力大小的制约，如能保证施工质量，可以做到不漏水，且适应接缝变形的性能较好。

图 4.1-46（*b*）为中国水利水电科学研究院通过大型仿真模型试验提出的一种以 U 形 GB 复合橡胶止水带为主体的压板式新型止水结构，该种止水在承受 0.06MPa 水压力以及张开 40mm、横向错动 40～60mm、竖向位移 40mm 三向位移联合作用下具有稳

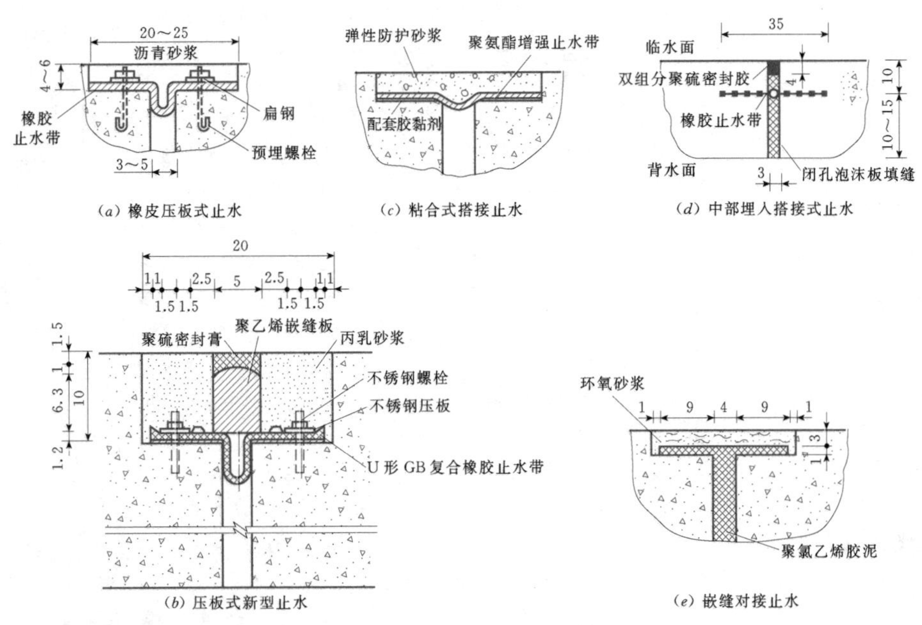

图 4.1-46　槽身接缝止水构造（单位：cm）

定可靠的止水效果。止水带厚6mm，带中的U形部分根据接缝变形量设计，U形鼻子半圆环的内、外半径分别为9mm和15mm，鼻高50mm，使变形环节的展开长度不小于接缝三向位移的矢径，达到可吸收接缝位移而不会在止水带中产生较大应力的目的。止水带表面还设置了肋筋与燕尾，以提高抗绕渗能力和固定效果。止水带与底部混凝土间采用GB胶板黏接，胶板厚度的选择与混凝土表面粗糙平整情况有关，不得小于3mm。

2. 粘合式搭接止水

粘合式搭接止水［见图4.1-46（*c*）］，先把接缝处混凝土表面洗净吹干，用胶黏剂将橡皮止水带或其他材料止水带粘贴在混凝土表面并压紧，止水表层再回填防护用砂浆（如沥青砂浆等）。

对于粘合式搭接止水，除止水材料外，其止水效果还取决于黏接的效果。应综合考虑胶黏剂与基材热膨胀系数尽可能匹配、化学结构成分与基材有一定亲合性以及胶结部位的受力状况和使用环境等各种因素，选用技术性能满足要求、质量较好的胶黏剂。

3. 中部埋入式搭接止水

中部埋入式搭接止水［见图4.1-46（*d*）］是将橡胶止水带或塑料止水带埋置于接缝处槽身侧墙及底板混凝土中。其缺点是一旦损坏难以更换。为保证质量，施工前应先清洗干净橡胶止水带或塑料止水带上的泥土和积水。止水带两侧的混凝土应单独浇筑振捣，待一侧（或底部）混凝土达到一定强度后，再浇另一侧（或上部）的混凝土，在临水面的缝内，填入双组分聚硫密封胶起辅助防渗作用。河南省新三义寨引黄供水南线工程采用此种止水结构，止水带为橡胶带。

4. 嵌缝对接止水

嵌缝对接止水［见图4.1-46（*e*）］，缝中嵌入的材料为聚氯乙烯胶泥。施工时，先将接缝处混凝土打毛、洗净、干燥，内、外两侧用木条或麻绳堵塞严密，再将聚氯乙烯胶泥加热到130～135℃，恒温15min后，搅拌均匀灌入缝中即成。河南省陆浑灌区铁窑河渡槽及西村渡槽均采用聚氯乙烯胶泥作为止水材料，运用情况表明，初期（10～15年）效果较好，但时间长了以后材料发生老化，易产生漏水，且不好更换。

4.1.8.3　槽身的支座

支座一般分为固定支座和活动支座。前者用来固定槽身对墩架的位置，允许绕支座转动而不能移动；后者则允许槽身结构在产生挠曲和伸缩变形时能自由转动和移动。简支梁式渡槽通常每节槽身一端设固定支座、另一端设活动支座，固定支座宜设置在沿槽身纵向高程较低的一端。对于多跨简支式渡槽，各跨的固定支座与活动支座相间排列，即在每个墩架顶部设置前跨槽身的固定支座和后跨槽身的活动支座，使槽身所受的水平外力均匀分配给各个墩架。支座在横槽方向布置的数量依据槽身宽度及结构型式确定。

1. 平面钢板支座

平面钢板支座（见图4.1-47）是最早使用又最

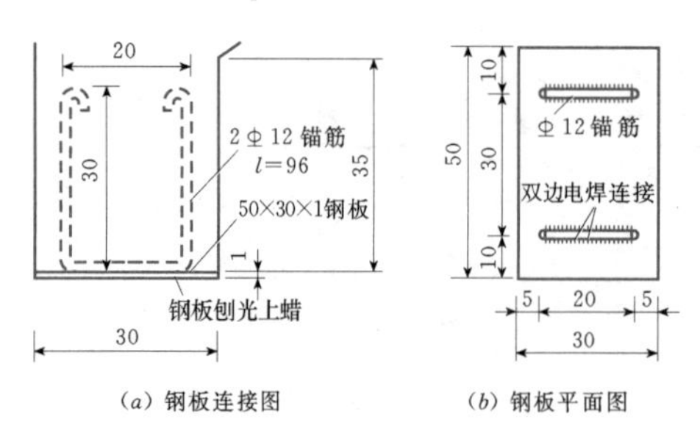

图 4.1-47 平面钢板支座（单位：cm）

简单的支座形式，一般用于跨径 20m 以下的中小型渡槽。支座的上、下座板采用 10～30mm 厚的钢板制作。为减小钢板接触面上的摩阻力和防止生锈，上、下座板表面须刨光并涂上石墨粉。这种支座的缺点是位移量有限且槽身支承端不能完全自由旋转。

2. 切线钢板支座

切线钢板支座（见图 4.1-48）用两块厚 40～50mm 的钢板加工做成，上座板底面为平面，下座板顶面为弧面。固定支座下座板焊有齿板，齿板上端为梯形，插入上座板的预留槽中，保证上、下座板之间只可转动而不能移动。活动支座与固定支座构造上的区别仅在于支座内不设齿板，这样支座的上、下座板之间既可转动又可沿圆弧面的切线移动。切线式支座可用于支点反力不超过 600kN 的梁式渡槽。

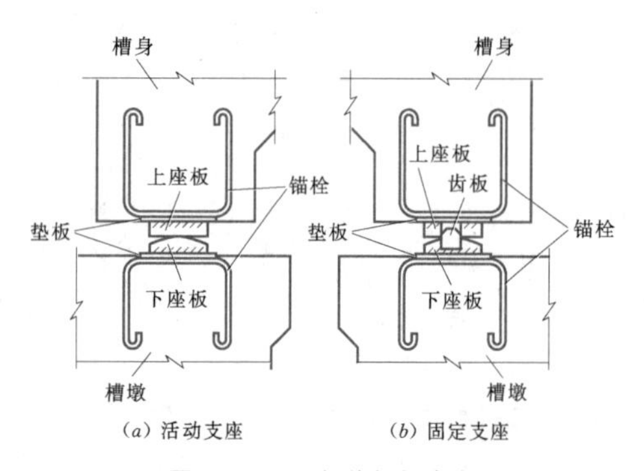

图 4.1-48 切线钢板支座

3. 摆柱式支座

摆柱式支座（见图 4.1-49），摆柱柱身用钢筋混凝土或工字钢制作。钢筋混凝土柱内按含钢率 0.5%左右配置竖向钢筋，同时配置水平钢筋网。柱身顶、底部安有弧形钢板，并在弧形钢板中部焊上钢齿，钢齿则插入上、下平面钢板的预留槽中。该种支座承载力较大，摩擦系数小（仅为 0.02～0.1），可产生的水平位移量较大，因而能大大减小槽身因温度变形作用于墩架顶部的摩阻力，但抗震性能较差。

4. 板式橡胶支座

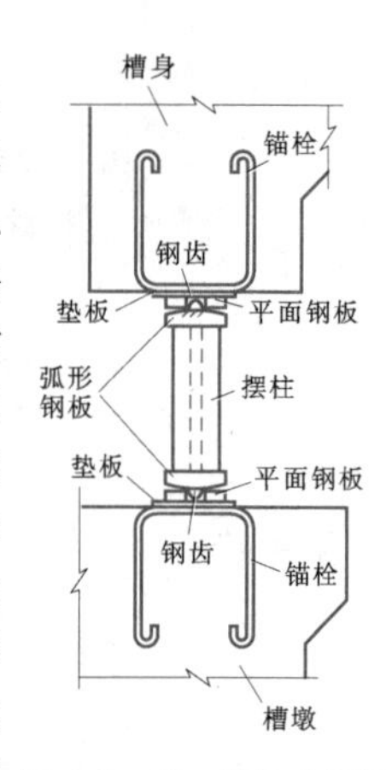

图 4.1-49 摆柱式支座

板式橡胶支座（见图 4.1-50）是由数层薄橡胶片（厚度规格有 5mm、8mm、10mm、15mm 等）与薄钢板（厚度规格有 2mm、3mm、5mm 等）经黏接、热压硫化而成。由于薄钢板的加劲可减小支座竖向变形和提高支座抗压刚度，而橡胶层具有良好弹性并可产生较大剪切变形，使支座能可靠地传递支承压力，同时适应上部结构对水平位移和梁端转动的要求。一跨槽身两端应采用厚度相同的板式橡胶支座，安装时，支座中心需尽可能对准上部结构的计算支点。安放支座处的槽身底面与墩架顶面须清洁平整，以免因安装不平造成支座受力不均。可以在墩架顶部浇筑钢筋混凝土支承垫石，为保证平整，必要时在支座底面与支承垫石之间铺设一层 20～50mm 厚的水泥砂浆垫层。为了维修更换支座方便，设计支承垫石时，应使槽底面与墩架顶面之间留出 30cm 净空，或在墩架顶部预留扁千斤顶槽。对建于地震区的渡槽，可在支座侧边的墩架顶面设置防震挡块，以防止槽身横向晃动。《公路桥梁板式橡胶支座规格系列》（JT/T 663—2006），设计时可参考选用。

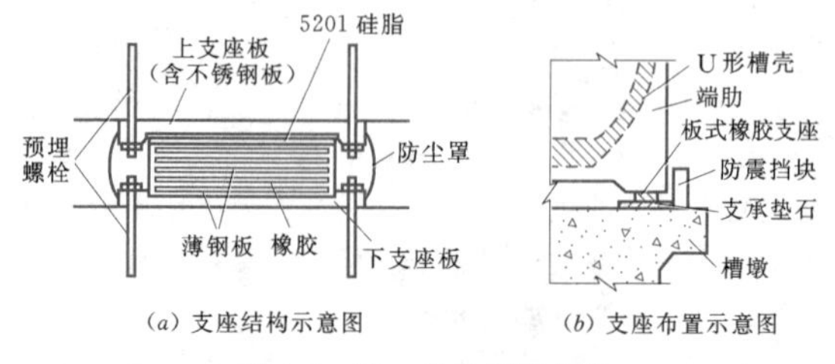

图 4.1-50 板式橡胶支座

5. 盆式橡胶支座

大中型渡槽槽身竖向荷载很大，可考虑选用盆式橡胶支座（见图 4.1-51）。盆式橡胶支座的类型有：固定支座、单向活动支座与多向活动支座。其基本结

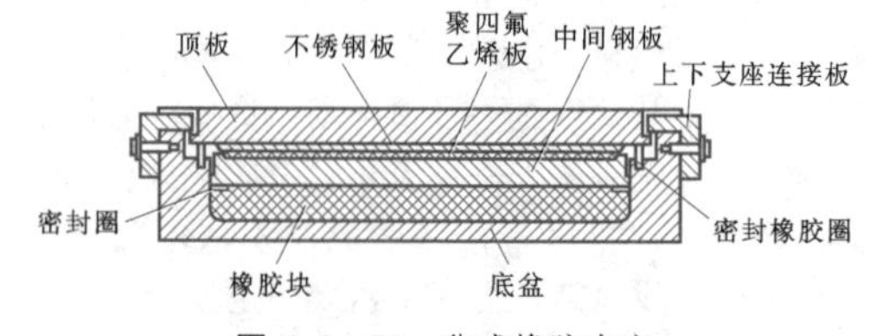

图 4.1-51 盆式橡胶支座

构可分为两部分：上座板和下座板。活动支座上座板与槽身连接，由顶板和不锈钢板组成；下座板固结在墩架上，由盆形底座（即底盆）、橡胶块、密封圈、中间钢板和聚四氟乙烯板组成。对于固定支座，其与活动支座不同之处在于上座板不设不锈钢板，下座板不设聚四氟乙烯板，使支座只能产生角位移而不能产生水平位移。目前国内生产的盆式橡胶支座有以下规格系列：GPZ公路盆式支座系列（由交通部公路规划设计院设计）；TPZ—1改进的铁路盆式支座系列、QPZ轻型盆式支座系列（由铁道科学研究院设计）；SY—1盆式支座系列（由上海市政工程研究所设计）等。设计时，须根据槽身跨径和支座反力的大小，选用合适的系列产品。

4.1.8.4　渡槽进出口渐变段的型式与长度

进、出口段底部和两侧应按地质条件设计防漏、防渗、防伸缩沉陷措施和完善的排水系统，有效防渗设施长度均应大于5倍的渠道最大水深。

进、出口段与上、下游渠道应平顺连接，避免急转弯。确因地形、地质条件限制而必须转弯时，弯道宜设于距离渡槽进、出口直线长度大于3倍的渠道正常水深范围以外，且弯道半径宜不小于5倍的渠底宽。

进、出口渐变段长度应按两端渠道水面宽度与槽身水面宽度之差所形成的进口水流收缩角和出口水流扩散角控制。适宜的进口水流收缩角为11°～18°，出口水流扩散角宜取8°～11°。

槽身和进、出口之间的接缝宜设不同类型的、可靠的双止水。

渡槽进出口渐变段较常用型式为直线扭面式。对大型渡槽，其进出口渐变段宜通过水工模型试验确定。

渡槽进出口渐变段的长度，一般可采用的经验公式为

$$L = c(B_1 - B_2) \qquad (4.1-39)$$

式中　L——进口或出口渐变段长度，m；

B_1——渠道水面宽度，m；

B_2——渡槽水面宽度，m；

c——系数，对于进口取1.5～2.0，对出口取2.5～3.0。

4.1.8.5　渡槽的超高

渡槽的超高与其断面尺寸和型式有关，对无通航要求的渡槽，一般可按下列经验公式确定：

矩形断面槽身　$$\delta = \frac{h}{12} + 5 \qquad (4.1-40)$$

U形断面槽身　$$\delta = \frac{D}{10} \qquad (4.1-41)$$

式中　δ——超高，cm；

h——槽内水深，cm；

D——U形槽身直径，cm。

当通过加大流量时，水面距拉杆底面或槽顶（无拉杆时）的距离不应小于10cm，对于有通航要求的渡槽，超高应根据航运要求确定。

4.1.9　渡槽结构计算

4.1.9.1　荷载计算

作用于渡槽上的荷载有：结构重力、槽内水重、静水压力、土压力、风压力、动水压力、漂浮物的撞击力、温度应力、混凝土收缩及徐变影响力、预应力、人群荷载、地震荷载以及施工吊装时的动力荷载等。

结构重力、水重、静水压力、土压力可采用一般方法计算，在地震区需计入地震荷载时，可按《水工建筑物抗震设计规范》（SL 203—97）计算。下面只介绍其余各项荷载的计算方法。

1. 风压力

横槽方向作用于渡槽表面的风压力，其值为风荷载强度 W（kN/m^2）乘以横向风力的受风面积。W 的计算公式为

$$W = \beta_z \mu_s \mu_z \mu_t W_0 \qquad (4.1-42)$$

式中　W_0——基本风压值，kN/m^2，当有可靠风速资料时，按 $W_0 = \frac{v_0^2}{1600}$ 计算，其中 v_0 为当地空旷平坦地面离地10m高处统计所得的30年一遇10min平均最大风速（m/s），如无风速资料，可参照《建筑结构荷载规范》（GB 5009—2001）中全国基本风压分布图上的等压线进行插值酌定，但不得小于0.25kN/m^2；

μ_t——地形、地理条件系数，由于基本风压是以平坦空旷地面为基础得到的，还应根据建槽地区的实际地形、地理情况乘以调整系数，如为与大风方向一致的谷口、山口，可取 μ_t=1.2～1.5，如为山间盆地、谷地等闭塞地形，则取 μ_t=0.75～0.85；

μ_z——风压高度变化系数，与地面粗糙度类别有关，建于田野、乡村、丛林、丘陵及房屋比较稀疏的中、小城镇和大城市郊区（即地面粗糙度B类地区）的渡槽，按表4.1-11选用，表中离地面高度一栏，对于槽身，指风力在槽身上的着力点（即迎风面形心）距地面的高度，对于槽墩、排架，指墩（架）顶距地面的高度；若槽墩、架很高，可沿高度方向分段，各段选用相

应的风压高度变化系数；

μ_s——风载体型系数，可参考表4.1-12所列数值选用，对于重要的具有特殊结构型式的渡槽，风载体型系数可由风洞试验确定；

β_z——风振系数，高度较大的排架支承式渡槽，如其基本自振周期 $T_1 \geqslant 0.25s$，基本风压 W_0 尚应乘风振系数 β_z 以考虑风压脉动的影响，β_z 可根据结构的基本自振周期按表4.1-13采用；对于高度不大的渡槽，其风振系数采用1.0。

表4.1-11　风压高度变化系数 μ_z

离地面高度（m）	5	10	15	20	30	40	50	60	70	80	90
μ_z	0.80	1.00	1.14	1.25	1.42	1.56	1.67	1.77	1.86	1.95	2.02

表4.1-12　风载体型系数 μ_s

部位	截面					
槽身	矩形槽（B、H）	高宽比 H/B		0.6	0.9	1.2
		空槽	均匀流场	1.61	1.88	2.07
			湍流场	1.56	1.62	1.76
		满槽	均匀流场	1.64	1.87	2.16
			湍流场	1.47	1.50	1.78
	U形槽（B、H）	高宽比 H/B		0.5	0.8	1.1
		空槽	平稳流场	0.61	1.01	1.42
			湍流场	0.68	0.92	1.06
		满槽	平稳流场	0.64	1.05	1.39
			湍流场	0.56	0.90	0.99
排架、拱圈	正方形截面			$\mu_s=1.4$		
	圆形截面			$\mu_s=0.8$		
	矩形截面（迎风面为 l）			$l/b\leqslant1.5$　$\mu_s=1.4$；$l/b>1.5$　$\mu_s=0.9$		
	矩形截面（迎风面为 b）			$l/b\leqslant1.5$　$\mu_s=1.4$；$l/b>1.5$　$\mu_s=1.3$		
槽墩	圆端形截面（迎风面为 l）			$l/b\geqslant1.5$　$\mu_s=0.3$		
	圆端形截面（迎风面为 b）			$l/b\leqslant1.5$　$\mu_s=0.8$；$l/b>1.5$　$\mu_s=1.1$		

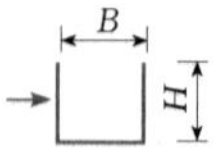

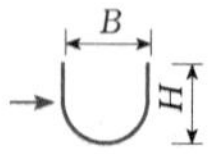

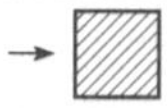

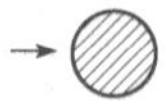

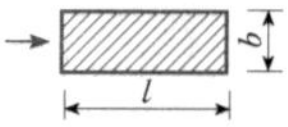

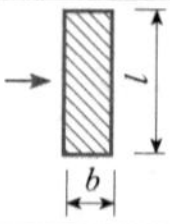

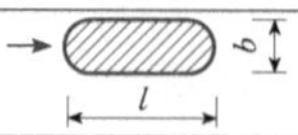

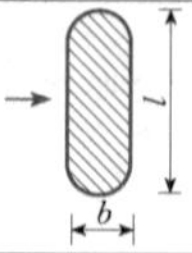

桁架：

（a）两榀平行桁架的整体体型系数 $\mu_s=1.3\varphi(1+\eta)$

（b）n 榀平行桁架的整体体型系数 $\mu_s=1.3\varphi\dfrac{1-\eta^n}{1-\eta}$

其中

$$\varphi=A_n/A$$

式中，φ 为桁架的挡风系数；A_n 为桁架杆件和节点挡风的净投影面积；A 为桁架的轮廓面积。

η 与两榀桁架间距 b、桁架高度 h 及挡风系数 φ 有关，当 $b/h\leqslant1$ 时，η 可按下表选用：

φ	$\leqslant0.1$	0.2	0.3	0.4	0.5	$\geqslant0.6$
η	1.00	0.85	0.66	0.50	0.33	0.15

注　表中槽身风载体型系数是同济大学土木工程防灾国家重点实验室进行的风洞实验研究成果。一般认为在田园地带（地表面起伏不超过20cm），地面上流场的湍流度为15%～20%，如流场湍流度小于4%则为均匀流场。

表 4.1-13 风振系数 β_z

T_1 (s)	0.25	0.50	1.00	1.50	2.00	3.50	5.00
β_z	1.25	1.40	1.45	1.48	1.50	1.55	1.60

较高排架支承的梁式渡槽，其基本自振周期 T_1 的近似计算公式为

$$T_1 = 3.63\sqrt{\frac{H^3}{EJ}(M+0.236\rho AH)} \tag{4.1-43}$$

式中 H——槽身重心至地面的高度，m；

M——搁置于排架顶部的槽身质量（空槽情况）或槽身及槽中水体的总质量，kg；

E——排架材料的弹性模量，N/m^2；

J——排架横截面的惯性矩，m^4；

A——排架的横截面面积，m^2；

ρ——排架材料的密度，kg/m^3。

按式（4.1-42）求得的横向风压力是作用在单位面积上的。如槽身迎风面投影面积为 ω_1（m^2），计算得横向风荷载强度为 W_1，则作用于 ω_1 形心上的风压力 $P_1=W_1\omega_1$（kN），P_1 通过槽身与槽墩（架）接触面上的摩擦作用传给槽墩（架）。如槽墩（架）迎风面投影面积为 ω_2（m^2），所受风荷载强度为 W_2，直接作用于槽墩（架）的风压力 $P_2=W_2\omega_2$（kN）。

2. 动水压力

作用于一个槽墩（架）上的动水压力 P_3（kN）的计算公式为

$$P_3 = K_d\frac{\gamma v^2}{2g}\omega_3 \tag{4.1-44}$$

式中 γ——水的容重，kN/m^3；

v——水流的设计平均流速，m/s；

g——重力加速度，m/s^2；

ω_3——槽墩（架）阻水面积，m^2，即河道设计水位线以下至一般冲刷线处槽墩（架）在水流正交面上的投影面积；

K_d——槽墩（架）形状系数，与迎水面形状有关，可按表 4.1-14 选用。

表 4.1-14 槽墩（架）形状系数 K_d

槽墩（架）迎水面形状	K_d
方 形	1.5
矩形（长边与水流方向平行）	1.3
圆 形	0.8
尖圆形	0.7
圆端形	0.6

动水压力 P_3 的作用点可近似取在设计水位线以下离水面 1/3 水深处。

3. 漂浮物或船只的撞击力

位于河流中的渡槽墩台，设计时应考虑漂浮物或船只的撞击力。撞击力 P_4（kN）的计算公式为

$$P_4 = \frac{vG}{gT} \tag{4.1-45}$$

式中 v——水流流速，m/s；

G——漂浮物或船只重力，kN，应根据实际情况或通过调查确定；

g——重力加速度，m/s^2；

T——撞击时间，s，如无实际资料时，可取 $T=1.0$s。

4. 温度应力

渡槽各部构件受温度变化影响产生变形，其变形值的计算公式为

$$\Delta_L = \alpha\Delta tL \tag{4.1-46}$$

式中 Δ_L——温度变化引起的变形值（伸长或缩短），m；

L——构件的计算长度，m；

Δt——温度变化值，℃；

α——材料的线膨胀系数，钢结构取 $\alpha=0.000012$，混凝土、钢筋混凝土和预应力混凝土结构取 $\alpha=0.00001$，混凝土预制块砌体取 $\alpha=0.000009$，石砌体取 $\alpha=0.000008$，砖砌体取 $\alpha=0.000007$。

对于中、小型渡槽，一般仅考虑在年温度变化（均匀的温度升高或降低）作用下引起的槽身整体变形（伸长或缩短），以及在拱型结构等超静定结构中引起的温度应力。温度变幅和拱的刚性越大，温度应力也越大。温度变幅的计算公式为

$$\left.\begin{aligned}&\text{温度上升}\quad \Delta t = T_1 - T_2\\&\text{温度下降}\quad \Delta t = T_3 - T_2\end{aligned}\right\} \tag{4.1-47}$$

式中 T_1、T_3——最高和最低月平均气温，℃；

T_2——结构浇筑、安装或合拢时的气温，℃，拱圈封拱一般选在低于年平均气温时进行为宜。

对于重要的大型渡槽，必要时需考虑水温变化、日照温度变化和秋冬季骤然降温温度变化引起的温度应力。

5. 混凝土收缩及徐变影响

对于刚架、拱等超静定的混凝土结构，应考虑混凝土的收缩及徐变影响。由于混凝土收缩而引起的附加应力，可以作为相应于温度降低来考虑。整体浇筑

的混凝土结构的收缩影响，一般地区相当于温降20℃，干燥地区相当于温降30℃；整体浇筑的钢筋混凝土结构的收缩影响，相当于温降15～20℃；分段浇筑的混凝土及钢筋混凝土结构的收缩影响，相当于温降10～15℃；装配式钢筋混凝土结构的收缩影响，相当于温降5～15℃。对于砌石拱圈计算混凝土收缩附加应力时按温度降低作用考虑的取值参考上述数值采用。对重要的1、2级渡槽，其混凝土收缩对拱圈内力的影响宜经试验或专门研究确定。

徐变引起应力松弛对拱圈应力的影响是有利的，应按对计算拱圈内力乘以影响系数的方式确定。计算温度内力时影响系数应采用0.7，计算收缩内力时影响系数应采用0.45。

6. 人群荷载

当槽顶设有人行便桥时，人群荷载一般取2～3.5kN/m²，也可根据实际情况或参考所在地区桥梁设计的规定加以确定。作用在人行便桥栏杆立柱顶上的水平推力一般采用0.75kN/m，作用在栏杆扶手上的竖向力一般采用1.0kN/m。

7. 支座摩阻力

支座摩阻力 P_5（kN）的方向与位移方向相反，其计算公式为

$$P_5 = fV \tag{4.1-48}$$

式中 V——作用于活动支座的竖向反力，kN；

f——支座的摩擦系数，可按表4.1-7选用。

8. 施工荷载

在进行施工情况计算时，应考虑施工设备的重量及吊装时的动力荷载。如动力荷载数值不能直接决定，可将静荷载（如起吊构件的重力等）乘以动力系数，动力系数一般采用1.1（手动）或1.3（机动）。

4.1.9.2 荷载组合

渡槽设计时，应根据施工、运用及检修时的具体条件、计算对象及计算目的，采用不同的荷载进行组合。

（1）采用单一安全系数表达式进行槽身和下部支承结构设计，以及进行渡槽整体稳定验算时，渡槽结构设计的荷载组合应按表4.1-15选用。

表4.1-15 荷载组合

荷载组合	计算情况	荷载														
		自重	水重	静水压力	动水压力	飘浮物撞击力	风压力	土压力	土的冻胀力	冰压力	人群荷载	温度荷载	混凝土收缩和徐变影响力	预应力	地震荷载	其他
基本组合	设计水深、半槽水深	√	√	√	√	—	√	√	√	√	√	√	√	√	—	—
	空槽	√	—	√	√	—	√	√	√	√	√	√	√	√	—	—
偶然组合	加大水深、满槽水深	√	√	√	√	—	√	√	√	√	√	√	√	√	—	—
	施工情况	√	—	√	√	—	√	√	√	—	√	—	—	√	—	√
	漂浮物撞击	√	—	√	√	√	√	√	—	—	—	√	√	√	—	—
	地震情况	√	√	√	√	—	√	√	√	√	—	√	√	√	√	—

注 温度荷载应分别考虑温升和温降两种情况。

（2）按《水工混凝土结构设计规范》（SL/T 191—2008），槽身和下部支承结构采用以分项系数设计表达式进行设计时，应根据承载能力和正常使用极限状态设计要求分别采用不同的荷载组合。

1）按承载能力极限状态设计时，应考虑两种荷载组合：①基本组合（持久设计状况或短暂设计状况下永久荷载与可能出现的可变荷载的效应组合）；②偶然组合（偶然设计状况下永久荷载、可变荷载与一种偶然荷载的效应组合）。各种荷载组合参见表4.1-16，必要时还应考虑其他可能的不利组合。

2）进行正常使用极限状态验算时，应按荷载效应的短期组合及长期组合分别验算。

a. 短期组合Ⅰ、Ⅱ、Ⅲ：分别采用表4.1-16所列基本组合中短暂设计状况Ⅰ、Ⅱ、Ⅲ三种相应的荷载组合。

b. 长期组合：采用表4.1-16所列基本组合中持久设计状况相应的荷载组合。

表 4.1-16 渡槽按承载能力极限状态设计荷载组合

荷载组合			荷 载
基本组合	持久状况		槽中为设计水深、有风工况下作用于槽身或支承结构的各种荷载
	短暂状况	Ⅰ	槽中无水、有风、检修工况下作用于槽身或支承结构的各种荷载
		Ⅱ	槽中为满槽水、无风工况下作用于槽身或支承结构的各种荷载
		Ⅲ	渡槽施工、有风工况下作用于槽身或支承结构的各种荷载
偶然组合	Ⅰ		槽中为设计水深、地震、有风工况下作用于槽身或支承结构的各种荷载
	Ⅱ		槽中无水、有风、漂浮物撞击工况下作用于槽身或支承结构的各种荷载

4.1.9.3 渡槽槽身结构计算

矩形和U形断面槽身为空间薄壁结构，在实际工程中常近似地简化为横向及纵向两个平面问题进行计算。

U形薄壳渡槽槽身计算方法，以有限单元法计算的成果有较好的计算精度，可适用于不同的流量、不同的跨度和宽度比。

梁式槽身（包括U形）跨宽比不小于4时，可按梁理论计算；跨宽比小于4时，应按空间问题采用弹性力学方法计算，4、5级渡槽槽身也可近似按梁理论计算。对于实腹式、横墙腹拱式及上承式桁架拱等拱上槽身，应按连续弹性支承梁进行计算。槽身跨高比不大于5.0时，应按深受弯构件设计。简支深受弯构件的内力可按一般简支梁计算。连续深受弯构件的内力，当跨高比小于2.5时应按弹性理论的方法计算，当跨高比不小于2.5时应按一般连续梁计算。

渡槽纵向结构计算时，如槽身支座摩擦系数大于0.1，则应考虑温降条件下支座摩阻力对槽身内力产生的不利影响。

渡槽槽身的最大挠度应按满槽水工况进行计算。简支梁式槽身计算跨度 $L\leqslant10\text{m}$ 时，跨中最大挠度应小于 $L/400$；计算跨度 $L>10\text{m}$ 时，跨中最大挠度应小于 $L/500$。对于双悬臂或单悬臂梁式渡槽的槽身，跨中挠度的限值同简支梁跨中挠度的限值，悬臂端挠度限值为：当悬臂段计算长度 $L'\leqslant10\text{m}$ 时为 $L'/200$；当计算长度 $L'>10\text{m}$ 时为 $L'/250$。

对于钢筋混凝土槽身，不论横向或纵向，除按内力计算成果配筋外，还须根据建筑物设计等级，进行抗裂或限裂验算。

4.1.9.4 预应力槽身计算

对于大中型渡槽，槽身结构的三维受力效应明显，设计中采用按平面问题与空间问题相结合的分析方法，即常规的结构力学方法和三维有限元计算，以便做到相互补充与验证，为正确判断结构的实际受力状态提供合理依据。

平面问题分析方法：将槽身简化为平面问题分别按纵向和横向进行内力计算，例如，对于简支式带拉杆矩形或U形预应力槽身，纵向近似按简支梁计算，横向取1m长槽身按平面框架结构计算，分析计算出控制截面的内力，以此初步确定预应力筋及普通钢筋数量并进行钢筋布置，然后分析结构在外荷载作用及预应力作用下的应力，进行初步的抗裂验算。

空间问题分析方法：由于平面问题分析方法难以反映大型预应力槽身结构的应力分布，以及纵、横、竖向相互影响的空间效应，因此在结构及配筋方案基本确定以后，需要进行槽身结构三维有限元分析验证，分析槽身在结构自重、空槽施加预应力、正常运行、满槽运行以及槽身施工等工况下的应力和变形，确保槽身结构在各种工况下均达到安全可靠。

应该指出，对于大型预应力渡槽，温度应力的影响是不可忽视的，亦应进行温度应力计算。

下面以洺河渡槽（见图4.1-9）为例，说明预应力槽身的设计计算方法。

1. *结构力学法*

槽身简化为平面问题，分别按纵向和横向进行内力计算。

（1）纵向内力计算。将边墙、中墙与底板分开计算。

1）边墙简化为承担其自重和半槽水重不对称的I字形简支梁，中墙简化为承担其自重和整槽水重的I字形简支梁。I字形简支梁上翼缘宽度按结构实际尺寸选取，下翼缘宽度按规范有关规定取用。

2）底板简化为以底部横梁（底肋）为支承，跨度为2.5m（横梁间距），承受底板自重和槽内水重的多跨连续板。结构计算按单宽考虑。

（2）横向内力计算。在对称荷载（自重及槽内水重）及反对称荷载（风及地震荷载）作用下，槽身计算如图4.1-52所示，横向计算时考虑了以下7种不同情况作为不同位置截面的控制工况：①三槽过水，槽内设计水深；②两边槽过水，中间槽空，槽内设计水深；③中间槽过水，两边槽空，槽内设计水深；④三槽过水，槽内满槽水深；⑤两边槽过水，中间槽空，槽内满槽水深；⑥中间槽过水，两边槽空，槽内满槽水深；⑦三槽过水，槽内设计水深，遇地震。根据以上工况，分别用力矩分配法计算内力。

(3) 配筋计算和抗裂验算。由纵向、横向计算求得结构各控制截面的内力后，分别按受弯构件或偏心受拉构件进行正截面强度和斜截面强度计算，配置预应力筋与普通受力钢筋，槽身预应力筋布置参见图4.1-9。由于渡槽槽身为预应力钢筋混凝土结构，抗裂验算按《水工混凝土结构设计规范》(SL/T 191—2008)进行，槽身底板及各构件的迎水面按严格要求不出现裂缝的构件验算，底部纵梁和横梁按一般要求不出现裂缝的构件验算，其他部位按限裂设计。

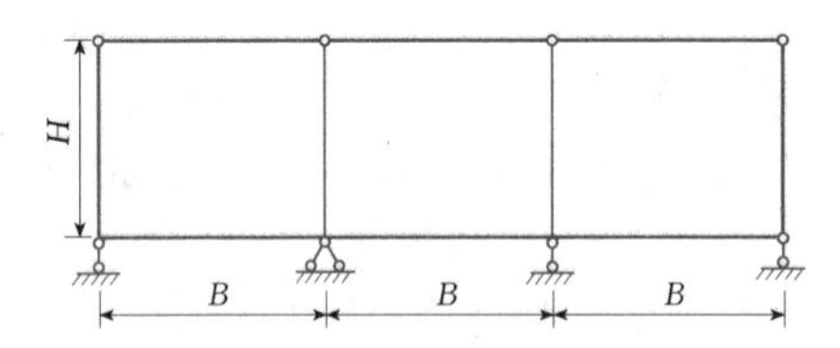

图4.1-52　槽身横向计算简图

2. 有限元法

(1) 结构计算模型。由于槽身横向为三槽互联矩形整体结构，沿纵向每隔2.5m分别在底板底部和侧墙顶部设置有肋板（横梁）和拉杆，而且底板与侧墙、侧墙与拉杆连接处都有局部加强结构，使槽身结构呈现较强的三维特性。为了更准确地反映结构各部位受力特点，建立有限元网格模型来分析结构整体和局部应力分布情况，预应力筋用杆单元模拟，混凝土用八节点等参单元模拟，计算假定混凝土与预应力筋之间的黏结很好，不会产生相对滑移，混凝土单元与钢筋单元之间的连接是节点上的铰接，两者在公共节点上协调工作，因此预应力能以节点的沿钢筋杆元的轴向外荷形式施加，而且必须计及预应力损失。计算模型中只计入了预应力钢筋，未考虑非预应力钢筋，从这个意义上讲，计算模型是偏于安全的。横向单元网格划分如图4.1-53所示。

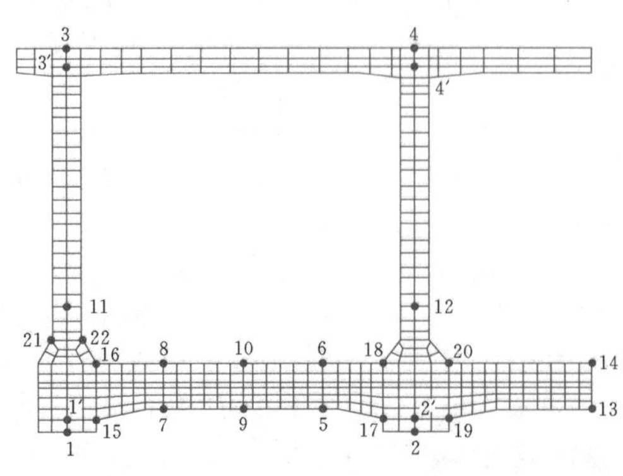

图4.1-53　横向单元网格划分图

(2) 预应力施加。槽身预应力的施加采用后张法，即先浇筑混凝土，达到规定的强度后再张拉钢筋，预应力通过锚头传给混凝土，预应力筋与混凝土之间的黏结力通过张拉钢筋后对孔道灌浆来实现。锚具对混凝土产生的预应力，随着距锚具距离的增大而有所损失，在有限元网格中以节点的外荷载形式施加预应力时，必须计及这种损失。

(3) 内力计算。根据不同槽孔过水情况及是否施加预应力，组成6种计算工况：①三槽过水、满槽水，不加预应力；②三槽过水、满槽水，施加预应力；③中间槽满槽过水、两边槽空槽，不加预应力；④中间槽满槽过水、两边槽空槽，施加预应力；⑤两边槽满槽过水、中间槽空槽，不加预应力；⑥两边槽满槽过水、中间槽空槽，施加预应力。

4.1.9.5　槽墩槽台结构计算

梁式渡槽及拱式渡槽两侧拱跨结构对称的重力式槽墩，应验算墩身与墩帽结合面、校核洪水位时漂浮物（或船只）撞击点的墩身上下断面、墩身水平断面突变处、墩身与基础结合面的正应力和剪应力。两侧拱跨不等的不对称墩，应验算小跨拱脚下缘、大跨拱脚上缘与下缘、墩身与基础结合面以及墩面变坡截面的正应力和剪应力。桁架式加强墩除应验算墩帽与墩身结合面的应力外，还应根据结构内力计算成果对墩柱的不利截面进行应力验算。

槽墩应验算施工过程中两侧荷载不对称作用时的纵向强度。拱式渡槽的不对称墩，应验算运用期主拱圈承受最大竖向荷载并计入温升作用的情况。对加强墩应考虑一侧拱跨垮塌时另一侧为空槽加温升的工况。

槽台应根据其结构型式、运用工况和地基条件等验算整体抗滑、抗倾覆稳定性和地基承载力，并计算台身各水平断面的正应力和剪应力。U形槽台两侧墙长度不小于同一水平截面前墙全长的0.4倍时，宜按整体U形截面验算其应力。

4.1.9.6　排架结构计算

排架应按下端为固接或铰接分别验算横槽向和顺槽向的强度。横槽向内力宜按平面刚架计算，立柱应按迎风面及背风面配筋计算中的大者对称配置受力钢筋。顺槽向单排架宜按顶端为铰或自由端的立柱进行强度验算，并考虑纵向弯曲的影响。采用预制吊装时还应验算仅承受单侧槽身荷载时的强度。顺槽向双排架可简化为平面刚架计算，A字形排架宜简化为两个横槽向单排架（A字形架在顺槽向）或单A字形排架（A字形架在横槽向）计算。采用预制吊装的排架，应计算起吊时的强度，排架重力应按动力荷载计算。

4.1.9.7 拱圈结构计算

1、2级以及跨度大、宽跨比大于1/20的拱式渡槽，应采用有限元法进行拱圈结构分析计算。跨度较小的3～5级拱式渡槽应采用结构力学的方法，分别计算纵向竖直荷载和横向风压作用下的拱圈结构内力。

无铰拱主拱圈应对拱顶、1/4拱跨和拱脚三个截面进行强度与稳定验算。小跨径拱圈只需计算拱顶和拱脚两个截面，大跨径拱圈应加算1/8和3/8拱跨两个截面，上部支承结构为拱上排架的主拱圈应对拱顶、拱脚、拱顶和拱脚附近排架等所在截面以及两排架中间的截面进行强度与稳定验算，裸拱和裸拱肋在施工安装阶段的验算截面应根据实际情况确定。

主拱圈在荷载作用下的偏心距必须满足相关规范的要求。

按偏心受压构件计算的钢筋混凝土主拱圈，应按《水工混凝土结构设计规范》（SL 191—2008）的规定，在其正截面受压承载力计算中考虑结构侧移和主拱圈挠曲引起的二阶效应附加内力。

超静定拱应计算因温度变化在拱圈内引起的附加应力。跨度小于25m、矢跨比不小于1/5，由砖石或混凝土预制块砌筑的拱圈，不宜计入温度变化对拱圈内力的影响。土质地基上的超静定拱，应计算因墩台不均匀沉降、水平位移和转动引起的拱圈附加应力，其内力计算成果宜折减50%。

采用无支架或吊装施工的主拱圈，应按裸拱进行纵向稳定验算；采用无支架或早期脱架施工的大、中跨径主拱圈，拱上结构未与拱圈共同作用时，应按主拱圈承受全部拱上荷载进行验算；拱上排架无纵向联系且槽身简支于排架顶部时，应按主拱圈承受拱跨结构全部荷载进行验算。当主拱圈宽跨比小于1/20或采用无支架施工时，应验算拱圈的横向稳定性。

长细比不大且矢跨比小于1/3的主拱圈，不宜进行纵向稳定验算。长细比 $l_a/h_a>30$（矩形截面）或 $l_a/\gamma_w>104$（非矩形截面）的砖石及混凝土主拱圈（l_a 为直杆的计算长度，h_a 为矩形截面偏心受压构件在弯曲平面内的高度，γ_w 为在弯曲平面内构件截面的回转半径）、长细比 $l_a/b_0>50$ 或 $l_a/i_0>174$ 的钢筋混凝土主拱圈（b_0 为矩形截面短边尺寸，i_0 为截面最小回转半径），拱圈纵向稳定的验算公式如下：

$$N_m \leqslant \frac{1}{K_v}N_L \tag{4.1-49}$$

$$N_m = \frac{H_m}{\cos\varphi_m} \tag{4.1-50}$$

$$\cos\varphi_m = \frac{1}{\sqrt{1+\left(\frac{f}{L}\right)^2}} \tag{4.1-51}$$

$$N_L = \frac{H_L}{\cos\varphi_m} \tag{4.1-52}$$

$$H_L = k_L\frac{EI_x}{L^2} \tag{4.1-53}$$

以上式中 N_m——计算荷载作用下的平均轴向压力，kN；

K_v——纵向稳定安全系数，可采用4～5；

N_L——拱圈丧失纵向稳定时的临界平均轴向压力，kN；

H_m——计算荷载作用下拱脚水平推力，kN；

φ_m——半拱的弦与水平线的夹角，(°)；

f——拱的计算矢高，m；

L——拱的计算跨度，m；

H_L——临界水平推力，kN；

E——拱圈材料的弹性模量，kN/m²；

I_x——主拱圈截面对水平主轴的惯性矩，m⁴，对于变截面拱圈，可近似采用1/4拱跨处截面惯性矩；

k_L——临界推力系数，等截面悬链线拱在均布荷载作用下的 k_L 值可参考表4.1-17确定。

表4.1-17　等截面悬链线拱临界推力系数 k_L 值

支承条件	矢跨比				
	0.1	0.2	0.3	0.4	0.5
无铰拱	74.2	63.5	51.0	33.7	25.0
双铰拱	36.0	28.5	19.0	12.9	8.5

4.1.9.8 不等跨拱的布置

多跨拱一般宜采用等跨。如受主河道或地基等条件的限制，也可采用不等跨径的连拱。为使两孔不等跨拱圈对中墩的水平推力保持平衡，可通过调整两相邻拱圈的矢跨比，或者大跨径拱采用轻型结构，小跨径拱采用实腹拱，并加大拱顶填料厚度。必要时可将大跨径的拱脚降低，使墩两侧的力矩平衡。此外，还可将槽墩基础做成不对称形式。

4.1.9.9 装配式渡槽设计应注意的问题

1. 槽身的分块

槽身应尽可能单跨整体预制吊装。U形钢筋混凝土槽身可采用底壳预制吊装、槽壁现浇施工的方法。矩形钢筋混凝土槽身，可分为两块或三块预制吊装施工。构件的分缝，应选在受力小的部位，如设在受力较大的部位时，可预留钢筋，在吊装就位后再焊接、浇筑混凝土。

2. 吊点的设置

一般应设在支承点或对构件更有利的位置，例如，槽身吊点可设在两侧的端梁上。槽身起吊时呈双悬臂式较为有利，在吊点处应局部加强。对于槽墩设计，也须考虑吊装的方式。

4.1.10 渡槽的冻害及防冻害设计

4.1.10.1 渡槽冻害破坏特征

1. 冻胀力作用下渡槽基础的上抬

寒冷地区的渡槽多采用图4.1-54中的3种基础型式。桩基［见图4.1-54 (*a*)］、排架下板式基础［见图4.1-54 (*b*)］及墩基础［见图4.1-54 (*c*)］的冻害破坏，外观上表现为不均匀冻胀上抬。在纵向，中间基础上抬量大，越往两边上抬量越小，呈“罗锅形”。

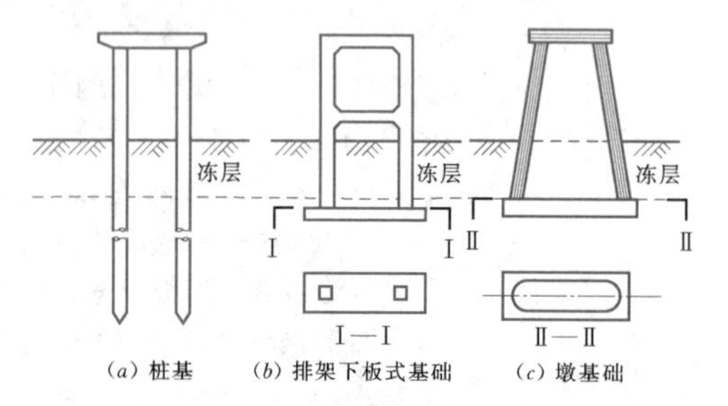

图4.1-54 渡槽基础型式

在顺水流方向，渡槽桩基由于向阳和背阳条件不同，致使桩柱阴面上抬量大，阳面上抬量小，加之渡槽两端斜坡边桩柱向沟内侧倾斜，常使渡槽在平面上形成弯曲形状。

渡槽基础的不均匀上抬，主要是受桩、柱周边冻土切向冻胀力作用的结果。当基础周围土中水分冻结成冰时，冰便将基础侧表面与周围土颗粒胶结在一起，形成冻结力（冻结强度）。当基础周围土体冻胀时（见图4.1-55），靠近桩柱的土体冻胀变形受到

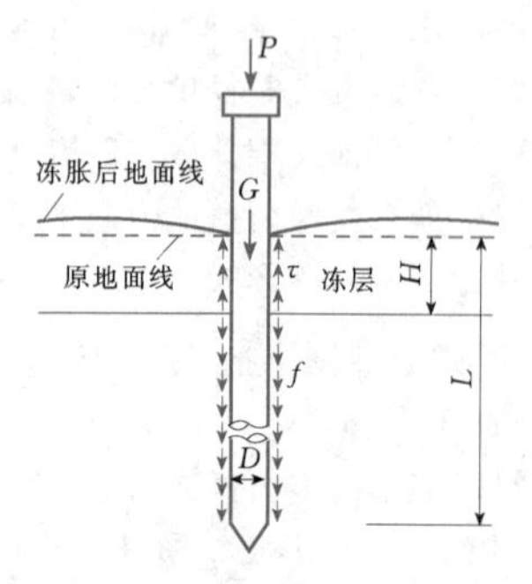

图4.1-55 切向冻胀力对基础的作用

约束，进而沿基础侧表面产生方向向上的切向冻胀力。由此可知，切向冻胀力的产生必须满足两个条件，即基础和地基土之间存在冻结力的作用；地基土在冻结过程中产生冻胀。切向冻胀力沿基础深度的分布是不均匀的，随着冻深的增加而不断变化。

影响切向冻胀力值大小的主要因素有：地基土的粒度成分、含水量、温度、基础材料性质和基础表面粗糙程度等。细粒土的冻胀性大于粗粒土的冻胀性，细粒土的切向冻胀力值也大于粗粒土的切向冻胀力值。在一定条件下，随着地基土含水量增加，切向冻胀力增大，但当土中含水量达到极限状态（充分饱和）后，基础表面与土颗粒间的胶结作用将发生质的变化。由于基础与冰体的直接胶结面积不断增大，冰与基础表面胶结的特性逐渐占优势，致使切向冻胀力变小，最后接近冰的切向冻胀力值。

对于同一种地基土而言，基础材料与表面粗糙程度不同，切向冻胀力的数值也不同，材料表面粗糙度越大，与冻土颗粒胶结能力也越大，因此切向冻胀力值也越大。

桩基础（见图4.1-56）在切向冻胀力作用下的冻胀上抬通常由以下两种原因所致：①由于桩柱上部荷载、桩的重力及桩柱与未冻土间的摩擦力不足以平衡总冻切力（又称冻拔力）而产生整体上抬［见图4.1-56 (*a*)］；②由于在冻拔力作用下，桩柱截面尺寸或配筋不满足抗拉强度要求，造成断桩，断桩位置多发生在最大冻拔力截面或断筋截面，如图4.1-56 (*b*)、(*c*) 所示。

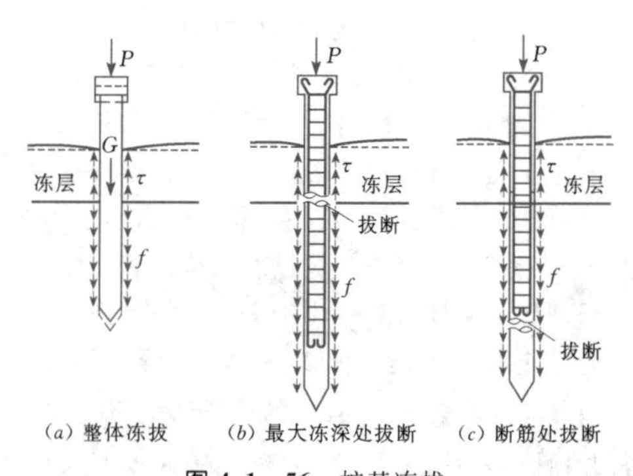

图4.1-56 桩基冻拔

排架下板式基础的冻胀上抬多由以下原因造成：排架下板式基础置于冻层之内时（见图4.1-57），不但基础周边受到切向冻胀力作用，底部还将受法向冻胀力作用，在切向和法向冻胀力的联合作用下造成基础冻胀上抬。当排架下板式基础置于冻层以下时，也可能由于板式基础面积过小，致使作用于桩柱的总冻拔力大于上部荷载、桩自重、襟

边土重、桩及板式基础周边摩擦力的总和，板式基础上部土层受到压缩，并产生相应的压缩变形，基础随之上抬，特别是当压缩强度过大时，基础上部土层产生大的压缩变形，整个基础产生大的冻胀上抬。此外，排架下板式基础在上述诸力作用下不能满足强度要求时，也会导致基础冻胀上抬。在非冻土地区，排架下板式基础与立柱的连接多采用如图4.1-58中所示的杯口形式；有的渡槽，排架立柱与底部板式基础浇筑成整体，但底板受力筋的配置多采用图4.1-59中的型式，立柱的钢筋是按弯压构件进行配置的。冻土地区部分渡槽的基础设计也采用上述结构和配筋。冬季，由于冻拔力的作用，将改变基础各部分受力的大小和方向，使图4.1-58中的立柱在冻拔力作用下被拉出来；图4.1-59中外伸部分因基础顶部没配钢筋而被剪或弯断，立柱在冻拔力作用下处于受拉状态，当不能满足抗拉强度要求时也会产生断裂。上述情况均可导致基础上抬。

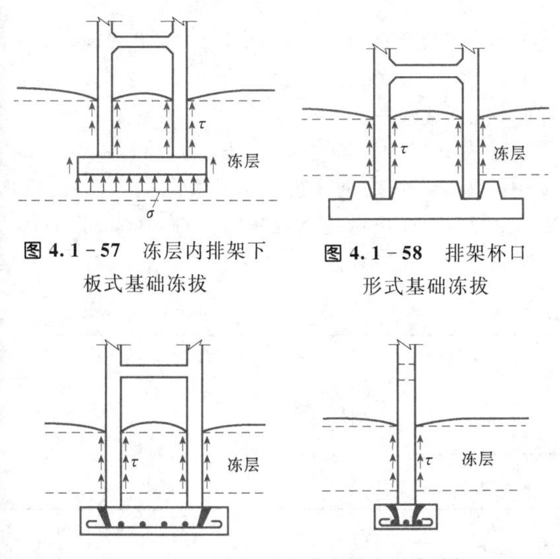

图4.1-57 冻层内排架下板式基础冻拔

图4.1-58 排架杯口形式基础冻拔

图4.1-59 排架下板式基础由强度破坏产生的冻拔

墩基础在冻层范围的周边将受切向冻胀力的作用，通常这种基础底部扩大部分尺寸较小，主要靠墩的重力及上部荷载抵抗冻拔，如不能满足在冻拔力作用下的整体稳定要求，也将产生上抬。当刚性基础周边由于水分条件或向阳背阳条件不同，所受的切向冻胀力不等时，不均匀上抬可导致刚性基础产生歪斜（见图4.1-60）。墩基础通常采用素混凝土或浆砌石建造，如果置于冻层部分的尺寸不能满足在切向冻胀力作用下的抗拉强度要求时，将产生断裂（见图4.1-61），进而导致基础上抬。

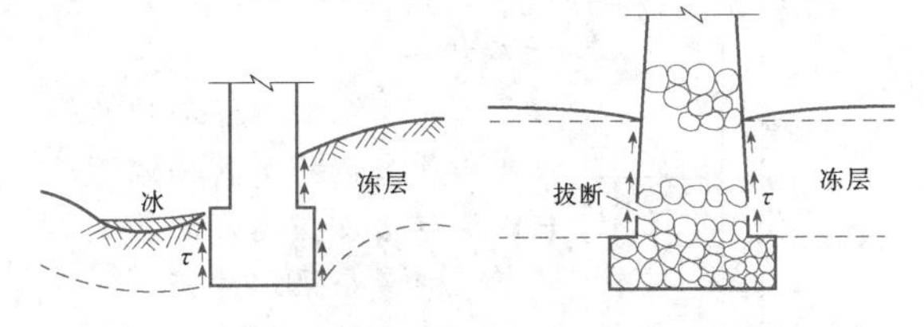

图4.1-60 刚性基础（墩下基础）的不均匀冻胀上抬

图4.1-61 刚性基础（墩下基础）因拔断上抬

2. 渡槽斜坡桩柱基础的冻害

当渡槽跨越深沟（渠）时，位于斜坡上的桩柱不但受到侧向不均匀土压力的作用，而且冬季还将承受来自斜坡上方的侧向冻胀力的作用。根据对黑龙江省五常县54座渡槽的调查，有近1/3渡槽斜坡桩柱在冻胀力作用下产生向沟（渠）内侧偏移或断裂；严重者使上部渡槽落架。有关试验资料表明：作用于斜坡桩柱的冻胀力仅从斜坡的上方发生，而且斜坡下方冻层与桩柱表面发生脱离。作用于斜坡桩柱上方的冻胀力呈倒三角形分布，在0.2m深度处观测到的最大冻胀力为25N/cm^2。

3. 渡槽进、出口由土冻融引起的渗透破坏

当渡槽进、出口与填方渠道连接时，进、出口常放置在回填土上，若回填土夯压不密实，往往导致进、出口产生大的不均匀沉陷，使槽身与进、出口连接处止水被撕断，造成渗透破坏。在寒冷地区，除上述原因引起渡槽进、出口产生渗透破坏外，还常由于翼墙后填土的冻缩作用造成侧向渗透破坏。所谓冻缩是指当墙后填土含水量低于塑限时，土体在冻结过程中所产生的体积收缩。这种渗透破坏往往带有更大的危险性。

当渡槽进、出口翼墙后回填黏性土出现冻缩现象时，其结果使填土与墙背分离形成缝隙（见图4.1-62），缝成上宽下窄形式，顶部缝宽有时达2～3cm，深度最多达1m以上。春季通水时，缝隙的存在造成渗径缩短、渗透坡降加大，以致使填土被带走，最后使进、出口产生整体倾覆或断裂，常在1～2h内使渡槽进口或出口毁掉。

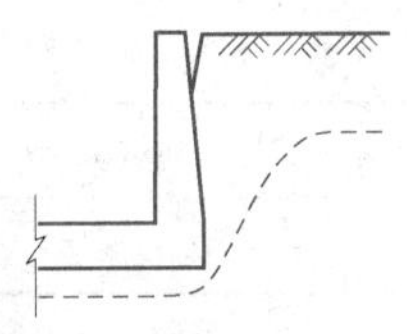

图4.1-62 冻缩引起填土与墙背分离

4.1.10.2 渡槽冻害的防治

为了防治渡槽基础的冻害，可采用结构措施或消除、削减冻因措施，也可将以上两种措施结合起来，即采用综合措施。

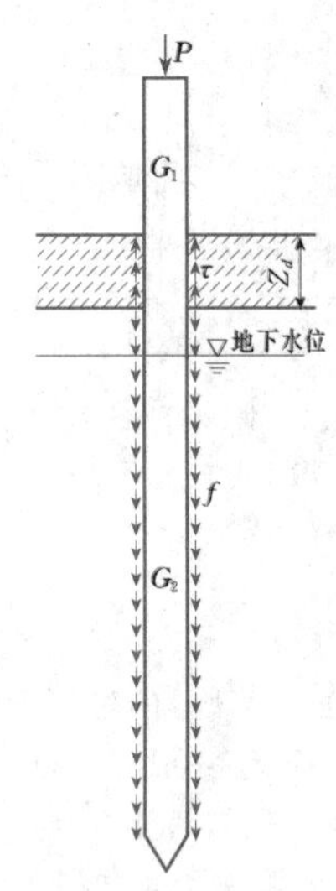

图 4.1-63　桩基

1. 防治渡槽基础冻害的结构措施

(1) 锚固法。桩基础及排架下板式基础都可称为锚固基础。为克服冻拔力，使基础不上抬，前者是采用深桩利用桩壁摩擦阻力来实现，后者是通过置于冻层以下扩大的基础的锚固作用来实现。爆扩桩和扩孔柱也可称为锚固式基础。

上述各种锚固式基础，在冻土地区除应满足承载能力和强度要求外，还应满足在冻切力作用下的稳定和强度要求。

1) 桩基抗冻拔的稳定验算。图 4.1-63 中桩基抗冻拔稳定安全系数 K_d 的计算公式为

$$K_d = \frac{\sum P + \sum G + F_s}{T_\tau} \tag{4.1-54}$$

$$F_s = 0.4\sum(f_{si}Z_iU_i) \tag{4.1-55}$$

$$T_\tau = \psi_e\psi_r\tau_t UZ_d \tag{4.1-56}$$

式中　$\sum P$——作用于桩顶的荷载，kN；

$\sum G$——桩自重（地下水位以上按实重计算，地下水位以下按浮重计算），kN；

F_s——冻结层以下桩侧壁与暖土间总摩阻力，kN；

f_{si}——冻结层以下桩侧壁与各层暖土间的单位极限摩阻力，kPa；

U_i——冻结层以下各暖土层范围内基础截面的平均周长，m；

Z_i——冻结层以下桩侧壁与各暖土层间的接触长度，m；

T_τ——总切向冻胀力，kN；

ψ_e——有效冻深系数，按表 4.1-18 取用；

ψ_r——冻层内桩壁粗糙度系数，表面平整的混凝土基础可取 1.0，当不使用模板或套管浇筑，桩壁粗糙但无凹凸面时，可取 1.1～1.2；

τ_t——单位切向冻胀力，kPa，按表 4.1-19 取用；

U——冻结层内桩周边总长度，m；

Z_d——桩侧土设计冻深，m，按水工建筑物抗冰冻设计规范确定。

抗冻拔稳定最小安全系数，对于 1 级建筑物不小于 1.3，对 2、3 级建筑物不小于 1.2，对 4、5 级建筑物不小于 1.1。

2) 排架扩大式基础的抗冻拔稳定验算。图 4.1-64 中排架板式基础抗冻拔稳定计算与式（4.1-54）相同，只是$\sum G$还包括墩台基础上的土重，即$\sum G = 2G_1 + G_2 + G_3 + \sum G_4$。

表 4.1-18　　有效冻深系数 ψ_e

土　质	黏土、粉土			细粒土质砂			含细粒土砂		
冻前地下水至地面距离（m）	>2.0	1.0～2.0	<1.0	>1.5	0.8～1.5	<0.8	>1.0	0.5～1.0	<0.5
ψ_e	0.6	0.8	1.0	0.6	0.8	1.0	0.6	0.8	1.0

表 4.1-19　　单位切向冻胀力 τ_t

地表土冻胀量 h（mm）	0～20	20～50	50～120	120～220	>220
τ_t（kPa）	0～20	20～40	40～80	80～110	110～150

注　桩壁粗糙，但无凹凸面时，表中数值应乘以 1.1～1.2 的系数。

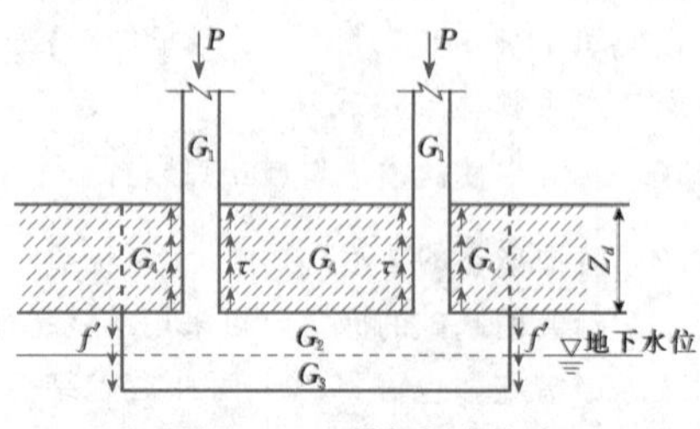

图 4.1-64　排架板式基础

3) 爆扩桩基础。爆扩桩基础采用爆破方法成孔，在冻层以下形成大头。爆扩桩基础的锚固作用将随大头尺寸的加大而增强。大头直径一般按经验确定，通常采用 1.2～1.5m。爆扩桩桩径及配筋除应满足设计荷载作用下的强度要求外，还应满足在冻拔力作用下的抗拉强度要求。爆扩桩基础的优点在于施工简单，可加快施工进度。一般适用于地下水位较低的黏性土地基，对于砂性土地基易产生塌

孔。爆扩桩成孔或形成大头的尺寸不易准确控制，当采用这种基础型式时，应通过一定试验并严格控制施工质量。

4）桩、墩基础的结构抗拉强度安全系数。桩、墩基础的结构抗拉强度安全系数 K_l 的计算公式为

$$K_l=\frac{f_yA}{T_\tau-P-G_f-F_i} \qquad (4.1-57)$$

式中 f_y——验算截面材料设计抗拉强度，对钢筋混凝土结构，f_y 为受力钢筋设计抗拉强度，kPa；

A——验算截面的横截面面积，对钢筋混凝土结构，A 为纵向受力筋截面面积之和，mm^2；

G_f——验算截面以上基础的自重，kN；

F_i——验算截面以上至冻结层层底面之间暖土的摩阻力，kN。

对于钢筋混凝土结构，安全系数 K_l 应满足表4.1-20的规定。

表 4.1-20 抗拉强度最小安全系数

建筑物级别	1	2、3	4、5
最小安全系数	1.65	1.50	1.40

（2）回避法。回避法是在渡槽基础周围采用隔离措施，使基础表面与土之间不产生冻结，进而消除切向冻胀力对基础的作用。常用的回避法有油包桩和柱外加套管两种方法。

油包桩是在冻层范围内的桩表面涂上黄油和废机油等，然后外包油毡纸，在油毡纸外再涂油类，做成二毡二油或三油，如图4.1-65所示。油包桩的缺点是油毡可能因逐年冻胀上拔使顶部损坏，下部因缺油毡纸而失去隔离作用。油毡经数年运用后也会产生老化，故一般应每隔4～5年更换一次油包毡。

套管法是在冻层范围内，将桩外加一套管（见图4.1-66），套管通常采用铁或钢筋混凝土制作。在套管内壁与桩间应当留有2～5cm间隙，并在其中充填黄油、沥青、机油、工业凡士林油等。为防止上述油类流出，套管顶部和底部与桩的间隙应用环状橡皮圈或沥青麻绳封住。为减少套管的上拔量，套管底部宜做成向外凸的扩大环，起一定的锚固作用。套管每年产生一定的冻胀上抬量，经数年累积会产生较大的上抬量，以致大部分被拔出，使其失去作用。因此在采用套管法时，应每隔数年将套管重新下卧一次，当缝隙间充填的油类损失时应加以补充。为安装和拆除套管方便，可将套管做成两个半环，并用螺栓加以连接。

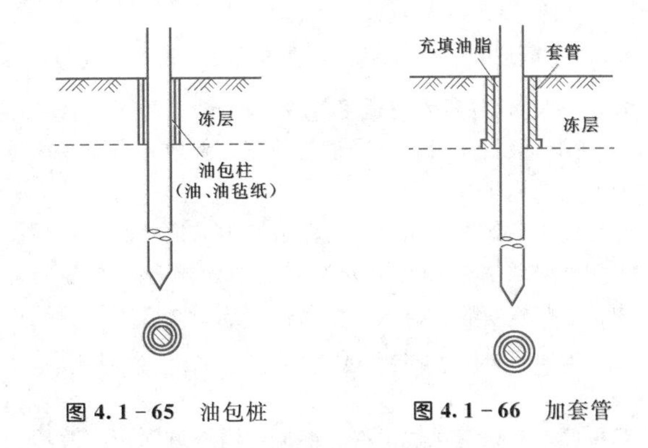

图4.1-65 油包桩　　图4.1-66 加套管

2. 消除、削减冻因的措施

温度、土质和水分是产生冻胀的3个基本因素，如能消除或削弱其中某个因素，便可达到消除或削弱冻胀的目的。常采用的措施有换填法、物理化学方法、隔水排水法，以及加热和隔热法。

（1）换填法。换填法是指将渡槽基础周围冻胀性土挖除，然后用不冻胀或弱冻胀的砂、砾石、蜡渣、炉灰渣等材料换填，如图4.1-67所示。换填厚度一般采用30～80cm。采用换填法并不能完全消除切向冻胀力，但可使切向冻胀力大为减小。

在采用砂砾石换填时，应控制粉黏粒的含量，一般不宜超过14%。为使换填料不被水流冲刷，对换填料表面应进行护砌。

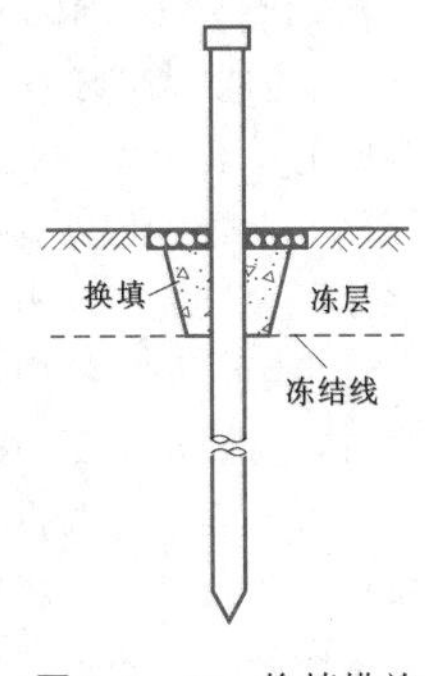

图4.1-67 换填措施

（2）物理化学方法。物理化学方法是在基础四周的冻胀土中掺入某种化学物质，使其丧失冻胀性，主要有憎水土改良法和盐渍化法两种。

（3）隔水排水法。在沟渠底部的渡槽周围做隔水和排水设施，降低渡槽基础周围土体的含水量或者隔断外水补给源。

（4）加热和隔热法。加热法是在渡槽基础周围埋设加热电缆，通过连续或者间断加热的办法保证基础周围土体不产生冻结。

隔热法是在渡槽基础周围填土表面设置隔热层，消除或削减冻胀。通常用来做隔热层的材料有刨花、木屑、炉渣、陶块、玻璃纤维和聚苯乙烯泡沫塑料等。为防止渡槽基础周围隔热层被水流冲刷，在其上应铺设防冲层。

4.2 倒虹吸管

4.2.1 概述

4.2.1.1 倒虹吸管的适用条件

倒虹吸管是设置在渠道与河流、谷地、道路相交处的压力输水建筑物。

输水建筑物与山谷、河流或其他渠道相交时，可用倒虹吸管、渡槽、填方渠道下的涵洞等交叉建筑物。这些建筑物各有其适用条件，选用时必须因地制宜，全面考虑。一般在以下情况可考虑采用倒虹吸管。

(1) 当渠道通过山谷、溪流，因谷道深邃、渡槽排架过高难以修建渡槽，或需高填方，或采用绕线方案有困难时，经过经济技术比较，可采用倒虹吸管的方案。据湖南省和贵州省的调查，倒虹吸管与20～30m高的渡槽比，有用料少、省劳力、造价低、施工安全方便、不影响河道洪水宣泄等优点（倒虹吸管的工程量仅为渡槽的30%、劳动力相当于40%、造价相当于50%）。因此，当山谷、河流很深且宽，谷深超过30m，修建渡槽支墩高，需要高空作业，施工吊装困难且造价高。如湖南省大圳灌区渠道穿越一宽阔的田垄，长5.2km，最深达160m。若采用现场浇筑的渡槽，槽墩高达100m以上，设计和施工技术难度甚大，还需要大量支架材料；若采用预制构件吊装，按当时的吊装设备和技术条件，亦无法施工。因此，选用倒虹吸管。另外如果填方渠下涵洞土方工程大，排水涵洞大且需劳动力太多时，亦可采用倒虹吸管。

在山区，渠道沿山边绕行，若沿线基岩破碎，裂隙发育，易漏水，而为减少水量损失，采用防渗工程量很大时，渠线可取直，用倒虹吸管跨越深谷。如贵州省思南县代家沟工程以260m长、工作水头73m的倒虹吸管及一小段渠道代替20km长的绕行渠道，大大缩短了工期，节约了大量劳动力，减少了输水损失。

(2) 当输水河渠与河流、山谷、洼地、道路等障碍物或其他渠道交叉，且高差较小，建渡槽或填方渠道及涵洞均不能满足洪水宣泄要求，或有碍船只、车辆通行时，应修建倒虹吸管从障碍物底部通过。如广西达开水库寺面倒虹吸管，河床高程58.80～59.50m，渠底高程60.40m，渠水面高程62.80m，所跨越的河道设计洪水位61.30m，若建渡槽，设计洪水位已达槽身高度的一半，槽身受洪水冲击，很不安全，要从结构上解决此安全问题，所需工程量很大；若建涵洞，渠底以下的净空仅1m多，排水涵洞不能满足洪水宣泄要求。经比较后选用232m长的倒虹吸管从河底穿过。又如冀鲁交界处的引黄入卫工程穿卫倒虹吸管，穿卫运河主槽底高程为24.50～25.10m，而引水渠进口渠底高程为25.60m，渠水面高程30.99m，属于平交情况，因而只能建倒虹吸管。

由于倒虹吸管具有工程量少、施工方便、节约劳动力及三材、造价低、有的可以工厂化生产等优点，在灌区建设中得到了大量应用。特别在山区，由于水头充裕，倒虹吸管特别受欢迎。例如湖南省芷江县梨溪水库灌区的交叉建筑物中，倒虹吸管占30%。20世纪80年代建成的引滦入津工程，渠线上修建了箱形倒虹吸管16座，总长16.431km，计入压力暗涵段26km（可看成长倒虹吸管），总长占引滦主干线234km的18%。

倒虹吸管的缺点是水头损失大。在水头紧张的灌区工程中，它的使用受到一定的限制。此外，通航渠道上亦不能采用倒虹吸管。由于承受高压水头，倒虹吸管在运用和管理方面亦不及渡槽等建筑物方便。

4.2.1.2 倒虹吸管总体布置要求

1. 管线选择的原则

(1) 倒虹吸管轴线在平面上的投影宜为直线，并与河流、渠沟、道路中心线正交。倒虹吸管宜设在河道较窄、河床及两岸岸坡稳定且坡度较缓处。

(2) 倒虹吸管应根据地形、地质条件和跨越河流、渠沟、道路等具体情况，选用露天式、地埋式或桥式布置。

(3) 在倒虹吸管纵断面（沟道横断面）上，当地形较缓时管线宜随地面敷设，管线布置宜避免局部凸起，不可避免时应在上凸顶点的管道顶部安装自动排气阀。

(4) 低水头倒虹吸管进、出口采用斜坡池式或竖井式布置时，斜坡池底或竖井底部应略低于倒虹吸水平管的管底，形成消力水垫或清淤空间。

2. 管道型式的要求

(1) 倒虹吸管的管道横断面宜优先采用受力条件和水力条件较好的圆形断面。大流量、低水头或有特殊要求的也可采用矩形或其他合适的断面。

(2) 倒虹吸管应根据流量、水头、建筑材料、工程造价及施工等条件，分别选用钢筋混凝土管、预应力混凝土管、预应力钢筒混凝土管、玻璃钢夹砂管、钢管、球墨铸铁管或其他管材。高差较大或管道较长的倒虹吸管宜分段采用不同管材。各种材料的管道分别适用于下列情况：

1) 低水头、大流量、埋深小的倒虹吸管，宜采用钢筋混凝土矩形箱式断面。

2）管径或设计内水压力较大时，宜采用钢筋混凝土管或预应力混凝土圆形管。

3）高水头（水头大于50m）或管外土压力较大（管顶填土厚度大于5.0m）时，宜选用预应力钢筒混凝土管、钢管或球墨铸铁管。

4）有耐腐蚀、耐冰冻、抗高温等特殊要求时，宜优先选用玻璃钢夹砂管。

在选定倒虹吸管管径和数量时，一般以流速作为控制因素，因为流速过大，水头损失增加，渠道可利用的水头相对就减小。同时，也应考虑通过小流量时，不致因流速过小而发生淤积。一般要求管内流速为1.5～3.0m/s。流量小的倒虹吸管可采用单管，流量大的应经过比较，采用双管或更多的管道。

4.2.1.3 倒虹吸管设计的基本资料

根据工程规模和建筑物级别的不同，倒虹吸管设计需收集下列资料。

1. 地形资料

(1) 带状地形图。比例尺一般为1：200～1：500。建筑物长度超过1000m时，也可用1：1000～1：2000比例尺。

(2) 纵剖面图。比例尺为1：200～1：500，管长超过1000m时，可用1：1000的比例尺。

2. 地质资料

(1) 了解岩基及其覆盖层的岩性、构造、产状、软弱夹层的分布；风化层和覆盖层的厚度；基岩裂隙的性质及其分布情况，高压缩性或膨胀性黏土、淤泥、流沙存在的状态：岩溶区岩溶发育情况及走向，管线及其附近区域的水文地质条件等。

(2) 了解管道进出口山坡的稳定性及有无滑坡体存在。

(3) 掌握各岩（土）层的物理力学性质，如地基的承载力、容重、内摩擦角、弹性模量（压缩模量）、泊松比、临时开挖边坡、土壤孔隙比、摩擦系数等。

(4) 调查倒虹吸管附近的砂石材料储量及质量，各种材料的来源和运输条件等。

3. 渠道水力要素

倒虹吸管上下游渠道的设计流量、加大流量、允许水头损失值、进出口水面高程、渠底高程、渠底宽、边坡、糙率、流速及渠道纵坡等资料。

4. 水文气象资料

设计较大的地面明管时，最好能有多年实测的日平均气温、水温、日最高和最低气温等资料；河道沟谷的最大洪峰流量、水位、流速、河床冲刷及漂浮物等情况；最大冻土深度等。

5. 其他资料

河渠水含沙量、地震烈度、与其交叉的公路铁路的车辆类型、荷载等。

4.2.1.4 倒虹吸管的分类

1. 按制作方法分类

按制作方法可分为两大类：一类是现浇钢筋混凝土倒虹吸管。多用于大中型输水工程或交通要道上的交叉工程。这是最经济耐久的管型，过去虽由于设计施工不当而出现一些裂缝等病害，但经处理仍能继续使用几十年而不致报废。另一类是预制倒虹吸管（轻型管），一般多在工厂或工地预制厂制作，基坑内拼接，常用于给水排水工程或中小型输水工程中。近年来，随着制作工艺的不断提高，大直径预制管道不断涌现，大中型输水工程也不少在选用。预制管道一般有预应力混凝土管、钢管和球墨铸铁管、预应力钢筒混凝土管（PCCP）、玻璃钢夹砂管（RPM）等。这些工厂预制的管道，均有耐内压、糙率小，对地基要求不高和施工便捷、使用寿命长（可达50年）等优点，设计时可根据工程地质、技术、经济、安全、工期等条件选用。

2. 按埋设布置方式分类

倒虹吸管敷设在地下时，由于工程性质不同，有的埋于坝下，有的设在公路或铁路下面，有的需从河底穿越，有的因布置和经济条件又需架空跨过河谷，因此，可分为露天式、地埋式和桥式。

由于埋设布置方式不同致使管身受力不同，在计算土压力时，又可分为上埋式、沟埋式和架空梁式。

3. 按断面型式分类

(1) 圆形管道。圆形管道湿周小，与同样大小过水面积的箱形、拱形管道比，水力摩阻小，水流条件好，过水能力最大，与通过同样流量的箱形钢筋混凝土管道比，可节约10%～15%的钢材。圆管能承受较高水头压力，预应力钢筋混凝土圆管、预应力钢筒混凝土管和钢管都可承受150～200m的水头。预制圆管施工方便，且适宜于工厂内成批生产，质量较易掌握。因此，圆管是各种管道中应用最多的一种，国内大中型较高水头的倒虹吸管大都采用圆形断面。陕西省宝鸡峡引渭灌溉工程的漳水倒虹吸管，内径为3.25m的现浇钢筋混凝土圆管，工作水头50m，单管设计流量26m^3/s。近年来我国制管工业不断发展，4m以上直径的新型材料圆管不断涌现，这将给今后大型引水工程带来许多方便。

(2) 箱形管道。箱形管根据其外形的不同，可分为等截面箱形管和变截面箱形管；根据其结构布置上的需要可分为单孔箱形管和多孔箱形管；根据其壁厚δ与单孔净跨l_0之比，又分为普通箱形管（$\delta/l_0<1/$

5）和厚壁箱形管（$\delta/l_0 \geqslant 1/5$），前者为一般输水箱形管，后者多用于廊道、水电站尾水管或承受较高回填土及较高水压力的倒虹吸管之类的地下箱形管。

箱形管道有矩形和正方形两种，可做成单孔或多孔，其结构型式简单。大断面的钢筋混凝土箱形管在现场立模浇制，比大直径圆管方便，虽其受力性能不及圆管，三材用量比圆管略多，但对于大流量、低水头的倒虹吸管道，采用箱形断面还是经济合理的，应用较多。多孔箱形管有利于调节水量，便于检修和防淤。箱形管在我国黄河、长江下游、淮河、海河、珠江三角洲及其他平原地区的低水头大流量倒虹吸管中应用较多。如山东省的黄庄穿涵，压力水头6m，通过流量238m^3/s，共分7孔，每孔为4m×4.2m的矩形断面。海河流域一些大型河渠穿越工程及引滦入津工程中的倒虹吸管就采用了2～14孔的多孔箱形管道。南水北调中线一期工程总干渠白河渠道倒虹吸管位于河南省南阳市蒲山镇蔡寨村东北，距南阳市城北约15km。交叉断面处总干渠设计流量330m^3/s，加大流量400m^3/s。工程由进口渐变段、进口过渡段、进口检修闸、管身段、出口节制闸及出口渐变段等组成，建筑物总长1337m，如图4.2-1所示。进、出口渐变段采用直线扭曲面型式，扶壁式挡墙结构，其中进口渐变段长48m，出口渐变段长60m。进口过渡段长50m，其间布置退水闸，退水闸轴线与倒虹吸轴线交角为44.6°，闸室长15m，单孔布置，孔宽5m，后接泄槽、消能设施及退水渠。进口检修闸长16m，共4孔，单孔净宽6.7m，闸室内布置事故检修闸门。倒虹吸管身段水平投影长1140m，采用普通钢筋混凝土箱形结构，由斜坡段和水平段组成，断面采用两孔一联，共4孔，单孔净宽6.7m，净高6.7m，管顶高程位于300年一遇洪水冲刷深度以下0.5m。出口节制闸采用开敞式平底结构，长23m，闸孔宽6.70m，两孔一联，共4孔，设弧形工作闸门和叠梁检修闸门。

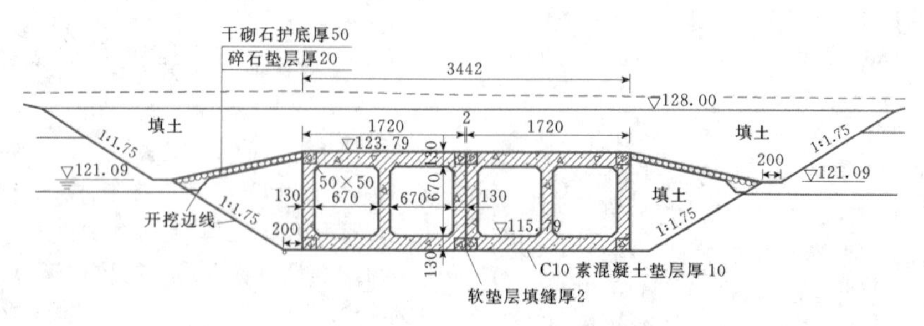

图4.2-1 白河倒虹吸管身断面布置图（尺寸单位：cm；高程单位：m）

4. 按倒虹吸管材料分类

倒虹吸管的建筑材料，国内外应用较广的为现浇钢筋混凝土、预应力钢筋混凝土、钢板、球墨铸铁、混合材料及化学材料等。

（1）现浇钢筋混凝土管（圆管及箱形多孔管）。这种管具有耐久、价廉、变形小、制造简便、糙率变化小、抗震性能好等优点。各国使用钢筋混凝土管作输水管、输油管已有悠久历史。工业发达的国家如美、日、法、德等，仍大量使用钢筋混凝土管。在我国，现浇钢筋混凝土管多用于中低水头（40m）以下，如四川省眉山长虹倒虹吸管，内径2m、工作水头40m；又如天津市引滦入津工程沿线16座3孔倒虹吸箱形管及两孔暗涵，全长42.43km，最大输水流量50m^3/s。钢筋混凝土管的缺点是管壁厚、自重大、钢筋未能充分发挥作用，抗裂性能较差等。

（2）预应力钢筋混凝土管。这种管除具有钢筋混凝土管的优点外，其抗裂、抗渗和抗纵向弯曲的性能（有纵向预应力钢筋时）都比钢筋混凝土管强。预应力钢筋混凝土管由于充分利用高强度钢筋，能节约大量钢材，又能承受高水头压力。在同管径、同水头压力条件下，预应力钢筋混凝土管的钢筋为钢筋混凝土管的70%～80%，且由于管壁薄，工程量小，造价比钢筋混凝土管低。预应力钢筋混凝土管重量轻，吊运和施工安装方便，比钢筋混凝土管节省劳力约20%，使用寿命长。预应力钢筋混凝土管的缺点是性脆，易碰坏，施工技术较复杂，远程运输后预应力值可能有损失等。

（3）钢管。钢管由钢板焊接而成。因为它具有很高的强度和不透水性，所以可用于任何水头和较大的管径。钢管的缺点是刚度较小，常由于主管的变形使伸缩节内填料松动而使接头漏水。钢管的制造技术要求较高，要有熟练的电焊工人，且防锈与维护费用高，耐久性也不及钢筋混凝土管。故对高水头倒虹吸管，应首先考虑预应力钢筋混凝土管。

（4）预应力钢筒混凝土管（PCCP）。预应力钢筒混凝土管是钢管和钢筋混凝土管的组合管。它具备钢管的耐高压、钢筋混凝土管的抗腐蚀和耐久性能好的综合优点。由于其具备其他管材无可比拟的优良特性，从它一诞生就得到大量应用。

由于预应力钢筒混凝土管（PCCP）管材的优越特性，国外如美国的PB公司和AMERON公司自20世纪40年代初生产PCCP管以来，目前已累计生产数千公里的管。利比亚的“大人工河”引水工程输水管线长190km，采用*DN*4000mm和*DN*3600mm的PCCP管，工作压力2.0MPa和2.6MPa。近年来我国也有数家预应力钢筒混凝土管厂大量生产PCCP管。广东省东深供水工程采用了*DN*3000mm的PCCP管，山西省万家寨引黄工程连接段采用了43.2km长*DN*3000mm的PCCP管。南水北调中线工程北京惠南庄—大宁段采用PCCP管，全长56.359km，双线布置，管径4.0m，最大内压力0.8MPa，设计流量50m^3/s，加大流量60m^3/s。

(5) 玻璃钢夹砂管（RPM）。玻璃钢夹砂管是采用高模量增强纤维和合成树脂及高质量的石英砂组合的一种复合材料管，由内衬层、强度层和外部防腐防老化层三部分组成。标准管长为12m。它具有水密封性好、耐腐蚀的特点，内壁光滑输水效率高，同时重量轻、造价低、施工简单方便、对地形地质条件适应性强，主要应用于石油、化工、电力、供水、市政工程等。我国从1989年开始使用，已有一批专门生产的企业。新疆乌鲁木齐市供水工程采用了单根管长12m的*DN*3100mmRPM管，工作压力0.465MPa，单管单沟埋设总长度11.2km，工程已于2005年通水运行。目前世界上最大的管径为3600mm，埋设于海底。

(6) 其他。其他型式的管材如大口径球墨铸铁管、热塑性管材等。

5. 按施工开挖方式分类

按照施工开挖方式分类有开槽法、顶管法和盾构法。顶管法是在土坝或土堤的一侧或两侧，将预制的管段（钢筋混凝土管、钢管、铸铁管等）按设计要求，用油压千斤顶逐节顶进坝（堤）体内。顶管施工法与开槽埋管相比，可以大大减少土石方开挖和回填量，施工期短，安全可靠，节约劳力，节约钢材、水泥和资金，工程质量较好。用顶管法施工不影响坝（堤）面的建筑物和观测设施，而且施工时也不影响水库的正常运用。盾构法指的是利用盾构机进行隧道开挖、衬砌等作业的施工方法。

4.2.1.5 倒虹吸管的布置型式

根据地形条件、流量大小、水头高低和支承形式等情况，在整体布置上，一般可分为地埋式（露天或浅埋）和架空式（高架于空中）两大类。

(1) 斜管式和竖井式。对于高差不大的小倒虹吸管，管身常布置成斜管式和竖井式两种。斜管式（见图4.2-2）多用于地形变化不太大，坡度不超过45°，且管轴线又较短的中小型倒虹吸管工程，水流由开敞的明槽顺斜坡与压力管连接。竖井式（见图4.2-3）多用于穿过道路且管内流量不大、压力水头较小（$H<3\sim5$m）的情况，井底常设0.5～0.8m深的集沙坑，以便清除泥沙及检修水平段时作排水之用。竖井式水流不顺畅，水头损失较大，但便于施工。

(2) 地埋式（露天或浅埋）。对于高差大的倒虹吸管，管道常随自然起伏的地形露天或浅埋于地面以下（见图4.2-4）。露天敷设的优点是开挖工程量小，便于检修，但在气温影响下，内、外壁将产生较大的温差，易引起纵向裂缝而漏水。故除温差较小地区的小型倒虹吸管可考虑露天布置外，多数倒虹吸管均浅埋于地面以下。试验表明，管道埋于地面下对减小温差应力的作用较显著，但有的试验资料也表明，当埋深大于0.8m时，减小内、外壁温差的作用增加得不显著，且增大土压力及填土工程量，故埋深一般以0.5～0.8m为宜。埋设深度根据不同条件而有所不同：当管道通过耕地时，应埋于耕作层以下；管上为道路、渠沟时，为改善管身受力条件，管顶填土厚度不小于1.0m；在严寒地区，须将管埋在冻土层以下，如东北、内蒙古及新疆等地埋深不宜小于1.5m；华北地区则不小于1m；黄河以南地区也应在0.5m以上。穿过河道及冲沟时，管顶应埋设在设计洪水冲刷线以下0.5～0.7m；地震区管道埋深不得小于1.5～2.0m。

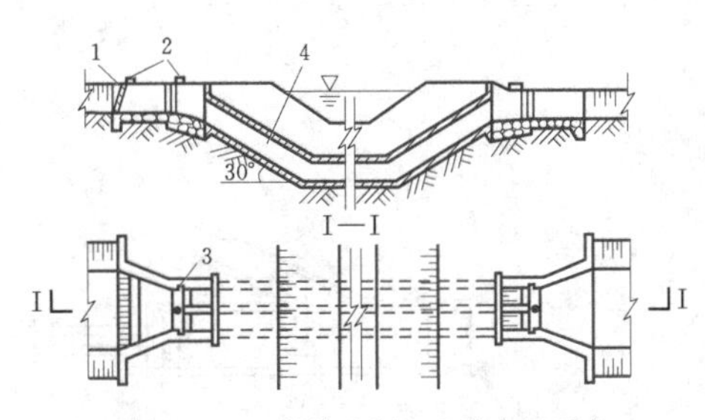

图4.2-2 斜管式倒虹吸管布置型式

1—拦污栅；2—工作桥；3—检修门槽；4—管道

(3) 桥式。当倒虹吸管跨越河沟或深谷时，为了减少施工困难，降低倒虹吸管中的压力水头并缩短管道长度和减少水头损失，或为了满足两岸交通要求，除了对岸坡部分仍按地面式布置外，在跨河谷部分的管道可采用桥式布置型式（见图4.2-5）。如跨越河道，管道应架设在河谷最高洪水位以上0.3～1.0m，以利河道宣泄洪水。如跨越通航河道，尚应遵照通航

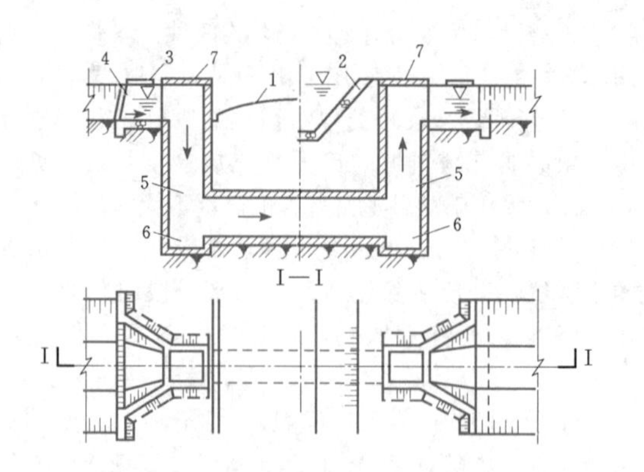

图 4.2-3 竖井式倒虹吸管布置型式

1—道路；2—渠道；3—工作桥；4—拦污栅；5—竖井；6—集沙坑；7—盖板

要求布置。架空管道因系露天设置，应采取隔温措施，如搭凉棚或管身包泡沫塑料，以及安设浇水降温设施以消除管身内外温差的不利影响。在北方地区由于昼夜及四季温差较大，尤其应注意这一点。架空管道桥头的两端山坡及变坡转弯处应设置镇墩，以稳定岸坡斜管。

4.2.2 进出口段的布置

4.2.2.1 进口段的布置

进口段的组成一般包括渐变段、拦污栅、节制闸、连接段、沉沙与冲沙及泄水设施等部分（见图4.2-5），各组成部分视具体情况按需要设置。进口段宜布置在稳定、坚实的原状地基上，进口渐变段长度宜取上游渠道设计水深的3～5倍。

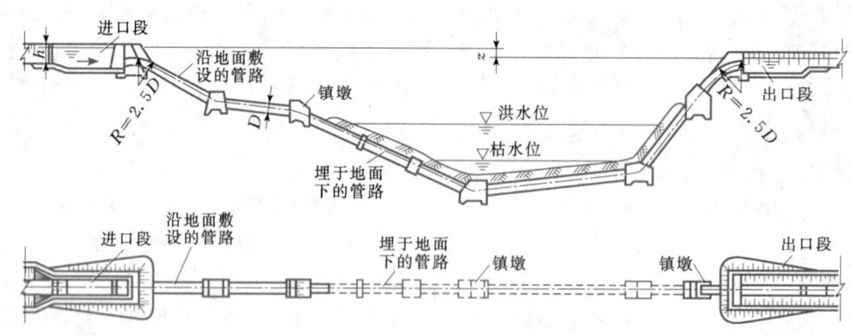

图 4.2-4 沿地面露天敷设及浅埋的倒虹吸管

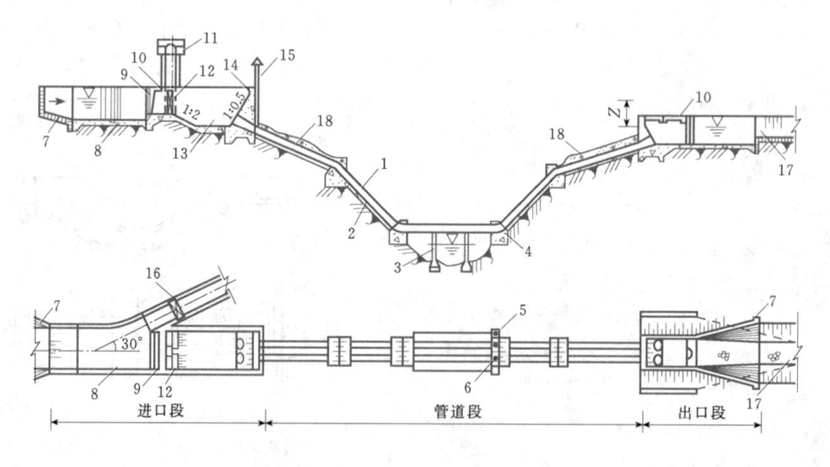

图 4.2-5 地面式、桥式混合组成的倒虹吸管布置型式

1—管身；2—连续支承；3—排架；4—镇墩；5—冲沙孔；6—进人孔；7—渐变段；8—沉沙池；9—拦污栅；10—便桥；11—闸门启闭机及工作桥台；12—节制闸；13—消力池；14—挡水胸墙；15—通气管；16—泄洪冲沙闸；17—渠道；18—回填土

1. 渐变段

渐变段一般有扭曲面［见图4.2-6（*a*）］、直立八字墙［见图4.2-6（*b*）］及圆锥式［见图4.2-6（*c*）］三种型式。应根据渠道流量及水头大小选用。

如水头富裕，渠道流量不大时，可采用直立八字墙式渐变段，施工简易；若水头紧张，宜采用扭曲面渐变段，水头损失较小，但施工放样较复杂一些。

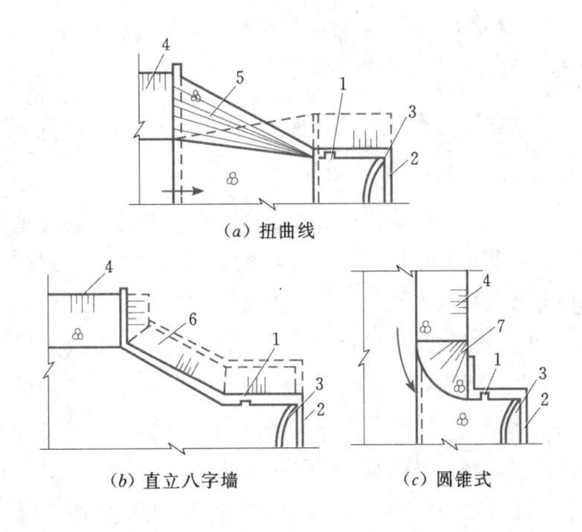

图 4.2-6 渐变段结构型式

1—闸门槽；2—挡水胸墙；3—管道进口；4—上游渠道；5—扭曲面；6—直立八字墙；7—圆锥体

2. 拦污栅

一般布置在管道进口的工作闸门前；拦污栅不宜太靠近管口，否则清污效果不好，且易冲坏栅条。

拦污栅有活动的也有固定的。活动式拦污栅设在栅槽内，清污时可向上提起栅体；固定式拦污栅边框固定于预埋件上，以齿耙或清污机清理。栅条与水平面夹角以 70°～80°为宜，栅条间距一般为 5～15cm；栅条可用 $\phi8$～$\phi6$ 圆钢或 5～8mm 厚的扁钢焊成。栅片亦可采用低合金钢制作，防锈性能好。

3. 节制闸

为了方便管道进口冲沙及清淤、检修和临时停水，在进口处常设节制闸。特别是多孔管道，为保证按需要通水，进口前必须用节制闸控制，以人工或电动机启闭。较小型倒虹吸管亦可不设节制闸，可在进口处预留门槽，需要时用叠梁或插板挡水。

工作桥台一般供清污及启闭闸门用，中小型倒虹吸管多支承于两边挡水墙顶的钢筋混凝土 T 型梁上，桥面宽 1.8～2.2m。桥台高按闸墩顶部以上闸槽高加 1.0～1.5m 确定。

4. 连接段

连接段上游端为节制闸，两侧为挡水边墙，下游端为挡水胸墙，倒虹吸管的进水口设在胸墙的下部，底部为基础板（见图 4.2-5）。为防止人畜掉进连接段，可在顶部加设盖板或栏杆。

(1) 连接段的布置型式。为防止管道通过小流量时出现的水跃对管道产生的不利影响，连接段的布置型式有斜坡段（见图 4.2-7）、消力池（见图 4.2-5）及消力井（见图 4.2-8）等几种。连接段的布置应使管道进水口顶缘低于倒虹吸管通过最小流量时进

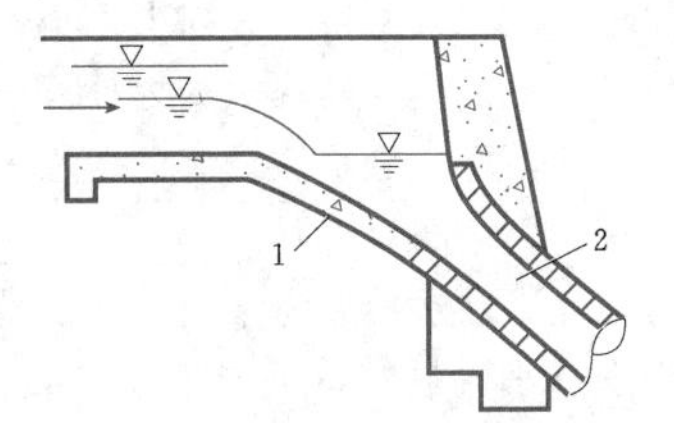

图 4.2-7 用斜坡连接渠底和进口

1—斜坡段；2—管身

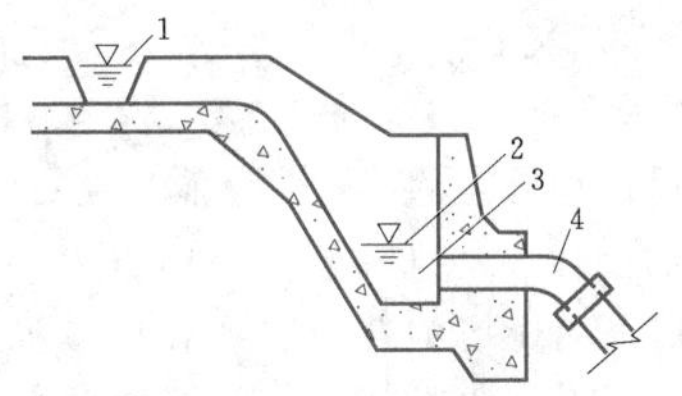

图 4.2-8 消力井连接渠底和进口

1—渠道水面；2—进口最小水位；3—消力井；4—管道井口

水口前的计算水位，整个进口段顶部高程由水力计算确定。

小流量时应保证淹没深度不小于 1.5 倍孔径。

(2) 进水口型式应满足管道通过不同流量时，渠道水位与管道入口处水位的良好衔接。

进口轮廓应使水流平顺，以减少水头损失。对于大型倒虹吸管，进水口常用圆弧曲线做成喇叭形，四周向外扩大 (1.3～1.5)D(D 为管的内径) [见图 4.2-9 (b)]，有的则仅在上方及左右侧扩大 [见图 4.2-9 (a)]。进口段与管身常用弯道连接，转弯半径一般为 (2.5～4) D。对于小型倒虹吸管进口，为便于施工，可不做成喇叭形，也不设弯道，而将管身直接埋入挡水墙 [见图 4.2-9 (c)]，这种型式水流条件较差。为改善水流条件，可将管身直接埋入挡水墙内 0.5～1.0m 与喇叭口连接 [见图 4.2-9 (d)]，这样

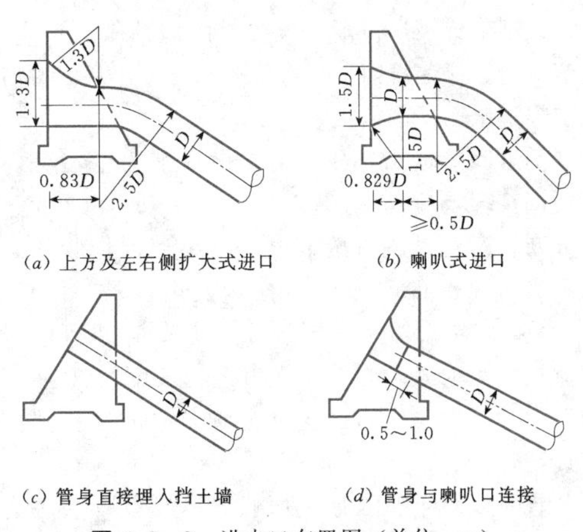

图 4.2-9 进水口布置图（单位：m）

不仅构造简单，施工方便，水头损失也小。进水口前的底板一般较渠底低，其高程由水力计算决定。进口段应修建在地质较好、透水性较小的地基上，否则应进行防渗处理。

(3) 通气孔。进水口如为淹没式的消力池（井），为消除管内通过小流量时，可能出现的破坏性水跃，将空气带入管内，使管身发生振动和空蚀，可在进口挡水胸墙下游处装设通气管（见图4.2-5），管材可用金属或混凝土制作，孔径不小于倒虹吸管径的1/4。

5. 沉沙、冲沙及泄水设施

对于沿山坡修建的渠道，可能存在石屑等入渠，对沉沙池的设计要特别注意。湖南省大圳灌区的云里坳倒虹吸管，上游为花岗岩风化区，沉沙池仍按一般常规设计，过水时部分砂砾随水入管，运行20年来，推移质已将管底保护层磨蚀，并使部分管底钢筋直径减少约1/10。要解决这一问题，除了要注意管道混凝土施工质量，做好上游渠道边坡防护工作外，最重要的是设置具有足够容量的沉沙池或者拦沙池。

沉沙池下游侧须设置冲沙闸，此闸亦可兼做泄水闸用。冲沙闸冲沙泄洪时须与进口节制闸配合使用。含沙量不大的较小型倒虹吸管可在管道最低部位设冲沙孔定时冲淤。

平原或浅丘地区大断面低水头管道也可不设沉沙池，一般定期停水直接进管清淤。

建筑物级别为1～3级和失事后损失大的倒虹吸管在上游渠侧应设泄水闸或溢流堰等安全设施。

沉沙、冲沙及泄水设施的设计可参照相关标准。

4.2.2.2 出口段的布置

倒虹吸管出口段宜布置在稳定、坚实的原状地基上，出口渐变段长度宜取下游渠道设计水深的4～6倍。大型倒虹吸出口渐变段宜设闸门控制进口水位、调节流量、保证管内呈压力流态和通过任意流量时均能与渠道水面平顺衔接。

倒虹吸管的出口段，通常做成消力池型式，池后用渐变段与渠道衔接（见图4.2-5），以调整流速分布，避免冲刷下游渠道。较小型倒虹吸管，流速不大时，也可不做消力池，仅用斜坡（1∶2～1∶4）和八字墙渐变段与下游渠道衔接即可。当出口流速较大时，可在下游渠道适当长度内（3～5m）砌石防冲。对于大型的倒虹吸管，应该进行消能防冲设计计算。

有的较大型单孔或多孔倒虹吸管，为了在输送小流量时利用闸门控制流量或抬高进口水位以及检修的需要，需设置闸门及工作桥台（或用叠梁挡水），其布置同进口闸门。

4.2.3 管道的布置与构造

4.2.3.1 管道布置

倒虹吸管的管道在立面内通常是随地形变化而布置成折线形（见图4.2-4），变坡处加一小节圆弧段并设置镇墩以承受转弯水流的离心力和维持管道的稳定。地形的局部小变化，应作挖填处理，以减少镇墩数目。陡坡管段较长时，应加设中间镇墩，防止管道沿斜坡滑动。无弯道的平缓段，当管道较长时也应设置中间镇墩，其间距对于钢筋混凝土管约为200m，对于钢管为50～100m。管道在平面内一般均布置成直线，特殊条件下布置成折线时，须在转角处加一小节圆弧段并设置镇墩。地面式管段与桥式管段连接处也应加一小节圆弧段并设置镇墩。

为便于检修，常在位置适宜的镇墩上布置进人孔和冲沙孔、放水孔。

4.2.3.2 管道支承的型式和构造

管座型式和构造直接影响管道纵、横向内力值，应综合考虑地形、地质条件、管身横断面型式、管材和受力条件，经技术经济比较后合理选用。

管座按对管身的支承方式分为连续式管座和间断式管座。前者的管道纵向受力条件属于弹性地基梁性质；后者属于梁（连续梁、简支梁）的性质。钢管多用后者，钢筋混凝土圆管则两者均用。连续式管座应用于管径、壁厚较大、随温度管长伸缩变化较小的倒虹吸管，间断式管座应用于自身具有纵向承载能力、管道长度对温度变化敏感的倒虹吸管。

管道支承的横向构造型式，则随管身横断面型式的不同而各异，并决定了管道的横向受力条件。

1. 圆管的支承型式和构造

(1) 天然平基敷管［见图4.2-10 (*a*)］。实际上是不设管座，当管径较小、荷载不大且土质良好时较常用到。

(2) 圆管弧形土基［见图4.2-10 (*b*)］。对于管外填土不高，管径不大而土质良好的土基，可直接将管敷设于夯实土基的圆弧槽内，弧座包角2α有90°、135°、180°几种，管座包角越大则管身内力越小。

(3) 岩基上无管座管道［见图4.2-10 (*c*)］。当管道建于岩基上时，也可不设管座，而在岩基上凿槽，将管身浇筑于岩基槽内或管底填砂、碎石。

(4) 刚性弧形管座［见图4.2-10 (*d*)］。这是国内工程使用最广的一种支承型式，弧座包角也和弧形土基一样，有90°、135°、180°几种。弧形管座长度与管身一致，分成20m左右一段，接头处留200～

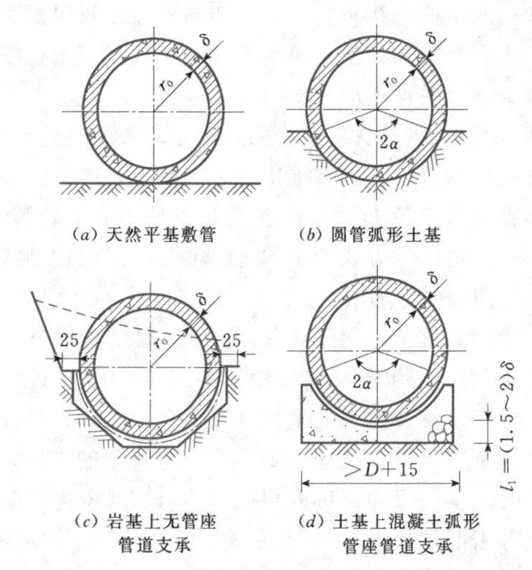

图 4.2-10 圆管的管座型式与构造（单位：cm）

300mm 间隙，以便管道伸缩缝施工。当管壁厚 δ 在 0.6m 以内时，管基厚度常用 $(0.5\sim1.0)\delta$，且不小于 200mm，管座肩宽可采用 $(1.0\sim1.5)\delta$。

间断式管座的具体型式和要求按照《水电站压力钢管设计规范》(SL 281—2003) 执行。

2. 钢筋混凝土箱形管支承

箱形管的管座有两种。一种是只浇一层厚为 $(1/3\sim1/2)\delta$，宽为管外全宽度 nl 加上管壁厚 δ 的 C10 素混凝土，达到强度后，表面再涂两道沥青。另一种则更为简单，仅在开挖出的基坑底面平铺一层厚为 0.1～0.5m 的碎石或石屑，视地质情况决定。如为岩基，也可不铺；若为烂泥田，必要时换基，然后再于其上浇筑管身，只在管道底板两侧各伸出长为 $(0.5\sim1.0)\delta$ 的悬臂板以降低地基压强即可（见图 4.2-11）。

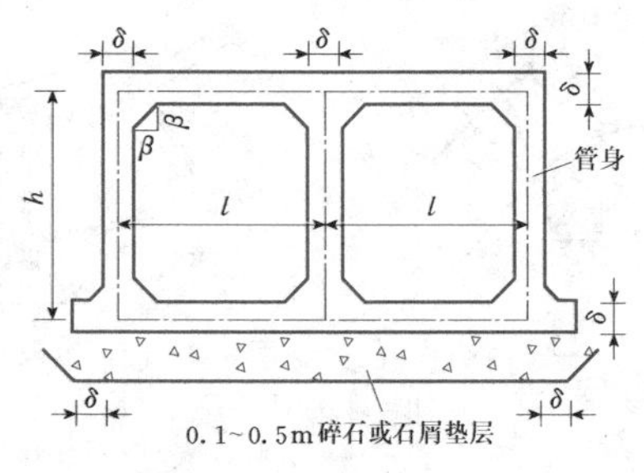

图 4.2-11 箱形管支承

3. 钢管支承

钢制倒虹吸管有明管（露天式）和暗管（浅埋式）两大类，两种情况的支承方式各不相同。

地面明管在布置上多为支墩或非连续支承；浅埋式暗管则为连续支承。支墩有鞍座式、滚动式、摆柱式等几种型式。较小型钢管多用鞍座式，包角一般为 120°。在管壁与支墩接触点，焊有加强钢板，为保证钢管的轴向伸缩，在加强板与支墩间可以加润滑剂。滚动式和摆柱式支墩，摩擦力较鞍座式为小，适用于较大直径的钢管，支墩间距可达 10～18m。

浅埋式暗管的支承，也可采用连续式，但必须注意防锈，特别是沿海含盐较重的填土中更须注意。通常采用的是涂料保护法，有条件时亦可采用金属热喷镀或阴极防护措施。

4. 其他轻型管

对于刚度大的轻型管，如球墨铸铁管、预应力钢筒混凝土管（PCCP 管）等可参考钢管和钢筋混凝土管支承方式；对于玻璃钢管及热塑性材料管，由于纵向刚度较小，应以连续支承较安全，管座型式可参考图 4.2-10。

4.2.3.3 管道的细部结构

倒虹吸管管道外部应采取适宜的防护措施。钢筋混凝土管道应采取覆土填埋、包裹保温层和加强施工保护等措施，玻璃钢夹砂管应采取防止紫外线辐射的抗老化措施，钢管应加强表面抗氧化和防腐蚀措施，露天钢管还应借助间断式管座脱离地面布置。

为了适应施工期间管身混凝土凝固所引起的管轴线纵向收缩变形与地基的不均匀沉降，以及由于温度变化引起管身的纵向变形和方便施工，需要进行分段。接头的型式和构造应能适应管道的伸缩变形且不漏水。

现浇钢筋混凝土管应沿管轴线合理分节，分节长度按《水工混凝土结构设计规范》(SL 191—2008) 的规定执行。分节形成的伸缩沉陷缝内应设置可靠的止水，中、高水头的伸缩沉陷缝内应同时设置两种不同型式且便于更换的止水。

钢管的分节长度和节间止水型式应视温度变幅、地基性质和敷设方式等条件合理确定。钢管应在两镇墩之间的较高侧设置特制的伸缩沉陷柔性接头。

工厂化生产的管道应优先采用承插式接头，两个镇墩之间伸缩沉陷量较大的应增设柔性接头。小型倒虹吸管可采用套管式接头并采取可靠的密封措施。

图 4.2-12 介绍了几种常用的混凝土管道接头型式，其中图 4.2-12 (a) 为传统式现浇管接头，用于较高水头现浇管，止水效果较好。现此型式已逐渐被图 4.2-12 (b) 所示的无套管的塑料止水接头型式所取代，止水效果亦佳。塑料（聚氯乙烯）货源充足，价格低廉，施工简便，寿命也较长。但塑料止水带切

忌与油污接触，以防加速老化。

近年来有些管道工程，采用环氧树脂贴橡胶板止水［见图4.2-12（*c*）、（*d*）］，施工工艺非常简单，坏了也容易更换，很受施工和管理单位欢迎。引滦入津工程中的许多暗涵及箱形倒虹吸管，因水压力较大，有的即采取管壁中嵌塑料止水带，内壁接头处又留（或凿）浅槽，以环氧基液贴橡胶板双重止水措施，效果很好。

（*a*）传统式现浇管接头　（*b*）塑料止水接头

（*c*）环氧树脂贴橡胶板止水接头　（*d*）双重止水接头

（*e*）沥青玛蹄脂填充式接头　（*f*）木糠水泥封填式止水接头

（*g*）简易预制管接头　（*h*）承插口橡胶圈接头

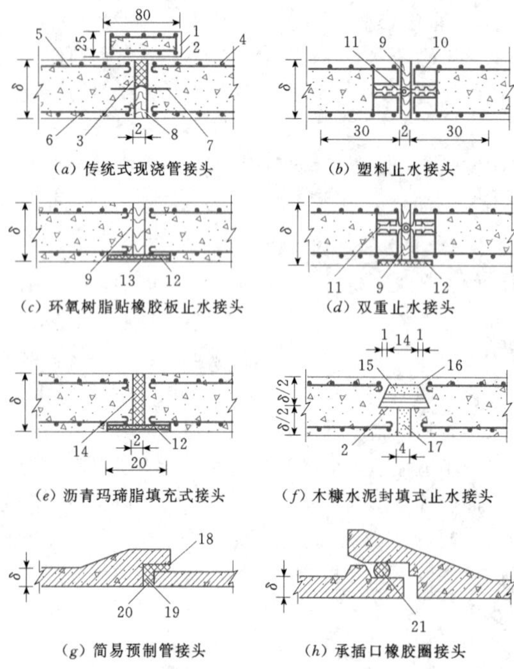

图4.2-12　常用混凝土管道接头型式（单位：cm）

1—套环；2—沥青油毡；3—沥青油麻；4—外环筋；5—纵筋；6—内环筋；7—金属止水片；8—沥青杉板；9—防腐软木圈；10—固定钢筋；11—塑料止水带；12—环氧基液贴橡胶板；13—橡胶板保护层；14—沥青玛琋脂；15—3∶7木糠水泥；16—1∶1水泥砂浆抹面；17—1∶2水泥砂浆填充；18—沥青油膏；19—沥青麻绒；20—C10水泥砂浆封口；21—橡胶圈

图4.2-12（*e*）中的沥青玛琋脂由沥青100份、石棉粉45份、橡胶粉18份配成，使用于广西独山倒虹吸管，止水效果很好。广东省某中型工程中采用图4.2-12（*f*）所示的一种止水方式，用材经济，式样新颖，止水效果亦甚为满意。图4.2-12（*g*）适用于水头不高的预制管接头。

美国常用的钢筋混凝土管道接头型式如图4.2-12（*f*）、（*g*）所示，承插式接头［见图4.2-12（*h*）］多用于预应力管。

4.2.3.4　管道的镇墩

镇墩应设置在倒虹吸管轴线方向变化处、管道材质变化处、地面式管段与架空式管段连接处、分段式钢管每两个伸缩接头之间。相邻两镇墩之间根据距离和结构需要宜加设中间镇墩。轻型管现多采用止推设施来平衡管道弯道应力。

镇墩由钢筋混凝土、素混凝土或水泥砂浆砌条、块石制成，属于靠自重维持稳定的重力式结构。多孔箱形管自身重量大，当弯道不太大时，常不用镇墩。根据对管道固定方式的不同，镇墩有以下两种型式。

1. 封闭式镇墩

封闭式镇墩可用于1～3级和一般倒虹吸管，封闭式镇墩与管道之间宜采用刚性（管、墩浇筑成整体）或有足够摩擦力的柔性（管、墩分离）连接。当管道向下弯折时（见图4.2-13），弯管顶的砌体（有时上有填土）重力还可以平衡离心力、水压力及温度变化等引起的合力。

封闭式镇墩与管道连接型式有两种：一种是刚性连接，即将管端与镇墩上端和下端的混凝土浇成一整体（见图4.2-15），这种连接型式施工简便，但适应不均匀沉陷能力较差，若地基不好，就可能由于不均匀沉陷而使管身横向折裂。此种刚性连接适用于陡坡且承载能力大的地基。另一种是柔性连接，管身插入镇墩内0.3～0.5m，与镇墩用伸缩缝分开（见图4.2-14），此种连接型式施工较复杂，但可适应软基。当斜管坡度较大有可能下滑而须靠镇墩协助维持稳定时，则斜管段与镇墩的连接应做成刚性的。水平管段与镇墩的连接可做成柔性的，也可做成刚性的。位于斜坡的中间镇墩，其上端与管身做成刚性连接，下端与管身宜用柔性连接，这样在管身自重力、管上土重力作用下，可使管身纵向受压，而避免受拉，以改善工作条件。

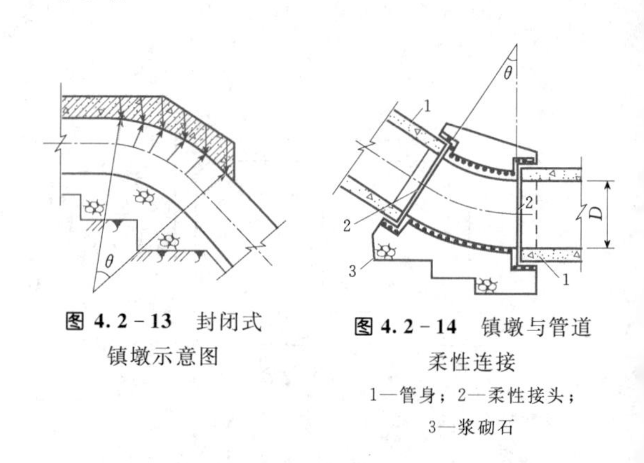

图4.2-13　封闭式镇墩示意图

图4.2-14　镇墩与管道柔性连接

1—管身；2—柔性接头；3—浆砌石

镇墩的轮廓尺寸，主要根据镇墩在荷载作用下本身的稳定、地基应力及构造上的需要而定。初拟时可参考下列经验数据：镇墩长度约为管内径D_0的1.5～2.0倍；底部最小厚度为管壁厚度δ的2～3倍；镇墩顶部及侧墙最小厚度约为管壁厚度δ的1.5～2.0

倍；镇墩中圆弧段的外半径 R 一般为管内径 D_0 的 2.5～4 倍；弯段圆心角 θ 与两侧管段的中心夹角相等（见图 4.2-15）。当管道转弯角不太大（$10° < \theta < 15°$）或仅须设置进人孔或放水阀而设置镇墩时，即管道自身可维持稳定时，可按上下左右各等于该段管壁厚度 δ，把管身包起来即可。镇墩长不应小于该段管道的外直径，混凝土强度等级不小于 C10，一般不用配筋（镇墩内弯管的混凝土强度等级及配筋仍按直管不变）。

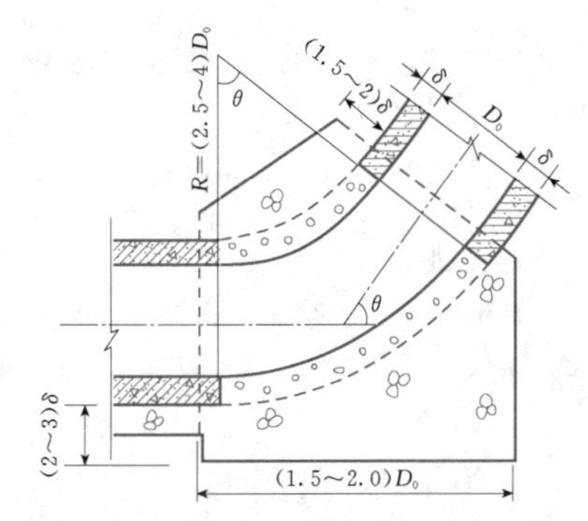

图 4.2-15 镇墩的轮廓尺寸

2. 开敞式（露天式）镇墩

开敞式系将弯管段直接搁置在镇墩上，弯管顶部不再被镇墩所包围，而是用锚筋将管身锚固在镇墩上，如图 4.2-16（*a*）所示。当弯管的弯道凸向下方时，一般不需锚固，如图 4.2-16（*b*）所示。开敞式镇墩多用于固定薄壁管（主要为钢管）。由于管上没有镇墩压重，因而对维持薄壁管的弹性稳定是有利的，同时也便于管道的维修。

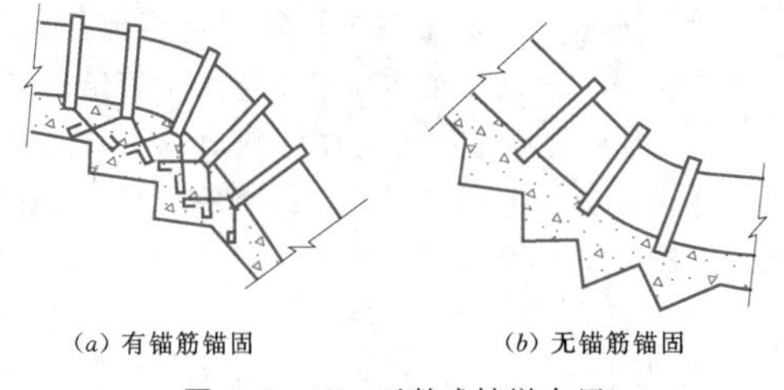

（*a*）有锚筋锚固　　（*b*）无锚筋锚固

图 4.2-16 开敞式镇墩布置

4.2.3.5 管道上的开孔

较长的管道，为了方便检修、清淤、冲沙或放空，需布置各种孔口（见图 4.2-17）。放水孔、冲沙孔底部高程应高于河道枯水位，宜布置在位置最低的镇墩上或桥式倒虹吸管管道的最低部位。进人孔孔径对于钢管应不小于 500mm、对于混凝土管应不小于 600mm。放水孔的布置方式有斜向布置、水平布置和竖向布置几种［见图 4.2-17（*a*）、（*b*）］，前一种适用于露天式管，后两种则用于浅埋式管，且盖板宜高出地面。当管道很长时，最长不应超过 400m，必须在相应的镇墩上设置进人孔，以利检修。

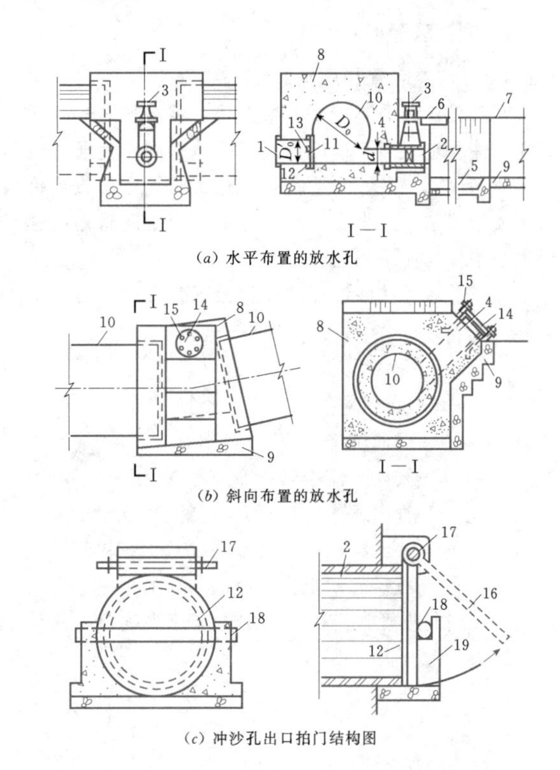

（*a*）水平布置的放水孔

（*b*）斜向布置的放水孔

（*c*）冲沙孔出口拍门结构图

图 4.2-17 进人孔、冲沙孔和放水孔结构布置

1—进人孔；2—冲沙孔；3—闸阀；4—预制钢管节；5—消力池；6—工作桥；7—原地面；8—镇墩；9—浆砌石；10—管壁；11—立式转动平板门；12—止水橡皮；13—抓手；14—钢盖板；15—螺栓；16—拍门；17—门轴；18—门杠；19—钢筋混凝土支座

进人孔的盖板，目前工程上多用 8～10mm 厚的钢盖板或铸铁盖板，中间垫以橡胶圈止水，周围以螺栓拧紧。要求制作安装工艺严密精细，否则，密封不严容易漏水。有的工程在与管道衔接的进人孔中部装设立式转动平板门，门边设橡皮止水，开启较为方便。

冲沙孔常与放水孔同孔，宜布置在倒虹吸管靠出口位置最低处的镇墩上。一般中小型管道，冲沙孔径常用 300～400mm，以金属管段埋设于镇墩内，出口处以法兰盘和高压闸阀连接，并在放水时的冲刷范围内做消能工［见图 4.2-17（*a*）］。小型冲沙孔的出口也有采用金属拍门的［见图 4.2-17（*c*）］，拍门上部用活动螺栓安装，下部以插销扣住，开启时以简易机械拉出插销，即可被高压水冲开拍门放水冲沙，放水时要注意安全。

在局部凸起的管身顶部应设置自动排气阀。

管道上开设的所有孔洞应设置封口盖板或阀门，盖板或阀门应具备足够的强度、刚度、密封止水和防破坏性能。

4.2.4　倒虹吸管水力计算

4.2.4.1　流速和管径的确定

倒虹吸管内的流速，应根据技术经济比较和管内不淤条件选定。当通过设计流量时，管内流速通常为1.5～3.0m/s，最大可达4m/s。最大流速一般按允许水头损失控制，最小流速按通过最小流量时管内流速应大于挟沙流速来确定。

（1）有压管挟沙流速的计算公式为

$$v_{np}=\left(\omega^6\sqrt{\rho}\sqrt[4]{\frac{4Q}{\pi d_{75}^2}}\right)^{\frac{1}{1.25}} \tag{4.2-1}$$

式中　v_{np}——挟沙流速，m/s；

ω——泥沙沉降速度，m/s；

ρ——挟沙水流中含沙量（重量比）；

Q——管内通过的流量，m^3/s；

d_{75}——挟沙粒径，在泥沙级配曲线中小于该粒径的沙重占75%，mm。

（2）倒虹吸管管径根据选定的流速来确定，其计算公式为

$$D=\sqrt{\frac{4Q}{\pi v}} \tag{4.2-2}$$

式中　D——管径，m；

Q——流量，m^3/s；

v——流速，m/s，要求$v>v_{np}$。

4.2.4.2　倒虹吸管输水能力计算

倒虹吸管的输水能力按压力流计算，其计算公式为

$$Q=\mu A\sqrt{2gz} \tag{4.2-3}$$

式中　Q——流量，m^3/s；

A——倒虹吸管的断面面积，m^2；

z——上、下游水位差，m；

μ——流量系数。

流量系数μ的计算公式为

$$\mu=\frac{1}{\sqrt{\zeta_0+\sum\zeta+\frac{\lambda l}{D}}} \tag{4.2-4}$$

其中

$$\lambda=\frac{8g}{C^2}$$

式中　ζ_0——出口损失系数；

$\sum\zeta$——局部损失系数总和，包括拦污栅（ζ_1）、闸门槽（ζ_2）、进口（ζ_3）、弯道（ζ_4）、渐变段（ζ_5）等损失系数，可参考有关章节；

$\frac{\lambda l}{D}$——沿程摩擦损失系数；

l——管长，m；

D——管径，m；

C——谢才系数。

各种管道的糙率可参考有关资料。无参考资料时，对于PCCP管，可取为0.014；对于玻璃钢夹砂管，可取为0.009～0.010。

4.2.4.3　倒虹吸管的水头损失及下游渠底高程的确定

（1）水头损失计算。倒虹吸管总的水头损失的计算公式为

$$h_w=\left(\zeta_0+\sum\zeta+\frac{\lambda l}{D}\right)\frac{v^2}{2g} \tag{4.2-5}$$

式中各符号意义同前。

（2）下游渠底高程的确定。根据在设计流量条件下的总水头损失，再按式（4.2-6）确定下游渠底高程，即

$$H_d=H_u+h_u-h_d-h_w \tag{4.2-6}$$

式中　H_d——下游渠底高程，m；

H_u——上游渠底高程，m；

h_u——上游渠道水深，m；

h_d——下游渠道水深，m；

h_w——总水头损失，m。

根据式（4.2-6）确定下游渠底高程后，尚应校核加大流量时上游的壅水高度，以验算上游渠堤及胸墙的超高。

4.2.4.4　进出口水面衔接计算

根据设计流量确定管径及进出口渠底高程后，尚应验算管道通过中小流量时进口段的水面衔接情况。若中小流量时上下游渠道水位差z值大于管道的总水头损失$z_{\min}$时，进口水面可能在管内出现水面跌落而产生水跃衔接，引起脉动掺气，影响倒虹吸管的安全运用（见图4.2-18）。

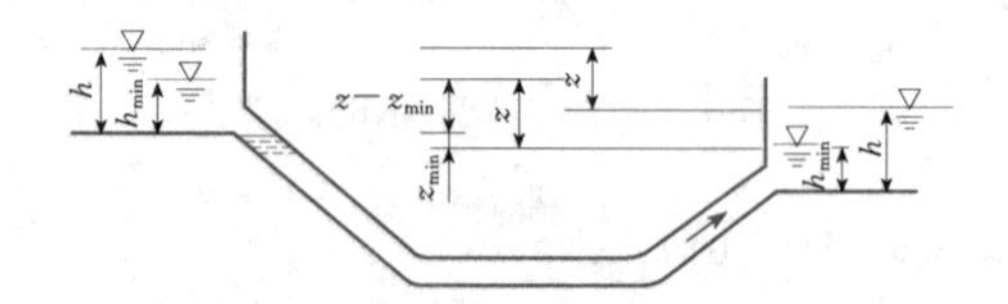

图4.2-18　倒虹吸管进出口水面衔接

为了避免在管内产生水跃衔接，可根据倒虹吸管的总水头损失的大小，采用各种不同的进出口结构型式。

（1）当$z-z_{\min}$差值很大时，进口计算水位低于上游渠底高程，可将进口段布置成消力井型式。井底

应低于进水口下缘一定的深度，使消力井有良好的消能效果，如图4.2-8所示。如果在进口设消力井不经济或不便于布置时，可考虑改单管为双管，或在出口设闸门，用闸下出流来抬高进口水位，使之与进水渠水位相等，但这种方案必须设专人管理。

（2）当$z-z_{min}$的差值较大时，可适当降低管道进口高程，并在进口前设消力池，池中水跃应为进口处的水面所淹没，如图4.2-5所示。

（3）当$z-z_{min}$差值不大时（如平原地区倒虹吸管，其上下游渠道水位差以及渠底高程差一般都较小），可略降低管道进口高程，并以斜坡与渠底连接，如图4.2-7所示。

当管道出口流速较大时，应验算通过加大流量时的水面衔接条件，若产生远驱式水跃，则应设置出口消力池，以便与下游渠道连接。

4.2.5 倒虹吸管结构计算

4.2.5.1 作用于管身的荷载及其组合

1. 荷载

作用于倒虹吸管上的荷载有管身自重、管内水重、土压力（铅直土压力和水平土压力）、内水压力、外水压力、管道弯曲段水流离心力、地面荷载、地基支承反力、由于温度变化和混凝土干缩引起的内力以及地震荷载等。

温度应力应根据管道敷设方法不同而区别对待。外露式钢筋混凝土倒虹吸管，由于管内外温差较大（最大可达20～30℃），产生拉应力较大，设计时应作为主要荷载。若因内外温差过大致使拉应力超过许可范围，可考虑将管道埋入地下或做隔热层，以降低内外温差，改善受力条件。对地下埋管，管外壁混凝土表面温度T_e和管内壁混凝土表面温度T_i，沿环向可近似看作均匀分布，沿环向各点内外壁温差$T_d=T_e-T_i$为一常数，无实测资料时，可近似取$T_d=\pm$（3～5）℃。施工中未覆盖土的露天管和架空梁式管，管内壁表面温度T_i接近水温，并视为均匀分布。管外壁温度视不同部位而异：管顶T_e较日最高气温约高12～16℃，管脚T_e接近日最高气温，管底T_e可近似取日平均气温，由管顶到管脚一段中，管外壁表面混凝土温度按沿环向直线变化规律计算。

计算管道纵向应力的温差为管道浇筑温度与运行期最低温度之差。

收缩应力系混凝土在固结时发生收缩，但受到钢筋阻止而在混凝土内产生的一种初始拉应力，对于钢筋则产生一种初始压应力。钢筋含量越大，这种混凝土的拉应力值就越大，可能导致裂缝。因此，当现浇钢筋混凝土倒虹吸管时，多采用间隔分段浇筑，并设伸缩缝，以防止产生收缩应力。

地基支承反力随管道支承方式及地基条件不同，可采用不同的方法进行计算。地基支承反力的合力等于外荷载的总和。支承反力的分布目前有各种假设，如均匀分布、三角形分布、抛物线分布、余弦律分布等，其中余弦律分布将地基作为半无限弹性体，利用文克尔假定，根据地基变形情况进行计算，比较符合实际。

地震力作为特殊荷载，在倒虹吸管计算中一般可不考虑。对地震基本烈度Ⅶ度及其以上地震区的大型倒虹吸管，可按水工建筑物抗震设计规范进行计算。

下面着重介绍土压力的计算。

（1）作用在单位长度埋管上的上埋式垂直土压力标准值的计算公式为（见图4.2-19）

$$F_{sk}=K_s\gamma H_d D_1 \tag{4.2-7}$$

式中 F_{sk}——埋管垂直土压力标准值，kN/m；
H_d——管顶以上填土高度，m；
D_1——埋管外直径，m；
γ——填土容重，kN/m³；
K_s——埋管垂直土压力系数，与地基刚度有关，可根据地基类别按图4.2-19查取。

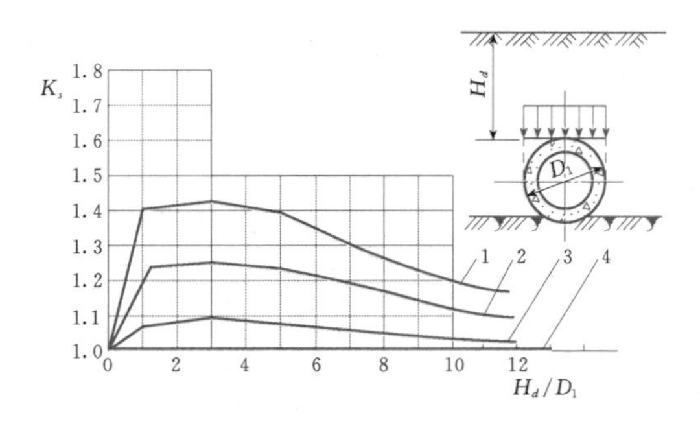

图4.2-19 埋管垂直土压力系数

1—岩基；2—密实砂类土，坚硬或硬塑黏性土；3—中密砂类土；可塑黏性土；4—松散砂类土，流塑或软塑黏性土

（2）顶管法施工垂直土压力计算。顶管法是将土体预挖成洞，再将圆管顶进，最后灌浆密实，因此，考虑以管顶上压力拱范围内的土体重量为圆管承受的垂直土压力进行计算，也可以近似把顶进的圆管作为隧洞衬砌方式计算。

当管顶土层厚度大于洞径的3倍时，则土洞顶上形成压力拱。如果挖掉压力拱范围内的土，则管上将没有垂直土压力。也就是说，压在管顶上的土层厚度相当于压力拱的矢高，如图4.2-20所示。在这种情况下，垂直土压力计算公式为

$$p_v=n_b\gamma_2 h_c D_1 \tag{4.2-8}$$

$$h_c=\frac{B}{2f_k} \tag{4.2-9}$$

$$B = D_1\left[1+\tan\left(45°-\frac{\varphi_0}{2}\right)\right] \text{(m)}$$

(4.2-10)

式中 p_v——垂直土压力，kN/m；

n_b——超载系数，在挖洞情况下可考虑为1；

γ_2——土的容重，kN/m³；

B——压力拱跨度；

D_1——管的外径，m；

h_c——压力拱矢高，m；

φ_0——土体内摩擦角，(°)；

f_k——土壤的普氏坚实系数，由表4.2-1选用。

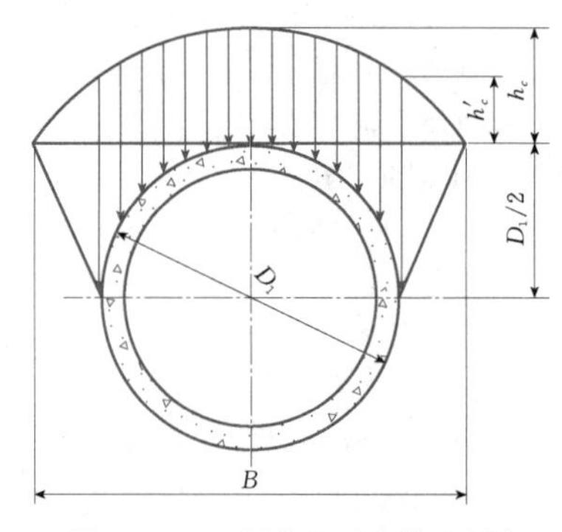

图4.2-20 圆管上压力拱示意图

表4.2-1 **土壤的普氏坚实系数 f_k**

序号	类别	土质	f_k
1	相当软的岩层	碎石土壤，破裂的页岩，固结的砾及碎石，凝固的黏土	1.5
2	软的岩层	黏土（密实的），坚固泥砂，黏土土壤	1.0
3	软的岩层	轻砂黏土，黄土，卵石	0.8
4	土质岩层	植物土，泥煤，壤土，湿砂	0.6
5	松散岩层	砂，崖锥，小卵石，填土，开采出的煤	0.5
6	流移岩层	流沙，沼地土壤，淤稀黄土及其他淤稀土壤	0.3

按隧洞衬砌方式计算是假设衬砌与岩层既未结合，又无摩擦，衬砌仅承受与其表面垂直的法向岩层压力，如图4.2-21所示。

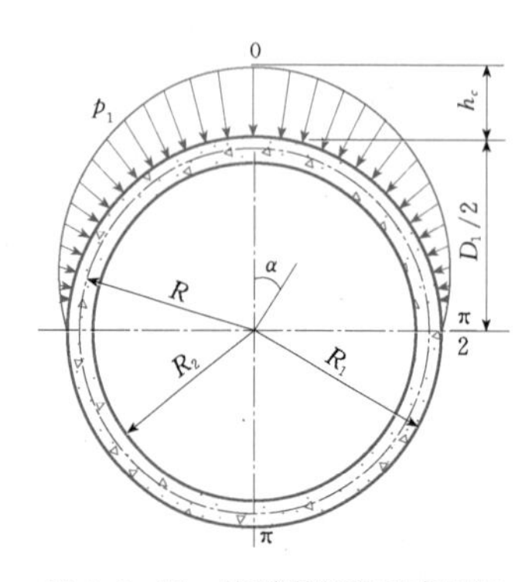

图4.2-21 按隧洞衬砌垂直岩层作用力分布图

任意点的法向岩层压力 p_1 的计算公式为

$$p_1 = \gamma_2 h_c \cos\alpha \quad (4.2-11)$$

衬砌任一断面所受弯矩 M 的计算公式为

$$M = \gamma_2 h_c R_1 R(0.637-0.5\cos\alpha-0.5\sin\alpha) \quad (4.2-12)$$

任一断面的法向力 N 的计算公式为

$$N = 0.5\gamma_2 h_c R(\cos\alpha+\sin\alpha) \quad (4.2-13)$$

其中 $$R = \frac{R_1+R_2}{2}$$

上二式中 R_1——衬砌外径，m；

R_2——衬砌内径，m；

R——衬砌的平均半径，m。

(3) 作用在单位长度埋管的侧向土压力标准值的计算公式为（见图4.2-22）

$$F_{tk} = K_t\gamma H_0 D_d \quad (4.2-14)$$

其中 $$K_t = \tan^2\left(45°-\frac{\varphi}{2}\right)$$

式中 F_{tk}——埋管侧向土压力标准值，kN/m；

H_0——埋管中心线以上填土高度，m；

D_d——埋管凸出地基的高度，m；

K_t——侧向土压力系数；

φ——填土内摩擦角，(°)。

顶管法施工的水平土压力也可以近似按照式(4.2-14)计算。

土压力除计算铅直土压力及水平土压力外，尚应计算管顶水平线以下至管腹间的回填土重量。

2. 荷载组合

荷载组合应根据工程布置型式及运用期间可能出

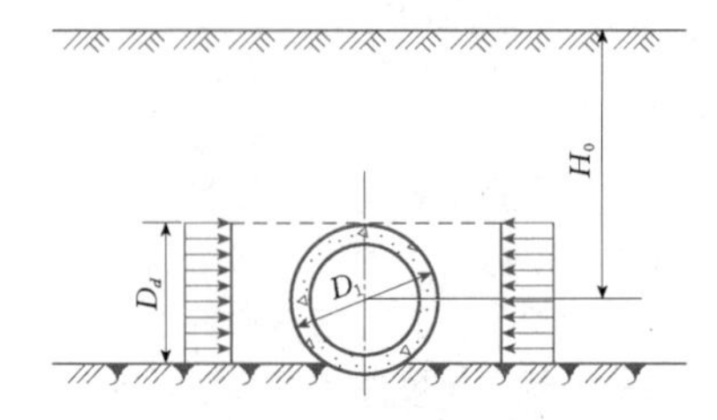

图4.2-22 埋管侧向土压力作用

现的最不利的情况，进行全面考虑。

(1) 埋于河底的倒虹吸管，在河道枯水期或断流时的荷载组合为管身自重、管内水重、土压力、最大内水压力、外水压力、管内外温差产生的应力（可忽略不计）和地基反力等。当河道出现洪水而管内无水时的荷载组合为管身自重、土压力、外水压力、内外温差应力（可忽略不计）和地基反力等。

(2) 外露式、桥式倒虹吸管，荷载组合为管身自重、管内水重、内水压力、管道内外温差应力及地基反力等。

此外，在试水、运输、施工中的荷载，应根据实际情况进行组合。

为了节约材料和降低工程造价，对管道较长、水头较大的倒虹吸管，应按不同水头分段计算荷载。对50m以下水头的管段，用10m一级进行计算，对于50m以上水头的管段，用5m一级进行计算。

4.2.5.2 倒虹吸管结构计算

1. 钢筋混凝土管

其应力分析属于弹性理论空间问题，但由于计算复杂，横向通常按封闭环形结构计算，而纵向按空心断面弹性地基梁计算。

(1) 横向计算。通常取1m长管段作为计算单元，当管壁厚度δ与平均半径r_0的比值$\delta/r_0\leqslant 1/8$时为薄壁管，当$\delta/r_0>1/8$时为厚壁管。薄壁管为三次超静定结构，可按弹性中心法求解。厚壁管理论上应按弹性力学平面问题求解，但因计算繁琐，故除在均匀内（外）水压力作用时按弹性力学方法计算外，对由其他荷载引起的内力仍用弹性中心法求解。

对于现场浇筑的钢筋混凝土管及预制钢筋混凝土管，应根据各种荷载所产生的轴向力$\sum N$及弯矩$\sum M$，按偏心拉压构件计算截面和配筋量，并验算抗裂稳定性。对于预制钢筋混凝土管，还应根据轴向力$\sum N$及弯矩$\sum M$进行强度的验算。

矩形倒虹吸管的横向内力，对单孔或等跨多孔等截面的宜按闭合刚架采用结构力学方法计算，对不等跨或不等截面的除采用结构力学方法或变位法计算外，对1～2级和重要倒虹吸管必要时宜采用有限元法进行应力分析。

(2) 纵向计算。钢筋混凝土管管身的纵向内力，对有连续式刚性管座的可不进行计算，但应按抗裂要求布置纵向构造钢筋。对布置于间断式管座上的管身纵向内力，应根据管道跨长L与管身内径D（宽度）的比值采用不同方法计算：当$L/D\geqslant 3$时为长壳但可近似地按梁理论计算，当$0.5<L/D<3$时按圆柱形中长壳的弯曲理论或半弯曲理论计算，当$L/D\leqslant 0.5$时按短壳的弯曲理论或半弯曲理论计算。若管道分段设置伸缩沉陷缝，用的是刚性管座（设沥青油毡垫层），基础又经过处理（承载力得到提高），对于中小型倒虹吸管可以不进行纵向计算。

管道在纵向弯矩及轴向拉力（温度拉力、内水压力产生的拉力、摩擦力等）的共同作用下，按环形截面偏心受拉构件计算其强度及配筋量。

在软基上敷设较长管道时，应进行沉陷计算。

2. 预应力钢筋混凝土管

当采用钢棒、螺纹钢筋作为预应力钢筋时，其混凝土强度等级不宜低于C30。当采用消除应力钢丝、钢铰线作为预应力钢筋时，其混凝土强度等级不宜低于C40。预应力钢筋混凝土管一般都做成一定长度的管节，当管芯纵向预压应力不低于2MPa，且接头采用柔性橡皮止水时，仅需进行横向计算。计算主要包括强度计算和抗裂计算，抗裂计算常起控制作用。预应力钢筋混凝土管按破坏阶段进行截面强度计算，其方法与普通钢筋混凝土相同。预应力钢筋混凝土管不允许裂缝出现，因此须进行抗裂计算。当计算轴向力产生的拉应力时，由于预应力管一阶段和三阶段的施工工艺不同，因此对于一阶段预应力管管壁厚度应考虑保护层在内，而对于三阶段预应力管仅考虑管芯厚度。预应力管在吊装、运输中以及三阶段预应力管在缠绕环向预应力钢丝过程中，将引起纵向弯曲应力，亦应予以核算。

3. 钢管

钢管主要包括钢管最小壁厚的计算、管壁应力计算和钢管外压的稳定计算。管壁的应力用三向强度理论平面应力重叠法计算。在水管放空过程中若有可能发生局部真空，尚应校核刚性环的稳定性。由于这种管子的刚性差，在制造运输过程中应采取加固措施，防止变形。

对大型露天钢管倒虹吸，应根据情况确定是否进行振动计算。

4. 预应力钢筒混凝土管

预应力钢筒混凝土管（PCCP）承受的荷载主要有管身自重、管内水重、土压力、车辆荷载以及预应力等。一般按照承载能力极限状态和正常使用极限状态进行设计计算。

参照美国国家标准研究所和水工协会颁布的ANSI/AWWA C304以及《给水排水工程埋地管芯缠丝预应力混凝土管和预应力钢筒混凝土管管道结构设计规程》（CECS140：2002），基于极限状态的PCCP管设计准则以及相应荷载组合参见表4.2-2、表4.2-3。各符号含义见表4.2-4。

各种荷载及相应内力值的计算方法参考ANSI/AWWA C304及CECS140：2002。

表 4.2-2　设计荷载组合及嵌置式 PCCP 管极限准则

极限状态和位置	目的	极限准则	荷载组合
整个圆管的工作性能	防止管芯出现零应力	内压极值：$P\leqslant P_0$	W_1
	防止保护层开裂	内压极值：$P\leqslant \min(P'_k, 1.4P_0)$	WT_1
管顶、管底的工作性能	防止管芯出现微裂缝	内层管芯极限拉应变：$\varepsilon_{ci}\leqslant 1.5\varepsilon'_t$	W_1
		管芯对薄钢筒径向极限张力：$\sigma_r\leqslant 0.82\text{MPa}$	FW_1
	防止管芯出现可见裂缝	内层管芯极限拉应变：$\varepsilon_{ci}\leqslant 11\varepsilon'_t$	W_1、W_2、FT_1
		管芯对薄钢筒径向极限张力：$\sigma_r\leqslant 0.82\text{MPa}$	WT_3
管侧的工作性能	防止管芯出现微裂缝	外层管芯极限拉应变：$\varepsilon_{c0}\leqslant 1.5\varepsilon'_t$	W_1
	控制保护层产生微裂缝	外保护层极限拉应变：$\varepsilon_{m0}\leqslant 0.8\varepsilon'_{km}=6.4\varepsilon'_{tm}$	
	防止保护层出现可见裂缝	外层管芯极限拉应变：$\varepsilon_{c0}\leqslant 11\varepsilon'_t$	WT_1、WT_2 FT_1
		外保护层极限拉应变：$\varepsilon_{m0}\leqslant\varepsilon'_{km}=8\varepsilon'_{tm}$	
	控制混凝土抗压强度	内层管芯混凝土极限强度：$f_{ci}\leqslant 0.55f'_c$	W_2
		内层管芯混凝土极限强度：$f_{ci}\leqslant 0.65f'_c$	WT_3
管底/管顶的弹性极限	防止薄钢筒中的应力超过极限	薄钢筒应力达到屈服强度：$-f_{yr}+n'f_{cr}+\Delta f_y\leqslant f_{yy}$	WT_1、WT_2　FT_1
		薄钢筒抗裂：$-f_{yr}+n'f_{cr}+\Delta f_y\leqslant 0$	WT_3
管侧的弹性极限	防止钢丝中的应力超过极限	$-f_{sr}+nf_{cr}+\Delta f_s\leqslant f_{sg}$	FWT_1、FWT_2 FT_2
	保持混凝土抗压强度低于 $0.75f_c$	$f_{ci}\leqslant 0.75f'_c$	
管侧的强度极限	防止钢丝屈服	钢丝极限应力 f_{sy}：$-f_{sr}+nf_{cr}+\Delta f_s\leqslant f_{sy}$	FWT_3 FWT_4
	防止管芯开裂	极限弯矩：$M\leqslant M_{ult}$	FWT_5
整个圆管的强度极限	防止管道破坏	$P\leqslant P_b$	FWT_6

表 4.2-3　荷载组合及荷载系数

荷载组合	荷载及荷载系数						
	静荷载	管道自重	流体自重	瞬时荷载	工作内压	瞬时内压	试验内压
	W_e	W_p	W_f	W_t	P_ω	P_t	P_{ft}
工作荷载+内压组合							
W_1	1.0	1.0	1.0	—	1.0	—	—
W_2	1.0	1.0	1.0	—	—	—	—
FW_1	1.25	1.0	1.0	—	—	—	—
工作荷载+瞬时荷载+内压组合							
WT_1	1.0	1.0	1.0	—	1.0	1.0	—
WT_2	1.0	1.0	1.0	1.0	1.0	—	—
WT_3	1.0	1.0	1.0	1.0	—	—	—
FWT_1	1.1	1.1	1.1	—	1.1	1.1	—
FWT_2	1.1	1.1	1.1	1.1	1.1	—	—
FWT_3	1.3	1.3	1.3	—	1.3	1.3	—
FWT_4	1.3	1.3	1.3	1.3	1.3	—	—
FWT_5	1.6	1.6	1.6	2.0	—	—	—
FWT_6	—	—	—	—	1.6	2.0	—
现场试验压力							
FT_1	1.1	1.1	1.1	—	—	—	1.1
FT_2	1.21	1.21	1.21	—	—	—	1.21

表 4.2-4　管体设计中的符号说明

符号	所表示的内容	符号	所表示的内容
f'_c	管芯混凝土28d抗压强度设计值（MPa）	f_{ci}	管芯内表面混凝土应力（MPa）
f_{cr}	管芯混凝土的最终预应力（MPa）	f_{sg}	预应力钢丝总缠绕拉应力（MPa）
f_{sr}	预应力钢丝的最终预应力（MPa）	f_{sy}	预应力钢丝抗拉屈服强度设计值（MPa）
f_{yr}	钢筒的最终预应力（MPa）	f_{yy}	钢筒抗拉或抗压屈服强度设计值（MPa）
Δf_s	管芯混凝土零应力时预应力钢丝中相应的应力（MPa）	Δf_y	管芯混凝土零应力时钢筒中相应的应力（MPa）
M	极限弯矩（N·m/m）	M_{ult}	管芯混凝土极限抗压强度时的极限弯矩（N·m/m）
n	基于弹性模量设计值计算的预应力钢丝与管芯混凝土的弹性模量比	n'	基于弹性模量设计值计算的钢筒与管芯混凝土的弹性模量比
P	内压极值（kPa）	P_0	完全抵消管芯内最终预应力时的内压（kPa）
P_b	开裂内压（kPa）	P'_k	工作荷载加瞬时条件下的最大内压极限（kPa）
ε_{ci}	管芯混凝土内表面的应变	ε_{co}	管芯混凝土外表面的应变
ε'_k	管芯混凝土初裂时的拉应变极限	ε'_{km}	保护层砂浆初裂时的拉应变极限
ε_{mo}	保护层砂浆外表面的应变	ε'_t	与混凝土抗拉强度 f'_t 对应的弹性拉应变
ε'_{tm}	与保护层砂浆抗拉强度 f'_{tm} 对应的弹性拉应变	σ_r	嵌置式PCCP管内层混凝土与薄钢筒之间的径向张力（MPa）

5. 玻璃钢夹砂管

对于管材本身，要求内表面应光滑平整，无对使用性能有影响的龟裂、分层、针孔、杂质、贫胶区、气泡和纤维浸润不良等现象；管端面应平齐；边棱应无毛刺；外表面无明显缺陷；各项力学性能指标符合相关规定要求。根据需要，进行以下计算。

(1) 内部压力校核：

1) 压力等级 P_c。根据 HDB（长期静水压力强度）即设计基准，由以下计算确定：

应力基准 HDB

$$P_c \leqslant (HDB/F_s)(2\delta/D) \qquad (4.2-15)$$

应变基准 HDB

$$P_c \leqslant (HDB/F_s)(2E_H\delta/D) \qquad (4.2-16)$$

上二式中　P_c——压力等级，MPa；

HDB——静水压设计基准，应力基准，MPa（或应变基准，mm/mm）；

F_s——最小设计系数，1.8；

E_H——管壁环向拉伸弹性模量，MPa；

δ——管壁结构层厚度，mm；

D——管平均直径，mm。

2) 工作压力 P_w。管材的压力等级应不小于系统的工作压力 P_w（最高长期运行压力，MPa），其计算公式为

$$P_c \geqslant P_w \qquad (4.2-17)$$

3) 波动压力（水锤压力）P_s。管材的压力等级应不小于压力管系统工作压力和波动压力叠加后的最大压力被1.4所除，即 $P_c \geqslant (P_w + P_s)/1.4$。

波动压力计算值的大小很大程度上取决于管材环向拉伸弹性模量及厚度与直径之比 δ/D。因此玻璃钢管与高模量管及厚壁管或两者兼有的管相比，其波动压力计算值较低，例如模量为20.68MPa、δ/D 为0.01的玻璃钢压力管，流速瞬时变化为0.6m/s，计算压力增量约为0.276MPa。

(2) 环弯曲。由管体最大允许长期垂直挠曲引起的环弯曲应变（或应力）不应大于经设计系数折算的管道长期环弯曲应变能力，式（4.2-18）与式（4.2-19）均能确保这一要求。

应力基准

$$\sigma_b = D_f E\left(\frac{\Delta y_a}{D}\right)\left(\frac{\delta}{D}\right) \leqslant S_b E/F_s \qquad (4.2-18)$$

应变基准

$$\varepsilon_b = D_f\left(\frac{\Delta y_a}{D}\right)\left(\frac{\delta}{D}\right) \leqslant S_b/F_s \qquad (4.2-19)$$

上二式中　σ_b——挠曲引起的最大环弯曲应力，MPa；

D_f——形状系数（见表4.2-5）；

E——管的环向弯曲弹性模量，MPa；

Δy_a——管最大许用长期垂直挠曲，mm；

S_b——管的长期环弯曲应变，用试验方法确定，mm/mm；

F_s——最小设计系数，1.5；

ε_b——因挠曲产生的最大环向弯曲应变，mm/mm。

形状系数 D_f 与管挠曲产生的弯曲应力或应变有关，是管体刚度、管区回填材料、压实程度、管下三角支撑条件、原土壤条件和挠曲程度的函数，表 4.2-5 给出的 D_f 值假定管下三角支撑条件不一致，挠曲至少 2%～3%，稳定性土壤或通过调整沟槽宽度避开了不利条件。表 4.2-5 值系针对典型的管区回填材料，对其他的回填材料，可选择每种刚度等级的最高值 D_f。

表 4.2-5　管区不同回填材料和压实情况下的形状系数 D_f

管道刚度等级（N/m^2）	砾石		砂	
	自然堆放至轻微压实	中等至高密度压实	自然堆放至轻微压实	中等至高密度压实
1250	5.5	7.0	6.0	6.0
2500	4.5	5.5	5.0	6.5
5000	3.8	4.5	4.0	5.5
10000	3.3	3.8	3.5	4.5

对于承受弯曲荷载的管体较完善的设计要求应考虑两个独立的设计系数：第一个设计系数应将管体受破坏时的初始挠曲与最大许用安装挠曲相比较，根据标准进行的管体环向刚度弯曲试验，其挠曲值远远超过实际应用中的允许值极限，试验结果反映出相对于初始弯曲应变，设计系数至少为 2.5；第二个设计系数是长期弯曲应力或应变与由最大许用长期挠曲产生的弯曲应力或应变之比，对于玻璃钢管的设计，设计系数最小应力为 1.5。

（3）挠曲。管道的安装方式应确保外荷载引起的垂直截面尺寸的减小不超过式（4.2-20）的要求，即

$$\frac{\Delta y}{D} \leqslant \frac{\Delta y_a}{D} \tag{4.2-20}$$

其中

$$\frac{\Delta y}{D} = \frac{(D_L W_C + W_L) K_X}{\dfrac{8EI}{D^3} + 0.061E'} \tag{4.2-21}$$

式中　D_L——挠曲滞后系数，反映土壤的时间—压实变化率；

W_C——单位管长上作用的垂直土压力，N/m^2；

W_L——单位管长上作用的活动荷载，N/m^2；

K_X——基床系数；

E'——土壤反作用组合模量，N/m^2。

挠曲滞后系数的作用是把管道的当时挠曲值转换成若干年后的挠曲值，随着管道埋设方式的不同，挠曲滞后系数也不同。在埋深较浅时，如中等压实或高度压实时取 $D_L=2.0$，若填土压实较差时只能取 $D_L=1.5$。

基床系数 K_X 反映管底部土壤提供的支撑情况，其上分布着管床的反作用。假定管底的三角支撑并不连续（标准的直接埋设条件）K_X 值为 0.1，对于均匀的基础支撑 K_X 值为 0.083。

土壤反作用模量 E' 加在柔性管道上的垂直荷载，有使管体垂直方向减少、水平方向增加的作用，这样便由于管体水平位移挤压侧向填土，使填土产生被动抗力，有利于支撑管体。土壤的被动抗力随土壤类型、土壤压实程度、埋置深度以及沟宽等的不同而不同。为了确定地下埋管的 E' 值，应先确定一个参数，即填土的被动阻力系数 e（见表 4.2-6），然后计算 E'。

$$E' = er \quad (MPa/m^2) \tag{4.2-22}$$

式中　r——管体平均半径，m。

表 4.2-6　土的被动阻力系数 e

土　质	紧密程度	e
淤泥质亚黏土	不紧密	4.0
砂质黏土	不紧密	4.0
砂质黏土	干燥紧密	7.5
粒度分布好的砂砾土	紧　密	9.0

（4）管道刚度 SN。管道刚度的计算公式为

$$SN = \frac{EI}{D^3} \tag{4.2-23}$$

式中　SN——管壁刚度，N/m^2。

（5）屈曲。各种外部荷载之和应不大于容许屈曲压力。在正常安装条件下的管道，其屈曲外压 q_{cr} 的计算公式为

$$q_{cr} = \frac{1}{F_S}\sqrt{32R_w B' E' \frac{EI}{D^3}} \tag{4.2-24}$$

其中　$R_w = 1 - 1.33(h_w/H)$　$(0 \leqslant h_w \leqslant H)$

$$B' = \frac{1}{1+4e^{-0.213H}}$$

式中　q_{cr}——许用屈曲压力，N/m^2；

R_w——水的浮力系数；

B'——弹性支撑系数；

F_S——外压稳定安全系数，取 2.5；

h_w——管顶以上水面高度，m；

H——管顶以上地面高度，m。

公式适用条件：$0.61m \leqslant H \leqslant 24m$（管内无真空压力）；$1.2m \leqslant H \leqslant 24m$（管内有真空压力）。

标准安装条件下的管道，通过式（4.2-25）确保满足屈曲要求，即

$$\gamma_w h_w + R_w W_C + P_v \leqslant q_{cr} \quad (4.2-25)$$

式中　γ_w——水的容重，N/m^3；

P_v——管内真空压力（即大气压力减管内绝对压力），N/m^2。

在某些情况下，还需适当考虑活动载荷，然而，活动载荷和瞬时负压载荷通常不必同时考虑。因此假如考虑活动载荷，由式（4.2-26）确保满足屈曲要求，即

$$\gamma_w h_w + R_w W_C + W_L \leqslant q_{cr} \quad (4.2-26)$$

6. 其他各种预制管

一般是按照设计要求，选用厂家生产的各种定型产品而不单独进行结构计算。

4.2.5.3　作用于镇墩上的荷载

直接作用于镇墩上的荷载有镇墩自重、水管在转弯段由内水压力引起的轴向力、管道弯曲段水流离心力及水重、土压力等。由管道传给镇墩上的荷载有管道自重、管内水重、管道上填土压力、管道摩擦力、河道水面以下管道浮力、水流对管壁的摩擦力以及因温度影响而产生的轴向力等。当管道分段设置伸缩沉陷缝时，水流对管壁的摩擦力及因温度变化而产生的轴向力，可以忽略不计。

上述各项荷载并不同时存在，应根据具体布置型式和运用情况进行不同的组合。

4.2.5.4　镇墩的结构计算

镇墩为重力式结构，靠自重维持其稳定。对于结构计算，主要应验算基础承载力和验算抗滑、抗倾覆的稳定性。镇墩底面一般是做成水平的，为了改善基础应力，有时可做成倾斜的（特别是岩基上的凸向上方的镇墩），使作用力合力方向与基础底面接近正交，这样不仅可使基础应力均匀，且可增强抗滑、抗倾覆的稳定性。此外，也可将基底做成齿形，以改善稳定情况。对镇墩地基的强度和稳定性根据需要也要进行验证。

镇墩除验算基础应力外，对墩身亦应选择危险断面验算其最大及最小应力。在墩内弯管段需配置与直管段数量相等或稍少的钢筋，以防由于内水压力及温度应力而产生裂缝。

4.3　涵　　洞

4.3.1　概述

当填方渠道跨越沟溪、洼地、道路、渠道或穿越填方道路时，在填方渠道或交通道路下面，为输送渠水、排泄溪谷来水或通行车辆而设置的建筑物称为涵洞（见图4.3-1）。

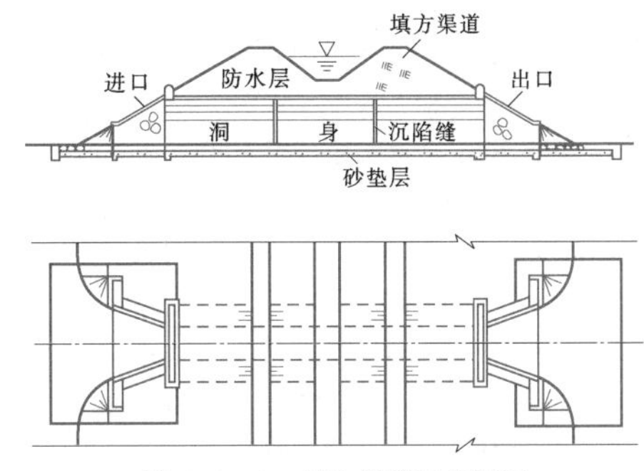

图4.3-1　填方渠道下的涵洞

涵洞由进口段、洞身段、出口段三部分组成。通常所说的涵洞，一般都不设闸门。当涵洞进口设有控制流量和挡水闸门时，一般称为涵洞式水闸。

由于过涵水流形态不同，可分为无压涵洞、有压涵洞或半有压涵洞。布置半有压涵洞时需采取措施，使过涵水流仅进口一小段为有压流，其后的洞身直到出口为稳定的无压明流。

涵洞轴线布置应符合下列要求：

（1）涵洞轴线宜为直线，其走向应有利于选择涵洞流态和型式，涵洞进、出口水流平顺或交通通畅。

（2）渠涵轴线应与渠道中心线一致，其进、出口水面应与渠道水面平顺衔接，符合渠道设计及运用要求。

（3）渠下涵的轴线宜与渠道正交，连接山区河沟或高等级道路的涵洞轴线宜与水流或路线方向一致。

渠涵的洞身段纵坡应不小于该段渠道的纵坡，其各部底面高程应满足与渠道水面衔接的要求。渠下涵的洞身底面高程应等于或接近所在沟溪的底面高程，其纵坡应等于或稍大于所在沟溪纵坡并不宜大于5%，渠下涵的水流速度应小于洞身材料和出口土壤的允许不冲流速。交通涵洞的纵坡应有利于洞内排水。

4.3.2　涵洞的分类

4.3.2.1　按作用分类

按作用涵洞可分为输水涵洞、排水涵洞以及交通涵洞。

1. 输水涵洞

输水涵洞位于输水渠道上，与上下游渠道相连，输送渠水。下列情况常需修建输水涵洞：

（1）当输水渠道与公路、铁路、河沟或另一渠道交叉，输水渠道的渠底很低，渠身可从公路、铁路、河沟或另一渠道的底部穿过时，多修建输水涵洞。

(2) 当输水渠道由城区穿过，为了安全或避免污染，或渠道通过的地段紧临其他地面建筑物或其他原因，不宜修建明渠时，需将渠道顶部封闭形成输水涵洞，在开挖修建完成后再回填恢复至与原地面相平，这种输水涵洞通常称为暗渠或渠涵，其长度多为数十米甚至数百米。从河沟底部穿过的输水涵洞，如河道较宽，涵洞相应较长，也常修建暗渠，例如南水北调总干渠与河道交叉，且渠道水位低于河底较多时，修建的穿河输水涵洞即称为暗渠。

(3) 傍山修建的输水渠道，为了减少开挖量并防止坡面坍塌或坡积物入渠造成淤堵，有时也在部分渠段采用渠涵（暗渠）的结构布置型式。

(4) 隧洞的进出口多有较长的深挖方段，如按稳定边坡修建明渠，挖方量可能很大，也不利于工程安全，有时也按较陡的临时边坡开挖，修建成明挖洞，然后再回填土恢复原地形，这种结构布置型式也相当于渠涵（暗渠）。

(5) 上级渠道向下级渠道分水的口门，如果上级渠道的渠堤较高，而分水流量及所需分水口门的孔径很小，不宜做成开敞式分水闸时，可采用涵洞式分水闸的布置型式。这是一种带闸门的输水涵洞。

2. 排水涵洞

排水涵洞的作用是排泄洪水或涝水，主要在下列情况时应用：

(1) 穿渠排水涵洞（排洪涵洞）。当输水渠道与河、沟、山冲等交叉，河、沟、山冲等底部低于渠底较多时，就需修建穿渠排水涵洞排泄洪水。

(2) 排涝涵洞。平原地区河道两侧低洼地带在汛期常因降雨形成内涝积水，多修建排涝涵洞排水。在这种情况下，需在涵洞进口设闸门控制，在河水位较高时，关闭闸门以防河水倒灌，当河水位较低时再开闸排涝。

(3) 平原地区输水渠道与小河沟交叉，沟底略高于渠底或与渠底持平，且沟道流量不大，不超过渠道的承受能力时，有时也修建穿渠堤的排水涵洞，使沟水入渠。在这种情况下，也需在涵洞上设控制闸门，以防止渠水倒灌入沟；如沟道纵坡较陡，渠水入沟后回水长度很短，也可不设闸门。

(4) 排水渠系中的各级排水沟与道路或渠道相交时，需在道路或渠下设置排水涵洞，这类排水涵洞规模多较小，一般多为预制钢筋混凝土管。

排水涵洞的出口应设消能设施。

3. 交通涵洞

由于新建渠道阻碍交通而修建于渠道下方的用于通行人、畜及车辆的建筑物称为交通涵洞。交通涵洞的最小断面尺寸应满足相关要求。

4.3.2.2 按洞身结构布置型式分类

按洞身结构布置型式主要分为箱涵、盖板涵洞、拱涵、圆拱直墙涵及圆管涵。此外，南水北调中线总干渠河渠交叉建筑物中的涵洞式渡槽，其下部支承结构也是涵洞的一种结构布置型式。

1. 箱涵

箱涵为矩形断面现浇整体式钢筋混凝土结构，结构承载能力高。流量及洞径较大或内水压力较大的涵洞多采用箱涵。

2. 盖板涵洞

盖板涵洞的盖板一般为预制钢筋混凝土结构，侧墙及底板根据洞径及荷载大小，可分别采用浆砌石、素混凝土或钢筋混凝土结构。盖板涵洞的优点是施工简单，但因盖板为简支结构，因此其承载能力相对较低，且防渗条件差，因而多用于中等规模及洞顶填土高度不大的无压涵洞。一般从居民区附近经过的输水暗渠多采用盖板涵洞的结构型式。

3. 拱涵

拱涵多为浆砌石结构，也有采用预制素混凝土及钢筋混凝土拱圈的。拱涵的优点是拱圈承载能力较大，能就地取材，当地基较好时，拱涵顶部的填土高度可超过20m。20世纪70年代前后修建的灌区工程，其渠系上的涵洞多采用拱涵，例如韶山灌区总干渠及陆浑灌区各干渠上的涵洞，除流量很小的采用预制混凝土圆管涵外，其余均为拱涵。

4. 圆拱直墙涵

圆拱直墙涵（城门洞型涵）一般为钢筋混凝土结构，其侧墙为直墙，顶拱为圆弧形，顶拱中心角一般为120°～180°（常用180°），其主要优点是施工放样简单。一般适用于无压流或者用于交通涵洞。

5. 圆管涵

圆管涵为管壁较薄的钢筋混凝土管，主要用于小流量的排水涵洞。由于圆形模板的施工难于平面模板，一般很少采用现场浇筑，而是采用水泥制品厂的预制混凝土管定型产品，同时受预制定型管孔径的限制，且涵洞如为无压流时，圆形管可利用的有效过水断面相对较小，因此孔径较大的涵洞，多采用其他断面型式。预制混凝土圆管涵的优点是受力条件好，承载能力大，设计施工简单，一般不需要进行结构设计，可直接根据涵洞的设计荷载条件，参照预制混凝土管定型产品的性能指标，选用相应规格的涵管即可。

6. 涵洞式渡槽

上部为钢筋混凝土矩形断面渡槽，下部由多孔一联的钢筋混凝土箱形排水涵洞支撑。

4.3.2.3 按洞身建筑材料分类

涵洞按洞身建筑材料可分为钢筋混凝土涵洞、浆砌石涵洞及混合材料涵洞等。箱涵、圆拱直墙涵及圆管涵为钢筋混凝土结构，盖板涵洞也有全部采用钢筋混凝土结构的，拱涵可全部采用浆砌石结构。盖板涵及拱涵的不同部位也常采用不同的建筑材料。

4.3.3 涵洞洞身的结构布置

4.3.3.1 矩形箱涵

矩形箱涵为单孔（见图 4.3-2）或多孔的钢筋混凝土结构。为适应地基不均匀沉降，多孔的一般 2～3 孔一联。断面为矩形，高宽比 H/B 一般不超过 1.2。根据河沟宽度、填土高度、流量大小及流态要求等设计条件综合考虑，洞高 H 可大于或小于洞宽 B。从受力条件考虑，洞高 H 略大于洞宽 B 有利于减小结构内力。根据荷载大小，箱涵的底板厚度一般约为 $d_1=(1/10\sim1/6)B$，顶板厚度一般约为 $d_2=(1/12\sim1/7)B$，侧墙厚度 d_3 等于或略小于顶板厚度，加腋尺寸一般约为 $c=(0.08\sim0.1)B$，多孔的中隔墙厚度等于或略小于侧墙厚度。为了防止施工期间立模、扎筋时对地基的扰动，保证底板钢筋混凝土的浇筑质量，在底板底面一般设 0.1m 厚的 C10 混凝土垫层，其宽度等于或略大于底板宽度。

箱涵纵向需设沉陷缝，每节箱涵的长度一般为 10m 左右，沉陷缝宽 2cm，缝间设止水。因为涵洞的规模及水压力均相对较小，因此，止水的结构布置型式应简单易行，一般可采用图 4.3-3 所示的止水布置型式。水头较高的有压涵洞宜采用双止水。无压或压力水头较小的涵洞，可仅采用一道止水。

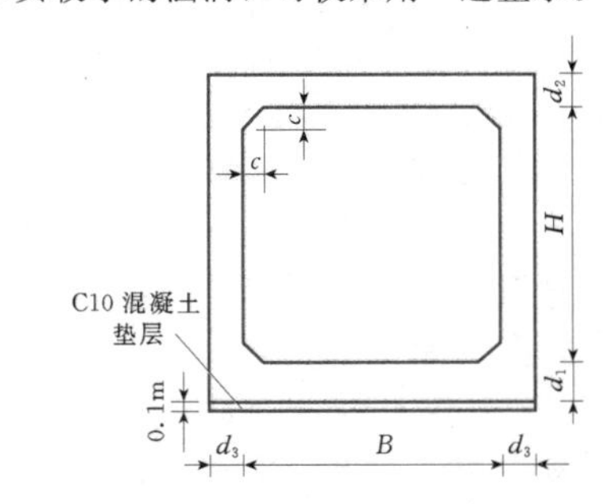

图 4.3-2 单孔箱涵断面尺寸图

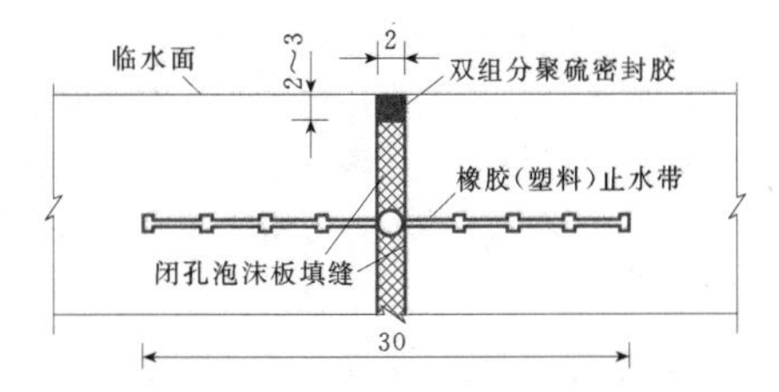

图 4.3-3 沉陷缝结构图（单位：cm）

4.3.3.2 盖板涵洞

盖板涵洞一般多为单孔（见图 4.3-4），流量较大时也可采用双孔或三孔。盖板为预制钢筋混凝土板，简支在侧墙顶部。侧墙为钢筋混凝土及素混凝土结构时，板的支承宽度一般为 15～20cm；侧墙为浆砌石结构时，为了减小盖板作用于墙顶的上部荷载的偏心距，板的支承宽度可适当加大，盖板端部与墙顶外侧挡板间的缝宽一般为 1～2cm。根据地基及荷载等情况，侧墙与底板可采用整体式或分离式结构，当地基承载力较高时可采用分离式结构，当洞宽较小或荷载较小时可采用整体式结构。在相同的洞径及荷载情况下，钢筋混凝土结构的盖板涵洞各部位结构尺寸大于箱涵的结构尺寸。洞身较低时，侧墙可采用等厚度；洞身较高时，侧墙可采用上窄下宽的梯形截面。分离式结构时，侧墙基础设前后趾，趾宽等于或略小于基础厚度，浆砌石分离式底板厚 d_1 一般为 30～50cm，素混凝土分离式底板厚 d_1 一般为 20cm 左右。

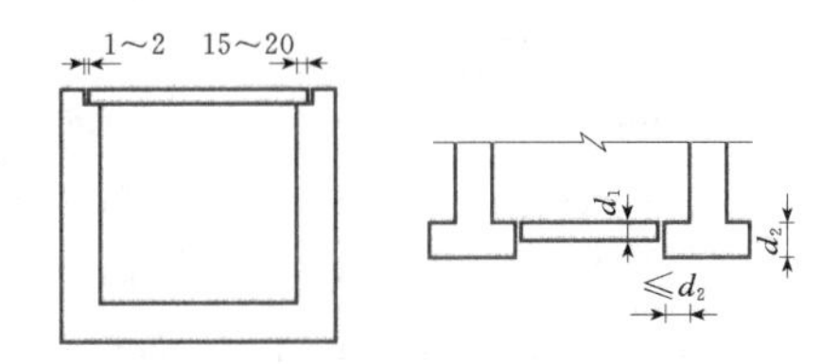

(*a*) 侧墙与底板整体连接　(*b*) 侧墙与底板分离式连接

图 4.3-4 单孔盖板涵洞结构图（单位：cm）

盖板涵洞纵向分缝的间距一般为 5～10m，沉陷缝宽 2cm。盖板涵洞多为无压涵洞，盖板一般采用宽 50cm 左右的预制钢筋混凝土板，简支结构，接缝很多，且侧墙及底板如为浆砌石结构，浆砌石材料本身实际上也有一定的透水性，因此沉陷缝内也无必要设止水，可仅在缝内填塞闭孔泡沫板或沥青油毛毡。渠底以下的填土要求与前述箱涵部分相同。

4.3.3.3 拱涵

拱涵的拱圈一般采用等截面圆弧拱，矢跨比 f_0/B 一般为 1/4～1/2。拱圈材料有浆砌石、素混凝土或钢筋混凝土等。

拱涵大多为单孔（见图 4.3-5），流量较大时也采用双孔或三孔。

浆砌石拱圈厚度 t 一般为 30～50cm，M7.5 水泥砂浆砌筑，石料应选择比较规则的大块石或片石，砌面应成辐射状；素混凝土拱圈厚度一般为 20～30cm，混凝土强度等级为 C15；钢筋混凝土拱圈厚度一般为 15～20cm，混凝土强度等级为 C20。根据地基及荷载等情况，拱座（侧墙）与底板可为整体式结构，也可为分离式结构，当地基承载力较高时多采用分离式结构。拱座多为 M7.5 浆砌石结构，顶宽 b_1 一般为 50cm 左右，底宽 b_2 一般为 80～150cm。拱座与底板为分离式结构时，拱座基础厚 d_2 一般为 70cm 左右，基础设前后趾，趾宽等于或略小于基础厚度，后趾宽一般大于前趾宽。浆砌石分离式底板厚 d_1 一般为 30～50cm，素混凝土分离式底板厚 d_1 一般为 20cm 左右。拱座（侧墙）与底板为整体式结构时，为了加强整体性，墙基及洞底板可采用素混凝土。

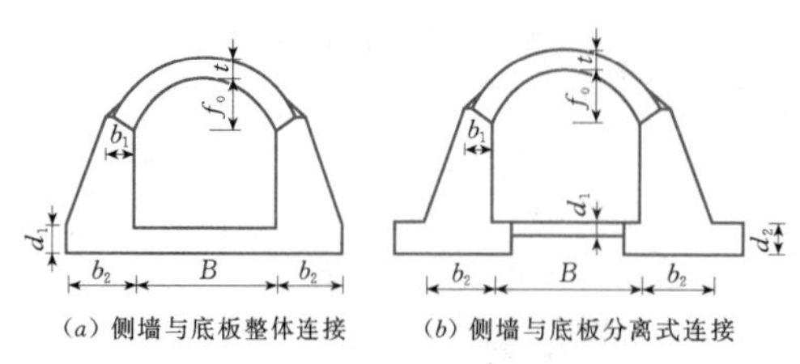

图 4.3－5　单孔拱涵横剖面结构尺寸图

拱涵纵向分缝的间距一般为 5～10m，沉陷缝宽 2cm，采用沥青油毛毡隔缝。对于穿渠的排水拱涵，为了增加防渗效果，可在拱圈顶面采用厚 2～3cm 的水泥砂浆抹面，渠底以下的填土要求与前述箱涵部分相同。

4.3.3.4　圆拱直墙涵

圆拱直墙涵的洞身宽度一般为 1～3m，常用的顶拱中心角为 180°，边墙、顶拱的厚度应根据地基条件以及填土高度确定，一般不小于 30cm。

圆拱直墙涵纵向需分段设沉陷缝，每节的长度一般为 10m 左右，沉陷缝宽 2cm，对过水涵洞缝间应设止水。

对于交通涵洞，底板混凝土强度等级还需满足相关标准要求。

4.3.3.5　圆管涵

圆管涵多为预制钢筋混凝土管，管径一般为 0.5m、0.75m、1.0m、1.25m、1.5m、2.0m 等 6 种。圆形截面的受力条件最好，因此，管壁厚度较箱涵小得多，其厚度根据管径及荷载确定。

圆管涵需根据不同地基条件分别采用相应的基础型式。

(1) 混凝土及浆砌石基础。当地基为较软的土层时，一般采用 C10 素混凝土或 M7.5 浆砌石基础［见图 4.3－6 (a)］，基础宽度等于管的外径，厚度 d 为 20cm，顶部两侧做成八字形斜面。

(2) 砂砾石垫层基础。当地基为较密实的土层时，可采用砂砾石垫层基础［见图 4.3－6 (b)］，基础宽度等于管的外径，厚度 d 为 20cm 左右。

(3) 混凝土平整层。当地基为岩层时，可不做基础，仅在管下铺一层 C10 混凝土垫层［见图 4.3－6 (c)］，厚度 d 一般为 5cm。

圆管涵每节预制管的接头均应作接缝止水处理。接缝分平口接头缝及企口接头缝两种（见图 4.3－7）。平口接头缝一般可采用热沥青浸炼过的麻絮填塞，再用热沥青填充，最后用 2 层涂满热沥青的油毛毡或 8 层热沥青浸炼过的防水纸粘贴在缝外。企口接头缝一般可采用水泥砂浆或石棉沥青填塞。

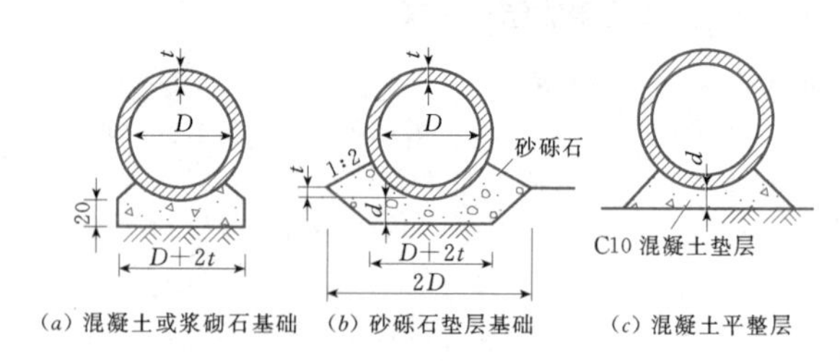

图 4.3－6　圆管涵基础图（单位：cm）

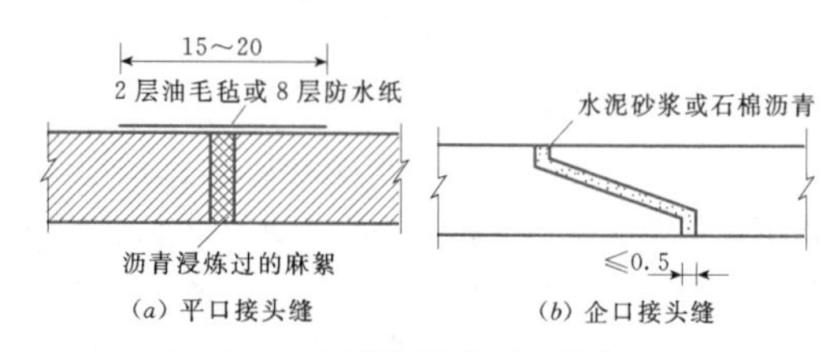

图 4.3－7　圆管涵接缝图（单位：cm）

4.3.4　涵洞进出口连接段布置

4.3.4.1　八字式洞口

八字式洞口是常用的一种布置型式，由八字形斜降墙组成，墙身一般为 M7.5 浆砌石重力式或 C15 素混凝土半重力式墙，平面扩散角一般采用 30°。这种洞口布置的特点是结构及施工简单，水流条件也较平顺。当涵洞进口前或出口后无明显沟槽时，墙顶由首端处最大墙高逐渐降低至末端处接近地面（见图 4.3－8）。当涵洞进口前或出口后有沟（渠）槽时，墙顶逐渐降低至平沟槽顶面后向垂直于沟（渠）槽轴线方向折转伸入沟槽边坡内（见图 4.3－9）。

4.3.4.2　端墙（一字墙）式洞口

端墙式洞口是在涵洞的端部设垂直于洞轴线的挡墙，墙身一般为 M7.5 浆砌石重力式或 C15 素混凝土半重力式墙。这种洞口布置型式比较简单经济，但水流条件不如八字式洞口好，局部水头损失相对较大。当涵洞进口前或出口后无明显沟槽时，在端墙外侧以椭圆形锥坡与堤坡相接（见图 4.3－10）；当涵洞进口前或出口后有沟（渠）槽时，沟槽边坡直接与端墙相接（见图 4.3－11）。

4.3.4.3　扭曲面式洞口

扭曲面式洞口（见图 4.3－12）常用于有沟（渠）

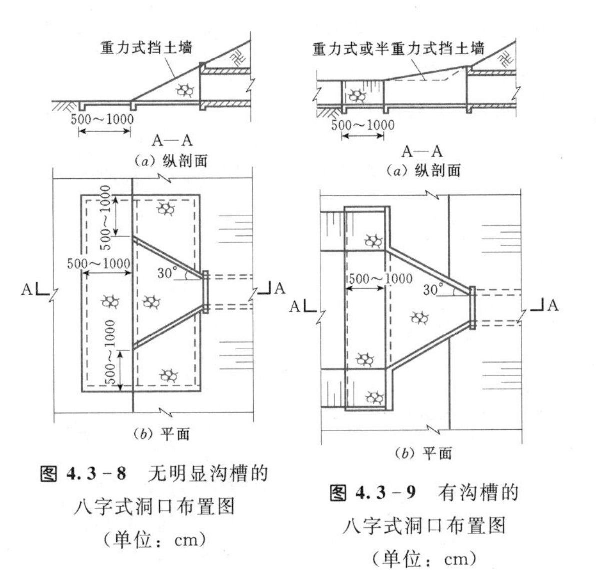

图 4.3-8　无明显沟槽的八字式洞口布置图（单位：cm）

图 4.3-9　有沟槽的八字式洞口布置图（单位：cm）

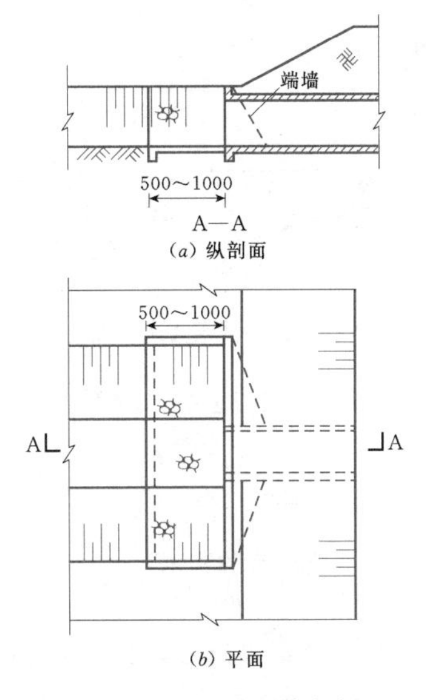

图 4.3-11　有沟槽的端墙式洞口布置图（单位：cm）

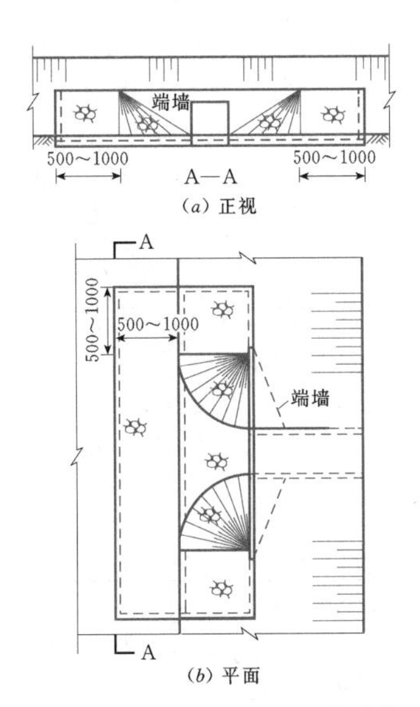

图 4.3-10　无明显沟槽的端墙式洞口布置图（单位：cm）

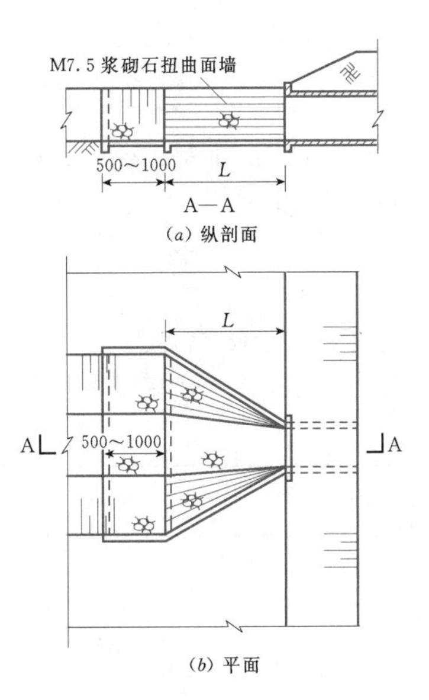

图 4.3-12　扭曲面式洞口布置图（单位：cm）

槽的连接段布置，由洞口两侧的扭曲面墙组成，墙身一般采用 M7.5 浆砌石砌筑，由首端墙前为直立的重力式断面逐渐变为末端与沟槽边坡系数相同的护坡式断面。这种洞口的局部水头损失较小，水流条件最好。扭曲面长度的计算公式为

$$L = \eta(B_2 - B_1) \tag{4.3-1}$$

式中　L——扭曲面长度，m；

B_2——沟槽水面宽度，m；

B_1——洞身宽度，m；

η——系数，进口为 1.5～2.5，出口为 2.5～3.5。

4.3.4.4　跌水式洞口

当沟槽纵坡较大，排水涵洞进口底高程较河沟底低很多，或地面坡度较陡，涵洞进口前无明显沟槽，而排水涵洞进口底高程较地面低很多时，为了控导水流进入洞内，可在涵洞进口前设陡坡式跌水形成跌水式洞口（见图 4.3-13）。跌水坡度 1∶3 左右，为避免急流冲击洞口，跌水底部水平段应有足够的长度 L，L 值主要视跌差及流量的大小而定，一般不小于

10m。在水平段两侧设重力式挡土墙或护坡，在涵洞的端部设垂直于洞轴线的端墙。

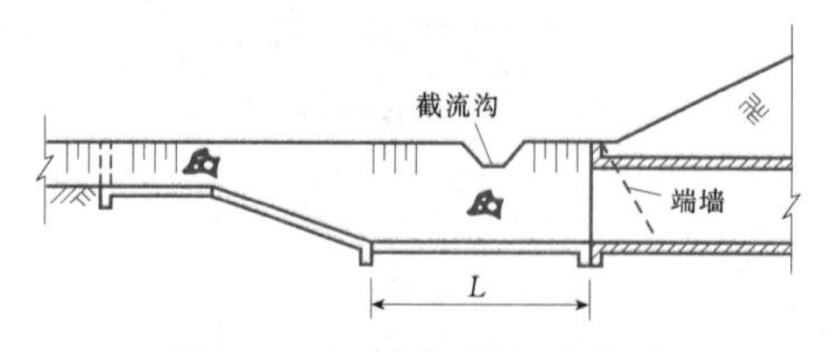

图 4.3-13 跌水式洞口布置图

以上各种涵洞进出口连接段两侧的堤坡及上下游沟槽或地面，均应采用相应的防护措施。

4.3.5 涵洞水力计算

4.3.5.1 涵洞水流流态的判别

根据进口水深（从进口洞底算起的上游进口水深）、出口水深（从出口洞底算起的下游出口水深）与洞高的关系，涵洞的流态主要分为无压流、半压力流、非淹没压力流及淹没压力流，其判别标准如下：

（1）进口水深 $H \leqslant 1.2D$（D 为洞高，H、D 单位均为 m）时，出口水深 $h<D$，为无压流；$h \geqslant D$，为淹没压力流。

（2）$1.2D<H \leqslant 1.5D$ 时，$h<D$，为半压力流；$h \geqslant D$，为淹没压力流。

（3）$H>1.5D$ 时，$h<D$，为非淹没压力流，$h \geqslant D$，为淹没压力流。

4.3.5.2 长洞与短洞的判别

对于无压流涵洞，流态还与洞身长度有关，过水能力也有所不同。其判断标准为洞长 $L<8H$ 时为短洞，否则为长洞。

4.3.5.3 无压流水力计算

$$Q = \sigma \varepsilon m B \sqrt{2g} H_0^{\frac{3}{2}} \quad (4.3-2)$$

$$H_0 = H + \frac{\alpha v^2}{2g} \quad (4.3-3)$$

$$\sigma = 2.31 \frac{h_s}{H_0}\left(1 - \frac{h_s}{H_0}\right)^{0.4} \quad (4.3-4)$$

$$h_s = h - iL \text{（短洞）} \quad (4.3-5)$$

以上式中 Q——涵洞过流量，m^3/s；

B——洞宽，m；

m——流量系数，可近似采用 0.36；

ε——侧收缩系数，可近似取 0.95；

H_0——包括行近流速水头在内的进口水深，m；

g——重力加速度，取 $9.81m/s^2$；

σ——淹没系数，可按式（4.3-4）计算求得或按表 4.3-1 查得；

h_s——洞进口内水深，m，对短洞，可按式（4.3-5）计算求得，对长洞需以出口水深为控制水深，从出口断面向上游推算水面线以确定洞进口内水深；

v——上游行近流速，m/s；

α——动能修正系数，可采用 1.05；

其他符号意义同前。

表 4.3-1 淹没系数 σ

h_s/H_0	≤0.72	0.75	0.78	0.80	0.82	0.84	0.86	0.88	0.90	0.91
σ	1.00	0.99	0.98	0.97	0.95	0.93	0.90	0.87	0.83	0.80
h_s/H_0	0.92	0.93	0.94	0.95	0.96	0.97	0.98	0.99	0.995	0.998
σ	0.77	0.74	0.70	0.66	0.61	0.55	0.47	0.36	0.28	0.19

4.3.5.4 半压力流过水能力计算

$$Q = m_1 A \sqrt{2g(H_0 + iL - \beta_1 D)} \quad (4.3-6)$$

式中 m_1——流量系数，由表 4.3-2 查取；

A——洞身断面面积，m^2；

β_1——修正系数，由表 4.3-2 查取；

i——洞底坡降；

其他符号意义同前。

表 4.3-2 流量系数 m_1 及修正系数 β_1

进口型式	m_1	β_1
圆锥形护坡	0.625	0.735
八字墙、扭曲面翼墙	0.670	0.740
走廊式翼墙	0.576	0.715

4.3.5.5 压力流过水能力计算

（1）非淹没压力流过水能力的计算公式为

$$Q = m_2 A \sqrt{2g(H_0 + iL - \beta_2 D)} \quad (4.3-7)$$

$$m_2 = \frac{1}{\sqrt{1+\sum\xi+\frac{2gL}{C^2R}}} \tag{4.3-8}$$

$$\sum\xi = \xi_1+\xi_2+\xi_3+\xi_5+\xi_6 \tag{4.3-9}$$

以上式中　m_2——流量系数，按式（4.3-8）计算求得；

β_2——修正系数，可取0.85；

R——水力半径，m；

C——谢才系数；

$\sum\xi$——除出口水头损失系数以外的局部水头损失系数的总和；

ξ_1——进口水头损失系数，顶部修圆的进口可采用0.1～0.2；

ξ_2——拦污栅水头损失系数，与栅条形状尺寸及间距有关，一般可采用0.2～0.3；

ξ_3——闸门槽水头损失系数，可采用0.05～0.1；

ξ_5——进口渐变段水头损失系数，可按表4.3-3查得；

ξ_6——出口渐变段水头损失系数，可按表4.3-3查得。

表4.3-3　　渐变段水头损失系数

渐变段型式	进口	出口
扭曲面	0.1～0.2	0.3～0.5
八字斜墙	0.2	0.5
圆弧直墙	0.2	0.5

（2）淹没压力流过水能力的计算公式为

$$Q = m_3A\sqrt{2g(H_0+iL-h)} \tag{4.3-10}$$

$$m_3 = \frac{1}{\sqrt{\sum\xi+\frac{2gL}{C^2R}}} \tag{4.3-11}$$

$$\sum\xi = \xi_1+\xi_2+\xi_3+\xi_4+\xi_5+\xi_6 \tag{4.3-12}$$

$$\xi_4 = \left(1-\frac{A}{A_{下}}\right)^2 \tag{4.3-13}$$

以上式中　m_3——流量系数，按式（4.3-11）计算；

$\sum\xi$——局部水头损失系数的总和，较非淹没压力流的$\sum\xi$值多一个出口水头损失系数ξ_4；

$A_{下}$——出口后下游过水断面面积，m^2；

ξ_4——出口水头损失系数，可按式（4.3-13）计算。当出口后下游过水断面较大，比值$A/A_{下}$很小时，ξ_4可近似取为1。

4.3.5.6　下游水流衔接计算

涵洞出口通常仅做一般砌护即可。当涵洞坡降过陡、出口流速过大时，可按水流衔接计算设置消能防冲设施。

4.3.6　涵洞结构计算

4.3.6.1　荷载计算

作用于涵洞上的荷载有填土压力（垂直土压力和水平土压力）、内外水压力、洞身自重以及填土上的活荷载（如路下涵）等。

填土压力是涵洞的主要荷载，其大小除与填土高度和土壤性质有关外，还与施工方法、洞身刚度有关。洞顶填土方式主要有上埋式和沟埋式两种。

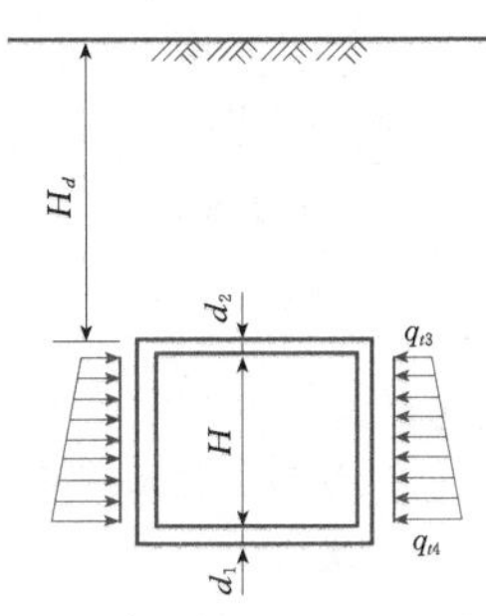

图4.3-14　上埋式涵洞水平土压力计算图

1. 上埋式填土压力计算

上埋式填土压力计算如图4.3-14所示。

（1）垂直土压力计算同式（4.2-7）。

（2）侧向水平土压力的计算公式为

$$q_{t3} = \gamma_s(H_d+d_2)\tan^2\left(45°-\frac{\varphi}{2}\right) \tag{4.3-14}$$

$$q_{t4} = \gamma_s(H_d+d_2+H)\tan^2\left(45°-\frac{\varphi}{2}\right) \tag{4.3-15}$$

上二式中　q_{t3}、q_{t4}——顶板底面处、底板顶面处的水平土压力强度，kN/m；

d_2——顶板厚度［见图4.3-14］，m；

H——洞身净高，m；

γ_s——填土容重，kN/m^3；

φ——填土内摩擦角，(°)。

2. 沟埋式填土压力计算

（1）垂直土压力，按下述方法计算。

当填土夯实较差，$B-B_1<2m$时，涵洞每米洞长上的垂直土压力强度为

$$q_{t2} = \frac{K_g\gamma_sH_dB}{B_1} \tag{4.3-16}$$

当填土压实良好，$B-B_1>2$m时，涵洞每米洞长上的垂直土压力强度为

$$q_{t2}=K_g\gamma_s H_d\frac{B+B_1}{2B_1} \quad (4.3-17)$$

上二式中　B——沟槽宽度［见图4.3-15（a）］，m；

K_g——垂直土压力系数，根据填土种类及比值H_d/B_1由表4.3-4查取；

其他符号意义同前。

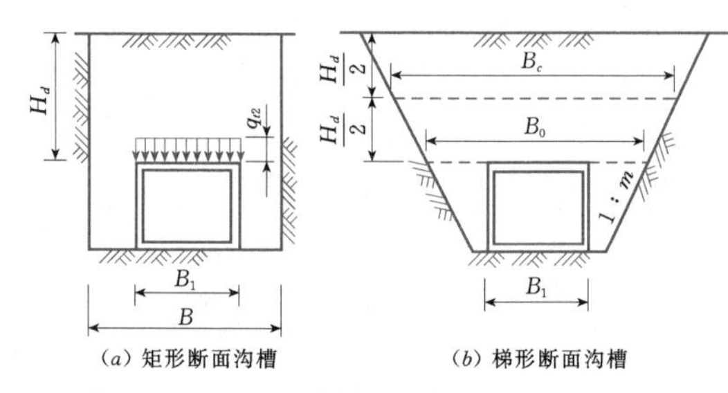

图4.3-15　沟埋式涵洞垂直土压力计算示意图

表4.3-4　　沟埋式涵洞土压力系数K_g值

填土种类	H_d/B_1						
	0	1	2	3	4	5	6
岩基	1.0	0.82	0.70	0.60	0.53	0.45	0.40
密实砂类土、坚硬或硬塑黏性土	1.0	0.85	0.73	0.64	0.55	0.48	0.44
中密砂类土、可塑黏性土	1.0	0.87	0.76	0.67	0.58	0.52	0.47
松散砂类土、流塑或软塑黏性土	1.0	0.89	0.78	0.70	0.62	0.55	0.50

当沟槽为梯形断面［见图4.3-15（b）］，垂直土压力按式（4.3-17）计算。仅将式中槽宽B改用洞顶处的槽宽B_0，并按比值H_d/B_c查取垂直土压力系数K_g，B_c为距地面$H_d/2$处的槽宽。

如沟槽过宽，按式（4.3-16）及式（4.3-17）计算的垂直土压力值大于按式（4.2-7）计算的上埋式垂直土压力值时，则应按式（4.2-7）进行计算。

（2）水平土压力，当$B_0-D_1>2$m时，水平土压力与上埋式相同，即按式（4.3-14）及式（4.3-15）计算。当$B_0-D_1\leqslant 2$m时，则应乘以局部作用系数K_n。K_n的计算公式为

$$K_n=\frac{B_0-B_1}{2} \quad (4.3-18)$$

4.3.6.2　结构计算

在涵洞工程设计中，较大型的涵洞较少采用圆形断面，中小型的圆形断面涵洞则一般多采用水泥制品厂的有压或无压成品预制混凝土管，一般只需进行结构复核计算。因此，仅介绍有关矩形断面和拱形断面涵洞的结构计算方法。

（1）盖板涵。盖板按简支梁计算。对于整体式底板，将侧墙与底板视做一个整体结构，将顶部与盖板作为铰接进行计算；对于分离式底板，侧墙一般按挡土墙计算，为节省工程量，也可将盖板及底板作为支承，按简支梁计算。

（2）箱型涵洞。钢筋混凝土箱涵，按四边封闭的框架采用力矩分配法计算较为简便。地基反力可简化为均布荷载。

（3）拱形涵洞。拱形涵洞根据拱圈构造与侧墙底板连接型式的不同，可采用不同方法进行计算：无铰拱按弹性中心法或压力线法计算，整体式底板和侧墙按整体式结构计算，分离式底板其侧墙通常按重力式挡土墙计算；考虑到顶拱推力及底板的支承作用，侧墙可按轻台拱桥计算，以节省工程量；底拱可根据构造按无铰拱或两铰拱计算。地基反力可简化为均布荷载。

4.4　跌水与陡坡

4.4.1　概述

跌水与陡坡是明渠工程中最常见的落差建筑物。当渠道通过地面坡度过陡的地带时，要保持渠道的设计纵坡，就会出现高填方或深挖方的渠段，为避免这种现象，最常见的工程措施就是根据渠道的设计纵坡和实际地形状况对渠道分段，将渠底高程的落差适当集中，并在落差集中处修建跌水或陡坡，作为渠道落差的连接建筑物。

此外，在建设灌溉、排洪、城市供水、水电站等水利工程时，常将跌水与陡坡作为引水、退水、分水和泄洪建筑物。为了适应地形特点，有时还布置成多级跌水，或陡坡、跌水和跌井联合布置的型式。

渠道落差建筑物可分为开敞式和封闭式两大类型。应用最广的开敞式有跌水与陡坡两大类。跌水与陡坡又各分为单级和多级的布置型式。斜管式跌水

（或称涵管式跌水）和直落式跌井（简称跌井）是常见的封闭式渠系落差连接建筑物。

跌水与陡坡的布置应满足泄流能力的要求；使水流尽量平顺通过进口控制段进入跌水或陡坡；流量变化时，均能保证上游渠道要求的水位，不发生过大的壅水和降水现象；具备完善的防渗和排水系统；建筑物自身抗冲能力足够，消能充分，出流平稳，防止水流对下游渠道的冲刷。

4.4.2 跌水

水流经由跌水缺口流出，自由跌落于下游渠道消力池的连接建筑物称为跌水。根据上下游渠道间的落差大小，可采用单级和多级的布置型式。跌水通常由上游进口连接段、进口控制段、消力池及下游出口段等部分组成。

4.4.2.1 单级跌水

单级跌水是根据渠道通过的地形状况，只做一次跌落的跌水。单级跌水的落差一般为 3～5m，如图 4.4-1 所示。

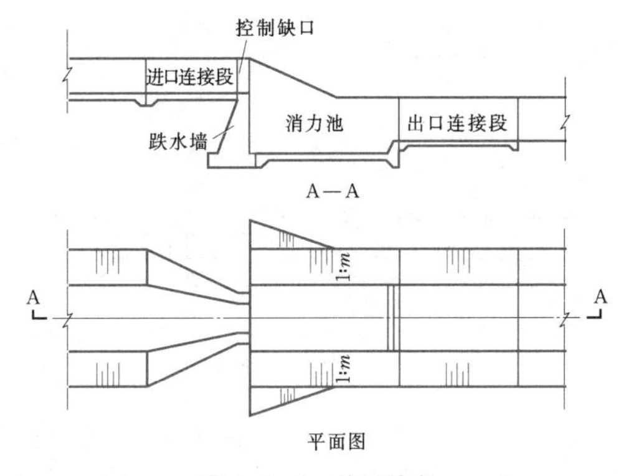

图 4.4-1 单级跌水

1. 单级跌水构造

（1）进口连接段。进口连接段是将上游渠道与跌水进口控制段渐变相接的过渡段。其作用在于平稳均匀地引导上游渠道水流进入跌水控制堰口，以减少进口水头损失，并给跌水泄流创造良好条件。常见进口连接段的形式有扭曲面、八字墙和横隔墙式，如图 4.4-2 所示。

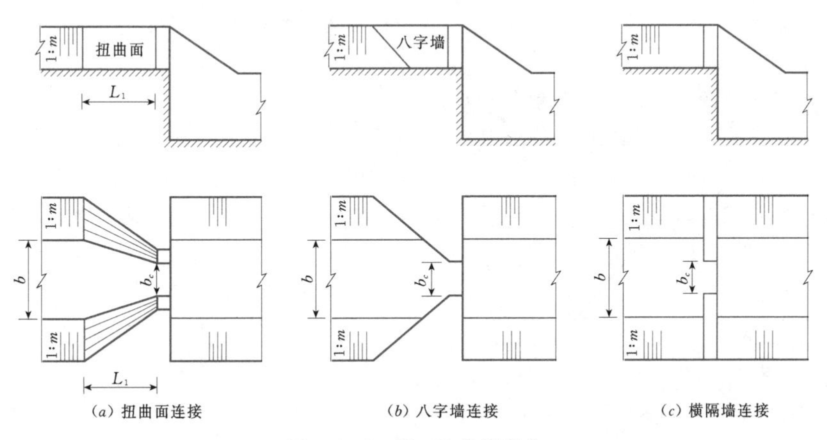

图 4.4-2 进口连接段型式

进口连接段长度 L_1 愈长，对于行进水流愈有利，过短则上游渠道行进水流收缩过剧，影响泄流能力。连接段的合理长度同渠道底宽 b 与渠道设计水深 H 的比值 b/H 有关。根据我国各渠道实验经验表明：当 $b/H<2$ 时取 $L_1\leqslant 2.5H$，$b/H=2\sim2.5$ 时取 $L_1=3H$，$b/H>2.5$ 时取 $L_1=3.5H$，$b/H>3.5$ 的宽浅渠道，L_1 则视具体情况适当加长，以收缩底边线与渠道中线夹角不超过 45°为原则。

进口连接段通常采用片石或混凝土衬砌，以防止渠水的冲刷，同时可增长渗径，以减少下游消力池底板的渗透压力。

（2）进口控制段。通常在进口控制段设置闸门以调节上游渠道水位，也有不设闸门而用缺口控制上游渠道水位的。设置闸门多用于大中型渠道的退水工程中的跌水、陡坡进口部分，常采用平板闸门、弧形闸门等型式，详见水闸相关章节。

跌水缺口的横断面常采用矩形、梯形、底部加台堰或多缺口（复式缺口）等形式，如图 4.4-3 所示。缺口与消力池用跌水墙连接，跌水墙常采用混凝土、浆砌块石、混凝土砌块石等结构，按照挡墙进行设计。跌水墙两端伸入两岸土体作为刺墙，防止侧向绕渗。跌水墙与进口连接段设置止水，形成完整的防渗体系。

矩形缺口，只适用于渠道流量变差不大的工程。

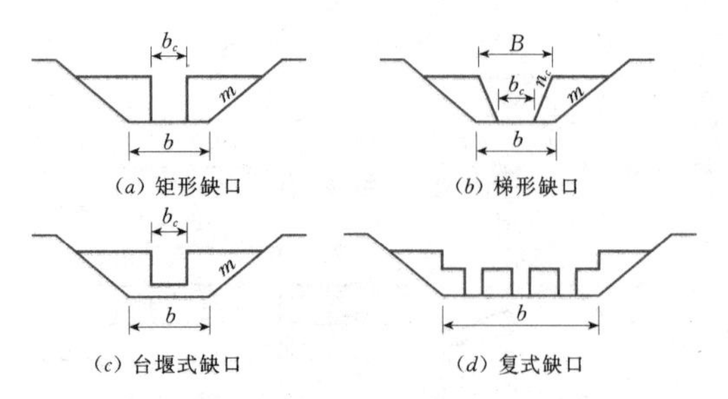

图 4.4-3 跌水缺口的形式

梯形缺口施工较方便，且在通过各级流量时不致使上游水面过分壅高或降落，一般均可满足渠道运用的要求。台堰式缺口，可以减少缺口处的单宽流量，有利于下游消能，对于含泥沙较多的渠道，台堰壅水部分易遭淤积。

复式缺口形状与作用和单缺口相同，可以做成梯形或矩形。复式缺口适用流量较大的宽浅渠道，可以分散跌落水流以利于消能。缺口数目的计算公式为

$$N=\frac{b}{(1.25\sim1.50)H_{max}} \tag{4.4-1}$$

式中 N——缺口数目；

b——渠道底宽，m；

H_{max}——渠道最大水深，m。

(3) 消力池。消力池的横断面形式一般为矩形、梯形和复式（上部为梯形，下部为矩形），如图 4.4-4 所示。

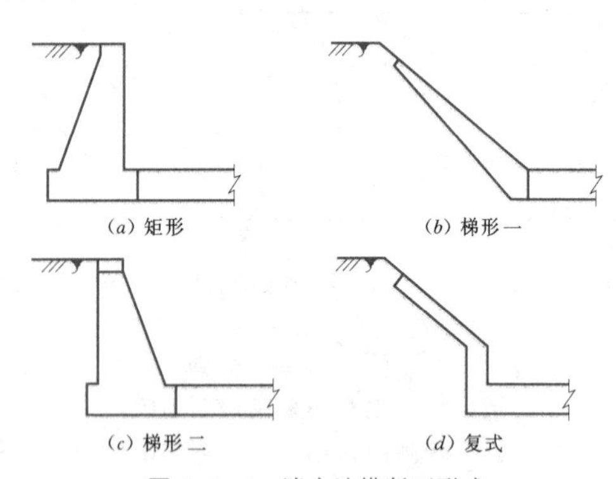

图 4.4-4 消力池横断面形式

消力池横断面的选取原则为：①若选用复式缺口，跌水消力池既可为矩形断面，也可为复式断面，考虑到渠道断面多为梯形，建议优先选用复式断面；②若不用复式缺口，则以矩形断面消力池为宜，梯形断面消力池，池两旁易出现旁侧回流，降低消能效果；③高寒地区，为防止冻胀破坏，仍以矩形断面消力池为宜。

消力池尺寸由水力计算决定，在一般情况下其底板衬砌厚度，根据实践经验，可取 0.4～0.8m。消力池后部一般要布置排水孔，以排除周边渗水，降低底板扬压力。排水孔底部布置反滤措施，根据地基土层级配采用土工布、砂石等做反滤结构。

(4) 下游出口段。为了使消力池中紊动水流能够较平顺地过渡到下游正常渠道，在消力池和下游渠道之间须设置一定长度的连接段和整流护砌段以调整流速、平顺流态，减小下游渠道的冲刷。消力池末端底部可用 1∶2.0 或 1∶3.0 的反坡与下游渠道连接。一般情况下消力池较下游渠道宽，消力池后连接段多为平面收缩形式，收缩率应在 1∶3.0～1∶8.0 之间。

在消力池内不加消能工的情况下，若下游为土渠，则池后出口段（连接段+整流护砌段）总长约需 $L_{出}=(8\sim15)h_{下}$，最大可达 $30h_{下}$ 左右。在池内加设消能工的条件下，出口段可以适当缩短，一般可取 $L_{出}=(3\sim6)h_{下}$，最短不小于 $3h_{下}$。若消力池边坡和下游渠道不一致，则连接段用扭坡连接。

2. 单级跌水水力计算

(1) 矩形缺口和台堰缺口的水力计算。一般情况下，矩形缺口和台堰缺口流量可按宽顶堰理论计算。当台堰厚度（即堰宽 δ）满足 $0.67H<\delta<2.5H$ 时，应按实用堰确定流量系数。

$$Q=m\varepsilon b_c\sqrt{2g}H_0^{\frac{3}{2}} \tag{4.4-2}$$

其中
$$H_0=h_1+\alpha\frac{v_0^2}{2g}$$

式中 Q——流量，m^3/s；

H_0——计入行近流速的堰上总水头，m；

h_1——不计行近流速的堰上水头，m；

v_0——上游渠道平均流速，m/s；

b_c——缺口宽度，m；

m——流量系数；

α——流速分布系数，可取 1.05～1.10；

ε——侧收缩系数。

宽顶堰流量系数的计算公式如下：

进口为扭曲面连接时

$$m=0.474-\frac{0.018b_c}{H_0} \tag{4.4-3}$$

进口为八字墙连接时

$$m=0.470-\frac{0.017b_c}{H_0} \tag{4.4-4}$$

进口为横隔墙连接时

$$m=0.402-\frac{0.008b_c}{H_0} \tag{4.4-5}$$

(2) 梯形缺口的水力计算。梯形缺口流量 Q 的计算公式为

$$Q=\varepsilon m_1(b_{cb}+0.8m_{cb}H_0)\sqrt{2g}H_0^{\frac{3}{2}} \tag{4.4-6}$$

其中 $$m_1 = 0.508 - \frac{0.034(b_{cb} + 0.8m_{cb}H_0)}{h_1} \quad (4.4-7)$$

式中 b_{cb}——梯形缺口底宽度，m；

m_{cb}——缺口边坡系数；

m_1——梯形缺口流量系数。

【例 1】 已知设计流量 $Q=10\text{m}^3/\text{s}$，相应渠道水深 $H_0=1.4\text{m}$，渠道底宽 $b=5.0\text{m}$，进口为扭曲面连接，长度 $L_1=5.0\text{m}$，试设计矩形缺口宽 b_c。

解： 采用试算法，先假设 $b_c=3.0\text{m}$，则

$$m = 0.474 - \frac{0.018b_c}{H_0} = 0.4354，\varepsilon = 1.0，b_c = \frac{Q}{m\varepsilon\sqrt{2g}H_0^{\frac{3}{2}}} = 3.129\text{ m}$$，大于假设值 3.0m；

再设 $b_c=3.13\text{m}$，可求得 $m=0.4338$，则 $b_c=3.142\text{m}\approx3.13\text{m}$。

(3) 复式缺口的水力计算。复式缺口水力计算过程为先用式 (4.4-1) 确定缺口数目，然后运用矩形缺口、台堰缺口或梯形缺口水力计算公式确定单个缺口的尺寸、求得单个缺口的分流量，分流量乘以缺口数即得总流量 Q，并校核能否按要求通过各级流量。

(4) 消力池的水力计算。图 4.4-5 为标准垂直跌水的水力计算示意图。如果下游渠道水深 $h_下$ 小于水跃的跃后水深 h_2，则需挖建消力池，否则只需做水平护坦（末端往往加设一低坎）而不需修建消力池。

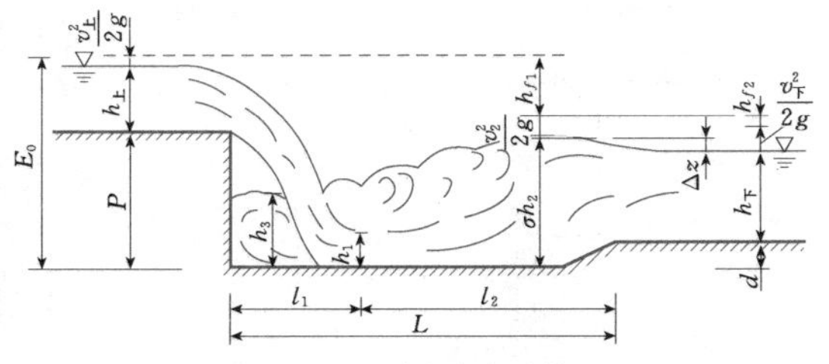

图 4.4-5 跌水水力计算图

E_0—消力池池底以上总能头；$h_上$—上游水深；P—跌差；h_1—跃前水深；h_2—跃后水深；Δz—出池水面跌落；$h_下$—下游渠道水深；L—消力池长度；l_1—水舌跌落距离；l_2—壅高水跃的水跃长度；d—消力池深度；h_{f1}、h_{f2}—水头损失

1) 矩形消力池。

①池深计算：

$$d \geqslant (1.10 \sim 1.15)h_2 - h_下 \quad (4.4-8)$$

$$h_2 = \frac{1}{2}h_1(\sqrt{1+8Fr_1^2} - 1) \quad (4.4-9)$$

$$Fr_1 = \frac{q}{\sqrt{g}h_1^{1.5}} \quad (4.4-10)$$

$$h_1 = \frac{q}{\varphi\sqrt{2g(E_0 - h_1)}} \quad (4.4-11)$$

以上式中 q——水舌跌落处的单宽流量，$\text{m}^3/(\text{s}\cdot\text{m})$；

φ——流速系数，可取 0.90～0.95；

Fr_1——跃前断面的水流弗劳德数；

h_1——收缩水深，m；

h_2——共轭水深，m。

单宽流量的计算公式如下：

单一跌口为矩形或台堰形时

$$q = \frac{Q}{b_c} \quad (4.4-12)$$

单一跌口为梯形时

$$q = \frac{Q}{b_{cb} + 0.8m_{cb}H_0} \quad (4.4-13)$$

多个跌口为矩形或台堰形时

$$q = \frac{Q}{nb_c} \quad (4.4-14)$$

多个跌口为梯形时

$$q = \frac{Q}{n(b_{cb} + 0.8m_{cb}H_0)} \quad (4.4-15)$$

②池长计算。消力池总长度的计算公式如下：

$$L = l_1 + l_2 \quad (4.4-16)$$

$$l_1 = 1.64\sqrt{H_0(P + 0.24H_0)} \quad (4.4-17)$$

$$l_2 = (3.2 \sim 4.3)h_2 \quad (4.4-18)$$

以上式中 l_1——水舌抛射长度，m；

l_2——壅高水跃的水跃长度，m；

P——水流跌差，m；

H_0——包含堰前流速水头的堰上水头，m。

当采用复式缺口时，根据工程经验，消力池长度 l_2 可减少 1/3。

③池宽计算。当只有一个缺口时，消力池宽度 b' 可取缺口水面宽加 0.1 倍的水舌跌落距离 l_1，即

$$b' = 0.1l_1 + b_c + 0.8n_cH \quad (4.4-19)$$

当为复式缺口时，消力池宽度的计算中还应计入水面线高程处的隔墩厚度，式 (4.4-19) 改写为

$$b' = 0.1l_1 + n(b_c + 0.8n_cH) + (n-1)b_g \quad (4.4-20)$$

上二式中 n——缺口数；

n_c——缺口边坡系数；

b_g——隔墩厚度，m。

【例 2】 已知渠道上下游水深均为 1.30m，单宽流量 $q=2.0\text{m}^3/\text{s}$，跌差 $P=1.5\text{m}$，试计算所需消力池深、池长。

解： 采用试算法，假设 $h_1=0.2\text{m}$，代入式 (4.4-11) 右侧，得 $h_1=\frac{q}{\varphi\sqrt{2g(E_0-h_1)}}=0.295\text{m}$；再假设 $h_1=0.295$，迭代计算得 $h_1=0.3$，取 h_1

$=0.3m$。

$Fr_1=\frac{q}{\sqrt{g}h_1^{1.5}}=3.88$；$h_2=\frac{1}{2}h_1(\sqrt{1+8Fr_1^2}-1)=1.51m>$下游水深，需设置消力池；$d\geqslant 1.15h_2-h_下=0.43m$，取消力池池深 $d=0.5m$。

$l_1=1.64\sqrt{H_0(P+0.24H_0)}=2.51m$；$l_2=(3.2\sim4.3)h_2=4.8\sim6.4m$；$L=l_1+l_2=7.31\sim8.91m$，取消力池池长 $L=8m$。

2）综合消力池。有时因受地质条件限制不宜深挖消力池，在这种情况下，可以根据实际条件确定一个适宜的池深，尾水不足部分则用池后的尾槛来促成，形成综合消力池，其布置形式如图4.4-6所示。

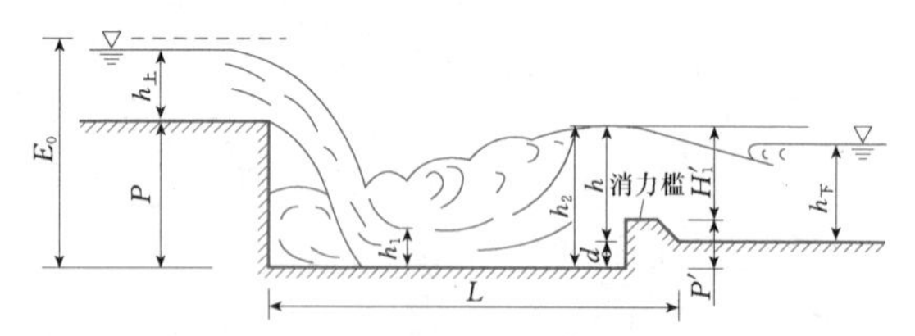

图4.4-6 综合消力池水力计算图

综合消力池要求在池中形成完整水跃，消力槛后不发生远驱水跃，水力计算具体步骤如下：

a. 按不设消力槛矩形消力池的计算方法计算出池深 d'，假定设消力槛时的池深 $d=d'/2$。

b. 由式（4.4-11）算出 h_1。

c. 由式（4.4-10）算出 Fr_1。

d. 由式（4.4-9）算出 h_2。

e. 由式（4.4-16）计算消力池池长。

f. 消力槛为堰流，假定为自由出流，则堰上水头 $H_1'=\left(\frac{q}{m\sqrt{2g}}\right)^{\frac{2}{3}}$。

g. 利用 h_2 和 H_1'，算出消力槛高度 $P'=h_2-H_1'$。

h. 用式（4.4-11）算出消力槛后收缩水深 h_1；用式（4.4-10）算出消力槛后收缩断面弗劳德数 Fr_1。若该值大于1，则消力槛后产生水跃，用式（4.4-9）算出 h_2，若该水深小于 $h_下$，槛后为淹没水跃，满足要求。如淹没度过大，可适当减小池深，按上述方法重新计算，直到满足适当的淹没度。如 $h_2>h_下$，消力槛后将产生远驱水跃，说明池深假设偏小，适当加大池深，按上述方法重新计算。若 $Fr_1<1$，说明消力槛后为缓流，不产生水跃，也满足要求。如 Fr_1 略大于1，消力槛后可能产生波状水跃。为避免这种水流，有两个方法：一是要求水跃为高淹没度；二是调整池深，重新计算。

3）梯形及复式消力池。梯形消力池由于旁侧回流的挤压，水跃的消能率较低，而且容易在池中发生折冲水流而使流态处于不稳定状态。实际工程中由于渠道多为梯形断面，矩形消力池两侧挡土墙费工费料，为降低造价和便于连接，仍多采用梯形断面消力池。为改善梯形消力池的缺点而不致过多增加工程费用，比较常见的方式是将消力池的渠底以下部分做成矩形，而将渠底以上部分做成梯形，即所谓复式断面消力池。

梯形及复式断面消力池一般情况下可参照矩形消力池的计算方法进行，亦可按陡坡消力池的方法计算。

4）格栅式消力池。格栅式消力池抗冻效果好，适合寒冷地区，在东北、西北及华北地区得到应用。从水力学方面看，适用于 $Fr=2.5\sim4.5$ 范围内，而当 $Fr<3$ 时，格栅式消力池特别适宜。

水流经过栅网漏入消力池中，由于分散性好、掺气充分且垂直下落，因而消能作用显著，特别是消除了因低弗劳德数水流而产生的水面波动，使出池后水面平稳，下游渠道冲刷轻微。目前在我国的运用范围为 $Q=2\sim20m^3/s$，跌差 $P=1\sim6m$。

格栅形式可为横梁式、纵梁式、网格式，如图4.4-7所示，若跌差大于3m，单宽流量大于 $6m^3/(s\cdot m)$，则宜用双层或多层格栅。格栅高程可与上游渠底平齐也可低于渠底0.5～1.0m（用1∶3.0～1∶5.0的斜坡与上游渠底衔接），当格栅与上游渠底平齐时其计算方法如下：

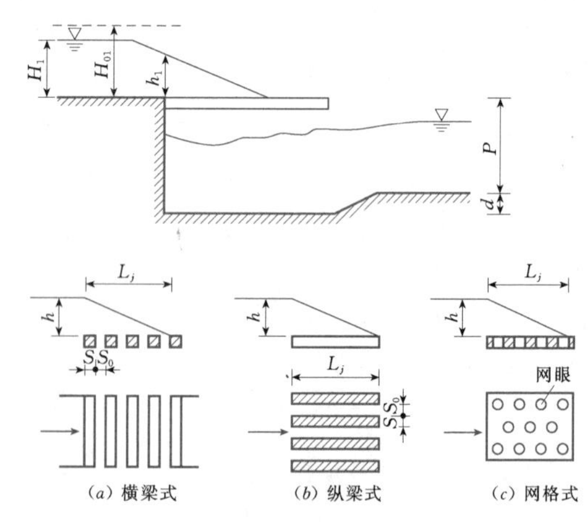

图4.4-7 单层格栅式消力池水力计算示意图

a. 纵梁式。沿水流方向的总长度为

$$L_j=\frac{H_{01}\eta_1\sqrt{1-n\eta_1}}{am\varepsilon} \quad (4.4-21)$$

其中
$$\varepsilon=\frac{S_0}{S+S_0}$$

$$\eta_1=\frac{h_1}{H_{01}}$$

$$n=\frac{p_1}{\gamma h_1}$$

式中 H_{01}——格栅前总水头，m；

h_1——格栅入口断面水深，m；

a——堵塞系数，取0.75～0.80；

m——流量系数；

ε——收缩系数；

η_1——入口相对深度；

n——入口相对压强。

m、η_1、n可由表4.4-1查出。

表4.4-1 筛网水力系数

格栅类型	位置	m	η_1	n
纵梁式	水平	0.497	0.509	0.850
	1/5倾斜	0.435	0.499	0.615
网格式	水平	0.800	0.594	0.970
横梁式	1/5倾斜	0.750	0.496	0.750

当$Fr=2.5\sim4.5$，纵梁长度也可按式（4.4-22）计算，即

$$L_j=\frac{4.1Q}{s_0 n'\sqrt{2gH_1}} \tag{4.4-22}$$

式中 Q——设计流量，m^3/s；

s_0——间隔宽，m；

n'——间隔数目；

H_1——上游渠道水深，m。

并用式（4.4-23）进行核算，即

$$L_j=\frac{q}{a\mu\varepsilon\sqrt{2gh_1}} \tag{4.4-23}$$

其中 $$h_1=(0.52\sim0.57)H_{01}$$

式中 μ——流量系数，可取0.6～0.65。

设计时，可取式（4.4-21）～式（4.4-23）计算结果较大者。

b. 网格式与横梁式。筛网长度的计算公式为

$$L_j=\frac{H_{01}}{a\mu\varepsilon}F(\eta_1) \tag{4.4-24}$$

其中

$$F(\eta_1)=\frac{3}{2}\sqrt{\eta_1(1-\eta_1)}-\frac{1}{4}\arcsin(1-2\eta_1)+\frac{\pi}{8}$$

$F(\eta_1)$可按表4.4-2查出。

表4.4-2 $F(\eta_1)$计算表

η_1	0.50	0.55	0.60	0.65	0.70
$F(\eta_1)$	1.143	1.164	1.179	1.184	1.183

网格面积收缩系数$\varepsilon=\frac{w_{网}}{w}$，其中，$w_{网}$为网格孔眼面积；$w$为网格总面积。

黑龙江水利科学研究院提出，当$\varepsilon=0.3\sim0.35$、$q=3\sim6m^3/(s\cdot m)$时，筛网长度的计算公式为

$$L_j=\frac{q^2}{0.45(q-1)}-25(\varepsilon-0.3) \tag{4.4-25}$$

多层筛网的水力计算可参照单层筛网进行，并应以下层筛网上的水流不影响上层筛网孔口的自由出流为原则。

c. 消力池设计。由于跌落水舌没有明显的共轭水深，因而其消能设计可按单位体积消能率来计算。取消力池单位水体的消能率为

$$P_r=\frac{N}{V}=6\sim9\ (kW/m^3) \tag{4.4-26}$$

其中 $$N=9.8Q\Delta H$$

式中 N——需要在消力池中消除的能量，kW；

Q——设计流量，m^3/s；

ΔH——上下游水位差，m；

V——消力池水体体积，m^3。

对于大流量、小跌差的筛网式跌水，P_r取小值，小流量、大跌差者取大值。目前已建工程的P_r大多数在$8\sim9kW/m^3$。

（5）辅助消能工。跌水常用的辅助消能工有消力槛、消力墩（齿）和齿坎综合消能工。消力槛一般加于池末，为方便施工，多为连续式，其高度计算见综合消力池。对于无推移质撞击和磨损的渠道跌水，为提高消能整流效果，亦可采用差动式齿槛。当消力池深度较小，水跃有越出池外趋势时，或水舌入水宽度较小，在池中形成折冲水流且引起下游水位的剧烈波动时，可在池中加设消力墩（齿）以增加效能效果，稳定水跃位置，使出池水流更加平稳。

消力墩（齿）多为梯形，加设于消力池的前半部分底板上。其尺寸可参考如下：墩高$a=(0.95\sim1.2)h_1$；墩宽$S=$墩间距$S_0=(0.85\sim1.0)a$；纵向位置位于设计流量水舌跌落位置以后$(0.5\sim1.5)h_1$处。其中，h_1为跃前断面水深。

4.4.2.2 多级跌水

当跌水的落差较大（一般大于3m）时，将落差建筑物布置成多级跌水，逐级消能，较为经济合理，亦可根据地形地质条件，设计修建不连续的多级跌水。

典型的多级跌水，它的第一级消力池的末端段，即是第二级跌水的进口段，最末一级的消力池，其下游的衔接形式则按具体的渠道地形情况而定。如用于灌区渠道退水工程的多级跌水，其最后一级跌水也可改为陡槽，将水流挑射退入河道或山沟中。

多级跌水的组成与水力计算和单级跌水相同，只是将消力池做成几个阶梯，如图4.4-8所示。

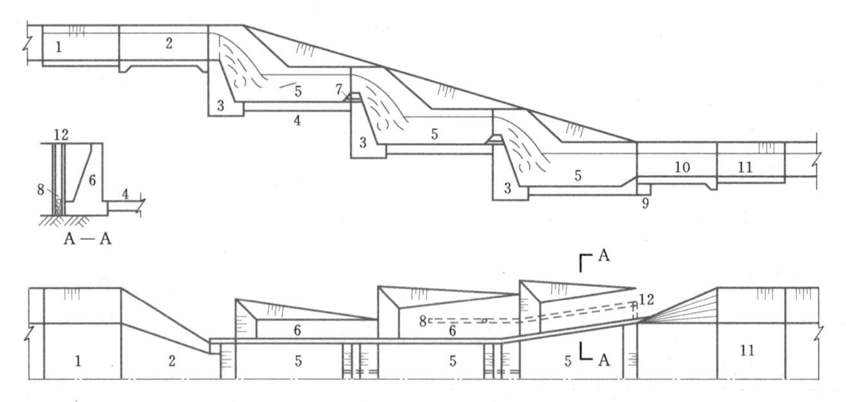

图 4.4-8 多级跌水

1—防渗铺盖；2—进口连接段；3—跌水墙；4—跌水护底；5—消力池；6—侧墙；7—泄水孔；8—排水管；9—反滤体；10—出口连接段；11—出口整流段；12—集水井

多级跌水分级的方法一般有两种：一是按水面落差相等分级；二是使各级的台阶跌差相等分级。根据经验，当第二共轭水深 h_2 与收缩水深 h_1 的比值 $h_2/h_1=5\sim6$ 时，每级的高度以 3～5m 为宜。

（1）各级跌水的水面落差相等，即

$$Z_1=Z_2=\cdots=Z_m=\frac{Z_0}{m} \tag{4.4-27}$$

式中 Z_0——包括渠道行近流速水头在内的水面总落差；

m——跌水的级数，如图 4.4-9 所示。

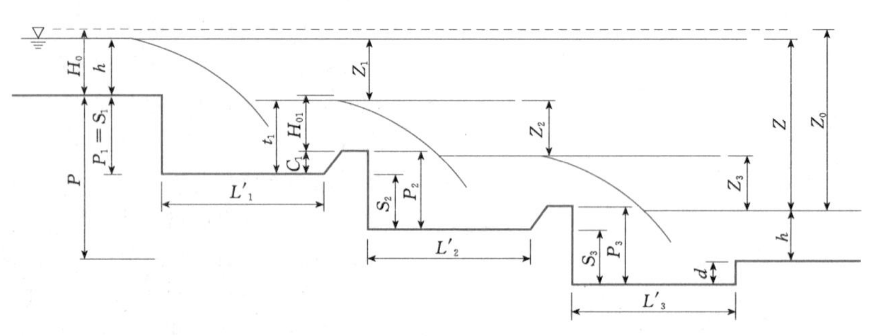

图 4.4-9 多级跌水计算示意图

第一级跌水墙高度 P_1 及第一级消力池的水深 t_1，可用试算法确定：先给出一系列的 P_1 值，求出相应的收缩断面的水深 h_1 及第二共轭水深 h_2，而水深应为

$$t_1=\sigma h_2=(1.05\sim1.10)h_2 \tag{4.4-28}$$

另一方面，水深 t_1 又为

$$t_1=H_0+P_1-Z_1 \tag{4.4-29}$$

相应每一级假定的 P_1，根据式（4.4-28）和式（4.4-29）可计算并画出两条曲线 $t_1=f_1(P_1)$ 和 $t_1=f_2(P_1)$，其交叉点的坐标值即为所求的第一级跌水墙高度 P_1 及水深 t_1。

第一级消力池的槛高度 C_1 的计算公式为

$$C_1=(1.05\sim1.10)h_2-H_{01} \tag{4.4-30}$$

式中 H_{01}——计入行近流速的槛上水头，m，可由堰流公式求得。

其余各级的计算方法均与第一级的相同。

（2）各级台阶的跌差相等，即

$$S_1=S_2=\cdots=S_m=\frac{P}{m} \tag{4.4-31}$$

式中 P——全部渠底跌差；

m——跌水级数。

由于第一级跌水墙高度 $P_1=S_1$，故可直接算出 h_1 及 h_2，然后由式（4.4-28）求出 t_1，再由 t_1 算出尾槛高度 C_1。

在计算第二级消力池时，因为 $P_2=S_2+C_1$，故可先算出第二级跌水的 h_2、然后算出 σh_2、t_2、C_2。以下各级均采用第二级的尺寸。最后一级由于有下游渠道衔接的要求，故需单独计算。

在消力池侧墙后及底板下有较大渗透压力时，应设置排水设备。排水设备一般应设在跌水建筑物的后半部位，其设置和构造如图 4.4-8 所示。

为防止多级跌水出现折冲波动流态，多级跌水的尾槛宽度不得小于跌水消力池跃后水深 h_2。

4.4.3 陡坡

使渠道上游水流沿着明渠陡槽，呈渐变急流下泄到下游渠道的落差建筑物，称为陡坡。它与跌水的主要区别是将上游控制堰口和下游消力池间的胸墙改为用明渠陡槽连接。陡坡通常由进口连接段、控制堰口、陡坡段、消力池和下游连接段等五部分组成。

4.4.3.1 陡坡构造

根据不同地形条件，陡坡可分为单级陡坡和多级陡坡。

(1) 单级陡坡。上游连接段、控制堰口、坡底消能设施及下游连接段的结构布置与跌水基本相同，如图 4.4-10 所示。陡坡段属明渠急流陡槽，落差可比直落跌水大。陡坡的比降不宜超过 1：1.5。

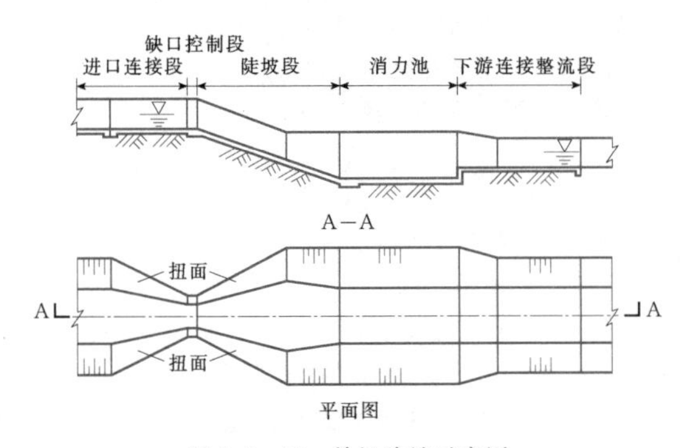

图 4.4-10 单级陡坡示意图

(2) 多级陡坡。在地面坡度较大而且均匀，或有台阶地形的渠段，修建多级陡坡，往往比多级跌水更为经济合理。一般来说，渠道上的多级陡坡，它的第一级进口连接段和末一级出口连接段，结构布置与单级陡坡相同。典型的多级陡坡，其第一级消力池末端出口，即为第二级陡坡的上游进口。以下各级以此类推，上下各级陡坡互相首尾连接，如图 4.4-11 所示。

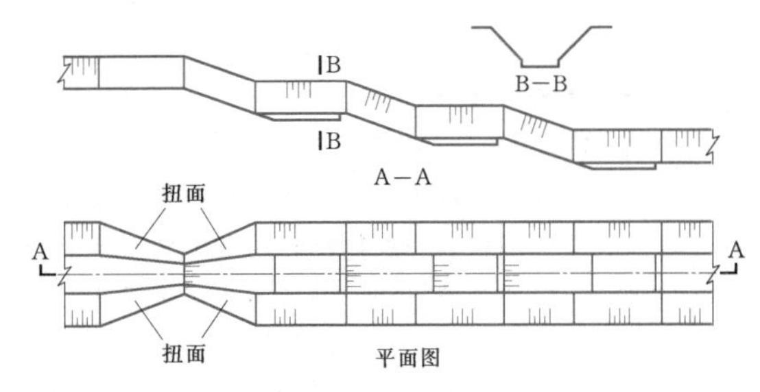

图 4.4-11 多级陡坡示意图

4.4.3.2 陡坡段的水力特性及断面、平面设计

1. 陡坡段的水力特性

陡坡段的主要水力特性是坡陡、流急，为急流明槽。槽内水流流速高、紊动剧烈、惯性力大，对边界条件的变化非常敏感。因此，在陡坡设计中，应尽可能地避免产生折冲波。当陡坡段表面流速大于一定值时（一般在 7～8m/s），水流就会掺气。当流速大于 14m/s 时，对于表面不平整的槽壁，就有可能引起空蚀破坏。

2. 陡坡段的纵断面设计

工程上常用的坡比为 1：2.5～1：5.0，在软基上还要缓些。在坚硬的岩基上可以陡些，也有用到 1：1.0～1：1.5 的。非岩基的陡坡坡度的确定，尚需考虑地基土壤的稳定，即满足

$$\tan\delta \leqslant \tan\delta_c \tag{4.4-32}$$

式中 $\tan\delta$——陡坡坡度；

$\tan\delta_c$——土壤的内摩擦角值。

地基土壤的内摩擦角可参考表 4.4-3，不同地区地质成因不同，土壤内摩擦角存在差异，应按地区的工程经验取值。黄土地区陡坡的极限坡度不能超过 $\tan\delta=0.5$，即 $\delta\leqslant 26.5°$，一般来说，最好不要陡于 1/3。

若条件允许，尽量采用一坡到底。对于大落差的陡坡，可根据地形地质条件的变化而改变陡坡的坡度，可以在靠近进口的上段，使纵坡做缓些，下段纵坡做的陡些，即先缓后陡。变坡处宜选用较为符合水流运动轨迹的抛物线型曲线段，使两个底坡平顺连接。

表 4.4-3　土的内摩擦角 δ_c

土 质	砂土	密实砂土	原状饱和黄土	夯实黄土	亚黏土	轻亚黏土
内摩擦角（°）	30～33	34～36	24～28	20～35	13～23	18～26

3. 陡坡段的横断面设计

陡坡的横断面一般为矩形或梯形，土基上的陡坡多采用梯形断面，边坡通常采用 1：1.0～1：1.5。边坡不宜过缓，以防水流外溢，流态不良。

渠道上的陡坡流量和落差一般较小，其底宽的确定一般为上游缺口和下游渠道或消力池底宽相连即可。大落差退水工程中，陡坡底宽需考虑消力池特性，主要控制消力池来流弗劳德数，其值应大于

2.5，最好大于4.5。在落差小于20m时，单宽流量可选用$10\sim30m^3/(s\cdot m)$。

4. 陡坡段的平面布置

陡坡在平面上沿水流方向应尽可能采取直线、等宽、对称的布置型式，力求避免转弯或横断面尺寸的不规则变化，以使水流平顺。当转弯不可避免时，应采取克服急流折冲波的办法，如设置弯道消力池、增大转弯半径和设置超高、设置过渡曲线、渠底横向扇形抬高、设导流消能板等，具体参考专业文献，并宜进行水工模型试验验证。

由于地形、地质与经济上的需要，可能使某一陡坡段窄于或宽于进口段或消能段，因而在进口和陡坡段之间，或陡坡段与消能段之间，需设置收缩或扩散渐变段。

边墙的收缩和扩散均必须有限制。一般情况下，收缩渐变段的斜度大体为1∶5.0左右，扩散渐变段的斜度为1∶10.0左右。试验表明，无论收缩或扩散段，水流边界的偏转角均不宜超过式（4.4-33）所得数值：

$$\tan\alpha = \frac{1}{3Fr} \qquad (4.4-33)$$

其中 $Fr = v/\sqrt{gh}$

式中 α——边墙与陡坡中心线所夹的偏转角，(°)；

v、h——渐变段起点与终点的平均流速、平均水深。

渐变段长度可按以下经验公式计算：

$$L = 2.5(B-b) \qquad (4.4-34)$$

式中 L——渐变段长度，m；

B——进口宽度，m；

b——渐变段末端底宽，m。

5. 陡坡衬砌

陡坡衬砌一般采用混凝土、浆砌块石和浆砌条石，衬砌厚度30～60cm。流速10m/s以下可采用浆砌块石，10m/s以上流速大时，一般用混凝土衬砌，混凝土厚度不得小于30cm。基岩混凝土面层设温度钢筋，土基上混凝土一般设上下双面钢筋。

4.4.3.3 陡坡段的水力计算

1. 水面线的推求

渠道上的陡坡，其底坡一般都大于临界底坡，即$i>i_k$，陡坡水流为急流，其水面线为S_2型降水曲线，陡坡陡槽段应以跌口末端（陡槽起点）为控制断面，取其水深为临界水深，采用分段求和法，按明渠恒定非均匀渐变流公式向下游推求S_2型降水水面线，并推求流速。在大落差长陡坡中，降水曲线在陡坡中途结束，其后水流一般接近均匀流，陡坡末端水深等于均匀流正常水深h_0。

重要或跌差大的陡坡水面线宜通过试验确定。

2. 陡坡边墙高度的确定

当陡坡跌差较小时，陡坡边墙的高度可取为进水缺口边墙高度和消力池高度的连线；当跌差较大时，其边墙高度应按计算的最大水深线加一定的安全超高值。一般混凝土护面的陡坡，超高采用30～50cm，浆砌石护面的陡坡，超高可采用50cm。如果陡坡上的边界层发展到水面，水流就开始掺气，采用以下两个经验公式计算掺气发生点（临界点）的位置：

$$L_k = 12.2q^{0.718} \qquad (4.4-35)$$

$$L_k = 14.7q^{0.53} \qquad (4.4-36)$$

上二式中 L_k——陡坡顶至掺气发生点的距离，m；

q——单宽流量，$m^3/(s\cdot m)$。

临界点之后，水流掺进空气使水位增高，边墙衬砌高度应考虑陡坡掺气水深加安全超高值，即

$$H = h_a + \Delta \qquad (4.4-37)$$

式中 h_a——掺气水流的水深，m；

Δ——安全超高值，一般取0.5m。

掺气水深，可按王俊勇公式估算：

$$\frac{h}{h_a} = 0.937\left(\frac{v^2}{gR}\frac{n\sqrt{g}}{R^{1/6}}\frac{B}{h}\right)^{-0.088} \qquad (4.4-38)$$

式中 h——未掺气水深，m；

B——槽宽，m；

g——重力加速度，m/s^2，取$9.8m/s^2$；

R——不掺气水流的水力半径，m；

v——不掺气水流断面平均流速；

n——糙率系数。

式（4.4-38）的适用条件为：$\frac{v^2}{gR} = 9.4 \sim 328$；$\tan\theta = 0 \sim 0.927$（$\theta$为陡槽坡度）。

掺气水深还可按式（4.4-39）计算：

$$h_b = \left(1+\frac{\xi v}{100}\right)h \qquad (4.4-39)$$

式中 h_b——计入波动及掺气的水深，m；

h——不计波动及掺气的水深，m；

v——不计入波动及掺气的断面平均流速，m/s；

ξ——修正系数，一般为1.0～1.4，流速超过20m/s时，宜取大值。

4.4.3.4 陡坡段的消能

1. 人工加糙

当陡槽的流速过大时，可在槽底设置人工加糙，促使水流扩散，以增加水深、降低流速和改善下游的消能状况。人工加糙会引起底板和边墙的震动，一般只在跌差不太大的情况下应用。

通常的加糙形式有交错式矩形糙条、单人字形槛、双人字形槛、棋盘式方墩等，如图 4.4-12 所示。

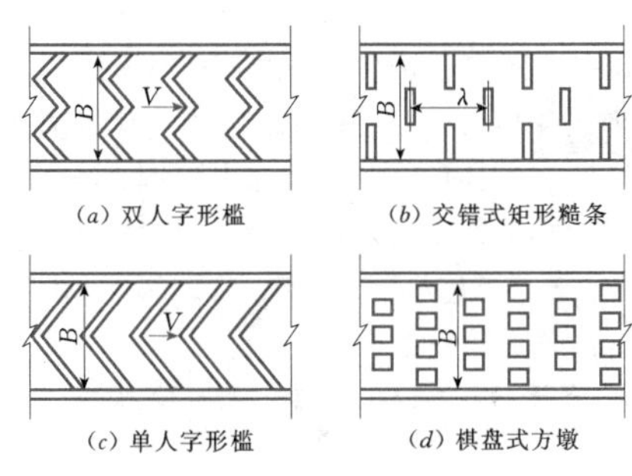

图 4.4-12 人工糙面的型式

(a) 双人字形槛　(b) 交错式矩形糙条　(c) 单人字形槛　(d) 棋盘式方墩

对于加糙的陡坡段，仍可按明渠均匀流公式计算，即

$$v = C_R\sqrt{Ri} \tag{4.4-40}$$

式中　C_R——加糙段的谢才系数，与加糙的形式及种类有关。

对于某一种粗糙，C_R 则决定于相对粗度 α 及相对宽度 β，其计算公式为

$$\alpha = \frac{h}{\sigma} \tag{4.4-41}$$

$$\beta = \frac{b}{h} \tag{4.4-42}$$

$$\frac{1}{C_R} = (a - c\alpha + d\beta)S_i \tag{4.4-43}$$

以上式中　h——从加糙物顶起算的水深，m；

σ——加糙物的高度，m；

b——矩形陡槽的宽度，m；

a、c、d——与加糙形式有关的系数，见表 4.4-4；

S_i——在各种不同坡度下的修正系数，见表 4.4-5。

表 4.4-4　各种粗糙种类的系数值

粗糙种类	a	c	d
工字形横条(双人字形)	0.11610	0.00610	−0.0012
人字形横条	0.08577	0.00385	−0.0008
交错式	0.05422	0.00210	0.00033
边角尖锐的矩形横条	0.04748	0.00117	0.000075
边角加圆的矩形横条	0.05049	0.00326	0.00021
棋盘式	0.05200	0.00510	−0.0008

表 4.4-5　系数 S_i 值

粗糙种类	不同坡度的 S_i			
	0.04～0.06	0.10	0.15	0.20
工字形横条(双人字形)	0.75	0.80	1.00	1.00
人字形横条	0.75	0.90	1.00	1.00
交错式	1.00	1.00	1.00	1.00
边角尖锐的矩形横条	0.90	1.10	1.00	0.90
边角加圆的矩形横条	0.90	1.10	1.00	0.90
棋盘式	1.00	1.00	1.00	1.00

当陡坡坡度 $\tan\delta = 1/3 \sim 1/2$ 时，如果跌差较大（$P \geqslant 10$m），在陡坡上加设交错式矩形糙条，比其他形式消能作用较好，其糙条布置如下：

糙条高度　$\sigma_0 = (1/4 \sim 1/2.5)h_c$

糙条宽度　$b = \sigma_0$

糙条长度　$e = B/3$

糙条间距　$\lambda = (8 \sim 10)\sigma_0$

以上式中　h_c——未加糙条时陡坡末端的水深，m；

B——陡槽宽度，m。

当跌差 $P \geqslant 10$m 时，可于距陡坡上端 $(1/4 \sim 1/3)l$ 处开始布设糙条；$P \leqslant 5$m 时，陡坡可以全部加糙，l 为陡坡长度。

当 $\tan\delta = 1/1.5 \sim 1/2.5$，而跌差较小，且陡坡水平扩散值 $\tan\theta = 1/3.0 \sim 1/1.2$ 时，采用单人字形糙条可使陡坡水流迅速扩散，下游消能效果良好。单人字形糙条布置的夹角 φ 与跌差成正比，其确定原则如下：当 $1.5\text{m} < P < 3\text{m}$ 时，$\varphi = 160°$；当 $P < 1.5$m 时，$\varphi = 130° \sim 150°$；单人字形糙条可用 $b = \sigma_0 = (1/1.5 \sim 1/2.0)h_c$，$\lambda = (8 \sim 10)\sigma_0$。

当 $\tan\delta = 1/4 \sim 1/5$，$P = 3 \sim 5$m，且 $\tan\theta$ 很小或 $\tan\theta = 0$ 时，陡坡加双人字形糙条效果较好，糙条宽度和间距布置如下：

$$b = \sigma_0 = (1/6 \sim 1/5)h_c$$

$$\lambda = (8 \sim 10)\sigma_0$$

双人字形糙条的加设位置，在跌差较大时，可由陡坡上端 $(1/5 \sim 1/4)l$ 处开始加设。

2. 阶梯式陡槽

通过在陡槽上设置的一系列阶梯，利用水头落差，使水流在下泄过程中沿阶梯逐级掺气、漩滚、减速，形成类似均匀流的滑移水流，并消除大部分的能量，达到简化下游消能设施之目的（见图 4.4-13）。

阶梯坡面一般分为跌落流、过渡流和滑移流三种流态。当台阶尺寸一定时，小流量时为跌落流，随着单宽流量 q 的增大，坡面流态由跌落流态过渡到滑移

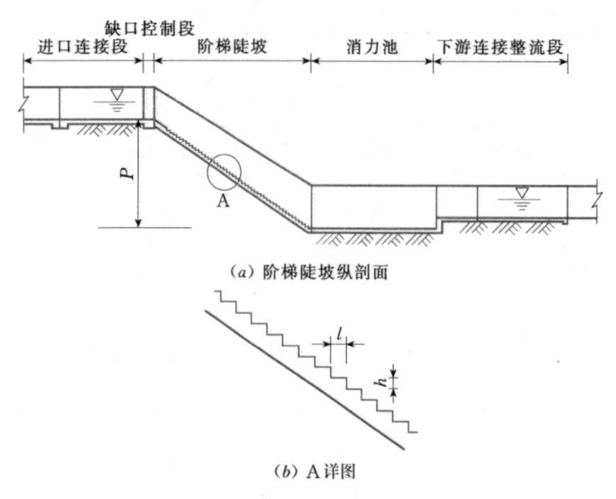

图 4.4-13 阶梯式陡槽

水流流态。滑移流在台阶之间形成稳定的水流漩涡，水流能量通过水流分散、掺气、漩滚间的剪切作用和强烈的掺混作用得到消散，消能效果最好。

根据浙江省水利河口研究院相关试验成果，阶梯式陡槽在一定的单宽流量和陡坡长度范围内，可形成具有强烈自掺气漩滚的典型滑移水流流态。滑移水流的形成取决于单宽流量 q、陡槽坡度 h/l，滑移水流的临界发生条件为

$$h_k/h = 0.771 - 0.155h/l \quad (4.4-44)$$

式中 h_k——临界水深，m；

h、l——阶梯的高度、长度，m。

适用范围：$0.33 \leqslant h/l \leqslant 1.33$。

阶梯式陡槽上的滑移水流按掺气特征划分为非掺气区、掺气发展区和充分掺气区三个区域。水流充分掺气后消能效果最好。水流掺气初始发生点的位置通常用掺气点至陡槽顶部之间的溢流面距离 L 来表示：

$$L/h = 0.738(h_k/h)^2 + 6.519(h_k/h) + 2.470 \quad (4.4-45)$$

适用范围：$0.4 \leqslant h_k/h \leqslant 4.5$，$0.67 \leqslant h/l \leqslant 1.33$。

根据式（4.4-45）可确定阶梯式陡槽能形成较好消能效果的滑移水流的最小高度。

对于常规光滑陡槽，水流沿溢流面下泄，坡面水深沿程逐渐减小，若坡面流程足够长，则坡面水流最终将达到均匀流状态，断面平均流速和水深等水力参数沿程保持稳定。而对于阶梯式陡槽，其坡面水深变化规律稍有不同：在非掺气区，坡面水深沿程减小；至掺气发展区，坡面水深又沿程增大；达充分掺气区后，坡面水流呈均匀流状态，水深沿程保持不变。由于阶梯式陡槽沿程消能作用明显，在相同的泄流条件下，与光滑陡槽相比，溢流坡面上同一点处的水流流速将相对较小，水流紊动强度和水流掺气浓度相对较大，因此，阶梯式陡槽上的水深将大于光滑陡槽上相应点处的水深值，需要增加边墙高度。

阶梯式陡槽均匀流掺气水深 h_0 为

$$h_0/h = 0.403h_k/h + 0.145 \quad (4.4-46)$$

适用范围：$0.5 \leqslant h_k/h \leqslant 5.0$，$0.67 \leqslant h/l \leqslant 2.00$。

阶梯式陡槽具有较好的消能效果，其消能率主要与陡坡高度、阶梯尺寸及单宽流量等因素有关，而与陡槽坡度大小关系不大。消能率计算公式为

$$\eta = 0.9694e^{-4.081h_k/Nh} \times 100\% \quad (4.4-47)$$

式中 N——阶梯的数量。

适用范围：$0.34 \leqslant h/l \leqslant 1.43$，$0.01 \leqslant h_k/Nh \leqslant 0.50$。

在一定的流量范围，阶梯式陡槽能显著提高坡面的消能效果，简化下游消能设施，节省工程投资。其相对于光滑陡槽的消能率为

$$\eta_c = 0.7938e^{-2.554q/P^{1.5}} \times 100\% \quad (4.4-48)$$

式中 q——单宽流量，$m^3/(s \cdot m)$；

P——陡槽高度，m。

适用范围：$0.40 \leqslant h/l \leqslant 1.33$。

根据阶梯消能工的消能率，可以得到陡坡坡脚的流速 v_c 和水深 h_c，进而计算得到消力池的尺寸。

常规阶梯式消能工一般适宜在单宽流量不是很大[一般 $q < 20m^3/(s \cdot m)$] 的情况下采用。对于大单宽流量，可结合宽尾墩、掺气分流墩布置联合消能，以提高阶梯式溢流面的消能率并防止空蚀破坏。

4.4.3.5 陡坡消力池的设计

1. 等底宽矩形消力池

在陡坡长度不足以形成均匀流时，跃前水深 h_1 参考跌水矩形消力池公式计算；当坡长足够形成均匀流时，跃前水深采用均匀流正常水深。

水跃的共轭水深、消力池池深计算与跌水矩形消力池相同。

消力池长度的计算公式为（见图 4.4-14）

$$L = 4.5h_2 \quad (4.4-49)$$

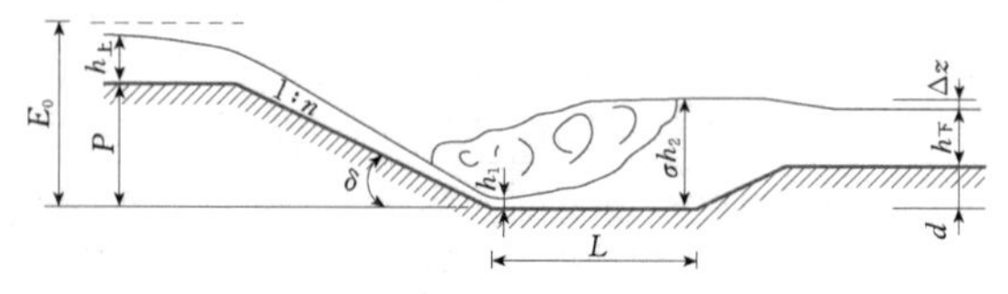

图 4.4-14 陡坡消力池水力计算示意图

2. 等底宽梯形消力池

当 $P \leqslant 20m$ 时，其共轭水深的计算公式为

$$\frac{h_2}{h_1} = 1.74 \lg \frac{\varphi_c E_0}{q^{2/3}} + 0.28 \quad (4.4-50)$$

其中 $$q = Q/b$$

$$\varphi_c = 0.832\left(\frac{m'q^{2/3}}{P}\right)^{0.1}$$

$$\left(当\frac{m'q^{2/3}}{P} \geqslant 3.0 时，可用 \varphi_c = 1.0\right)$$

$$E_0 = P + h_k + \frac{\alpha v_k^2}{2g}$$

式中 b——消力池底宽，m；

φ_c——陡坡流速系数；

E_0——上游控制缺口断面处对于下游渠道底的总能头，m；

h_k、v_k——上游控制缺口断面的水深、流速；

m'——消力池首端边坡系数；

α——动能修正系数，取1.0。

跃前水深 h_1 的计算公式为

$$h_1 = \frac{0.385Pq^{4/3}}{\varphi_c^2 E_0^2} \tag{4.4-51}$$

适用范围：糙率 $n=0.01\sim0.018$。

消力池长度可按 $L_梯 = (6.0\sim7.0)h_2$ 估算，平均可取 $L_梯=6.5h_2$。

在已知梯形水跃的跃后水深 h_2 后，即可按 $d_梯 = (1.10\sim1.15)h_2 - h_下$ 计算消力池深度。

当消力池的底宽和水深比 $b/h>3.5$，边坡系数 $m'\leqslant1.0$ 时，属于宽浅消力池，共轭水深亦可直接按矩形水跃计算，误差不大。

3. 底宽扩散的矩形消力池

水跃表面轮廓按直线考虑时，其共轭水深的计算公式为

$$4Fr_1^2 = \frac{\beta\eta}{\beta\eta-1}[(1+\beta)(\eta^2-1)] \tag{4.4-52}$$

其中
$$\beta = \frac{b_2}{b_1}$$
$$\eta = \frac{h_2}{h_1}$$

式中 b_1——不扩散消力池宽度，m；

b_2——扩散后消力池宽度，m；

h_1——跃前水深，m；

h_2——跃后水深，m；

β——共轭断面底宽比；

η——收缩断面处的共轭水深比；

Fr_1——弗劳德数。

水跃表面轮廓按1/2次抛物线考虑，其计算公式为

$$2Fr_1^2 = \frac{\beta\eta}{6(\beta\eta-1)}[3\eta^2(\beta+1) - 2\eta(\beta-1) - (\beta+5)] \tag{4.4-53}$$

水跃长度的计算公式为

$$L_{矩扩} = \frac{b_0 l_2}{b_0 + (0.1\tan\theta)l_2} \tag{4.4-54}$$

其中 $$l_2 = 10.3h_1(Fr_1-1)^{0.81} \tag{4.4-55}$$

$$b_0 = b_1$$

上二式中 θ——消力池单侧扩散角；

l_2——不扩散水跃长度。

当 $Fr_1=3.5\sim6.5$ 时，跃长亦可按 $l_2=(4.0\sim5.0)h_2$ 计算。

根据式（4.4-52）～式（4.4-54）绘制曲线，以供查算，如图4.4-15～图4.4-17所示。

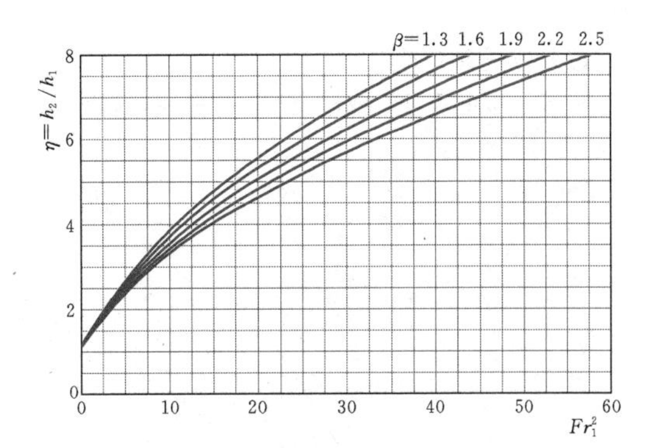

图4.4-15 直线轮廓共轭水深计算

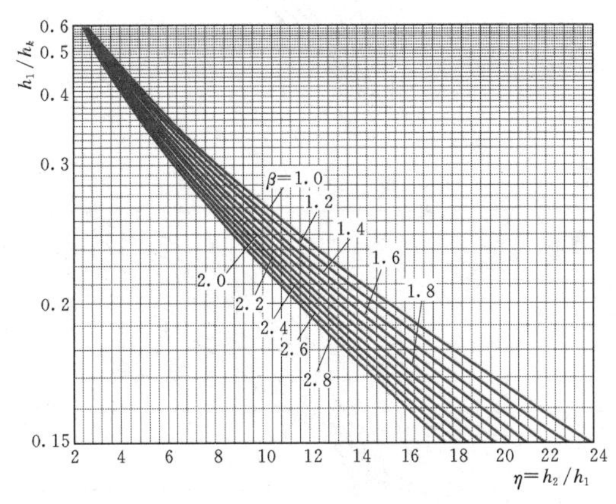

图4.4-16 矩形扩散水跃共轭水深图解（抛物线轮廓）

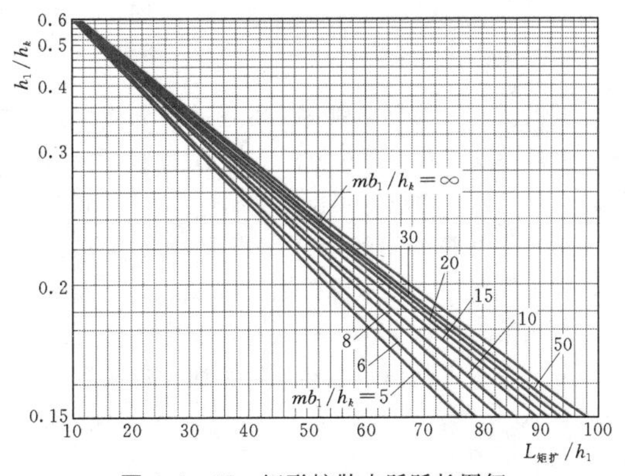

图4.4-17 矩形扩散水跃跃长图解

4. 底宽扩散的梯形消力池

当陡坡段和下游渠道均为梯形断面时，为了便于连接，有时将扩散消力池做成梯形断面。

其共轭水深的计算公式为

$$Fr_1^2 = \frac{\eta(\beta + K\eta)(1+K)}{6[1+K-\eta(\beta+K\eta)]} \times [3+2K-\eta^2(3\beta+2K\eta)+(\beta-1)(1+\eta+\eta^2)] \quad (4.4-56)$$

$$Fr_1^2 = \frac{Q^2}{gb_1^2h_1^3} \quad (4.4-57)$$

其中 $K = \frac{m'h_1}{b_1}$

式中符号意义同前。

按 $K=0.1$ 和 $K=0.2$ 绘制成曲线，以便查算（见图4.4-18）。

【例3】 已知 $Q=15.3\text{m}^3/\text{s}$，$b_1=3.0\text{m}$，$b_2=6.0\text{m}$，$h_1=0.6\text{m}$，$m'=0.5$，试求该梯形扩散水跃的跃后水深 h_2。

解：$\beta=\frac{b_2}{b_1}=2$，$K=\frac{m'h_1}{b_1}=0.10$，$Fr_1^2=\frac{Q^2}{gb_1^2h_1^3}=12.27$，代入 $Fr_1^2=\frac{\eta(\beta+K\eta)(1+K)}{6[1+K-\eta(\beta+K\eta)]}[3+2K-\eta^2(3\beta+2K\eta)+(\beta-1)(1+\eta+\eta^2)]$，求得 $\eta=3.35$，故 $h_2=h_1\eta=2.01\text{m}$。

现由图4.4-18中曲线查算校验：从 $K=0.1$ 曲线上，由 $Fr_1^2=12.27$、$\beta=2$，查得 $\eta=3.35$，与计算值一致。

5. 辅助消能工

辅助消能工的主要作用是使水流紊动扩散，降低第二共轭水深，缩短水跃长度，稳定流态等。当渠道水流中无滚石或过多的漂浮物时，均可采用。

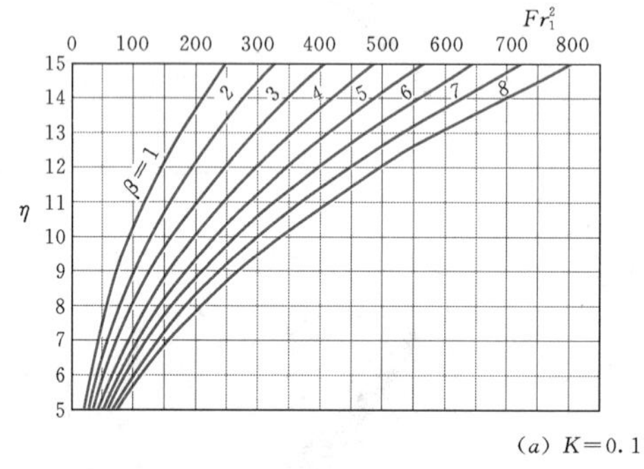

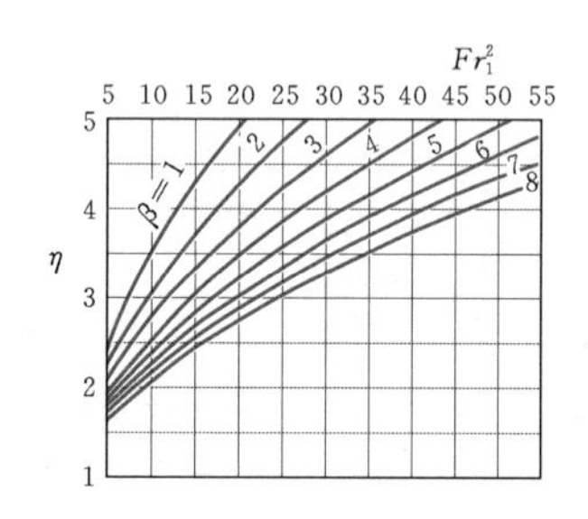

(a) K=0.1

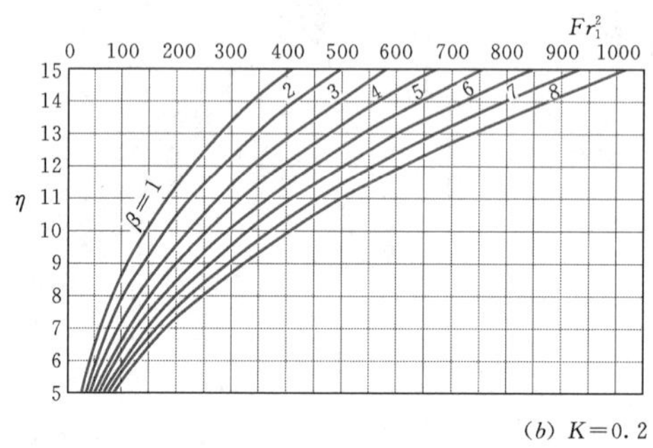

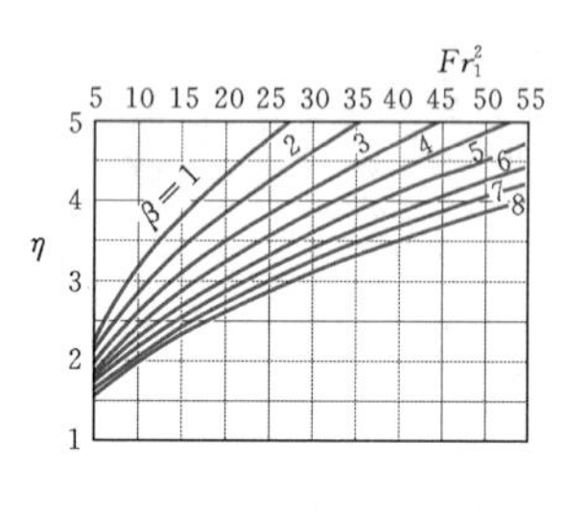

(b) K=0.2

图4.4-18 梯形扩散水跃计算曲线

辅助消能工的类型较多，常用的有分流墩、消能墩、尾槛，以及专用于菱形陡坡的消能肋、周界槛等。加设消能工的消力池，其长度可缩短20%～30%。

（1）分流墩。分流墩又称齿墩，设于陡槽末端处，其主要作用是使水流扩散、分股，以降低弗劳德数，减小第二共轭水深，稳定水跃发生的位置。

分流墩的纵剖面为三角形，平面布置成齿形，其经验尺寸为：墩高＝墩宽＝墩间距＝收缩水深 h_1（见图4.4-19）。

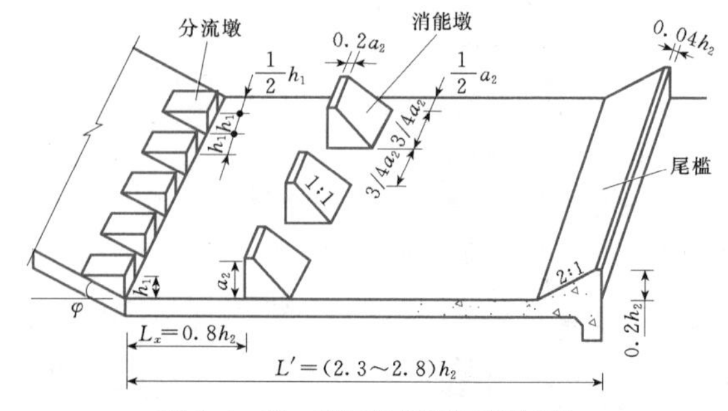

图4.4-19 美国垦务局Ⅲ型消力池

(2) 消能墩。消能墩设于消力池内，其主要作用是促使强迫水跃形成，并保持其稳定。消能墩的位置、排数和墩形尺寸等，视消力池形式而定。

对于等底宽矩形消力池（见图 4.4-19），在距消力池首端 $0.8h_2$ 处设梯形墩一排，取墩高 $a_2=(0.5+0.18Fr_1)h_1$，其中 Fr_1 为弗劳德数；取墩宽＝墩间距＝$\frac{3}{4}a_2$，取墩顶长＝$0.2a_2$；取边墩与消力池侧墙的间距为 $\frac{1}{2}a_2$；墩上游边为垂直，下游边为 1∶1.0的斜坡。

对于扩散式矩形断面消力池，在距消力池首端 $2h_1$ 和 $0.8h_2$ 处分设两排梯形墩（见图 4.4-20）。第一排墩高 a_2＝墩间距 $S_2=h_1$，取墩宽 $W_2=\frac{1}{2}h_1$（不小于 0.2m）。第二排墩高 $a_2'=1.45h_1$，取墩宽 W_2'＝墩间距 $S'_2=\frac{3}{4}a_2$。

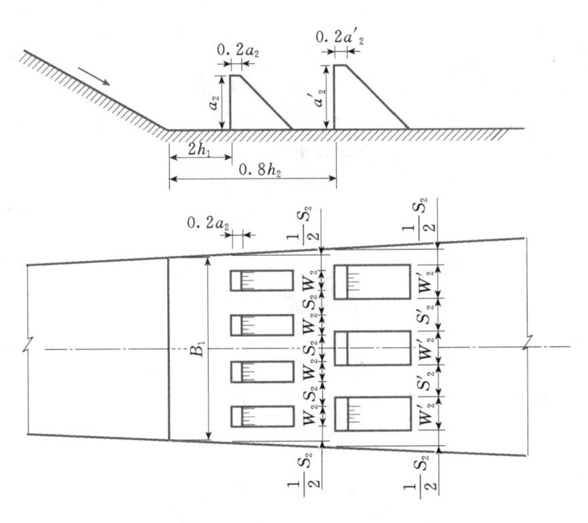

图 4.4-20 扩大式矩形断面消力池

对于等底宽梯形断面消力池，除第一排墩间距 $S_2=0.8h_1$ 外，其余同上。

(3) 尾槛。设于消力池末端，其主要作用是控制出池的底部流速，调整下游流速分布，避免护坦末端发生冲刷。常用的尾槛有实体连续槛和齿槛两种（见图 4.4-21）。实体连续槛高 $a_3=0.2h_2$，齿槛高 $a_3=0.25h_2$，最大齿宽 W_3 和间距 S_3 约为 $0.15h_2$。

6. 特种消力池

对于具体工程来说，分流墩、消能墩、尾槛等辅助消能工难以单独奏效，因此需考虑联合布置。下面介绍几种适用于灌溉工程，比较成熟的消力池，可供参考采用。但对于某些比较重要工程的消力池，仍须通过水工模型试验加以确定。

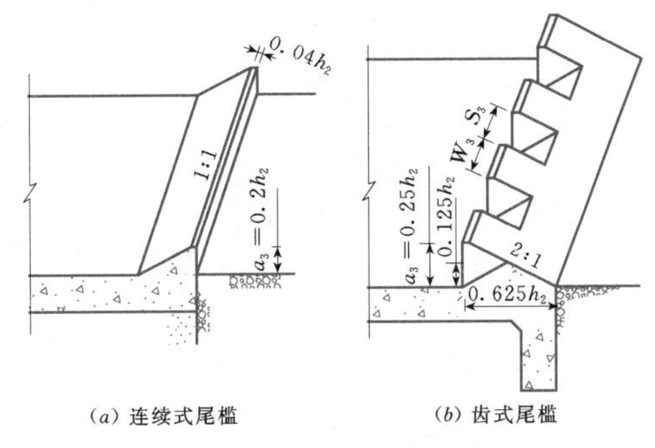

(a) 连续式尾槛　(b) 齿式尾槛

图 4.4-21 尾槛形式

(1) 美国垦务局Ⅲ型消力池。当消力池的水头小于 30m，入池流速在 1.5～18m/s 之间，Fr_1 不小于 4.5 时，可采用此种消力池形式，其水跃稳定，运行条件良好。辅助消能工有分流墩、消能墩和尾槛，如图 4.4-19 所示。

尾水深度等于 $1.14Fr_1h_1$，或等于 $(0.8\sim0.9)h_2$，消力池长度 L' 等于 $(2.3\sim2.8)h_2$。

(2) 美国垦务局Ⅳ型消力池。当水头小于 15m，且入流的 Fr_1 较低，在 2.5～4.5 之间，水跃不稳定时，由于水舌间歇性上下摆动而形成水面波浪，需对消力池提出减浪要求，可采用Ⅳ型消力池。

消力池内辅助消能工为分流墩和连续式尾槛，如图 4.4-22 所示。其尾水深度约为 $(1.05\sim1.10)h_2$。消力池长度 $L'=(3.8\sim4.3)h_2$。

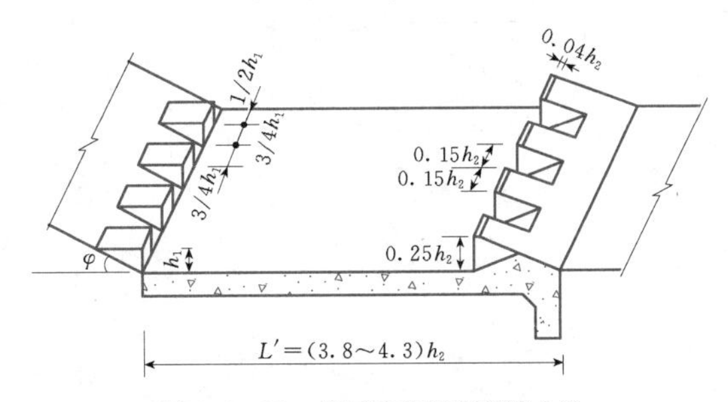

图 4.4-22 美国垦务局Ⅳ型消力池

(3) 美国 SAF 型消力池。SAF 型消力池适用于弗劳德数 $Fr_1=1.7\sim17$、尾水深度为 $(1.075\sim0.825)h_2$ 的消力池。其尾水深度随弗劳德数增加而减少，如图 4.4-23 所示，其消力池长度 $L'=4.5h_2/(\sqrt{Fr_1})^{0.76}$。

(4) 菱形陡坡消力池。菱形陡坡陡槽上部扩散，下部收缩，在平面上呈菱形，其布置型式如图 4.4-24 所示，适用于跌差在 2.5～5.0m 的工程中。其特点是能成功克服消力池中因梯形水跃所引起的旁侧回流，从而达到均匀消能和减少冲刷的目的。

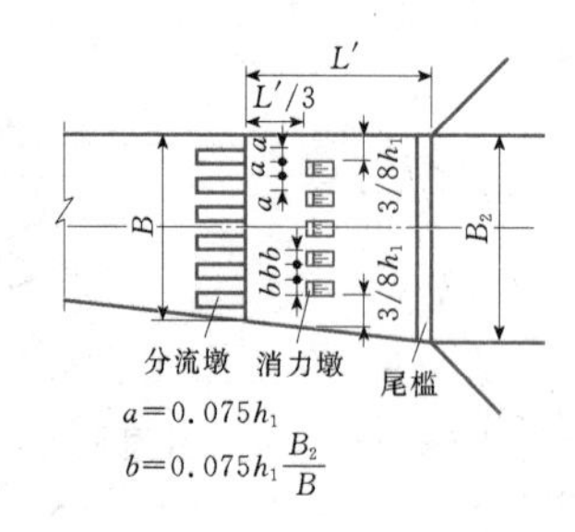

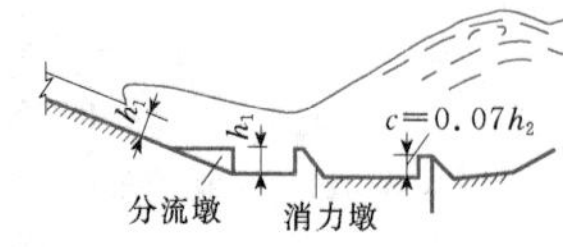

图 4.4-23 美国 SAF 型消力池

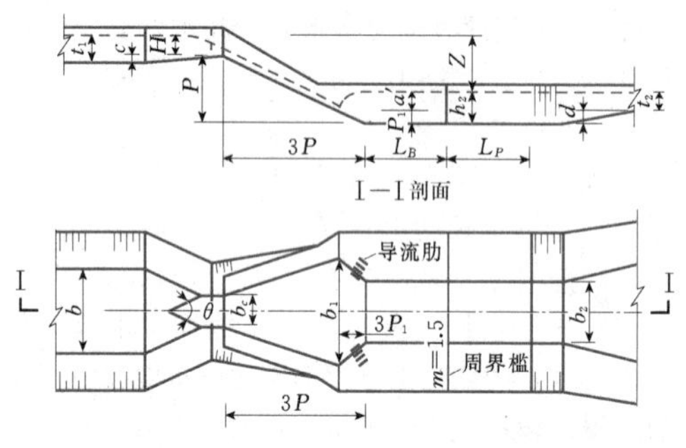

图 4.4-24 菱形陡坡消力池

跃前断面底宽 b_1 的计算公式为

$$b_1=(0.75\sim0.85)(b_2+2mh_2) \quad (4.4-58)$$

当陡槽扩散角 θ 不超过 40°时，跃前 b_1 处的收缩水深 h_1 可以维持均匀，此角度的计算公式为

$$\theta=2\arctan\frac{b_1-b_c}{6(P-P_1)} \quad (4.4-59)$$

式中 P_1——跃前处与消力池底的高差，m。

当 θ 大于 40°时，可在缺口处设一平台，平台长度 Δ 的计算公式为

$$\Delta=0.093h_{CB}(\theta-40°)^{0.5} \quad (4.4-60)$$

式 (4.4-60) 的应用范围 $h_{CB}/b_c=0.5\sim0.6$ 及 $b_1/b_c=2\sim3.5$，h_{CB} 为缺口水深 (m)。

消力池长度 $L_B=4.65h_2-3P_1$，护坦长度 L_P，可取 $3h_2$。

当下游渠道土壤的耐冲流速较小时，可在消力池边坡上安设消能肋以助消能。肋的尺寸与跃后共轭水深的关系是：肋长度$=0.45h_2$，肋高$=0.1h_2$，肋宽度$=0.06h_2$。另外，在消力池的尾端断面处设一个连续的周界槛，其高度和宽度与肋相同。

对于图 4.4-25 中的 1—1 断面，下游水面与断面 1—1 内陡坡底的高差为

$$a'=h_2-\frac{b_1-b_2}{2m} \quad (4.4-61)$$

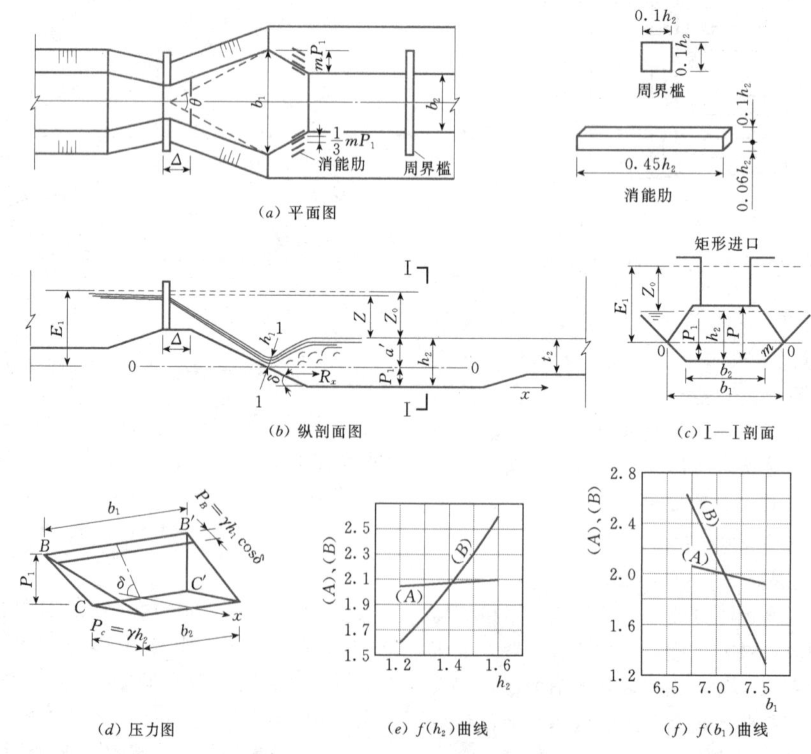

图 4.4-25 菱形陡坡消力池水力计算图

跃前断面 1—1 处的总能头为 $E_1 = Z_0 + a' \approx Z + a'$。

跃前水深 h_1 的计算公式为

$$E_1 = h_1 \cos\delta + \frac{\alpha_1 Q^2}{2g\varphi_1^2 w_1^2} \quad (4.4-62)$$

其中 $$w_1 = h_1(b_1 + mh_1)$$

式中 w_1——断面 1—1 处过水面积；

α_1——断面 1—1 的动能系数，$\alpha_1 \approx 1.0$；

φ_1——断面 1—1 的流速系数，$\varphi_1 \approx 0.9$；

δ——陡坡与水平面的夹角；

E_1——断面总能头，m；

Q——设计流量，m^3/s。

共轭水深按以下方程求得。列 1—1、2—2 两断面在 x—x 水平面上的动能投影方程式为

$$\frac{\alpha_1 Q^2}{g w_1}\cos\delta + \left(\frac{b_1 h_1^2}{2} + \frac{m h_1^3}{3}\right)\cos^2\delta = \frac{\alpha_2 Q^2}{g w_2} + \left(\frac{b_2 h_2^2}{2} + \frac{m h_2^3}{3}\right) - \frac{R_x}{\gamma} \quad (4.4-63)$$

$$R_x = \frac{\gamma(h_2 - a')}{6}[(b_1 + 2b_2)h_2 + (b_2 + 2b_1)h_1\cos\delta] \quad (4.4-64)$$

式中 α_1、α_2——动量系数，计算时可令 $\alpha_1 = \alpha_2 = 1.0$；

γ——水的单位体积重量；

R_x——作用在控制面 BB'、CC' 上总压力的水平分力。

根据 Q、Z、δ、m，选择适当的 b_2 及一组 h_2，按式（4.4-58）、式（4.4-61）、式（4.4-62）、式（4.4-64），分别计算出 b_1、a'、P_1、E_1、h_1 和 R_x，将各值代入式（4.4-63），算出等号左边部分之和 A 及右边部分之和 B，绘制 $A = f_1(h_2)$ 及 $B = f_2(h_2)$ 曲线，两曲线相交点即为所求之 h_2。将求得的 h_2 代入式（4.4-58），重新进行上述计算，得 $A = f_1(b_1)$ 及 $B = f_2(b_1)$ 曲线，两曲线相交点，即为所求之 b_1，然后求出消力池深度 $d = h_2 - t$ 以及 a'、θ、P_1、$P = z + h_2 - H$，求出消力池长度 L_B、护坦长度 L_P 以及肋条尺寸等。

7. 消力池下游出口段设计

陡坡消力池下游出口段设计同跌水。

4.4.4 跌水和陡坡结构设计要点

1. 整体稳定

无论跌水还是陡坡，总体布置应选择地质相对稳定的区域，尽量避开断层、软弱夹层、崩塌、滑坡、泥石流等不良地质区域。跌水和陡坡需要进行土石方的开挖，改变了原有地貌的边界条件，设计时除保证各建筑物的局部稳定外，还需注意跌水和陡坡的整体稳定，防止发生整体滑动破坏。对无法避免的不良地质，需要采取必要的地基处理和抗滑稳定措施。

2. 防渗及排水

上游进口连接段和控制段设计时，要注意形成水平和侧向防渗体系，防止地基和侧向岩土的渗透稳定破坏。陡坡溢流面分缝要采取止水措施，杜绝高速水流进入衬砌底板底部，形成向上的脉动压力，防止衬砌底板冲刷破坏。

上游连接段和进口控制段要做好防渗措施，连接段底板一般做成铺盖，结构分缝处做好止水。进口控制段两端，往往设置刺墙伸入两侧土体，防止侧向绕渗。必要时对进口控制段地基进行垂直防渗处理。

陡槽底板下需要设置排水系统，以减少底板的扬压力。在底板的纵横缝下设置排水盲沟或盲管，并相互形成排水系统，集中排至下游。排水系统要做好反滤，防止堵塞。

消力池尾部一般设置排水孔，排水孔孔径为 5～8cm，间距为 2～3m，排水孔下部应做好反滤措施。

挡墙、边墙以及衬砌边坡，如果没有特殊的防渗要求，均需设置排水系统。

3. 抗冲刷

陡坡与跌水应采用抗冲耐磨材料。材料的最低设计强度等级应为：C20 混凝土、M7.5 水泥砂浆砌石（块石不低于 MU30 和水泥砂浆不低于 M7.5）。不同材料的抗冲流速见渠道和溢洪道的相关技术要求。

4. 结构分缝

跌水和陡坡建筑物应设置适应温度变化、沉降和变形的伸缩缝，缝宽一般为 2～3cm。陡槽底板基岩地基，纵横缝间距一般为 10～15m；土基纵横缝一般为 15～20m，缝之间设止水，缝下设排水设施。土基上分缝处一般设齿槽，以增强底板的稳定。挡墙、边墙一般分缝长度为 10～15m。

5. 结构稳定

陡槽段的底板和边墙应能在自重、静水压力、水流脉动压力及拖曳力、扬压力、土的冻胀力和施工等荷载作用下保持稳定。

跌水墙和消力池边墙应按挡土墙设计，并进行强度、稳定和地基承载力验算。

4.4.5 压力管式陡坡简介

压力管式陡坡的特点是陡坡部分用倾斜的压力管代替，斜管上面覆盖土石，其落差宜小于 5m。

压力管式陡坡由进口、压力管、半压力式消力池及出口等组成（见图 4.4-26）。

1. 进口

进口由连接段及进水口组成。由于当跌差一定时，不同的进口形式对流量系数的影响很小，因此进

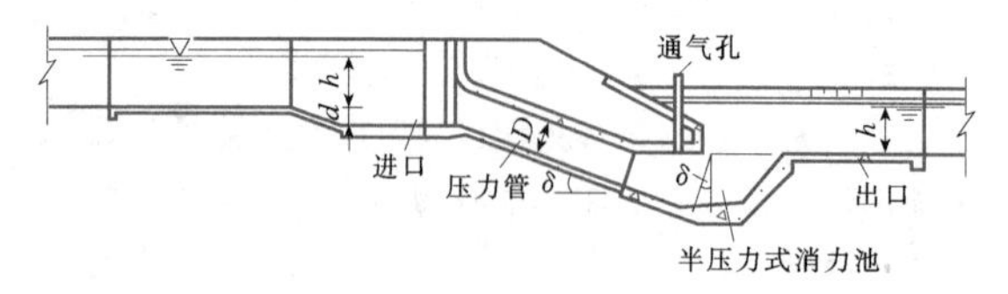

图 4.4-26 压力管式陡坡

口连接形式除常采用扭曲坡面及直立式八字墙外，亦可采用直墙突然收缩的进口形式。连接段的长度一般取渠道设计水深的3倍。

进口管顶应淹没在渠道水位以下一定深度，以保证管内为稳定的压力流。为此要求上游渠道中的水深应高于按式（4.4-65）求出的H'值（形成稳定压力流的最小界限水深）。

$$H' = 1.414D\sin\delta\left(\frac{Z}{q^{2/3}}\right)^{0.31} \qquad (4.4-65)$$

式中 D——压力管直径，m；

q——管内单宽流量，$m^3/(m \cdot s)$，对于圆管$q=Q/D$，对于方管$q=Q/b$；

δ——管轴线与水平线的夹角，(°)；

Z——上下游水位差，m。

当渠道的设计水深h小于H'时，应将进口底板降低。若降低的数值为d，则应满足$h+d \geqslant H'$。

2. 压力管

压力管进出口总是淹没的，其流量计算公式为

$$Q = \mu\omega_g\sqrt{2gZ_0} \qquad (4.4-66)$$

其中

$$\mu = \frac{1}{\sqrt{\alpha + \sum\xi + \frac{2gL_g}{C^2R}}} \qquad (4.4-67)$$

上二式中 w_g——管身的断面面积，m^2；

Z_0——计入行近流速水头的上下游水位差，m；

μ——流量系数；

α——动能系数，常采用1.0～1.05；

$\sum\xi$——各种局部损失系数之和；

L_g——管长，m；

C——谢才系数；

R——水力半径，m。

在设计管径时，可用$\mu=0.75\sim0.8$进行初步估算（流量大时用大值），再根据结构布置情况用公式验算。

为了便于施工，压力管的坡度不宜大于1∶2。当流量较大时，压力管常采用方形断面，并采用现浇钢筋混凝土结构。当流量较小而纵坡和落差较大时，可采用玻璃钢夹砂管等复合管材，不仅能满足结构强度方面的要求，而且便于施工，如果遇到转弯地段，设置镇墩就可以解决问题，值得推广。甘肃省和政县南阳渠供水工程管式陡坡就采用了管径300～450mm、壁厚7mm的玻璃钢夹砂管。

压力管的出口应置于下游渠底高程以下，通常使其内壁的顶部和下游渠底高程齐平。

3. 半压力式消力池

管式陡坡的消力池属于半压力式消力池，由压力管出口处的压力盖板及弧线形的消力池底板等部分组成。为了消除盖板底面上可能产生的真空现象，需要在盖板的中部设置若干个通气孔。

消力池底的前段为直线，后半段采用阿基米德螺旋线（见图4.4-27），以使消力池的断面面积得到逐渐的扩大。根据实践经验，当消力池出口的断面面积W_{ch}与压力管断面面积W_g的比值$W_{ch}/W_g=4\sim6$时，可获得良好的消能效果。

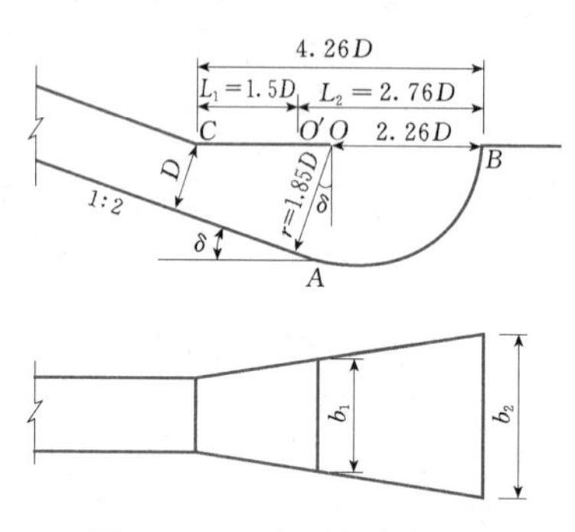

图 4.4-27 半压力式消力池

阿基米德螺旋线的计算公式为

$$r = \left(1 + \frac{\beta}{5}\right)D \qquad (4.4-68)$$

其中

$$\beta = \left(\frac{3\pi}{2} - \theta\right) \sim 2\pi \quad (\text{rad})$$

式中 β——以O为圆心、AB弧线所对的中心角。

若压力管坡度为1∶2.0时，即$\tan\delta=0.5$时，消力池各部分的尺寸如下：

螺旋线的半径：$r=(1.85\sim2.26)D$；

压力盖板长度：$L_1=1.5D$；

出口断面长度：$L_2=BO'=2.76D$；

出口断面前部底宽：$b_1=(1.07\sim1.37)D$；

出口断面后部底宽：$b_2=(1.2\sim2.05)D$；

出口断面流速：$v_{ch}=Q/W_{ch}$。

要求下游渠道水深$h \geqslant \alpha_1\frac{v_{ch}^2}{2g}$，$\alpha_1$为流速的不均匀系数，一般采用$\alpha_1=1.5\sim2.0$。

对于规模较大的压力管陡坡工程，设计数据的确定，应通过水工模型试验加以验证和补充。

4. 出口

出口段包括连接段和整流段，其尺寸拟定及构造

与陡坡、跌水的出口段相同。

4.4.6 跌井简介

在高寒地区采用开敞式跌水，容易受到冻胀的影响，造成水工建筑物裂缝、倒塌等现象。竖井跌水的结构基本位于地下，可减少受冻部位和面积，在高寒地区使用比较多。

同时，由于竖井跌水布置紧凑，可以减少基础工程开挖和混凝土浇筑量，缩短工期、降低工程造价。

跌井分为上游连接段、消力井、消力井出口段、渠道连接段，如图 4.4－28 所示。

消力井在平面上可分为圆形和方形。上游水流跌落至消力井中，池中水深较大，水流剧烈漩滚，消耗能量，降低水流流速。

跌流冲击消力井水池，有可能产生强烈的横轴漩涡，剧烈摆动，引起竖井的振动。可以在上部设置消力梁或消力网等结构，分散水流，在水池中形成不同频率、不同相位的漩涡，这些漩涡相互作用，提高消浪能率，避免大尺度、低频率漩涡，也避免竖井振动。

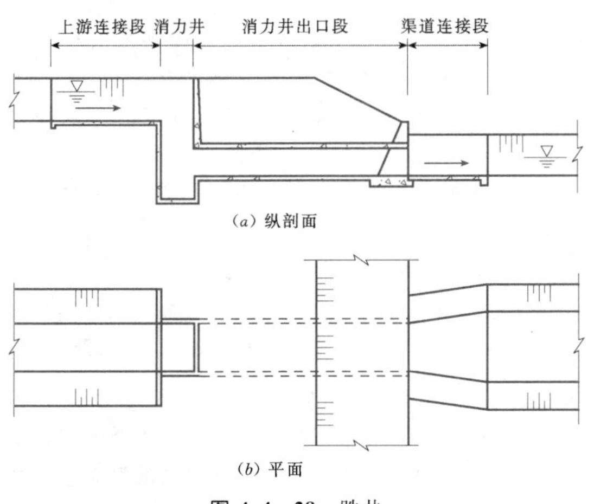

图 4.4－28 跌井

跌流经消力井消能后，尚有余能，在表面产生较大的水面波动，有可能继续冲刷下游渠道。为消除波动，将消力井出口段平坡改为反坡出口，使水流缓慢下泄，以达到消除波动的目的。

4.5 渠道上的闸

4.5.1 概述

渠道上的闸，通常按其在渠系中所担负的任务不同可分为分水闸、泄水闸（或称退水闸）、节制闸等。分水闸（及斗门）用以控制和调配流量，达到计划用水的目的；泄水闸（及溢流侧堰）用以宣泄渠中超量或全部来水（兼冲泄上游渠段淤积的泥沙等），以保障下游渠段或重要建筑物的安全；节制闸一般与分水闸或泄水闸联合修建，用以控制渠道水位，保证分水或泄水。渠道上的闸，在型式、构造以及水力计算、结构计算等方面，与渠首进水闸相类似，只是在防洪、防沙、防渗、建闸基本条件等方面，较进水闸简单。

各种闸的结构计算可参照《水工设计手册》（第2版）第7卷第5章水闸结构计算部分的相关内容和要求。

4.5.2 分水闸及斗门

4.5.2.1 分水闸的型式和构造

分水闸将上级渠道的流量按需要分入下级渠道，实际就是下级渠道的进水闸。根据不同的配水要求，分水闸有单股、双股和三股等布置方式（见图 4.5－1）。当干渠流量大，而分水流量较小时，常在干渠一侧设单股分水闸，分水角一般采用 60°～90°，而干渠中一般不设节制闸。当分水流量较大，约为来水流量的半数时，常做成分水角为对称的两股分水闸。当地形突然开扩，需要多方向分水时，可设三股或多股分水闸。双股和三股分水闸，每股都要设闸门，互相起节制作用，从而构成闸枢纽。

分水闸的结构型式有开敞式和涵洞式两种。当渠堤不高、分水闸的引水流量较大时，常做成开敞式（见图 4.5－2）。根据闸前水位变化，开敞式又分为有胸墙的和无胸墙的两种。当渠堤较高，分水闸的引水流量较小时，常用涵洞式（见图 4.5－3）。根据水力条件的不同，涵洞式又可分为有压的和无压的两种。涵洞式的结构比较简单，较开敞式经济。

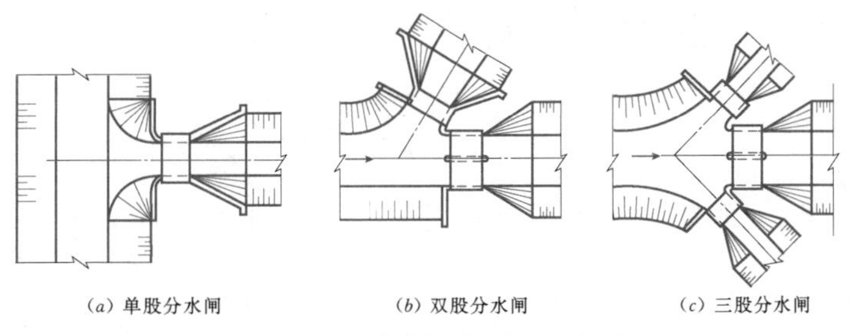

图 4.5－1 分水闸平面布置示意图

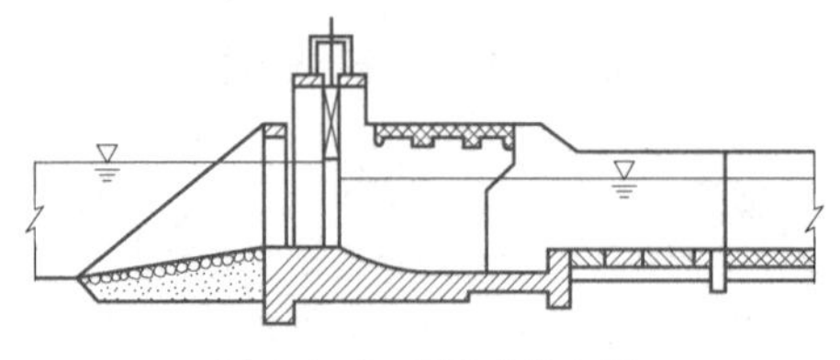

图 4.5-2　开敞式分水闸

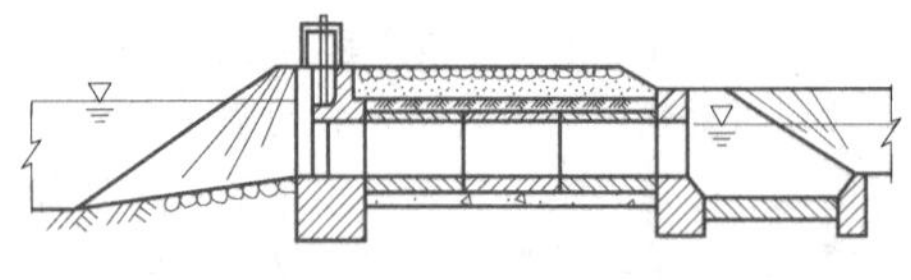

图 4.5-3　涵洞式分水闸

分水闸的进口，不应突出于闸前上级渠道之中，而应设在渠岸上。对单股分水闸，因进水不对称，故其进口一般采用不对称的布置型式。

4.5.2.2　分水闸的水力计算

1. 闸前水位的确定

设计计算闸孔宽度时，所选用的闸前水深，应以干渠分引水后的设计流量的相应水深为依据。但当干渠流量变化较大时，为保证支渠引水，可将与干渠减小流量（通常取为设计流量的40%）所相应的水位作为选用闸前水深的依据。若按此计算的闸孔宽度较大而不够经济合理时，则应考虑在干渠设置节制闸，以控制渠道水位。

2. 闸底槛高程的确定

分水闸的闸室底槛高程，一般与上级渠道底相平。但在多泥沙渠道或闸前水位允许时，底槛也可以较上级渠底稍高，以防推移质泥沙进入分水渠道。

3. 闸孔宽度的确定

分水闸的闸室一般为平底的，故闸孔宽度可根据闸的具体结构型式和设计水流条件，按宽顶堰或压力涵管淹没出流的条件进行计算确定。有关宽顶堰和压力涵管的水力计算，参见《水工设计手册》（第2版）第7卷第5章水闸的水力计算部分的相关内容。

4. 闸下消能

灌溉渠道上的分水闸，一般可不设消能设施，但可加长下游砌护以防止冲刷破坏。必要时也可采取消力塘、消力槛和综合消力塘等消能措施。

4.5.2.3　斗门

斗门是调节、控制引入斗渠流量的斗首进水建筑物。斗门设在干渠或支渠渠岸的侧旁，一般以90°的引水角引水。

斗门与分水闸一样，有开敞式和涵管式两种。开敞式一般设在较小的支渠上，涵管式工程简单、经济，因而多采用。

斗口高程应根据上级渠道水位变化以能保证斗渠引水来确定。在干渠及支渠首部，一般斗口高程可以高于上级渠底，这样既可避免推移质泥沙进入斗渠，还可增加斗渠引水水位，保证顺利灌溉。在支渠中、下部，斗口高程一般可取与支渠底齐平。斗门的尺寸一般按标准规格选用，并可用预制件装配。

斗门的水力计算，对于开敞式可用堰流公式计算；对于涵管式，根据水流情况，分别采用压力流、半压流及明流3种公式进行计算（压力流及明流的水力计算与分水闸同）。

农门的设置，可以参照斗门设计的要求进行。

4.5.3　节制闸

节制闸是控制渠道水位，调节流量，保证配水和泄水或通航的控制建筑物。设计时应考虑满足下列要求：

(1) 闸门完全开启时，壅水高度应不影响上游建筑物，故闸孔过水断面一般应与渠道过水断面相等或比其稍大。

(2) 闸孔以选用奇数较好，以便闸孔对称开启（部分孔开启时），避免发生不对称水流。

(3) 在通航渠道上，闸孔还应满足航运的规定要求。

节制闸闸底与渠底齐平，通常可与分水闸或泄水闸联合修建，还可与渠道其他建筑物如跌水、桥梁等联合修建，以节省工程量，降低造价。

节制闸的构造基本与开敞式分水闸类似，其水力计算亦与开敞式分水闸相同，按淹没式宽顶堰计算。

4.5.4　泄水闸及溢流侧堰

为了保证渠道和重要建筑物的正常安全运行，防止过量的水流漫溢，要有退泄渠道来水或剩余水量的设施。这类设施包括泄水闸、溢流侧堰等。泄水闸常设于渠道一侧，一般用60°～90°的分水角；若设于渠尾，用以退泄渠道剩余水量，称为退水闸。

4.5.4.1　泄水闸的位置

为了保障重点渠段或重要建筑物的安全，泄水闸常设在渠首进水闸后一定距离的适当位置，或傍山（塬边）渠道洪水入渠段的下游，或险工、重要工矿和城镇渠段的上游，或重点建筑物（如渡槽、倒虹吸管、隧洞、分水枢纽以及大填方、高边坡地段等）的上游附近，或干、支渠输水段的末端等。设置泄水闸时，还应注意使泄水区段尽量合理、协调。应尽可能利用河流、山溪、沟道或选择短直的泄水渠线，将泄水闸泄出的水流排入承泄区。

当泄水闸兼有排沙要求时，其位置应根据沉沙和冲沙的具体运用条件，合理选定。

4.5.4.2 泄水闸的型式和构造

泄水闸的结构型式有开敞式和涵洞式两种。泄水闸的布置型式包括有节制闸的泄水闸和无节制闸的泄水闸两种。有节制闸的泄水闸，通常构成闸枢纽，采用开敞式。无节制闸的泄水闸是单独建立的，当泄水量大时，常用开敞式，当泄水量小时，则采用涵洞式。

1. 有节制闸的泄水闸

这种泄水闸的布置与结构，与分水闸基本相类似（见图 4.5-4）。泄水闸的闸槛高程，当无冲沙要求时，一般取与干渠渠底齐平，以利用节制闸来控制渠道水流；当有冲沙要求时，则闸底和闸前一段渠底的高程，可以适当降低，并调整闸前上游渠道的断面和比降，以便沉沙和冲沙。

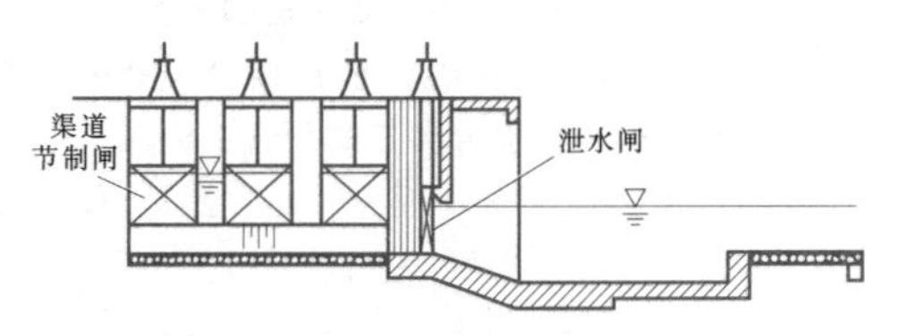

图 4.5-4 有节制闸的泄水闸纵剖面图

2. 无节制闸的泄水闸

这种泄水闸闸前上游渠底须要降低以形成跌塘，使渠道全部水流跌落入塘，并经由泄水闸退出。塘底高程即为泄水闸底高程。跌塘深度，一般以设计流量能由泄水闸退出而下游无水为原则。闸前带有跌塘，可使渠水以缓流出闸，虽跌塘较深，但流态稳定。

在无节制闸的条件下，使泄水建筑物同时满足水位不壅、不降的要求是不可能的。对于有衬砌护面的渠道，一般可不考虑壅水或降水造成的影响，只需在闸前跌塘前部布置必要的整流栅和导流墩等，以便使渠水入塘后能平稳地改变水流方向，顺利地经泄水闸泄流。对于土质渠道，应特别注意防止过大降水可能造成渠道的冲刷，对渠道采取必要的护砌措施。

泄水闸前跌塘侧向下游渠道的连接段，须加以砌护，其长度应不小于下游水深的 3～5 倍，以保护渠道不受冲刷。

无节制闸的泄水闸，结构虽较复杂，但由于无节制闸，可适应通航要求和减少管理设施，便于沉砾、冲沙，特别是既能较快地退泄渠道来水，又可倒泄下游渠道的部分水量，以减轻下游渠道的灾害。

4.5.4.3 泄水闸的水力计算

泄水闸的设计流量，应根据设闸的具体要求和条件决定，可以小于、等于或大于渠道的设计流量。

泄水闸的水力计算基本与一般水闸相同。

4.5.4.4 溢流侧堰

溢流侧堰是溢泄渠道超量水或剩余水，保证渠道、建筑物或电站正常和安全运行的工程设施。当下游附近有节制闸，而其上游渠岸高程较高时，溢流侧堰还可考虑溢泄渠道的全部流量。

溢流侧堰常设在渠道临低地、建筑物或电站进口上方的一侧，其设置位置基本与泄水闸相同。

溢流侧堰的轴线通常与渠道水流方向平行。不设闸的堰顶高程一般取渠道加大水位，这时侧堰通常较长。若有特殊要求时，也可以考虑降低堰顶高程，而在堰顶加设自动闸门，以便增加溢流水深，缩短堰长（即加大单宽溢水流量）。溢流侧堰最好设在岩基上，并能就近泄水入河流或沟溪。若设在软基上时，需修筑导墙、护底和消能防冲设施。

溢流侧堰的堰型，常采用流量系数较大且与堤岸断面相近似的实用堰，堰顶与渠底平行。溢流设计流量或溢流堰上的设计水深，可根据侧堰的具体位置，或超量来水水源，或管理上的特殊要求（如溢泄剩余渠水等），来分别决定。

溢流侧堰的溢流量与其所在的渠槽断面形状、水力边界条件及堰型等有着密切的关系，通常可结合渠槽水面线进行计算。

渠道溢流侧堰的堰前流态通常为缓流，当渠槽为棱柱形时，溢流量的计算（见图 4.5-5）公式为

$$Q = m'LH^{3/2} \tag{4.5-1}$$

$$m' = m\sqrt{2g} - \left[0.388\left(\frac{L}{B}\right)^{1/6} + \frac{1+0.18\dfrac{L}{B}}{\dfrac{2.79}{1+1.185\dfrac{L}{B}} + \dfrac{1.28}{\left(\dfrac{h_0}{H_0}-1.25\right)^2}}\right] \tag{4.5-2}$$

其中

$$H = (H_1 + H_2)/2$$

$$H_0 = h_0 - P$$

上二式中 m'——侧堰流量系数；

H——堰上计算水头，m；

m——与侧堰堰型相同的正堰流量系数，可取为 0.372～0.491；

L——侧堰长，m；

B——渠槽宽度，m；

h_0——溢流前的渠槽正常水深，m；

P——堰高，m。

当堰前流态为急流或渠槽不是棱柱形时，其溢流量的计算可参照《水工设计手册》（第 2 版）第 1 卷第 3 章水力学计算部分的相关内容。

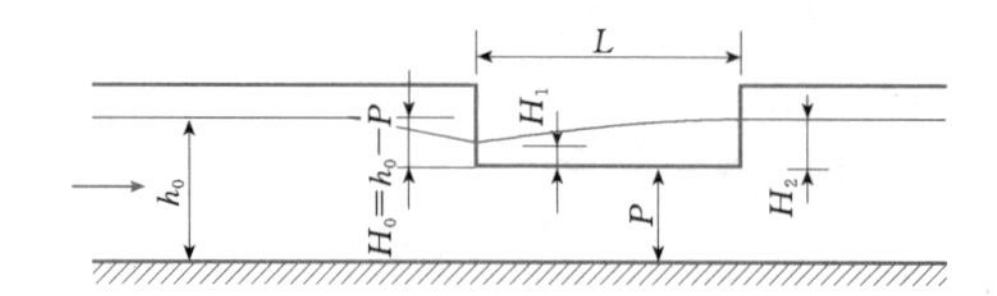

图 4.5-5 溢流侧堰示意图

4.6 量水设施

4.6.1 概述

4.6.1.1 灌区量水的几种常用方法

灌区量水的常用方法有：利用水工建筑物量水；利用特设的量水设备量水；利用流速仪量水；利用浮标量水；利用水尺量水。

上述五种量水方法，以水工建筑物量水最为经济、简单。在有条件利用水工建筑物量水的灌区，应该优先采用水工建筑物量水。特设量水设备的精度较高，但设备费用也高。流速仪测流精度较高，但对水流条件有要求并且费时、费用高，计算复杂。采用浮标测流较为经济，但常常难以满足量水精度要求。在已有资料相当完备的条件下，也可根据流量—水位关系图表用水尺测量。

管道系统的量水主要采用各种形式的流量计，可参考有关资料采用。

1. 利用水工建筑物量水的条件

可用来量水的水工建筑物包括启闭式的闸、涵、倒虹吸管及渡槽等。

利用水工建筑物量水应符合以下条件：

(1) 通过量水的水闸、渡槽、倒虹吸管、涵洞、跌水与陡坡等渠系建筑物的水流，在各种流量下均应形成明显且稳定的堰流、孔流、明渠均匀流或管流中的一种流态。还应细分为自由流、淹没流、半淹没流，或管流的无压流、有压流和半有压流。

(2) 渠系建筑物的过水横断面应规则平直，自身完整稳定，调节启闭设备完好，无变形剥蚀、变位损坏、漏水等不良现象。

(3) 水流因渠系建筑物的垂直或平面方向的约束控制作用，应形成明显的水面局部降落和一定的水头差。当为淹没出流时，建筑物上、下游的水头差不应经常小于 0.05m，淹没度（下游水深与总水头之比）不应经常大于 0.90。

(4) 渠系建筑物的进、出口和底部均应无明显影响流量系数稳定性的冲淤变化和障碍阻塞。

(5) 渠系建筑物进、出口渐变段以外应有造成缓流条件的顺直渠段长度。顺直渠段的长度在进口渐变段以上应不小于过水断面总宽的 3 倍，在出口渐变段以下应不小于过水断面总宽的 2 倍。

2. 特设量水设备量水的条件

常用的特设量水设备主要包括矩形量水堰、三角形量水堰、梯形堰、长喉槽、无喉道量水槽、闸前量水套管、量水喷嘴等。其采用地点多在无水工建筑物却需量水，或是水工建筑物量水不足以满足精度要求处。特设量水设备测量结果较为精确，但却需要加大设备费用及导致额外的水头损失。

特设量水设备可以就地施工，也可以做成预制件，甚至可以做成活动式的。对于其使用，应考虑以下条件：

(1) 水头损失较小，并且不影响渠道水流的正常通过，有相当的过水能力。

(2) 操作、使用、计量、计算方便可行。

(3) 应有一定的过泥沙及漂浮物的能力。

(4) 上游应有一定长度的平直渠段，一般来说，明渠水流要求有 40 倍水力半径的平直上游段。

(5) 上游的泥沙淤积不超过一定范围，不可使流速水头过大而产生较大的水头测量误差。

(6) 出流水舌应该保持下缘通气良好，负压的出现会引入较大的误差。

3. 利用流速仪测流法的量水条件

一般设计流量大于 $45m^3/s$、允许水头损失较小或量测精度要求较高的渠道测站，应采用此方法。流速仪包括转子式流速仪、旋杯和旋桨流速仪、声波流速仪及电磁式流速仪等，其测量结果比较精确，但费用较高，并且测量及计算较为费时。可以用其对已有的量水设备的精度及其适用范围进行校核。在采用此法时，测流渠段及测流断面应符合以下要求：

(1) 测流渠段平直、水流均匀。

(2) 测流渠段纵横断面比较规则、稳定。

(3) 测流断面与水流方向垂直。

(4) 测流断面附近不应有影响水流的建筑物和树木杂草等，测流断面在建筑物下游时，应不受建筑物泄流的影响。

(5) 在不规则的土渠测流时，应将测流渠段衬砌成规则的标准段（如梯形断面等）。

4. 利用水尺测流的条件

利用水尺测流的常用方法是，对选定的地点用流速仪测定不同水流条件下的流量，而后作出水头—流量关系曲线，对照曲线，即可用水尺测得的水位得出流量。此法虽然简单、易掌握，但要求所选点处的水流条件能够长期维持稳定。而且通常要求所选点处的渠段断面较为稳定，渠道有较长的平直上游段。另外，对于渠中水流还要求均匀、恒定并且无回流的影响。通常，为满足以上条件，将渠道的测流段加以人工衬砌。

对于此种测流方式，一定要定期对水头—流量关系曲线进行重新测定与校核。渠道本身由于水流冲刷作用、泥沙淤积、渠道演变、生物作用以及局部漏水等所产生的影响，几乎不可能长期维持相同的情况，应该对渠道进行清草、清淤及采取相应的防渗漏措施。此方法对于已有资料比较成熟的水工建筑物同样也适用。

5. 利用水面浮标测流的条件

利用水面浮标测流，一般是在以上各种方法难于实施，又对测流结果精确性要求不高的条件下使用。这种方法对渠道、水流条件无特殊要求，但水面应该无波动、无涡流。

4.6.1.2 量水设施的分类

通常，量水设施可分为两类：明渠式量水设施和淹没式量水设施。

(1) 明渠式量水设施。明渠式量水设施主要是指直接建在明渠上的各种水工建筑物、槽、孔口出流等量水设施。其特点是具有固定性，设施本身也是渠道的一部分，并且在正常的过水条件下，不允许完全淹没。通常，明渠式量水设施测量的流量与上游的水头的 n 次方成正比。这一类设备对环境的适应性强，测流量范围较大，并且精度较高。

薄壁堰需要足够的水头差，以保证有完全通气的自由水舌；宽顶堰可用于较小的水头；允许淹没条件下运用的堰可用于更小的水头差。薄壁堰用于施测小流量，其中三角形薄壁堰用于施测更小的流量。宽顶堰、三角形剖面堰用于施测大流量。平坦 V 形堰的测流幅度最大。几种标准堰的测流范围及应用限制见表 4.6-1。

表 4.6-1　几种标准型式的量水堰测流范围及应用限制表

量水堰型式		尺寸			量测范围			计算流量的不确定度范围（%）	几何限制	非淹没限（%）
		堰高 P（m）	堰宽 b（m）	边坡	堰长 L（m）	最大（m^3/s）	最小（m^3/s）			
薄壁堰	三角形	$\theta=90°$	—	—	—	1.80	0.001	1～3	$H/P\leqslant2$	水舌下通气
	矩形（全宽）	0.2	1.0	—	—	0.67	0.005	1～4	$H/P\leqslant2$	水舌下通气
		1.0	1.0	—	—	7.70	0.005	1～4	$H/P\leqslant2$	水舌下通气
	矩形（收缩）	0.2	1.0	—	—	0.45	0.009	1～4	$H/P\leqslant2$	水舌下通气
		1.0	1.0	—	—	4.90	0.009	1～4	$H/P\leqslant2$	水舌下通气
宽顶堰	锐缘矩形	0.2	1.0	—	0.8	0.26	0.030	3～5	$H/P\leqslant1.5$	80
		1.0	1.0	—	2.0	3.07	0.130	3～5	$H/P\leqslant1.5$	80
	圆缘矩形	0.15	1.0	—	0.6	0.18	0.030	3～5	$H/P\leqslant1.5$	66
		1.0	1.0	—	5.0	3.13	0.100	3～5	$H/P\leqslant1.5$	66
	V 形	0.3	$\theta=90°$	—	1.5	0.45	0.007	3～5	$1.5<H/P<3.0$	80
		0.15	$\theta=150°$	—	1.5	1.68	0.010	3～5	$1.5<H/P<3.0$	80
三角形剖面堰		0.2	1.0	—	—	1.17	0.010	2～5	$H/P\leqslant3.5$	70
		1.0	1.0	—	—	13.0	0.010	2～5	$H/P\leqslant3.5$	70
平坦 V 形堰		0.2	4	1∶10	—	5.00	0.014	2～5	$H/P\leqslant2.5$	74
		1.0	80	1∶40	—	630	0.055	2～5	$H/P\leqslant2.5$	74
长喉道堰	矩形	0.0	1.0		—	1.7	0.033	2～5	$A_t/A_u\leqslant0.7$	70
	梯形	0.0	1.0	5∶1	—	41.0	0.270	2～5	$A_t/A_u\leqslant0.7$	70
巴歇尔量水槽（标准型）		—	0.152	—	0.305	0.10	1.5×10^{-2}	2～5	特定	60
		—	2.40	—	0.60	4.00	—	2～5	特定	70
巴歇尔量水槽（大型）		—	3.05	—	0.91	8.28	0.16	3～5	特定	0.80
		—	15.24	—	1.83	93.04	0.75	3～5	特定	0.80

注　H 为上游总水头；P 为堰高；A_t 为喉道断面面积；A_u 为行近河槽断面面积。

（2）淹没式量水设施。淹没式量水设施是指出口及进口都位于水面下的淹没状态的量水设施。有压隧洞、套管、文丘里管都可视为淹没式量水设施。其主要特点为设施过流为有压流动，适于在水流流动条件变化大或频繁的地域使用，其特点是量水精度较为稳定，不受水力条件变化的影响。

4.6.2 量水堰

4.6.2.1 三角形量水堰

三角形量水堰结构简单，造价低，当测小流量时（$0.1m^3/s$）精度高，一般适用于流量 $0.001\sim2.5m^3/s$ 和比降大的小型渠道上。三角形量水堰的堰顶角，可作成20°、40°、60°、90°、120°不同角度，通常采用的是90°的直角三角形量水堰（见图4.6－1）。

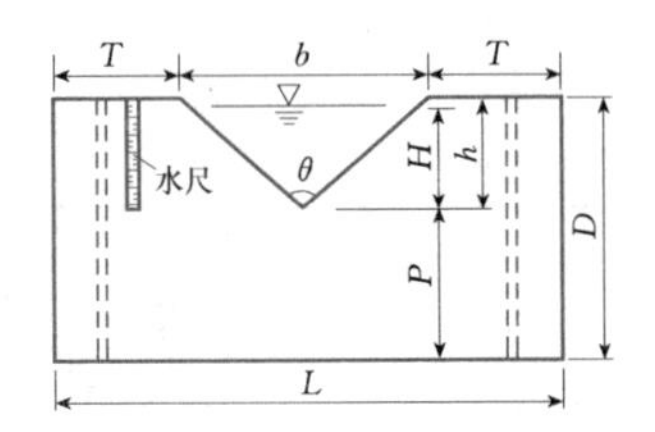

图4.6－1 三角形量水堰

（1）自由流时（下游水位低于堰口）三角形堰的过水能力计算公式为

$$Q=\frac{8}{15}\mu\sqrt{2g}\left(\tan\frac{\theta}{2}\right)H^{2.5} \tag{4.6-1}$$

当 $\theta=90°$ 时，也可按式（4.6－2）计算，即

$$Q=1.343H^{2.47} \tag{4.6-2}$$

上二式中 Q——过堰流量，m^3/s；

H——过堰水深，m，通常不大于0.3m，不小于0.03m；

μ——流量系数，可参阅有关文献，约为0.6；

θ——堰顶角度。

（2）淹没流时（下游水位高于堰口），当 $\theta=90°$ 时三角形堰的过水能力的计算公式为

$$Q=1.4\sigma H_a{}^{2.5} \tag{4.6-3}$$

其中 $$\sigma=\sqrt{0.756-\left(\frac{H_b}{H_a}-0.13\right)^2}+0.145 \tag{4.6-4}$$

式中 σ——淹没系数；

H_b——下游水尺读数，m；

H_a——上游水尺读数，m。

4.6.2.2 矩形薄壁堰

堰板上的缺口做成矩形时，即为矩形堰（见图4.6－2），若堰口宽度 b 等于渠道宽度 B，则称全宽

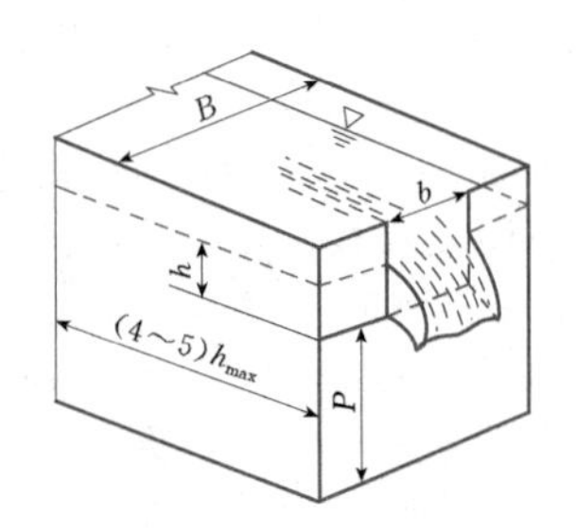

图4.6－2 矩形薄壁堰

堰。若 b/B 小于1，则为有侧收缩堰。当缺口面积与行近渠道的面积相比很小，可以完全忽略行近流速时称完全收缩堰，否则为部分收缩堰。矩形薄壁堰堰顶必须做成向下游倾斜的锐角薄壁，以使水流过堰后就不再和堰壁接触，溢流水舌有稳定外形。同时应在紧靠堰板下游侧墙内埋设通气孔，使水舌内外缘为大气压，以保证通过水舌内缘最高点的铅直断面上也具有稳定的流速，从而有稳定的水头流量关系。

无侧收缩的流量公式为

$$Q=mb\sqrt{2g}H^{1.5} \tag{4.6-5}$$

流量系数 m 用雷卜克公式计算：

$$m=0.407+0.0533\frac{H}{P} \tag{4.6-6}$$

上二式中 H——堰上水头，m；

P——堰高，m；

b——堰宽，m。

公式适用范围：$0<H/P<6$。

有侧收缩矩形堰的流量计算公式为

$$Q=m_0b\sqrt{2g}H^{1.5} \tag{4.6-7}$$

其中

$$m_0=\left(0.405+\frac{0.0027}{H}-0.03\frac{B-b}{B}\right)\times\left[1+0.55\left(\frac{H}{H+P}\right)^2\left(\frac{b}{B}\right)^2\right]\text{（巴赞公式）} \tag{4.6-8}$$

上二式中 m_0——计及行近流速水头的流量系数；

B——渠宽，m；

b——堰宽，m。

式（4.6－7）的适用范围：$P\geqslant0.5H$，$b>0.15m$，$P>0.10m$。

矩形薄壁堰结构简单，易于制作，且其过流能力可以很大，但在 $H<0.15m$ 时，矩形薄壁堰溢流水舌在表面张力和动水压力作用下很不稳定，甚至可能出现溢流水舌紧贴堰壁下溢形成所谓的贴壁溢流，这时，稳定的水头流量关系已不能保证，使测流精度大受影响。因此，在流量小于100L/s时，宜采用三角形薄壁堰作为量水工具。矩形薄壁堰前泥沙容易沉

积，影响测流精度。故一般在坡降较大的顺直平滑的矩形清水渠道上使用，当行近渠道尺寸足够大，行近流速可以忽略时，全收缩堰可以用于非矩形渠道。

4.6.2.3 梯形薄壁堰

梯形薄壁堰结构型式如图 4.6-3 所示，它是完全收缩矩形堰的一种修改型式。梯形堰的缺口为上宽下窄的梯形，堰口侧边斜坡比通常为 4∶1（竖∶横），堰口呈锐缘状。

通常标准梯形堰结构尺寸见表 4.6-2。

表 4.6-2 常用标准梯形堰结构尺寸

b (cm)	B (cm)	h_{max} (cm)	P_1 (cm)	T (cm)	P (cm)	流量范围 (m^3/s)
25	31.6	8.3	13.3	8.3	8.3	0.002～0.12
50	60.8	16.6	26.6	16.6	16.6	0.010～0.063
75	90.0	25.0	30.0	25.0	25.0	0.030～0.178
100	119.1	33.3	38.3	33.3	33.3	0.060～0.365
125	148.3	41.6	41.6	41.6	41.6	0.102～0.640
150	177.5	50.0	50.0	50.0	50.0	0.165～1.009

表 4.6-2 中各值关系为：$B=b+h/2$，$h=b/3+5$，$h_{max}=b/3$，$T=P=b/3$。

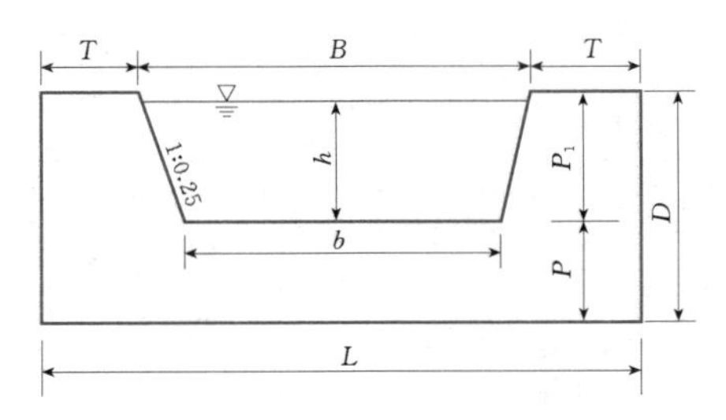

图 4.6-3 梯形薄壁堰

在自由出流情形下，流量计算公式为

$$Q = Mbh^{1.5} \tag{4.6-9}$$

式中 h——过堰水深，m；

M——流量系数，若行近流速小于 0.3m/s 时取 1.86，大于 0.3m/s 时，取 1.90；

b——堰口底宽，一般在 0.25～1.5m 之间。

当下游水面高出堰坎，上、下游水位差与堰坎高之比小于 0.7 时，形成淹没流。相应流量计算公式为

$$Q = M\sigma bh^{1.5} \tag{4.6-10}$$

其中 $$\sigma = \sqrt{1.23-(h_2/h)^2} - 0.127 \tag{4.6-11}$$

式中 σ——淹没系数；

h_2——下游水面高出堰坎的水深，m；

其他符号意义同式（4.6-9）。

梯形薄壁堰结构简单，造价低廉，易于制造，流量计算公式简单；但量水堰壅水较高，水头损失较大，同时堰前易沉积泥沙。因此适宜在水头条件较好（渠道比较大）、含沙量小的渠道上使用。

4.6.3 量水槽

4.6.3.1 长喉道槽

长喉道槽结构参见图 4.6-4 。当河渠纵坡小于 2‰时，宜采用既有侧收缩又有底收缩的长喉道槽，含沙量较大的河道上或排污渠道可采用只有侧收缩（无底坎）的长喉道槽。

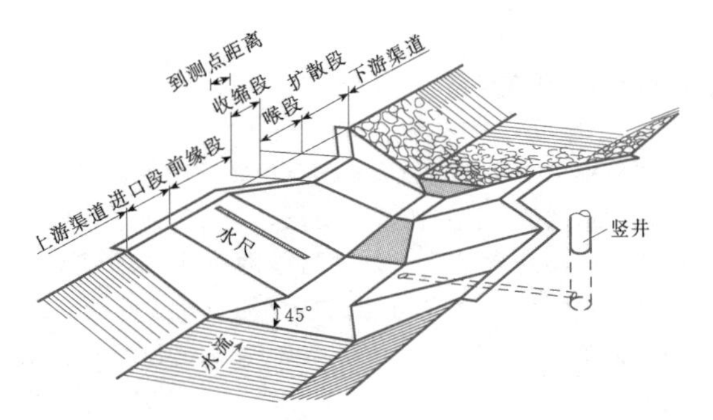

图 4.6-4 长喉道槽结构示意图

长喉道槽的喉道段长度 L 应取为 $1.0h_{max}<L<10h_{max}$，经常采用的是（1.5～1.7）h_{max}（h_{max} 为堰上最大水深）。进口通常做成 1∶3，由两侧向中间（垂直水流方向∶顺水流方向）收缩，底部以 1∶3 向上收缩的渐变段。下游出口渐变段，通常可做成为1∶6（垂直水流方向∶顺水流方向）扩散的扭曲面，两岸呈对称布置。底部喉道面以 1∶6 斜坡与下游渠底相连。为节约工程量也可将出口渐变段后半段截除。长喉道槽水头测量点应设在进口喉道起点前（2～3）h_{max} 处。

长喉道槽断面可作成矩形、梯形、抛物线形、U 形等多种断面形状，以适应不同的渠道断面形状。矩形长喉道槽流量的计算公式为

$$Q = \left(\frac{2}{3}\right)^{3/2}\sqrt{g}\,C_d\,C_v\,b_c\,h_1^{3/2} \tag{4.6-12}$$

$$C_d = (H_1/L - 0.07)^{0.018} \tag{4.6-13}$$

$$C_v = \left(1+\frac{\alpha_1 v_1^2}{2gh_1}\right)^u \tag{4.6-14}$$

以上式中 C_d——流量修正系数；

C_v——流速修正系数；

H_1——上游渠段总水头（喉道槛顶算起），m；

L——喉道长，m；

u——水深 h_1 的幂，矩形槽取 $u=1.5$，三角形槽取 $u=2.5$，抛物线形槽取 $u=2.0$；

$\frac{\alpha_1 v_1^2}{2gh_1}$ ——速度水头，m。

式（4.6-12）的适用范围：$0.1 \leqslant H_1/L \leqslant 1.0$。

其他横断面形状的流量计算公式，参见相关规范及文献资料。

特别需要指出的是，长喉道槽需在自由出流条件下测流，因此应合理确定长喉道槽安装高程，确保自由出流工况，即保证所设计量水槽在各种工况下的最大水头损失均小于槽上、下游水头差。量水槽水头损失可用边界层理论计算方法进行计算，具体可参见相关资料。

4.6.3.2 短喉道槽

1. 标准巴歇尔槽

巴歇尔槽的横断面为矩形，由收缩的入流段、喉道段和扩散的出流段组成（见图4.6-5）。进口收缩段底板应保持水平，进口收缩段的侧墙与轴线应成11°19′的扩散角，出口扩散段的侧墙与轴线应成9°28′的扩散角，喉道底板的坡降为3∶8，出口扩散段底板的逆坡坡度为1∶6。

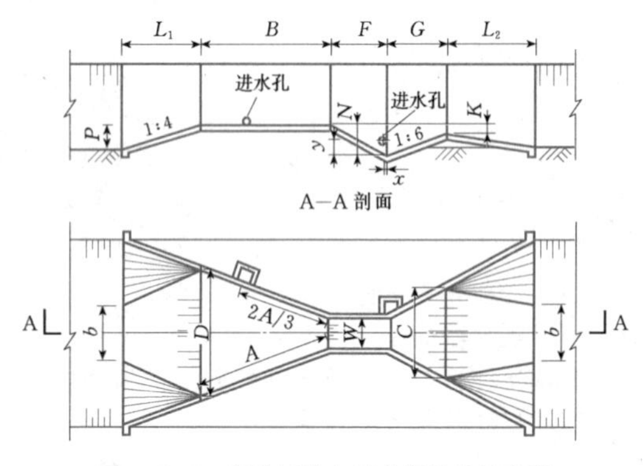

图4.6-5 标准巴歇尔量水槽结构示意图

巴歇尔槽系列间不是几何相似，某一槽体系列，喉道长、槽顶高度及出流段长度均保持不变，其他尺寸为喉道宽W的函数。槽型选择应考虑流量变化范围、有效水头、最大淹没度、渠道特性、水头损失、水流含沙情况、经济条件等因素。不应随意改变或按比例缩放标准设计中给定的各部尺寸，应根据工程地点渠道的实际情况及水流条件，选择与之最接近的测流要求的标准尺寸。

（1）结构尺寸。标准巴歇尔量水槽尺寸应符合表4.6-3的规定，其中：

1）量水槽中A、B、C、D尺寸是喉口宽度W的函数，其关系为：$A=0.51W+1.22$，$B=0.5W+1.20$，$C=W+0.30$，$D=1.2W+0.48$。

2）其他常数项经实验确定为：$F=0.6\text{m}$，$G=0.9\text{m}$，$K=0.08\text{m}$，$N=0.23\text{m}$，$X=0.05\text{m}$，$Y=0.08\text{m}$。

3）量水槽上下游护底长为槽底高P的函数：上游护底长$L_1=4P$，下游护底长$L_2=(6\sim8)P$。

4）量水槽上下游水尺分别在进口收缩段距喉道首端$2A/3$和距喉道末端X长度上游处。

水尺零点高程均与进口收缩段底板高程一致。喉道宽度在0.75m以下且水流平稳的量水槽，水尺可设在侧壁上；喉道宽度在0.75m以上和水流不稳的量水槽，应在槽外设观测井。观测井底应比槽槛低0.20～0.25m，观测井与量水槽可用平置的金属管或塑料管连通。

表4.6-3 标准巴歇尔量水槽尺寸表

W (m)	A (m)	2A/3 (m)	B (m)	C (m)	D (m)	流量范围(m^3/s)	
						最小	最大
0.250	1.351	0.900	1.325	0.550	0.780	0.006	0.561
0.500	1.479	0.986	1.450	0.800	1.080	0.012	1.159
0.750	1.606	1.070	1.575	1.050	1.380	0.016	1.772
1.000	1.734	1.156	1.700	1.300	1.680	0.021	2.330
1.250	1.861	1.241	1.825	1.550	1.980	0.026	2.920
1.500	1.988	1.326	1.950	1.800	2.280	0.032	3.500
1.750	2.116	1.411	2.075	2.050	2.580	0.037	4.080
2.000	2.243	1.495	2.200	2.300	2.880	0.041	4.660
2.250	2.370	1.580	2.325	2.550	3.180	0.046	5.240
2.500	2.498	1.665	2.450	2.800	3.480	0.051	5.820
2.750	2.625	1.750	2.575	3.050	3.780	0.056	6.410
3.000	2.753	1.835	2.700	3.300	4.080	0.060	6.990

（2）流量确定。通过观测入流断面水头h_1和喉道断面水头h_2，即可确定过槽流量。

1）自由流状态［$S=h_2/h_1<0.7$，h_1为上游水尺读数（m），h_2为下游水尺读数（m）］下流量的计算公式为

$$Q=0.372W\left(\frac{h_1}{0.305}\right)^{1.569W^{0.026}} \tag{4.6-15}$$

式中 W——喉道宽度，m。

当喉道宽度$W=0.5\sim1.5\text{m}$时，可以简化为

$$Q=2.4Wh_1^{1.57} \tag{4.6-16}$$

2）淹没流状态下（$0.7<h_b/h_a<0.95$）流量的确定。淹没状态下流量受下游水头影响，因而需考虑校正流量。因淹没引起的流量的减少值ΔQ为

$$\Delta Q=0.0746\left\{\left[\frac{h_1}{\left(\frac{0.928}{S}\right)^{1.8}-0.747}\right]^{4.57-3.14S}+0.093S\right\}W^{0.815} \tag{4.6-17}$$

淹没流量

$$Q' = Q - \Delta Q$$

用巴歇尔槽量水，淹没流时流量计算比较复杂，计算精度较低，因而在可能条件下应将量水槽设计成自由流。

2. 无喉道量水槽

无喉道量水槽是将巴歇尔槽喉段切去而得的改进槽。它结构简单、经济、便于修建，抗杂物、泥沙能力强，自由出流量水精度较好。但淹没度过大时，精度同样会降低。宜在大、中型渠道壅水不严重的条件下使用。

(1) 结构与尺寸。无喉道量水槽为水平槽底，矩形断面；上游进口段1∶3.0折角收缩，下游出口段1∶6.0折角扩散，进出口的宽度相等 $\left(B = W + \dfrac{2L}{9}\right)$，在上、下段各距喉部为槽长的2/9和5/9的地方设置水尺，以观测上、下游水位，上、下游水尺应垂直于槽底，零点与槽底相平，小型量水槽（W<0.8m以下）应设置观测井，避免水面波动干扰。

无喉道量水槽结构如图4.6-6所示，不同流量情况结构尺寸见表4.6-4。

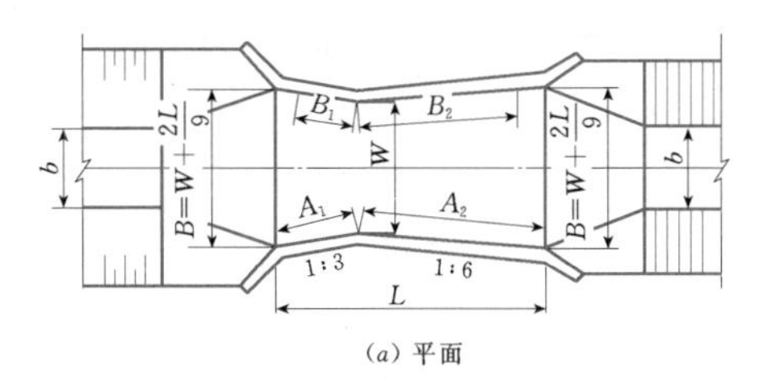

(a) 平面

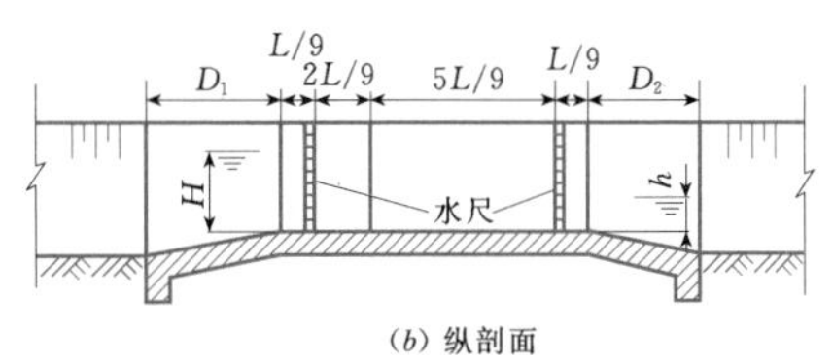

(b) 纵剖面

图4.6-6 无喉道量水槽示意图

无喉道量水槽喉宽、槽长比值0.1～0.6，其中0.1～0.4时测流精度较高。量水槽进、出口翼墙与水槽轴线在平面上交角为45°～90°，不可小于45°，否则量水槽长度增加，影响测流精度。翼墙长度应能保证与渠道边相连接，进、出口处渠道要顺直、护砌，防止冲刷。

表4.6-4 无喉道量水槽各个部分尺寸 单位：m

槽形 $W \times L$	喉宽 W	槽长 L	上游侧墙长度 A_1	下游侧墙长度 A_2	上游水尺位置 B_1	下游水尺位置 B_2	进出口宽度 B	上游护坦长度 D_1	下游护坦长度 D_2
0.20×0.90	0.20	0.90	0.316	0.608	0.211	0.507	0.40	0.60	0.80
0.40×1.35	0.40	1.35	0.474	0.913	0.316	0.760	0.70	0.80	1.20
0.60×1.80	0.60	1.80	0.632	1.217	0.422	1.014	1.00	1.00	1.60
0.80×1.80	0.80	1.80	0.632	1.217	0.422	1.014	1.20	1.20	2.00
1.00×2.70	1.00	2.70	0.950	1.825	0.632	1.521	1.60	1.40	2.40
1.20×2.70	1.20	2.70	0.950	1.825	0.632	1.521	1.80	1.60	2.80
1.40×3.60	1.40	3.60	1.265	2.443	0.843	2.028	2.00	1.80	3.20
1.60×3.60	1.60	3.60	1.265	2.443	0.843	2.028	2.20	2.00	3.60
1.80×3.60	1.80	3.60	1.265	2.433	0.843	2.028	2.40	2.20	4.00
2.00×3.60	2.00	3.60	1.265	2.433	0.843	2.028	2.60	2.40	4.40

(2) 流量确定。无喉道量水槽流量计算公式依自由流和淹没出流而不同，通常使用槽内下游水深 h 与上游水深 H 的比值 S 来判别：

$$S = h/H$$

$$S_t = 0.6 + 0.06L^{0.94}$$

（$S < S_t$ 为自由流，$S > S_t$ 为淹没出流）

S_t 称为过渡淹没度，对固定长度的水槽为常数。

1) 自由流状态下（$S<S_t$）流量的确定：

$$Q = C_1 H^{n_1} \tag{4.6-18}$$

其中 $C_1 = K_1 W^{1.025}$

式中 Q——过槽流量，m^3/s；

H——槽内上游水深，m；

C_1——自由流系数；

n_1——自由流指数；

K_1——自由流槽长系数；

W——喉宽，m。

上述 n_1、K_1 随槽长 L 不同而变化，C_1 随 K_1、W 变化而变化，参照表4.6-5确定。

表 4.6-5　　**无喉段量水槽自由流系数和指数**

$W\times L$ (m×m)	0.20×0.90	0.40×1.35	0.60×1.80	0.80×1.80	1.00×2.70	1.20×2.70	1.40×3.60	1.60×3.60	1.80×3.60	2.00×3.60
C_1	0.696	1.042	1.40	1.88	2.16	2.60	2.95	3.38	3.82	4.24
n_1	1.80	1.71	1.64	1.64	1.57	1.57	1.55	1.55	1.55	1.55
K_1	3.65	2.68	2.36	2.36	2.16	2.16	2.09	2.09	2.09	2.09

2）淹没流状态下（$S>S_t$）流量的确定：

$$Q=\frac{C_2(H-h)^{n_1}}{(-\lg S)^{n_2}} \qquad (4.6-19)$$

其中　　$C_2=K_2W^{1.025}$

式中　C_2——淹没出流系数；

S——淹没度；

n_1——自由流指数；

n_2——淹没出流指数；

K_2——淹没出流槽长系数。

上述公式中的 C_2、n_2、K_2 可参照表 4.6-6 确定。

表 4.6-6　　**无喉段量水槽淹没系数和指数**

$W\times L$ (m×m)	0.20×0.90	0.40×1.35	0.60×1.80	0.80×1.80	1.00×2.70	1.20×2.70	1.40×3.60	1.60×3.60	1.80×3.60	2.00×3.60
C_2	0.397	0.598	0.79	1.06	1.17	1.41	1.57	1.80	2.03	2.25
n_2	1.46	1.40	1.36	1.38	1.34	1.34	1.34	1.34	1.34	1.34
K_2	2.08	1.53	1.33	1.38	1.17	1.11	1.11	1.11	1.11	1.11
S_t	0.65	0.70	0.70	0.70	0.75	0.75	0.80	0.80	0.80	0.80

4.6.4 其他量水设备

4.6.4.1 量水喷嘴

1. 喷嘴的结构及尺寸

量水喷嘴一般多采用收敛型锥形管嘴，由挡水板及管嘴两部分组成（见图 4.6-7），管嘴有长方形、正方形和圆形三种形式。正方形和圆形喷嘴适于安装在窄深式渠道上，长方形喷嘴适于安装在宽浅式渠道上。

喷嘴进口下缘距渠底约为 10～20cm。喷嘴可用各种材料制成，如钢筋混凝土预制件（整体浇或拼装）、砖砌、块石砌、木板及铁板拼装等。

各种喷嘴结构尺寸关系如下：

（1）长方形喷嘴。出水孔口高度为 a；出水孔口宽度 $b=2a$；进水孔口高度 $A=1.9a$；进水孔口宽度 $B=2.9a$；管嘴长度 $L=3a$。

（2）正方形喷嘴。出水孔口边长为 a；进水孔口边长 $A=1.9a$；管嘴长度 $L=2a$。

（3）圆形喷嘴。出水孔口直径为 d；进水孔口直径 $D=1.9d$；管嘴长度 $L=2d$。

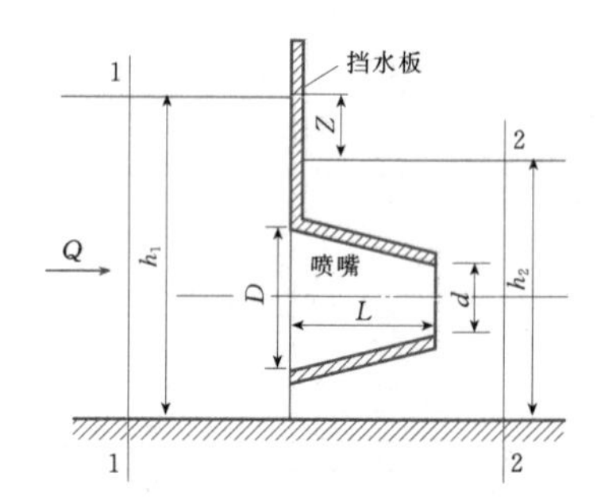

图 4.6-7　圆形喷嘴结构简图

各种喷嘴常用尺寸及适用情况见表 4.6-7～表 4.6-9。

表 4.6-7　　**常用正方形喷嘴**

喷嘴编号	出水口边长 a (cm)	进水口边长 A (cm)	喷嘴长 L (cm)	适宜水位差 Z (cm)	适宜施测流量 Q (L/s)
1	10	19	20	2～20	6～19
2	15	29	30	2～20	13～42
3	20	38	40	3～35	23～82
4	25	48	50	3～35	36～128
5	30	57	60	3～35	52～184
6	35	67	70	3～35	71～251
7	40	76	80	3～35	93～328

注　表中 $A=1.9a$，$L=2a$。

表 4.6-8 常用长方形喷嘴

喷嘴编号	出水口边长 a (cm)	出水口宽度 b (cm)	进水口边长 A (cm)	进水口宽度 B (cm)	喷嘴长 L (cm)	适宜水位差 Z (cm)	适宜施测流量 Q (L/s)
1	10	20	19	29	30	2～20	12～37
2	15	30	29	44	45	2～20	26～83
3	20	40	38	58	60	2～20	46～147
4	25	50	47	72	75	2～20	72～230
5	30	60	57	81	90	2～20	104～330
6	35	70	66	101	105	2～20	142～450

注 $b=2a$；$A=1.9a$；$B=2.9a$；$L=3a$。

表 4.6-9 常用圆形喷嘴

喷嘴编号	出水口直径 d (cm)	进水口直径 D (cm)	喷嘴长 L (cm)	适宜水位差 Z (cm)	适宜施测流量 Q (L/s)
1	10	19	20	2～20	5～15
2	15	29	30	2～20	10～33
3	20	38	40	2～25	19～66
4	25	48	50	2～25	36～103
5	30	57	60	2～25	51～148
6	35	67	70	2～25	70～203
7	40	76	80	2～25	91～268

2. 喷嘴的流量计算公式

(1) 正方形喷嘴 $Q=4.1a^2\sqrt{Z}$ (4.6-20)

(2) 长方形喷嘴 $Q=4.1ab\sqrt{Z}=8.2a^2\sqrt{Z}$ (4.6-21)

(3) 圆形喷嘴 $Q=3.3d^2\sqrt{Z}$ (4.6-22)

以上式中 Z——喷嘴上下游水位差，m。

4.6.4.2 量水套管

量水套管是安装在靠近取水建筑物闸门前的一种量水装置，又称为"附加管"或"量水短管"。它具有结构简单，布置紧凑，水头损失小，测量精度较高(误差2%～6%)，不易淤积，适应性强等优点。

1. 结构与类型

量水套管按其装备的取水口类型、结构型式可分为三类。

(1) 第一类量水套管。第一类量水套管包括倾斜式进水圆套管、垂直型进水口圆套管或矩形套管、文丘里型套管。部分量水套管尺寸见表4.6-10。

1) 倾斜式进水口量水套管出口与取水口闸门间距一般为0.6～0.7m。倾斜式进水口圆套管的进口为倾斜面，斜面与管轴线的夹角为23°～63°，通常用45°(见图4.6-8)。

表 4.6-10 套管尺寸 单位：m

类型	L	b/a	l
斜口圆套管	(1.5～3)D	—	0.5D
直口圆套管	(1.5～3)D	—	0.5D
矩形套管	(1.5～3)a	1～3	0.5a
文丘里型套管	1.5a	1～3	0.4a

注 L为套管全长；D为管径；b为进水口宽度；a为进水口高度；l为测压管距进口长度。

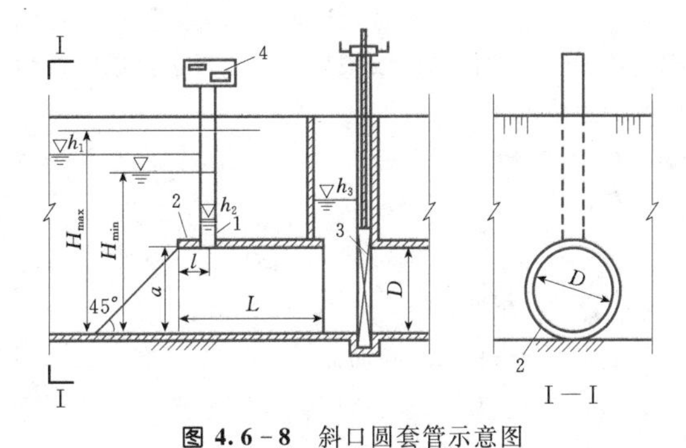

图 4.6-8 斜口圆套管示意图

1—测压孔口；2—量水短管；3—闸门；4—测量变换器

2) 垂直进水口圆套管的进口为直立面，直立面与管轴线的夹角为90°(见图4.6-9)。垂直进水口

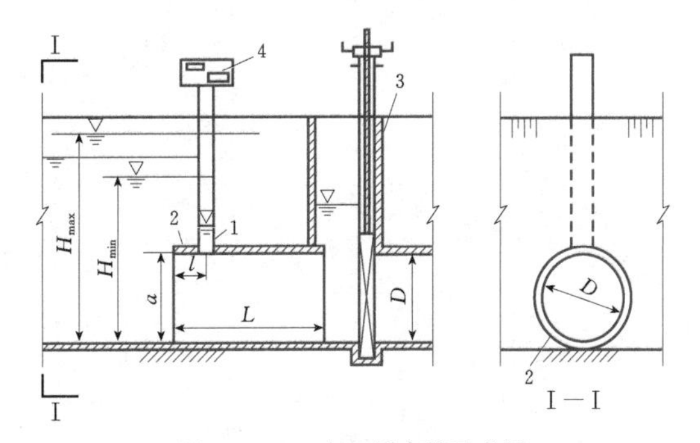

图 4.6-9 直口圆套管示意图

1—测压孔口；2—量水短管；3—闸门；4—测量变换器

矩形套管断面呈矩形，进口断面与进水管轴线夹角为90°。

3）文丘里型套管断面呈矩形，两侧和底面为平面，顶板为向下凸出的多边形，进口平面与轴线夹角为90°，结构如图4.6-10所示，尺寸见表4.6-11。

在套管的顶部距进口端面为l处设一测压管，直径为50～100mm，下部为锥形，锥形管的下端为测压孔，与套管连通，测压孔直径为5～10mm。

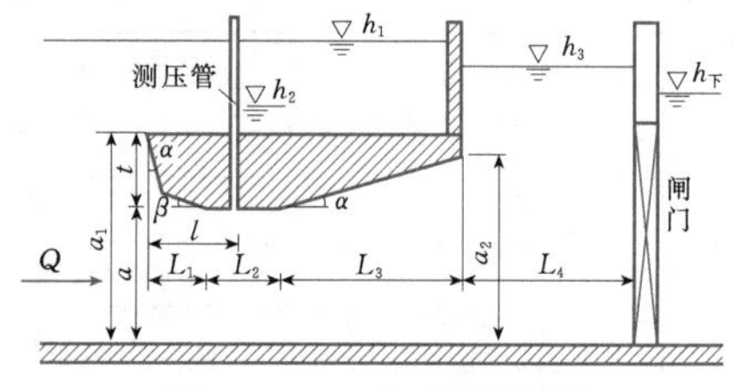

图4.6-10 文丘里型套管

表4.6-11 文丘里型套管结构尺寸

喉段高度a	喉段宽度W	进口高度a_1	t	l	a_2	$L_1=L_2$	L_3	L_4
a	$(1\sim3)a$	$1.54a$	$0.54a$	$0.615a$	$1.37a$	$0.46a$	$1.39a$	$(1\sim2)a$
$0.65a_1$		a_1	$0.35a_1$	$0.4a_1$	$0.89a_1$	$0.3a_1$	$0.9a_1$	

（2）第二类量水套管。第二类量水套管即顶板上设有整流梳齿的套管。在距闸门前距离孔高a处的闸墩之间设置一道胸墙，将此短管直接设在胸墙之前，管长为$0.25a$，短管断面为矩形，顶板设在高于胸墙孔口上缘$0.2a$处。在顶板之下，每隔$0.2a$设有水平菱形板条。量测管内压力的套管设在套管的中部。

（3）第三类量水套管。这种型式的套管由靠近闸孔胸墙下部向伸出的流线型悬臂顶板及进口段流线型闸墩的边墙围成。

2. 流量的计算

套管的流量公式为

$$Q=\mu A\sqrt{2gZ_k} \quad (4.6-23)$$

式中 Q——套管流量，m^3/s；

A——套管过水断面面积，m^2；

Z_k——上游水位与测压管水位之差，m；

μ——流量系数，见表4.6-12。

表4.6-12 量水套管流量系数

类型	过水断面边长之比b/a	进口到测压孔中心断面距离l	流量系数μ
斜口圆套管	—	$0.5D$	0.63
	—	$2.0D$	0.70
斜口矩形套管	1.0	$0.5a$	0.57
	1.5	$0.5a$	0.55
	2.0	$0.5a$	0.54
	1.0	$2.0a$	0.68
	1.5	$2.0a$	0.67
	2.0	$2.0a$	0.64

续表

类型	过水断面边长之比b/a	进口到测压孔中心断面距离l	流量系数μ
直口圆形套管	—	$0.5D$	0.67
	—	$1.5D$	0.75
直口矩形套管	1.0	$0.5a$	0.70
	1.5	$0.5a$	0.70
	1.0	$1.5a$	0.77
	1.5	$1.5a$	0.76
文丘里型套管	—	—	0.855

4.6.5 水工建筑物量水

4.6.5.1 水工建筑物量水的基本要求

利用水工建筑物量水的条件已如本节前面所述。

用于量水的渠系建筑物有关测流设施的布设与观测、流量系数的率定、综合和检验、流量推算公式和流量测验不确定度估算等内容，应按《水工建筑物测流规范》（SL 20—92）规定执行。需要特别注意的问题包括流态判别、选择适当的流量公式与流量系数和率定流量系数。

1. 流态判别

水工建筑物出流有堰流、孔流、管流三种，其中又分为自由流、淹没流、半淹没流。管流可分为无压流、有压流和半有压流。流态观测以目测为主，当遇到不易识别的流态，以及缺乏流态观测记录时，可辅以有关水力因素的观测资料进行分析计算，确定流态。

2. 选择适当的流量公式与流量系数

根据建筑物类型和流态选择适当的流量公式，并依据建筑物类型和出口形式选择相应的流量系数。

3. 率定流量系数

为验证和提高量水精度，须对各种水工建筑物的流量系数进行实测和率定，具体方法如下：

(1) 在建筑物上（下）游距建筑物 50～100m 范围内水流平稳渠段，设置测量断面，利用流速仪测出各种水位的实际流量，同时观测各种流态及相应的有关水尺读数。过流小的水工建筑物，可临时安装薄壁堰进行率定。

(2) 将各个实测流量和相应水深代入已选定的流量公式，求算该建筑物在某种流态情况下的实际流量系数。

(3) 流量系数的实测次数，一般不应少于 5 次，取其平均值，作为该建筑物的流量系数，每次实测的流量系数与平均流量系数之差，不得超过±5%，否则需要重测。

4.6.5.2 涵闸量水

1. 涵闸量水建筑物分类

(1) 第一类。明渠矩形直立式单孔平板闸。按闸底情况不同分为两组（见图 4.6-11）：

1) 第一组。闸底水平，闸后无跌坎，闸后底宽等于入口底宽。

2) 第二组。闸后有跌坎，坎高不超过 0.4m，闸后底宽不小于入口底宽。

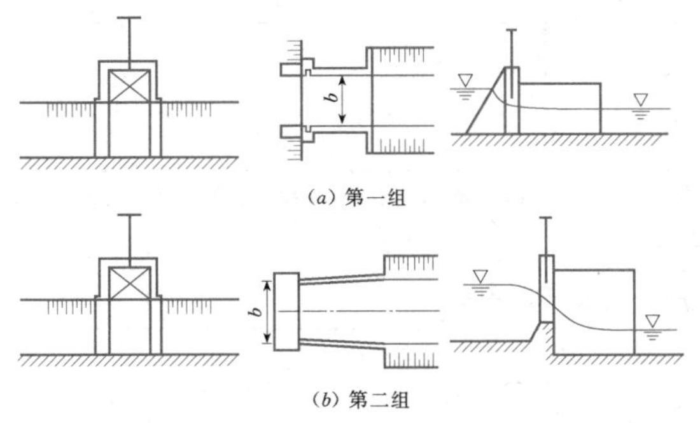

图 4.6-11 明渠直立式单孔平板闸示意图

(2) 第二类。矩形暗涵直立式单孔平板闸（见图 4.6-12）。

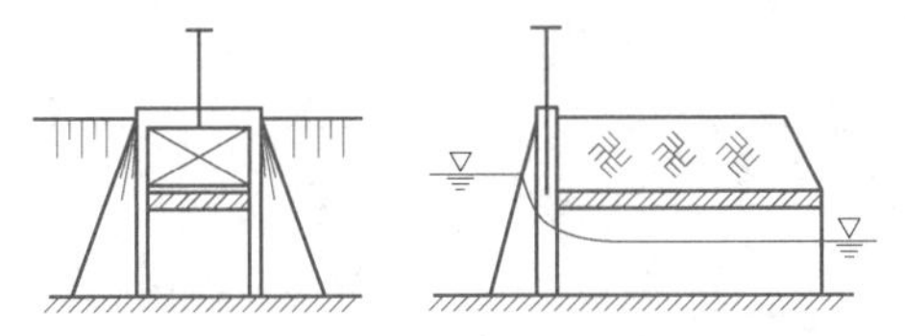

图 4.6-12 矩形暗涵直立式单孔平板闸示意图

(3) 第三类。圆形暗涵单孔平板闸。按进水口翼墙与闸门形式不同分为两组（见图 4.6-13）：

1) 第一组。直立式平板闸门，进口有翼墙。

2) 第二组。斜立式平板闸门，进口无翼墙。

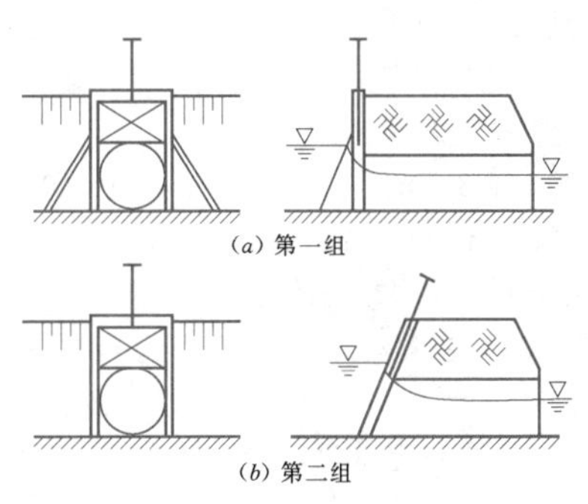

图 4.6-13 圆形暗涵单孔平板闸示意图

(4) 第四类。明渠矩形直立式多孔平板闸（见图 4.6-14）。按其闸底及闸墩形式分为三组：

1) 第一组。短闸墩，闸底水平，闸后无跌坎。

2) 第二组。短闸墩，闸后有跌坎。

3) 第三组。长闸墩，闸底水平，闸后无跌坎。

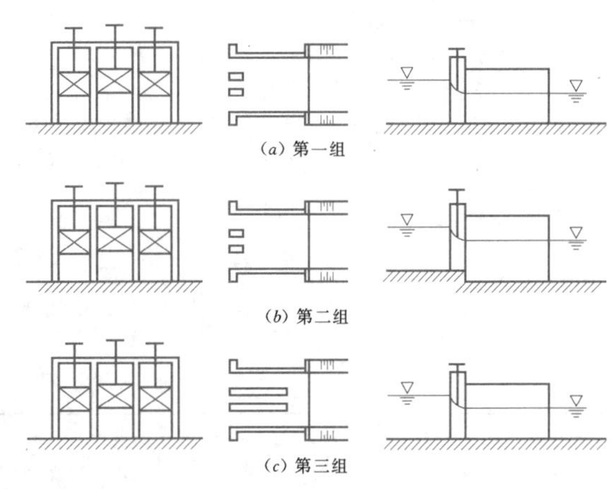

图 4.6-14 明渠矩形直立式多孔平板闸示意图

(5) 第五类。单孔平底弧形闸（见图 4.6-15）。

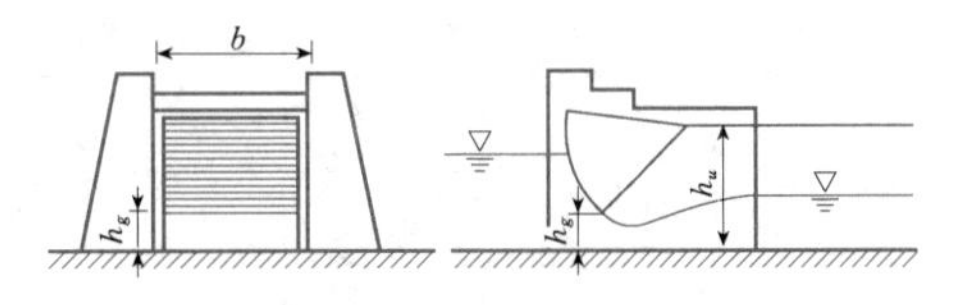

图 4.6-15 单孔平底弧形闸示意图

2. 流态判别

(1) 闸门全开自由流，符合下列条件之一者即可：

1) 闸后无跌坎时，闸门开启高度 h_g 与闸前（上游）水深 H 之比大于 0.65，且闸后（下游）水深 h_H 与闸前水深 H 之比小于 0.7。

2) 闸后有跌坎时，下游水位低于闸槛高程。

（2）闸门全开淹没流，符合下列条件之一者即可：

1）闸后无跌坎时，闸门开启高度 h_g 与闸前（上游）水深 H 之比大于0.65，且闸后（下游）水深 h_H 与闸前水深 H 之比大于0.7。

2）闸后有跌坎时，下游水位高于闸槛高程。

（3）有闸控制自由流。闸门开启高度与闸前水深之比不大于0.65，水流触及闸门下缘；闸后水深 h_1 小于闸门开启高度 h_g，而闸门底边未被下游水面淹没。

（4）有闸控制淹没流。闸后水深 h_1 大于闸门开启高度 h_g，闸门下缘被上、下游水面淹没。

（5）有压淹没流。暗涵被水流充满，出口处完全淹没于水中。

3. 流量公式

应根据涵闸的不同类型和水流形态，选择适当的流量公式，见表4.6-13～表4.6-15。

无实测资料时，流量系数可选用表4.6-16和表4.6-17中的数值，淹没系数可选用表4.6-18中的数值。

表4.6-13～表4.6-15所列流量公式中流量系数值应根据涵闸进口形式和水流形态实测率定。

表4.6-13　闸门全开水流形态下涵闸的流量计算公式

涵闸类型		水流形态	
		闸门全开自由流	闸门全开淹没流
第一类 明渠矩形直立式单孔平板闸	第一组	$Q=mbH\sqrt{2gH}$	$Q=\varphi bh_H\sqrt{2g(H-h_H)}$
	第二组	$Q=mbH\sqrt{2gH}$	$Q=\varphi b\sigma H\sqrt{2gH}$
第二类 矩形暗涵直立式单孔平板闸		$Q=mbH\sqrt{2gH}$	$Q=\varphi bh_H\sqrt{2g(H-h_H)}$
第三类 圆形暗涵单孔平板闸	第一组	$Q=m\left(\frac{1.12H}{r}-0.25\right)r^2\sqrt{2gH}$	$Q=\varphi\left(\frac{1.8h_H}{r}-0.25\right)r^2\times\sqrt{2g(H-h_H)}$
	第二组	$Q=m\left(\frac{H}{r}-0.25\right)r^2\sqrt{2gH}$	$Q=\varphi\left(\frac{1.8h_H}{r}-0.25\right)r^2\times\sqrt{2g(H-h_H)}$
第四类 明渠矩形直立式多孔平板闸	第一组	$Q=mbH\sqrt{2gH}$	$Q=\varphi bh_H\sqrt{2g(H-h_H)}$
	第二组	$Q=mbH\sqrt{2gH}$	$Q=\varphi b\sigma H\sqrt{2gH}$
	第三组	$Q=mbH\sqrt{2gH}$	$Q=\varphi bh_H\sqrt{2g(H-h_H)}$
第五类 单孔平底弧形闸		$Q=mbH\sqrt{2gH}$	$Q=\varphi bh_H\sqrt{2g(H-h_H)}$

注　Q 为过闸流量，m^3/s；H 为上游水深或闸前水深，m；m、φ 为流量系数；σ 为淹没系数；b 为闸、涵孔宽，m；h_H 为下游水深，m；r 为圆管的内半径，m；g 为重力加速度，取 $9.81m/s^2$。

表4.6-14　有闸控制水流形态下涵闸的流量计算公式

涵闸类型		水流形态	
		有闸控制自由流	有闸控制淹没流
第一类 明渠矩形直立式单孔平板闸	第一组	$Q=\mu bh_g\sqrt{2g(H-0.65h_g)}$	$Q=\mu' bh_g\sqrt{2gZ_1}$
	第二组	$Q=\mu bh_g\sqrt{2g(H-0.5h_g)}$	$Q=\mu' bh_g\sqrt{2gZ_1}$
第二类 矩形暗涵直立式单孔平板闸		$Q=\mu bh_g\sqrt{2g(H-0.65h_g)}$	$Q=\mu'\left(1+\frac{0.65h_g}{H}\right)\times bh_g\sqrt{2gZ_H}$
第三类 圆形暗涵单孔平板闸	第一组	$Q=\mu\left(\frac{1.8h_g}{r}-0.25\right)r^2\times\sqrt{2g(H-0.7h_g)}$	$Q=\mu'\left(1+\frac{0.65h_g}{H}\right)\times\left(\frac{1.8h_g}{r}-0.25\right)r^2\sqrt{2gZ_H}$
	第二组	$Q=\mu\left(\frac{1.8h_g}{r}-0.25\right)r^2\times\sqrt{2g(H-0.65h_g)}$	$Q=\mu'\left(1+\frac{0.65h_g}{H}\right)\times\left(\frac{1.8h_g}{r}-0.25\right)r^2\sqrt{2gZ_H}$

续表

涵闸类型		水流形态	
		有闸控制自由流	有闸控制淹没流
第四类 明渠矩形直立式多孔平板闸	第一组	$Q=\mu bh_g\sqrt{2g(H-0.65h_g)}$	$Q=\mu' bh_g\sqrt{2gZ_1}$
	第二组	$Q=\mu bh_g\sqrt{2g(H-0.5h_g)}$	$Q=\mu' bh_g\sqrt{2gZ_1}$
	第三组	$Q=\mu bh_g\sqrt{2g(H-0.65h_g)}$	$Q=\mu' bh_g\sqrt{2gZ_1}$
第五类 单孔平底弧形闸		$Q=\left[0.4\left(\frac{h_u-h_g}{R}\right)^2+0.5\right]\times bh_g\sqrt{2g(H-0.7h_g)}$	$Q=\left[0.42\left(\frac{h_u-h_g}{R}\right)^2+0.52\right]\times bh_g\sqrt{2gZ_1}$

注 μ、μ'为流量系数；h_g 为闸门开启高度，m；Z_1 为闸前闸后水位差，$Z_1=H-h_1$，m；h_1 为闸后水深，m；Z_H 为上下游水位差，$Z_H=H-h_H$，m；R 为扇形闸门半径，m；h_u 为扇形闸门转动轴心距闸床高度，m；其他符号意义同前。

表 4.6-15　　有压水流形态下涵闸流量计算公式

建筑物类型	水流形态	有压淹没流
第一类 明渠矩形直立式单孔平板闸	第一组	—
	第二组	—
第二类 矩形暗涵直立式单孔平板闸		$Q=m'\sqrt{\frac{1}{0.06+\left(\frac{m'h_g}{a}\right)^2+\left(1-\frac{m'h_g}{a}\right)^2}}bh_g\sqrt{2gZ_H}$
第三类 圆形暗涵单孔平板闸	第一组	$Q=m'\sqrt{1\div\left\{0.06+\left[0.2\left(\frac{1.8h_g}{r}-0.25\right)\right]^2+\left[1-0.2\times\left(\frac{1.8h_g}{r}-0.25\right)\right]\right\}}\times\left(\frac{1.8h_g}{r}-0.25\right)r^2\sqrt{2gZ_H}$
	第二组	$Q=m'\sqrt{1\div\left\{0.06+\left[0.16\left(\frac{1.8h_g}{r}-0.25\right)\right]^2+\left[1-0.16\times\left(\frac{1.8h_g}{r}-0.25\right)\right]\right\}}\times\left(\frac{1.8h_g}{r}-0.25\right)r^2\sqrt{2gZ_H}$
第四类 明渠矩形直立式多孔平板闸	第一组	—
	第二组	—
	第三组	—
第五类 单孔平底弧形闸		—

注 m'为流量系数；a 为涵洞孔高，m；其他符号意义同前。

表 4.6-16　　闸门全开水流形态下不同翼墙类型涵闸的流量系数

建筑物		闸门全开自由流				闸门全开淹没流			
		扭面翼墙	平翼墙	八字翼墙	平行侧翼墙	扭面翼墙	平翼墙	八字翼墙	平行侧翼墙
第一类 明渠矩形直立式 单孔平板闸	第一组	$m=0.325$	$m=0.310$	$m=0.330$	$m=0.295$	$\phi=0.850$	$\phi=0.825$	$\phi=0.860$	$\phi=0.795$
	第二组	$m=0.380$	$m=0.365$	$m=0.390$	$m=0.355$	$m=0.380$	$m=0.365$	$m=0.390$	$m=0.355$
第二类 矩形暗涵直立式单孔平板闸		$m=0.325$	$m=0.310$	$m=0.330$	$m=0.295$	$\phi=0.850$	$\phi=0.825$	$\phi=0.860$	$\phi=0.795$

续表

建筑物		闸门全开自由流				闸门全开淹没流			
		扭面翼墙	平翼墙	八字翼墙	平行侧翼墙	扭面翼墙	平翼墙	八字翼墙	平行侧翼墙
第三类 圆形暗涵单孔 平板闸	第一组	$m=0.55$				$\phi=0.90$			
	第二组	$m=0.52$				$\phi=0.80$			
第四类 明渠矩形直立式 多孔平板闸	第一组	$m=0.33$				$\phi=0.86$			
	第二组	$m=0.325$				$m=0.390$			
	第三组	$m=0.295$				$\phi=0.795$			
第五类 单孔平底弧形闸		$m=0.33$				$\phi=0.86$			

表 4.6-17　有闸控制及有压水流不同翼墙类型涵闸的流量系数

建筑物		有闸控制自由流				有闸控制淹没流				有压淹没流			
		扭面翼墙	平翼墙	八字翼墙	平行侧翼墙	渐变翼墙	平翼墙	八字翼墙	平行侧翼墙	渐变翼墙	平翼墙	八字翼墙	平行侧翼墙
第一类 明渠矩形直立式 单孔平板闸	第一组	$\mu=0.60$	$\mu=0.58$	$\mu=0.62$	$\mu=0.61$	$\mu'=0.62$	$\mu'=0.60$	$\mu'=0.64$	$\mu'=0.63$	—	—	—	—
	第二组（有跌坎）	$\mu=0.63$	$\mu=0.60$	$\mu=0.64$	$\mu=0.65$	$\mu'=0.63$	$\mu'=0.60$	$\mu'=0.64$	$\mu'=0.65$	—	—	—	—
第二类 矩形暗涵直立式单孔平板闸		$\mu=0.60$	$\mu=0.58$	$\mu=0.62$	$\mu=0.61$	$\mu'=0.62$	$\mu'=0.60$	$\mu'=0.64$	$\mu'=0.63$	$\mu'=0.62$	$\mu'=0.60$	$\mu'=0.64$	$\mu'=0.63$
第三类 圆形暗涵 单孔平板闸	第一组	$\mu=0.63$				$\mu'=0.63$				$m'=0.63$			
	第二组（斜闸门）	$\mu=0.51$				$\mu'=0.51$				$m'=0.51$			
第四类 明渠矩形直立式 多孔平板闸	第一组（闸底平）	$\mu=0.64$				$\mu'=0.64$				—			
	第二组（有跌坎）	$\mu=0.615$				$\mu'=0.630$				—			
	第三组（长闸墩）	$\mu=0.58$				$\mu'=0.60$				—			

表 4.6-18　涵、闸建筑物无闸淹没流淹没系数

$\frac{h_H}{H}$	σ	$\frac{h_H}{H}$	σ	$\frac{h_H}{H}$	σ	$\frac{h_H}{H}$	σ	$\frac{h_H}{H}$	σ	$\frac{h_H}{H}$	σ
0.00	1.000	0.60	0.907	0.81	0.767	0.89	0.642	0.935	0.514	0.975	0.318
0.10	0.990	0.65	0.885	0.82	0.755	0.90	0.621	0.940	0.484	0.980	0.267
0.20	0.980	0.70	0.856	0.83	0.742	0.905	0.608	0.945	0.473	0.985	0.225
0.30	0.970	0.72	0.843	0.84	0.728	0.910	0.595	0.950	0.450	0.990	0.175
0.40	0.956	0.74	0.828	0.85	0.713	0.915	0.580	0.955	0.427	0.995	0.115
0.45	0.947	0.76	0.813	0.86	0.698	0.920	0.565	0.960	0.403	1.00	0.00
0.50	0.937	0.78	0.800	0.87	0.681	0.925	0.549	0.965	0.375	—	—
0.55	0.925	0.80	0.778	0.88	0.662	0.930	0.532	0.970	0.344	—	—

4.6.5.3 跌水量水

矩形和台堰式跌水口，当进口底与上游渠底齐平或台堰顺水流方向宽度大于2倍堰上水头时，可用宽顶堰公式计算；当台堰顺水流方向宽度在0.67～2倍堰上水头时，按实用堰公式计算。自由流宽顶堰流量计算公式为

$$Q = m\varepsilon b_c (2g)^{1/2} H_0{}^{3/2} \tag{4.6-24}$$

$$Q = Mb_c H_0{}^{3/2} \tag{4.6-25}$$

上二式中 Q——流量，m^3/s；

H_0——计入流速水头的堰上水头，m；

b_c——缺口底宽，m；

m——流量系数；

ε——侧收缩系数；

M——第二流量系数，与连接渐变段形式和堰上水头及缺口宽度有关，应由实测得出，无实测资料时可按表4.6-19中公式计算。

表 4.6-19 矩形和台堰式跌水口流量系数 M

渐变段形式	M	使用范围
扭曲面	$2.1 - 0.08b_c/H_0$	$L=(2\sim10)H_0$；$b_c/H_0=1.5\sim4.5$
八字墙	$2.08-0.075b_c/H_0$	$L=(2\sim10)H_0$；$b_c/H_0=1.5\sim4.5$
横隔墙	$1.78-0.035b_c/H_0$	$b_c/H_0=1.0\sim4.5$

注 L为渐变段长度。

梯形跌水口，自由流流量计算公式为

$$Q = Mb_{平均} H^{3/2} \tag{4.6-26}$$

$$b_{平均} = b_c + 0.8n_c H \tag{4.6-27}$$

上二式中 $b_{平均}$——缺口平均宽度，m；

H——堰上水头，m；

n_c——缺口边坡系数；

M——流量系数，与连接渐变段形式和堰上水头及缺口宽度有关，应由实测得出，无实测资料时可按表4.6-20中公式计算。

表 4.6-20 梯形跌水口流量系数 M

渐变段形式	M	使用范围
扭曲面	$2.25-0.15b_{平均}/H$	$L>3H_{max}$；$m=1\sim2$；$n_c=0.25\sim1.00$
八字墙	$2.15-0.15b_{平均}/H$	$L>2.5H_{max}$；$m=1\sim2$；$n_c=0.4\sim0.9$
横隔墙	$A-0.15b_{平均}/H$	$m=1\sim2$；$n_c=0.4\sim0.9$。 当$n_c=0.9$，$m=2$，$A=2.18$； 当$n_c=0.4$，$m=1$，$A=2.08$； 当n_c与m值介于两者之间时，A值可用内插法求得

注 m为上游渠道边坡系数。

多缺口跌水流量可用式（4.6-25）及式（4.6-26）计算。流量系数M值应由实测得出，无实测资料时可用式（4.6-28）计算：

$$M = \frac{M_1 + (n-1)M_2}{n} \tag{4.6-28}$$

式中 n——缺口数量；

M_1、M_2——边孔、中孔按其边界条件计算出的流量系数。

4.6.5.4 渡槽量水

利用渡槽量水，在渡槽进、出口和中间槽壁上各设一个水尺，水尺的零点与该处槽底的高程相平。两头水尺的水位差除以两头水尺的水平距离，即为水面比降。中间水尺读数即为槽内水深或称为平均水深。

渡槽流量确定根据流态不同分为两种情况：

（1）槽身长小于20倍上游渠道设计水深。这种情况下，进入渡槽内的水流无法形成均匀流，以堰流公式计算：

$$Q = \sigma_c m b_0 \sqrt{2g} H^{3/2} \tag{4.6-29}$$

式中 σ_c——侧向收缩系数，0.90～0.95；

m——流量系数，按宽顶堰流计算；

b_0——槽身宽度，m；

H——槽内水深，m。

（2）槽身长不小于20倍上游渠道设计水深。这种情况下，进入渡槽内的水流形成均匀流，按明渠均匀流计算：

$$Q = \omega C \sqrt{Ri} \tag{4.6-30}$$

式中 Q——流量，m^3/s；

ω——过水断面面积，m^2；

i——水力坡降，在槽内水流均匀的情况下，与槽底纵坡相同；

R——过水断面水力半径。

4.6.5.5 倒虹吸管量水

倒虹吸管（见图4.6-16）是渠道与河流、谷地、道路、冲沟及其他渠道相交时，为连接渠道而设置的压力输水管道。通常水尺安设在建筑物上、下游，距离进出水口约4倍渠道正常水深处，水尺零点与进出口处底缘高程应处在同一平面上。

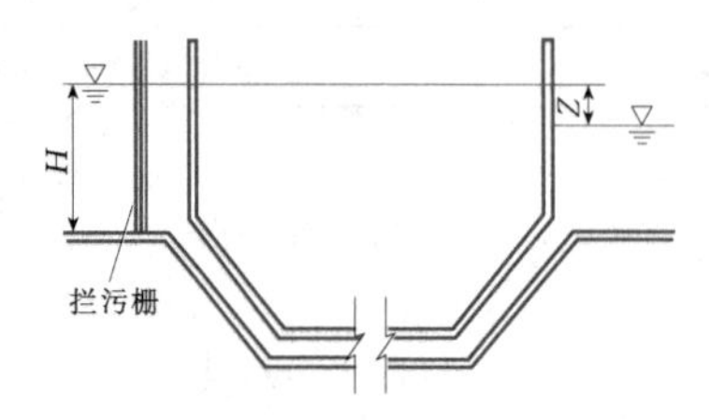

图4.6-16 倒虹吸管示意图

流量计算公式为

$$Q=\mu\omega\sqrt{2gZ} \qquad (4.6-31)$$

式中 Q——通过倒虹吸管的流量，m^3/s；

Z——上、下游水位差，m；

ω——过水面积，m^2；

μ——流量系数。

μ与水头损失（包括进口、出口、摩擦、弯曲及各处局部损失）有关，m值可实测求得，如无实测资料，可参考下列公式计算：

$$\mu=\frac{1}{\sqrt{\frac{h_f l}{d}+k}}\text{(圆管)或}\ \mu=\frac{1}{\sqrt{\frac{h_f l}{4R}+k}}\text{(方管)}$$

式中 h_f——管内摩擦系数，混凝土管道$h_f=0.022$；

l——管长，m；

R——过水断面水力半径，m；

d——圆管内径，m；

k——局部阻力系数的总和，包括进口、出口、弯曲等损失，即$k=k_1+k_2+k_3+k_4$，k_1、k_2、k_3、k_4值见表4.6-21。

表4.6-21 局部阻力系数

项目	局部阻力系数
1. 拦污栅	$k_1=0.11\sim0.16$
2. 进口管口未作圆形 进口管口略作圆形 进口管口作圆形	$k_2=0.5$ $k_2=0.2\sim0.25$ $k_2=0.05\sim0.10$
3. 弯曲管成平滑圆形（弯曲半径$R>2d$）	$k_3=0.50$
弯曲管成平滑圆形[弯曲半径$R=(3\sim7)d$]	$k_3=0.30$
4. 出水口从导管通入水面	$k_4=1.00$

4.6.5.6 水工建筑物自动化量水

一般情况下，在支渠以上的各级渠道及渠首应尽可能采用自动化量测设施，在不具备自动化量测条件的支渠以下渠道才采用普通的量水设施。

水工建筑物自动量水的核心是通过对过流建筑物上、下游水位和闸门开启高度的传感，根据数学模型，实现对所通过流量的测量，还可以控制过流建筑物闸门的开度，按计划调节通过水工建筑物的流量。其工作原理是对水位、闸位参数进行自动采集并转为信息码，将其通过有线或无线传输方式输入计算机，通过计算机对信息进行处理，从而得到通过水工建筑物的水位、流量、水量及其他参数，自动完成采集—传输—处理—显示全过程。

参考文献

[1] 华东水利学院. 水工设计手册 第8卷 灌区建筑物[M]. 北京：水利电力出版社，1984.

[2] 竺慧珠，陈德亮，管枫年. 渡槽[M]. 北京：中国水利水电出版社，2005.

[3] 李惠英，田文铎，阎海新. 倒虹吸管[M]. 北京：中国水利水电出版社，2006.

[4] 熊启均. 涵洞[M]. 北京：中国水利水电出版社，2006.

[5] 顾安全. 上埋式管道及洞室垂直土压力的研究[J]. 岩土工程学报，1981，3(1)：3-15.

[6] 王长德. 量水技术与设施[M]. 北京：中国水利水电出版社，2006.

[7] SL 20—92 水工建筑物测流规范[S]. 北京：水利电力出版社，1992.

[8] GB 50288—99 灌溉与排水工程设计规范[S]. 北京：中国计划出版社，1999.

[9] GB/T 21303—2007 灌溉渠道系统量水规范[S]. 北京：中国标准出版社，2008.

[10] 李正农，袁文阳，秦明海. 渡槽抗风抗震计算与分析[M]. 武汉：湖北科学技术出版社，2001.

[11] 李炜. 水力计算手册[M]. 北京：中国水利水电出版社，2006.

[12] 王长德，朱以文，何英明，等. 南水北调中线新型多箱梁式渡槽结构设计研究[J]. 水利学报，1998(3)：52-56.

[13] 董年虎，赵连军，段文忠. 中线南水北调孤柏嘴穿黄渡槽槽墩局部冲刷深度试验研究[J]. 人民黄河，1997(6)：45-48.

[14] 刘韩生，花立峰，纪志强，卢泰山. 跌水与陡坡[M]. 北京：中国水利水电出版社，2004.

[15] 戚其训. 溢洪道陡坡水面线推求方法的改进[J]. 水利水电技术，1984(7)：19-23.

[16] 王惠民，陈风兰. 关于陡槽水面线的计算法[J].

水利水电技术，1984 (7)：16-20.
[17] 戚其训. 开敞式溢洪道水面线计算 [M]. 北京：水利电力出版社，1986.
[18] 美国陆军工程兵团. 水力设计准则 [M]. 王洁昭，张元禧，等，译. 北京：水利出版社，1982.
[19] 田文铎. 地下管垂直土压力计算探讨 [J]. 水利水电技术，1994 (3)：9-13.
[20] 范家炎，史伏初，郑浩杰. 灌区量水设备 [M]. 北京：水利电力出版社，1992.
[21] SL 211—2006 水工建筑物抗冰冻设计规范 [S]，北京：中国水利水电出版社，2006.
[22] 张社荣，张彩芳，顾岩，等. 预应力钢筒混凝土管 (PCCP) 的设计、生产、施工及数值分析 [M]. 北京：中国水利水电出版社，2009.

第5章

节水灌溉工程设计

本章为《水工设计手册》（第2版）新编章节，共分6节。主要介绍国内外节水灌溉较为成熟的灌水技术，内容包括节水灌溉的基本概念、地面节水灌溉技术、喷微灌专用设备及参数、喷微灌工程规划布置、喷灌工程设计、微灌工程设计、低压管道输水及有关节水灌溉措施等内容。

5.1节介绍节水灌溉的概念、灌水方法及其适用条件；5.2节介绍常用的地面节水灌溉方法，以沟、畦灌溉的稳定流设计为主，重点介绍了两种方法的评价、参数选择和提高灌水质量的设计方法，并介绍了波涌灌、地膜覆盖的基本概念和方法，最后介绍了目前应用较多水稻节水灌溉方法；5.3节介绍喷微灌工程规划布置与喷微灌专用设备及参数，重点介绍了喷灌、微灌（简称喷微灌）系统规划布置的主要问题、规划设计成果要求等，简要介绍了喷微灌等节水灌溉工程的专用设备；5.4节介绍大田喷灌技术应用、经济作物喷灌和景观喷灌的工程设计；5.5节按微灌的定义，介绍包含了微喷灌、滴灌的设计内容，主要以解决系统布置、用水量计算方法、田间管网设计、首部系统设计等技术设计为主。针对微喷灌既可用于局部灌溉，也可用于全面灌溉的特点，在分清概念的基础上，以局部灌溉为主，微喷灌的全面灌溉及微灌系统的骨干管网与喷灌工程类同，本节未作详细介绍；5.6节介绍输水管道的规划设计原则、理论和方法；5.7节简要介绍激光平地、农艺节水和塑料大棚节水灌溉技术。

章主编　罗金耀

章主审　陈大雕

本章各节编写及审稿人员

<table>
<tr><th>节次</th><th>编　写　人</th><th>审　稿　人</th></tr>
<tr><td>5.1</td><td>罗金耀</td><td rowspan="7">陈大雕</td></tr>
<tr><td>5.2</td><td>罗金耀　魏永曜　门　旗　彭世彰</td></tr>
<tr><td>5.3</td><td rowspan="3">罗金耀</td></tr>
<tr><td>5.4</td></tr>
<tr><td>5.5</td></tr>
<tr><td>5.6</td><td>林性粹　罗金耀</td></tr>
<tr><td>5.7</td><td>罗金耀</td></tr>
</table>

第5章 节水灌溉工程设计

5.1 概 述

5.1.1 灌水方法的分类

灌水方法就是灌溉水进入田间并湿润作物根区土壤的方法与方式。灌水目的在于将集中的灌溉水流转化为分散的土壤水分，以满足作物对水、气、肥的需要。灌水方法一般是按照是否全面湿润整个农田、水输送到田间的方式和湿润土壤的方式来分类，常见的灌水方法可分为全面灌溉与局部灌溉两大类。

5.1.1.1 全面灌溉

全面灌溉的特点是灌溉时湿润整个农田作物根系活动层内的土壤，传统的常规灌水方法都属于这一类，比较适合于密植作物。主要有节水型地面灌溉、喷灌和微喷灌等。

1. *节水型地面灌溉*

节水型地面灌溉时，水是从地表面自流进入田间，对稻田需以较大的流量使田面产生积水并获得一定的田面蓄水深度；对旱地则是借重力和毛细管作用浸润土壤，并使渗入土壤的水量满足储水要求。节水型地面灌溉是最古老的也是目前应用最广泛、最主要的一种灌水方法。按其湿润土壤方式的不同，又可分为畦灌、沟灌、波涌灌、淹灌和低压管道输水灌溉。

（1）畦灌。畦灌是用田埂将灌溉土地分隔成一系列小畦。灌水时，将水引入畦田后，在畦田上形成很薄的水层，沿畦长方向流动，在流动过程中主要借重力作用逐渐湿润土壤。

（2）沟灌。沟灌是在作物行间开挖灌水沟，水从输水沟进入灌水沟后，在流动的过程中主要借毛细管作用湿润土壤。与畦灌相比，其明显的优点是不会破坏作物根部附近的土壤结构，不导致田面板结，能减少土壤蒸发损失，适用于条播作物。

（3）波涌灌。波涌灌定义为“间歇性地向垄沟或畦田中灌水，由此而产生一系列按固定时段或变化时段的灌水运行期和灌水停止期”。

（4）淹灌（又称格田灌溉）。淹灌是用田埂将灌溉土地划分成许多格田，灌水时，使格田内保持一定深度的水层，借重力作用湿润土壤，主要适用于水稻。稻田节水灌溉主要以淹灌为主。

（5）低压管道输水灌溉。低压管道输水灌溉技术，近些年来在我国北方特别是井灌区有较多发展。低压管道输水灌溉是将灌溉水用管道送到田头，再用移动软管浇灌作物，或在田间采用沟、畦灌溉。这种灌溉具有节水、节能、省地、省工等优点。

2. *喷灌*

喷灌是利用专门设备将有压水送到灌溉地段，并以喷头（出流量 $q>250L/h$）喷射到空中散成细小的水滴，像天然降雨一样进行灌溉。其突出优点是对地形的适应性强，机械化程度高，灌水均匀，灌溉水利用系数高，尤其是适合于透水性强的土壤，并可调节空气湿度和温度。但基建投资较高，而且受风的影响大。

3. *微喷灌*

微喷灌又称为微型喷灌或微喷灌溉，是采用微喷头（出流量 $q\leqslant250L/h$）将水喷洒在土壤表面进行灌溉的灌水方法。如果是湿润所有的灌溉面积，即为全面灌溉，其设计方法与喷灌基本相同。

5.1.1.2 局部灌溉

局部灌溉的特点是灌溉时只湿润作物周围的土壤，远离作物根部的行间或棵间的土壤仍保持干燥。为此，这类灌水方法都要通过一套管道系统将水和作物所需要的养分直接输送到作物根部附近。并且准确地按作物的需要，将水和养分缓慢地送到作物根区范围内的土壤中去，使作物根区的土壤经常保持适宜于作物生长的水分、通气和营养状况。一般灌溉流量比全面灌溉小得多，因此，又称为微量灌溉，简称微灌。这类灌水方法的主要优点是：灌水均匀，节约能量，灌水流量小；对土壤和地形的适应性强；能提高作物产量，增强耐盐能力；便于自动控制，明显节省劳力。比较适合于灌溉条播作物、果树、葡萄、瓜类等。局部灌溉主要有下列几种方法。

1. *渗灌*

渗灌是利用修筑在地下的专门设施（地下管道系统）将灌溉水引入田间耕作层借毛细管作用自下而上

湿润土壤，因此又称为地下灌溉。近来也有在地表下埋设塑料管，由专门的渗头向作物根区渗水。其优点是灌水质量好，蒸发损失少，少占耕地便于机耕；但地表湿润差，地下管道造价高，容易淤塞，检修困难。

2. 滴灌

滴灌是由地下灌溉发展而来的，是利用一套塑料管道系统将水直接输送到作物根部，水由滴头直接滴在根部上的地表，然后渗入土壤并浸润作物根系最发达的区域。其突出优点是节水效果明显、自动化程度高，可使作物根区的土壤湿度始终保持在最优状态；但需要大量塑料管，投资较高，滴头极易堵塞。

3. 地下滴灌

把滴灌毛管布置在耕作层的下面，可基本上避免地面无效蒸发，称之为地下滴灌。地下滴灌还没有专门的设计理论，工程应用中，一般将毛管选用滴灌管并埋设于耕作层以下，采用地表滴灌的设计理论进行设计。

4. 微喷灌

如果采用微喷灌湿润部分灌溉面积，即为局部灌溉。其设计方法既有喷灌的特点，也有滴灌的特点。

5. 涌灌

涌灌又称涌泉灌溉。是通过置于作物根部附近的开口的小管向上涌出的小量水流或小涌泉将水灌到土壤表面。灌水流量较大（但一般也不大于 250L/h），但远远超过土壤的渗吸速度，因此，通常需要在地表形成小水洼来控制水量的分布。适用于地形平坦的地区，其特点是工作压力很低，与低压管道输水的地面灌溉相近，出流孔口较大，不易堵塞。

6. 膜上灌

膜上灌是近几年我国新疆采用较多的灌水方法，它是让灌溉水在地膜表面的凹形沟内借助重力流动，并从膜上的出苗孔流入土壤进行灌溉。这样，地膜减少了渗漏损失，又和膜下灌一样减少地面无效蒸发。更主要的是比膜下灌投资低。

7. 覆膜灌

将滴灌系统安装在农田表面再覆盖地膜，也称膜下滴灌。可大大减少地表蒸发和保持地温、抑制杂草滋生。

除以上所述外，局部灌溉还有多种形式，如拖管灌溉、雾灌等。

5.1.2 常用节水灌水方法的适用条件

常用的灌水方法各有其优缺点，都有其一定的适用范围，在选择时主要应考虑到作物、地形、土壤和水源等条件。对于水源缺乏地区应优先采用滴灌、渗灌、微喷灌和喷灌；在地形坡度较陡而且地形复杂的地区及土壤透水性大的地区，应考虑采用喷灌；对于宽行作物可用沟灌；密植作物则以采用畦灌为宜；果树和瓜类等可用滴灌；水稻主要用淹灌；在地形平坦、土壤透水性不大的地方，为了节约投资，可采用畦灌、沟灌或淹灌。常用的灌水方法的适用条件及优缺点见表 5.1-1、表 5.1-2。

表 5.1-1　常用节水灌水方法适用条件

灌水方法		作物	地形	水源	土壤
地面灌溉	畦灌	密植作物（小麦、谷子等）、牧草、某些蔬菜	坡度均匀，坡度不超过 0.2%	水量充足	中等透水性
	沟灌	宽行作物（棉花、玉米等）、某些蔬菜	坡度均匀，坡度不超过 2%～5%	水量充足	中等透水性
	淹灌	水稻	平坦或局部平坦	水量丰富	透水性小，盐碱土
	漫灌	牧草	较平坦	坡度均匀	中等透水性
	波涌灌	条播作物	坡度均匀	水量较少	中等或较小透水性
喷灌		经济作物、蔬菜、果树	各种坡度均可，尤其适用于复杂地形	水量较少	各种透水性，尤其是透水性大的土壤
局部灌溉	渗灌	根系较深的作物	平坦或局部平坦	水量缺乏	透水性较小
	滴灌	果树、瓜类、宽行作物	各种坡度	水量极其缺乏	各种透水性
	微喷灌	果树、花卉、蔬菜	各种坡度	水量缺乏	各种透水性
低压管道输水灌溉		小麦、玉米、牧草	平坦	水量较缺乏	透水性较小

表 5.1-2　　常用节水灌水方法优缺点比较

灌水方法		水的利用率	灌水均匀性	不破坏土壤的团粒结构	对土壤透水性的适应性	对地形的适应性	改变空气湿度	结合施肥	结合冲洗盐碱土	基建与设备投资	平整土地的土方工程量	田间工程占地	能源消耗量	管理用劳力
地面灌溉	畦灌	○	○	—	○	—	○	○	○	○	—	—	+	—
	沟灌	○	○	○	○	—	○	○	○	○	—	—	+	—
	淹灌	—	○	—	—	—	○	○	+	○	—	—	+	—
	漫灌	—	—	—	—	—	○	—	+	+	—	○	+	—
	波涌灌	+	+	○	○	—	○	○	○	○	—	—	+	○
喷灌		+	+	+	+	+	+	○	—	—	+	+	—	○
局部灌溉	渗灌	+	+	+	○	○	—	○	—	—	○	+	○	+
	滴灌	+	+	+	+	+	—	+	—	—	+	+	○	+
	微喷灌	+	+	+	+	+	+	+	—	—	+	+	○	+
低压管道输水灌溉		○	—	—	—	○	—	—	+	○	○	+	—	—

注　本表符号含意：+表示优，—表示差，○表示一般。

5.2　地面节水灌溉工程设计

5.2.1　地面节水灌溉方法分类、参数及灌水质量指标

5.2.1.1　地面节水灌溉方法分类

1. 根据地面灌水方法分类

地面灌溉，通常指水流沿地面流动，边流边入渗的灌溉方法，如淹灌、畦灌、沟灌、波涌灌、膜上灌、覆膜灌等。

上述灌水方法的定义及其优缺点已在前节描述过。

2. 根据灌水定额的水量控制方式分类

（1）连续放水方式。整个灌水定额由固定流量一次连续放完。

（2）削减入流方式。即以较大流量完成水流推进阶段湿润土壤，然后削减入流，以浸泡方式灌水，直到满足灌水定额。

（3）间歇放水方式。灌水定额由若干次间歇放水来完成。如果一次放水至全程的1/3处即停水，第二次放水时，水流迅速通过已湿润地段向前推进，这样使土壤各点受水时间的差别缩小，灌水均匀，这种灌水方式又称为波涌灌溉。

（4）尾水重复利用方式。为使灌水均匀，加大流量，使沟畦尾部产生弃水，将弃水汇入下游沟内灌溉。

5.2.1.2　田间灌水参数及灌水质量指标

田间灌水质量评价，需要有一个统一的评价标准或指标，以利于改善现有灌溉系统的性能，提高灌溉系统的设计水平。还可以从现有运行资料中，对田间入渗状况加以判定和校正，使运行或设计更接近客观实际。地面灌水技术的质量如何，取决于地面灌溉的灌水过程及土壤入渗函数参数的确定。

1. 地面灌溉的灌水过程

以畦灌为例，当末端为堵端（无尾水出流）时，其灌水过程可分为以下四个阶段：

（1）推进阶段。从放水入畦时刻 t_0 开始，水流前锋向前推进，推进时间为 t_a，到前锋达畦末的时刻为 t_L，这一过程称推进阶段。

（2）成池阶段。水流前锋到畦末后，停止继续前进，开始积水成池，直到畦口切断水流的时刻 t_{c0}，这一过程称成池阶段。

（3）消退阶段。从 t_{c0} 时刻开始，水层入渗至畦口高处露出地面这一时刻 t_d，称为消退阶段。

（4）退水阶段。从 t_{c0} 开始，至地面水层全部渗入时刻 t_r，称为退水阶段。这一阶段中，退水前锋逐渐由畦口向畦末移动消失。

从 t_0 到 t_r 完成灌水的全过程。

当田块末为开端，容许水流排出田块时，不产生成池阶段。

2. 土壤入渗函数参数的确定

（1）入渗方程。通常入渗函数采用考斯恰可夫—列维斯公式（Kostiakov-Lewis）：

$$Z = K_\tau^a + f_0\tau \tag{5.2-1}$$

式中　Z——入渗时间为 τ 时，单位沟长内的入渗量，m^3/m；

f_0——进入稳渗阶段后，单位时间、单位长度内的入渗量，$m^3/(m \cdot min)$；

K_τ、a——入渗参数，由田间试验确定；

τ——入渗时间，min。

（2）水量平衡方程。根据水量平衡原理，入畦水量等于地表流动水量与入渗水量之和：

$$Q_0 t = \sigma_y A_0 x + \sigma_z K_\tau^a x + \frac{f_0 tx}{1+r} \tag{5.2-2}$$

其中

$$\sigma_z = \frac{a + r(1-a) + 1}{(1+a)(1+r)} \tag{5.2-3}$$

式中　Q_0——入口处流量，m^3/m；

A_0——入口处水流断面积，m^2；

x——水流推进距离，m；

t——从灌水开始算起的时间，min；

σ_y——地表储水形状系数，一般为0.7～0.8；

σ_z——地下水储水形状系数；

a、r——均为经验参数。

A_0的确定可分别假定任一过水断面A和湿周χ与水深y存在下述关系：

$$A = \sigma_1 y^{\sigma_2} \tag{5.2-4a}$$

$$\chi = r_1 y^{r_2} \tag{5.2-4b}$$

式中，σ_1、σ_2、r_1、r_2均为经验参数，根据曼宁公式有

$$A_0 = c_1 \left(\frac{Q_0 n}{60\sqrt{S_0}}\right)^{c_2} \tag{5.2-5}$$

其中

$$c_1 = \sigma_1 \left(\frac{r_1^{0.67}}{\sigma_1^{1.67}}\right)^{c_2}$$

$$c_2 = \frac{3\sigma_2}{5\sigma_2 - 2r_2}$$

对于畦灌，σ_1、σ_2、r_1等于1.0，r_2等于零。对于灌过水较光滑的土壤表面曼宁粗糙系数n为0.02，刚耕过的田为0.04，作物生长较密时，可达0.15。

（3）入渗参数的确定。

1）f_0的确定。测量沟的入流量Q_{in}及出流量Q_{out}，经若干小时灌水后，认为入渗已稳定时：

$$f_0 = \frac{Q_{in} - Q_{out}}{L} \tag{5.2-6}$$

经验证明f_0值较稳定，各条沟之间或各次灌水之间没有大的变化。

2）K、a的确定。可用水流推进至中点和末点时的水量平衡方程来确定，称为二点法，即

$$Q_0 t_{0.5L} = \frac{\sigma_y A_0 L}{2} + \frac{\sigma_2 K (t_{0.5L})^a L}{2} + \frac{f_0 t_{0.5L} L}{2(1+r)} \tag{5.2-7}$$

$$Q_0 t_L = \sigma_y A_0 L + \sigma_2 K t_L^a L + \frac{f_0 t_L L}{1+r} \tag{5.2-8}$$

解此两式得

$$a = \frac{\ln \frac{V_L}{V_{0.5L}}}{\ln \frac{t_L}{t_{0.5L}}} \tag{5.2-9a}$$

$$K = \frac{V_L}{\sigma_2 t_L^a} \tag{5.2-9b}$$

其中

$$V_L = \frac{Q_0 t_L}{L} - \sigma_y A_0 - \frac{f_0 t_L}{1+r}$$

$$V_{0.5L} = \frac{2Q_0 t_{0.5L}}{L} - \sigma_y A_0 - \frac{f_0 t_{0.5L}}{1+r}$$

3. 田间灌水质量指标

（1）灌水均匀度D_u。考虑一具有均匀坡度的土壤和作物密度的田块，灌水后，其入渗深度的纵向分布，如图5.2-1所示。均匀度的定义较多，可以用全线多点测量入渗值$Z_i(i=1,2,\cdots,n)$，由式（5.2-10）求均匀度D_u：

$$D_u = \left(1 - \frac{\Delta Z}{\overline{Z}}\right) \times 100\% \tag{5.2-10}$$

其中

$$\Delta Z = \frac{\sum_{i=1}^{n} S_i \mid Z_i - \overline{Z} \mid}{\sum_{i=1}^{n} S_i}$$

式中　ΔZ——入渗水深的平均离差，mm或mm/h；

S_i——测点所代表的面积，m^2，当测点所代表的面积相等时，$S_i=1$；

$\overline{Z}$——入渗水深的平均值，mm或mm/h；

Z_i——测点的实测水深或点灌水强度，mm或mm/h；

n——测点总数。

D_u如果以百分数表示，称为均匀度；如不以百分数表示，称为均匀系数。

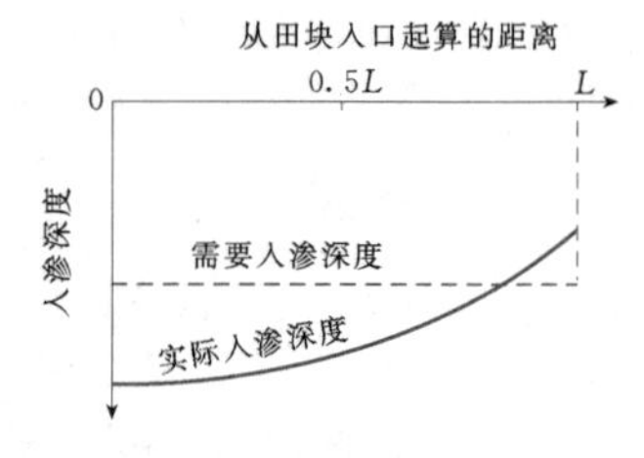

图5.2-1　入渗深度的纵向分布

从入渗深度横向分布看（见图5.2-2），入口处（$x=0$），横向分布较均匀，但入渗量超过需要水量。在$x=0.8L$处，平均入渗量接近需要的入渗量，但横向均匀度稍低。$x=L$处均匀性差且灌水明显不足。

（2）灌水效率E_a。灌水后，根系储水层内增加的平均水深与灌入田块的平均水深之比，称为灌水效率。可用式（5.2-11）计算：

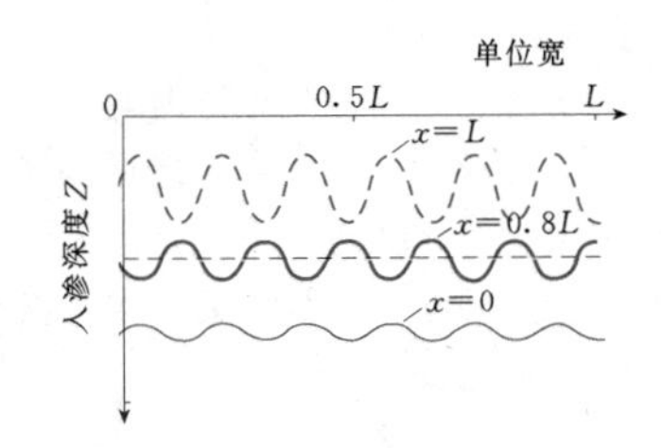

图 5.2-2 入渗深度的横向分布

$$E_a = \frac{\text{根系储水层内增加的平均水深}}{\text{灌入田块的平均水深}} \tag{5.2-11}$$

表 5.2-1 是 x、D_u、E_a 一次试验资料。

表 5.2-1 x、D_u、E_a 一次试验资料

x	0	0.8L	L	平均
D_u	0.98	0.93	0.75	0.71
E_a	0.62	0.98	1	0.71

田块首部受水时间长，均匀度高，但灌水效率由于实际入渗深度超过需要入渗深度，视为无效，而使灌水效率值下降。本次试验平均 E_a 值为 0.71。严格说来，E_a 中包含了局部超灌造成的深层损失、尾部跑水损失以及局部欠灌造成需水不能满足的损失，可用三个附加的指标加以评价：

1）深层渗漏率 DPR：

$$DPR = \frac{\text{深层渗漏的平均水深}}{\text{灌水的平均水深}} \tag{5.2-12}$$

2）尾水率 TWR：

$$TWR = \frac{\text{田块跑水的平均水深}}{\text{灌水的平均水深}} \tag{5.2-13}$$

3）需水满足率 E_r：

$$E_r = \frac{\text{根层储水量的平均水深}}{\text{土壤实际储水量的平均水深}} \tag{5.2-14}$$

田块末端可能出现欠灌、超灌或刚好等于需要的入渗水深这三种情况。当欠灌时，尾水损失较少，深层渗漏损失亦少，但产量可能受影响。超灌时则相反。末端入渗水深的标准，通常由用户凭经验来掌握。

4. 灌水性能指标

（1）沟灌性能指标。沟中某一点的累计入渗量可由式（5.2-15）计算：

$$Z_i = K[t_r-(t_a)_i]^a + f_0[t_r-(t_a)_i] \tag{5.2-15}$$

式中 t_r——退水时间，min；

$(t_a)_i$——推进至 i 点的时间，min。

显然式（5.2-15）中忽略了退水时间沿程的变化，$t_r-(t_a)_i$ 近似为第 i 点受水时间。如果忽略退水时间，则可用断水时间 t_{c0} 代替 t_r，则沟中的总入渗量由式（5.2-16）计算：

$$V_z = \frac{L}{2n}(Z_0+2Z_1+2Z_2+\cdots+Z_n) \tag{5.2-16}$$

式中 L——沟长，m；

Z_i——第 $i(i=1,\cdots,n)$ 点的累计入渗量，m^3/m；

n——等分沟长的段数。

当尾部欠灌时，应分两段用式（5.2-17）计算入渗量：

$$V_z = V_{za} + V_{zi} \tag{5.2-17}$$

式中 V_{za}——超灌部分的入渗量；

V_{zi}——欠灌部分的入渗量。

1）入渗量恰好满足需要或超灌时，有关指标由式（5.2-18）～式（5.2-21）计算：

$$E_a = \frac{Z_{req}L}{Q_0 t_{c0}} \times 100 \tag{5.2-18}$$

$$DPR = \frac{V_z Z_{req} L}{Q_0 t_{c0}} \times 100 \tag{5.2-19}$$

$$TWR = 100 - E_a - DPR \tag{5.2-20}$$

$$E_r = 100\% \tag{5.2-21}$$

2）部分欠灌时，有关指标由式（5.2-22）～式（5.2-25）计算：

$$E_a = \frac{Z_{req}x_d + V_{zi}}{Q_0 t_{c0}} \times 100 \tag{5.2-22}$$

$$DPR = \frac{Z_{za} - Z_{req}x_d}{Q_0 t_{c0}} \times 100 \tag{5.2-23}$$

$$TWR = 100 - E_a - DPR \tag{5.2-24}$$

$$E_r = \frac{Z_{req}x_d + V_{zi}}{Z_{req}L} \times 100 \tag{5.2-25}$$

式中 Z_{req}——需要的入渗深度，m；

x_d——由田块入口算起至实际入渗线与 Z_{req} 线交点的距离，m。

（2）畦灌性能指标。取畦的单位宽度，与沟灌相似，但过水断面为矩形。当末端为自由排水时，与沟灌的计算相同，但消退和退水过程的入渗必须计入。畦灌断水后的消退阶段和退水阶段如图 5.2-3 所示。

用曼宁公式估算畦口入流处的水深 y_0，它是单位宽度入流量 q_0 [m^3/(min·m)] 的函数。

消退时间 t_d 用式（5.2-26）计算：

$$t_d = t_{c0} + \frac{y_0 L}{2q_0} \tag{5.2-26}$$

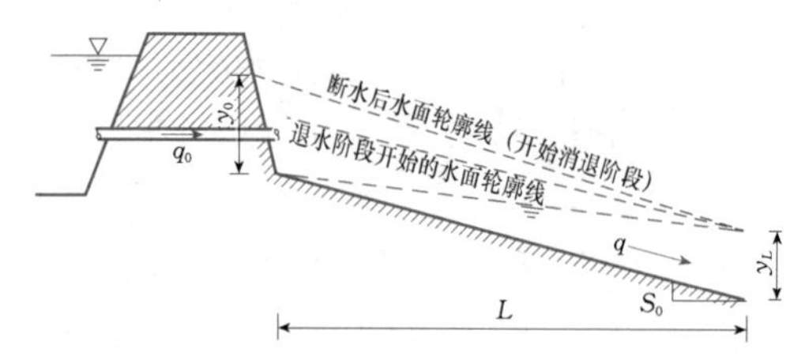

图 5.2-3　畦灌断水后的消退阶段和退水阶段示意图

由此，可推算出退水时段：

$$t_r - t_d = \frac{0.095 n^{0.47565} S_y^{0.20735} L^{0.6829}}{I^{0.52435} S_0^{0.23785}} \tag{5.2-27}$$

其中　$S_y = y_L / L = [(q_L n)/(60\sqrt{S_0})]0.6/L$

$$q_L = q_0 - IL$$

$$I = \frac{aK}{2}[t_d^{a-1} + (t_d - t_L)^{a-1}] + f_0$$

式中　n——过水表面的糙率；

其他符号意义同前。

t_d、t_r 确定后，可用式（5.2-22）～式（5.2-25）估算 E_a、DPR、TWR 和 E_r 值。

5. 淹灌系统的指标

通常格田淹灌时，地面坡度很小，尾部亦无出流，完成推进阶段后即成池，水面趋于水平，因此总入渗量相当于推进阶段的入渗量加成池后的地面积水深。

断水后的地面水深，用水量平衡方法依式（5.2-28）计算：

$$q_0 t_{c0} - \frac{Z_0 + Z_L}{2} L = \frac{y_0 + y_L}{2} L \tag{5.2-28}$$

其中

$$Z_0 = K t_{c0}^a + f_0 t_{c0}$$

$$Z_L = K(t_{c0} - t_L)a + f_0 (t_{c0} - t_L)$$

式中　y_0、y_L——地块首、末的地面水深；

Z_0、Z_L——地块首、末的入渗水深；

t_L——推进时间；

其他符号意义同前。

假定水面是水平的，地面坡度为 S_0，则

$$y_L = y_0 + S_0 L \tag{5.2-29}$$

代入水量平衡方程式（5.2-28）得

$$y_0 = \frac{q_0 t_{c0}}{L} - \frac{Z_0 - Z_L}{2} - \frac{S_0 L}{2} \tag{5.2-30}$$

最终的入渗量：地块首部为 $y_0 + Z_0$，尾部为 $r_L + Z_L$，再用式（5.2-14）～式（5.2-15）求 E_d、DPR 及 E_r，此处 TWR 为零。

5.2.1.3　田间灌水质量参数选择

恰当选择参数，有利于改善田间灌水质量。

1. 流量选择

适当加大流量，可以缩短推进时间，减少各点入渗时间的差异，提高灌水均匀度，但可能增加尾水损失，并造成土壤侵蚀。改进的方法是用大流量完成推进阶段，然后减小流量，完成地面储水入渗阶段。

2. 断水时间选择

一般选择田块末入渗到达需要的入渗深度 Z_{req} 时即断水，但此时田块入口处已超灌。亦可以有不同的选择。

3. 田块长度选择

当田间作业机械化时，希望有较长的田块长度，以利提高机械效率，但田块越长，越不容易使灌水均匀，灌水效率亦较低，因此在田间作业机械化程序较低的情况下，常常将缩小畦沟长度作为提高灌溉质量的一种手段。

4. 田面坡度与平整度选择

当采用淹灌时，要求地面平整，需要采用激光平地技术配合。当采用沟、畦灌时，要求地面坡度均匀，当自然地面坡度过大时，应改为梯田，以免过量的土地平整工作。

5. 推进时间选择

推进时间通常与田块长度、入流量大小、土壤紧密程度和微地形有关。推进时间短，灌水较均匀。缩短推进时间的方法如下：

（1）压实沟，减小沟中入渗率，降低土表对水流的阻力。但这种方法只对第一次灌水起作用。

（2）畦灌改为沟灌，加快水流速度。

（3）采用波涌灌溉。

6. 改变入渗量

由于水流有一推进过程，造成各点受水时间差别，入渗量亦不同。如将上游土壤加以压实，减小入渗率，以便造成上下游实际的入渗量相等。但这种方法亦仅对第一次灌水起作用。

7. 尾水重复利用

流出田块的尾水汇入下游沟道再利用，以提高水的利用率。

8. 减少深层渗漏量

当为土壤洗盐时，深层渗漏是必要的，但一般情况下，它是一种水量损失，要提高灌水均匀度减少深层渗漏量。

5.2.2　地面节水灌溉系统的稳定流设计方法

设计时，入渗函数已知，沟的几何形状、田块长度、坡度等已知，结合不同的流量 Q_0 和断水时间 t_{c0}，来估算推进和退水过程，以及入渗量分布曲线，从而计算出各项性能指标，选取性能指标最佳的方案

作为设计方案。

5.2.2.1 设计中常用参数的计算

1. 达到需要的入渗深度 Z_{req} 时所需的入渗时间（τ_{req}）

$$Z_{req} = K\tau_{req}^{a} + f_0\tau_{req} \qquad (5.2-31)$$

式中 Z_{req}——单位长度需要的入渗量，m^3/m，其宽度在沟灌时为沟距，畦灌时为1m；

τ_{req}——需要的入渗时间，min；

其他符号意义同前。

通常 Z_{req} 由设计者确定，用式（5.2-31）反求 τ_{req}，由于式（5.2-31）是非线性的，需用牛顿法解，求解步骤如下：

（1）假设初值 $(\tau_{req})_i$，i 为迭代次数。

（2）计算修正值 $(\tau_{req})_{i+1}$：

$$(\tau_{req})_{i+1} = (\tau_{req})_i + \frac{Z_{req} - K(\tau_{req})_i^a - f_0(\tau_{req})_i}{\frac{aK}{(\tau_{req})_i^{1-a}} + f_0} \qquad (5.2-32)$$

（3）设容许误差为 ε，若满足 $(\tau_{req})_{i+1} - (\tau_{req})_i < \varepsilon$，则计算结束，否则以 $(\tau_{req})_{i+1}$ 作初值，返回（2）计算 $(\tau_{req})_{i+2}$。反复迭代，直至满足允许误差条件为止。

2. 完成推进阶段所需的时间 t_L

假设水流断面参数间的关系可用式（5.2-4a）和式（5.2-4b）描述，则

$$A^2R^{1.33} = \rho_1 A^{\rho_2} \qquad (5.2-33)$$

式中 A——水流断面面积，m^2；

R——水力半径，m；

ρ_1、ρ_2——经验形状系数，畦灌、淹灌时分别为 $\rho_1=1.0$、$\rho_2=3.333$。

田块有坡度时，入口断面面积 A_0 假定为常数，根据式（5.2-34），有

$$A_0 = c_1\left(\frac{Q_0 n}{60S_0^{0.5}}\right)^{c_2}$$

或

$$A_0 = \left(\frac{Q_0^2 n^2}{3600\rho_1 S_0}\right)^{\frac{1}{\rho_2}} \qquad (5.2-34)$$

式中 Q_0——田块入流量，$m^3/(min \cdot m)$；

S_0——田块纵坡；

c_1、c_2 符号意义同前。

田块水平时，假定阻力坡等于入口处水深 y_0 与水流推进距离 x 之比，由式（5.2-35），有

$$A_0 = (Q_0^2 n^2 x/3600)^{0.23} \qquad (5.2-35)$$

从水量平衡方程式（5.2-7）、式（5.2-8）求出 t_L：

$$Q_0 t_L - 0.77A_0 L - \sigma_z K t_L^a L - \sigma_z' f_0 t_L L = 0 \qquad (5.2-36)$$

式中，σ_z 由式（5.2-3）计算，$\sigma_z' = \frac{1}{1+r}$，其中 r 是推进距离 x 与推进时间 t_a 关系式 $x = p(t_a)^r$ 中的指数。

水量平衡方程式（5.2-7）、式（5.2-8）中未知量为 t_L 和 r，可用田块中点和末点两点列出二式求解。

（1）初估 r_0 值，通常 $r_0=0.3\sim0.9$。

（2）算出 σ_z 和 σ_z'。

（3）推进时间 t_L 用牛顿—罗非逊法计算：

1）初估 $(t_L)_i = 5.0(A_0L/Q_0)$。

2）$(t_L)_{i+1} = (t_L)_i - \dfrac{Q_0(t_L)_i - 0.77A_0L - \sigma_z K(t_L)_i^a L - \sigma_z' f_0(t_L)_i L}{Q_0 - \dfrac{aK\sigma_z L}{(t_L)_i^{1-a} - \sigma_z' f_0 L}}$。

3）比较 $(t_L)_{i+1} - (t_L)_i$ 与 ε，如果 $(t_L)_{i+1} - (t_L)_i < \varepsilon$，则计算下一步，否则返回 2）以 $(t_L)_{i+1}$ 代入重算。要注意，如果入流 Q_0 对于地块长度而言较小时，计算将不会收敛，应增加 Q_0 或减小 L。

4）计算 $t_{0.5L}$：方法同上。

5）重算 $r_{k+1} = \dfrac{\ln 2}{\ln\left(\dfrac{t_L}{t_{0.5L}}\right)}$。

6）比较 $r_{k+1} - r_k$ 与 σ，如果 $r_{k+1} - r_k < \sigma$，则计算结束。否则返回 2）重算，直到符合精度要求。

3. 设计中常用的参数计算举例

以沟灌为例，确定入渗参数并对系统作出评价。

已知地面坡度 0.8%，坡度均匀。沟长 200m，沟距 0.75m，土壤消耗水量为 10cm。灌溉试验时，入流量为 $0.12m^3/min$，测得沿沟各点推进时间与退水时间见表 5.2-2。

表 5.2-2 推进时间与退水时间

距离（m）	推进时间（min）	退水时间（min）
0	0	390（断水时间）
50	6	396
110	18	402
150	30	405
200	55	408

测得断水前的稳定出流量（尾部）为 $0.0822m^3/min$。灌水过程中测得的沟断面水深 y 与水面宽 T 的关系见表 5.2-3。

求入渗参数和灌水效率。

假定：$T = a_1 y^{a_2}$

表 5.2-3 灌水沟断面水深与水面宽关系表

从沟底起算的断面水深 y(m)	0	0.01	0.02	0.03	0.04	0.05	0.06	0.07	0.08	0.09	0.10	0.11	0.12
相应 y 的水面宽 T(m)	0	0.058	0.097	0.130	0.161	0.190	0.217	0.243	0.268	0.292	0.316	0.339	0.361

由两点法（$T=0.361$，$y=0.12$；$T=0.217$，$y=0.06$）确定 a_2 和 a_1 以及其他参数：

$$a_1=\frac{0.361}{(0.12)^{0.734}}=1.712$$

$$a_2=\frac{\ln(0.361/0.217)}{\ln(0.12/0.06)}=0.734$$

又假定：$A=\sigma_1 y^{\sigma_2}$，则 $\mathrm{d}A=T\mathrm{d}y$，对其积分，有

$$A=\int a_1 y^{a_2}\,\mathrm{d}y=\frac{a_1}{a_2+1}y^{a_2+1}$$

则 $\sigma_1=\dfrac{a_1}{a_2+1}=\dfrac{1.712}{1.734}=0.987$，$\sigma_1=a_2+1=1.734$

再假定：$\chi=r_1 y^{r_2}$

由于 $$\chi\big|_{y=0.06}=\sum_{i=0}^{6}\{2[(y_i-y_{i-1})^2+[0.5(T_i-T_{i-1})]^2]^{0.5}\}=0.249(\mathrm{m})$$

$$\chi\big|_{y=0.12}=\sum_{i=0}^{12}\{2[(y_i-y_{i-1})^2+[0.5(T_i-T_{i-1})]^2]^{0.5}\}=0.437(\mathrm{m})$$

故 $$r_1=\frac{0.437}{(0.12)^{0.811}}=2.439$$

$$r_2=\frac{\ln(0.437/0.249)}{\ln(0.12/0.06)}=0.811$$

田块入口断面积 A_0 为

$$A_0=c_1\left(\frac{Q_0 n}{\sigma_0\sqrt{S_0}}\right)^{c_2}$$

其中 $$c_2=\frac{3\sigma_2}{5\sigma_2-2r_2}=\frac{3\times1.734}{5\times1.734-2\times0.811}=0.738$$

$$c_1=\sigma_1\left(\frac{r_1^{0.67}}{\sigma_1^{0.67}}\right)^{c_2}=0.987\left(\frac{2.439^{0.67}}{0.987^{0.67}}\right)^{0.738}=1.555$$

则 $$A_0=1.555\left(\frac{Q_0 n}{60\sqrt{S_0}}\right)^{0.738}=1.555\left(\frac{0.12\times0.04}{60\times0.008^{0.5}}\right)^{0.738}=0.009(\mathrm{m}^2)$$

至此确定了入流断面积和入流量的关系，下一步要确定入渗函数中的参数。

假定推进距离 x 与推进至 x 点所需时间 t_x 之间存在如下关系：

$$x=p(t_x)^r$$

当 $x=200$m 时，$t_x=55$min；当 $x=110$ 时，$t_x=18$min，则

$$r=\frac{\ln(200/110)}{\ln(55/18)}=0.535$$

稳定入渗率 f_0 用式（5.2-6）计算：

$$f_0=\frac{0.12-0.822}{200}=0.0019[\mathrm{m}^3/(\mathrm{m}\cdot\mathrm{min})]$$

用式（5.2-9）求 a 及 K：

$$V_L=\frac{0.12\times55}{200}-0.77\times0.009-\frac{0.0019\times15}{1+0.535}=0.0193$$

$$V_{0.5L}=\frac{0.12\times18}{110}-0.77\times0.009-\frac{0.0019\times18}{1+0.535}=0.0105$$

式中地面储水形状系数 σ_y 取 0.77，地下水储水形状系数 σ_z 由式（5.2-3）算得为 0.754。

则 $$a=\frac{\ln(0.193/0.0105)}{\ln(55/18)}=0.545$$

$$K=\frac{0.0193}{0.754\times55^{0.545}}=0.00288$$

于是入渗函数式（5.2-1）为

$$Z=0.00288\tau^{0.545}+0.0019\tau$$

Z 为沟距范围内每米沟的入渗水量，沟末的入沟时间是 $408-55=353$(min)，则沟末 $Z=0.1357\mathrm{m}^3/\mathrm{m}$，相应入渗水深为 0.183m，显然已超灌。

由式（5.2-11）计算灌水效率 E_a：

$$E_a=\frac{0.1\times0.75\times200}{0.12\times390}=0.321(\text{或 }32.1\%)$$

可见灌水效率较低，可以改进，措施之一是减少灌水时间。如果入渗率 Z 恰好等于需要的灌水深度 10cm，则 $Z=0.1\times0.75=0.075(\mathrm{m}^3/\mathrm{m})$，反求灌水时间 τ 为 157min。假定退水时间仍为 $t_r=408-390=18$(min)，则断水时间 t_{c0} 应为

$$t_{c0}=\tau_{req}+t_a-t_r=157+55-18=194(\mathrm{min})$$

重算灌水效率：

$$E_a=\frac{0.075\times200}{0.12\times194}=0.644(\text{或 }64.4\%)$$

显然已改善，但仍不理想，还可以调整入流量，

这属于设计问题，详见以下内容。

5.2.2.2 沟灌系统设计

沟灌系统有三种情况：第一种属一般沟灌系统，入流固定，且无尾水重复利用问题；第二种是入流可变，先用大流量完成推进阶段，然后小流量浸泡，即沟灌削减入流系统；第三种是考虑尾水重复利用。因此，设计方法亦略有区别。现就前两种系统分述如下。

1. 一般沟灌系统设计

一般沟灌系统为入流固定，且尾部有排水。

(1) 确定入沟流量 Q_0。已知入田块总流量为 Q_r、田块宽度 W_f、沟距为 W，则田块内沟的数目 N_f 为

$$N_f=\frac{W_f}{W} \tag{5.2-37}$$

沟中容许的最大流速 $v_{\max}=8\sim13\text{m/min}$，前者用于有淤泥、易侵蚀土壤，后者适用于砂性、黏性土壤。

由式（5.2-34）及 $Q_0=A_0v_{\max}$ 可推出

$$Q_0=\left[v_{\max}c_1\left(\frac{n}{60S_0^{0.5}}\right)^{c_2}\right]^{\frac{1}{1-c_2}}=Q_{\max} \tag{5.2-38}$$

或由式（5.2-35）推出

$$Q_0=\left(v_{\max}^{\rho_2}\frac{n}{3600\rho_1S_0}\right)^{\frac{1}{\rho_2-2}}=Q_{\max} \tag{5.2-39}$$

Q_0 值应由沟的轮灌分组最后确定，轮灌组内沟的数目 N_f 应是整数，N_fQ_0/Q_T 也应取整数。

(2) 计算推进时间 t_L。

(3) 计算需要的入渗时间 τ_{req}。

(4) 计算断水时间 $t_{c0}=\tau_{req}+t_L$。

(5) 计算灌水效率：

$$E_a=\frac{Z_{req}L}{Q_0t_{c0}}$$

减小入沟流量 Q_0，可以提高 E_a 值，但需保持轮灌组内沟数 N_f 为整数。

2. 沟灌削减入流系统设计

如图 5.2-4 所示，将沟的纵向建成台阶形的沟，当台阶 1 末的节制闸关闭时，台阶 1 上的沟由插管向沟放入最大流量，完成推进阶段，如图 5.2-4 (*a*) 所示。将台阶 1 末的节制闸打开，关闭台阶 2 末的节制闸，则台阶 1 的沟进入浸泡阶段，而台阶 2 的沟进入最大流量阶段，如图 5.2-4 (*b*) 所示。如图 5.2-4 所示，当台阶 2 末的节制闸打开，台阶 3 末的节制闸关闭，则台阶 1 已断水，台阶 2 进入浸泡阶段，台阶 3 进入最大流量……

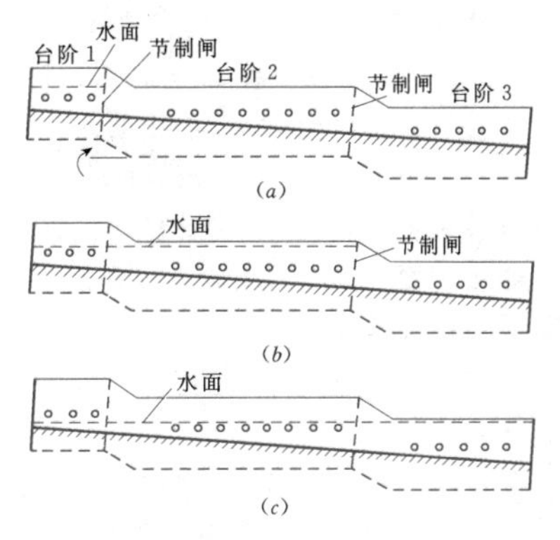

图 5.2-4 削减入流系统输水沟结构

如果最大流量 Q_0 与浸泡流量的通过时间各占 τ_{req} 的一半，则其设计过程如下：

(1) 计算 τ_{req}，t_L，此时 $\tau_{reg}=t_L$。

(2) 计算入沟流量，浸泡流量 Q_0' 应略大于基本入渗率，以维持全沟的湿润状态。即

$$Q_0'=1.1f_0L$$

最大流量 Q_0，必须在已确定的 t_L 时间内完成推进阶段（可假定一组 Q_0 值，求相应 t_L 的值，然后内插）。此外，要看每组沟的数目是否能划分成整数的轮灌组数。每一组的沟数可按式（5.2-40）计算：

$$\left.\begin{aligned}N_1&=\frac{Q_T}{Q_0}\\N_2&=Q_T-\frac{N_1Q_0'}{Q_0}\\N_i&=\frac{Q_T-N_{i-1}Q_0'}{Q_0}\end{aligned}\right\} \tag{5.2-40}$$

田块沟的总数已定，入田块总流量 Q_T 和入沟流量还要满足划分轮灌组为整数的要求。

(3) 计算 E_a：

$$E_a=\frac{Z_{req}L}{t_L(Q_0+Q_0')}$$

(4) 设计插管和输水沟，满足入沟流量为 Q_0 的要求：

$$Q_0=c_1h^{c_2}$$

式中 h——插管进水口处的水头；

c_1、c_2——经验系数。

5.2.2.3 畦灌系统设计

畦灌系统设计类似沟灌，但有三点区别：第一，畦灌消退和退水过程比沟灌慢，因此，这一阶段增加的入渗时间必须考虑；第二，由于水量要覆盖整个畦田，因此有最小流量的约束条件，畦灌对地面的微地形变化较敏感；第三，尾水排出量大于沟灌。尾水更有利用的必要。如果将尾部堵住，则相当于淹灌，于是断水时间误差将在尾端形成水池，使作物受损。

设计方法如下。

已知：入渗函数中各参数 a、K、f_0；田块的地面坡降 S_0、长度 L、地表糙率 n；需要的入渗水量 Z_{req}；供水总流量 Q_T；田块总宽度 W_f。设计步骤如下：

（1）计算单宽流量 Q_0。既不容许侵蚀土壤，又要能覆盖整个田面，其最大流量 $Q_{\max}$ 和最小流量 $Q_{\min}$ 由式（5.2-41）计算：

$$Q_{\max}=\frac{0.01059}{S_0^{0.75}} \tag{5.2-41a}$$

$$Q_{\min}=\frac{0.000357L\sqrt{S_0}}{n} \tag{5.2-41b}$$

（2）计算畦入口处水深 y_0，由式（5.2-42）计算：

$$y_0=\left(\frac{Q_0 n}{60S_0^{0.5}}\right)^{0.6} \tag{5.2-42}$$

畦埂高度应高于 y_0。

（3）计算需要的入渗时间 τ_{req}。

（4）计算推进时间 t_L。

（5）假定灌水刚好满足畦末的土壤储水量，计算退水时间 t_r：

$$t_r=\tau_{req}+t_L$$

（6）计算消退时间 t_d。计算步骤如下：

1）设 $T_1=t_r$。

2）入渗率 I 为

$$I=\frac{aK}{2}[T_1^{a-1}+(T_1-t_L)^{a-1}]+f_0$$

3）水面坡降 S_y 为

$$S_y=\frac{1}{L}\left[\frac{(Q_0-IL)n}{60S_0^{0.5}}\right]^{0.6}$$

4）求 T_2：

$$T_2=t_r-\frac{0.095n^{0.47565}S_y^{0.20735}L^{0.6829}}{I^{0.52435}S_0^{0.237825}}$$

5）判断 $T_1=T_2$，如果是，则 $t_d=T_2$，否则令 $T_1=T_2$，返回2），重算。

（7）计算畦入口入渗量 Z_0：

$$Z_0=Kt_d^a+f_0t_d$$

如果 $Z_0\geqslant Z_{req}$，则灌水已完成；如果 $Z_0<Z_{req}$，则欠灌。

（8）如果已完成灌水，则计算灌水效率 E_a：

$$t_{c0}=t_d-\frac{y_0L}{2Q_0} \qquad E_a=\frac{Z_{req}L}{Q_0t_{c0}}$$

如果未完成灌水：需增加 t_{c0}，令畦入口处的 $Z_0=Z_{reg}$，则

1）$t_{c0}=\tau_{req}-\dfrac{y_0L}{2Q_0}$。

2）$I=\dfrac{aK}{2}[\tau_{req}^{a-1}+(\tau_{req}-t_L)^{a-1}]+f_0$。

3）计算 S_y。

4）$t_r=\tau_{req}+\dfrac{0.05n^{0.47565}S_y^{0.20735}L^{0.6829}}{I^{0.52435}S_0^{0.237825}}$。

5）$Z_L=K(t_r-t_L)a+f_0(t_r-t_L)$。

6）计算 E_a。

（9）计算畦宽 W_0 和畦的数目 N_b：

$$W_0=\frac{Q_T}{Q_0}$$

$$N_b=\frac{W_f}{W_0}$$

如果畦宽不满足其他作业要求，N_b 不是整数等，则应调整单宽流量 Q_0 或系统总流量 Q_T。由于入渗率灌溉季节内不降，因此，以后各次灌水的灌水畦数可增加。

5.2.2.4 淹灌系统设计

地面坡度小、无尾水，退水和消退过程几乎同时完成，水流的推进造成水面的水力坡降、地表的微地形对灌水均匀影响较大，这些都是淹灌的特点。这种淹灌并非习惯上所说的大水漫灌，它通常用激光制导平整土地之后，再设计成淹灌田块，目的是既要保证灌水质量，又可减少田间输配水工程，既节省投资，又节水增产，因此，是一种先进的灌水技术。

设计方法如下。

（1）三点假定：

1）水流推进的阻力坡度为 $S_f=y_0/x$，则由曼宁公式得田块入口处的水深 y_0 为

$$y_0=\left(\frac{Q_0^2n^2x}{3600}\right)^{0.23} \tag{5.2-43}$$

2）入流停止后，水面为水平，入渗为垂直方向，即格田内入渗量等于推进阶段入渗量加推进时的地表平均水深，再加推进阶段完成后所增加的平均水深，即

$$Z_0=Kt_L^a+f_0t_L+0.8y_0+Q_0(t_{c0}-t_L)/L \tag{5.2-44}$$

3）设计灌水定额以满足地块最远或最低处为准，则式（5.2-44）可忽略前两项得

$$t_{c0}=\left(Z_{req}L-\frac{0.8y_0L}{Q_0}\right)+t_L$$

由上式可见 $t_{c0}\geqslant t_L$。此式限制其最小灌水深度。

（2）设计方法。设计步骤如下：

1）选单宽流量 Q_0。它受格田提高及侵蚀流速的限制，其最大流量 $Q_{\max}$ 值可用式（5.2-45）计算：

$$Q_{\max}=\left[v_{\max}\left(\frac{n^2L}{7200}\right)^{0.23}\right]^{1.857} \tag{5.2-45}$$

2）求 t_L、t_{c0}。以格田末满足设计灌水深为准。即 $t_{c0}\geqslant t_L$，则令 $t_{c0}=t_L$。

3）求 E_d。

4）重复1）至3），选 E_a 最大者为设计方案。

5）计算格田尺寸，有效供水量，然后调整 Q_0 和 Q_T，直到满足轮灌设计的要求。

5.2.3 地面节水灌溉系统的非稳定流设计方法

5.2.3.1 非稳定流设计的基本方程与其应用特点

1. 非稳定流设计的基本方程

20 世纪 50 年代出现的明渠非稳定流计算所采用的基本方程为圣维南（Saint - Venant）方程，一直沿用至今，因计算复杂，未能在工程实践中广泛采用。随着计算机的逐渐普及，圣维南方程又重新作为求解明渠非均匀流的主要方法而被采用。地面灌溉的非稳定流计算也采用圣维南方程。现有的地面灌溉数学模型已能描述灌水的全过程，从而更好地了解灌水的效果。反之，则可从灌水效果的分析中寻求更好的灌水技术，优化设计方案。

圣维南方程的表述形式如下：

连续方程

$$\frac{\partial A}{\partial t}+\frac{\partial Q}{\partial x}+I=0 \tag{5.2-46}$$

运动方程

(1) 流速形式：

$$\frac{1}{g}\frac{\partial v}{\partial t}+\frac{v}{g}\frac{\partial v}{\partial x}+\frac{\mathrm{d}y}{\mathrm{d}x}=S_0-S_f+\frac{v}{A}\frac{I}{g} \tag{5.2-47}$$

(2) 流量形式：

$$\frac{1}{Ag}Q_t+\frac{200x}{A^2g}+(1-Fr^2)y_x=S_0-S_f \tag{5.2-48}$$

(3) 压力与阻力形式：

$$\frac{1}{g}\frac{\partial Q}{\partial t}+\frac{\partial}{\partial x}\left(\frac{Q^2}{Ag}+P\right)=AS_0-D \tag{5.2-49}$$

其中 $D=Af_s$

以上式中 A、Q——地面水流的断面面积与流量；

v、y——流速与水深；

I——入渗率；

t、x——时间、距离坐标；

Fr——弗劳德数；

P——压力；

S_f、S_0——阻力坡、重力坡；

Q_t——$\frac{\partial Q}{\partial t}$的简写形式。

2. 圣维南方程在地面灌溉中应用的几个特点

(1) 一般地面坡度较小，地面相对粗糙度较大，因此，除水流推进的前锋处外，水流保持为非临界状态。

(2) 研究地面水的时空分布，目的是研究入渗水量的时空分布。

(3) 调整入流量和断水时间，使非生产性耗水量小（如田末跑水和深层渗漏等）。从而使水、能源、劳力、成本和肥料等资源更充分地得到利用。

5.2.3.2 数学模型及其功能

1. 数学模型

(1) 建立在圣维南方程基础上的方法：

1) 特征线法。

2) 可变控制体法，可分为以下两种方法：

a. 零贯量模型或称拉格朗日法，可变控制体发生在系统的入口处，与欧拉法不同，控制单元体位置不固定，不断地由水流方向向下游移动。

b. 欧拉积分法，可变控制体发生在下游边界，而方程是稳定的。

(2) 建立在运动波模型基础上的方法。即忽略运动方程，而为了避免连续方程的不确定性，作某些关系的假定，以取代运动方程的作用。

1) 水量平衡模型。假定水流的平均断面积是常数，从而与推进的时间和距离无关。

2) 特征线法和可变控制体法。假定流量是水深的函数，水深随距离而变。

2. 数学模型必须具备的功能

(1) 必须能描述灌水过程中的各个阶段，如推进、成池、消退和退水各阶段。

(2) 必须理论严密，使用带任意性和经验性的参数少。

(3) 数解时，能保持解的稳定性和满足精度要求。

(4) 要能简化计算程序，求解迅速。

5.2.3.3 求解方法

非稳定流计算无论采用哪种数学模型，其形式都是高度非线性模型，难以获得其解析解，一般将方程组通过离散进行数值求解，最典型的方法是用牛顿—罗非逊法求解。有关不同灌水模式、不同定解条件下的数学模型求解，可参考专门书籍。

5.2.4 波涌灌溉技术*

波涌灌溉（以下简称波涌灌）是一项新的灌水方法，至今研究工作有限。这里主要以水利部国际合作与科技司等编译的《美国国家灌溉工程手册》中的部分内容为基础，介绍波涌灌的一般原理与设计方法。波涌灌加快推进水流速度的机理，是灌水时前面的波使土表产生一种水膜垫层，使土表光滑，可减少已湿

* 主要内容引自水利部国际合作与科技司等编译的《美国国家灌溉工程手册》（中国水利水电出版社，1998.6）。

润沟段的土壤渗透速度，使下一波很快通过已湿润的沟段表面推向更远的距离。

波涌灌主要适用于闸管地面节水灌溉系统，是节水（且节能）的有效灌水方法之一。采用波涌灌可大大提高地面灌溉系统的效率，一般认为灌溉效率平均能够提高50%～70%或更多。通过提高效率可以节约灌溉水量，且因减少灌水量相应地节约了能量。然而，波涌灌如果管理不当，则会造成田间严重灌水不足或与连续沟灌相比还要增加尾水量。有效地进行管理需要技术熟练的灌水管理人员。

5.2.4.1 波涌灌的优缺点

1. 优点

(1) 波涌灌当灌水量一定时，则水以更快的速度流到田块末端。使得田块上游水的可能入渗时间（水渗入土壤的有效时间）减少，从而使田块上游端深层渗漏减少，灌水更均匀。

(2) 有的波涌控制器能通过程序将两组灌水沟之间的水流分开或在水流抵达田块末端后自动进行的减流灌水，并采用较短的“灌水运行”时间，以有效地减少尾水。

(3) 波涌灌能以较高的效率进行适度浅灌。

(4) 波涌灌可为农户创造更多的节水、节能管理机会。适度浅灌可以预留土壤的储水空间用以蓄存偶遇降雨，从而减少灌溉用水量。

(5) 与连续沟灌相比，波涌灌通过提高灌水效率从而减少灌水量及提水能量。

(6) 波涌灌是自动化灌溉的一种方式，通过控制器可自动调节闸门进行减流沟灌。

2. 缺点

(1) 因将水输送到田块末端所需的时间减少，如果习惯于只要垄沟中退水即移向灌下一组灌水沟，则田块有可能发生灌水不足。为此，需要更频繁地监测土壤水分。

(2) 需相应地调整灌溉计划，否则因波涌灌进行的适度浅灌可能会使作物灌水不足。

(3) 波涌灌需要较高的管理水平。

(4) 波涌灌装置必须加强保养。阀门发生故障会造成作物损害，水中的杂质会造成某些阀门的控制机构失灵。

(5) 波涌阀设置不当可能造成尾水过多。

(6) 如果水源在灌溉期间中断运行，则灌水人员可能不知道此时的循环次序处于哪一位置。

5.2.4.2 波涌灌的理论与术语

1. 连续沟灌

连续沟灌需采用较大的流量使水从田头快速地推进到田尾。因为流量较大，超过了入渗能力，其结果导致产生了过量的径流［见图5.2-5 (*a*)］；较小的流量虽然可使径流减少，但因水流推进较慢且在田头的入渗时间较长，则导致过多的深层渗漏［见图5.2-5 (*b*)］；若初始灌水时采用较大的流量使水流推进加快，在水流推进到田尾之后改用较小流量，则深层渗漏和径流均可减少［见图5.2-5 (*c*)］。连续沟灌减小流量需灌水员回到田头重新设置流量，这时还需为因减小流量而不用的那部分水量另找用途。

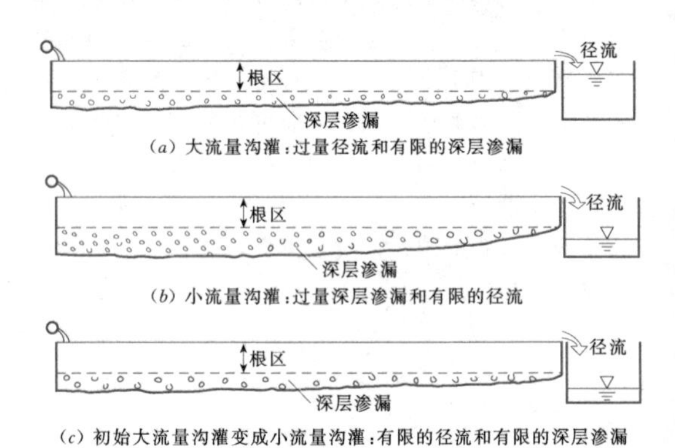

图5.2-5 连续沟灌不同流量水分分布与径流状况

2. 波涌灌

波涌灌定义为“间歇性地向垄沟或畦田中灌水，由此而产生一系列按固定时段或变化时段的灌水运行期和灌水停止期”。通常灌水是在两个灌水组之间交替进行，灌水运行时段的增量约为1～2h，直到灌水结束。采用波涌阀和自动控制器完成这种转换。波涌灌的一般形式是一个控制器控制一个具有两个方向出流的波涌阀，即两个灌水组，灌水时先向两个波涌阀的其中一个灌水组配水，通过闸管将灌溉水送入灌水沟，运行一个时段后转向另一组，如此直到灌水结束。应用表明：用等量的水和时间，水流推进距离比连续沟灌多达两倍（见图5.2-6）。波涌水流大大减少了田块首端地段的入渗量，这是因为可能入渗时间比连续沟灌方法大为减少（见图5.2-7）。

3. 水流推进、退水和入渗

用水流推进和退水曲线表达沿垄沟长度的土壤水分入渗与时间的关系，如果已有土壤特性与水分入渗关系曲线，就可估算出沿沟长不同位置处渗入土壤中的水量。

图5.2-8所示的是垄沟中水面线及入渗剖面的情况。水峰沿垄沟首端往前推进，入渗剖面则向下和向垄沟末端推进，灌溉效率与入渗剖面的形状及大小有关。

(1) 推进剖面。当水灌入垄沟时，一部分灌水量

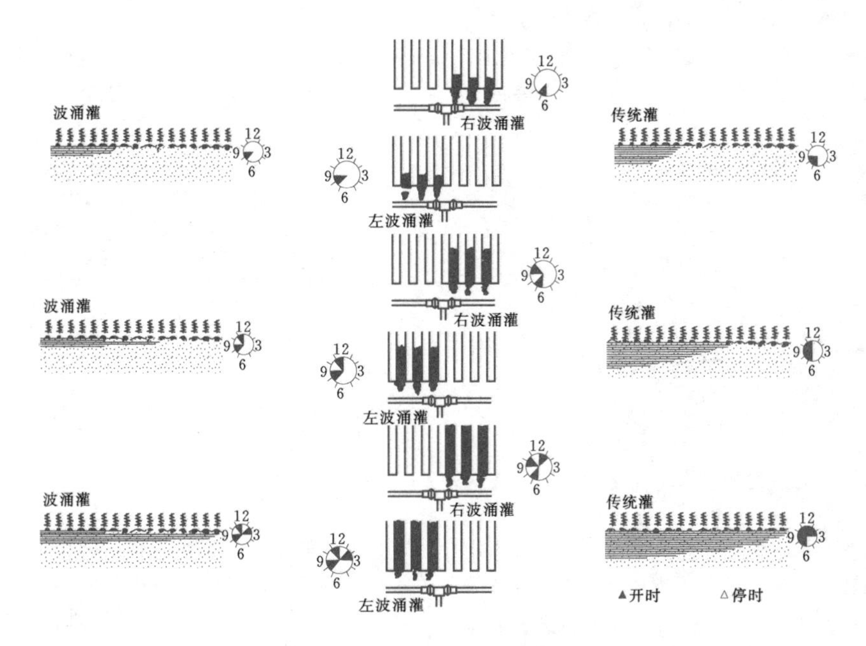

图 5.2-6 波涌灌与连续沟灌对比

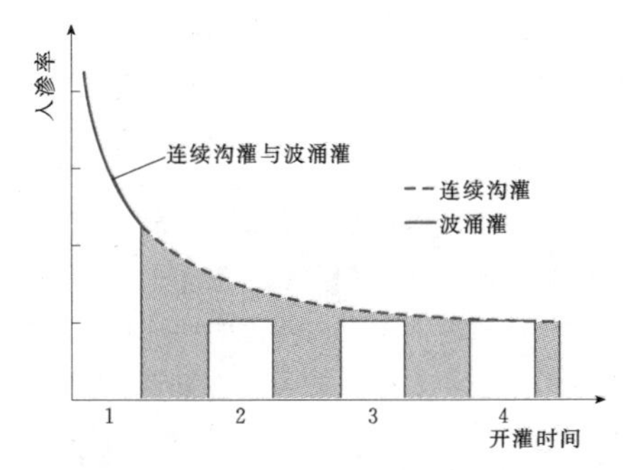

图 5.2-7 连续沟灌与波涌灌入渗量比较

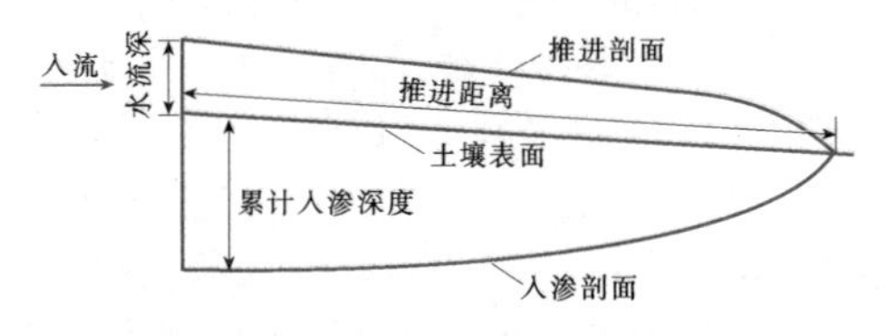

图 5.2-8 水面线与入渗剖面

渗入土壤，另一部分顺沟向下游推进。推进受许多物理因素包括垄沟坡度、糙率、形状等的影响。而入沟流量和土壤入渗特性是决定沟内储水量和推进速率的主要因素。

一般希望水流快速推进，在沟的入口处尚未出现过量灌水之前就到达沟的末端，并在入流停止后推进速率与退水速率相同。用改变地表径流（如波涌水流）的方式等加快湿润锋的推进速度的任何方法，都可提高地面灌溉效率。

图 5.2-9 所示的是当连续沟灌结束时，水抵达垄沟末端的累计灌水入渗深度剖面。

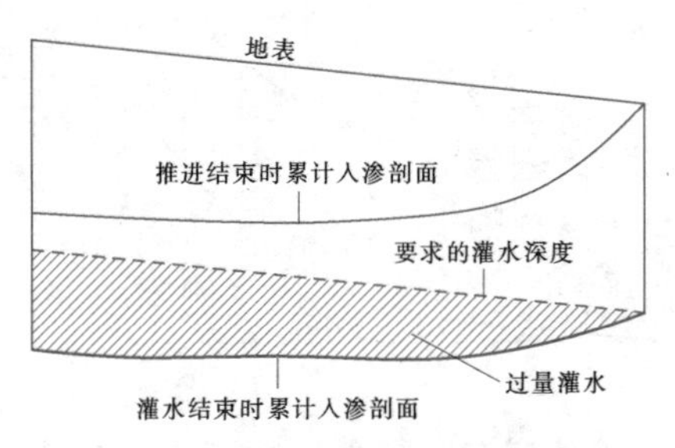

图 5.2-9 累计灌水入渗深度剖面

图 5.2-10 所示为采用相同波涌时间的累计入渗深度剖面，即在以相等的灌水运行时间进行数次波涌灌之后，波涌灌结束时的累计入渗深度剖面。

图 5.2-11 所示为采用渐增波涌时间的累计入渗

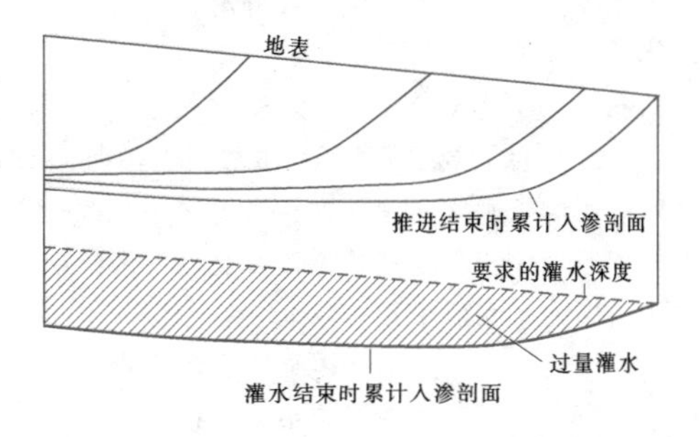

图 5.2-10 采用相同波涌时间的累计入渗深度剖面

深度剖面，即用渐增灌水运行时间进行数次推进距离相同的波涌灌溉，灌溉结束时的累计入渗深度剖面。这可减少田头的入渗量。

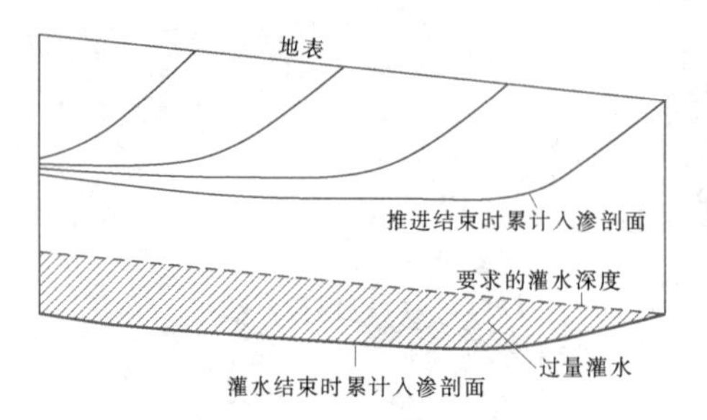

图 5.2-11　采用渐增波涌时间的累计入渗深度剖面

(2) 退水。在对垄沟的灌水停止之后，留存在沟中的水继续渗入土壤并顺沟向下流动，直到全部消失。这段时间称为退水时间。图 5.2-12 是水流推进曲线和退水曲线示意图。水流推进和退水曲线以从灌水入沟开始，所经历的时间与水流顺垄沟推进、消退的距离的对应关系绘制。如果以所需的入渗时间为时间间隔画出平行于推进曲线的一条灌水曲线，则可看出入渗时间是否大于或小于所需入渗时间。

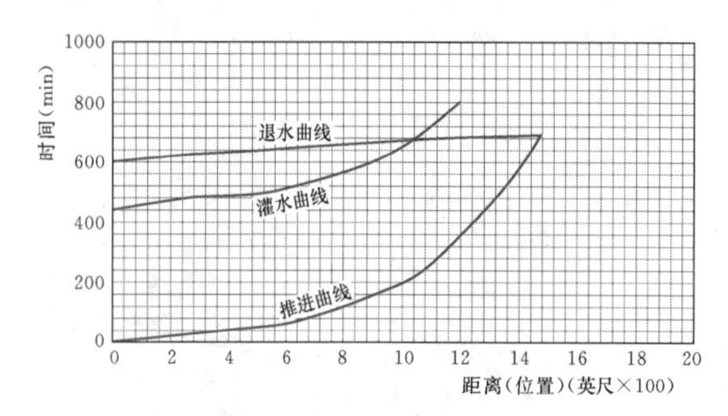

图 5.2-12　水流推进曲线和退水曲线

(3) 入渗。非均质土壤的入渗特性随时间与空间变化。影响入渗的因子有土壤质地、土壤结构、黏土类型和土壤中的阳离子。土壤季节性的变化会引起入渗特性的改变。导致这些变化的原因包括耕作措施和相应的土壤紧实、植被的生长或分解、生物或微生物活动等。

图 5.2-13 是入渗深度与距离关系曲线。当延长图 5.2-13 中的可能入渗时间和垄沟土壤吸水率曲线，就能顺沟长确定入渗深度。当延长图 5.2-13 中的推进和退水曲线直至其相交，其交点与沟的末端之间的水量即为尾水流量。

(4) 地表储水、退水和尾水。灌水停止后，地表的储水和退水对灌溉效率影响很大。地表储水的一部分将渗入土壤，一部分形成尾水。如果不设置回归水

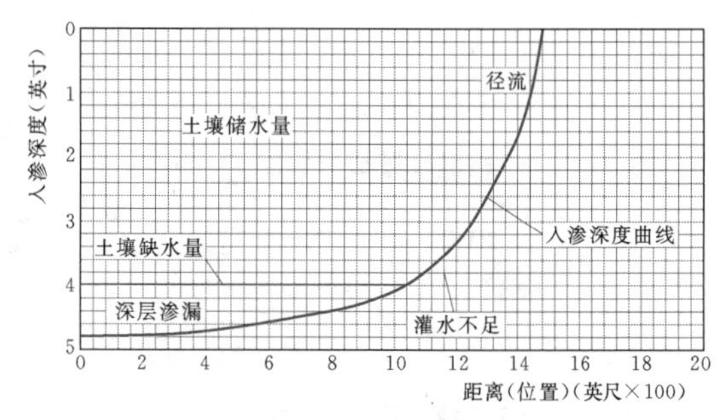

图 5.2-13　入渗深度与距离曲线

收集系统，这部分水量就损失掉了。垄沟末端可以封闭以便储水，但这些水量的大部分最终将渗漏到计划湿润层以下而损失掉。

(5) 垄沟形状、坡度与糙率。有研究表明：垄沟形状对水流推进和入渗特性的影响不显著。通常垄沟横断面形状为抛物形，垄沟形状通常随时间有一定变化，这种变化与垄沟中的侵蚀和泥沙输送状况有关。

垄沟采用同一坡度对水流推进和入渗影响不明显，而不均匀坡对水流推进影响较大，从而影响灌溉效率。

垄沟糙率对水流推进影响较大，灌溉和降雨都将使糙率发生变化。

(6) 湿周与垄沟形状。垄沟的入渗水量是垄沟横断面湿周和可能入渗时间的函数。在水流推进阶段，垄沟纵向任一横断面的湿周均随时间而增加，过水一段时间后稍有缩小。湿周的这种少量缩小可能是因垄沟糙率减小、输水能力增加从而使水流深度减少所致。

4. 有关术语

(1) 循环时间。循环时间是波涌向垄沟灌水的一个"运行—停止"过程。循环时间可以为任一时间长度，可以采用几分钟，或几小时。

循环时间＝阀门打开时间＋阀门关闭时间

(2) 灌水运行时间（半个循环）。灌水运行时间是波涌控制器在一侧开启一次的连续工作时间。灌水运行时间太短将限制沟中水流的推进速率，推进水流有可能流不到垄沟末端；但如果灌水运行时间太短，则垄沟脱水时间可能不够长而无法产生波涌效应；此外，灌水运行时间太长则近似于续灌。

土壤入渗性能对最优的波涌灌水循环时间起决定作用。因灌溉季节内的入渗是变化的，循环时间一般需要进行调整。

(3) 循环比。循环比为阀门打开时间与循环时间之比，按式（5.2-50）计算：

$$循环比 = \frac{阀门打开时间}{循环时间} \qquad (5.2-50)$$

一般循环比取 0.5，即阀门的打开时间等于关闭时间。

(4) 灌溉历时。灌溉历时是指向一组或几组垄沟灌水的总历时。

(5) 灌水历时。灌水历时是水实际灌入垄沟的历时。在连续沟灌中等于灌溉历时，在波涌灌中则为灌溉历时的一部分。

(6) 推进时间。推进时间指水从垄沟首游端沿沟向前推进到指定位置或末端所用的时间，又称水流行进（行水）时间（min 或 h）。

(7) 入渗时间。入渗时间是灌溉水量渗入土壤中所需要的时间。

(8) 退水时间。退水时间是灌水停止之后垄沟表面积水全部消失所经历的时间（min 或 h）。

(9) 可能入渗时间。可能入渗时间指滞留在土壤表面全部渗入土壤的时间。该时间可根据沟的断面位置求出推进时间与退水时间两者之间的差值计算。

(10) 灌水组。灌水组指在波涌灌中，灌水在两组垄沟中交替进行。一个灌水组是指同时进行灌水的一组垄沟。

5.2.4.3 波涌灌的数学模型

波涌灌是一种非稳定流，其入渗函数发生了变化，第一个波时——干土时，可用考斯恰可夫—列维斯公式（5.2-51）计算：

$$Z_c = K\tau^a + f_0\tau \qquad (5.2-51)$$

第三个波时——完全是湿土时，入渗量可按式（5.2-52）计算：

$$Z_s = K'\tau^{a'} + f_0'\tau \qquad (5.2-52)$$

上二式中　Z_c、Z_s——单位沟长的入渗量，前者是对干土连续灌水而言，后者则是对湿润土间歇灌水而言；

τ——累计灌水时间。

第二个波时的入渗函数，可按式（5.2-53）计算：

$$\left.\begin{aligned} K'' &= K + (K - K')T \\ a'' &= a + (a - a')T \\ f''_0 &= f_0 + (f_0 f_0')T \end{aligned}\right\} \qquad (5.2-53)$$

其中
$$T = \left(\frac{x_{i-1} - x}{x_{i-1} - x_{i-2}}\right)^\lambda$$

$(x_{i-2} \leqslant x \leqslant x_{i-1})$　$(x < x_{i-2}$ 或 $x > x_{i-1})$

式中　x——第二个波的推进距离；

λ——经验常数，一般为 2～5。

式（5.2-53）含义明确，即第二个波时，在第一个波未到达处的入渗量将增大。

入渗时间 τ 的计算，对某一点 x 而言，以前各波的累计入渗时间 $\bar{\tau}$，本次波的入渗时间是 τ，则本次波增加的入渗量可按式（5.2-54）计算：

$$Z(t) = Z(\bar{\tau} + \tau) - Z(\bar{\tau}) \qquad (5.2-54)$$

至于循环周期和放水时间的比率，则应经多方案计算比较确定。

5.2.4.4 波涌灌设计与管理

波涌灌比传统沟灌需要更高的管理水平与技巧，但所需劳力较少。目前还没有可供应用的公式或图表。本手册所提供的是波涌灌设计和应用的一些经验方法。

波涌灌管理中可控制的两个主要变量是灌水流量和水流推进时间。

1. 灌水流量

(1) 直接估算法。在无资料时，可采用式（5.2-55）估算垄沟最小流量：

$$Q = \frac{2.307L}{100} \qquad (5.2-55)$$

式中　Q——入流量或流量，L/min；

L——垄沟长度，m。

(2) 水量平衡估算法。若考虑水流推进到田块末端所需要的水量，根据式（5.2-56）计算：

$$Q = \frac{556.8DLW}{TE} \qquad (5.2-56)$$

式中　Q——入流量或流量，L/min；

D——沟尾需要的灌水深度，mm；

L——垄沟长度，m；

W——行宽或行距，m；

T——灌水时间，min，一般取 360min；

E——灌水效率，%。

用式（5.2-56）进行估算时，播前灌、作物定植后立即灌水时的净灌水深度 D 可取 90～150mm，以后各次灌水 D 值可采用 38～76mm。D 值的大小应根据土壤和坡度分析确定。灌水效率一般取 75%～80%。计算时，推进阶段应不存在尾水，仅有深层渗漏损失，应据此相应地调整效率。确定 Q 后，即可计算出一次能打开多少个闸孔，然后可计算灌溉整个面积的灌水组数目。有时需调整 Q，使灌水组数目为偶数。

算例：某井灌区，由式（5.2-56）计算所得的 Q 为 104.85L/（min·沟），井的供水流量为 2097L/min。

一次可打开闸孔的最大数目为 2097/104.85＝20。灌溉系统设计的波涌阀每侧有 90 个闸孔，这时就要分成 4.5 个灌水组（90 闸孔/20 闸孔），由此可设计成 5 个灌水组，每组 18 个闸孔，2097/18＝

116.5(L/min)。实际应用时，可根据土壤情况适当调整灌水组数和每组的闸孔数目。

根据设计 Q 值可确定净灌水深度 D。当一组沟完成一个灌水循环后，可用式（5.2－56）计算完成剩余部分灌水所需的时间。波涌沟灌的流量应当不小于满足土壤设计灌水定额值，流量的上限还需满足土壤冲刷条件和垄沟溢流的限制。

2. 水流推进时间

据经验，在已湿润土壤表面上水流推进时所需的时间：裸露土壤为6～15m/min，当垄沟内长有密植作物时为3.75～7.5m/min。

假定要用4个循环（沟长小于400m）到6个循环（沟长超过400m）使水流推进到垄沟末端，且每条沟的实际灌水时间等于传统灌溉所用时间的1/2，则可先用下述经验估计法确定灌水流推进时间。

沟长小于或等于400m时：

连续沟灌水流推进到沟尾的时间/8＝水流推进时间。

沟长大于400m时：

连续沟灌水流推进到沟尾的时间/12＝水流推进时间。

实践表明：如果将灌水推进时间控制在使每一循环的推进距离大致相等，则灌水效果更好。已有专用控制器可实现这种要求。

3. 削减入流的灌水入渗时间

当推进水流到达沟尾时可在后续的循环中依次减少入沟流量，这样可增加入渗量并减少尾水量。如果灌水入渗时间与推进时间相等，则可能产生过量尾水且有可能使田块灌水不足。

一般认为，在垄沟不致发生冲刷的情况下，应尽量使垄沟通过的流量大，这样，可使灌水组的垄沟数减少。此外，要使尾水越少越好。

下面列举确定适当灌水时间方法的三种方案。灌水人员须灵活掌握，必要时应进行调整。

方案Ⅰ：变时间—不变距离的方法。根据有关田间经验及研究，这种方法是波涌灌中最高效和最有效的方法，对沟长超过400m效果更好，但这种方法需要在一组波涌控制器中采用不同参数，多数控制器不具备这种性能。

（1）选定一个波涌控制器控制的有代表性的两个灌水组，该灌水组应有从沟首到沟尾的管理通道，以便管理人员对各个灌水循环进行观察。

（2）进行灌水小区划分，从垄沟的上游端开始，沿灌水组长度方向每隔30m插一小旗，直到垄沟末端为止。

（3）开始进行波涌灌水。

（4）水流在一个灌水组顺沟推进，直到75%的垄沟中的水流推进到90m，再将水流转换到另一灌水组，以此依次对各组进行灌水。这个时间即为田块的初始灌水运行时间。

（5）在第二次波涌期间，使水流顺先前已湿润的垄沟推进，在第一波的基础上再向前推进90～150m。将此灌水时间编入到控制器程序中，用于其后的灌水组第二波灌水运行的时间。

（6）其后每个波涌均在前一波的基础上向前推进90～150m，直到水流推进到田块的末端。这种方法通常需要用手动调节不同垄沟的流量，以保持所有垄沟的水流以同一速率向前推进。

（7）水流抵达田块末端后，应将水流推进到垄沟长度3/4的灌水运行时间输入到控制器程序中，将这个时间将作为下次灌水水流转换到另一灌水组的时间。这种方法可实现均匀灌水，同时还可使尾水大大减少。

（8）对条件相似的灌水组，可参照上述方法操作。

方案Ⅱ：不变时间—变距离的方法。当垄沟长度不超过400m，波涌控制器不具备多个不同波涌流时间自动控制功能时，可采用这种方法。

（1）选定一个波涌控制器控制的有代表性的两个灌水组，该灌水组应有从沟首到沟尾的管理通道，以便管理人员对各个灌水循环进行观察。

（2）进行灌水小区划分，从垄沟的上游端开始，沿灌水组长度方向每隔30m插一小旗，直到垄沟末端为止。

（3）开始进行波涌灌水。

（4）使水流顺垄沟推进到约为垄沟总长的35%～45%处，将这个时间作为试验的单一灌水的运行时间。

（5）采用固定灌水运行时间的缺点是后续波涌推进的干垄沟距离会比前一波涌的推进距离减少，一般后续波涌所湿润的干垄沟长度约为前一波的75%。如果后一波涌灌水不能达到前一次所湿润干垄沟长度的75%，则可将单次灌水运行时间递增0.5h，直到满足这个条件，其后一直按此方式灌水。

（6）这种对单次灌水运行时间进行调整的方法的缺点是，需要监控每一波的推进距离，并且每一波的灌水时间不断进行调整，当最后一波的水流到达垄沟末端且运行时间未结束时，可能产生过量尾水。解决这个问题需要灌水管理人员在水流到达沟长的75%时，回到沟首端，以手动调节减少运行时间，将最后一波控制在如前一方法中（7）所述的水流推进约等于沟长75%的距离处。

（7）此后，其他灌水组如果条件及长度与此相似按此进行波涌灌水，直到灌完所需水量为止。

方案Ⅲ：增加流量的方法。此法将利用方案Ⅰ或方案Ⅱ中的部分做法，使水流按一定速率顺垄沟推进。这种方法中每一灌水组的垄沟数量均可能需要改变。

（1）选定一个波涌控制器控制的有代表性的两个灌水组，该灌水组应有从沟首到沟尾的管理通道，以便灌水管理人员对各个灌水循环进行观察。

（2）本方法取灌每水组垄沟的数量为正常灌水垄沟数量的 1/2～3/4，目的是增加单条垄沟的流量，产生更快的推进速率。这时必须注意使沟中水流保持为不冲流速。这一方法最适用于入渗率较大的土壤或很长的垄沟。

（3）开始进行波涌灌水。

（4）按照前面所述方案Ⅰ或方案Ⅱ的方法进行灌水运行时间设置，直到灌溉的水流到垄沟尽头。采用增加流量的方法要求将水流抵达垄沟尽头的最后一次波涌时间设置为很短的灌水运行时间，以防止尾水过量。正常情况下，应将最后的灌水运行时间设定在当水流抵达总沟长的约 3/4 时即进行转换到下一灌水组。

（5）此后，其他灌水组如果条件及长度与此相似按此进行波涌灌水，直到灌完所需水量为止。

以上三种方法在设计中可根据实际情况选用，必须注意到，上述控制波涌时间或流量的目的是要在以满足作物用水需求的前提下，尽可能减少水量损失。此外，灌水管理人员必须具有借助各种土壤水分测量仪器直接或间接测定土壤含水量的技能，且应熟练掌握、灵活运用调节波涌时间或流量的技术。

实际应用中，应对波涌沟灌和连续沟灌进行监测试验，并记录检测试验结果，用以分析并确定今后进行波涌灌管理决策的依据。此外，由于垄沟条件是变化的。所以应多研究几次灌水的监测结果。作物生长季节内的第一次灌水可能与以后几次灌水有相当大的差别，大多数情况下，土壤入渗特性与垄沟水流的水动力学性质可能有明显改变，这就需要对上次灌水成果进行调整，采用不同的灌水运行时间或流量。

5.2.4.5　波涌灌评价

波涌灌的效果有时不够理想，遇到这种情况时，就应进行田间灌水质量评价，以确定改变系统灌水参数是否可能提高效率、均匀度或减少尾水量。

另外，为了对同一田块进行连续沟灌与波涌灌的结果比较，也需要对波涌灌评价。灌水管理人员需要这些信息，以决定是采用波涌灌还是采用连续沟灌。为此，首先需要按本章前述方法进行连续灌溉系统的质量评价，获得连续沟灌水流推进和退水等数据资料，为波涌灌评价确定灌水运行时间及垄沟流量等提供必要的参考的信息。

1. 连续沟灌系统参数评价

（1）评价方法。进行连续沟灌评价的方法可参阅本章 5.2 节的内容。主要评价内容及方法如下：

1）用水流推进和退水时间数据及相应的曲线确定土壤水分入渗时间。

2）用土壤水分吸水曲线及入渗时间确定顺垄沟不同位置处水的入渗水量。

（2）水流推进和退水。在连续沟灌条件下，只有一组灌水沟的水流推进和退水曲线。在波涌灌中则有数组这样的曲线，因此，波涌灌不同灌水组的水流顺垄沟不同位置处的入渗时间可能不尽相同。

（3）土壤水入渗曲线。无论是在连续沟灌中还是在波涌灌中均必须确定土壤的入渗特性。确定土壤水分入渗特性有多种方法，常用的方法如下：

1）可利用土壤吸水速率标准曲线族确定沟灌平均入渗量和平均入渗时间。从土壤吸水速率标准曲线族上的平均累计入渗量与平均入渗时间的交点找到与设计土壤类别相应的土壤吸水率标准曲线，然后利用该曲线确定不同沟长位置或地点的入渗时间及入渗量。

2）在可获得垄沟入流量和出流量的数据时，可绘制田间累计入渗量及其对应的入渗时间曲线。根据曲线即可按 1）中所述的方法应用。由于该曲线是根据评价田间灌水资料绘制的，因此，这是表示对应土壤入渗特性的较好方法。

3）记录沟中水流每推进 30m 距离时的灌水历时，然后通过式（5.2-57）计算水流向前每推进 30m 的入渗量：

$$I=\frac{14.327qt}{Ld} \tag{5.2-57}$$

式中　I——入渗量，mm；

q——沟灌流量，L/min；

t——推进时间，min；

L——水流推进距离，m；

d——两条沟的沟距，m。

然后，将按式（5.2-57）计算的入渗量与对应的水流推进时间点绘在双对数纸上，并点绘累计入渗量与对应入渗时间曲线，利用此方法可确定入渗水量随时间和距离的分布。

4）可用测渗仪进行多点测量，获得累计入渗量对应的入渗时间，制成曲线。

2. 波涌灌评价方法

以上所讨论的方法均可用于确定土壤水分入渗曲线，该曲线是进行连续沟灌和波涌灌评价的基础。由吸水速率标准曲线所得的累计入渗量是湿周的函数，将某一入渗量乘以湿周与相应的沟距可获得该沟段的田间灌水量。

用连续沟灌所得的入渗曲线进行波涌灌进行评价时，因波涌灌可能会改变连续沟灌中的入渗特性，这时需要进行必要的修正。通过确定平均入渗时间与总入渗水量（将垄沟灌水量减去尾水量）的交点位置，并过此交点画一条平行于原吸水曲线的曲线，即可得波涌灌土壤吸水曲线。

根据入渗时间，在土壤水分入渗曲线上可查得沟中每一位置处的入渗量，用入渗量可计算灌水效率和系统均匀度。而灌水效率的大小可用于验核抽水成本是否合理，从而决定是否改变系统参数。

5.2.4.6 波涌灌的田间控制设备

爱达荷州金伯利（Kimberly）美国农业研究局（ARS）研制的波涌灌装置，最初的原型由两个气囊阀和一个灌水运行控制器组成。然而，波涌阀门推出后不久的几年时间里，迅速推出了许多新型阀门和改进型控制器。

1. 波涌阀门

目前市场上有两大类转换水流方向的阀门：一类是水动或气动的气囊阀，一类是水动或电动的机械阀。

水动气囊阀依靠供水管的水压运行，通过控制器改变阀门内两个气囊的水压。当一个气囊受到水的压力而充气膨胀时，关闭它所在一侧的水流，打开对面的另一个气囊并连通大气，使水流通过该侧流出（见图5.2－14）。

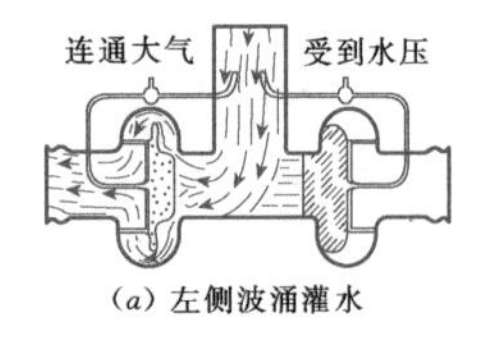

(a) 左侧波涌灌水

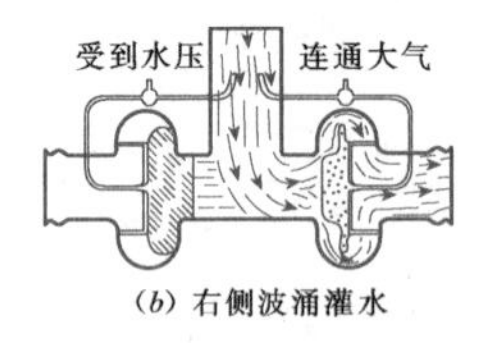

(b) 右侧波涌灌水

图5.2－14 水动气囊阀

机械阀的构造各式各样，应用最多的是蝶形机械阀。一般有单叶机械式蝶阀和双叶机械式蝶阀。这类阀门以蓄电池、空气泵或内带太阳能电池作为动力（见图5.2－15和图5.2－16）。此外，还有水动阀和其他类型的机械阀。现已研制出专门用于跨越田间道路或跨越地头单叶阀。

2. 控制器

大多数控制器是以电力驱动的，有的控制器还可编程，不同的波涌灌水运行时间可编入程序，进行自动灌水。特别在进行减流灌水时，这种功能更有优势。

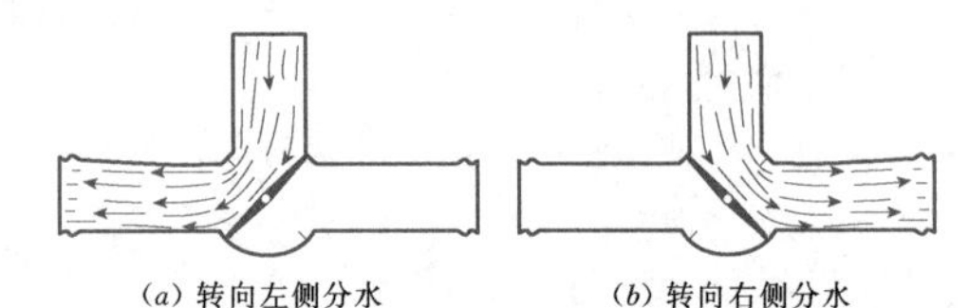
(a) 转向左侧分水　(b) 转向右侧分水

图5.2－15 单叶机械式蝶阀

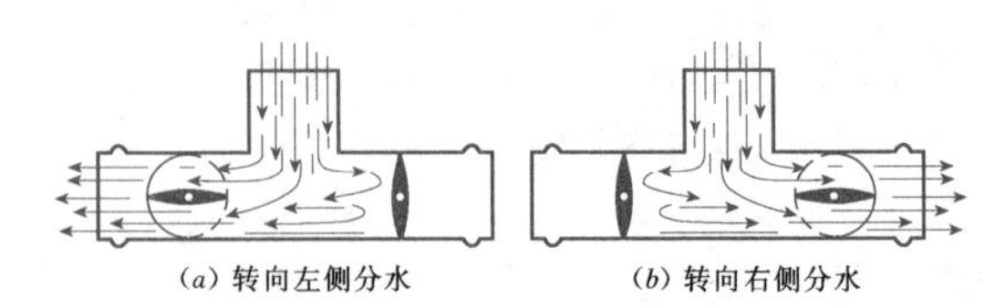
(a) 转向左侧分水　(b) 转向右侧分水

图5.2－16 双叶机械式蝶阀

有的程序的控制器在出厂时已设定好不同灌水运行时间，可直接选用。其驱动有些是用蓄电池作为动力，有些是内部带太阳能电池作为动力。必须注意的是，控制器必须进行防尘和防潮保护。另外在选择和购买波涌灌水控制器之前应仔细检查灌水时间的转向设置。

3. 控制器和阀门的定位

水流换向阀门置于拟灌水的两组垄沟之间。如果用地埋管道沿田头输水，则可将田间配水阀置于两组垄沟之间。波涌阀与田间配水阀用给水栓相联，水通过闸孔管从波涌阀的两侧分配到田间配水阀。如果采用移动管，则移动管可将水输送到拟灌水的两组垄沟之间的波涌阀。随着灌水进程从一组灌水沟移向另一组灌水沟，移动管的管段可灵活增减。

如配水点位于田块中心位置，波涌阀也可用于向其两侧分水。一组垄沟向田块中心的右侧灌水，另一组向左侧灌水，灌水组的转换通过关闭和打开闸孔进行。当开始灌水时，首先从阀门每侧离中心最远的那一行灌起，一个灌水组灌完时，就逐步朝阀门方向转换另一灌水组。这样，一开始灌水时就可检查是否有漏水的闸孔，漏水的闸孔在阀门转向另一侧灌水时得到修理（如更换垫圈），这种办法可大量节约用水，提高灌水效率。另外，随着灌水组更临近于阀门，便可拆除闸管外侧的管段用于其他需要的地方。

如果闸管铺于坡度的地面，则地势最低处打开的闸孔的流量最大。一次灌水所灌的行数或闸孔流量（打开的闸孔）可能需要改变，以使灌水尽可能均匀。当坡度超过1.5%时，这一点更为重要。

5.2.5 地膜覆盖节水灌溉技术

地膜覆盖灌水方法，是在地膜覆盖栽培技术基础上，结合传统地面灌水沟、畦灌溉所发展的新式节水型灌水技术。地膜覆盖具有保温、保墒、提高作物产量等优点。采用该技术不仅能解决西北地区早春农作物缺水和地温低等不利因素，而且增加作物的抗旱能力，同时能抑制干旱地区的盐碱害的发生，确保农业生产持续稳定地增长。

新疆、甘肃、宁夏、河南、河北等地近些年在地膜栽培的基础上，研究发明了新的灌水技术——膜上灌，也称为膜孔灌溉（简称膜孔灌）。膜孔灌是在膜侧灌溉的基础上，改垄背铺膜为沟、畦中铺膜，使灌溉水流在膜上流动，通过作物出苗孔或专用灌水孔入渗到作物根部的土壤中。膜孔灌的形式有膜孔沟灌、膜孔畦灌、宽膜膜孔畦灌、膜孔畦格灌、膜缝灌和膜下滴灌等多种形式。正是由于膜上灌溉的蓬勃发展，覆膜宽度由70cm窄膜发展到现在的180cm宽膜，田间地膜覆盖率由60%上升到90%。膜孔灌的作物主要为棉花、玉米、瓜菜、甜菜、啤酒花、小麦、高粱、葡萄等。

5.2.5.1 地膜覆盖灌溉的特点

地膜覆盖灌溉的实质，是在地膜覆盖栽培技术基础上，不再另外增加投资，而利用地膜防渗并输送灌溉水流，同时又通过放苗孔、专门灌水孔或地膜幅间的窄缝等向土壤内渗水，以适时适量地供给作物所需要的水量，从而达到节水增产的目的。在地膜覆盖灌水中，目前推广应用最普遍的是膜上灌水和膜下滴灌技术，尤其是膜孔沟灌、膜孔畦灌和膜下滴灌，其节水增产效果更为显著。覆膜灌溉技术的突出效果主要表现在以下几个方面。

1. 节水效果突出

根据对膜孔沟灌的试验研究及对其他膜上灌技术的调查分析，与传统的地面沟（畦）灌技术相比，一般可节水30%～50%，最高可达70%，节水效果显著。

膜上灌的灌溉水是通过膜孔或膜缝渗入作物根系区土壤内的。因此，它的湿润范围仅局限在根系区域，其他部位仍处于原土壤水分状态。据测定，膜上灌的施水面积（为局部湿润灌溉）一般仅为传统沟（畦）灌灌水面积（为全湿润灌溉）的2%～3%，这样，灌溉水就被作物充分而有效地利用，因此水的利用率高。

由于膜上灌水流是在膜上流动，就降低了沟（畦）田面上的糙率，促使膜上水流推进速度加快，从而减少了深层渗漏水量；铺膜还完全阻止了作物植株之间的土壤蒸发损失，增强了土壤的保墒作用。膜上灌比传统沟（畦）灌及膜侧沟灌的田间水有效利用率高，在同样自然条件和农业生产条件下，作物的灌水定额和灌溉定额都有较大的减少。

2. 灌水质量明显提高

根据试验与调查研究，膜上灌与传统沟（畦）灌相比较，其灌水质量有明显提高。膜上灌可通过增开或封堵灌水孔的方法来调节沟（畦）首尾或其他部位处进水量的大小，通过调整和控制灌水孔数目提高灌水均匀度。

3. 作物生长环境得到改善

由于膜上灌水流是在地膜上流动或存蓄，因此，不会冲刷膜下土壤表面，也不破坏土壤结构；而通过放苗孔和灌水孔向土壤内渗水，就又可以保持土壤疏松，不致使土壤产生板结。据观测，膜上灌灌水4次后测得的土壤干容重比灌前仅增加不到6%，而传统地面沟（畦）灌则至少要增加14%。

地膜覆盖栽培技术与膜上灌灌水技术相结合，改变了传统的农业栽培技术和耕作方式，也改善了田间土壤水、肥、气、热等土壤肥力状况的作物生态环境。

膜上灌对作物生长环境的影响主要表现在地膜的增湿热效应。由于作物生育期内田面均被地膜覆盖，膜下土壤白天积蓄热量，晚上则散热较少，而膜下的土壤水分又增大了土壤的热容量。因此，导致地温提高而且还相当稳定。据观测，采用膜上灌可以使作物苗期地温平均提高1～1.5℃，作物全生育期的土壤积温也有增加，从而促进了作物根系对养分的吸收和作物的生长发育，并使作物提前成熟。一般粮棉等大田作物可提前7～15天成熟，蔬菜可提前上市，如辣椒可提前20天左右。

此外，膜上灌不会冲刷表土，又减少了深层渗漏，从而就可以大大减少土壤肥料的流失。再加上土壤结构疏松，保持有良好的土壤通气性。因此，采用膜上灌水技术为提高土壤肥力创造了有利条件。

5.2.5.2 地膜覆盖灌溉方法

1. 覆膜畦、沟灌

棉麦兼作时，覆膜畦、沟灌可实现“一膜两盖”，并结合低定额灌水，已形成一套节水型棉麦两种作物地膜覆盖栽培灌水新技术。据河北省黑龙港地区经验，这种技术采用麦田垄宽为40cm，棉田垄宽为80cm，并要求棉垄高出麦垄约10cm。一般在霜降播种小麦时要浇足底墒水，并边播边覆盖地膜，到来年初春（大致3月20日左右）揭膜，这样就省去了冬灌和返青水。在揭膜后，应追肥灌拔节水和抽穗水。

在浇灌小麦抽穗水的同时，也就浸润了播种前的棉田，而省去了棉田播前水。棉花播种时仍利用覆盖麦田的塑料薄膜，立即再覆盖棉田，以后就再不揭膜。据试验，“一膜两盖”遇平水年时，棉花只需浇灌一次苗期水；若遇偏旱年，则再浇灌一次现蕾水，之后进入雨季，就不再需要灌水，并可确保丰收。

这种棉麦“一膜两盖”栽培灌水方法，膜盖小麦可以晚种早收，膜盖棉花又可以早播早收，小麦与棉花的共生期只有一个月左右，并都是边行生长优势，这样既增加了粮棉产量，解决了粮棉争地的矛盾，又具有显著的节水效益。据河北省黑龙港地区6年的试验，在平水年时棉麦两季用水的灌水定额仅105 m^3/亩，但可收获皮棉50～68kg/亩和小麦200～250kg/亩。

2. 膜侧沟灌

地膜覆盖传统灌溉方法是膜侧沟灌，如图5.2-17所示。膜侧沟灌指灌溉水流在垄背铺膜的灌水沟中流动，水流通过膜侧入渗到作物根部的土体中。膜侧沟灌灌水技术要素与传统的沟灌相同，该灌水方法适合于垄背窄膜覆盖，一般膜宽70～90cm。膜侧沟灌主要用于条播作物和蔬菜，该方法虽说能增加垄背上种植的作物的根系土壤温度和湿度，但灌水均匀度和灌溉效率与传统沟灌基本相同，没有多大改进，且裸沟土壤水分蒸发量较大。

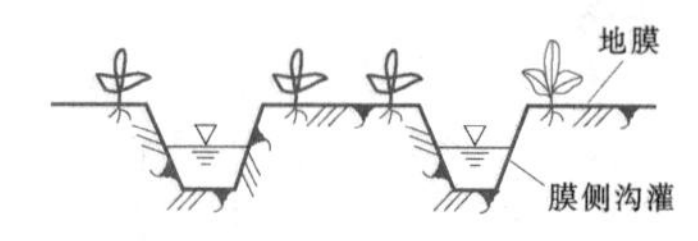

图5.2-17　膜侧沟灌

3. 膜上灌

膜上灌是在地膜栽培的基础上，将原来垄背铺膜改为沟畦内铺膜，水流在膜上流动，通过膜孔（作物放苗孔或专用灌水孔）或膜缝入渗到作物根部的土壤中的灌水方法。膜上灌不仅改善了作物生长微生态环境，增加了土壤温度，减少棵间土壤蒸发，同时还提高灌水均匀度和灌溉效率，达到作物节水增产的目的。膜上灌主要有以下几种型式：

（1）开沟扶埂膜上灌。此种形式是膜上灌最早的应用形式之一，如图5.2-18所示。它是在铺好地膜的棉田上，在膜床两侧开沟，堆出土埂，避免水流到地膜以外去。一般畦长为80～120m，入膜流量0.6～1.0L/s，埂高10～15cm，沟深35～45cm。这种形式水高沟深，水易穿埂或漫埂入沟，浪费水量又影响农机作业，应用时要慎重作业。目前该灌水方法应用较少。

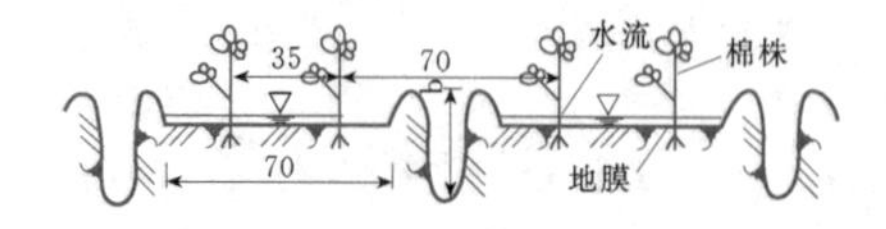

图5.2-18　开沟扶埂膜上灌（单位：cm）

（2）打埂膜上灌。此种形式是将原来使用的铺膜机前的平土板，改装成打埂器，刮出地表5～8cm厚的土层，在畦田侧构筑成高20～30cm的畦埂，畦田宽0.9～3.5m，膜宽0.7～1.8m，根据作物栽培的需要，铺膜形式可分为单膜或双膜，双膜中间或膜两边各有10cm宽的渗水带，如图5.2-19、图5.2-20所示。这种膜上灌的形式，畦面低于原田面，水不外溢和穿畦，入膜流量可加大到5L/s以上，膜缝渗水带可以补充供水不足。目前该灌水形式应用较多，主要用在棉花和小麦上。对双膜或宽膜的膜畦灌溉，对田面平整程度要求较高，以增加横向和纵向的灌水均匀度。

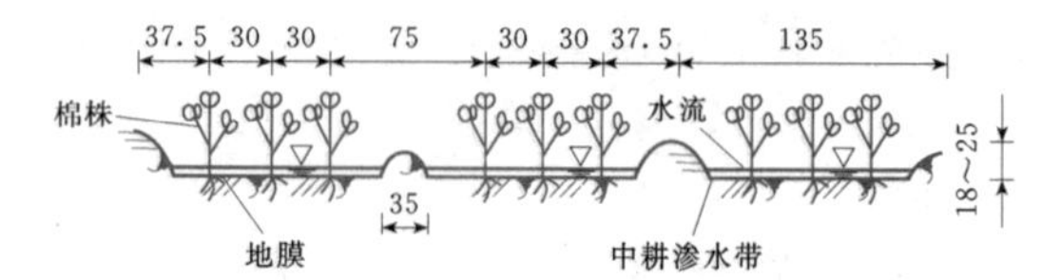

图5.2-19　打埂膜上灌（单膜）（单位：cm）

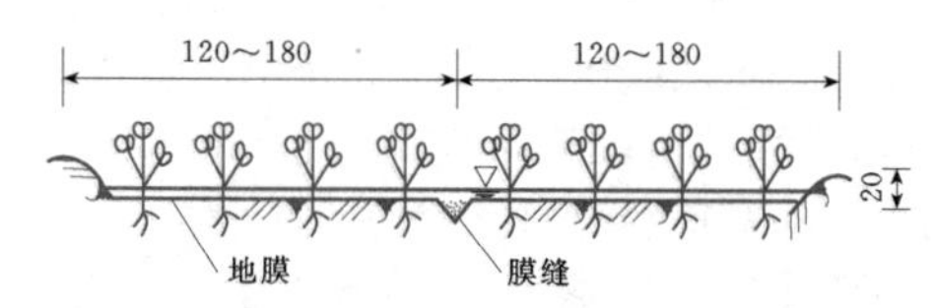

图5.2-20　打埂膜上灌（双膜）（单位：cm）

此外还有一种浅沟膜上灌，是麦田套种棉花铺膜膜上灌的一种形式，此种膜上灌在确定膜宽度时，要根据麦棉套种采用的种植方式和行距大小，加上两边膜侧各留出5cm宽作对土压膜之用，如图5.2-21所示。如河南商丘地区试验田麦棉套种膜上灌采用的“三一式套种法”，即三行小麦，一行棉花，1m一带。小麦行距0.33m。棉花播种用点播，株距0.5m，每穴双株，膜宽35cm，播种铺膜，两边则用土压实，并将土堆成小垄5～8cm高，小麦收割后，再培土至垄高10～15cm，这就形成了以塑料薄膜为底的输水和渗水垄沟。此种膜上灌的适宜入膜流量为0.6L/s，在坡度大约为1%的情况下，灌水沟长度以70～100m较为适宜。

（3）膜孔灌。膜孔灌也称膜孔渗灌，分为膜孔畦

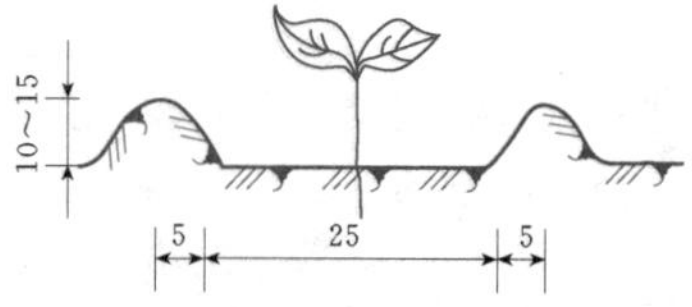

图5.2-21　以塑料薄膜为底的输水沟（单位：cm）

灌和膜孔沟灌，它是指灌溉水流在膜上流动，通过膜孔（作物放苗孔或专用灌水孔）入渗到作物根部的土壤中。该灌水方法无膜缝和膜侧旁渗。

膜孔畦灌地膜两侧必须翘起5cm以上的高度，嵌入土埂中，如图5.2-22所示。膜畦宽度根据地膜和种植作物的要求确定，双行种植一般采用70～90cm地膜，三行或四行一般采用180cm宽的地膜，作物需水靠放苗孔和增加的渗水孔供给，入膜流量为1～3L/s，该灌水方法增加了灌水均匀性，节水效果好。膜孔畦灌一般适合于棉花、玉米和高粱等条播作物。

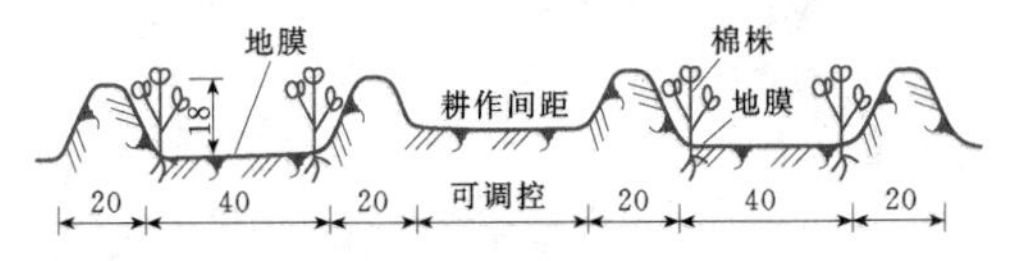

图5.2-22 膜孔畦灌（单位：cm）

膜孔沟灌是将地膜铺在沟底，苗种植在垄上，水流通过沟中地膜上的专门灌水孔入渗到土壤中，再通过毛细管作用浸润作物根系附近的土壤，如图5.2-23所示，这种方法对随水传播的病害有一定的防治作用。膜孔沟灌特别适用于甜瓜、西瓜、辣椒等易受水土传染病害威胁的作物。果树、葡萄和葫芦等作物可以种植在沟坡上，水流也可以通过种在沟坡上的放苗孔浸润到土壤。沟田规格依作物而异，蔬菜一般沟深30～40cm，沟距80～120cm；西瓜和甜瓜沟深40～50cm，上口宽80～100cm，沟距350～400cm。专用灌水孔可根据土质不同打单排孔或双排孔，对轻质土地膜打双排孔，重质土地膜打单排孔。孔径和孔距根据作物灌水量等确定。根据试验，对轻壤土、壤土以孔径为5mm、孔距为20cm的单排孔为宜。对蔬菜作物入沟流量以1～1.5L/s为宜。甜瓜和辣椒严禁在高温季节和中午高温期间灌水或灌满沟水，以防病害发生。

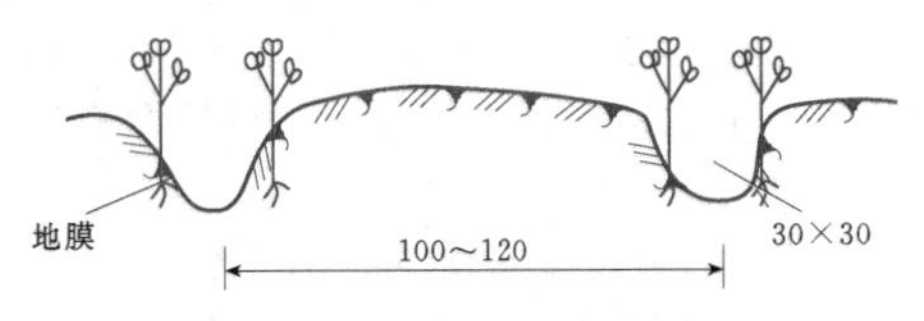

图5.2-23 膜孔沟灌（单位：cm）

(4) 膜缝灌。膜缝灌有膜缝沟灌、膜缝（孔）畦灌和细流膜缝灌。

1) 膜缝沟灌是对膜侧沟灌进行改进，将地膜铺在沟坡上，沟底两膜相会处留有2～4cm的膜缝，通过放苗孔和膜缝向作物供水，如图5.2-24所示。沟长为50m左右。这种方法减少垄背杂草和土壤水分的蒸发，多用于蔬菜，节水增产效果都很好。

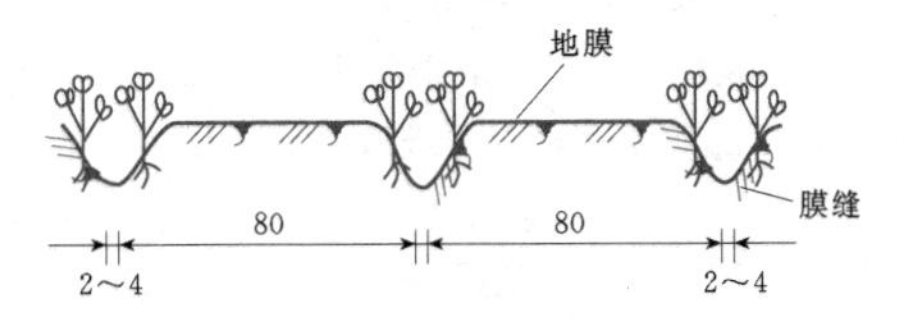

图5.2-24 膜缝沟灌（单位：cm）

2) 膜缝（孔）畦灌是指两膜宽畦灌，如图5.2-25所示，水流在膜上流动，通过膜缝和放苗孔向作物供水。入膜流量一般为3～5L/s，畦长30～50m为宜，要求土地平整。该方法多用于棉花和小麦。

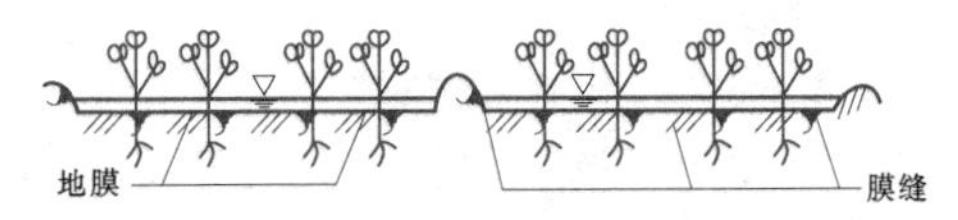

图5.2-25 膜缝（孔）畦灌

3) 细流膜缝灌是在普通地膜种植下，利用第一次灌水前追肥之机，用机械将作物行间地膜轻轻划破，形成一条膜缝，在通过机械将膜缝压成一条U形小沟，灌水时将水放入U形小沟内，水在沟中流动，同时入渗到土中，浸润作物，达到灌溉目的。它类似膜缝沟灌，但入沟流量很小，一般流量控制在0.5L/s为宜，因此它又类似细流沟灌。细流膜缝沟灌适用于1%以上的大坡度地形区。

(5) 温室涌流膜孔沟灌。温室涌流膜孔沟灌系统是由蓄水池、倒虹吸管、多孔分水软管和膜孔沟灌组成的半自动化温室灌溉系统，如图5.2-26所示。其原理是灌溉小水流由进水口（一般是自来水）流到蓄水池中，当蓄水池的水面超过倒虹吸管时，倒虹吸管自动将蓄水池的水流输送到多孔分水软管中，水流通过多孔分水软管均匀流到温室膜孔沟灌的每个沟中。该系统不仅可以进行间歇灌溉，而且还可以进行施肥灌溉和温水灌溉，并且提高地温和减少温室的空气湿度，提高作物产量和防治病害的发生。该系统主要用于温室条播作物和花卉的灌溉，并可以用于基质无土

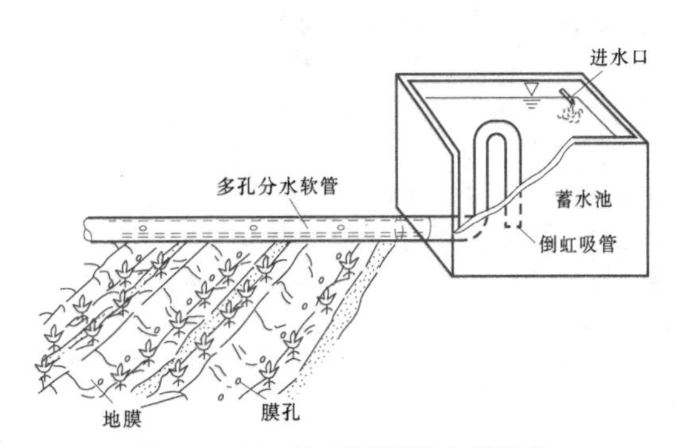

图5.2-26 温室涌流膜孔沟灌系统

栽培的营养液灌溉上。

(6) 格田膜上灌。格田膜上灌是将地平整成网格式的畦田，畦田埂成三角形，每块畦田大者20亩，小者几亩，每块格田内要平整得特别水平，然后铺膜灌溉。它适用于稻田膜上灌。

(7) 膜下灌。膜下灌一般分为膜下沟灌和膜下滴灌。

1) 膜下沟灌是将地膜覆盖在沟上，灌溉水流在膜下的沟中流动，以减少土壤水分蒸发，其入沟流量、灌水技术要素、灌溉效率和灌水均匀度和传统的沟灌相同。该方法主要适用于干旱地区的条播作物，温室灌溉采用该方法可以减小温室的空气湿度，减少和防治病害的发生。

2) 膜下滴灌主要是将滴灌管铺设在膜下，以减少土壤棵间蒸发，提高水的利用效率。该方法更适合干旱半干旱地区。

5.2.5.3 膜孔灌溉技术要素的确定

地膜覆盖灌溉多采用膜孔沟、畦灌的形式。膜孔灌溉是局部浸润灌溉，为保证作物根系土层中的渗水量，满足作物的生长的需要，根据不同的地形坡度、土质膜孔渗吸速度和田间持水量确定膜孔灌溉技术要素。

膜孔灌溉的技术要素主要有入膜流量、改水成数、开孔率、膜孔布置形式和灌水历时。入膜流量就是单位时间内进入膜沟畦首的水量，常以L/s为单位。入膜流量的大小主要根据沟畦宽度、土壤质地、地面坡度和单位长度膜孔入渗强度大小确定，一般根据田间不同入膜流量的水流行进过程的实测资料，建立行进方程，评价灌水均匀度和灌溉效率，确定最佳入沟畦流量。改水成数是指沟（畦）首停水时膜畦灌溉水流推进长度占总沟长的比例，一般对于坡度较平坦的膜畦改水成数为1，对坡度较大的膜畦灌要考虑取改水成数0.8～0.95。有些膜畦灌溉达不到灌水定额的，则要考虑尾部排水延长灌水历时。

沟畦宽度主要根据栽培的作物的行距和薄膜宽度、耕作机具等要求确定，目前棉花和小麦的膜孔畦灌分单膜和双膜，地膜宽度一般为120～180cm。

经过对新疆部分地区不同土壤类型的膜孔灌溉调查，当地面坡度在1%时，对黏土和壤土毛渠间距（膜畦长度）应为20～25m，一个毛渠的水量为20～30L/s，畦宽为1m时，开10～15个灌水口，膜畦流量控制在1.5L/s，改水成数为1。膜畦宽2m时，膜畦流量控制在2～3L/s。当地面坡度在6‰时，在戈壁黏土情况下，毛渠间距（膜畦长度）一般为60～80m，入膜流量为1.5～2L/s。水到畦尾后要持续30min。根据不同土层厚度和土质情况，膜孔灌水定额在45～55m^3/亩，即可满足作物的正常需水要求。对草甸土，地面坡度在3‰～4‰时，膜畦长以50m较为适宜，入膜流量控制在2L/s。对砂壤土，地面坡度为4‰时，膜畦长为50～100m，入膜流量为1.1～1.3L/s较为适宜。

膜孔沟、畦灌的灌水质量主要用灌水均匀度和灌水效率进行评价。由于膜孔沟、畦灌的水流是通过膜孔入渗到作物根部的土壤中的，与传统沟畦灌相比，降低了土壤的入渗强度和地面糙率，使水流的行进流速增加，减少了深层深漏损失。试验研究表明：地面糙率系数随着单位面积的孔口面积（开孔率）的减少而减少，在坡度和流量一定的情况下，膜孔沟、畦灌的灌水均匀度随着开孔率的减小而增加，在地势平坦和无尾部排水的情况下，灌溉效率提高。孔口的覆土和不覆土，对孔口入渗也有很大影响，因此，在膜孔沟、畦灌时要考虑膜孔的开孔率和膜孔覆土与不覆土对灌溉入渗的影响。

5.2.5.4 膜孔灌溉应注意的问题

膜孔灌溉设计与管理要注意如下几个问题：

(1) 膜孔沟、畦灌是局部灌溉，因为入渗强度的降低，灌溉时要满足灌水定额。

(2) 膜孔灌减少了土壤的棵间蒸发，不能采用传统的灌溉制度，根据实际土壤的含水率，确定灌溉制度。

(3) 膜孔灌改变了一些传统的作物栽培措施，因此，要采取合理的施肥措施，解决作物后期的需肥问题。

(4) 要注意残膜对土壤污染问题，在收割后尽量回收残膜，或在作物灌一两水后揭膜。

(5) 目前农户灌溉配水，多为大水定时灌溉法，一渠水限定时间灌完一户的田地，农户在指定的时间内，都力争多灌些。而膜孔灌是小水渗灌，渗水时间短则不能浸润足够的土壤，因此，需要找出适合当地的膜孔灌的灌水制度。

(6) 膜孔宽畦灌时，要注意田面横向平整和纵向比降要均匀，这样才能提高膜孔灌质量。

(7) 有关膜孔灌技术参数和栽培方式主要是在新疆自然条件下总结出的一些经验，各地在推广应用时，应该研究和总结出适合当地实际情况的膜孔灌溉栽培方式和灌溉技术要素，使这一节水灌溉新技术在农业生产中发挥更大的作用。

5.2.6 稻田节水灌溉*

5.2.6.1 稻田节水灌溉概念

水稻灌溉通常规划分为秧田灌溉和本田灌溉两部分，本田灌溉又包括了泡田灌溉和生育期灌溉。

* 本内容引自李远华、罗金耀主编的《节水灌溉理论与技术》（第二版）（武汉大学出版社，2003）。

根据秧田水分状况不同，水稻育秧可分为水育秧、旱育秧、水旱育秧（即前湿后旱）、带土旱移栽等多种形式，其中以水育秧较为普遍。在先进的旱育稀植技术大面积推广应用之前，湿润育秧技术应用较为广泛。水稻旱育稀植技术的引进示范和大面积推广应用，改变了传统的水稻育秧移栽的方式，成为水稻节水灌溉的重要组成部分。

水稻本田插秧整地时，习惯上多采用深水或浅水泡田，需要较多的泡田灌溉水量，一般泡田定额在 $1200m^3/hm^2$ 左右。目前，正在示范或推广的抛秧技术、水稻旱栽技术，改变了水稻移栽对泡田的要求，节水效果较为显著。

传统的水稻生育期灌溉多采用有水层的格田淹水灌溉方式，主要有“浅深浅结合晒田”或“浅灌深蓄”等方式。随着灌溉技术研究的不断深入，淹水灌溉的许多弊端逐渐被认识。

水稻促控是我国稻作经验的精华。通过稻田水分管理来调节氮素肥效和合理地节约用水，实现水稻的促控栽培，灌溉技术起着极为重要的作用。

5.2.6.2 水稻旱育稀植技术

水稻旱育稀植是一项旱育秧、本田稀植及对稻田水层管理有一定要求的水稻栽培新技术，其重点是旱育秧及稀植。秧田水分管理是旱育秧区别于其他育秧方法的主要环节，创造接近旱地条件的育秧环境是其主要目标。水稻旱育秧稀植技术具有省工、省地、省时、省水、高产、低投入、高产出等优点。就全国范围而言，这项技术分为寒地水稻旱育稀植、暖地水稻旱育稀植及暖地水稻应用寒地型旱育稀植等三种类型。

1. 寒地水稻旱育稀植

寒冷地区在日温 6～8℃开始育苗，在农膜的保护下可正常出苗，出苗后用大自然的低温来培育酶活性强的秧苗，寒冷地区易育出壮秧。在较低温度条件下育秧和插秧，由于主茎生长点分化每片叶的时间延长，可以使其下部叶片叶腋里的分蘖原基有更多的分化时间，形成分蘖的机会增加。早栽后有昼夜较大的温差，可以诱发分蘖早发快生，易得到足够的茎数。由于温度相对较低，秧苗生长缓慢，茎粗增加，人为地拉长了水稻的营养生长期，其叶片老化，抗病力增强，同时增加了有机物在叶片中的积累，后期向穗转移，穗大结实率高。采用旱育稀植技术，可以较好地解决寒冷地区水稻栽培的低温冷害和稻瘟病问题。

2. 暖地水稻旱育稀植

一般认为，18℃左右条件下的旱育秧为暖地旱育秧，需要人为增温；我国南方地区也有在 29℃左右条件下的暖地旱育秧，不需人为增温。

暖地旱育秧的目的是培育干物质含量高的秧苗，在插秧后能够在短时间内形成较大营养体生长量，因而也要稀植。

暖地旱育秧有许多不利的条件，但通过低温浸种、秧床控水、控播种量、控秧龄、控氮肥用量，必要时采用化控、控农药用量等措施，仍然可以育出壮苗，获得高产。

3. 暖地水稻应用寒地型旱育稀植旱育稀植

暖地水稻应用寒地型旱育稀植技术是在低温条件下育秧，在适温条件下插秧，在高温到来之前成熟，使其与寒地相似条件下生长，并获得高产的技术，一般在南方早稻区采用。

一般情况下，提早育苗可以较易育出壮秧，易得到足够的茎数，结成大穗和提高结实率。同时，由于早育苗早插秧，不仅争得了农时，还可以在较高温度到来时，叶片已经遮盖水面，防止了水温和地温的升高，避免高温伤根。

水稻旱育稀植技术对灌水的要求是浅灌水，一般都要求 3～5cm 深，同时要注意晒田。要求寸水返青，寸水分蘖，栽后 35～40 天左右，茎数已达目标时进行晒田，向生殖生长阶段转换。水稻植株浓绿，叶片下垂，氮肥过多的田块，要重晒 7～10 天，一般田块要轻晒。水稻拔节后，正常条件下仍灌寸水，在出穗前 6 天，最好使田干 1～2 天，使根的活性增强，加快出穗。出穗后寸水直到黄熟初期撤水为止。

在分裂期遇冷害时要灌深水防寒。如果遇到持续 3 天低于 17℃特别是低于 12℃的低温天气，要灌 15～20cm 的深水防寒。除此以外，水稻旱育稀植不用灌深水。

5.2.6.3 水稻控制灌溉

水稻控制灌溉是指稻苗（秧苗）移栽本田后，田面保持 5～25mm 薄水层返青复苗，在返青和以后的各个生育阶段，田面不建立灌溉水层，以根层土壤含水量作为控制指标，确定灌水时间和灌水定额。土壤水分控制上限为饱和含水率，下限则视水稻不同生育阶段，分别取土壤饱和含水率的 60%～70%。水稻控制灌溉技术具有节水、高产、优质、低耗、保肥、抗倒伏和抗病虫害等优点。

根据山东等地多年试验，控制灌溉的水稻耗水强度明显小于淹水灌溉水稻（见表 5.2-4），全生育期田间耗水强度为 5.69mm/d，小地淹灌处理的 9.48mm/d。其中，蒸腾强度 2.07mm/d，棵间蒸发强度 0.94mm/d，田间渗漏强度 2.69mm/d。腾发强度（3.01mm/d）和田间渗漏强度分别比淹灌减少约 1.25mm/d 和 2.54mm/d。

表 5.2-4 控制灌溉水稻耗水强度（山东）

单位：mm/d

项目	生育阶段						
	返青	分蘖	拔节孕穗	抽穗开花	乳熟	黄熟	全生育期
蒸腾强度	2.64	2.49	2.14	2.60	1.75	1.23	2.07
棵间蒸发强度	3.59	1.30	0.68	0.49	0.43	0.42	0.94
田间渗漏强度	7.93	3.40	2.42	2.40	1.94	0.55	2.69
水稻田间耗水	14.16	7.19	5.24	5.49	4.12	2.2	5.69

控制灌溉技术显著地减少了水稻生理生态耗水，增加了天然降雨的有效利用率，水稻全生育期灌溉用水量大幅度降低。

5.2.6.4 “浅—湿—晒”交替间断灌水技术

薄露灌溉、薄浅—湿—晒灌溉及叶龄模式灌溉等是浅—湿—晒交替间断灌水技术的典型代表。

1. *水稻薄露灌溉*

薄露灌溉是一种稻田灌薄水层、适时落干露田的灌水技术。每次灌溉20mm以下的薄水层，灌水后要自然落干露田，露田程度和历时则根据水稻不同生育阶段的需水要求而定。遇连续降雨，稻田积水层超过5天时，要排水落干露田。薄露灌溉能减少水稻腾发和田间渗漏，显著地减少灌溉水量。

根据水稻的生育阶段，露田程度略有差异，一般可分为前期、中期、后期三个时期（见表5.2-5）。

表 5.2-5 落干露田阶段表

生育阶段		分蘖	孕穗	抽穗	乳熟	黄熟
露田阶段		前期	中期		后期	
生长天数（本田期）	早稻	26d左右	22d左右		24d左右	
	晚稻	30d左右	26d左右		28d左右	
	晚粳	30d左右	32d左右		40d左右	

（1）前期。从移栽后经返青期和分蘖期至拔节期，主要是营养生长阶段，拔节期转入生殖生长。这阶段首先要明确第一次露田的日期与程度，其最佳时间是移栽后的第5天，如果田间已成自然落干的状况最为理想。若田间尚有水层，则要排水落干，表土都要露面，没有积水，肥力稍好的田还会出现蜂泥，说明表土毛细管已形成，氧气已进入表土，此时要复灌薄水，再让其自然落干，即进行第二次落干露田。这次露田程度要加重，可至表土开微裂才再灌薄水，如此一直至分蘖后期。在分蘖量（包括主茎）已达450万/hm^2，或每丛（有的地方称穴）分蘖已有13～15个，且稻苗嫩绿，若还有分蘖长势，要加重露田，可露到田周开裂10mm左右，田中不陷足，叶色退淡。此时切断了土壤对稻苗根系的水分与养分的供应，使稻苗无能力分蘖，称其为重露控蘖。拔节期仍每次露田到开微裂时灌溉薄水。

薄露灌溉比淹灌容易长草，应使用除草剂除草。移栽后第4～5天应施下除草剂，并要保持4～5天的水层。若不到4～5天的水层，自然落干效果也可以，因落干后药剂粘在土面上，草芽同样会死亡。采用药物除草，先要灌足能维持4～5天的水量，则采用除草剂的稻田第一次露田时间要推迟4～5天，也就是要在移栽后的第9天或第10天才可第一次露田。这次露田程度可重一点，当表土开微裂再灌薄水。

（2）中期。孕穗期与抽穗期的茎叶最茂盛，是需水高峰期，只要土壤水分接近饱和就能满足此时期的生理需水，因此，落干程度比前期略轻，每次露田到田间全无积水，土壤中略有脱水，尽量不要使表土开裂就复灌薄水。此时期如遇降雨，要打开田缺自然排水，田间不能产生积水。如果遇纹枯病暴发时，除及时用药物防治外可加重露田，减低田间相对温度，有利于抑制纹枯病等病害。

（3）后期。水稻进入乳熟期与黄熟期渐渐转入衰老，绿叶面积随之减退，蒸腾量亦慢慢减少。但水稻还需一定的水分以养根保叶。该时期要加重露田程度，乳熟期每次灌薄水后，落干露田到田面表土开裂2mm左右，直到稻穗顶端谷粒变成淡黄色，即进入黄熟期，落干露田再加重，可到表土开裂5mm左右时再灌薄水。

（4）收割期提前断水。经多次多处理试验，断水过迟会延迟成熟，尤其早稻收割因晚稻要适时下种，延迟成熟会造成割青而影响产量。断水过早会造成早衰，灌浆不足。因此，断水过迟过早都会造成减产，且米质易碎，整米性不高，出米率低。提前断水时间与当时的气温、湿度有很大关系。气温高、湿度大，提前断水时间短一些；相反则长一些。如果气温高、天晴天燥，早稻宜提前5天断水，晚稻宜提前10天断水。如气温不高，经常阴雨，早稻提前7天、晚稻提前5天断水。

与相同农业技术措施的淹水灌溉相比，薄露灌溉的腾发量可减少34.5%，田间渗漏量减少34.5%，提高降雨有效利用20%～30%，节约灌溉水量32.3%。

2. *薄浅—湿—晒灌溉技术*

广西根据水稻各生育阶段的需水特性和要求，进行薄浅—湿—晒科学灌溉，为水稻生长创造良好环境，达到节水高产的目的。具体技术要点为：薄水插秧，浅水返青，分蘖前期湿润，分蘖后期晒田，拔节孕穗期回灌薄水，抽穗开药期保持薄水，乳熟期湿润，黄熟期湿润落干。

5.2.6.5 间歇灌溉

稻田水分处于“薄水层—湿润—短暂落干”的循环状态对水稻生长育最有利。这种灌水定额由原来的20～30mm增加至40～50mm，灌水高峰期的灌水周期与国外先进经验所提出的7天相近。综合考虑水稻生理、生态两方面需水需要，在保证水稻不受到严重水分胁迫的前提下，可以大幅度减少渗漏量、提高降水利用率、适当减少或基本不减少水稻蒸发蒸腾量，而又便于稻田用水管理的节水灌溉模式见表5.2-6。

表5.2-6 水稻间歇灌溉基本模式

生育阶段		返青	分蘖前期	分蘖后期	拔节孕穗	抽穗开花	乳熟
适宜水层上限(mm)	早稻	30	20	10	20	30	10
	中稻	40	20	10	30	30	10
	晚稻	40	40	10	30	30	10
适宜水层或含水率下限(%)	早稻	0	$0.8\theta_s$①	$0.7\theta_s$	$0.8\theta_s$	$0.9\theta_s$	$0.7\theta_s$
	中稻	0	$0.8\theta_s$①	$0.7\theta_s$	$0.8\theta_s$	$0.9\theta_s$	$0.7\theta_s$
	晚稻	5	0	$0.7\theta_s$	$0.8\theta_s$	$0.9\theta_s$	$0.7\theta_s$
最大容许蓄水深度(mm)	早稻	50	50	40	60	70	40
	中稻	60	50	40	70	80	40
	晚稻	60	70	40	70	80	40

① $0.8\theta_s$指0～30cm土层内平均土壤含水率为饱和含水率的80%，其余同。

表5.2-6所给出的适宜水层上、下限基本模式是根据不同田间水分条件下水稻生理机制和生态环境因素的一般变化规律，同时考虑便于灌溉管理的灌溉水定额所确定的。而最大容许蓄水深度是为了充分利用降水，但又不导致水稻受淹过深所确定的。

5.2.6.6 水稻非充分灌溉

水稻非充分灌溉指水稻在一定时间内处于水分胁迫状态。在灌溉水量有限的情况下，必须在水稻各生育阶段合理地分配有限的水量，以获取较高的产量和效益，或者使缺水造成的减产损失最小。有研究表明：宜在水稻对水分非敏感期使稻田缺水受轻旱（土壤含水率下限为70%饱和含水率），甚至中旱（土壤含水率下限为55%饱和含水率左右），避免受重旱；避免在水稻对水分敏感期受旱，特别要避免在此阶段受重旱；避免两个阶段连续受旱。在水量分配上，宁可一个阶段受中旱，不可让两个阶段受轻旱。宁可一阶段受重旱，不可让两个以上阶段受中旱，更要避免三个阶段连续受旱。

5.3 喷微灌工程规划与专用设备

5.3.1 喷微灌工程规划原则及内容

5.3.1.1 喷微灌灌水技术适用条件、规划原则及内容

喷微灌工程规划是对整个工程进行总体安排和规划，以此为基础进行工程设计。关系到全局，必须充分重视。它的任务是在综合分析设计基本资料、掌握灌区基本情况和特点的基础上，通过技术经济比较确定喷微灌工程的总体设计方案。

1. 喷微灌技术的适用条件

规划设计首先要根据地理地貌、作物、土壤、气象和地区经济等条件，选择合理的灌水技术。喷微灌灌水技术适用条件见表5.1-1、喷微灌灌水技术优缺点见表5.1-2。

2. 喷微灌工程规划原则

(1) 应以各地喷微灌区划为基础，并与地区性农业区划和水利规划协调一致。

(2) 贯彻统筹兼顾的原则，密切与排水、道路、林带、供电等系统，以及居民点的规划相结合，并注意充分利用原有的水利及其他工程措施。

(3) 因地制宜，在保证喷洒质量、运行安全可靠和管理方便的前提下，尽量降低投资和运行费用，并尽可能考虑喷洒设备的综合利用。

(4) 力求节省能源，在有自然水头可利用地方，尽量发展自压或部分自压喷微灌。

3. 喷微灌工程规划内容

(1) 勘测收集基本资料。通过勘测、调查和试验等手段，收集灌区自然条件、社会经济条件、已有灌溉试验资料、现有工程措施，以及有关喷微灌区划、农业区划、水利规划等基本资料，作为喷微灌规划的依据。对收集到的资料和试验成果应进行必要的核实和分析，做到选用数据翔实可靠。

(2) 喷微灌可行性分析。根据灌区的基本资料，对发展喷微灌在技术上的可行性和经济上的合理性作出论证，重要的工程应作出定量分析及不同灌溉方式的比较。在进行可行性分析时，应把水源可靠、能源保证、材料资金落实、有质量较好的设备以及能获得明显的经济效益作为发展喷微灌必备的基本条件。

(3) 水源工程规划：

1) 选择取水方式及取水位置。喷微灌系统的取水方式有自河道的无坝引水、提水取水和水库取水、利用当地地面径流的塘坝和小水库、打井提取地下水以及截取地下潜流等，需根据水源类型及地形等具体条件选择。

2）选择蓄水工程。蓄水工程有小水库、塘坝、蓄水池和大口井等类型，其形式、数量与位置应综合考虑各方面的因素，合理选择。

3）蓄水工程容积的确定。根据设计标准满足灌溉用水要求，并尽量节省工程量的原则，通过来水和用水的水量平衡计算，确定蓄水工程容积。

（4）喷微灌系统选型。根据灌区自然和社会经济条件，因地制宜地选择喷微灌系统类型，并常需对可能选择的几种类型从技术上和经济上加以分析，择优选定。

（5）压力规划。以力求压力均衡，确保喷微灌质量和节约能源为目标，综合考虑水源水位、灌区地面高程变化、地块分布输水距离以及可供选择的设备规格等因素，对全灌区进行压力规划，必要时作出压力分区。

（6）工程规划布置。喷微灌工程规划布置一般应在1/2000或更大比例的地形图上进行。在综合分析水源位置、地块形状、耕作方向、风向以及现有排水、道路、林带和供电系统等因素的基础上，作出喷微灌工程规划布置，绘出规划布置图，以求有利于工程达到安全可靠、投资较低和方便运行管理的目的。

5.3.1.2 管道系统规划布置

1. 管道系统规划布置步骤

由水源取水，经过水泵加压（自压系统除外），再通过各级压力管道，送至竖管及喷头的完整的管道系统。其中固定管道式和半固定管道式的管道设计方法基本一致，一般按下列步骤进行：

（1）根据基本资料和工程规划确定田间管网、输配水管道、加压泵站和水源工程的设计范围。

（2）确定田间管网和输配水管道的布置方案。

（3）确定喷头组合形式和运行方式。

（4）确定喷头沿支管的间距和支管间距，选择喷头，给出喷头的工作参数。

（5）绘制喷微灌系统平面布置图，确定喷微灌工作制度。

（6）进行管道水力计算，选择各级管道的材质，确定各级管道的管径，计算管道系统各控制点的测管水头。

（7）进行管道纵剖面设计和管道系统结构设计，确定各种管件及附件的规格、型号及数量。

（8）选配水泵和动力装置，进行泵站和水源工程设计。

（9）编制预算，提出施工要求和运行管理技术要求等。

管道式喷微灌系统的各级管道布置，取决于灌区的地形起伏、地块形状、耕作与种植方向、水源位置、风向风速等情况，需要进行多方案比较，从中择优。

2. 管道系统分级

根据灌溉面积大小，地形复杂程度，将喷微灌管道系统进行分级。如喷微灌系统较小，只有两级管道时，分为干管、支管；有三级管道时，分为干管、分干管、支管；有四级管道时，分为总干管、干管、分干管、支管。最末一级，带有喷头的工作管道，称为支管（Lateral）。

3. 管道系统布置原则

（1）喷洒支管应尽量与耕作方向平行。

（2）喷洒支管应尽量与作物种植的垄向保持一致。

（3）喷洒支管最好平行等高线布置，如果条件限制，至少也应尽量避免逆坡布置。

（4）在风向比较恒定的灌区，喷洒支管应尽量避免平行风向布置。

（5）给支管配水的干管或分干管，其布置的位置应尽量使多数的喷洒支管长度相同。

（6）干管与分干管、分干管（或干管）与喷洒支管连接处，应避免锐角相交。

（7）输水与配水干管的布置应便于支管轮灌。

（8）水源位置可选择时，应优先考虑水源在灌区中央的方案。

4. 管道系统布置形式

树状管网是目前我国喷微灌系统管道布置应用最多的一种形式。在大型喷微灌、管道输水系统中，一般均采用埋入地下的固定式管道，把水送到灌区各用水单位，然后根据其灌溉面积和所需流量，设置给水栓，给水栓以下进行轮灌。通常以给水栓为界把管道系统分为上、下两部分。给水栓以下到田间的管道称为田间灌溉系统，大田作物的这部分管道多采用移动式。管网布置应在满足灌溉输水的同时，使管网的经济长度最短，以降低管网投资。

5.3.1.3 规划设计成果要求

喷微灌工程规划设计一般需按国家基本建设程序进行可研和技术设计，相应地应提交可研报告和技术设计报告及相关图件。

1. 可研成果要求

可研成果需提交可研报告及相关图件。可研报告主要对灌区基本情况、自然条件、生产条件和社会经济条件等予以简要描述，从技术和经济两方面对喷微灌的必要性和可行性作出论证，包括详细说明根据地区作物、经济状况、投资来源及管理人员条件等选择喷微灌系统类型的依据及方案；进行灌溉需水量和灌溉制度、灌溉用水量计算；进行水源分析及水源工程规划；确定喷微灌系统的工作制度、输配水管网规划布置、轮灌方式，进行系统水力计算；选配动力及水泵或加压设备；规划取水方式及泵站型式；系统首部、系统附属设施（备）等；提出材料设备用量、工程量及投资等；此外，还应提交相关规划设计图。

2. 技术设计成果要求

技术设计成果需提交技术设计成果报告及相关图件。工作内容需在可研的基础上细化、深入。特别是应提交可供实施的各种图件。技术设计图件基本要求如下：

（1）系统平面布置图。应包含输配水管网的所有管道、控制、连接件的图件；管网主要参数（管道编号、材质、压力等级、流量、水流方向、管道长度、管径、水头损失等）图件；轮灌分组及顺序、典型地块喷头布置及组合状况图件。

（2）管道系统结构图。应提交管道的埋深、坡度，闸阀、节制阀、排气阀、泄水阀和镇墩等附属设施的设置图件。

（3）管道纵剖面图。管道纵剖面图上应绘出地面线、管底线，标出各种管件（各类闸阀、三通、四通、异径管等）和镇墩的位置，底栏应包括桩号、地面高程、管底高程、挖深、纵坡和管径等图件。纵断面的纵横比例尺一般应不相同，以图幅大小适当、图面清晰为准。

（4）工程建筑物设计图。包括首部枢纽设计；泵站及附属设施布置平面图、立面图，蓄水池、水源、工作池、调压池（井）、镇墩、阀门井等建筑物的结构图。

5.3.2 喷微灌灌水器及其性能

5.3.2.1 灌水器

喷头、微喷头、滴头等出流元件，统称为灌水器。

1. 喷头

喷溉工程技术规范（GB/T 50085—2007）规定，对出流量不小于250L/h的灌水器，称为喷头。喷头一般有以下两种分类形式。

（1）按工作压力和射程分类。可分为超低压、低压低射程、中压中射程、高压远射程四种，见表5.3-1。

表5.3-1　喷头按工作压力和射程分类表

喷头类别	工作压力（kPa）	射程（m）	流量（m^3/h）	特点及适用范围
超低压（包括微喷头）	50～100	1～5	0.008～1.0	耗能少，雾化好，适于微型园林、花卉、温室作物
低压低射程	100～200	5～14	0.3～2.5	喷洒范围小，能耗较少。均匀度较高，水滴小，适用于菜地、果园、苗圃、温室、花卉等
中压中射程	200～500	14～40	0.8～40	均匀度较高，雨滴和喷灌强度适中，适用于各种经济作物、大田作物及各种土壤
高压远射程	500～800	>40	>40	控制面积大，生产率高，耗能大，雨滴大，适用于粗放的大田作物和牧草等灌溉

（2）按结构形式和喷洒特征分类。可分为孔管式、固定式、旋转式等。我国已定型生产PY_1、PY_2、中喷ZY—1、中喷ZY—2四种系列的金属摇臂式喷头。各种喷头的规格和性能可参阅有关产品样本。

2. 微灌灌水器

出流量小于250L/h的出流元件，称为微灌灌水器。按结构和出流形式不同微灌灌水器主要有滴头、滴灌管（带）、微喷头、小管灌水器、渗灌管等五类。

灌水器的质量要求是：制造偏差小，制造偏差系数C_v值不大于0.07；出水量小而稳定；抗堵塞性能好；结构简单，便于安装；坚固耐用，价格低廉。

（1）滴头。通过流道或孔口将毛管中压力水流变成滴状的灌水器称为滴头，其流量一般不大于12L/h。我国行业标准《微灌灌水器——滴头》（SL/T 67.1—94）规定的滴头名称代号表示方法如图5.3-1所示。

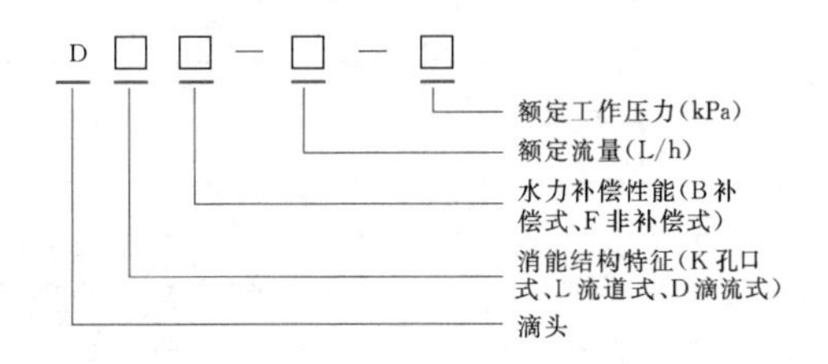

图5.3-1　滴头名称代号表示方法

按滴头的结构可分为微管滴头（见图5.3-2、表5.3-2）、孔口型滴头（见图5.3-3、表5.3-3）、涡流型滴头（见图5.3-4）。

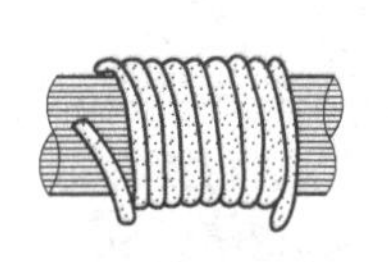
(a) 缠绕式

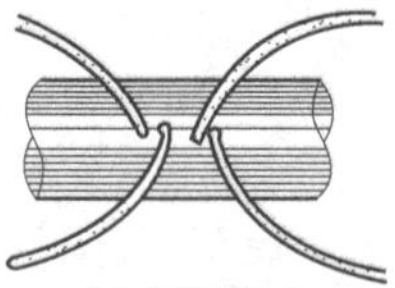
(b) 直线散放式

图 5.3-2　微管滴头

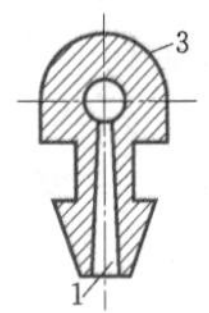

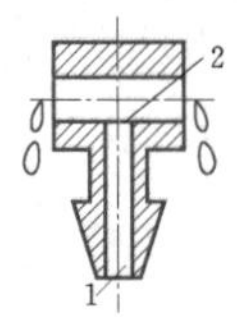

图 5.3-3　孔口型滴头

1—进水口；2—出水口；3—横向出水道

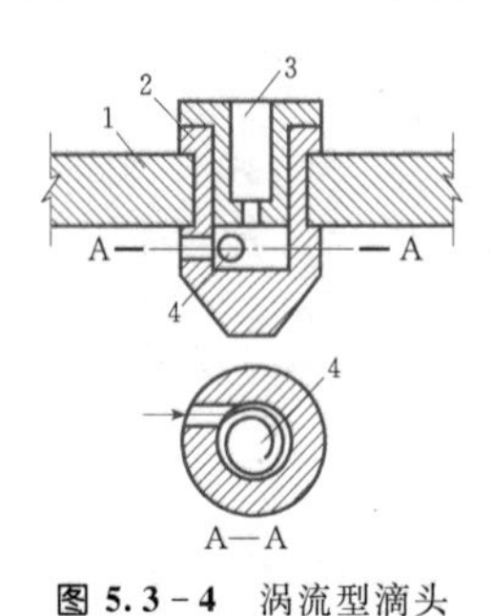

图 5.3-4　涡流型滴头

1—毛管壁；2—滴头体；3—出流孔；4—涡流室

表 5.3-2　常用长流道型滴头技术参数

微管内径 (mm)	微管流量 (L/h)		工作压力 (kPa)
	Ⅰ	Ⅱ	
1.0	4	8	50～150
1.2	4	8	50～150
1.5	4	8	50～150
2.0	4	8	50～150

表 5.3-3　常用孔口型滴头技术参数

孔　径 (mm)	工作压力 (kPa)	流　量 (L/h)	接头规格 (mm)
0.5	100	9	$\phi 3$
0.6	100	14	$\phi 3$
0.7	100	19	$\phi 3$
0.8	100	25	$\phi 3$

(2) 滴灌管（带）。滴头与毛管制造成一整体，兼具配水和滴水功能的管称为滴灌管（带），滴灌管（带）有压力补偿式与非压力补偿式两种。滴灌管（带）名称代号表示方法如图 5.3-5 所示。滴灌管（带）可分为内镶式滴灌管（带）[见图 5.3-6 (*a*)、(*b*)]、薄壁滴灌管（带）（见表 5.3-4）。

(3) 微喷头。微喷头是介于喷头和滴头之间的一种灌水器，微喷头出流量小于 250L/h。微喷灌的一般工作水头为 5～15m。微喷和喷灌之间既有区别又有联系。微喷密植作物时可按全面湿润灌溉方式设计，如果用于果树则主要为局部灌溉方式。在水质处理和要求上与滴灌一样。微喷头名称代号表示方法如图 5.3-7 所示。按工作原理分类，常用微喷头有折射式（见图 5.3-8、表 5.3-5）、旋转式（见图 5.3-9）、离心式和缝隙式四种。

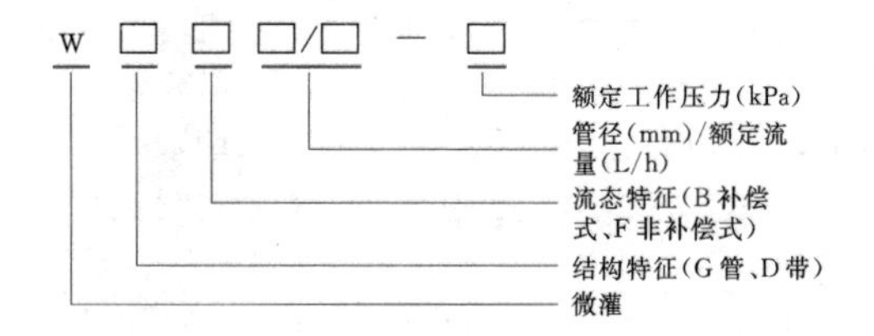

图 5.3-5　滴灌管（带）名称代号表示方法

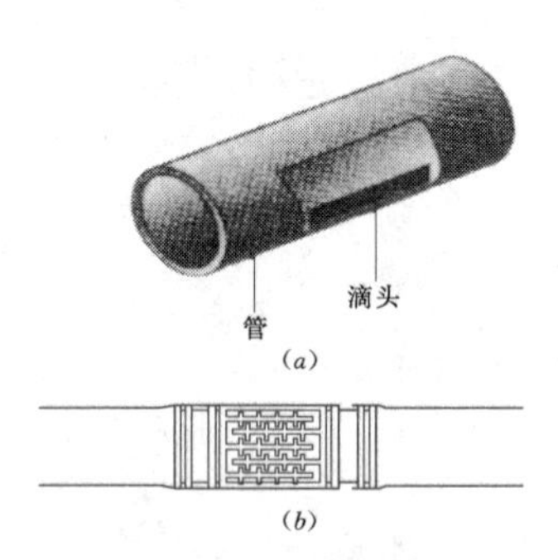

图 5.3-6　内镶式滴灌管（带）

表 5.3-4　国内常用滴灌带的技术参数

壁厚 (mm)	流　量 (L/h)				工作压力 (kPa)	直径 (mm)	
						内径	外径
1.2	1.2	1.6	2.3	3.5	50～400	14.6	17
1.0	1.2	1.6	2.3	3.5	50～400	14.6	16.6
0.65	1.2	1.6	2.3	3.5	50～400	15.7	17

表 5.3-5　常用折射式微喷头的水力性能

形式	工作水头 (m)	流量 (L/h)	强度 (mm/h)	射程 (m)	湿润面积 (m^2)
单向	5	28.5	4.3		5.45
	10	41	6.1		4.69
	15	50	7.5		4.51
	20	57.5	7.9		4.95
双向	5	30.5	3.5		6.1
	10	44	4.5		7.39
	15	54	5.7		7.55
	20	62.5	7.2		9.61

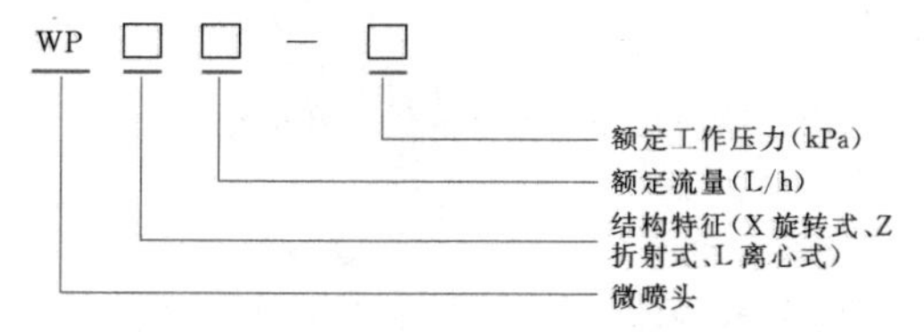

图 5.3-7　微喷头名称代号表示方法

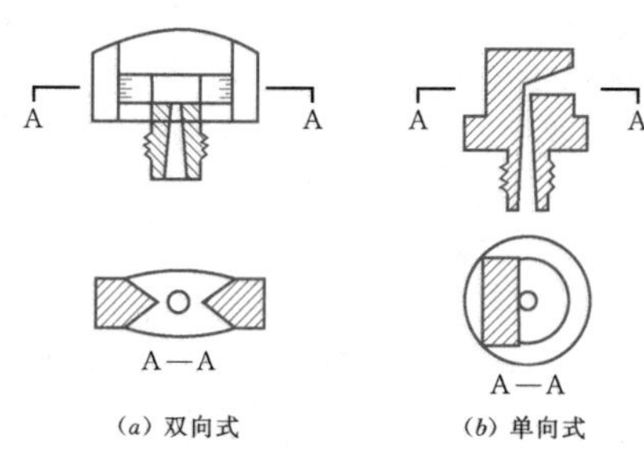

图 5.3-8　折射式微喷头

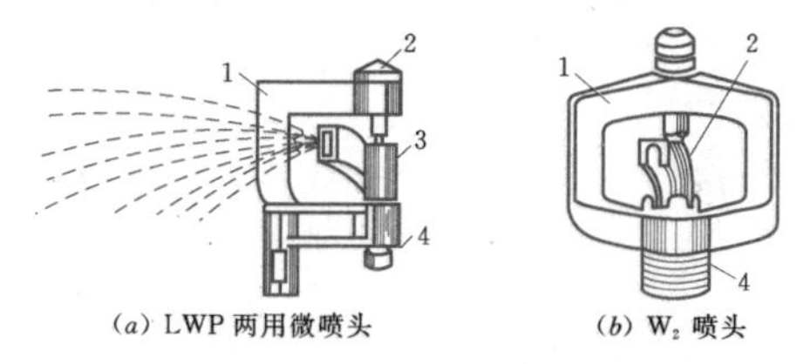

图 5.3-9　旋转式微喷头

1—支架；2—散水锥；3—旋转壁；4—接头

(4) 小管灌水器。小管灌水器由 $\phi 4$ 塑料小管和接头连接插入毛管壁而成，它的工作压力低、孔口大、不易被堵塞，如图 5.3-10 所示。

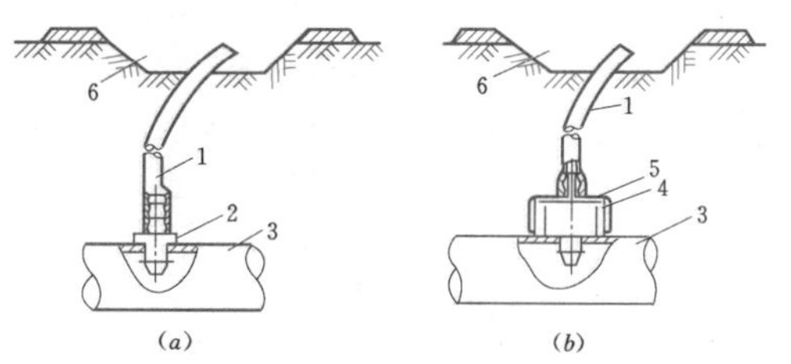

图 5.3-10　小管灌水器

1—$\phi 4$ 小管；2—接头；3—毛管；4—稳流器；5—胶片；6—渗水沟

(5) 渗灌管。渗灌管是由 2/3 的废旧橡胶和 1/3 的 PE 塑料合成制成可以渗水的多孔管，这种管埋入地下渗灌，渗水孔不易被泥土堵塞，植物根也不易扎入，如图 5.3-11 所示。

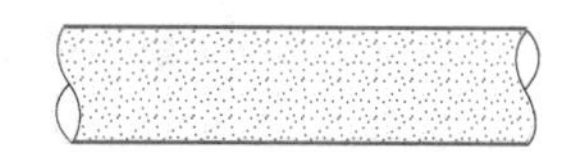

图 5.3-11　渗灌管

5.3.2.2　微灌灌水器的结构参数和水力性能参数

灌水器的结构参数主要指流道或孔口的尺寸，对于滴灌管（带）还包括滴灌管（带）的直径和壁厚。灌水器的水力性能参数主要指工作压力、流量、流态指数、制造偏差系数，对于微喷头还包括射程、喷灌强度、水量分布等。表 5.3-6 列出各类微灌灌水器的结构参数和水力性能参数，可供参考。其中 C_v 值是我国行业标准《微灌灌水器》（SL/T 67.1～3—94）的规定。

表 5.3-6　**微灌灌水器的结构参数和水力性能参数**

灌水器种类	结构参数					水力性能参数				
	流道或孔口直径(mm)	流道长度(cm)	滴头或孔口间距(cm)	带管直径(mm)	带管壁厚(mm)	工作压力(kPa)	流量(L/h)或[L/(h·m)]	流态指数 x	制造偏差系数 C_v	射程(m)
滴　头	0.5～1.2	30～50				50～100	1.5～12	0.5～1.0	<0.07	0.5～4.0
滴灌管(带)	0.5～0.9	30～50	30～100	10～16	0.2～1.0	50～100	1.5～3.0	0.5～1.0	<0.07	0.5～4.0
微喷头	0.6～2.0					70～200	20～250	0.5	<0.07	0.5～4.0
小管灌水器	2.0～4.0					40～100	80～250	0.5～0.7	<0.07	0.5～4.0
渗灌管				10～20	0.9～1.3	40～100	2.0～4.0	0.5	<0.07	0.5～4.0

1. 流量与压力关系

不同灌水器的流量与压力关系为

$$q = kh^{x} \tag{5.3-1}$$

式中　q——灌水器流量，L/h；

h——工作水头，m；

k——流量系数；

x——流态指数。

流态指数反映了灌水器的流量对压力变化的敏感程度。全层流灌水器如渗水毛管的流态指数 $x \approx 1$；全紊流灌水器如孔口滴头、微喷头等的流态指数 $x=0.5$；全压力补偿式灌水器的流态指数 $x=0$；其他各种形式的灌水器的流态指数 x 在 0～1.0 之间变化。当流态指数 x 确定后，可利用式（5.3-1）计算出灌水器的流量系数 k。

2. 制造偏差系数

由于制造工艺和材料收缩变形等影响，微灌灌水器用流量偏差系数 $C_v=s/\bar{q}$ 来衡量它的制造偏差，C_v 值越小，表示灌水器的制造精度越高。C_v 一般由制造厂商提供，设计时可直接查用。

5.3.3 喷微灌工程管材及其选择

管道是喷微灌系统的关键设备之一，其用量大、投资高，固定式、半固定式、混合式系统一般管道投资占总投资的比重分别为75%、60%、65%。目前我国灌溉管道以塑料管为主，其他类型的管道主要用于有特殊要求的场合。地面移动管道有薄壁铝合金管、薄壁钢管、塑料管、涂塑软管等。

管材的选择应根据当地的具体情况如地质、地形、气候、运输、供应以及使用环境和工作压力等条件，结合各种管材的特性及使用条件进行选择。

1. 管道的技术要求

(1) 能承受设计的工作压力，一般要求管壁有相应的厚度，壁厚要均匀。对于不同的工作压力要选用不同的管材。

(2) 能通过设计流量，而不致造成过大的水头损失，以节约能量。从而要求有一定的过水断面，并要求管道内壁尽量光滑，以减少摩擦系数。

(3) 价格低廉，使用寿命长。塑料管材要注意防老化，钢铁管材要注意防锈蚀。

(4) 便于运输易于安装与施工，接头连接要方便，而且不漏水，并有一定的抗震和抗折能力。

(5) 对于移动管道，则要求轻便、耐撞磨，并能经受风吹日晒。

2. 管道的种类及其适用范围

目前，喷微灌管网系统的管道以塑料管为主，其他管道几乎很少采用。常用的塑料管主要有三种：聚乙烯管（PE)、聚氯乙烯管（PVC)、高压聚氯乙烯管（U-PVC）和铝合金管。塑料管的公称直径用外径表示，水力计算时特别要注意减去壁厚。

一般的喷微灌系统的支管及以上管道，使用聚氯乙烯管（PVC）和高压聚氯乙烯管（U-PVC）即可满足要求，较为经济可行；在坡度变化大、施工困难、压差大的区域，最好使用聚乙烯管（PE)。铝合金管一般应用在半固定式喷灌系统和中小型移动式喷灌系统中，作为移动支管。各种管材的性能及规格可参阅本卷第3章及有关产品样本，这里不予赘述。

5.3.4 喷微灌专用设备

本手册仅对喷微灌（包括滴灌）系统的主要专用设备作简要介绍，离心泵、电机等通用设备则不涉及。

5.3.4.1 喷微灌专用泵及其性能和造型

1. 喷微灌专用泵

喷微灌专用泵按结构型式分自吸离心式（BPZ型）与普通离心式（BP型）两种，其规格性能见有关产品样本。此外，国产IS、IB系列节能离心泵也是喷微灌工程常用的泵型。

2. 喷微灌专用泵的性能

(1) 装置的工作点。装置的总扬程为

$$H_{总}=H_{头}+H_{静}+H_{损} \tag{5.3-2}$$

式中 $H_{总}$——喷灌系统总扬程，m；

$H_{头}$——喷头工作水头，m；

$H_{静}$——泵的几何扬程，即喷嘴下游水面之高差，m；

$H_{损}$——系统总水头损失，m。

由式（5.3-2）可知，喷微灌装置的净扬程为

$$H_{喷}=H_{头}+H_{静} \tag{5.3-3}$$

喷微灌装置所需的扬程曲线可由图5.3-12绘出，该曲线与水泵装置性能曲线的交点 A、A_1、A_2，表示喷微灌装置在供水总阀处的流量、扬程处于供、需平衡状态，交点 A、A_1、A_2 表示不同供需情况下相应的水泵工作点 A。

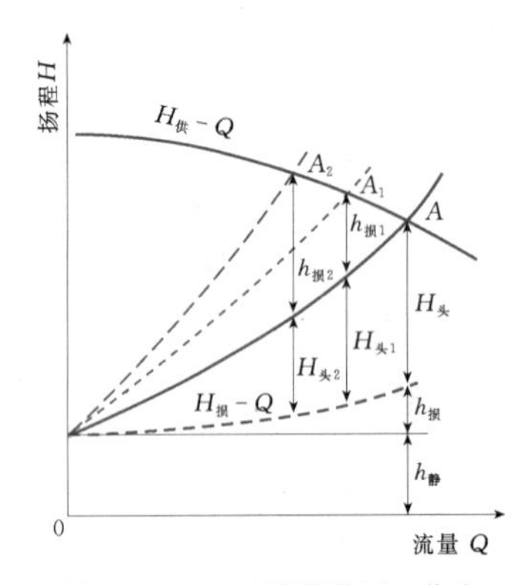

图5.3-12 喷微灌装置工作点

(2) 喷微灌装置的能耗与功率。

1) 能耗。以提取1000t·m的水所消耗的电能（kW·h）或燃油（kg）为标准，可按式（5.3-4）计算：

$$e=\frac{1000E}{36\gamma QH_{喷}t} \tag{5.3-4}$$

式中 e——提取1000t·m的水所消耗的电能，kW·h；

t——时间，h；

E——t 小时内，装置消耗的电量（或柴油量），kW（kg）；

Q——同一时段内，装置实际提取的流量，m^3/s；

$H_{喷}$——同一时段内，装置的平均净扬程，m；

γ——水的密度，kg/m^3。

2）功率。

a. 有效功率。有效功率指水泵的输出功率，以 P_e 表示，按式（5.3-5）计算：

$$P_e = \frac{\gamma Q H_{喷}}{1000} \tag{5.3-5}$$

符号意义同式（5.3-4）。

b. 轴功率。指泵的输入功率，一般用 P 表示，水泵铭牌上标出的功率即指轴功率。

c. 配套功率。配套功率指与泵配套的动力机的额定功率，以 $P_{配}$ 表示。配套功率要比轴功率大 5%～20%，以免动力机过载。

（3）效率。效率指有效功率和轴功率的比值，表征水泵利用功率的有效程度。以 η 表示：

$$\eta = \frac{P_e}{P} \times 100\% \tag{5.3-6}$$

3. 喷微灌用泵的选型

应从确保喷灌质量、节能、安全、经济等方面，统筹考虑，选取经常出现且有代表性的工况为设计工况，以较不利的工况为校核工况。

5.3.4.2　净化设备与设施

喷微灌要求灌溉水中一般不含有造成灌水器堵塞的污物和杂质，应根据喷微灌系统所选用的灌水器种类及抗堵塞性能，合理选择净化设备。

1. 旋流式水砂分离器

旋流式水砂分离器又称离心式过滤器或涡流式水砂分离器。常见的结构形式有圆柱形和圆锥形两种，如图 5.3-13 所示。目前国内生产的旋流式水砂分离器的技术规格见表 5.3-7，可供参考。

表 5.3-7　旋流式水砂分离器技术规格

规格型号	LX—90×20×15	LX—110×25×20	LX—200×50×50	LX—300×80×80	LX—400×100×80
长×宽×高(mm×mm×mm)	200×300×480	200×300×560	300×500×850	520×820×1270	600×820×1550
进出口连接方式	D_g20 锥管螺纹	D_g25 锥管螺纹	D_g50 锥管螺纹	D_g80 法兰	D_g100 法兰
流量(m^3/h)	1.0～3.0	1.5～7.0	5.0～20	10～40	30～80
重量(kg)	1.5	2.5	25	55	80

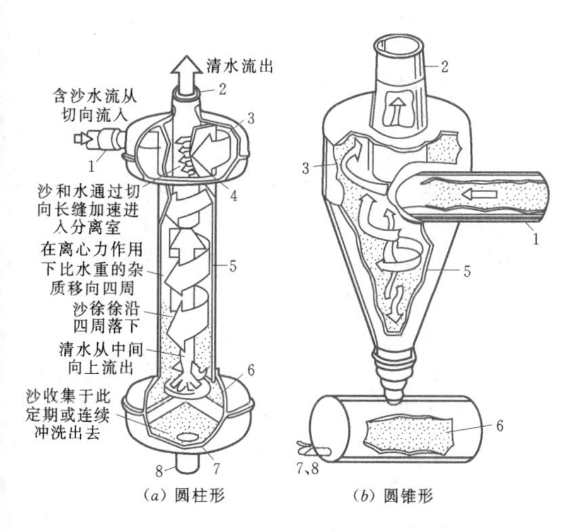

图 5.3-13　旋流式水砂分离器

1—进水管；2—出水管；3—旋流室；4—切向加速孔；5—分离室；6—储污室；7—排污口；8—排污管

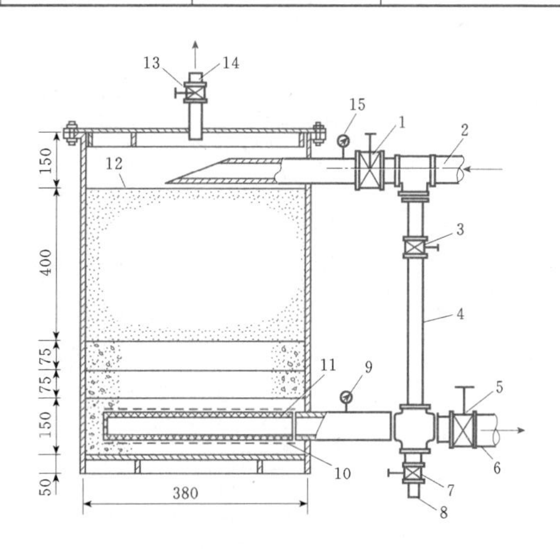

图 5.3-14　单罐反冲洗砂过滤器

1—进水阀；2—进水管；3—冲洗阀；4—冲洗管；5—输水阀；6—输水管；7—排水阀；8—排水管；9—压力表；10—集水管；11—滤网；12—过滤砂；13—排污阀；14—排污管；15—压力表

2. 砂过滤器

砂过滤器利用砂石作为过滤介质，主要由进水口、出水口、过滤罐体、砂床和排污孔等部分组成，其形式如图 5.3-14 和图 5.3-15 所示。

3. 筛网过滤器

筛网过滤器（见图 5.3-16）的种类繁多，一般要求所选用的过滤器的滤网的孔径大小应为所使用的

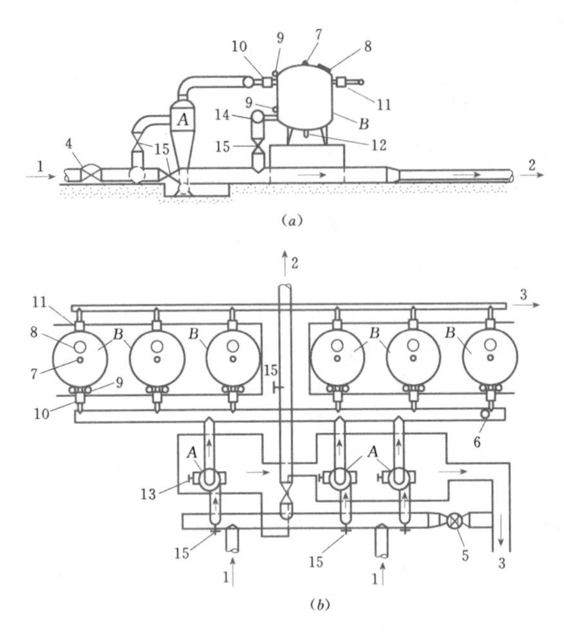

图 5.3-15　过滤器组示意图

A—离心过滤器；B—砂石过滤器；1—泵站出水口；2—总出水口；3—污水出口；4—调压阀；5—安全阀；6—排气阀；7—排气帽；8—加料盖；9—压力表；10、11—自挖阀；12—放水阀；13—放水、排污阀；14—汇水管；15—手动阀

灌水器孔径大小的1/10～1/7。滤网的目数与孔径尺寸关系见表5.3-8。

表 5.3-8　滤网规格与孔口大小对应关系

滤网规格		孔口尺寸 (μm)	土粒类别	粒　径 (mm)
目/英寸	目/cm²			
20	8	711	粗砂	0.50～0.75
40	16	420	中砂	0.25～0.40
80	32	180	细砂	0.15～0.20
100	40	152	细砂	0.15～0.20
120	48	125	细砂	0.10～0.15
150	60	105	极细砂	0.10～0.15
200	80	74	极细砂	<0.10
250	100	53	极细砂	<0.10
300	120	44	粉砂	<0.10

4. 叠片式过滤器

用数量众多的带沟槽薄塑料圆片叠在一起作为过滤介质，如图5.3-17所示。工作时水流通过叠片，泥沙被拦截在叠片沟槽中，清水通过叠片的沟槽进入下游。常用的叠片式过滤器技术参数见表5.3-9。

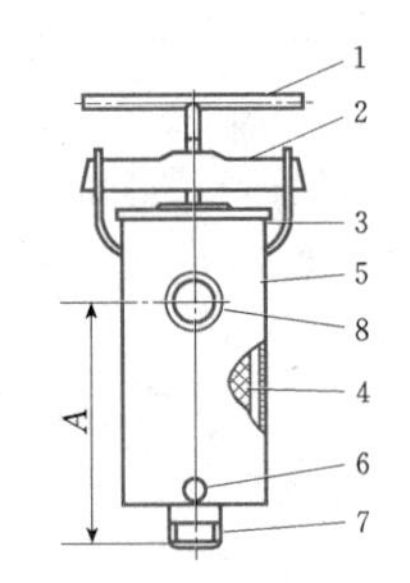

图 5.3-16　筛网过滤器

1—手柄；2—横担；3—顶盖；4—不锈钢滤网；5—壳体；6—冲洗阀；7—出水口；8—进水口

表 5.3-9　叠片式过滤器技术参数

规格	连接方式	重量 (kg)	推荐流量 (m³/h)	最大工作压力 (kPa)
2英寸	2英寸阳螺纹	3	5～20	700
3英寸	3英寸阳螺纹	6	15～40	700

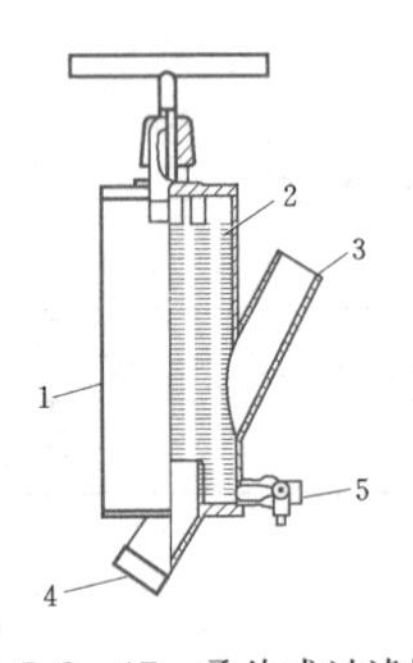

图 5.3-17　叠片式过滤器

1—壳体；2—塑料叠片；3—进水口；4—出水口；5—冲洗阀

5.3.4.3　施肥（农药）装置

喷微灌系统中常用的施肥（农药）装置有压差式施肥（农药）灌、开敞式肥料（农药）箱、文丘里注入器、注入泵等。

1. 压差式施肥（农药）罐

压差式施肥（农药）罐一般由储液罐（化肥罐）、进水管、供肥液管、调压阀等组成（见图5.3-18）。在自压微灌系统中，使用开敞式肥料（农药）箱（或修建肥料池）非常方便。

2. 文丘里注入器

文丘里注入器可与敞开式肥料（农药）箱配套组成一套施肥（农药）装置。主要适用于小型微灌系统（如温室微灌），一般可将文丘里注入器与管道并联安装，其构造如图5.3-19所示。

3. 活塞施肥泵

注射泵分为水驱动和机械驱动两种形式，图5.3-20所示为机械驱动活塞施肥泵。

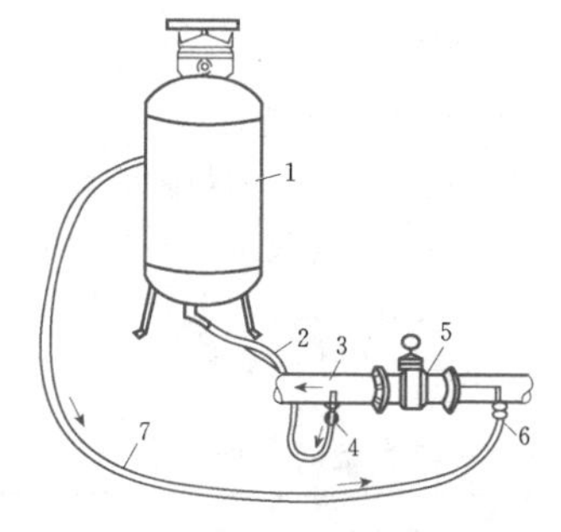

图 5.3-18 压差式施肥（农药）罐

1—储液罐；2—进水管；3—输水管；4—阀门；5—调压阀；6—供肥液管阀门；7—供肥液管

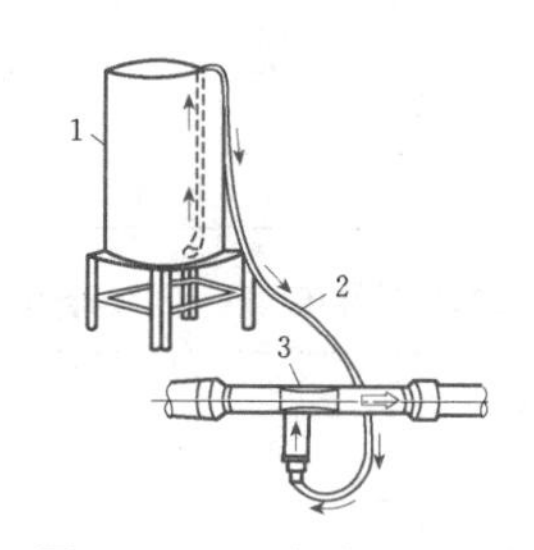

图 5.3-19 文丘里注入器

1—开敞式肥料（农药）箱；2—输液管；3—文丘里注入器

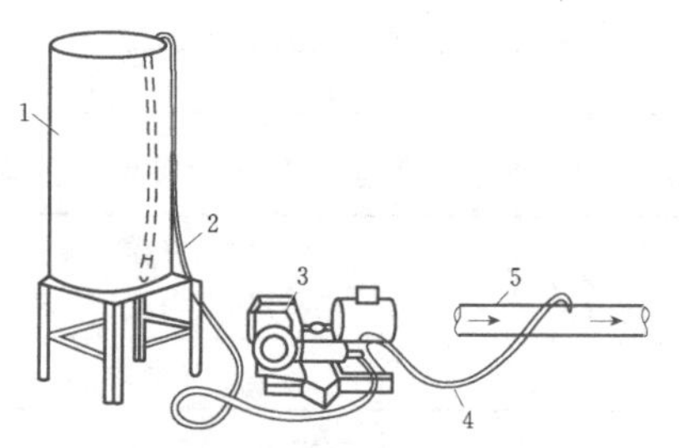

图 5.3-20 机械驱动活塞施肥泵

1—化肥桶；2—输液管；3—活塞泵；4—输肥管；5—输水管

5.3.4.4 控制件及连接件

1. 基本控制件及连接件

喷微灌系统的主要控制件有：阀门（闸阀）、安全阀、逆止阀、进排气阀、流量调节阀、压力调节阀、自动阀（包括电动和水动）等，这些控制件主要起到控制流量和压力、保护管网和水泵安全运行等作用。喷微灌系统的主要连接件有：弯头、三通、四通、异径管、堵头等。它们的作用是在喷微灌系统中用于连接管道和设备，控制流量或压力等。

2. 自动控制系统

自动控制系统由传感器、系统主机、系统软件、微机、打印机、主控机、子控站等组成。

（1）程序控制器。程序控制器（见图 5.3-21），用于自动化喷灌系统中，可根据灌溉系统土壤湿度、空气湿度、作物水分、管网压力、流量等参数按事先设计的要求或运行调度方案自动控制田间灌水时间、灌水过程的实施乃至水泵机组的启动与停机等过程。

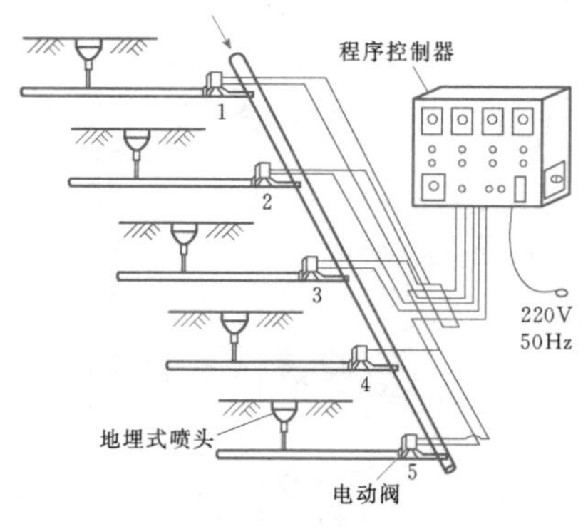

图 5.3-21 程序控制器

（2）电磁阀。电磁阀工作压力为 70～1400kPa，流量为 20～115L/min。用于灌溉系统的电磁阀，不仅要有自动功能，而且还应具备手动功能，即使自控暂时失效，仍能保证灌溉系统在手控操作下运行。

（3）数据传输。中央计算机和土壤水分传感器之间为双向通讯，通过有线数据传输。计算机与每个集群控制装置之间采用公共有线网实现数据传输。集群控制装置与各个控制器之间采用有线方式实现双向数据传输。但控制器与电磁阀、机组之间是单向电信号传输，采用普通地埋电线即可。

（4）自动控制系统的线路连接。每个电磁阀有两条线，其中一条作为控制线，另一条可作为公共线。每条控制线单独接入控制器相应站的接线端子上。全系统只有一条公共线，将其接入公共端子上即可（见图 5.3-22）。

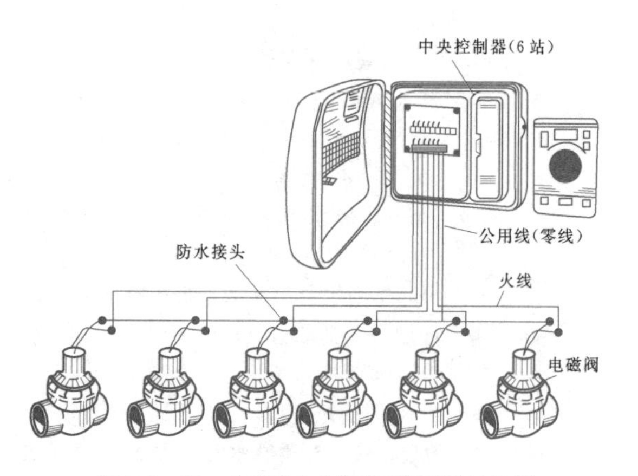

图 5.3-22 典型的自动控制系统线路连接图

5.4　喷灌工程设计

5.4.1　喷灌系统的组成与分类

1. 喷灌系统的组成

喷灌系统一般由水源工程（包括水泵和动力）、输水管网（包括控制件和连接件）、灌水器（喷头）三部分组成。

2. 喷灌系统的分类

从规划设计方法的角度出发可对喷灌系统作如下分类，如图5.4-1所示。

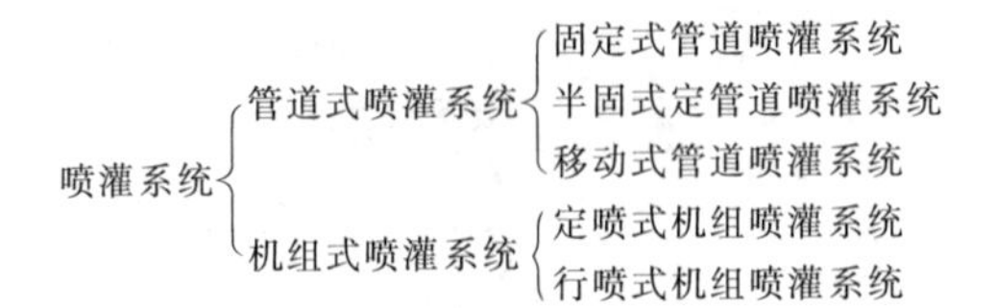

图5.4-1　喷灌系统分类

5.4.2　喷灌灌水技术要素

5.4.2.1　组合平均喷灌强度

喷灌强度是单位时间内喷洒在灌溉土地上的水深，或单位时间喷洒在单位面积上的水量，以mm/h计。

组合平均喷灌强度是若干个工作压力相同的喷头按一定的组合形式组合到一起喷洒的情况下的平均喷灌强度，一般以单喷头流量除以单喷头控制面积表示，即

$$\overline{\rho_c} = \frac{1000q_0}{A_0}\eta \qquad (5.4-1)$$

式中　$\overline{\rho_c}$——组合平均喷灌强度，mm/h；

q_0——单喷头流量，m^3/h；

A_0——组合情况下，平均一个喷头所控制的面积，m^2，一般为喷头间距a与支管间距b的乘积；

η——喷洒水利用系数。

根据《灌溉工程技术规范》（GB/T 50085—2007）的规定，η按式（5.4-2）确定：

$$\eta = \eta_g \eta_t \qquad (5.4-2)$$

式中　η_g——管道系统水利用系数，一般为0.95～0.98；

η_t——田间喷洒水利用系数，可根据气候条件选取，风速低于3.4m/s时η_P=0.8～0.9，风速为3.4～5.4m/s时η_P=0.7～0.8，湿润地区取大值，干旱地区取小值。

设计中一般以$\overline{\rho_c}$乘以与喷洒水利用系数近似代表全部灌溉面积上的平均喷灌强度。

5.4.2.2　容许喷灌强度

1. 容许喷灌强度的设计值

容许喷灌强度是控制喷灌强度的重要指标，一般要求组合喷灌强度不得超过土壤入渗速度。各类土壤容许喷灌强度建议值见表5.4-1～表5.4-3，可按地面坡度、土壤质地、灌水定额和雨滴直径查用。

表5.4-1　各类土壤的容许喷灌强度

土　质	容许喷灌强度（mm/h）
砂土	20
壤砂土	15
砂壤土	12
壤土	10
黏土	8

表5.4-2　坡地容许喷灌强度降低值

地面坡降（%）	容许喷灌强度降低（%）
<5	0
5～8	20
9～12	40
13～20	60
>20	75

表5.4-3　我国各类土壤的容许喷灌强度建议值

土质	灌水定额（mm）	在下述雨滴直径(mm)下的容许喷灌强度(mm/h)		
		2	2.5	3
砂土	15	60～70	35～45	25～30
	20	40～50	20～25	10～15
	25	20～30	10～14	6～8
	30	12～15	8～10	5～6
砂壤土	15	50～60	30～40	20～25
	20	30～40	15～20	7～12
	25	15～25	10～12	5～7
	30	10～12	6～10	4～5
壤土	15	40～50	25～30	15～20
	20	20～30	12～18	6～10
	25	13～20	8～12	4～6
	30	9～11	5～8	3～4
壤黏土	15	30～40	20～25	12～16
	20	15～25	10～15	5～7
	25	12～16	6～10	3～5
	30	8～10	4～6	2～3

续表

土质	灌水定额(mm)	在下述雨滴直径(mm)下的容许喷灌强度(mm/h)		
		2	2.5	3
黏土	15	20～25	15～20	8～10
	20	12～16	8～12	4～6
	25	8～16	5～7	2～4
	30	4～6	2～4	1.5～2

注 1. 土壤容重和含黏量小时取大值，结构好的土壤可适当提高。
2. 本表系对裸地而言，如果已有作物覆盖时，可提高20%。
3. 当地面坡度为5°时，应降低50%。

2. 坡地容许喷灌强度

我国坡地容许喷灌强度的设计值一直是采用平地的数值加以折减的方法。但有关初步研究成果表明：坡地土壤在未饱和情况下，由于没有地面径流产生，当坡面与水平面的夹角为 θ，垂直的降雨或喷灌水深 h 落到坡面上的强度变为 $h\cos\theta$，这个值比平地的要小，坡度越大，此值越小，这表明在坡地上的喷灌强度不是要折减，而是可以增加。这个结论还有待进一步研究证实。

5.4.2.3 喷灌均匀度

喷灌均匀度或均匀系数是反应喷灌面积上水量分布的均匀程度、衡量喷灌质量好坏的主要指标之一。《喷灌工程技术规范》(GB/T 50085—2007) 规定，在设计风速下，喷灌均匀度不应低于75%，对行喷式系统不应低于85%。

1. 喷灌均匀度的表示方法

喷灌均匀系数是一个表示一定面积上水量分布均匀程度的指标，我国规定用 C_u 值表示。喷灌均匀系数在有实测数据时应按式 (5.4-3) 计算：

$$C_u = \left(1 - \frac{\Delta h}{\overline{h}}\right) \times 100\% \qquad (5.4-3)$$

其中
$$\Delta h = \left[\frac{\sum_{i=1}^{n} S_i \mid h_i - \overline{h} \mid}{\sum_{i=1}^{n} S_i}\right]$$

式中 C_u——喷灌均匀度；

$\overline{h}$——喷洒水深的平均值，mm；

h_i——测点的喷洒水深或点喷灌强度，mm；

S_i——测点所代表的面积，m^2，当测点所代替的面积相等时，$S_i=1$；

Δh——喷洒水深的平均离差，mm；

n——测点总数。

C_u 如果以百分数表示，称为均匀度；如果以小数表示，称为均匀系数。

2. 组合均匀度的叠加计算

组合均匀度是将相同喷头、工作压力相等、按一定组合方式布置时的系统均匀度，因实测组合均匀度较为困难，一般根据实测单喷头喷洒的水量分布，按拟定的喷头组合形式及间距，将各喷头喷入典型面积的各点喷灌水深或强度相叠加，然后按式 (5.4-3) 计算。

3. 全系统均匀度

全系统均匀度指喷灌系统控制面积内水量分布的均匀度，因管道的摩阻损失和地块形状不规则或地形起伏致使系统中各个喷头的工作压力不可能完全相等，在系统未建成之前是不易算出的，所以在设计时都是以组合均匀度作为依据。

4. 图形效率

国外在描述灌水均匀度时，常采用图形效率的概念，有时称为 D_u 均匀度。定义为：将灌水深度由大到小排列，全部 N 个测点水深的平均值与最后 $N/4$ 个测点的平均水深的比：

$$E_p = \frac{\overline{h^*}}{\overline{h}} \qquad (5.4-4)$$

式中 E_p——图形效率，如以百分数表示，则乘以100%；

$\overline{h^*}$——最后（或最小）$N/4$ 个测点的水深平均值，或称最小平均水深，mm；

$\overline{h}$——N 个测点的均值，mm。

一般认为，在保证灌溉定额的前提下，它比均匀度 C_u 要求更高。

5.4.2.4 水滴打击强度

水滴打击强度最常用的是以雾化指标 (H/d) 值表示，H 为喷头工作水头 (mm)；d 为喷嘴直径 (mm)。设计雾化指标应符合《喷灌工程技术规范》(GB/T 50085—2007) 的规定，见表5.4-4。

表5.4-4 不同作物的适宜雾化指标

作物	H/d
蔬菜及花卉	4000～5000
粮食作物、经济作物及果树	3000～4000
饲草料作物、草坪	2000～3000

5.4.3 喷灌设计标准与灌溉制度

5.4.3.1 设计标准

《喷灌工程技术规范》(GB/T 50085—2007) 规定：“喷灌工程设计保证率应根据自然条件和经济条

件确定。丰水地区或作物经济价值较高时，可取较高值；缺水地区或作物经济价值较低时可取较低值，但一般不宜低于85%。”

确定设计标准就是确定采用多高的灌溉保证率，通常是从以往的年份中，通过对有关资料组成的较长系列进行频率计算，选出符合所确定的灌溉设计保证率的某一年，作为设计代表年，并以该年的自然条件资料作为拟定喷灌灌溉制度和规划水源工程的依据。设计代表年的选择，视掌握资料的情况，可按气象资料、来水量资料、用水量资料或考虑来水用水综合情况选择代表年。

5.4.3.2 设计灌溉制度的拟定

农作物的灌溉制度是指播前及全生育期内的灌水次数、灌水日期、灌水定额和灌溉定额。设计灌溉制度是指符合设计标准的代表年的灌溉制度，它是确定灌区设计流量和用水量的依据。

1. 设计灌溉制度的拟定方法

在灌区规划设计中，常采用以下3种方法来确定灌溉制度。

(1) 总结群众丰产灌水经验。根据当地或邻近地区群众积累的多年喷灌的灌溉经验，深入调查符合设计要求的干旱年份的灌水次数、灌水时间和灌水定额等数据，据此分析确定设计灌溉制度。

(2) 利用灌溉试验资料。多年来各地进行了不少喷灌田间试验，积累了一定的资料。在认真分析试验条件基础上，可以作为制定设计灌溉制度的主要依据。

(3) 用水量平衡计算方法。利用农田水量平衡原理，经分析计算制定灌溉制度。当参与计算的各因子数据准确时，计算结果较为可靠。

2. 按水量平衡原理制定灌溉制度

在作物生育期内的任一时段 t，土壤计划湿润层 H 内储水量的变化可用水量平衡方程式（5.4-5）表示：

$$W_t - W_0 = W_T + P_0 + K + M - ET \tag{5.4-5}$$

式中 W_0、W_t——时段初、时段末的土壤计划湿润层的储水量，mm；

W_T——由于计划湿润层增大而增加的水量（如无变化则无此项），mm；

P_0——保存于土壤计划湿润层内有效降雨量，mm；

K——时段 t 内的地下水补给量，mm；

M——时段 t 内的灌溉水量，mm；

ET——时段 t 内的作物田间需水量，mm。

(1) 土壤计划湿润层深度（H）。计划湿润层深度是指对作物进行灌溉时，计划调节控制土壤水分状况的土层深度。它随作物根系发育而增大，但一般蔬菜不超过0.4m，大田作物不超过0.6m，果树不超过1.0m。

(2) 由于计划湿润层增大而增加的水量 W_T。由于计划湿润层增大而增加的水量，可利用一部分深层土壤的原有储水量，采用式（5.4-6）计算：

$$W_T = 10(H_2 - H_1)\gamma\beta = 10(H_2 - H_1)\gamma'\beta' \tag{5.4-6}$$

式中 W_T——由于计划湿润层增大而增加的水量，mm；

H_1——计算时段初计划湿润层深度，m；

H_2——计算时段末计划湿润层深度，m；

γ、γ'——土壤干容重、水的容重，t/m³；

β、β'——$(H_2 - H_1)$ 深度的土层中的平均含水量，分别以占干土重、占土体积的百分比计。

(3) 保存在土壤计划湿润层内的有效降雨量。有效降雨量可采用式（5.4-7）计算：

$$P_0 = \alpha P \tag{5.4-7}$$

式中 P_0——有效降雨量，mm；

P——一次降雨量，mm；

α——降雨入渗系数，其值与一次降雨量、降雨强度、降雨延续时间、土壤性质、地面覆盖及地形等因素有关，一般应根据当地实测资料确定，表5.4-5中数值可供参考。

表 5.4-5 降雨入渗系数

P(mm)	5	5～50	50～100	100～150	150～200
α	0	1.00	0.80	0.75	0.70

(4) 地下水补给量 K。地下水补给量与地下水埋深、土壤性质、作物需水强度和计划湿润层含水量等有关，一般认为当地下水埋深超过3.5m时，补给量可忽略不计。K 值应根据当地或条件类似地区的试验和调查资料估算。利用上述水量平衡方程逐时段进行计算（可采用图解法或列表法进行，计算时段一般取为5天或1旬），并使计划湿润层内的土壤储水量始终保持在作物容许的最大储水量 W_{max} 和最小储水量 W_{min} 之间，便可定出每次灌水的时间和定额。W_{max} 和 W_{min} 按式（5.4-8）和式（5.4-9）计算：

$$W_{max} = 10H\gamma\beta_{max} = 10H\beta'_{max} \tag{5.4-8}$$

$$W_{min} = 10H\gamma\beta_{min} = 10H\beta'_{min} \tag{5.4-9}$$

上二式中 β_{max}、β'_{max}——以占干土重（%）、占土体

积（%）表示的容许的土壤最大含水量，一般采用土壤田间持水量；

β_{min}、β'_{min}——采用百分数(%)表示的容许的土壤最小含水量，一般取土壤田间持水量的0.6倍；

其他符号意义同前。

3. 设计灌水定额和设计灌水周期的确定

设计灌水定额和设计灌水周期应根据当地或气候相似地区的喷灌试验资料，以及群众的丰产灌水经验，加以认真分析总结确定。在具备必要的基本资料时也可通过计算确定。

(1) 设计灌水定额，采用式（5.4-10）计算：

$$\left.\begin{aligned} m &= 0.1\gamma H(\beta_1 - \beta_2)\frac{1}{\eta} \\ \text{或}\quad m &= 0.1H(\beta'_1 - \beta'_2)\frac{1}{\eta} \end{aligned}\right\} \tag{5.4-10}$$

式中 m——设计灌水定额，mm；

γ——土壤干容重，g/cm^3；

H——计划湿润层深度，cm，一般大田作物可取为40～60cm，蔬菜20～30cm，果树80～100cm；

η——喷洒水利用系数；

β_1、β'_1——以占干土重（%）、以占土体积（%）表示的适宜土壤含水量上限，一般取为田间持水量的80%～100%；

β_2、β'_2——以占干土重（%）、以占土体积（%）表示的适宜土壤含水量下限，一般取田间持水量的60%～80%。

(2) 设计灌水周期，采用式（5.4-11）计算：

$$T = \frac{m\eta}{E_p} \tag{5.4-11}$$

式中 T——设计灌水周期，d；

m——设计灌水定额，mm；

E_p——作物日需水量，mm/d，取符合设计保证率的代表年灌水临界期的平均日需水量；

η——喷洒水利用系数。

必须指出，如果对 T 进行取整，则应反算 m。也可先定 T（整数），按式（5.4-10）计算 m，再与式（5.4-9）计算的值进行比较，满足前者小于后者即可。

5.4.4 喷灌用水量及设计流量的计算

5.4.4.1 设计年用水量计算

1. 直接推算法

对于某种作物的某次灌水，其用水量可采用式（5.4-12）计算：

$$W_j = mA,\quad W_m = \frac{W_j}{\eta_c} \tag{5.4-12}$$

式中 W_j——第 j 次灌水的净喷灌用水量，即该次灌水要求喷头供出的水量，m^3；

W_m——毛喷灌用水量，即该次灌水要求水源供给的水量，m^3；

m——灌水定额，m^3/亩；

A——该作物的喷灌面积，亩；

η_c——管系水利用系数，管道系统为0.9～1.0。

在某种作物设计灌溉制度确定以后，按式（5.4-12）算出各次灌水的用水量，也就确定了该作物在年内的喷灌用水量过程。当灌区种植多种作物时，任一时段内的喷灌用水量，是该时段内各种作物用水量之和，按此可推算出设计代表年灌区喷灌用水量过程。当灌区面积不大，作物种类不多时，一般采用直接推算。

2. 综合灌水定额法

当灌区作物种类较多时，可采用综合灌水定额法推求用水过程。某一次灌水的净喷灌用水量按式（5.4-13）计算：

$$W_j = m_c A \tag{5.4-13}$$

其中 $m_c = a_1 m_1 + a_2 m_2 + a_3 m_3 + \cdots$

式中 m_c——某时段内灌区综合灌水定额，m^3/亩；

m_1、m_2、m_3——各种作物在该时段内的灌水定额，m^3/亩；

a_1、a_2、a_3——各种作物喷灌面积占全灌区喷灌面积的比值；

其他符号意义同前。

5.4.4.2 喷灌设计流量计算

1. 单一作物时

当灌区只种植一种作物时，根据设计灌水定额和设计灌水周期按式（5.4-14）计算设计流量：

$$Q_j = \frac{mA}{Tt},\quad \eta = \frac{Q_j}{Q_m} \tag{5.4-14}$$

式中 Q_j、Q_m——喷灌系统设计净流量和毛流量，m^3/h；

m——设计灌水定额，m^3/亩；

A——喷灌面积，亩；

T——设计灌水周期，即灌水延续天数，d；

t——每日净喷灌时间，h；

η——喷灌输水系统的水利用系数。

2. 多种作物时

当灌区内种植多种作物且不同作物的灌水时间有可能重合时，一般应通过绘制灌水率图来推求设计流量和流量过程。

单位灌溉面积上净灌溉用水流量称为灌水率（或灌水模数），某种作物某次灌水的灌水率采用式（5.4-15）计算：

$$q = \frac{am}{0.36Tt} \quad (5.4-15)$$

式中　q——灌水率，m^3/（s·万亩）；

a——该种作物的种植面积占灌区总面积的百分数；

其他符号意义同前。

按式（5.4-15）可计算设计代表年的各种作物各次灌水的灌水率，再按其灌水时间依次绘于一同张图上，称为灌水率图。对灌水率图进行修正，当最大灌水率延续时间很短时则用次大值计算，这一灌水率称为设计灌水率。灌区的设计流量可根据设计灌水率和灌溉面积，采用式（5.4-16）计算：

$$Q_j = qA \quad (5.4-16)$$

式中　Q_j——灌区设计灌水率，m^3/（s·万亩）；

A——设计喷灌面积，万亩；

其他符号意义同前。

若按式（5.4-16）计算灌水率图每一时段的流量，则可得到设计代表灌区喷灌用水流量过程线。

5.4.4.3　按随机用水流量计算喷灌设计流量

（1）随机用水流量。当喷灌工程控制面积较大，灌区内用水单位较多、作物的种类较多时，各用水单位和各种作物需要灌水的时间和用水量的任意性较大，难以执行统一编制的轮灌制度。在这种情况下，可按随机用水推求各级管道的设计流量，采用式（5.4-17）计算：

$$Q = \sum_{i=1}^{j} n_i p_i q_i + U\sqrt{\sum_{i=1}^{j} n_i p_i p'_i q_i^2} \quad (5.4-17)$$

其中

$$p'_i = 1 - p_i$$

式中　Q——管道的设计流量，m^3/h；

n_i——某一等级取水口的数目；

p_i——某一等级取水口的开启几率；

q_i——某一等级取水口的标准流量，m^3/h；

p'_i——某一等级取水口的不开启几率；

U——正态分布函数中的自变量；

j——取水口等级数目。

（2）取水口开启几率 p。取水口开启几率表示取水口的开启时间占整个灌水时间的比例，可按取水口控制面积内需要的水量与取水口可提供的水量的比值，采用式（5.4-18）计算：

$$p = \frac{0.667E_pA}{nqt_r} \quad (5.4-18)$$

式中　E_p——作物日需水量，mm/d；

A——取水口控制面积，亩；

n——取水口数目；

q——取水口标准流量，m^3/h；

t_r——日喷灌工作时间，h。

为了保持取水的随意性，管网中每一等级取水口的开启几率均应小于1，即给水栓可供水量应大于其控制面积要求的水量。p 愈小，随机性愈大，但管网流量亦随之增大，因此，在设计中一般取 p 为0.75左右为宜。

（3）正态分布函数中的自变量 U。根据正态分布规律可表达为式（5.4-19）：

$$P(x_i \leqslant X) = \Phi\left(\frac{X - np}{\sqrt{npp'}}\right) = \Phi(U) \quad (5.4-19)$$

式中　X——灌溉时取水口可能开启的数目；

$P(x_i \leqslant X)$——取水口开启数小于或等于 X 个的累积概率。

累积概率 P 表示同时开启的取水口不超过某一数目（或流量不超过某一数值）出现的机会，称为设计流量保证率。在规划设计中，应根据灌区规模大小、所设置的取水口多少、作物对水分的敏感程度，以及整个工程的重要程度等，合理地确定设计流量保证率 P。管网越大，取水口越多，P 值可越小，但一般以不低于80%；当取水口数目 $n \leqslant 5$ 时，取 $P=100\%$，此时 $Q=nq$。

U 值可根据 P 值从标准正态分布函数值表查取。

5.4.5　管道式喷灌系统设计

5.4.5.1　喷头的选择与组合形式

1. 基本要求

按GB/T 50085—2007的规定，喷头的选择和组合间距应符合下列基本要求：

（1）喷灌强度不超过土壤的容许喷灌强度值。

（2）喷灌的组合均匀系数不低于规范规定的数值。

（3）雾化指标 H/d 值不低于作物要求的数值。

（4）有利于减少喷灌工程的年费用。

2. 喷头的选择及喷洒方式

（1）喷头的选择。喷头的选择主要取决于作物的种类、喷灌区的土壤条件，以及喷头在田间的组合情况和运行方式、管理水平等。所选择的喷头要求喷灌质量达到主要技术要素的指标。一般希望喷头的起始压力和最高压力范围应尽量宽一些，以适应不同情况。在同样工作压力下喷头流量大一些为好。在同等条件下，要求射程越大越好，以减少系统投资。喷头一旦选定，其参数也可由有关产品样本直接查得。

（2）喷洒方式。喷头的喷洒方式视喷头的类型和附属设备的不同可有多种，如全圆喷洒、扇形喷洒、矩形喷洒、带状喷洒等。在管道式喷灌系统中，主要使用全圆喷洒，而扇形喷洒多用于单机单头移动式机组系统或管道式系统的田边、地角处，以避免喷湿道路、房屋等。当地形坡度大于15°时，最好采用扇形喷洒。

3. 喷头的组合形式

喷头组合形式包括：支管布置方向、喷头组合形式，以及喷头沿支管的间距和支管间距等。

（1）支管布置方向。喷灌支管布置的方向除考虑地形因素及作物种植方向外，还要考虑风及地形坡度的影响。从经济观点出发，在有固定风向时，支管最好垂直主风向布置，以加大支管间距；在坡地上布置支管，一般支管平行等高线布置，但有时支管垂直等高线布置更经济，在此情况下应通过管网优化确定。

（2）喷头组合形式。喷头在平面上的组合形式不外矩形或三角形。矩形中又有长方形和正方形，三角形中又有正三角形、等腰三角形等（见图5.4-2）。

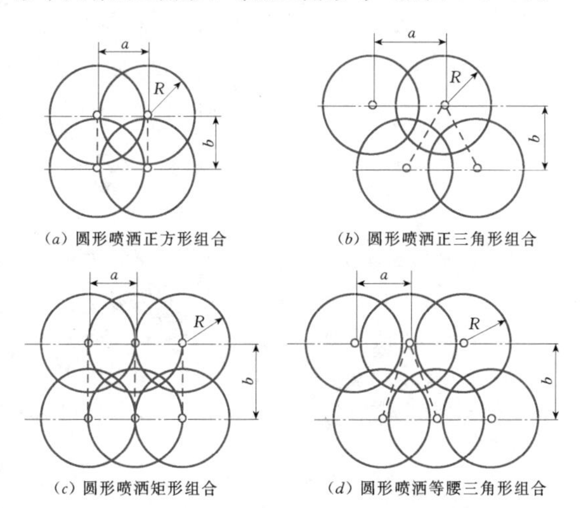

（a）圆形喷洒正方形组合　（b）圆形喷洒正三角形组合

（c）圆形喷洒矩形组合　（d）圆形喷洒等腰三角形组合

图5.4-2　喷头组合形式示意

布置喷头组合形式时应尽量选择支管间距大于喷头间距的矩形组合，当风向多变时可采用正方形组合。三角形组合方式时，单喷头控制的湿润面积最大，而且三角形布置抗风能力较差，一般较少采用。

（3）确定喷头组合间距。支管间距 a、喷头间距 b 称为喷头组合间距，a、b 的确定应在保证喷灌质量的前提下与喷头的选择结合进行。通常确定喷头组合间距的方法是先选择喷头，根据喷头的各项水力参数确定组合间距，然后检验各项技术指标是否达到要求，通过试算达到合理的组合间距。另一种方法是先确定控制喷洒质量的各项技术指标，然后据此选择相应的喷头并确定组合间距，这种优化设计时比较方便。

1）几何组合法。采用几何组合法确定喷头间距，其基本特点是要求喷灌系统内所有面积不发生漏喷，尽可能使喷头间距加大，以减少投资。表5.4-6中给出的数据，可供设计参考选用。

表5.4-6　喷头组合间距

喷洒方式	组合方式	喷头间距 a	支管间距 b	有效控制面积	图5.4-2中形式
全圆	正方形	$1.420R_设$	$1.420R_设$	$2.000R_设^2$	（a）
	正三角形	$1.730R_设$	$1.300R_设$	$2.600R_设^2$	（b）
扇形	矩形	$R_设$	$1.730R_设$	$1.730R_设^2$	（c）
	三角形	$R_设$	$1.865R_设$	$1.965R_设^2$	（b）

喷头的设计射程可采用式（5.4-20）计算：

$$R_设 = KR \tag{5.4-20}$$

式中　$R_设$——喷头的设计射程，m；

K——系数，一般取0.7～0.9，对于固定式系统如有漏喷就无法补救，故可以考虑采用0.8，对于多风地区可采用0.7，也可通过试验确定 K 值的大小，但不能采用1.0；

R——喷头的名义射程，为产品样本值，m。

这一方法不仅要求所有面积完全被喷头湿润面积覆盖，而且还要有一定的重叠，可保证即使有外来因素（风、水压等）的影响也不至于发生漏喷。

2）确定间距射程比，计算组合间距。国内近年来广泛应用间距射程比来确定喷头组合间距。这一方法是基于对 PY_1 型喷头的试验研究成果，要求采用满足均匀度 $C_u \geqslant 75\%$ 条件下的最大组合间距射程比，见表5.4-7。

表5.4-7　PY_1 型喷头最大组合间距射程比

高度为10m的风速 v（m/s）	喷头不等间距布置		喷头等间距布置
	垂直风向 K_a	平行风向 K_b	风向不定
0.3～1.6	1.0	1.3	1.1～1.0
1.6～3.4	1.0～0.8	1.3～1.1	1.0～0.9
3.4～5.4	0.8～0.6	1.1～1.0	0.9～0.7

根据设计风速及喷头等距离或不等距离布置，查表5.4-7得到喷头间距系数 K_a 及支管间距系数 K_b，均可按式（5.4-21）分别求出喷头间距 a 及支管间距 b：

$$a = K_a R \tag{5.4-21a}$$

$$b = K_b R \quad (5.4-21b)$$

计算得到的 a 值及 b 值还应调到可适应管道规格的长度，可取节长的0.5倍的倍数。

如果支管垂直或平行风向，则可直接从表5.5-7中查得 K_a 和 K_b。如果支管与主风向斜交，应视其夹角 β（$0°<\beta<90°$）对 K_a 及 K_b 进行调整。事实上，绝对的主风向并不存在，通常认为风向的摆幅在22.5°以内，就可认为有一定的主风向，表5.4-7中数值是在风向±15°条件下的实测值。因此，当 β 在15°左右时，可按支管平行主风向不等间距布置选 K_a、K_b；当 β 在30°左右时，可按 $K_a=K_b-0.1$，$K_b=K_a+0.1$ 计算；当 β 在45°左右时，可按风向不定，等间距布置处理；当 β 在60°左右时，可按 $K_a=K_a+0.1$，$K_b=K_b-0.1$ 选取；当 β 在75°左右时，可按支管垂直主风向不等间距布置选 K_a、K_b。

根据此法确定喷头组合间距后，必须验算设计喷灌强度，使组合后的喷灌强度小于该种土壤容许的喷灌强度 $\rho_{容}$。当风速 $v\leqslant 1\text{m/s}$ 时，组合喷灌强度可按式（5.4-3）计算；当风速超过1m/s后，湿润面积就要减少，这时组合喷灌强度可通过式（5.4-22a）计算：

$$\rho = K_w C_p \rho_s \quad (5.4-22a)$$

$$C_p = \frac{\pi}{\pi - \frac{\pi}{90}\arccos\frac{\alpha}{2R} + \frac{\alpha}{R}\sqrt{1-\left(\frac{\alpha}{2R}\right)^2}} \quad (5.4-22b)$$

$$\rho_s = \frac{1000q\eta}{\pi R^2} \quad (5.4-22c)$$

式中　K_w——风系数，当风速 $v=1.0\sim5.5\text{m/s}$ 时，可参考表5.4-8选用；

C_p——布置系数，系以射程为半径的全圆喷洒面积与实际单喷头控制面积的比值；

ρ_s——无风情况下单喷头全圆喷洒时的喷灌强度；

q——喷头流量，m^3/h；

η——喷洒水有效利用系数。

表5.4-8　风系数 K_w

运行情况	单喷头全圆喷洒	单支管多喷头全圆喷洒		多支管多喷头同时喷洒
		支管垂直风向	支管平行风向	
K_w	$1.15v^{0.314}$	$1.08v^{0.194}$	$1.12v^{0.302}$	1.0

当已知风速、风向、喷头水力参数并调整好组合间距后，通过验算，如果计算的 ρ 值小于 $\rho_{容}$，则可确定组合间距。如果 $\rho>\rho_{容}$，则需改变喷头工作压力或重新选择喷头，重复上述过程直到满足要求为止。

3）电子计算机模拟特性曲面法。这一方法是建立在用单喷头水量分布图进行叠加计算的原理之上，通过计算机进行多种组合方案计算，以找出优化的组合间距。进行喷头组合方案计算时，采用特性曲面法求最优的组合间距，首先要假定不同的喷头间距 S_l 和不同的支管间距 S_m，分别计算均匀度 C_u、漏喷百分数 C_0（或不漏喷界线）、容许喷灌强度及单位面积投资的等值线，将上述四个等值线点绘到一张图上，如图5.4-3所示，即可得到设计 C_u 值以内的 S_l 和 S_m 的区域（如图5.4-3中阴影 A，$C_u\geqslant80\%$），在这个区域内选取投资最优的组合间距 S_l 和 S_m。

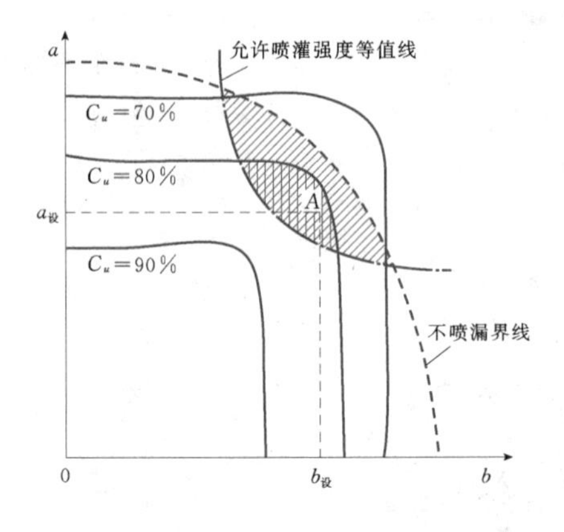

图5.4-3　特性曲面示意

5.4.5.2　喷灌系统工作制度的拟定

先按组合间距将支管和喷头工作位置及干管、控制设备等绘制于地形图上，成为管系平面布置图。然后拟定喷灌工作制度，包括喷头在工作点上喷洒的时间、喷头每日可喷洒的工作点数、同时工作的喷头数和轮灌方案。

1. 喷灌工作制度的拟定

（1）喷头在工作点上的喷洒时间。喷头在工作点上喷洒的时间与灌水定额、喷头参数和组合间距有关，可采用式（5.4-23）计算：

$$t = \frac{abm}{1000q} \quad (5.4-23)$$

式中　t——喷头在工作点上喷洒的时间，h；

a——喷头沿支管的布置间距，m；

b——支管的布置间距，m；

m——设计灌水定额，mm；

q——喷头流量，m^3/h。

（2）喷头每日可喷洒的工作点数。对于每一喷头可独立启闭的喷灌系统，每日可喷洒的工作点数可采用式（5.4-24）计算：

$$n=\frac{t_r}{t+t_y} \tag{5.4-24}$$

式中 n——每日可喷洒的工作点数；

t_r——每日喷灌作业时间，h；

t——喷头在工作点上喷洒的时间，h；

t_y——移动、拆装和启闭喷头的时间，h。

对于移动支管的喷灌系统，仍可用式（5.4-24）计算，但此时 n 为支管每日可喷洒的工作位置数，t_y 为拆装、移动和启闭支管的时间，t 为支管在工作位置上喷洒的时间。因为支管上喷头同时喷洒，所以 t 仍可按式（5.4-24）计算。

如果喷灌系统配有备用支管，拆装、移动和启闭可不占用喷灌的作业时间，此时 t_y 为零。

（3）同时工作的喷头数。同时工作的喷头数可采用式（5.4-25）计算：

$$n_p=\frac{N}{nT} \tag{5.4-25}$$

式中 n_p——同时工作的喷头数（取数），个；

N——喷头总位置数（由平面布置图获得），个；

T——设计轮灌周期，d。

2. 喷头的轮灌编组

当一个喷灌系统计算出同时工作的喷头数后，必须根据喷点布置情况进行轮灌编组。系统上流量过于集中，则管道流量加大，水头损失和设备投资也大；若同时工作的喷头过于分散，会造成管理上的混乱，实际运行中无法实施。因此，必须设计好轮灌编组及轮灌次序。轮灌编组比较复杂，必须认真细致地进行，一般应遵守下列原则：

（1）各轮灌组的喷头数（或流量）应尽量一致，由于喷灌工程大多修建在山丘坡地上，支管长度一般不可能一致，因此，各轮灌组的喷头数也难以完全相同，但是各轮灌组同时工作的喷头数相差一般不超过1～3个，以保证水泵流量稳定，维持在高效区工作。

（2）在一条干管上，数条支管同时工作时，应适当分散水流，以减少干管流量和输水损失，并注意保持上级管道流量的平衡。

例如，有一块长方形耕地，布置固定或半固定式喷灌系统，水源和泵站位于地块的一边（a 处），干管布置在田块中央，如果同时有两条支管工作，可按以下两个方案工作（见图5.4-4），但方案二显然要比方案一节省投资。

方案一：两条支管在干管一侧同时向另一端移动，每条支管有5个喷头，每个喷头的流量为 q，则支管移动过程中的两种极端情况：

1）如图5.4-4（a）所示，干管 L_{ab} 段，流量 $Q=0$。

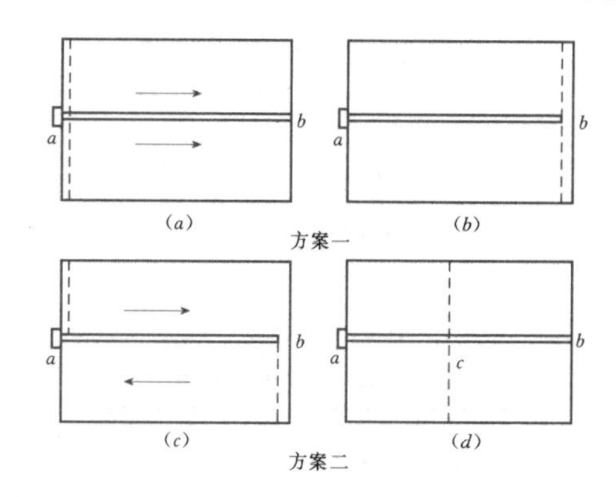

图5.4-4 支管的轮灌方式

2）如图5.4-4（b）所示，干管 L_{ab} 段，流量为两条支管流量的和，干管设计流量 $Q=10q$。

方案二：两条支管分别由干管的两端开始工作，相对移动，两种极限情况如下：

1）如图5.4-4（c）、（d）所示，干管 L_{ab} 段，流量为一条支管的流量，$Q=5q$。

2）如图5.4-4（c）、（d）所示，干管 L_{ac} 段，$Q=10q$；L_{cb} = 段，$Q=0$。

干管设计流量应取两种极限情况的大值 L_{ac} 段 $Q=10q$，L_{cb} 段 $Q=5q$。显然第二方案较第一方案优越。同样，如多条支管同时工作，也应尽量使支管分散各自控制相同的面积。

（3）轮灌组的划分必须考虑到管理运行方便，力求简明而有规律，绝不能用纯数学的方法进行排列组合，否则运行中不能按设计轮灌编组进行，系统就达不到设计要求。

轮灌分组一般以列表的方式进行，以避免出现混乱和便于管理实施。

5.4.5.3 喷灌管网水力计算

喷灌管道都是有压管道，管道水力计算主要是计算管道沿程水头损失，以及弯头、三通、闸阀、异径管等的局部水头损失，其目的是为了合理选定各种管道的管径和确定喷灌系统的设计扬程。

1. 水力计算公式

（1）沿程水头损失。沿程水头损失指管路摩擦的水头损失，它发生在管道均匀流的直线段，是由于水流内部摩擦而消耗的机械能。按GB/T 50085—2007的规定，喷灌管道沿程水头损失可用式（5.4-26）计算：

$$h_f=Ff\frac{LQ^m}{d^b} \tag{5.4-26}$$

式中 h_f——沿程水头损失，m；

F——多口系数，对等间距多出口的支管，F 可采用式（5.4-27）计算，当计算管段内流量保持不变时，$F=1$；

f——与摩阻损失有关的摩阻系数；

L——管段长，m；

Q——管段流量，m^3/h；

d——管内径，mm；

m、b——流量、管径指数，与摩阻损失有关。

各种管材的 f、m 及 b 值，见表5.4-9。

表5.4-9 管道沿程水头损失公式中 f、m、b 值

管材			f	m	b
混凝土管及钢筋混凝土管	$n=0.013$		1.312×10^6	2.00	5.33
	$n=0.014$		1.516×10^6	2.00	5.33
	$n=0.015$		1.749×10^6	2.00	5.33
旧钢管、旧铸铁管			6.25×10^5	1.90	5.10
石棉水泥管			1.455×10^5	1.85	4.89
硬塑料管			0.948×10^5	1.77	4.77
铝管、铝合金管			0.861×10^5	1.74	4.74
聚乙烯管 Q (L/h)	$d>8$mm		0.505	1.75	4.75
	$d\leqslant8$mm	$Re<2320$	0.595	1.69	4.64
		$Re\leqslant2320$	1.750	1.00	4.00

注 1. Re 为雷诺数。
2. 微灌用聚乙烯管的 f 值相应于水温10℃，其他温度时应修正。

当喷灌支管上有多个喷头同时工作时，支管沿程水头损失需分段计算。也可采用多口系数法简化计算，多口系数 F 可采用式（5.4-27）计算：

$$F=\frac{N\left(\frac{1}{m+1}+\frac{1}{2N}+\frac{\sqrt{m-1}}{6N^2}\right)-1+x}{N-1+x} \tag{5.4-27}$$

式中 N——喷头或孔口数；

x——多孔支管首孔位置系数，即支管入口至第一个喷头（或孔口）的距离与喷头（或孔口）间距之比；

其他符号意义同前。

（2）局部水头损失。管道的局部水头损失可采用式（5.4-28）计算：

$$h_j=\xi\frac{v^2}{2g} \tag{5.4-28}$$

式中 h_j——局部水头损失，m；

ξ——局部阻力系数，见本卷第3章3.4节，或参考有关水力计算手册；

v——管道流速，m/s；

g——重力加速度，取 $9.81m/s^2$。

初步规划时，管道系统的局部水头损失可近似地按占沿程水头损失的15%～20%计。

（3）总水头损失。总水头损失为沿程部水头损失与局部水头损失之和，计算总水头损失时，如遇并联管，只取有代表性的管段计算值计入总水头损失。

2. 喷灌支管的水力计算

喷灌支管是指带有竖管及喷头的最末一级管道。它数量多，情况复杂，如各条支管的喷头数或型号不同而造成流量不同。支管管径的大小直接影响喷灌效果和投资。GB/T 50085—2007中规定："同一条支管上任意两个喷头之间的工作水头差应在设计喷头工作压力的20%以内。"实际上是要求同一条支管上各喷头流量差不大于10%，这就是所谓的"均匀喷洒原则"。

（1）支管在平地布置时进口处的压力计算：

1）单向布置支管时，可按式（5.4-29）计算：

$$H_t=H_p+\frac{3[H]}{4}+H_r \tag{5.4-29}$$

2）双向布置支管时，可按式（5.4-30）计算：

$$H_t=H_p+\frac{2[H]}{3}+H_r \tag{5.4-30}$$

其中 $[H]=0.2H_p$

式中 H_t——要求干管在支管出口处的水头，m；

H_p——喷头工作水头，m；

$[H]$——支管首末端容许的水头差，m；

H_r——喷头竖管高，m。

（2）支管上坡布置时进口处的压力计算：

1）单向布置支管时，可按式（5.4-31）计算：

$$H_t=H_p+\frac{3[H]}{2}+\frac{\Delta Z}{2}+H_r \tag{5.4-31}$$

2）双向布置支管时，可按式（5.4-32）计算：

$$H_t=H_p+\frac{2[H]}{3}+\frac{\Delta Z}{2}+H_r \tag{5.4-32}$$

其中 $[H]=0.2H_p+\Delta Z$

式中 ΔZ——支管首末端地形高差，m；

其他符号意义同前。

（3）支管下坡布置时进口处的压力计算：

1）单向布置支管时，可按式（5.4-33）计算：

$$H_t=H_p+\frac{3[H]}{4}-\frac{\Delta Z}{2}+H_r \tag{5.4-33}$$

2）双向布置支管时，可按式（5.4-34）计算：

$$H_t=H_p+\frac{2[H]}{3}-\frac{\Delta Z}{2}+H_r \tag{5.4-34}$$

其中：$[H]=0.2H_p+\Delta Z$，当 $\Delta Z>0.4H_p$ 时，$[H]=\Delta Z$。

（4）多孔出流的支管分段变径时，支管的摩阻损失计算。目前，采用支管分段变径的系统很少，如有需要，可参考有关的专门文献。

(5) 系统均匀压力的设计方法。一般将支管上可以损失的总水头 $0.2H_p$ 视为 [H]，事实上这种考虑忽略了局部水头损失 h_j。其准确算法应是，其局部水头损失 h_j 可实际推算，考虑局部水头损失后，按式（5.4-35）计算管径：

$$D=\frac{fFL(Nq)^m}{(\Delta H-h_j)^{1/b}} \tag{5.4-35}$$

其中 $L=l(n-1+x)$

式中 L——支管长度，m；

l——喷头间距，m；

q——单喷头流量，m^3/h；

N——喷头数，个；

ΔH——支管总水头损失，m。

ΔH 可按式（5.4-36）计算：

$$\Delta H\leqslant 0.2H_p+\Delta Z \tag{5.4-36}$$

式中 ΔZ——地形高差，当支管上坡时，ΔZ 为负，这时应满足 $\Delta Z<(0.15\sim0.2)(0.2H_p)$ 或 $\Delta Z<h_j$；当支管下坡时，ΔZ 为正，当 ΔZ 较大时，如果计算管径太小或太大，说明支管走向太陡，应修改支管布置；

其他符号意义同前。

(6) 支管管径的选择。支管管径的选择，除与支管的设计流量有关外，还要受容许压力的限制。《喷灌工程技术规范》(GB/T 50085—2007) 规定，同一条支管任意两个喷头间的工作压力差应在设计喷头工作压力的20%以内，用式（5.4-37）表示：

$$h_w+\Delta z\leqslant 0.2h_p \tag{5.4-37}$$

式中 h_w——同一支管上任意两喷头间支管段水头损失加上两竖管水头损失之差，m，一般情况下，可用支管段的沿程水头损失计算；

Δz——两喷头的进水口高程差，m，当前面喷头较高时 Δz 为负值；

h_p——设计喷头工作压力，m。

由式（5.4-37）可以看出，在选择支管的管径前必须先找到 $(h_w+\Delta z)$ 为最大的两个喷头的位置。

算得支管管径之后，还需按标准管径向上一规格取整。对半固定式、移动式喷灌系统的移动支管，考虑运行与管理的要求，应尽量使各支管取相同的管径，最大的管径最好控制在100mm以内，以便移动。对固定的地埋支管，管径可以变化，但规格不宜很多，一般变径1次。

3. 干管的水力计算

干管是支管以上各级输配水管道的总称，有时为便于区分，也专指其中某一级管道。

(1) 计算方法与公式。在轮灌方案确定之后，各级各段管道在整个轮灌过程中所通过的流量均系已知，这时应将其按轮灌顺序列成表格，据此进行管道水力计算和选择管径。根据轮灌制度表，可确定最不利轮灌组（这种轮灌组应具有代表性）的流量，以此作为系统的设计流量，是选择水泵机组的基本参数。喷灌系统的设计流量可按式（5.4-38）计算：

$$Q=\sum_{i=1}^{n}q_i \tag{5.4-38}$$

式中 Q——喷灌系统设计流量，m^3/h；

q_i——喷头流量，m^3/h；

n——同时工作的喷头数。

水力计算可按上述方法进行。一般喷灌系统年工作小时少，可适当提高经济流速值以减少管径。在山丘区，可利用高差补偿管道摩阻损失，但是管内流速不宜过大；一般为0.6～2.5m/s，其他地区一般将流速控制在1m/s以内。计算出干管的经济管径后，在计算管径相邻的两个规格管径进行比较，不管取哪种规格，必须计算实际损失，只要实际损失满足要求即可。

(2) 干管管径的选择。干管管径的选择关系到系统的设备投资和运行费用。目前，树状管网中常用的两种方法是经验公式法和经济流速法。

4. 系统支管进口压力推算

喷灌系统除支管单独计算外，其干管、分干管等的水头损失，应按该管段通过最大工作流量时计算其水头损失，求得各干管、分干管的管段损失后，即可分析各支管进口处的系统工作压力，其值至少应满足支管设计压力；如果这个压力超过支管进口设计压力的容许值，则须在支管进口采取减压措施，例如设置闸阀、流量调节阀、减压孔板等。

5.4.5.4 喷灌管网结构设计

1. 管道纵剖面设计

管道纵剖面设计应在喷灌系统平面布置图绘制后进行，如果系统的平面布置并非在地形图上绘制，则应有各固定管道沿线的地形剖面图。

(1) 管道纵剖面设计的主要内容。管道纵剖面设计的主要内容是确定各级固定管道在立面上的位置，一般情况下，应尽量使管道在立面上顺直，并要避免大量开挖。在管道沿线地面起伏较大时，地埋固定管道也可随地面起伏，但要避免山峰状隆起（可采用平坡过渡）。在起伏的管道上，隆起的部位要设置进排气阀，低谷的部位则要设置泄水阀。

对于地埋管道的纵坡，设计时应考虑土壤的稳定性和施工的方便，一般情况下不应超过1∶1。

对于地埋管道的埋深，一般应使管顶位于冻土层以下。在田间的地埋固定管道，管顶至地面的距离还应大于机耕深度，一般应不小于0.4m。

(2) 管道纵剖面图。管道纵剖面设计后应绘出管道纵剖面图，它包括输水干管、配水干管和分干管的纵剖面图，以及固定地埋支管的纵剖面图。有的喷灌系统地埋支管很多，全部绘出工作量很大且无必要，此时可选择有代表性的支管绘制纵剖面图。

管道纵剖面图所用比例尺，纵横向可以不相同，通常高程比例尺取1∶100或1∶200；水平比例尺取1∶1000或1∶2000。

管道的纵剖面图应绘出地面线、管底线，并标出控制阀、三通、四通、弯头、异径管、进排气阀、泄水阀、安全阀、伸缩节等所在位置。如果管道中设有镇墩和支墩、跨越或穿越交叉建筑物等，亦应标注位置。

管道纵剖面图的底栏，一般应包括桩号、地面高程、管底高程和挖深4项，对只有一种坡降的管道，亦可将管坡度注在底栏之内。

管道纵剖面图示例如图5.4-5所示。

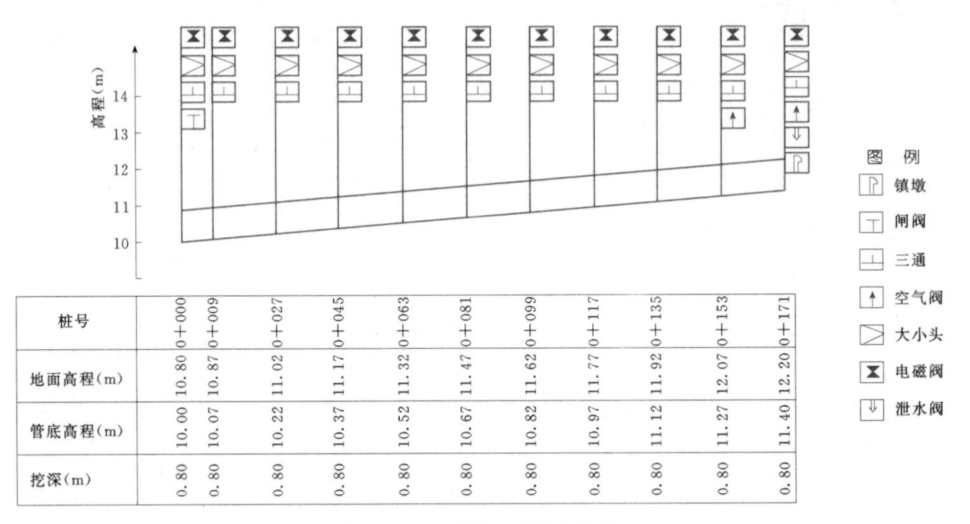

桩号	0+000	0+009	0+027	0+045	0+063	0+081	0+099	0+117	0+135	0+153	0+171
地面高程(m)	10.80	10.87	11.02	11.17	11.32	11.47	11.62	11.77	11.92	12.07	12.20
管底高程(m)	10.00	10.07	10.22	10.37	10.52	10.67	10.82	10.97	11.12	11.27	11.40
挖深(m)	0.80	0.80	0.80	0.80	0.80	0.80	0.80	0.80	0.80	0.80	0.80

图5.4-5　管道纵剖面图示例

2. 管道系统结构

各级管道的平面位置和立面位置确定后，即可进行管道系统结构设计，设计时需要注意下列要点：

(1) 确定竖管高度时，应以植株不阻碍喷头的喷洒为最低限，常用的竖管高度为0.5～2m。当竖管高度超过1.5m或使用的喷头较大时，为使竖管稳定，应增设竖管支架。竖管的安装应铅直、稳定。

(2) 在支管入口处应安装控制阀门，在其后装压力表，以保证喷头工作压力和流量的稳定。当干管固定、支管移动时，阀门应固定安装，压力表则随支管移动。

(3) 当固定的输配水管道坡度较陡或管径较大时，为了稳定管道位置，不使管道发生任何方向上的位移，在管道的变坡、转弯的分界处应设置镇墩；在明设固定管道上，管线较长时也应设置支墩。对于镇墩、支墩的构造和设计计算，可参阅《机电排灌设计手册》（皮积瑞，解广润主编，水利电力出版社，1992）等有关书籍。

(4) 对温度和不均匀沉陷比较敏感的固定管道，应设置柔性接头。柔性接头每隔一定距离设置一个，距离的长短视具体情况确定。

(5) 装置于地埋固定管道上的阀门及地埋固定管与地面管连接处的阀门，均应修建阀门井，阀门井不宜过大，但应该满足操作和检修的要求，阀门井的示意图如图5.4-6所示。

管道系统结构确定后，应以透视图的形式绘制出

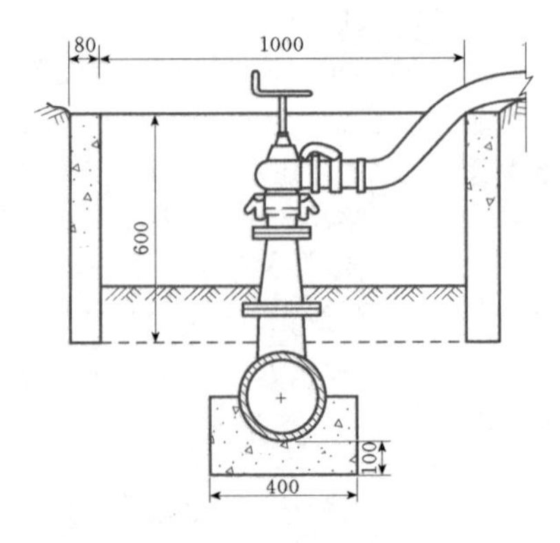

图5.4-6　阀门井的示意图（单位：mm）

管道系统结构示意图，在图上标出各种管道的材质、管径、长度，各种管件和附件的规格以及材质。绘制管道系统结构示意图时，应与喷灌系统的平面布置图以及固定管道纵剖面图互相核对，无误后再进行下一步工作。管道系统结构示意图如图 5.4-7 所示。

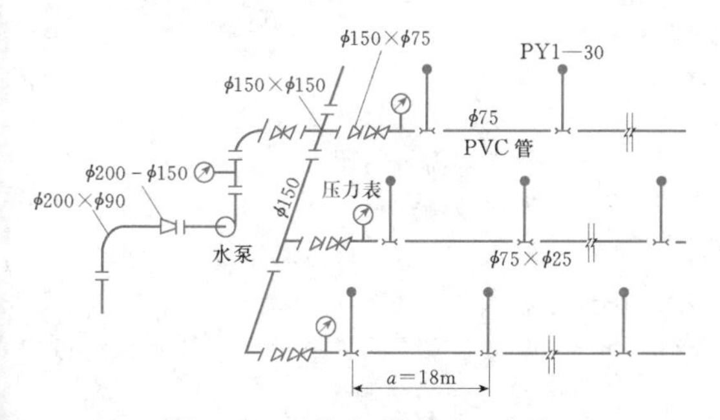

图 5.4-7 管道系统结构示意图

3. 管道系统各控制点的压力

管道系统各控制点的压力系指喷洒支管入口、配水干管（或分干管）入口、输水主干管或干管入口和其他特殊点的测管水头。在这些控制点处通常设有调节阀门和压力表，以保证系统正常运行。计算各控制点在各个轮灌编组时的水头，既是为了选择水泵，也是为了给系统运行提供基础数据。

支管入口压力的计算是系统其他各控制点压力计算的基础，如果支管入口压力出现较大误差，则其他各控制点的压力也将出现较大误差，因此，对支管的压力计算应特别注意，力求使其符合实际。

管道系统各控制点的压力水头可采用下列两种方法近似计算。

(1) 降低 $0.1h_p$。这种方法比较简单，它是在原有方法计算出支管入口压力水头后，再减去设计喷头工作压力水头的 10%，用公式表示为

$$H_l = H_{l0} - 0.1h_p \tag{5.4-39}$$

式中 H_l——支管入口压力水头，m；

H_{l0}——用原有方法计算的支管入口压力水头，m；

h_p——设计喷头工作压力水头，m。

这种方法适用于喷头与支管入口压力差较大的情况。

(2) 降低 $0.25h_f$。这一方法也较简单，它是在原有方法计算所得的支管入口压力水头中，减去首末喷头间支管沿程水头损失的 25%，用公式表示为

$$H_l = H_{l0} - 0.25h_f \tag{5.4-40}$$

式中 h_f——支管上首末两喷头间管段的沿程水头损失，m；

其他符号意义同前。

这个方法适用于支管只有一种管径且支管沿线地势平坦的情况，当喷头个数较多时，支管实际流量很接近设计值，但在喷头数低于 5 个时，仅比原方法稍有改善。

支管入口压力确定后，再计算分干管、干管入口压力，这时可根据系统在各轮灌编组时各段的流量，分别计算沿程水头损失和局部水头损失，然后再计算各控制点的压力。不同管材管道的水力损失计算可见第 3 章的有关内容。

将各轮灌编组时各控制点的压力算得之后，应将结果按轮灌顺序列成表格，作为系统运行时的依据。与此同时，可以得到系统的流量范围和输水管入口的压力范围，这是选择水泵所必须的数据。使用流量范围和压力范围来选择水泵，较之使用最大扬程或最大流量选择水泵的方法更为合理，因为它显示了在系统的整个运行过程中，水泵是否能始终工作在高效区。

5.4.6 山丘区管道式喷灌系统设计

5.4.6.1 山丘区喷灌系统的类型

按照水源与灌区的相对位置及高差、水源工程的形式，可将山区管道式系统归纳为蓄水、引水和提水 3 种基本类型；按照喷灌系统取得水压力的方式，又可分为利用自然落差的自压和使用水泵加压的机压两种基本形式。山区喷灌系统可分为：自压喷灌系统、引水式自压喷灌系统、蓄水式自压喷灌系统、引蓄结合的自压喷灌系统、提水式机压喷灌系统、提蓄结合的机压喷灌系统、提高蓄能式机压喷灌系统、提引结合的机压喷灌系统、引蓄结合的机压喷灌系统、自压与机压结合的喷灌系统等几类。

5.4.6.2 自压喷灌系统设计

1. 自压喷灌系统设计的特点

自压喷灌系统中喷头的工作压力和各级管道的水力损失，都靠地形落差提供和补偿，不需耗油或耗电，运行费用小。所以自压喷灌系统设计应在满足喷灌质量的前提下，使系统投资尽量减少，并使运行操作方便。

(1) 对地形高差的基本要求。自压喷灌的水源水位与灌区地面应有足够大的高差。喷头工作压力一般都不低于 200kPa，加上各种水头损失，要求地形落差至少应有 25m；对微灌系统，至少应有 10～15m。如果地形高差不足，则需用水泵补充加压。

(2) 地面坡度对各级管道的影响。当支管垂直与等高线布置时，竖管难以铅垂安装，这时可容许竖管在一定限度内倾斜。国家标准《旋转式喷头试验方法》(GB 5670.3—1985) 中规定，旋转式喷头在竖管与铅垂线夹角为 10°时，喷头仍能可靠运转。这个数

值相当于竖管垂直于坡降为17.6%的坡面，即地面坡降不应大于17.6%。另外，坡降过大，不但逆坡方向的射程减少，而且还会产生土壤冲刷。对于固定式喷头，倾斜的大小不影响喷头正常运行，竖管安置可不受限制，但仍宜铅垂或垂直坡面安装，以保证喷灌质量。

对于支管，在自压系统中通常尽可能沿等高线布置，这时，地面坡降对其影响不大；少数情况下，顺坡布置支管，则管径可能小些，或管道可以长些。逆坡支管可按均衡压力设计，利用地形落差补偿水头损失，但应采取水锤防护措施。

对于输水主干管，它从水源到灌区，必须满足下一级管道所需的入口压力。

2. 自压喷灌系统的管道布置

(1) 布置原则。自压喷灌系统的管道布置除考虑前述的管道布置原则外，尚应考虑下列原则：

1) 自压喷灌系统的管道布置应以地形、地势为主要因素，喷洒支管应尽量沿等高线布置，配水给支管的分干管或干管应尽量垂直等高线下坡布置。

2) 要充分利用落差造成的自然水头，在地势较高、喷灌压力不足的地方，可采用水泵增压、微喷灌或滴灌扩大灌溉面积。

3) 各级管道，尤其是固定的地埋管道，应避免通过滑坡地带或地基不稳定的地区。

4) 自压喷灌系统的形式以采用固定、半固定为宜。

5) 有条件时，应结合农村生活用水、小水力发电站用水、乡镇工业副业用水等发展自压喷灌。

(2) 不同地形管道系统布置。山区地形地貌复杂，往往不能用单一的方法解决管道系统的布置问题。现介绍两种典型地形地貌条件下的管系布置方法。

1) 河谷山坡地。灌面一般分布在两侧山坡上，特点是地面坡度陡，相对高差大。这时应以山梁、山坡为单元考虑管系的布置和管道分级。耕地集中、面积较大的地块，可采用半固定式喷灌系统的形式；面积较小的地块不一定纳入系统，可以自成体系，用单级管道解决。

河谷山坡地的管道系统布置的一般规律是将输水主干管与干管连接成一条管道，沿山脊布置，配水干管垂直等高线或与等高线斜交，控制两侧山坡地。在山腰盘山渠道以下的灌面，则可利用水渠与灌面的落差，自成单元，解决零星地块。

2) 丘陵地。丘陵地的灌面一般比较破碎，地形坡度变化较大，且多有沟槽切割。管道系统应以山脊为单元进行布置，输水干管沿山脊线布置，分干管斜插或等间距布置。

3. 输水主干管长度

设输水主干管入口处的压力水头为零，则

$$L=\frac{H_m}{\frac{I}{\sqrt{1+I^2}}-\frac{fQ^m}{D^b}} \tag{5.4-41}$$

式中　L——输水主干管长度，m；

H_m——管末端需要的压力水头，m；

I——地面坡降；

Q——输水主干管内通过的流量，m^3/h；

D——输水主干管内径，mm；

f、m、b——摩阻系数、流量系数、管径指数，可由表5.4-9查取。

4. 自压喷灌系统的压力分区

在灌面大、管道长、坡度陡的自压喷灌系统中，顺坡的干管首末两端压力相差甚大，若按一种喷头工作压力设计，往往顾此失彼。如图5.4-8所示，若选用工作压力H_1，由图5.4-8可以看出，其控制面积最大，但有很大部分自然水头需用人为办法消除，水头的利用率很低；如果选用工作压力H_3，水头利用率似乎提高了，但控制面积很小，实际上也没有很好地利用水能。因此，需要进行压力分区，在不同的地段采用不同的工作压力，以充分利用自然水头，提高喷灌效益和降低设备投资。在确定压力分区时需要进行多方面比较，考虑下列问题：

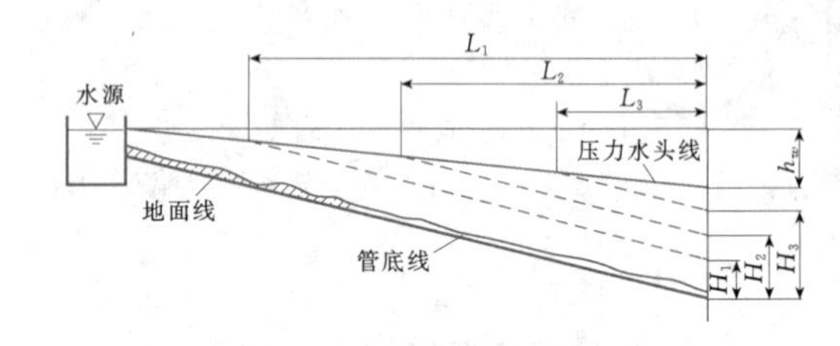

图5.4-8　输水管纵剖面示意图

(1) 各压力区的设计水头需与喷头的工作压力要适应；在同一压力区内，应选用同一工作参数的喷头。

(2) 压力分区不宜过多，每区控制面积不宜过小，并需与喷灌作业区协调。面积较大的灌区，以分2～3区为宜。

(3) 应尽量利用各区内的剩余水头，抵消管道的水头损失。

(4) 干管中水流的流速应有限制，以保证系统的安全。一般情况下流速应不超过3m/s，输水主干管或承压能力较低的管道，流速应不超过2.5m/s。

5. 自压喷灌系统的减压设施

当自压喷灌系统输水或配水管道很长，沿管线的地形坡度又很陡时，管内的压力水头越往下越大，往往超过管道本身的承压能力，这时必须采取减压措施以保证安全。

国内目前采用比较广泛的方法是设池减压。根据配水方式的不同，分为减压续灌和减压轮灌两种措施。

(1) 减压续灌。由水源直接通过减压池同时向各小区供水，如图 5.4-9 所示。在水源位置和管系布置确定之后，即可根据管道的容许压力、支管入口压力及地形条件，确定各小区的范围和减压池的位置。

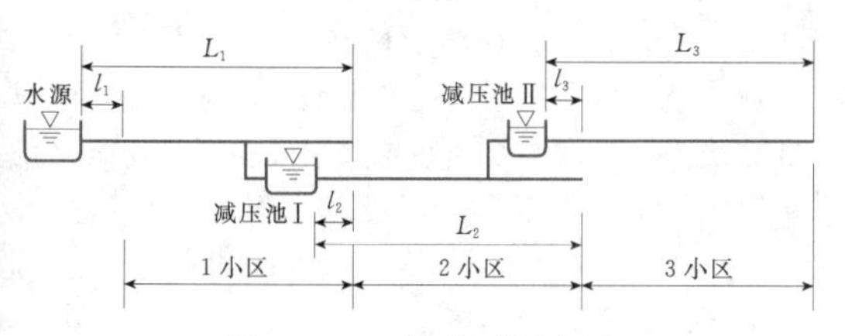

图 5.4-9 减压续灌示意图

设 1 小区的上边界高程为 Z_{1a}，下边界高程为 Z_{1b}，则

$$Z_{1a} = Z_0 - H_{l1} - h_{w1} \quad (5.4-42)$$

式中 Z_0——水源设计水位，m；

H_{l1}——1 小区要求的支管入口压力水头，m；

h_{w1}——干管在水源到 1 小区上边界管段内的水头损失，m。

为充分利用自然水头，减少进入灌区之前的输水压力损失，同时又避免过分地增大管径，根据实践经验，本段管道损失水头以控制在支管入口压力的 5%～15% 为宜，这样式 (5.4-42) 可改写为

$$Z_{1a} = Z_0 - (1.05 \sim 1.15)H_{l1} \quad (5.4-43)$$

设进入 1 小区前的平均地面坡度为 i_{l1}，则进入 1 小区前干管段的长度为

$$l_1 = \frac{Z_0 - Z_{1a}}{i_{l1}} \quad (5.4-44)$$

设管道的允许压力水头为 $[H_1]$，则 1 小区下边界高程为

$$Z_{1b} = Z_0 - [H_1] \quad (5.4-45)$$

根据水源至 1 小区末干管沿线的平均地面坡度 i_{l1}，可求得 1 干管总长为

$$L_1 = \frac{[H_1]}{i_{l1}} \quad (5.4-46)$$

同理可求得以下各小区边界高程、干管长和减压池位置。

(2) 减压轮灌。减压轮灌时，减压池位置和小区边界的确定与续灌时相同。减压轮灌的运行顺序如下（见图 5.4-10）：

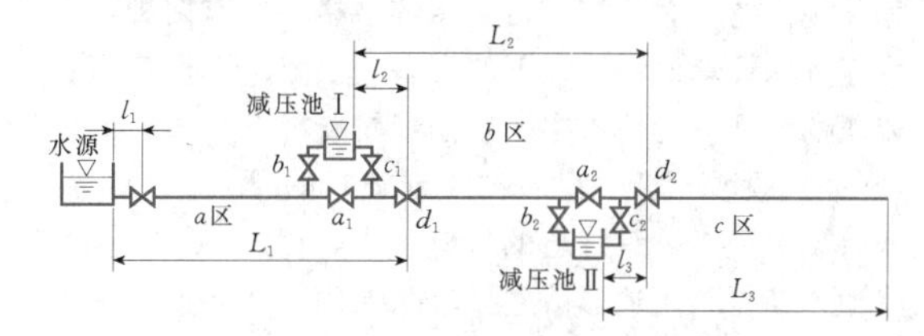

图 5.4-10 减压轮灌示意图

1) a 区喷灌：关闭闸阀 b_1、c_1、d_1，开启闸阀 a_1，由水源直接向 a 区供水喷灌。

2) b 区喷灌：关闭 a_1、b_2、c_2、d_2，开启 b_1、c_1、d_1、a_2，水流自水源经减压池Ⅰ输至 b 区喷灌。

3) c 区喷灌：关闭 a_1、a_2，开启 b_1、c_1、d_1、b_2、c_2、d_2，水流经减压池Ⅰ和Ⅱ输至 c 区喷灌。

6. 管道设计

(1) 管系的配水方式。在自压喷灌系统中，支管一般都是轮灌，而配水管则为续灌。当只有一个压力区、控制面积又比较小时，可以将支管集中轮灌；有两个或两个以上压力区时，应将其再分为几个作业区，支管则在各作业区同时轮灌。作业区的划分应满足下列要求：

1) 作业区的范围在同一压力分区内。

2) 同一压力分区内的各作业区面积大致相等。

3) 作业区的划分避免和作物种植产生矛盾。

4) 作业区内的支管、喷头等设备的规格和性能相同。

(2) 管道的设计压力：

1) 设计压力：管道按设计要求运行时的水压力。设计压力根据喷头工作压力和管道水头损失求出，是指导系统运行的水压力。

2) 最大设计压力：管系已充满水，但喷头尚未开启时的静水压力。最大设计压力用来选择管材和进行小区减压计算。

3) 校核压力：开关阀门时产生的水锤压力。用以校核管道在产生水锤时是否安全。

(3) 管径选择和水力计算。自压喷灌系统各级管道的管径选择，除支管外均与一般管道式喷灌系统有区别，而且在自压喷灌系统中，同为顺坡向下铺设的管道，输水管和配水管的管径选择也不一样。自压喷灌系统的管道水力计算与一般管道式喷灌系统基本相同，只是自压喷灌系统的水力计算需要结合减压区、压力区和作业区的划分进行。

1) 输水主干管的管径选择。管径选择的原则是在满足输水主干管末端压力要求的前提下使其设备亩

投资最小。当地面坡降不大于30%时，其管径可采用式（5.4-26）计算。计算出经济管径后，需要向相邻规格的内径调整，由于相邻规格内径有两种，因此应分别计算两种管径下的设备亩投资，选设备亩投资小的管径作为输水主干管的经济管径。

2）顺坡配水干管（或分干管）的管径选择。配水管要保证下一级管道的入口压力，因此，对顺坡管来说，既需利用地形落差抵消水头损失，不使上级管道增加压力水头，又不要使下面的管道入口压力增高，因此最好的办法是使水力坡降与地面坡度相等，此时其管径即为经济管径。同样，可用式（5.4-26）反求自压系统顺坡配水管的经济管径，计算所得的管径亦应向规格管径调整。

3）配水管沿等高线布置时的管径选择。这种管道多为典型四级管道中的第二级，其上为输水主干管。本级管道在一定流量下，若管径大，本级设备亩投资就大，但要求主干管末端的压力就小；反之，本级设备亩投资就小，但要求主干管末端的压力大。因此这一级管径选择应该与输水主干管一并考虑，目前习惯的做法是选择不同管径组合进行方案比较。也常遇到输水主干管末端压力受条件限制不能变动的情况，这就相当于配水管首末压力差已知，因此，可以据此反求管径。

5.4.6.3　机压喷灌系统设计要点

山区机压喷灌系统设计的内容、步骤和方法，与平原区基本一样，但山区的机压系统多了提水这项内容，所以管道系统的布置需要补充几种形式。

1. 单级提水加压

适用于地形高差不大、面积较小的坡地或局部高地。管系一般由干管、支管两级组成，泵站布置在水源处，一次提水同时加压向干管供水。

2. 分级提水加压

对于地形高差大，且超过管道承压能力的坡地，应将管系分区布置，划分的依据是高程和灌溉面积，如图5.4-11所示。由图5.4-11可看出，水源泵站只起提水作用，一区、二区泵站一方面需给本站的干管加压供水，同时还要向上面一级泵站提水，而最后一区，也就是最上面的泵站，则只对本区干管加压供水。对于兼顾提水和加压的泵站，可以分泵各自专用；在提水高度和干管所需水头相近时亦可由同一水泵兼顾，但此时只能各区轮灌。

3. 分区提水加压

对于面积较大地形复杂的山脊河谷地，集中一处建站往往很不经济，这时宜分成几个独立的系统。这些独立系统的管系和泵站布置，可根据实际情况采用

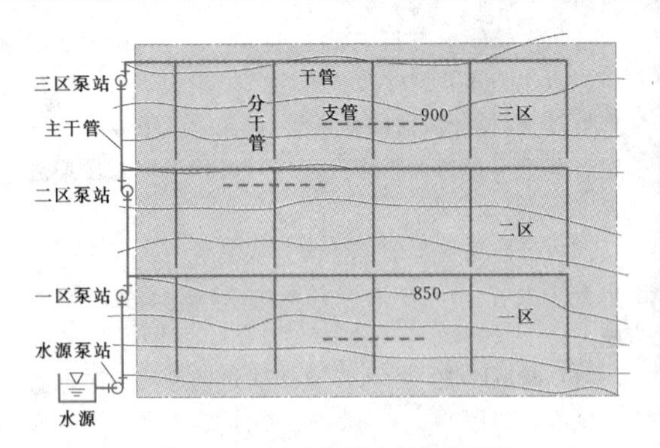

图5.4-11　分级提水加压布置图

上述单级提水加压或分级提水加压布置方式。

4. 利用自然水头补充增压

适用于自压喷灌区以上的灌面，其特点是水泵只需补充增压。这常与自压系统共用一根干管，泵站设在水源下方或输水管侧，系统的布置与自压区一并考虑。

机压、自压结合的喷灌系统是山区常见的形式，其管道系统的布置比较复杂，但可充分利用自然水头，扩大喷灌面积，效益是明显的。

5.4.6.4　提水蓄能式喷灌系统设计要点

与一般提蓄式机压喷灌系统不同，提水蓄能式是提水高蓄，依靠蓄水池的高度来满足喷灌压力要求，因此，其系统设计相当于一个泵站设计和一个自压喷灌系统设计的结合，泵站的出水池就是自压喷灌系统的蓄水池。

由于提水高蓄，使提水蓄能式喷灌系统较一般提蓄式机压系统，要多铺设一段从高位蓄水池到灌区的管道，水流在其间多了一次往返，要额外损失一部分水头，设备投资和运行费用都要增加，因此并不经济。一般只有在喷灌季节供电没有保证，或是系统的输水管道翻山越岭自上方进入灌区时才采用提水蓄能式喷灌系统。

5.4.7　水泵及动力选配

5.4.7.1　水泵及动力类型

1. 水泵类型

在喷灌系统中应用最普遍的一种泵是离心泵。根据水流进入叶轮的方式不同，离心泵又分为单吸式和双吸式两种。单吸式离心泵，水流从叶轮一面吸入，一般流量较小（4.5～360m^3/h）、扬程较高（8～90m）、结构简单、使用方便、适应性强。双吸式离心泵，水流从叶轮两面吸入，流量较大（120～12500m^3/h）、扬程较高（9～140m）、体积较大、比较笨重、适用于固定泵站。

如果水源是深井，可用长轴井泵。长轴井泵长传动轴串联有许多叶轮，扬程大，结构比较复杂。还有一种将立式电动机和水泵安装在一起，并全部潜入水中抽水的水泵，称潜水电泵。

2. 动力设备

喷灌用动力设备主要是电动机。电动机操作简单、体积小、重量轻、使用寿命长、维修费用低、工作可靠，当地只要有电源就可应用。柴油机也是喷灌常用的一种动力设备，柴油比汽油便宜，柴油机故障较少，但其结构复杂，制作成本较高，也较笨重。喷灌用动力设备还有汽油机、拖拉机等。

5.4.7.2 水泵及动力选配

为了获得必要的压力进行喷灌，在一般情况下都需要水泵加压，因此，必须适当地选择水泵及其配套动力。选择水泵的依据是设计流量和设计扬程。

1. 喷灌系统设计流量和设计扬程的推求

(1) 喷灌系统设计流量的推求。在喷灌工作制度及轮灌编组确定之后，同时工作的喷头数便为已知，而系统的设计流量，即是同时工作的喷头流量之和，同时考虑一定数量的管道系统输水水量损失，即

$$Q=\frac{nq}{\eta_{系}} \tag{5.4-47}$$

式中 Q——喷灌系统设计流量，m^3/h；

n——设计中确定同时工作喷头数；

q——喷头喷水量，m^3/h；

$\eta_{系}$——输水系统利用系数，对于管道式系统 $\eta_{系}=0.95\sim1.0$ 输水管路长时取小值，管路短时取大值。

(2) 喷灌系统设计扬程的推求。系统扬程的可按式 (5.4-48) 计算：

$$H=H_0+h_w+h'_w+\Delta z \tag{5.4-48}$$

式中 H——喷灌系统的设计扬程，m；

H_0——喷头工作压力水头，m；

h_w——各级压力管道的水头损失之和（包括沿程和局部水头损失，即 $h_w=h_f+h_{局}$）；

h'_w——水泵吸水管水头损失，m，在水泵型号和安装高程未定的情况下可估计为 1～1.5m；

Δz——喷头与水源水位的高差，m。

水泵及动力设备性能可参考有关专门书籍。

式 (5.4-48) 中喷头工作压力水头 H_0 和水泵吸水管水头损失 h'_w 都为定值，但由于各轮灌组工作时，输水路程和各管段的流量情况不同，故压力管道的水头损失 h_w 是不相同的。又由于灌区地形的变化，各轮灌组喷头与水源水位的高差 Δz 也常常有差别，因此，在喷灌系统运行过程中，水泵提供的扬程是不可避免地变化的。为了确保任何情况下，喷头均能获得额定工作压力，就应找出扬程的最大值，并以此来选配水泵，这就是系统的设计扬程。

对于一些较为简单的喷灌系统，比如地形平坦（Δz 变化不大），轮灌组简明（管道流量变化简单）的情况下，从直观上就可看出出现最大扬程的轮灌组别（常常就是输水路线最远的那一组），此时系统设计扬程便可计算。但当灌区地形起伏较大时，有的轮灌组虽输水路程远，h_w 大，但可能所处高程较低，Δz 小，甚至是负值；相反有的轮灌组 h_w 虽较小，但可能 Δz 大；也不一定是最远支管所需扬程为最大。当出现上述这些情况时，就必须从输水路程、管道流量和地形高差等方面进行认真分析，找出若干有可能出现扬程最大的轮灌组别，通过计算加以比较后确定系统的设计扬程。

2. 喷灌管道和泵站水锤压力防护及验算

喷灌管道和泵站水锤压力防护及验算详见本卷第3章3.4节和第6章6.10节的相关内容。

5.5 微灌工程设计

微灌是微喷灌和滴灌的总称。借助一套专门设备（包括微喷头、滴头等，其流量小于250L/h）将具有压力的水变成细小的水流或水滴，浇洒作物（微喷灌）或湿润作物根部附近土壤的灌水方法。按灌水时水流出流方式的不同，可以将微灌分为如下4种形式。

1. 滴灌

滴灌是通过安装在毛管上的滴头或滴灌带等灌水器将水一滴一滴地、均匀而又缓慢地滴入作物根部附近土壤的灌水方式。

2. 地下滴灌

地下滴灌是将全部滴灌管道和灌水器埋入地表下面的一种灌水方式。这种方式克服了地面毛管易于老化的缺陷，同时便于田间作业。

3. 微喷灌

利用微型喷头将水喷洒在枝叶上或树冠下地面上的一种灌水方式。微喷既可以增加土壤水分又可提高空气湿度，起到调节田间小气候的作用。根据需要既可设计成全面灌溉也可设计成局部灌溉。

4. 涌泉灌溉

涌泉灌溉是通过安装在毛管上的涌水器形成的小股细流，以涌泉方式使水流入土壤的一种灌水方式。涌泉灌溉的流量比滴灌和微喷灌大，一般都超过土壤的渗吸速度。

5.5.1 微灌系统的组成与分类

5.5.1.1 微灌系统的组成

微灌系统一般由水源、首部枢纽、输配水管网和灌水器四部分组成。其形式如图5.5-1所示。

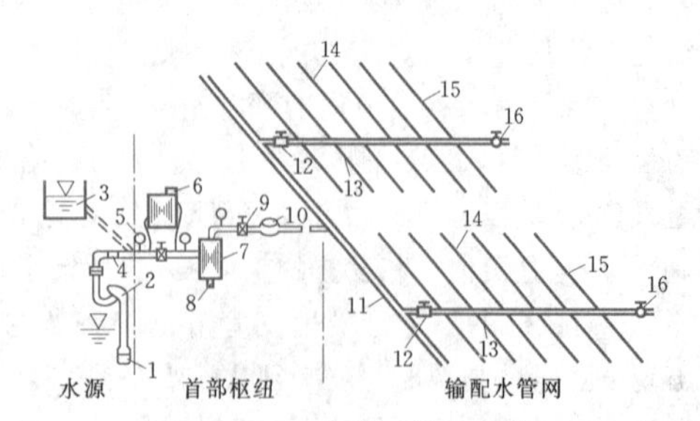

图5.5-1 微灌系统示意图

1—滤头；2—水泵；3—蓄水池；4—逆止阀；5—压力表；6—施肥罐；7—过滤器；8—排污管；9—阀门；10—水表；11—干管；12—支管阀门；13—支管；14—毛管；15—灌水器；16—冲洗阀门

微灌系统可用水质符合要求的河流、湖泊、水库、塘堰、沟渠和井泉等作为水源；首部枢纽一般包括水泵、动力、控制阀、安全阀、水质净化装置、施肥装置、测量和保护装置等；输配水管网包括干、支、毛管及给水阀门（栓）和管道连接件等；灌水器根据结构和出流形式的不同，分为滴头和微喷头两大类，一般置于地表，少数埋入地下进行灌溉。

5.5.1.2 微灌系统的分类

根据微灌工程中毛管在田间的布置方式、移动与否以及进行的灌水的方式不同，一般将微灌系统分为以下4类。

1. 地面固定式微灌系统

灌水期间任何部件都不移动的微灌系统称为固定式系统。这种系统毛管和滴头或微喷头布置在地面，适用于果园或条播作物的灌溉。但毛管在作物播种时要拆卸，灌水器易老化。

2. 地下固定式微灌系统

系统所有部件固定不动，毛管和滴头埋入地下，不影响耕作和播种，但不易检查灌水器工作状况。

3. 移动式微灌系统

在灌水期间，毛管和灌水器在一个位置工作完后，移动到另一个位置灌水。与固定系统相比，其投资较低，但运行工作费用较高。

4. 间歇式微灌系统

这种系统又称为脉冲式微灌系统，其灌水器(滴头)流量比普通的大4～10倍，每隔一定时间出流一次，由于滴头孔口增大，减少了堵塞，又由于间歇灌水，避免了径流和深层渗漏的产生，其灌水器工艺要求较高。

5.5.2 微灌工程规划设计参数

微灌工程规划设计参数包括作物需水量、作物耗水强度、灌溉补充强度、土壤湿润比、灌水均匀度、灌溉水有效利用系数和灌水额定工作水头等，它们的取值大小直接影响到微灌工程的投资、运行管理难易和灌水质量，从而影响工程的效益。

5.5.2.1 作物需水量与作物耗水强度

1. 作物需水量

作物需水量（ET_c）包括作物蒸腾量和株间土壤蒸发量，影响作物需水量的因素有气象条件（温度、日照、湿度及风速等）、土壤类别及含水状况、作物种类、生育阶段及农业措施等。确定作物需水量最可靠的方法是进行田间实际观测，在规划设计阶段往往缺乏实测资料，可根据影响作物需水量的因素进行估算。目前，用于估算作物需水量的方法很多，具体见本书第1章1.3节。

作物需水量是参考作物需水量与作物系数的乘积。作物系数K_C反映了作物特性对作物需水量的影响，而影响作物系数的因素有作物种类、生长发育阶段、气候条件等。大田和蔬菜作物生长旺盛阶段的作物系数值见表5.5-1和表5.5-2，果树作物的作物系数分别列于表5.5-3～表5.5-5中，可供计算实际作物需水量时参考使用。

2. 作物耗水强度

微灌主要用于灌溉经济类作物，当只有部分土壤表面被作物覆盖时，可考虑按局部灌溉设计。此时只部分土壤需要湿润就可满足作物用水需求，作物耗水量仅与作物对地面的遮阴率大小有关，其耗水强度为

$$E_a = K_r ET_c \tag{5.5-1}$$

其中

$$K_r = \frac{G_c}{0.85}$$

式中 ET_c——作物需水量，mm/d，可按联合国粮农组织（FAO）推荐的彭曼—蒙特斯（Penman-Monteith）公式计算；

E_a——作物耗水强度，mm/d；

K_r——作物遮阴率对耗水量的修正系数，若计算出K_r大于1时，取$K_r=1$；

G_c——作物遮阴率，又称作物覆盖率，随作物种类和生育阶段而变化，对于大田和蔬菜作物，设计时可取0.8～0.9，对于果树作物，可根据树冠半径和果树所占面积计算确定。

设计耗水强度是指在设计条件下作物的耗水强度，是确定微灌系统最大输水能力的依据。《微灌工程技术规范》（GB/T 50485—2009）规定，应取设计

表 5.5-1　　大田和蔬菜作物生长旺盛阶段的 K_C 值

气候条件＼作物	棉花	谷类、高粱	玉米	大麦、小麦	土豆	甘蔗	各类蔬菜	番茄
适宜气候	0.85	1.00	1.00	1.00	1.00	1.35	1.00	1.00
干燥气候	1.00	1.20	1.20	1.10	1.15		1.15	1.20

表 5.5-2　　香蕉的 K_C 值

气候条件＼月份	1	2	3	4	5	6	7	8	9	10	11	12
湿润、风力轻微到中等	1.00	0.80	0.75	0.70	0.70	0.75	0.90	1.05	1.05	1.05	1.00	1.00
湿润、风大	1.05	0.80	0.75	0.70	0.70	0.80	0.95	1.10	1.10	1.10	1.05	1.05
干燥、风力轻微到中等	1.10	0.70	0.75	0.70	0.75	0.85	1.05	1.20	1.20	1.20	1.15	1.15
干燥、风大	1.15	0.70	0.75	0.70	0.75	0.90	1.10	1.25	1.25	1.25	1.20	1.20

表 5.5-3　　柑橘的 K_C 值

环境条件＼月份	1	2	3	4	5	6	7	8	9	10	11	12
成年大树覆盖率约70%												
地面干净	0.75	0.75	0.70	0.70	0.70	0.65	0.65	0.65	0.65	0.70	0.70	0.70
地面有杂草	0.90	0.90	0.85	0.85	0.85	0.85	0.85	0.85	0.85	0.85	0.85	0.85
成年大树覆盖率约50%												
地面干净	0.65	0.65	0.60	0.60	0.60	0.55	0.55	0.55	0.55	0.55	0.60	0.60
地面有杂草	0.90	0.90	0.85	0.85	0.85	0.85	0.85	0.85	0.85	0.85	0.85	0.85
成年大树覆盖率约20%												
地面干净	0.55	0.55	0.50	0.50	0.50	0.45	0.45	0.45	0.45	0.45	0.50	0.50
地面有杂草	1.00	1.00	0.95	0.95	0.95	0.95	0.95	0.95	0.95	0.95	0.95	0.95

注　本表所列数据为中等干旱地区、风力轻微到中等的情况。

表 5.5-4　　葡萄的 K_C 值

气候条件＼月份	1	2	3	4	5	6	7	8	9	10	11	12
严重霜冻地区成年葡萄，生长期5月初至9月中旬，生长中期地面覆盖率40%～50%												
湿润、风力轻微到中等					0.50	0.65	0.75	0.80	0.75	0.65		
湿润、风大					0.50	0.70	0.80	0.85	0.80	0.70		
干燥、风力轻微到中等					0.45	0.70	0.85	0.90	0.85	0.70		
干燥、风大					0.50	0.75	0.90	0.95	0.90	0.75		
轻微霜冻地区成年葡萄，生长期4月初至8月底，生长中期地面覆盖率30%～35%												
湿润、风力轻微到中等				0.50	0.55	0.60	0.60	0.60				
湿润、风大				0.50	0.55	0.65	0.65	0.65				
干燥、风力轻微到中等				0.45	0.60	0.70	0.70	0.70				
干燥、风大				0.45	0.65	0.75	0.75	0.75				
干燥地区成年葡萄，生长期3月初至7月中旬，生长中期地面覆盖率30%～35%												
干燥、风力轻微到中等			0.25	0.45	0.60	0.70	0.70					
干燥、风大			0.25	0.45	0.65	0.75	0.75					

注　本表所列数据为地面干净、灌水次数少，地面绝大部分时间保持干燥的情况。

表 5.5-5　　落叶果树及坚果作物的 K_C 值

气候条件 \ 月份	有地面覆盖物[①]									无地面覆盖物[②]								
	3	4	5	6	7	8	9	10	11	3	4	5	6	7	8	9	10	11
冬季有严重霜冻，地面覆盖从4月起																		
1. 苹果、樱桃																		
湿润、风力轻微到中等		0.50	0.75	1.00	1.10	1.10	1.10	0.85			0.45	0.55	0.75	0.85	0.85	0.80	0.60	
湿润、风大		0.50	0.75	1.10	1.20	1.20	1.15	0.90			0.45	0.55	0.80	0.90	0.90	0.85	0.65	
干燥、风力轻微到中等		0.45	0.85	1.15	1.25	1.25	1.20	0.95			0.40	0.60	0.85	1.00	1.00	0.95	0.70	
干燥、风大		0.45	0.85	1.20	1.35	1.35	1.25	1.00			0.40	0.65	0.90	1.05	1.05	1.00	0.75	
2. 桃、杏、李、梨																		
湿润、风力轻微到中等		0.50	0.70	0.90	1.00	1.00	0.95	0.75			0.45	0.50	0.65	0.75	0.75	0.70	0.55	
湿润、风大		0.50	0.70	1.00	1.05	1.10	1.00	0.80			0.45	0.55	0.70	0.80	0.80	0.75	0.60	
干燥、风力轻微到中等		0.45	0.80	1.05	1.15	1.15	1.10	0.85			0.40	0.55	0.75	0.90	0.90	0.70	0.65	
干燥、风大		0.45	0.80	1.10	1.20	1.20	1.15	0.90			0.40	0.60	0.80	0.95	0.95	0.90	0.65	
冬季有轻微霜冻，地面覆盖不休眠																		
1. 苹果、樱桃																		
湿润、风力轻微到中等	0.80	0.90	1.00	1.10	1.10	1.10	1.05	0.85	0.80	0.60	0.70	0.80	0.85	0.85	0.80	0.80	0.75	0.65
湿润、风大	0.80	0.95	1.10	1.15	1.20	1.20	1.15	0.90	0.80	0.60	0.75	0.85	0.90	0.90	0.85	0.80	0.80	0.70
干燥、风力轻微到中等	0.85	1.00	1.15	1.25	1.25	1.25	1.20	0.95	0.85	0.50	0.75	0.95	1.00	1.00	0.95	0.90	0.85	0.70
干燥、风大	0.85	1.05	1.20	1.35	1.35	1.35	1.25	1.00	0.85	0.50	0.80	1.00	1.05	1.05	1.00	0.95	0.90	0.75
2. 桃、杏、李、梨																		
湿润、风力轻微到中等	0.80	0.85	0.90	1.00	1.00	1.00	0.95	0.80	0.80	0.55	0.70	0.75	0.80	0.80	0.70	0.70	0.65	0.55
湿润、风大	0.80	0.90	0.95	1.00	1.10	1.10	1.00	0.85	0.80	0.55	0.70	0.75	0.80	0.80	0.80	0.75	0.70	0.60
干燥、风力轻微到中等	0.85	0.95	1.05	1.15	1.15	1.15	1.10	0.90	0.85	0.55	0.70	0.85	0.90	0.90	0.90	0.80	0.75	0.65
干燥、风大	0.85	1.00	1.10	1.20	1.20	1.20	1.15	0.95	0.85	0.50	0.75	0.90	0.95	0.95	0.95	0.85	0.80	0.70

① 有地面覆盖作物，如果降雨频繁，K_C 值可能增大。对于幼树果园，如果地面覆盖率小于20%，则生长中期 K_C 降低25%～30%，地面覆盖率为20%～50%，则生长中期 K_C 降低10%～15%。

② 无地面覆盖作物，表中数值为降雨或灌溉频繁的情况。

典型年灌溉季节月平均作物耗水强度的峰值作为设计耗水强度，在无实测资料时可参考表5.5-6表选取。

表 5.5-6　　设计耗水强度参考值　　单位：mm/d

农作物	滴灌	微喷灌
果树	3～5	4～6
葡萄、瓜类	3～6	4～7
蔬菜（保护地）	2～3	—
蔬菜（露地）	4～7	5～8
粮、棉、油等作物	4～6	5～8

3. 灌溉补充强度

微灌的灌溉补充强度是指为了保证作物正常生长需由微灌提供的水量，取决于作物耗水量、降雨量和土壤含水量条件。

当有其他来源补充作物耗水强度时，微灌只是补充作物耗水不足部分，即

$$I_a = E_a - P_0 - S \tag{5.5-2}$$

式中　I_a——微灌的灌溉补充强度，mm/d；

E_a——微灌条件下设计耗水强度，mm/d；

P_0——有效降雨量，mm/d，对干旱地区 $P_0=0$；

S——根层土壤或地下水补给的水量，mm/d，对干旱地区 $S=0$。

在干旱地区降雨量很少，地下水很深，作物生长所需要的水量全部由微灌提供。此种情况下，灌溉补

充强度最少要等于作物的耗水强度，即 $I_a=E_a$。

对于一般地区，作为设计状态，认为作物所消耗的水量全部由灌溉补充，即 $I_a=E_a$。

灌溉补充强度是确定微灌工程规模和指导系统运行管理的依据，只有当灌溉是作物耗水的唯一来源时，设计灌溉补充强度才等于设计耗水强度，两者不能混淆。

4. 土壤湿润比

当微灌为局部灌溉时，灌溉时被湿润的土体占计划湿润深度总土体的百分比，称为土壤湿润比。在实际应用中，常以地面以下 20～30cm 处的湿润面积占总灌水面积的百分比表示。影响土壤湿润比的因素很多，如毛管的布置方式、灌水器的类型和布置形式、土壤种类和结构等。

根据毛管和灌水器的布置方式（见本章 5.3 节），土壤湿润比可采用下列计算方法：

（1）单行直线毛管布置：

$$p=\frac{0.785D_w^2}{S_eS_l}\times100\% \qquad (5.5-3)$$

式中 p——土壤湿润比，%；

D_w——土壤水分水平扩散直径或湿润带宽度，m，D_w 的大小取决于土壤质地、滴头流量和灌水量大小；

S_e——灌水器或出水点间距，m；

S_l——毛管有效间距，m。

表 5.5-7 列出不同土壤类别、不同灌水器或出水点流量和不同毛管有效间距的土壤湿润比，仅供设计时参考。

表 5.5-7　　土壤湿润比 p 值

毛管有效间距 S_l（m）	灌水器或出水点流量（L/h）														
	<1.5			2.0			4.0			8.0			>12.0		
	对粗、中、细结构的土壤推荐的毛管上的灌水器或出水点间距 S_e（m）														
	粗 0.2	中 0.5	细 0.9	粗 0.3	中 0.7	细 1.0	粗 0.6	中 1.0	细 1.3	粗 1.0	中 1.3	细 1.7	粗 1.3	中 1.6	细 2.0
0.8	38	88	100	50	100	100	100	100	100	100	100	100	100	100	100
1.0	33	70	100	40	80	100	80	100	100	100	100	100	100	100	100
1.2	25	58	92	33	67	100	67	100	100	100	100	100	100	100	100
1.5	20	47	73	26	53	80	53	80	100	80	100	100	100	100	100
2.0	15	35	55	20	40	60	40	60	80	60	80	100	80	100	100
2.4	12	28	44	16	32	48	32	48	64	48	64	80	64	80	100
3.0	10	23	37	13	26	40	26	40	53	40	53	67	53	67	80
3.5	9	20	31	11	23	34	23	34	46	34	46	57	46	57	68
4.0	8	18	28	10	20	30	20	30	40	30	40	50	40	50	60
4.5	7	16	24	9	18	26	18	26	36	26	36	44	36	44	53
5.0	6	14	22	8	16	24	16	24	32	24	32	40	32	40	48
6.0	5	12	18	7	14	20	14	20	27	20	27	34	27	34	40

注　表中所列数值为单行直线毛管、灌水器或出水点均匀布置，每一灌水周期灌水量为 40mm 的土壤湿润比。

（2）双行直线毛管布置：

$$p=\frac{p_1S_1+p_2S_2}{S_r}\times100\% \qquad (5.5-4)$$

式中 S_1——一对毛管间的窄间距，m，可以根据给定的流量和土壤类别，查表 5.5-8，当 $p=100\%$ 时推荐的毛管间距；

p_1——与 S_1 相对应的土壤湿润比，%；

S_2——一对毛管的宽间距，m；

p_2——与 S_2 相对应的土壤湿润比，%；

S_r——作物行距，m。

（3）绕树环状多出水点布置：

$$\left.\begin{aligned}p&=\frac{0.785D_w^2}{S_tS_r}\times100\%\\p&=\frac{nS_eS_w}{S_tS_r}\times100\%\end{aligned}\right\} \qquad (5.5-5)$$

式中 n——一棵树下布置的灌水器个数，个；

S_t——果树株距，m；

S_r——果树行距，m；

S_w——湿润带宽度，m，查表 5.5-7，当 $p=100\%$ 时推荐的毛管有效间距；

其他符号意义同前。

（4）微喷灌。微喷灌用于果树时，按局部灌溉考虑。微喷头沿毛管均匀布置时的土壤湿润比为：

$$p=\frac{A_w}{S_eS_l}\times 100\%$$

其中 $$A_w=\frac{\theta}{360}\pi R^2 \quad (5.5-6)$$

式中 A_w——微喷头的有效湿润面积，m^2；

θ——湿润范围平面分布角，(°)，当为全圆喷洒时 $\theta=360°$；

R——微喷头的有效喷洒半径，m；

其他符号意义同前。

若一株树下布置 n 个微喷头时，土壤湿润比计算公式为

$$p=\frac{nA_w}{S_eS_l}\times 100\% \quad (5.5-7)$$

式中 n——一株树下布置的微喷头数，个；

其他符号意义同前。

在确定设计土壤湿润比同时，不仅要考虑作物对水分的需要，还要考虑到工程投资的合理性。因为设计湿润比越大，系统的流量越大，浪费水量的可能性也越大，系统的投资和运行费用也越大，反之亦然。《微灌工程技术规范》(GB/T 50485—2009) 给出不同作物微灌条件下的土壤湿润比（见表5.5-8），可供设计微灌系统时查用。

表 5.5-8 微灌设计土壤湿润比 %

作 物	果 树	葡萄、瓜类	蔬 菜	粮棉油等
滴 灌	25～40	30～50	60～90	60～90
微喷灌	40～60	40～70	70～100	100

5.5.2.2 设计灌水均匀度

1. 计算公式

为了保证灌水质量，微灌灌水均匀度应达到一定要求。在田间影响灌水均匀度的因素很多，如灌水器工作压力的变化、灌水器的制造偏差、堵塞情况等。《微灌工程技术规范》(GB/T 50485—2009) 规定微灌的灌水均匀度不应低于0.8。

微灌的灌水均匀度可以由克里斯琴森 (Christiansen) 均匀系数来表示，即

$$C_u=1-\frac{\overline{\Delta q}}{\overline{q}} \quad (5.5-8)$$

其中 $$\overline{\Delta q}=\frac{\sum_{1}^{N}|q_i-\overline{q}|}{N}$$

式中 C_u——均匀系数；

$\overline{q}$——灌水器的平均流量，L/h；

$\overline{\Delta q}$——每个灌水器的流量与平均流量之差的绝对值的平均值，L/h；

q_i——每个灌水器的流量，L/h；

N——灌水器个数，个。

(1) 只考虑水力影响因素时的设计灌水均匀度。只考虑水力影响因素时，微灌的均匀度 C_u 与灌水器的流量偏差率 q_v 存在一定的关系，见表5.5-9。

表 5.5-9 C_u 与 q_v 的关系

C_u (%)	98	95	92
q_v (%)	10	20	30

此外，在平地或均匀坡条件下，微灌灌水器的流量偏差率 q_v 与工作水头的偏差率 H_v 的关系为

$$\left.\begin{aligned}H_v&=\frac{1}{x}q_v\left(1+0.12\frac{1-x}{x}q_v\right)\\q_v&=\frac{q_{max}-q_{min}}{q_a}\\H_v&=\frac{h_{max}-h_{min}}{h_a}\end{aligned}\right\} \quad (5.5-9)$$

式中 x——灌水器的流态指数；

h_{max}、h_{min}——灌水器的最大、最小工作水头，m；

h_a——灌水器的平均工作水头，m；

q_{max}、q_{min}——相应于 h_{max}、h_{min} 时的灌水器的流量，L/h；

q_a——灌水器的平均流量，L/h。

若选定了灌水器，已知流态指数 x，并确定了均匀系数 C_u，则可由式 (5.5-9) 求出容许的压力偏差率 H_v，从而可以确定毛管的设计工作压力变化范围。

(2) 考虑水力和制造偏差两个影响因素后的均匀度计算：

$$\left.\begin{aligned}E_u&=\left(1-\frac{1.27C_v}{\sqrt{n}}\right)\frac{q_{min}}{q_a}\\\text{或}\quad E_u&=\left(1-\frac{1.27C_v}{\sqrt{n}}\right)\left(\frac{h_{min}}{h_a}\right)^x\\\frac{h_{min}}{h_a}&=1-H_v'\\H_v'&=1-\left(\frac{E_u}{\frac{1.27C_v}{\sqrt{n}}}\right)^{1/x}\end{aligned}\right\} \quad (5.5-10)$$

式中 E_u——考虑水力和制造偏差后的灌水均匀度；

C_v——灌水器的制造偏差系数；

n——一株作物下安装的灌水器数目；

H_v'——灌水器最小工作水头与平均工作水头之间的偏差率；

其他符号意义同前。

2. 设计灌水均匀度的确定

设计灌水均匀度的确定，应根据作物对水分的敏

感程度、经济价值、水源条件、地形、气候等因素综合考虑确定。

由式（5.5-8）和式（5.5-10）可知，同一均匀度要求条件下的计算方法和计算结果并不相同，这是由于考虑的因素不同，设计时可以不同。根据当前条件，建议采用的设计均匀度如下：

（1）当只考虑水力因素时，取 $C_u=0.95\sim0.98$，或 $q_v=10\%\sim20\%$。

（2）当考虑水力和灌水器制造偏差两个因素时，取 $C_u=0.9\sim0.95$。

3. 灌溉水有效利用率

微灌的主要水量损失是由于灌水不均匀和某些不可避免的损失所造成的，常用式（5.5-11）表示微灌的灌水有效利用率，即

$$\eta=\frac{V_m}{V_a} \tag{5.5-11}$$

式中　η——灌水有效利用系数；

V_m——微灌时储存在作物根层的水量，mm 或 m^3/亩；

V_a——微灌的灌溉供水量，mm 或 m^3/亩。

《微灌工程技术规范》（GB/T 50485—2009）规定，滴灌的灌水有效利用系数 η 应不低于 0.9，微喷灌应不低于 0.95。

4. 灌水器设计工作水头

灌水器的工作水头越高，灌水均匀度越高，但系统的运行费用越大。灌水器的设计工作水头应根据地形和所选用的灌水器的水力性能决定。滴灌时通常为 10m 水头，涌泉灌时为 5～7m 水头，微喷灌时以 10～15m 水头为宜。

5.5.3 微灌系统首部与田间管网布置

5.5.3.1 微灌系统首部

微灌系统首部主要包括流量、压力控制、调节组件，水质过滤组件等。其中，水质过滤组件主要由过滤或过滤组组成。

微灌系统能否正常、方便安全地运行，发挥其效益，除了谨慎地选用灌水器外，还须谨慎地设计首部枢纽。

1. 过滤器

过滤器是微灌系统的关键所在，过滤器是否能够有效发挥作用，关系到灌水器是否正常运行，一旦过滤器出现故障，会在很短的时间内将成千上万只灌水器堵塞，造成微灌系统报废。

（1）过滤器的选择。过滤器的选择应主要考虑下列原则：

1）过滤精度满足灌水器对水质处理的要求。根据供应商提供的灌水器对水质过滤精度的参数，来选择适当精度的过滤器；如果供应商未提供该要求，最好的方法是通过试验确定所需的过滤器。

2）应根据制造商所提供的清水条件下流量与水头损失关系曲线，选择合适的过滤器品种、尺寸和数量，使过滤器水头损失较小，否则会增加系统压力，使运行费用增加。

3）过滤器应具有较强的储污能力。除选用自清洗式过滤器外，在选择过滤器时应根据水源含杂质情况，选择不同级别、不同品种的过滤器，以免过滤器在很短时间内堵塞而频繁冲洗，使运行管理非常困难。一般要求过滤器清洗时间间隔不少于一个轮灌组运行时间。

4）耐腐性好，使用寿命长。塑料过滤器，要求外壳使用抗老化塑料制造。金属过滤器要求表面耐腐蚀不生锈。过滤芯材质宜为不锈钢，外壳采用可靠的防腐材料喷涂。

5）运行操作方便可靠。对于自清洗式过滤器要求自清洗过程操作简便，自清洗能力强。对于人工清洗过滤器，要求滤芯取出、清洗和安装简便，方便运行。

6）安装方便。选用过滤器时，应选择能够配套供应各种连接管件的供应商，使施工安装简便易行。

（2）选择过滤器的控制性参数。不同水质推荐选择的过滤器见表 5.5-10。

表 5.5-10　不同水源含杂质情况及推荐选择的过滤器

水源类型	含杂质情况	选择过滤器
地表水	藻类、生物体、菌类等有机物和沙等无机物	砂过滤器＋筛网过滤器或叠片过滤器
地下水	沙和无机盐 含沙量大于 3mg/L	筛网过滤器 旋流水沙分离器＋筛网过滤器

2. 首部枢纽布置

当水源距灌溉地块较近时，首部枢纽一般布置在泵站附近，以便运行管理。距离较远时，首部枢纽布置在灌溉地块附近。对于小的灌溉系统，如果水质较好，输水距离不长，一般只安装一级过滤设备，田间一般不布置二级过滤。当灌溉地块较大时，可考虑在不同的区域上安装二级过滤器。

5.5.3.2 微灌系统田间管网布置

微灌系统的干、支级管道布置原则与方法在本章 5.2 节中已有叙述，这里仅介绍田间管道布置的有关问题。由于微喷灌与滴灌田间管网的布置有一定差

别，应区别对待。

1. 微灌管网布置应遵循的原则

(1) 符合微灌工程总体要求。

(2) 使管道总长度短，少穿越其他障碍物。

(3) 满足各用水单位需要，能迅速分配水流，管理维护方便。

(4) 输配水管道沿地势较高位置布置，支管垂直于作物种植方向，毛管顺作物种植方向布置。

(5) 管道的纵剖面应力求平顺。

2. 滴灌系统田间管网布置

(1) 毛管和滴头布置。滴头的布置形式取决于作物种类、种植方式、土壤类型、当地风速条件、降雨以及所选用的滴头类型，还须同时考虑施工、管理方便、对田间农作的影响及经济因素等。

1) 条播密植作物。大部分作物如棉花、玉米、蔬菜、甘蔗等均属于条播密植作物，需采用较高的湿润比，一般宜大于60%，毛管和滴头的用量相应较多。毛管应顺作物方向布置，滴头均匀地布置在毛管上，滴头间距为0.3～1.0m，毛管有以下两种布置方式。

a. 每行作物1条毛管。当作物行间距超过1m和土质为轻质土壤（一般为砂壤土、砂土）时，采用每行作物布置一条毛管的布置方式。

b. 每两行或多行作物1条毛管。当作物行间距较小（一般小于1m）时，宜考虑每两行作物布置1条毛管，当作物行间距小于0.3m时，宜考虑多行作物布置1条毛管。当土壤砂性较严重时，应考虑减小毛管间距；当作物种植行距很小时，毛管间距小，滴灌系统中毛管的投资可能相当高。因此，宜选用管径较小或管壁薄的毛管和低成本的滴头，以降低设备投资。

2) 果树。果树的种植间距变化较大，从0.5m×0.5m到6m×6m等，因此，毛管和滴头的布置方式也很多。

a. 单行毛管直线布置。当树形较小，土壤为中壤以上的土壤时，采用一行果树布置一条毛管比较适宜。滴头沿毛管的间距为0.5～1.0m，视土壤情况而定，一般要求能形成一条湿润带。这种布置方式节省毛管，而灌水器间距较小，系统投资低，如图5.5-2 (*a*) 所示。

b. 单行毛管带环状管布置。当果树间距较大（一般大于5m）或在极干旱地区，也可考虑沿一行树布置一条输水毛管，围绕每一棵树布置一条环状灌水管，其上安装5～6个单出水口滴头，如图5.5-2 (*b*) 所示。这种布置形式使毛管总长度大大增加。其优点在于，湿润面积近于圆形，与果树根系的自然分布一致。在成龄果园建设滴灌系统时，由于作物根系发育完善，可采用这种布置方式。

c. 双行毛管平行布置。当树行距较大（一般大于4m）土壤为中壤以上的土壤时，采用一行果树布置两条毛管的布置形式较适宜。或当果树行距小于4m，但土壤砂性较严重时，可考虑一行果树布置两条毛管，如图5.5-2 (*c*) 所示。

d. 单行毛管带微管布置。当使用微管滴灌果树时，每一行树布置一条毛管，再用一段分水管与毛管连接，在分水管上安装4～6条（有时更多）微管，如图5.5-2 (*b*) 所示。这种布置方式减少了毛管的用量，但增加了微管用量。

以上各种布置方式中毛管均沿作物行向布置，在山丘区一般采用等高种植，因此毛管是沿等高线布置的。对于果树，滴头与树干的距离通常为树冠半径的2/3。

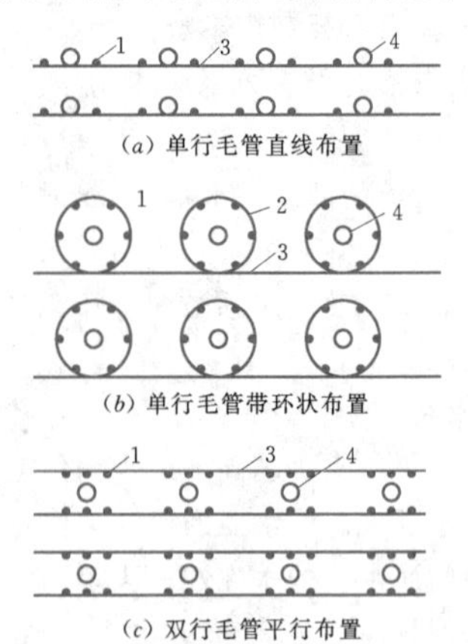

图5.5-2 滴灌时毛管与灌水器的布置方式

1—灌水器；2—绕树环状管；3—毛管；4—果树

毛管的长度直接影响灌水的均匀度和工程费用，毛管长度越大，支管间距越大，支管数量越少，工程投资越少，但灌水均匀度越低。因此，布置的毛管长度应控制在容许的最大长度以内，而容许的最大毛管长度应满足均匀度的要求，并由水力计算确定。

5.5.4 微灌系统设计

微灌系统的设计是在微灌工程总体规划的基础上进行的。其内容包括灌水器的选择，设计流量的确定，管网水力计算，以及泵站、蓄水池、沉淀池的设计等，最后提出工程材料、设备及预算清单、施工和运行管理等。

5.5.4.1 灌水器的选择

灌水器是否适用，直接影响工程的投资和灌水质量。设计人员应熟悉各种灌水器的性能、适用条件。在选择灌水器时，应考虑下列因素：

(1) 作物种类和生长阶段。不同的作物对灌水的要求不同，如窄行密植作物，要求湿润条带土壤，湿润比高，可选用多孔毛管、双腔毛管；而对于高大的果树，株、行距大，一棵树需要绕树湿润土壤，如果用单出水口滴头，常常要 5～6 个滴头，如果用多出水口滴头，只要 1～2 个滴头即可，也可用价格低廉的微管代替多出水口滴头。

(2) 土壤性质。不同类型土壤，水的入渗能力和横向扩散力不同。对于轻质土壤，可用大流量的灌水器，以增大土壤水的横向扩散范围。而对于黏性土壤应选用流量小的灌水器。

(3) 灌水器流量对压力变化的反应。灌水器流量对压力变化的敏感程度直接影响灌水的质量和水的利用率。层流型灌水器的流量对压力的反应比紊流型灌水器敏感得多。例如当压力变化 20%时，层流型灌水器（流态指数 $x=1$）的流量变化 20%，而紊流型灌水器（流态指数 $x=0.5$）的流量只变化 11%。因此，应尽可能选用紊流型灌水器。

(4) 灌水器的制造精度。微灌的均匀度与灌水器的精度密切相关，在许多情况下，灌水器的制造偏差所引起的流量变化，超过水力学引起的流量变化。因此，设计时应选用制造偏差系数 C_v 值小的灌水器。

(5) 灌水器流量对水温变化的反应。灌水器流量对水温变化的敏感程度取决于两个因素：①灌水器的流态，层流型灌水器的流量随水温的变化而变化，而紊流型灌水器的流量受水湿的影响小，因此，有温度变化大的地区，宜选用紊流型灌水器；②灌水器的某些零件的尺寸和性能易受水温的影响，例如压力补偿滴头所用的人造橡胶片的弹性，可能随水温而变化，从而影响滴头的流量。

(6) 灌水器抗堵塞性能。灌水器的流道或出水孔的断面越大，越不易堵塞。但是对于流量很小的滴头，过大的流道断面，可能因流速过低，使穿过过滤器的细泥粒在低流速区沉积下来，造成局部堵塞，使流量变小。一般认为，流道直径 $d<0.7$mm 时，极易堵塞；0.7mm$<d<$1.2mm 时，易于堵塞；$d>$12mm 时，不易堵塞。

(7) 价格。一个微灌系统有成千上万的灌水器，其价格的高低对工程投资的影响很大。设计时，应尽可能选择价格低廉的灌水器。

(8) 清洗、更换方便。一种灌水器不可能满足所有的要求，在选择灌水器时，应根据当地的具体条件选择满足主要要求的品种和规格的灌水器。

微喷灌系统的管网布置：

(1) 微喷灌应用形式。微喷灌系统常被应用于果园、园艺等，特别是在果园应用最多，微喷灌系统常有下列几种应用形式：

1) 地面形式。微喷头和毛管都在地面上铺放，便于安装、检查、移动，但管道易受破坏和丢失，地面管道的抗老化性要求较高。当果树很小时，田间往往套种其他作物，在这种情况下地面形式有时影响耕作。

2) 树上形式。微喷头置于树冠中或树冠顶部。有研究表明：树上形式在苹果园中可改善苹果的着色，在柑橘园可用于防霜冻，也可用于降温和改善田间小气候。但树上形式要求更高的供水压力来补偿较高的位置和较长毛管的水头损失。

3) 悬挂形式。用铁丝等将支管悬空，使微喷头悬空喷洒作业，主要用于育苗、花卉等，果园中应用较少。由于要设置悬挂铁丝等，投资较高。

4) 地下形式。微喷头仍由引出地面的毛管供水，由插杆支撑运行。支毛管埋在地下，可降低对管道抗老化的要求，便于农作和保护，应用最多。目前开发出的快速接头使微喷头的装卸更为方便，适宜于我国农村的状况。

(2) 微喷灌毛管和灌水器的布置。根据作物和所使用的微喷头的结构与水力性能，常见的微喷灌毛管和灌水器的布置形式如图 5.5-3 所示。毛管沿作物行向布置，毛管的长度取决于微喷头的流量和均匀度的要求，应要求水力计算决定。由于微喷头喷洒直径及作物种类的不同，一条毛管可控制一行作物，也可控制若干行作物。

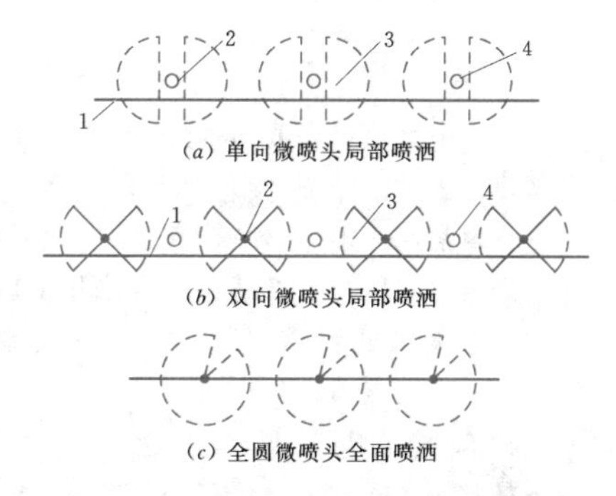

(a) 单向微喷头局部喷洒

(b) 双向微喷头局部喷洒

(c) 全圆微喷头全面喷洒

图 5.5-3 微喷灌时毛管与灌水器的布置

1—毛管；2—微喷头；3—喷洒湿润区；4—果树

微灌系统管网布置是指对首部枢纽和各级管道的走向、位置和连接关系进行确定的设计过程。一个合理的管网布置可以使水流分配均衡合理，操作方便，特别是可以明显地降低投资。因此是设计中很重要的环节。首部枢纽的布置与滴灌系统相同。一般来说，田间毛管和支管的布置相对来说有一定的模式，而分干管、干管的布置可能有较多的方案。

田间管网布置一般相对固定，这是因为经过合理划分的每一地块上，地块面积、地形、毛管长度等的变化范围较小，作物种植方向固定，可供选择的余地不多。

5.5.4.2　微灌灌溉制度的确定

微灌灌溉制度是指作物全生育期（对于果树等多年生作物则为全年）每一次灌水量、灌水时间间隔（或灌水周期）、一次灌水延续时间、灌水次数和全生育期（或全年）灌水总量。一次灌水量又称为灌水定额；全生育期（或全年）灌水总量又称为灌溉定额。

1. 设计净灌水定额计算

微灌系统的设计净灌水定额应根据当地试验资料，采用式（5.5-12）计算：

$$m = 0.1\gamma z p(\theta_{max} - \theta_{min}) \quad (5.5-12)$$

式中　m——设计净灌水定额，mm；

γ——土壤容重，g/cm^3；

z——计划湿润土层深度，m，蔬菜为0.2～0.3m、大田作物为0.3～0.6m、果树为1.0～1.5m；

p——土壤湿润比，%，值取与作物种类及生育阶段、土壤类型等因素有关；

θ_{max}、θ_{min}——适宜土壤含水率上、下限（古干土重量的百分比），%。

微灌系统的设计净灌水定额也可采用式（5.5-13）计算：

$$m = \frac{\beta(F_d - w_0)zp}{1000} \quad (5.5-13)$$

式中　β——土壤中允许消耗的水量占土壤有效水量的比例，%，β值取决于土壤、作物和经济因素，一般为30%～60%，对土壤水分敏感的作物，如蔬菜等，采用下限值，对土壤水分敏感的作物，如成龄果树，可采用上限值；

F_d、w_0——田间持水量、凋萎点含水量（占土体%），$(F_d - w_0)$表示土壤中保持的有效水分数量，不同类型土壤的F_d、w_0及$(F_d - w_0)$值见表5.5-11；

其他符号意义同前。

表5.5-12中列出了各类土壤容重和两种水分常数，可供设计时参考。

2. 设计灌水周期的确定

设计灌水周期是指在设计灌水定额和设计日耗水量的条件下，能满足作物需要的两次灌水之间的时间间隔，它取决于作物、水源和管理情况。北方果树灌水周期约3～5天，大田作物约7天。设计灌水周期可按式（5.5-14）计算：

表5.5-11　各种土壤有效水分含量（占土体%）

土质		F_d	W_0	$F_d - w_0$
黏壤土	细粒	43	30	13
黏土	细粒	31	22	9
壤土	中等	17	7	10
砂壤土	中等	12	4	8
砂土	粗粒	4	1	5

表5.5-12　不同土壤容重和水分常数

土质	容重 (t/m³)	水分常数			
		重量比（%）		体积比（%）	
		凋萎系数	田间持水量	凋萎系数	田间持水量
紧砂土	1.45～1.60	—	16～22	—	26～32
砂壤土	1.36～1.54	4～6	22～30	2～3	32～42
轻壤土	1.40～1.52	4～9	22～28	2～3	30～36
中壤土	1.40～1.55	6～0	22～28	3～5	30～35
重壤土	1.38～1.54	6～13	22～28	3～4	32～42
轻黏土	1.35～1.44	15.0	28～32	—	40～45
中黏土	1.30～1.45	12～17	25～35	—	35～45
重黏土	1.32～1.40	—	30～35	—	40～50

$$T = \frac{m}{E_a} \quad (5.5-14)$$

式中　T——设计灌水周期，d；

m——设计净灌水定额，mm；

E_a——设计时选用的作物耗水强度，mm/d。

当对T取整数，则应根据式（5.5-14）反求设计净灌水定额m。

3. 一次灌水延续时间的确定

一次灌水延续时间采用式（5.5-15）计算：

$$t = \frac{mS_eS_l}{\eta q} \quad (5.5-15)$$

式中　t——一次灌水延续时间，h；

S_e——灌水器间距，m；

S_l——毛管间距，m；

η——灌溉水利用系数，η=0.9～0.95；

q——灌水器流量，L/h。

式（5.5-15）适合于单行毛管直线布置，灌水器间距均匀情况，对于灌水器间距非均匀安装的情况，可取 S_e 为灌水器间距的平均值。对于果树，每株树安有 n 个灌水器时，则

$$t = \frac{mS_rS_t}{n\eta q} \qquad (5.5-16)$$

式中 S_r、S_t——果树的株距、行距，m；

其他符号意义同前。

4. 灌水次数和灌溉定额

使用微灌技术，作物全生育期（或全年）的灌水次数比传统的地面灌溉多，根据我国实践经验，北方果树通常一年灌水 15～30 次，但在水源不足的山区也可能一年只灌 3～5 次。灌水总量为全生育期或一年内（对多年生作物）各次灌水量的总和：

$$M = \sum m_i \qquad (5.5-17)$$

式中 M——作物全生育期（或一年）的灌溉定额，m^3。

5. 微灌系统工作制度的确定

微灌系统的工作制度通常分为续灌、轮灌和随机供水三种情况。不同的工作制度要求系统的流量不同，因而工程费用也不同。在确定工作制度时，应根据作物种类，水源条件和经济状况等因素作出合理选择。具体设计方法可参考喷灌工程设计的相关内容。

6. 微灌系统的流量计算

（1）毛管流量计算。一条毛管的进口流量为

$$Q_毛 = \sum_{i=1}^{N} q_i (i = 1,2,3,\cdots,N) \qquad (5.5-18)$$

式中 $Q_毛$——毛管进口流量，L/h；

N——毛管上灌水器或出水口的数目；

q_i——第 i 个灌水器或出水口的流量，L/h。

设毛管上灌水器或出水口的平均流量为 q_a，则

$$Q_毛 = Nq_a \qquad (5.5-19a)$$

为了方便，设计时可用灌水设计流量 q_d 代替平均流量 q_a，即

$$Q_毛 = Nq_d \qquad (5.5-19b)$$

（2）支管流量计算。通常支管双向给毛管配水，如图 5.5-4 所示，支管上有 N 排毛管，由上而下编号为 1、2、…、$N-1$、N，将支管分成 N 段，每段编号相应于其下端毛管的排号，任一支管段 n 的流量为

$$Q_{支n} = \sum_{i=n}^{N} (Q_{毛Li} + Q_{毛Ri}) \quad (n = 1,2,\cdots,N) \qquad (5.5-20)$$

式中 $Q_{支n}$——支管第 n 段的流量，L/h；

$Q_{毛Li}$、$Q_{毛Ri}$——第 i 排左侧毛管、右侧毛管进口流量，L/h；

n——支管分段号。

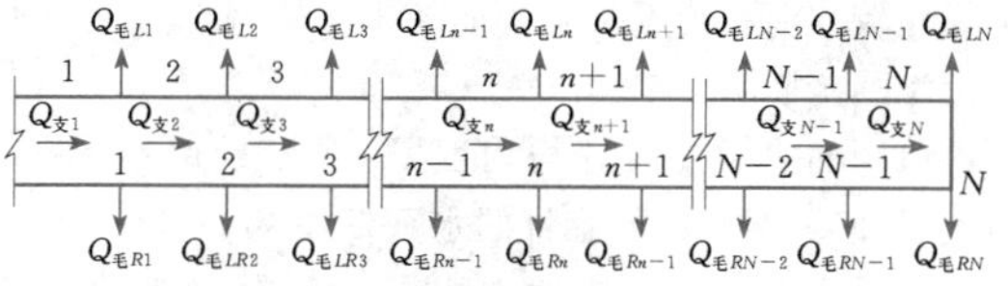

图 5.5-4 支管配水示意图

当 $n=1$ 时，支管进口流量为

$$Q_支 = Q_{支出} = \sum_{N}^{1} (Q_{毛Ri} + Q_{毛Ri}) \qquad (5.5-21)$$

当毛管流量相等，即 $Q_{毛Li} = Q_{毛Ri} = Q_毛$ 时，则

$$Q_{支n} = 2(N-n+1)Q_毛 \qquad (5.5-22)$$

$$Q_支 = 2NQ_毛 \qquad (5.5-23)$$

（3）干管流量的推算。分组轮灌、续灌和随机供水情况干管流量推算方法与喷灌工程设计相同，具体计算可参见本章 5.4 节。

7. 微灌管道水头损失计算

（1）水头损失计算。微灌管道的水流属于有压流，水力计算的主要任务是确定沿程水头损失和局部水头损失。水头损失可按式（5.4-23）、式（5.4-25）计算。微灌水力计算的管道沿程水头损失计算系数、指数见表 5.5-13。

表 5.5-13 微灌水力计算的管道沿程水头损失计算系数、指数表

管材			f	m	b
硬塑料管			0.464	1.77	4.77
微灌用聚乙烯管	$d>8$mm		0.505	1.75	4.75
	$d\leqslant 8$mm	$Re>2320$	0.595	1.69	4.69
		$Re\leqslant 2320$	1.75	1	4

注 1. Re 为雷诺数。
2. 微灌用聚乙烯管的 f 值相应于水温 10℃，其他温度时应修正。

（2）管网水锤压力。水锤压力计算可参考本卷第 3 章 3.4 节的有关内容。一些文献建议将管道内流速控制在 2.5～3m/s 之内，否则应采取必要的预防措施。微灌专用聚乙烯管可不进行水锤压力验算。其他管材当关阀历时大于 20 倍水锤相长时，也可不验算关阀水锤。

5.5.4.3 微灌管网水力计算

1. 管网水力计算的步骤

管网水力计算是微灌系统设计的中心内容之一。它的任务是在满足水量和均匀度的前提下，确定各管网布置方案中各级（段）管道的直径、长度、调压器的规格和系统扬程，并选择水泵型号等，由于各级管道直径与水泵扬程之间存在各种组合，只有通过反复

计算比较才能得出经济合理的结果。管网水力计算可采用下列步骤：

(1) 确定微灌设计均匀度 C_u 或流量偏差率 q_v，由式（5.5-24）计算容许的水头偏差率 H_v。

(2) 根据毛管布置的方式和容许的水头偏差率 H_v，用式（5.5-36）～式（5.5-38）计算毛管允许最大长度 L_m。

(3) 按毛管容许的最大长度布置管网，实际的毛管使用长度应小于 L_m，以保证灌水均匀度满足设计要求。

(4) 根据实际的毛管长度确定毛管进口要求的工作水头，当 $\frac{J}{k\alpha q_d^m}\leqslant 1$ 时，灌水器允许的水头偏差率为

$$H_v=\frac{1}{h_d}[k\alpha q_d^m S(N-0.52)^{m+1}-J(N-1)S] \tag{5.5-24}$$

式中 m——流量指数；

α——系数；

k——局部损失加大系数，可取 $k=1.10$；

q_d——灌水器设计流量，L/h；

h_d——灌水器设计工作水头，m；

J——沿毛管的地面坡降；

S——灌水器间距，m；

N——毛管总出水口数目。

当 $20\geqslant\frac{J}{k\alpha q_d^m}>1$ 时，也可用式（5.5-24）估算 H_v。

(5) 假定支管管径，计算支管压力分布，并与该处毛管要求的进口水头相比较，在满足毛管水头要求并稍有富裕的条件下尽可能减小支管管径。

(6) 假定主、干管直径，按最不利的轮灌组流量、水头条件对主、干管逐段计算，直至管网进口。对于自压管道，按水源水位与管网进口水头要求的相应条件确定干、主管管径。

(7) 对于需加压的系统，根据管网进口水头和流量，由式（5.4-45）计算系统总扬程，并选择泵型。

(8) 根据已定水泵型号，主、干管管径，计算其他轮灌组工作时主、干管水头分布，支管水头分布，并与毛管进口水头相比较，通过调整支管管径，使二者相适应，从而确定其他轮灌组的支管管径。

(9) 计算各条支管水头与该处毛管进口水头之差，按此水头差由式（5.5-44）计算毛管进口调压管长度。

必须指出，确定水泵、各段管道之间的最经济的组合方案，实质上是在特定的条件下，确定系统最优水头损失值及其分配问题，最终必须通过优化计算才能真正解决；传统方法所得成果，不是最优方案，它与最优方案的距离，取决于设计者的经验和认真程度。

2. 容许水头偏差的分配

(1) 设计允许水头偏差。微灌系统的均匀度，由限制同时灌水小区内工作水头最大和最小的灌水器的流量偏差来保证；图5.5-5表示一个同时灌水小区，它是一条支管控制的灌水面积。当地形坡度为零时，工作水头最大的是第1条毛管的第1个灌水器，工作水头最小的为最后一条毛管（第9条）的最末一个灌水器，它们的水头偏差应限制在设计允许水头偏差范围内，即

$$h_{1,1}-h_{9,10}\geqslant H_v h_d \tag{5.5-25}$$

式中 $h_{1,1}$——第1条毛管第1个灌水器的工作水头，m；

$h_{9,10}$——离支管进口最远（B处）的一条毛管上最后一个（第10个）灌水器的工作水头，m；

H_v——设计容许水头偏差率；

h_d——灌水器的设计工作水头，m。

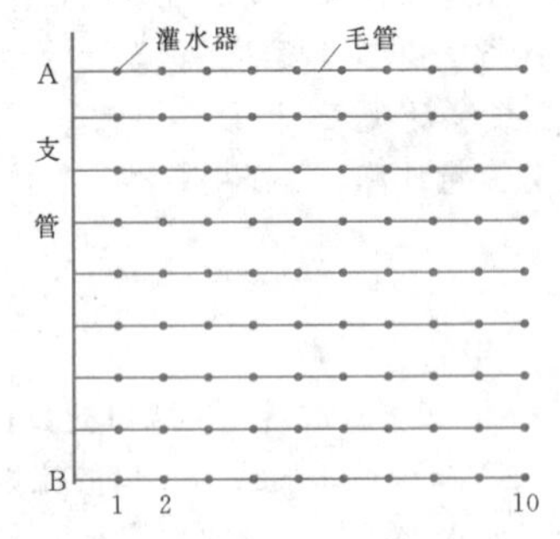

图5.5-5 灌水小区内毛管与灌水器布置示意图

忽略第1条毛管进口A与第1个灌水器之间的水头差，则

$$h_{1,1}-h_{9,10}=\Delta H_{AB}+\Delta H_9\leqslant H_c h_d \tag{5.5-26}$$

式中 ΔH_{AB}——支管从A点到B点的水头损失，m；

ΔH_9——第9条毛管全程的水头损失，m。

表明在平坦地面上，允许水头偏差由支管的水头损失和毛管水头损失两部分组成，它们各自所占的比例由于所采用的管道直径和长度不同，可以有多种组合，因此存在着容许水头差如何合理地分配给支管和毛管的问题。

(2) 分配方法。允许水头差的最优分配比例受所采用的管道规格、管材价格、灌区地形条件等因素的影响，需要经过技术经济论证才能确定。在平坦地形的条件下，容许水头差按下列比例分配是经济的：

$$\Delta H_{毛} = 0.55 H_v h_d \quad (5.5-27)$$

$$\Delta H_{支} = 0.45 H_v h_d \quad (5.5-28)$$

式中 $\Delta H_{毛}$——毛管容许的水头偏差，m；

$\Delta H_{支}$——支管容许的水头偏差，m；

其他符号意义同前。

上述分配方法是将压力调节装置安装在支管进口，故容许水头损失分配给支、毛管。目前我国一般采用在毛管进口安装调压管的方法来调节毛管的压力，可使各毛管获得均匀的进口压力，支管上的水头变化不再影响灌水小区内灌水器出水均匀度，因此，容许压力差可全部分配给毛管，即

$$\Delta H_{毛} = H_v h_d \quad (5.5-29)$$

这种做法虽然安装较麻烦，但可以使支管和毛管的使用长度加大，降低管网投资。

3. 毛管水力计算

毛管水力计算的任务是根据灌水器的流量和规定的容许流量偏差，计算毛管的最大容许长度和实际使用长度，并按使用长度计算毛管的进口水头。

(1) 毛管总水头损失的计算。微灌系统的毛管属于多口出流管，其沿程水头损失的计算方法已在本章5.5.4.2节中介绍。由于毛管上出流口多，且各出流口处流速均不相同，局部损失一般采用沿程损失乘以系数 k 直接得到总水头损失，即

$$\Delta H = k \Delta H_f \quad (5.5-30)$$

式中 ΔH——毛管的总水头损失，m；

ΔH_f——毛管沿程水头损失，m；

k——考虑局部损失的加大系数，对于毛管，k=1.05～1.20。

(2) 灌水器最大、最小工作水头及流量和毛管容许的水头偏差率的确定。根据设计标准和设计孔口流量（灌水器的设计流量），灌水小区内灌水器最大、最小流量可按式（5.5-31）计算：

$$\left.\begin{aligned} q_{max} &= q_d(1+0.62q_v) \\ q_{min} &= q_d(1-0.38q_v) \end{aligned}\right\} \quad (5.5-31)$$

相应灌水器最大、最小工作水头为

$$\left.\begin{aligned} h_{max} &= (1+0.62q_v)^{\frac{1}{x}} h_d \\ h_{min} &= (1-0.38q_v)^{\frac{1}{x}} h_d \end{aligned}\right\} \quad (5.5-32)$$

为方便计算，以设计灌水器工作水头 h_d 代替灌水器平均工作水头 h_a，则容许的水头偏差率为

$$H_v = \frac{h_{max} - h_{min}}{h_d} = \frac{1}{x} q_v \left(1 + 0.12 \frac{1-x}{x} q_v\right) \quad (5.5-33)$$

此时，灌水器流量的偏差率为

$$q_v = \begin{cases} H_v & x = 1 \\ \dfrac{\sqrt{1+0.6(1-x)H_v} - 1}{0.3} \dfrac{x}{1-x} & x < 1 \end{cases} \quad (5.5-34)$$

式中 q_{max}、q_{min}——灌水器最大、最小流量，L/h；

q_d——灌水器的设计流量，L/h 和设计水头，m；

h_d——灌水器的设计水头，m；

h_{max}、h_{min}——与 q_{max}、q_{min} 相对应的灌水器最大和最小工作水头，m；

x——灌水器流态指数；

q_v——设计容许的流量偏差率；

H_v——设计容许的水头偏差率。

当在毛管进口安设调压装置后，允许水头偏差将全部分配到每条毛管上，h_{max} 与 h_{min} 就是每条毛管上灌水器的最大、最小工作水头。在设计中若规定了 q_v，则可由式（5.5-33）求得 H_v，如果 H_v 是已知的，则可由式（5.5-34）求得 q_v。

(3) 毛管进口水头 h_0 的确定。求得最大工作水头 h_{max} 并确定它发生的位置后，可由式（5.5-35）中之一求得毛管进口水头：

$$\left.\begin{aligned} h_0 &= h_1 + k\alpha(Nq_d)^m S_0 - JS_0 \quad (h_1 = h_{max}) \\ h_0 &= h_N + \Delta H_{N-1} + k\alpha(Nq_d)^m S_0 - \\ &\quad j[S_0 + (N-1)S \quad (h_N = h_{max}) \\ \alpha &= 1.006 \times 10^{-5} D^{-(0.123\lg D + 4.885)} \end{aligned}\right\} \quad (5.5-35)$$

式中 α——沿程损失系数，由原山西省水利科学研究所提出；

D——毛管内径，mm；

其他符号意义同前。

(4) 毛管容许的最大长度。在特定条件下，满足设计均匀度要求的最大毛管长度称为毛管容许的最大长度（或极限长度）。充分利用这个长度来布置管网，可节省投资。

对于地形坡度为零的情况，毛管容许的最大孔数按式（5.5-36）计算：

$$N_m = \left[\frac{(m+1)h_d H_v}{k\alpha S q_d^m}\right]^{\frac{1}{m+1}} + 0.52 \quad (5.5-36)$$

式中 N_m——毛管容许的最大孔数，取整数；

其他符号意义同前。

对于常用的毛管直径 D = 10mm，水温为10℃时：

$$N_m = \left(\frac{2.708 \times 10^5 h_d H_v}{k q_d^{1.724} S}\right)^{0.367} + 0.52 \quad (5.5-37)$$

式中 D——毛管内径，mm；

其他符号意义同前。

毛管容许的最大长度 L_m 为

$$L_m = N_m S + S_0 \quad (5.5-38)$$

需要说明的是，当沿毛管地形为上坡（或下坡）时，N_m 值将比水平地形减小（或增大）。

4. 支管水力计算

支管水力计算的任务是确定支管的水头损失、沿支管水头分布和支管直径。

（1）支管水头损失的计算。如果确定（或假定）了支管直径，则支管的水头损失可以算出，由于支管向两侧毛管供水，属于沿程出流管，支管内的流量自上而下逐步减小，在支管水力计算中可能遇到均一管径和变管径两种情况。

1）均一管径支管。对于较短的支管或逆坡铺设的支管，一条支管采用一种管径，水头损失的计算方法如本章5.5.4.2节所述。

2）变径支管。由于支管内的流量自上而下逐段减小。为了节省管材，减少工程投资，通常将一条支管分段设计成几种直径，即从上而下逐段缩小支管直径。这种支管称为变径支管，如图5.5-6所示。

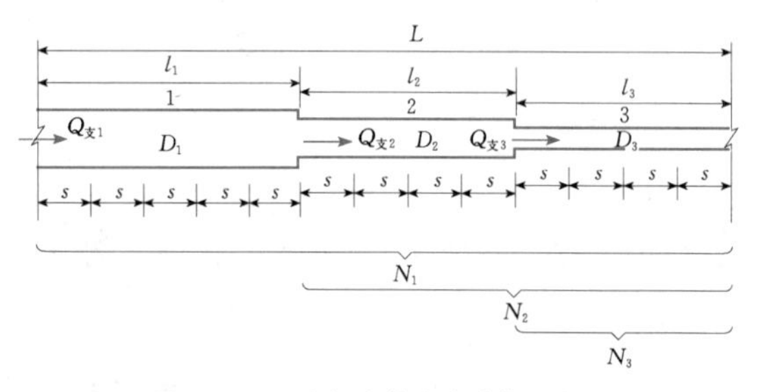

图5.5-6 变径支管水力计算示意图

在利用5.5.4.2节的公式计算每一段支管的水头损失时，可将某段支管及其以下的长度看成与计算段直径相同的支管，则

$$\Delta H_{支i} = \Delta H'_{支i} - \Delta H'_{支i+1} \tag{5.5-39}$$

式中 $\Delta H_{支i}$——第 i 段支管的水头损失，m；

$\Delta H'_{支i}$——第 i 段支管及其以下管长的水头损失，m；

$\Delta H'_{支i+1}$——与第 i 段支管直径相同的第 i 段支管以下长度的水头损失，m。

对于最末一段支管则按均一管径支管计算。

若按照勃拉修斯公式计算水头损失，并考虑局部损失，则有

$$\Delta H_{支i} = 8.4\times10^4\alpha k\frac{Q_{支i}^{1.75}L'_iF'_i - Q_{支i+1}^{1.75}L'_{i+1}F'_{i+1}}{D_i^{4.75}} \tag{5.5-40}$$

若毛管进口流量相等，每一个出水口两条毛管流量之和为 $Q_毛$，则

$$\Delta H_{支i} = 8.4\times10^4\alpha kQ_毛^{1.75}\frac{N_i^{1.75}L'F'_i - N_{i+1}^{1.75}L'_{i+1}F'_{i+1}}{D_i^{4.75}} \tag{5.5-41}$$

式中 $Q_{支i}$、$Q_{支i+1}$——第 i、第 $i+1$ 段支管进口流量，m^3/h；

F'_i、F'_{i+1}——第 i、第 $i+1$ 段支管及其以下管道的多口系数，可由式（5.5-24）计算；

L'_i、L'_{i+1}——第 i、第 $i+1$ 段支管及其以下管道总长度，m；

D_i——第 i 段支管直径，mm；

k——局部水头损失加大系数，对于支管，可取 k=1.05～1.1；

N_i、N_{i+1}——第 i、第 $i+1$ 段支管及其以下管道分水口数目；

其他符号意义同前。

（2）沿支管压力分布。支管内任一点的水头 $h_{支i}$ 应大于或等于该处毛管进口要求的工作水头 $h_{毛i}$，以保证灌水小区内灌水器具有足够的流量和灌水均匀度。如图5.5-7所示，支管任一点的水头可自下而上或自上而下逐段计算：

$$h_{支i} = h_{支i+1} + \Delta H_{i+1} - (z - z_{i+1}) \tag{5.5-42a}$$

或

$$h_{支i} = h_{支i-1} + \Delta H_i - (z - z_{i+1}) \tag{5.5-42b}$$

当地面为均匀坡度时

$$\Delta z = z_i - z_{i+1} = z_{i-1} - z_i = JS$$

式中 $h_{支i}$、$h_{支i+1}$、$h_{支i-1}$——支管第 i、第 $i+1$、第 $i-1$ 号断面处的水头，m；

ΔH_i、ΔH_{i+1}——支管第 i、第 $i-1$ 段的水头损失，m；

z_i、z_{i+1}、z_{i-1}——支管第 i、第 $i+1$、第 $i-1$ 号断面处的地面高程，m；

Δz——沿支管两端地面高程，m；

S——毛管的间距，m；

J——沿支管地面坡降。

设计时支管的直径应通过水力计算确定，当采用变径支管时，满足 $h_{支i}\geqslant h_{毛i}$ 的管径种数和每一种管径

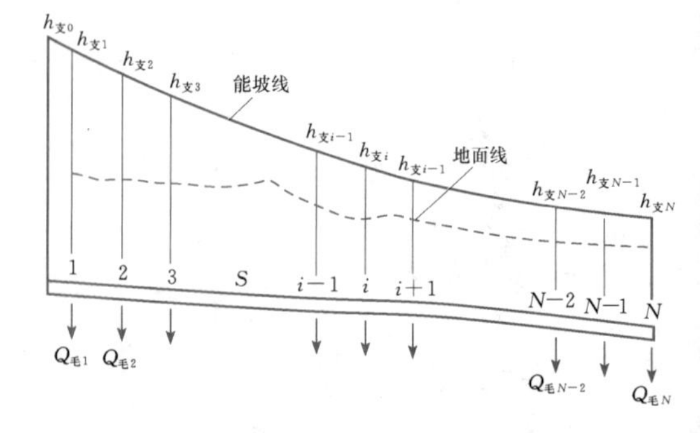

图5.5-7 支管水头分布示意图

的管段长度可以有许多种组合，所以它是一种试算过程，有条件时应采用计算机计算。

5. 干管水力计算

干管水力计算按两个阶段进行，首先按最不利的轮灌组自下而上计算水头损失，以确定各段干管的直径和干管进口水头。由于干管上的分水口间距大，以分水口分段，自下而上逐段计算水头损失。待系统水泵型号选定、干管入口的工作水头确定后，再自上而下逐段计算其他轮灌组工作条件下支管分水口处的干管压力。

有关轮灌组划分和系统扬程的确定，见本章5.4节。

6. 系统总扬程的确定和水泵的选型

由最不利轮灌组推求的总水头就是系统总扬程，即

$$H = H_0 + \Delta H_j + (Z_1 - Z_2) \quad (5.5-43)$$

式中 H——系统总扬程，m；

H_0——干管进口所要求的工作水头，m；

ΔH_j——干管进口至水源的水头损失，包括水泵吸水管，水泵出口至干管进口管段、阀门、接头、肥料（农药）注入器、过滤器和监测仪表的水头损失，m；

Z_1——干管进口处地面高程，m；

Z_2——水源动水位平均高程，m。

根据系统总扬程 H 和最不利轮灌组的流量 Q 可以选择相应的水泵型号。一般选择的水泵参数应略大于系统的总扬程和流量。

7. 调压管长度的确定

为保证系统运行满足设计均匀度的要求。可在毛管首端安装调压管。目前一般采用 D=4mm 的聚乙烯塑料管作为毛管进口调压管，将毛管进口处多余的水头消去。调压管所需的长度可由式（5.5-44）确定：

$$L = \frac{\Delta h - 1.43 \times 10^{-5} Q_{毛}^2}{8.45 \times 10^{-4} Q_{毛}^{1.696}} \quad (5.5-44)$$

式中 L——直径为 4mm 的聚乙烯塑料管的长度，m；

Δh——毛管进口处支管水头和毛管要求的工作水头之差，m；

$Q_{毛}$——毛管进口流量，L/h。

由于毛管的数量多，各条毛管所需的调压管长度不同，如果完全按计算结果安装调压管，不仅施工麻烦，而且易发生错误。因此，可以根据实际情况将计算出的调压管长度分成若干组，将长度接近的纳入同一种规格。

5.5.4.4 水源工程与首部枢纽

微灌水源工程应按有关工程技术规范进行设计。设计蓄水池时应考虑沉淀池要求。从河道或渠道取水时，取水口处应设拦污栅和集水池，集水池的深度或宽度应满足沉淀、清淤和水泵正常吸水要求。

1. 水源工程

（1）沉淀池。沉淀池设计要求水流从进入沉淀池开始，其所挟带的设计标准粒径以上的沙粒以沉速 v_c 下沉，当水流流到池出口时沙粒刚好沉到池底来。当沉淀池深度 $h \geqslant 1.0$m，则

沉淀池宽 $$B = \sqrt{\frac{F_s Q}{5 v_c}} \quad (5.5-45)$$

沉淀池长度 $$L = 5B \quad (5.5-46)$$

$$v_c = 0.563 D_c^2 (\gamma - 1) \quad (5.5-47)$$

以上式中 D_c——设计标准粒径，mm；

γ——泥沙颗粒比重，g/cm³；

Q——设计流量，m³/s；

v_c——设计标准粒径的沉速，m/s；

F_s——蓄水系数，$F_s=2$。

为防止出口流量挟带沉沙，出口应至少高出池底0.30m；池底应有一定坡度，并于池底最低处安置冲沙孔和设节制阀门，以便冲洗沉沙；沉沙池出口若为自压管道的，要在管道进口以上留有足够水深，使管道能通过设计流量。

（2）蓄水池。蓄水池除调蓄水量外，也可起到沉沙、去铁的作用。蓄水池的出水口（或水泵进水口）应设在高出池底 0.30～0.40m 处，既避免带走沉淀物，又充分利用水池容积，在有条件的地方，尽可能安设冲洗孔。温暖地区的蓄水池很容易滋生水草，对微灌系统工作影响较大，目前国内尚无很好的解决办法，如能加盖封闭避光，可防止水草生长。

当微灌系统既需沉淀池又需蓄水池时，设计时首先考虑二者合一的方案，根据工作条件尽可能减小容积、降低投资。

2. 首部枢纽

集中安装于管网进口部位的加压、调压、控制、净化、施肥（药）、保护及量测等设备的场所称为首部枢纽。首部枢纽的设计就是正确选择和合理配置有关设备和设施，以保证微灌系统实现设计目标。首部枢纽对微灌系统运行的可靠性和经济性起着决定性的作用，因此，在设计时应给予高度的重视。

在选择设备时，其设备容量必须满足系统的过水能力，使水流经过各设备时的水头损失比较小，在布置上必须把易锈金属件和肥料（农药）注入器放在过滤装置上游，以确保进入管网的水质满足微灌要求。

（1）水泵机组。离心泵是微灌系统应用最普通的泵型，选型时一定要使工作点位于高效区；尽量使用电动机驱动，并考虑供电保证程度。

（2）过滤器。选择过滤设备主要考虑水质和经济两个因素。筛网式过滤器是使用最普遍的过滤器，但含有机污物较多的水源使用砂石过滤器能得到更好的过滤效果，含沙量大的水源可采用旋转式水砂分离器，但还必须与筛网过滤器配合使用。筛网的网孔尺寸或过滤器的砂料型号应满足灌水器对水质过滤的要求。过滤器设计水头损失一般为3～5m。

（3）水表。水表的选择要考虑水头损失在可接受的范围内，并配置于肥料（农药）注入口之上游，以防止肥料对水表的腐蚀。

（4）压力表。选择量程比系统实际水头大的压力表，最好在过滤器的前后均设置压力表，以便根据压差大小确定清洗与否。

（5）进排气阀。进排气阀一般设置在微灌系统管网的高处，或局部高处，首部应在过滤器顶部和下游管上各设一个，其作用为在系统开启管道充水时排除空气，系统关闭管道排水时向管网补气，以防止负压产生；系统运行时排除水中夹带的空气，以免形成气阻。进排气阀的选用，目前可按"四比一"法进行，即进排气阀全开直径不小于排气管道内径1/4。如100mm内径的管道上应安装内径为25mm的进排气阀。另外在干、支管末端和管道最低位置处应安装排水阀。

（6）施肥装置。一般将施肥装置安装在微灌系统首部。有关施肥装置参见本章第3节。

（7）控制设备。微灌系统首部还应包括控制设备，主要控制系统工作状态，自动灌溉系统中的轮灌、过滤器的反冲洗、施肥和压力、流量调节等。

5.5.4.5　微灌管道系统结构

微灌管道系统结构设计内容与喷灌工程相同，这里不再赘述。

必须指出，微灌管道系统也必须设置镇墩，以承受管中由于水流方向改变等原因引起的推力，以及直管中由于自重和温度变形产生的推力、应力。三通、弯头、变径接头、堵头、阀门等管件处也需要设置镇墩。镇墩设置要考虑传递力的大小和方向，并使之安全地传递给地基。镇墩的推力和传压面积等有关数据，应经计算确定。

有关镇墩设计，参见本卷第3章3.4节。

5.6　低压管道输水灌溉系统

低压管道输水灌溉系统是近年来在我国迅速发展起来的一种新型地面灌溉系统。它利用低耗能机泵或由地形落差所提供的自然压力水头将灌溉水加低压（一般不超过0.2MPa），然后再通过管网输配水到农田进行灌溉。它是以低压管网来代替明渠输配水系统的一种农田水利工程形式。田间灌水通常采用畦、沟灌等地面灌水方法。与喷灌、微灌系统比较，其最末一级管道出水口的工作压力是最不利设计条件，一般远比喷灌、微灌等的工作压力低，通常只需控制在0.20kPa以下。

低压管道输水灌溉系统简称管灌系统，相应的低压管道输水灌溉技术简称管灌技术。

5.6.1　管灌系统的组成与类型

5.6.1.1　管灌系统的组成

管灌系统依其各部分所担负的功能作用不同，一般可划分为五大组成部分：①水源；②引水取水枢纽；③输水配水管网；④田间灌水系统；⑤管灌系统附属建筑物和装置。

1. 水源

管灌系统首先要有符合灌溉要求水量与水质的水源。井泉、塘坝、水库、河湖以及渠沟等均可作为管灌系统的水源。

2. 引水取水枢纽

引水取水枢纽形式主要取决于水源种类，其作用是从水源取水并进行处理，以符合管网与灌溉在水量、水质和水压三方面的要求。

3. 输配水管网

输配水管网是由低压管道、管件及附属管道装置连接成的。在灌溉面积较小的灌区，一般只有单机泵、单级管道输水和灌水的形式。

井灌区输配水管网一般采用1～2级地面移动管，或一级地埋管和一级地面移动管；渠灌区输配水管网多由多级管组成，一般均为固定式地埋管。输配水管网的最末一级管，可采用固定式地埋管，也可采用地面移动管。

4. 田间灌水系统

常用的田间灌水管灌系统主要有下列三种形式：

（1）采用田间灌水管网输配水，应用地面移动管代替田间毛渠和输水垄沟，并运用退管浇法进行灌水。这种方式输水损失最小，可避免灌溉水浪费，而且管理运用方便，也不占地，不影响耕作和田间管理。

（2）采用明渠田间输水垄沟输配水，在田间用常规畦、沟灌等地面灌水方法进行灌水。这种方式不可避免地产生田间灌水的无益损耗和浪费，劳动强度大，田间灌水工作困难，而且输水垄沟占用农田耕地。

（3）田间输水垄沟采用地面移动管输配水，而农田内部灌水时仍采用常规畦、沟灌等地面灌水方法。这种方式的优缺点介于前两种方式之间，但因无需大量的田间浇地用软管，因此投资可大为减少。田间移动管可用闸孔管、虹吸管或一般引水管向畦、沟放水或配水。

井灌区多采用第一种田间灌水形式。

5. 管灌系统附属建筑物和装置

管灌系统一般有2～3级地埋固定管，因此，必须设置各种类型的管灌系统建筑物和装置。依建筑物和装置在管灌系统中所发挥的作用不同，可把它们划分为9种类型：①引水取水枢纽建筑物，包括进水闸门或闸阀、拦污栅、沉淀池或其他净化处理构筑物等；②分水配水建筑物，包括干管向支管、支管向各农管分水配水用的闸门或闸阀；③控制建筑物，各级管道上为控制水位或流量所设置的闸门或阀门；④量测建筑物，包括量测管道流量和水量的装置或水表，量测水压的压力表等；⑤保护装置，包括进排气阀、减压装置或安全阀等；⑥泄退水建筑物，包括泄水闸门或阀门；⑦交叉建筑物，如虹吸管、涵管等；⑧田间出水口和给水栓；⑨管道附件及连通建筑物，如三通、四通、变径接头、同径接头、井式建筑物等。

5.6.1.2 管灌系统类型

管灌系统类型很多，特点各异，一般可按下述两个特点进行分类。

1. 按获得压力的来源分类

（1）加压式管灌系统。当水源的水面高程低于灌区的地面高程，或虽略高一些但不足以提供灌区管网输配水和田间灌水需要的压力时，则要利用水泵机组加压。在我国井灌区和提水灌区的管灌系统均为此种类型。

（2）自压式管灌系统。水源的水面高程高于灌区地面高程，管网输配水和田间灌水所需要的压力完全依靠地形落差所提供的自然水头获得。这种类型不用机不用泵，故可大大降低工程投资，在有地形条件可利用的地方均应首先考虑采用自压式管灌系统。

2. 按管灌系统在灌溉季节中各组成部分的可移动程度分类

（1）固定式管灌系统。管灌系统的所有组成部分在整个灌溉季节中，甚至常年都固定不动。该系统的各级管道通常均为地埋管。固定式管灌系统只能固定在一处使用，故需要管材量大，单位面积投资高。

（2）移动式管灌系统。除水源外，引水取水枢纽和各级管道等各组成部分均可移动。它们可在灌溉季节中轮流在不同地块上使用，非灌溉季节时则集中收藏保管。这种系统设备利用率高，单位面积投资低，效益较高，适应性较强，使用方便，但劳动强度大，若管径选用不当，设备极易损坏。其管道多采用地面移动管道。

（3）半固定式管灌系统，又称半移动式管灌系统。系统的组成部分有些是固定的，有些是移动的。系统的引水取水枢纽和干管或干、支管为固定的地埋暗管，而配水管道，支管、农管或仅农管可移动。这种系统具有固定式和移动式两类管灌系统的特点，是目前渠灌区管灌系统使用最广泛的类型。

目前，我国单井、群井汇流灌区和规模小的提水灌区及部分小型塘坝自流灌区多采用移动式管灌系统，其管网采用一级或两级地面移动的塑料软管或硬管。面积较大的群井联用灌区和抽水灌区以及水库灌区与引水自流灌区主要采用半固定式管灌系统，其固定管道多为地埋暗管，田间灌水则采用地面移动软管。

5.6.2 管灌系统的技术特点

5.6.2.1 管灌系统的优点

管灌技术与传统的地面灌水技术相比，其优点可归纳为“四省（省水、省能、省地和省工）、一低（单位面积投资低）、一少（运行费用少）、一强（适应性强）、两快（输水快、浇地快）和三方便（操作应用方便、机耕田间管理方便和维修养护方便）”。

实践表明：管灌系统比土质明渠系统一般可节水30%左右，最高可达56%，比砌石防渗渠道节水15%左右，比混凝土板衬砌渠道节水约7%。管网水的有效利用率一般均在0.95以上，田间灌水损失和浪费小，田间水的有效利用率高，一般可达0.9以上。

据调查，机井灌区田间渠、沟占地面积约2%～3%，抽水灌区渠、沟占地面积约3%～4%。以管网管替代明渠、沟系一般均可省地2%左右，高的可达7%。

管灌系统比明渠系统省去了明渠清淤除草、维修养护用工，同时管道输水快，供水及时，灌水效率高，故可减少田间灌水用工，节约灌水劳力。一般固定式管道灌溉效率可提高1倍，用工减少50%左右。

管灌系统设备简单，技术容易掌握，使用灵活方便，可适用于各种地形和不同作物与土壤，不影响农业机械耕作和田间管理，小坡小坎能爬、小弯能拐，沟路林渠能穿；能适应当前农村生产责任制管理体制；能解决零散地块和局部旱地、高地灌不上水以及单户农民修渠占地和争水矛盾等问题。管灌系统非常适宜单户或联户农民自行管理模式。

管灌系统因减少水量损失和浪费，不但可扩大灌溉面积或增加灌水次数，同时也可改善田间灌水条件，缩短灌水周期和灌水时间，故有利于适时适量及时灌水，从而有效地满足了作物的需水要求，可提高单位水量的产量和产值，促进作物高产增收。

5.6.2.2　渠灌区管灌系统的技术特点

渠灌区专指与井灌区相区别的引水工程灌区、塘坝水库工程灌区和大中型抽水工程灌区，渠灌区管灌系统除具有管灌系统一般的技术特点外，与井灌区管灌系统相比较尚有一些特殊之处。

渠灌区管灌系统一般控制面积都比较大，小的30hm^2左右，大的可达350hm^2。因其引取水量大，输配水管网级数多，通常可有3～5级管道，管径也较大，因此其省水、省地和省工效益更显著；管网输水速度快，可大大缩短输灌周期，完全有可能实现按作物需水要求及时适量地进行灌溉；管灌系统维修养护简单方便，管理费用和灌水成本可大为降低。但渠灌区管理系统所需材料和设备较多，建筑物类型也较复杂，因此，其单位面积投资相对来说比井灌区要高，规划设计内容比较复杂，施工期较长，而且在用水管理和计划用水上与全渠灌区用水的协调调配和控制存在着一定的困难。

5.6.3　管灌系统规划布置

管灌系统规划布置的基本任务是，在勘测和收集并综合分析规划基本资料以及掌握管理区基本情况和特点的基础上，研究规划发展管灌技术的必要性和可行性，确定规划原则和主要内容。通过技术论证和水力计算，确定管灌工程规模和管灌系统控制范围；选定最佳管理系统规划布置方案；进行投资预算与效益分析，以彻底改变当地农业生产条件，建设高产稳产、优质高效农田及适应农业现代化的要求为目的。

5.6.3.1　管灌系统布设的基本原则

规划布设管灌系统一般应遵循下列基本原则：

(1) 管灌系统的布设应与水源、道路、林带、供电线路和排水等紧密结合，统筹安排，并尽量充分利用当地已有的水利设施及其他工程设施。

(2) 管灌系统布设时应综合考虑管灌系统各组成部分的设置及其衔接。

(3) 在山丘区，大中型自流灌区和抽水灌区内部以及一切有可能利用地形坡度提供自然水头的地方，只要在最末级管道最不利出水口处有0.3～0.5m左右的压力水头，应首先考虑布设自压式管灌系统。对于地埋暗管，沿管线具有5/1000左右的地形坡度，就可满足自压式管灌系统输水压力能坡线的要求。

(4) 小水源如单井、群井、小型抽水灌区等应选用布设全移动式管灌系统。群井联用的井灌区和大的抽水灌区及自流灌区宜布设固定式管灌系统。

(5) 输水管网的布设应力求管线总长度最短，控制面积最大；管线平顺，无过多的弯转和起伏；尽量避免逆坡布置。

(6) 田间末级暗管和地面移动软管的布设方向应与作物种植方向或种植作物方向及地形坡度相适应，一般应取平行方向布置。

(7) 田间给水栓或出水口的间距应依据现行农村生产管理体制和田园化规划确定，以方便用户管理和实行轮灌。

(8) 管灌系统布局应有利于管理运用，方便检查和维修，保证输配水和灌水安全可靠。

5.6.3.2　管灌系统的布设形式

根据水源位置、控制范围、地面坡度、田块形状和作物种植方向等条件，地埋固定管网可布设成树枝状、环状和混合状三种类型。

(1) 树枝状管网。树枝状管网由干、支或干、支、农管组成，并均呈树枝状布置。其特点是，管线总长度较短，构造简单，投资较低；但管网内的压力不均匀，各条管道间的水量不能互相调济。

1) 水源位于田块一侧，树枝状管网呈“一”字形（见图5.6-1），T形（见图5.6-2）和L形（见图5.6-3）。这三种布置形式主要适用于控制面积较小的井灌区，即出水量为20～40m^3/h，控制面积3～7hm^2，田块的长宽比（l/b）不大于3的情况。多用地面移动软管输水和浇地，管径大致为100mm左右，长度不超过400m。当控制面积较大，地块近似成方形，作物种植方向与灌水方向相同或不相同时可

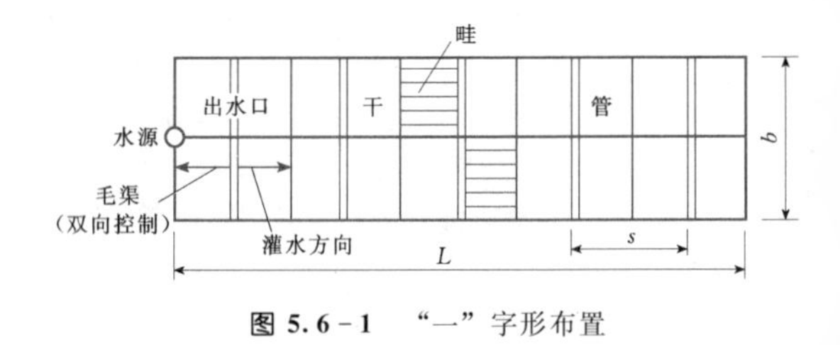

图5.6-1　“一”字形布置

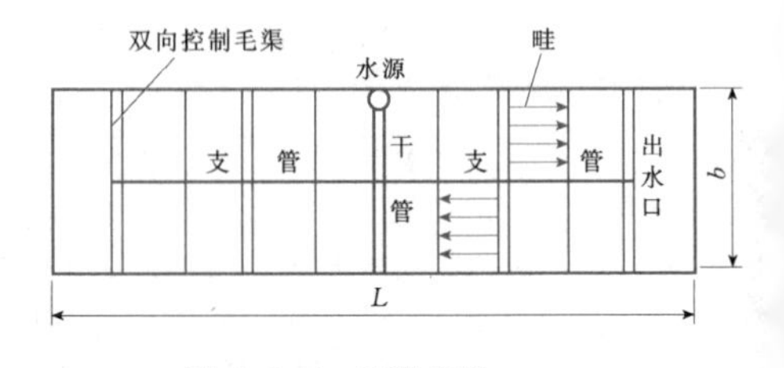

图5.6-2　T形布置

布置成梳齿形（见图 5.6-4）或鱼骨形（见图 5.6-5）。对于井灌区，这两种布置形式主要适用于井出水量 60～100m³/h，控制面积 10～20hm²，田块的长宽（l/b）约为 1 的情况。常采用一级地埋暗管输水和一级地面移动软管输、灌水。地埋暗管多采用硬塑料管、内光外波纹塑料管和当地材料管，管径约为 100～200mm，管长依需要但一般输水距离都不超过 1.0km。地面移动软管主要使用薄膜塑料软管和涂塑布管，管径 50～100mm，长度大都不超过灌水畦、沟长度。

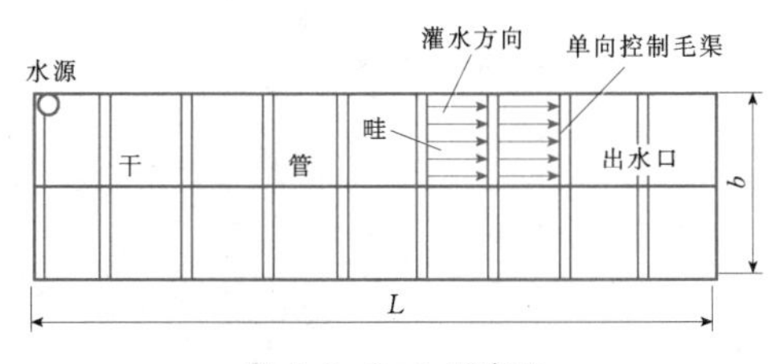

图 5.6-3　L 形布置

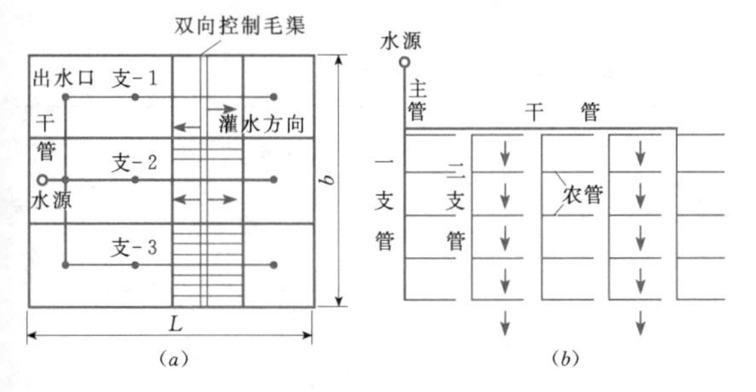

图 5.6-4　梳齿形布置

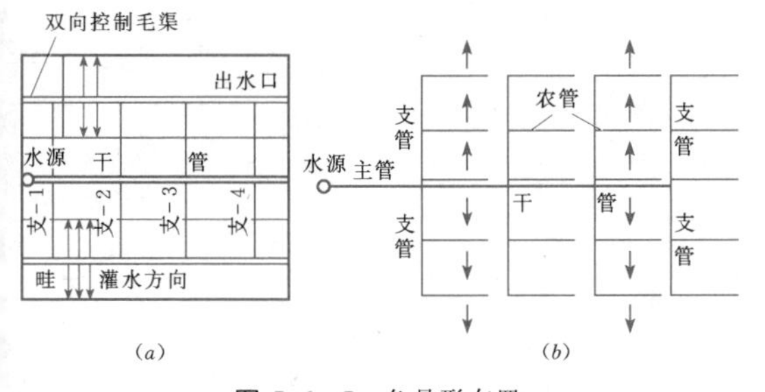

图 5.6-5　鱼骨形布置

对于渠灌区，常为多级半固定式或固定式管灌系统，其控制面积可达上千亩，干管流量一般约 0.4m³/s 以下，管径为 300～600mm，长度可达 2.0km 以上；支管流量一般为 0.15m³/s，管径 100mm 左右，管长即支管间距约 200～400m，农管间距即灌水沟畦长度，一般为 70～200m。大管径（300mm 以上）地埋暗管常用现浇或预制素混凝土管，300mm 以下管径的常用管材有硬塑料管、石棉水泥管、素混凝土管、内光外波纹塑管以及当地材料管等。一般要求农管（或支管）采用同一管径，干管或支管可分段变径，以节省投资；但变径不宜超过三种，以方便管理。

2）水源位于田块中心，可用 H 形和长“一”字形布置形式（见图 5.6-6 和图 5.6-7）。这两种布置形式主要适用于井灌区，水井位于田块中部。井出水量 40～60m³/h，控制面积 7～10hm²；田块的长宽比（l/h）不大于 2 时，采用 H 形；当长宽比大于 2 时，常采用长“一”字形。

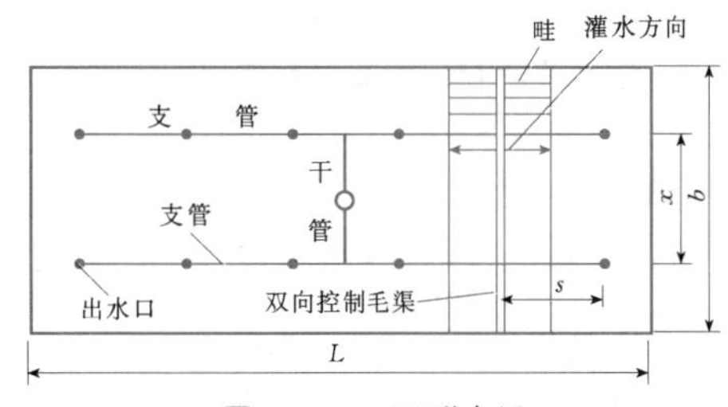

图 5.6-6　H 形布置

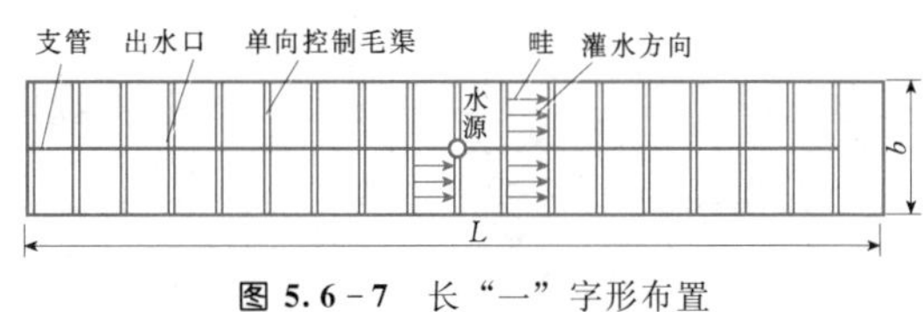

图 5.6-7　长“一”字形布置

（2）环状管网。干、支管均呈环状布置，其突出特点是，供水安全可靠，管网内水压力较均匀，各条管道间水量调配灵活，有利于随机用水；但管线总长度较长，投资一般均高于树枝状管网。

1）水源位于田块一侧、控制面积较大（10～20hm²）的环状管网布置形式如图 5.6-8 所示。

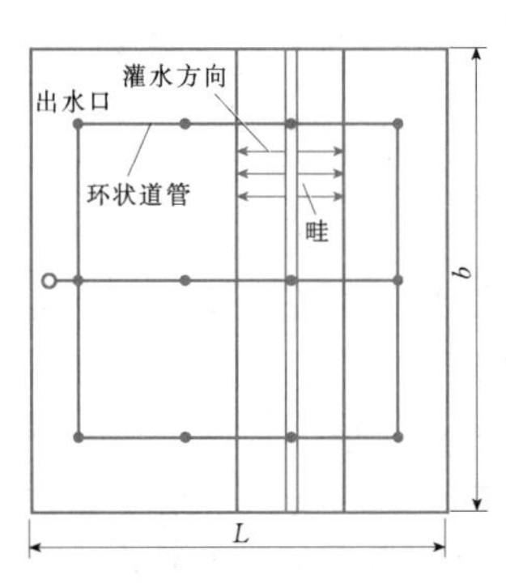

图 5.6-8　水源位于田块侧环状管网布置

2）水源位于田块中心、控制面积约 7～10hm²、田块长宽比不大于 2 的环状管网布置形式如图 5.6-9 所示。

（3）混合状管网。混合状管网介于以上两种类型。

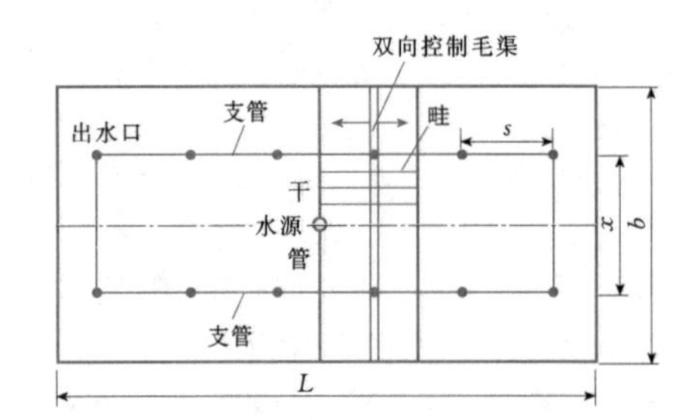

图 5.6-9 水源位于田块中心环状管网布置

5.6.3.3 地面移动管网的布设和使用

地面移动管网一般只有一级或两级，其管材通常有移动软管、移动硬管和软管硬管联合运用三种。常见的布设形式及其相应的使用方法有以下三种。

1. 长畦短灌双浇

长畦短灌或称长畦分段灌是将一条长畦分为若干段从而形成没有横向畦埂的短畦，用软管或纵向输水沟自上而下或自下而上分段进行畦灌的灌水方法（见图 5.6-10）。其畦长可达 200m 以上，畦宽可至 5～10m。长畦短灌灌水技术要素见表 5.6-1。

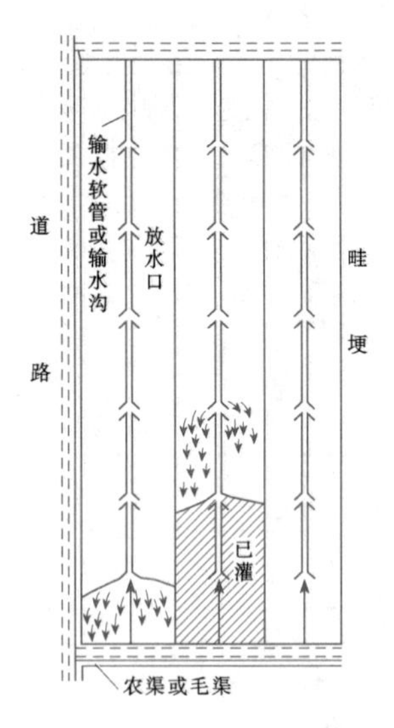

图 5.6-10 长畦短灌布置形式

表 5.6-1 长畦短灌灌水技术要素参考表

输水沟或灌水管流量 (L/s)	灌水定额		畦长 (m)	畦宽 (m)	单宽流量 [L/(s·m)]	单畦灌水时间 (min)	长畦面积 (m^2)	分段长×段数 (m×段)
	m^3/hm^2	mm						
15	600	6	200	3	5.00	40.0	600	50×4
				4	3.75	53.3	800	40×5
				5	3.00	66.7	1000	35×6
17	600	6		3	5.67	35.0	600	65×3
				200	4.25	47.0	800	50×4
				5	3.40	58.8	1000	40×5
20	600	6	200	3	6.67	30.0	600	65×3
				4	5.00	40.0	800	50×4
				5	4.00	50.0	1000	40×5
23	600	6	200	3	7.67	26.1	600	70×3
				4	5.75	34.8	800	65×3
				5	4.60	43.5	1000	50×4

长畦短灌双浇（见图 5.6-11）是在长畦短灌的基础上由一个出水口放水双向浇地的方法。其单口控制面积约 0.09～0.18hm²，移动管长 20m 左右。

2. 长畦短灌单浇

地面坡度较陡，灌水不宜采用双向控制时，可在长畦短灌基础上采用单向控制浇地，见图 5.6-12。

3. 方畦短灌双浇

畦的长宽比约等于 1（或 0.6～1.0）时可采用方畦双浇。移动管长不宜大于 10m，畦长亦不宜大于 10m，见图 5.6-13。

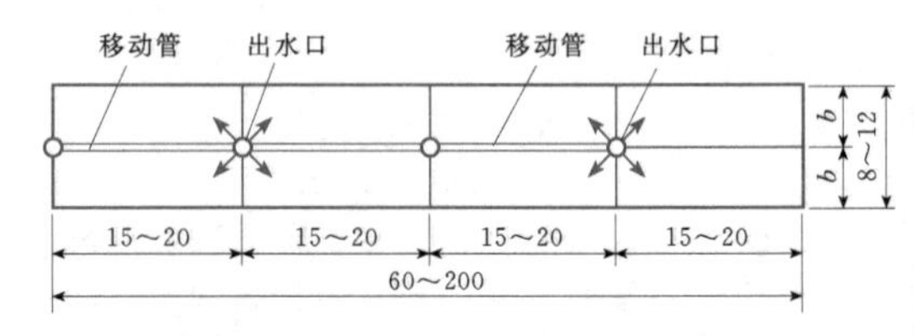

图 5.6-11 长畦短灌双浇（单位：m）

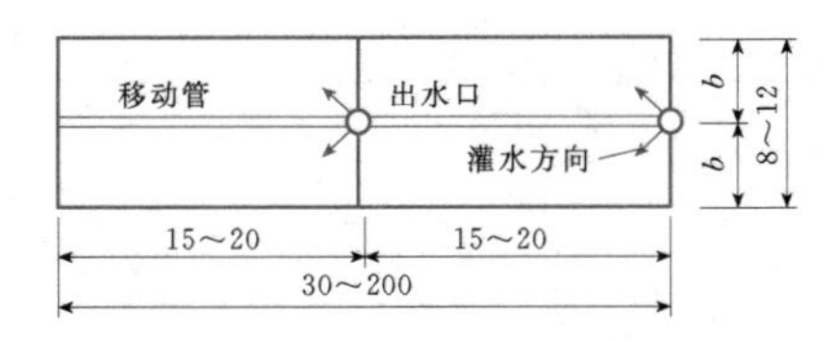

图 5.6-12 长畦短灌单浇（单位：m）

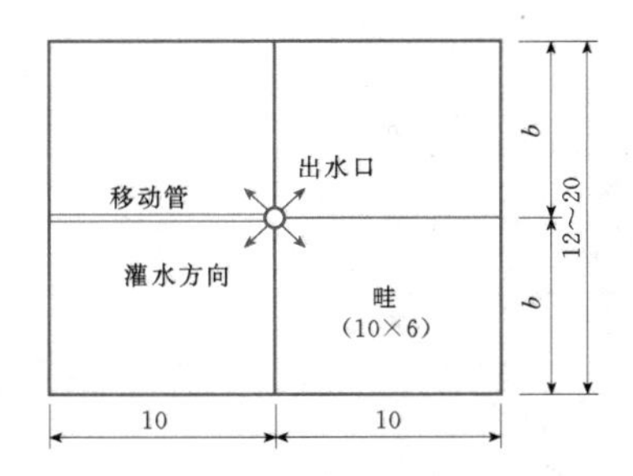

图 5.6-13 方畦短灌单浇（单位：m）

4. 移动闸管

移动闸管是在移动管上开孔，设有控制闸门，以调节放水孔的出流量。移动闸管可直接与井泵出水管相连接，也可与地埋暗管上的给水栓相连接。闸管顺畦长方向放置，长度不宜大于20m。畦的规格及灌水方法均与移动管网相同。闸管上孔口的间距视畦、沟的布置而定。

5.6.3.4 管网布置优化及管径优选

优化管网布置及优化各级管道的管径是管网优化的两个相互联系的问题。对小型灌区，如单井控制面积不大的系统，对两部分分别优化和统一优化，其结果差别不大。对控制面积大的渠灌区管灌系统应统一进行管网布置优化和管径优选；否则，其优化结果将相差悬殊。

管网优化理论方法有线性规划法、非线性规划法、动态规划法等。影响管网年费用的主要因素是，管网系统类型（固定式、半固定式或移动式）、管网布置形式（走向、间距、长度等）、管材和管径。

5.6.4 管灌系统的管材与管件

管材是管灌系统的主要组成部分，直接影响管灌系统工程的质量和造价。在管灌系统中，作为地埋暗管（固定管道）使用的主要有塑料硬管、水泥制品管及当地材料管等；作为地面移动管道的管材有软管和硬管两类。

5.6.4.1 地埋管管材

（1）塑料硬管。其具有重量轻、内壁光滑、输水阻力小、耐腐蚀、易搬运和施工安装方便等特点。目前管灌系统中使用的国家标准塑料硬管主要有聚氯乙烯（PVC）管、高密度聚氯乙烯（HDPE）管、低密度聚氯乙烯（LDPE）管、改性聚丙烯（PP）管等。其规格、公称压力和壁厚的关系见表 5.6-2。要求管材外观应内外壁光滑、平整，不容许有气泡、裂隙、显著的波纹、凹陷、杂质、颜色不均匀及分解变色等缺陷。

表 5.6-2　塑料硬管管材规格、公称压力与壁厚

外径(mm)	公称压力					
	0.6MPa			0.4MPa		
	壁厚及公差（mm）			壁厚及公差（mm）		
	PVC	PP	LDPE	PVC	PP	LDPE
90	3.0+0.6	4.7+0.7	8.2+1.1	—	3.2+0.6	5.3+0.8
110	3.5+0.7	5.7+0.8	10.0+1.2	3.2+0.5	3.9+0.6	6.5+0.9
125	4.0+0.8	6.5+0.8	11.4+1.4	—	4.4+0.7	7.4+1.0
160	5.0+1.0	8.3+1.1	14.0+1.7	4.0+0.8	5.7+0.8	9.5+1.2

（2）薄壁聚氯乙烯硬管。其壁厚与公称压力的关系见表 5.6-3。

表 5.6-3　薄壁聚氯乙烯管壁厚及公称压力

外径(mm)	壁厚及公差(mm)	公称压力(MPa)	安全系数
110	1.7+0.5	0.25	3
160	2.0+0.5	0.20	3

（3）聚氯乙烯双壁波纹管。其具有内壁光滑、外壁波纹的双层结构特点，其不仅保持了普通塑料硬管的输水性能，而且还具有优异的物理力学性能，特别是在平均壁厚减薄到 1.4mm 左右时，仍有较高的扁平刚度和承受外载的能力，是一种较为理想的管灌系统管材，其规格见表 5.6-4。

表 5.6-4　双壁波纹管（国产）的基本尺寸

公称尺寸	平均外径(mm)		平均壁厚（mm）			单根长度 L (mm)
	$D_{外}$	$D_{内}$	$\delta_{外}$	$\delta_{内}$	$\delta_{凹}$	
110	110	100	0.85	0.57	1.17	5000～6000
160	160	147	1.20	0.95	1.57	5000～6000

（4）水泥制品管。水泥制品管可以预制，也可以在现场浇筑。各种水泥制品管，例如素混凝土管、水泥土管等，都造价较低，且可就地取材，利用当地材料容易推广。

（5）石棉水泥管。石棉水泥管是以石棉和水泥为主要原料，经制管机卷制而成。其特点是，内壁光滑摩阻系数小，抗腐蚀，使用寿命长，重量轻，易搬移，且机械加工方便，但其质地较脆，不耐碰撞，抗冲击强度不高。其规格主要有ϕ100、ϕ150、ϕ200、ϕ250和ϕ300等5种。耐压有300kPa、700kPa、900kPa和1200kPa等4种。

（6）灰土管是以石灰、黏土为原料，按一定配合比混合，并加水拌匀，经人工或机械夯实而成的。石灰质量要求含CaO以大于60%为优。灰土比各地因灰、土质量而异，一般在1∶5～1∶9之间，含水率约20%，干容重应在1.60g/cm^{3}以上；其在空气中养护一周的抗压强度，即可达1～1.7MPa。但最好采用湿土养护方法，养护至少两周后再投入运用，以有利于灰土后期强度继续增高，保证运用安全可靠。

5.6.4.2 地面移动管材

地面移动管材有软管和硬管两类。软管管材主要使用塑料软管（简称薄塑软管）和涂塑软管。

1. 塑料软管

塑料软管主要有低密度聚乙烯软管（LLDPE管）、线性低密度聚乙烯软管（LLDPE管）、锦纶塑料软管和维纶塑料软管等四种。锦纶、维纶塑料软管，管壁较厚（2～2.2mm），管径较小（一般在90mm以下），爆破压力较高（一般均在0.5MPa以上），相应造价也较高，低压管灌中不多用。低压管灌中以线性低密度聚乙烯软管（即改性聚乙烯软管）应用较普遍，其规格见表5.6-5。

表5.6-5 线性低密度聚乙烯软管规格表

折径(mm)	直径(mm)	壁厚(cm)		每米重(kg/m)		每公斤长度(m/kg)	
		轻型	重型	轻型	重型	轻型	重型
80	51	0.20	0.30	0.029	0.044	34.0	22.0
100	64	0.25	0.35	0.046	0.064	21.0	15.6
120	76	30.00	0.40	0.066	0.088	15.0	11.4
140	89	0.30	0.40	0.077	0.105	13.0	9.5
160	102	0.30	0.45	0.088	0.118	11.4	8.5
180	115	0.35	0.45	0.116	0.149	8.6	6.7
200	127	0.35	0.45	0.128	0.165	7.8	6.1
240	153	0.40	0.50	0.176	0.220	5.7	4.5
280	178		0.50		0.258		3.9
300	191		0.50		0.276		3.6
320	204		0.50		0.293		3.4
400	255		0.60		0.412		2.4
500	318		0.70		1.280		0.8
600	382		0.70		1.420		0.7

2. 涂塑软管

涂塑软管以布管为基础，两面涂聚氯乙烯，并复合薄膜，黏结成管的。其特点是，价格低，使用方便，易修补，质软易弯曲，低温时不发硬，且耐磨损。目前生产的产品规格有ϕ25、ϕ40、ϕ50、ϕ65、ϕ80、ϕ100、ϕ125、ϕ150和ϕ200等9种。工作压力一般为1～300kPa。

5.6.4.3 管件

管件将管道连接成完整的管路系统。管件包括弯头、三通、四通和堵头等，可由混凝土、塑料、钢、铸铁等材料制成。

5.6.4.4 管径的初选及管道的水力计算

1. 初选管径

通常按式（5.6-1）初选管径：

$$d=\sqrt{\frac{4Q}{\pi v}}=1.13\sqrt{\frac{Q}{v}} \tag{5.6-1}$$

式中 d——管道内径，m；

Q——设计流量，m^3/s；

v——管道内的适宜流速，m/s。

适宜流速对管径选择影响很大，目前在低压管灌系统中尚研究不够，一般凭经验选取，多控制在0.5～1.8m/s之间，以不产生淤积和不发生水击为度。各种管材适宜流速的选取可参考表5.6-6。

表5.6-6 低压管灌系统输水适宜流速值

管材	混凝土管	石棉水泥管	水泥砂管等	塑料管	地面移动软管
适宜流速(m/s)	0.5～1.0	0.7～1.3	0.4～0.8	1.0～1.5	0.4～0.8

2. 管道的水力计算

管道水力计算的任务是计算管道水头损失，包括沿程水头损失和局部水头损头两部分。

(1) 沿程水头损失可用式 (5.4-26) 计算，糙率 n 值见表 5.6-7。地面移动软管的糙率大多不是固定值，它随管内径及铺设条件不同而变，其野外测试值见表 5.6-8。

(2) 局部水头损失可按式(5.4-28)计算，初步规划时局部水头损失也可按沿程水头损失的 10%～15% 估算。较长的平直管道，局部水头损失可忽略不计。

表 5.6-7　各种管材糙率表

管材	塑料硬管	石棉水泥管，灰土管	水泥砂管，水泥土管	预制混凝土管	内壁较粗糙的混凝土管，现浇混凝土管
糙率 n	0.008～0.009	0.012～0.013	0.012～0.014	0.013～0.014	0.014～0.015

表 5.6-8　地面软管糙率野外测试值

管　　材	管径 d (mm)	沿程阻力系数 λ	谢才系数 C	糙率 n
维纶塑料软管	101.6	54	0.027	0.010
	63.5	56	0.025	0.009
	50.8	69	0.016	0.007
高压聚乙烯软管	203.2	55	0.026	0.011
	152.0	64	0.019	0.009
	127.0	63	0.02	0.009
	101.6	60	0.022	0.009
	76.0	74	0.014	0.007
涂胶布质软管	101.6	45	0.038	0.012

5.6.5 低压管灌系统建筑物的布设

在井灌区，若采用移动软管式低压管灌系统，一般只有 1～2 级地面移动软管，无需布设建筑物，只要配备相应的管件即可；若采用半固定式低压管灌系统，也只布设一级地埋暗管，再布设必要数量的给水栓和出水口即可满足输水和灌水要求。而在渠灌区，通常控制面积较大，需布设 2～3 级地埋暗管，故必须设置各种类型的附属建筑物。

5.6.5.1 渠灌区低压管灌系统的引取水枢纽布设

渠灌区的低压管灌系统大都从支、斗渠或农渠上引水。其渠、管的连接方式和各种设施的布置均取决于地形条件和水流特性（如水头、流量、含沙量等）以及水质情况。通常管道与明渠的联接均需设置进水闸门，其后应布设沉淀池，闸门进口尚需安装拦污栅，并应在适当位置处设置量水设备。

5.6.5.2 渠灌区管灌系统的分、配水

控制和泄水建筑物的布设在各级地埋暗管首、尾和控制管道内水压、流量处均应布设闸板门或闸阀，以利分水、配水、泄水及控制调节管道内的水压或流量。图 5.6-14 所示为比较适宜的一种专用于低压管灌系统的闸板式建筑物，其起闭灵活方便，造价低，装配容易。

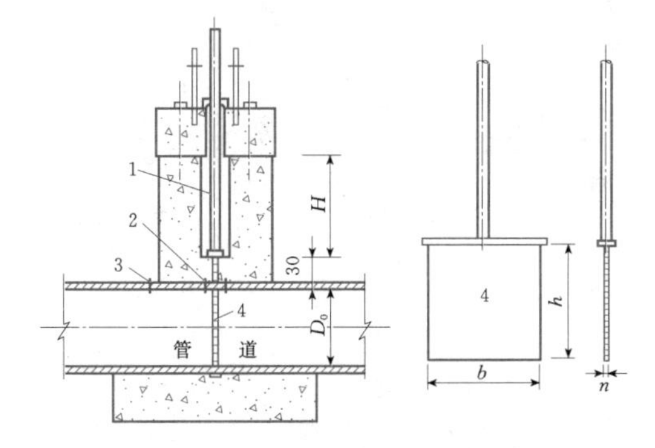

图 5.6-14　闸板式圆缺孔量水装置结构

1—闸室；2—测压孔；3—角接测压孔；4—节流板

5.6.5.3 量测建筑物的布设

采用压力表测量管道内的水压，压力表的量程不宜大于 0.4MPa，精度一般可选用 1.0 级。压力表应安装在各级管道首部进水口后为宜。

在井灌区，低压管灌系统流量不大，可选用旋翼式自来水表，但口径不宜大于 ϕ50。在渠灌区，各级管道流量较大，采用闸板式圆缺孔板量水装置或配合分流式量水计则量水精度更精确，其测流误差不大于 3%。图 5.6-14 为闸板式圆缺孔用于量水，应装在各级管道首部进水闸门下游，以节流板位置为准，要求上游直管段有 10～15 倍管道内径的长度，下游应有 5～10 倍管道内径的长度。

5.6.5.4 给水装置的布设

给水装置是低压管灌系统由地埋暗管向田间灌水、供水的主要装置，可分为两类：①直接向土渠供水的装置，称出水口；②接下一级软管或闸管的装置，称给水栓。一般每个出水口或给水栓控制的面积为 0.7hm² 左右，压力不小于 3kPa，间距大致为 30～60m。

出水口和给水栓的结构类型很多，选用时应因地制宜，依据其技术性能、造价和在田间工作的适应性，并结合当地的经济条件和加工能力等，综合考虑确定；一般要求：①结构简单，坚固耐用；②密封性能好，关闭时不渗水，不漏水；③水力性能好，局部水头损失小；④整体性能好，开关方便，容易装卸；⑤功能多，除供水外，尽可能具有进排气，消除水

锤、真空等功能，以保证管路安全运行；⑥造价低。

根据止水原理，出水口和给水栓可分为外力止水式、内水压式和栓塞止水式等三大类型。图 5.6-15～图 5.6-19 所示的是目前我国低压管灌系统中主要采用的出水口与给水栓类型。

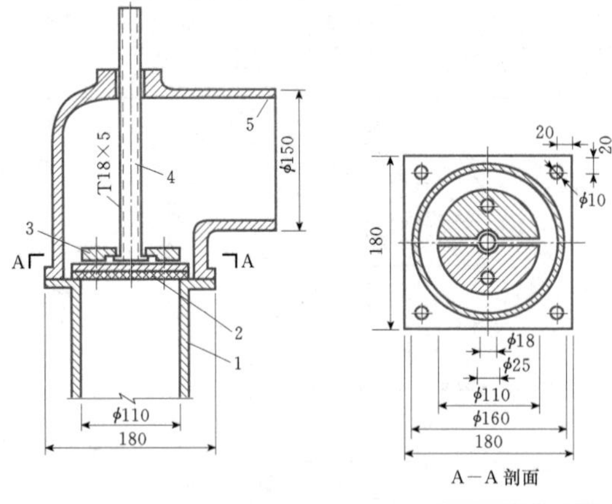

图 5.6-15 螺杆压盖型给水栓（单位：mm）

1—与管道三通连接的插头；2—压盖；3—半圆扣瓦；4—螺杆；5—弯头外壳

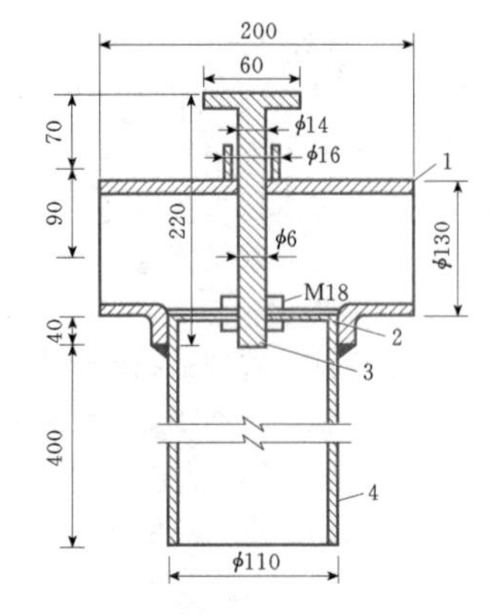

图 5.6-16 销杆压盖型给水栓（单位：mm）

1—三通管；2—压盖；3—销杆；4—铸铁管

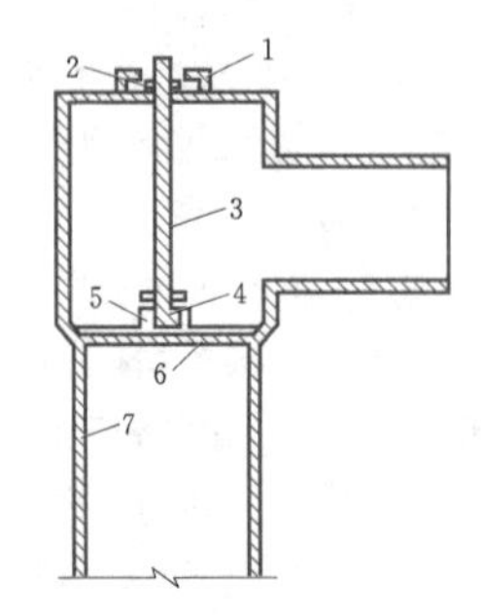

图 5.6-17 弹簧销杆压盖型给水栓（单位：mm）

1—顶帽；2—卡箍；3—压杆；4—弹簧；5—凹槽；6—压盖；7—立管

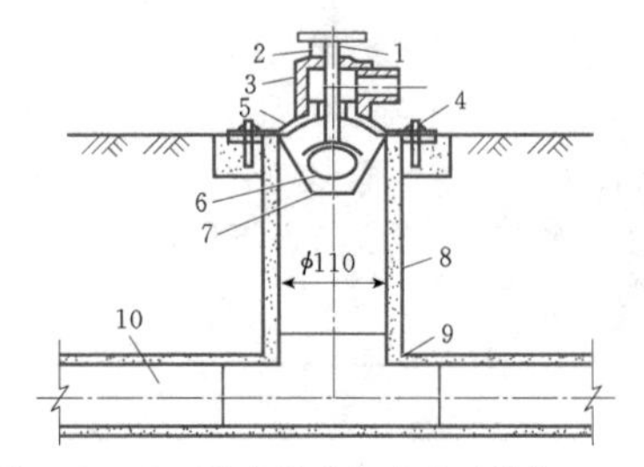

图 5.6-18 浮球阀型给水栓（单位：mm）

1—压杆；2—挂钩；3—上阀体；4—出水口；5—浮塞；6—下栓体；7—钢筋篦；8—竖管；9—三通管；10—输水管

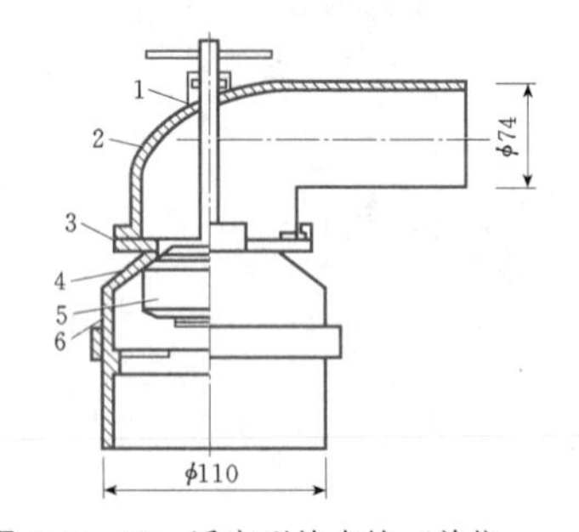

图 5.6-19 浮塞型给水栓（单位：mm）

1—丝杆；2—上栓体；3、4—密封圈；5—浮塞；6—下栓体

5.6.5.5 管道安全装置的布设

为防止管道因排气不及时或操作运用不当，以及水泵不按规程操作或突然停电等原因而发生事故，必须在管道上设置安全保护装置。安全保护装置主要有：球阀型进排气装置（见图 5.6-20）、平板型进排气装置（见图 5.6-21）、单流门直排气阀和安全阀等

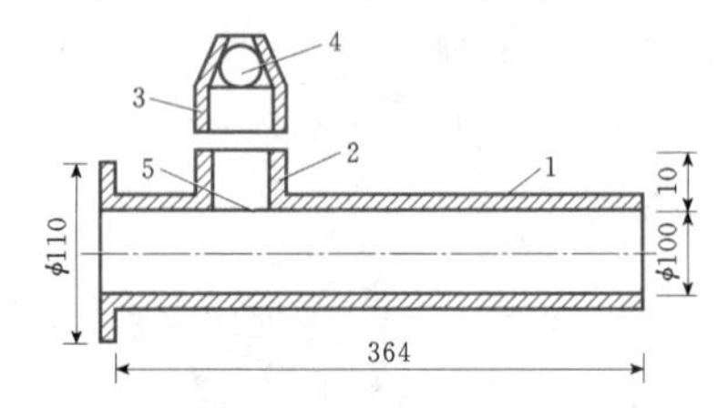

图 5.6-20 球阀型进排气阀（单位：mm）

1—横管；2—竖管；3—孔盖；4—阀球；5—球篦

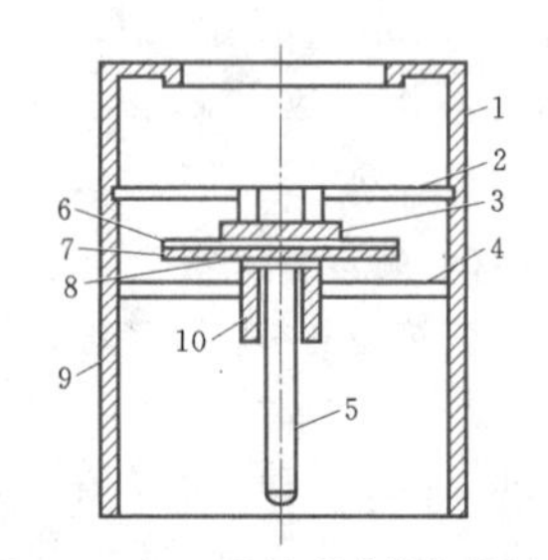

图 5.6-21 平板型进排气装置栓

1—上阀体；2—螺母；3—大垫圈；4—导向管支架；5—导轴；6—橡胶垫；7—阀盖板；8—小垫圈；9—下阀体；10—导向管

四种，它们一般应装设在管道首部或管线较高处。

5.7 其他节水灌溉措施

5.7.1 激光平地技术*

激光平地技术是利用激光控制与之配套的机械设备，进行土地平整作业。激光平地技术能够大幅度提高作业效率和农田的平整精度，其相对平整误差在2～5cm之间。由于土地平整度高，减少了农田低洼部分的额外灌水量，可节省灌溉用水30%以上。

1. 激光平地机的组成和工作原理

激光平地机由激光发射器、激光接收器、控制器、液压系统和铲运机构4部分组成。工作原理是，激光平地机在拖拉机牵引下，由激光发生器发出激光束，在田面上空形成激光控制平面，为作业场地建立一个基准参照面，取代由人工目测判断或用水准仪建立的不连续参照面，将该参照面提供给安装在平地铲伸缩杆上端的激光接收器，控制平地机继续平整作业。当铲运刀口根据设计高程确定初始位置后，无论作业面的地形如何起伏，控制器始终通过液压系统将铲运刀口与激光控制平面保持恒定距离。接收器将检测到的激光信号即时地发送给控制器，控制平地机对局部高处土方挖掘并将土方载入铲运机构内储存，遇洼地需填方时则用储存的土方按需填埋。由牵引机械牵引铲运机具在田块内按一定规律往复行走，完成整个地块的平整作业。

2. 激光控制平地系统的使用操作

（1）建立基准参照面。根据被平地块大小确定激光发射器的安放位置，一般情况下当长、宽度超过300m，或超过激光束半径的80%时，激光器大致放在场地中间位置；如长、宽度小于300m，或小于激光束半径的80%时，则可安装于场地的周边。选择地面平坦、不受作业机具和行人触碰的地方，若地面跨度较大，超过发射器发射半径的80%时，激光发射器应靠地块中间安放，将支撑发射器的三脚架插入土中，使三角架保持平稳，然后将激光发射器安装在三角架上，打开发射器电源开关，摇动三角架摇把将激光发射器调整到高出机组最高点上方0.5～1m处，以避免拖拉机与平地机和操作人员遮挡激光束，经短暂的自动调平后，激光束发出，同时发射器马达旋转，激光控制的基准参照面建立完成。

（2）平整作业。在开始平地前，用手持激光接收器对被平田块进行网格点测量，绘制地形图，记录测量数据，并在田块上做好标记，根据测量的数据计算出平均标高作为平地基准，来确定铲运刀口的初始位置。方法是一人操作激光发射器，配3～5人移动标尺（每测点间距为10～20m，每个地块按横列竖行排列），每个杆尺高3m，其上装有可上、下滑动的激光接收器。顺序详细记录测定的测点方向和高低数据，绘制出地块的地形地势图，并计算出整块地的平均高度。这个平均标高的位置，作为平地机械作业的基准点，也是刮土铲铲刃初始作业位置。以铲刃初始作业位置为基准，调整激光接收器伸缩杆的高度，使激光发射器发出的激光束与接收器相吻合。然后，将控制开关置于自动位置，就可以起动拖拉机平地机组开始平整作业，接收器装在刮土机刀刃上的桅杆上，从激光束到刀刃之间这段固定的距离视为标高测量基准，接收器检测到激光信号后不停地给控制箱发送标高信息，如果激光扫在接收器的上半部，表明刮刀处于完工表面的下方，给液压阀发送一个提高刮刀的修正信号；如果激光扫在接收器的下半部，表明刮刀处于完工表面的上方，给液压阀发送一个降低刮刀的修正信号；液压阀控制提升刮土器的油缸，该阀收到来自控制箱的修正信号后，提升或降低刮土器以维持在正确的标高位置。

当不用人工辅助布设标高网格时，可用多次平整达到以作业代替测量的效果，将拖拉机开到被平田块，对田面进行初步目测，打开控制器开关，将自动手动转换开关置于手动位置上，根据目测情况，用手动升降开关将铲运刀口标高调到大概的初始位置，然后上下调整激光接收器，控制器的绿灯亮时，激光控制平面即在接收器的中心控制点上。开动拖拉机在田面上作折线行进，观察控制器的指示灯和铲运机构的吃土情况，要交替使用控制器的自动手动开关，如果吃土量适中开关就放在自动位置，否则就应将开关放在手动位置，以就近取高填低的原则从高点至低点进行初平。一次行走完成后，大致掌握了田面的起伏情况。二次作业时，上次平地铲的刮痕可作为判断田面高低的参考依据，此时，根据铲运机构的吃土情况重新调整激光接收器，使吃土量与拖拉机牵引力协调一致。接收器下移铲运刀口提升，减少吃土量；接收器上移铲运刀口下降，增大吃土量。调整后将控制器开关置于自动位置，尽可能做到少走路多作业。初平后应重新调整铲运刀口的标高，进行细平，根据田面的起伏情况将接收器向上调2～3cm左右即可，细平后再将铲运刀口标高进行少量调整进行精平。铲运刀口的标高一般要进行3～4次调整，最后当控制器绿灯

* 根据马景祥．激光平地技术的原理与实践（农机科技推广，2009.7）的内容整编。

常亮或不断闪烁时作业完成。

3. 平整精度与平整后的维护

(1) 平整精度。激光平地的平整精度可达2cm以下。合理选择平整精度对提高作业效率、减少能耗具有重要意义。一般要求精度越高则效率越低，动力消耗也越大，拖拉机对土地的碾轧也越重。农田平整精度高差在3cm左右较合理。激光平地机平整后的土地，一般能保持3～4个植物生长周期，也就是3～4年，第一次平整时，激光平地机工作量较大，但在下一次平整时，作业量和作业成本都会显著下降。

(2) 平整后的维护。农田平整的代价要比耕种大得多，因此在平整后的农事活动中要注意维护。农田耕种应采用保护性耕作的模式，尽量不动土或少动土，需要松土时采用深松和旋耕的方法，避免使用铧式犁。两次作业之间要掉转方向，以防土壤向一侧聚积形成坡地。

5.7.2 农艺节水措施

1. 坐水种灌溉技术

在作物播种时期，由于雨水缺少，造成出苗晚，甚至不出苗的现象，为了保证出全苗，出壮苗，所采用的一种农艺节水技术。作业程序包括整地、覆膜、拌种、点种、注水等。

在坐水种灌溉作业的同时应掌握以下几点：保苗水在播种时随种子同时注入，注水量应根据年份确定，一般3～5m^3/亩，干旱年份应大于6m^3/亩。如果用抗旱注水灌溉机具可以一次完成所有作业工序，省时省力，提高播种质量，通过注水灌溉能使作物的出苗率达到98%以上。适宜玉米、豆类等作物。

2. 注射灌溉技术

注射灌溉是用特制的注水器直接向作物根部土壤注水的一种灌水方法，群众称为给土壤打水针，注水器安装在农用喷雾器上，依靠喷雾器的压力通过喷腔管道将水注入作物根区。注射灌溉技术主要用于果树、瓜类、葡萄、玉米等稀植作物灌关键水用。特点：灌水、追肥、根区施药可以一次完成，还可以根据作物长势情况进行定量灌溉。

3. 地表覆盖保墒技术

在耕地表面覆盖塑料薄膜、秸秆或其他材料可以抑制土壤蒸发，减少地表径流，提高低温，改善土壤物理性状，因此，起到蓄水保墒，提高水分利用率，促进作物增产的良好效果。地膜覆盖种植技术能起到防冻、防寒、保温、保墒、增产、增收的作用，是我国西北、华北、东北等干旱缺水低温、寒冷地区的主要抗旱保墒增产的农艺节水技术措施。覆盖地膜可以从土壤表面蒸发出来的水汽只能滞留在土层上，地膜内的小小空间里，当夜晚大气降温后又变成水滴从膜面下落到土壤上，再渗入土层中，这样周而复始就形成小环境的微循环，覆盖地膜的土壤含水量明显高于不覆盖的土壤。一般0～40cm土层内要比不覆膜土壤含水率高20%左右。由于地膜覆盖内的水、肥、气、热条件都比不覆盖的农田要好，其增产幅度在20%～120%。另外，地膜覆盖技术与传统地面灌溉结合形成了膜侧沟灌、膜上灌溉等技术。膜侧沟灌是指在灌水沟垄背部位铺膜，灌溉水流在膜侧的灌水沟中流动，并通过膜侧入渗到作物根系区的土壤内，膜侧沟灌的灌水技术要素与传统的沟灌相同，适合于垄背窄膜覆盖，膜宽70～90cm。主要用于条播作物和蔬菜等。

4. 耕作保墒技术

耕作保墒技术主要有耙耱保墒技术、中耕松土保墒技术、深耕蓄水保墒技术、深种接墒抗旱保苗技术。耕作保墒可以提高土壤集蓄降水的能力，减少土壤水分蒸发，使土壤水达到高效利用的目的。

(1) 耙耱保墒技术。在小麦和大秋作物播种前将耕翻的土地适时进行耙耱，磨碎土块，磨平地表，减少土壤表层的大孔隙，以免土壤水分蒸发损失，达到保墒的目的。

(2) 中耕松土保墒技术。中耕松土保墒技术是指在作物生长阶段中所采取的耕作措施。中耕一方面通过破除表层板结土，起到疏松表层土壤，切断土壤毛细管，阻止土壤水分蒸发的目的。另一方面又起到锄草的作用，将耕地内的杂草连根拔除，以免与农作物争夺土壤中水分和养分，同时还可以提高降水向土壤中渗透的能力，增加土壤蓄水能力，雨后、灌水后2～3天及时中耕，效果最好。

华北太行山地区有秋深耕、夏深锄、春深种的三深蓄水保墒耕作习惯，在干旱多风季节，为了使土壤多蓄水，少蒸发损失土壤水，一般在秋季收获后进行深耕，耕深在25cm以上。

5. 新型农艺节水技术

(1) 以小麦、玉米等大田作物及林草为重点，应用分子标记辅助选择、转基因、基因聚合技术结合常规育种的方法，创制抗旱节水型、水分高效利用型的优异育种新材料，选育抗旱节水与高产优质相结合型的新品种（组合）。

(2) 研究主要生态区域节水高效型的作物种植结构和适合区域特点的节水高效间作套种与轮作等种植模式，提出主要种植制度周期内农田水分高效利用技术控制要素和集成化参数，得到节水型农作制度优化技术及其量化指标。

(3) 以旱地土壤水库增容为核心，研究等高种植集雨蓄水保墒技术和田间集雨栽培技术、少耕免耕保水保肥技术、地力培肥有机旱作技术、降低田间蒸发的覆盖保墒技术等雨水就地高效利用技术，提出旱地农田节水抗旱能力的粮草轮作技术、粮经饲作物立体种植高效用水技术等。

6. 其他农艺节水技术

(1) 利用耕作覆盖措施和化学制剂调控农田水分状况、蓄水保墒提高农田水利用率和作物水分生产效率。国内外已提出许多行之有效的技术和方法，如保护性耕作技术、田间覆盖技术、节水生化制剂（保水剂、吸水剂、种衣剂）和旱地专用肥等技术，这些技术和产品正得到广泛的应用。

例如我国推广应用的旱地龙，是一种典型的抗蒸腾剂。使用时将其喷洒在作物叶面上，以减少作物叶面气孔开度，从而减少叶面的蒸腾量，达到节水的目的。旱地龙是一种多功能植物抗旱、生长营养剂，可起到一定的抗旱作用。旱地龙以天然低分子量黄腐殖酸为主要成分，并含有植物所需的多种营养元素和16种氨基酸及生理活性强的多种生物活性基因。用于作物叶面喷施能有效的控制叶面气孔的开张度，减少水分散失，并能促进根系生长，提高根系活力，对抵御季节性干旱和干热风有十分显著的效果。喷施一次可持效17～21天，具有“有旱抗旱保产，无旱节水增产”的双重功效。根据有关试验结论表明，毛豆早熟5天，粒子饱满，增产20%；榨菜增产28%；瓜类早熟一星期，衰老延长20天，增产20%；茄子早熟一星期，衰老延长20天，增产30%；玉米增产17%；棉花增产25%；对花卉更有特效。其产品还可用于作物的拌种、淘种、灌根等，使用灵活，操作简单，无环境污染，对作物人畜无毒副作用，是发展绿色无害农业的优良产品。

又如美国中西部大平原由传统耕作到少耕或免耕，由表层松土覆盖到作物残茬秸秆覆盖。利用沙漠植物和淀粉类物质成功地合成了生物类的高吸水物质，取得了显著的保水效果。

(2) 节水农作制度主要是研究适宜当地自然条件的节水高效型作物种植结构，例如，在粮草轮作制度中，实施豆科牧草与作物轮作会避免土壤有机质下降，保持土壤基础肥力，提高土壤蓄水保墒能力。

(3) 在抗旱节水作物品种的选育方面，已选育出一系列的抗旱、节水、优质的作物品种。这些品种不仅具备节水抗旱性能，还具有稳定的产量性状和优良的品质特性。近年来，在植物抗旱基因的挖掘和分离、水分高效利用相关的基因定位以及分子辅助标记技术、转基因技术、基因聚合技术等在抗旱节水作物品种的选育上取得了一些极富开发潜力的成果。

(4) 水肥耦合高效利用技术。美国、以色列等国家将作物水分养分的需求规律和农田水分养分的实时状况相结合，利用自控的滴灌系统向作物同步精确供给水分和养分，既提高了水分和养分的利用率，最大限度地降低了水分养分的流失和污染的危险，最大限度地提高水分养分耦合的利用效率，从而提高了农作物的产量和品质。

为提高玉米的抗旱能力和水肥利用效率，我国农民采用“1底2追”的3水3肥水肥耦合管理模式。具体措施是：3水3肥管理每亩关键期浇水总量50m^3、施用纯氮总量14.5kg，在磷钾肥作底肥基础上，按照底肥水分占30%，拔节用氮肥和水分占20%，孕穗用氮肥和水分占50%施用。

5.7.3 塑料大棚节水灌溉

塑料大棚是随着塑料工业发展起来的一种简易实用的保护地栽培设施，通过塑料棚室的覆盖作用，将太阳辐射能量予以储存，从而有效地保持热能，有利于进行超时令、反季节的作物栽培。由于其建造容易、使用方便、投资相对较少，甚至被专业领域称作中国的“第五大发明”，被世界各国广泛采用，也是我国近十多年来发展优质设施农业和高效节水型农业的一个重要组成部分。

塑料大棚可充分利用太阳能，有一定的保温作用，能使地温提高1～9℃，并通过卷膜、通风等措施能在一定范围调节棚内的温度和湿度，在我国北方地区主要是起到春提前、秋延后的保温栽培作用，但必须配套人工加温设施才能进行越冬栽培；在我国南方地区，塑料大棚除了冬春季节用于蔬菜、花卉的保温和越冬栽培外，还可配套遮阴网用于夏秋季节的遮阴降温和防雨、防风、防雹等进行设施栽培。塑料大棚不仅能够营造或部分营造喜温蔬菜作物生长的环境，使其免受恶劣气候等自然环境的影响；同时合理的灌排以及对作物生长环境的调控可有效提高作物抵抗自然干扰能力，实现全天候（或反季节）生长，从而大大提高产量和质量。南方地区与北方地区不同的是，塑料大棚一般不需要专门的供暖和加热设施就可以满足作物对温度的要求。

塑料大棚最主要种植的作物是蔬菜，而绝大多数蔬菜是喜温（一般为22°C左右）和相对好湿的作物，我国即使在南方地区冬季和早春气温较低，露地蔬菜种植的品种极为有限，而且产量低，塑料大棚正是为适应这种耕作要求而得以迅速发展的一种耕作模式。

大棚土壤耕作层不能直接利用天然降水，需要依靠人为灌溉补充水分，如果仍根据传统经验进行灌溉，其灌溉水量就会比露地同类作物要大。传统的灌溉方式不仅浪费宝贵的水资源，而且会使大棚内环境恶化，导致病虫害发生和作物品质、产量的下降，为了解决这些矛盾，大棚内的灌溉方式一般以滴灌为主，尤以膜下滴灌的应用最为普遍。膜下滴灌是将滴灌管铺设在膜下，以减少土壤棵间蒸发，提高水的利用效率，并可进一步保持地温和土壤墒情、降低棚内湿度，从而有效地遏制杂草生长和病虫害的发生。大棚滴灌和膜下滴灌的设计方法与普通作物的设计方法相同。

到目前为止，国内外关于大棚作物需水量计算及其灌溉制度设计还没有完整和实用的理论或方法，也没有系统的资料或成果可借鉴，只能参考局部有限的试验资料粗略估算，方法是以露地相关作物的需水量数值予以折减，一般按露地作物需水量的70%左右估算大棚作物的需水量。这样所得的结果显然不够合理，也没有科学依据，我国已在理论和实践上开始进行研究。

参考文献

[1] 喷灌工程设计手册编写组．喷灌工程设计手册［M］．北京：水利电力出版社，1988.

[2] 水利部国际合作与科技司．美国国家灌溉工程手册［M］．北京：中国水利水电出版社，1998.

[3] 水利部农村水利司．灌溉管理手册［M］．北京：水利电力出版社，1994.

[4] 郭元裕．农田水利学［M］．北京：中国水利水电出版社，1995.

[5] 魏永曜，林性粹．农业供水工程［M］．北京：水利电力出版社，1992.

[6] 陈学敏．喷灌系统规划设计与管理［M］．北京：水利电力出版社，1989.

[7] 陈大雕，林中卉．喷灌技术［M］．北京：科学出版社，1992.

[8] 傅林，董文楚，郑耀泉．微灌工程技术指南［M］．北京：水利电力出版社，1988.

[9] 施均亮，窦以松，朱尧洲．喷灌设备与喷灌系统规划设计［M］．北京：水利电力出版社，1979.

[10] 刘竹溪．水泵及水泵站［M］．北京：水利电力出版社，1986.

[11] 李远华，罗金耀．节水灌溉理论与技术（第二版）［M］．2版．武汉：武汉大学出版社，2003.

[12] 白丹，王云涛．微灌系统管网优化［J］．水利学报，1990（6）.

[13] 马景祥．激光平地技术的原理与实践［J］．农机科技推广，2009（7）.

[14] GB/T 50085—2007 喷灌工程技术规范［S］．北京：中国水利水电出版社，2007.

[15] GB/T 50485—2009 微灌工程技术规范［S］．北京：中国水利水电出版社，2009.

[16] SL 207—98 节水灌溉技术规范［S］．北京：中国水利水电出版社，1998.

[17] SL 236—1999 喷灌与微灌工程技术管理规范［S］．北京：中国水利水电出版社，1999.

[18] SL 72—94 水利建设项目经济评价规范［S］．北京：中国水利水电出版社，1994.

第6章

泵　站

本章以第1版《水工设计手册》框架为基础，其内容的调整和修订主要包括五个方面：①完善了基本概念、优化了计算公式；②增加了“6.9　断流装置”、“6.10　其他型式泵站”两节，将“泵站水锤及防护”单列为一节；③“泵站枢纽布置”改为“泵站选址与枢纽布置”，“进水池和出水池”改为“进水和出水建筑物”，各自的内容有所增加和调整；④介绍了一些国内外最新的设计方法，如泵房结构的有限元计算、水泵装置的CFD数值模拟计算等，并提供了部分成果供参考；⑤吸收和介绍了南水北调工程建设中的一些先进理念和经验、科研成果，如在中水北方勘测设计研究有限责任公司试验台上进行的模型水泵同台对比试验成果。

章主编　胡德义

章主审　严登丰　陈登毅

本章各节编写及审稿人员

<table>
<tr><th>节次</th><th>编　写　人</th><th>审　稿　人</th></tr>
<tr><td>6.1</td><td>孙卫岳</td><td rowspan="10">严登丰
陈登毅</td></tr>
<tr><td>6.2</td><td rowspan="2">胡德义</td></tr>
<tr><td>6.3</td></tr>
<tr><td>6.4</td><td>刘效成</td></tr>
<tr><td>6.5</td><td>王凌宇</td></tr>
<tr><td>6.6</td><td>孙　勇　秦钟建</td></tr>
<tr><td>6.7</td><td>伍　杰</td></tr>
<tr><td>6.8</td><td rowspan="2">陈　坚</td></tr>
<tr><td>6.9</td></tr>
<tr><td>6.10</td><td>蒋　劲</td></tr>
</table>

第6章 泵　站

6.1　设计依据和资料

6.1.1　设计依据

（1）有关国家或行业的规程、规范，如《泵站设计规范》（GB 50265—2010）、《水利水电工程等级划分及洪水标准》（SL 252—2000）、《水工建筑物荷载设计规范》（DL 5077—1997）、《防洪标准》（GB 50201—94）、《水工建筑物抗震设计规范》（SL 203—97）、《水利水电工程设计防火规范》（SDJ 278—90）、《泵站更新改造技术规范》（GB/T 50510—2009）、《灌溉与排水工程设计规范》（GB 50288—99）、《水利水电工程节能设计规范》（GB/T 50649—2011）、《水闸设计规范》（SL 265—2001）、《调水工程设计导则》（SL 430—2008）等。

（2）上级主管部门对该工程设计的批复、审查意见；设计单位与业主签订的合同文件；重要会议纪要及有关重要文件等。

（3）批复审定的泵站工程等别、建筑物级别及防洪（潮）标准等。

6.1.2　设计基本资料

（1）气象。包括降水量及降水分布，风向及风速，气温，冰冻及冰冻层厚度等。

（2）水文。包括水源水位、变幅、水量（流量）及水质，承泄区水位、变幅，河流泥沙、杂物、流速及河床稳定性，站址各种洪峰流量及相应水位，水位—流量关系曲线等。

（3）地形。包括站址及工程范围内地形图、河床断面图等。

（4）地质。包括站址区主要地质构造，地震基本烈度，钻孔平面布置图、柱状图，地质剖面及各层物理力学性质、水文地质情况，料场储量、质量等。

（5）能源供应。包括电网情况，其他能源情况。

（6）材料和运输。包括外购建筑材料、物资、设备供应及交通运输情况。

（7）周围环境及施工条件。包括站址附近现有文物古迹、旅游设施、水利工程设施及其他重要建筑物，施工场地及其他施工建设条件。

（8）地区规划。包括泵站所在地区的社会经济情况、地区未来规划，综合考虑各部门对该工程建设的要求（如有无扩建要求）。

（9）科学研究与试验成果。包括泵站水工整体模型试验、模型水泵装置试验（含进出水流道）等物理模型试验成果。

（10）机电设备产品目录及样本等。

6.1.3　主要设计参数

6.1.3.1　设计流量

灌溉、排水（排涝）泵站设计流量的计算，参见本卷第1章。

供水泵站设计流量根据设计水平年、设计保证率和供水对象的用水量标准等综合确定。

6.1.3.2　特征水位

1. 灌溉泵站进、出水池水位确定

灌溉泵站进水池防洪水位是确定泵站建筑物防洪墙顶部高程的依据，是计算分析泵站建筑物稳定安全的重要参数。进水池设计运行水位是计算确定泵站设计扬程的依据。其中，最高运行水位是泵站正常运行的上限水位；最低运行水位是泵站正常运行的下限水位，是确定水泵安装高程的依据。出水池最高运行水位是确定泵站最高扬程的依据（对采用虹吸式出水流道的块基型泵房，出水池最高运行水位是确定驼峰顶部底高程的主要依据），最低运行水位是确定泵站最低扬程和流道出口淹没高程的依据。灌溉泵站进、出水池水位按表6.1-1确定。

2. 排水（排涝）泵站进、出水池水位确定

排水（排涝）泵站进水池最高水位是确定泵房电动机层楼板高程或泵房进水侧挡水墙顶部高程的依据，设计运行水位是计算确定泵站设计扬程的依据。其中，最高运行水位是排水泵站正常运行的上限排涝水位；最低运行水位是排水泵站正常运行的下限排涝水位，是确定水泵安装高程的依据。出水池设计运行水位是计算确定泵站设计扬程的依据，最高运行水位是确定泵站最高扬程的依据（对采用虹吸式出水流道的块基型泵房，出水池最高运行水位是确定驼峰顶部底高程的主要依据)，最低运行水位是确定泵站最低扬程和流道出口淹没高程的依据。排水（排涝）泵站进、出水池水位按表6.1-2确定。

3. 工业和城镇供水泵站进、出水池水位确定

工业和城镇供水泵站进、出水池水位按表6.1-3确定。

表6.1-1　　灌溉泵站进、出水池水位确定方法

水　位	进　水　池　水　位	水　位	出　水　池　水　位
防　洪	按泵站建筑物级别相应的洪水标准确定。参见本手册第4卷第3章“水工建筑物安全标准及荷载”有关部分	最　高	当出水池接输水河道时，取输水河道的防洪水位；当出水池接输水渠道时，取与泵站最大流量相应的水位。对于从多泥沙河流上取水的泵站，应考虑输水渠道淤积对水位的影响
设计运行	从河流、湖泊或水库取水时，取历年灌溉期满足设计灌溉保证率的日平均或旬平均水位；从渠道取水时，取引水渠通过设计流量时的水位；从感潮河口取水时，取历年灌溉期多年平均最高潮位和最低潮位的平均值	设计运行	取按灌溉设计流量和灌区控制高程的要求推算到出水池的水位
最高运行	从河流、湖泊或感潮河口取水时，取重现期5～10年一遇洪水的日平均水位；从水库取水时，根据水库调蓄性能论证确定；从渠道取水时，取引水渠通过泵站最大运行流量时的水位	最高运行	取与泵站最大运行流量相应的水位
最低运行	从河流、湖泊或水库取水时，取历年灌溉期水源保证率为95%～97%的最低日平均水位；从渠道取水时，取引水渠通过泵站最小运行流量时的水位；从感潮河口取水时，取历年灌溉期水源保证率为95%～97%的日最低潮水位	最低运行	取与泵站最小运行流量相应的水位；有通航要求的输水河道，取最低通航水位
平　均	从河流、湖泊、水库或感潮河口取水时，取灌溉期多年日平均水位；从渠道取水时，取引水渠通过平均流量时的水位	平　均	取灌溉期多年日平均水位

注　1. 进水池防洪水位可为设计洪水位或校核洪水位。
2. 进水池各水位均应扣除从稳定的取水口至进水池的水力损失。从河床不稳定的河道取水时，应考虑河床变化的影响。

表6.1-2　　排水（排涝）泵站进、出水池水位确定方法

水　位	进　水　池　水　位	水　位	出　水　池　水　位
最　高	取按排水区建站后重现期10～20年一遇洪水的内涝水位推算到站前的水位；排水区内有防洪要求的，应同时考虑其影响	防　洪	按泵站建筑物级别相应的洪水标准确定。参见本手册第4卷第3章“水工建筑物安全标准及荷载”有关部分
设计运行	取按排水区设计排涝水位推算到站前的水位；对有集中调蓄区或与内排站联合运行的泵站，取由调蓄区设计运行水位或内排站出水池设计运行水位推算到站前的水位	设计运行	取承泄区重现期5～10年一遇洪水的排水时段平均水位；当承泄区为感潮河段时，取重现期5～10年一遇洪水的排水时段平均潮水位。对重要的排水泵站，经论证可适当提高排水（排涝）设计标准重现期
最高运行	取按排水区允许最高涝水位推算到站前的水位；对有集中调蓄区或与内排站联合运行的泵站，取由调蓄区最高调蓄水位或内排站出水池最高运行水位推算到站前的水位	最高运行	当承泄区水位变幅较大时，取重现期10～20年一遇洪水的排水时段平均水位；当承泄区水位变幅较小时，取设计洪水位；当承泄区为感潮河段时，取重现期10～20年一遇洪水的排水时段平均潮水位。对重要的排水泵站，经论证可适当提高排水（排涝）设计标准重现期
最低运行	取按降低地下水埋深或调蓄区允许最低水位推算到站前的水位	最低运行	取承泄区历年排水期最低水位或最低潮水位的平均值
平　均	取与设计运行水位相同的水位	平　均	取承泄区多年日平均水位或多年日平均潮水位

注　出水池防洪水位可为设计洪水位或校核洪水位。

表 6.1-3　供水泵站进、出水池水位确定方法

水位	进水池水位	水位	出水池水位
防洪	按泵站建筑物级别相应的洪水标准确定。参见本手册第4卷第3章“水工建筑物安全标准及荷载”有关部分	最高	取输水渠道的校核水位
设计运行	从河流、湖泊或水库取水时，取满足设计供水保证率的日平均或旬平均水位；从渠道取水时，取引水渠通过设计流量时的水位；从感潮河口取水时，取供水期多年平均最高潮位和最低潮位的平均值	设计运行	取与泵站设计流量相应的水位
最高运行	从河流、湖泊或感潮河口取水时，取重现期10～20年一遇洪水的日平均水位；从水库取水时，根据水库调蓄性能论证确定；从渠道取水时，取引水渠通过泵站最大运行加大流量时的水位	最高运行	取与泵站最大运行流量相应的水位
最低运行	从河流、湖泊或水库取水时，取水源保证率为97%～99%的最低日平均水位；从渠道取水时，取引水渠通过泵站最小运行单泵流量时的水位；从感潮河口取水时，取水源保证率为97%～99%的日最低潮水位	最低运行	取与泵站最小运行流量相应的水位
平均	从河流、湖泊、水库或感潮河口取水时，取多年日平均水位；从渠道取水时，取引水渠通过平均流量时的水位	平均	取与输水渠道通过平均流量时相应的水位

注　进水池各水位均应扣除从稳定的取水口至进水池的水力损失。从河床不稳定的河道取水时，应考虑河床变化的影响。

4. 灌排结合泵站的特征水位

灌排结合泵站的特征水位可按上述“灌溉泵站进、出水池水位确定”和“排水（排涝）泵站进、出水池水位确定”相关规定进行综合分析后确定。

6.1.3.3 特征扬程

确定特征扬程时，按泵段计算要考虑流道的水力损失，按泵装置计算不考虑流道的水力损失。

1. 设计扬程

设计扬程是选择水泵型式的主要依据。在设计扬程工况下，泵站应满足设计流量要求。

设计扬程应按泵站进、出水池设计运行水位差计算。

2. 平均扬程

平均扬程是泵站运行历时最长的工作扬程。选择水泵型式时，应使最优效应在平均扬程工况运行。

平均扬程一般可按泵站进、出水池平均水位差计算。但对于提水流量年内变幅较大，水位、扬程变幅也较大的大、中型泵站，应按式（6.1-1）计算加权平均净扬程：

$$H=\frac{\sum H_iQ_it_i}{\sum Q_it_i} \qquad (6.1-1)$$

式中　H——加权平均净扬程，m；

H_i——第 i 时段泵站进、出水池运行水位差，m；

Q_i——第 i 时段泵站提水流量，m^3/s；

t_i——第 i 时段历时，d。

这种设计方法同时考虑了流量和运行历时的因素，即总水量的因素，因而计算成果比较精确合理，更符合实际情况。但这种计算方法需根据设计水文系列资料按泵站提水过程所出现的分段扬程、流量和历时进行加权平均才能求得加权平均净扬程，因而计算工作量较大。

3. 最高扬程

最高扬程是泵站正常运行的上限扬程。水泵在最高扬程工况下运行，其提水流量将小于设计流量，但应保证其运行的稳定性。

最高扬程宜按泵站出水池最高运行水位与进水池最低运行水位之差计算；当出水池最高运行水位与进水池最低运行水位遭遇的几率较小时，最高扬程可按出水池最高运行水位与进水池设计运行水位之差计算。

4. 最低扬程

最低扬程是泵站正常运行的下限扬程。水泵在最低扬程工况下运行，亦应保证其运行的稳定性，即不致发生水泵汽蚀、振动等情况。

最低扬程宜按泵站出水池最低运行水位与进水池最高运行水位之差计算；当出水池最低运行水位与进水池最高运行水位遭遇的几率较小时，最低扬程可按出水池最低运行水位与进水池设计运行水位之差计算。

6.2 主 机 组

6.2.1 主水泵

6.2.1.1 水泵选型原则和主要要求

水泵型式与泵站安全、稳定、高效运行有关，并且影响水工建筑物的结构、设备运行维护，所以水泵选型应根据泵站特点，进行充分比较论证。选型原则和主要要求如下：

(1) 水泵选型不仅要考虑设计工况点的比转速，还应顾及整个运行区域内的比转速变化。在比转速重叠，显示两种泵型均可选用时，应根据泵站特点进行充分比较论证。

(2) 尽可能选择高效水泵，平均扬程应在水泵最高效率点附近，整个运行区域应尽可能在水泵高效率区内，以获得良好的经济性能和节能效果。

(3) 应按泵站运行扬程范围确定水泵的最大汽蚀余量，对扬程变幅大的低扬程泵站，要注意零扬程附近工况的水泵汽蚀。

(4) 设计扬程必须满足设计流量的要求，同时还应根据水泵的年运行小时等其他因素，从运行效率和水泵转速等方面进行技术经济综合比较，确定设计工况点的合适范围。

(5) 城市泵站的水泵选型，应结合枢纽布置，泵型和水泵结构型式的选择应使水工建筑物满足城市规划的要求，与周围景观协调。

6.2.1.2 水泵类型

1. 水泵基本类型

供、排水泵站一般使用叶片泵。叶片泵分为轴流泵、混流泵、离心泵三种类型（其基本特点和性能见表 6.2-1）。

近年来随着各种类型水泵模型研究工作的进展，使各类水泵扩大了扬程应用范围，高比转速的混流泵也可在低扬程泵站使用。

表 6.2-1 水泵类型和特点

参数 \ 水泵类型	离心泵	混流泵	轴流泵
比转速范围（m·hp①）	40～300	300～800	500 以上
扬程范围（m）	10～200	5～30	1～10
口径范围（m）	0.04～2.00	0.10～6.00	0.30～5.00
流量范围	过流能力较小，从零流量到大流量均能运行	过流能力较大，从零流量到大流量均能运行	过流能力大，但不能在小流量区域运行
轴功率变化	轴功率随流量增加而增加，零流量时功率最小	具有较平坦的轴功率曲线	功率曲线较陡峭，零流量时轴功率最大
效率变化	水泵的高效率区较广，能适应扬程的变化	水泵的高效率区较广，较能适应扬程的变化	高效率区较窄，扬程变化后效率下降较快
汽蚀性能	汽蚀性能好，汽蚀余量随扬程变化小	汽蚀性能较好，汽蚀余量随扬程变化较小	汽蚀性能差，汽蚀余量随扬程变化较大。水泵运行在零扬程附近时，可能有最大汽蚀余量
结构与重量	同口径水泵，结构复杂，重量大，价格贵	同口径水泵，结构简单，重量较大，价格较贵	同口径水泵，结构简单，重量轻，价格便宜

① 1hp=745.700W。

2. 水泵结构和装置型式

上述三种基本类型的水泵还有多种结构和装置型式，水泵选型应根据泵站特点予以综合考虑。各种水泵装置型式见图 6.2-1～图 6.2-10，其结构和装置型式详见表 6.2-2。

(1) 按泵轴的布置型式分类。水泵结构可分为立式、卧式、斜式三大类。

1) 轴流泵。立式轴流泵应用最广泛，包括立式（常规）轴流泵、立式潜水轴流泵。立式（常规）轴流泵是最常用的一种型式，采用常规电动机，安装在地面上，水泵和电动机可以在泵房内拆分、检修。立式潜水轴流泵采用潜水电动机，水泵和电动机整体置于水中运行。

卧式轴流泵有平面 S 型、立面 S 型、贯流式三种。前两种泵型是流道在叶轮前后有两个 90°弯曲（即呈 S 形），泵轴从 S 形流道内伸出，电动机布置在流道外，采用常规电动机。贯流泵的流道平直，电动机布置在流道内，可以采用潜水电动机或常规电动机（此时需在流道中设竖井或灯泡体保护）。

斜式轴流泵是将泵轴倾斜一定的角度布置，介于

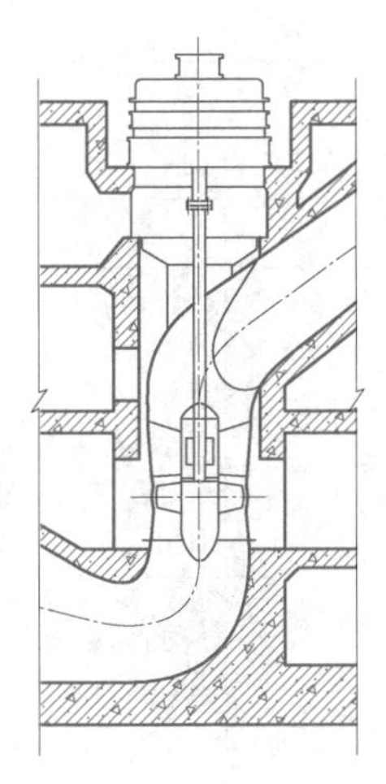

图 6.2-1 立式轴流泵

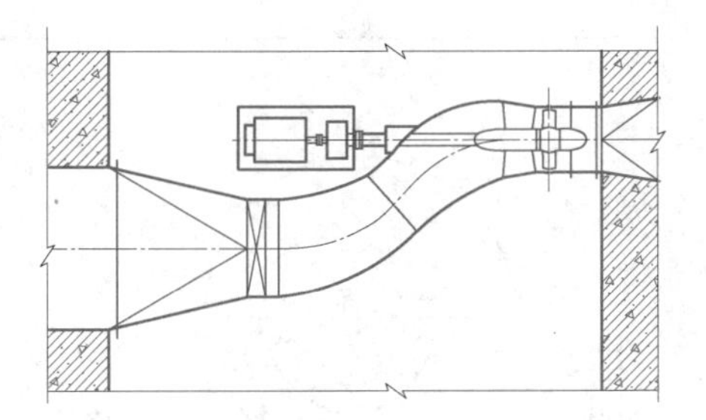

图 6.2-2 卧式轴流泵

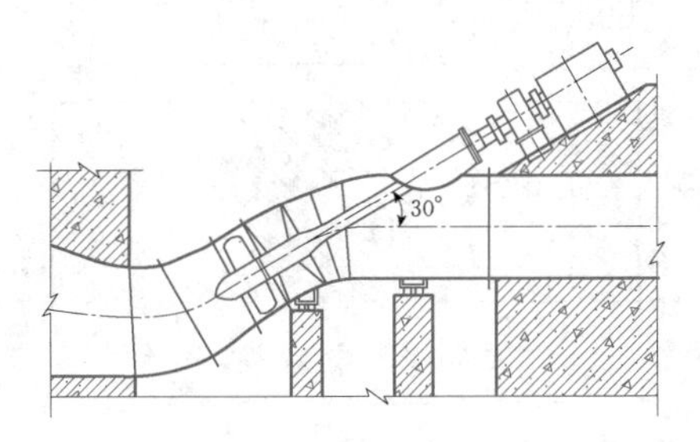

图 6.2-3 斜 30°轴流泵

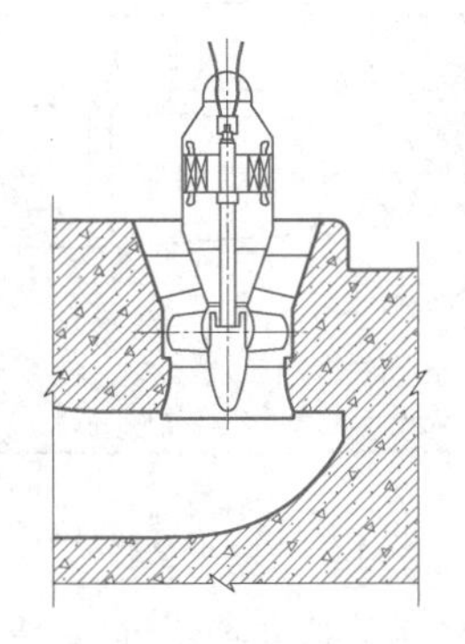

图 6.2-4 立式潜水轴流泵

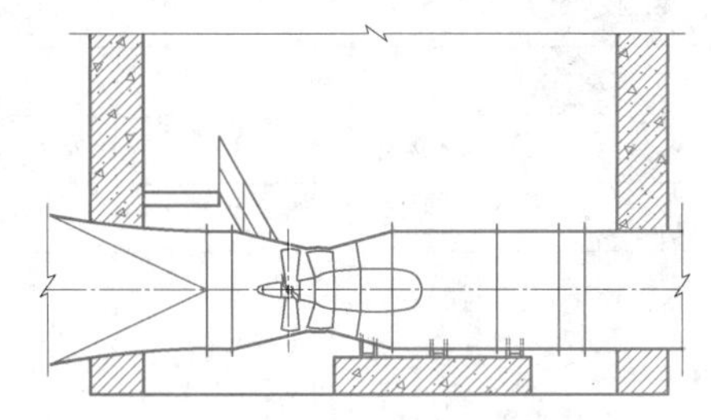

图 6.2-5 潜水贯流泵

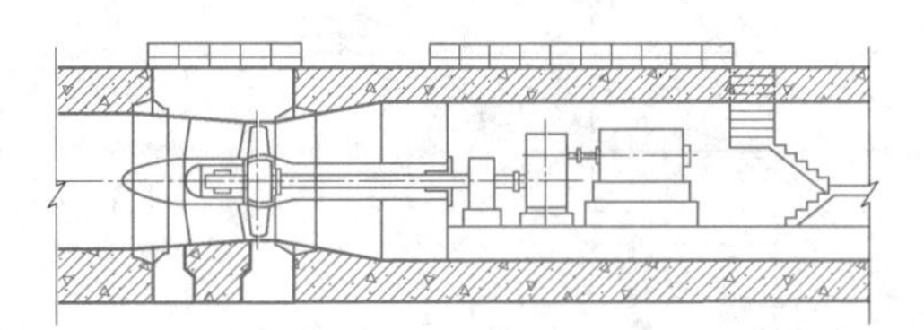

图 6.2-6 竖井贯流泵

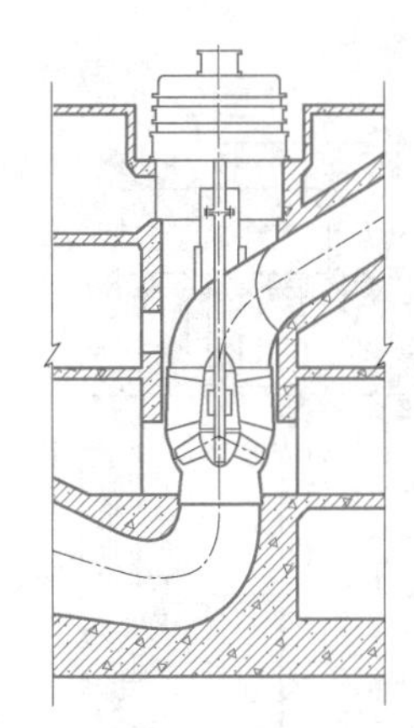

图 6.2-7 立式混流泵

立式与卧式之间的一种水泵型式，适应进、出水池不同的水位差，减少进水池连接段的开挖工程量。一般倾斜角度有 15°、30°、45°。

2）混流泵。混流泵适应的扬程较高，一般只分立式和卧式两种布置型式。

3）离心泵。离心泵适应的扬程更高，一般也分立式和卧式两种布置型式。

（2）按电动机的型式分类。电动机有常规和潜水两种。

常规电动机和潜水电动机的防护等级不同，检修维护的要求也不同。常规电动机在泵站现场可进行拆卸、组合工作；而潜水电动机由于密闭性要求高，应在专业厂家进行检修维护，因此检修时间长、费用高。

（3）按转动部分与固定部分的关系分类。水泵结构有抽芯式和不抽芯两种。抽芯式水泵可以在泵壳体不拆卸条件下，直接把转动部分整体抽出维修，并快

表 6.2-2 **水泵结构和装置型式**

水泵类型	轴流泵					混流泵			离心泵	
	常规轴流泵			潜水泵	贯流泵	常规混流泵		抽芯式泵		
泵轴型式	立式	卧式	斜式	立式	卧式	立式	卧式	立式	立式	卧式
结构型式和特点	井筒式、湿式、干式	平面S型、立面S型	泵轴倾斜角度有15°、30°、45°	水泵和电动机直接相连，结构紧凑	灯泡式、竖井式、潜水贯流式	类同于立式轴流泵	类同于卧式轴流泵	包括叶轮、导叶、轴承、泵轴整个转动部分可以从筒体内抽出	有单级单吸和单级双吸离心泵之分。单级单吸离心泵的流量较小，单泵流量基本不大于$6m^3/s$	
进水流道	肘形、簸箕形、钟形、箱形	收缩型直管	肘形	肘形、簸箕形、钟形、箱形	收缩型直管	肘形、钟形等	收缩型直管	开敞式、喇叭管进水	直管、弯管形	
出水流道	虹吸、弯（直）管、箱形	扩散型直管	弯(直)管	弯（直）管、开敞式	扩散型直管	虹吸、弯（直）管、蜗壳	扩散型直管	直管出水	蜗壳	

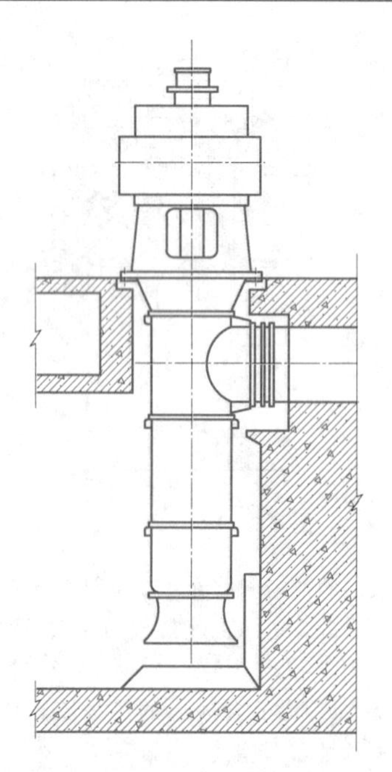

图 6.2-8 抽芯式混流泵

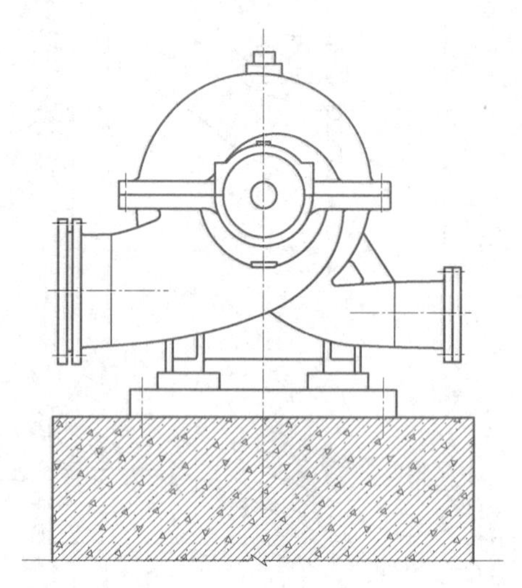

图 6.2-9 卧式离心泵

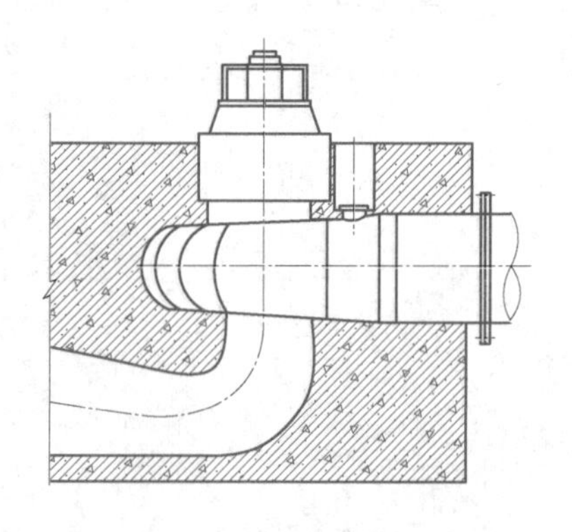

图 6.2-10 立式离心泵

速更换备用的转动部分。这种泵型适应运行时间长、停机检修不便的泵站。火力发电厂的循环水泵、市政取水和供水泵站等经常采用。

3. 水泵关键部件

(1) 叶轮和导叶。叶轮和导叶都是水泵的过流部件，也是关键部件。水流通过叶轮获得能量，使水流从低处（或低压区）向高处（或高压区）流动。叶轮的进水为轴向有势流，出水带有一定的环量，通过导叶予以消除。

叶轮按液体流出的方向分为三类：离心式叶轮，即液体沿与轴线垂直的方向流出；混流式叶轮，即液体沿与轴线倾斜的方向流出；轴流式叶轮，即液体沿与轴线平行的方向流出。上述三种叶轮对应三种基本的水泵类型，即离心泵、混流泵和轴流泵。

导叶位于叶轮出口之后，其作用是消除水流从叶轮流出后的旋转运动，以减少由此造成的水力损失。对不同比转速的叶轮，导叶有不同的曲率与叶轮匹配，消除叶轮出水环量，保证水泵高效、安全稳定运行。

水泵叶轮叶片常用的材质见表6.2-3。

表6.2-3 叶轮叶片常用材质

材质	使用条件
HT250	有一定的强度、硬度和耐磨性能，适用于中小口径低扬程泵，一般用于清水环境
QT450-10	具有较好的韧性，同时有一定的耐热性和耐腐蚀性，主要用于清水环境中，也可用于有一定腐蚀性介质中
ZG270-500	有一定的韧性及塑性，强度、硬度较高，常用于清水环境中
ZG1Cr13	经淬火、回火处理后具有较高强度、塑性及韧性，有耐磨蚀性，耐中等硫腐蚀，适用于清水、污水、含少量砂或污垢的水
ZG1Cr18Ni9	强度一般，但耐腐蚀性、耐汽蚀性能较好，适用于低温下耐腐蚀而强度要求不高的场合，可用于海水、污水环境
00Cr17Ni14Mo2(316L)	强度较弱，良好化学稳定性，具有较好耐腐蚀性能，可用于海水和污水环境
ZG0Cr13Ni4Mo	良好大截面力学性能、水下疲劳性能，良好的抗汽蚀性能和抗冲蚀磨损性能，主要用做核电用泵过流部件，也用于具有腐蚀和磨损的工况介质用泵过流部件
1Cr18Ni9Ti	具有良好的综合机械性能，较好的耐酸腐蚀和耐氯腐蚀性能，可用于清水、污水、海水环境中

(2) 水泵导轴承。水泵导轴承的承受力与泵轴布置有关。立式水泵的导轴承承受泵轴摆动时的径向力；卧式水泵的导轴承除承受径向力外，还需承受大部分水泵转动部分的重量；斜式水泵的导轴承受力接近卧式泵，受力大小和性质与泵轴倾斜角度有关。

水泵导轴承的润滑冷却方式有水润滑和油润滑两大类，见图6.2-11和图6.2-12。水润滑的轴瓦材料有赛龙、弹性塑料瓦、橡胶、合成工程材料。油润滑的轴瓦为金属材料，润滑剂可分为稀油润滑和油脂润滑两种。金属瓦的承载能力高，但油润滑的密封要求高，水不能进入润滑油。水润滑方式导轴承结构简单，可不设水封，以简化结构。对低转速的卧式（斜式）水泵，应注意线速度和轴承承载力对水膜形成的影响，减小轴承比压，提高线速度，有利水膜的形成。

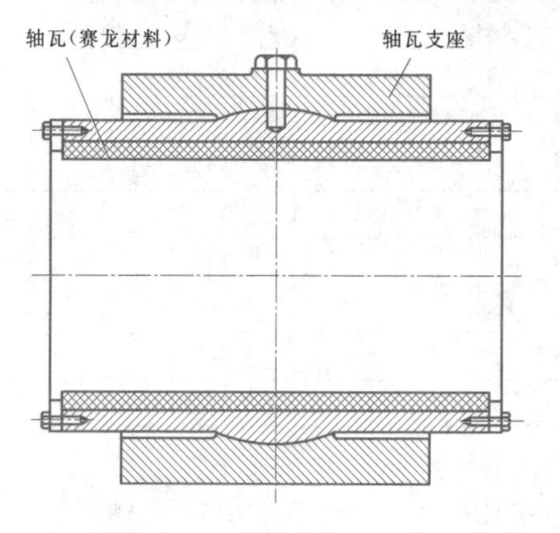

图6.2-11 水润滑卧式泵水导轴承

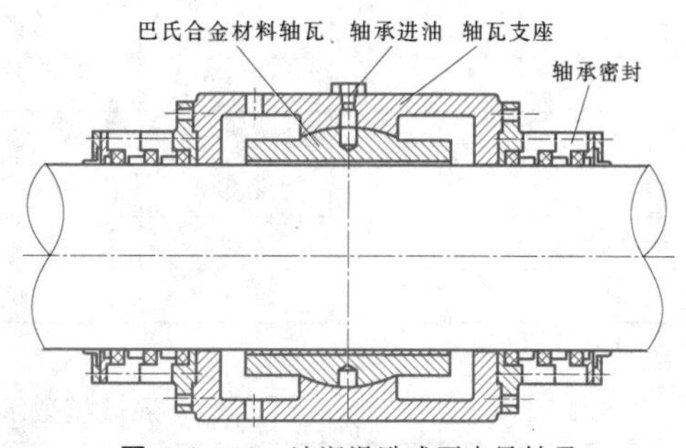

图6.2-12 油润滑卧式泵水导轴承

(3) 泵轴密封。有机械密封、盘根密封、空气围带密封、填料密封等多种。

6.2.1.3 传动方式

低扬程泵站的卧式机组和斜式机组，因转速较低，电动机直径大，水泵和电动机不宜采取直联传动，有齿轮箱、液力耦合器、链轮等间接传动方式。使用最多的是齿轮箱减速传动。

泵站常用的齿轮减速箱有平行轴齿轮和行星齿轮两类。平行轴齿轮减速箱可以卧式和立式布置。平行轴齿轮箱结构简单，常用于卧式机组和斜式机组。贯流泵内部空间小，灯泡贯流宜选用行星齿轮减速箱；竖井贯流可选用立式平行轴齿轮减速箱、伞形齿轮减速箱或行星齿轮减速箱。

为降低齿轮减速箱的运行噪声和提高使用寿命，

应选用硬齿面齿轮。

6.2.1.4 模型水泵

1. 模型水泵性能

模型水泵是水泵选型的基础，大、中型泵站不宜直接按型谱或产品样本进行原型水泵的选择，应根据泵站扬程和运行要求，先选择合适的模型水泵，通过原型与模型水泵的换算和比较，确定合适的水泵。南水北调工程在中水北方勘测设计研究有限责任公司的试验台上进行了36个中低扬程模型水泵叶轮的同台对比试验，表6.2-4从中摘录了一些水力性能好的轴流模型水泵的参数，表6.2-5从中摘录了一些混流模型水泵的参数，供水泵选型参考。此外，一些成熟的、有应用实例的水泵，也可供水泵选型所用。

2. 模型水泵试验和模型装置试验

泵站设计规范要求对新型或大、中型泵站的水泵进行模型水泵（包括装置）试验，以获得完整的水泵性能参数。

模型水泵试验应遵守《水泵模型及装置模型验收试验规程》（SL 140—2006）和《离心泵、混流泵和轴流泵水力性能试验规范 精密级》（GB/T 18149—2000/ISO 5198：1987），对国际招标项目，宜选用相应的IEC规范。

表6.2-4 轴流模型水泵同台对比试验数据

模型水泵	最优效率点			最优汽蚀余量（m）	模型水泵直径（m）	模型水泵转速（m/s）	名义比转速（m·hp①）
	扬程（m）	流量（m^3/s）	效率（%）				
ZL—02	7.1	0.371	85.60	8.5	0.3	1450	700
ZL—03	9.3	0.377	84.96	9.0	0.3	1450	600
ZL—04	6.7	0.360	84.94	8.7	0.3	1450	750
ZL—06	5.3	0.445	86.35	10.2	0.3	1450	1000
ZL—07	3.7	0.384	83.89	7.4	0.3	1450	1300
ZL—08	10.1	0.381	85.85	10.5	0.3	1450	600
ZL—13	7.4	0.382	84.50	10.5	0.3	1450	700
ZL—19	6.7	0.405	86.22	10.2	0.3	1450	850
ZL—20	7.1	0.393	86.05	11.0	0.3	1450	800
ZL—24	7.5	0.410	85.64	10.0	0.3	1450	750
ZL—26	7.1	0.369	85.16	7.7	0.3	1450	750

① 1hp=745.700W。

表6.2-5 混流模型水泵同台对比试验数据

模型水泵	最优效率点			最优汽蚀余量（m）	模型水泵直径（m）	模型水泵转速（m/s）	名义比转速（m·hp①）
	扬程（m）	流量（m^3/s）	效率（%）				
HLD—01	10.8	0.331	84.18	11.5	0.3	1450	500
HLD—02	8.8	0.400	81.02	9.5	0.3	1450	650
HL—01	6.1	0.362	84.68	11.3	0.3	1450	850
HL—02	6.6	0.348	84.83	9.9	0.3	1450	750
HL—03	7.1	0.334	86.23	8.8	0.3	1450	700
HL—04	10.0	0.366	87.05	8.5	0.3	1450	600
HL—05	11.4	0.394	86.41	8.3	0.3	1450	500
HL—06	13.6	0.395	86.37	8.4	0.3	1450	450
HL—07	14.6	0.376	86.95	9.3	0.3	1450	425
HL—08	17.0	0.428	87.04	11.6	0.3	1450	400

① 1hp=745.700W。

模型水泵试验内容有：能量性能（扬程、流量、效率、轴功率）、汽蚀性能、水压脉动测试、模型水泵轴向和径向力测试、全特性试验、最大飞逸转速测试。其中，能量和汽蚀性能试验是每个模型泵试验必须进行的，其他试验或测试内容可根据各泵站情况和特点选择。

模型水泵的名义叶轮直径、以叶轮外缘线速度计量的最小雷诺数和试验台不确定度应满足表6.2-6的要求。

表 6.2-6　模型水泵试验要求

水 泵 类 型	轴流泵	混流泵	离心泵
模型水泵叶轮最小名义直径(mm)	300	300	200
模型水泵最小雷诺数 Re_{min}	3×10^6	4×10^6	5×10^6
模型水泵试验台的不确定度	≤±0.4%		

低扬程泵站的进、出水流道对水泵性能影响很大，有关资料统计表明，含流道的水泵模型装置试验与不含流道的相比，不仅过流能力和效率明显下降，而且综合特性曲线的形状有明显变化，因此低扬程泵站的模型水泵试验应包括进、出水流道，称之为模型装置试验。

6.2.1.5　水泵参数计算

1. 模型水泵与原型水泵性能换算

《水泵模型及装置模型验收试验规程》（SL 140—2006）提出模型水泵与原型水泵性能换算公式如下：

原型水泵的流量 Q_P：

$$Q_P = Q_M \frac{n_P}{n_M}\left(\frac{D_P}{D_M}\right)^3 \tag{6.2-1}$$

原型水泵的扬程 H_P：

$$H_P = H_M\left(\frac{n_P}{n_M}\frac{D_P}{D_M}\right)^2 \tag{6.2-2}$$

原型水泵的功率 P_P：

$$P_P = P_M\frac{\rho_P}{\rho_M}\left(\frac{n_P}{n_M}\right)^3\left(\frac{D_P}{D_M}\right)^5\frac{\eta_{h,M}}{\eta_{h,P}} \tag{6.2-3}$$

原型水泵汽蚀余量 $[NPSH]_P$：

$$[NPSH]_P = [NPSH]_M\left(\frac{n_P D_P}{n_M D_M}\right)^2 \tag{6.2-4}$$

原型水泵水力效率 $\eta_{h,P}$：

$$\eta_{h,P} = \eta_{h,M} + \Delta\eta_h \tag{6.2-5}$$

水力效率修正量 $\Delta\eta_h$：

$$\Delta\eta_h = \delta_{ref}\left[\left(\frac{Re_{u,ref}}{Re_{u,M}}\right)^{0.16} - \left(\frac{Re_{u,ref}}{Re_{u,P}}\right)^{0.16}\right] \tag{6.2-6}$$

$$\delta_{ref} = \frac{1-\eta_{h,opt,M}}{\left(\dfrac{Re_{u,ref}}{Re_{u,opt,M}}\right)^{0.16}+\dfrac{1-V_{ref}}{V_{ref}}} \tag{6.2-7}$$

其中　$$Re_u = \frac{Du}{\nu}$$

上式中　下标 P、下标 M——原型水泵、模型水泵；

$\eta_{h,P}$、$\eta_{h,M}$——原型水泵、模型水泵水力效率；

$Re_{u,ref}$——7×10^6；

$Re_{u,P}$、$Re_{u,M}$——每一试验点的原型雷诺数、模型雷诺数；

$Re_{u,opt,M}$——模型水泵最优水力效率 $\eta_{h,opt,M}$ 点处的雷诺数；

δ_{ref}——对应于 $Re_{eu,ref}$ 的相对可换算损失；

$\eta_{h,opt,M}$——模型水泵最优水力效率，%；

V_{ref}——对应于 $Re_{u,ref}$ 的损失分布系数，取0.6；

D——叶轮名义直径，m；

u——叶轮 D 处的圆周速度，m/s；

ν——运动黏滞系数，m^2/s。

运用以上公式应注意以下问题：

(1) 对每一叶轮安放角，δ_{ref} 为常数。

(2) 如果模型试验是在保证效率范围内等转速下进行的，而且水温也是常数，则可认为 $Re_{u,M}$ 为常数。

(3) 对相应的原型水泵，$Re_{u,P}$ 为常数。

(4) 当 $Re_{u,M}$ 和 $Re_{u,P}$ 为常数时，对每一叶轮安放角，$\Delta\eta_h$ 为常数。

此外，日本工业技术标准 JISB 8327—2002 推荐式及水泵和水泵装置效率简易分部换算法也可作为效率换算的参考公式。具体换算步骤如下：

(1) 采用日本工业技术标准 JISB 8327—2002 推荐式计算时，先求得水泵最优工况点比转数：

$$N_S = 60^{1/2} nQ_0^{1/2}/H_0^{3/4} \tag{6.2-8}$$

式中　n——水泵的转速，r/min；

Q_0——水泵最优工况点的流量，m^3/min；

H_0——水泵最优工况点的扬程，m。

其后给定原型、模型水泵过流壁面粗糙度比值 $\Delta_r(=\Delta_P/\Delta_M)$，依据下式求得每个工况点的水泵效率差值 $\Delta\eta$ 及原型效率 η_P：

$$\Lambda = (0.4+0.6\Delta_r^{0.18})\left(\frac{D_P}{D_M}\right)^{-0.18} \tag{6.2-9}$$

$$\Delta\eta_{opt} = (1.4N_S^{-0.1}-0.07)/10 \tag{6.2-10}$$

$$\Delta\eta = [1.9(Q/Q_0-0.6)^2+0.7]\Delta\eta_{opt} \tag{6.2-11}$$

$$\eta_P = [1+\Delta\eta(1-\Lambda)]\eta_M \tag{6.2-12}$$

式（6.2-12）考虑了原型、模型水泵过流壁面粗糙度差别的影响。

(2) 水泵和水泵装置效率简易分部换算法。简易换算法考虑了水泵内机械损失、水力损失及容积的损失相似性。设模型水泵或装置最优工况点扬程、流量、效率分别为 H_0、Q_0、η_0，并设 $H/Q^2=K$、$H_0/Q_0^2=K_0$、$Q/Q_0=K_Q$，各不同扬程 H、不同流量 Q 工况点原型、模型水泵效率比按下式计算：

$$\eta_r=\frac{18.6K+K_Q\eta_0[11.6K+K_0+1160(1-K_Q)^2][40+(K/K_0)^{1/2}]}{18.6KK_d+K_Q\eta_0[11.6K+K_0K_P+1160(1-K_Q)^2][40+(K/K_0)^{1/2}K_a]} \quad (6.2-13)$$

其中 $K_d=\left(\frac{n_M}{n_P}\right)^{1/5}\left(\frac{D_M}{D_P}\right)^{2/5}$（离心泵）

$$K_d=\left(\frac{R_P}{R_M}\right)\left(\frac{D_M}{D_P}\right)\text{（轴流泵）}$$

$$K_P=1-\varepsilon+\varepsilon\left(\frac{\Delta_P}{\Delta_M}\Big/\frac{D_P}{D_M}\right)^{2/9}$$

$$K_a=\left(\frac{a_P}{a_M}\right)\left(\frac{D_M}{D_P}\right)$$

式中　D——水泵叶轮直径；

n——转速；

R——推力轴承摩擦半径；

a——口环(离心泵)或叶轮外缘(轴流泵)间隙；

Δ——水泵内壁面粗糙度；

ε——水泵摩擦损失占全部水力损失的权重。

系数、参数取值范围：$K_d=0.8\sim1.0$（轴流泵），可取 0.9；$K_a=0.8\sim1.0$，可取 0.9；$\Delta_P/\Delta_M=1.0\sim2.0$，通常取 2.0；$\varepsilon=1/2\sim3/4$，建议取 0.7。

式（6.2-13）适用轴流（导叶混流）泵或其装置。离心（蜗壳混流）泵或其装置分子分母第 1 项 K 改用 Q^{-2}，其余各项不变。

2. 水泵直径和转速选择

在泵站设计的可行性阶段，轴流泵的叶轮直径可按下式估算：

$$D=K\left(\frac{Q}{n}\right)^{1/3} \quad (6.2-14)$$

式中　Q——水泵流量，m^3/s；

K——系数（一般取值范围为 4.0～4.5）。

我国水泵的一般设计参数：1.6m 和 4.5m 叶轮直径的轴流泵，转速分别为 250r/min 和 100r/min，据此可以估算不同的直径和转速。

中、小型水泵的叶轮直径和转速还可以根据有关制造厂的样本直接选取。

大、中型水泵应根据模型泵的综合特性曲线进行直径和转速的计算比较。原型水泵的设计工况点应根据泵站特点综合考虑。

运行扬程变幅大的泵站，设计工况点的选择必须满足水泵最高扬程的运行稳定及最高和最低扬程时水泵不产生汽蚀的需要；运行时间长的泵站，设计工况点应使平均扬程尽可能处于高效率点；运行时间短的泵站，设计工况点可以向大流量区域偏移，以减小水泵直径，降低设备及工程造价。

根据国内泵站运行情况的调查，水泵的汽蚀与转速和直径的乘积相关，一般轴流泵 nD 值不宜大于 400，nD 值过高，叶片容易产生汽蚀。

由于大多数水泵和电动机采用直接传动方式，水泵的转速应满足电动机同步转速和磁极对数的要求，见表 6.2-7。

异步电动机的转速有转差率，一般为 1.5%～5%。

表 6.2-7　电动机同步转速和磁极数对应表

磁极数	60	48	44	40	32	30	24	20	18	16	12	10	8	6
电动机转速（r/min）	100	125	136.4	150	187.5	200	250	300	333.4	375	500	600	750	1000

转差率大，则适应的电动机负荷变化大。

3. 水泵台数比选

《泵站设计规范》(GB 50265—2010) 提出，水泵宜为 3～9 台，台数比选应考虑以下几个问题：

(1) 从建站投资看，在泵站流量相同的情况下，水泵台数少，相应的机电设备少，泵房面积小，因而泵站的土建和机电投资也减少。但当水泵流量增大到一定程度时，会增加泵房的开挖深度，反而会增加土建投资和施工难度。

(2) 从运行角度看，水泵台数少，单泵流量大，机电设备的效率高，维修管理也较方便，所需的运行管理人员较少，从而费用较低。

(3) 从泵站任务的保证性和适应性看，水泵台数多，在运行中可适应不同流量的要求，并且在泵组出现故障时，对生产的影响也小。

(4) 一般情况下，泵站流量小于 $4m^3/s$ 时可选择 2 台，大于 $4m^3/s$ 时可选择 3 台及以上；对给水和灌溉泵站，流量小于 $1m^3/s$ 时可选择 2 台，大于 $1m^3/s$ 时可选择 3 台及以上；对梯级泵站，还可根据需要选配 1～3 台可调节流量的泵组，以适应流量的变化。

(5) 应根据泵站的具体情况确定是否配备备用机组。对运行时间长、重要的给水、灌溉泵站，宜配备备用机组；对运行时间短的泵站，及时安排维护、检修，可以不设备用机组。

4. 水泵汽蚀和安装高程

(1) 水泵汽蚀。汽蚀是一种对水泵运行有害的现象。汽蚀发生时，水泵性能下降，严重时会发生振动和噪声及叶轮材料破坏，所以水泵选型和设计必须避免出现有害汽蚀的发生。

(2) 汽蚀余量。衡量水泵抗汽蚀能力的指标是汽蚀余量 $NPSH$ (Δh)，该数值小，表明水泵抗汽蚀能力强。汽蚀余量应通过模型试验获得，《水泵模型及装置模型验收试验规程》(SL 140—2006) 规定：流量保持常数，改变 $NPSH$ 值至效率下降 1%作为临界汽蚀余量 $NPSH_c$。此时模型水泵已出现大量气泡，因此应根据水泵装置的特点和泵站工程的重要性，在使用中留有余量。临界汽蚀余量乘以 1.1～1.3，称为容许汽蚀余量 $[NPSH]$。

吸入装置对水泵汽蚀有影响，在泵站应用时应选用合适的装置汽蚀余量 $NPSH_a$，$NPSH_a$ 越大，泵越不容易发生汽蚀。三者的关系如下：

$$NPSH_a \geqslant [NPSH] > NPSH_c$$

(3) 水泵汽蚀比转速。衡量汽蚀性能的还有汽蚀比转速 C，计算公式为

$$C = \frac{5.62n\sqrt{Q}}{NPSH_r^{3/4}} \qquad (6.2-15)$$

式中 $NPSH_r$——必需汽蚀余量，是规定水泵要达到的汽蚀性能，理论上 $[NPSH] > NPSH_r \geqslant NPSH_c$。

从式 (6.2-15) 可见，汽蚀比转速随工况变化，因此一般列出最优效率点的汽蚀比转速。

(4) 汽蚀性能换算。模型和原型的叶轮直径和转速乘积不一定一致，此时应进行模型和原型水泵的汽蚀余量换算，其换算公式为

$$\frac{NPSH_M}{NPSH_P} = \frac{(nD)_M^2}{(nD)_P^2} \qquad (6.2-16)$$

式 (6.2-16) 中，原型和模型换算的汽蚀余量 $NPSH$ 必须是相似工况点。

(5) 水泵安装高程。水泵安装高程是指水泵的基准面高程，用下列公式计算：

$$\nabla_{安} = \nabla_{进,低} + H_s \qquad (6.2-17)$$

$$H_s = \frac{P_a}{\rho g} - \frac{P_v}{\rho g} - [NPSH] - h_g \qquad (6.2-18)$$

上二式中 $\nabla_{进,低}$——进水池最低运行水位，m；

H_s——水泵吸程，m；

$\frac{P_a}{\rho g}$——标准状态下的大气压力水头，10.33m；

$\frac{P_v}{\rho g}$——汽化压力水头，20℃水温时的水汽化压力水头为 0.24m；

h_g——进水流道的水力损失，m；

$[NPSH]$——整个运行范围内最大的容许汽蚀余量。

在确定水泵吸入高度后，根据泵站进水池的最低运行水位即可确定水泵安装高程 $\nabla_{安}$。

确定水泵安装高程中，必须注意不同型式水泵的叶片安装高程基准面是不相同的，详见图 6.2-13。

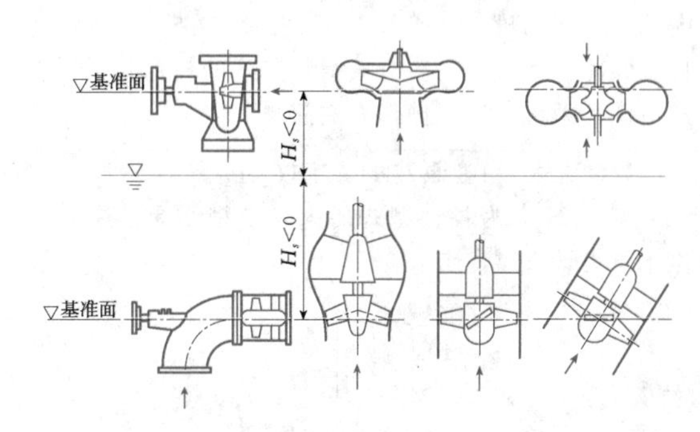

图 6.2-13 不同型式水泵的叶片安装高程基准面

5. 水泵节能运行

(1) 变速运行。水泵性能与转速有密切的关系，对同一个叶轮，流量与转速成一次方关系，扬程与转速成平方关系，因此改变水泵的转速可以改变水泵的能量性能。

水泵运行扬程变幅过大，不仅使水泵偏离高效率区，增加水泵的能量消耗，而且在小流量的高扬程区和大流量的低扬程区，水泵的汽蚀余量均较大，容易产生汽蚀破坏，增大振动和运行噪声。可以通过变速运行方式，使运行工况点向高效率区域靠拢。

水泵变速运行可选用变频电动机。目前还有一种变速方式，即采用转子内馈调速异步电动机。内馈调速是改变转子的电动势，它具有以下特点：高压电机、低压控制；调节功率小于电动机功率；电磁隔离，可抑制谐波产生；整套内馈装置的电动机价格低于含变频装置的电动机。因而具有应用前景。

(2) 改变水泵叶片角度运行。轴流式水泵和导叶式混流泵，水泵叶片的角度可以调整，在保持运行扬程的条件下，改变水泵流量。叶片角度调节范围可为 −8°～+4°之间。水泵启动时，可以选择最小的叶片角度，减小启动力矩。选择叶片大角度运行时，应校核水泵的最大汽蚀余量，保证满足水泵汽蚀要求。

大型水泵的叶片调节采用液压操作型式较多，功率小可选用电动操作。

液压操作机构的压力油从油压装置送出，传给水泵上的受油器后，接力器工作，带动拐臂转动叶片角度。由于泵站开机并非多台同时进行，而且机组运行

工况变化比较缓慢，油压装置处于半工作状态，可以多台水泵或全站共用一套油压装置。

近年出现一种内置式液压调节器。内置式液压调节器是一种新型的液压操作方式。该系统的特点是用油泵代替油压装置，并直接布置在水泵机组上，向接力器提供压力油操作水泵叶片，大大简化了操作系统。

中、小型水泵的叶片调节采用电动或手动操作方式较多，见图 6.2-14 和图 6.2-15。该装置一般由电动机、传动机构（螺杆调节、涡轮蜗杆）、转换机构三大部分组成。电动机械调节方式的特点是只需接通电源，系统较液压操作方式简单。

6.2.1.6　大、中型泵站水泵参数

表 6.2-8 为各种型式的大、中型水泵参数，可供水泵设计选型参考。

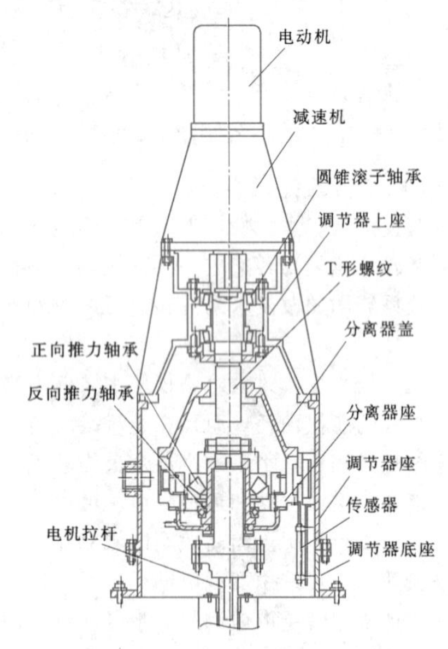

图 6.2-14　电动螺杆调节装置

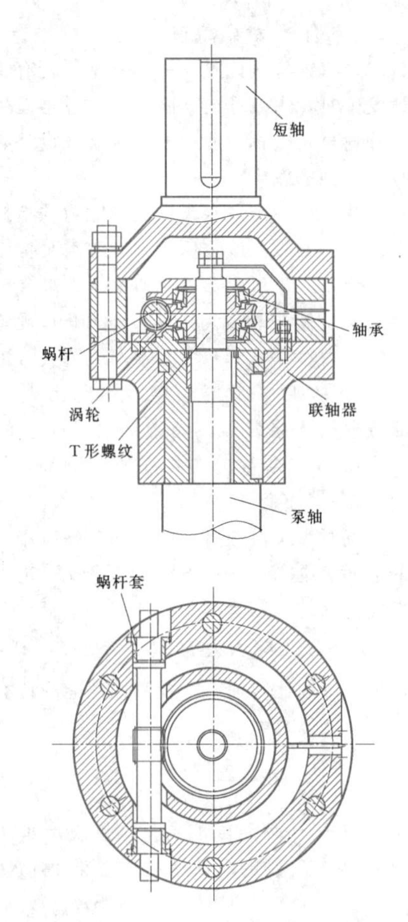

图 6.2-15　手动涡轮蜗杆调节装置

6.2.2　电动机

6.2.2.1　电动机型式

1. 电动机分类

泵站的水泵配套电动机一般采用鼠笼式异步电动机或凸极式同步电动机。

2. 同步电动机与异步电动机的选用

同步电动机与异步电动机的选用，应考虑泵站所在地的供电情况和水泵特点，要从技术性能、电动机制造、运行管理、经济性等几个方面经综合分析比较后确定。

同步电动机具有转速恒定、效率高、转矩受外界电压变化影响小等特点，并可以通过调节励磁电流调节其功率因数，使功率因数能保持在较高水平，但其结构相对复杂，广泛用于驱动转速要求恒定或功率较大、转速较低的机械设备；异步电动机功率因数一般低于 0.9，运行时必须从电网吸取无功电流或采取电容补偿方式，但其结构简单，运行可靠，除在要求恒速运行或需要大范围平滑调速的场合外，都可以使用异步电动机。随着技术的发展，异步电动机功率已经达到或超过 5000kW。

同步电动机转速范围较宽广，从数十到数百转每分钟；异步电动机的转速较高，一般须高于 250r/min。

异步电动机可进行无功补偿，普遍采取电容器补偿方式。电容器补偿分集中补偿和现地补偿两种方式。集中补偿在电动机母线上并联多组电容器，根据运行的电动机台数和无功功率投入不同组数电容器。这种方式需增加高压开关柜及自动投切装置。采用集中补偿的泵组台数多的泵站，为适应不同泵组运行的需要，可以采用不等容量的电容补偿柜。现地补偿方式是在每台电动机机端并联一组电容器，每次机组投运时电容器亦投入。

6.2.2.2 电动机主要参数

国内已建大、中型泵站的同步和异步电动机的主要参数分别见表6.2-9和表6.2-10。

6.2.2.3 电动机结构

1. 电动机结构型式

为配合水泵，电动机也有立式、卧式、斜式三种

表6.2-8 大、中型泵站水泵参数

泵站名称	水泵型式	叶轮直径(m)	水泵转速(r/min)	扬程(m)			设计流量(m³/s)	最高效率(%)	汽蚀余量(m)	配套功率(kW)	备注
				最高	设计	最低					
太浦河泵站	斜15°轴伸泵	4.10	73	1.94	1.69	1.16	50.0	72.00	7.20	1600	江苏,吴江
洪泽泵站	立式混流泵	3.15	125	6.50	6.00	3.80	37.5	77.50	6.40	3550	江苏,南水北调
万年闸泵站	立式轴流泵	3.15	125	5.81	5.49	4.86	31.5	77.60	7.0	2800	山东,南水北调
八里湾泵站	立式轴流泵	3.15	125	5.78	4.78	1.90	33.4	78.90	5.60	2800	山东,南水北调
长沟泵站	立式轴流泵	3.15	125	3.86	3.86	0.56	33.5	79.30	6.00	2240	山东,南水北调
刘老涧二站	立式轴流泵	3.00	125	3.70	3.70	1.80	29.5	75.50	6.80	2000	江苏,南水北调
宝应泵站	立式混流泵	2.95	125	8.00	7.60	6.40	34.0	82.10	7.50	3400	江苏,南水北调
江都四站	立式轴流泵	2.90	150	8.80	7.80	3.50	30.0	79.73	9.00	3400	江苏,南水北调
刘山泵站	立式轴流泵	2.90	150	6.50	5.70	2.50	32.0	76.13	8.70	2800	江苏,南水北调
淮安四站	立式轴流泵	2.90	150	5.30	4.20	3.10	34.0	75.15	8.63	2500	江苏,南水北调
宋隆泵站	立式轴流泵	2.80	150	8.00	6.00	3.00	25.0	90.00①	7.20	1800	广东,高要
南安泵站	立式混流泵	2.75	150	8.00	5.80	0	28.5	89.00①	8.50	2500	广西,梧州
皂河二站	立式轴流泵	2.70	150	5.70	4.70	2.50	25.0	78.20	6.50	2000	江苏,南水北调
睢宁二站	立式混流泵	2.60	150	10.2	8.30	4.43	20.0	83.91	6.00	3000	江苏,南水北调
江尖泵站	竖井贯流泵	2.50	132	2.38	1.46	0	25.0	75.90	8.30	800	江苏,无锡
江都三站	立式轴流泵	2.00	214.3	8.80	7.80	3.50	13.5	76.00	7.60	1600	江苏,南水北调
东风新泵站	双向平面S型轴伸泵	1.45	218	2.80/1.50	1.60/0.85	0.55/0.55	5.0	65.49/55.19	9.32/9.45	250	江苏,苏州
元和塘泵站	双向潜水贯流泵	1.26	294	2.60/1.95	1.30/1.10	0.55/0.55	5.0	65.08/56.85	9.25/9.83	280	江苏,苏州

注 1. 表中的汽蚀余量为设计工况的叶片安放角度下水泵运行范围的最大汽蚀余量。
2. 双向运行水泵的扬程、效率和汽蚀余量有正向运行和反向运行两个数值。
3. 南水北调东线工程的原型和模型水泵的装置效率不换算。

① 其效率是水泵原型效率，因换算方法不同其结果可能有差异，仅供参考。

表6.2-9 大、中型同步电动机主要参数

泵站名称	型式	功率(kW)	电压等级(kV)	功率因数(超前)	启动电流(倍)	启动力矩(倍)	最大力矩(倍)	转速(r/min)
皂河(老)泵站	立式	7000	10	0.9	6	0.4	1.5	80
东改工程泵站	立式	5000	10	0.9	5.5	0.7	1.8	24
宝应泵站	立式	3400	10	0.9	5.5	0.45	1.6	48
驷马山泵站	立式	3000	6	0.9	5.5	0.45	1.5	40
牛郎径泵站	立式	2300	6	0.9	6	0.58	1.7	12
刘老涧(老)泵站	立式	2200	6	0.9	6	0.5	1.5	40
泰州引江河泵站	立式	2000	10	0.9	6	0.55	1.6	40

续表

泵站名称	型式	功 率 (kW)	电压等级 (kV)	功率因数 (超前)	启动电流 (倍)	启动力矩 (倍)	最大力矩 (倍)	转 速 (r/min)
沙集泵站	立式	1600	6	0.9	6	0.55	1.5	20
东深泵站	立式	1600	6	0.9	5.3	0.55	1.7	24
新滩口泵站	立式	1600	6	0.9	6	0.45	1.8	40
沧江泵站	立式	1250	10	0.9	5.5	0.6	1.8	40
八里湖泵站	立式	1000	6	0.9	6	0.45	1.6	28
五项岗泵站	立式	800	6	0.9	5.5	0.45	1.6	20
魏村泵站	立式	800	6	0.9	5.5	0.4	1.5	24
黄河镫口泵站	立式	500	6	0.9	6	0.45	1.8	16

注 1.(老)指改造前。
2. 除皂河泵站的电动机外,其余均为风冷却。

表 6.2-10　　大、中型异步电动机主要参数

泵站名称	型式	功率 (kW)	电压等级 (kV)	功率因数	启动电流 (倍)	启动力矩 (倍)	最大力矩 (倍)	转 速 (r/min)	冷却方式
五号沟泵站	立式	4800	6	0.88	6	1	1.6	750	IC81W
五号沟泵站	立式	1900	6	0.83	6	1	1.6	1000	IC81W
太浦河泵站	斜式	1600	6	0.856	5.4	0.75	1.98	1000	IC27W
龙华港泵站	斜式	1250	10	0.81	5	0.7	1.8	750	IC71W
江尖泵站	卧式	800	10	0.8	5	0.7	1.8	750	IC81W
东风新泵站	卧式	250	10	0.83	4.73	0.78	1.99	1000	IC81W

结构型式。不同结构型式的主要差异在于电动机的受力和轴承型式。

2. 电动机受力和轴承型式

立式电动机的上、下机架分别布置上导轴承、推力轴承和下导轴承，轴向力由推力轴承承受，径向力由导轴承承受。卧式电动机的两端分别设有轴承，承受电动机本身的重量和径向力。斜式电动机的轴承与卧式电动机的相似，但随电动机的倾斜角度不同，前后端轴承承受的轴向和径向力大小也不同，前端轴承受力大于后端轴承，前后轴承的型号应有所不同。

大、中型立式电动机的推力轴承以往基本选用巴氏合金的扇形瓦，现也有选用具有自平衡能力的圆形弹性推力瓦（以下简称圆形瓦），见图 6.2-16 和图 6.2-17，这种推力轴承特点如下：

(1) 使用弹性支承，各瓦块之间受载均衡，安装使用方便，无需刮瓦等措施，可以避免瓦块局部受载不均引起部分瓦块过热等弊病。

(2) 由于碟形弹簧作用，这类轴承能够有效地吸收各种冲击载荷，其稳定性和抗冲击性能都强于传统刚性支承瓦轴承。

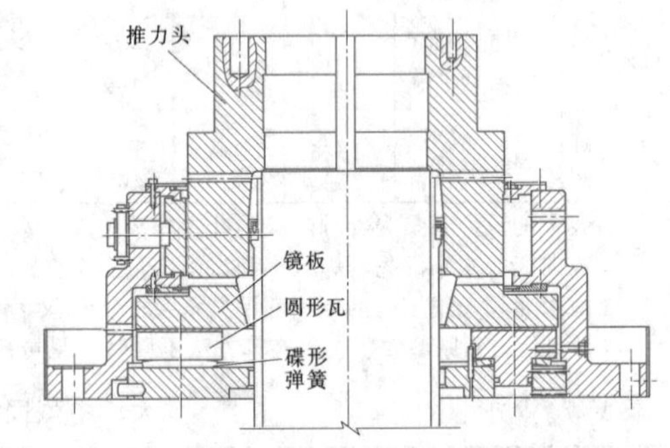

图 6.2-16　自平衡推力轴承

(3) 圆形瓦较扇形瓦和其他方形瓦面的有效承载面积更大，其有效承载面积可以近似认为百分之百；同时，瓦块各部分受载均衡，避免了瓦块局部受载不均引起的发热和磨损。

(4) 圆形瓦在运行时可以自动调整倾角，是一种可倾瓦。

卧式和斜式电动机的容量一般不大，因此选用滚动轴承较多。滚动轴承型式多样，应根据受力和结构要求选择。

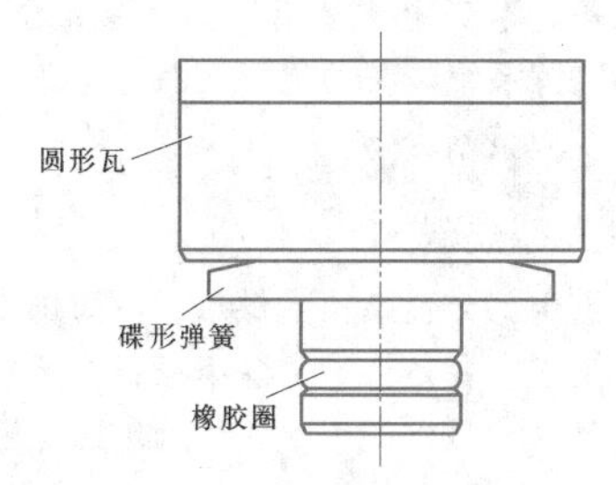

图 6.2-17 圆形弹性推力瓦

3. 主要材料和绝缘处理

电动机定子和转子的主要材料有硅钢片和线圈绕组。大、中型电动机一般用 0.35mm 厚的含硅量较高的冷轧硅钢片，叠压系数不小于 0.97；定子铜线应为F级绝缘的薄双玻璃丝包扎聚酰亚胺薄膜单层绕包自黏性浸渍扁铜线，定子绕组绝缘宜采用少胶粉云母带，采用整体无溶剂真空浸漆，并且宜将F级绝缘降级为B级绝缘使用，以提高电动机的使用寿命。

4. 防护型式和通风冷却

泵站的电动机防护型式一般有开启、防护、封闭、潜水式等；通风系统有自然通风、管道式通风和具有空气冷却器的密闭循环空气冷却系统三种。开启式或防护式的防护等级一般选用 IP23，通风系统一般采用自然通风或管道通风；封闭式的防护等级一般选用 IP44 或 IP54，通风系统采用密闭循环空气冷却；潜水式的防护等级一般选用 IP68。

自然通风冷却适用于中、小容量电动机，其特点是结构简单，安装方便。但电动机温度受环境温度影响较大，防尘、防潮性能差，影响电动机散热，绝缘易受侵蚀。自然通风冷却系统见图 6.2-18。

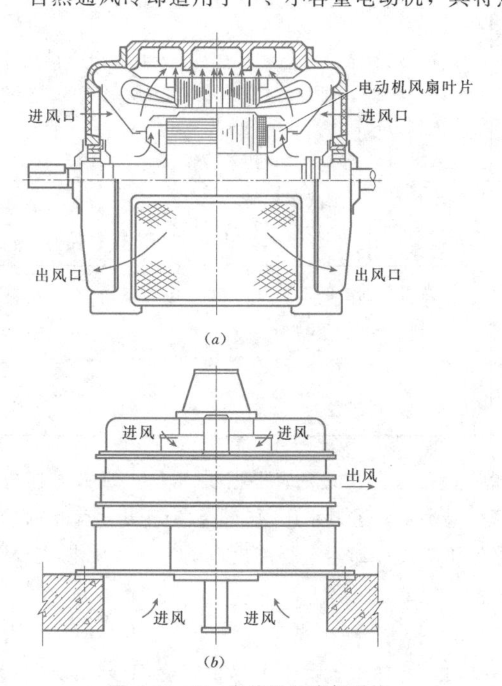

图 6.2-18 自然通风冷却系统

管道式通风冷却适用于中、大容量电动机。冷空气一般来自温度较低的厂房内，热空气靠电动机自身的风压或排风装置排到厂房外面。设计时应根据电动机本身的风压，结合管路进行风压计算，以选择排风机的风压和风量。应结合泵房布置，选择电动机的出风从上部或下部引出，见图 6.2-19。

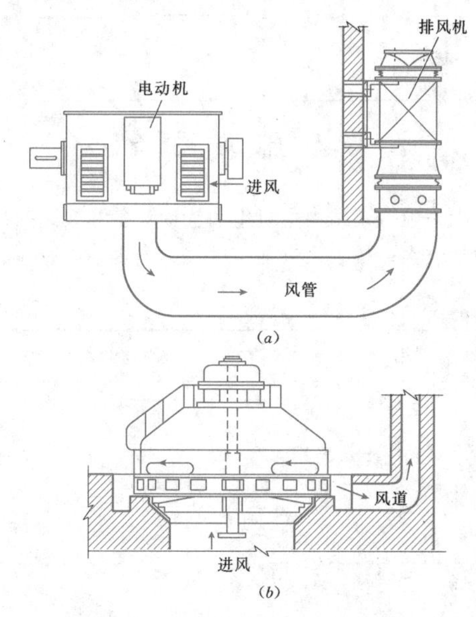

图 6.2-19 管道式通风冷却系统

空—空冷却和空—水冷却都属于密闭循环空气冷却系统。这种通风系统的特点是：电动机内部的空气密闭循环，利用空气或水冷却器进行热交换，从冷却器出来的冷风稳定，温度低；空气清洁干燥，有利于提高绝缘寿命；安装维修较方便。严寒地区的水冷却器应设有排水口，以便停机时放水，防止冻裂冷却器管，影响电动机绝缘。两种方式的电动机分别见图 6.2-20 和图 6.2-21。

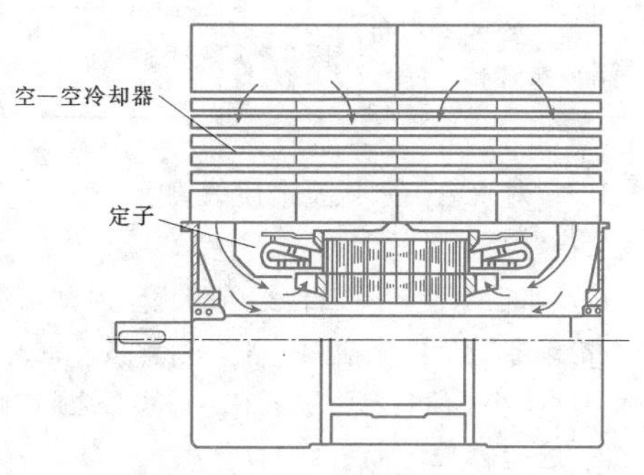

图 6.2-20 空—空冷却电动机

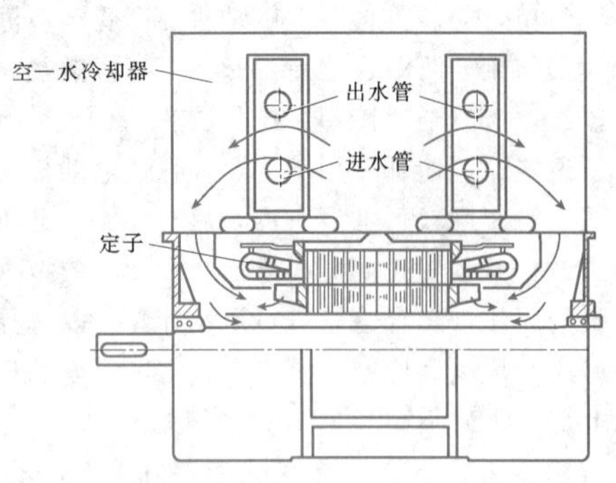

图 6.2-21　空—水冷却电动机

6.3　辅助设备

大、中型泵站中主机组的辅助设备和泵站附属设备包括供水、排水、供油、供气、抽真空以及通风、起重等设备。本节主要介绍低扬程泵站供水、排水、供油、供气等系统设备的选择及布置问题，部分内容亦可供高扬程泵站参考。

6.3.1　供水系统

泵站供水部分包括技术供水、消防供水及生活供水。技术供水主要是供给主泵组设备及某些辅助设备的冷却润滑水，是生产用水。

6.3.1.1　供水用途

技术供水的对象有：电动机空气冷却器用水；电动机推力轴承和上、下导轴承的油冷却器用水；主水泵导轴承润滑冷却用水；泵轴密封润滑用水；水冷式空气压缩机冷却用水；以及真空泵冷却用水等。

6.3.1.2　供水量

技术供水的供水量应由制造厂根据设备具体情况提出，在设计初期可以根据表 6.3-1 进行供水量的估算。

表 6.3-1　技术供水量估算

序号	用途	用水量	备注
1	空气冷却器用水 Q_1	$Q_1=\frac{0.86\times0.94\Delta N_1}{c\Delta t}$ (m^3/h) $\Delta N_1=N\frac{1-\eta}{\eta}$	ΔN_1 为电动机总损耗，kW； N 为电动机额定功率，kW； η 为电动机效率（一般为 94%）； c 为水 20℃的比热，取 $c=4.1826$kJ/（kg·K）； Δt 为进、出水温度之差，一般取 3～5℃
2	推力轴承油冷却器用水 Q_2	$Q_2=\frac{0.86\Delta N_2}{c\Delta t}$ (m^3/h) $\Delta N_2=P\frac{fu}{102}$ 也可按 $Q_2=0.75\times10^{-3}Pn$(m^3/h)初估	ΔN_2 为推力轴承功率损耗，kW； P 为轴向总推力及轴瓦受力，按 200～400N/cm² 计算； f 为镜板与推力瓦的摩擦系数，在运转时一般取 $f=0.001\sim0.002$，油温在 40～50℃时取 $f=0.003\sim0.004$； u 为推力轴瓦上平均圆周速度，m/s； n 为电动机转速，r/min
3	上、下导轴承油冷却器用水 Q_3	$Q_3=(0.2\sim0.3)\ Q_2$ (m^3/h)	
4	水泵导轴承润滑用水 Q_4	$Q_4=(1\sim2)\ Hd^3$ (l/s)	H 为引至轴承的水压力，mH_2O； d 为轴颈直径，m
5	水冷式空压机冷却用水	按生产厂家资料确定	

6.3.1.3　对水温、水压及水质的要求

1. 水温

冷却水温对冷却器结构影响很大，冷却水温提高 3℃，冷却器数量可能增加一半，通常按＋30℃计算，最低温度不小于 3℃。一般宜在 4～30℃之间。

2. 进口水压

主机组各冷却器进口水压，设计初期可按 10～20N/cm² 考虑。最终应根据供水系统的水力损失计算结果确定，进口水压须满足额定冷却水流量时冷却器的压降及冷却器至管路出口的全部水力损失要求，并留一定的余量。

3. 水质

（1）冷却水。①水中尽量不含泥沙，以免堵塞磨损管道；②要求水中含泥量不大于 0.03～0.05kg

m^3；③应为软水，短时硬度不大于 8 度；④pH 值反应为中性，不含有游离酸，不含有硫化氢等有害物质。

(2) 润滑水。①水中悬浮物常年应不宜超过 100mm/L，汛期不宜超过 200mm/L；②泥沙粒径不大于 0.01mm；③短时硬度不大于 8 度；④水中不含有油脂及其他具有腐蚀性的杂物。

6.3.1.4　供水方式

供水方式分为以下三种：

(1) 直接供水，即供水泵直接抽水至供水总管，向主机组提供润滑水及冷却用水，并提供其他用水。

(2) 间接供水，即由供水泵抽水至水塔储存，再由水塔向主机组提供润滑水及冷却用水，并提供生活、消防及其他用水。

(3) 如河水的水质不好或污物较多，可选择循环冷却方式，即机组的润滑冷却自成一个密闭循环系统，供水泵从循环水池抽水至供水总管，向主机组提供润滑水及冷却用水后，再回流到循环水池。密闭循环系统的冷却有两种方式：①使用热交换器，一般内循环水为自来水，可避免河道水对机组设备的不利影响，冷却水使用河道水；②使用冷水空调机组冷却，使用时可根据水温决定冷水空调机组是否投入，以节省电能。

技术供水系统须考虑北方地区冬季温度低，设备不运行，水管内部积水结冰导致冻裂破坏等问题，应有放水措施。

图 6.3-1 为直接供水系统图，图 6.3-2 为循环供水系统图，可供设计参考。

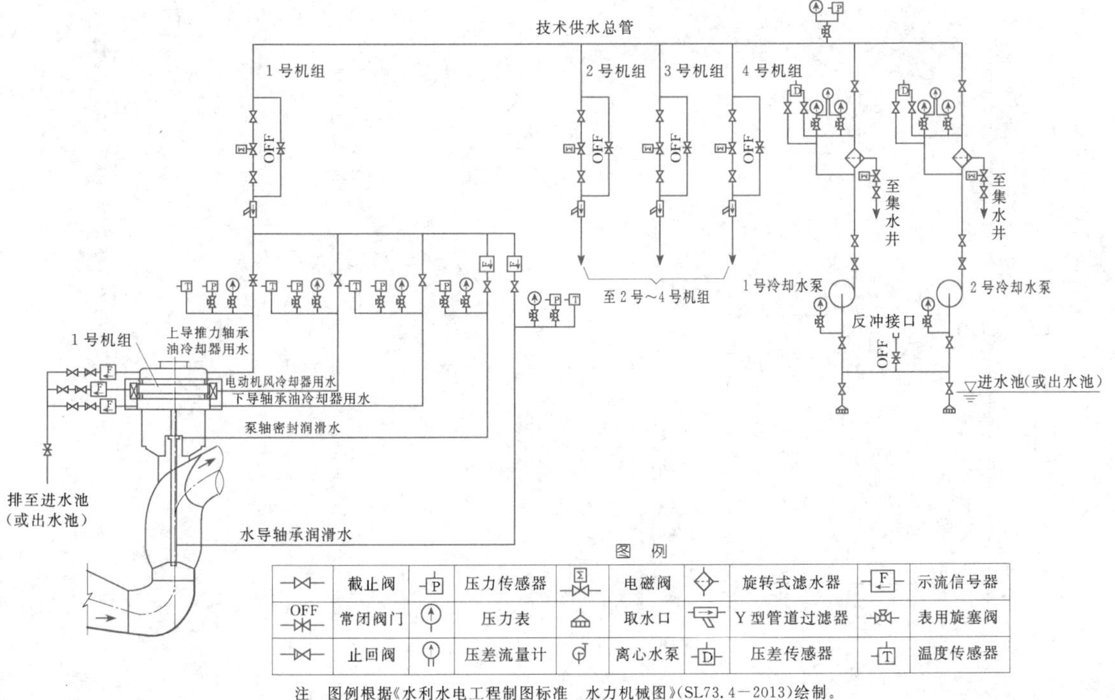

注　图例根据《水利水电工程制图标准　水力机械图》(SL73.4—2013)绘制。

图 6.3-1　直接供水系统

6.3.1.5　供水设备及管道选择

(1) 供水泵。常用卧式(或立式)离心泵，亦可选用深井泵，一般应选两台或两台以上，其中一台备用。其流量根据总用水量计算，扬程根据供水口标高与水源水位的高差，并考虑供水口压力及管道损失计算而得。

(2) 供水管道。泵站供水总管流速不宜大于 2m/s，供水支管流速不宜大于 3m/s，应选用标准系列的管径，每台机组的支管不宜过小，可选用 *DN*50 的钢管或高强度非金属管材。

(3) 滤水器。除密闭循环冷却系统外，在每台供水泵的出水管道上及润滑水管上都应设滤水器。滤水器有固定式及转动式等型式。

6.3.1.6　技术供水系统的布置与要求

1. 布置

(1) 供水泵一般布置在水泵层，在进水口设置拦污栅，取水口安装在最低水位以下约 1m 处，以便清洗拦污栅。如供水泵布置在水源水位以上时，应设置真空泵。

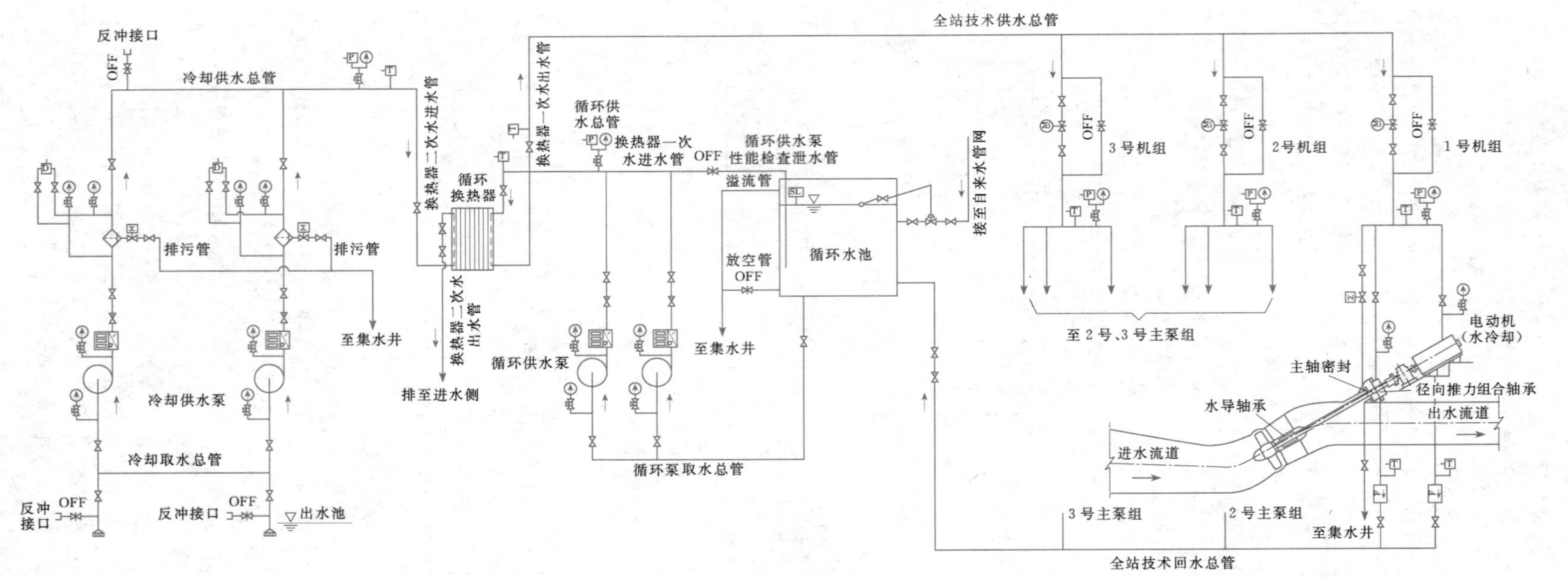

图 例

	截止阀	P	压力传感器	Σ	电磁阀		旋转式滤水器		流量传感器	M	电动阀		表用旋塞阀
OFF	常闭阀门		压力表	F	示流信号器		取水口		快速管接头	T	温度传感器		取水口拦污栅
	止回阀	D	压差传感器		离心水泵		浮球阀	SL	液位信号器		循环换热器		

注 图例根据《水利水电工程制图标准 水力机械图》(SL73.4—2013)绘制。

图 6.3-2 循环供水系统

(2) 管道布置取决于泵房的总体布置，一般布置在机组段范围内。总管布置在联轴器层比较适宜。管道相互间距应考虑检修的方便。管道可用支撑固定在墙上，亦可架空敷设；当直管长达 40～50m 时或跨越泵站沉陷缝、伸缩缝时，应设伸缩节。

2. 要求

(1) 满足辅助设备布置的总原则，即操作维护方便，运行安全可靠，外表整齐美观，工作条件良好。

(2) 有可靠的备用水源和备用供水泵，备用泵应有自动投入装置，一旦供水中断或水压过低，备用泵立即启动。

(3) 在冷却器的排水管及水导润滑水管上，应设示流信号器，当供水中断或减少时，发出信号。在供水管道上应设压力表，观测供水压力是否符合要求。

(4) 管道安装完毕后，以 1.5 倍额定工作压力（且不低于 0.9MPa）进行水压试验，要求在 10min 内压力不降低，以检查安装质量。

(5) 为了安全运行，维护方便，减少误操作，供水设备和管道以及其他辅助设备的管道，均应涂以不同颜色的油漆。

6.3.2 排水系统

6.3.2.1 排水项目及排水情况

表 6.3-2 为排水项目及排水情况。

表 6.3-2 排水项目及排水情况

排水项目 \ 机组排水情况		抽水运行	检修	停机
机组检修排水	泵体及进出水流道中水量		+	
	进出水流道闸门漏水		+	
渗漏排水	主水泵密封漏水	+		+
	辅助设备漏水	+	+	+
	泵房及伸缩缝漏水	+	+	+
	清扫回水	+	+	+

注 +表示应进行排水的项目。

闸门的漏水量可按下列公式计算：

$$\omega = cL \tag{6.3-1}$$

式中 ω——闸门的漏水量，m^3/h；

L——检修闸门周长，m；

c——闸门单位长度的漏水流量，L/(s·m)，一般采用 1～3L/(s·m) [即 3.6～10.8m^3/(h·m)]。

6.3.2.2 排水泵选择

检修排水泵流量按流道体积和进、出水闸门的漏水总量之和考虑，水泵的流量不能小于闸门漏水量。排水泵扬程应根据管路出口的最高水位、流道的最低水位以及管道水力损失进行计算。

检修排水泵一般选用 2～3 台。此外，在事故情况下，还可由部分供水泵兼作排水泵，但在管道布置上应预先考虑好，即做成可转换的。

渗漏排水宜单独设置集水井，集水井应设置在泵房底部；或利用机组检修排水廊道，但需注意两者合用可能对渗漏排水有不利影响。

渗漏排水泵选用潜水泵较多，水泵置于水中便于启动。渗漏排水泵必须有备用泵，一般选用 2～3 台，每台水泵的排水量应大于计算的渗漏水量。

6.3.2.3 排水管道选择及排水系统图

排水总管一般选用 ϕ150～200，或按流速计算。

排水系统图包含在图 6.3-6 内，供参考。

6.3.3 透平油系统

透平油又称汽轮机油，主要向主机润滑、油压装置及启闭快速闸门等提供用油。大型泵站常用的油牌号为 LTSA—22、LTSA—30（即 22 号、30 号透平油，符号后的数值表示油在 50℃时的运动黏度，单位为 10^{-3}Pa·s）。

6.3.3.1 用油量

1. 各设备用油量

系统用油量应根据生产厂家所提供的资料，计算出总用油量。在初设阶段如未获得生产厂家资料，可根据已投入运行的相近尺寸同类型机组用油量估算。

2. 油压装置

大型轴流泵的扬程较低，南水北调等工程的水泵叶轮直径都在 3m 左右，叶片操作机构的操作力矩不大，泵站操作次数不频繁，为此采取蓄能式油压装置。该装置由压力罐和回油箱两大部分组成。压力罐内设有充满氮气的耐油橡胶皮囊，保证油压装置内一定的压力，在叶片操作机构多次动作后，油位降低，压力下降，此时需要回油箱上的油泵对压力罐补油，使罐内压力达到规定值。这种型式的油压装置省略了常规方式的压气系统，简化了整个系统，见图6.3-3。

蓄能式或常规油压装置的用油量均可按表 6.3-3 估算。

3. 总用油量

随着我国经济建设的发展，透平油的供应很方便，泵站的油系统较以往简化，在设备已充满运行需要的油后，日常运行可以根据泵站所处地区，配备一定数量的补充用油。补充用油量可以按总运行用油量的 10%计算。

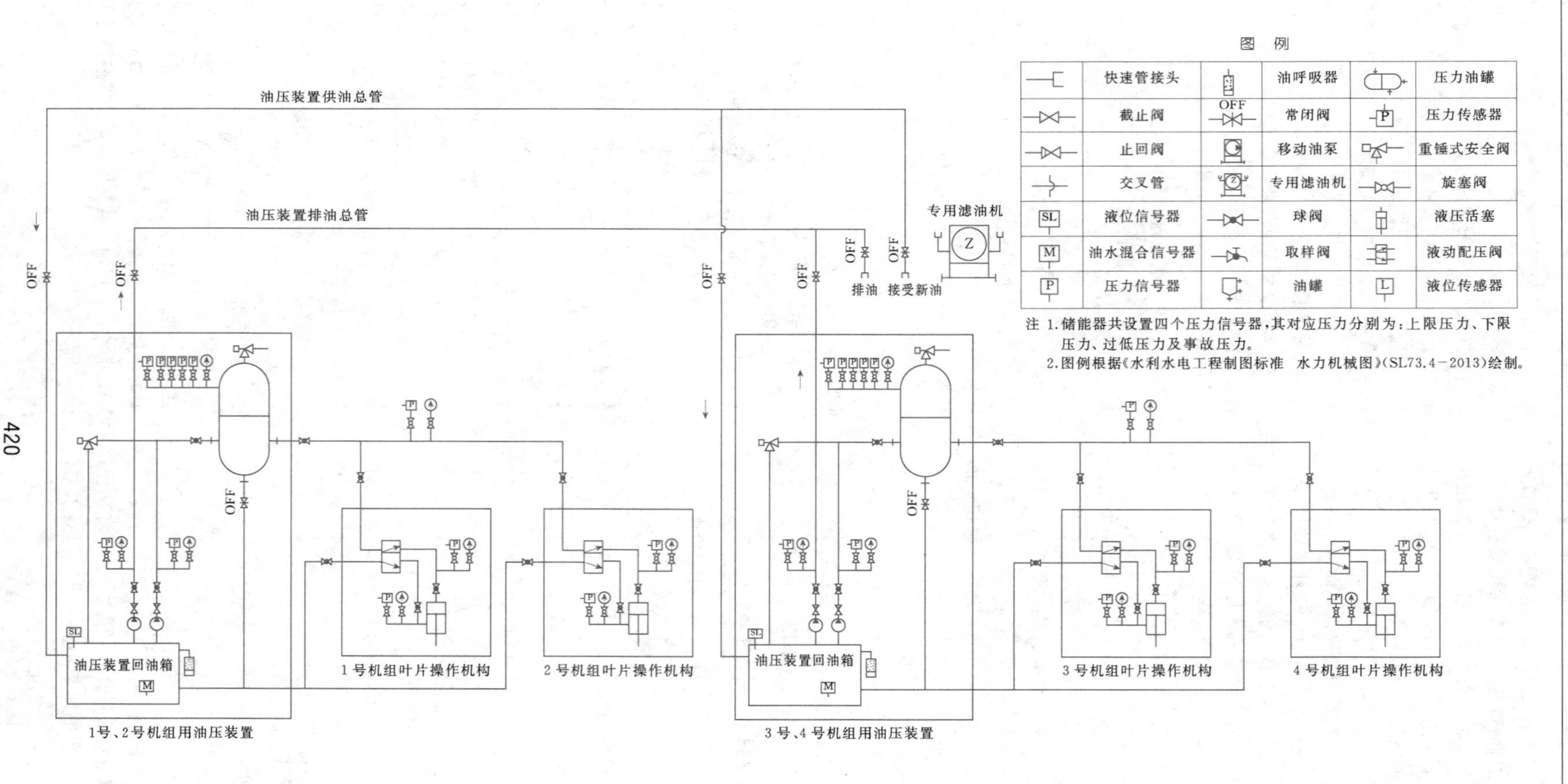

注 1.储能器共设置四个压力信号器，其对应压力分别为：上限压力、下限压力、过低压力及事故压力。

2.图例根据《水利水电工程制图标准 水力机械图》(SL73.4－2013)绘制。

图 6.3－3 蓄能式油压装置系统

表 6.3-3　　成套油压装置用油量

油压装置型号	容积（m³）		贮油量（L）		最大压力（N/cm²）	油泵型号	总重量（kg）
	压力油箱	集 油 箱	压力油箱	集油箱			
YS—0.6	0.6		240	900	250		
YS—1.0A	1.0	2.5	350	1300	250	LY—3.0	4700
YS—1.6A	1.6	2.5	560	1300	250	LY—3.0	5300
YS—2.5	2.5	4	900	2000	250	LY—5.8	8480
YS—4	4	4	1400	2000	250	LY—5.8	9490
YS—5.6	5.6	8	2200	4000	250		
YS—8A	8	8	2800	4000	250	LY—10	17420
YS—10A	10	10	3500	5100	250	LY—10	21000

6.3.3.2 油系统设备配置

润滑油系统的任务是向主机组润滑用油部件注油、补油、排油、处理废油以及接受新油等。因一次注油可以使用很长时间，故一般不设进油总管，而设移动式压力滤油机及油箱即可，但仍可设置排油总管。

（1）储油设备。

净油箱：容积为1台主机组用油量的110%，数量1只。

污油箱：容积与净油箱相同。

（2）净油设备。压力滤油机或透平油专用滤油机生产率为

$$Q=\frac{V}{(1-0.3)T} \qquad (6.3-2)$$

式中　Q——滤油机生产率，m³/h；

V——1台机组充油量，m³；

T——净化时间，按要求确定，一般为5～6h。

压力滤油机及透平油专用滤油机型号规格可查有关产品目录。

（3）油泵。油泵生产率为

$$Q=\frac{V}{t} \qquad (6.3-3)$$

式中　t——充油时间，按要求确定，可小于4h。

油泵扬程应能克服设备之间高差及管路损失。根据生产率及扬程从产品目录中选型。一般可设2台移动式油泵及1台移动式专用滤油机即可。

（4）管道。油管采用钢管。油压大于100N/cm²时应采用无缝钢管。油压较低者可采用有缝钢管。支管管径根据供油设备、净油设备及用油设备的接头尺寸决定。总管管径可按下式计算：

$$d=\sqrt{\frac{4Q}{\pi v}} \qquad (6.3-4)$$

式中　d——总管管径，m；

Q——管内油的流量，m³/s；

v——管内允许流速，可取1～1.5m/s。

计算后，管径应取接近的标准值，如15mm、25mm、32mm、40mm、50mm、65mm、80mm、100mm、125mm、150mm、200mm、250mm、300mm等。

（5）润滑油系统见图6.3-4。

6.3.3.3 油系统的布置及防火要求

（1）油系统布置，要求防火安全，操作简便可靠，检修方便，并尽量缩短管路。但管网要普及用油地区，净油、污油可以有独立管道，也可只设污油排油管道而不设净油管道，采用移动式油箱及滤油机逐台进行供油。

（2）供油设备室一般设于电动机层下，其高程应能满足自流排油。总管应沿泵房长度布置，与水、气管路布置在同一侧。

（3）油设备室要有良好的消防设备和良好的通风系统，油室要与其他房间隔绝，并应设两个向外开启的安全门。油库不宜与空压机室布置在一起。

（4）油箱在室内的布置应遵守有关规范的规定。

6.3.4 压缩空气系统

无叶片调节要求的泵站，或采取蓄能式油压装置的泵站，无高压供气系统。低压压缩空气系统可根据泵站的特点和要求设置。

虹吸式出水流道的真空破坏阀如采用气动操作，则需配置低压空气系统；若泵站所在地水草、污物较多，供水管道进口须对拦污栅、滤网进行吹扫；若泵站地处北方，冬季需要进行防冻吹扫。泵站设有设备检修时需要的气动工具，其用气的压力等级为60～80N/cm²。

为保证虹吸式流道真空破坏阀动作的可靠性，操

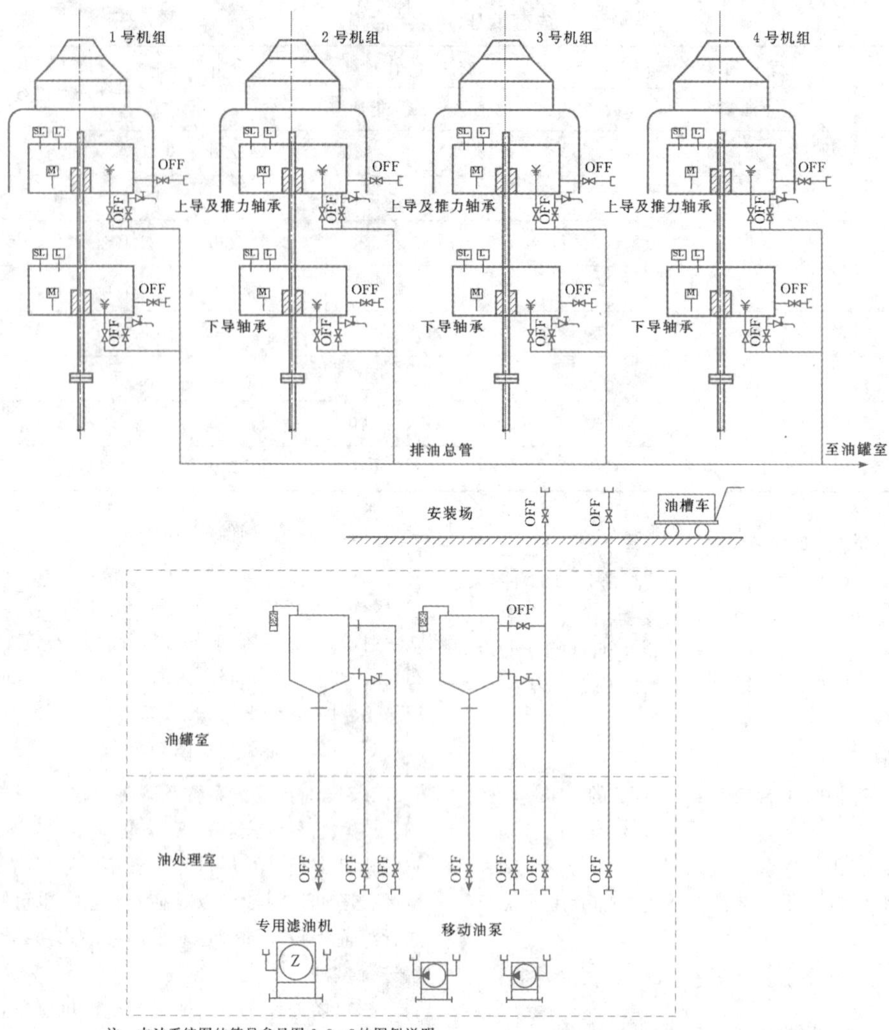

注 本油系统图的符号参见图6.3-3的图例说明。

图 6.3-4 润滑油系统

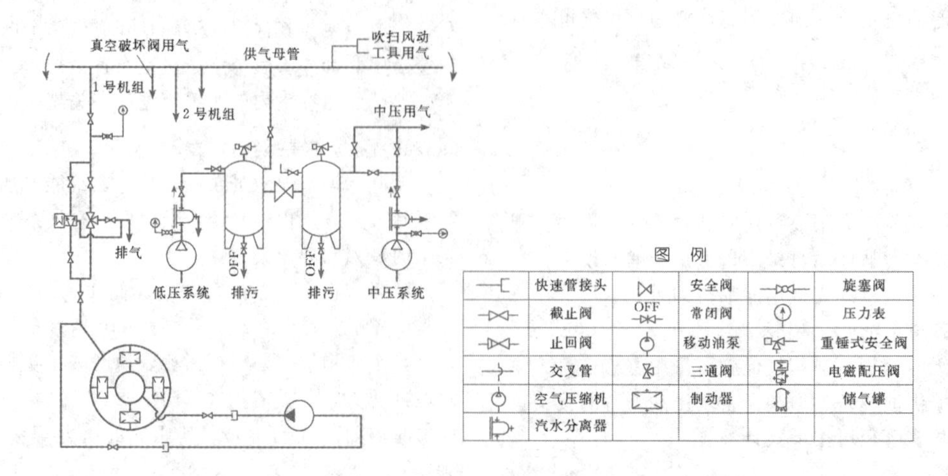

图 6.3-5 压缩空气系统

作用气系统宜单独设置。用气量和设备配置应由水泵生产厂家提出，在设计初期空压机可按下式估算选型：

$$Q_K = \frac{V_2}{T} \tag{6.3-5}$$

式中 Q_K——空压机生产率，m^3/min；

V_2——贮气筒容积，m^3；

T——贮气筒恢复压力时间，可取 20～40min。

泵站其他用气可以另设置空压机或移动式空压机，用气量根据泵站规模和机组台数确定。

压缩空气系统见图 6.3-5。

6.3.5 大型泵站辅助设备综合系统

大型泵站辅助设备综合系统见图 6.3-6。

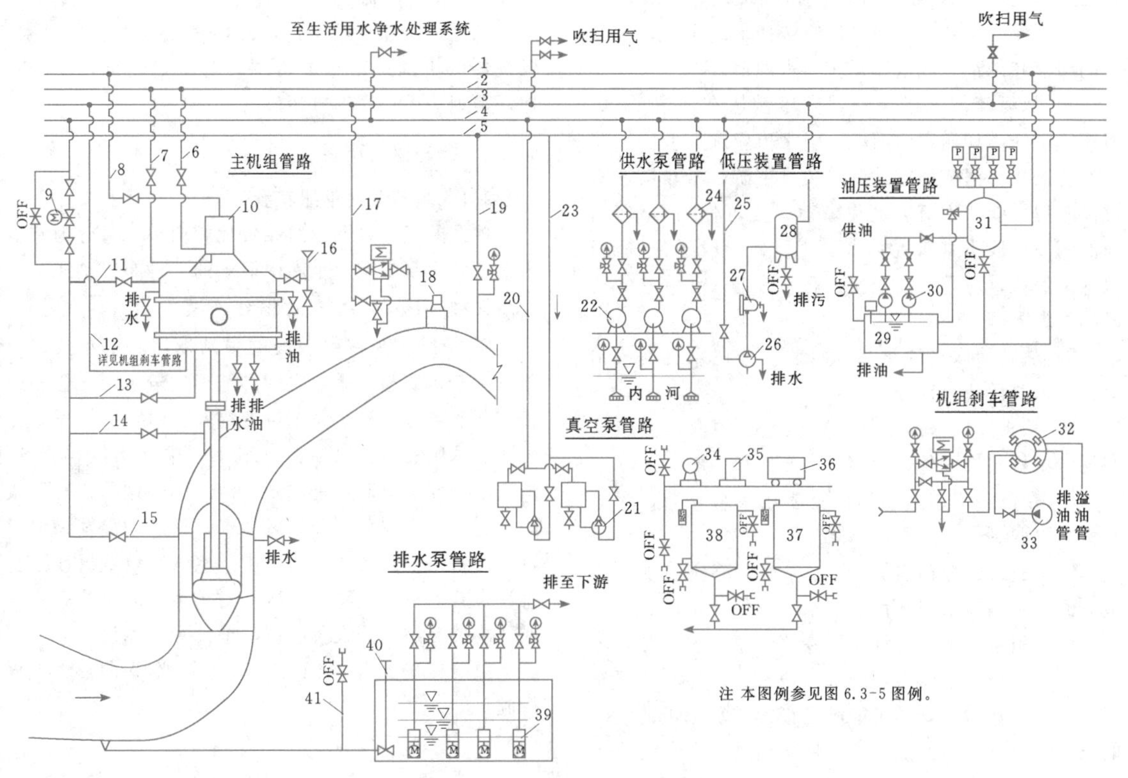

图 6.3-6 大型泵站辅助设备综合系统

1—压力油总管；2—回油总管；3—低压气管；4—总供水管；5—抽真空总管；6—受油器漏油管；7—回油管；8—压力油管；9—泵组供水电动阀；10—受油器；11—上导轴承冷却供水管；12—刹车管路；13—下导轴承冷却供水管；14—主轴密封润滑水管；15—橡胶轴承润滑水管；16—电动机轴承进油管；17—真空破坏阀供气管；18—真空破坏阀；19—抽气管（用于水泵发电工况）；20—真空泵供水管；21—真空泵；22—供水泵；23—真空泵抽气管；24—滤水器；25—低压气机冷却供水；26—低压气机；27—汽水分离器；28—低压储气罐；29—集油箱；30—油泵；31—蓄能器；32—制动阀；33—顶转子油泵；34—齿轮油泵；35—滤油机；36—移动油箱；37—净油箱；38—污油箱；39—潜水排水泵；40—排水长柄阀；41—排水口反冲管路

6.4 泵站选址与枢纽布置

泵站是以提水为主要功能的水工建筑物。泵站站址选择与枢纽布置对整个工程的投资、施工及运行管理影响很大，设计中应拟定多个布置方案，经技术经济比较，选定最优方案。必要时，应通过水工模型试验验证。影响泵站站址选择与枢纽布置的因素有：建站目的及规模，水源或承泄区特点，灌排渠系布置要求，站址处地形与地质条件、能源供应、交通运输情况、周围环境及施工条件等。组成泵站枢纽的建筑物类型，因枢纽任务和工作条件而有所区别，但多以泵站及水闸为主体。根据泵站工程所承担的主要任务，可分为灌溉泵站枢纽、排水（排涝）泵站枢纽、灌排结合泵站枢纽以及供水泵站枢纽等。

6.4.1 站址选择

（1）泵站站址选择与泵站功能有关。灌溉泵站，为能控制全灌区面积，泵站出水池应选在灌区的高处，便于渠系布置。排水（排涝）泵站应选在地势较低处并与自然汇流相适应（如在河流、内湖、洼地出口处），以便能控制较大的排水面积，使涝水汇流迅速。灌排结合的泵站，为兼顾两方面的要求，站址应布置在地势稍高处；为减少泄水建筑物工程量，排水（排涝）泵站、灌排结合泵站的站址宜靠近外河堤。选择排水（排涝）泵站站址应充分考虑能自排的条件，尽可能使自排与抽排相结合；还应注意选在外河水位较低的地段，以便降低排涝扬程。供水泵站应选在水源可靠、水质条件良好的地段；梯级调水泵站站址的选择还应考虑总功率最小等条件要求。

(2) 灌溉泵站及供水泵站应选择水量充沛、水质好的河段和湖泊（或水库）作为水源地。

1) 从河流取水的泵站，应尽量选在河段顺直、河床稳定处。如遇弯曲河段，引水口应选在坡陡、泥沙不易淤积、河床稳定的凹岸顶点下游；若对岸建有挑流工程，能使主流在此岸着流，也可作为引水口；在游荡性河段不宜布置引水口，该处河段经常脱流，取水无保证；应避免在浅滩、有支流汇入和分岔的河段建站。

2) 从湖泊取水的泵站，站址应选在靠近湖泊出口处，远离河流入口处。

3) 从水库取水的泵站，在坝上游的取水口应选在泥沙淤积范围之外，远离河流入库处。

4) 在潮汐河道上建站，应选在淡水充沛、含盐量低、可取到适于灌溉用水之处。

5) 在盐渍化较重的地区，排水河道应与引水渠道分开，泵站应从引水河道取水，以保证水质。

泵站引水口的布置详见本卷第2章有关部分。

(3) 站址地形应尽量开阔，地形、地势应便于布置泵站枢纽建筑物，尽可能满足正面进水和正面泄水的条件，以创造良好的水流条件，使进、出水流态平稳，便于施工，并有利于今后可能需要的改建、扩建。

(4) 泵房应尽量设置在坚实的地基上。如遇流砂、淤泥层、粉细砂层、冻胀土层、湿陷性黄土、膨胀土、断层破碎带及松散岩层等不良地基，应做必要的地基处理。对泵房地基条件要求及常用地基处理方法见《泵站设计规范》(GB 50265) 等。

(5) 泵站应尽量靠近电源点，以减少输、变电工程投资及输电损耗。

(6) 泵站应尽量选在交通便利处，靠近居民点，便于运输、管理。

(7) 应尽量减少土地征用及原有建筑物的拆迁，特别是城市防洪排水泵站更应如此。

(8) 应考虑综合利用要求。大型泵站往往有综合治理的目标，涉及各部门的利益，因此，站址选择应协调各有关部门的要求，合理安排各控制建筑物的方位，以泵站为主体，连同若干附属、配套建筑物，组成能发挥综合效益的整体。

(9) 应注意与周围环境的协调，对著名的自然风景区应更加注意。选择站址要听取各方面的意见，特别是要听取环境规划方面的意见。

(10) 在北方寒冷地区，站址选择应考虑冰冻的影响，进水池应尽可能设在朝阳一侧，以减少冰冻的影响。应便于布置破冰、导冰设施，防止冰凌损坏拦污栅、闸门等设施。

总之，所选泵站站址，应能满足泵站功能要求，保证各枢纽建筑物布置协调，能安全运行，经济合理，美观适用，管理方便。

6.4.2 泵站枢纽布置

6.4.2.1 灌溉泵站枢纽布置

单纯的灌溉泵站枢纽布置比较简单，可分为有引水渠、无引水渠和从水库中取水的三种布置型式。

1. 有引水渠的泵站枢纽布置

图 6.4-1 为有引水渠的泵站枢纽布置型式，一般适用于水源与出水池之间的地形比较平缓，且相距又较远的场合。当水源水位变幅较大时，引水渠渠首可建进水闸、涵，以便控制引水渠中的水位和流量。汛期不需要灌溉时，进水闸、涵关闭。这种布置型式一般适用于平原、丘陵地区从江、河、湖泊及渠道中取水的泵站。在多泥沙河流中取水，需设置沉沙池及排沙设施。在北方寒冷地区，对于运行时水源有冰冻或冰凌的泵站，需设置防冰、消冰和导冰设施。位于血吸虫疫区的泵站枢纽，还应布置必要的灭螺工程措施。

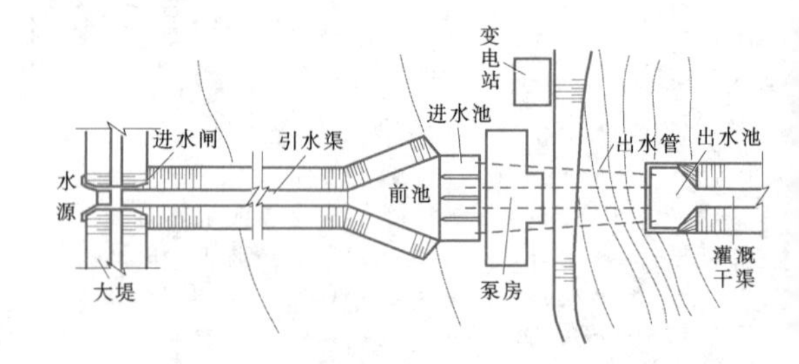

图 6.4-1 有引水渠的泵站枢纽布置型式

这种布置型式按照进水方向又可分为正向进水、斜向进水及侧向进水三种。正向进水布置型式由于引水渠轴线与前池、进水池轴线一致，水流条件良好，应尽可能予以采用。当受地形等条件的限制而采用斜向或侧向进水时，水流条件较差，可设置有效的导流设施。

有引水渠的布置型式主要缺点是引水渠易淤积，尤其在含沙量大的河流，清淤任务重。

2. 无引水渠的泵站枢纽布置

图 6.4-2 为无引水渠的泵站枢纽布置型式。将

泵房与取水建筑物合并，直接建在水源岸边或水中，这样就省去了从水源或进水闸、涵到前池之间的引水渠，称为无引水渠泵站枢纽。这种布置型式适用于水源岸坡较陡、岸边稳定之处，但因泵房受水位影响较大，结构较复杂。也可在泵房前建进水闸。进水闸应有防洪要求，以保证泵房的安全。

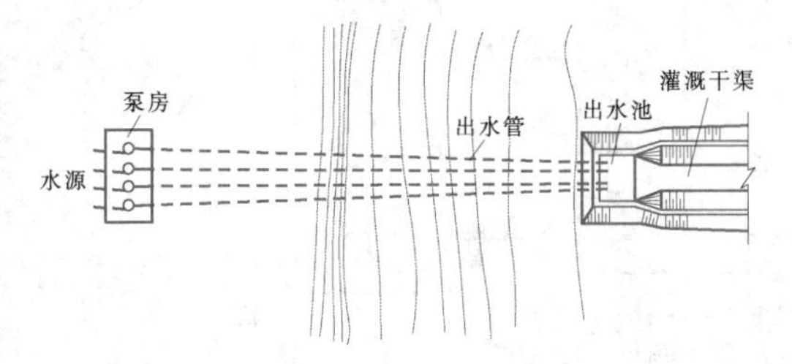

图 6.4-2　无引水渠的泵站枢纽布置型式

3. 从水库中取水的泵站枢纽布置

从大坝上游取水的泵站枢纽布置型式与有引水渠及无引水渠的布置型式相同。从大坝下游取水（见图6.4-3），一般有明渠引水和有压引水两种方式。明渠引水是将水库的水通过大坝放水洞放入下游明渠中，水泵直接从明渠中取水，这与从河流、湖泊中取水的泵站相同；有压取水是将水泵吸水管与坝后压力放水管直接连接，吸水管的水为压力流，这样，可利用水库的压能减少泵站动力机的功率。

由于水库水质随水深及季节变化，通常采用分层取水方式，泵房不受水库水位变化影响。

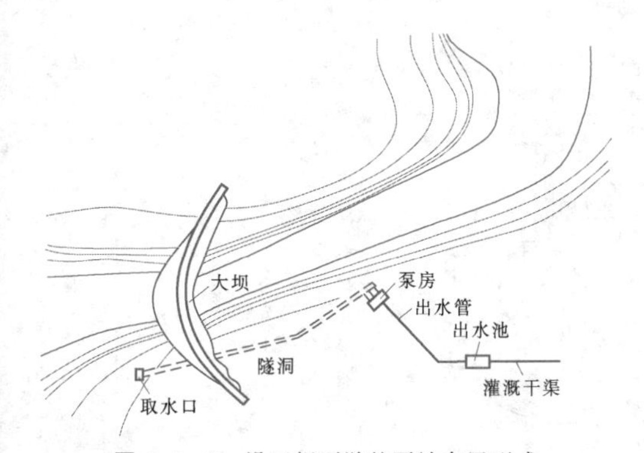

图 6.4-3　设于坝下游的泵站布置型式

6.4.2.2　排涝泵站枢纽布置

1. 堤后式布置

一般堤后式布置出水池紧靠河岸，出水池（或压力水箱）的出口与泄水涵洞相连，水泵提至出水池的涝水经出水涵洞及防洪水闸泄入外河。泄水闸可起防洪作用，当外河水位高而又不需要提水排涝时，泄水闸关闭。坝后式泵站枢纽布置型式可参见图6.4-9。

2. 堤身式布置

排涝泵站布置在支河口或直接与外河堤呈直线布置，泵房直接挡外河高水位。堤身式泵站枢纽布置型式可参见图6.4-17。

6.4.2.3　闸站结合的排涝泵站及灌排结合的泵站枢纽布置

对泵站与排水闸结合的排涝泵站枢纽以及既有灌溉任务又有排涝任务的灌排结合的泵站枢纽，在枢纽布置时除了满足泵站抽排、抽灌的要求外，还要考虑可能的自流排、灌及水闸的通航要求等，以达到一站多用的目的。平原、丘陵地区从江、河、湖泊及渠道中取水的泵站枢纽，闸站结合的排涝泵站及灌排结合的泵站枢纽布置型式很多，可分为以下几种。

1. 闸站堤身式布置

(1) 平面不对称布置。水闸和泵站分居河道两侧。由于泵站集中布置在一侧，因而有利于泵站安装、检修和运行管理，适合规模较大的大、中型闸站水利枢纽。

图6.4-4为裴家圩闸站枢纽平面布置图。工程位于江苏省苏州市，节制闸和泵站并列布置。泵站安装5台双向竖井式S型叶片贯流泵（见图6.4-13），以抽引望虞河的水为主，反向兼顾城市排涝。抽引时，竖井在进水流道，出水流道为平直管；抽排时，进水流道为平直管，竖井在出水流道。

图6.4-5为日本新川河口堤身式排涝泵站枢纽布置图。泵房设在距离河口200m的引河上，而自流排水闸设在主河道上，为分建式。当内河水位高于海水位时，打开排水闸门自流排水；当海水位高于内河水位时，开泵抽排。

平面不对称布置的主要问题是水流条件相对较差，建筑物各自单独运行时，上游来流发生偏折，在枢纽前建筑物形成回流和横向流速，致使邻近的主机组效率和节制闸泄流能力有所降低；在枢纽下游，由于单侧泄流，闸下河道两侧出现大小不同的回流，主流区与回流区之间形成的压差产生横向水面坡降，使主流沿河道一侧前进，形成偏流，增加了下游消能防冲的负担。因此枢纽上、下游需要采取相应的整流措施。

(2) 平面对称布置。有两种布置型式：一种是“闸＋泵＋闸”布置型式，即泵站位居河道中间，水闸对称布置于泵站两侧；另一种是“泵＋闸＋泵”布置型式，即水闸位居河道中间，泵站对称布置在水闸两侧。

水闸位居河道中间的“泵＋闸＋泵”布置型式，适

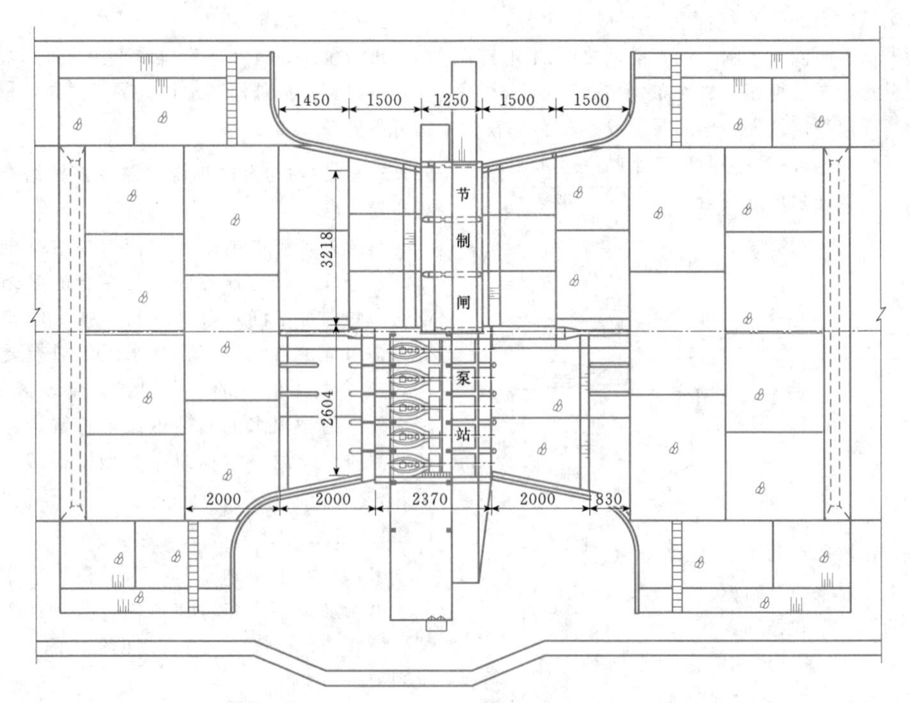

图 6.4-4 裴家圩闸站枢纽平面布置图（单位：cm）

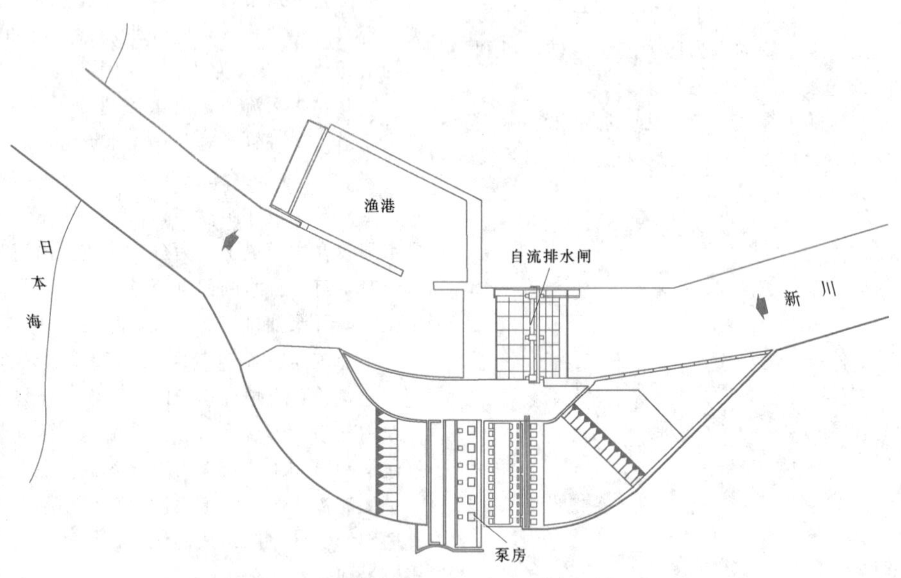

图 6.4-5 日本新川河口堤身式排涝泵站枢纽布置图

合以水闸引排为主兼具开通水闸通航的中、小型水利枢纽。由于水闸居中，在水闸单独运行时，主流流向与水闸泄流方向一致，故进口水流流态较好。但水流集中下泄，致使出闸水流单宽流量集中，当下泄流量较大时，会增加下游消能防冲的负担，运行中要求严格限制水闸闸门的开启高度。

泵站位居河道中间的"闸＋泵＋闸"布置型式，更适合泵站装机流量较大的水利枢纽。水闸对称布置，水流条件相对较好，又由于泵站集中布置，便于运行管理。

图 6.4-6 为望虞河闸站枢纽布置图。工程位于江苏省常熟市，枢纽具有防洪、排涝、引水灌溉、通航等多种功能。枢纽采用"闸＋泵＋闸"布置型式，由泵站、节制闸、船闸（图中未示）组成。闸站之间

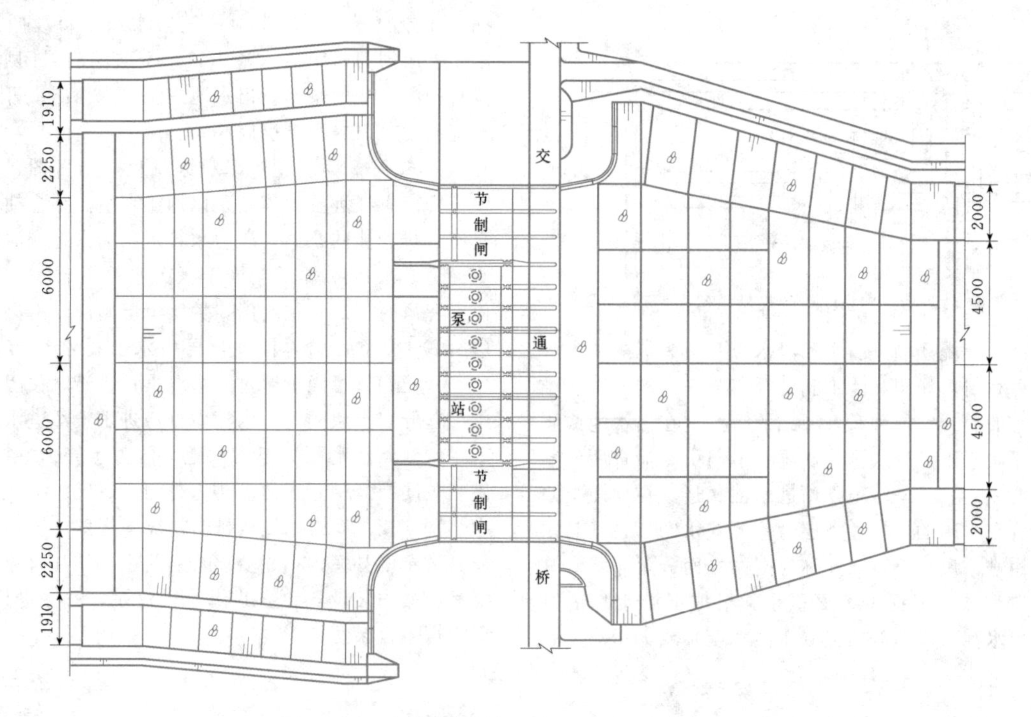

图 6.4-6　望虞河闸站枢纽布置图（尺寸单位：cm）

下游设长 30m 的导流墙，以改善水流条件。泵站设计流量 180m³/s，装有 9 台立式轴流泵，可双向抽水。

平原闸站枢纽工程采用闸站合建布置型式，具有布置紧凑、占地面积小等优点。与闸站分建布置型式相比，在人口稠密和人均耕地面积少的地区更有广泛的应用前景。但闸站合建布置型式产生的水流问题应予以重视，应采取必要的措施，对大、中型工程宜通过数模或水力模型试验进行验证。

2. 堤后引泄分开布置

堤后引泄分开布置型式属于分建式。这种布置又可分为泵房与河堤平行布置及泵房与河堤垂直布置两种。

图 6.4-7 为泵房与河堤平行布置，这是常见的一种布置型式。通常灌排两用泵站的排涝流量大于灌溉流量，有时甚至相差很大，因此枢纽布置主要保证排水通畅，使排水渠（沟）、前池、出水池和排水涵洞位于同一中心线并与河堤垂直；而引水渠则转弯与前池相连。排水时，开启泄水闸与排水闸 1、排水闸 2，关闭引水闸、灌溉闸，水流经排水沟入前池，水泵提水至出水池，经泄水涵洞泄入外河，泵站正向进水、正向出水，进、出水流条件好；灌溉时，开启引水闸、灌溉闸，其余闸关闭，水流由外河引入前池，水泵提水至出水池后通过灌溉闸进入灌溉渠。当有自流排水条件时，汇集于排水沟的涝水可由引水渠排至外河。

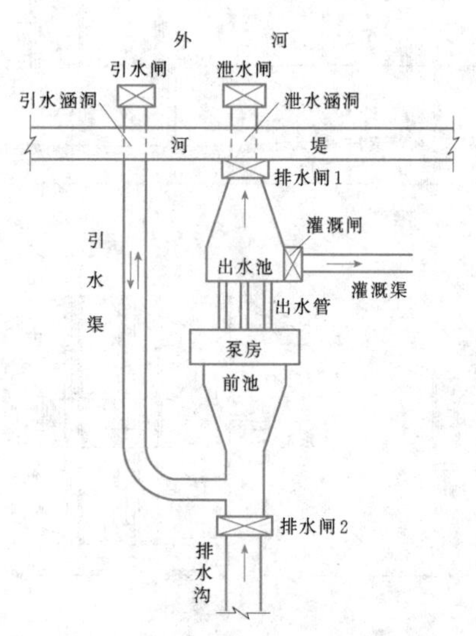

图 6.4-7　泵房与河堤平行布置型式

有时由于灌溉渠道布置方面的原因，或因地形、地物的限制，灌排结合的泵站也可布置成泵房与河堤垂直的型式，如图 6.4-8 所示。这种布置型式相对于泵房与河堤平行布置，排水通道不够通畅，水流要转两个 90°的弯，水力损失较大。

3. 堤后引泄结合布置

堤后引泄结合布置型式属于合建式。这种布置型

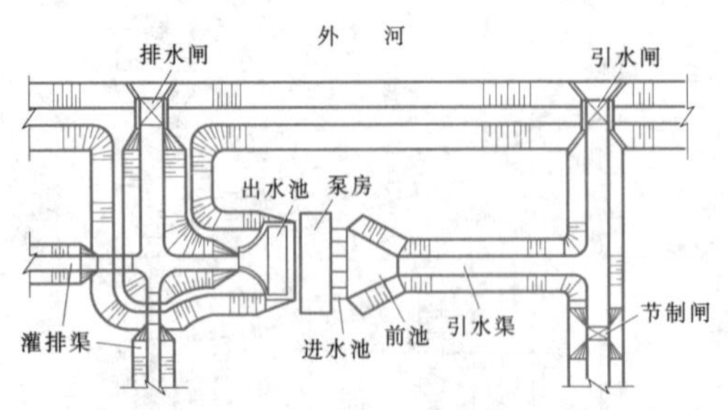

图 6.4-8 灌排结合的泵站枢纽布置图

式有两个穿堤涵洞，引水和泄水分开。为了减少工程量，可将引水涵洞和泄水涵洞合二为一，构成引泄结合布置的型式。这种布置型式的特点是在出水池或压力水箱底板下设一底洞，底洞一端与引、泄合用的穿堤涵洞相连，另一端与泵站进水池相连。在立面上泵站布置在水闸的上层，下层为箱涵式水闸，泵站与水闸共用进、出水流道，又称为闸站立面分层布置。这种布置型式，工程占地面积小。根据下游水位的高低，出水池可以是有压流（压力水箱）或无压流。有抽灌任务的泵站，出水池或压力水箱出口设两道闸门，上层闸门封闭出水池出口，下层闸门封闭底洞；没有抽灌任务的泵站，出水池或压力水箱出口可只设一道闸门，只封闭下层底洞。

图 6.4-9 为赖歪嘴灌排泵站枢纽布置图。工程位于安徽省怀远县，该站系以抽排为主、结合抽灌并具有自排功能的泵站。压力水箱下层为自排或灌溉引水通道。东西灌溉渠连接于压力水箱上层东、西两侧。灌溉时开启下层闸门，关闭上层闸门，由涵洞引（外河）水经底洞入前池，再由水泵提水至出水池（压力水箱），经灌溉闸进入灌溉渠；排涝时关闭下层闸门，开启上层闸门，水流由排涝进水渠经进水闸进入进水池，经水泵提至出水池（压力水箱），由上层闸（关闭灌溉闸）入涵洞排入外河。

图 6.4-10 为姑嫂庙排涝站纵剖视图。该站位于安徽省阜南县境内，主要以排涝为主，结合自流引水灌溉。站内装设 6 台立式潜水轴流泵，省去电机层，因而可不设泵房。

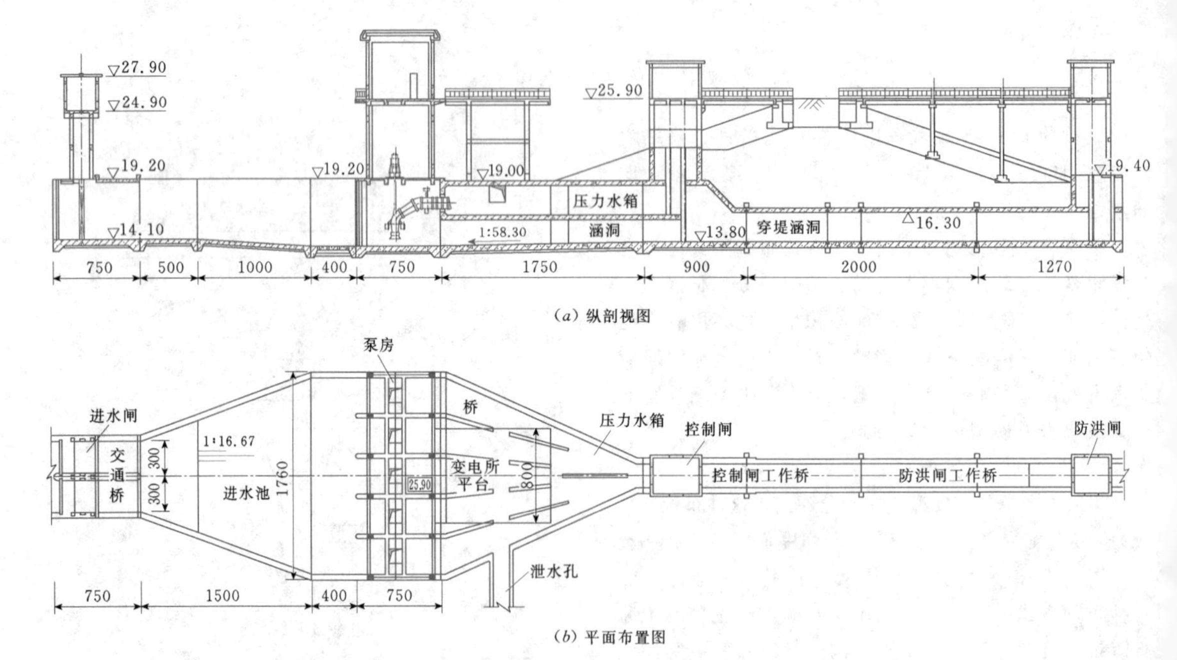

图 6.4-9 赖歪嘴灌排泵站枢纽布置图（尺寸单位：cm；高程单位：m）

堤后带底洞引泄结合布置型式，其下层水闸为箱涵过流，系孔口出流，过流能力差，相比堰流需更大过流断面。这种布置型式，主要适用于扬程不高、内外水位变幅不大、水闸过流量较小的中、小型泵站。优点是减少了一个引水涵洞以及相应的工程，工程量较省。若泵站中采用立式潜水泵，则闸站立式布置所需的高度因省去了电动机层可进一步减小，因而有着广泛的应用前景。但这种布置型式，水闸泄流经过泵房，水流条件较差。

4. 双向闸站结合布置

双向闸站结合布置有两种型式：一种是堤身式布置型式，另一种是堤后式布置型式。

（1）单向叶轮双向流道闸站结合布置。采用立式水泵，配 X 型双向流道。图 6.4-11 为引江河高港泵站站身剖视图。该泵站是单向叶轮双向流道闸站结合布置型式，为堤身式布置。进出水流道采用 X 型双向

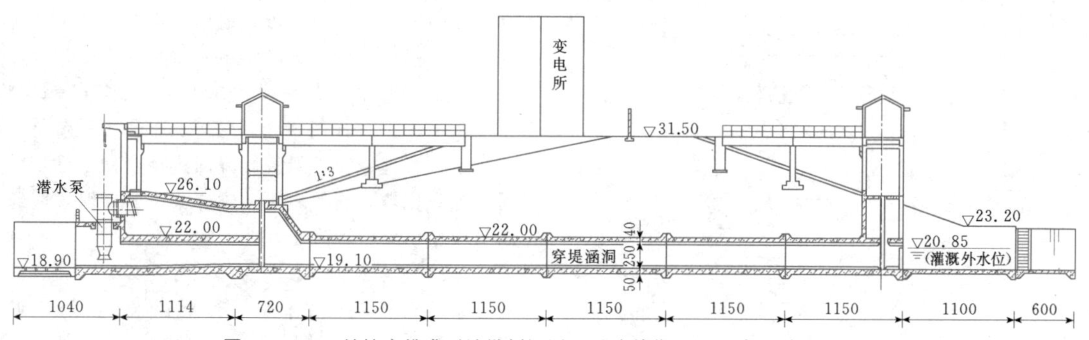

图 6.4-10　姑嫂庙排涝泵站纵剖视图（尺寸单位：cm；高程单位：m）

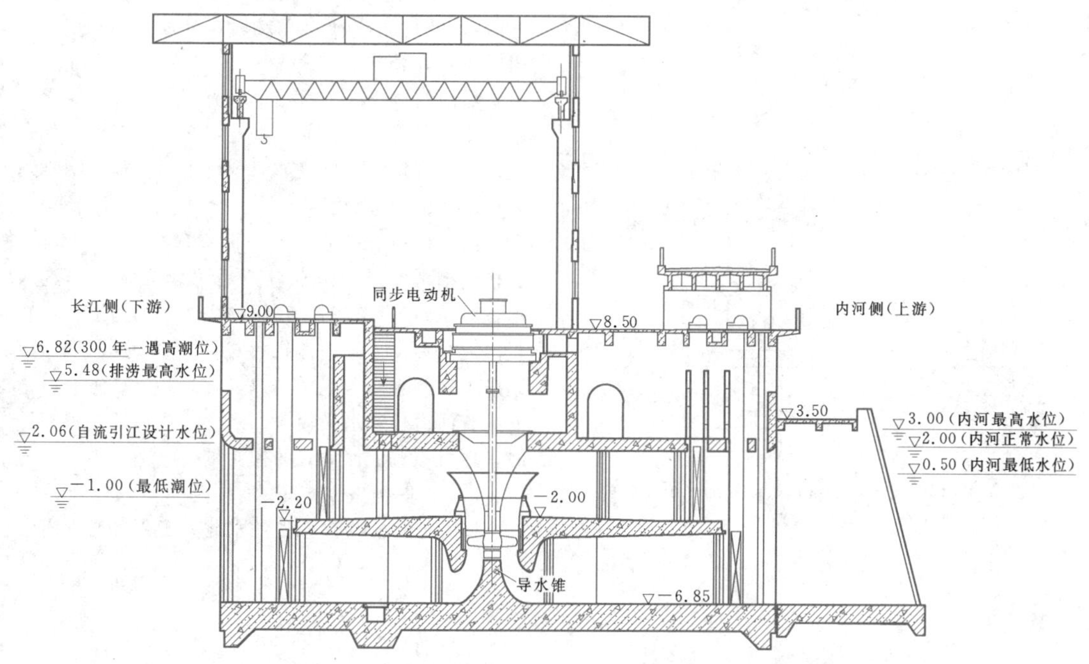

图 6.4-11　引江河高港泵站站身剖视图（单位：m）

流道，可抽排、抽引，亦可利用下层流道自排、自引。泵房下层既是进水流道，又是引水或排水的涵洞，进水流道顶板上面是出水流道，进水和出水都是双向的。

(2) 双向叶轮单一流道闸站结合布置。双向叶轮是通过水泵叶轮体本身的双向特性实现既排又灌的双向功能的，以卧轴式布置型式为主，少量可采用小倾角斜轴式布置型式。叶轮的任一侧流道既为进水流道又为出水流道，如常用的灯泡贯流式布置。但灯泡贯流式机组的电机防潮、通风、防结露及维修等问题比普通电机复杂。为此，可采用竖井贯流式布置。针对灯泡贯流式机组的缺点，竖井贯流式机组将完全淹没于水中安置电机的灯泡体改为一个向上开口的竖井，这使通风防潮及吊装检修电机比灯泡贯流式方便得多。

江苏省扬中市夏家港泵站工程，水泵为双向S型叶片灯泡贯流泵。图 6.4-12 为夏家港泵站站身剖视图。该工程是一座以排涝为主、结合引水灌溉的堤后式布置泵站，同时，通过水体置换，改善内河水质，保护水环境。

江苏省苏州市裴家圩水利枢纽，泵站安装的是竖井贯流式机组。图 6.4-13 为裴家圩枢纽泵站站身剖视图。水泵为双向S型叶片贯流泵。该泵站以抽引望虞河水为主，反向兼顾城市排涝。抽引时，进水流道为竖井两侧进水管，出水流道为平直管；抽排时，进水流道为平直管，出水流道为竖井两侧出水管。

泵站枢纽布置对整个工程的造价以及泵站的运行管理等方面都有很大影响，究竟采用何种布置型式，如灌溉泵站到底是否要引水渠，排涝泵站涝水如何过堤，灌排结合泵站是采用闸站合建还是闸站分建等，

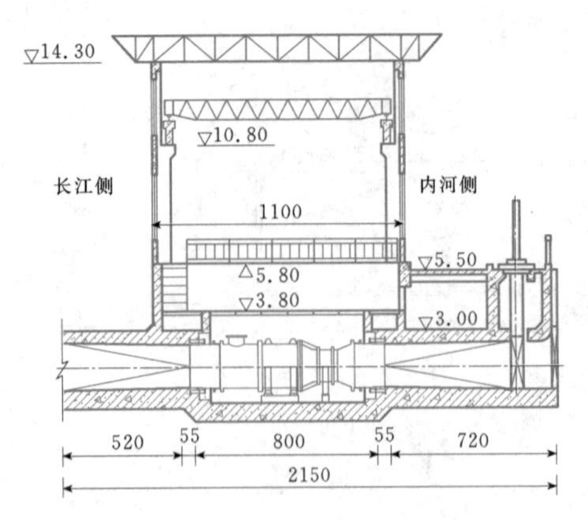

图 6.4-12　夏家港泵站站身剖视图
（尺寸单位：cm；高程单位：m）

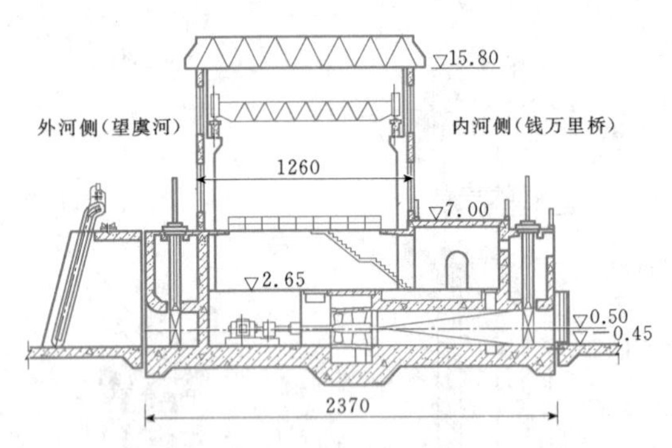

图 6.4-13　裴家圩枢纽泵站站身剖视图
（尺寸单位：cm；高程单位：m）

都需要根据灌排任务要求，地形、水系条件，现有工程情况，拟选主机组的性能和结构特点等综合考虑。此外，泵站枢纽布置还要考虑与其他建筑物如公路桥、船闸、拦污栅等相互位置的关系，从设计、施工、运行管理、技术经济等方面进行全面论证，最后通过方案比较，选择最优布置方案。必要时，应通过水工模型试验验证确定。

公路桥的位置一般以与泵站分建为宜。若公路桥靠近泵房布置，则对泵站运行干扰大，不利于运行管理。

船闸应靠岸布置，以便于运行管理。当河床宽度有限，不能容纳所有建筑物时，如地形容许，也可将船闸布置在河岸内，另辟上、下游引航道与河道相通。船闸的口门区、引航道水流流态要好，应避开横向水流及回流区，保证船只能安全进出船闸。如遇弯道，通常将船闸布置在水深较大的凹岸，以利航行，并可避免引航道的淤积。

拦污栅一般布置一道，宜布置在泵站进水池前，这样过栅水流经进水池调节后可较为平顺地进入泵房，对泵站运行有利。在污物比较多的河道上，宜布置两道拦污栅。第一道拦污栅距泵站进水口要远些，第二道拦污栅可布置在泵站进水口或离进水口稍远处。若河道较宽水又较深，第一道拦污栅布置有困难时，也可布置成浮筒式的拦污埂。

5. 综合利用泵站枢纽布置

图 6.4-14 为江苏省江水北调工程（亦为南水北

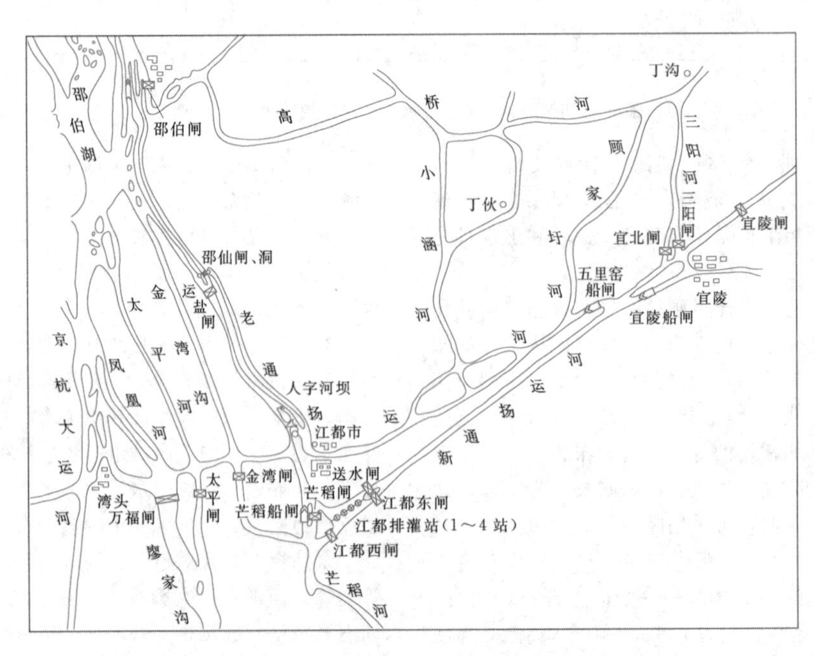

图 6.4-14　江都排灌站水利枢纽布置图

调东线工程源头工程）江都排灌站水利枢纽布置图。江都排灌站（一至四站）通过江都西闸、江都东闸、芒稻闸、送水闸及邵仙闸、洞等配套工程，以及芒稻河、新通扬运河、运盐河、京杭大运河里下河段等调节控制，除提长江水灌溉及北调并维持运河漕运外，还可实现自流引长江水灌溉、自流引邵伯湖水灌溉、自流排邵伯湖来自淮河的洪水、提排苏北里下河地区涝水等。该综合利用泵站枢纽工程布置较为复杂，但运行中灌排分明，调度自如，经济效益及社会效益显著，可为大型水利枢纽工程分期建造提供借鉴。

6.4.2.4　供水泵站枢纽布置

1. 平原地区供水泵站枢纽布置

平原地区供水泵站有入库（湖）站、出库（湖）站、河（渠）道中间站等类型。其枢纽布置型式与灌溉、排涝泵站枢纽相似。

图 6.4－15 为棘洪滩水库入库泵站枢纽布置图。工程位于山东省青岛市引黄济青工程输水河的末端，为堤后式提水泵站。工程包括进水渠、前池、主泵房、压力出水管道、出水池、输水洞、出口闸、出水渠等建筑物。前池以前的进水渠段与倒虹吸相连。

图 6.4－16 为玉清湖水库出库泵站枢纽布置图。工程位于山东省济南市引黄供水工程玉清湖水库的出库处，其主要任务是向自来水厂供水。

泗阳泵站为河道中间站。泗阳泵站枢纽是南水北调东线工程江苏段第四级梯级泵站，总流量为 $230m^3/s$，其中新建泗阳泵站流量为 $198m^3/s$。图 6.4－17 为泗阳泵站枢纽布置图，为堤身式布置。

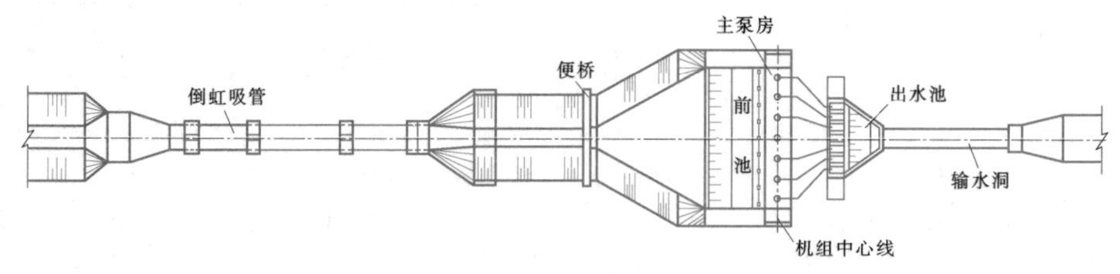

图 6.4－15　棘洪滩水库入库泵站平面布置图

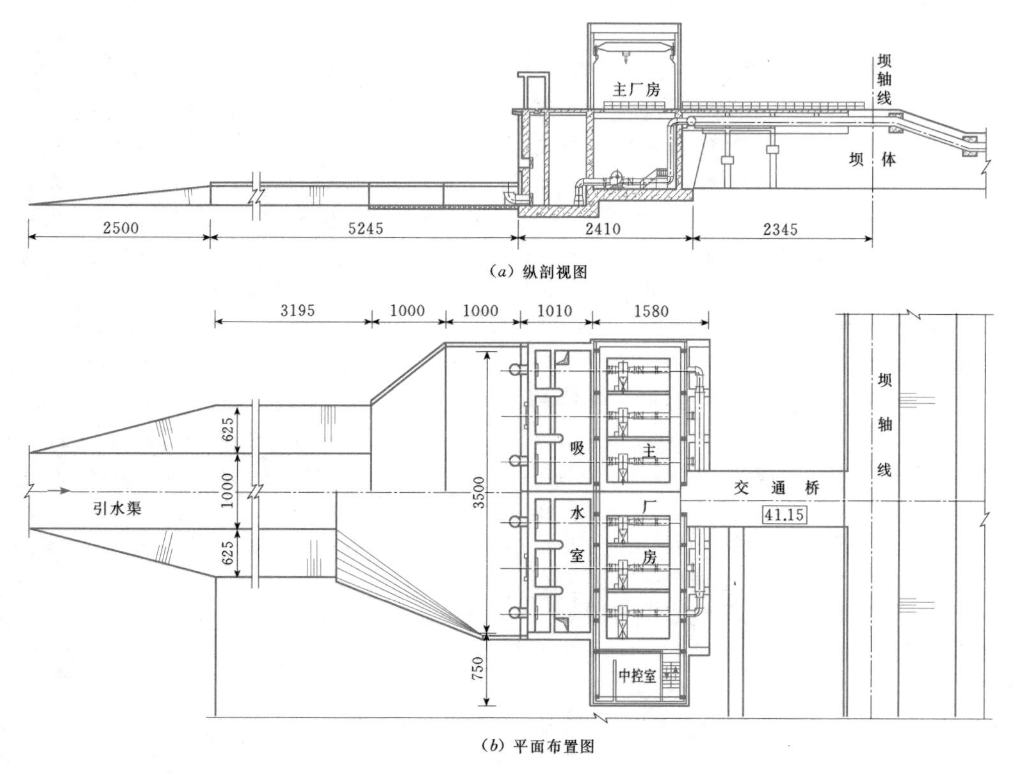

图 6.4－16　玉清湖水库出库泵站枢纽布置图（尺寸单位：cm；高程单位：m）

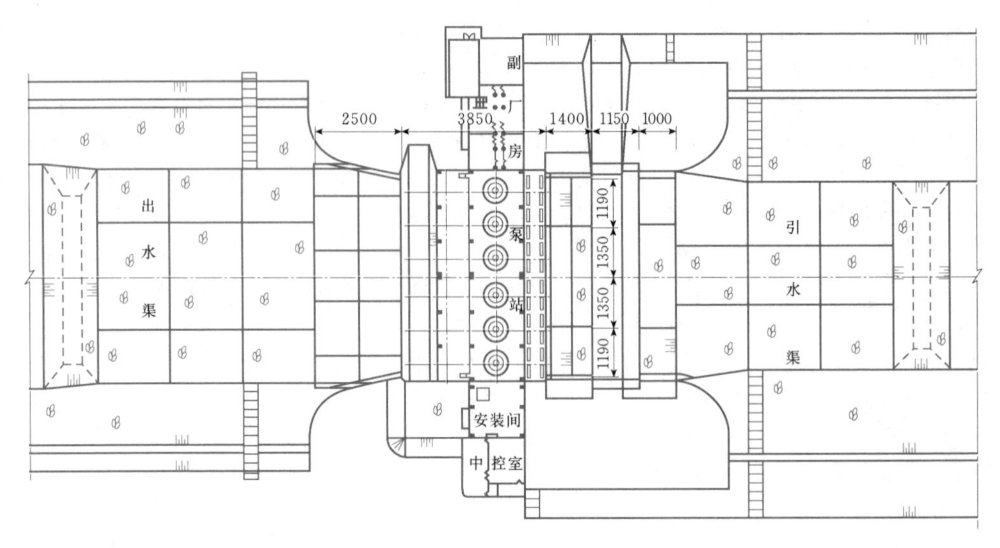

图 6.4－17 泗阳泵站枢纽布置图（尺寸单位：cm）

2．山区灌溉和供水泵站枢纽布置

水源稀少的西部高原地区，河流泥沙含量大，地形起伏大，多为高山峻岭，扬程高及防沙取水是这个地区泵站的特点。以下仅对山区灌溉和供水泵站枢纽的布置特点作简要介绍，至于引水口门前的防沙措施及泥沙进入渠道后的处理措施如沉沙池的设计等，可参见本卷 2.4 节。

（1）灌溉泵站枢纽布置。在山区建造灌溉泵站，为了避免渠道淤积和泥沙对水泵叶轮的磨损，根据实践经验，可采用一、二级（或多级）泵站的布置型式。一级泵站设在河岸边，为低扬程水泵站，因水泵转速低，泥沙对水泵叶轮基本无磨损和汽蚀。在其出水池后建造沉沙池，以解决泥沙问题，二级泵站的布置根据沉沙池后地形而定。若沉沙池后为临塬坡脚，即在沉沙池后布置二级泵站；若沉沙池后地形平坦，则应在沉沙池后布置输水渠道，至塬坡脚处设置二级泵站。一级泵站后出水渠高出河滩地，便于设沉沙池，池中排出的浑水可淤灌改良滩地，出水池中较清的水上塬，既可防止灌溉渠道淤积，又可减轻高扬程泵站的水泵叶轮磨损问题。对多级提水灌溉泵站，除在取水泵站设沉沙池外，还可根据泥沙情况，在提水泵站输水渠中设沉沙池及采取其他处理泥沙的措施。在黄河中、下游地区的一些泵站，多为这种布置型式。例如，山西省引黄灌溉大禹渡泵站工程即为这种布置类型，已在运行中显示出其优越性。大禹渡为二级泵站，其中二级泵站净扬程 193m。图 6.4－18 为大禹渡泵站枢纽布置图。

（2）高扬程梯级供水泵站布置。由于河流泥沙含量高，供水泵站宜从水库中取水，泵站扬程高，可通过梯级泵站送水。

高扬程梯级供水泵站设计中应重点考虑以下几个问题：

1）合理布置引水线路。根据水源地及供水地点，沿途地形及地质条件，交通条件等合理布置引水线路。

2）水泵扬程选择。由于扬程比较高，梯级泵站的分级，原则上应按最小功率原理，并通过技术经济比较后确定。为减少泵站的级数，水泵扬程在可能的情况下应选得大一些，但又必须考虑河流泥沙对水泵叶轮的磨损，为提高水泵运行寿命，所选水泵扬程又不能太高。对高扬程梯级泵站，离心泵单级扬程可在 100m 以上，有的已达 200m 以上。

3）站址选择：

a. 应满足水泵选定的扬程，并尽可能使各级泵站的扬程相等，以减少水泵类型。

b. 地形、地质条件好。在西北山区，不可避免地要修建地下泵站，要求地下泵房围岩稳定性好。

c. 站址交通方便。

d. 与选择的引水线路密切配合，总体布局合理。

4）合理布置调节水库。大型跨流域调水工程，要求常年供水不能中断，但由于水源的关系，有的水库每年汛期要泄洪排沙，不能引水。因此，应选择适当位置修建调节水库，以保证常年供水的需要。此外，为解决长距离输水工程在检修期供水区的用水需要，也应修建调节水库。有条件时，调节水库也可用天然水库替代。

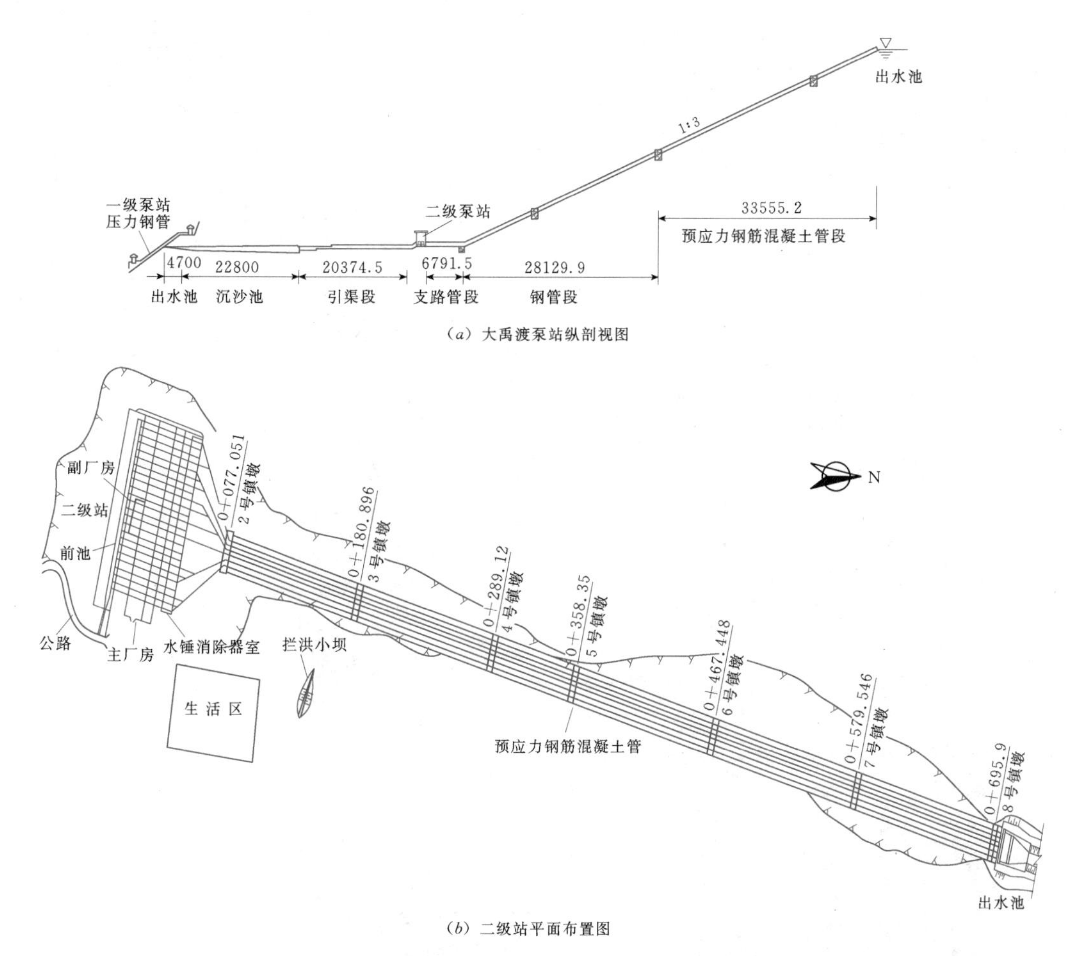

(a) 大禹渡泵站纵剖视图

(b) 二级站平面布置图

图 6.4-18 大禹渡泵站枢纽布置图（尺寸单位：cm；高程单位：m）

5）解决梯级泵站间流量不平衡的问题。解决梯级泵站间流量不平衡的问题，是保证引水系统安全、经济运行的关键之一。当上级泵站下放的流量大于下级泵站抽水的流量时，下级泵站将发生弃水；当下级泵站抽水的流量大于上级泵站下放的流量时，下级泵站前池水位将下降并可能被抽空，使机组受到汽蚀破坏。为此，应采取一定措施，解决梯级泵站间流量不平衡的问题，使上一级泵站的来水与下一级泵站的抽水相适应，不致产生弃水或频繁开停机现象。解决措施主要如下：

a. 泵站间采用串联方法。如将两站通过压力管道相连，使两站的抽水流量自行达到平衡。

b. 采用水库调节的方法。可根据地形、地质条件，在泵站下游修建调节水库，库容根据需要确定。通过水库的放水闸控制下泄流量，使下放流量与下级泵站的抽水流量相等。

c. 采用变速机组。通过采用带变频装置的变速机组，改变机组的转速以达到改变水泵抽水流量的目的。

d. 通过改变泵站出口水位改变水泵的扬程来调节水泵的抽水流量。在泵站出水竖井出口安设控制闸，通过闸门调节下泄流量及竖井水位，当竖井水位达到稳定时，泵站的流量也就达到了平衡。

6）水锤防护。由于梯级泵站扬程高、管线长，断电时形成的水锤将会对设备造成严重的破坏。为此必须采取措施加以消除。

7）隧洞线路选择。在高原地区，引水工程往往需要穿过一座座高山，洞线布置和隧洞断面大小对工程投资影响很大，需要作多方案比较，择优选取。隧洞线路除了要适合调节水库位置及泵站站址的选择外，还要在保持线路基本顺直的情况下，应尽量减少或避开通过一些不良的地质地段。尽量以无压隧洞引水为主。

如山西省万家寨引黄入晋工程，就是一个大流量的跨流域大型引水工程。工程从黄河万家寨水库引黄取水口取水，分别向太原、大同、平朔三地区供水。设计总引水流量 48.0m³/s。2002 年已完成第 1 期工程，经五级泵站，总净扬程 636m，穿越管线 285km，部分通水到太原市。整个工程输水线路长、建筑物种类多、水泵扬程高、地形与地质条件复杂、施工难度大，为我国长距离调水工程的建设积累了宝贵经验。

6.5 泵 房

泵房是泵站的主体建筑物，泵房设计包括泵房结构类型选择、内部布置、泵房尺寸确定、防渗排水布置、稳定分析、地基计算及处理，以及泵房主要结构计算等内容。泵房设计原则如下：

(1) 泵房布置应根据泵站的总体布置要求和站址地质条件，机电设备型号和参数，进、出水流道（或管道），电源进线方向，对外交通，以及有利于泵房施工、机组安装与检修和工程管理等技术经济比较确定。

(2) 应满足机电设备布置、安装、运行和检修，以及泵房布局协调、尺寸合理的要求。

(3) 应满足结构布置及整体稳定的要求。

(4) 应满足泵房内通风、采暖和采光要求，并应符合防潮、防火、防噪声等技术规定。

(5) 应满足内外交通运输安全、方便、迅捷的要求。

(6) 应合理使用建筑材料，以减少工程投资。

(7) 应采用合适的建筑造型，做到布置合理，适用美观，与周围环境相协调。

泵房的结构类型很多，按位置能否变动分为固定式与移动式两大类。固定式泵房按其基础型式又分为分基型、干室型、湿室型和块基型四种。移动式泵房又分为泵车和泵船两种。影响泵房结构类型的因素很多，最主要的是水泵结构及性能、水源水位变幅的大小等。

本节介绍固定式泵房设计，移动式泵房设计见本章 6.10。

6.5.1 分基型泵房

6.5.1.1 结构特点及适用条件

1. 结构特点

水泵布置在泵房内，机组基础与泵房基础分开建筑（见图 6.5-1）。这种泵房无水下结构，与一般单层工业厂房相似，施工容易，通风、采光及防潮条件较好。

2. 适用条件

分基型式泵房适用于卧式机组，水源水位变幅不大，地坪高程高于进水池最高水位，岸坡稳定，地下水位较低的情况。

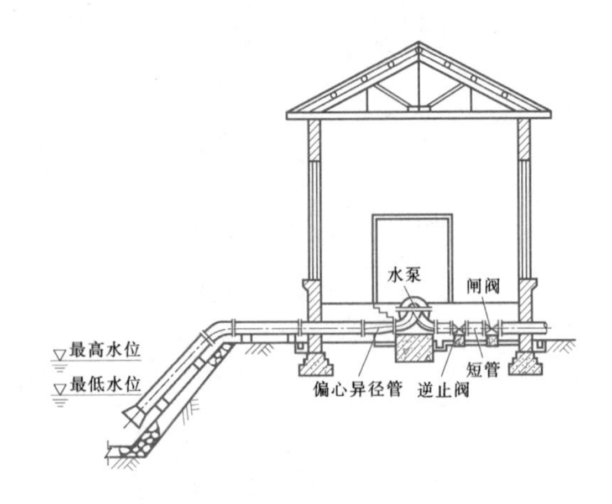

图 6.5-1 分基型泵房剖面图

进水池水位变幅应满足下式要求：

$$\Delta H \leqslant H_{允吸} - h \qquad (6.5-1)$$

式中 ΔH——最高运行水位和最低运行水位差，m；

$H_{允吸}$——水泵的容许吸上高度，m；

h——水泵叶轮中心至最高运行水位的高度，m。

6.5.1.2 泵房内部布置

泵房内的设备分主机组及辅助设备两大类。分基型泵房多用于灌溉泵站，主机组的容量较小，泵房内部布置主要是在满足主机组布置要求的前提下，适当布置辅助设备。

1. 主机组布置

(1) 一列式布置。各机组轴线位于一条直线上（见图 6.5-2）。其优点是布置简单、整齐，泵房跨度小。安装双吸式水泵的泵房一般都可以采用这种型式。但当机组数目较多时，会使泵房很长，前池、进水池的宽度加大。

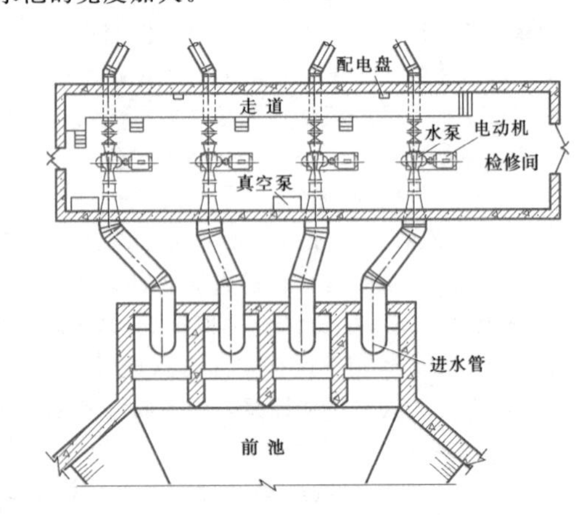

图 6.5-2 一列式机组平面布置图

(2) 双列交错布置。当机组数目较多，或泵房长度受到地形限制时，可采用双列交错布置（见图6.5-3)。其优点是可以充分利用泵房平面，缩短泵房长度；但增加了泵房跨度，泵房内部比较零乱，运行操作不方便。

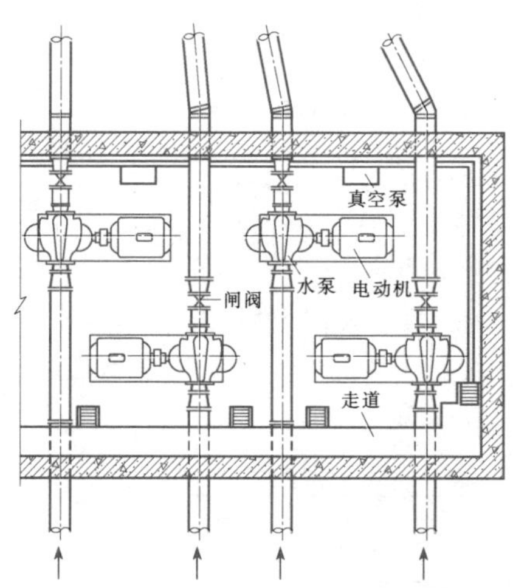

图 6.5-3 双列交错排列的机组平面布置图

(3) 平行布置。在采用单级单吸离心泵时，可布置成如图 6.5-4 所示的电动机与水泵轴线平行布置型式。其优点是机组间距小，可缩短泵房长度及前池、进水池宽度。

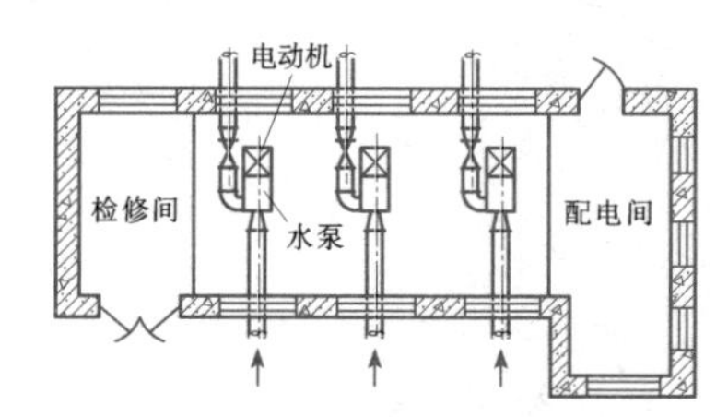

图 6.5-4 轴线平行的机组平面布置图

2. 配电设备布置

(1) 布置型式。主要布置型式如下：

1) 分散布置。将配电盘分散于各机组段布置，适用于小型机组，但大型机组也有采用这种布置型式的。

2) 一端布置。在泵房一端建配电间，适用于机组台数较少的泵站，见图 6.5-5 (*a*)。其优点是泵房的跨度小，进、出水两侧均可开窗，有利于通风及采光。但是当机组台数较多时，配电柜离机组较远，不便操作人员监视机组的运行情况。

3) 一侧布置。在泵房的进水侧或出水侧建配电间，适用于机组台数较多的泵站，见图 6.5-5 (*b*)。其优点是便于监视机组的运行情况；但增加了泵房的跨度。

4) 凸出布置。为弥补上述缺点，可以在泵房一侧向外凸出一部分，使泵房的跨度不致增加，见图6.5-5 (*c*)。

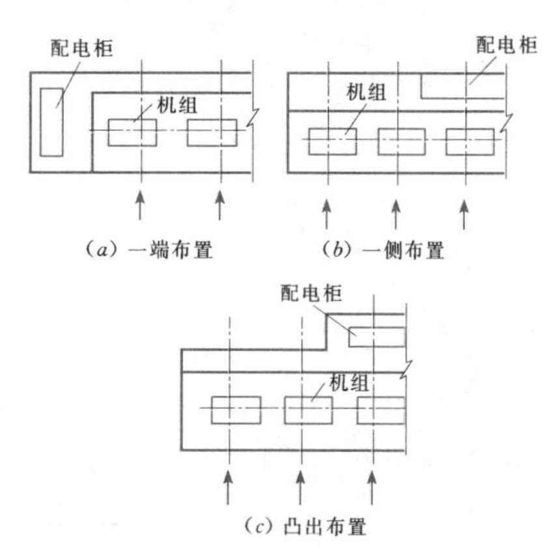

图 6.5-5 配电间平面布置型式

(2) 配电间尺寸。主要取决于配电柜的数量和尺寸，以及必要的操作空间。盘后检修的配电柜，柜后通道宽度不小于 0.8m，柜前一般有 1.5～2m 的操作空间。配电间的地板应高出泵房的地板，有的将其高度与交通道相等。配电间应设一事故便门。成排布置的配电屏，其长度超过 6m 时，屏后的通道应设两个出口，并宜布置在通道的两端，当两出口之间的距离超过 15m 时，其间尚应增加出口。

3. 安装检修间布置

安装检修间一般设在泵房靠近大门一端，其平面尺寸应能放下泵房内最大的设备或部件，同时还应留有足够的通道及存放工具等物件的空地。在机组容量较小的泵房，一般不装吊车，可在机组附近检修，不必另设安装检修间。

4. 交通道布置

泵房内的交通道，一般多布置在出水侧，其宽度应不小于 1.5m，通常与配电间地板等高。跨越管路的通道部分，可做成活动盖板。

5. 充水系统布置

充水设备一般布置在安装检修间或主机组之间的空地上，以不影响主机组检修、便于操作，并且不增加泵房面积为原则。

6. 排水系统布置

泵房地面应有向前池倾斜的坡度，并设排水干、支沟，向前池排出废水。亦可设集水井及排水泵。

6.5.1.3 泵房尺寸

1. 跨度

泵房跨度是根据主机、管路、阀件及其他机电设备的尺寸和布置方式，并考虑操作空间、通道宽度等因素确定的。其跨度应与建筑模数相适应，以便采用建筑标准件，如屋架、门窗及标准跨度的吊车等。

2. 长度

泵房长度主要是根据机组和基础的尺寸、机组间净距确定的，泵房内部设备间距可参考表 6.5-1 所列数值。

表 6.5-1　泵房内部设备间距

设备布置情况	不同水泵流量的间距（mm）		
	<500L/s	500～1500L/s	>1500L/s
设备顶端与墙间	700	1000	1200
设备与设备顶端	800～1000	1000～1200	1200～1500
设备与墙间	1000	1200	1500
平行设备之间	1000～1200	1200～1500	1500～2000
高压电动机组间	1500	1500～1750	2000

图 6.5-6 为泵房长度示意图，图中机组基础长 L'加净空 b 即为机组中心距 L，L_1 和 L_2 为端头尺寸。此外，L 值还应等于每台泵要求的进水池宽度，如有隔墩，还应包括其宽度。如两者不一致可以调整净空，或改变管路布置。

3. 各部分高程

（1）进水池底板高程$\nabla_{底}$按下式计算：

$$\nabla_{底} = \nabla_{min} - h_s - h_1 \qquad (6.5-2)$$

式中　$\nabla_{底}$——进水池底板高程，m；

∇_{min}——进水池最低运行水位，m；

h_s——进水管口淹没深度，m；

h_1——进水管口悬空高度，m（均见水泵资料或本章“6.6.2　进水池”）。

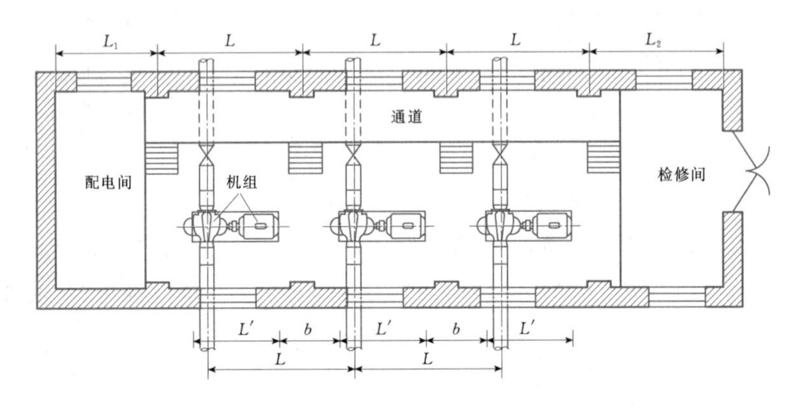

图 6.5-6　泵房长度示意图

（2）水泵安装高程∇_{sz}见本章“6.2.1.5 水泵参数计算”，对卧式水泵可按下式计算（对中、小型卧式水泵，水泵安装高程为泵轴线高程）：

$$\nabla_{sz} = \nabla_{min} + H_{允吸} \qquad (6.5-3)$$

$$H_{允吸} = H_s - h_{sw} - \frac{v_0^2}{2g} \qquad (6.5-4)$$

式中　∇_{sz}——水泵安装高程，m；

$H_{允吸}$——水泵允许吸上高度，m；

H_s——水泵在整个运行范围内最大汽蚀余量所对应的、考虑海拔高度的允许吸上真空高度，m；可查水泵资料或计算求得；

h_{sw}——相应运行点进水管路水头损失，m；

$\frac{v_0^2}{2g}$——水泵运行时进口断面的流速水头，m。

（3）泵房地面高程$\nabla_{地}$按下式计算：

$$\nabla_{地} = \nabla_{sz} - z - h_1 \qquad (6.5-5)$$

式中　$\nabla_{地}$——泵房地面高程，m；

z——泵轴线至底座的距离，m，可查水泵资料；

h_1——水泵基础顶面至地面距离（见图 6.5-7），m，$h_1 = 10 \sim 30$cm。

（4）泵房高度，主要根据吊装机组所需要的高度，以及通风、采光等要求确定，其净高（屋架下弦杆下缘与地板之间高度）一般不小于 3.5m，装有吊车的泵房高度，可参考干室型泵房确定。

6.5.1.4　卧式机组机墩

卧式机组机墩为块状混凝土结构，如图 6.5-7 所示。

1. 尺寸

机墩尺寸根据水泵资料中安装尺寸确定，螺孔中心离机墩边缘距离 b 不应小于 4 倍螺栓直径，预留孔边距基础边缘不应小于 100mm；当不能满足要求时，应采取加强措施。

机墩高度按下式计算：

$$H = h_2 + t \qquad (6.5-6)$$

式中　H——机墩高度，mm；

h_2——螺栓埋置深度，mm，带弯钩底脚螺栓不应小于 20 倍螺栓直径，带锚板地脚螺栓不应小于 15 倍螺栓直径，螺栓最小埋置深度可参照表 6.5-2 确定；

t——预埋底脚螺栓底面下的混凝土净厚度，mm，不应小于 50mm；当为预留孔时，则预留孔底面下的混凝土净厚度不应小于 100mm。

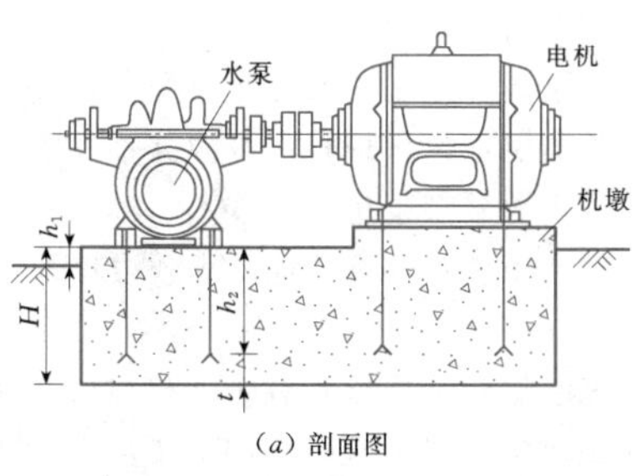

(a) 剖面图

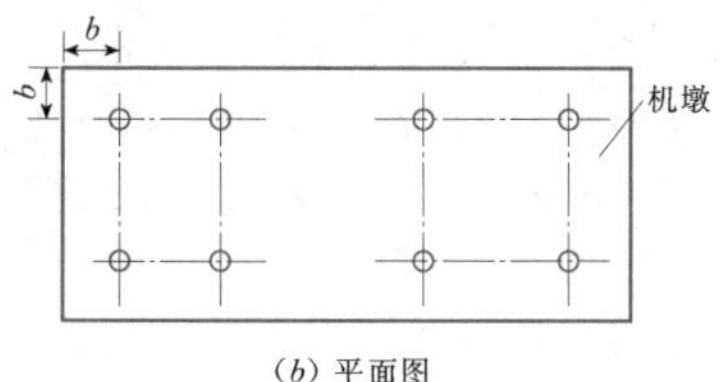

(b) 平面图

图 6.5-7　卧式离心泵机墩

表 6.5-2　　螺栓最小埋置深度

螺栓直径（mm）	末端有弯钩的螺栓埋深 h_2（mm）
<20	400
24～30	500
32～36	600
40～50	700～800

2. 机墩底面承载力验算

机墩底面承载力按下式验算：

$$P \leqslant \psi[R] \tag{6.5-7}$$

式中　P——基础底面处的平均静压力值，kPa；

ψ——地基承载力的动力折减系数，对于电动机机组可取 0.8；

$[R]$——地基容许承载力，kPa。

3. 振动验算

功率小于 80kW 机组的基础，当其质量大于机组质量的 5 倍、基础底面的平均静压力值小于地基容许承载力的 1/2 时，可不做动力计算。

(1) 机墩自振圆频率及强迫振动频率。设机组和机墩的重心及作用力与机墩底面形心均在同一条直线上，则垂直振动的自振圆频率为

$$\omega_0 = \sqrt{\frac{C_z A}{m}} \tag{6.5-8}$$

其中

$$m = \frac{G}{g}$$

式中　ω_0——垂直振动的自振圆频率，1/s；

C_z——地基的刚度系数，kN/m³，应由土工试验确定，当无试验资料时，可按表 6.5-3 取值；

A——基础底面积，m²；

m——机组及机墩的质量。

表 6.5-3　　C_z　值

地基承载力标准值 f_k（kN/m²）	C_z（kN/m³）		
	黏性土	粉　土	砂　土
300	66000	59000	52000
250	55000	49000	44000
200	45000	40000	36000
150	35000	31000	28000
100	25000	22000	18000
80	18000	16000	—

注　当基础底面积 A 小于 20m² 时，表中数值可乘以修正系数 β_r，$\beta_r = \sqrt[3]{20/A}$。

机墩强迫振动频率按下式计算：

$$\omega = \frac{\pi n}{30} \tag{6.5-9}$$

式中　ω——机墩强迫振动频率，1/s；

n——机组转速，r/min。

设计要求 $\frac{\omega_0}{\omega} \leqslant 0.75$ 或 $\frac{\omega_0}{\omega} > 1.25$。

(2) 机墩产生的垂直振幅及水平振幅可按下式计算：

$$\left.\begin{aligned} z &= \frac{F}{C_z A - m\omega^2} \\ x &= \frac{F}{C_x A - m\omega^2} \\ F &= me\omega^2 \end{aligned}\right\} \tag{6.5-10}$$

其中

$$m = \frac{W}{g}$$

式中　z——机墩垂直振幅，m；

x——机墩水平振幅，m；

F——机组转子离心力，kN；

C_x——天然地基弹性均匀剪切系数，$C_x = 0.7C_z$；

e——机组转动质量中心与转动中心的偏差值，

m，由制造及安装精度确定，通常可参考表 6.5-4 所列数值；

m——机组转动部分的质量。

所计算的振幅值，不应超过表 6.5-6 的规定。

表 6.5-4 e 值

转速（r/min）	e（mm）
3000	0.05
1500	0.2
≤750	0.3～0.8

表 6.5-5 最大振幅值 单位：mm

转速(r/min)	>750	500～750	200～500	<200
最大振幅值	0.1	0.15	0.2	0.25

6.5.1.5 泵房上部结构和基础

分基型泵房上部结构类似于单层工业厂房，主要型式有钢筋混凝土排架结构和砖混（木）结构，基础的型式主要有条形基础和柱下独立基础。

6.5.2 干室型泵房

6.5.2.1 结构特点及适用条件

1. 结构特点

干室型泵房的四周墙壁与底板用混凝土或钢筋混凝土建成一个不透水的整体，形成一个干室，室内安装水泵机组及其他设备。这种泵房结构比分基型泵房复杂，造价也高。

2. 适用条件

干室型泵房适用于下列情况：

(1) 水泵吸程较小，水源水位变幅较大，在运行过程中，不能保证泵房地板在水源高水位以上。

(2) 采用分基型泵房，在技术、经济上不合理。

(3) 地质条件不够好，地基承载力较低，地下水位较高。

干室型泵房的平面形状有矩形和圆筒形两种。矩形泵房便于设备布置，检修维护方便，适用于机组较多和水源水位不太高的场合，见图 6.5-8。圆筒形泵房受力条件好，可以充分发挥材料的性能，但机组及管路布置不如矩形泵房方便，互相干扰，操作管理不便，适用于机组台数少于 4 台和水源水位变幅较大的场合，见图 6.5-9。

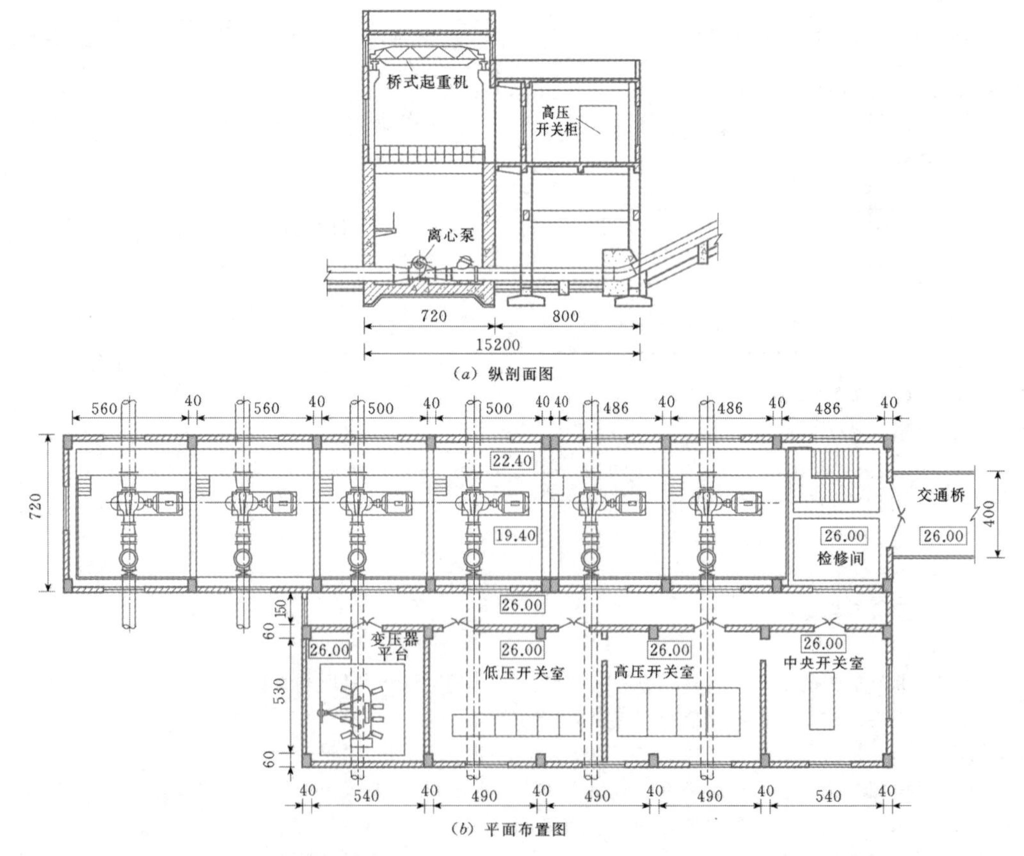

图 6.5-8 矩形干室型泵房布置图（尺寸单位：cm；高程单位：m）

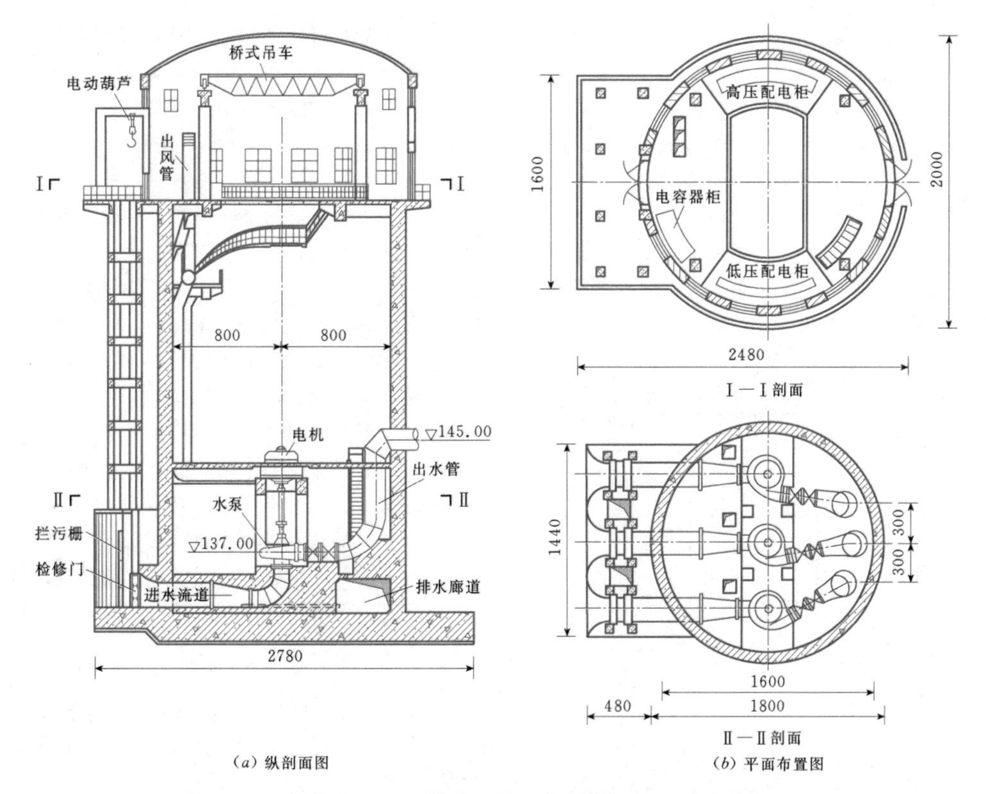

(*a*) 纵剖面图　　(*b*) 平面布置图

图 6.5-9　圆筒形干室型泵房布置图（尺寸单位：cm；高程单位：m）

6.5.2.2　泵房布置及尺寸

1. 泵房布置

干室型泵房布置基本原则与分基型泵房的相似，但由于干室型泵房的结构特点，在泵房布置时还应注意以下要求：

（1）为了充分利用泵房空间，配电设备可以布置在上层的楼板上。楼板不应布满整个泵房，以便吊运底层设备。

（2）由于进水池水位常高于水泵，故在水泵的进、出水管路上均应安装闸阀和泄水管，以便检修。

（3）泵房的底板与侧墙要考虑防渗要求。

（4）应设专门的排水系统，安装排水泵，以排除泵房内的废水，排水系统考虑兼顾检修排水和渗漏排水。

（5）泵房要进行通风计算，必要时要设置机械通风系统。

（6）泵房如天然采光不足，应采用人工照明，设备布置和维护区域应满足规范规定的最低照度要求。

（7）泵房为多层时各层应设 1～2 道楼梯。主楼梯净宽不宜小于 1m，坡度不宜大于 40°，楼梯垂直净空不宜小于 2m。

（8）泵房永久变形缝布置。主泵房顺水流向的永久变形缝（包括沉降缝、伸缩缝）的设置，应根据泵房结构型式、地基条件等因素确定。土基上的缝距不宜大于 30m，岩基上的缝距不宜大于 20m。缝的宽度不宜小于 2cm。

2. 泵房尺寸

泵房平面尺寸可参照分基型泵房确定。各部高程的确定方法基本同分基型泵房，但尚需补充计算以下高程（见图 6.5-10）：

（1）闸阀操作台顶高程 $\nabla_{台}$。根据闸阀操作手柄高度确定。

（2）安装检修间地板高程 $\nabla_{检}$。一般与泵房地板高程 $\nabla_{地}$ 一致。为了防洪安全、方便运输，$\nabla_{检}$ 应高出最高洪水位并满足安全加高及高于泵房外地面约 0.5m。

（3）吊车轨顶高程 $\nabla_{轨}$。应考虑载重汽车进入安装检修间装卸设备，计算式为

$$\nabla_{轨} = \nabla_{地} + h_1 + h_2 + h_3 + h_4 + h_5 \tag{6.5-11}$$

式中　$\nabla_{轨}$——吊车轨顶高程，m；

$\nabla_{地}$——泵房地板高程，m；

h_1——运输车箱板离地面高度，m，国产汽车一般为 1.2～1.55m；

h_2 ——垫块高度，m，一般不小于0.2m；

h_3 ——最高设备高度，m；

h_4 ——起重绳的捆扎垂直长度，m，对于水泵为0.85b，对于电动机为1.2b（b为起重部件的宽度）；

h_5 ——吊钩极限高度，m。

此外，在图6.5-10中，h_6 为单轨吊车梁的高度（m），如采用桥式吊车，则为吊车高度与吊车顶至屋盖大梁间的净空高度之和（m）。

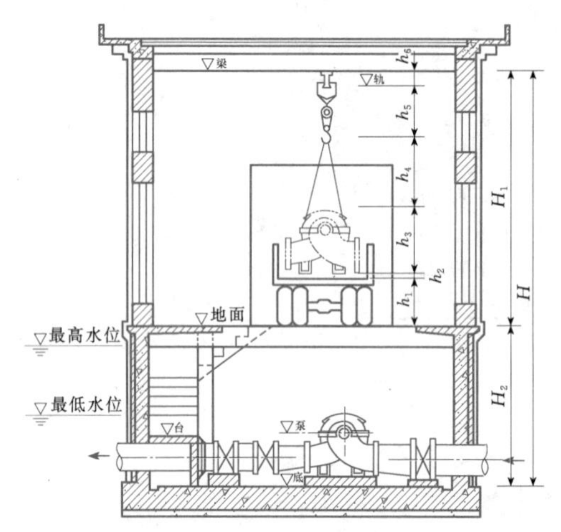

图6.5-10 干室型泵房各部高程示意图

（4）泵房高度。可按泵房地面以上高度与地面以下部分高度之和计算：

$$H = H_1 + H_2 \qquad (6.5-12)$$

式中 H——泵房高度，m；

H_1 ——泵房地面以上高度，m；

H_2 ——泵房地面以下至基础底板高度，m。

（5）屋盖大梁底面高程$\nabla_{梁}$。计算式为

$$\nabla_{梁} = H_1 + \nabla_{地} \qquad (6.5-13)$$

式中 $\nabla_{梁}$——层盖大梁底面高程，m。

6.5.2.3 泵房整体稳定及基底应力计算

泵房稳定校核一般包括抗滑、抗浮两种情况。小型干室型泵房如四周回填土比较均匀，或采用沉井施工，则可不必进行抗滑稳定及基底应力校核，但应进行抗浮稳定校核。整体稳定及基底应力的计算方法参见本节6.5.4有关部分。

6.5.2.4 矩形泵房主要构件结构计算

1. *泵房砖墙*

分基型及小干室型泵房的水上部分大多采用砖结构。砖墙分承重墙与非承重墙两种。承重墙承受屋面系统的重量，当有吊车时，应做成带壁柱的砖墙，壁柱顶设置钢筋混凝土梁垫，以架设吊车梁，承重砖墙与屋盖大梁组成排架。非承重墙仅起防护结构作用，屋面系统的重量及吊车荷载由钢筋混凝土立柱承受，立柱与屋盖大梁组成排架。砖墙的设计可按照《砌体结构设计规范》（GB 50003）进行。

承重墙的静力计算，是指沿泵房长度方向的外纵墙计算。根据房屋的空间刚度，房屋的静力计算分为刚性、刚弹性及弹性三种方案。

横墙必须符合下列要求，才能作为刚性和刚弹性方案考虑：

（1）横墙中开有门、窗洞口时，洞口水平截面面积不超过横墙全截面面积的50%。

（2）横墙的厚度，一般不小于18cm。

（3）单层房屋的横墙长度，不小于其高度；多层房屋的横墙长度，不小于其高度的1/2。

（4）横墙应与纵墙同时砌筑。如不能同时砌筑时，应采取其他措施，以保证房屋的整体刚度。

当横墙不能同时符合上述要求时，应对横墙刚度进行验算。如其最大水平位移值 $u_{max} \leqslant \frac{H}{400}$（$H$为横墙总高度）时，仍可视作刚性或刚弹性方案房屋的横墙。

设计泵房时，房屋的静力计算中，根据其横墙间距按表6.5-6选定方案计算。

表6.5-6 三种静力计算方案的横墙间距 s

单位：m

编号	屋盖或楼盖类别	刚性方案	刚弹性方案	弹性方案
1	整体式、装配整体式和装配式无檩体系钢筋混凝土屋盖或钢筋混凝土楼盖	$s<32$	$32\leqslant s\leqslant 72$	$s>72$
2	装配式有檩体系钢筋混凝土屋盖、轻钢屋盖和有密铺望板的木屋盖或木楼盖	$s<20$	$20\leqslant s\leqslant 48$	$s>48$
3	瓦材屋面的木屋盖和轻钢屋盖	$s<16$	$16\leqslant s\leqslant 36$	$s>36$

注 1. 对装配式无檩体系钢筋混凝土屋盖或楼盖，当屋面板（或楼面板）未与屋架（大梁）焊接时，应按表中第2类考虑；当楼板采用空心板时，则可按表中第1类考虑。

2. 对无山墙或伸缩缝处无横墙的房屋，应按弹性方案考虑。

三种方案的计算简图及内力计算方法如下。

（1）刚性方案。整个泵房的刚度很大，水平荷载使纵墙的变位非常小，可以略去不计。在荷载作用

下，墙、柱内力可按上端不动铰支承下端固定的竖向构件计算。

垂直荷载作用下的计算简图如图 6.5-11（a）所示，纵墙的弯矩及剪力为

弯矩
$$\left.\begin{aligned} M_A &= +\frac{Ne}{2} \\ M_B &= -Ne \end{aligned}\right\} \tag{6.5-14}$$

剪力
$$Q = -\frac{3M}{2H} \tag{6.5-15}$$

上二式中 M_A——墙底端弯矩，kN·m；

N——垂直荷载，kN；

e——偏心距，m；

M_B——墙顶端弯矩，kN·m；

Q——纵墙剪力，kN；

M——计算弯矩，kN·m；

H——计算高度，m。

水平荷载作用下的计算简图如图 6.5-11（b）所示，纵墙的弯矩及剪力为

弯矩
$$\left.\begin{aligned} M_A &= -\frac{1}{8}qH^2 \\ M_B &= 0 \end{aligned}\right\} \tag{6.5-16}$$

剪力
$$\left.\begin{aligned} Q_A &= +\frac{5qH}{8} \\ Q_B &= -\frac{3qH}{8} \end{aligned}\right\} \tag{6.5-17}$$

上二式中 M_A——墙底端弯矩，kN·m；

q——水平荷载，kN/m；

M_B——墙顶端弯矩，kN·m；

Q_A——纵墙底端剪力，kN；

Q_B——纵墙顶端剪力，kN；

H——计算高度，m。

（2）刚弹性方案。在荷载作用下，墙、柱内力可按考虑空间工作的侧移折减后的平面排架或框架计算，计算简图如图 6.5-12 所示。其计算步骤如下：

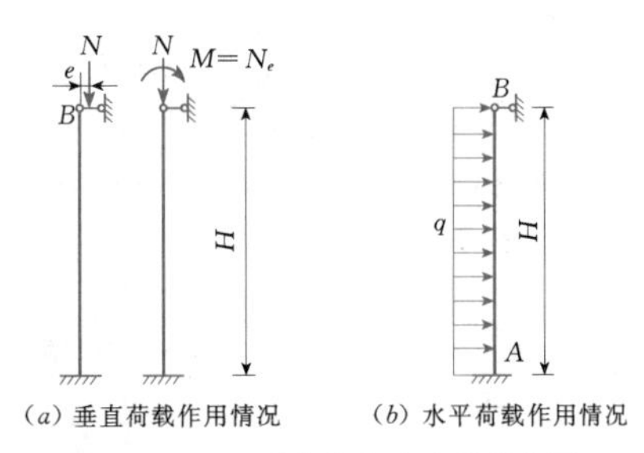

（a）垂直荷载作用情况　（b）水平荷载作用情况

图 6.5-11 刚性方案内力计算简图

1）根据屋盖类别和横墙间距，按表 6.5-7 查得相应的侧移折减系数 η。

2）假设排架在水平荷载作用下无侧移，求出在已知荷载下不动铰支点反力 R，柱的弯矩按无侧移排架计算。

表 6.5-7 **单层房屋考虑空间工作的侧移折减系数 η**

	屋盖或楼盖类别	不同横墙间距 s 的 η														
		16m	20m	24m	28m	32m	36m	40m	44m	48m	52m	56m	60m	64m	68m	72m
1	整体式、装配整体式和装配式无檩体系钢筋混凝土屋盖或钢筋混凝土楼盖	—	—	—	—	0.33	0.39	0.45	0.50	0.55	0.60	0.64	0.68	0.71	0.74	0.77
2	装配式有檩体系钢筋混凝土屋盖、轻钢屋盖和有密铺望板的木屋盖或木楼盖	—	0.35	0.45	0.54	0.61	0.68	0.73	0.78	0.82	—	—	—	—	—	—
3	瓦材屋面的木屋盖和轻钢屋盖	0.37	0.49	0.60	0.68	0.75	0.81	—	—	—	—	—	—	—	—	—

3）由于排架和横墙为空间工作，横墙承担了一部分水平反力 $(1-\eta)R$，柱顶反力相应地减少为 ηR，将柱顶反力 ηR 反作用于排架上，柱的弯矩按柱顶作用 ηR 水平力的排架计算。

4）将上述 2）、3）两种情况下的内力叠加，得到刚弹性方案房屋墙体内力。

（3）弹性方案。在荷载作用下，砖柱内力应按有侧移的平面排架或框架计算。计算时引用如下假定：

1）排架立柱的下部为刚性嵌固，上部与横梁（屋架）铰接。

2）横梁不变形，只做传力构件。

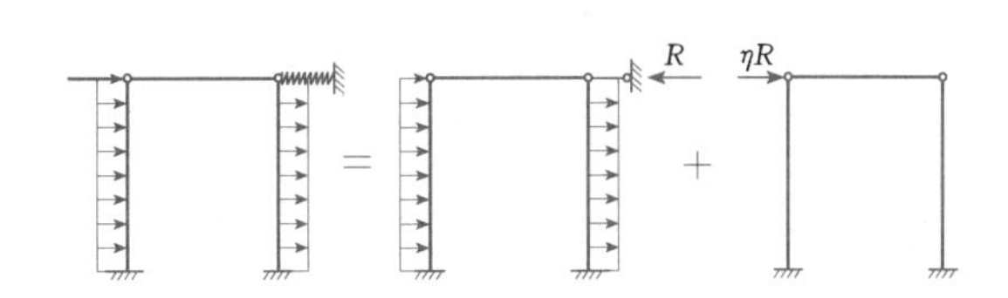

图 6.5-12 刚弹性方案静力计算简图

3）所研究的排架与其他排架无联系。

由于弹性方案混合结构抗侧向力结构的水平刚度过弱，因此，水平荷载和不对称垂直荷载将完全由砌体墙、柱和屋面（楼面）梁组成的排架或框架来承

担。由于无筋砌体的承载力在弯矩较大时将明显减弱，势必造成墙、柱尺寸偏大，显得不合理。因此，混合结构应尽量避免采用弹性方案。

2. 泵房防水墙

(1) 计算单元。取纵墙单位宽度进行计算。

(2) 荷载组合。其最不利的组合有下列两种情况：

1) 上部砖墙未建而防水墙已建成，并已回填土，地下水达到设计最高水位。荷载有：地面活荷载产生的压强 e_1，回填土产生的压强 e_2（水位以下按浮容重计，水位以上按饱和容重计），地下水压强 e_3，计算简图可按下端嵌固、上端自由的悬臂梁计算，配置墙外侧的直立钢筋，计算简图见图 6.5-13。若考虑墙的自重，则按偏心受压构件计算。

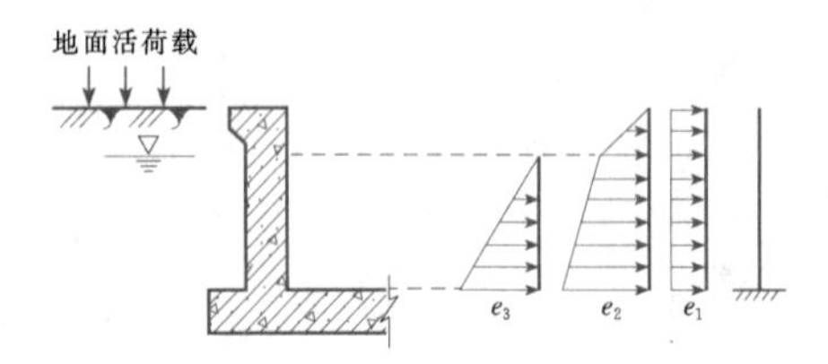

图 6.5-13 防水墙计算简图一

2) 水上部分已完工，防水墙外未回填土，地下水位低于墙脚，在风向左吹的情况下，吊车起吊，按偏心受压构件计算，配置墙内侧直立钢筋，计算简图见图 6.5-14。图中，N_1 为上部屋面系统、吊车、砖墙的荷载，N_2 为防水墙自重，H 为风荷载及吊车制动力产生的水平力，e_0'为 N_1 作用点对水下墙中心的偏心距，BW 为墙面均布风荷载。

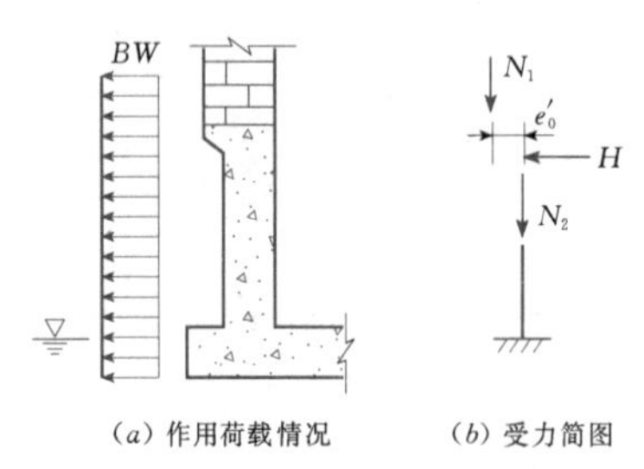

图 6.5-14 防水墙计算简图二

3. 泵房底板

(1) 荷载。包括以下各项：

1) 地基反力。

2) 上部屋面、砖墙、防水墙荷载，通过防水墙传给底板，假定其作用线与防水墙中心线重合。

3) 土压力、水压力及地面活荷载对水下墙底部产生的弯矩，传至底板。

4) 泵房周围的地下水对底板产生的扬压力。

5) 泵房内设备重。

6) 风荷载。

7) 底板自重。

(2) 计算工况及荷载分析。当矩形泵房底板的长（泵房垂直水流方向）与宽（进、出水方向）之比不小于3时，可将底板沿进、出水方向看成一个梁（取1m宽）进行计算。常用计算方法有倒置梁法与弹性地基梁法。

1) 倒置梁法。计算工况取地基应力最大时，防水墙作为支承，计算简图见图 6.5-15。

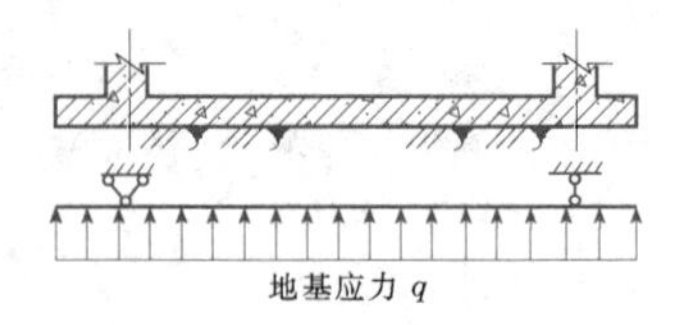

图 6.5-15 底板计算简图一

该方法计算简便，但计算结果较粗略，地基较好的中、小型泵房可用该方法计算。图中地基应力 q 按下式计算：

$$q = q_{均} + q_{扬} - q_{自} \tag{6.5-18}$$

式中 q——地基应力，kPa；

$q_{均}$——地基平均应力，kPa；

$q_{扬}$——地下水对底板产生的扬压力，kPa；

$q_{自}$——底板自重产生的对地基的应力，kPa。

2) 弹性地基梁法。弹性地基梁法认为梁和地基都是弹性体，梁置于弹性地基上。地基反力不作均匀分布的假定，而是根据荷载予以计算。同时，防水墙也不作为支承，而是作为外荷载作用于底板上。梁受荷载发生弯曲变形，地基受压产生沉陷，梁变形和地基沉陷是吻合的。根据变形协调条件和静力平衡条件，确定地基反力和梁的内力。

仍取进、出水方向1m宽横向截条进行计算。截条应按有吊车柱、有主机组和有吊车柱、无主机组两种情况考虑。

计算工况及荷载组合可分以下两种：

a. 土建施工完毕，周围未回填土，泵房外达到设计最高水位，同时考虑风荷载对底板的作用，计算简图见图 6.5-16。图中，N 为上部结构传至底板的垂直荷载；$M_{水}$ 为水压力对防水墙底端产生的弯矩，传至底板；$M_{风1}$、$M_{风2}$ 为风向左吹时，对防水墙产生的弯矩。

b. 运行期间，泵房外达到设计最高水位，同时考虑风荷载，计算简图见图 6.5-17。图中，P 为主机组及其基础重；$M_{土}$ 为防水墙周围土压力及活荷载对防水墙底端产生的弯矩，传至底板。

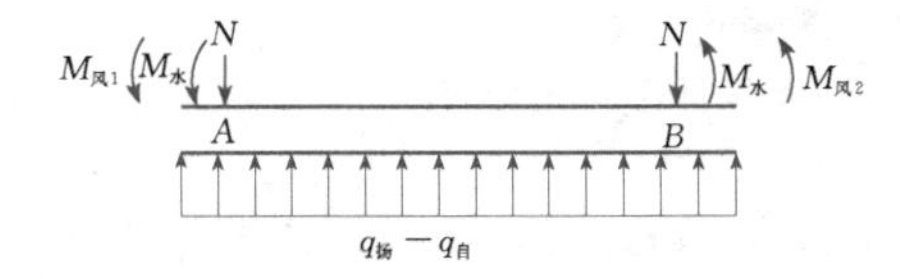

图 6.5-16 底板计算简图二

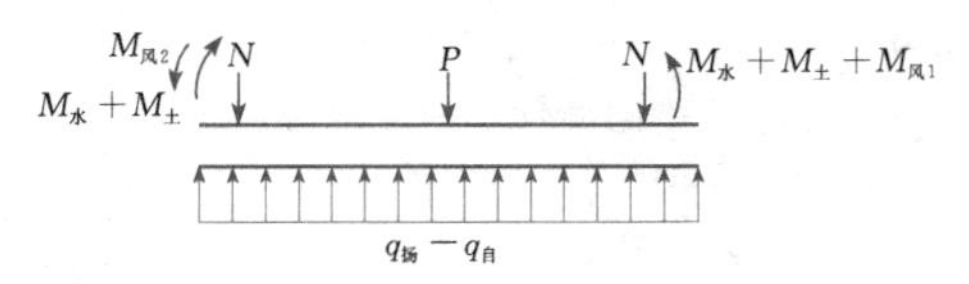

图 6.5-17 底板计算简图三

防水墙与底板根据使用要求不容许出现裂缝，或限制裂缝开展，并要求有一定的抗渗性。

6.5.2.5 圆筒形泵房主要构件结构计算

圆筒形泵房的计算，由于合理精确的方法比较繁琐，故在中、小型泵房中常采用符合实际情况而又比较简便的计算方法，或直接查表求出所需的配筋数量。

1. 计算原则及荷载分析

(1) 计算原则：

1) 筒壁、底板以及潜没式泵房的球形屋盖，均按弹性薄壳小挠度的理论和轴对称荷载的假定进行计算。

2) 筒壁整体浇筑，不分缝，在实际工程中其内力可近似按弹性地基上的长梁公式计算。

3) 筒壁与底板的连接方式不同，计算方法也不同。通常有铰接和固接两种方式：铰接连接方式，连接处容许转动和移动，构造上必须有保证不漏水的措施。固接连接方式，连接处为整体浇筑，底板有足够的刚度，并能满足下列三个条件：①底板厚度不小于筒壁厚度；②筒壁内外两侧的底板加厚部分长度相等或接近，且都大于筒壁厚壁；③地基良好，压缩性较小。

(2) 荷载分析：

1) 作用荷载。水压力、土压力、浮托力、泵房及设备自重、地基反力、温度应力。

2) 温度应力。由于泵房室内外温差引起筒壁弯矩、切力及环向力，计算简图见图 6.5-18。

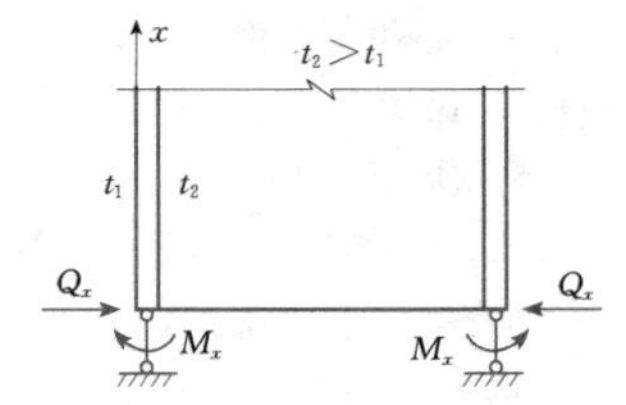

图 6.5-18 温度应力计算简图

当底端铰接、顶端自由时，其计算公式为

$$\left.\begin{aligned} M_x &= \pm 0.1nE\alpha_t h^2 \Delta t(\eta_3 - 1) \\ M_\theta &= \mp 0.1nE\alpha_t h^2 \Delta t \\ T_\theta &= -0.2nER\alpha_t h^2 \Delta t \eta_4 \frac{1}{S^2} \\ Q_x &= -0.2nE\alpha_t h^2 \Delta t \eta_2 \frac{1}{S} \\ \text{其中}\quad \Delta t &\approx \frac{h}{0.3+h}\Delta T \\ S &= 0.76Rh \end{aligned}\right\} \quad (6.5-19)$$

当底端固定、顶端自由时，其计算公式为

$$M_x = M_\theta = \mp 0.1nE\alpha_t h^2 \Delta t \quad (6.5-20)$$

以上式中 M_x——温差产生的单位宽度内的竖向弯矩，kN·m/m；

Q_x——温差产生的单位宽度内的底端切力，kN/m；

M_θ——温差产生的单位高度内的环向弯矩，kN·m/m；

T_θ——温差产生的单位高度内的环向力，kN/m；

n——荷载系数，取 1.1；

E——混凝土弹性模量，kN/m^2；

α_t——混凝土线膨胀系数，取 1×10^{-5}/℃；

h——筒壁厚度，m；

Δt——筒壁内外表面温差，℃；

ΔT——筒壁内外介质温差，℃；

R——圆筒平均半径，m；

S——筒壁刚度特征值，m^2；

η_2、η_3、η_4——寻墨尔系数，见表 6.5-8。

式 (6.5-20) 中，正号 (+) 表示筒壁内侧受拉，负号 (−) 表示外侧受拉。

(3) 荷载组合。筒壁在土压力及水压力作用下，外侧受拉，内侧受压；夏季温度应力使内侧受拉，冬季温度应力使外侧受拉，底板上所受的浮托力如超过泵房自重及地基反力较多时，可忽略自重及反力。荷载组合及配筋依据如下：

1) 筒壁外侧竖向钢筋配置，按最高水位下的土压力、水压力及冬季温度应力所产生的筒壁外侧竖向弯矩计算。

2) 筒壁外侧环向钢筋配置，按冬季温度应力所产生的环向弯矩计算。

3) 筒壁内侧竖向或环向钢筋配置，按夏季温度应力所产生的竖向弯矩或环向弯矩计算。

4) 底板径向或环向钢筋配置，一般按最高水位下的浮托力所产生的径向或环向弯矩计算。

表 6.5-8 寻墨尔系数

x/S	η_1	η_2	x/S	η_1	η_2
0.1	0.90040	0.09030	3.6	−0.02450	−0.01209
0.2	0.80240	0.16270	3.7	−0.02100	−0.01310
0.3	0.70780	0.21890	3.8	−0.01770	−0.01369
0.4	0.61740	0.26100	3.9	−0.01470	−0.01392
0.5	0.53230	0.29080	4.0	−0.01197	−0.01386
0.6	0.45300	0.30990	4.1	−0.00955	−0.01356
0.7	0.37980	0.31990	4.2	−0.00735	−0.01307
0.8	0.31300	0.32230	4.3	−0.00545	−0.01243
0.9	0.25280	0.31850	4.4	−0.00380	−0.01168
1.0	0.19880	0.30960	4.5	0.00235	−0.01086
1.1	0.15100	0.29070	4.6	0.00110	−0.00999
1.2	0.10920	0.28070	4.7	0.00020	−0.00909
1.3	0.07290	0.26260	4.8	0.00070	−0.00820
1.4	0.04190	0.24300	4.9	0.00090	−0.00732
1.5	0.01580	0.22260	5.0	0.00200	−0.00646
1.6	−0.00590	0.20180	5.1	0.00235	−0.00564
1.7	−0.02360	0.18120	5.2	0.00260	−0.00487
1.8	−0.03760	0.16100	5.3	0.00275	−0.00415
1.9	−0.04840	0.14150	5.4	0.00290	−0.00349
2.0	−0.05640	0.12310	5.5	0.00290	−0.00288
2.1	−0.06180	0.10570	5.6	0.00290	−0.00233
2.2	−0.06520	0.08906	5.7	0.00280	−0.00184
2.3	−0.06680	0.07460	5.8	0.00270	−0.00141
2.4	−0.06690	0.06130	5.9	0.00255	−0.00102
2.5	−0.06580	0.04910	6.0	0.00240	−0.00069
2.6	−0.06360	0.03830	6.1	0.00220	−0.00041
2.7	−0.06080	0.02870	6.2	0.00200	−0.00017
2.8	−0.05730	0.02040	6.3	0.00185	0.00003
2.9	−0.05350	0.01330	6.4	0.00165	0.00019
3.0	−0.04930	0.00703	6.5	0.00150	0.00032
3.1	−0.04500	0.00187	6.6	0.00130	0.00042
3.2	−0.04070	−0.00238	6.7	0.00120	0.00050
3.3	−0.03640	−0.00582	6.8	0.00095	0.00055
3.4	−0.03320	−0.00853	6.9	0.00080	0.00058
3.5	−0.02830	−0.01059	7.0	0.00070	0.00060

注 1. x 为筒壁某点离底端的距离，m。
2. $\eta_3=\eta_1+\eta_2$；$\eta_4=\eta_1-\eta_2$。

2. 筒壁内力计算

(1) 计算情况。根据 H/S 的比值，分以下几种情况：

1) $H/S<1.0$，按垂直单向计算。

2) $1.0\leqslant H/S<2.5$，按短壁圆筒计算。

3) $2.5\leqslant H/S<15$，按长壁圆筒计算。

4) $H/S\geqslant15$，按水平单向计算。

(2) 等厚长壁圆筒计算的数解法。计算简图见图6.5-19。

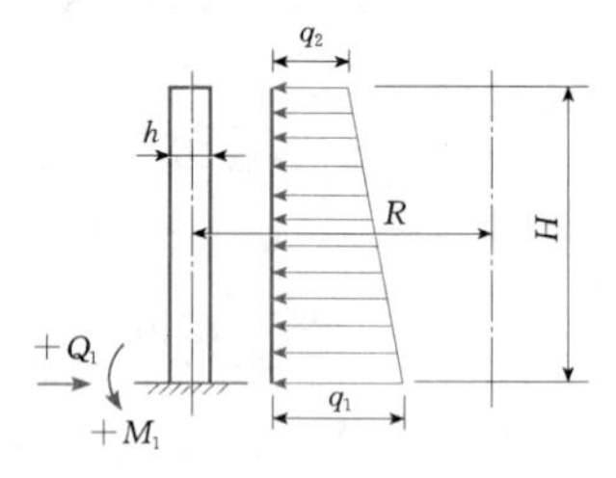

图 6.5-19 等厚筒壁计算简图

1) 当筒壁底端固定、顶端自由时，其计算公式为

$$\left.\begin{aligned}M_1&=\frac{S^2}{2H}(Sq_1-Sq_2-Hq_1)\\Q_1&=\frac{S}{2H}(2Hq_1-Sq_1+Sq_2)\\M_x&=M_1\eta_1+(M_1+SQ_1)\eta_2\\T_\theta&=T_{\theta0}+\frac{2R}{S^2}[M_1\eta_2-(M_1+SQ_1)\eta_1]\end{aligned}\right\}\tag{6.5-21}$$

如承受三角形荷载，则上式中 $q_2=0$。

2) 当筒壁底端铰接、顶端自由时，其计算式为

$$\left.\begin{aligned}M_x&=\frac{q_1S^2}{2}\eta_2\\T_\theta&=T_{\theta0}-q_1R\eta_1\\T_{\theta0}&=q_1R\end{aligned}\right\}\tag{6.5-22}$$

上式中 M_1——筒壁底端的竖向弯矩，kN·m；
Q_1——筒壁底端切力，kN；
M_x——筒壁沿高度变化的竖向弯矩，kN·m；
T_θ——环向拉力，kN；
$T_{\theta0}$——静定环向力，kN；
q_1、q_2——底部、顶部的水平荷载强度，kN/m；
S——筒壁刚度特征值，m²；
R——圆筒平均半径，m；
h——筒壁厚度，m；
H——筒壁有效高度，即受荷载的高度，m；
η_1、η_2——寻墨尔系数，见表6.5-8。

(3) 筒壁计算的查表法。根据弹性薄壳小挠度理论，在轴对称荷载作用下，对于不同的边界条件，可

以求得实用的内力计算系数表，应用方便，且能达到足够的精度。表中数值是取泊松比 $\mu=1/6$ 计算得出的。计算的参变数为 $H^2/(Dh)$，D 为圆筒平均直径。根据不同的边界条件，分为以下4种情况：

1）底端固定、顶端自由，承受三角形荷载。

2）底端固定、顶端自由，承受矩形荷载。

3）底端固定、顶端自由，顶端承受剪力。

4）底端简支、顶端自由，底端承受弯矩。

由表格中查出内力系数后，代入相应公式，就可求出筒壁上不同高度处的竖向弯矩、环向弯矩、环向力和剪力。表6.5-11即为第4）种情况的计算表。

3. 底板内力计算

圆筒形泵房底板，其厚度 t 与圆筒直径 D 之比 $t/D\leqslant 1/10$ 时，可作为弹性地基上的薄板，并属于小挠度变形范围。为了计算方便，可不考虑底板挑出部分，按外缘固定或简支时承受均布荷载计算径向弯矩 M_r 及环向弯矩 M_t。内力计算公式如下：

（1）外缘固结，底板承受均布荷载，底板各点的径向及环向弯矩分别为

$$\left.\begin{aligned}M_r&=C_r qR^2\\M_t&=C_t qR^2\end{aligned}\right\}\qquad(6.5-23)$$

式中　M_r、M_t——距圆心为 r 处单位长度上的径向、环向弯矩，kN·m；

C_r、C_t——径向、环向弯矩系数，见表6.5-9；

q——底板上作用的均布荷载，kN/m；

R——底板半径，m。

（2）外缘简支，底板承受均匀荷载，底板各点的径向及环向弯矩为

$$\left.\begin{aligned}M_r&=C_r qR^2\\M_t&=C_t qR^2\end{aligned}\right\}\qquad(6.5-24)$$

式中符号意义同前。

C_r、C_t 值按 r/R 的比值由表6.5-9查得。

表6.5-9　承受均布荷载的圆形板弯矩系数

连接情况 ＼ 计算点位置	r/R	0	0.1	0.2	0.3	0.4	0.5	0.6	0.7	0.8	0.9	1.0
外缘固接	C_r	0.073	0.071	0.065	0.056	0.041	0.023	0.020	−0.025	−0.054	−0.088	−0.125
	C_t	0.073	0.072	0.069	0.065	0.058	0.049	0.040	0.027	0.013	−0.004	−0.021
外缘简支	C_r	0.198	0.195	0.190	0.178	0.166	0.148	0.128	0.102	0.072	0.038	0
	C_t	0.198	0.197	0.194	0.190	0.183	0.174	0.164	0.153	0.139	0.124	0.104

圆形底板最大剪力 Q_{max} 产生在支承处（外缘），不同支承在均布荷载作用下，均可按下式计算：

$$Q_{max}=\frac{Rq}{2}\qquad(6.5-25)$$

式中　Q_{max}——底板最大剪力，kN；

其他符号意义同前。

4. 筒壁、底板弯矩的调整

根据公式或表格所求出的筒壁底端竖向弯矩 M_1，往往不等于底板边缘径向弯矩 M_r，故需要进行调整，使两者相等。方法如下：

（1）筒壁、底板抗挠劲度分别为

$$\left.\begin{aligned}S_{筒}&=K_{筒}\frac{Eh^3}{H}\\S_{底}&=K_{底}\frac{Et^3}{R}\end{aligned}\right\}\qquad(6.5-26)$$

式中　$S_{筒}$、$S_{底}$——筒壁、底板的抗挠劲度，kN·m/m；

$K_{筒}$、$K_{底}$——筒壁、底板的抗挠劲度系数，$K_{筒}$ 按表6.5-10取值，$K_{底}=0.104$；

E——混凝土弹性模量，kN/m²。

表6.5-10　筒壁抗挠劲度系数

$H^2/(Dh)$	$K_{筒}$	$H^2/(Dh)$	$K_{筒}$	$H^2/(Dh)$	$K_{筒}$
0.4	0.139	5.0	0.713	20.0	1.430
0.8	0.270	6.0	0.783	24.0	1.566
1.2	0.345	8.0	0.903	32.0	1.810
1.6	0.399	10.0	1.010	40.0	2.025
2.0	0.445	12.0	1.108	48.0	2.220
3.0	0.584	14.0	1.198	56.0	2.400
4.0	0.635	16.0	1.281	—	—

（2）筒壁、底板弯矩分配系数分别为

$$\left.\begin{aligned}\alpha_{筒}&=\frac{S_{筒}}{S_{筒}+S_{底}}\\\alpha_{底}&=\frac{S_{底}}{S_{筒}+S_{底}}\end{aligned}\right\}\qquad(6.5-27)$$

式中　$\alpha_{筒}$、$\alpha_{底}$——筒壁、底板的弯矩分配系数；

其他符号意义同前。

（3）筒壁、底板弯矩调整值按下式计算：

$$\left.\begin{aligned} M_1' &= M_1 + \alpha_{筒}\ \Delta M \\ M_r' &= M_r - \alpha_{底}\ \Delta M \\ M_t' &= M_t - \alpha_{底}\ \Delta M \\ \Delta M &= M_r - M_1 \end{aligned}\right\} \qquad (6.5-28)$$

式中　M_1'——筒壁底端调整后的弯矩，kN·m；

M_r'、M_t'——底板距圆心为 r 处每单位长度上调整后的径向、切向弯矩，kN·m；

ΔM——不平衡弯矩，kN·m。

筒壁其他各点调整后的弯矩按下式计算：

$$M_x' = M_x + m_x \qquad (6.5-29)$$

其中

$$m_x = \eta_n \alpha_{筒}\ \Delta M \qquad (6.5-30)$$

上二式中　M_x'——筒壁其他各点调整后的弯矩，kN·m；

m_x——弯矩增值，可根据底端简支、顶端自由、底端作用 $\alpha_{筒}\ \Delta M$ 弯矩，用前述公式或从表6.5-11查出各点系数 η_n，按式(6.5-30)计算；

η_n——各点系数；

其他符号意义同前。

表 6.5-11　　筒壁竖向弯矩计算表

弯矩 M 在底端，底端简支，顶端自由，竖向弯矩计算公式为

$$m = \eta_n M$$

式中　m—筒壁竖向弯矩，kN·m；

η_n—各点系数，正号表示拉力在外面；

M—底端弯矩，kN·m。

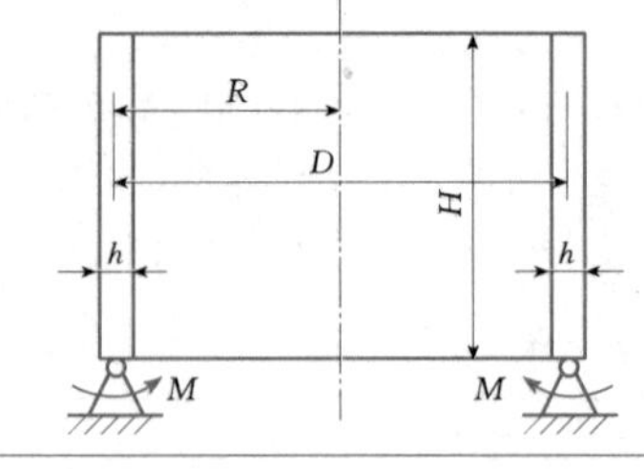

$\frac{H^2}{Dh}$	各点系数 η_n												
	0.1H	0.2H	0.3H	0.4H	0.5H	0.6H	0.7H	0.75H	0.8H	0.85H	0.9H	0.95H	1.0H
0.2	0.014	0.055	0.119	0.205	0.309	0.428	0.560	0.629	0.701	0.774	0.849	0.924	1.000
0.4	0.013	0.052	0.113	0.196	0.298	0.416	0.548	0.619	0.692	0.767	0.844	0.922	1.000
0.6	0.012	0.047	0.104	0.182	0.280	0.397	0.530	0.603	0.678	0.756	0.836	0.918	1.000
0.8	0.010	0.040	0.091	0.164	0.258	0.373	0.507	0.582	0.660	0.741	0.826	0.912	1.000
1.0	0.008	0.033	0.078	0.143	0.232	0.345	0.481	0.557	0.639	0.725	0.814	0.906	1.000
1.5	0.003	0.014	0.041	0.089	0.163	0.269	0.408	0.490	0.580	0.677	0.781	0.889	1.000
2.0	−0.002	−0.002	0.009	0.040	0.100	0.197	0.337	0.424	0.522	0.630	0.748	0.872	1.000
3.0	−0.007	−0.021	−0.031	0.024	0.011	0.090	0.225	0.317	0.426	0.550	0.690	0.842	1.000
4.0	−0.008	−0.026	−0.045	−0.053	−0.036	0.025	0.148	0.240	0.353	0.488	0.644	0.817	1.000
5.0	−0.007	−0.024	−0.044	−0.060	−0.057	−0.015	0.094	0.182	0.296	0.438	0.606	0.796	1.000
6.0	−0.005	−0.019	−0.038	−0.058	−0.065	−0.039	0.054	0.137	0.249	0.394	0.572	0.777	1.000
7.0	−0.003	−0.013	−0.030	−0.051	−0.066	−0.053	0.024	0.101	0.210	0.357	0.541	0.760	1.000
8.0	0.002	−0.008	−0.023	−0.043	−0.063	−0.061	0.001	0.071	0.176	0.323	0.514	0.744	1.000
9.0	0.000	−0.005	−0.016	−0.035	−0.058	−0.065	−0.017	0.046	0.147	0.293	0.488	0.729	1.000
10.0	0.000	−0.002	−0.010	−0.028	−0.052	−0.067	−0.031	0.025	0.122	0.266	0.465	0.715	1.000
12.0	0.001	0.001	−0.003	−0.016	−0.041	−0.065	−0.050	−0.006	0.080	0.219	0.423	0.689	1.000
14.0	0.001	0.002	0.001	−0.008	−0.030	−0.058	−0.061	−0.028	0.047	0.180	0.386	0.666	1.000
16.0	0.001	0.002	0.002	−0.003	−0.021	−0.051	−0.066	−0.043	0.021	0.147	0.353	0.644	1.000
20.0	0.000	0.001	0.003	0.002	−0.009	−0.036	−0.066	−0.060	−0.016	0.094	0.296	0.606	1.000
24.0	0.000	0.000	0.002	0.003	−0.002	−0.024	−0.060	−0.066	−0.039	0.054	0.250	0.572	1.000
28.0	0.000	0.000	0.001	0.003	0.001	−0.014	−0.052	−0.067	−0.053	0.024	0.210	0.541	1.000
32.0	0.000	0.000	0.000	0.002	0.003	−0.008	−0.043	−0.063	−0.061	0.001	0.176	0.514	1.000
40.0	0.000	0.000	0.000	0.001	0.003	0.000	−0.028	−0.053	−0.067	−0.031	0.122	0.465	1.000
48.0	0.000	0.000	0.000	0.000	0.001	0.002	−0.016	−0.041	−0.065	−0.050	0.080	0.423	1.000
56.0	0.000	0.000	0.000	0.000	0.001	0.003	−0.008	−0.030	−0.059	−0.061	0.047	0.386	1.000

6.5.3 湿室型泵房

6.5.3.1 结构特点及适用条件

1. 结构特点

泵房与进水池合建，一般分上、下两层。下层为充满水的湿室，安装水泵；上层为电机层，安装电动机及配电设备。

2. 适用条件

湿室型泵房适用于安装中、小型立式轴流泵及导叶式混流泵、立式离心泵，也可以用于安装卧式轴流泵、卧式导叶式混流泵。

根据水下部分承重结构的特点及建筑材料种类，可分为排架式、箱式、圆筒式及墩墙式泵房4种，见图6.5-20～图6.5-23和表6.5-12。

6.5.3.2 泵房布置及尺寸

1. 泵房布置

泵房内主机组多为一列式布置，机组间距主要取决于下层水泵进水要求及进水室尺寸。配电间多布置在出水侧，也有布置在泵房一端或进水侧的。

电机层楼板上每台机组旁设一吊物孔，其尺寸多按水泵出水弯管的大小确定。

泵房平面尺寸可参考分基型泵房尺寸的确定方法。

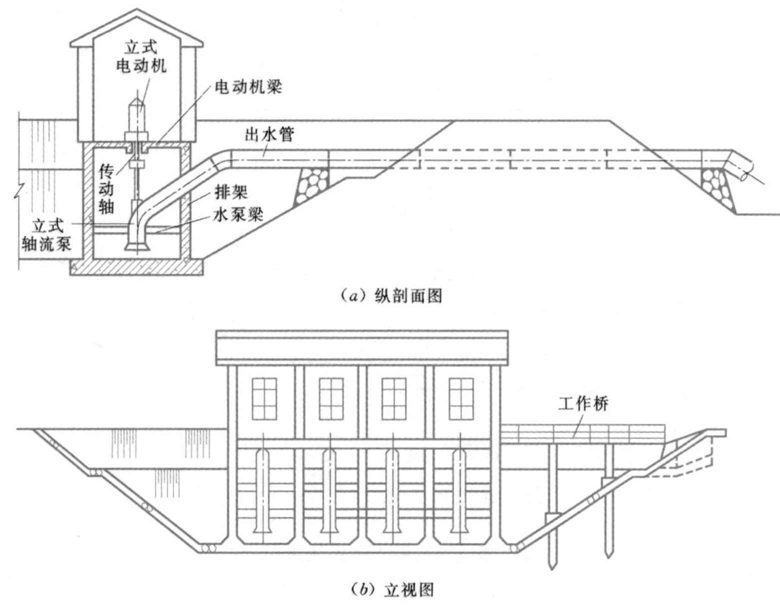

(a) 纵剖面图

(b) 立视图

图 6.5-20 排架式泵房布置图

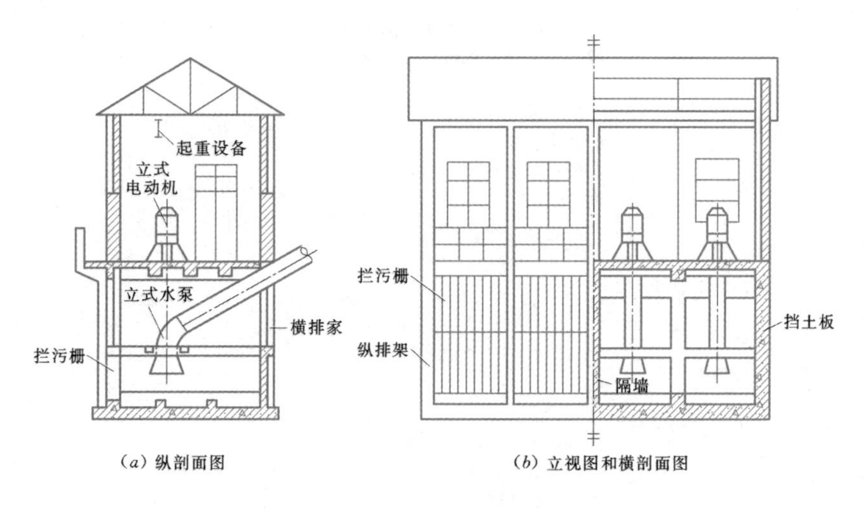

(a) 纵剖面图

(b) 立视图和横剖面图

图 6.5-21 箱式泵房布置图

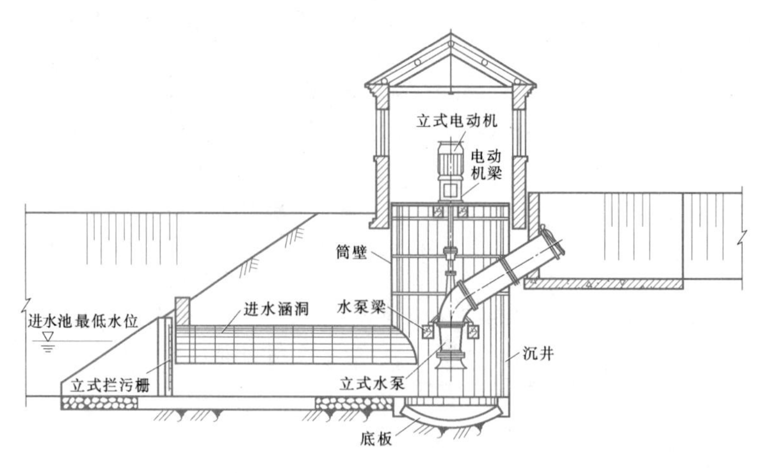

图 6.5-22 圆筒式泵房布置图

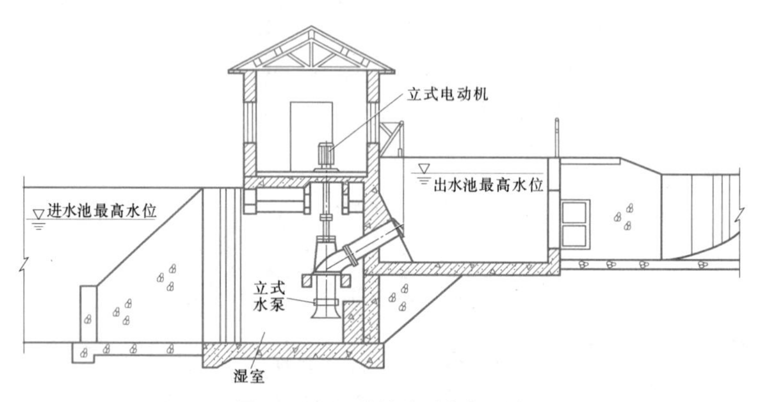

图 6.5-23 墩墙式泵房布置图

表 6.5-12 湿室型泵房结构型式的比较

型 式	排 架 式	箱 式	圆 筒 式	墩 墙 式
结构特点	泵房下部为排架承重结构，上部为电机层	排架式泵房下部的三侧均加设挡土墙，中间每隔两三台机组设隔墙	泵房下部为圆筒形进水室，四周填土，用进水涵管引水入内	下部的三侧均加设挡土墙，每台机组之间设隔墩，形成进水室
优 点	(1) 结构轻，用材省； (2) 稳定性好； (3) 地基应力小，分布均匀	(1) 地基应力较小，抗滑稳定较好； (2) 刚度较大，能适应软基沉陷； (3) 有一定抗震性	(1) 地基应力小，分布均匀； (2) 稳定性好； (3) 能防止管涌、流砂	(1) 可以就地取材； (2) 便于施工； (3) 进水条件好
缺 点	(1) 水泵检修不方便； (2) 岸边护坡工程量大； (3) 对外交通不方便	(1) 造价较高； (2) 结构较复杂	(1) 进水条件差； (2) 不能适用多台机组	(1) 泵房较重，圬工量大； (2) 水平推力大，地基应力加大
适用条件	(1) 中、小型立式轴流泵，混流泵及离心泵； (2) 地基条件较好，岸坡稳定	(1) 中、小型立式轴流泵，混流泵及离心泵； (2) 软土地基	(1) 小型立式轴流泵； (2) 地基条件较差	(1) 砖石料产地； (2) 地基条件较好

2. 主要高程的确定

(1) 对于平原地区，水泵安装高程按下式确定：

$$\nabla_{sz} = \nabla_{低} + 10 - (\Delta h_1 + 0.3) \quad (6.5-31)$$

式中　∇_{sz}——水泵安装高程，m；

$\nabla_{低}$——进水室设计最低水位，m；

Δh_1——运行范围内最大的临界汽蚀余量，m。

式 (6.5-31) 中，若 $10-(\Delta h_1+0.3)$ 为正值，表示该泵容许有吸程，但为了启动方便，仍将叶轮淹没于水面下 0.5～1m；若为负值，该泵必须淹没于水下，并至少淹没 0.5～1m。

(2) 进水室底板顶面高程按下式计算：

$$\nabla_{底} = \nabla_{低} - (h_1 + h_2 + h_3) \quad (6.5-32)$$

式中　$\nabla_{底}$——进水室底板顶面高程，m；

h_3——水泵叶轮中心淹没深度，m；

h_2——叶轮中心至喇叭口的距离，m；

h_1——喇叭口的悬空高度，m。

h_1、h_2、h_3 可查水泵资料获得。

(3) 电机层楼板高程 $\nabla_{楼}$ 由以下两种因素控制：

1) 最高内水位加安全加高。

2) 水泵安装高程及构造要求。

选两者中的大值作为 $\nabla_{楼}$，见图 6.5-24。

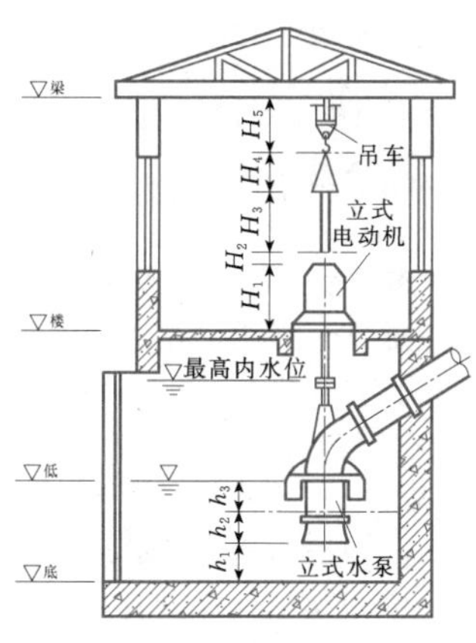

图 6.5-24　湿室型泵房各部高程计算图

(4) 屋盖大梁下缘高程按下式计算：

$$\nabla_{梁} = \nabla_{楼} + H_1 + H_2 + H_3 + H_4 + H_5 \quad (6.5-33)$$

式中　$\nabla_{梁}$——屋盖大梁下缘高程，m；

$\nabla_{楼}$——电机层楼板高程，m；

H_1——电动机包括底座在内的高度，m；

H_2——吊件底部与固定物顶之间的安全距离，m，一般不小于 0.5m；

H_3——吊件的最大高度，m；

H_4——吊钩与吊件之间的吊索捆扎长度，m；

H_5——吊钩极限位置与单梁吊车轨道顶的距离，m。

6.5.3.3　泵房整体稳定及基底应力计算

泵房按挡水与否可分为堤身式及堤后式两种。堤身式应进行抗渗、抗滑稳定及基底应力校核。计算方法参见本节 6.5.4。

6.5.3.4　主要构件受力分析

1. 水泵梁

对于小型水泵，可采用两根单梁；对于中型水泵，可采用主、次梁。墩墙式泵房的水泵梁多为单跨梁，根据梁与墩墙的刚度情况确定。如梁的线刚度不小于 7 倍的墩墙线刚度，可按两端简支计算；如梁的线刚度小于 1/3 墩墙线刚度，可按两端固定计算。

排架式泵房及箱形泵房的水泵梁，与排架整体浇筑，通常按连续梁计算。水泵梁计算简图见图 6.5-25。

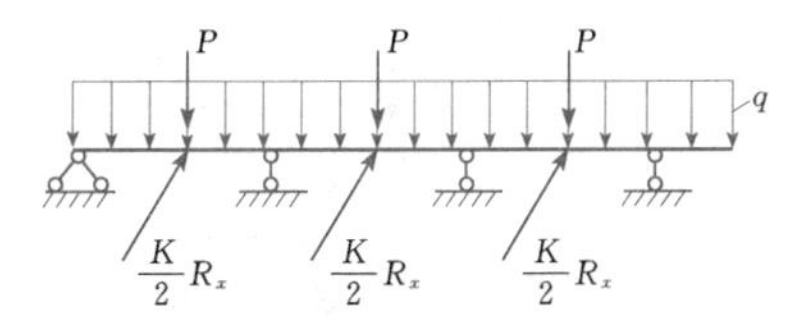

图 6.5-25　水泵梁计算简图

图 6.5-25 中，作用在水泵梁上的主要荷载如下：

(1) 水泵梁自重。为均布静荷载 q。

(2) 泵体重。包括喇叭段、导叶体、弯管等为 P_1。

(3) 出水弯管至后墙之间水管重及管中水重。传至水泵梁所承担的部分荷载为 P_2。荷载 P_1 及 P_2 通过水泵底座传至水泵梁，可作为集中静荷载，每根水泵梁承受 $P=(P_1+P_2)/2$。

(4) 水体倒流冲击力。在水泵事故停车，且拍门失效时，水流倒流对水泵弯管壁产生冲击力，见图 6.5-26。

取弯管内水体为脱离体，由动量方程可得

$$\left.\begin{aligned} P_x &= p_1 A_1 \cos\alpha_1 + \frac{\gamma Q}{g} v_1 \cos\alpha_1 \\ P_z &= p_2 A_2 - p_1 A_1 \sin\alpha_1 - G - \frac{\gamma Q}{g}(v_1 \sin\alpha_1 - v_2) \end{aligned}\right\} \quad (6.5-34)$$

水体对管壁的冲击力为

$$\left.\begin{aligned} R_x &= -P_x \\ R_z &= -P_z \end{aligned}\right\} \quad (6.5-35)$$

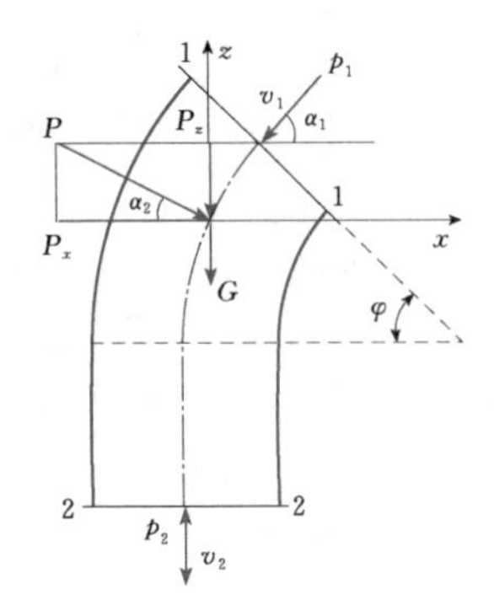

图 6.5-26 水流倒流时水泵弯管壁受力图

上二式中 P_x、P_z——弯管对水体作用的水平、垂直分力，kN；

R_x、R_z——水体对弯管冲击力的水平、垂直分力，kN；

p_1、p_2——断面 1-1、2-2 的中心静水压强，kPa；

A_1、A_2——断面 1-1、2-2 的面积，m^2；

v_1、v_2——断面 1-1、2-2 处的水流倒流流速，m/s；

γ——水的重度，kN/m^3；

G——水泵弯管部分水体的重量，kN；

Q——水流倒流时通过弯管的流量，m^3/s，与水泵的比转速、倒转时水头及管路性能有关，一般情况下，水流倒流流量为额定流量的 1.2～1.6 倍；

α_1——弯管出口中心线与水平线的夹角，(°)。

R_z 垂直向上，设计时不予考虑。R_x 使梁在水平方向受弯，故应对梁的水平方向强度进行校核。

以上荷载尚须乘以动力系数 $K(1.2\sim1.8)$。

2. 排架

排架式泵房下部，是由立柱、上下横梁、底板组成一个刚性联结的空间排架，为简化计算，仍按平面结构进行计算。

(1) 横排架。荷载的作用宽度可取一跨的距离，见图 6.5-27。

图 6.5-27 中，作用在横排架上的荷载如下：

1) 上横梁自重及电机层楼板传来的均布静荷载 $q_上$。

2) 下横梁自重 $q_下$。

3) 电动机梁传给上横梁的集中荷载 $P_电$。

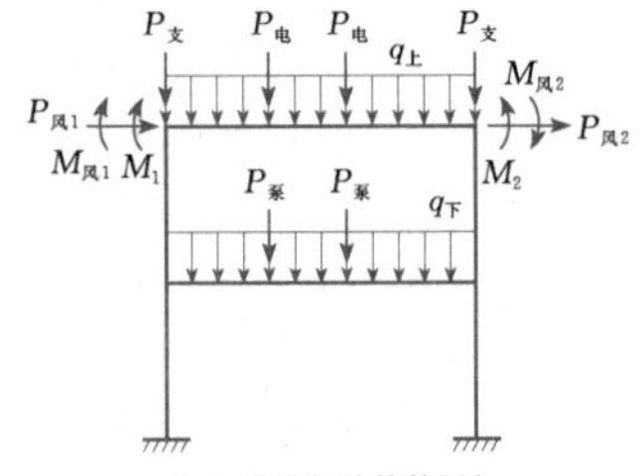

(a) 横排架计算简图

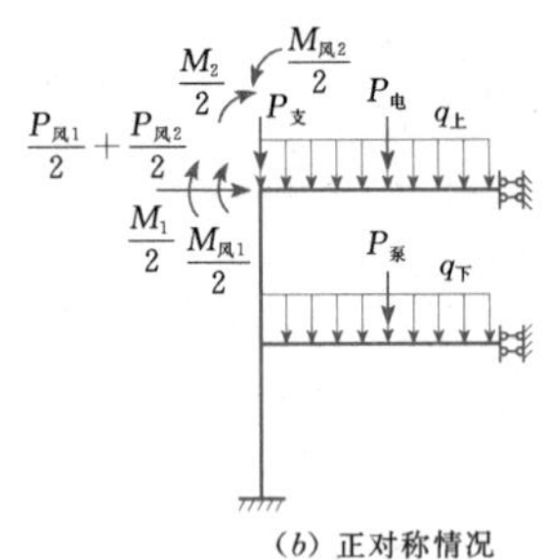

(b) 正对称情况

(c) 反对称情况

图 6.5-27 横排架计算简图

4) 水泵梁传给下横梁的集中荷载 $P_泵$。

5) 上部砖柱传给排架的力矩及集中荷载 M_1、M_2、$P_支$。

6) 风荷载作用在上部砖墙及屋顶，将其移至上横梁结点处，成为水平力 $P_{风1}$、$P_{风2}$ 及弯矩 $M_{风1}$、$M_{风2}$，并考虑右吹及左吹情况。

计算时，可以利用刚架的对称性，将荷载分为正对称及反对称两组，分别进行内力计算，最后叠加。

(2) 纵排架。通常取出水侧的纵排架作为计算单元。图 6.5-28 为纵排架计算简图。

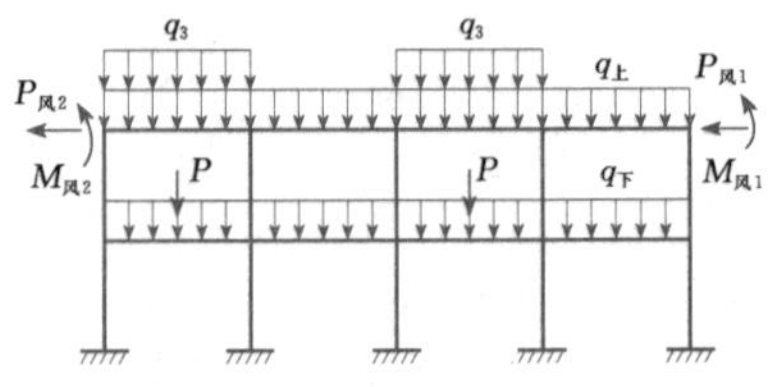

图 6.5-28 纵排架计算简图

图 6.5-28 中，作用在纵排架上的荷载如下：

1) 纵梁自重 q_1。

2) 上纵梁电动机层楼板自重 q_2 及其上均布活

荷载 q_3。

3）上纵梁上部砖墙及屋面系统荷载 q_4，图中 $q_{上}=q_1+q_2+q_4$。

4）下纵梁自重 $q_{下}$。

5）出水管及管中水重由纵梁支承的部分，可视为集中荷载 P。

6）风荷载造成的水平力 $P_{风1}$、$P_{风2}$ 及弯矩 $M_{风1}$、$M_{风2}$，图示假设风从右侧吹来。

图 6.5-28 中 q_3 及 P 的作用位置，要考虑到不利的荷载组合。

6.5.4 块基型泵房

6.5.4.1 结构特点、适用条件及结构型式

1. 结构特点

水泵的进水流道与泵房底板用钢筋混凝土浇筑在一起，构成整个泵房的基础，称为块基型泵房。

2. 适用条件

块基型泵房适用条件如下：

（1）安装口径大于 1200mm 的大型水泵（包括立式、卧式、斜式）。

（2）有直接挡水的要求时，采用块基型泵房比较有利。

（3）各种地基。

3. 影响泵房结构型式的主要因素

（1）主机组结构型式。立式、斜式、卧式（贯流式、轴伸式、猫背式）。

（2）进水流道型式。肘形、钟形、簸箕形、双向流道、直筒式或涵洞式。

（3）出水流道型式。平直管、虹吸管、蜗形出水室、双向出水流道，直筒式出水室。

（4）泵房挡水作用。堤身式（河床式）、堤后式。

（5）断流方式。真空破坏阀、拍门、快速闸门。

4. 几种典型泵房结构型式

（1）图 6.5-29 为堤身式肘形进水、虹吸出水、真空破坏阀断流方式的泵房剖面图。由进水流道层、水泵层，联轴层（或称为检修层）以及电机层等四层组成。

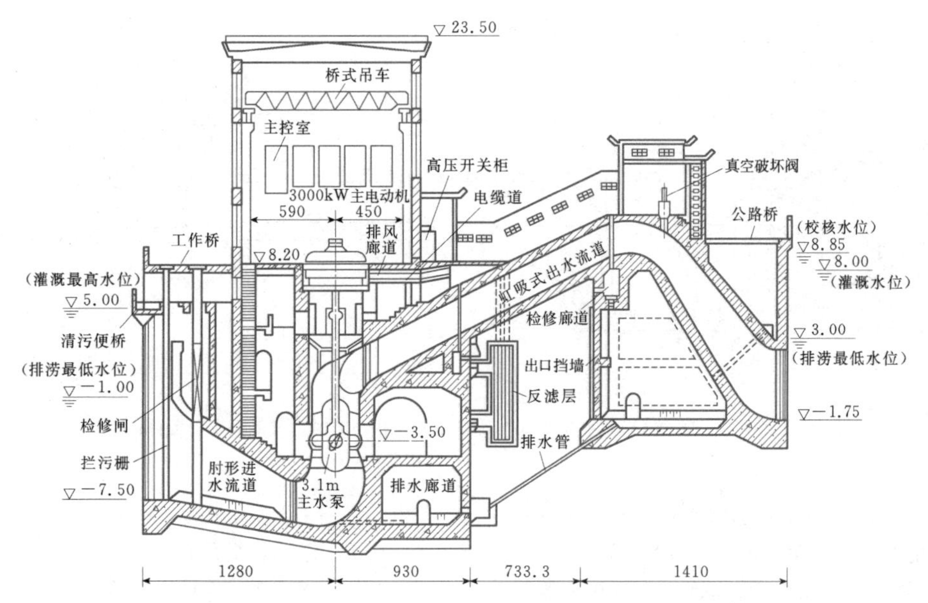

图 6.5-29 堤身式肘形进水、虹吸出水、真空破坏阀断流方式的泵房剖面图
（尺寸单位：cm；高程单位：m）

（2）图 6.5-30 为堤身式具有肘形进水管、直管式出水管、拍门断流方式的泵房。泵房由四层组成。

（3）图 6.5-31 为堤后式具有肘形进水管、直管出水、拍门断流方式的泵房。泵房由四层组成。泵房不承受外水压力，易满足稳定要求。

（4）图 6.5-32 为堤身式具有肘形进水管、平直管式出水管、带小拍门的快速闸门启动、液压快速门断流方式的泵房。泵房由四层组成。

（5）图 6.5-33 为堤后式具有钟形进水室、蜗壳出水室、快速闸门断流、安装立式混流泵的泵房。由进水流道层、出水流道层、检修层、电动机层组成。整个泵房相对较低，泵房宽度较小，但机组段较宽。

（6）图 6.5-34 为堤后式钟形进水流道、虹吸式

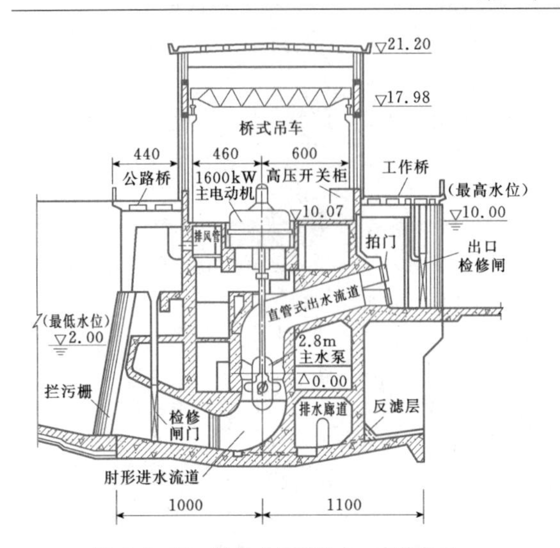

图 6.5-30　堤身式肘形进水、直管出水、拍门断流方式的泵房剖面图

（尺寸单位：cm；高程单位：m）

出水流道的泵房。由于虹吸管很长，需要分节，易引起不均匀沉降。

（7）图 6.5-35 为采用斜 45°机组、肘形进水管、平直出水管、拍门断流的泵房。泵房高度可降低，流道水头损失较小，但斜式机组安装较麻烦。

（8）图 6.5-36 为采用猫背式轴流泵、涵洞式进、出水流道、快速闸门断流的泵房。水泵轴在出水流道侧，对进水无影响，但出水流道需向下弯曲。泵房高度较低，但宽度较宽。

（9）图 6.5-37 为采用轴伸式机组的泵房。进水流道仍为肘形弯管，而出水流道则为向上倾斜的折臂式，采用快速弧形闸门断流。水泵轴对进水流态有些影响，但出水流道可不向下弯曲。泵房高度较低，但宽度较宽。

（10）图 6.5-38 为采用灯泡贯流式水泵机组的泵房。进、出水流道为圆筒形，设油压闸门及拍门断流。

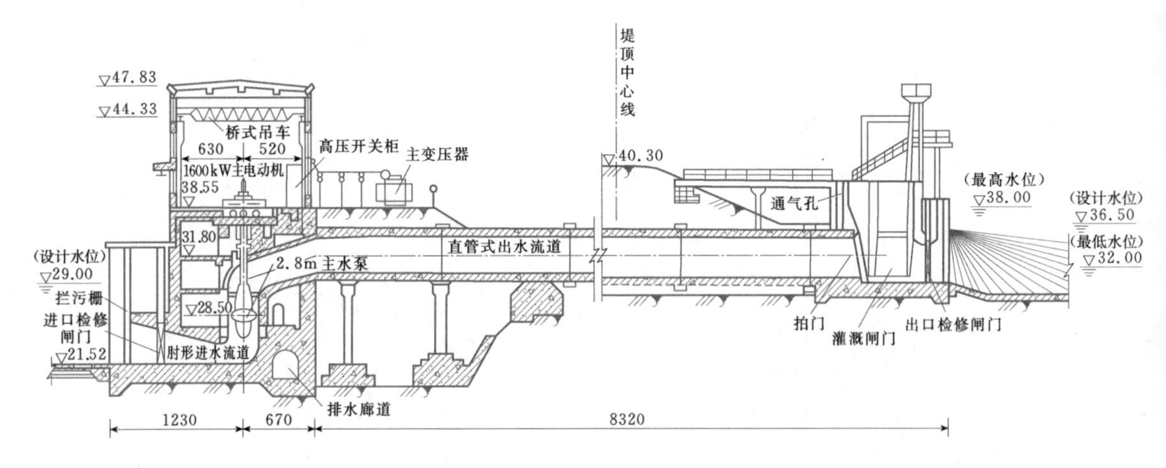

图 6.5-31　堤后式肘形进水、直管出水、拍门断流方式的泵房剖面图

（尺寸单位：cm；高程单位：m）

（11）图 6.5-39 为堤后式采用潜水贯流式双向水泵机组的泵房。水泵叶片采用 S 型，通过电机正、反转实现双向运行。进、出水流道为矩形变圆形涵洞，进、出水流道前布置液压快速闸门进行断流。

6.5.4.2　主泵房主要尺寸确定

现以立式轴流泵的块基型泵房为例说明如下。

1. 主泵房长度的确定

主机组均为一列式布置，泵房永久变形缝的布置原则同本节 6.5.2。主泵房长度根据下列三个条件确定，见图 6.5-40。

（1）进水流道宽度及其结构型式的要求为

$$L = nB_{进} + (n-1)a + 2c \qquad (6.5-36)$$

式中　L——主泵房长度，m；

n——主机组台数；

$B_{进}$——进水流道进口宽度，m；

a——两台机组间隔墩的厚度，m，一般采用 0.8～1.0m，如设缝墩，式中 a 前括号内应加分缝数；

c——边墩厚度，m，一般采用 1.0～1.2m。

（2）按电动机风道盖板外径与不小于 1.5m 宽度运行通道的尺寸总和确定。

（3）水泵层中每台水泵两侧的空间，应能满足安装及检修要求。

2. 主泵房宽度的确定

（1）水泵层及进水流道层宽度。由下述条件确定：

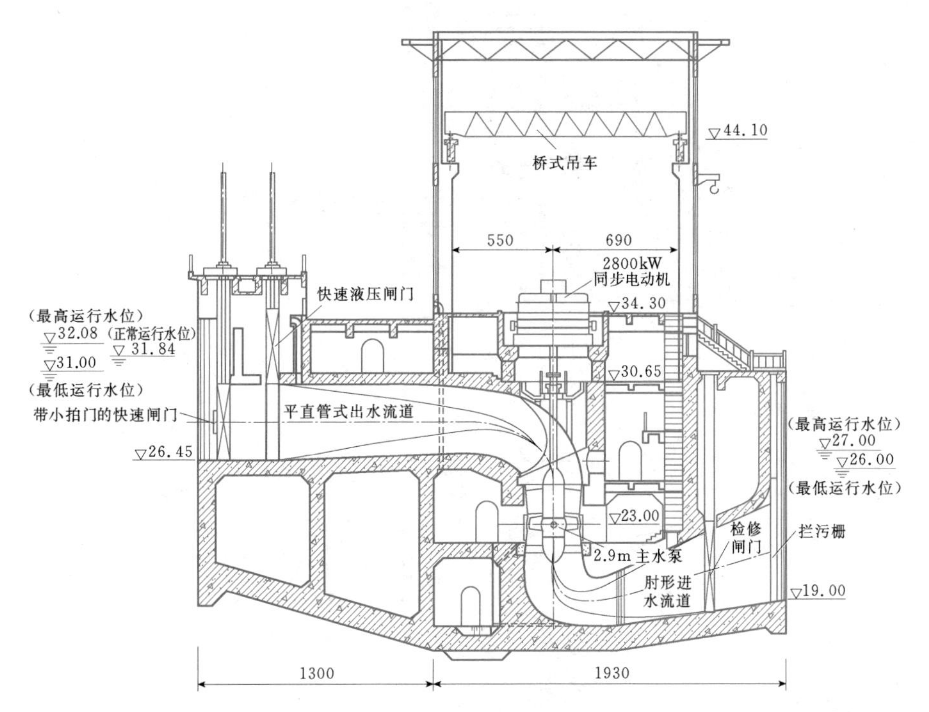

图 6.5-32　堤身式肘形进水、直管出水带拍门快速闸门启动、液压快速门断流方式的泵房剖面图
(尺寸单位：cm；高程单位：m)

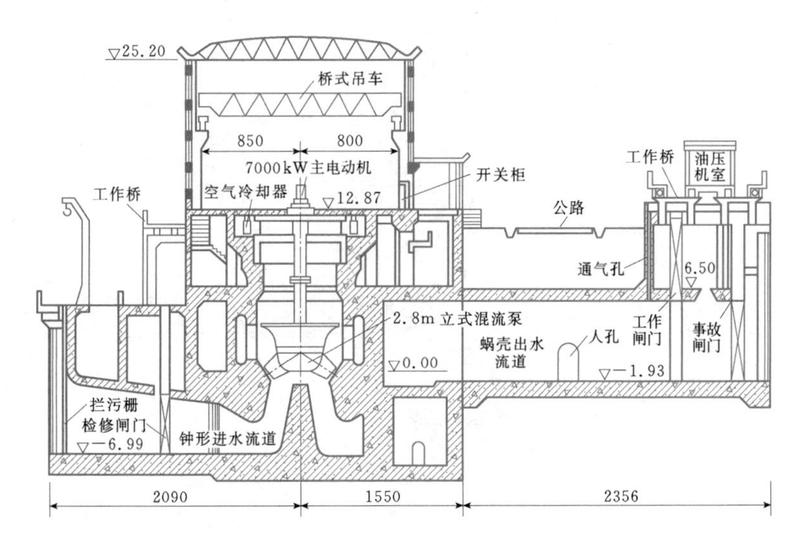

图 6.5-33　堤后式钟形进水、蜗壳出水、快速闸门断流、安装立式混流泵的泵房剖面图
(尺寸单位：cm；高程单位：m)

1）进水流道长度由水力计算确定。

2）水泵层前后墙距离由主机组布置、水泵前后过道及运物要求确定。

3）底板宽度由泵房稳定及防渗要求确定。

(2) 电机层及联轴层宽度。由下述条件确定（见图 6.5-41）。

1）由配电设备及吊物孔布置要求确定。电机层净宽度为

$$B_0 = D + b_1 + b_2 + b_3 + b_4 + b_5 + b_6 \tag{6.5-37}$$

式中　B_0——电机层净宽度，m；

D——电动机外径，m；

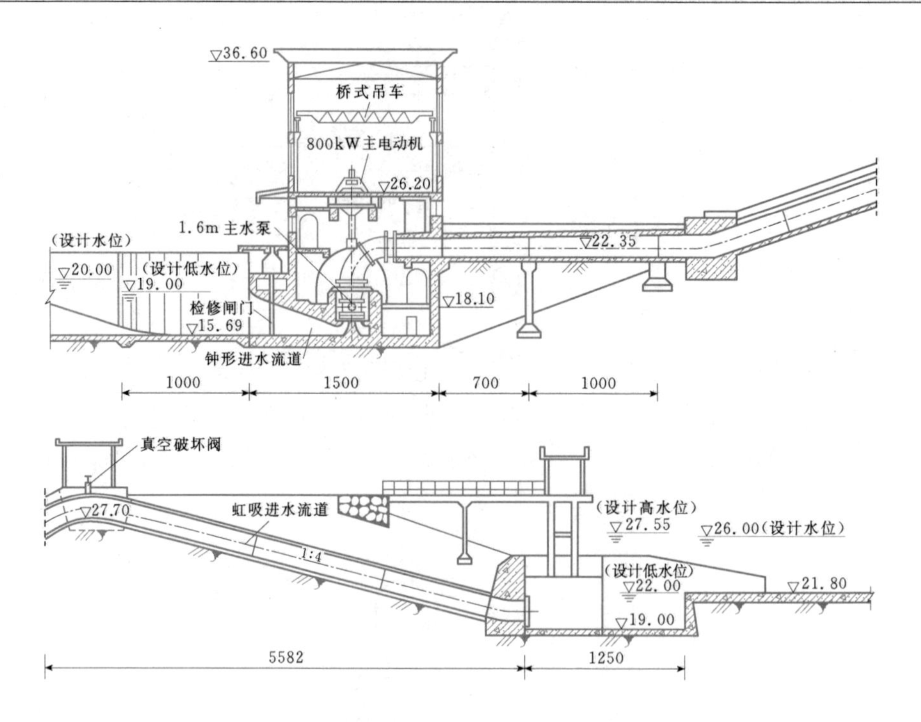

图 6.5-34 堤后式钟形进水、虹吸出水方式的泵房剖面图（尺寸单位：cm；高程单位：m）

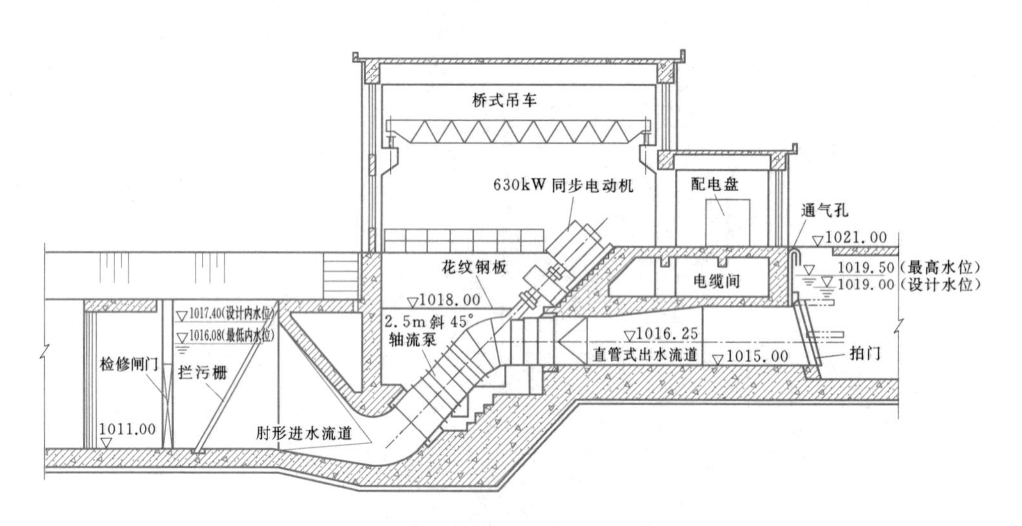

图 6.5-35 斜45°机组泵房剖面图（尺寸单位：cm；高程单位：m）

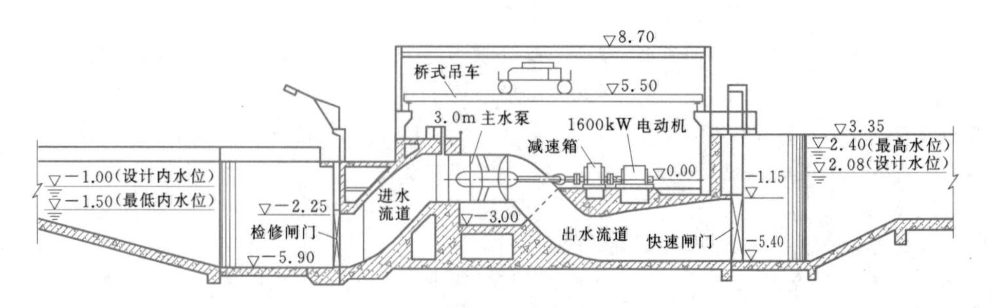

图 6.5-36 猫背式泵房剖面图（尺寸单位：cm；高程单位：m）

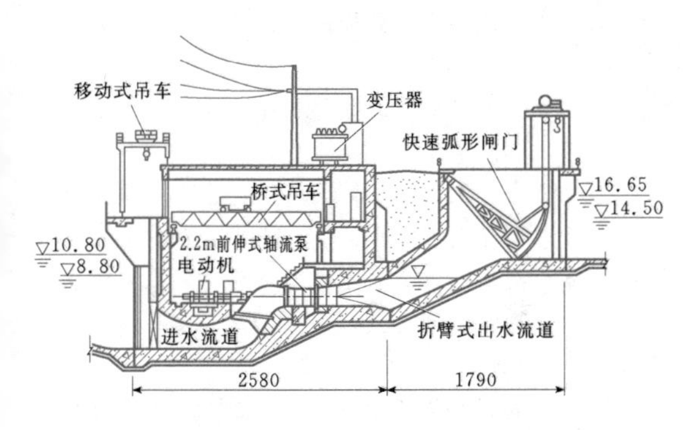

图 6.5-37　轴伸式机组泵房剖面图
（尺寸单位：cm；高程单位：m）

b_1——配电柜背面至墙壁净距，m，单面维护 $b_1=0$，双面维护 $b_1=0.8$m；

b_2——配电柜厚度，m；

b_3——配电柜面至电动机外壳的净距，m，低压柜不小于 1.5m，高压柜不小于 2m；

b_4——电动机外壳至吊物孔边缘距离，m，一般不小于 1.5m；

b_5——吊物孔宽度，m，按吊运最大部件要求决定；

b_6——吊物孔边至吊车立柱距离，m。

当配电设备布置在配电间内时，$b_1=b_2=0$。

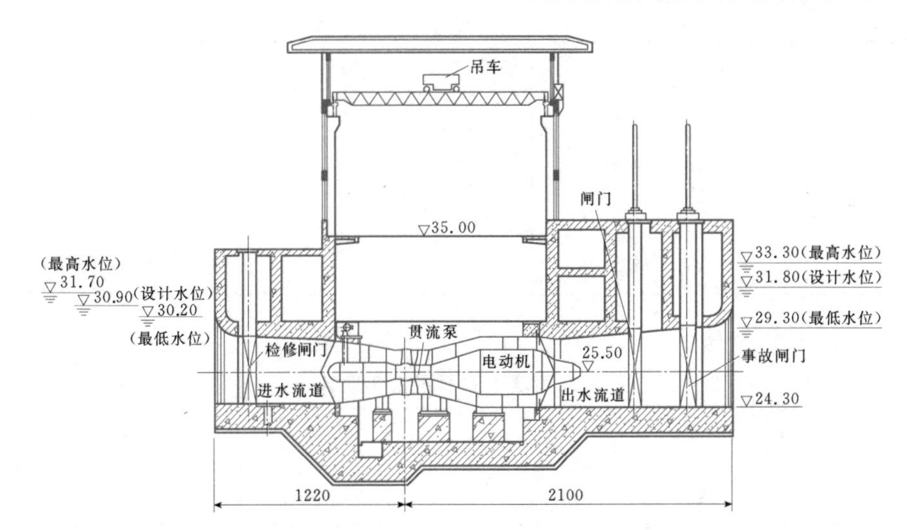

图 6.5-38　灯泡贯流式水泵机组泵房剖面图（尺寸单位：cm；高程单位：m）

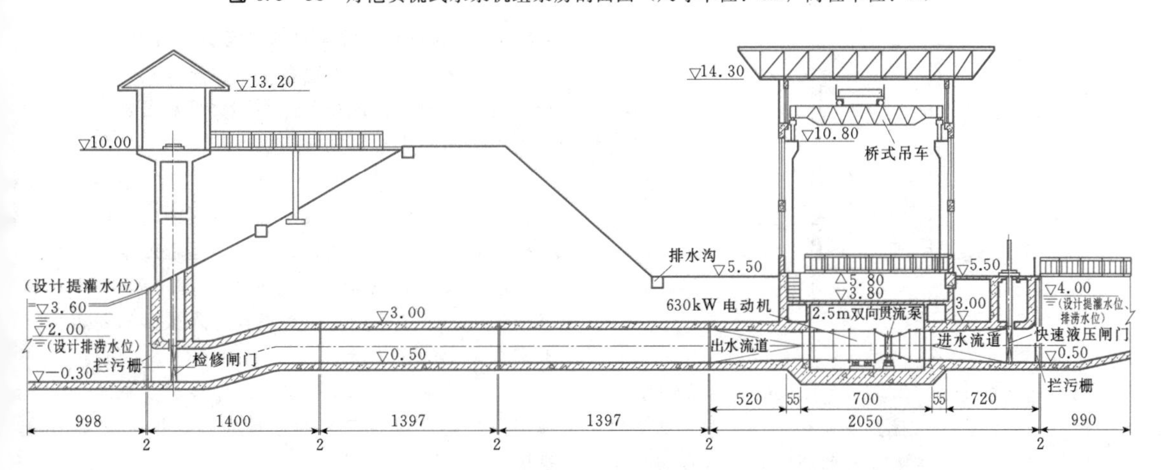

图 6.5-39　堤后式潜水贯流式双向水泵的泵房剖面图（尺寸单位：cm；高程单位：m）

当吊物孔设在安装检修间内时，$b_5=0$，b_4、b_6 视情况而定。

2）由标准厂房跨度及桥式吊车的标准跨度确定。厂房跨度 L 和起重机跨度 B 可参考表 6.5-13 确定。

3. 主泵房各层高程的确定

主泵房各层高程的确定参见图 6.5-42。

（1）水泵安装高程$\nabla_{安}$（即图中$\nabla_{安}$）由式（6.5-31）确定。

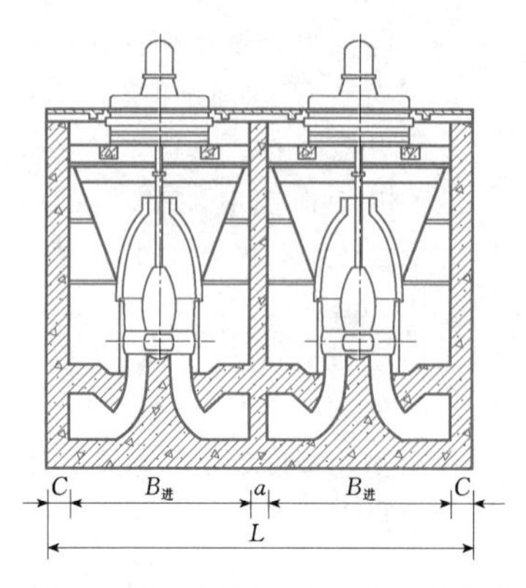

图 6.5-40 块基型泵房长度计算简图

(2) 进水流道底部高程按下式计算：

$$\nabla_{底} = \nabla_{sz} - H \tag{6.5-38}$$

式中 $\nabla_{底}$——进水流道底部高程，m；

∇_{sz}——水泵安装高程，m；

H——水泵叶轮中心至进水流道底部距离，m。

(3) 水泵层底部高程$\nabla_{泵}$，根据流道水力计算及结构计算，初步确定进水流道顶板厚度，并考虑水泵结构尺寸及叶轮检修方式，最后确定$\nabla_{泵}$，该层净高不宜小于4.0m。

(4) 联轴层底部高程$\nabla_{联}$，一般联轴层高程略高于填料函的高程，该层高度不宜小于2.0m。

(5) 电机层楼板高程$\nabla_{楼}$，根据水泵安装高程、泵轴及电动机轴长确定，并考虑电动机排风口的位置，使风道出口高于该侧最高水位。当采取自然通风时，应使$\nabla_{楼}$高于该侧泵房挡水部位高程（有防高水保护措施除外）。泵房挡水部位高程由设计或校核水位根据建筑物级别加上相应的安全加高确定。

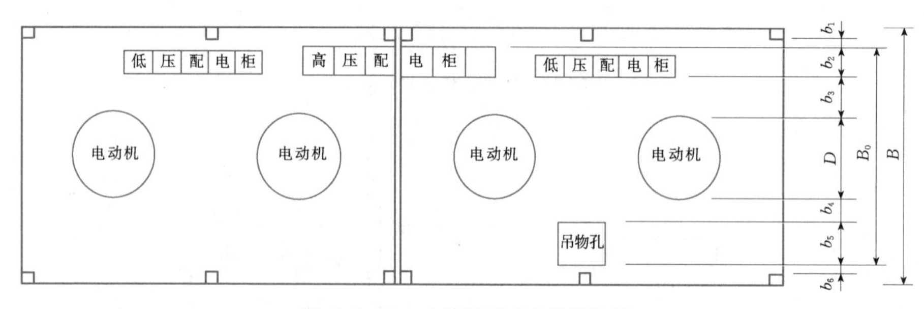

图 6.5-41 电机层平面布置示意图

表 6.5-13 厂房跨度 L 和起重机跨度 B 单位：m

厂房跨度 L	9	12	15	18	21	24	27	30	33	36
起重机跨度 B	7.5/7	10.5/10	13.5/13	16.5/16	19.5/19	22.5/22	25.5/25	28.5/28	31.5/31	34.5/34

注 表中起重机跨度为无走道板/有走道板时的跨度。

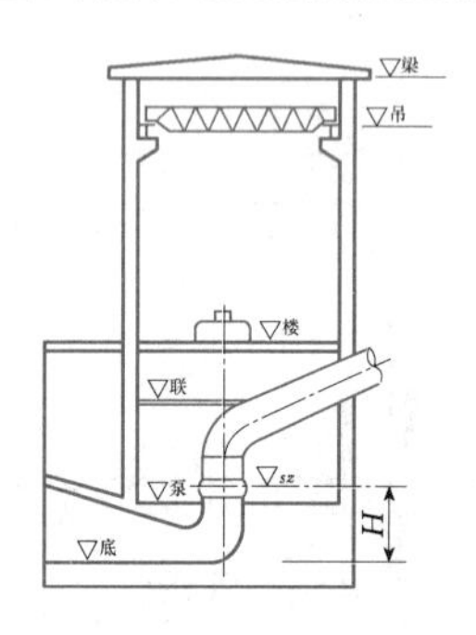

图 6.5-42 泵房各层高程示意图

(6) 吊车梁底部高程$\nabla_{吊}$，按式(6.5-11)计算确定。

(7) 屋盖大梁下缘高程$\nabla_{梁}$，按式（6.5-13）计算确定。

6.5.4.3 辅机房、安装检修间及其他设备布置

(1) 辅机房一般布置在主泵房出水侧，或在其一端，其面积根据辅助设备种类、数量及布置而定，地板高程应略高于主泵房电机层或相等。

(2) 安装检修间设于主泵房一端，其中布置有吊物孔、转子检修孔、工具室等，其面积应能在检修一台机组时有一定的空间，并能满足运输最重件的载重汽车进入泵房的场地。立式机组一般取1～1.5倍机组段长度，卧式机组应满足设备进入泵房的要求，且不宜小于5m。

(3) 控制室、继电保护室可布置在主泵房一侧或一端，控制室应有较好的通视条件，以便于观察主泵房。

(4) 油库可布置在安装检修间下层，内设贮油箱及油处理设备。

(5) 真空破坏阀室设于虹吸出水管顶，如主泵房为堤身式，部分辅机也可以设于该室内。

(6) 叶片调节机构用的油压装置设于主泵房内，

靠近用户。

(7) 供、排水泵设于水泵层内，不另安排建筑面积。

6.5.4.4 泵房整体稳定及基底应力计算

块基型泵房的整体稳定计算包括抗滑稳定、抗浮稳定、抗渗稳定、地基应力及沉降量。应满足承载力、稳定和变形的要求。

1. 计算情况选择

(1) 完建情况。工程完建初期，进、出水侧均无水，岸墩及后墙已回填土。

(2) 运行情况。进、出水侧均达到设计运行水位，机组运行（包括出水侧达到最高水位的情况）。

(3) 校核情况：出水侧达到最高洪水位，进水侧为最低运行水位，机组不运行（包括止水失效情况）。

对需要进行抗震计算的泵站，进、出水池水位均取设计运行水位计算。

2. 荷载组合

泵房整体稳定及应力分析的荷载组合按表 6.5-14 的规定采用。

表 6.5-14　荷载组合

荷载组合	计算情况	荷载											
		自重	水重	静水压力	扬压力	土压力	淤沙压力	波浪压力	风压力	冰压力	土的冻胀力	地震作用	其他荷载
基本组合	完建	√	—	—	—	√	—	—	—	—	—	—	√
	设计运行	√	√	√	√	√	√	√	√	—	—	—	√
	冰冻	√	√	√	√	√	√	—	√	√	√	—	√
特殊组合	施工	√	—	—	—	√	—	—	—	—	—	—	√
	检修	√	—	√	√	√	√	√	√	—	—	—	√
	校核运行	√	√	√	√	√	√	√	√	—	—	—	—
	地震	√	√	√	√	√	√	√	√	—	—	√	—

3. 泵房稳定计算

泵房可以以一个分缝段作为计算单元进行抗滑稳定及基底应力计算。抗滑稳定安全系数按下列公式计算：

土基或岩基

$$K_c = \frac{f\sum G}{\sum H} \tag{6.5-39}$$

土基

$$\left.\begin{aligned} K_c &= \frac{f_0\sum G}{\sum H} \\ f_0 &= \frac{\tan\varphi_0 \sum G + c_0 A}{\sum H} \end{aligned}\right\} \tag{6.5-40}$$

岩基

$$K_c = \frac{f'\sum G + c'A}{\sum H} \tag{6.5-41}$$

要求：$K_c \geqslant [K_c]$。K_c 为抗滑稳定安全系数；$[K_c]$ 为抗滑稳定安全系数容许值，按表 6.5-15 采用。

式中　$\sum H$——作用在泵房上的全部水平（合力）向荷载，kN；

$\sum G$——作用在泵房上的全部竖向荷载（包括基础底面上的扬压力在内），kN；

A——基础底面面积，m^2；

f——基底面与地基之间的摩擦系数，可按试验资料确定，当无试验资料时，可按表 6.5-16、表 6.5-18 所列数值采用；

φ_0——泵房基础底面与土地基之间的摩擦角，(°)；

c_0——泵房基础底面与土地基之间的黏聚力，kPa；

f_0——泵房基底面与土地基之间的综合摩擦系数；

c'——泵房基础底面与岩基之间的抗剪断黏聚力，kPa；

f'——泵房基础底面与岩基之间的抗剪断摩擦系数。

对于土基，φ_0、c_0 值可根据室内抗剪试验资料，按表 6.5-17 采用；对于岩基，泵房基础底面与岩石地基之间的抗剪断摩擦系数 f' 值和抗剪断黏聚力 c' 值可根据室内岩石抗剪断试验成果，并参照类似工程实践经验及表 6.5-18 所列值选用。但选用的 f' 值和 c' 值不应超过泵房基础混凝土本身的抗剪断参数值。

当泵房受双向水平力作用时（如边机组段），应核算其沿合力方向的抗滑稳定性。

表 6.5-15 抗滑稳定安全系数容许值 [K_c]

地基类别	荷载组合		泵站建筑物级别				适用公式
			1	2	3	4、5	
土基	基本组合		1.35	1.30	1.25	1.20	式（6.5-39）或式（6.5-40）
	特殊组合	Ⅰ	1.20	1.15	1.10	1.05	
		Ⅱ	1.10	1.05	1.05	1.00	
岩基	基本组合		1.10	1.08		1.05	式（6.5-39）
	特殊组合	Ⅰ	1.05	1.03		1.00	
		Ⅱ	1.00				
	基本组合		3.00				式（6.5-41）
	特殊组合	Ⅰ	2.50				
		Ⅱ	2.30				

注 1. 特殊组合Ⅰ适用于施工情况、检修情况和校核运用情况，特殊组合Ⅱ适用于地震情况。

2. 在特殊荷载组合条件下，土基上泵房沿深层滑动面滑动的抗滑稳定安全系数容许值，可根据软弱土层的分布情况等，较表列值适当增加。

3. 岩基上泵房沿可能组合滑裂面滑动的抗滑稳定安全系数容许值，可根据缓倾角软弱夹层或断裂面的充填物性质等情况，较表列值适当增加。

表 6.5-16 摩擦系数 f 值

地基类别		f
黏土	软弱	0.20～0.25
	中等坚硬	0.25～0.35
	坚硬	0.35～0.45
壤土、粉质壤土		0.25～0.40
砂壤土、粉砂土		0.35～0.40
细砂、极细砂		0.40～0.45
中砂、粗砂		0.45～0.50
砂砾石		0.40～0.50
砾石、卵石		0.50～0.55
碎石土		0.40～0.50

泵房抗浮稳定安全系数 K_f 按下式计算：

$$K_f=\frac{\sum V}{\sum U} \qquad (6.5-42)$$

要求基本组合下 $K_f\geqslant1.10$，特殊组合下 $K_f\geqslant1.05$。

式中 K_f——抗浮稳定安全系数；

$\sum V$——作用于泵房基础底面以上的全部重量，kN；

$\sum U$——作用于泵房基础底面上的扬压力，kN。

表 6.5-17 摩擦角 φ_0 值和黏聚力 c_0 值

地基类别	摩擦角 φ_0（°）	黏聚力 c_0（kPa）
黏性土	0.9φ	（0.2～0.3）c
砂性土	（0.85～0.9）φ	0

注 1. 表中 φ 为室内饱和固结快剪（黏性土）或饱和快剪（砂性土）试验测得的摩擦角值，（°）；c 为室内饱和固结快剪试验测得的黏聚力值，kPa。

2. 按本表采用 φ_0 值和 c_0 值时，对于黏性土地基，应控制折算的综合摩擦系数 $f_0\leqslant0.45$；对于砂性土地基，应控制摩擦角的正切值 $\tan\varphi_0\leqslant0.5$。

表 6.5-18 岩基上基底与岩石之间的抗剪断摩擦系数、抗剪断黏聚力和抗剪摩擦系数

岩体类别	抗剪断摩擦系数 f'	抗剪断黏聚力 c'（MPa）	抗剪摩擦系数 f
Ⅰ	1.50～1.30	1.50～1.30	0.85～0.75
Ⅱ	1.30～1.10	1.30～1.10	0.75～0.65
Ⅲ	1.10～0.90	1.10～0.70	0.65～0.55
Ⅳ	0.90～0.70	0.70～0.30	0.55～0.40
Ⅴ	0.70～0.40	0.30～0.05	0.40～0.30

注 1. 表中岩体即基岩，岩体分类标准应按现行国家标准《水利水电工程地质勘察规范》GB 50287 的规定执行。

2. 表中参数限于硬质岩，软岩应根据软化系数进行折减。

当计算的 K_f 值不满足要求时，可以采取以下措施：

（1）增加泵房自重。

（2）将底板向墙外延伸，其上回填土。

（3）泵房如在岩基上，则可在底板与岩基之间加设锚筋，其数量和大小按锚筋所能承受的极限上拔力进行核算。

4. 基底应力计算

（1）计算工况。泵房土建部分施工完毕，机组及其他设备已经安装，进水池水位为设计最低水位。

（2）计算单元。取整个泵房分缝单元长度，亦可沿泵房长度方向，取一荷载有代表性的长度。

（3）泵房基底应力。对于矩形或圆形基础，按下式计算：

$$p_{\substack{max\\min}}=\frac{\sum G}{A}\pm\frac{\sum M_x}{W_x}\pm\frac{\sum M_y}{W_y} \qquad (6.5-43)$$

式中 p_{max}——基础底面边缘最大应力，kPa；

p_{min}——基础底面边缘最小应力，kPa；

$\sum M_x$——作用于泵房基础底面以上的全部水平向和竖向荷载对于基础底面形心轴 x 的力矩，kN·m；

$\sum M_y$——作用于泵房基础底面以上的全部水平向和竖向荷载对于基础底面形心轴 y 的力矩，kN·m；

W_x——泵房基础底面对于该底面形心轴 x 的截面矩，m^3；

W_y——泵房基础底面对于该底面形心轴 y 的截面矩，m^3；

其他符号意义同前。

泵房基础持力层土基的承载力计算参见本手册第1卷第4章“土力学”。

土基上的泵房在各种计算情况下，泵房基础底面平均应力不应大于地基容许承载力；基础底面边缘最大应力不应大于地基容许承载力的1.2倍；基础底面应力不均匀系数的计算值不应大于表6.5-19规定的容许值。在地震情况下，泵房地基持力层容许承载力可适当提高。

基础底面应力不均匀系数为

$$\lambda = p_{max}/p_{min} \quad (6.5-44)$$

式中 λ——基础底面应力不均匀系数；

p_{max}——基础底面最大应力，kPa；

p_{min}——基础底面最小应力，kPa。

表6.5-19 土基上泵房基础底面应力不均匀系数容许值[λ]

地基土质	荷载组合	
	基本组合	特殊组合
松　软	1.5	2.0
中等坚实	2.0	2.5
坚　实	2.5	3.0

注 1. 对于重要的大型泵站，容许值可按表列数值适当减小。
2. 对于地震情况，容许值可按表中特殊组合栏所列值适当增大。

岩基上的泵房在各种荷载组合下，基础底面最大应力不应大于地基容许承载力，泵房基础底面应力不均匀系数可不控制，但在非地震情况下基础底面边缘的最小应力应不小于零，在地震情况下基础底面边缘的最小应力应不小于100kPa的拉应力。

地基土质判别：松软地基包括松砂地基和软土地基。坚实地基包括坚硬的黏性土地基和紧密的砂性土地基。介于松软地基和坚实地基之间者，为中等坚实地基。

坚硬黏性土的特性指标：标准贯入击数大于15击。

密实砂土的特性指标：相对密度大于0.67，标准贯入击数大于30击。

松砂的特性指标见表6.5-20。软土的特性指标见表6.5-21。

表6.5-20 松砂特性指标

松砂类别	D_r（%）	$N_{63.5}$（击）
粉砂、细砂	≤33	≤8
中砂、粗砂	≤33	≤10

注 $N_{63.5}$为标准贯入击数；D_r为相对密度。

表6.5-21 软土特性指标

软土类别	$N_{63.5}$（击）	e	w（%）
软弱黏性土	2～4	0.75～1.00	$\geqslant w_L$
淤泥质土	1～2	1.00～1.50	$>w_L$
淤泥	≤1	≥1.50	$>w_L$

注 e为孔隙比；w为天然含水量；w_L为液限。

当泵房地基持力层内存在软弱夹层时，除应满足持力层的容许承载力外，还应对软弱夹层的容许承载力进行核算，计算公式为

$$p_C + p_Z \leqslant [R_Z] \quad (6.5-45)$$

式中 p_C——软弱夹层顶面处的自重应力，kPa；

p_Z——软弱夹层顶面处的附加应力，kPa，可将泵房基础底面应力简化为竖向均布、竖向三角形分布和水平向均布等情况，按条形或矩形基础计算确定；

$[R_Z]$——软弱夹层的容许承载力，kPa。

松软地基的处理参见本手册第7卷第5章“水闸”。

5. 地基渗流稳定计算

渗流计算：按渗径系数法初步拟定泵房地下轮廓线；按改进阻力系数法（或者流网法，复杂土质地基上的重要泵站应采用数值计算法）计算水平段渗流坡降和出口段渗流坡降，要求满足容许渗流坡降。

防渗措施：在泵房及前池、出水池的型式确定之后，对其地下轮廓线用渗径系数法进行校核，并计算水平段和出口段渗流坡降。

土基上，当基底防渗长度不足时，可考虑采取以下措施：

（1）在出水池加钢筋混凝土防渗铺盖、加设垂直防渗体或两者相结合的布置型式。

（2）在前池、进水池底板上设置适量的排水孔，在渗流出口处做排水反滤层。

（3）在泵房边墩和进、出口翼墙上做截水刺墙，回填黏土截水墙，防止绕流渗透破坏。

对于岩基，可根据防渗需要在底板高水位侧的齿墙下设置水泥灌浆帷幕，其后设置排水设施。

6. 沉降量计算

当符合下列条件时可以不进行沉降计算：

（1）岩石地基。

（2）砾石、卵石地基。

（3）中砂、粗砂地基。

（4）大型泵站标准贯入击数大于15击的粉砂、细砂、砂壤土、壤土及黏土地基。

（5）中型泵站标准贯入击数大于10击的壤土及黏土地基。

土质地基沉降量计算方法采用分层总和法。

泵房土质地基最终沉降量可按下式计算：

$$S_{\infty} = m\sum_{i=1}^{n}\frac{e_{1i}-e_{2i}}{1+e_{1i}}h_i \tag{6.5-46}$$

式中 S_{∞}——地基最终沉降量，mm；

m——地基沉降量修正系数，可采用1.0～1.6（坚实地基取小值，软土地基取大值）；

i——土层号；

n——地基压缩层范围内的土层数；

e_{1i}——泵房基础底面以下第 i 层土在平均自重应力作用下的孔隙比；

e_{2i}——泵房基础底面以下第 i 层土在平均自重应力、平均附加应力共同作用下的孔隙比；

h_i——第 i 层土的厚度，mm。

地基压缩层的计算深度应按计算层面处土的附加应力与自重应力之比等于0.1～0.2（软土地基取小值，坚实地基取大值）的条件确定。

若计算所得的地基应力及沉降量不满足规范要求，可考虑采取以下措施：

（1）增加底板的宽度，改变上部结构的布置，调整偏心程度。

（2）用减轻（如挖空）或增加（填砂或充水）某一部位重量的方法，使地基应力均匀。

（3）改变底板形状，如增加齿墙，底板向进水侧或出水侧翘起，以降低进口或出口的挡土墙高度。

（4）对地基进行加固处理和采取其他工程措施。

6.5.4.5 主要构件受力分析

1. 墩墙

（1）计算简图。块基型泵房的底扳、墩墙、水泵层及电机层楼板等构成一个2层或3层的箱形结构，楼板为横梁，墩墙为立柱。为简化计算，按平面刚架计算内力。垂直水流方向取单位宽度，以缝墩与边墩间所夹的范围作为一个计算单元。对于2层箱形结构，计算简图见图6.5-43。

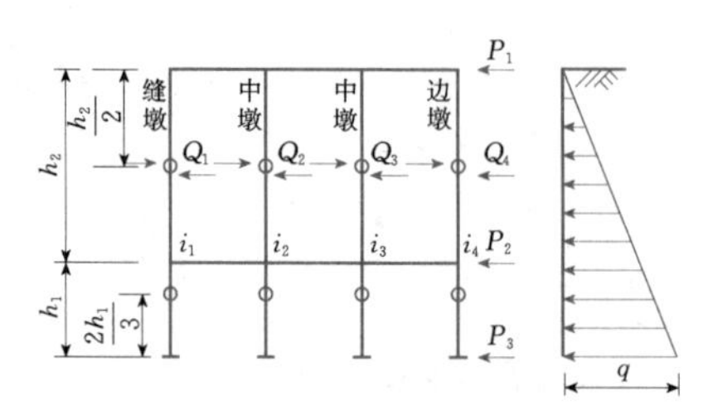

图 6.5-43 墩墙计算简图

刚架在边墩回填土压力（包括活荷载及地下水压力）作用下，产生侧向移动。立柱因自重等垂直力所引起的内力比土压力等水平力引起的内力小得多，故忽略不计。当横梁与立柱的线刚度之比不小于3时可采用反弯点法近似计算。否则，可按修正反弯点法近似计算，具体计算可参考有关文献。

应用反弯点法进行内力计算，基本假定是：①水平荷载简化为节点荷载；②底层各柱的反弯点（弯矩为零处）在距柱底2/3高度处，上层各柱的反弯点在柱高度的中点，从而定出各柱的剪力作用点；③同层各柱剪力按各柱线刚度 i_i 所占比例进行分配。

（2）计算步骤：

1）将水平荷载土压力等，按照杠杆原理化成作用在节点的集中荷载 P_1、P_2、P_3。

2）立柱的剪力，在图6.5-43上层（第2层）立柱反弯点处切开，则各柱的剪力为 Q_{21}、Q_{22}、Q_{23}、Q_{24}，为叙述方便，记为 $Q_i(i=1\sim4)$，则各立柱的剪力为

$$\left.\begin{aligned} Q_i &= \sum P\frac{i_i}{\sum i_i} \\ i_i &= \frac{EI_i}{h_i} \end{aligned}\right\} \tag{6.5-47}$$

式中 Q_i——各立柱的剪力，kN；

i_i——各立柱的线刚度，(kN·m²)/m；

E——立柱的弹性模量，kPa；

I——立柱的惯性矩，m⁴；

h——立柱高度，m；

$\sum P$——切口以上水平荷载的总和，即本层的层间剪力，kN，在此，$\sum P=P_1$。

下层反弯点的剪力同理可以求得。根据剪力可以求得各墩的弯矩，据此进行配筋计算。

3）立柱端弯矩为

底层：立柱上端　$M_{上} = Q_i \frac{1}{3} h_i$

立柱下端　$M_{下} = Q_i \frac{2}{3} h_i$　（6.5－48）

上层：立柱上下端　$M = Q_i \frac{1}{2} h_i$　（6.5－49）

上二式中　$M_{上}$——底层立柱上端弯矩，kN·m；

$M_{下}$——底层立柱下端弯矩，kN·m；

其他符号意义同前。

4）横梁（水泵层、电机层楼板）端弯矩为

边跨处［见图 6.5－44（*a*）］

$$M = M_n + M_{n+1} \quad (6.5-50)$$

式中　M——边梁梁端弯矩，kN·m；

M_n——边柱梁下端弯矩，kN·m；

M_{n+1}——边柱梁上端弯矩，kN·m。

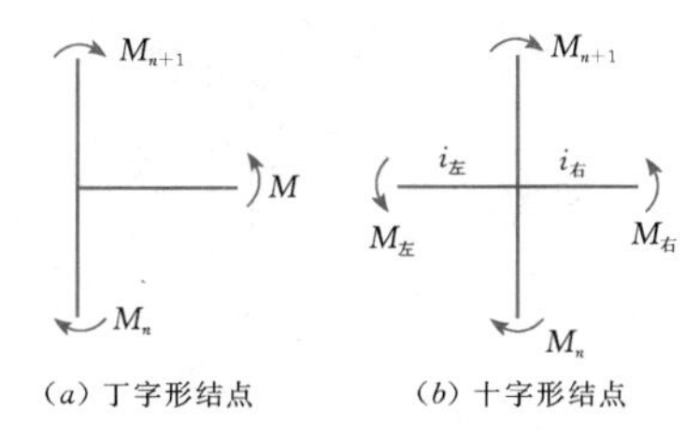

图 6.5－44　节点弯矩图

中间支座处［见图 6.5－44（*b*）］

$$M_{左} = (M_n + M_{n+1}) \frac{i_{左}}{i_{左} + i_{右}}$$

$$M_{右} = (M_n + M_{n+1}) \frac{i_{右}}{i_{左} + i_{右}} \quad (6.5-51)$$

式中　$M_{左}$——中间梁柱左端弯矩，kN·m；

$M_{右}$——中间梁柱右端弯矩，kN·m；

$i_{左}$——柱左边梁的线刚度，(kN·m²)/m；

$i_{右}$——柱右边梁的线刚度，(kN·m²)/m；

其他符号意义同前。

上述计算是按梁柱中到中计算的节点弯矩，在配筋时可以用立柱和横梁边缘弯矩。

大、中型泵站一般机组段较长，而墩墙的尺寸一般也较大，层高在 4～5m 左右，因此，一般计算简图的横梁线刚度难以达到立柱线刚度的 3 倍，不适合采用反弯点法。目前实际设计时普遍使用计算机软件，采用杆件有限元的数值计算，方便快捷、精度较高。

电机梁到后墙这段墩墙的主要荷载，是电机梁传来的弯矩及垂直荷载，可按偏心受压柱配筋。

2. 底板

泵房底板的结构型式主要有平底板及折线底板两种。在顺水流方向可分为进水流道底板及排水廊道底板；在垂直水流方向可分为中跨（指缝墩与缝墩之间的）及边跨（指缝墩与边墩之间的）。

（1）中跨进水流道底板。在计算简图上，取两端固结的单向板条（见图 6.5－45 中阴影部分）。所受荷载有纵向（顺水流方向）地基反力、扬压力、自重力、水重力。

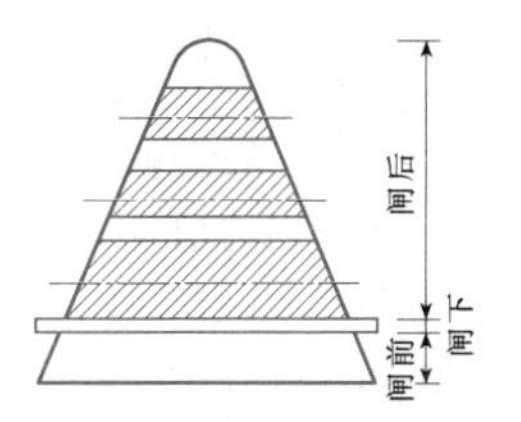

图 6.5－45　中跨进水流道底板计算简图

计算情况的选择，在闸前与闸下部分取完工、前池最高水位、前池最低水位三种情况。闸后部分除上述三种情况外，尚须考虑检修情况（即进水流道内无水，前池为最高水位）。

比较前述各情况，以最大正弯矩配底板底层钢筋，以最大负弯矩配底板面层钢筋。

（2）边跨进水流道底板。计算简图同上。取两边固结的单向板，亦可按倒置连续梁计算。所受荷载除自重和纵向地基反力外，还要计及因边墩土压力（即边墩、中墩及缝墩传给底板的）不平衡力矩所引起的横向（垂直水流方向）地基反力，见图 6.5－46。

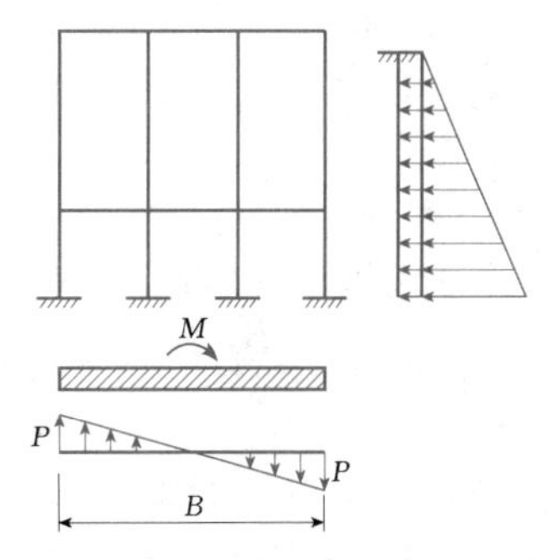

图 6.5－46　边跨进水流道地基反力

设边墩受土压力及活荷载对底板产生的力矩分别为 M_1 及 M_2，则总力矩为 $M=M_1+M_2$，并认为作用点在底板中心，其所引起的地基反力为

$$p = \frac{6M}{B^2} \quad (6.5-52)$$

式中　p——底板由边墩受土压力及活荷载作用在底板边缘产生的地基反力，kPa；

M——边墩受土压力及活荷载作用对底板产生的力矩，kN·m；

B——垂直水流方向的底板宽度，m。

将纵向、横向地基反力进行叠加，扣除底板自重力、水重力后作用在底板上，即可进行内力计算。

(3) 排水廊道底板。可按四边固结的双向或单向板计算，取中跨及边跨两种计算单元。中跨只计纵向地基反力、扬压力及自重力、水重力作用，而边跨尚需计及横向地基反力。图 6.5-47 是一块有 2 台机组的边跨排水廊道底板计算简图。图中，从纵向地基反力分布图得点 1、4 的地基反力为 $p_1 = p_4$，点 2、3 的地基反力为 $p_2 = p_3$；从横向地基反力分布图得 p_1'、p_2'、p_3'、p_4'，取平均值 $p_{均} = (p_1' + p_3')/2$。这样，点 1、4 的荷载为 $q_1 = p_1 + p_{均}$，点 2、3 的荷载为 $q_2 = p_2 + p_{均}$。

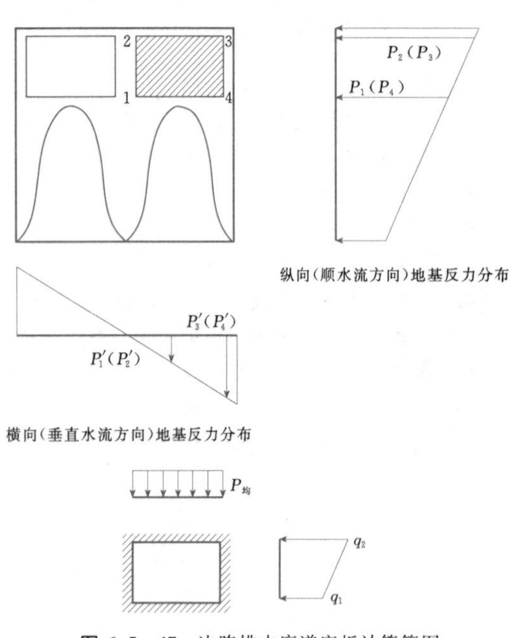

图 6.5-47　边跨排水廊道底板计算简图

用梯形荷载 q_1、q_2 求出板 1234 的内力，并根据不同情况求上、下层受力筋。

对于大型泵站，泵房底板应力可根据受力条件和结构的支承型式等情况按弹性地基上的板、梁或框架进行计算。一般泵房流道隔墩纵向刚度很大，可在其垂直水流方向取单宽简化为平面问题的梁进行计算。相对密度不大于 0.50 的砂土地基，按反力直线分布法计算，黏性土地基或相对密度大于 0.50 的砂土地基，按弹性地基梁法计算。土基上采用弹性地基梁法计算：当可压缩土层厚度与弹性地基梁长度之半的比值小于 0.25 时，按基床系数法（文克尔假定）计算；比值大于 2.0 时，按半无限深的弹性地基梁法计算；比值为 0.25～2.0 时，按有限深的弹性地基梁法计算。岩基上的弹性地基梁，按基床系数法计算。

当土基上的弹性地基梁采用有限深或半无限深的弹性地基梁法计算时，可按下列情况考虑边荷载的作用：当边荷载使泵房底板弯矩增加时，宜计及边荷载的全部作用；当边荷载使泵房底板弯矩减少时，在黏性土地基上可不计边荷载的作用，在砂性土地基上可只计边荷载的 50%。

复杂的泵房结构，可对底板、墩墙、流道、楼板组成的空间结构进行整体三维有限元分析。

3. 电机梁

大型立式机组的支承方式有：①梁式支承结构（见图 6.5-48）；②梁柱式支承结构（见图 6.5-49）；③圆井式支承结构（见图 6.5-50）。现以梁式

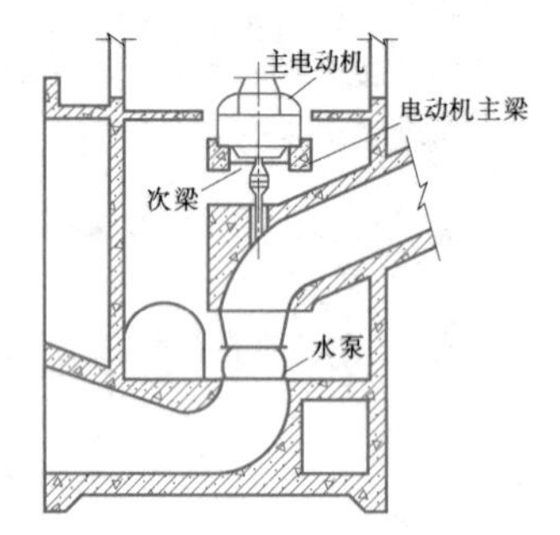

(*a*) 泵房电动机层以下部分

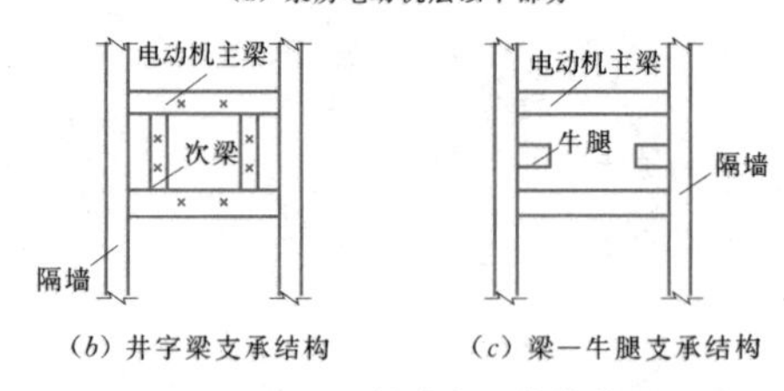

(*b*) 井字梁支承结构　　(*c*) 梁一牛腿支承结构

图 6.5-48　梁式支承结构简图

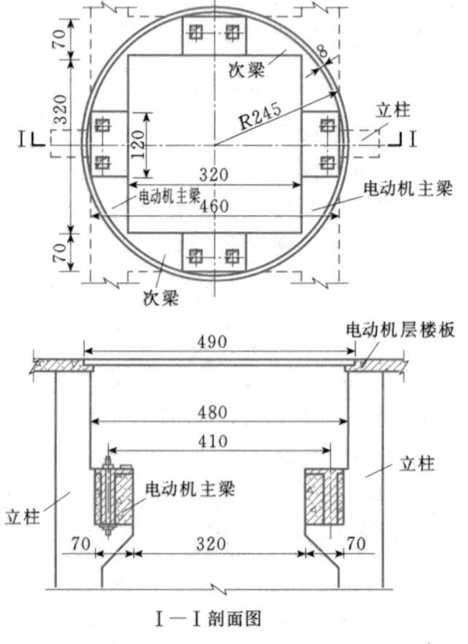

图 6.5-49　梁柱式支承结构（单位：mm）

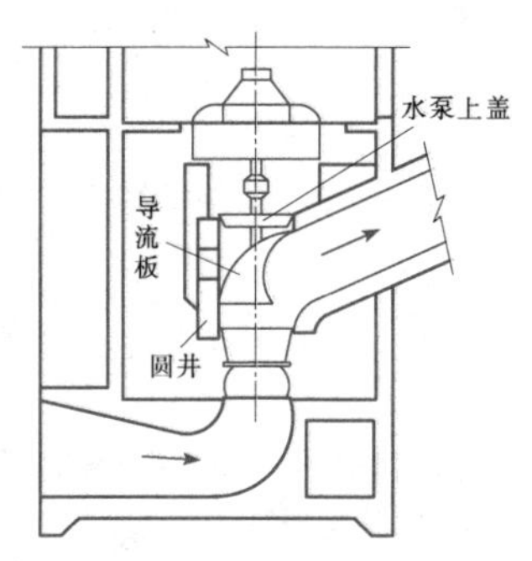

图 6.5-50 圆井式支承结构

支承结构的计算为例作一般介绍。

(1) 荷载：

1) 垂直荷载。包括：梁系自重（均布荷载）q；支承范围内电机层楼板重 G_1（包括活荷载）；电动机定子及上、下机架重 G_2；电动机转子带轴重 G_3；水泵叶轮带轴重 G_4；风道环形梁重 G_5；轴向水压力 G_6。

轴向水压力 G_6 为

$$G_6 = \frac{\pi}{4}(D^2 - d^2)\gamma H_{\max} \qquad (6.5-53)$$

式中 G_6——轴向水压力，kN；

D——叶轮直径，m；

d——轮毂直径，m；

γ——水的重度，kN/m³；

$H_{\max}$——最大工作水头，m。

总垂直集中荷载 G 为

$$G = (G_1 + G_2 + G_5) + \mu(G_3 + G_4 + G_6) \qquad (6.5-54)$$

式中 G——总垂直集中荷载，kN；

G_1——支承范围内电机层楼板重（包括活荷载），kN；

G_2——电动机定子及上、下机架重，kN；

G_3——电动机转子带轴重，kN；

G_4——水泵叶轮带轴重，kN；

G_5——风道环形梁重，kN；

μ——动力系数，按 1.3～1.5 取用，最终由动力计算确定。

每个支承螺栓上的集中力为

$$P = \frac{G}{m} \qquad (6.5-55)$$

式中 P——每个支承螺栓上的集中力，kN；

m——螺栓的数目；

其他符号意义同前。

2) 水平荷载。包括正常扭矩和短路扭矩产生的水平推力。

a. 正常扭矩按下式计算：

$$M_n = 9.75\frac{N}{n} \qquad (6.5-56)$$

式中 M_n——电动机正常扭矩，kN·m；

N——电动机输出功率，kW；

n——电动机额定转速，r/min。

正常扭矩 M_n 对电动机每个支承螺栓产生的水平推力按下式计算：

$$P_1 = \frac{M_n}{D_M \frac{m}{2}} \qquad (6.5-57)$$

式中 P_1——正常扭矩对电动机每个支承螺栓产生的水平推力，kN；

D_M——通过电动机中心的一对螺栓中心距，m；

其他符号意义同前。

b. 电动机短路时瞬时扭矩按下式计算：

$$M'_n = \frac{40N}{n} \qquad (6.5-58)$$

式中 M'_n——电动机短路时瞬时扭矩，kN·m；

其他符号意义同前。

c. 水平推力按下式计算：

$$P_2 = \frac{M'_n}{D_M \frac{m}{2}} \qquad (6.5-59)$$

式中 P_2——电动机短路时瞬时扭矩对电动机每个支承螺栓产生的水平推力，kN；

其他符号意义同前。

水平荷载 P_1、P_2 作用时，应计入动力系数。

短路扭矩（瞬时扭矩）M'_n 比正常扭矩 M_n 大 5～7 倍，通常以 M'_n 作为计算水平推力的依据。

(2) 静力计算：

1) 次梁。按次梁的线刚度和主梁的抗扭线刚度确定支座型式。次梁的线刚度大于主梁的抗扭线刚度 1.75 倍，可按简支梁计算；次梁的线刚度小于主梁的抗扭线刚度 1/12 倍，可按固端梁计算；其余按弹性支座计算。

2) 大梁。可按单跨固端梁或多跨连续梁计算。选取标准可根据主梁与墩墙的刚度而定，如果隔墩的线刚度超过大梁的线刚度 3 倍，同时两者之间又有足够的锚固强度时，应按单跨固端梁计算，否则，应按多跨连续梁进行计算。计算时应考虑不利的荷载组合。

由于次梁支座弯矩及剪力的作用，使大梁支座断面受扭矩作用，应进行抗扭校核。在梁—牛腿支承结构中［见图 6.5-48 (*c*)］，牛腿受到水平力及偏心集中力将产生扭曲，应进行抗扭校核。

(3) 机墩的动力计算。单机功率在 1600kW 以下的立式轴流泵机组和单机功率在500kW以下的卧式离心泵机组，其机墩可不进行动力计算。

1）共振校核：

a. 垂直自振频率。将横梁按单自由度无阻尼振动问题考虑，垂直自振频率为

$$n_{01}=\frac{945}{\sqrt{y}} \tag{6.5-60}$$

结构为两端固结、跨中受集中荷载时的变位为

$$y=\frac{Pl^3}{192EI} \tag{6.5-61}$$

上二式中 n_{01}——垂直自振频率，次/min；

y——结构在荷载作用下的垂直变位，mm；

P——梁上全部垂直集中静荷载，N，不考虑动力系数；

l——计算跨度，mm；

E——混凝土的弹性模量，N/mm^2；

I——矩形截面的惯性矩，mm^4。

b. 水平自振频率的计算公式为

$$\left.\begin{aligned} n_{02}&=\frac{945}{\sqrt{q_2\delta_2}}\\ q_2&=P+0.35W \end{aligned}\right\} \tag{6.5-62}$$

式中 n_{02}——水平自振频率，次/min；

q_2——集中在梁上的当量荷载，N；

δ_2——梁上作用单位荷载时的水平变位，mm；

W——单跨梁自重，N；

其他符号意义同前。

若梁的两端固结，且受集中荷载 $P=1N$ 作用时，其水平变位为

$$\delta_2=\frac{l^3}{192EI} \tag{6.5-63}$$

式中 δ_2——两端固结梁受单位集中荷载作用时的水平变位，mm；

其他符号意义同前。

c. 强迫振动频率。水平强迫振动频率 n_2（次/min)，由机组制造及安装偏差所引起，$n_2=n$，n 为电动机额定转速（r/min)。垂直强迫振动频率，是水流由导叶倒流入叶轮时产生的，按下式计算：

$$n_1=\frac{nX_1X_2}{a} \tag{6.5-64}$$

式中 n_1——垂直强迫振动频率，次/min；

X_1——水泵导叶体的叶片数；

X_2——水泵叶轮的叶片数；

a——X_1、X_2 两数的最大公约数。

d. 共振校核：

垂直方向：若 $n_1<n_{01}$，且 $\frac{n_{01}-n_1}{n_{01}}\geqslant 20\%$，可认为不发生共振。

水平方向：若 $n_2<n_{02}$，且 $\frac{n_{02}-n_2}{n_{02}}\geqslant 20\%$，可认为不发生共振。

2）振幅验算。根据单自由度有阻尼振动方程求得。

卧式机组机墩可只进行垂直振幅的验算。

a. 垂直振幅按下式验算：

$$\left.\begin{aligned} A_1&=\frac{P_1}{\frac{G_1}{g}\sqrt{(\lambda_1^2-\omega_1^2)^2+0.2\lambda_1^2\omega_1^2}}\\ \lambda_1&=0.104n_{01}\\ \omega_1&=0.104n_1 \end{aligned}\right\} \tag{6.5-65}$$

式中 A_1——垂直振幅，mm；

P_1——作用在梁上的动荷载（推力轴承荷载，不计入动力系数)，kN；

G_1——梁自重及其上的总荷载，kN；

λ_1——垂直振动的自振圆频率，1/s，即2πs内的振动次数；

ω_1——垂直强迫振动的圆频率，1/s；

g——重力加速度，$9.81m^2/s$；

其他符号意义同前。

要求：$A_1\leqslant 0.15mm$。

b. 水平振幅按下式验算：

$$\left.\begin{aligned} A_2&=\frac{P_2}{\frac{G_2}{g}\sqrt{(\lambda_2^2-\omega_2^2)^2+0.2\lambda_2^2\omega_2^2}}\\ P_2&=em_1\omega^2\\ \text{其中}\quad m_1&=\frac{W_1}{g} \end{aligned}\right\} \tag{6.5-66}$$

式中 A_2——水平振幅，mm；

P_2——作用在梁上的水平振动荷载，即离心力，kN；

G_2——梁自重及其上的总荷载，kN；

λ_2——2πs内梁的水平振动的自振圆频率，1/s，$\lambda_2=0.104n_{02}$；

ω_2——水平强迫振动圆频率，1/s，$\omega_2=0.104n_2$；

e——转动部分质量中心与几何中心的偏差，mm，由制造及安装精度确定，当 $n\leqslant$ 750r/min时，$e=0.35\sim0.8mm$；

m_1——转动部分的质量；

ω——角速度，rad/s，$\omega=\omega_2$；

其他符号意义同前。

要求：$A_2 \leqslant 0.2\text{mm}$。

(4) 动力系数复核。动力系数 η 按下式计算：

$$\eta = \frac{1}{\sqrt{\left[1-\left(\frac{n_i}{n_{0i}}\right)^2\right]^2+\frac{\gamma^2}{\pi^2}\left(\frac{n_i}{n_{0i}}\right)^2}} \tag{6.5-67}$$

式中 n_i——某方向的强迫振动频率，次/min；

n_{0i}——某方向机墩的自振频率，次/min；

γ——机墩的对数阻尼系数，对钢筋混凝土 $\gamma \approx 0.25 \sim 0.40$。

当强迫振动频率 n_i 与自振频率 n_{0i} 差值 $\frac{n_{0i}n_i}{n_{0i}} \geqslant$ 30%～50%时，阻尼影响可忽略不计，即 $\gamma=0$，则动力系数公式可以简化为

$$\eta = \frac{1}{1-\left(\frac{n_i}{n_{0i}}\right)^2} \tag{6.5-68}$$

动力系数验算结果应在 1.3～1.5 范围内；若不在此范围内，则机墩应重新设计，直至满足要求。

4. 泵房地面以上部分结构

泵房地面以上部分结构主要有屋面系统、吊车梁、排架、楼盖，计算方法参见本手册第 8 卷第 5 章“水电站厂房”。

6.5.4.6 整体式底板的少缝或无缝设计与施工

大型泵站一般采用块基型，土基上底板分缝长度不宜大于 30m，由于结构设缝给设计、施工带来不利影响，施工实践中有加大分缝间距的趋势，减少甚至取消温度缝。

大型工程目前普遍采用三维有限元计算，分析站身水下部分（含底板）混凝土的受力情况，并对施工过程进行三维仿真有限元计算，以便采取措施，防止混凝土出现裂缝。

后浇带是一种扩大伸缩缝间距的有效措施，它是施工期保留一定宽度的临时性的温度（混凝土干缩）变形缝，保留一定时间后待大部分约束应力消散，用膨胀混凝土填充封闭，后浇成连续整体的无伸缩缝结构。这是一种“抗放兼备，以放为主”的设计原则。

然而，后浇带施工工期较长，缝面需要处理，给施工带来一定的麻烦。UEA 补偿收缩混凝土是一种在结构温度应力较大部位掺入 UEA 膨胀剂，在混凝土中产生少量预压应力来抵抗温度拉应力的措施，以达到控制温度裂缝宽度的目的。这是一种“抗放兼备，以抗为主”的设计原则。

采用 UEA 补偿收缩混凝土时应考虑结构强度的安全，膨胀不能太大，且在硬化 14 天基本结束。研究表明，在掺入 UEA 替代水泥量 10%～12%的范围内，对强度无影响，其膨胀率 $\varepsilon_2 = 2\times10^{-4} \sim 3\times10^{-4}$，在配筋率 $\mu=0.2\%\sim0.8\%$条件下，可在结构中产生 0.2～0.7MPa 的预压应力，从而防止收缩裂缝的产生。实践表明，采用 UEA 后混凝土伸缩缝间距加宽到 50m 是安全的。

泵站的底板、墩墙都较薄较长，其厚度远小于长、宽方向的尺寸，当 $H/L \leqslant 0.2$ 时，板在温度收缩变形作用下，离开端部区域，全截面所受应力较均匀。在地基土的约束下，将出现水平向应力，其最大值在结构中点。图 6.5-51 为结构水平向和垂向应力图。

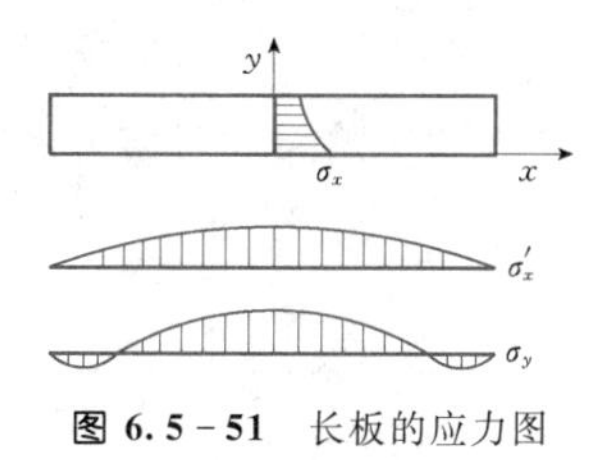

图 6.5-51 长板的应力图

当水平向拉应力 $\sigma_{\max}$ 超过混凝土抗拉强度 f_t 时，则在中部出现裂缝，裂缝将结构一分为二，每块结构应力重新分配，当重新分配后的水平向最大拉应力 $\sigma'_{\max}$ 超过 f_t 时，则出现第二批裂缝，如此反复，直至 $\sigma'_{\max} < f_t$，则不出现裂缝。水平向拉应力计算公式为

$$\left.\begin{aligned} \sigma_{\max} &= -E\alpha T\left[1-\frac{1}{\cosh\left(\beta\frac{L}{2}\right)}\right] \\ \beta &= \sqrt{\frac{C_x}{HE}} \end{aligned}\right\} \tag{6.5-69}$$

式中 $\sigma_{\max}$——水平向最大拉应力，MPa；

E——混凝土弹性模量，MPa；

L——分缝间距，mm；

α——混凝土收缩系数，10×10^{-6}/℃；

T——温度差，℃；

β——系数；

C_x——水平阻力，N/mm^3，应由土工试验确定或查阅有关资料；

H——板厚，mm。

按理论计算，削减 $\sigma_{\max}$ 的有效间距为 20～60m，膨胀带间距应设在该范围内。

研究表明，UEA 补偿收缩混凝土在硬化过程中产生膨胀作用，在钢筋和邻位约束下，钢筋受拉，而混凝土受压，当钢筋拉力与混凝土压力平衡时，则

$$A_c\sigma_c = A_sE_s\varepsilon_2 \tag{6.5-70}$$

设 $\mu = A_s/A_c$，则　　$\sigma_c = \mu E_s \varepsilon_2$　　(6.5-71)

上二式中　σ_c——混凝土预压应力，MPa；

A_s——钢筋截面积，mm^2；

A_c——混凝土构件截面积，mm^2；

μ——配筋率，%；

E_s——钢筋弹性模量，MPa；

ε_2——混凝土限制膨胀率（即钢筋伸长率），%。

由式（6.5-71）可见，σ_c 与 ε_2 成正比关系，而限制膨胀率 ε_2 随 UEA 的掺量增加而增加，因此，通过调整 UEA 的掺量可使混凝土获得不同的预压应力。

根据水平向应力 σ_x 分布曲线，在 σ_{max} 处给予较大的膨胀应力 σ_c，而在两侧给予较小的膨胀应力（见图6.5-52），全面地补偿结构温度收缩应力，以控制温度裂缝。

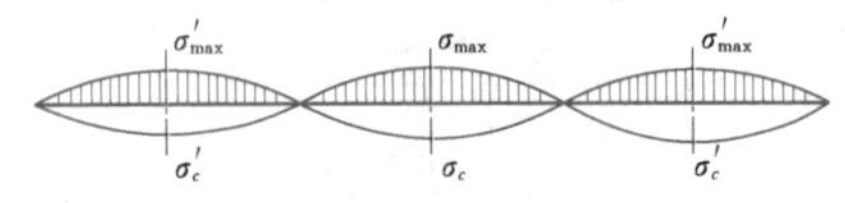

图 6.5-52　膨胀应力 σ_c 补偿应力 σ_{max} 示意图

在设计中可按图 6.5-53 进行无缝设计，实现图中的补偿收缩应力曲线。即在拉应力最大 σ_{max} 处设 UEA 加强带，带宽 2m，带的两侧铺设密孔钢丝网，并用架立钢筋加固，防止混凝土流入加强带。带内掺入 14%～15% UEA 的大膨胀混凝土（膨胀率约 0.4‰～0.6‰）；带外混凝土掺入 10%～12% UEA 的小膨胀混凝土（膨胀率约 0.2‰～0.3‰）。

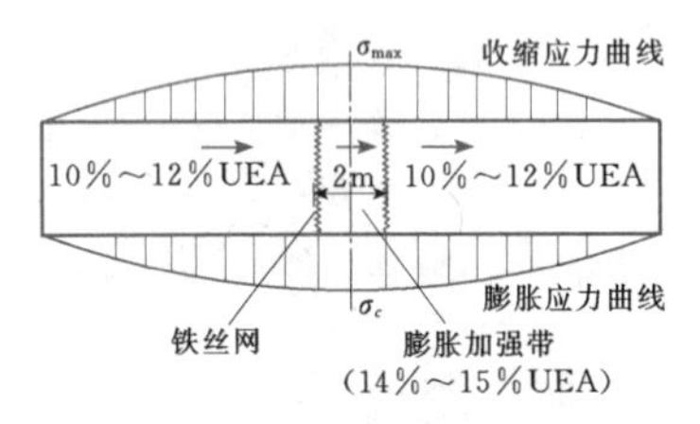

图 6.5-53　UEA 无缝设计示意图

6.6　进水和出水建筑物

6.6.1　前池

6.6.1.1　前池型式

前池是引水渠和进水池平顺衔接的连接建筑物。前池的形状和尺寸，不仅会影响水流流态，而且对泵站的工程投资和运行管理带来很大影响。根据水流方向，前池分为正向进水和侧向进水两种型式：正向进水是指前池的来流方向与进水池的水流方向一致，侧向进水是指两者的水流方向正交或斜交。如图 6.6-1 所示。

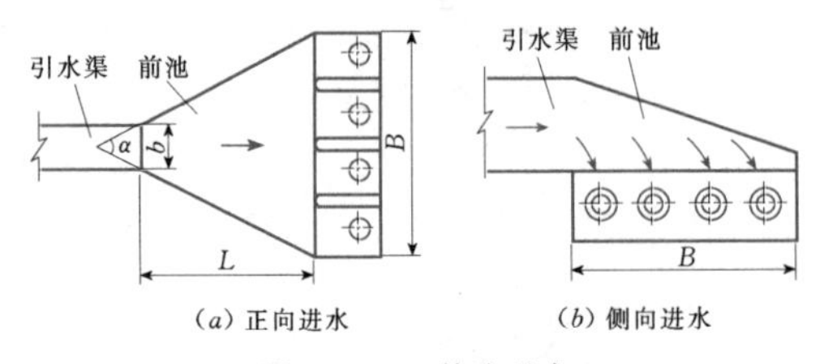

图 6.6-1　前池型式

正向进水前池形状简单，施工方便，池中水流平顺，但如果受到地形限制或由于机组台数过多，可能使得前池长度、宽度过大，从而增加工程投资。侧向进水前池由于池中的水流需要改变方向，因此，容易出现回流和漩涡，从而影响水泵的运行，但因侧向进水前池占地较少，工程投资较省，在工程实际中也经常遇到。在泵站工程设计中，应尽量采用正向进水方式，如因受条件所限必须采用侧向进水方式时，宜在前池内增设分水导流设施，必要时应通过水工模型试验验证。

6.6.1.2　正向进水前池

1. 前池扩散角的确定

正向前池的扩散角是影响水流流态和前池尺寸的主要因素。水流在渐变段流动时有其天然的扩散角，如果前池扩散角不大于水流的天然扩散角，则水流不会产生脱壁现象，从而避免前池中产生回流。但是，当引水渠末端底宽和进水池宽度一定的情况下，扩散角越小则前池越长，则越会增加工程量和工程投资。如果前池扩散角过大，主流可能产生脱壁、偏折，从而形成回流和漩涡，影响机组的正常运行。

根据有关试验资料，导出以下水流临界扩散角计算公式：

$$\tan\frac{\alpha}{2} = 0.065\frac{1}{Fr} + 0.107 = \frac{0.204\sqrt{h}}{v} + 0.107 \quad (6.6-1)$$

其中

$$Fr = \frac{v}{\sqrt{gh}} \quad (6.6-2)$$

上二式中　α——前池的扩散角，(°)；

Fr——引水渠末端断面水流的弗劳德数；

h——引水渠末端断面水深，m；

v——引水渠末端断面平均流速，m/s；

g——重力加速度，m/s^2。

如果将 $Fr=1$（即水流处于急流与缓流之间的临界状态）代入公式，则得 $\frac{\alpha}{2}=9.75°$，这时边壁不发生脱壁的扩散角 $\alpha \approx 20°$。

引水渠和前池中水流一般为缓流，其扩散角 α 一般在 20°～40°范围内选取，流速小、池水深者取大值，流速大、池水浅者取小值。

2. 正向进水前池各部位尺寸确定

(1) 前池长度。当引水渠末端底宽 b 和进水池宽度 B 已知时，前池长度与前池扩散角 α 有关，即

$$L=\frac{B-b}{2\tan\frac{\alpha}{2}} \tag{6.6-3}$$

式中 L——正向进水前池长度，m；

B——正向进水前池宽度，m；

b——引水渠末端断面宽度，m；

其他符号意义同前。

为缩短池长、节省工程量，亦可采用复式扩散角，即边壁为直线形折线形或曲线形的前池，如图 6.6-2 所示。

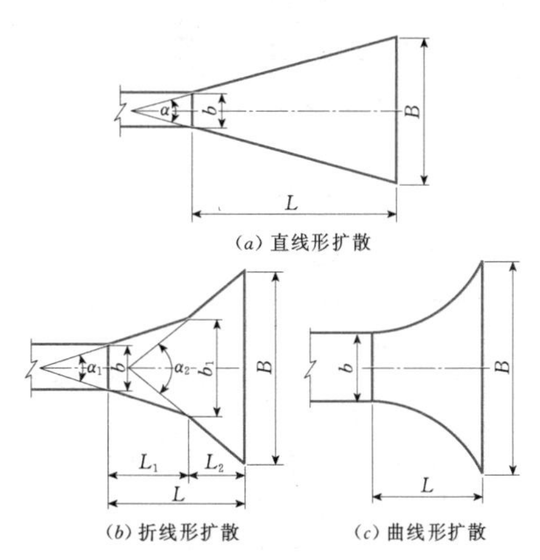

图 6.6-2 前池长度与扩散角的关系

(2) 池底纵向坡度。引水渠末端高程一般比进水池池底高，因此，当前池与进水池连接时，前池除平面扩散外，往往有一向前池方向倾斜的纵坡。前池底坡过大，会恶化水泵进水条件，增大水力损失；但是前池底坡越缓，土方开挖量越大。一般来说，前池纵坡 i 不宜陡于 1∶4。

6.6.1.3 侧向进水前池

侧向进水前池常见的平面形状有矩形、梯形和曲线形三种，如图 6.6-3 所示。

(1) 矩形侧向进水前池。结构简单，施工容易，但工程量较大，同时流速沿池长渐减，可能在前池后部形成泥沙淤积。

(2) 梯形侧向进水前池。流量沿程减小，其过水断面也相应减小，以保证池中流速和水深不变，水流条件较好。

(3) 曲线形侧向进水前池。外壁形状可采用抛物线形、椭圆线形、螺旋线形等，但施工较复杂。

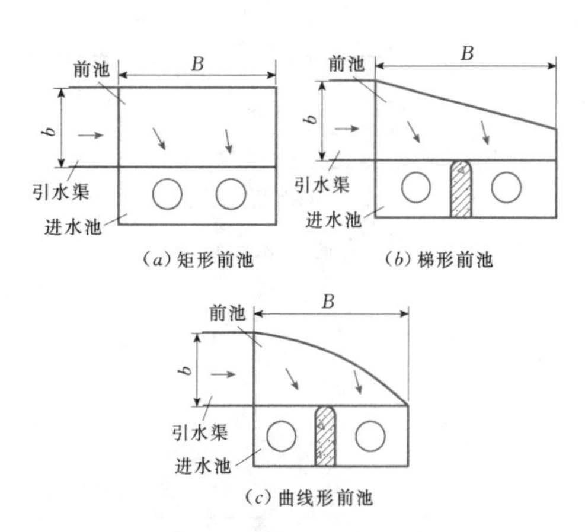

图 6.6-3 侧向进水前池平面图

上述侧向进水前池都有 90°转弯，易产生漩涡和回流。设计时，可用圆弧或椭圆弧代替直角转弯，或者在池中设导流设施，以取得较好的水流条件。

6.6.2 进水池

进水池（吸水池）是承接来自前池的水流，并将其平稳地引入水泵进口的建筑物，位于泵房前面或下面，一般用于中、小型泵站。大型泵站为获得水力学上的良好流态，防止通过漩涡进入空气，常采用封闭式进水流道（例如对于叶轮直径大于 1400mm 的轴流泵，常设置流道）。对于采用进水流道的泵站，进水池指泵站流道进口与前池末端之间的部分。

6.6.2.1 进水池的形状

进水池的设计应使池内流态良好，满足水泵进水要求，避免、限制漩涡的发生，避免产生死水区和回水区，否则不仅会降低水泵的效率，甚至会引起水泵汽蚀。同时，进水池设计也应满足机组布置的要求，且便于清淤和管理维护。进水池根据其平面形状可以分为矩形、多边形、半圆形、圆形、蜗壳形，如图 6.6-4 所示。

矩形和多边形进水池，形状简单、施工方便，实际工程中采用较多。圆形和半圆形池壁进水池中容易产生漩涡，特别是当池壁圆弧和泵吸水口为同心圆时，还会造成绕泵旋状环流，但紊乱的水流有利于防止泥沙淤积，因此，在多泥沙水源的泵站中采用较多。根据试验资料，蜗壳形进水池常可获得良好的水流条件，但因形状复杂，设计、施工麻烦，实际应用并不多。

表 6.6-1 给出了进水池平面设计时应避免的形状及其改善的方法，可作为设计进水池的参考。

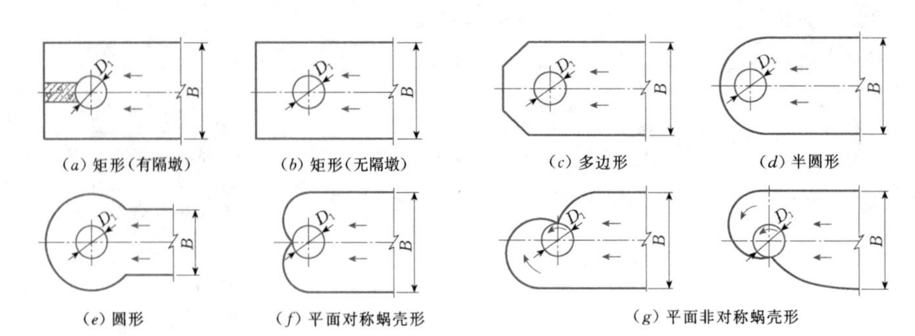

(a) 矩形(有隔墩)　(b) 矩形(无隔墩)　(c) 多边形　(d) 半圆形

(e) 圆形　(f) 平面对称蜗壳形　(g) 平面非对称蜗壳形

图 6.6-4　进水池边壁型式

表 6.6-1　进水池设计应避免的形状及其改善方法

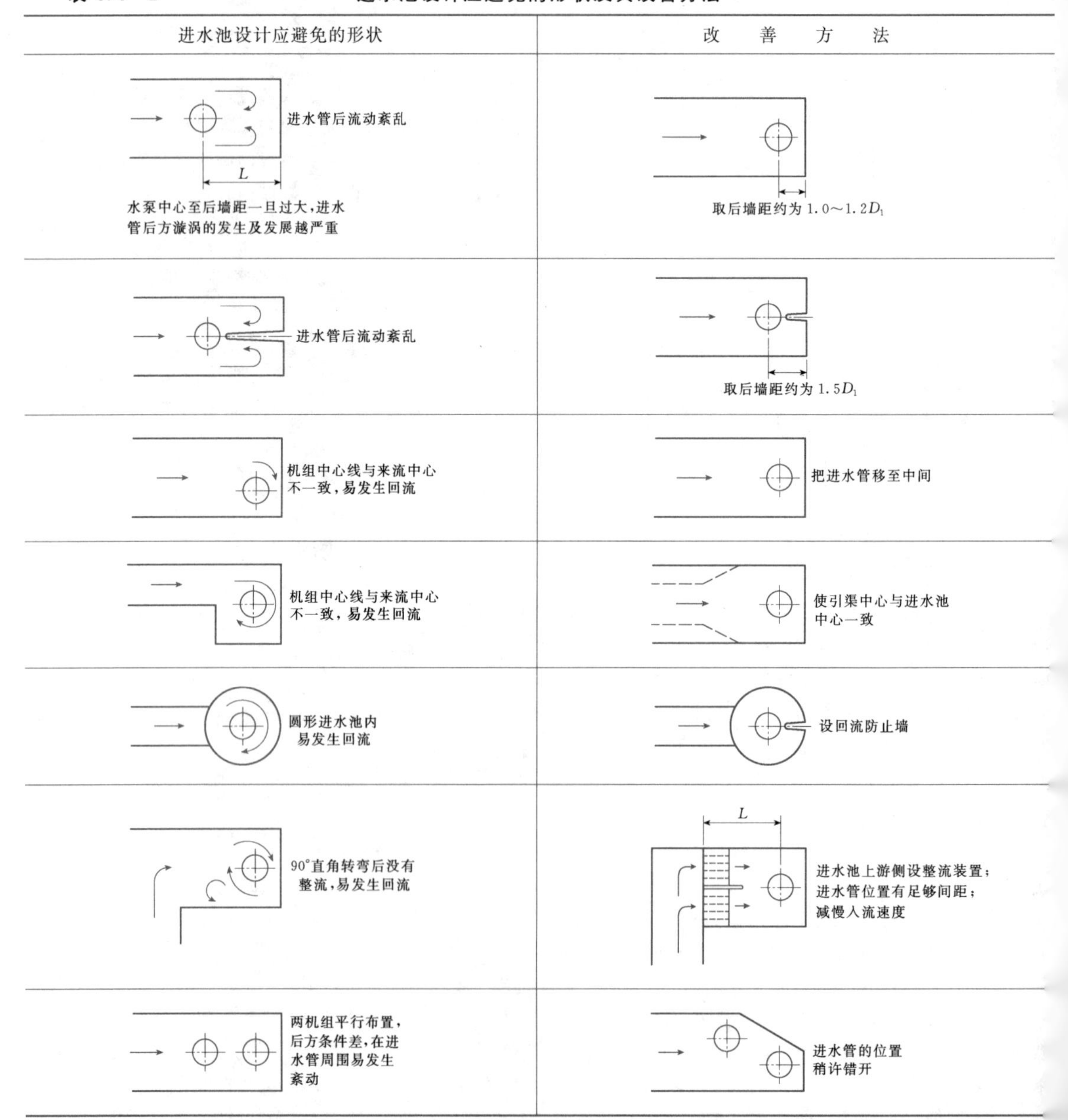

进水池设计应避免的形状	改　善　方　法
进水管后流动紊乱；L；水泵中心至后墙距一旦过大，进水管后方漩涡的发生及发展越严重	取后墙距约为 1.0～1.2D_1
进水管后流动紊乱	取后墙距约为 1.5D_1
机组中心线与来流中心不一致，易发生回流	把进水管移至中间
机组中心线与来流中心不一致，易发生回流	使引渠中心与进水池中心一致
圆形进水池内易发生回流	设回流防止墙
90°直角转弯后没有整流，易发生回流	L；进水池上游侧设整流装置；进水管位置有足够间距；减慢入流速度
两机组平行布置，后方条件差，在进水管周围易发生紊动	进水管的位置稍许错开

续表

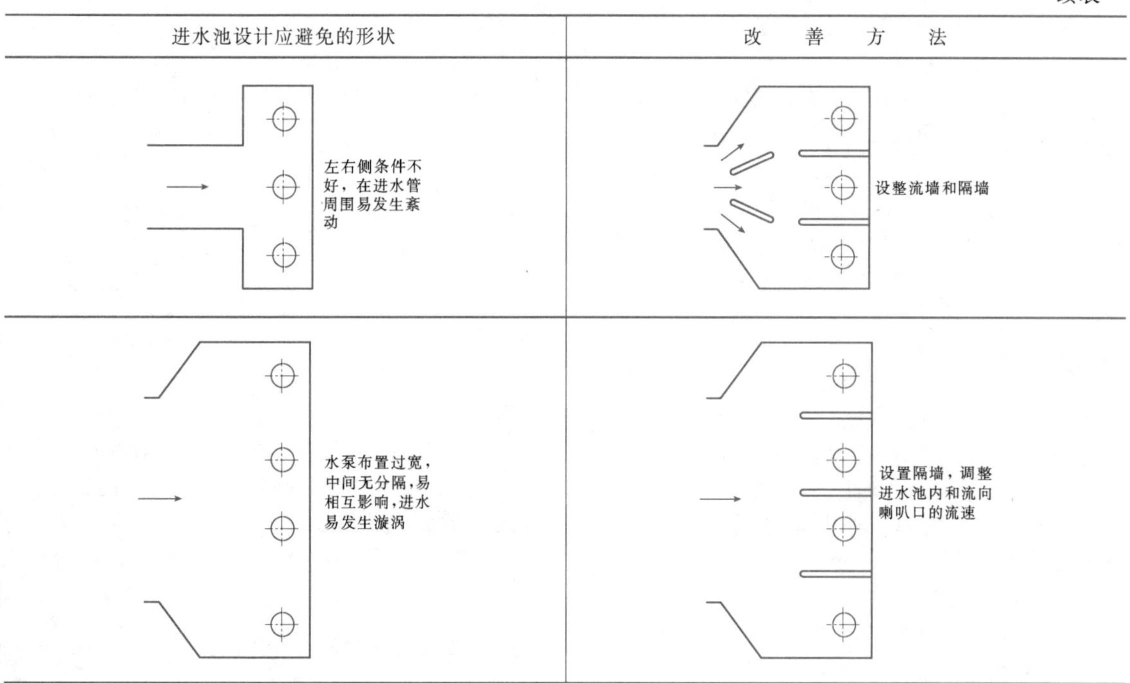

进水池设计应避免的形状	改　善　方　法
左右侧条件不好，在进水管周围易发生紊动	设整流墙和隔墙
水泵布置过宽，中间无分隔，易相互影响，进水易发生漩涡	设置隔墙，调整进水池内和流向喇叭口的流速

6.6.2.2　进水池尺寸的确定

1. 进水池宽度

单台机组　$B=(2\sim2.5)D_1$　(6.6-4)

无隔墩的多台机组

$$B=(n-1)S+nD_1+2A \quad (6.6-5)$$

有隔墩的多台机组

$$B=n(D_1+2A)+(n-1)\delta \quad (6.6-6)$$

以上式中　B——进水池宽度，m；

n——机组台数；

S——多台机组时相邻两管中心距，取 $(2\sim2.5)D_1$，m；

D_1——进水管喇叭口直径，m；

A——管口外壁至进水池或中隔墩边壁的距离，取 $(0.5\sim0.75)D_1$，m；

δ——隔墩的厚度，m。

2. 进水池长度

为了满足泵站连续正常运行的要求，进水池水下部分必须确保有适当的容积，但如果容积过大，则会增加进水池的工程量，且对改善进水池流态并无明显作用。

采用吸水管从进水池中吸水的泵站，其进水池长度一般按下式确定：

$$L=k\frac{Q}{Bh} \quad (6.6-7)$$

式中　L——进水池长度，m；

h——设计水位时的进水池水深，m；

Q——泵站设计流量，m^3/s；

k——秒换水系数，一般取 30～50，对轴流泵取大值，对离心泵和混流泵取小值。

此外，应保证进水池长度 L（即从进水管中心至进水池进口的距离）至少大于 $4D_1$，如图 6.6-5 所示。

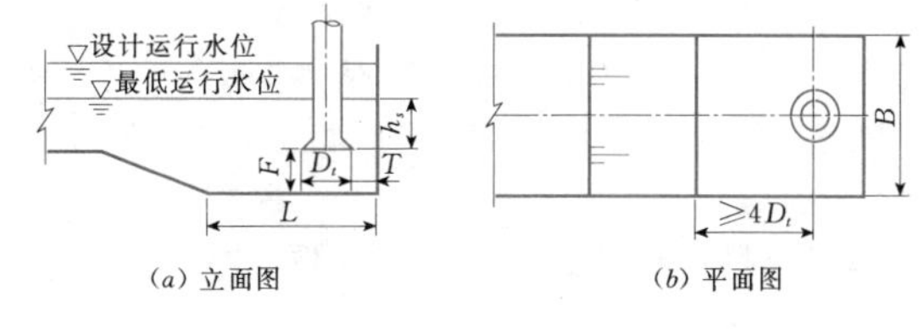

(a) 立面图　(b) 平面图

图 6.6-5　进水池长度

3. 悬空高度

吸水管管口至池底的距离称为悬空高度。悬空高度在满足水力条件和防止泥沙淤积管口的情况下，应尽量减小，以降低工程造价。

对于离心泵或小口径轴流泵、混流泵，《泵站设计规范》(GB 50265—2010) 规定的喇叭口中心的悬空高度 F 如下：

喇叭口垂直布置时，宜取 $F=(0.6\sim0.8)D_1$；

喇叭口倾斜布置时，宜取 $F=(0.8\sim1.0)D_1$；

喇叭口水平布置时，宜取 $F=(1.0\sim1.25)D_1$；

喇叭口最低点悬空高度不应小于0.5m。

4. 吸水管淹没深度

淹没深度对水泵吸水性能有着决定性的影响。淹没深度过小，可能导致池中形成漩涡，甚至产生进气现象，使水泵效率降低，甚至不能工作。为了保证泵站的正常运行，管口的淹没深度必须大于临界淹没深度。国内外对淹没深度曾进行过很多模型试验研究，提出了不同的临界淹没深度的确定方法，但得出的结果出入较大，下面将国内外有关资料推荐采用的淹没深度 h_s 列出，供参考使用。

(1) 日本《泵站工程技术手册》。口径为600～2000mm的水泵，淹没深度一般取 $(1.5\sim1.7)D_1$，这是水泵以额定流量的1.2倍运行时，进水池不出现连续吸气漩涡时淹没深度的大致范围。

(2) 美国。淹没深度一般取 $2.5Q_{0.25}$ 或者 $2.735D_1$。

(3) 苏联。淹没深度一般取 $2.0D_1$。

(4) 英国。淹没深度大于 $1.5D_1$。

(5) 中国。对于离心泵或小口径轴流泵、混流泵，当喇叭管垂直布置时，淹没深度宜大于 $(1.0\sim1.25)D_1$；当喇叭管倾斜布置时，淹没深度宜大于 $(1.5\sim1.8)D_1$；当喇叭管水平布置时，淹没深度宜大于 $(1.8\sim2)D_1$。

同时，水泵进口的淹没深度应根据模型试验推荐的数据，并结合水工布置综合确定。在费用影响不大时，可考虑选取大值。

5. 吸水管与池壁之间的距离

为减少进水池有害漩涡，水泵吸水管越靠近后墙越好，但试验表明，对于叶轮与吸水管口很靠近的轴流泵，吸水管管口与池壁距离 T 值过小时，也会形成水泵进口流速和压力分布不均匀。此外，管口紧靠后墙，安装检修不方便，因此，一般采用 $T=(0.3\sim0.5)D_1$，即喇叭口中心线与后墙距离取 $(0.8\sim1.0)D_1$。

6. 进水池深度

进水池深度除满足进水要求外，还应留有一定的超高，其值大小除考虑风浪影响因素外，还应考虑水泵突然停泵时由于涌浪引起的波高，见图6.6-6。对于长引水渠和多级联合运行的泵站，由于引水渠和上级泵站连续来水，可能导致前池和进水池漫顶、淹没泵房等事故。因此，应设置溢流设施或增大安全超高，前池水位波动可根据明渠不稳定流理论计算，涌浪引起的波高可采用下式近似计算：

$$\Delta h_v=\left[\frac{(v_0-v_1)\sqrt{h_0}}{2.76}-0.01h_0\right] \quad (6.6-8)$$

式中 Δh_v——由于涌浪引起的波高，m；

h_0——停泵前渠中水深，m；

v_0——停泵前渠中流速，m/s；

v_1——突然停泵后渠中流速（当全部停泵时 $v_1=0$），m/s。

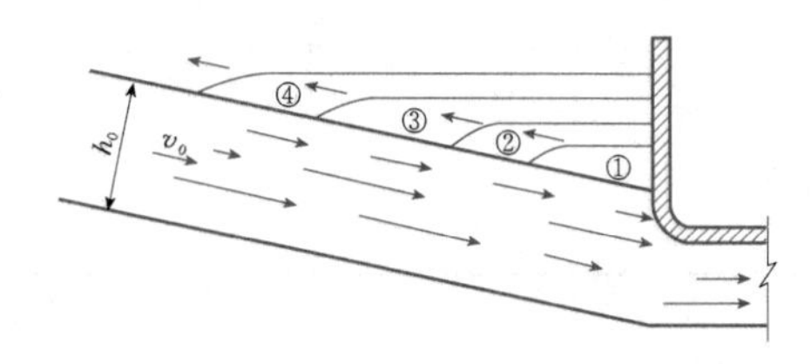

图6.6-6 水面涌浪示意图

6.6.2.3 连接进水流道的进水池尺寸的确定

对于后接进水流道的进水池，其末端的宽度应根据进水流道进口加隔墩的厚度确定，前端尺寸即为前池末端尺寸。进水池长度 L 仍可根据式（6.6-7）确定。

6.6.3 前池和进水池的消涡措施

前池和进水池中产生涡流的因素很多，例如由于引水渠过短、前池扩散角过大、侧向进水、进水池形状不佳、水泵安装不当等，针对不同情况可分别采取措施。

6.6.3.1 前池中设导流隔墩（导流栅）

为改善前池水流条件，可在池中增设导流隔墩或导流栅。前池中加设导流隔墩，可以避免在部分机组运行时前池中产生回流和偏流，从而减少前池长度，加大扩散角。同时，加设导流隔墩后，减小了前池的过水断面，增加了前池中的水流流速，有利于防止泥沙淤积。

导流隔墩型式有半隔墩和全隔墩两种。半隔墩是在前池中设若干个像桥墩一样的隔墩，只起导流作用，如图6.6-7（*a*）所示。如果把这些隔墩延伸到进水池后墙，即每个进水池都有各自的前池，这样的隔墩称为全隔墩，如图6.6-7（*b*）所示。为了避免水流脱壁，设置隔墩后水流有效扩散角不应大于水流临界扩散角。

导流栅一般设置于侧向进水前池中，如图6.6-7（*c*）所示。

6.6.3.2 设立柱、底坎

有些泵站因受条件限制，前池扩散角过大，或采用侧向进水前池，这就在前池中形成较大的回流区，在进水池中有恶劣的行近水流，如图6.6-8（*a*）、图6.6-9（*a*）、图6.6-10（*a*）所示。

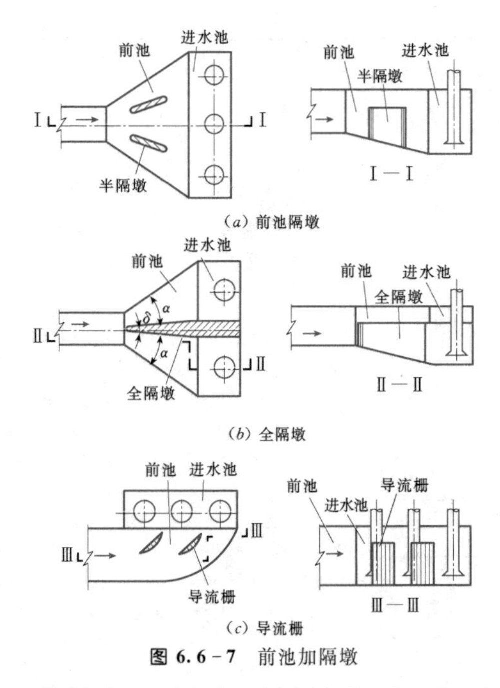

(a) 前池隔墩

(b) 全隔墩

(c) 导流栅

图 6.6-7 前池加隔墩

分别在前池、进水池、引水渠中设垂直立柱和断面为三角形的水平底坎，亦称为柱—坎结构，如图 6.6-8(b)、(c)、图 6.6-9(b)、(c)、图 6.6-10(b)、(c)所示。

垂直立柱的作用，首先是分隔水流，使水流收缩，迫使水流均匀地向两侧扩散，其结果是对边侧水流提供足够的动量，用以克服脱流，避免回流的产生；其次是将前池（或进水池）进口涡流破坏成较小的涡列，这些涡列具有垂直立轴且向下游流泻。三角形底坎的作用是在坎后诱发一个具有足够强度的旋滚，与过坎的涡列相互掺混为微涡流，如图 6.6-11 所示。这种微涡流在经过拦污栅时可以获得满意的行近水流。概言之，即有目的地产生涡流，并通过增强其相互作用而扩散，从而经济有效地改善泵站进水流态。

在前池、进水池中设柱—坎结构势必产生水力损失，但经试验与推算，在原型中产生的最大水头损失一般不超过 0.2m。

6.6.3.3 在进水管附近设隔板、隔墙

由于进水池形状或水泵的装置情况不良（如水泵进口淹没深度不足、悬空高度过大、后壁距过大等），在进水管周围有漩涡发生，为防止漩涡，经常采用各种有效的漩涡防止装置，见表 6.6-2。

6.6.4 出水池

出水池是连接出水管道与出水渠的衔接建筑物。泵站出水池型式和尺寸，应根据地形、地质、水力要

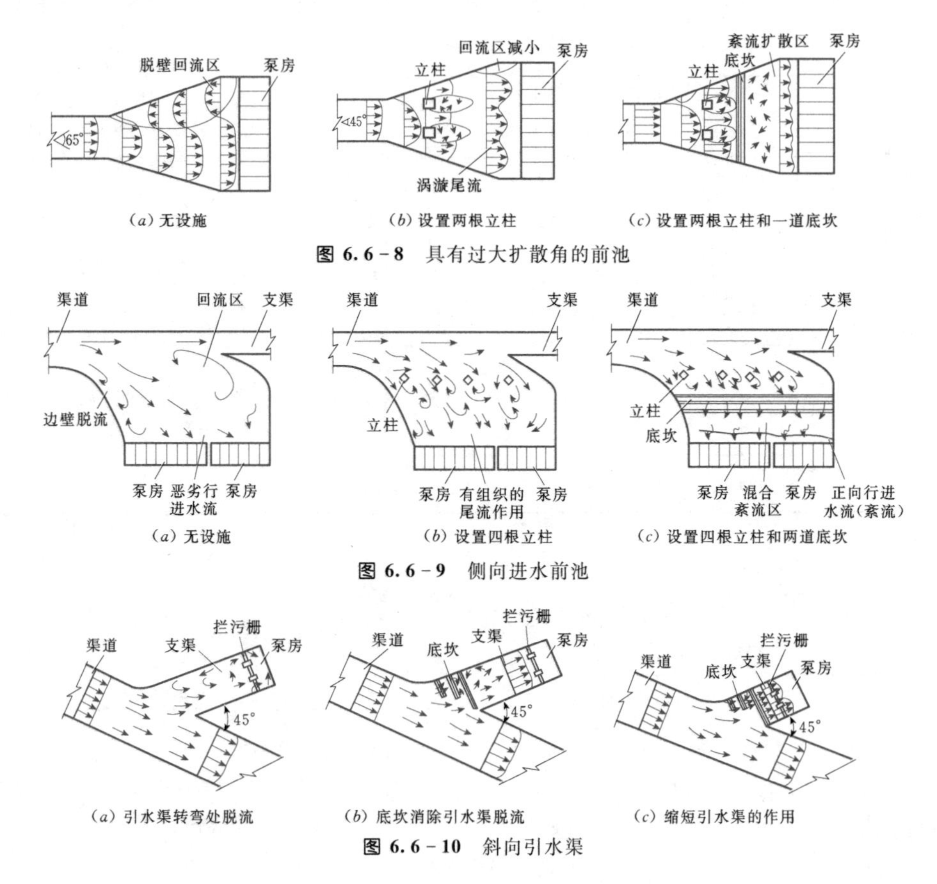

(a) 无设施　(b) 设置两根立柱　(c) 设置两根立柱和一道底坎

图 6.6-8 具有过大扩散角的前池

(a) 无设施　(b) 设置四根立柱　(c) 设置四根立柱和两道底坎

图 6.6-9 侧向进水前池

(a) 引水渠转弯处脱流　(b) 底坎消除引水渠脱流　(c) 缩短引水渠的作用

图 6.6-10 斜向引水渠

表 6.6-2　　防　涡　措　施

项目	形式	涡流防止装置	备　注
防止强涡度及回流产生	防止后流涡	(a)　(b)	遮挡进水池自由面附近的流动，以防止进水管后方进气漩涡的发生
	防止回流流动	(c)　(d)　(e)　(f)	进水池内部流动对漩涡的产生和水泵性能的影响很大； 在吸入口附近设置防止回流的墙，以减少回流； 图（c）用于尺寸 C 过大，图（d）用于 F 尺寸不足，乃至设计时 F 取值太小的场合
防止进气漩涡的发生	防止水面吸入空气	(g)　(h)　(i)	淹没深度不足以防止进气漩涡发生时，覆盖自由水面，防止从水面吸入空气； 图（g）用于防止进水管后方进气漩涡发生，但因以过大流量截断进水管后方的流动部分，故不能获得均匀的流速分布，容易使流量、效率出现下降倾向
	防止滞流区产生漩涡	(j)　(k)	在进水管周围的滞流区容易发生强烈漩涡； 在漩涡中心设置导水锥，防止漩涡产生； 图（j）对防止回流也有效果； 图（k）防止发生在池底中的水中漩涡

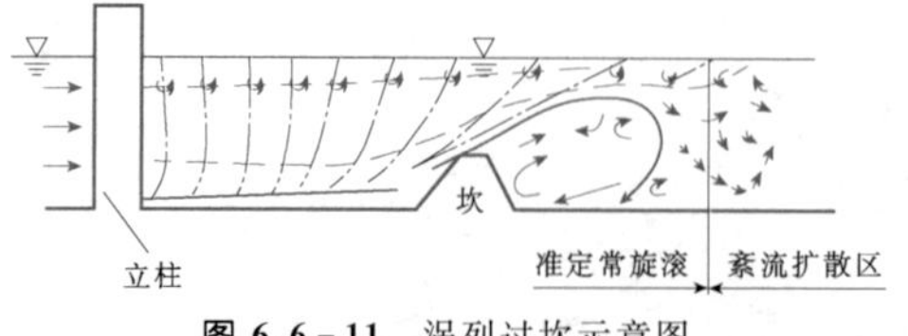

图 6.6-11　涡列过坎示意图

求、断流方式等因素综合确定。出水池布置应满足水流平顺、防止冲刷和水力损失小等要求。出水池中流速不应超过 2.0m/s，且不容许出现水跃。出水池应尽可能建在挖方上。但由于主泵房与出水池之间往往存在较大高差，使得出水池的一部分或全部不得不建在填方上，此时应严格控制填方质量，必要时应采取地基处理措施，以确保出水池的安全。

6.6.4.1　出水池型式

出水池按管口出流方向与池中水流输送方向的异同分为正向出水池和侧向出水池，如图 6.6-12 所

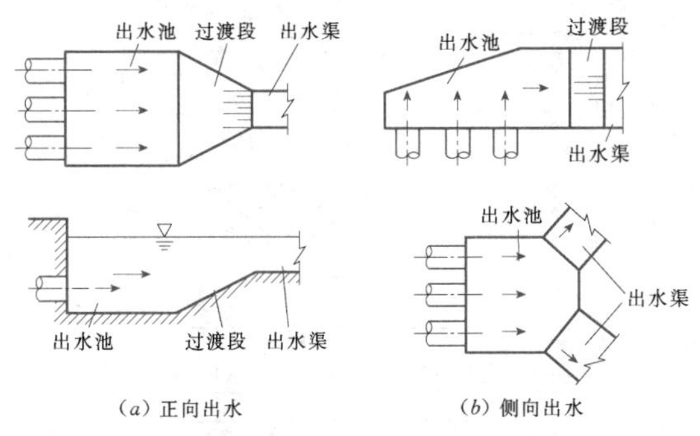

图 6.6-12 出水池型式

示。正向出水指管口出流方向与池中水流方向一致，此种型式出水池出水顺畅，实际工程中较多采用；侧向出水指管口出流方向与池中水流方向正交（或斜交），因流向改变，水流交叉、掺混，池中流态紊乱，较少采用。按管口是否淹没可分为淹没出流和自由出流。

出水池按出水管线布置方式的不同又可分为直管式和虹吸式，如图 6.6-13 所示。

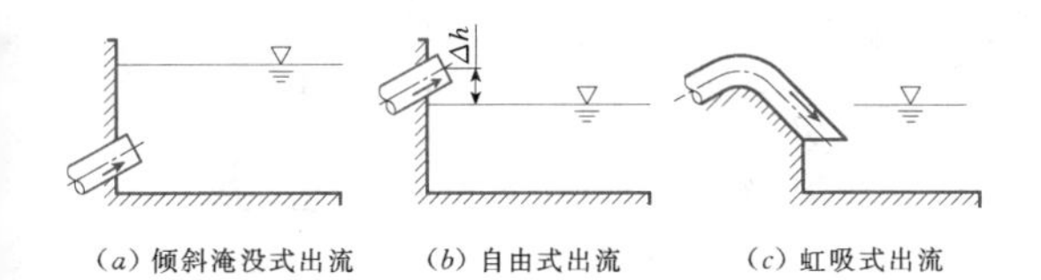

图 6.6-13 出水池型式出水管不同出流方式

6.6.4.2 出水池尺寸的确定

1. 正向出水池

(1) 水平出流的出水池长度。水平出流的出水池长度计算方法很多，多为一定条件下的模型试验结果。下面主要介绍水面漩滚法和淹没射流法的研究成果。

1) 水面漩滚法。水平淹没式出流（见图 6.6-14）会在出水池上部形成范围较大的漩滚区，此漩滚区若扩散至渠中，势必造成渠道冲刷。漩滚法是假定出水池长度等于漩滚长度。影响漩滚长度的因素很多，主要有管口淹没深度、池中有无台坎以及台坎的型式和高度。如图 6.6-14 所示。

出水池长度按下式计算：

$$\left.\begin{aligned} L &= \alpha h_{s\max}^{0.5} \\ \alpha &= 7-\left(\frac{h_P}{D_0}-0.5\right)\frac{2.4}{1+\dfrac{0.5}{m^2}} \\ m &= \frac{h_P}{L_P} \end{aligned}\right\} \tag{6.6-9}$$

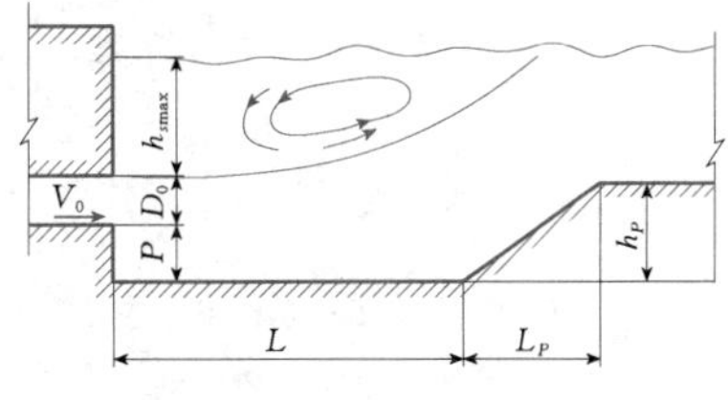

图 6.6-14 淹没出流示意图

式中 L——出水池长度，m；

α——试验系数；

$h_{s\max}$——管口上缘的最大淹没深度，m；

h_P——台坎高度，m；

L_P——台坎水平投影长度，m；

m——台坎坡度，$L_P=0$ 时 $m=\infty$，$h_P=0$ 时 $m=0$、$\alpha=7$；

D_0——出水管管口直径，m。

根据水面漩滚消能理论和试验，苏联 A. A. 特瑞卡柯夫提出了如下计算出水池长度的公式：

$$L = Kh_{s\max} \tag{6.6-10}$$

式中 K——系数，可从表 6.6-3 查得；

其他符号意义同前。

表 6.6-3 出水池长度系数 *K* 值

P/D_0	*K*	
	倾斜池坎	垂直池坎
0.5	6.5	4.0
1.0	5.8	1.6
1.5	—	1.0
2.0	—	0.85
2.5	—	0.85

2) 淹没射流法。按淹没射流法计算出水池长度，如图 6.6-15 所示。

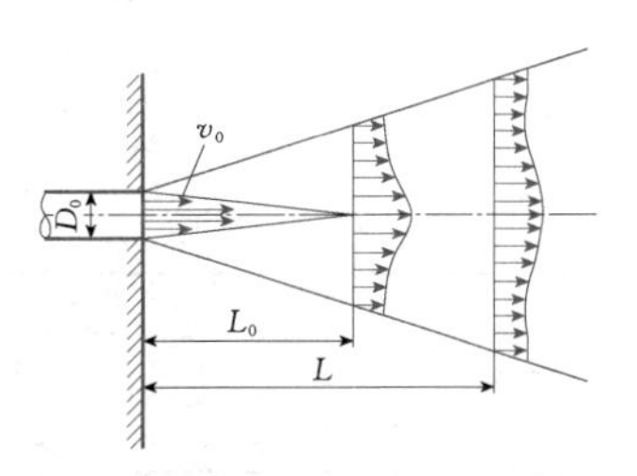

图 6.6-15 淹没射流示意图

假设管口出流符合无限空间射流规律，认为水流在池中逐渐扩散，沿池长的断面平均流速逐渐减少。当断面平均流速等于渠中流速 v_c 时，此扩散长度即为出水池长度。据此原则，保加利亚波波夫等人根据淹没射流理论在试验的基础上，提出了以下出水池长度计算公式：

$$L = 3.58\left[\left(\frac{v_0}{v_c}\right)^2 - 1\right]^{0.41} D_0 \quad (6.6-11)$$

式中 v_0——管口平均流速，m/s；

v_c——渠中流速，m/s；

其他符号意义同前。

(2) 管口下缘至池底的距离。管口下缘至池底的距离 P 主要由方便施工安装及防止池中泥沙或杂物等淤塞出水口等因素确定，一般采用 0.1～0.3m。

(3) 管口上缘最小淹没深度。按下式计算：

$$h_{s\,min} = (1 \sim 2)\frac{v_0^2}{2g} \quad (6.6-12)$$

式中 $h_{s\,min}$——管口上缘最小淹没深度，m；

其他符号意义同前。

(4) 出水池宽度。从施工和水流条件考虑，单管出流时，要求出水池宽度 $B \geqslant (2 \sim 3)D_0$；多管出流时，出水池宽度按下式计算：

$$B = (n-1)\delta + n(D_0 + 2b) \quad (6.6-13)$$

式中 B——出水池宽度，m；

n——出水管根数；

δ——隔墩厚度，m；

D_0——出水管管口直径，m；

b——出水管外壁至隔墩或池壁的距离，一般采用 $b=1.0D_0$，m。

(5) 出水池池底高程。根据出水池最低运行水位按下式计算（见图 6.6－16）：

$$\nabla_f = \nabla_{min} - (h_{s\,min} + D_0 + P) \quad (6.6-14)$$

式中 ∇_f——出水池池底高程，m；

∇_{min}——出水池最低水位，m。

(6) 出水池池顶高程。按照下式计算（见图 6.6－16）：

$$\nabla_H = \nabla_{max} + \Delta h \quad (6.6-15)$$

式中 ∇_H——出水池池顶高程，m；

∇_{max}——出水池最高水位，m；

Δh——安全超高，m，可从表 6.6－4 查得。

表 6.6－4　安全超高 Δh 值

Q (m³/s)	<1	1～10	10～30	>30
Δh (m)	0.4	0.6	0.75	0.9

注　Q 为泵站最大流量。

2. 侧向出水池

(1) 出水池宽度。由于侧向出流受到对面边壁的阻挡而形成反向回流，使之出流不畅。壁面距管口越

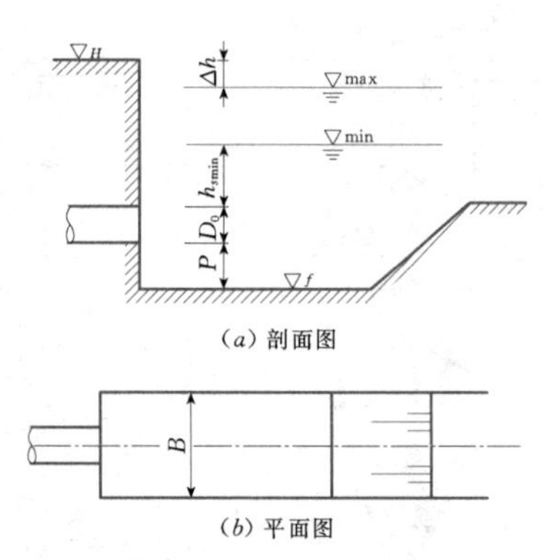

图 6.6－16　出水池尺寸图

近，出流受阻力越大，出水流量越小。根据试验研究，当出水池宽度 $B>4D_0$ 时，出水池宽度对出流流量已无明显影响。

对单管侧向出流，一般采用 $B=(4 \sim 5)D_0$。

对于多管侧向出流，出水池宽度应随汇入流量的增大而适当加宽，如图 6.6－17 所示。不同断面池宽可分别采用如下尺寸：1－1 断面，$B_1=(4 \sim 5)D_0$；2－2 断面，$B_2=B_1+D_0$；3－3 断面，$B_3=B_1+2D_0$……

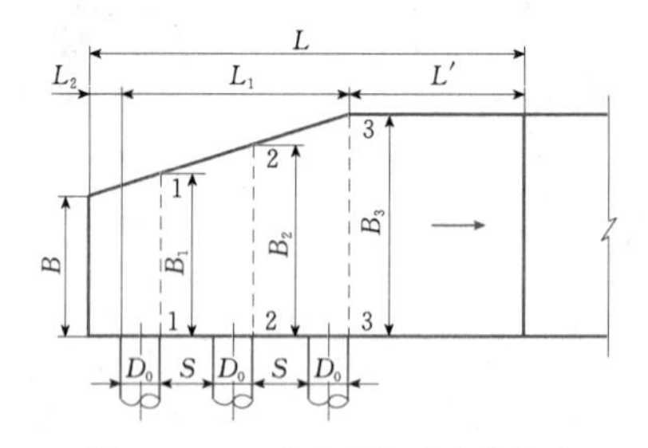

图 6.6－17　多管侧向出水池尺寸

(2) 出水池长度。对单管侧向出流（见图 6.6－18），出水池长度按下式计算：

$$L = L_2 + D_0 + L' \approx L_2 + 6D_0 \quad (6.6-16)$$

式中 L——出水池长度，m；

L_2——管口外缘至池边的距离，m；

其他符号意义同前。

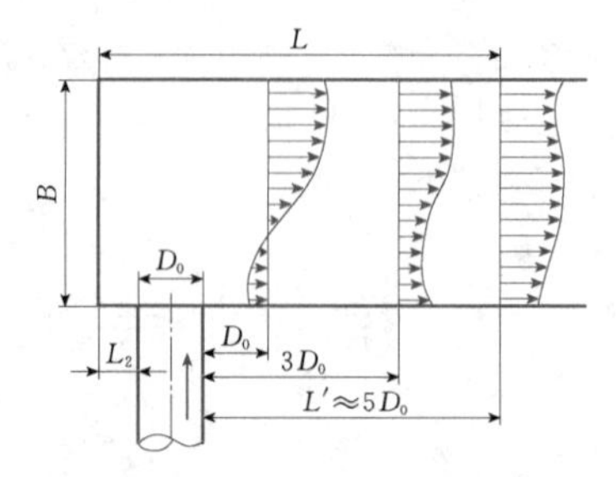

图 6.6－18　侧向出水池长度

对于多管侧向出流（见图 6.6-17），出水池长度按下式计算：

$$L = L_2 + L_1 + L' = L_2 + (n+6)D_0 + (n-1)S \quad (6.6-17)$$

式中 n——管道根数；

S——管道之间的净距，m，与水泵布置的间距有关；

其他符号意义同前。

6.6.4.3 出水池与渠道的连接

出水池与渠道的连接，一般需设置逐渐收缩的过渡段，如图 6.6-19 所示。过渡段在平面上的收缩角不宜太大，否则池中水位容易壅高，增加泵站扬程，增大电能消耗；但收缩角也不宜太小，否则使过渡段长度过大，增加工程投资。根据试验资料和工程实践经验，过渡段的收缩角宜小于 40°。

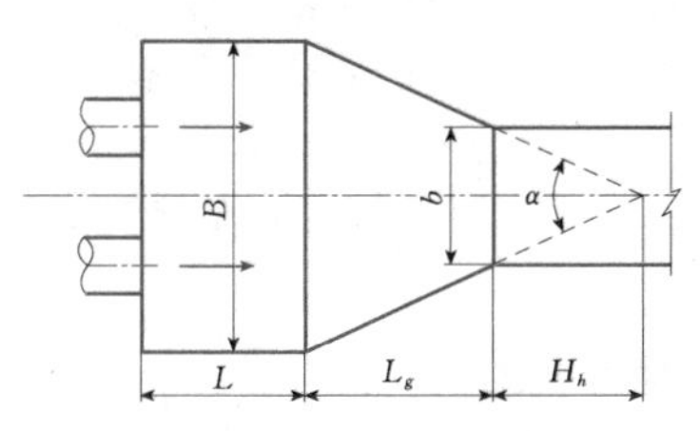

图 6.6-19 出水池过渡段

过渡段长度可以根据池宽和渠宽按下式计算：

$$L_g = \frac{B-b}{2\tan\frac{\alpha}{2}} \quad (6.6-18)$$

式中 L_g——过渡段长度，m；

B——出水池宽度，m；

b——出水渠宽度，m；

α——过渡段收缩角，(°)。

在紧靠过渡段的一段干渠中，由于水流紊乱，可能形成冲刷，因此，应进行护砌，其长度可按下式计算：

$$L_h = (4 \sim 5)h_c \quad (6.6-19)$$

式中 L_h——渠道护砌长度，m；

h_c——干渠设计水深，m。

6.6.5 压力水箱

压力水箱多用于堤后排水式泵站（见图 6.6-20），且往往是容泄区水位变幅较大的情况。压力水箱与压力涵管、出水闸组成出水建筑物。

泵站工程中采用的压力水箱一般有以下几种类型。按照出流方向可分为正向出水和侧向出水；按照几何形状可分为梯形和长方形；按照水箱的结构可分为有隔墩和无隔墩。

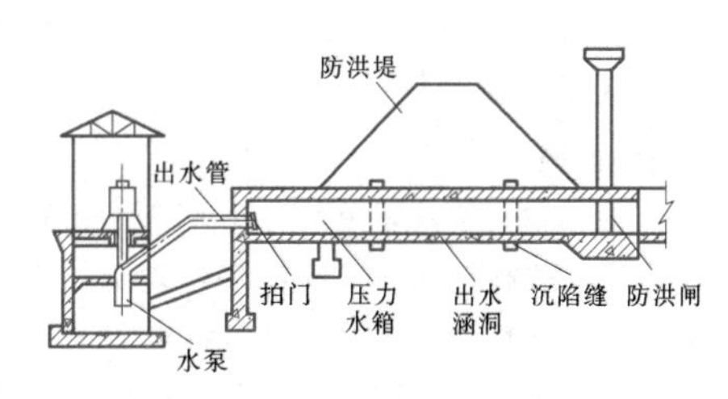

图 6.6-20 堤后排水式泵站

从水流条件看，正向出水较侧向出水好，有隔墩较无隔墩好；此外，设置隔墩还可以改变箱体结构的受力状态，从而减小箱体底板和顶板的厚度，减小工程量。

压力水箱在平面上呈渐缩的梯形，箱内设隔墩，水箱即可与泵房分建，也可与泵房合建成一体。分建式压力水箱应建在坚实地基上，必要时应对地基进行处理。

正向出水式压力水箱如图 6.6-21 所示，其平面上呈渐缩的梯形，箱内一般设有隔墩。箱壁及隔墩厚度应根据结构分析，并考虑施工方便综合确定。压力水箱是钢筋混凝土框架结构，一般现场浇筑而成。

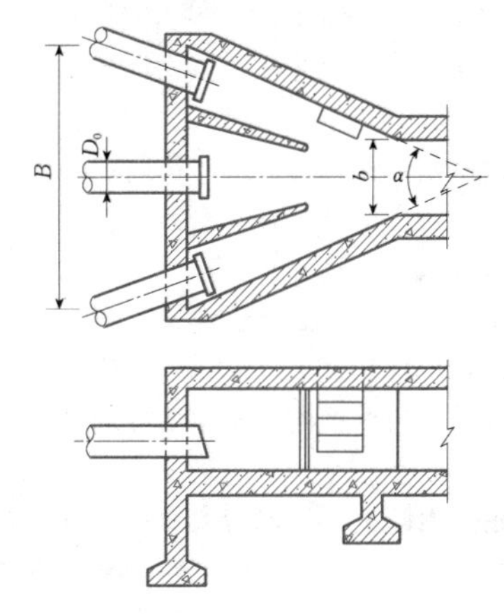

图 6.6-21 正向出水压力水箱

压力水箱尺寸应根据并联出水管的根数与管径确定。压力水箱进口净宽度按下式计算：

$$B = n(D_0 + 2\delta) + (n-1)a \quad (6.6-20)$$

式中 B——压力水箱净宽度，m；

n——水泵出水管根数；

D_0——出水管管口直径，m；

δ——出水管至隔墩或箱壁的距离，m，一般取 0.2～0.3m；

a——隔墩厚度，m。

水箱出口断面宽度 b 等于出水涵管的净宽度。水箱的平面收缩角 α 一般采用 30°～45°。水箱断面高度与出水涵管相等，如需进入检修，高度一般不小于2.0m。此外，水箱上需设进人孔。

6.6.6 出水管道

出水管道是指泵站水泵出口至出水池之间的压力管道。当水泵安装高程和出水池高程确定后，管道的材质、管径、管线布置及敷设方式等影响着泵站工程的投资与运行管理费用。同时，停泵水锤还可能造成出水管道破裂与设备损坏，影响着泵站的安全可靠性。因此，出水管道的设计应经技术经济比较后确定。

出水管道和镇墩的受力分析与计算见本手册第8卷第4章"压力管道"，泵站水锤及其防护见本章6.8。

6.6.6.1 管道材质

管道按材质可分金属管和非金属管两大类。不同材质的管道有其自身的特性，应综合考虑管道承受的水压、荷载、地质条件及经济性等因素，选择适宜材质的管道。有条件时宜以非金属管代替金属管，以节省金属材料。对于高扬程泵站，可根据管道的工作压力分段选择不同压力和材质的管道。

1. 金属管

(1) 铸铁管。铸铁管按材质可分为灰铸铁管(CIP)和球墨铸铁管(DIP)。灰铸铁管耐腐蚀，能承受中等水压力且装配方便，但质地较脆，抗冲击和抗震能力较差；球墨铸铁管的机械性能比灰铸铁管高，其强度是灰铸铁管的数倍，抗腐蚀性能远高于钢管，且重量较轻，国内已有球墨铸铁管代替灰铸铁管的趋势。

(2) 钢管(SP)。钢管强度高、承受水压力大、抗震性能好，单管长度大、接头少，易于加工安装，但抗腐蚀性差，内外壁均须作防腐处理且造价较高。

2. 非金属管

(1) 钢筋混凝土管。钢筋混凝土管可分为普通钢筋混凝土管和预应力钢筋混凝土管两种。钢筋混凝土管耐腐蚀、水力条件好、抗震性能强、造价低，但重量大，不便运输与安装。

(2) 预应力钢筒混凝土管(PCCP)。预应力钢筒混凝土管具有钢管和预应力钢筋混凝土管的优点，但其用钢量比钢管小，造价比钢管低。

(3) 玻璃钢管(RPMP)。玻璃钢管耐腐蚀、不易结垢、水力条件好，能长期保持较高的输水能力，强度高，可在强腐蚀性土壤处采用。

(4) 塑料管。塑料管种类较多，常用的有硬聚氯乙烯管(UPVC)、聚乙烯管(PE)、聚丙烯管(PP)、共聚丙烯管(PPR)等。塑料管耐腐蚀、不易结垢、水力条件好、重量轻，但其强度较低且膨胀系数较大，易受温度影响，应防止剧烈碰撞和阳光曝晒，以防止变形和加速老化。此外，为加强塑料管的耐压和抗冲击能力，各种金属、塑料复合管的开发和应用也越来越多。

6.6.6.2 管线选择

出水管线的选择，应根据泵站总体布置要求，结合地形、地质条件确定并考虑下列因素：

(1) 应避开地质不良地段，否则应采取安全可靠的工程措施。管道敷设在填方上时，填方应经压实处理，并设排水设施，防止不均匀沉陷导致管道损坏。

(2) 管道应短而直，尽量减小水力损失并方便施工和运行管理。管线布置应尽量垂直等高线和避免转弯、曲折，管道敷设时应注意管道的稳定，防止塌坡、管道下滑。

(3) 管道转弯角宜小于60°，转弯半径宜大于2倍管径。管道在平面和立面上均需转弯且其位置相近时，宜合并成一个空间转弯角。

(4) 管道顶线宜布置在最低压力坡度线下，压力不小于0.02MPa，避免管道中水流倒流时出现水流脱壁和负压，造成管路丧失稳定或因综合水锤而破坏。

6.6.6.3 管道布置

(1) 管道平行布置，如图6.6-22所示。该布置方式的出水管道轴线相互平行，管线短而直，水力损失小，施工安装方便。但机组台数多时，出水池宽度较大，常用于机组台数较少且出水管管径较大的泵站。

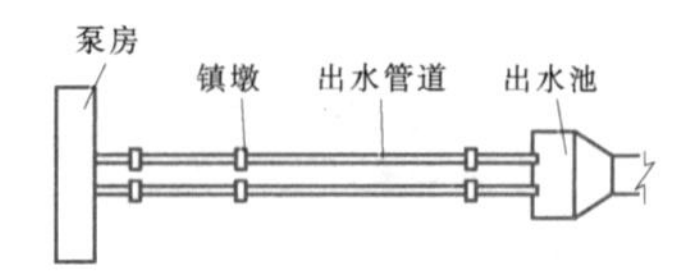

图6.6-22 管道平行布置示意图

(2) 管道收缩布置，如图6.6-23所示。该布置方式的出水管道在泵房后镇墩处开始收缩，经联合镇墩后再平行布置。该布置方式可减少出水池宽度，镇墩合建减少工程投资，常用于机组台数较多的泵站。

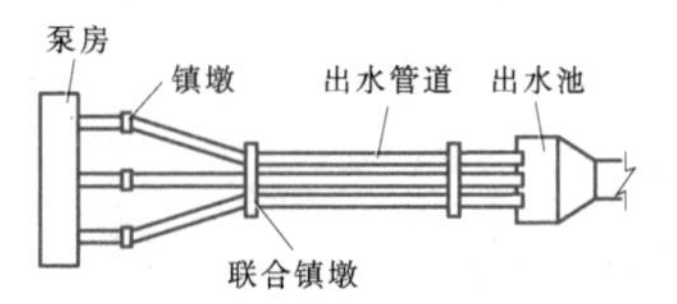

图6.6-23 管道收缩布置示意图

(3) 管道串联布置，如图6.6-24所示。高扬程泵站有时因一台水泵的工作扬程不能满足泵站的总扬程要求，需多台水泵串联运行，并根据布置的不同分为分级串联［见图6.6-24 (a)］和同级串联［见图

6.6-24 (b)]。分级串联时，各级水泵均有压力管道，而同级串联时仅最后一台水泵有压力管道。

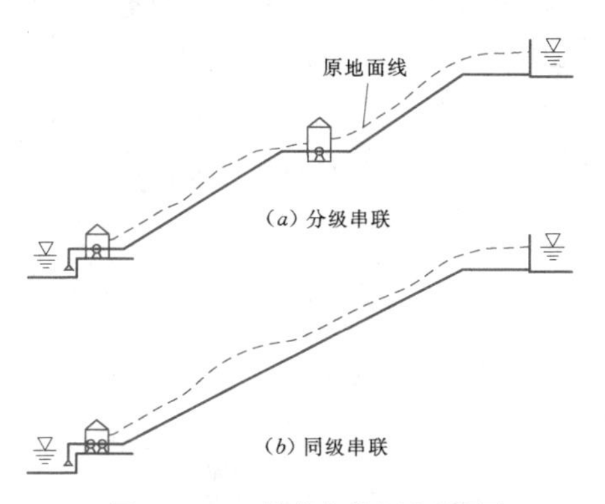

图 6.6-24 管道串联布置示意图

(4) 管道并联布置，如图 6.6-25 所示。该布置方式将泵站若干台水泵的出水管道并联成一根压力总管，并联后的压力总管可选用平行或收缩布置方式，但总管出故障时对泵站运行影响较大。该布置方式可在机组台数较多且对供水可靠性要求不高的泵站采用。

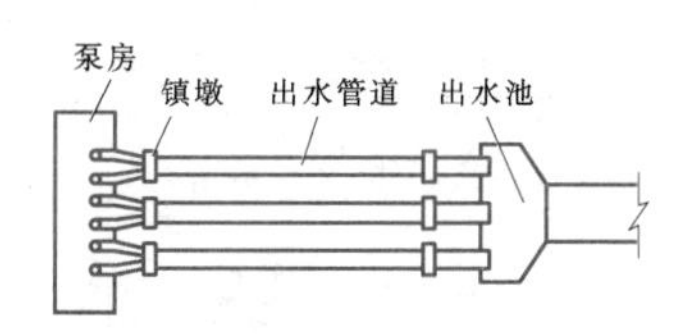

图 6.6-25 管道并联布置示意图

6.6.6.4 管道敷设

管道敷设常采用明管敷设（见图 6.6-26）和暗管敷设（见图 6.6-27）两种方式。

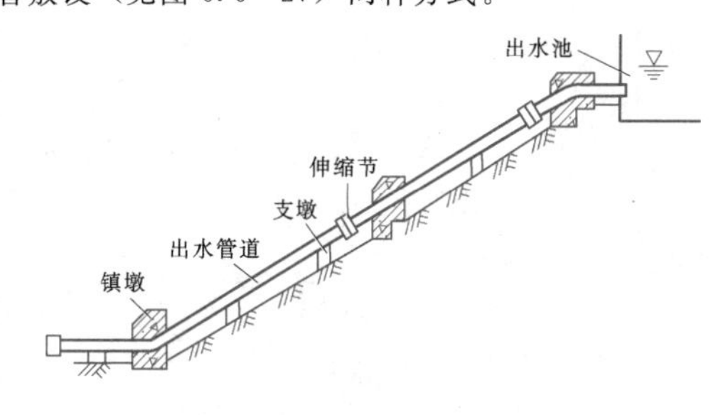

图 6.6-26 明管敷设示意图

1. 明管敷设

明管敷设是将管道敷设在一系列的支墩上，管道受力明确，便于安装、维护和检修，但管道易在温度作用下发生热胀冷缩，影响其使用寿命。明管敷设管道应进行防腐处理和采取必要的防冻保温措施。

明管敷设的管道管间净距不应小于 0.8m，钢管底部至少应高出管道槽地面 0.6m，预应力钢筋混凝土管承插口底部应高出管道槽地面 0.3m。其他材料管承插口应预留安装、检修高度。管槽需设排水设施，坡面宜护砌。

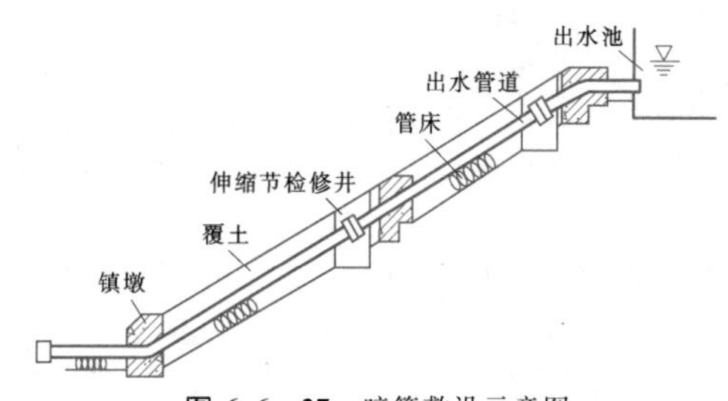

图 6.6-27 暗管敷设示意图

2. 暗管敷设

暗管敷设是将管道埋于地下，分无垫层敷设和有垫层敷设两种方式。地质条件较好且不受地下水影响的天然地基，管路可采用直接敷设方式，否则需采用有垫层敷设方式。

暗管敷设的管道应埋设在冰冻线以下，管道间净距不应小于 0.8m。钢管应做好防腐处理；当地下水或土壤对管材有侵蚀危害时，应采用防侵蚀措施。管坡需设置必要排水、防冲和防渗等工程措施。

6.6.6.5 管道根数与管径

在泵站工程总投资中，出水管道占一定比重，尤其是中、高扬程泵站。管道根数与管径选择，应结合可靠性、工程造价及经济运行等因素共同确定。初步设计时，可遵循以下原则：

(1) 出水管道长度大于 300m 时，应采用串联运行的方式；长度小于 100m 时，可采用单机单管的运行方式；长度在 100～300m 之间时，需经技术经济比较后确定。

(2) 供水可靠性要求较高的泵站，并联后的出水总管不宜少于 2 根。

(3) 初步确定管径时，可按下式计算：

$$D=\sqrt{\frac{4Q}{\pi v}} \tag{6.6-21}$$

式中 D——出水管管径，m；

Q——出水管设计流量，m^3/s；

v——出水管道经济流速，m/s。

出水管道经济流速可采用下列数值：

管径小于 250mm 时，$v=1.5\sim2.0$m/s；

管径在 250～1000mm 时，$v=2.0\sim2.5$m/s；

管径大于 1000mm 时，$v=2.5\sim3.0$m/s。

6.7 进水和出水流道

泵站进、出水流道型式的选择是泵站工程设计的一个重要方面，流道型式和型线设计的优劣，对泵站的经济性、安全可靠性有重要影响。

进、出水流道的设计通常采用经验结合试验的方法。即根据主泵规格和装置型式，结合土建布置并参考已建工程的成熟经验，选定一定的型式，拟定控制尺寸，以图解或数解方法绘制其内型尺寸（型线）。对于特定的一种或不同方案的进出、水流道，通过装置模型试验，验证其可行性或作进一步优化。

近年来，随着计算流体动力学（CFD）理论与技术的迅速发展和应用，用于求解三维雷诺平均纳维埃—斯托克斯（N-S）方程和多种湍流模型方程组的专用软件应运而生。这些软件可用于模拟泵站进、出水流道及泵叶轮内部流动。因此，在国内大型泵站的设计中，越来越多地采用CFD仿真计算进行流道的优化设计。其中南水北调东线一期泵站的工程设计，广泛使用此种科学方法，取得了明显成效。但也必须指出：CFD既不是独立的一种流道设计方法，也不能代替装置模型试验。

6.7.1 进水流道

进水流道是泵站前池与水泵叶轮室之间的过渡段，是水泵的进水部分，其作用是使水流在出前池进入水泵叶轮室的过程中更好地转向和加速，以满足水泵进口所要求的水力条件。叶轮进口的水流流态不良会降低泵的能量性能和汽蚀性能。

设计进水流道应尽量满足以下要求：

(1) 流道出口（即水泵叶轮进口）断面的流速和压力分布比较均匀。

(2) 在各种工况下，流道内不产生涡带，更不容许涡带进入水泵。

(3) 流道水力损失尽可能地小。

(4) 尽可能地减小流道宽度和开挖深度，以减少工程投资。

(5) 便于施工。

根据进水情况分单向进水流道与双向进水流道。单向进水流道根据其结构型式分为肘形、钟形、簸箕形，其中钟形进水流道又有平面蜗壳形和室形之分。各种单向及双向流道如图6.7-1所示。

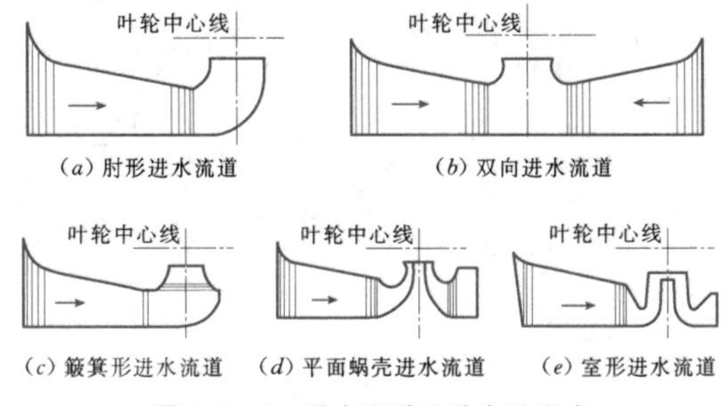

图 6.7-1 进水流道几种常见形式

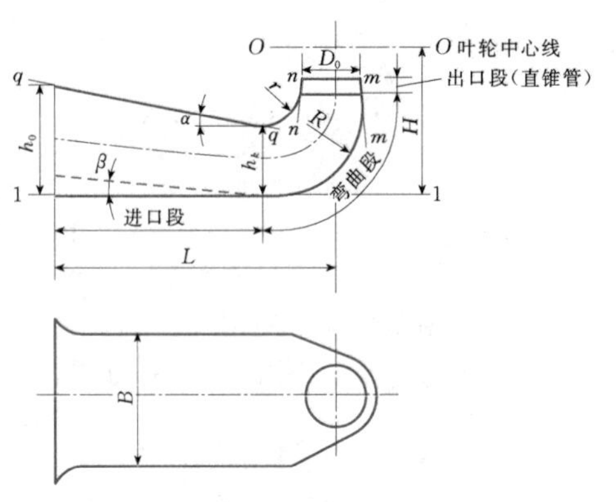

图 6.7-2 肘形进水流道型线图

6.7.1.1 肘形进水流道

肘形进水流道由进口段、弯曲段、出口段组成，如图6.7-2所示。

流道高度 $H=(1.5\sim2.0)D$（D为水泵叶轮直径）；流道长度 $L=(3.5\sim4.0)D$；流道宽度 $B=(2.0\sim2.5)D$；弯肘高度 $h_k=(0.8\sim1.0)D$。

(1) 进口段。该段断面为矩形。流道底线一般为水平的，有时为了抬高进水池底高程和减小翼墙高度，底面可向进口方向上翘，上翘角 $\beta=7°\sim11°$，不宜大于12°。该段顶部坡度板仰角 α 不宜大于30°。进口断面平均流速一般控制在0.8～1.0m/s之内。

(2) 出口段。该段为截头圆锥，高度一般取 $0.5D$，锥角小于12°。

(3) 弯曲段。该段断面是由矩形变为圆形，内曲率半径 $r=(0.2\sim0.5)D$，外曲率半径 $R=(0.8\sim1.0)D$。该段纵剖面图各部尺寸的数值解如下：

参见图6.7-3，若肘形弯管弯曲段的流道纵断面取以圆点 O 为中心呈放射形，而且圆点 O 在水泵座环的法兰平面上（即流道出口断面上），则各段断面高度为（δ为角变量）：

$$\left.\begin{aligned} h&=\rho_m-\rho_n \quad (0\leqslant\delta\leqslant\gamma)\\ h&=\rho_R-\rho_m \quad (\gamma\leqslant\delta\leqslant\theta)\\ h&=\rho_R-\rho_r \quad (\theta\leqslant\delta\leqslant\varphi)\\ h&=\rho_l-\rho_r \quad (\varphi\leqslant\delta\leqslant\psi)\end{aligned}\right\}\tag{6.7-1}$$

各段流道中心线的轨迹方程为

$$\left.\begin{aligned} \rho&=\frac{1}{2}(\rho_m+\rho_n) \quad (0\leqslant\delta\leqslant\gamma)\\ \rho&=\frac{1}{2}(\rho_R+\rho_m) \quad (\gamma\leqslant\delta\leqslant\theta)\\ \rho&=\frac{1}{2}(\rho_R+\rho_r) \quad (\theta\leqslant\delta\leqslant\varphi)\\ \rho&=\frac{1}{2}(\rho_r+\rho_l) \quad (\varphi\leqslant\delta\leqslant\psi)\end{aligned}\right\}\tag{6.7-2}$$

各段流道断面之间中心线的弧长为

$$S=\int_{\delta_1}^{\delta_2}\sqrt{\rho^2+\rho'^2}\,\mathrm{d}\delta \quad (0\leqslant\delta_1\leqslant\delta_2\leqslant\gamma) \tag{6.7-3}$$

以上式中：

$$\rho_n=\frac{c}{\tan\theta\sin\delta+\cos\delta} \quad (0\leqslant\delta\leqslant\theta) \tag{6.7-4}$$

$$\rho_m=\frac{c+D_0}{\cos\delta-\tan\gamma\sin\delta} \quad (0\leqslant\delta\leqslant\gamma) \tag{6.7-5}$$

$$\gamma=\tan^{-1}\frac{h}{c+D_0+h\tan\theta} \tag{6.7-6}$$

$$\rho_l=\frac{r+h_k}{\sin\delta-\tan\beta\cos\delta} \quad (\delta\geqslant\varphi) \tag{6.7-7}$$

$$\varphi=\tan^{-1}\frac{b+R\cos\beta}{a-R\sin\beta} \tag{6.7-8}$$

$$h_k=b+R\cos\beta-(a-R\sin\beta)\tan\beta-r \tag{6.7-9}$$

$$\rho_r=r \tag{6.7-10}$$

$$\rho_R=a\cos\delta+b\sin\delta+\sqrt{(a\cos\delta+b\sin\delta)^2+R^2-a^2-b^2} \tag{6.7-11}$$

其中，$h=h_m=h_n$，$h_n=r\sin\theta$，$h_m=b-R\sin\theta$，则

$$a=c+D_0+h\tan\theta-R\cos\theta \tag{6.7-12}$$

$$b=(R+r)\sin\theta \tag{6.7-13}$$

$$c=r\cos\theta+h\tan\theta \tag{6.7-14}$$

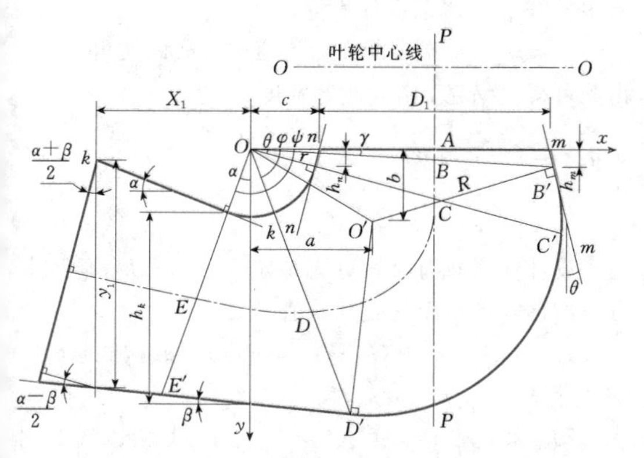

图 6.7-3 肘形弯管绘制数解计算图

θ—水泵座环的收缩角，(°)；β—流道底线与水平线的夹角，(°)；r—弯曲段内壁弯曲半径，m；R—弯曲段外壁弯曲半径，m；a、b—外壁弯曲中心 O′在 xoy 坐标系上的坐标

需要说明的是，如果流道内壁小圆中心 O 不在水泵座环法兰面上，而在法兰面以下，改变流道出口断面（即水泵座环进口）直径 D_0 值后，仍可用上述数值解法。

（4）流道各断面面积及其要求。流道的各断面面积是变化的，其 i 点断面形状如图 6.7-4 所示。断面面积 $F_i=h_ib_i-0.86r_i^2$。

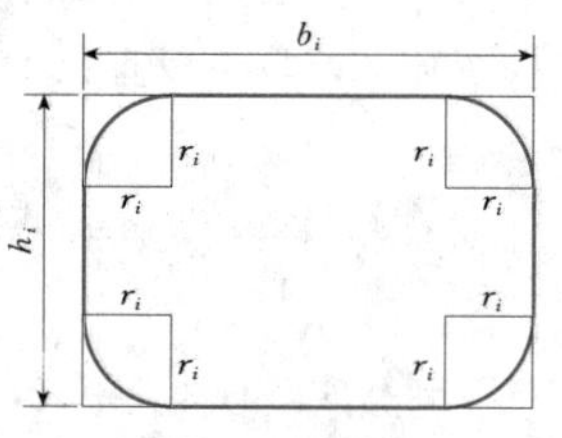

图 6.7-4 计算断面图

断面上圆弧段的 r_i 沿流道中心线的变化在流道纵剖面上应是一光滑曲线，流道出口断面 $r_i=D_0/2$（D_0 为流道出口断面直径）。

如果各断面面积或根据水泵设计流量求出的各断面的平均流速在沿流道中心线长度的变化为一光滑曲线（见图 6.7-5），则认为肘形流道设计是合理的；如果曲线不光滑，则必须修正断面尺寸，至曲线光滑为止。

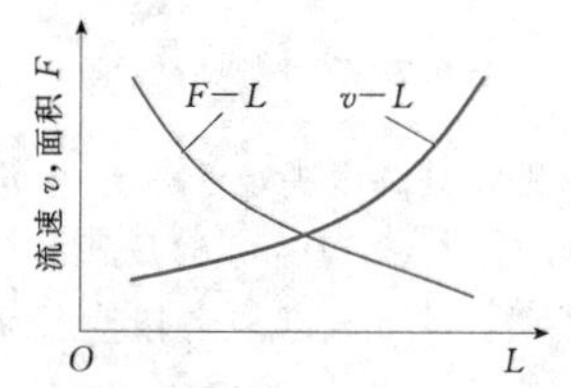

图 6.7-5 流速、断面面积与流道长度关系曲线

6.7.1.2 钟形进水流道

钟形进水流道由进口段与吸水室两部分组成，如图 6.7-6 所示。

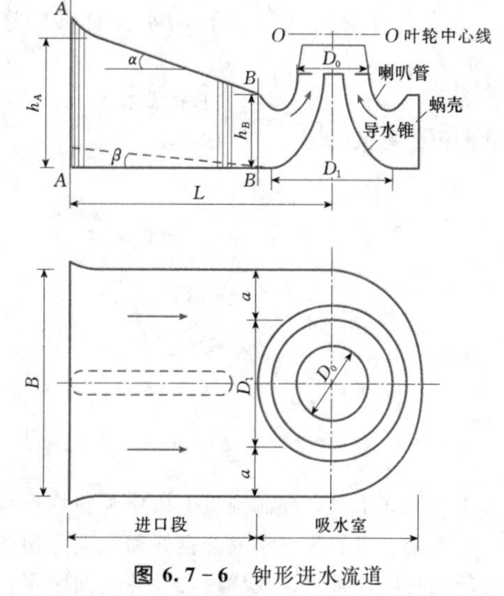

图 6.7-6 钟形进水流道

进口段与肘形进水流道设计相同；吸水室由喇叭管、导水锥、蜗壳三部分组成。它们的形状与尺寸按

如下方法确定：

（1）喇叭段。进口直径 $D_1=(1.3\sim1.4)D$（D 为水泵叶轮直径）；高度 $h=(0.3\sim0.4)D$。

该段线型，按下式求取各段直径 D_i 获得，如图 6.7-7 所示。

$$Z_iD_i^2=\frac{hD_0^2}{1-\left(\frac{D_0}{D_1}\right)^2} \tag{6.7-15}$$

式中 Z_i——D_i 到基准面的垂直距离，m；

h——喇叭管垂直高度，m；

D_0——流道出口直径，等于水泵座环直径，m；

其余符号意义见图 6.7-7。

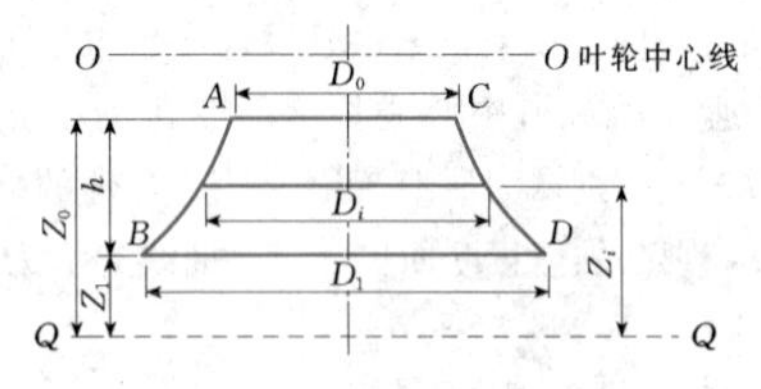

图 6.7-7 喇叭管线型

（2）导流锥。其高度决定于水泵叶轮位置与 h_1，一般为 h_1+h，$h_1=(0.4\sim0.6)D$。

导流锥线型，按下式求取各段直径 D_i 获得，见图 6.7-8。

$$Z_iD_i^2=\frac{(h_1+h)d_0^2}{1-\left(\frac{d_0}{D_1}\right)^2} \tag{6.7-16}$$

式中 d_0——导流锥顶部直径，m，根据水泵叶轮的轮毂直径而定；

D_1——导流锥底部直径，可取喇叭管进口直径；

h_1——喇叭管进口至底板的高度，m；

其他符号意义同前。

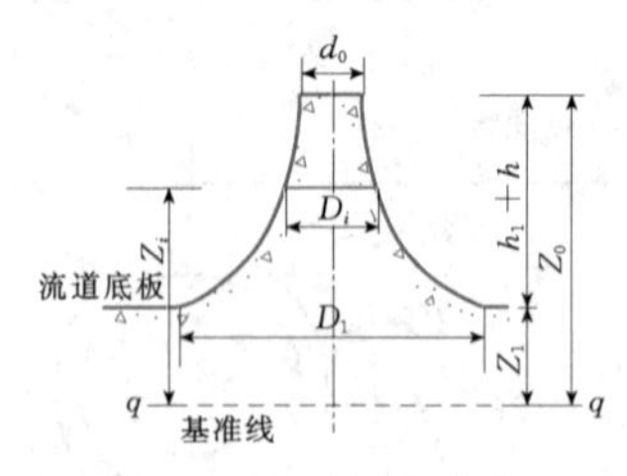

图 6.7-8 导流锥曲线

对于轴流式水泵，导流锥最上段应为圆柱形。

（3）涡壳。为了吸水室流态良好和施工方便，平面蜗形的蜗壳断面常设计成梯形，且各断面面积一般按等流速原则确定。涡壳平面见图 6.7-9。如果所选 i 断面如图 6.7-10 所示，a'一般取 0.1D（D 为水泵叶轮直径），$h_2<h_1+h$ 或$\frac{h_1}{h_2}=0.62$，$\alpha=45°\sim60°$。

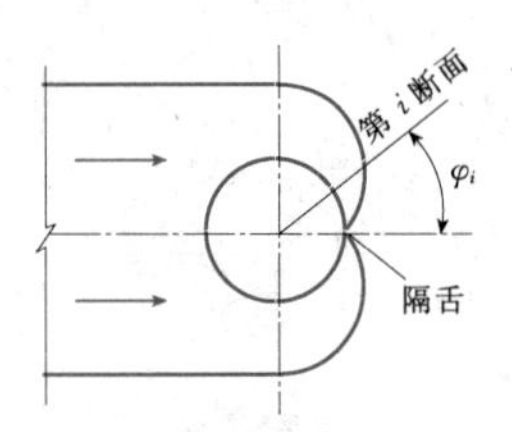

图 6.7-9 蜗壳第 i 断面平面位置

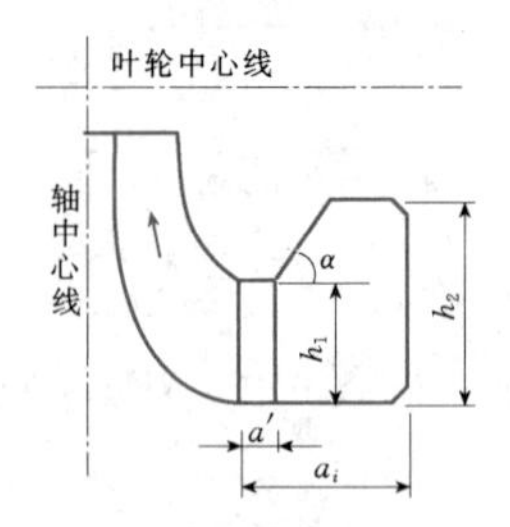

图 6.7-10 蜗壳断面图

图 6.7-10 中蜗壳第 i 断面面积按下式计算：

$$F_i=h_2a_i-(h_2-h_1)a'-\frac{1}{2}(h_2-h_1)^2\cot\alpha \tag{6.7-17}$$

其中 $F_i=\frac{Q_i}{v}$，$Q_i=\frac{\varphi_i}{360°}Q$，$v=\frac{Q}{\pi D_1h_1}$

式中 Q——水泵设计流量，m^3/s；

φ_i——蜗壳 i 断面与流道中心线的夹角，(°)。

由此可得出蜗壳 i 断面底部宽度 a_i 为

$$a_i=\frac{1}{h_2}\left[\frac{Q_i}{v}+(h_2-h_1)a'+\frac{1}{2}(h_2-h_1)^2\cot\alpha\right] \tag{6.7-18}$$

设计蜗壳断面时，可先拟定 a'、h_1、h_2 等尺寸，分三段计算各断面的底宽 a 值。

1）当 $a_i>a'+(h_2-h_1)\cot\alpha$ 时，a_i 按式（6.7-18）计算。

2）当 $a'<a_i\leqslant a'+(h_2-h_1)\cot\alpha$（图 6.7-11 中虚线范围）时，蜗壳断面呈如图 6.7-11 所示的图形，则

$$a_ih_1+\frac{1}{2}(a_i-a')^2\tan\alpha=\frac{Q_i}{v} \tag{6.7-19}$$

这样即可通过试算求出蜗壳 i 断面底部宽度 a_i 值。

3）当 $a_i\leqslant a'$时，则蜗壳断面为矩形，因此

$$a_i=\frac{F_i}{h_1}=\frac{Q_i}{h_1v} \tag{6.7-20}$$

这样，任意断面的 a 值都可以求出，从而可绘出蜗壳各部的尺寸。

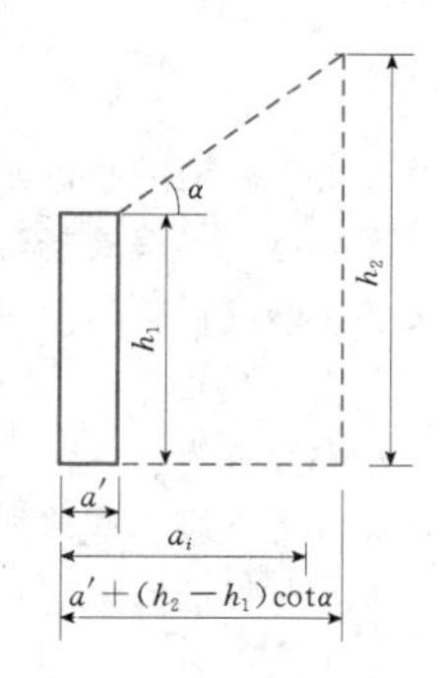

图 6.7-11 蜗壳断面图

6.7.1.3 簸箕形流道

簸箕形进水流道比较简单，可分为上部的喇叭管和下部的吸水箱两部分，如图 6.7-12 所示。

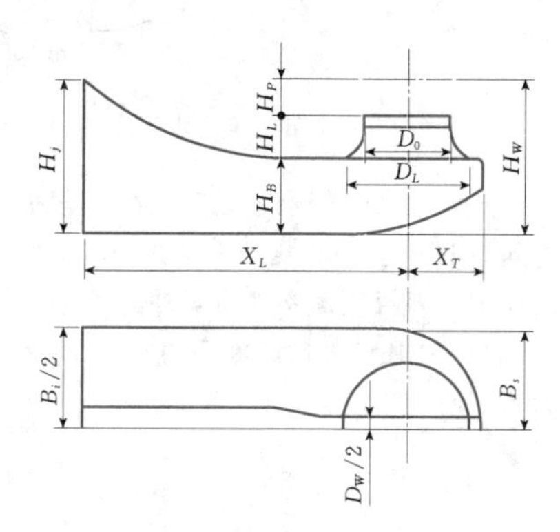

图 6.7-12 簸箕形进水流道示意图

叶轮中心高度 $H_W=(1.5\sim1.75)D$（D 为水泵叶轮直径），取值不宜太小；流道长度取 $X_L>3.0D$ 即可；流道宽度取 $B_i\approx2.5D$。

（1）喇叭管。进口直径 $D_L=1.47D$；高度 $H_L=0.57D$（叶轮中心至流道底板的高度不变，压低喇叭管的悬空高度）。

喇叭管的内壁型线对水流的均匀度有一定的影响，采用 1/4 椭圆型线优于圆弧切线。

（2）吸水箱。当高度 H_B 取 $0.8D$ 时，流场均匀度与水流入泵平均角度都很好。

簸箕形进水流道的宽度比肘形进水流道的大，是为了方便一部分水流绕至喇叭口两侧及后部进入喇叭管；但簸箕形流道宽度比钟形进水流道的小，是因为流道内部不像钟形流道那样容易产生涡带。

簸箕形流道的长度主要取决于泵站上部结构布置的需要，一般 $X_L\geqslant3.0D$。

吸水箱的后壁距大，有利水流从喇叭口后部入泵；但过大的后壁空间可能导致后壁处的局部涡流，对防止涡带的产生不利。因此，$X_T=1.0D$ 是可取的。

吸水箱中还设有中隔板，一是为了大型泵站结构方面的需要，二是为了阻隔可能发生的水下涡带。中隔板的厚度对水流有一定的影响，从防涡的角度来看，对中隔板的厚度没有特殊的要求，因此，在施工条件允许的情况下尽可能减薄。

6.7.1.4 关于进水流道选择的几点说明

（1）肘形进水流道一般按要求设计，可以达到水流平顺、水力损失小、出口流速均匀的要求。采用此流道可以减少泵房长度。其缺点是开挖深度较大，施工立模较复杂。

（2）钟形进水流道，由于高度较小可以减低泵房高度，施工亦较简单。其缺点是宽度较大，因此增加了泵房长度。对于直径较大的水泵，可选择这种型式的流道进行比选。

（3）对于灌排两用的泵站，在一定条件下可采用双向进水流道，该流道型式与尺寸的设计，可参考单向肘形与钟形进水流道。但设计时，应在流道内设置导流隔墩、增设隔板等，以消灭或减少流道内涡流。

（4）对于大型泵站和特别重要的泵站，进水流道应采用 CFD 仿真计算进行优化设计。

6.7.2 出水流道

出水流道也是水泵装置的一个重要组成部分，它是水泵出口与出水池之间的过渡段，其作用是使水流在进入出水池的过程中更好地转向和扩散，在扩散过程中不发生脱流和漩涡的条件下最大限度地回收动能。出水流道内的流态及动能回收情况决定了出水流道的水力损失，对水泵装置的效率有明显影响，对于低扬程或特低扬程泵站，这种影响更为突出。

设计出水流道时应尽量满足以下要求：

（1）尽可能多地回收水流的动能。

（2）尽可能减少流道的水力损失。

（3）尽可能减少土建工程的费用。

6.7.2.1 型式

大型泵的导叶体后的出流部分多为弯（直）管或虹吸式，如图 6.7-13 所示。对于灌排两用的泵站还有双向出水流道，类似有压管道。

1. 弯（直）管式出水流道

弯管部分可分为等截面圆形管或变截面管，江都四站（水泵为 ZL 30—7 型）即为变截面管，从圆形到矩形，如图 6.7-14 所示。为减少水泵轴长，弯管的上升角取 10°～30°。

弯（直）管后的直管部分分为上升式与平直管式两种。关于直管部分的设计可参看水电站有关部分，

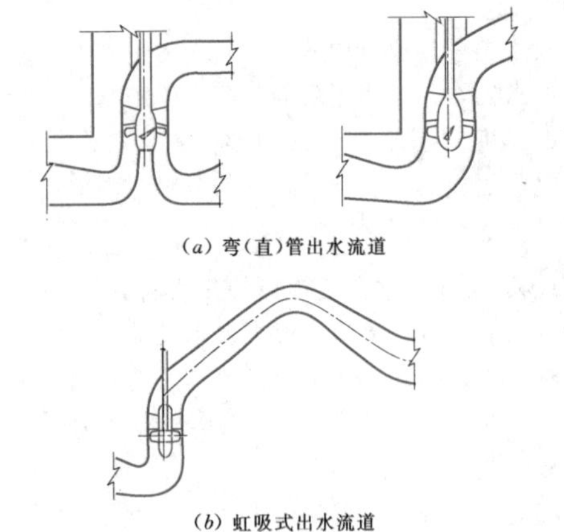
(a) 弯(直)管出水流道

(b) 虹吸式出水流道

图 6.7-13 出水流道几种型式

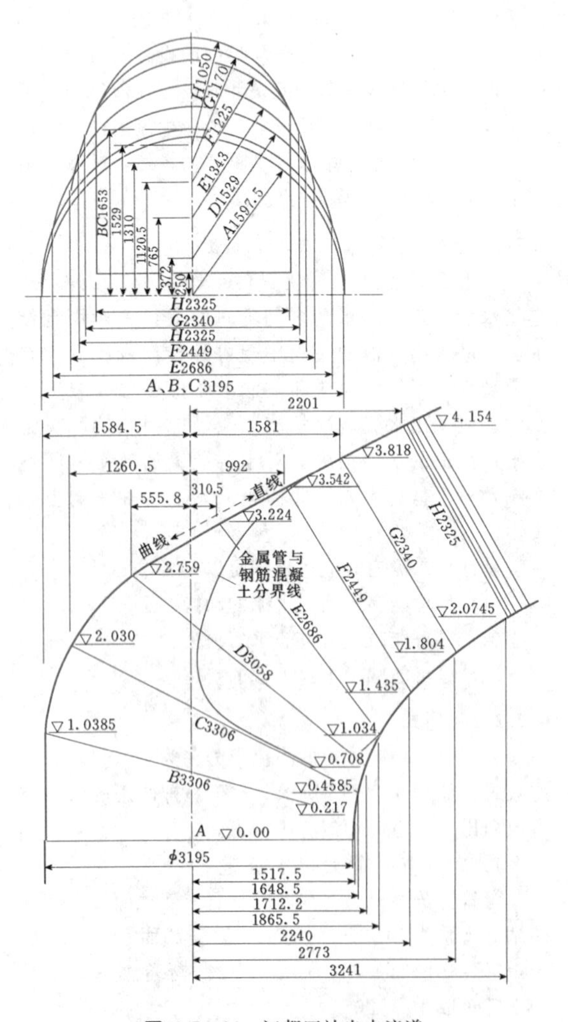

图 6.7-14 江都四站出水流道
(尺寸单位：mm；高程单位：m)

不再赘述。

2. 虹吸式出水流道

泵站采用虹吸式出水流道的目的是利用虹吸作用使水泵在任何工况下运行时不浪费扬程。设计虹吸式出水流道时的要求是：形成虹吸时间短；力求流道水力损失小；停机后水泵反转时间短；连接段不漏气；力求施工方便、工程造价省等。

虹吸式出水流道由上升段、驼峰段、下降段与出口段组成，如图 6.7-15 所示。

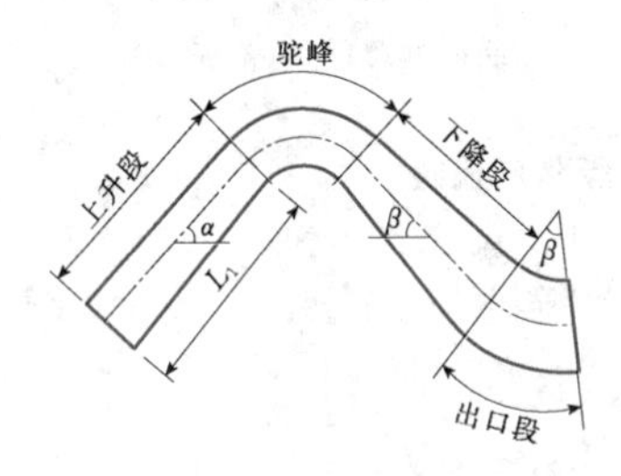

图 6.7-15 虹吸式出水流道

(1) 上升段。为了兼顾水泵启动时负荷小与停机后倒流时间短的要求，上升角取 α 取 30°；为了满足驼峰断面要求，该段立面不扩散，平面当量扩散角 $\varphi \leqslant 10° \sim 12°$，如上升段进口圆断面直径为 D_1，驼峰断面宽度为 B，该段长度为 L_1，则

$$L_1 = \frac{B - D_1}{2\tan\frac{\varphi}{2}} \tag{6.7-21}$$

(2) 驼峰段。该段断面平均流速与形成虹吸时间关系很大，驼峰断面处平均流速按下式估算：

$$v = 3.4\sqrt{R} \tag{6.7-22}$$

式中 v——驼峰断面处平均流速，m/s；

R——驼峰断面的水力半径，m。

我国设计驼峰断面越峰流速一般约为 2m/s。

为减小驼峰断面顶和底的压力差，断面型式宜采用扁平状。高度一般选 $h = (0.5 \sim 0.785)D_1$，宽度 B 可为出水流道的最大宽度。

为了防止水流脱壁同时又能满足水力损失小的要求，该段管道内壁的圆弧半径 $R_2 = (0.5 \sim 1.0)D_1$。

为了保证水泵停机、虹吸破坏后水不倒流，驼峰断面底部高程应高于外河最高水位 0.1～0.2m，驼峰顶部的真空度不应超过 7.5mH_2O。

(3) 下降段与出口段。此两段设计应有利于排气，避免水流脱壁，水力损失小，因此下降角的取值范围一般为 $\beta = 40° \sim 70°$。此两段平面通常取等宽，立面上扩散角要求同上升段平面扩散角，即当量扩散角不大于 10°～12°。出口流速 v_3 一般控制在 1.0～1.5m/s之间。此外，出口断面的顶部应保证在最低

运行水位时淹没，最小淹没深度可取为

$$H_s=(3\sim4)\frac{v_3^2}{2g} \qquad (6.7-23)$$

式中 v_3——出口断面平均速度，m/s；

其他符号意义同前。

为防止进气，H_s 不宜小于 0.3m。

(4) 驼峰顶部真空值的校核。为保证虹吸式出水管正常工作，要求驼峰顶部真空值 H_2 小于驼峰顶的最大容许值 H_r。H_2、H_r 的计算公式分别为

$$H_2=\nabla_H-\nabla_{\min}+\frac{v_2^2-v_3^2}{2g}-h_W \qquad (6.7-24)$$

$$H_r=\frac{P_a}{\rho g}-\frac{P_k}{\rho g}-a \qquad (6.7-25)$$

上二式中 ∇_H——驼峰顶高程，m；

$\nabla_{\min}$——最低外河水位高程，m；

v_2——驼峰断面的平均流速，m/s；

v_3——虹吸出口断面的平均流速，m/s；

h_W——驼峰至出口的水力损失，m；

P_a——当地海拔的大气压力，kN/m²；

P_k——水泵工作时水温的汽化压力，kN/m²；

a——考虑水流紊动和波浪的安全值，m，视具体情况而定；

其他符号意义同前。

(5) 管道支承与衔接。虹吸式出水管道大都由钢材或钢筋混凝土制成。管道段最好支承在同一基础上，如管道较长，必须分段施工、分段支承。如管道分段，接头结构宜做成简支的，下有支承不容许悬臂，以防支承不均匀沉陷时在接头处产生错动，导致漏水或漏气，影响虹吸管正常工作。为了便于检修接头处的止水与防漏设施，可在接头处设廊道或其他便于检修的工程。

(6) 虹吸式出水管断流设备。虹吸式出水管大都采用真空破坏阀进行断流。

6.7.2.2 关于出水流道选择的几点说明

(1) 在水泵出口断面中心高程远低于出水池设计水位与最低水位，且出水池的最高、设计、最低三种水位相差不大时，宜采用上升式直管出水流道。

(2) 在水泵出口断面中心高程略低于出水池最低水位，且出水池最高、设计、最低水位相差不大时，宜采用平直管式出水流道。

(3) 对于立式或斜式轴流泵站，当出水池水位变化幅度不大时，宜采用虹吸式出水流道，配以真空破坏阀断流。

(4) 在水泵出口断面中心高程高于出水池最低水位又略低于出水池的设计水位，这两种水位相差又较大，且较低水位出现时需要水泵运行，可采用低驼峰式出水流道，并在出水流道出口增设拍门或快速闸门。

6.7.3 工程实例

下面提供几种经 CFD 仿真计算进行优化设计，并通过流道模型试验验证后的流道型线图，供参考。

1. 台儿庄泵站

台儿庄泵站位于山东省枣庄市境内，是南水北调东线工程的第七梯级泵站。该泵站设计流量 125m³/s，安装立式轴流泵机组 5 台套（含备用机 1 台套），单泵设计流量 31.25m³/s，配套电动机功率 2400kW，总装机容量 12000kW。泵站采用肘形进水流道和直管式出水流道。

该站进、出水流道进行数模计算和优化后，在高精度水力机械试验台上进行了试验。经测试，水泵装置最优工况点效率达到了 76%，试验结果表明水泵装置综合性能良好。图 6.7-16 为台儿庄泵站流道单线图。

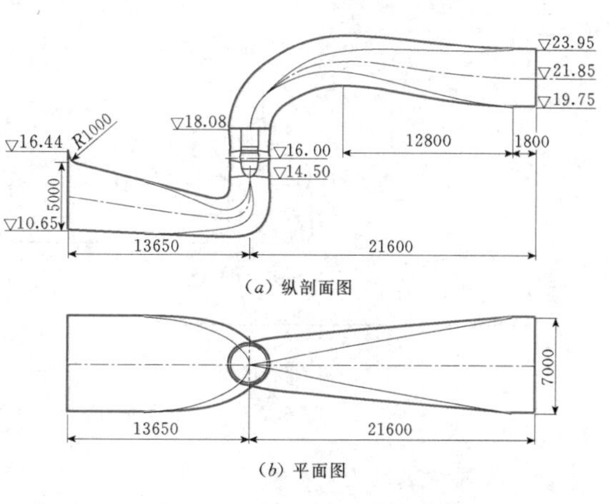

图 6.7-16 台儿庄泵站流道单线图
（尺寸单位：mm；高程单位：m）

2. 蔺家坝泵站

蔺家坝泵站位于江苏省徐州市铜山县境内，是南水北调东线工程的第九级泵站。该泵站选用 2800ZGQ25—2.0 型后置灯泡贯流泵机组，共 4 台套（含备用机 1 台套）。水泵叶轮直径为 2850mm，转速为 120r/min，单泵设计流量为 25m³/s，水泵与电动机间采用单级行星齿轮传动。该站进、出水流道经数模计算和优化后，在高精度水力机械试验台上进行了试验。经测试，水泵装置最优工况点效率达到了 75%，试验结果表明水泵装置综合性能良好。图 6.7-17 为蔺家坝泵站流道单线图。

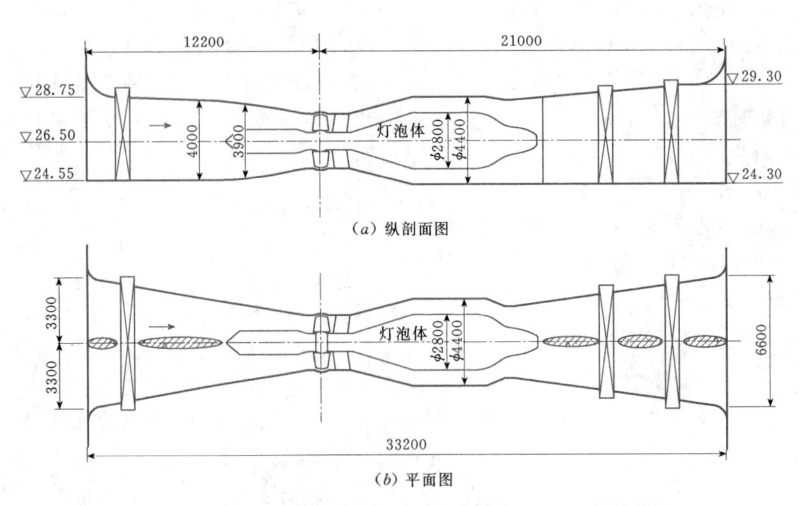

（a）纵剖面图

（b）平面图

图 6.7-17 蔺家坝泵站流道单线图（尺寸单位：mm；高程单位：m）

3. 仙蠡桥泵站

仙蠡桥泵站位于江苏省无锡市境内。该泵站采用钟形进水、室形出水流道，共4台泵组。水泵叶轮直径为2200mm，转速为150r/min，单泵设计流量为15m³/s。该泵站进、出水流道经数模计算和优化后，在水力机械试验台上进行了试验。经测试，扬程2.0m左右时最高装置效率为72%，试验结果表明水泵装置综合性能良好。图6.7-18为仙蠡桥泵站流道单线图。

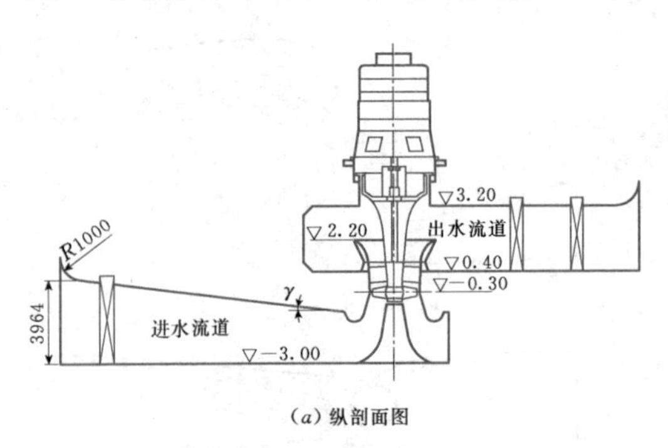

（a）纵剖面图

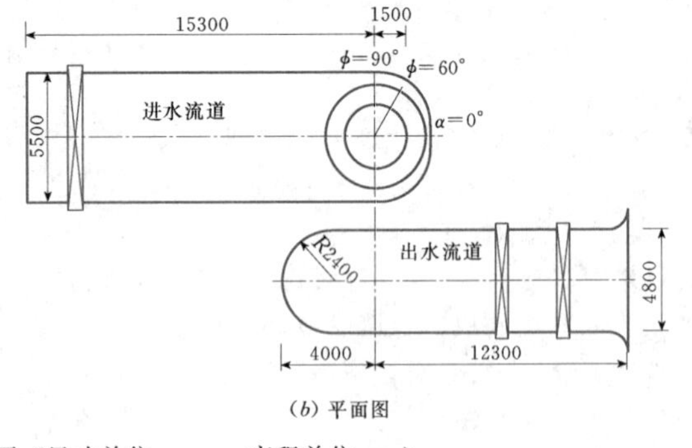

（b）平面图

图 6.7-18 仙蠡桥泵站流道单线图（尺寸单位：mm；高程单位：m）

4. 东风新泵站

东风新泵站位于江苏省苏州市境内。该泵站选用1500ZZS5—2.0型平面S轴伸贯流泵机组，共4台套。泵站具有引水和排涝的双向抽水功能，设计净扬程分别为1.19m和0.34m。水泵叶轮直径为1500mm，转速为218r/min，单泵设计流量为5m³/s，水泵与电动机间采用立式齿轮减速箱传动。该站进、出水流道经数模计算和优化后，在水力机械试验台上进行了试验，经测试，双向流道的效率要低于单向流道的效率，适宜用于运行小时数低的低扬程泵站。图6.7-19为东风新泵站流道单线图。

5. 太浦河泵站

太浦河泵站位于江苏省吴江市境内。该泵站采用肘形进水流道、开敞式出水流道，选用4100ZXB50—2.0型斜15°泵机组，共6台套。设计净扬程为1.34m，水泵叶轮直径为4100mm，转速为76r/min，单泵设计流量为50m³/s，水泵与电动机间采用两级平行轴齿轮减速箱传动。该站进、出水流道经数模计算和优化后，在水力机械试验台上进行了试验，表明水泵装置综合性能良好，模型最高装置效率为68%。图6.7-20为太浦河泵站流道单线图。

6. 江尖泵站

江尖泵站位于江苏省无锡市境内。该泵站选用2500ZWS25—2.0型竖井贯流泵机组，共3台套。水泵叶轮直径为2500mm，转速为132r/min，单泵设计流量为25m³/s，水泵与电动机间采用立式齿轮减速箱传动。该站进、出水流道经数模计算和优化后，在水力机械试验台上进行了试验，表明水泵装置综合性能良好，最高装置效率达到了76.8%。图6.7-21为江尖泵站流道单线图。

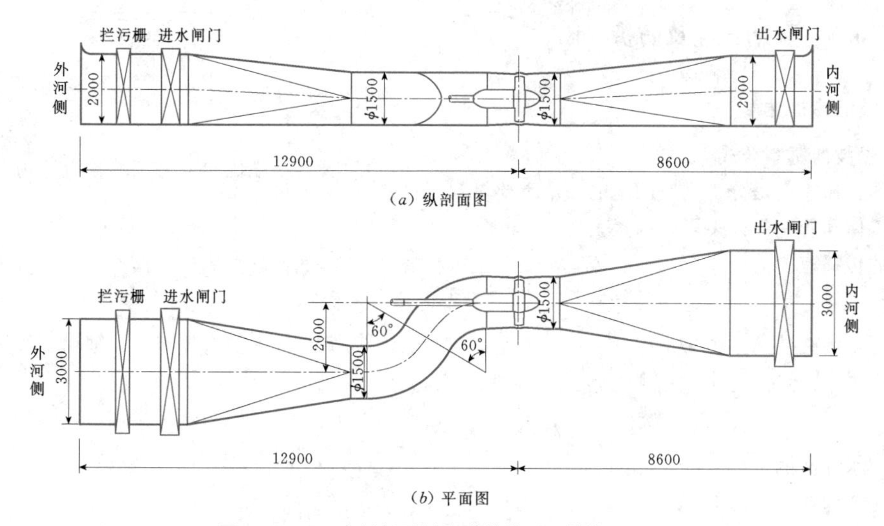

图 6.7-19 东风新泵站流道单线图（单位：mm）

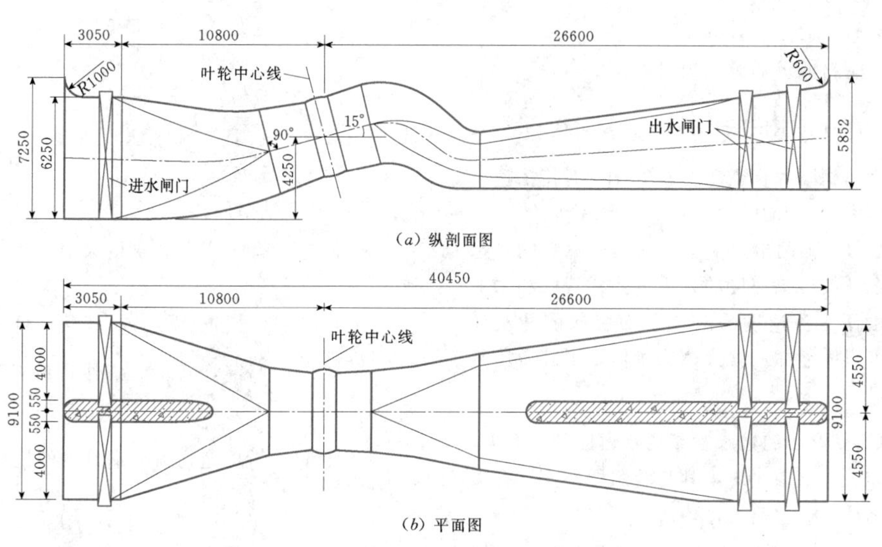

图 6.7-20 太浦河泵站流道单线图（单位：mm）

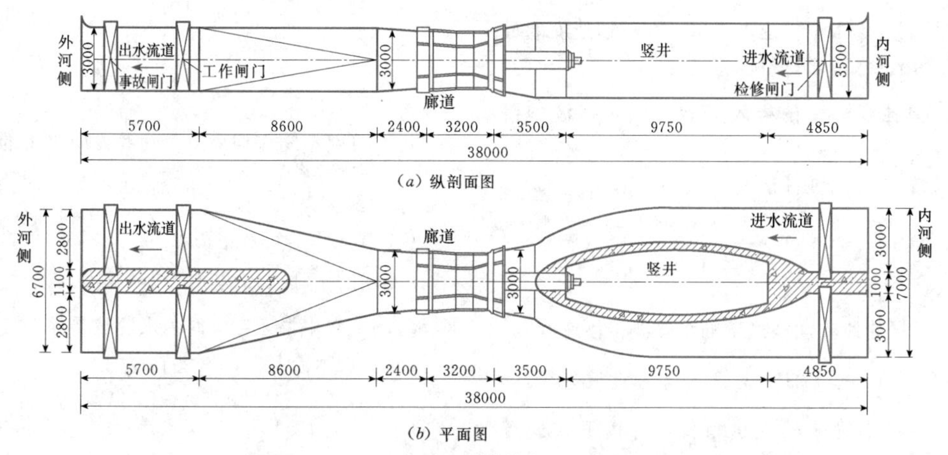

图 6.7-21 江尖泵站流道单线图（单位：mm）

6.8 泵站水锤及防护

6.8.1 水锤波的传播速度

6.8.1.1 水锤波的基本公式

水锤波的传播速度是分析水锤问题的一个重要参数，它涉及流体和管壁的许多影响因素。

水锤波的传播速度为

$$a=\frac{1}{\sqrt{\rho\left(\frac{1}{K}+\frac{D}{bE}\right)}} \text{或} \frac{\sqrt{\frac{K}{\rho}}}{\sqrt{1\pm\frac{DK}{bE}}} \tag{6.8-1}$$

式中 a——水锤波的传播速度，m/s；

ρ——水的密度，kg/m^3；

D——管道的直径，m；

b——管壁的厚度，m；

E——管材的纵向弹性模量，GPa；

$\sqrt{\frac{K}{\rho}}$——声音在水中的传播速度，m/s，当水的体积弹性模数 $K=2.06$GPa 时传播速度为 1425m/s。

式（6.8-1）为两端自由支承的均质材料的管道输送清水时水锤波传播速度的计算公式。管壁和水的弹性减弱了由于水流速度瞬时改变而引起的冲击作用。对于不可压缩液体或视液体为刚体，则其增压是相当大的。

6.8.1.2 弹性变形小的输水管路的水锤波传播速度

当管路弹性变形很小时，其与管路弹性变形有关的数值就非常小，可忽略不计，故

$$a=\sqrt{\frac{k}{\rho}} \tag{6.8-2}$$

这时该值等于水中声速，是水锤波传播速度的最高值，计算出的水锤增压值也将最高。

6.8.1.3 弹性变形大的橡胶等软管的水锤波传播速度

由于软管的纵向弹性模量 E 极小，则

$$a=\frac{1}{\sqrt{\rho\left(\frac{D}{bE}\right)}} \tag{6.8-3}$$

6.8.1.4 不同管路支承型式下的水锤波传播速度

（1）对于 $\frac{D}{b}>25$ 的薄壁管（D 为管道直径，b 为壁厚），若考虑管路的支承条件，可按下式进行计算：

$$a=\frac{1}{\sqrt{\rho\left(\frac{1}{K}+\frac{DC_1}{bE}\right)}} \tag{6.8-4}$$

式中，C_1 值根据不同的支承条件确定，其确定方法如下：

1）管路一端固定，另一端自由的场合：

$$C_1=1-\frac{\mu}{2} \tag{6.8-5}$$

2）管路两端均固定的场合：

$$C_1=1-\mu^2 \tag{6.8-6}$$

3）管路中间装有伸缩节，轴线方向自由的场合：

$$C_1=1 \tag{6.8-7}$$

以上式中 μ——管材的泊松比。

（2）对于 $\frac{D}{b}<25$ 的厚壁管，考虑管壁周边向应力不均的影响，有

$$a=\sqrt{\frac{1}{\rho\left(\frac{1}{K}+\frac{\varphi_1}{E}\right)}} \tag{6.8-8}$$

其中 $\varphi_1=E(2\bar{e}_r+\bar{e}_1)$

式中 $\bar{e}_r$——因管路内增压而在圆周方向产生的偏移；

$\bar{e}_1$——轴向偏移。

管壁非常厚时，其刚度很大，这时 $\bar{e}_r=\bar{e}_1=0$，则 $\varphi_1=0$。

水锤波传播速度公式与式（6.8-2）相同。

$\frac{D}{b}<25$ 的厚壁管的支承条件系数 C_1，用下列公式求出：

1）管路一端固定，另一端自由的场合：

$$C_1=\frac{2b}{D_1}(1+\mu)+\frac{D_1}{D_1+b}\left(1-\frac{\mu}{2}\right) \tag{6.8-9}$$

2）管路两端均固定的场合：

$$C_1=\frac{2b}{D_1}(1+\mu)+\frac{D_1}{D_1+b}(1-\mu^2) \tag{6.8-10}$$

3）管路中间有伸缩节，轴线方向自由的场合：

$$C_1=\frac{2b}{D_1}(1+\mu)+\frac{D_1}{D_1+b} \tag{6.8-11}$$

以上式中 D_1——管道内径。

上述的水锤波传播速度还随其埋设条件而变化。

6.8.1.5 水中混入空气时的水锤波传播速度

水中混入空气时的密度 ρ_l 为

$$\rho_l=\rho_a\frac{V_a}{V_l}+\rho_w\frac{V_w}{V_l} \tag{6.8-12}$$

液体的体积弹性模数 K_l 可按下式计算：

$$K_l=\frac{\Delta P}{\frac{\Delta V_l}{V_l}}=\frac{\Delta P}{\frac{\Delta V_w+\Delta V_a}{V_l}}=\frac{K_w}{1+\frac{V_a}{V_l}\left(\frac{K_w}{K_a}-1\right)}\tag{6.8-13}$$

将 K_l 和 ρ_l 代入式（6.8-1），则可得薄壁管的波速计算公式为

$$a=\frac{1}{\sqrt{\left\{\rho_w-(\rho_w-\rho_a)\frac{V_a}{V_l}\right\}\left\{\frac{1+\left(\frac{K_w}{K_a}-1\right)\frac{V_a}{V_l}}{K_w}\pm\frac{D}{bE}\right\}}}\tag{6.8-14}$$

式中 ρ_a——空气的密度，kg/m^3；

ρ_w——水的密度，kg/m^3；

K_w——水的体积弹性模量，GPa；

K_a——空气的体积弹性模量，GPa；

V_a——空气的体积，m^3；

V_l——混合液体的体积，m^3；

$\frac{V_a}{V_l}$——空气的容积掺入率；

其他符号意义同前。

将 K_l 和 ρ_l 代入式（6.8-8），可得厚壁管的水锤波传播速度计算公式为

$$a=\frac{1}{\sqrt{\rho_w-(\rho_w-\rho_a)\frac{V_a}{V_l}\left[\frac{1+\left(\frac{K_w}{K_a}-1\right)\frac{V_a}{V_l}}{K_w}+\frac{\varphi_1}{E}\right]}}\tag{6.8-15}$$

式中 E——管材的纵向弹性模量，GPa；

其他符号意义同前。

6.8.2 水锤电算方法（特征线法）

水锤是压力管道中水流的一种不稳定流动现象，全面表达这种不稳定水流运动的数学方程式，称为水锤基本方程式。水锤基本方程反映了水流的流速、水头在水力过渡过程中的变化规律，是由运动方程和连续性方程组成的一对非线性的双曲线偏微分方程，方程中有两个因变量——流速 V 和压力水头 H，两个自变量——时间 t 和沿管线的距离 x。但直接求解这组方程是十分困难的。随着电子计算机应用技术的发展和水锤电算方法的逐步完善，工程上逐步推广采用特征线法，由电子计算机计算分析泵站水锤和进行水锤防护设备的设计。

水锤电算的特征线法可以分成两步：①在特征值的约束下，将水锤方程这组偏微分方程变成常微分方程组；②对这组常微分方程组沿其特征线积分，得到便于进行数值计算的有限差分方程，再进行有限差分求其数值解。

特征线法与其他电算方法相比，其特点是：很容易满足数值计算解收敛的稳定条件；便于建立各类边界的边界条件方程；可以考虑管道的摩阻损失项及水锤方程的其他次要项，从而提高计算精度；便于处理非常复杂的管网系统和各种水锤防护设计的条件，灵活地编制计算程序。因此，这种方法不仅有很高的计算精度，而且计算速度快，收敛性好，是非常有效的计算方法。

6.8.2.1 水锤基本方程

水锤方程的特征线方程及其有限差分方程，直接用于数值计算时采用的是经过简化的差分方程格式：

$$\left.\begin{aligned}C^+:H_{pi}&=C_P-BQ_{pi}\\C^-:H_{pi}&=C_M+BQ_{pi}\\C_p&=H_{i-1}+BQ_{i-1}-RQ_{i-1}\mid Q_{i-1}\mid\\C_M&=H_{i+1}-BQ_{i+1}+RQ_{i+1}\mid Q_{i+1}\mid\end{aligned}\right\}\tag{6.8-16}$$

其中
$$B=\frac{a}{gA}$$
$$R=f\Delta x/(2gDA^2)$$

式中 C_p、C_M——特征线方程的已知常数；

B——管道的特性常数；

R——管道的摩阻特性常数；

Q——产生水锤时管中流量，m^3/s；

H——测压管水头，m；

A——管道断面面积，m^2；

f——管道摩阻参数；

Δx——网格管段长度；

其他符号意义同前。

如图 6.8-1 的特征线网格所示，式（6.8-16）中的 H_{i-1}、Q_{i-1}及 H_{i+1}、Q_{i+1}为时间间隔 Δt 之前管道各节点的瞬态压力水头、瞬态流量，H_{pi}、Q_{pi}为经过 Δt 时间间隔后 P_i 点的瞬态压力水头、瞬态流量。因此，若 Δt 之前管道的流动状态是已知的，可直接由式（6.8-16）求出经时间间隔 Δt 之后的管道各节点的瞬态压力水头、瞬态流量。

利用特征线法计算水锤时，通常是从 $t=0$ 的稳定状态开始的。首先，将管道等分成 n 段，沿管线确

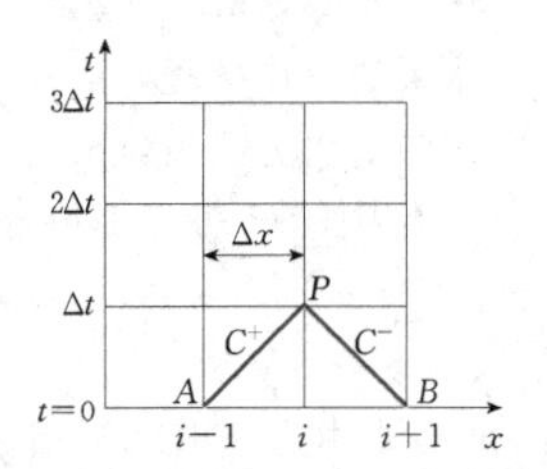

图 6.8-1 水锤计算的特征线网格

定 $n+1$ 管道节点，并根据已知的管道数据，计算确定管道特性常数 B 和管道摩阻特性常数 R；然后，用稳定流的计算方法，求定初始状态下管道各节点的 H 和 Q 值。因此，对于水锤计算，$t=0$ 时刻即初始稳定状态下，管道各节点的压力水头和流量（即计算的初始条件）总是已知的。

在计算过程中，管道特性常数 B 和管道摩阻特性常数 R 是与时间无关的常量，因此，只要知道前一时间间隔 Δt 管道各点的 H_i 和 Q_i，C_{pi} 和 C_{Mi} 可预先求出，Δt 时段末各点的水头 H 和流量 Q 便可求。以此类推，可逐层求解。

管道中的任何一个节点的瞬态流量和瞬态压力水头，除了与相毗邻的节点有关外，还与管道边界的变化特性有关。在泵站管道系统中，这些边界包括泵、闸阀，其他相连接的管道，各类水锤防护的设备等。因此，为了得出全部节点任意瞬态的解，还必须引入各类边界的边界条件方程，计算出边界点的 H_p 和 Q_p。

6.8.2.2 事故停泵水锤的电算方法

1. 水泵端的边界条件

事故停泵水锤计算的特点是增加了水泵端这一动力型边界。

水泵端的边界条件取决于水泵的全特性曲线以及水泵的惯性方程。在特征线法中，需将复杂的水泵全特性曲线输入电子计算机储存，并写入边界条件方程，从而将边界条件的数学表达式与相邻管段的特征线方程组合进行数值计算，以确定任意瞬时水泵的瞬变运动状态中的参量。

2. 水泵的水头平衡条件方程

一般情况下，水泵出口装设有阀门，进、出口分别与管道连接，这时水泵的工作扬程应等于进口和出口阀门后测压管水头差加上阀门的水力损失，故经过泵和阀门的水头平衡方程可用下式表示：

$$H_M + H - H_f = H_N \qquad (6.8-17)$$

式中 H_M ——水泵吸入管最后一个截面的测压管水头，m；

H_N ——水泵出水管第一个截面（阀后）的测压管水头，m；

H ——水泵的工作扬程，m；

H_f ——阀门的水力损失，m。

在水力过渡过程中，H 可以是正值，也可以是负值，因此，式（6.8-17）可以表示瞬变状态下水泵的水头关系。

H_M 和 H_N 可分别由进、出水管相邻管段的特征方程表示。H_M 可引入吸水管与水泵连接管段的 C^+ 特征方程来表示：

$$\left.\begin{aligned} H_M = H_{p1,NS} = H_{1,N} - B_1(Q_{p1,NS} - Q_{1,N}) - \\ R_1 Q_{1,N}\,|Q_{1,N}| \\ \text{或} \quad H_{p1,NS} = C_{p1} - B_1 Q_{p1,NB} \end{aligned}\right\} \qquad (6.8-18)$$

H_N 可引入出水管道与水泵连接管段的 C^- 特征方程来表示：

$$\left.\begin{aligned} H_N = H_{p2,1} = H_{2,2} + B_2(Q_{p2,1} - Q_{2,2}) + \\ R_1 Q_{2,2}\,|Q_{2,2}| \\ \text{或} \quad H_{p2,1} = C_{m2} + B_2 Q_{p2,1} \end{aligned}\right\} \qquad (6.8-19)$$

水泵的瞬态扬程 H，可引入苏特（Suter）提出的 x—$WH(WB)$ 坐标上的水泵全特性曲线来表示（见图 6.8-2）。

$$x = \pi + \arctan\frac{\upsilon}{\alpha}$$

$$WH(x) = \frac{h}{\alpha^2 + \upsilon^2}$$

$$WB(x) = \frac{\beta}{\alpha^2 + \upsilon^2}$$

其中

$$h = \frac{H}{H_R}$$

$$\upsilon = \frac{Q}{Q_R}$$

$$\alpha = \frac{n}{n_R}$$

$$\beta = \frac{T}{T_R}$$

式中 h ——水泵的无量纲扬程；

υ ——无量纲流量；

α ——无量纲转速；

β ——无量纲转矩；

T_R ——水泵额定转矩，N·m；

n_R ——水泵额定转速，r/min；

H_R ——水泵额定扬程，m；

Q_R ——水泵额定流量，m³/s。

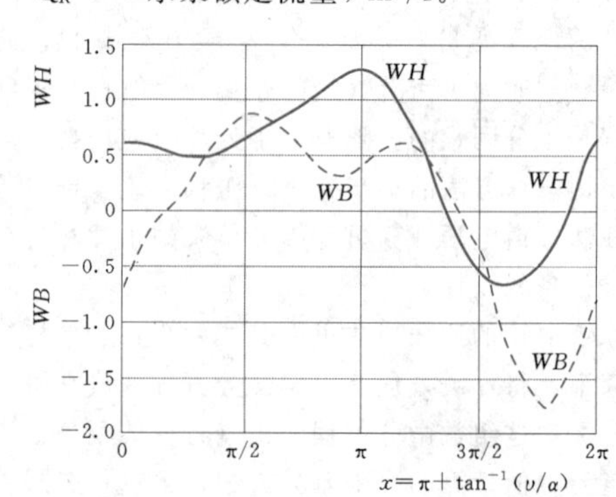

图 6.8-2 Suter 水泵全性能曲线

式（6.8-17）中阀门的水头损失 H_f 用与阀边界条件相似的方程表示：

$$H_f = \left(\frac{Q_P}{Q_R}\right)^2 \frac{H_{f0}}{\tau^2} = \frac{H_{f0}}{\tau^2}\nu|\nu| \quad (6.8-20)$$

式中 H_{f0}——当 $\tau=1$ 时流量为水泵额定流量 Q_R 时的水头损失，m；

τ——阀门的无量纲开度系数，通常由列表的形式用数学表达式给定，在计算过程中，任意瞬时的 τ 值总是已知的或可以直接求得的。

$$F_1 = H_{PM} - (B_1 + B_2)\nu Q_R + H_R(\alpha^2 + \nu^2) \times \left[A_{10} + A_{11}\left(\pi + \arctan\frac{\nu}{\alpha}\right)\right] - \frac{H_{f0}\nu|\nu|}{\tau^2} = 0 \quad (6.8-21)$$

式中 A_{10}、A_{11}——全特性曲线插值系数。

3. 水泵的惯性方程

水泵端的另一个边界条件方程是由动量矩原理推导得出的水泵机组的惯性方程：

$$\alpha_0 - \alpha = \frac{60gT_R}{\pi GD^2 n_R}(\beta_0 + \beta)\Delta t \quad (6.8-22)$$

式中 GD^2——水泵机组转动惯量，kg·m²；

α_0、β_0——在 Δt 起始瞬时的无量纲转速、无量纲转矩。

根据转矩特性曲线 $WB=\frac{\beta}{\alpha^2+\nu^2}$，可得到

$$\beta = (\alpha^2 + \nu^2)\left[B_0 + B_1\left(\pi + \arctan\frac{\nu}{\alpha}\right)\right]$$

代入式（6.8-22）得到

$$F_2 = (\alpha^2 + \nu^2)\left[B_{10} + B_{11}\left(\pi + \arctan\frac{\nu}{\alpha}\right)\right] + \beta_0 - \frac{GD^2}{60\Delta t}\frac{n_R}{T_R}\frac{\pi}{g}(\alpha_0 - \alpha) = 0 \quad (6.8-23)$$

式中 B_{10}、B_{11}——全特性曲线插值系数。

这是用 ν 和 α 表示的水泵惯性方程，用符号 F_2 表示。F_1 和 F_2 是一组包含 α 和 ν 两个未知数的非线性方程组。这组方程联立求解，可以得到边界点的特性参量。

6.8.2.3 水泵出口阀门关闭的影响

对于同一台水泵，相同的管道系统，若采用不同的阀门或不同的关阀程序，则停泵水锤过程中各参量的变化是不同的。因这时水泵端的边界条件是水泵的全特性与阀特性的组合，当水泵处于正转水泵工况时，水泵的减速旋转使管道系统的流量减小。这时阀的关闭相当于管道上游端的关阀作用，使管道产生降压波，因而关闭将加速压力的降低。当水流速度减至零并开始倒流之后，由于水流方向的变化，水泵出口阀变成了下游末端阀。这时关阀的作用使倒流的水流阻力增大、流量减小，使管道压力上升，因而关阀将加速压力的升高。因此，其对停泵水锤的影响取决于阀的结构型式和关阀的程序。

阀的类型不同，其开度与阻力系数的关系曲线也不同，即使在相同关阀时间情况下，各对应时刻过流面积与全开总面积之比也不一样，因此，对停泵水锤产生不同的影响。

对于相同的水泵装置，不同的关阀程序，在水泵开始倒流瞬间阀的开度及其变化的速率不相同，因此，产生最大压力升高的时间及其大小是不相同的。对于不同比转数的水泵，在相同关阀条件下，对倒流流量的影响不一样，引起的水锤压力升高也是不同的。由于高比转数水泵产生倒流流量大，因此往往产生较大的水锤压力。

6.8.3 泵站水锤防护及其计算

泵站出现水锤事故，会使水泵出水管道、阀门遭到破坏，甚至泵房被淹，供水中断，造成重大损失；相反，由于担心水锤事故，盲目地采用水锤防护措施，不仅造成工程材料的浪费，有时甚至适得其反。因此，如何选择合理的防护措施，使最大升压和最大降压控制在规范范围内，并使设计的防护措施经济、安全、可靠，是泵站设计的重要任务。

6.8.3.1 泵站规划设计中的水锤防护

泵站管道系统的设计，应满足各种可能出现的正常和非正常运行工况下最大压力水头。管道的初始流速、水锤波传播速度、水泵的特性、阀特性及其启闭时间、管线的布置方式等均对泵站水锤有影响。

1. 合理布置管线

布置管线时，应尽可能地使管道纵断面平顺地上升而不形成驼峰状顶部，或者采取先缓后陡的型式。若管道纵断面在水泵出口开始先陡后缓，则停泵过程中压力下降有可能在管道顶部的拐点处引起降压过大；若其压力小于水的汽化压力并持续一定的时间，则可能产生“水柱分离”现象；若将管线的布置形式改变成先缓后陡的型式，可避免或减缓降压过程中产生负压。应根据地形条件、过渡过程计算结果，对管道纵剖面布置进行综合分析比较。

2. 降低管中流速

降低管中流速，可减小水流的惯性，减小管道特性常数 $2\rho=\frac{av_0}{gH_0}$，降低水锤升压和降压数值。管径与工程造价有关，可根据管道摩阻损失、水锤防护要求，进行管径选择的技术和经济比较。

3. 降低水锤波传播速度

水锤波传播速度减小，管道特性常数 $2\rho=\frac{av_0}{gH_0}$ 也减小。水锤往返管道一次所需要时间增大，也可起到减小水锤压力变化的作用。在设计管道时，若选择水锤波传播速度小的管材，在不影响管道强度条件下，可适当减小管壁厚度；在特殊条件下，向管道中适量地补给空气，或采用椭圆形截面管道等，都可能起到减小水锤波传播速度的作用。因水锤波传播速度的变化范围有限，对水锤防护作用也小。

4. 合理选择阀门型式，延长阀门启闭时间

不同型式的阀门开度不同损失系数也不相同。在相同的关阀条件下，全闭点附近特性变化比较均匀的阀门（如调流阀），其压力上升较小。普通逆止阀关阀时会产生很高的升压，应少采用或不采用。对于高扬程、大流量、长管道的泵站系统，为了防止水泵发生倒流所引起的水泵机组反转，而又不产生过高的水锤升压，可选择各种型式的缓闭式逆止阀或两阶段关闭的可控阀（蝶阀、偏心半球阀），合理进行调节计算，合理确定关阀过程。

阀门缓慢地开启和关闭，可减小流速的变化率，减小水锤压力的升高和降低；但关闭时间受水泵的运行及阀门驱动机构等条件限制，应综合考虑。

5. 管道设计中的其他水锤问题

（1）泵站管道的强度和稳定性，应满足设计内水压力和设计外荷载的要求。前者包括正常工作压力和水锤压力，后者包括土压力（埋设管道）和附加荷载。当管道内部有可能产生水柱分离时，尚应增加一个大气压力的外荷载。鉴于水锤压力属于瞬时荷载，所以管道强度应满足以下要求：容许耐压力不低于正常工作压力，试验内压力不低于正常工作压力与水锤压力之和。

（2）整个管道的直径在中途有变化，选取的管径应满足下游管道流速不大于上游管道流速的要求，以避免在迅速关阀或停泵时，在管道连接处产生负压和水柱分离，也可防止产生汽蚀现象。

（3）长管道输送系统，应尽可能地由调压塔或单向调压水箱将其分成区段，以缓冲管中压力的变化。

（4）选择一种或多种水锤防护设施时，应对各种不同的水锤防护方案进行计算分析和技术经济比较，应验算采取水锤防护设施后管道水锤压力的变化情况，确保管道系统的安全。

6.8.3.2　空气罐防护

空气罐安装在逆止阀之后，当水泵正常工作时，主管道中的水压力使罐内的空气压缩；由于空气比水轻，故上层为空气，下层为水，水气自然分离。一旦水泵突然停止，第一阶段管道中的压力降低时，罐内空气迅速膨胀，下层水在空气压力作用下迅速地补充给主管道，从而防止管中压力下降过大或产生水柱分离。在第二阶段，倒流水流使水泵进入水轮机工况，泵出口的逆止阀迅速关闭，管中压力上升，出水管中的高压水倒流入空气罐中，使罐内空气压缩，从而减小出水管中的压力升高。

1. 空气罐容积的估算公式

空气罐内水位波动是与管中水锤压力的瞬态变化密切相关并互相影响，因此，采用特征线法由电子计算机进行求解，可确定空气容积及求解罐内水位的波动过程。

近似计算空气罐初始容积 V_g 的公式为

$$V_g=\frac{LA_pv^2}{2gH_0^*\left(\lg h_{max}^*+\frac{1}{h_{max}^*}-1\right)} \tag{6.8-24}$$

其中

$$H_0^*=H_0+H_a$$

$$h_{max}^*=\frac{H_{max}^*}{H_0^*}$$

式中　H_0^*——空气罐内的初始绝对压力，m；

H_a——大气压；

h_{max}^*——最大容许上升压力比；

v——管道中的初始流速，m/s；

A_p——供水主管道的过流面积，m^2；

L——供水主管道的长度，m。

式（6.8-24）是在忽略管道摩阻及空气罐进、出口阻力损失条件下由能量方程推求得到的近似计算公式。在确定空气罐容积时，一般控制最大的无量纲压力值为 $h_{max}^*=1.3$ 左右。

事故停泵过程中，当管道压力降低空气罐内的水流入出水管道，压缩气体膨胀，容积增大。气体膨胀后的最大容积，可由等温绝热的状态方程确定，即

$$H^*V_k^n=k \tag{6.8-25}$$

式中　H^*——绝对压力，m；

V_k——气体体积，m^3；

n——等温绝热指数，一般取1.2；

k——常数。

空气罐压力下降最低容许值为 H_{min}^*，初始正常压力为 H_0^*，确定初始容积 V_0，求得最大空气容积 V_1 为

$$V_1=\left(\frac{H_0^*}{H_{min}^*}\right)^{\frac{1}{n}}V_0 \tag{6.8-26}$$

为了保证空气罐内的空气不致进入管道，实际的空气罐容积应略大于最大空气容积 V_1，即在压力下

降到最低容许值时，罐内底部还剩有一定量的水层。根据国内外的经验，其容积约为最大空气容积的15%～20%。因此，空气罐的总容积应为

$$V_{总}=V_1+(15\%\sim 20\%)V_1 \quad (6.8-27)$$

2. 用特征线法计算带空气罐的管道系统中的水锤

初步估算空气罐的容积之后，可采用特征线法计算带空气罐的水泵装置的停泵水锤，计算确定空气罐防护水锤的效果，并修正空气罐的设计。

3. 气囊式空气罐

对于复杂的管网系统，如城市给排水系统、喷灌系统，可采用一种气囊式空气罐。这种空气罐是在金属容器内部装有一个充满气体的、柔软的橡胶囊，其气体压力低于管道的正常工作压力。在水泵正常运行时，橡胶囊的空气被压缩。

若忽略进、出口的水力损失，并假设管道中水锤压力升高全部由气囊体积变化所接收和储存，其容积可由下式计算确定：

$$V_g=\frac{\rho ALv^2(n-1)}{20\times10^5 p_1\left[\left(\frac{p_2}{p_1}\right)^{\frac{n-1}{n}}-1\right]} \quad (6.8-28)$$

式中 A——管道的断面面积，m^2；

L——管道的长度，m；

ρ——管道中水的密度，kg/m^3；

v——管道的流速，m/s；

p_1——管道的正常压力，Pa；

p_2——容许最高水锤压力，Pa；

n——指数，一般取1.2。

6.8.3.3 双向调压塔防护

双向调压塔是一种缓冲式的水锤防护设备，其主要目的是防止压力管道中产生负压（水柱分离），一旦管道中压力降低，调压塔迅速向管道补水，防止（或减小）管道中产生负压。

调压塔应装设在可能产生负压的部位，并尽可能靠近水泵侧。但是，管道的压力水头很高时，调压塔的高度亦相应增高，从而增加工程造价。因此，选用时应进行经济比较。调压塔一般用于大流量、低扬程的长管道系统。

调压塔的设计必须满足以下条件：

（1）为保证水泵启动和停泵过程中，调压塔中的水位变化不大，且压力波可在调压塔中被反射回上游侧，调压塔应有足够大的断面面积。

（2）为防负压（水柱分离），调压塔必须装设在可能产生负压的部位（见图6.8-3）。

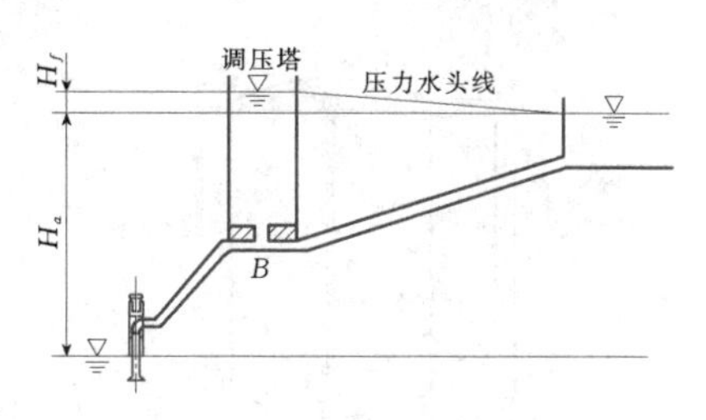

图 6.8-3 调压塔防护水锤

（3）调压塔有足够的容量，在补水过程中不至于将塔中水流泄空使空气进入主管道之内。

在初步估算调压塔容积时，设流速由 v_0 变为零的时段内，管中平均流速为$\frac{v_0}{2}$，则在 B 点产生水柱分离量 V_{LB} 为

$$V_{LB}=\frac{v_0}{2}\frac{L_2 v_0}{gH_2}A_2=\frac{Q_0}{4}2\rho_2\mu_2 \quad (6.8-29)$$

其中

$$2\rho_2=\frac{av}{gH_2}$$

$$\mu_2=\frac{L_2}{a}$$

式中 H_2——调压塔处管道中心线至调压塔水面的高差，m；

L_2——调压塔节点 B 至出水池之间的管长，m；

A_2——B 点右侧管道的断面面积，m^2；

Q_0——水泵正常运行时的流量，m^3/s；

V_{LB}——B 点水柱分离量，m^3；

$2\rho_2$——B 点右侧管道的特性常数；

μ_2——水锤波由 B 点传播到出水池需要的时间。

采用刚性水柱理论求得的水柱分离量有较大的误差，因此，实际的调压塔有效容积可近似取由式（6.8-30）求得的水柱分离量的4倍，即

$$V_{有效}=4V_{LB}=Q_0 2\rho_2\mu_2 \quad (6.8-30)$$

6.8.3.4 单向调压水箱防护

单向调压水箱是一种用于防止产生水柱分离的经济可靠的防护措施，其结构如图6.8-4所示，常装设于容易产生负压的部位。这种水箱由一个小容量的水箱与辅助支管、阀件等组成。水箱通过逆止阀与泵站主管道相连接，逆止阀的启闭由出水管道的压力控制。水泵启动时，逆止阀处于关闭状态，通过补水管立即向水箱充水；水位达到正常水位，补水管出口的浮球阀关闭，自动保持箱内水位。事故停泵后，出水管道的压力下降到水箱正常水位以下时，逆止阀迅速打开，通过辅助支管道向主管道补水，防止管道因压力降低而产生水柱分离。

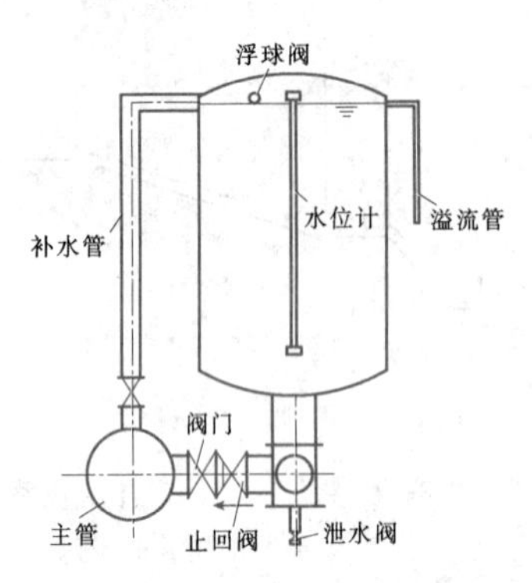

图 6.8-4 单向调压水箱

与调压塔相比，单向调压水箱由于在与主管道相连的短管上装设有逆止阀，在补水管道的水箱端装设有控制水位的浮球阀，因此，水箱高度可以大大降低，只要有足够的容积储水来补充由于水柱分离而产生的汽穴。因此，单向调压水箱在泵站中得以广泛的使用。

单向调压水箱补水管的流速 v_s 可由下式求得

$$v_s = C_v \sqrt{2g(H_{smin} + H_v - H_{s1})} \tag{6.8-31}$$

补水管的断面面积 A_s 由下式计算：

$$A_s = \frac{Q_s}{v_s} = \frac{Q_s}{C_v \sqrt{2g(H_{smin} + H_v - H_{s1})}} \tag{6.8-32}$$

上二式中 H_v——主管道产生负压处的最低压力，m；

H_{smin}——由主管道顶端至调压水箱内最低水位的高度，m；

C_v——补水管的流量系数；

H_{s1}——补水管的损失水头，m。

6.8.3.5 水泵出口阀门的水锤防护

水锤防护采用的阀门主要有急闭式逆止阀、缓闭式逆止阀、两阶段关闭可控阀、空气阀、水锤泄放阀、压力波动预止阀等，从节能角度出发水泵出口两阶段关闭的可控阀可以使用全通径阀；为减少水泵进口的损失，水泵进口管道上选择全通径阀较闸阀和蝶阀更好。

1. 急闭式逆止阀

急闭式逆止阀通常是在逆止阀支座处装设弹簧或附设杠杆支承的重锤等蓄能装置，一旦水流流速减小到接近于零时，弹簧或重锤的蓄能释放，使阀板迅速关闭。设计和选择时应使弹簧的弹力与管中流速相适应，以免正常运行时逆止阀的水头损失过大而造成能源浪费。

2. 缓闭式逆止阀

缓闭式逆止阀是一种靠缓冲机构使逆止阀在接近于全闭的区间缓慢关闭的泄流式水锤防护设备，主要用于防止管道系统中的压力上升。

缓闭式逆止阀由带大、小排油孔的阻尼油缸、活塞机构等组成。事故停泵之后，管中水流开始倒流的瞬间，旋启式阀片在水流和自重作用下迅速关闭。但当阀片关到接近于全闭的某一开度时，阻尼油缸的排油由大孔转换成小孔，排油速度迅速减慢，形成阻尼，使阀片开始缓慢关闭，从而减小阀片对阀体的撞击，控制水锤压力的上升。

3. 阀门开度可控制的阀

在扬程高、摩阻损失小的泵站系统中，采用重锤式或液压式的阀门较多。液压操作的阀门具有两阶段关闭的功能，此类可控阀的阀门型式有蝶阀、球阀或偏心半球阀，水力控制阀也具有控制阀门开度的能力。

（1）两阶段关闭可控蝶阀。这种阀在蝶阀阀板的转轴上装设有连杆和重锤或蓄能罐（见图6.8-5），水泵开始运行时，油马达工作，压力油推动活塞通过连杆操作将阀板旋转开启，同时将重锤举起。阀门全开后，压力油系统的电磁阀关闭，阀门处于自锁定状态。停泵的同时，电磁阀迅速打开，重锤由于重力的作用迅速下落，提供关阀的初始力矩；同时油路系统将活塞腔内的油迅速排回油缸，当重锤下落到一定的位置，阀板旋转到一定角度时，油压系统的节流阀自动调节排油量，在重锤作用下，阀门缓慢关闭，实现关阀过程先快后慢，两阶段关闭。

阀两阶段关闭过程，即快关角度、快关时间、慢关角度、慢关时间，必须根据系统中泵和管道特性参数，通过水锤计算确定，才能达到自动控制关闭，防护水锤的目的。

（2）水力控制阀。水力控制阀（见图6.8-6）具有电动阀、止回阀和水锤消除器三种功能，用以防止水泵在停泵、事故停电或关阀时可能发生的水锤，可有效提高泵站和管道系统运行的安全可靠性。

阀板由主阀板和缓闭阀板组成。阀门控制管上设置微止回阀，以确保阀板缓慢开启，满足水泵机组的轻载启动。采用双室膜片控制方式，杜绝了活塞式控制方式因压力介质中的杂质而引起活塞的磨损或活塞的卡阻导致阀门不能正常关闭或打开而引起的水锤事故。无需人力、电气、电磁等方式控制。当水泵开启和停止时，利用阀门两端的介质及其压力差作为驱动介质和控制动力，使阀门自动按水泵操作规程要求进行动作。

这种阀的最大的优点是在倒流出现时间不太长的

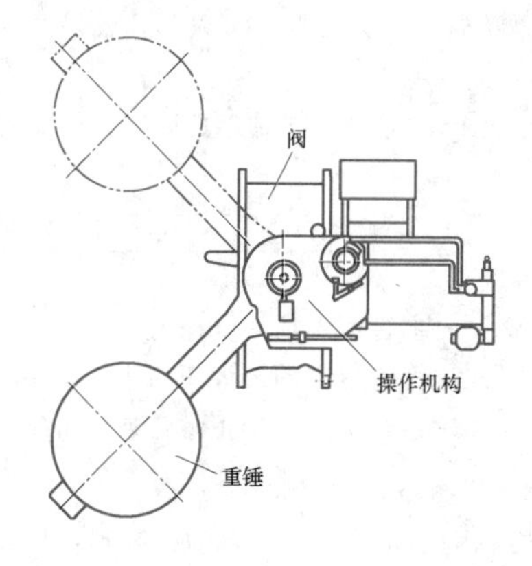

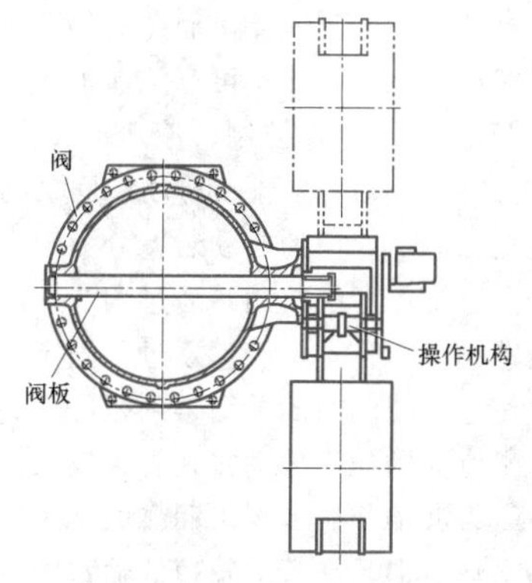

图 6.8-5 重锤式液控蝶阀

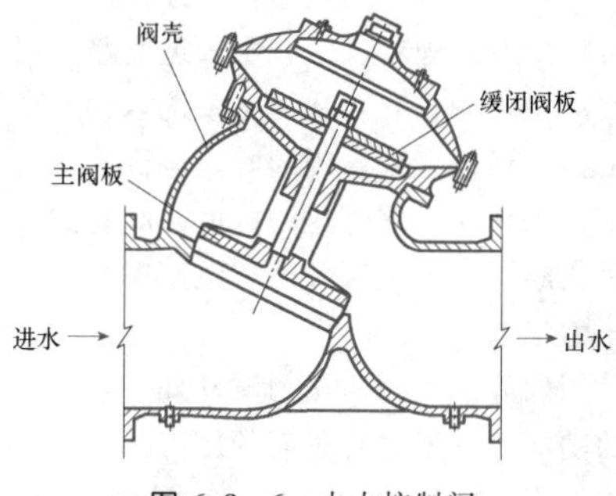

图 6.8-6 水力控制阀

情况下，能在零流量时大阀瓣运动到位以实现准确的快关，确保自动地实现两阶段关闭。这种阀水力损失较大。

(3) 两阶段关闭可控阀最优关闭程序的确定。泵站停泵水锤计算水泵端的边界条件，应综合考虑水泵的转动惯性方程、水泵的全特性与阀特性。

在可控蝶阀的调节范围内，快关和慢关的角度和时间有无穷多的组合，可通过水泵出口阀不关闭情况事故停泵水锤的计算之后，取快关时间等于或接近于正转正流水泵工况达到流量为零的时间。慢关时间约为快关时间的 4～7 倍。预先假定几种不同的关闭速度，进行计算分析，根据其压力上升、倒流量及倒转转速，最后选定最优关闭程序。

采用特征线法进行电算时，可在计算程序水泵端的边界条件中增加两阶段蝶阀关阀角及相对开度系数 τ 的计算子程序，进行上述计算过程分析。

设蝶阀快关角度为 β_1、快关时间为 T_1，慢关角度为 β_2、慢关时间为 T_2，则阀的开度系数可由以下计算过程求得。

1）若计算时间 $T \leqslant T_1$，则阀处于快关阶段，其关闭角为

$$\alpha = \frac{\beta_1}{T_1} T \tag{6.8-33}$$

式中，β_1/T_1 为快关阶段蝶阀的关闭速度，由蝶阀关闭角度与流量系数的关系曲线 $\alpha—C_d$ 曲线输入至数据表，采用三点插值的方法，可求出对应于该关闭角度的流量系数 C_d。设已知临近数据的关闭角为 α_0、α_1、α_2，其相应的流量系数为 C_{d0}、C_{d2}、C_{d2}，则 α 相应的流量系数 C_d 为

$$\begin{aligned} C_d = & C_{d0} \frac{(\alpha-\alpha_1)(\alpha-\alpha_2)}{(\alpha_0-\alpha_1)(\alpha_0-\alpha_2)} + \\ & C_{d1} \frac{(\alpha-\alpha_0)(\alpha-\alpha_2)}{(\alpha_1-\alpha_0)(\alpha_1-\alpha_2)} + \\ & C_{d2} \frac{(\alpha-\alpha_0)(\alpha-\alpha_2)}{(\alpha_2-\alpha_0)(\alpha_2-\alpha_1)} \end{aligned} \tag{6.8-34}$$

对应的蝶阀相对开度系数可由下式进行计算：

$$\tau = \frac{AC_d}{A_0 C_d} = \frac{(A_0 - A_0 \sin\alpha) C_d}{A_0 C_{d0}} = (1-\sin\alpha)\frac{C_d}{C_{d0}} \tag{6.8-35}$$

2）若计算时间 $T > T_1$，且 $T \leqslant T_1 + T_2$，则阀处于第二阶段：慢关阶段，在该时段，任意瞬时阀的关闭角为

$$\alpha = \beta_1 + \frac{\beta_2}{T_2}(T + T_1) \tag{6.8-36}$$

阀的关闭角 α 确定后，由式（6.8-34）或式（6.8-35），采用相同的方法，计算确定相应的蝶阀流量系数 C_d 和相对开度系数 τ。

3）若计算时间 $T > T_1 + T_2$，则第二阶段缓闭结束蝶阀处于全闭状态，$\tau = 0$。

将上述得到的 τ 值分别代入水泵端的边界条件方程，即可计算分析两阶段关阀情况下的停泵水锤。

6.8.3.6 空气阀

空气阀是一种用于防止停泵水锤过程中产生负压的特殊阀门，它通常装设在管线凸起部分。当管道内压力低于大气压时吸入空气，而当管道中压力上升高于大气压时排出空气。

空气阀采用补气的方法来防止管道中因负压而造成的水锤事故，与空气罐和调压塔相比，具有构造简

单、造价低、安装方便、不受安装条件限制等特点；但是，由于进气和排气的两相流过渡过程影响的因素比较复杂，管道中排完空气时，可能产生水柱再弥合。虽然这种水柱再弥合与管中因压力低于水的汽化压力而形成的水柱分离及再弥合情况有所不同，但由此引起的压力升高也应当引起重视而加以分析的，这时不应选择普通的进排气阀，而应选择大量注气微量排气的气阀（见图6.8-7）。

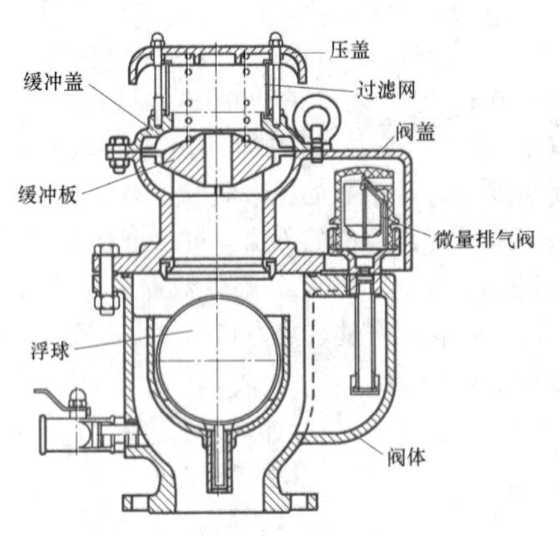

图6.8-7 注气微排气阀

选用空气阀防护水锤应注意以下问题：

(1) 为防止管道中产生负压，装设空气阀进行补气是行之有效的，但其容量（包括空气阀的口径、台数）和装设的部位必须通过计算确定。

(2) 在排气过程中，应特别注意由于出水池水倒流可能在空气阀关闭时产生压力升高。防止产生有害的副作用，空气阀一般装设在管道顶部的高程等于接近于出水池水位的管道系统中。

(3) 考虑到空气阀吸入空气的过程比较复杂，为了增加其运行的安全可靠性，装设空气阀时必须留有一定的裕量，并应对空气阀进行定期检查和维护。

(4) 空气阀一般适用于输送清水的场合。水中含有较多的泥沙及杂物时，应采取相应的技术措施，防止杂物进入空气阀内。

(5) 当水泵出口侧的逆止阀由于布置上的需要，不得不安装在高于水泵和远离水泵的管线时，在阀前装设空气阀进行排气，可减小水泵的启动水锤。

6.8.3.7 水锤泄放阀

水锤泄放阀是具有一定泄水能力，并适合于泵站停泵水锤压力变化过程的安全阀。它主要用于防止升压，在管道产生突然压力升高的瞬间，迅速按照要求，释放一部分管道中的压力水，以缓冲压力上升，从而达到防止水锤的目的。

水锤泄放阀通常用于水泵扬程较高、输水管道较长、多泵单管的水泵装置，可以起到较好的水锤防护作用。

初步选择水锤泄放阀时，其进口直径 d 可用下式计算：

$$d=\frac{1.13D\sqrt{v-0.005H_1}}{\sqrt[4]{H_1}} \tag{6.8-37}$$

式中 D——主管道直径，mm；

H_1——管道容许的最大压力水头，m；

v——主管道的初始正常流速，m/s。

6.8.3.8 压力波动预止阀

压力波动预止阀是一种自动控制阀，它被设计用于减小因水泵开启和关闭或停电而造成停泵时管道系统中所引起的压力波动，能够可靠地保护水泵及水泵站。这种阀门是一种导阀控制、液压驱动的钢隔膜（柱塞膜）控制阀。阀门两端的压力差是驱动它开启和关闭的能量来源。阀门的驱动装置分为上、下两个控制腔室，上腔室由导阀控制，通过调节导阀和泄压导阀的内置针阀来操作，下腔室通过一固定的小孔与阀体内压力相连，使阀门的关闭得到缓冲。突然的停泵一般会产生巨大的压力波动。在管道较长的供水系统中，这种压力波动往往表现出明显的低压段，继而高压段急剧出现。但是在管道较短的输水管路中，或者在较为特殊的管线布置工况下，低压段可能出现时间极短或高压段来到时间极短，水锤在停泵的瞬间来到。此时需要及时地将安装在主管道支路上的电磁驱动压力波动预止阀打开，从而将系统返回的高压力波动泄放出去，保证管线系统的安全运行。当系统压力恢复到正常工作压力或静压时，电磁阀受到时间继电器的作用关断，导致主阀关闭，致使系统中的压力稳定正常压力工况。

这种阀门除了可预防压力波动外，还具有维持系统压力的功能。它通过将过高的压力排向大气来完成这一功能。当系统压力超出高泄压导阀的设定值时，导阀将开启，导致主阀开启，使系统泄压。如系统压力恢复，低于导阀设定值，导阀将关闭，致使主阀缓慢关闭。

6.8.3.9 金属爆破膜片

在需要保护的管道上用一支管连接，并在其端部用一塑性金属膜片（如镀锌铁皮、紫铜片、铝片）密封，以作为水锤防护的后备措施。当管中升压超过预定值时，膜片爆破，泄放一部分高压水，以保证主管道的安全，起到水锤防护的效果。为了防止膜片破裂时高压水喷射造成事故，膜片一般装设在泵站外的排水支管上。这种防护措施简单易行，拆装方便，但因膜片易受材质和安装方式的影响，较难准确地确定其额定爆破压力，因而一般只宜用做其他水锤防护措施的后备保安措施。在小流量、高扬程的泵站，使用效果较好。

塑性膜片的爆破压力 p，可按下式估算：

$$p_m = 25.105 \times 10^4 \sigma_s \frac{\delta_0}{D} \qquad (6.8-38)$$

式中 σ_s ——膜片的极限拉应力，Pa；

δ_0 ——膜片的厚度，mm；

D ——膜片的直径，mm。

对普通工业铝板，根据试验，当膜片受压拉裂时，其爆破压力为

$$p_m = 19.6133 \times 10^7 \frac{\delta_0}{D^{0.92}} \qquad (6.8-39)$$

式中 p_m ——爆破压力，Pa；

其他符号意义同前。

6.8.3.10 惯性飞轮

增加水泵机组转动部分的飞轮转动惯量，可延缓水泵机组开始倒转的时间，减慢停泵后水泵转速的变化，因而可避免事故停泵时水泵转速的急剧下降，防止水柱分离。同时，一旦倒流量达到一定值，水泵开始倒转之后，也可以减小水泵倒转的加速度，降低管道中的压力上升值。

一般而言，电动机的转动惯量约为水泵机组总转动惯量 GD^2 的90%左右。随着电动机设计水平的提高，其 GD^2 值将可能略为减小。但这种防护措施不仅需要增加飞轮及其支承机构的投资，而且会为电动机的启动造成困难。此外，当管道长度 L 很长时，要减小水锤的降压值，往往需要增加的 GD^2 值很大；而由于设备及安装条件的限制，有时很难实现。因此，惯性飞轮只用于小容量的水泵机组。在某些特殊情况下采用，也可能较用其他水锤防护设施经济。

惯性飞轮的尺寸，应根据材料的强度、水泵的几何尺寸、电动机功率以及水锤防护增加的 GD^2 值等条件，并通过经济分析比较确定。

装设惯性飞轮也可以与其他防止负压水锤的措施联合采用，可采用安装自动排气的空气阀或单向调压水箱进行防护。

6.9 断 流 装 置

泵站机组停机，特别是事故停机时，必须有可靠的断流措施，使倒流不能发生，以保证机组能及时停稳，防止飞逸事故，确保机组安全。

泵站的断流方式应根据出水池水位的变化情况、泵站扬程、机组特性等因素，并结合流道型式选择，经技术经济比较后确定。断流方式应符合下列要求：①安全可靠；②设备简单，操作灵活；③维护方便；④对机组效率影响较小。

断流装置的设置，一方面要满足水泵启动特性的需要，特别是对高比转数的泵，如轴流泵，要避免机组启动过程中出现不稳定现象；另一方面，当电动机突然失电后需要快速切断水流，以防止外水倒流引起机组反转，以致进入飞逸状态。因此，断流装置的动作过程应与水泵停机的过渡过程相适应。由于断流装置的性能对水泵的启动特性和机组反转延时均有较大影响，因此如果断流装置失效，泵站将会出现安全事故。

泵站断流方式主要有以下两种：①虹吸式出水流道的驼峰顶部采用真空破坏阀断流；②在出水流道的出口采用拍门或快速闸门断流，适用于直管式出水流道或低驼峰式出水流道。

6.9.1 真空破坏阀

6.9.1.1 设计要求

虹吸式出水流道的驼峰底部高程高于出水池最高水位，可以直接挡水。正常运行时，流道形成虹吸顶部为负压，当机组停机时，及时打开安装在驼峰顶部的真空破坏阀，使空气进入流道破坏真空，迅速切断两侧的水流，防止出水侧的水流倒流，所以真空破坏阀可以起到取代出口事故闸门或拍门的作用，一般适用于出水侧水位变幅不大的大、中型立式轴（混）流泵站。

为保证带有虹吸式出水流道的泵站机组正常和安全运行，设计、制造良好的真空破坏阀应满足以下要求：

（1）密封性好。机组正常工作时，真空破坏阀阀盘应关闭严密，不允许有空气漏入虹吸管内，否则会在虹吸式流道内形成不稳定的气穴，引起机组振动和造成运行效率降低。

（2）开启迅速可靠。机组停机时，在电动机主开关跳闸后1～2s内，真空破坏阀应立即动作，且应保证全部打开的时间控制在5s之内。如果真空破坏阀延迟打开，会使机组的脉动负荷、振动水平和水泵部件应力比正常情况增加4～7倍，危及机组安全。

（3）口径应适当。如果真空破坏阀的口径太小，即使阀盘全部开启也不能及时完全破坏真空，从而不能达到及时断流的目的。

（4）结构要简单，操作应方便，且便于自动化。

6.9.1.2 结构及工作原理

真空破坏阀的种类很多，比较常见的有气动式和

电磁式两种。

1. 气动式真空破坏阀

国内已建大型虹吸式出水流道的泵站，多采用气动式真空破坏阀。

气动式真空破坏阀主要结构见图 6.9-1。停机时，与压缩空气支管相连的电磁空气阀自动打开，压缩空气进入气缸活塞的下腔，将活塞向上顶起，在活塞杆的带动下，阀盘开启，空气进入虹吸管驼峰，破坏真空，切断水流。当阀盘全部开启时，气缸盖上的限位开关接点接通，发出电信号。当虹吸管内的压力接近大气压力之后，阀盘、活塞杆及活塞在自重和弹簧张力的作用下自行下落关闭。

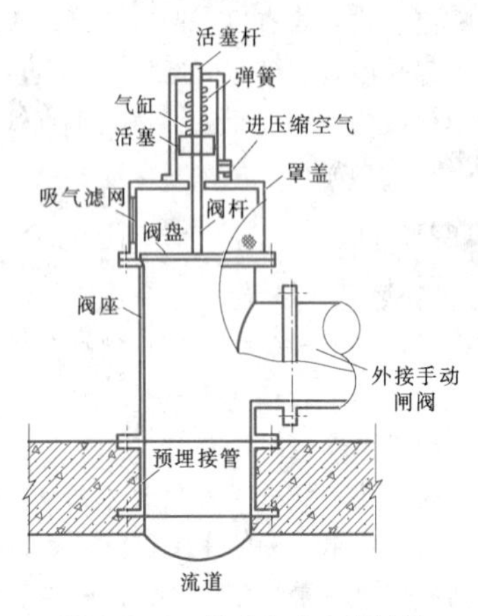

图 6.9-1　气动式真空破坏阀

真空破坏阀底座为一三通管，三通管的横向支管装有密封的有机玻璃板窗口和一手动备用阀门。如果真空破坏阀因故不能打开时，可以打开手动备用阀，将压缩空气送入气缸，使阀盘动作。在特殊情况下，因压缩空气总管内无压缩空气，或因其他原因真空破坏阀无法打开时，运行人员可以用大锤击破底座三通管横向支管上的有机玻璃板，使空气进入虹吸管内，以保证在任何情况下流道中的水不会发生倒流。

2. 电磁式真空破坏阀

电磁式真空破坏阀主要结构见图 6.9-2。工作原理为：机组正常运行时，电磁线圈通电，电磁吸力克服衔铁、阀盘、阀杆等自重使阀板关闭并压紧，因上、下平板阀盖大小相等，流道内气压作用力自动平衡；停机时靠电气联锁，主机断电电磁线圈则失电，阀杆、阀盘自动下落，空气由滤网进入，破坏流道中的真空。这种型式的真空破坏阀结构简单，与气动式相比，省略压缩空气的设备。机组启动时，可用继电器控制，使阀盘延时关闭，以排除流道内的压缩空气。

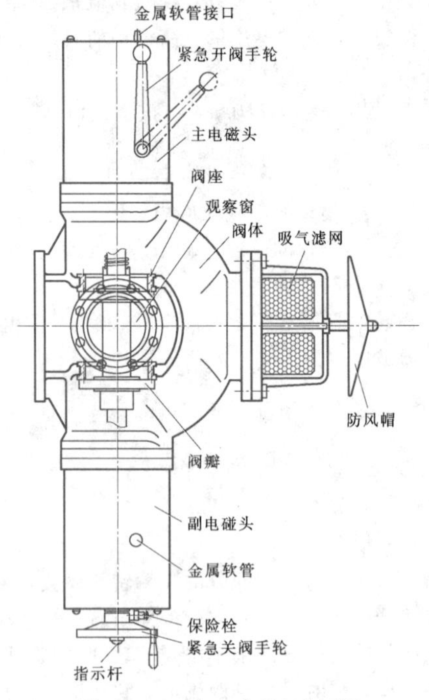

图 6.9-2　电磁式真空破坏阀

6.9.1.3　真空破坏阀设计

1. 阀盘直径的确定

真空破坏阀设计的关键是确定阀盘直径，阀盘直径过小，影响真空破坏的效果。真空破坏阀的阀盘直径 D 可按下式计算：

$$D = 0.175\sqrt{Q} \tag{6.9-1}$$

式中　D——阀盘直径，m；

Q——水泵额定流量，m^3/s。

2. 阀盘上升的高度

真空破坏阀阀盘的上升高度 h，可根据“从阀盘周围圆柱面进入的风速和孔口的风速相等，风量亦相等”的原则来确定，可得

$$h = \frac{D}{4\mu} \tag{6.9-2}$$

式中　D——阀盘直径，m；

μ——风量系数，可取 0.71～0.815。

3. 设计注意问题

对于直接向外河排水且采用真空破坏阀断流的虹吸式出水流道的泵站，当泵站在超驼峰工况（即外河水位超过驼峰下缘高程）运行时，真空破坏阀已失去断流功能。此时如果泵站出水侧未设防洪闸门，或虽设有防洪闸门但漏水严重，或防洪闸门关闭受阻时，一旦机组停机就会发生倒流，将严重影响机组安全和排区的防洪安全。因此，在这种情况下，宜设置能满

足动水关闭要求的防洪闸，且有向虹吸式出水流道注入压缩空气的预防措施。在防洪闸事故闸门不能及时关闭或闸门漏水严重时，可将真空泵改为空气压缩机运行，通过抽真空管道向虹吸式出水流道顶部注入压缩空气，或以泵站气系统中贮气罐内的压缩空气为动力源，通过大气喷射泵以较少的压缩空气吸入较多的大气，一同注入出水流道，将流道内的水体从顶部隔开，以实现断流。

6.9.2 拍门

拍门是阀门中最简单的一种，它类似于逆止阀，在流道中只允许水流朝一个方向流动。水泵启动后，在水流冲力的作用下，拍门自动打开；停机时，借自重和倒流水压力的作用自行关闭，截断水流。与其他阀门相比，拍门尺寸大，结构简单，通常用于 20m 以下扬程泵站的出口断流。拍门通常设成淹没状态，对 7m 以上扬程的水泵，停机时因破坏真空需要，其管道一侧需设通气管。

6.9.2.1 类型

拍门分类的方法很多，按门页数量分，有整块式(单扇)、双扇或双节式和多扇式（是在平板门上设置拍门)；按拍门有无约束分，有自由式和约束式（如加平衡锤、液压或电磁机构控制)；按门页结构有无空腔分，有平面实体拍门和浮箱式拍门（又分平面浮箱和球面浮箱)；按门铰位置及其关闭时所受的重力不同，分自由起落式和自由侧翻式两种；按材质和制作工艺不同，分铸铁或铸钢拍门、钢制焊接拍门和复合材料拍门等。

目前泵站中采用最多的是自由起落式。为增大运行中的开启角减小水流阻力，同时减小关闭时的撞击力，使用中当口径不大于 2m（可与口径不大于 1.6m 的泵配套）时，通常采用整体起落式，如单扇平板式、球壳式、平面浮箱式和球面浮箱式，或在闸门上设置 2～6 扇矩形小拍门，自由起落，整体启闭。为增大运行中的开启角，或减小关闭时的撞击力，亦可采用自由侧翻式拍门。对口径大的拍门通常辅以约束，如设平衡锤、加缓冲缸，或增加其他缓冲装置。几种典型的自由起落式拍门的装置型式如图 6.9-3 所示。

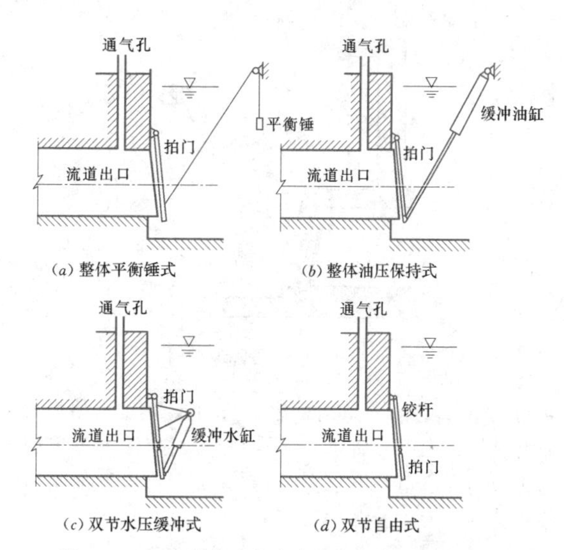

图 6.9-3 几种典型的自由起落式拍门的安装型式

1. 自由起落式拍门

这种拍门不加任何约束，运行时开启角小，水力损失大。另外，由于没有约束，闭门时撞击力大。因此，一般仅用于口径较小的拍门。

为增加拍门开启角，常将拍门设计成浮箱式结构。浮箱式拍门是在平板拍门设有空腔，以增加浮力，减小拍门浮重。平面浮箱式拍门是最简单的一种，它的空腔由型钢做骨架、用面板封闭而成。球面浮箱式拍门是在球壳拍门的基础上发展起来的，它比平面浮箱式拍门省材、轻便，水力性能好，适用于口径 2m 左右的拍门。球面浮箱式拍门如图 6.9-4 所示。

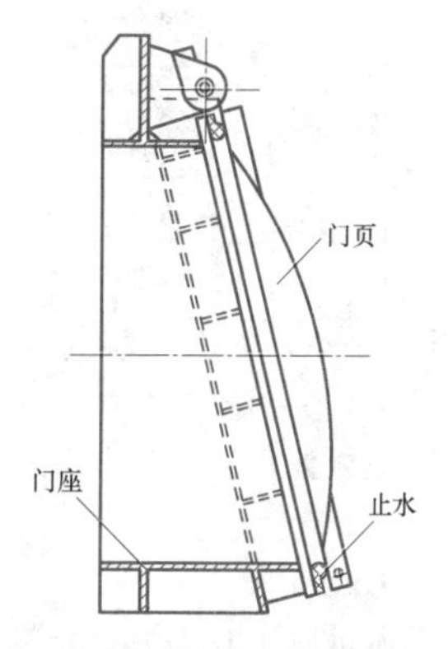

图 6.9-4 球面浮箱式（球壳式）拍门

2. 带平衡锤的拍门

为增加正常运行时拍门的开启角，采用平衡锤是一种简单易行的方法，如图 6.9-5 所示。拍门加平衡锤后，其开启角可达 50°左右，但是机组停机时，因起始角加大，延长了拍门关闭时间，使关闭瞬间的角加速度增大，可能增大关门撞击力。此外还存在钢丝绳的维护、检修等问题。目前这种带平衡锤的拍门在大型泵站已较少使用。

3. 双节式拍门

双节式拍门由中间用铰链连接的上节门和下节门组成，下节门的高度比上节门小，上、下节门高度比的适宜范围为 1.5～2.0，如图 6.9-6 所示。这样，在水泵启动和运行时，拍门易于被冲开，上节门开启

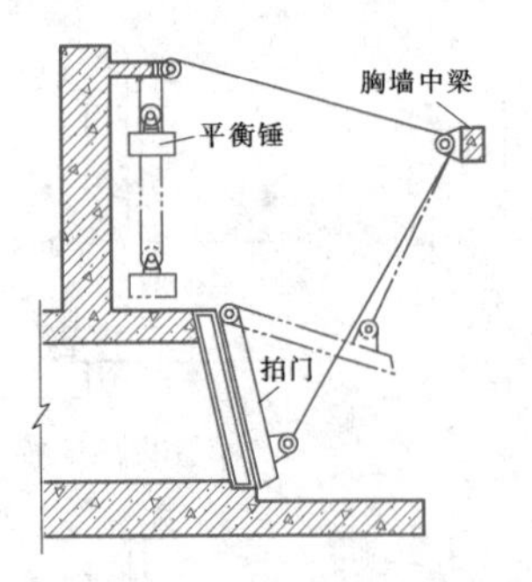

图 6.9-5 带平衡锤的拍门

角可达50°以上，下节门可达65°以上，其水力损失大致与整体式拍门开启角60°时的相当。应注意上节门与下节门开启角差不宜大于20°，否则将会增加水力损失，并增大撞击力。

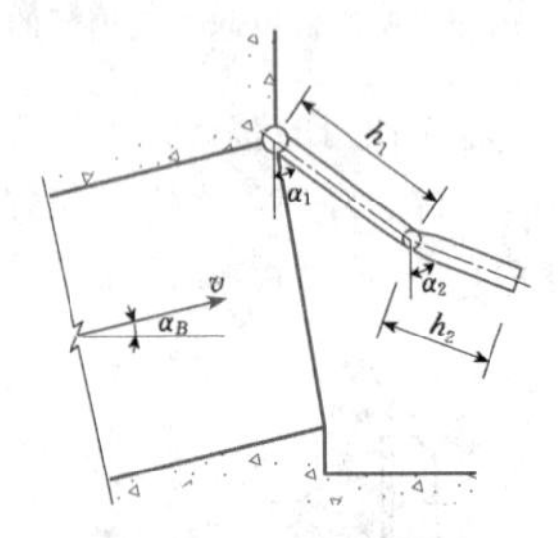

图 6.9-6 双节式拍门

双节式拍门的主要优点是：①因下节门容易冲开，机组启动较为平稳，停机时，由于两节门关闭有一定时差，力臂变小，撞击力将比整体式拍门小；②结构简单，水力损失和撞击力有所减小。它的缺点主要是：中间铰链处漏水量比整体式拍门大，维护管理不便。

4. 机械平衡液压缓冲式拍门

机械平衡液压缓冲式拍门由起落式门页、启闭机、锁定释放装置、液压缓冲装置等组成，如图 6.9-7所示。

这种拍门在机组启动后水流的冲击自动打开，然后启闭机将门页吊平并锁定，大大减少拍门的水力损失，也可减轻拍门在水中的振动。事故停机时，锁定释放装置上的电磁铁断电，钢丝绳上的连接叉头自动脱钩，拍门关闭，在关闭的最后瞬间，液压缓冲装置动作，减小拍门撞击力。

5. 自由侧翻式拍门

这种拍门是最近几年研制出来的一种新型、节能型拍门，适用于中小型泵站；如配有缓冲装置，也可用于大型泵站。

自由侧翻式拍门形如房门。与自由起落式拍门相比，不同之处在于门轴位于孔口侧边，拍门且有一倾

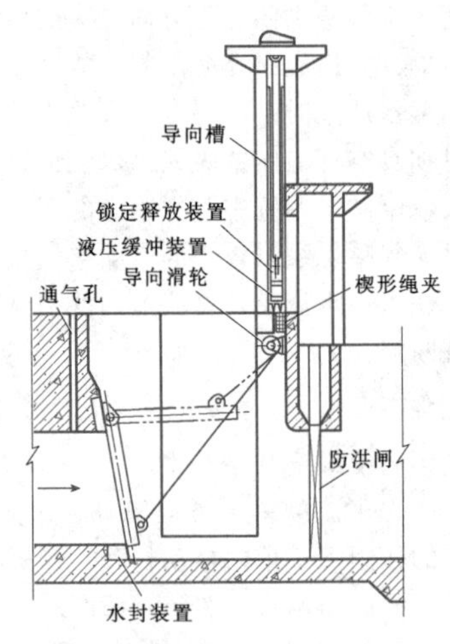

图 6.9-7 机械平衡液压缓冲式拍门

角，因此当门扇离开关口位置时，门重的分力可使拍门关闭。这种拍门的最大特点是机组运行时开启角大（接近全开），减小了水流阻力，减低能耗，体现节能。图 6.9-8 为流道出口自由侧翻式拍门的布置简图。图中，δ为门轴倾角，γ为重垂线与出水断面的夹角，β为重垂线与门轴的夹角。

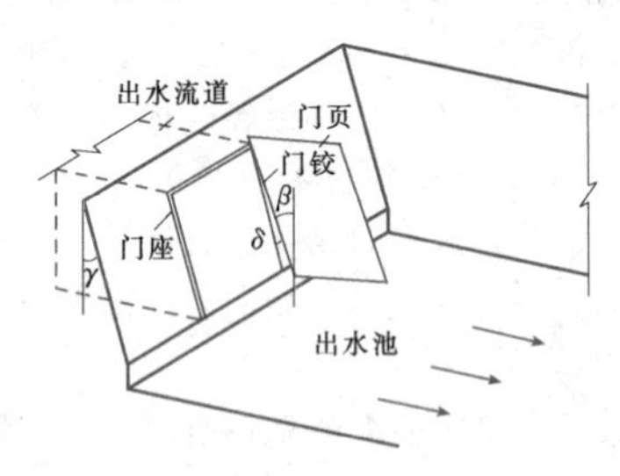

图 6.9-8 流道出口自由侧翻式拍门的布置简图

6.9.2.2 拍门开启角计算

1. 自由起落式拍门

自由起落式拍门开启角 α 可近似的按下列公式计算。

拍门前管道（流道）任意布置，门外无侧墙时：

$$\sin\alpha = \frac{m}{2}\cos^2(\alpha - \alpha_B) \qquad (6.9-3a)$$

拍门前管道（流道）水平布置，门外有侧墙时：

$$\sin\alpha = \frac{m}{4}\frac{\cos^3\alpha}{(1-\cos\alpha)^2} \qquad (6.9-3b)$$

其中 $$m = \frac{2\rho Q v L_C}{GL_G - WL_w}$$

式中 α——拍门开启角，(°)；

α_B——管道(流道)中心线与水平面夹角，(°)；

m——与水泵运行工况、管道（流道）尺寸

拍门设计参数有关的系数；

ρ——水的密度，kg/m^3；

Q——水泵流量，m^3/s；

v——管道（或流道）出口流速，m/s；

G——拍门自重，N；

W——拍门浮力，N；

L_c——拍门水流冲力作用平面形心至门铰轴线的距离，m；

L_G——拍门重心至门铰轴线的距离，m；

L_W——拍门浮心至门铰轴线的距离，m。

2. 带平衡锤的拍门

带平衡锤的拍门可通过改变平衡锤质量来调节拍门开启角度。平衡锤的质量可按图 6.8-9 所示的力矩平衡关系用式（6.9-4）求得钢丝绳的拉力 P：

$$P=\frac{G\cos\alpha L_G-(2\rho Qv\cos\alpha L_C+W\cos\alpha L_W)}{L_P\cos\beta} \tag{6.9-4}$$

式中 α——需要的拍门开启角，(°)；

β——图 6.9-9 所示的钢丝绳拉力方向与吊耳中心线之间的夹角，(°)；

其他符号意义同前式（6.9-3）。

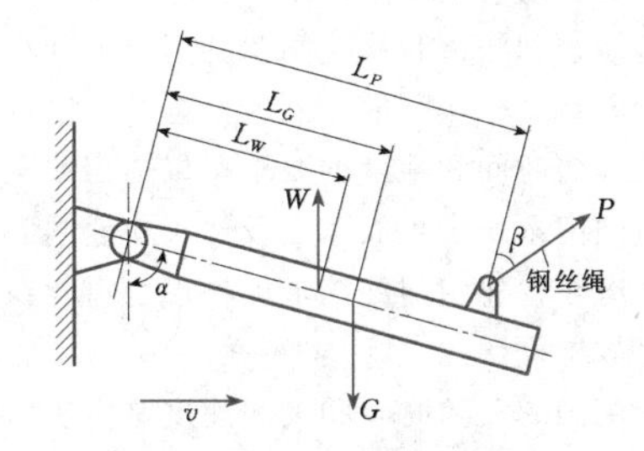

图 6.9-9　平衡锤质量计算图

求得钢丝绳拉力 P，即可确定所需的平衡锤质量 $M_C=P/g$（kg）。

3. 双节自由式拍门

双节自由式拍门开启角可解下列联立方程式求得：

$$\sin\alpha_1=m_1\cos^2(\alpha_1-\alpha_B)+m_3\frac{\cos(\alpha_2-\alpha_B)[\cos(\alpha_1-\alpha_B)+\sin(\alpha_2-\alpha_1)]}{4[1-h_1\cos(\alpha_1-\alpha_B)/(h_1+h_2)]^2} \tag{6.9-5}$$

$$\sin\alpha_2=m_2\frac{\cos^2(\alpha_2-\alpha_B)}{4[1-h_1\cos(\alpha_1-\alpha_B)/(h_1+h_2)]^2} \tag{6.9-6}$$

$$m_1=\frac{\rho QvL_{c1}h_1}{(h_1+h_2)[G_1L_{g1}-W_1L_{w1}+(G_2-W_2)h_1]} \tag{6.9-7}$$

$$m_2=\frac{\rho QvL_{c2}h_2}{(h_1+h_2)(G_2L_{g2}-W_2L_{w2})} \tag{6.9-8}$$

$$m_3=\frac{\rho Qvh_1h_2}{(h_1+h_2)[G_1L_{g1}-W_1L_{w1}+(G_2-W_2)h_1]} \tag{6.9-9}$$

上式中 α_1、α_2——上、下节拍门开启角，(°)；

α_B——管道（或流道）中心线与水平面夹角，(°)；

h_1、h_2——上、下节拍门的高度，m；

m_1、m_2、m_3——与水泵运行工况、管道（或流道）尺寸、拍门设计参数有关的系数；

G_1、G_2——上、下拍门自重力，N；

W_1、W_2——上、下拍门浮力，N；

L_{g1}、L_{g2}——上、下拍门重心至相应门铰轴线的距离，m；

L_{w1}、L_{w2}——上、下拍门浮心至相应门铰轴线的距离，m；

L_{c1}、L_{c2}——上、下拍门水流冲力作用平面形心至门铰轴线的距离，m。

ρ、Q、v 的意义同式（6.9-3）。

4. 自由侧翻式拍门

自由侧翻式拍门的开启角 α_0 由力矩平衡方程可得如下公式：

$$M_C\cos^2\alpha_0-M_G\sin(\theta+\alpha_0)=0 \tag{6.9-10}$$

$$M_C=\varphi\rho QvR \tag{6.9-11}$$

$$M_G=GR\sin\beta \tag{6.9-12}$$

其中

$$\sin\beta=\sqrt{1-\cos^2\gamma\cos^2\delta} \tag{6.9-13}$$

$$G=Ng-F_浮 \tag{6.9-14}$$

上式中 α_0——拍门的开启角，(°)；

M_C——不考虑 α_0 时水流冲力对门轴的力矩，N·m；

M_G——浮重对门轴的力矩，N·m；

φ——修正系数（典型的平板射流情况 φ=0.92～0.96）；

v——射流速度，m/s；

R——拍门半径，m；

G——拍门的浮重，N；

N——拍门质量，kg；

g——重力加速度，m/s^2；

$F_浮$——拍门受到的浮力，N；

θ——门轴所在竖直面与出水断面的夹角，(°)；

δ——门轴倾角，(°)；

γ——重垂线与出水断面的夹角，(°)；

β——重垂线与门轴的夹角，(°)。

计算时要求联立上述方程进行求解。

6.9.2.3 拍门撞击力计算

停泵拍门运动实际经历两个完全不同的阶段：短时间内由于水流的惯性作用，泵为正转正流，这时拍门受到来自泵的水流冲力的作用，且冲力逐渐减小；一段时间后，水体开始倒流，拍门受到反向水压力的作用。由于正流阶段关闭的撞击力比倒流阶段关闭的撞击力小，因此设计时，通常将拍门控制在正流阶段，即零流量前关闭。此外，不管是正流阶段还是倒流阶段关闭，其撞击力都要比自由出流时的撞击力大得多。

停泵闭门拍门的撞击力计算与泵系统的水力过渡过程有关，其计算过程比较繁琐、复杂，具体计算可按照《泵站设计规范》（GB 50265—2010）附录进行，自由侧翻式拍门撞击力计算可参阅有关文献及资料。

6.9.2.4 拍门选用应注意的问题

泵站设计中拍门的选用应注意以下问题：

（1）拍门选型应根据机组类型、水泵扬程与出水流道型式和尺寸等因素综合考虑决定。《泵站设计规范》（GB 50265—2010）中规定：单泵流量小于$8m^3/s$时，可选用整体自由式拍门；单泵流量较大时，可选用双节自由式或机械平衡液压缓冲式拍门。

（2）拍门门座（即管道出口所在平面）宜倾斜布置，其倾角可取$\gamma=10°$。

（3）《泵站设计规范》（GB 50265—2010）要求：设计工况整体自由起落式拍门的开启角应大于60°；双节自由起落式拍门上节开启角宜大于50°，下节开启角宜大于65°，上、下两节门开启角相差不宜大于20°。可采用减小或调整拍门质量和空箱结构等措施增大拍门开度。

（4）自由侧翻式拍门的最大特点是开启角大，自由出流状态（近似于无水空翻）闭门时撞击力小，但淹没出流时对撞击力的改善效果不明显。但采用对开的双扇门布置，可有效地减小闭门时的撞击力。

（5）大型轴流泵机组采用有约束控制的拍门作为断流装置时，应有安全泄流设施，泄流设施可布置在门体上，泄流过流断面面积可根据机组安全启动要求，按水力学孔口出流公式试算确定。

（6）事故停泵拍门的闭门时间应满足机组的保护要求。

（7）口径较大的拍门应设缓冲装置，以减小闭门撞击力。

（8）拍门结构应保证足够的强度、刚度和稳定性，计算荷载应包括闭门撞击力。

6.9.3 快速闸门

6.9.3.1 设计要求

快速闸门是安装在泵站出水侧、能在机组启动时迅速开启和正常或事故停机时迅速关闭以防止倒流的闸门。这种断流方式的显著优点是：在水泵机组正常运行时闸门可以全开，阻力损失很小，因此常被具有直管式或低驼峰出水流道的大型低扬程泵站所采用。

快速闸门的型式、启门和关门的时间和速度等都应根据水泵机组的特性来决定。轴流泵因关阀启动会超载，小流量运行时会进入性能不稳定区，因此当轴流泵启动时，闸门应迅速开启。但开启太快，又会造成倒流，使水泵排出的水流和闸门放进的水流在流道内相撞，造成流道排气受阻和启动扬程增加，从而使机组发生振动，启动困难。不过，对于叶片调节范围较大的全调式轴（混）流泵，由于启动时可将叶片角调至最小，此时就没有必要限制闸门的开启时间和开启速度。但是不管什么情况，都应考虑必要的安全措施。例如，叶片调节系统或快速闸门操纵系统失灵，机组就可能在启动时发生事故。快速闸门的安全措施可采用胸墙顶部溢流和快速闸门的门页上开小拍门等办法，如图6.9-10所示。采用安全措施以后，对于快速闸门开启时间和速度的要求可以适当放宽。为了防止快速闸门本身发生故障以及便于快速闸门的维护和检修，应在快速闸门的挡水侧再设一道能在动水中关闭的事故检修闸门。

快速闸门的关闭时间和关闭速度是由机组的特性

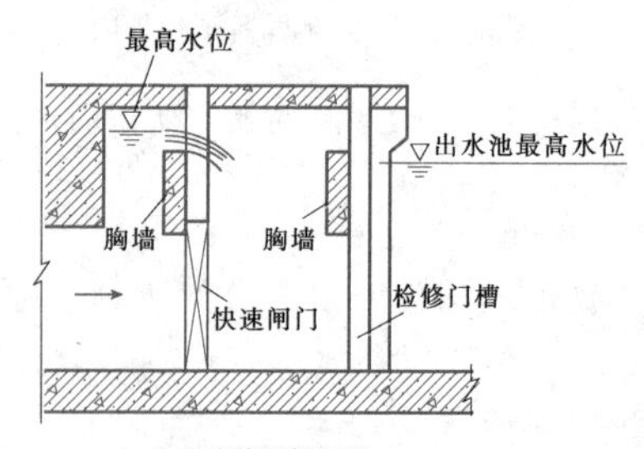

(a) 胸墙顶部溢流

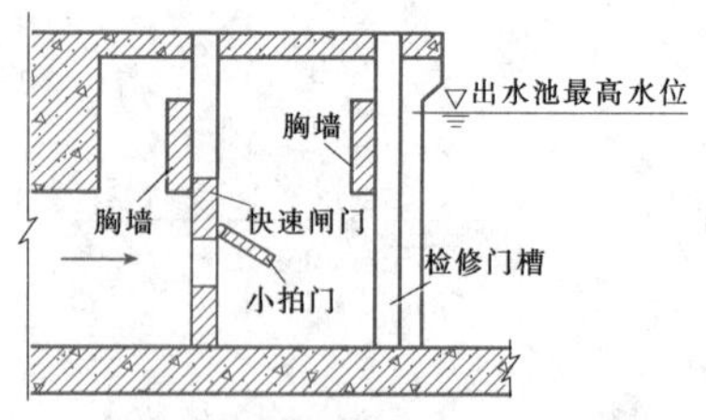

(b) 闸门门页上开小拍门

图6.9-10 快速闸门的两种安全措施

和管路特性决定的。一般情况下，闸门关闭的时间越快，引起的水锤压力就会越大；闸门关闭速度越慢，机组反转的时间就越长，反转速度也越快。当水锤压力的增大和机组反转速度超过一定限度时，将会引起机组转动部分发生共振，使机组产生强烈的振动，机组设备受到破坏。为了确定快速闸门的关闭时间和速度，应知道机组在没有闸门控制情况下从停机到发生倒流和零转速的时间、从停机到机组开始飞逸的时间和水泵的飞逸转速等各种参数，然后据此计算确定关闭时间和关闭速度。

6.9.3.2 快速闸门的几种型式

快速闸门是闸门的一种，它是以工作性质来命名的。通常当闸门的下游或上游发生事故时，能在动水中关闭的闸门，称为事故闸门。它要求在出现事故时迅速截断水流，在事故消除后，可在静水中开启。能快速关闭的事故闸门，称为快速闸门。

快速闸门因其控制方式不同，又可分为卷扬机快速闸门和液压快速闸门。

1. 卷扬机快速闸门

卷扬式快速启闭机通常是 QPK 系列，闭门时电动机停机，制动器松闸，闸门在持住力作用下由低速向高速加速关闭，为达到快速下落的目的，闸门需要增加配重。在减速器高速级加装带锥摩擦副的限速装置控制下降速度，为减少闸门下落时的撞击力，在闸门底部需要安装橡胶减振装置，并对闸槽底板进行加固处理。还可用电磁铁锁定卷扬机，停机和系统停电时，可自动释放，不需备用电源。

卷扬机快速闸门断流方式简单，造价低廉。但是在传动机构摩擦阻力矩的作用下，闸门下降的速度较慢。当闸门接近全关时，由于下吸力的作用，闸门下落的速度很快，造成的冲击力也大。

2. 液压快速闸门

开机时通过油压启动闸门，停机时依靠闸门自重下落，闸门通常需要配重。为控制闸门下落速度，可在控制快速闸门的套筒液压缸底部设置缓冲装置。关闸初期，快速闸门能快速下落，迅速切断水流，而在接近底坎时，缓冲槽装置的作用使快速闸门下落速度趋缓。液压快速闸门的造价比卷扬机快速闸门稍高，此外系统停电时，关闭闸门需要备用电源。但闸门减振效果比卷扬机快速闸门要好。

6.9.3.3 启闭装置

快速闸门的启闭装置往往是决定快速闸门可靠性的主要因素。因此，在设计快速闸门时应选择安全可靠的启闭装置。目前泵站常用的启闭装置有带电磁锁定释放装置的电动卷扬机、液压启闭机和蓄能式液控双速闸门启闭系统等。

1. 卷扬启闭机

普通的卷扬启闭机只能提供启门力（能适应各种启闭力的要求），不能提供闭门力，闭门须依靠闸门自重。带电磁锁定释放装置的电动卷扬启闭机，闭门时钢丝绳释放速度快，能适应闸门快速关闭的要求（闸门靠自重下落）。因卷扬机带有电磁锁定释放装置，工作量程可调，闸门关闭时先快后慢，不会对闸底板产生撞击力，比较适合快速闸门使用。

2. 液压启闭机

液压启闭机是液压传动的机械，按照其油缸的作用方式可以分为单向作用和双向作用。单向作用油压启闭机只提供单向开启闸门的启门力，关闭闸门须依靠闸门的自重，这类启闭机多用于快速闸门。双向作用油压启闭机的油缸既提供启门力又提供闭门力，它适用于那些依靠闸门自重不足以关闭的工作闸门或事故检修闸门。

液压启闭机的优点是：机械部件不多，构造简单、紧凑，重量轻，所占空间小，易于布置，利用较小的动力可以得到很大的作用力，启闭容量大，工作平稳，缓冲性能好，元件润滑良好，磨损、腐蚀小，寿命长，维护保养简单，运行可靠。缺点是：油缸加工精度要求很高，造价也高，油液容易泄漏，运行维护要求高。

3. 蓄能式液控双速闸门启闭系统

蓄能式液控双速闸门启闭系统由闸门及锁定机构、液压系统、电气控制系统等组成。闸门主要包括闸板、导轨、止水装置、行走支承、滚轮等；锁定机构主要由闸门手动装置、指标机构、机架等组成；液压系统主要包括油泵电机组、囊式蓄能器、油箱、吸油滤油器、空气滤清器、阀组等；电气控制系统主要由控制单元、操作部分、显示检测部分等组成。蓄能式液控双速闸门及其启闭系统作为水泵机组的保护装置，以蓄能器储存的液压能和油泵电动机组提供的液压能作为两支并联的动力源，一套动力系统可同时驱动多台闸门。液压系统利用蓄能器在闸门不动作时将液压能储存起来，在闸门动作时将储存的能量释放出去，以满足闸门动作的需要。这样不仅能利用小功率（油泵电动机）产生大功率（闸门动作时蓄能器释放的），同时能关闭多台闸门，还能在突然停电的情况下，不用发电装置而使闸门分两阶段快速关闭，达到保护水泵机组、防止水锤产生的目的。蓄能式液控双速闸门及其启闭系统动作灵敏，运行平稳，闸门重量轻，缓冲效果好，但造价较高。另外，当系统停电时，虽然蓄能器储存的液压能可用来关闭闸门，但其要求蓄能器电池工作可靠，否则难以利用储存的液压能关闭闸门。

6.10 其他型式泵站

6.10.1 浮船式泵站

浮船式泵站是将泵房及水泵机组安装在取水点近岸的趸船上，趸船用铁锚、固定索和锚桩等锚固设备来定位和保持稳定，如图6.10-1所示。这类泵站可以随水位涨落而浮动，从而改变其相对于河岸的位置。

6.10.1.1 适用条件及位置选择

浮船式泵站一般适用于水源水位变化幅度在10m以上、涨落速度不大于2m/h的河段处。

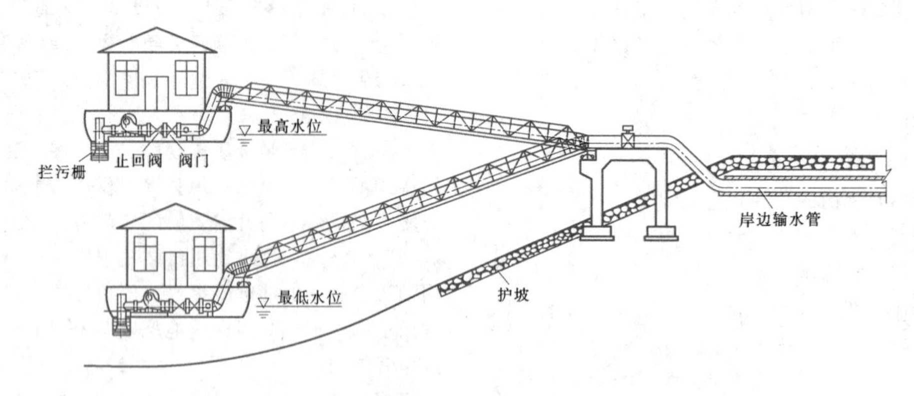

图6.10-1　浮船式泵站示意图

在确定浮船取水位置时，除应满足选择河岸稳定，没有严重的冲刷或淤积，能保证取到的水符合水量、水质要求，离用水户近，施工方便等一些基本条件外，还要求岸坡适宜，水流平稳，避开顶冲、急流、大回流和大风浪区以及与支流的交汇处。要求河面宽阔，洪水期不出现漫坡，枯水期水深不小于1m，浮船与主航道保持一定距离，且不易受漂木、浮筏或船只的撞击。

6.10.1.2 船体

1. 设备布置

浮船式泵房的布置主要包括配电设备布置、辅助设备布置及泵房尺寸的拟定等。

(1) 泵房布置。泵房布置包括机组设备间、船首和船尾等部分的布置。

1) 机组设备间布置。水泵机组的竖向布置可分为上承式与下承式两种。

上承式布置是将水泵机组安装在船甲板上，如图6.10-2 (*a*) 所示。此种布置的优点在于安装操作方便，通风、散热条件较好，进、出水管可铺设在甲板上，从而简化船体构造。但由于布置基础高，使得船体重心高，易发生摆动，稳定性差。

下承式布置是将水泵机组安装在船舱底部的骨架上，如图6.10-2 (*b*) 所示。此种布置的优点在于重心低，稳定性好，船体摆动小，可以降低上部构筑物的高度。但机组位于船舱内部，安装操作不太方便，通风状况不佳，吸水管要穿过船舷，船体构造复杂，一般适用于钢结构船体。

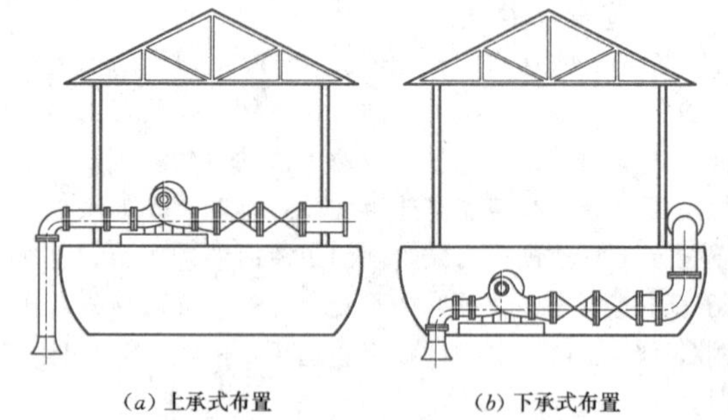

(*a*) 上承式布置　　(*b*) 下承式布置

图6.10-2　水泵机组竖向布置图

水泵机组的平面布置一般采用一列式，以免船体过宽使河面水流阻力加大。纵向布置时机组轴心与船体纵轴平行，适用于中、小型机组，有利于船体稳定。横向布置时机组轴心与船体横轴一致，这种布置管道系统较复杂。

2) 船首和船尾。浮船的首、尾部一般作为船体锚固及移动的操作场所，据此要求布置绞盘、系缆桩和导缆钳等，如图6.10-3所示。

(2) 配电设备布置。低压配电设备布置有设在船上和岸边两种。当电动机容量较大（如单台功率大于100kW时），浮船又离岸边较远时，为了节省电缆，减少线路功率损耗，可将变压器设在船上。但这种布置不仅存在雷击的可能性，影响操作人员的安全，还增加了浮船的空间和面积。因此，目前倾向于将变压器设在岸边，以确保运行的安全性。

当采用高压电动机时，高压配电设备可安设在岸边的配电室内，以减少浮船体面积，保证安全操作。

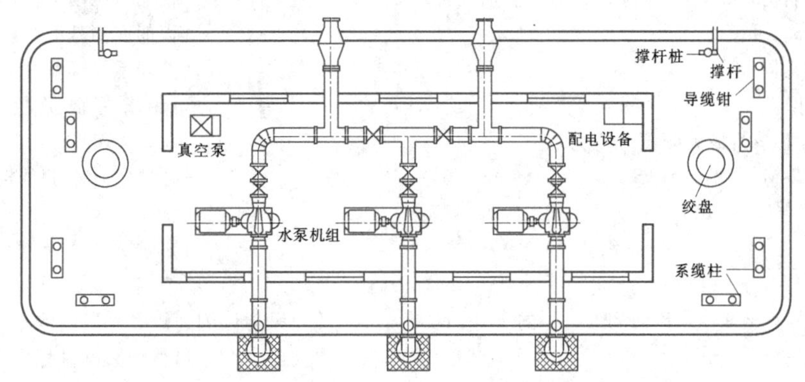

图 6.10-3 浮船平面布置图

(3) 辅助设备布置。

1) 起吊设备布置。在拆换管件、阀门等设备时，用于设备起吊。对于口径不大的管件、阀门，可在其安放处设扒杆；对于口径较大的管件、阀门，且在水位变速较小时，可考虑设专用起吊设备。

2) 系留设备布置。为了便于浮船的停泊和移位，需要选择适当的锚固方式和锚固设备，如图 6.10-3 所示。应根据浮船停泊位置的地形、河流状况、航道要求，以及气象条件等因素确定系留设备。系留方式有岸边系留、船首尾抛锚、船首尾抛锚与岸边系留结合、增设角锚与岸边系留相结合等。

2. 稳定计算

(1) 浮船稳定性的标准：

1) 在不增加荷重（平衡水箱、压载物）的情况下，通过设备布置使浮船在正常运行时维持平衡。

2) 验算正浮状态和横倾时的稳定性。

3) 为保证泵房的安全，在风压作用下移动时横倾角应小于7°。风压产生的最大倾侧力矩，应小于船体的复原力矩。

4) 浮船在设备和管道安装过程中，应进行平衡验算，否则应采取平衡措施。

(2) 浮船的静力平衡及稳定计算：

1) 浮力计算：

a. 浮船的总荷载为

$$P = K(P_1 + P_2 + P_3 + P_4 + P_5) \tag{6.10-1}$$

式中 P——总荷载，kN；

K——风浪及浮船运行时动荷载的安全系数，一般采用 1.2～1.5；

P_1——浮船船体重量，kN；

P_2——设备及材料重量，kN；

P_3——水重，包括水管、水泵、真空泵系统及平衡水箱、船体内的积水（按积水深 0.1m 计）等的重量，kN；

P_4——活荷载，kN；

P_5——锚链的垂直分力，kN。

b. 浮船的浮力为

$$P_A = \varphi LBH \tag{6.10-2}$$

式中 P_A——船体的浮力，kN；

φ——排水系数，采用 0.8～0.95；

L——浮船水面线处的长度，m；

B——浮船水面线处的宽度，m；

H——浮船吃水深度，m。

保证浮船不沉需要满足 $P_A \geqslant P$ 的条件。

考虑富裕排水量时，则 $P_A = (1.2 \sim 1.5)P$。

2) 静力平衡计算。浮船的横向静力平衡，需满足

$$\sum M_x = \sum(P_i Y_i) = 0 \tag{6.10-3}$$

3) 重心位置计算：

a. 浮船载重时，重心在 $Y-Y$ 轴上的位置，如图 6.10-4 所示，此时

$$Y_g = \frac{\sum M_x}{\sum P_i} \tag{6.10-4}$$

式中 Y_g——重心位置，m；

$\sum M_x$——浮船构件和设备等荷载对 $X-X$ 轴的力矩之和，kN·m；

$\sum P_i$——浮船构件和设备等荷载重量之和，kN。

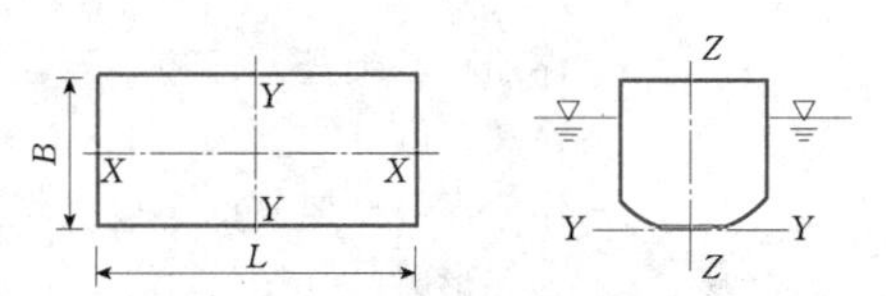

图 6.10-4 浮船静力平衡示意图

b. 浮船载重时，重心在 $Z-Z$ 轴上的位置，如图 6.10-4 所示，此时

$$Z_g = \frac{\sum(P_i Z_i)}{\sum P_i} \tag{6.10-5}$$

式中　Z_i——浮船构件、设备等荷载之重心至船底的距离，m；

其他符号意义同前。

4）稳定性计算：

a. 风压作用下浮船最大倾侧力矩为

$$M_1 = 0.001pSZ \quad (6.10-6)$$

$$Z = Z_n - a_1 H_1 - a_2 Z_g \quad (6.10-7)$$

上二式中　p——浮船承风面积上的单位风压力，kPa；

S——浮船在水面线以上的承风面积，m^2；

Z——浮船风压动力作用时的倾侧力臂，以船底为基准线，m；

Z_n——浮船承风面积中心距船底的高度（用求平面形状重心坐标的方法），m；

H_1——浮船实际水面线时的平均吃水深度，m；

a_1、a_2——影响 Z 值的系数，查表 6.10－1 取用。

计算风力倾侧力矩时，风向取垂直正浮时的浮船纵向中剖面。在浮船整个倾侧过程取 M_1 为定值。

表 6.10－1　　影响 Z 值的系数 a_1、a_2 值

B/H_1	2.5	3	4	5	6	7	8	≥10
a_1	0.23	0.14	−0.09	−0.39	−0.74	−1.13	−1.58	−2.32
a_2	1.16	1.01	0.92	0.85	0.78	0.73	0.69	0.67
Z_g/B	0.18	0.22	0.26	0.30	0.34	0.38	0.42	0.46

b. 风压作用下浮船的倾侧角。参考图 6.10－5 所示的计算简图，泵船的倾侧角按式（6.10－8）计算：

$$\theta = \frac{M_2}{\frac{1}{2}Wh_m} \quad (6.10-8)$$

$$h_m = \rho + Z_c + Z_g \quad (6.10-9)$$

$$\rho = \frac{j_0}{\frac{W}{\rho g}} \quad (6.10-10)$$

$$Z_c = \frac{H}{6}\left(\frac{l+2L}{l+L} + \frac{b+2B}{b+B}\right) \quad (6.10-11)$$

$$j_0 = \frac{1}{12}B^3 L \quad (6.10-12)$$

以上式中　M_2——浮船最小动力复原力矩，可采用 M_1 值，kN·m；

W——浮船排开水体重量（即浮力 P_A），kN；

h_m——浮船稳心高度，即稳心至重心的距离，m；

ρ——浮船稳心半径，即稳心至浮心的距离，m；

Z_c——浮船浮心至船底的高度（纵剖面为梯形时），m；

j_0——浮船水面线处对纵轴的惯性矩（水面线是矩形时），m^4；

l——浮船底长度，m；

b——浮船底宽度，m；

其他符号意义同前。

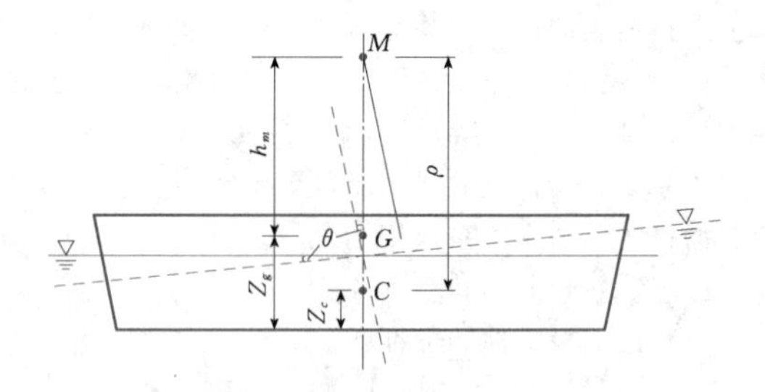

图 6.10－5　倾侧角计算简图

M—稳心；G—重心；C—浮心

为了满足浮船的稳定要求，其倾侧角应小于 7°。

3. 管道及活动接头

（1）联络管。联络管型式与联络管的连接方式有关。联络管的连接方式主要有阶梯式、摇臂式，见表 6.10－2。

联络管的长度与活动接头的有效转角、联络管的连接方式、河岸坡度、浮船可能产生的最大倾角、吸水管伸入水中的深度及管子的挠度有关。球形接头阶梯式联络管的长度一般为 6～12m；套筒式接头摇臂式联络管，按水位最大变幅确定联络管的长度，一般为 20m 左右，其最大挠度不得大于 $\frac{L}{200}$～$\frac{L}{300}$。据有关计算，联络管的最大长度，见表 6.10－3。

（2）活动接头。活动接头用于衔接联络管与水泵出水管及岸上输水管，是浮船的关键部分，必须满足转动灵活和密封好、不漏水的要求。其形式有球形接头、套筒旋转接头和橡胶管接头三种，结构型式见表 6.10－4。

表 6.10-2　　　　联络管的连接方式

名称	联络管	结构	特点
阶梯式连接	球形接头刚性联络管	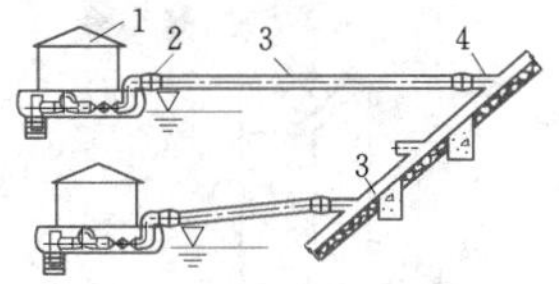 1—浮船；2—球形万向接头；3—刚性联络管；4—阶梯式接口	岸边输水斜管上每隔一定距离安装一岔管接头，采用这种连接方式在换装接头时需移动船位，操作管理不便，不适宜在水位变化大的地区使用
	橡胶联络管	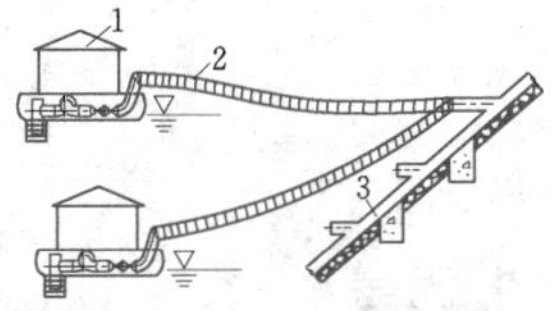 1—浮船；2—橡胶软管；3—输水斜管	
	球形接头—钢—橡胶联络管	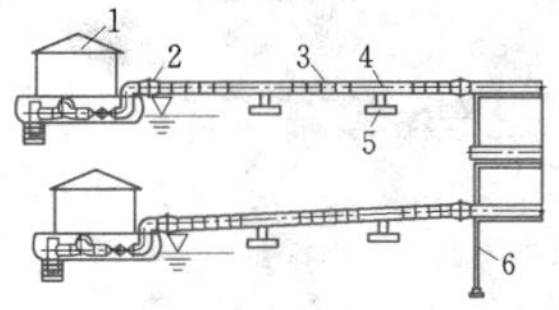 1—浮船；2—球形接头；3—橡胶软管；4—钢管；5—支承浮筒；6—排架	
摇臂式连接	套筒式接头摇臂式联络管	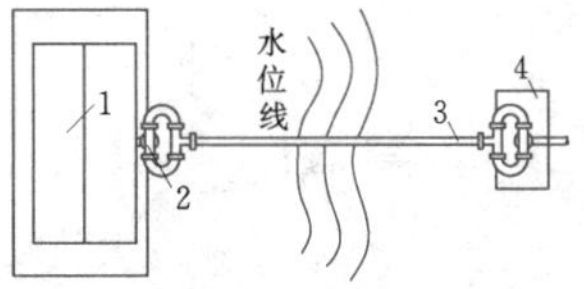 1—浮船；2—旋转套筒；3—输水直管；4—支墩	不因水位的涨落而换装接头，可以连续供水，管理较为方便
	球形接头摇臂式联络管	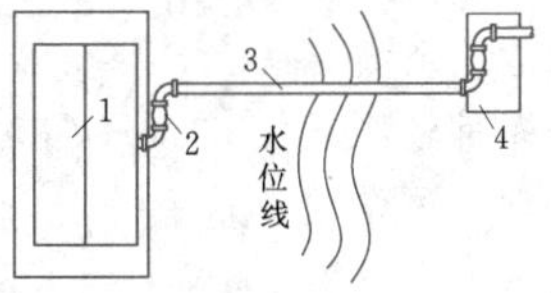 1—浮船；2—球形接头；3—输水直管；4—支墩	
	钢桁架摇臂式联络管	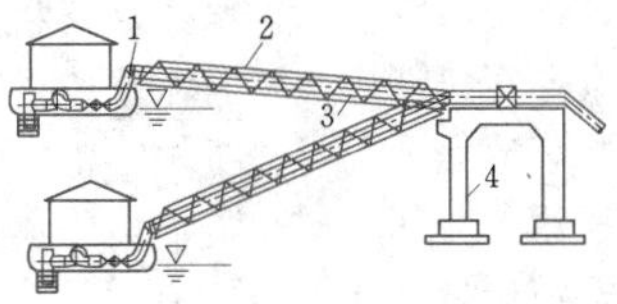 1—橡胶软管；2—钢桁架；3—钢管；4—支墩	

表 6.10-3　　联络管的最大长度

管径（mm）	150	200	250	300	350
最大长度（m）	8.5	10.0	12.5	13.5	14.5

6.10.1.3 输水斜管

输水斜管是指下接联络管、上接岸上输水系统的管道。

斜管敷设的坡度是选择浮船位置的重要条件之一。对一般阶梯式接头，岸坡角度以20°～30°左右为

表 6.10-4　　活动接头的结构型式

名　　称	结　　　　构	特　　　点
球形万向接头	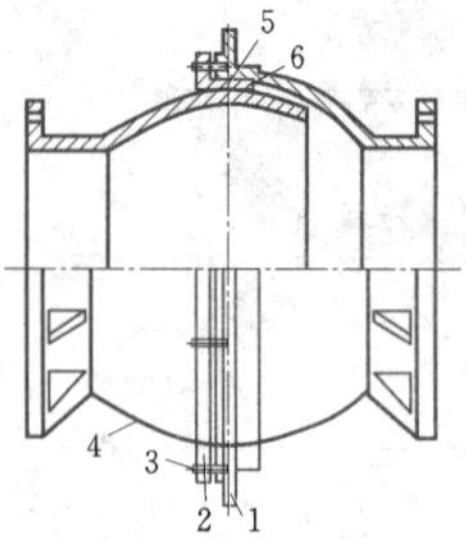 1—承口法兰；2—填料压盖法兰；3—螺栓；4—插口；5、6—橡皮圈	最大容许转角 22°，一般使用 11°～15°
套筒旋转接头	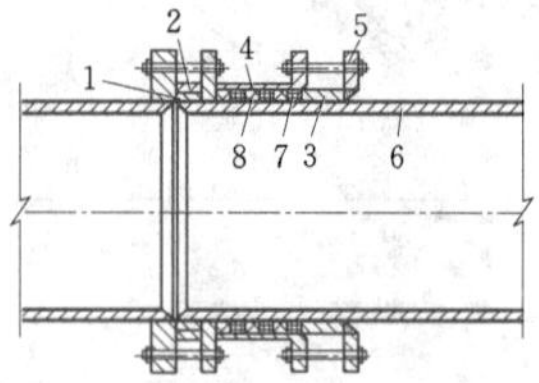 1—橡皮垫圈；2—挡圈；3—短管；4—套管；5—法兰盘；6—钢管；7—方橡皮盘根；8—牛油石棉盘根	只能在一个平面上旋转，须由几个套筒接头组合，以适应各个方向移动摇摆的需要
橡胶管接头	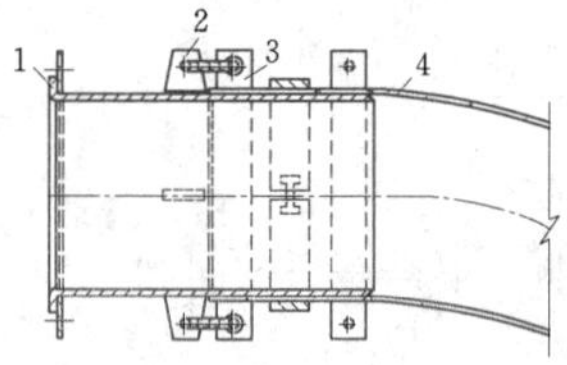 1—钢短管；2—肋板；3—管卡；4—橡胶软管	适用于阶梯式布置和钢引桥布置。一般多用于小管径管道连接

宜。对于摇臂式接头，岸坡角可以大些，以便缩短联络管的长度。管道坡度随岸坡而定，可以是一个坡度，也可以有转角。当岸坡比较规则、地质条件较好时，可将斜管沿地面敷设。当岸坡不太规则时，可设支墩，将管道固定在支墩上，管旁应设置阶梯或走道板，以便检修操作。

斜管上岔管的布置应根据水位的变速及河岸的坡度来确定。岔管分布不必均匀，一般在洪水期水位变速大、河岸坡度陡时，岔管垂直间距可大些。应保证运行水位在两个岔管之间以最大变速变化所用的时间大于换装一次的时间。枯水期水位变速小，河岸坡度缓，则岔管间距可小些。一般 0.6～2.0m 高差布置一个岔管。最高和最低的岔管应能满足最高水位和最低水位时的取水要求。每个泵船设一根斜管，如果一站有两根以上的斜管，岔管应错开布置，以便交替换装接头。

斜管较长时，可在平均水位及洪水位相应高程附近各设一个闸阀，以减少泄水及换装接头的时间。

6.10.1.4　附属设备

1. 动力设备

浮船上的动力设备一般为拖动水泵提水的电动机。在无电源的地方或自航式取水的浮船上，可采用柴油机或蒸汽机作为驱动设备。

供电线路在水位涨落速度小于 1m/h、取水浮船近岸、水泵机组容量较小的情况下，可选择架空线路；在水位变幅大、岸坡较陡、河滩较宽，泵船近岸或位于重雷区时，则宜使用架空电缆。电缆沿联络管架设适用于摇臂式和引桥式的联络管，一般用于较大的浮船。

2. 水泵充水设备

水泵充水设备常采用底阀或真空泵。在机组不大、取水量较小的工程中，也可以喷射器作为水泵的充水装置（抽真空）。

3. 吊装设备

吊装机组的起重设备，应根据浮船取水设备的重量按设计规范的有关规定选择。对检修几率不高的中小型水泵机组，一般使用手动的简易吊车或吊杆即可。对采用阶梯式联络管的浮船，必须设置联络管起吊设备。起吊设备主要有吊杆（扒杆）、简易吊车、起重船、岸边扒杆及轨道拖动等型式。

6.10.2 缆车式泵站

缆车式泵站是将水泵机组安装在可沿岸坡轨道移动的缆车内的一种泵站。随着水源水位的涨落，缆车靠设置在岸上的绞车牵引沿轨道升降，如图 6.10-6 所示。缆车式泵站一般由缆车（泵车）、坡道、输水斜管、辅助建筑组成。其最大的优点是：不受河道水流的冲击和风浪波动的影响，稳定性较好。

6.10.2.1 适用条件及位置选择

缆车式泵站适用于水源水位变幅在 10m 以上、涨落速度不大于 2m/h 的河段处；河岸较稳定，岸坡

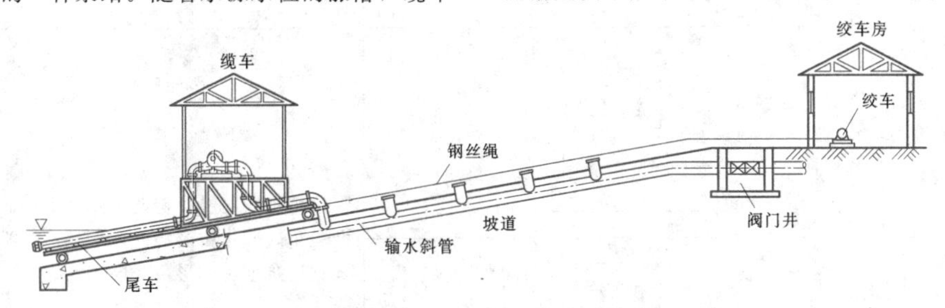

图 6.10-6 缆车式泵站示意图

地质条件较好，且有适宜的倾角，一般以 10°～30°为宜；河流漂浮物较少，无浮冰，不易受漂木、浮筏和船只的撞击；河段顺直，靠近主流；取水流量不大，单车流量多在 $1m^3/s$ 以下。

缆车式泵站位置的选择，应根据取水点的水文及地形地质条件，经综合分析确定，力求避免水深不足、支承基础系统被淘空或淤积、不均匀沉陷等情况的发生，且还应考虑尽量减少施工度难、降低投资、取得较好的水质及保证运行的安全。

6.10.2.2 缆车

1. 车体

车体由平台梁、桁架、车轨装置、联络管、保险挂钩及上层结构等组成，是一个由钢构件组合而成的空间结构。其纵向为阶梯式的三角形腹系桁架，横向为矩形封闭式钢架。设计时，首先应保证车体桁架和底板有足够的强度、刚度和稳定性。

（1）缆车布置。为了减少缆车的面积及重量，缆车内只安装控制仪表及启动、停车的开关设备。缆车的平面布置主要根据机组、管道设备及操作场地等综合考虑，布置要求紧凑、合理，操作维护方便，车架受力均匀，且不影响缆车结构，外形美观。

机组布置应满足缆车稳定性要求，缆车竖向上亦布置成阶梯形。一般一部缆车不少于两台机组，一用一备，或二用一备。而两部缆车机组可采用二用二备或三用二备。一般有平行布置、垂直布置和品字形布置三种型式。近年来所建的大、中型缆车，多采用一正一反两台机组的布置型式。缆车中各种机组的布置型式见表 6.10-5。

缆车立面布置按地面是否分层，有两种考虑：①工作层为阶梯形的两层平面，适用于坡道坡度的倾角大于 18°的情况；②工作层为一层平面，适用于坡度不大于 18°的情况。

考虑缆车小修，设备重量为 0.5t 以上的，需设手动吊车；当采用橡胶软管作联络管时，连接输水斜管、岔管的位置应设手动葫芦。

（2）缆车尺寸。一般说来，由于受坡道的倾角、轨距、岔管高差及牵引设备的限制，缆车平面不宜过长以及悬挑过宽。缆车面积：小型缆车一般为 12～$20m^2$，大、中型缆车一般为 20～$40m^2$。缆车的单位面积重量指标：小型缆车为 $0.85t/m^2$，大、中型缆车为 0.91～$1.1t/m^2$。缆车的高度：在有吊车设备时，净高采用 4.0～4.5m；无吊车设备时，净高 2.5～3.0m。

当水泵进口直径 $d=300\sim500$mm 时，其轨距一般为 2.8～4.0m；当 $d<300$mm 时，其轨距为 1.5～2.5m。

（3）缆车稳定平衡校核。缆车的稳定平衡包括纵向平衡和横向平衡。

1）纵向平衡。纵向平衡要求缆车在斜坡轨道方向是稳定的，如图 6.10-7 所示。其稳定条件是：包括水泵、电动机等机电设备在内的缆车重心必须在上、下车轮的范围内，并有一定的安全系数。纵向平衡计算式为

$$S_B \geqslant 2KH\tan\beta \qquad (6.10-13)$$

式中 S_B——车轮距离，m；

H——缆车重心距轨道面的高度，m；

β——坡道倾角，(°)；

K——安全系数，$K>1$。

表 6.10-5 缆车中各种机组布置型式及特点

布置型式		图示	特点及适用条件
平行布置			机组的轴线与缆车走向相互平行。适用于选用水泵较少的中、小型缆车式取水构筑物。优点是：交通条件好，便于操作及检修。此外，由于两台机组对称布置，缆车桁架受力较好
垂直布置	顺向垂直布置		机组轴线与缆车走向相互垂直。适用于大、中型缆车式取水构筑物。优点是：布置紧凑，缆车长宽比接近正方形，竖向布置成阶梯形
	反向对称垂直布置		
品字形布置			机组轴线与缆车走向平行或垂直，三台机组按品字形布置。其中，一台机组的水泵与电动机应反向连接。由于一台水泵反向安设，泵车稳定性较好

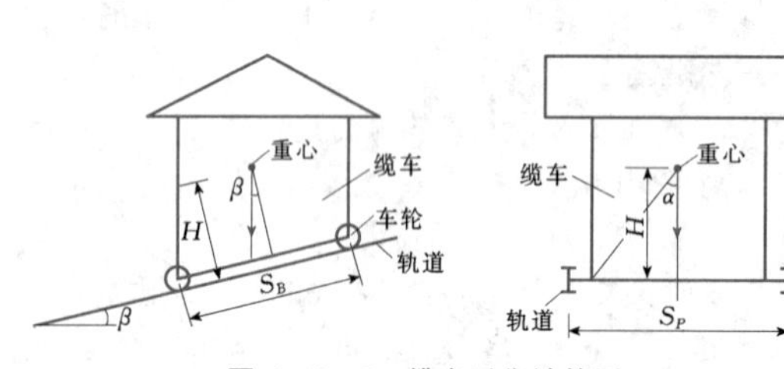

图 6.10-7 缆车平衡计算图

2）横向平衡。横向平衡要求缆车在轨道两侧方向稳定，如图 6.10-7 所示。其稳定条件是：包括水泵、电动机等机电设备在内的缆车重心必须在两侧车轮的范围内，并有一定的安全系数。横向平衡计算式为

$$\tan\alpha = \frac{S_P}{2H} \tag{6.10-14}$$

式中 S_P——车轮距离，m；

H——缆车重心距轨道面的高度，m；

α——车轨横向垂直轴线和空车中心与钢轨及车轮切点连线的夹角，(°)，根据实际资料，考虑安全因素取 $\alpha>22°$，在特殊情况下可取 16°～18°。

由此可见，尽可能地降低缆车重心高度是缩短缆车长度和宽度、缩小轨道间距、节省工程投资的重要途径。当根据缆车布置不能满足上述纵向或横向平衡条件时，则应该调整缆车纵向轮轴距离或车轮横向距离（即轨道间距）。

2. 牵引设备

卷扬机是靠电动机传动牵引钢丝绳，以带动缆车上下运行的一种重要机构设备。每部缆车设置一部卷扬机，一般设于岸边最高水位以上，并位于斜坡或斜坡式坡道的中心线上。目前用于缆车式取水的卷扬机多为滚筒式卷扬机。

用于缆车取水的钢丝绳一般采用 2～3 道，直径为 22～31.75mm。钢丝绳应根据其种类和特性，结合具体情况选用。牵引设备中常采用的卷扬机及钢丝绳规格见表 6.10-6。

缆车式泵站所需滑轮类型有导向滑轮、排绳滑轮、地滚滑轮三种。

钢丝绳从滚筒上伸出，与缆车到要求的位置沿坡方向多数不一致，需经导向滑轮调整，其作用是引导钢丝绳到一定位置上运行。当需要竖向转弯时，须采

表 6.10-6 牵引设备中常用的卷扬机及钢丝绳规格

电动卷扬机重量(t)	钢丝绳直径(mm)	与卷扬机配套的电动机功率(kW)
15	31.75	2×11
10	31.75	16
8	22.00	—

用立式滑轮；当需要平面转弯时，则采用卧式滑轮。实际应用中，导向滑轮的直径可以小于滚筒直径。

排绳滑轮沿一定长度的轴（轴长不小于滚筒宽度的一半）随钢丝绳在滚筒宽度上排列和移动，起着支承钢丝绳和减小钢丝绳偏角的作用。排绳滑轮安装在缆车道尽端或钢丝绳绳沟接卷扬机一端。轮径一般在260mm以下。

托绳地滚滑轮是沿缆车道斜长布置的，按一定距离安装的滑轮，以承托钢丝绳，使其不致在地面拖曳而增加阻力和磨损。一般托绳地滚滑轮的直径为50～150mm。地滚滑轮的间距一般有8m、10m、12m、15m，应以钢丝绳不落在地面上为准。

3. 安全保障设施

缆车在斜坡上工作，当缆车移动时，由于操作不当或绞车失灵，会造成钢丝绳断裂。如无安全措施，就容易造成事故。在缆车上必须使用保险安全装置。卷扬机制动装置有电磁铁刹车及电磁铁刹车与手刹并用两种，后者比较安全。缆车固定时的制动装置有螺栓夹板式制动装置、钢杆安全挂钩。缆车移动时的制动设备有钢丝绳套挂钩、长挂钩制动器、绞盘安全钢丝绳、备用钢丝绳等。

结合器是钢丝绳与缆车的连接装置，常用的结合器有绳阻式合金结合器、滑轮式结合器、勾环式结合器等。

缆车在较陡的车道上运行应采取一定的安全措施，以保证安全取水。除采用制动器在钢丝绳断裂后制动缆车以外，还必须注意防止过卷扬情况发生。同时，在车道较陡以及危机安全的地方应设置护栏。在通航的河流中，为了保护取水构筑物，特别是水下部分吸水管，应在其周围设置航标灯和信号灯，以警示来往船只。

6.10.2.3 坡道

坡道既是铺设缆车轨道及输水管道的场地，也是缆车工作的场所。在布置坡道时，应使缆车在最高洪水位以上或枯水位时也能工作。

坡道分为斜坡式、斜桥式两种，一般情况下，坡道的适宜倾角为10°～25°。

坡道的适用条件及优缺点见表6.10-7。

表 6.10-7 坡道的适用条件及优缺点

坡道型式	坡道的适用条件	坡道的优缺点
斜坡式	(1) 位于河岸地质条件良好，稳固、倾角适宜处。位于凹岸时，须结合防冲做护岸； (2) 坡度应接近河岸倾角。为防淤积，坡道应高于河岸岸坡0.2～0.5m	优点：(1) 充分利用地形，施工工程量较小，水下工程量亦少； (2) 联络管接头拆装较斜桥式方便； (3) 投资小，维修简单。 缺点：(1) 受地形、地质条件限制较大，不能过多的改变天然岸坡； (2) 轨道上易积泥； (3) 倾角小时，吸水管较长，需设尾车
斜桥式	位于河岸倾角较陡或地质条件较差处。斜桥由钢筋混凝土框架组成	优点：(1) 坡度的确定不受地形条件的限制； (2) 吸水管可直接安装在泵车两侧取水； (3) 缆车道可适当伸入江河中，以满足枯水期的取水要求。 缺点：(1) 结构复杂，施工量较大，造价较高； (2) 联络管接头拆装不便

6.10.2.4 输水管及活动接头

1. 输水斜管

输水斜管的布置要便于移车，便于拆装活动接头，其布置方式有以下两种：

(1) 对于斜坡式坡道，两部缆车配置两条输水斜管时，可以在两部缆车的外侧，各放一条斜管。这种布置方式不增加斜坡的总宽度，斜管也不穿越缆车房的基础。

(2) 将两条输水斜管放置在两部缆车中间。这种布置方式的优点是：岸上设施布置紧凑，配件少，管理方便。

对于斜桥式坡道，输水斜管一般应放在桥架外侧，且应与斜桥走道位于一侧，以便移车时就近拆装接头。走道板用钢筋混凝土浇筑。

2. 活动接头

刚性接头用于钢管或铸铁管之间的直接连接；柔性接头是在水泵出水管与岔管间加一段橡胶软管、伸缩接头、套筒等，其特点及适用条件见表6.10-8。

表6.10-8　柔性接头的特点及适用条件

柔性接头类型	柔性接头的优缺点	柔性接头的适用条件
橡胶管接头	灵活性大，可弥补制造安装误差，泵车振动对接头影响小，接头处不易漏水；但寿命短，一般只能用2～3年	变形小，缆车出水管至岔管距离较大，管径以小于300mm为宜
球形万向接头	直径大于350mm时，制造较麻烦	管径不大于600mm
套筒旋转接头	灵活性大，拆装接头较方便，使用时间长；但笨重，制造及安装麻烦	管径不大于500mm

6.10.3 潜水泵站

潜水泵是潜水电动机与水泵连为一体，完全浸没在水中工作的一种机组。采用潜水泵的潜水泵站具有以下特点：

(1) 电动机、泵及其内部监测设施集成在一起，不用长轴传动，机组重量轻；但价格较常规机组贵，不便自行检修。

(2) 电动机与水泵潜入水中，可以不修建地面泵房，节省土建投资，地面可用于绿化，以美化环境。

(3) 电动机一般靠水来润滑和冷却，无需附属设备，且对环境无噪声污染。

(4) 机组本身可移动式作业，有利于开展专业化和社会化服务。

潜水泵站特别适合于在水源水位变化较大、对泵房土建要求不高和对环境要求严格的地方兴建。潜水泵过去一般用于深井，现在已从深井走向大江大河。

6.10.3.1 机组选型及安装

1. 潜水泵的选型

潜水泵的种类很多，可以满足不同的用户要求，目前我国潜水泵最大口径已达2.0m，单台机组最大配套功率已达1000kW以上。潜水泵的选型方法与一般泵站无异，但在选型中应考虑潜水泵可移动这一特性，使泵站尽量做到一机多用，即多功能化，如灌排结合、排水与冲污等。常用潜水泵及其适用场合：①潜水排污泵，多为开式或半开式叶轮的潜水离心泵，适合于小流量、高扬程，最高单级扬程低于60m，介质为污水的情况；②潜水轴流泵，适合于扬程为1～10m、大流量的情况，一般用于排涝；③潜水混流泵的扬程介于上述两种泵之间，扬程为8～20m，一般用于排涝或灌溉；④潜水贯流泵（潜水轴流泵的一种，分贯流式潜水泵和全贯流泵两种），适合于扬程为0.5～5m、超大流量的情况，一般用于低扬程排涝，为卧式或斜式安装。

2. 机组的安装方式

(1) 井筒式潜水泵的安装。井筒式潜水泵的几种安装方式如图6.10-8所示。

(2) 贯流式潜水泵的安装。贯流式潜水泵的几种安装方式如图6.10-9所示。

(3) 全贯流泵的安装。全贯流泵的几种安装方式如图6.10-10所示。

6.10.3.2 泵室设计

1. 泵室的选择

使用潜水泵的另一特点是可以简化泵站建筑物，例如可省去地面泵房。建筑物设计中所关注的一般是泵室。

泵室底部高程应考虑低水位时泵能正常运行。底板浅的宜用矩形泵室，以利机组的安放，空间利用率高；底板深的多用圆筒形泵室，以方便沉井施工。一般泵房深度2～4m，可采用矩形；4m以上多为圆筒形。泵室一般有以下几种型式可供选择。

(1) 矩形泵室。矩形泵室具有布置比较方便，建筑面积能合理利用、便于利用标准的建筑物构件和起重设备等优点，适用于水位变化不大、占地面积较大、地下埋深较浅的场合，其结构如图6.10-11所示。

(2) 圆筒形泵室。圆筒形泵室受力条件较好，可以减小构件断面尺寸、降低工程造价，适用于水源水位变幅较大、泵室较深、占地面积不大的场合，其结构如图6.10-12所示。

(3) 阶梯形泵室。阶梯形泵室根据水位变化的特点，将泵分成多个高度安装，形成阶梯状分布（分正向进水和侧向进水），在满足取水要求时，可减少开挖工程量，其结构如图6.10-13所示。

2. 进水池型式

根据地形和来流方向不同，进水池可选择正向进水和侧向进水两种型式。当泵的数量超过6台时，进水池布置的长度可能过大，此时宜采用双进水池。对于较深的进水池，其边壁宜采用圆筒形结构。

3. 进水口尺寸

进水池与泵进水口主要尺寸可参考本章6.6节的有关内容，需要确定的参数包括：管口悬空高F、管中

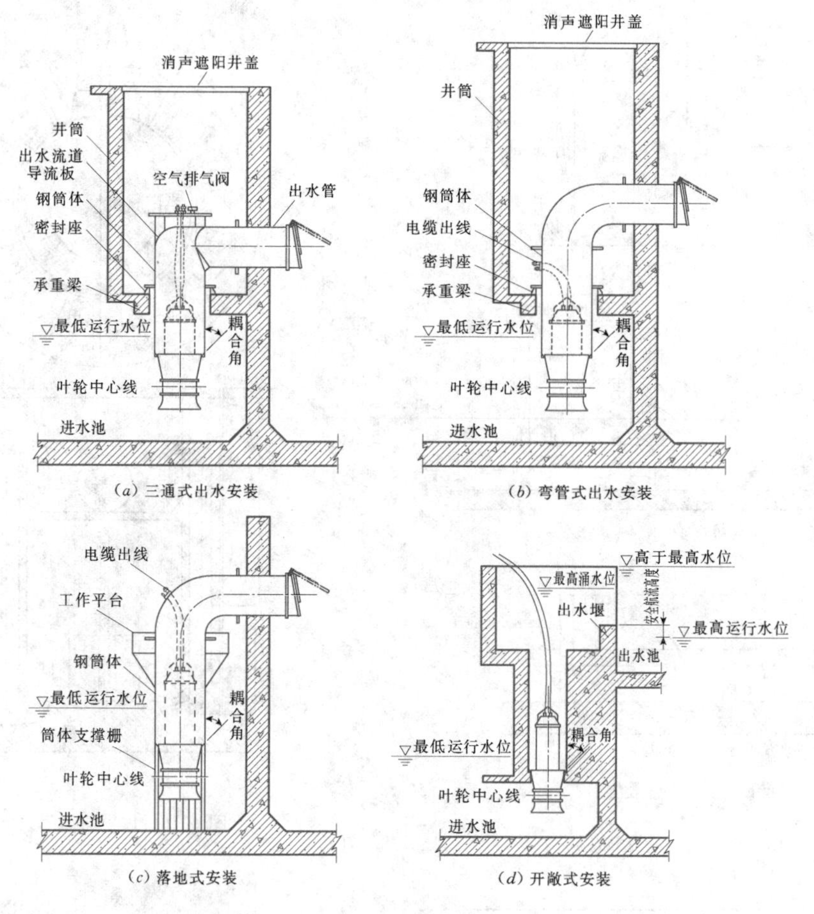

(a) 三通式出水安装　　(b) 弯管式出水安装

(c) 落地式安装　　(d) 开敞式安装

图 6.10-8　井筒式潜水泵的几种安装方式

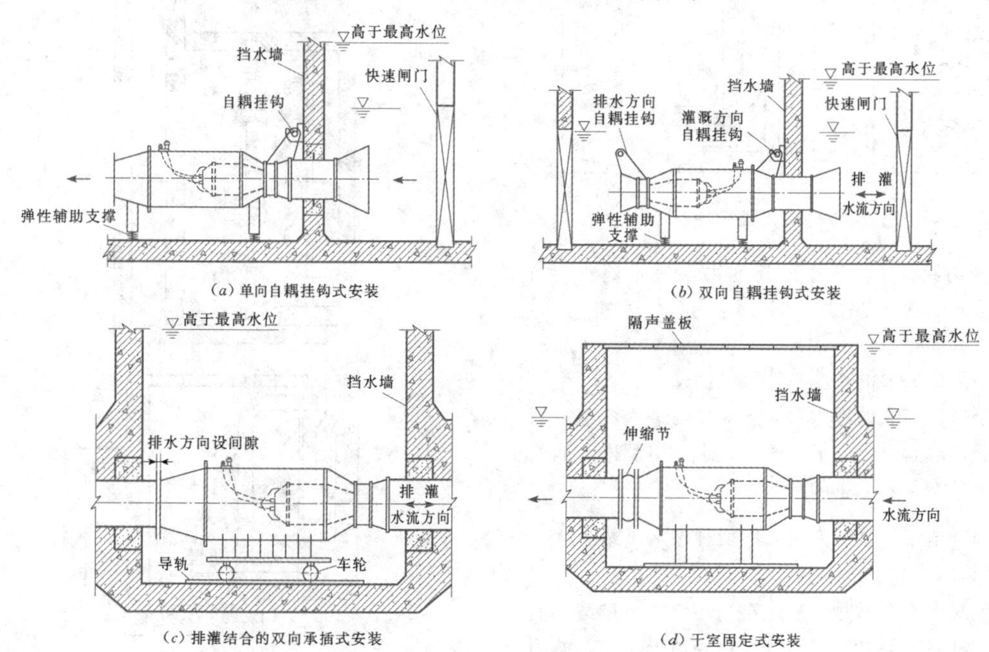

(a) 单向自耦挂钩式安装　　(b) 双向自耦挂钩式安装

(c) 排灌结合的双向承插式安装　　(d) 干室固定式安装

图 6.10-9　贯流式潜水泵的几种安装方式

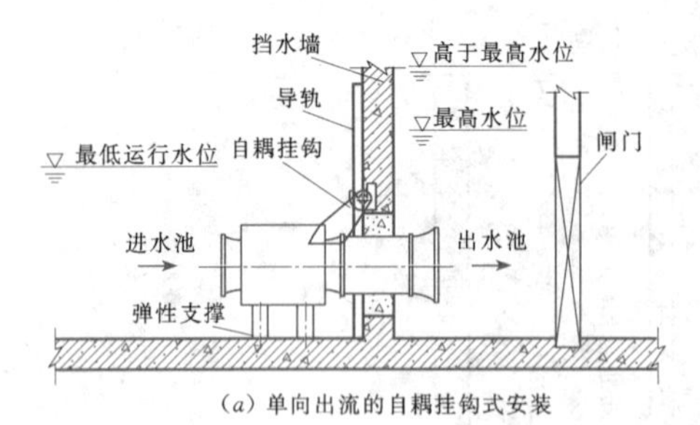

(a) 单向出流的自耦挂钩式安装

(b) 排灌结合的双向自耦挂钩式安装

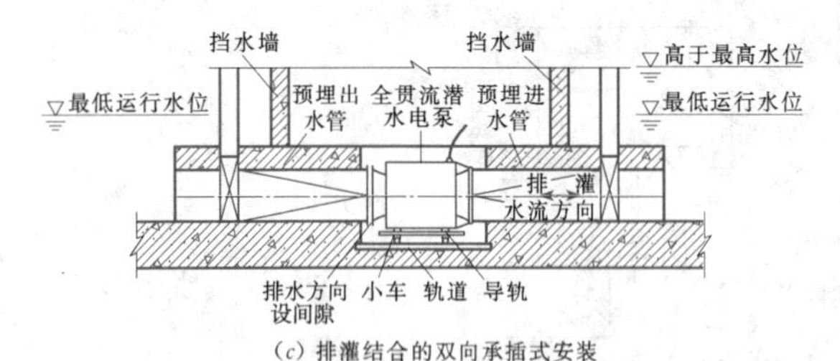

(c) 排灌结合的双向承插式安装

图 6.10-10 全贯流泵的几种安装方式

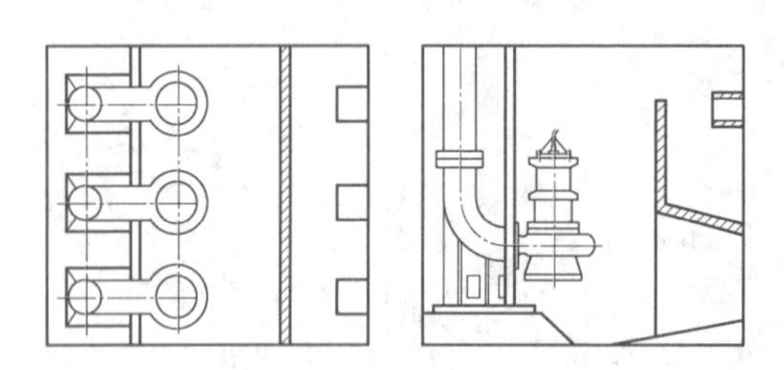

图 6.10-11 矩形泵室

心与后墙的距离 C、进水池长度 L 及进水池宽度 B 等。各尺寸的含义如图 6.10-14 所示。

对于侧向进水，上述进水池长度 L 应适当加长，或在池中采取必要的整流措施。

对于口径较大的潜水泵，当需要与进水流道（肘形、钟形、簸箕形等）衔接时，进水流道及进水池的设计可参见本章 6.7.1 和 6.6.2。

6.10.3.3 适用于水位变幅大的两种潜水泵站

1. 浮坞式潜水泵站

浮坞式潜水泵站是将潜水泵与浮坞技术相结合而形成的一种新的泵站型式，其浮坞相当于浮船，如图 6.10-15 所示。

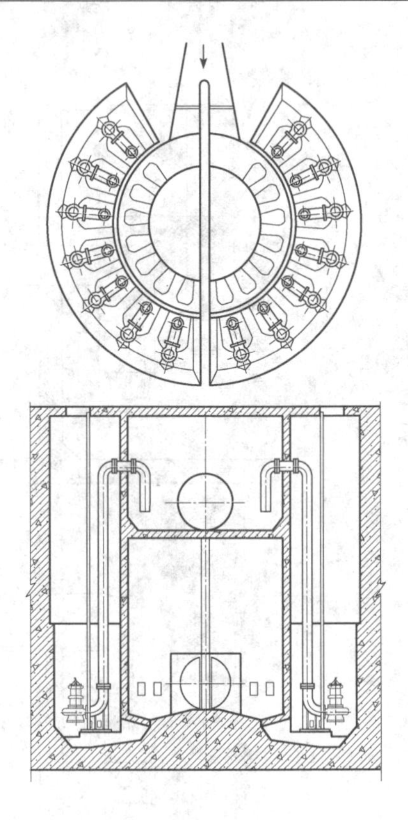

图 6.10-12 圆筒形泵室

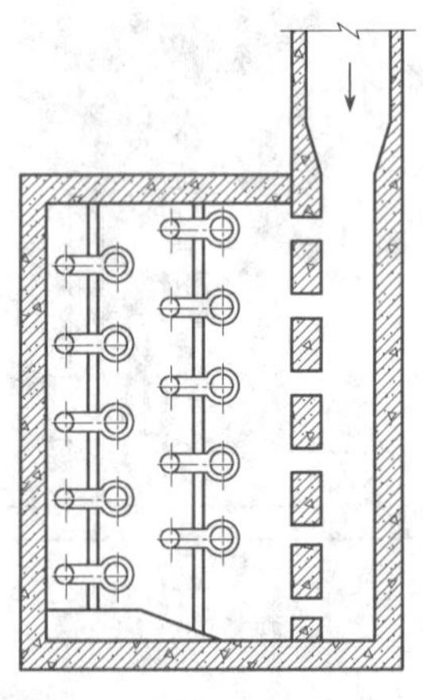

图 6.10-13 阶梯形泵室（侧向进水）

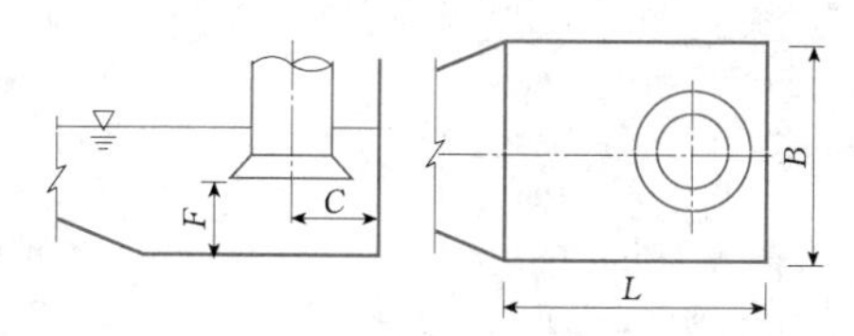

图 6.10-14 进水池与泵进水口尺寸

浮坞式潜水泵站主要用于水位变化大的河流取水工程中，被广泛应用于农田灌溉、工业供水、小范围的民用生活供水等领域，其具有以下特点：

（1）无泵房建设要求，安装方便快捷。

（2）适应水位变化需要，且保证取水口位置与水面保持恒定。

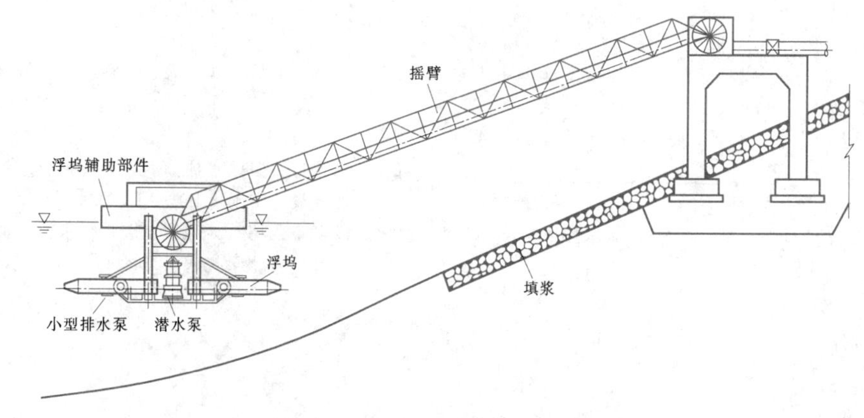

图 6.10-15 浮坞式潜水泵站示意图

（3）装置在水下运行平稳、安全、可靠。

2. 斜拉自耦式潜水泵站

斜拉自耦式潜水泵站的取水头部如图 6.10-16 所示，它取代了缆车式泵站的缆车部分，结构大为简化。

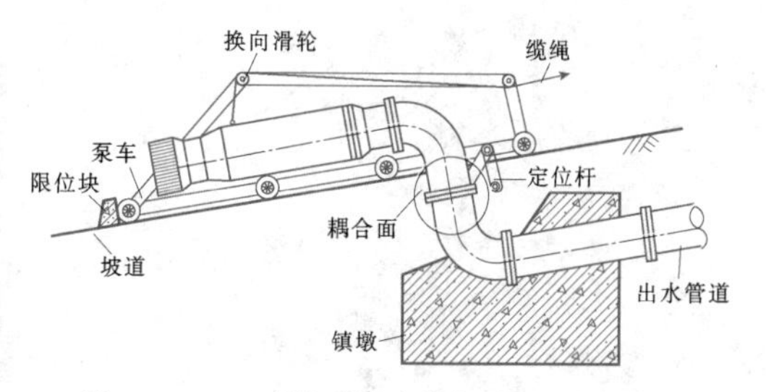

图 6.10-16 斜拉自耦式潜水泵站的取水头部

斜拉自耦式潜水泵站主要适合于水位变化较大，同时要求水泵频繁地上下移动取水的情况。可广泛应用于工矿企业供水、农业排灌、水库取水、建设临时取水泵站等领域。具有以下优点：

（1）无泵房建设要求。

（2）安装方便，快速耦合；但要求接口密封可靠。

（3）实现多接口耦合，以适应不同水位时的取水要求。

参 考 文 献

[1] GB 50265—2010 泵站设计规范［S］．北京：中国计划出版社，2011.

［2］ GB/T 50510—2009 泵站更新改造技术规范［S］．北京：中国计划出版社，2011.

［3］ 李亚峰，尹士君，蒋白懿．水泵及泵站设计计算［M］．北京：化学工业出版社，2007.

［4］ 刘宁，汪易森，张纲．南水北调工程水泵模型同台测试［M］．北京：中国水利水电出版社，2006.

［5］ 刘竹溪，刘景植．水泵及水泵站［M］．北京：中国水利水电出版社，2006.

［6］ 严登丰．泵站工程［M］．北京：中国水利水电出版社，2005.

［7］ 丘传忻．泵站［M］．北京：中国水利水电出版社，2004.

［8］ 把多铎，马太玲．水泵及水泵站［M］．北京：中国水利水电出版社，2004.

［9］ 宋祖诏，张思俊，詹美礼．取水工程［M］．北京：中国水利水电出版社，2002.

［10］ 牛富敏，许人，王兰涛，马跃生．移动式取水泵站工程［M］．郑州：黄河水利出版社，2001.

［11］ 严登丰．泵站过流设施与截流闭锁装置［M］．北京：中国水利水电出版社，2000.

［12］ 杨开林．电站与泵站中的水力瞬变及调节［M］．北京：中国水利水电出版社，1999.

［13］ 日本农业土木事业协会．泵站工程技术手册［M］．丘传忻，林中卉，黄建德，等，译．北京：中国农业出版社，1998.

［14］ 陆林广，张仁田．泵站进水流道优化水力设计［M］．北京：中国水利水电出版社，1997.

［15］ 关醒凡．现代泵站技术手册［M］．北京：宇航出版社，1995.

[16] 金锥，姜乃昌，汪兴华．停泵水锤及防护［M］．北京：中国建筑工业出版社，1993.

[17] 刘竹溪，刘光临．泵站水锤及防护［M］．北京：水利电力出版社，1988.

[18] 华东水利学院．抽水站［M］．上海：上海科学技术出版社，1986.

[19] 湖北省水利勘测设计院．大型电力排灌站［M］．北京：水利电力出版社，1984.

[20] E. B. 怀利，V. L. 斯特里特．瞬变流［M］．清华大学流体传动与控制教研组，译．北京：水利电力出版社，1983.

[21] 武汉水利电力大学．水泵及水泵站［M］．北京：水利水电出版社，1981.

[22] 陈坚，杨群，李娟，等．*DN*2000球面浮箱式拍门结构和水力特性研究［J］．灌溉排水学报，2008 (2)．

[23] 刘润根．潜水泵站特点及在排涝中的应用［J］．江苏水利科技，2000，26 (4)．

[24] 陈坚，李娟，周龙才，等．新型自由侧翻式拍门研究［J］．水利水电进展，2008 (1)．

[25] 索丽生．国外有压瞬变流研究进展［J］．河海科技进展，1991，11 (2)：9-15.

[26] 蒋劲．确定泵系统阀门最优关闭程序的VS法研究［J］．武汉水利电力大学学报，1994，27 (5)：481-486.

[27] 蒋劲，梁柱，刘光临．管路系统气液两相瞬变流的矢通量分裂法［J］．华中理工大学学报，1997，25 (3)：79-81.

[28] 熊水应．多处水柱分离与断流弥合水锤综合防护问题及设计实例（上）［J］．给水排水，2003 (7)．

[29] 郑源，刘德有．供水管道系统水力过渡过程研究计算［J］．水泵技术，2000 (5)：8-11.

第7章

村 镇 供 水 工 程

本章为《水工设计手册》(第2版)新增章节,总结了我国农村饮水解困工程和农村饮水安全工程的建设经验及实用的技术,共分9节。

7.1节主要介绍了村镇供水工程的分类及特点、规划原则、建设模式、区域供水工程规划要点。

7.2节主要介绍了集中式供水工程供水规模确定、供水水质和水压要求,以及设计依据等。

7.3节主要介绍了水源选择及卫生防护要求、各类取水构筑物的设计要点。

7.4节主要介绍了输配水管网的布置、水力计算、埋设,附属设施和调节构筑物的布设、有效容积计算、结构设计要点,不同类型泵站的设计流量、扬程和注意事项。

7.5节主要介绍了常规水处理工艺选择、各种常规水处理单元设计要点。

7.6节主要介绍了紫外线、臭氧、二氧化氯、氯消毒的设计要点。

7.7节主要介绍了微污染水、高氟水、苦咸水、高砷水、高铁锰水的实用处理技术及设计要点。

7.8节主要介绍了水厂厂址选择、厂区生产构筑物和附属设施的布置、水质化验室和自动化控制的设计要点。

7.9节主要介绍了雨水集蓄供水工程、引蓄灌溉水供水工程、引泉供水工程、分散式供水井的设计要点。

章主编　刘文朝

章主审　崔召女　刘学功

本章各节编写及审稿人员

节次	编　写　人	审　稿　人
7.1	刘文朝　刘学功　杨继富　刘昆鹏	崔召女 刘学功 鄂学礼 宋　实 张汉松 张玉欣
7.2	刘文朝　崔召女　张　岚　程先军	
7.3	刘文朝　邬晓梅　贾燕楠　李莲香	
7.4	刘文朝　刘学功　胡　孟　李晓琴	
7.5	崔召女　刘文朝　邬晓梅　贾燕楠	
7.6	张　岚　刘文朝　贾燕楠　李晓琴	
7.7	崔召女　刘文朝　邬晓梅　李莲香	
7.8	刘学功　刘文朝　张　岚　胡　孟	
7.9	刘文朝　程先军　丁昆仑　刘玲华	

第7章 村镇供水工程

水是生命之源，保障饮水安全是人类生存和发展的基本需要。饮水安全是指人能够及时、方便地获得足量、洁净、负担得起的生活饮用水，包括对供水水质、水量、保证率、用水方便程度和水价等方面的基本要求。

村镇供水工程（亦称农村供水工程或农村饮水安全工程）是指向县（市）城区以下的镇（乡）、村、农场、林场等居民区及其分散住户供水的工程，它以满足村镇居民、企事业单位的日常生活用水和生产用水需要为主（不包括农业灌溉用水），既是保障村镇居民饮水安全的重要基础设施，也是新农村和小城镇建设的重要内容。

与城市供水工程相比，村镇供水工程普遍存在用水区分散、供水规模小、专业化和企业化管理条件差，以及公益性能、用水户对水价的承受能力弱等特点，因此，加强村镇供水工程建设与管理是缩小城乡差别、全面建设小康社会的重要内容。

7.1 工程规划

7.1.1 工程型式及特点

村镇供水范围广，工程型式多样，一般分为集中式和分散式两大类。

7.1.1.1 集中式供水工程

1. 定义

集中式供水工程是指以一个或多个居民区为统一供水单元，从水源集中取水输送至水厂，经水厂净化和消毒达到《生活饮用水卫生标准》（GB 5749）后，通过配水管网输送到用水户或集中供水点的供水工程。

2. 组成

集中式供水工程主要由水源及取水构筑物、水源到水厂的输水管道、水厂及水处理和消毒设施、调节构筑物（包括清水池、高位水池和水塔等）、泵站（包括取水泵站、供水泵站和加压泵站等）和配水管网（包括水厂到各居民区的配水干管、居民区内的配水管网和入户管）等组成，如图7.1-1所示。

3. 分类及特点

（1）集中式供水工程按水源类型可分为：①地下水供水工程；②地表水供水工程。

不同类型的水源，其供水能力、水源水质及水处理工艺、卫生防护和防洪的难易程度均不同，集中式供水工程按水源水质及水处理工艺又可分为：①常规水处理供水工程（水源水质良好，水处理工艺以去除水中浑浊度和微生物为主）；②特殊水处理供水工程（水源部分化学成分超标，需要特殊处理）。

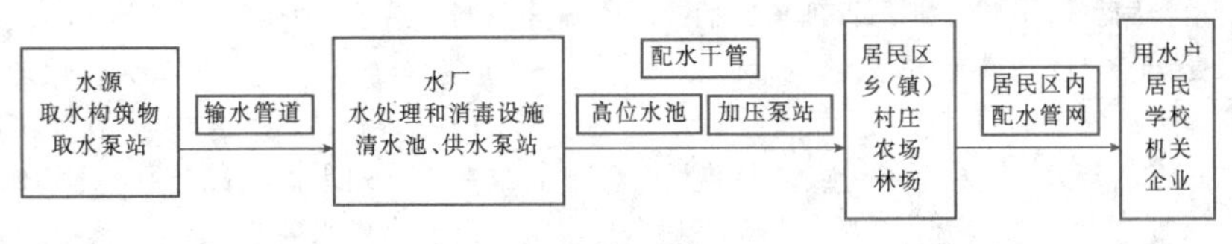

图7.1-1 集中式供水工程组成

1）地下水水质大部分较好，水处理工艺简单（多数仅需消毒即可直接饮用），卫生防护和防洪相对容易，是农村小型供水工程的首选水源。部分地下水受水文地质条件的影响化学成分超标，常见的如高铁锰水、高砷水、高硬度水、苦咸水、高氟水等，需采用特殊水处理工艺处理后才能饮用（详见本章7.7节，高铁锰水可采用较简单的氧化过滤工艺处理，高砷水可采用较简单的吸附工艺处理，高硬度水、苦咸水和高氟水的处理成本及管理难度相对较大），一般不宜作为饮用水水源，应尽可能从较大的区域内寻找优质替代水源。

2）地表水的矿化度及硬度较地下水低，烧开时结垢较少，但地表水的浑浊度和微生物普遍超标（需采用过滤和消毒等常规水处理工艺进行处理，详见本章7.5节），且易受污染影响，卫生防护难度较大，防洪任务也较重，一般不宜作为小型供水工程的水源

(山丘区污染少且水质良好的山溪水和水库水除外)。地表水的径流量一般较大，季节性变化也较大，枯水季节水量充沛且水质较好的地表水（如水库水，供水保证率较高，浑浊度较低）是规模化供水工程的首选水源。

3）由于水资源的过度开发利用和干旱加剧，部分地区的地下水位下降严重，河流和水库的水量不足，导致部分饮用水水源的供水保证率降低。特别是农药化肥的大量使用、生活垃圾的随意堆放和生活污废水的随意排放、水上养殖及企业废水的不达标排放等，造成地表水和浅层地下水污染不断加剧，氨氮、硝酸盐、藻类、有机物、重金属等水污染超标问题不断出现，加大了饮用水的净化难度、成本和水质风险，故一般不宜将受污染的地表水和地下水作为饮用水水源。因此，加强饮用水水源的优化配置与保护是保障饮水安全的基础。

(2) 集中式供水工程按供水范围可分为：①单村供水工程（仅向一个村庄供水的工程）；②联村供水工程（向两个及以上村庄供水的工程）；③村镇一体化供水工程（向一个乡镇或多个乡镇及其周边若干村庄同时供水的工程，亦称乡镇供水工程）；④城乡一体化供水工程（向城市或县城及其周边乡镇和村庄同时供水的工程）。

1）单村供水工程与联村供水工程属村级供水工程，多数为就近选择水源，供水规模普遍较小，一般只能配备1～2个村民进行管理（多为兼职），专业化、规范化管理难度较大，因此，这些工程在规划设计时应尽可能选择优质水源和管理简便的净化消毒设施。单村供水工程虽然不是农村供水的发展方向，但在地下水较丰富的地区已很普及，在该地区规划建设区域供水工程时，可将其合理封存作为应急备用工程。此外，以地下水为水源的单村供水工程，型式简单，投资少，建设快捷，是解决应急供水问题的首选工程型式。

2）村镇一体化供水工程和城乡一体化供水工程属区域供水工程，供水规模相对较大，便于区域水资源优化配置，有利于专业化管理、企业化经营，是村镇供水的发展方向。但区域供水工程比村级供水工程的单方水建设成本和运行电耗均有所增加，对供水保证率和水质风险管理的要求也相应提高，因此，应根据水源条件、地形条件、居民区分布等，通过技术经济比较合理确定区域供水工程的供水范围。

(3) 集中式供水工程按供水规模可分为：①规模化供水工程（日供水量大于1000m^3或供水人口超过1万）；②小型集中供水工程（日供水量小于1000m^3或供水人口少于1万）（见表7.1-1）。

表7.1-1 集中式供水工程按供水规模分类

工程类型	规模化供水工程（又称“千吨万人”供水工程）			小型集中供水工程	
	Ⅰ型	Ⅱ型	Ⅲ型	Ⅳ型	Ⅴ型
供水规模 W (m^3/d)	$W \geqslant 10000$	$10000 > W \geqslant 5000$	$5000 > W \geqslant 1000$	$1000 > W \geqslant 200$	$W < 200$

1）规模化供水工程，多数为城乡一体化或村镇一体化供水工程，是村镇供水的发展方向，其供水水质与城市供水要求相同。由于其专业化管理条件的改善，对水源和水处理工艺的选择范围增大，有利于水资源的优化配置和水处理工艺的完善。

2）小型集中供水工程，多数为单村或联村供水工程，受水源、水处理和管理等条件限制时，其14项水质指标可适当放宽（由于放宽指标的饮用水虽然基本安全但品质不够好，因此，新建小型集中供水工程时尽可能不采用放宽指标）。

(4) 集中式供水工程按供水时间可分为：①定时供水工程（每天供水时间少于6～8h）；②基本全日供水工程（每天供水时间超过14h）；③全日供水工程（24h不间断供水）。

1）定时供水工程多为村级提水供水工程，为了节电仅在早晨、中午和傍晚用水高峰时供水，不仅农户需要用缸或桶储存水，用水不大方便，而且存在停水瞬间倒流、负压破坏管道、倒吸污染水质等问题，需要不断完善。

2）基本全日供水工程多为采用变频调速恒压供水技术的村级供水工程，从早晨到傍晚能够连续供水，仅在夜间用水低峰甚至根本不用水时才停水，基本能满足群众用水需要。

3）全日供水工程多为规模化供水工程、有高位水池或水塔的供水工程或经济条件较好的村级供水工程，用水方便，是农村供水的发展方向。

(5) 集中式供水工程按供水水质可分为：①按《生活饮用水卫生标准》(GB 5749) 供水；②居民生活用水分质供水（居民生活饮用水和生活杂用水由不同的供水系统提供）；③企业用水分质供水（企业内部的生活用水和生产用水由不同的供水系统提供）。

1）多数情况下，居民区由一个供水系统按《生活饮用水卫生标准》(GB 5749) 供水。

2) 在难于找到优质水源的高氟水、苦咸水等地区，由于水源水质差、水处理难度大、成本高，居民生活用水可实行分质供水，利用反渗透等脱盐技术建纯净水供水站保障生活饮用水安全，洗涤、饲养牲畜等生活杂用水仍然利用未经特殊处理的水。

3) 当企业生产用水量较大、水质要求较低时，企业用水可实行分质供水，职工生活用水由村镇供水系统供水，生产用水采用自备供水系统供水。

7.1.1.2 分散式供水工程

1. 定义

分散式供水工程是指以一户或几户为独立供水单元，由用水户自管自用的小型供水设施。2012 年的全国水利普查办法规定：供水人口少于 20 人的供水设施为分散式供水工程。

2. 组成

分散式供水工程由水源及小型集蓄水设施（包括井、泉室、水池、水窖等）、提水设备（包括手动泵、潜水泵等）、供水管、储水缸（或桶）和家用净水器（包括慢滤、超滤、反渗透、活性炭、紫外线等设备）等组成，如图 7.1-2 所示。

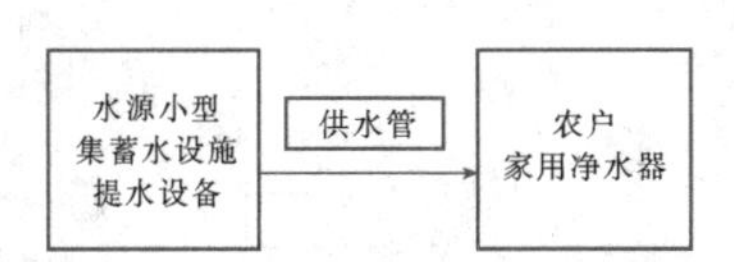

图 7.1-2 分散式供水工程组成

3. 分类及特点

(1) 分散式供水工程按水源类型可分为：①分散式供水井，包括一家一户的手压井、筒井和联户使用的大口井等，以开采浅层地下水为主；②引泉供水工程，是指将水质较好的山泉水引入农户的供水方式；③雨水集蓄供水工程，是指淡水资源缺乏的村庄及农户，通过修建集雨场、水窖或蓄水池等收集雨水满足生活用水需要的供水方式；④引蓄灌溉水供水工程，是指水资源缺乏但有水质相对较好的灌溉客水的村庄及农户，通过修建公共蓄水池、家庭水窖等引蓄灌溉水满足生活用水需要的供水方式。

(2) 分散式供水的不足：①水源规模小，易受干旱影响，造成水量不足；②部分浅层地下水高氟、苦咸，很多浅层地下水已受到污染，多数集雨窖水和灌溉水不宜直接饮用，均需配备家用净水设施才能保障饮水安全；③不如自来水方便，需用水户精心管理，且水源保护和净水设施的规范化管理难度较大。因此，分散式供水不是农村供水的发展方向。

(3) 一些村庄及农户受居住条件、水源条件、经济条件和用水习惯等制约，在一定时期内仍需采用分散式供水，特别是山丘区居住分散的农户和淡水资源缺乏的偏僻村庄，只能采取分散式供水（或通过移民搬迁解决）。即使自来水已经到户，仍有部分群众为减少水费支出利用分散式供水设施提供生活杂用水（如浅层地下水较丰富的地区采用手压井提供生活杂用水，缺水地区利用集雨水窖储水等），这种集中与分散相结合的用水方式，一方面起到了合理利用水资源的作用，同时也可为集中供水突发事故时提供应急供水保障。

7.1.2 工程规划基本原则

(1) 充分利用已有水源工程和供水设施（包括利用已建成的水库、灌区的引水与输水设施以及南水北调等区域调水工程作为村镇供水水源，加强对城乡已有供水设施的整合，利用城市、县城和乡镇的已有水厂进行管网延伸供水，扩建条件较好的已有水厂，利用已有管网进行规模化并网供水等），避免不必要的重复建设，但要对已有设施的可靠性和可行性进行充分论证，并做好协调工作。

(2) 工程型式的选择，要从长远考虑，并符合村镇供水的发展方向。优先利用已有可靠水厂进行管网延伸供水，能建集中式供水工程时不建分散式供水工程，能建规模化供水工程时不建小型集中供水工程，并尽可能做到自来水到户，全日供水。近期亟待解决的饮水安全问题，受水源、资金和时间等限制时，可应急建设小型集中供水工程或分散式供水工程。

(3) 水源的选择和供水范围的确定，不应受村、镇（乡）甚至县（市、区）的行政区划限制，应按照《中华人民共和国水法》第二十一条“开发、利用水资源，应当首先满足城乡居民生活用水”的要求，从区域的角度优化配置水资源，做好水源论证，尽可能选择优质可靠水源及备用水源，并加强对规划水源地的保护与监测（包括暂时不用的水源地）；应根据区域水资源条件、地形条件和居民点分布等，通过技术经济比较合理确定供水范围，尽可能规模化联片供水。

(4) 村镇供水工程规划应与当地村镇总体规划、新农村和小城镇建设规划，以及人口、居民区、企业、建设用地、防洪和水资源等相关规划相协调。特别是规划规模化供水工程时，水源的选择、供水规模的确定、水厂厂址的选择、主管网的布置，均要统筹考虑村镇发展的需要以及相关规划的要求。

(5) 建设规模化供水工程时，可近期远期结合，分期实施，近期设计应满足 5～10 年的用水需求，远期设计应满足 10～20 年的用水发展需求。小型集中供水工程的规划设计，以近期为主，满足5～10年的用水需求。

(6) 工程布置，要充分考虑电力、交通、地形、地质和环境等条件，便于施工和运行维护，尽可能降低单方水建设成本和运行电耗，保护环境和耕地，避免干旱、洪涝、冰冻、地震、泥石流、滑坡、湿陷性黄土等自然灾害以及污染带来的危害或有抵御措施。

(7) 积极采用适合当地条件且成熟实用的新技术、新工艺、新材料和新设备，因地制宜地选择工程技术方案，在保证工程安全和供水质量的前提下，力求技术先进、经济合理、运行管理简便。

(8) 符合国家有关生活饮用水卫生安全的要求，包括出厂水和管网末梢水的水质应符合《生活饮用水卫生标准》(GB 5749) 的要求，水厂应有必要的净水设施和消毒措施，凡与生活饮用水接触的材料、设备和化学处理剂均不应污染水质，集中供水系统不应与非生活饮用水管网和自备供水系统相连接，供水单位应建立水质检验制度并有水源卫生防护措施等。

7.1.3 工程规划建设模式

7.1.3.1 延伸已有可靠水厂的供水管网

1. 规划要点

(1) 当城市、县城或乡镇的可靠水厂有富余供水能力或通过扩建能向周边村镇供水时，应在调查、论证和技术经济比较的基础上，充分利用这些已建的可靠水厂向周边村镇延伸供水，扩大已有工程的规模效益，实现城乡一体化供水或村镇一体化供水，这是村镇供水工程规划的首选模式。

(2) 一般从距离规划用水村镇较近的供水干管上接管，当规划用水区距水厂较近时，也可从水厂直接接管。当输水距离较长或规划用水区较高时，应根据需要设加压泵站和补加消毒剂设施。如图7.1-3所示。

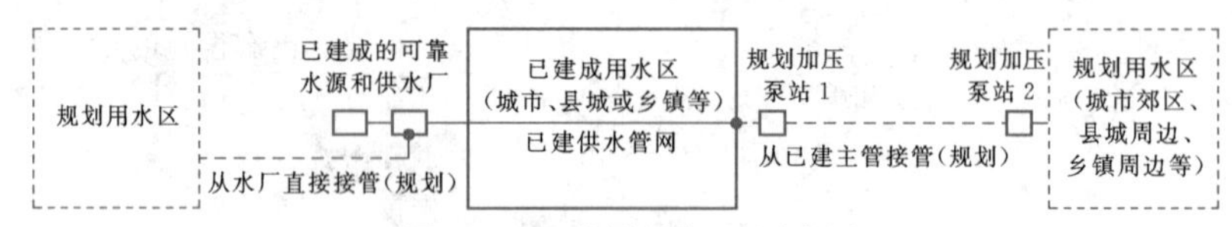

图7.1-3 管网延伸工程示意图

2. 注意事项

(1) 对规划用水区进行需水量调查和计算，对已有供水工程的水源水量、水厂净化能力和供水能力、实际用水量等进行调查，据此确定已有工程的水源、水厂是否有富余供水能力，是否需要扩建且有无扩建条件。

(2) 对规划接管点的压力和消毒剂余量进行实测，根据延伸距离、地形高差等论证是否需要设加压泵站，是否需要设补加消毒剂设施。

(3) 对已有工程的供水成本及水价进行调查，测算延伸工程的供水成本及水价，根据用水区的承受能力，论证延伸工程的经济可行性。特别应充分考虑国家对农村供水实施的电价、税收等优惠政策，城乡一体化供水时农民的生活用水水价应低于城镇居民。

7.1.3.2 建规模化供水工程

1. 规划要点

(1) 在水污染严重地区、高氟和苦咸等劣质地下水地区、干旱缺水地区，应从区域的角度选择优质可靠水源，规划建设规模化供水工程，实现村镇一体化或城乡一体化供水(见图7.1-4)，这是解决该类地区饮水问题最有效的方案。

即使在水源条件较好的地区，为提高供水质量和供水保证率、实现专业化管理和企业化经营，也应尽可能建规模化供水工程。

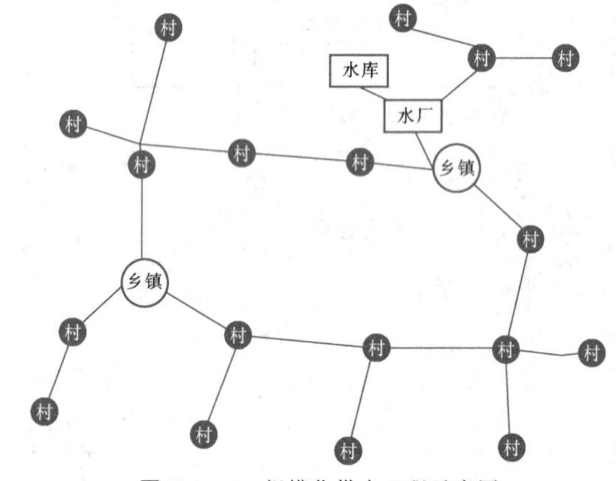

图7.1-4 规模化供水工程示意图

在即使已有小型集中供水工程的区域，为解决其不能规范化管理的问题，有条件时也应规划建设规模化供水工程，并将原有工程作为应急备用工程考虑，以进一步提升该地区的供水保证率和饮水安全保障水平。

(2) 设计供水规模一般要大于1000m³/d或服务人口超过1万；尽可能选用优质可靠水源，水源保证率大于95%，并划定水源保护区和考虑备用水源；水厂应有完善的净化、消毒措施和满足日常检测需要的化验室等，确保供水水质符合《生活饮用水卫生标准》（GB 5749）要求（与城市供水水质要求相同）。

（3）当规划供水范围较大、管线较长时，应按降低单方水建设成本和运行电耗、便于运行管理等原则，通过技术经济比较合理确定供水范围、水源、水厂、加压泵站和高位水池的位置及高程、配水干管直径，必要时尚应考虑补加消毒剂措施。

2. 注意事项

（1）规划时，应加强区域水资源调查，筛选本地区水量充沛、水质优良、便于卫生防护的水源进行供水工程规划；区域内缺乏优质可靠水源时，应分析跨区域调水的可行性。

（2）各乡镇辖区内均有优质可靠水源时，可按乡镇建设便于管理的村镇一体化供水工程。部分乡镇难于找到优质可靠水源时，应规划跨乡镇供水工程。只能跨县调水时，应规划城乡一体化供水工程。

（3）有条件与已有规模化供水工程并网供水时，宜考虑并网供水方案，互为备用，以进一步提高区域供水的保证率。

（4）平原地区，以地下水为水源的水厂，无水量充沛的集中水源地可利用时，可考虑多个小水厂联网供水，水源井互为备用。

（5）山丘区，应充分利用地形，建高位水池，规划“长藤结瓜式”的自流供水工程，有利于节电和全日供水。

（6）有条件时，以乡镇所在地和中心村等主要用水区为基点，将联片供水工程的配水干管布置成环状管网，提高主要用水区的供水保证率。

（7）当规划供水范围内地形高差较大或个别用水区较远时应分压供水，对远离水厂或位置较高的用水区应论证设置加压泵站供水的必要性，山丘区相对位置较低的用水区应论证设置减压设施的必要性。

7.1.3.3 建小型集中供水工程

1. 规划要点

（1）居住偏僻的村庄，能在本地找到可靠水源时，可建小型供水工程。

（2）受水源水量限制或地形条件限制时，可建小型供水工程。

（3）周边村庄无饮水问题，仅本村有问题亟待解决时，可考虑新建单村供水工程或延伸邻村供水管网联村供水。

2. 注意事项

（1）应尽可能选择优质水源，避免管理复杂的水处理工艺。

（2）水源应布置在居民区外便于卫生防护的位置。

（3）加强消毒设施的配套。

（4）有条件时，应尽可能联村供水。

（5）有条件时，应建高位水池、水塔或采用变频调速恒压供水技术等，确保全日供水。

7.1.3.4 建分质供水工程

1. 规划要点

高氟水、苦咸水等劣质地下水地区，不仅本地区无法找到优质水源，且近期无法跨区域调水时，可采用反渗透等脱盐技术建纯净水厂，提供安全的饮用水，洗涤、饲养牲畜等生活杂用水可仍然利用未经处理的劣质水。

2. 注意事项

（1）规划纯净水厂时，为便于经营管理，可多村一厂，桶装水到村到户或直饮水管道到村集中供水点。

（2）由于脱盐工艺浓缩废水比例高且废水处理难度大，为避免造成水源及环境污染，纯净水厂的浓缩废水应有良好的排水出路，且水厂设计规模不宜过大。

7.1.3.5 建分散式供水工程

1. 规划要点

山丘区居住分散的农户和难于找到可靠水源的村庄，确实不能建集中供水工程时，可按照本章7.9节的要求建分散式供水工程。

2. 注意事项

（1）居住分散的农户，应优先采用水质较好的山泉水或井水等，严禁选用劣质地下水。

（2）难于找到可靠水源的偏僻村庄或农户，近期可建雨水集蓄供水工程或引蓄灌溉水供水工程，并有相应的净化措施（可配备家用净水设施分质供水）。远期有条件时，可调水到该村或通过移民搬迁解决。

（3）尽可能提高水源保证率，如采取增加蓄水能力等措施。

7.1.4 区域供水工程总体规划

区域供水工程总体规划，是指为保障区域内的居民饮水安全和企业生产用水、满足发展需要，根据区域水资源条件、地形条件、居民区分布、供水现状、用水户需求等，对一个或多个乡镇、全县甚至跨县进行的供水工程总体布局规划。

7.1.4.1 基本要求

（1）发展村镇供水，应制定区域供水工程总体规划，做好区域水资源、已有供水设施、生活用水和企业用水等统筹，以提高区域供水质量和保证率、保障饮水安全和工程良性运行、满足区域经济社会发展需要为目标，为小康社会、城镇化和新农村建设创造条件。

(2) 区域供水工程总体规划，分乡镇级、县级、地市级等规划，其中县级规划尤为重要，乡镇级规划和其他小区域的规划应服从县级规划，多个县需要统筹解决水源问题时应编制地市级规划。县级和地市级规划都应统筹城乡供水。

(3) 区域供水工程总体规划，应以“合理利用区域水资源、使区域供水工程布局合理和尽可能规模化供水”为原则，重点解决部分村镇缺乏优质可靠水源、小型集中供水工程管理难度大、分散式供水工程安全可靠性低等问题。

(4) 区域供水工程总体规划，应根据规划区域内各居民区的供水现状、用水需求和发展需要、区域水资源条件、居民区分布和自然条件等进行编制。

(5) 区域供水工程总体规划，应包括规划区域的自然、社会、经济及发展概况，供水现状分析与评价，规划指导思想和原则，规划水平年，用水量预测和水资源平衡分析，水源和供水工程总体布局规划，投资估算、供水成本及水价预测，保障供水工程良性运营的管理措施，以及建设和管理的近期远期目标和分期实施计划等。

(6) 区域供水工程总体规划，应由有咨询资质和经验的单位完成，通过技术评审后，报当地政府审批，成为村镇供水发展的重要指导文件，这是村镇供水工程设计和财政投资的重要依据。

7.1.4.2　注意事项

1. 自然、社会、经济及发展概况

自然、社会、经济及发展概况应包括规划区域的气候和水资源条件、地形地貌及地质条件、居民区分布及人口、国民经济及产业概况、发展规划等基本资料，这些资料应紧紧围绕水源选择、工程布置、供水范围和规模确定等进行搜集。除进行总体描述外，尚应与工程布局相对应进行分区描述。

(1) 水资源条件，包括水库、湖泊、河流等地表水资源量、开发利用情况及水质，泉水、岩溶水、浅层地下水、深层地下水等地下水资源量、开发利用情况及水质，干旱的影响、人为水污染及保护情况，城乡供水水源现状及进一步开发利用的可能性。

(2) 现状人口，包括镇（乡）、村庄、农场、林场等不同居民区的户籍人口和常住人口。

(3) 发展规划，包括城镇化发展及人口、乡村发展及人口、企业发展及规模等。

2. 供水现状分析与评价

编制区域村镇供水工程总体规划时，应对规划区域内的供水现状进行调查，根据水质、水量、用水方便程度、供水可靠性、供水设施老化失修状况等，提出亟待解决和潜在的问题。

(1) 摸清规划区域内尚属于分散供水的村庄、人口及供水设施、饮水状况。

(2) 摸清规划区域内所有的村镇集中式供水工程和企业自备供水工程情况，包括建成时间、管理主体、水源及水质与水量、供水范围、供水能力与实际供水量、水处理工艺及供水水质、跨村镇供水工程的主管网等情况。

(3) 摸清规划区域可利用的城市供水和县城供水现状。

3. 现状基准年与规划水平年

(1) 现状基准年，即规划编制的参照年，规划中各项数据的增加或减少均以该年为基准。现状基准年一般为规划期起始年的前一年。

(2) 规划水平年，即规划目标年，分近期和远期，近期可采用5～10年的用水需求，远期可采用10～20年的用水发展需求。选择的近期、远期规划水平年，应与当地政府和国家相关规划及目标相协调。

4. 用水量预测和水资源平衡分析

(1) 用水量预测，可参照本章7.2.1的有关要求确定用水定额和用水量，但应充分考虑供水现状调查掌握的现状用水量水平。

用水量预测，应根据不同规划水平年的人口规划、企业规划，本着节约用水的原则，重点对规划区域内各乡镇及村庄的生活用水量、企业生产用水量进行预测。当预测用水量远远超过现状用水量水平时，应进一步校核与分析。

(2) 水资源平衡分析，应根据村镇用水量预测、农业用水量、水资源可开发利用量及水资源规划等，从总的水资源平衡和可作为供水水源的水资源量的角度分别进行。供需矛盾突出时，应分析跨区域调水的可行性和限制生产用水及发展的可能性。

5. 水源和供水工程总体布局规划

(1) 明确已建成的集中供水工程中，哪些将逐步淘汰，哪些能持续利用，哪些需要扩建、进一步扩大供水范围；同时明确近期只能分散供水的村庄及农户。对将淘汰的水质良好的小型供水工程按应急备用工程合理封存。

(2) 明确规划区域内可作为供水水源的水资源量及水质，以及规划区域外可纳入规划的外调水资源量及水质；明确不同类型水源的保护措施，提出哪些水源应停止其他开发利用并尽快开展污染治理。

(3) 逐一明确拟新建、改扩建和保留的集中供水工程的水源及水质、供水范围、供水规模、水厂厂址、净水工艺等，规模化联片供水工程，还应明确其主管线和加压泵站等。

(4) 对能够并网供水的规模化供水工程做出并网规划，以进一步提高区域供水保证率。

6. 运行管理

(1) 规划应明确不同类型、不同规模供水工程的管理主体及运营管理形式。

(2) 县级规划尚应明确全县村镇供水管理体制与机制，以及水源保护、水质检测与监测、水价与水费征收、应急供水等制度与措施。

7.1.4.3 典型实例

1. 河北省沧州市东部12个区县供水工程总体规划（地市级规划）

沧州的东部地区，浅层地下水匮乏，深层地下水高氟（含氟量多在2.0～4.5mg/L之间）且超采严重。河北省水利厅和沧州市水务局自20世纪70年代就一直不断地尝试各种除氟技术，但都没能从根本上解决沧州地区的高氟水问题。2010年，沧州市水务局委托河北省水利水电勘察设计研究院编制了《沧州东部地区利用地表水解决村镇饮水安全总体规划》，该规划已获沧州市政府批准。工程总体规划布置如图7.1-5所示。

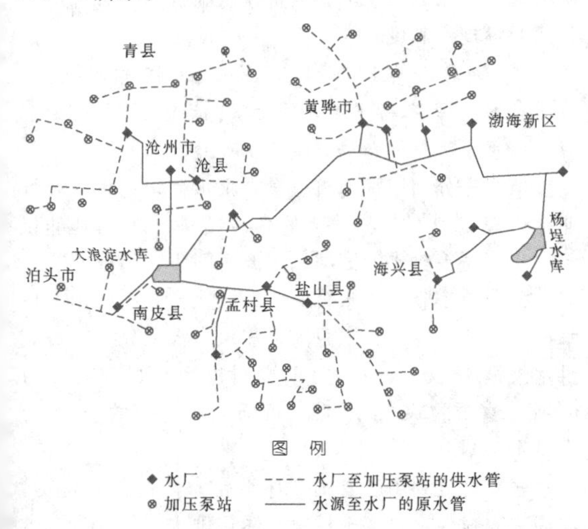

图 7.1-5 河北省沧州市东部12个区县供水工程总体规划图

(1) 规划范围。规划范围包括沧州市区（运河区、新华区、开发区）、沧县、青县（子牙新河以南）、南皮县、孟村县、盐山县、海兴县、黄骅市、泊头市（运河以东）、渤海新区12个区县，辖78乡（镇）、2212个行政村。

(2) 水源规划。通过调水解决该地区的水质型缺水问题，近期以引黄河水为主，远期利用南水北调水，利用已建成的大浪淀水库（库容1.0亿m^3）、杨埕水库（库容6568万m^3）对外调地表水进行调蓄。

(3) 规划分区。根据地理位置和水源条件，按照充分利用现有规模化水厂等原则，将规划区域分为4个区，包括引大浪淀水库水入沧州市区（县）（运河区、新华区、开发区、沧县、青县）、引大浪淀水库水入南部4县区（市）（南皮县、孟村县、盐山县、泊头市）、引大浪淀水库水入黄骅市区（黄骅市、渤海新区）、杨埕水库供水区（海兴县、渤海新区）。

(4) 水厂规划。充分利用规划区域内已建成的12座地表水厂，根据其布局、规模、用水量需求、引水条件，新建3座地表水厂（总规模为25万m^3/d），共计15座地表水厂。

(5) 加压泵站规划。充分利用规划区域内已建成的32座配水厂（扩建其中的2座）加压泵站，新建37座加压泵站，共计69座加压泵站。

《沧州东部地区利用地表水解决村镇饮水安全总体规划》为沧州市东部12个区县提出了“2座调节水库、4个供水区、15座地表水厂、69座加压泵站，城乡一体化”的供水布局。

2. 山东省德州市庆云县城乡一体化供水规划

山东省的德州市、滨州市等黄泛区的地下水高氟、苦咸问题严重，由于黄河水的净化相对较容易，且该地区已有引黄灌溉渠道等便于引黄河水条件，该地区已成功探索出了“引黄河水、建平原水库、建地表水厂、城乡一体化供水或村镇一体化供水”这样一个解决饮水问题的模式。

如庆云县，总人口29.7万，临渤海，地势低洼，浅层地下水苦咸（矿化度3g/L），深层地下水高氟（氟化物含量3mg/L），其解决高氟水、苦咸水的模式如下：

(1) 在引黄渠道附近建一座设计库容为1525万m^3的平原水库，用泵站将黄河水从渠道提升到水库内进行调蓄，作为城乡供水的水源地。

(2) 在水库附近建一座日处理能力3.0万m^3/d的水厂，对黄河水进行净化处理，为全县城乡居民提供达标的生活饮用水。

(3) 从水厂向全县各乡镇、村庄铺设配水管网，设加压泵站2座：一座利用原有的县城供水厂改建，向城区加压供水；另一座为新建，向离水厂较远的南部地区加压供水。

(4) 全县的供水工程由县供水公司统一管理。每个乡镇组建一个供水协会，下设水管员，负责本乡镇内工程的管理。

庆云县是全国农村饮水安全工程示范县，截至2010年全县已实现了“1座调蓄水库、1座地表水厂、2座加压泵站，城乡供水一体化，专业化管理、企业化经营”的供水布局，如图7.1-6所示。

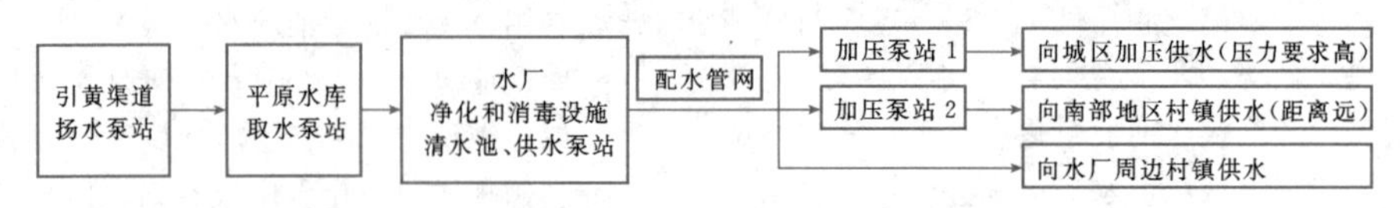

图7.1-6 山东省德州市庆云县城乡一体化供水规划示意图

3. 甘肃省平凉市庄浪县村镇一体化供水规划

庄浪县地处六盘山西麓，梁峁纵横、山大沟深，水资源缺乏、分布严重不均且十年九旱，群众“吃水难”的问题一直制约着全县社会经济的发展。全县共辖18个乡（镇）、432个村，总人口43万。庄浪县是全国农村饮水安全工程示范县，其特点如下：

(1) 规划方面。制定了较完善的《庄浪县村镇人饮工程建设总体规划》，提出了“十大人饮工程”的总体布局。总体思路是充分利用东高西低的地形特点和东部关山林区水资源丰富的优势，跨乡镇统一规划饮用水水源，有水源的乡镇就近解决、无水源异地调水，尽可能建适度规模供水工程，建高位水池，自流供水。“十大人饮工程”基本覆盖所有的乡镇及村庄，均为跨乡镇供水工程，其中，4处为电提供水工程，6处为自流供水工程，见表7.1-2和图7.1-7。

表7.1-2 庄浪县村镇供水工程总体规划

工程名称	规划供水人数（万人）	规划水源及供水形式
南部人饮	2.6	浅层地下水，电提供水
中部人饮	2.58	基岩裂隙泉水，自流供水
北部人饮	2.67	浅层地下水，电提供水
洛水北调	8.32	基岩裂隙泉水，自流供水
梁河北调	4.62	基岩裂隙泉水，自流供水
阳川人饮	4.3	浅层地下水，电提供水
店峡南调	3.93	基岩裂隙泉水，自流供水
章麻河调水	4.0	基岩裂隙泉水，自流供水
庄浪河川人饮	3.21	红崖湾水库，电提供水
水洛河川人饮	4.36	竹林寺水库，自流供水

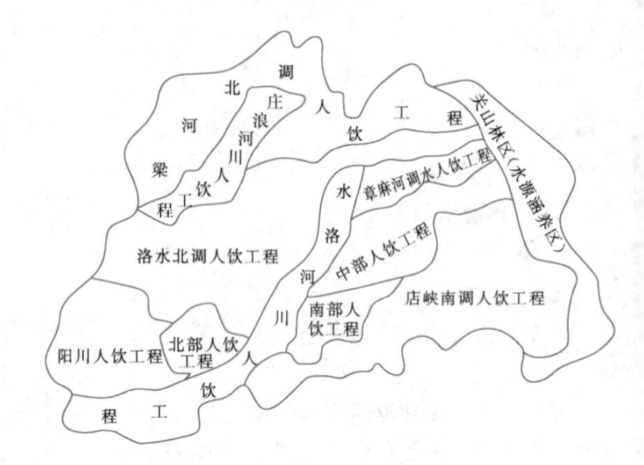

图7.1-7 甘肃省平凉市庄浪县村镇一体化供水规划图

(2) 管理方面。成立了全县人饮工程管理总站，建立了17个人饮管理所；建成了全县饮水安全工程自动化控制管理系统，对主要供水设施进行自动化控制和视频监控；制定了《庄浪县人畜饮水工程管理使用暂行办法》、《庄浪县人畜饮水工程水源保护与污染防治暂行办法》、《庄浪县人畜饮水工程突发事件应急预案》等规章制度。

4. 湖北省鄂州市鄂城区供水工程总体规划

鄂城区紧邻鄂州市，辖14个乡镇，总人口61万，供水工程总体布局如图7.1-8所示。

(1) 充分利用鄂州市玉泉自来水公司的供水及专业化管理能力，向鄂城区的各乡镇进行管网延伸供水，实现城乡供水“同网、同源、同质、同标准”。

鄂州市玉泉自来水公司，有凤凰台和雨台山2座水厂，已并网供水，水源为长江水，水量充足，设计供水规模18万m^3/d，目前鄂州市用水量只有8万m^3/d，富余的10万m^3/d，可向周边村镇的50多万人供水。

(2) 充分利用已有的2座乡镇水厂的供水能力，向周边农村供水，实现村镇一体化供水。

1) 燕矶镇水厂，水源为长江水，设计供水规模5000m^3/d，目前已有1.2万人通水，实际用水量1300m^3/d，燕矶镇范围内地势平坦，人口密集，通过该水厂管网延伸还可向7个行政村的1.84万人供水。

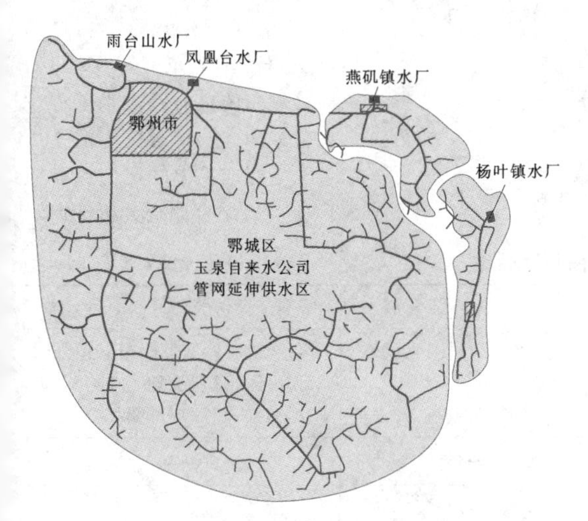

图 7.1-8 湖北省鄂州市鄂城区供水工程总体规划图

2）杨叶镇水厂，水源为长江水，设计供水规模 $5000m^3/d$，目前已有1.0万人通水，实际用水量 $1100m^3/d$，杨叶镇范围内地势平坦，人口密集，村落基本沿公路分布，通过该水厂管网延伸还可向6个行政村的1.96万人供水。

（3）鄂城区尚有丘陵区的10个行政村的部分村民小组（0.92万人），由于居住分散、地形复杂，难于通过管网延伸供水，需打井建55处小型供水工程。

7.2 集中式供水工程设计基本要求

7.2.1 设计供水规模及用水量确定

设计供水规模（亦称设计供水量），是指供水工程最高日输出水量，由设计供水范围内各用水区的居民生活用水量、公共建筑用水量、饲养畜禽用水量、企业用水量、浇洒道路和绿地用水量、管网漏失水量和未预见水量、消防用水量等组成，但不含水厂自用水量。计算公式为

水源设计取水量＝设计供水规模＋水厂自用水量＋水源至水厂的输水管道漏失水量

7.2.1.1 基本要求

（1）有多个用水区的供水工程，应分别计算供水范围内各用水区的最高日用水量，据此推算总用水量及设计供水规模，这也是管网水力计算的基础。

（2）各用水区的用水量，应根据当地实际用水需求列项，如大部分用水区不需要计算消防用水量及浇洒道路和绿地用水量，无企业和学校的村庄不应考虑企业用水量和公共建筑用水量等。详见本章7.2.1.2。

（3）确定供水规模时，首先要确定水源和供水范围，当水源的设计取水量大于水源的供水能力时，应重新选择水源，或缩小供水范围，或减少供水范围内的企业生产用水量。

（4）确定供水规模和用水量时，应对供水范围内各用水区的现状用水量、用水条件、已有供水能力、用水户意愿、当地用水定额标准和类似工程的供水情况等进行调查，根据人口、移民搬迁、企业等相关发展规划，以及近年来的用水量变化和用水条件改善情况等，分析设计年限内用水量的发展变化，综合考虑水源条件、制水成本和供水方式等，合理确定用水户、用水项目及其定额，进行用水量预测计算。

对用水量发展变化进行预测时，小规模村庄宜以近期为主，乡镇所在地、中心村等发展潜力较大的用水区宜以远期为主。

（5）高氟水、苦咸水、高硝酸盐水等劣质水地区，拟建纯净水厂分质供水时，纯净水厂的设计供水规模可按5～7L/(人·d)的饮用水量确定，水源取水量可按日产淡水能力的200%计算。

7.2.1.2 各种用水量确定方法

1. 居民生活用水量（W_1）

居民生活用水量，是指常住居民的家庭用水量，包括饮用、烹饪、洗涤、冲厕、洗浴以及农户散养畜禽用水量及车辆、家庭小作坊等用水量。

居民生活用水量的计算依据是设计用水人口和最高日居民生活用水定额，可按式（7.2-1）和式（7.2-2）计算：

$$W_1 = Pq/1000 \tag{7.2-1}$$

$$P = P_0(1+r)^n + P_1 \tag{7.2-2}$$

上二式中 W_1——居民生活用水量，m^3/d；

P——设计用水人口数，人，即设计年限内的常住人口，包括无当地户籍的常住人口，可参照已批准的相关规划中的人口规划数确定，或按式（7.2-2）计算确定；

P_0——现状常住人口，人，不包括长期外出务工的户籍人口，可根据当年或前一年的统计资料或通过实际调查确定；

r——设计年限内人口自然增长率，%，可根据当地近年来的人口自然增长率确定；

n——工程设计年限，年，一般可按10～20年计算；

P_1——设计年限内人口机械增长总数，人，可根据人口规划以及近年来流动人口和户籍迁移人口的变化情况按平均增长法确定，负增长时取负值；

q——最高日居民生活用水定额，L/(人·d)，可根据现行的《村镇供水工程技术规范》（SL 310）或即将颁布的《村镇供水工程设计规范》和《农村居民生活饮用水量卫生标准》中的定额或参照表7.2-1，结合调查分析确定。

表7.2-1　最高日居民生活用水定额　单位：L/（人·d）

气候和地域分区	公共取水点，或水龙头入户、定时供水（适用于定时供水或集中供水点供水的村庄）	水龙头入户、基本全日供水	
		有洗涤池、少量卫生设施（适用于经济条件一般的村庄）	有洗涤池、卫生设施较齐全（适用于乡镇所在地、中心村和经济条件较好的村庄）
一区	20～40	40～60	60～100
二区	25～45	45～70	70～110
三区	30～50	50～80	80～120
四区	35～60	60～90	90～130
五区	40～70	70～100	100～140

注　1. 表中定时供水系指每天供水时间累计少于6～8h的供水方式，基本全日供水系指每天能连续供水14h以上的供水方式；卫生设施系指洗衣机、水冲厕所和沐浴装置等。

2. 一区包括新疆、西藏、青海、甘肃、宁夏，内蒙古西部，陕西和山西两省黄土高原丘陵沟壑区，四川西部；
二区包括黑龙江、吉林、辽宁，内蒙古东部，河北北部；
三区包括北京、天津、山东、河南，河北北部以外地区，陕西关中平原地区，山西黄土高原丘陵沟壑区以外地区，安徽和江苏两省北部；
四区包括重庆、贵州，云南南部以外地区，四川西部以外地区，广西西北部，湖北和湖南两省西部山区，陕西南部；
五区包括上海、浙江、福建、江西、广东、海南，安徽和江苏两省北部以外地区，广西西北部以外地区，湖北和湖南两省西部山区以外地区，云南南部。

3. 表中所列用水量包括了居民散养畜禽用水量、散用汽车和拖拉机用水量、家庭小作坊生产用水量。

（1）确定设计用水人口数时，乡镇政府所在地、中心村和企业较多的村庄，应考虑自然增长和机械增长，作为调查分析的重点；条件一般的村庄，应充分考虑农村人口向城市和小城镇的转移，常住人口呈负增长趋势时，设计用水人口不应超过现状户籍人口数，调查分析困难时可采用现状户籍人口。

（2）确定用水定额时，应对本地村镇居民的水源条件、供水方式、用水条件、用水习惯、生活水平、发展潜力等情况进行调查分析，并遵照以下原则：村庄比镇区低，有其他清洁水源且取用方便的村庄宜采用低值，发展潜力小的村庄宜采用低值，制水成本高的工程宜采用低值，生活水平较高的村镇宜采用高值。实际调查情况与表7.2-1有出入时，应根据当地实际情况适当增减。应特别注意，随着新农村建设步伐的加快，很多村庄开始建设4～6层的住宅楼，楼房居民应按“有洗涤池、卫生设施齐全”选用定额。

2. 公共建筑用水量（W_2）

公共建筑用水量，是指机关、学校、医院、宾馆、饭店、浴池、商业、幼儿园、养老院和文化体育场所等公共建筑和设施的用水，属家庭外的生活用水。

公共建筑用水量应根据公共建筑性质、类型、规模及用水定额确定，《建筑给水排水设计规范》（GB 50015）对各种公共建筑用水定额作出了详细的规定，但对条件一般及较差的村镇来说普遍偏高，应适当折减。

（1）村庄的公共建筑较少，多数可只考虑学校和幼儿园的用水，走读师生和幼儿园幼儿10～25L/(人·d)，寄宿师生30～40L/(人·d)。没有学校的村庄不考虑公共建筑用水量。

（2）乡镇政府所在地的公共建筑较多，且发展势头较强劲，应充分考虑其用水，可参照《建筑给水排水设计规范》（GB 50015）确定。缺乏资料时，公共建筑用水量可按居民生活用水量（W_1）的10%～25%估算（乡政府所在地可取10%～15%，建制镇可取15%～25%）。

3. 集体或专业户饲养畜禽用水量（W_3）

农户散养畜禽用水量已包括在居民生活用水量中，不再单独计算。集体或专业户饲养畜禽用水量，需单独进行计算，应根据畜禽种类、数量、饲养方式、用水现状、近期发展计划等确定。

（1）圈养畜禽时，饲养畜禽最高日用水定额可按表7.2-2选取。

表7.2-2 饲养畜禽最高日用水定额

单位：L/[头(只)·d]

畜禽类别	用水定额	畜禽类别	用水定额
马、骡、驴	40～50	育肥猪	30～40
育成牛	50～60	羊	5～10
奶牛	70～120	鸡	0.5～1.0
母猪	60～90	鸭	1.0～2.0

（2）放养畜禽时，应根据用水现状对按定额计算的用水量适当折减，可按圈养用水定额的30%～50%确定。

（3）有独立水源的饲养场，应根据饲养场意愿确定是否引入村镇供水，一般可不考虑该项。

4. 企业用水量（W_4）

家庭小作坊式企业用水量，已包括在居民生活用水量中，不再单独计算。有一定规模的企业用水量，需单独进行计算，应根据已有企业的类型、规模、生产工艺、生产条件、用水现状、近期发展计划，以及当地的企业发展规划和企业用水定额标准等确定。

企业用水量包括生产用水量和工作人员的生活用水量，生产用水定额应根据生产工艺、企业节约用水计划等确定；生活用水定额应根据车间温度、劳动条件、卫生要求等确定，无淋浴的可为20～30L/（人·班），有淋浴的可为40～50L/（人·班）。

对耗水量大、水质要求低或远离居民区的企业，是否将其列入供水范围，应根据水源充沛程度、经济比较、水资源管理要求和企业意愿等确定。

确定企业用水量时，应对已有企业用水现状及发展计划进行调查，同时听取企业对引入村镇供水的意愿；此外，尚应根据当地的企业发展规划对拟建企业的用水量进行预测。

5. 浇洒道路和绿地用水量（W_5）

经济条件好且规模较大的镇政府所在地，可根据需要适当考虑浇洒道路和绿地用水量，可根据浇洒道路和绿地的面积，以1.0～2.0L/（m^2·d）的用水负荷计算；其余镇、乡、村可不计该项。

6. 管网漏失和未预见水量（W_6）

管网漏失水量，是指水厂的供水管网中未经使用而漏掉的水量，包括管道接口不严、管道裂纹穿孔、水管爆裂、闸阀封水圈不严等造成的漏水量，与工程所用管材管件的种类、质量、接口方式、长度、施工质量、运行方式、使用年限等有关。

未预见水量，是指供水工程设计中对难于预测的各项因素而准备的水量。

根据《室外给水设计规范》（GB 50013—2006）的规定，城镇配水管网的漏失水量宜按上述用水量之和（即$W_1+W_2+W_3+W_4+W_5$）的10%～12%取值，未预见用水量宜按上述5项用水量之和的8%～12%取值。根据《建筑给水排水设计规范》（GB 50015—2010）的规定，小区的管网漏失水量和未预见水量之和可按最高日用水量的10%～15%取值。

根据村镇特点、现行的《村镇供水工程技术规范》（SL 310—2004）和将要颁布的《村镇供水工程设计规范》，村镇管网漏失水量和未预见水量之和宜按上述5项用水量之和（即$W_1+W_2+W_3+W_4+W_5$）的10%～25%取值。取值时，应综合考虑管网长度和用水区的发展潜力，村庄可取10%～15%、乡政府所在地可取15%～20%、镇政府所在地可取15%～25%，其中，小型供水工程取低值、规模化供水工程取较高值。

7. 消防用水量（W_7）

消防用水量，是指村镇发生火灾时灭火所需要的用水量，应按照《建筑设计防火规范》（GB 50016）和《农村防火规范》（GB 50039）的有关规定确定。

（1）消防用水可由供水管网和其他水源共同供给。

（2）居住区人数不超过500人且建筑物层数不超过两层的居住区，可不设置消防给水。

（3）居住区的室外消防用水量，应按同一时间内的火灾次数和一次灭火用水量确定。同一时间内的火灾次数和一次灭火用水量，不应小于表7.2-3的规定。

（4）下列情况，在确定供水规模时可不单列消防用水量：

1）允许短时间间断供水的村镇，主管网的供水能力大于消防用水量。

2）村镇附近有可靠的其他水源且取水方便时可作为消防水源。如南方的河流、池塘等天然水源及北

表 7.2-3 **村镇居住区一次灭火用水量**

居住区人数 N（万人）		$N \leqslant 1.0$	$1.0 < N \leqslant 2.5$	$2.5 < N \leqslant 5.0$	$5.0 < N \leqslant 10.0$
同一时间火灾次数		1	1	2	2
一次灭火用水量	L/s	10	15	25	35
	m^3/h	36	54	90	126

注 民用建筑（包括居住建筑和公共建筑）的火灾延续时间可按 2h 计。

方的灌溉机井等均可作为村镇的消防水源。

8. 时变化系数与日变化系数

（1）时变化系数（K_h），是指最高日最高时用水量与该日平均时用水量的比值（最高日平均时用水量等于最高日用水量除以 24h），是用来确定配水管网和供水泵站设计流量的重要参数。

村镇一体化供水工程，村庄、乡镇等不同规模、不同用水量组成的用水区，时变化系数差异较大，应分别确定。

时变化系数，应根据用水区的设计供水方式、供水规模及生活用水与企业用水的条件、方式和比例，结合当地相似供水工程的最高日供水情况综合分析确定。

1）基本全日供水（每天能连续供水 14h 以上）和全日供水的用水区的时变化系数，可按表 7.2-4 确定。

表 7.2-4 **基本全日供水和全日供水的用水区的时变化系数**

用水区供水规模 w（m^3/d）	$w > 5000$	$5000 \geqslant w > 1000$	$1000 \geqslant w \geqslant 200$	$w < 200$
时变化系数 K_h	1.6～2.0	1.8～2.2	2.0～2.5	2.5～3.0

注 企业日用水时间长且用水量比例较高时，时变化系数可取较低值；企业用水量比例很低或无企业用水量时，时变化系数可在 2.0～3.0 范围内取值，用水人口多、用水条件好或用水定额高的取较低值。

2）定时供水（每天供水时间累计少于 6～8h）的用水区的时变化系数，可在 3.0～4.0 范围内取值，日供水时间长、用水人口多的取较低值。

（2）日变化系数（K_d），是指年最高日用水量与平均日用水量的比值，反映了年内的用水量变化情况，是制水成本分析的重要参数。

日变化系数，应根据供水规模、用水量组成、生活水平、气候条件，结合当地相似供水工程的年内供水变化情况综合分析确定，可在 1.3～1.6 范围内取值。

9. 水厂自用水量

水厂自用水量，应根据原水水质、净水工艺和净水构筑物（设备）类型等确定。

（1）地表水水厂和劣质地下水水厂，可按最高日用水量的 5%～8%计算。

（2）仅进行消毒处理的水厂，可不计该项。

7.2.1.3 计算实例

1. 华北某县的村镇一体化供水工程

华北某县的村镇一体化工程供水范围包括 1 个镇 10 个村，设计供水规模计算如下。

（1）计算依据：

1）居民生活用水量（W_1）。用水定额，镇居民取 80L/(人·d)，村民取 60L/(人·d)；用水人口数，镇按规划人口计，村按户籍人口计。

2）公共建筑用水量（W_2）。村庄只计学校的用水量，用水定额 10L/(人·d)，师生数按现状计；镇的公共建筑用水量按居民生活用水量的 15%计。

3）集体或专业户饲养畜禽用水量（W_3）。无规模化养殖场，只有少数农民小规模饲养奶牛，因此不计该项。

4）企业用水量（W_4）。根据企业调查，按需要取值。

5）浇洒道路和绿地用水量（W_5）。不计该项。

6）管网漏失和未预见水量（W_6）。镇按总用水量的 20%计，村庄按总用水量的 15%计。

7）消防用水量（W_7）。不计该项。

（2）计算结果见表 7.2-5。

从表 7.2-5 可知，该工程的设计供水规模为 $1335m^3/d$。由于该工程的水源为地下水且水质良好，仅需消毒即可饮用，因此，不计水厂自用水量，水源的取水规模也为 $1335m^3/d$。

2. 华北某县采用反渗透脱盐工艺的纯净水供水站

华北某县采用反渗透脱盐工艺的饮用水供水站工程供水范围包括 1 个镇 2 个村，常住人口 7000 人。

表 7.2-5 设计供水规模（*W*）计算实例

村　镇	镇	村 1	村 2	村 3	村 4	村 5	村 6	村 7	村 8	村 9	村 10	合计
居民人数	5000	1266	943	852	970	750	652	831	1058	680	850	13852
W_1（m^3/d）	400.0	76.0	56.6	51.1	58.2	45.0	39.1	49.9	63.5	40.8	51.0	931.2
师生人数		290			210				260			760
W_2（m^3/d）	60	2.9			2.1				2.6			67.6
W_4（m^3/d）	90	15		10					15		8	138
W_6（m^3/d）	110.0	14.1	8.5	9.2	9.0	6.8	5.9	7.5	12.2	6.1	8.9	198.2
W（m^3/d）	660.0	108	65.1	70.3	69.3	51.8	45.0	57.4	93.3	46.9	67.9	1335

(1) 饮用水定额按 5L/(人·d)计，未预见水量按 10%计，设计供水规模为 38.5m^3/d。

(2) 水源取水量按日产淡水能力的 200%计算，水源的取水规模为 77m^3/d。

(3) 反渗透设备按每天工作 5h 计，设备的处理能力应为 8m^3/h，水源的取水流量应为 16m^3/h。

7.2.2 供水水质和水压

1. 供水水质

集中式供水工程的出厂水和管网末梢水均应符合《生活饮用水卫生标准》(GB 5749) 的要求，这是保障饮水安全的基本要求（见第一章表 1.2-10～表 1.2-13）。

2. 供水水压

供水水压是一个很重要的设计参数，不仅关系到用水户和消防的用水需要，也关系到管网投资、运行电耗和管网漏失水量等。

(1) 集中式供水水压应满足居民区内配水管网中用户接管点的最小服务水头；设计时，很高或很远的个别用户所需的水压不宜作为控制条件，可采取局部加压或设集中供水点等措施满足其用水需求。

居民区内配水管网中用户接管点的最小服务水头，单层建筑物可为 10m，两层建筑物为 12m，二层以上每增高一层增加 4.0m；当用户高于接管点时，尚应加上用户与接管点的地形高差。

(2) 入村镇的配水总管上的水压，应根据村镇内的建筑物高度、地形高差和村镇内的管道水头损失等确定。平原地区，2～3 层以下建筑物的村镇应不低于 15～18m，4～6 层建筑物的村镇应不低于 23～[illegible]0m。村内集中居住的住宅楼，主管网压力不能满足要求时可采用无负压供水设备二次加压。

(3) 平原地区，供水范围较大的区域供水工程，出厂水水压宜控制在 0.5MPa 以下，以控制运行电耗，并避免水厂附近用水区压力过高以及管网漏失水量增大等问题。

(4) 村庄内配水管网中，消火栓设置处的最小服务水头不应低于 10m，以满足消防取水要求。

(5) 用户水龙头的最大水头不宜超过 40m，超过时宜采取减压措施。用户水龙头的服务水头过高时，对管道及其阀门、水表、水龙头等附件不利，且用水不方便。

7.2.3 主要设计依据

(1) 供水系统及工艺设计，应符合《室外给水设计规范》(GB 50013)、《村镇供水工程技术规范》(SL 310)、《镇（乡）村给水工程技术规范》(CJJ 123) 以及即将颁布的《村镇供水工程设计规范》等相关规范的要求。

(2) 水源和水厂的防洪设计，应符合《防洪标准》(GB 50201) 以及《水利水电工程等级划分及洪水标准》(SL 252) 的有关规定。规模化供水工程应按 20～30 年一遇洪水进行设计、按 50～100 年一遇洪水进行校核，小型集中供水工程应按 10～20 年一遇洪水进行设计、按 30～50 年一遇洪水进行校核。

(3) 构（建）筑物的抗震设计，应符合《建筑抗震设计规范》(GB 50011)、《构筑物抗震设计规范》(GB 50191) 和《水工建筑物抗震设计规范》(SL 203) 的有关规定。规模化供水工程应按本地区抗震设防烈度提高 1 度采取抗震措施，小型集中供水工程可按本地区抗震设防烈度采取抗震措施。

(4) 构(建)筑物的结构设计，应符合《混凝土结构设计规范》(GB 50010)、《砌体结构设计规范》(GB 50003)、《建筑地基处理技术规范》(GB 50007)、《给水排水工程构筑物结构设计规范》(GB 50069)，以及《水工混凝土结构设计规范》(SL 191)、《水工建筑物抗冰冻设计规范》(SL 211) 等相关规范的要求。构(建)筑物结构设计，可利用国家、行业或地方的有关标准图。

(5) 电气设计，应符合《10kV 及以下变电所设计规范》(GB 50053)、《供配电系统设计规范》(GB

50052)、《低压配电设计规范》(GB 50054)、《建筑物防雷设计规范》(GB 50057)、《建筑照明设计标准》(GB 50034) 等相关规范的要求，规模化集中供水工程应配备备用发电机组。

7.3　水源及取水构筑物

7.3.1　水源选择与保护

集中式供水工程的水源分为地下水和地表水两大类型。

地下水包括浅层地下水、深层地下水、岩溶水和泉水等，大部分水质较好，水处理工艺简单，卫生防护相对容易。其中，浅层地下水比深层地下水更易受干旱和污染的影响，供水保证率相对较低；部分地下水受水文地质条件的影响化学成分超标，常见的如高铁锰水、高硬度水、苦咸水、高氟水、高砷水等，需经特殊处理后才能饮用。

地表水包括山溪水、江河水、湖泊水和水库水等，水量随季节变化大，水质虽然矿化度及硬度低，但浑浊度和微生物普遍超标，易受污染影响，卫生防护难度大。其中，山溪水较江河水的水质好、卫生防护难度小，但水量小；湖（库）水较江河水和山溪水的水量保证率高、季节性变化小，浑浊度低，但水体容易富营养化。

总体上，地下水水源比地表水水源水质好，卫生防护容易，取水构筑物布置及其防洪容易，但水量小。不同类型的水源，供水能力、水质及其水处理工艺、卫生防护和防洪的难易程度不同，合理选择水源是供水工程规划设计的基础，而有效保护水源是供水工程良性运行的基础。

7.3.1.1　水源选择

1. 基本要求

（1）应选择水质良好且便于卫生防护的水源。

1）地下水水源水质应符合《地下水质量标准》(GB/T 14848) 的要求，地表水水源水质应符合《地表水环境质量标准》(GB 3838) 的要求，当水源水质不符合上述要求时，不宜作为生活饮用水水源；若限于条件需加以利用时，应采用相应的特殊净化工艺进行处理。

2）水源应尽可能远离污染源，保护区内已有的污染源和污染物应便于及时清除，尽可能避免选择已受到污染的水源或污染威胁较大的水源。

3）小型集中供水工程，尤应尽可能选择净化、卫生防护容易的水源。

（2）应选择水量充沛的水源。

1）地下水水源的设计取水量应小于允许开采量，开采后不应引起地下水水位持续下降、水质恶化及地面沉降；地表水水源的设计枯水期流量的年保证率，严重缺水地区不低于90%，其他地区不低于95%。

2）单一水源水量不能满足要求时，可采取多水源或加大调蓄能力等措施。

（3）应符合当地水资源统一规划管理的要求。

1）按照优质水源优先保证生活用水的原则，优化整合水资源，合理处理与其他用水之间的矛盾。

2）取水点和取水量等应征得水资源管理部门的同意，应能获得取水许可证，取水构筑物布置及型式应符合防洪管理要求。

（4）应根据区域水资源条件、区域供水工程的优化布置需要，选择适合工程规模及管理条件的优质可靠水源。

1）应与规模化供水工程布置相结合进行水源选择，尽量避免小水源、小工程的布置。

2）在高氟水、苦咸水和干旱缺水等地区，区域内缺乏优质可靠饮用水源时，应分析跨区域调水的可行性。

（5）规模化供水工程，有条件时应考虑备用水源。

1）备用水源的设置，应尽可能避免干旱引起的水量不足和污染等水源问题同时发生。

2）备用水源的设置，应考虑切换水源时水处理工艺仍然适用且基本不影响管网水质。

3）以地下水为水源时，应设备用井。以水库水为水源时，应设其他用水限用水位，并考虑邻近水库联调的可能性。

4）有条件时，可考虑与临近规模化供水工程并网供水，互为备用；也可将封存的小型集中供水工程作为应急备用工程。

2. 资料收集

水源选择前应详细调查和收集区域水资源的水质、水量以及开发利用条件等资料，包括水利、卫生、环保、城建、地矿以及石油等部门及其相关单位掌握的资料。

（1）地表水水源的资料应包括：水源的原有功能及开发利用现状，位置及到用水区的距离、高程，周边环境及水源保护难易程度（包括水上养殖、面源污染、污废水排放等情况），近年来的枯水期和丰水期的水质化验资料，不同水文年的逐月流量、水位和含沙量，以及洪水和冰情等情况。

（2）地下水水源的资料应包括：不同干旱年的地下水水位埋深，当地已建成的不同深度、不同井型水文地质资料、出水量和水质以及干旱年的水位下降情况。

(3) 泉水和岩溶水，应选择不同地点的已经作为供水水源的泉水和溶洞水进行调查，了解其水质、干旱年的出水量情况；对尚未开发利用的，应听取当地居民对其在不同干旱年份、不同季节的水量变化的描述，并对其水质和水量进行实测。

3. 方案比选

有多个水源可供选择时，应对其水质、水量、位置、高程、施工与管理难度、卫生防护，结合净水工艺及成本、供水系统的规模化和节能布置等进行综合比较，择优确定。

(1) 小型供水工程和Ⅲ型的规模化供水工程，宜优先选择仅需消毒即可饮用的泉水、岩溶水、井水或截潜流等地下水，其次可选择水质良好的山溪水或水库水等地表水。

(2) Ⅰ、Ⅱ型的规模化供水工程，宜优先选择保证率高且水质良好的地表水水源，尤其应优先选择水质良好的水库、傍河井或渗渠等水源。

(3) 山丘区，宜选择地势较高的水源及取水点，以降低运行电耗和污染风险。

(4) 平原地区的水源井，应尽可能选择不受污染的含水层。由于平原地区的浅层地下水多数已受到污染，且仍在向下推移，深层有较好含水层时则不选择浅层地下水。

4. 勘察与论证

对拟选水源应进行勘察与论证，重点进行水质和干旱年枯水期可供水量分析，结合供水方案作出评价。

(1) 地下水水源，应结合当地近年来地下水开采利用经验，按照《供水水文地质勘察规范》(GB 50027)的要求进行水文地质勘察。

(2) 评价地表水源，应分析不同水文年逐月水质、水位、流量、含沙量、洪水和冰情等历史记录资料，并进行水量供需平衡分析。资料缺乏时，应进行实测和现场调查，参照相邻水文站进行水文预测分析，并适当提高设计取水量的计算保证率。

(3) 对拟选水源，应取样进行水质化验。

(4) 规模较大工程的水源，可参考《建设项目水资源论证导则》(SL/Z 322) 进行论证。

7.3.1.2 水源保护

水源保护的任务是防止水源枯竭和污染，难点是污染防治。饮用水水源应按照《中华人民共和国水污染防治法》和《饮用水水源保护区污染防治管理规定》的要求设保护区，设置明显的范围标志和严禁事项告示牌，并及时清理污染源和保护区内的污染物。

饮用水水源保护区可参照《饮用水水源保护区划分技术规范》(HJ/T 338) 的规定进行划分，一般可划分为一级保护区和二级保护区。饮用水水源保护区的范围标志和告示牌可参照《饮用水水源保护区标志技术要求》(HJ/T 433) 的规定进行设置。

饮用水水源保护区应经县级政府批准，跨县的保护区应经地市级政府批准。

1. 饮用水水源保护区内的水污染防治基本要求

(1) 禁止设置排污口。

(2) 禁止在一级保护区内新建、改建、扩建与供水设施和保护水源无关的建设项目；已建成的与供水设施和保护水源无关的建设项目应拆除或者关闭。禁止在一级保护区内从事网箱养殖、旅游、游泳、垂钓或者其他可能污染饮用水水体的活动。

(3) 禁止在二级保护区内新建、改建、扩建排放污染物的建设项目；已建成的排放污染物的建设项目应拆除或者关闭。在二级保护区内从事网箱养殖、旅游等活动的，应当按照规定采取措施，防止污染饮用水水体。

(4) 水源保护区内的土地宜种植具有水源涵养作用的林草或按有机农业的要求进行农作物种植。

2. 地表水水源保护

(1) 地表水水源保护区包括一定面积的水域和陆域，一级保护区的水质不低于《地表水环境质量标准》(GB 3838) 中的Ⅱ类标准，二级保护区的水质不劣于Ⅲ类标准，并保证流入一级保护区的水质满足一级保护区的水质要求。

(2) 取水点周围半径 100m 的水域内，严禁捕捞、网箱养鱼、放鸭、停靠船只、洗涤、游泳等可能污染水源的任何活动。

(3) 取水点上游 1000m 至下游 100m 的水域，不应有工业废水和生活污水排入；其沿岸防护范围内，不应堆放废渣、垃圾，不应设立有毒、有害物品的仓库和堆栈，不应设立装卸垃圾、粪便和有毒有害物品的码头，不应使用工业废水或生活污水灌溉及施用持久性或剧毒的农药，不应排放有毒气体、放射性物质，不应从事放牧等可能污染该段水域水体的活动。

(4) 以河流为供水水源时，根据实际需要，可将取水点上游 1000m 以外的一定范围河段及沿岸划为水源保护区，并严格控制上游污染物排放量。受潮汐影响的河流，取水点上下游及其沿岸的水源保护区范围，应根据具体情况适当扩大。

《饮用水水源保护区划分技术规范》(HJ/T

338—2007）规定：取水点上游1000m至下游100m的水域及其沿岸50m的陆域为一级保护区，一级保护区的边界向上游延伸2000m、向下游延伸200m、向沿岸陆域延伸1000m为二级保护区。

（5）以水库、湖泊和池塘为供水水源时，应根据不同情况的需要，将取水点周围部分水域或整个水域及其沿岸划为保护区范围。

《饮用水水源保护区划分技术规范》（HJ/T 338—2007）规定：取水口半径300m范围内的水域和取水口侧正常水位线以上200m范围内的陆域为一级保护区，一级保护区的边界向外延伸2000m为二级保护区。

（6）有条件时，可建人工湿地等生物预处理设施，进一步改善水源水质。

3. 地下水水源保护

（1）地下水水源保护区，应根据水源地所处的地理位置、水文地质条件、开采方式、开采水量和污染源分布等情况确定，且单井保护半径不应小于50m。

《饮用水水源保护区划分技术规范》（HJ/T 338—2007）规定：孔隙水的保护区，溶质质点迁移100天的距离为一级保护区半径，溶质质点迁移1000天的距离为二级保护区半径；孔隙水潜水型水源地保护区的经验值见表7.3-1，承压水型水源地按潜水型设一级保护区（不设二级保护区）。

表7.3-1　孔隙水潜水型水源地保护区范围经验值

含水层介质类型	一级保护区半径（m）	二级保护区半径（m）
细砂	30～50	300～500
中砂	50～100	500～1000
粗砂	100～200	1000～2000
砾石	200～500	2000～5000
卵石	500～1000	5000～10000

（2）地下水水源保护区内不应再开凿其他生产用水井，不应使用工业废水或生活污水灌溉及施用持久性或剧毒的农药，不应修建渗水厕所、污废水渗水坑和污水管（渠），不应堆放废渣和垃圾，不应从事破坏深层土层的活动。地下水水源保护区（包括一级、二级、准保护区）的水质不低于《地下水质量标准》（GB/T 14848—93）中的Ⅲ类标准。

（3）集取地表渗透水的水源地，如傍河（湖）的渗渠、大口井、辐射井和山丘区的截潜流等，应参照地表水水源的要求进行保护。

（4）地下水水资源匮乏地区，开采深层地下水的饮用水水源井不应用于农业灌溉。

7.3.2 地下水取水构筑物

1. 位置选择

地下水取水构筑物的位置选择应符合下列要求：

（1）尽可能选择在水质良好、不易受污染、易开采的富水地段，满足设计取水量要求，尽可能避开高氟水、苦咸水和污染水等。

（2）尽可能选择在便于水源保护的地段，按地下水流向布置在村镇上游，不宜布置在居民区内。

（3）尽可能选择在工程地质条件良好的地段，无淤塞、涌沙、沉降、塌陷等地质问题。

（4）尽量靠近电源、主要用水区，且施工和运行管理方便。

2. 型式选择

地下水取水构筑物的型式包括管井、大口井、辐射井、渗渠、泉室等。其中，管井，口径小，机械化施工容易，深度一般不受限制；大口井、辐射井，口径大，施工难度大、单位进尺费用高，一般不易超过30m，辐射井的集水性能比大口井好；渗渠一般采用大开挖施工，埋深不宜大于6m。大口井、辐射井、渗渠，以开采浅层地下水为主，也可布置在河道、湖（库、塘）等地表水体附近集取地表渗透水。

地下水取水构筑物的型式应根据地下水类型、拟开采含水层的深度和出水量等确定。

（1）拟开采含水层深度超过30m时，应选择管井。

（2）集取30m以内的浅层地下水，管井出水量不足时，可选择大口井或辐射井。大口井出水量不足时，可选择辐射井。

（3）集取地表渗透水或地下潜流时，可选择渗渠，集水管（涵）底埋深宜小于6m。

（4）有水质良好、水量充足的泉水时，可选择泉室集取泉水。

3. 总体要求

（1）拟开采含水层，应根据各含水层的岩性、透水性、水质、补给条件和设计取水量等确定。

（2）构筑物深度，应根据拟开采含水层的埋深岩性、出水能力、枯水季节地下水位埋深及其近年来的下降情况、相邻井的影响、施工工艺等因素综合确定。

（3）进水结构应具有良好的过滤性能，进水能力大于设计取水量，结构坚固、抗腐蚀性强且不易堵塞。

(4) 应有防止地面污水、不良含水层和非开采含水层水渗入的措施。

(5) 应有通气、测量水位等措施。

(6) 位于河道附近的地下水取水构筑物，应有防冲和防淹措施。

(7) 管井、大口井、辐射井的设计应符合《供水管井技术规范》(GB 50296) 和《机井技术规范》(GB/T 50625) 的有关规定。

(8) 构筑物周围10～30m宜设围栏，禁止无关人员进入。

4. 管井设计要点

管井主要由井口、井壁管、过滤器、人工填料和沉淀管等组成。

(1) 井口设计应符合下列要求：

1) 为了布置抽水机组及其控制设备，便于管理及保温，井口应设井房或井室。其中，井房常布置成地上式或半地下式，井室常布置成地下式或半地下式。

2) 为了防止污水漫溢到井内，井口应比井房(或井室)的室内地坪高300mm；井房的门槛(或井室的人孔)应比室外地坪高300～500mm，井房(或井室)外应挖雨水排水沟，防止雨水进入室内。

3) 为防止污水渗透到井内，井室(或井房)的地下部分的周围须用黏土回填夯实；井口周围也应用黏土封闭，封闭深度自井室(或井房)的底板以下不小于5m。

(2) 井壁管设计应符合下列要求：

1) 管材可为钢管、铸铁管、混凝土管和塑料管等，应根据井深、井孔岩性和水质等确定。非金属管适用于井深不超过150m的管井。采用钢管时，壁厚不宜小于8mm。

2) 管径宜比选用的抽水设备标定的最小井管内径大50mm以上。

3) 对不良含水层和非开采含水层应封闭，封闭材料可为黏土球或水泥砂浆等；选用的隔水层，单层厚度不宜小于5m；封闭位置宜超过拟封闭含水层上、下各不小于5m。

(3) 过滤器设计应符合下列要求：

1) 过滤器类型，应根据拟开采含水层的岩性按表7.3-2选用。

2) 过滤器的进水能力，应大于管井设计取水量，可按式(7.3-1)计算：

$$Q_g = \pi D_g L_g N v_g \qquad (7.3-1)$$

式中 Q_g——过滤器的进水能力，m^3/s；

D_g——过滤器外径，m，填砾过滤器应算至滤料外表面；

L_g——过滤器有效进水长度，m，可按过滤器长度的85%计算；

N——过滤器进水面层的有效孔隙率，可按过滤器进水面层孔隙率的50%计算；

v_g——允许过滤器进水流速，m/s，不得大于0.03m/s。

表7.3-2 管井过滤器的类型选择

开采含水层岩性		过滤器类型
基岩	岩层稳定	不安装过滤器
	岩层不稳定	骨架(或缠丝)过滤器
	裂隙、溶洞有充填	缠丝过滤器、填砾过滤器
	裂隙、溶洞无充填	骨架(或缠丝)过滤器
碎石土类	D_{20}<2mm	填砾过滤器、缠丝过滤器
	D_{20}≥2mm	骨架(或缠丝)过滤器
砂土类	粗砂、中砂	填砾过滤器、缠丝过滤器、桥式过滤器
	细砂、粉砂	双层填砾过滤器、单层填砾过滤器

注 D_{20}为碎石土类含水层筛分样颗粒组成中，过筛重量累计为20%时的最大颗粒直径。

3) 井壁的进水流速应小于允许值，可按式(7.3-2)、式(7.3-3)进行校核：

$$v_j \geq Q/(\pi L_g D_k) \qquad (7.3-2)$$

$$v_j = K^{1/2}/15 \qquad (7.3-3)$$

上二式中 D_k——井孔直径，m；

Q——设计取水量，m^3/s；

L_g——过滤器长度，m；

v_j——允许井壁进水流速，m/s；

K——开采含水层的渗透系数，m/s。

4) 非填砾过滤器，井孔直径应大于井管外径100mm。填砾过滤器，取水含水层为中、粗砂时，井孔直径应大于井管外径200mm；取水含水层为粉、细砂时，井孔直径应大于井管外径300mm。

(4) 沉淀管的长度，应根据拟开采含水层的岩性和井深确定，宜为2～10m。

(5) 规模化供水工程，应设备用井；备用井数量，可按设计取水量的10%～20%确定，且不少于一眼。

5. 大口井设计要点

(1) 井径、井深，应根据设计取水量、含水层特性和施工条件等确定，井径一般不宜超过5m，井深一般不宜超过20m。

(2) 进水方式应根据水文地质条件确定，宜采用井底进水或井底、井壁同时进水。

(3) 井底进水结构应符合下列要求：

1) 卵砾石含水层井底可不设反滤层，其他含水层井底应铺设3～5层凹弧形反滤层，每层厚200～300mm，弧底总厚度600～1500mm，刃脚处应比弧底加厚20%～30%。

2) 与含水层相邻的第一层反滤料的粒径可按式(7.3-4)计算：

$$D_I = (6 \sim 8)d_b \quad (7.3-4)$$

式中 D_I——与含水层相邻的第一层反滤料的粒径，mm；

d_b——含水层颗粒的计算粒径，mm，当含水层为粉细砂时取 $d_b=d_{40}$，中砂时取 $d_b=d_{30}$，粗砂时取 $d_b=d_{20}$（d_{40}、d_{30}、d_{20}分别为含水层颗粒过筛重量累计百分比为40%、30%、20%时的最大颗粒直径）。

3) 两相邻反滤层的粒径比，宜为2～4。

(4) 井壁进水结构设计应符合下列要求：

1) 井壁进水结构应设在动水位以下。

2) 混凝土井壁宜采用直径为50～100mm的圆形进水孔，浆砌砖、石井壁宜采用矩形进水孔或插入短管进水；进水孔应交错布置，孔隙率宜为15%～20%；进水孔滤料宜分两层填充，总厚度与井壁厚度相同。

(5) 井口应高出地面500mm并加盖；井口周围应设不透水的散水坡，宽度宜为1.5m；在透水土壤中，散水坡下面应填厚度不小于1.5m的黏土层。

6. 辐射井设计要点

辐射井主要由集水井和辐射管组成。

(1) 集水井设计应符合下列要求：

1) 井径，应根据辐射管施工工艺和施工设备尺寸确定，且不宜小于2.5m。

2) 井底应比最低一层辐射管低1.0～2.0m。

3) 井筒，宜采用钢筋混凝土结构，壁厚和配筋应通过受力计算确定。

(2) 辐射管（孔）的布置应根据水文地质条件确定，并符合下列要求：

1) 集取河流渗透水时，集水井应设在岸边，辐射孔应伸入河床底部。

2) 在均质、透水性差、水力坡度小的地段，辐射孔应均匀水平对称布置。

3) 含水层厚度大的地段可设多层辐射孔。

4) 含水层较厚，夹有不透水层，宜设倾斜的辐射孔。

(3) 辐射管（孔）的结构应符合下列规定：

1) 粗砂、卵砾石含水层，辐射管应为预打孔眼的滤水钢管。滤水钢管宜采用ϕ75～200的无缝或有缝钢管，滤水孔有条孔、圆孔两种，条孔宽2～9mm、长40～120mm，圆孔直径6～15mm，孔隙率宜在5%～15%。过滤管外不包滤网，过滤管长宜为10～20m。

2) 粉、细、中砂含水层，辐射管应采用双螺纹塑料过滤管或预打孔眼的塑料滤水管。过滤管外径宜为60～70mm，孔隙率1.4%～4.0%，过滤管应外套尼龙网套，尼龙网套采用60～80目。过滤管管长宜为15～30m。

3) 高水头的粉、细、中砂含水层，辐射管可采用外钢过滤管内插塑料过滤管的双过滤管，采用顶进法或振冲顶进法施工。

4) 在砂、砾含水层中，辐射管的层次和根数根据水文地质条件确定。含水层厚度小于10m，可布置一层，6～8条；含水层厚度大于10m，可布置2～3层，每层6～8条。辐射管的水平位置应高出含水层底板0.5m。

5) 黄土裂隙含水层中的辐射孔可不安装过滤管，在孔口出流段安装护口管。一般宜布置一层，6～8条；含水层厚度大的可布置2～3层，每层6～8条。辐射孔孔径宜为120～150mm，孔长宜为80～120m。

6) 浅层黏土裂隙含水层中的辐射孔可不安装过滤管，在孔口出流段安装护管。宜布置一层，3～4条。辐射孔孔径宜为110～130mm，孔长宜为20～30m。

7. 渗渠设计要点

集取河道渗透水时，渗渠主要由集水管（渠）和集水井组成；截潜流时，除集水管（渠）和集水井外，尚包括地下防渗墙、蓄水低坝、溢洪道等水工建筑物。

(1) 集水管（渠）宜按非满流设计，流速为0.5～0.8m/s，充满度为0.5，纵坡不小于0.2%。

(2) 集水管（渠）的进水孔，应交错布置在设计过水断面以上，孔眼直径和密度应根据集水管（渠）的结构强度、设计取水量确定，孔眼流速不应大于0.01m/s，孔眼净距不小于孔眼直径的2倍。

(3) 集水管（渠）外侧应设3～4层反滤层，每层厚200～300mm，总厚度不应小于800mm，有条件时应适当加厚。与含水层相邻的滤料粒径，可按式(7.3-4)计算；与集水管（渠）相邻的滤料粒径应大于进水孔眼直径；两相邻反滤层的滤料粒径比宜为

2～4。

(4) 人工清理的集水管（渠），应在端部、转角和断面变化处设检查井，间距可为50m；管内径（或短边长度）不应小于600mm。

(5) 集水井宜分为沉沙室与清水室两格，容积可按不小于渗渠30min出水量计算。

(6) 截潜流工程的防渗体应嵌入相对隔水层，并有防止侧向绕渗措施。

8. 泉室设计要点

(1) 泉室应根据地形、泉水类型和补给条件进行布置，以利于出水和集水，尽量不破坏原地质构造。

(2) 泉室容积应根据泉室功能、泉水流量和最高日用水量等条件确定。泉室与清水池合建时，泉室容积可按最高日用水量的25%～50%计算；与清水池分建时，泉室容积可按最高日用水量的10%～15%计算。

(3) 布置在泉眼处的泉室，进水侧应设反滤层，其他侧应封闭。反滤层宜为3～4层，每层厚200～400mm，底部进水的上升泉总厚度不小于600mm；侧向进水的下降泉总厚度不小于1000mm。与泉眼相邻的滤料粒径可按式（7.3-4）计算，两相邻反滤层的粒径比宜为2～4。侧向进水的泉室，进水侧应设齿墙；基础不应透水。

(4) 泉室结构应有良好的防渗措施，并设顶盖、通气管、溢流管、排水管和检修孔。

(5) 泉室周围地面，应有防冲和排水措施。

7.3.3 地表水取水构筑物

1. 位置选择

地表水取水构筑物的位置应根据下列基本要求，通过技术经济比较确定：

(1) 位于水源水质较好且便于卫生防护的地带。

(2) 靠近主流，枯水期有足够的水深。

(3) 有良好的工程地质条件，稳定的岸边和河（库、湖等）床。

(4) 易防洪，受冲刷、泥沙、漂浮物、冰凌的影响小。

(5) 靠近主要用水区。

(6) 符合水源开发利用和整治规划的要求，不影响原有工程的安全和主要功能。

(7) 施工和运行管理方便。

2. 型式选择

地表水取水构筑物型式多样，可分为岸边式、河床式、浮船式、缆车式、低坝式和底栏栅式等，应根据水源特点、地形、地质、施工、运行管理等条件，通过技术经济比较确定。

(1) 河（库、湖等）岸坡较陡、稳定、工程地质条件良好，岸边有足够水深、水位变幅较小、水质较好时，可采用岸边式取水构筑物。

(2) 河（库、湖等）岸边平坦、枯水期水深不足或水质不好，而河（库、湖）中心有足够水深、水质较好且床体稳定时，可采用河床式取水构筑物。

(3) 水源水位变幅大，但水位涨落速度小于2.0m/h、水流不急、枯水期水深大于1.0～1.2m，建固定式取水构筑物有困难时，可采用缆车或浮船等活动式取水构筑物。

(4) 在推移质不多的山丘区浅水河流中取水，可采用低坝式取水构筑物；在大颗粒推移质较多的山丘区浅水河流中取水，可采用底栏栅式取水构筑物。

(5) 地形条件适合时，应采取自流引水。

3. 基本要求

(1) 地表水取水构筑物应采取保护措施，以防止下列情况发生：

1) 泥沙、漂浮物、冰凌、冰絮和水生物的堵塞。

2) 冲刷、淤积、风浪、冰冻层挤压和雷击的破坏。

3) 水上漂浮物与船只的撞击。

(2) 地表水取水构筑物最低运行水位的保证率，严重缺水地区应不低于90%，其他地区应不低于95%；正常运行水位，可取水源的多年日平均水位；最高运行水位，可取水源的最高设计水位。

(3) 构筑物周围30～50m的陆域设围栏，禁止无关人员进入。

4. 岸边式和河床式取水构筑物的设计要点

(1) 取水泵房或闸房的进口地坪设计标高应符合以下要求：

1) 浪高不大于0.5m时，应不低于水源最高设计水位加0.5m。

2) 浪高大于0.5m时，应不低于水源最高设计水位加浪高再加0.5m，必要时尚应有防止浪爬高的措施。

(2) 进水孔位置应符合以下要求：

1) 进水孔距水底的高度，应根据水源的泥沙特性、水底泥沙沉积和变迁情况，以及水生物生长情况等确定。侧向进水孔，孔口下缘距水底的高度应不小于0.5m；顶面进水孔，孔口距水底的高度应不小于1.0m。

2) 进水孔在最低设计水位下的淹没深度，应根据进水水力学要求、冰情、漂浮物和风浪等情况确定，且不小于0.5m。

3) 在水库和湖泊中取水，水质季节性变化较大时，宜分层取水。可充分利用水库已有的取水设施，但应对其取水能力、水位和水质进行论证。

(3) 进水孔前应设置格栅并符合以下要求：

1) 栅条间净距应根据取水量大小、漂浮物等情况确定，可为30～80mm。

2) 过栅流速，可根据下列情况确定：河床式取水构筑物，有冰絮时采用0.1～0.3m/s，无冰絮时采用0.2～0.6m/s；岸边式取水构筑物，有冰絮时采用0.2～0.6m/s，无冰絮时采用0.4～1.0m/s；过栅流速计算时，阻塞面积可按栅体的25%估算。

5. 浮船式取水构筑物设计要点

浮船式取水构筑物一般由浮船及水泵机组、联络管和输水管等组成。

(1) 位置应选择在河岸稳定、坡度较陡及水流平稳、水面宽阔、漂浮物少、枯水期有足够的水深等停泊条件良好的地段。

(2) 浮船应有足够的稳定性和刚度，可选用平底的钢板船或钢丝网水泥船，并有可靠的锚固设施，吃水深度0.6～1.0m，横倾角小于7°。浮船上宜设2台水泵机组，水泵机组可布置在甲板上，并考虑浮船的平衡，每台机组均宜设在同一基座上，基座应有减振措施。

(3) 水泵机组与输水管的连接可采用摇臂式或阶梯式，联络管应转向灵活，适应竖向移位、水平移位、水平摆动及颠簸等情况。

1) 阶梯式连接，岸坡倾角宜为20°～30°，输水管可沿岸坡敷设，输水斜管上的岔管可按1～2m的高差布设；联络管可采用两端带法兰接口的橡胶软管或两端带球形接头的焊接钢管。

2) 摇臂式连接，管理简单，岸坡角度越陡越有利，一般宜大于45°，岸边设支墩，支墩宜高出平均水位，输水管固定在支墩上，联络管宜由钢管及7个套筒旋转接头组成，上下转动的最大角度小于70°。

6. 缆车式取水构筑物设计要点

缆车式取水构筑物一般由泵车及水泵机组、轨道及输水斜管、卷扬机等组成。

(1) 位置宜选在岸坡倾角10°～28°、河岸及河床稳定、主流近岸、水流平稳、漂浮物少的地段，避免设在水深不足、冲淤严重的地段，避开回水区或岸坡凸出地段。

(2) 泵车轨道的坡面宜与原坡接近，岸坡规则时，坡道设计成斜坡式；岸坡不规则时，坡道可设计成斜桥式。轨道的水下部分应避免挖槽，有淤积时尚应考虑冲砂设施。当吸水管直径小于300mm时，轨距可为1.5～2.5m。

(3) 泵车应有足够的稳定性和刚度，下部车架一般采用钢桁架式结构，并设安全可靠的制动装置。泵车上宜设2台水泵机组，水泵机组的布设应考虑泵车的平衡（对称布置2台机组，轴线与泵车重心重合），每台机组均宜设在同一基座上，并考虑减振措施。

(4) 一台泵车宜设一根输水斜管，管材宜为焊接钢管；输水斜管上的叉管宜按1～2m的高差布设，最低和最高岔管应便于最低和最高水位时与水泵连接。水泵出水管与叉管间的连接，可采用橡胶软管、球形万向接头、套筒旋转接头或曲臂式活动接头等。

7. 低坝式取水构筑物设计要点

低坝式取水构筑物主要由拦河低坝、导流堤、冲沙闸和引水明渠等组成。拦河低坝分固定坝和活动坝，固定坝可采用混凝土或浆砌石结构，活动坝有自动翻板闸和橡胶坝等型式，活动坝可防止坝前淤积。

(1) 位置应选择在稳定河段上，坝高应满足取水深度的要求，坝的泄水宽度应根据河道比降、洪水流量、河床地质以及河道平面形态等因素确定。

(2) 取水口应布置在凹岸，在靠近取水口处设冲沙闸和导流堤，确保取水构筑物附近不淤积。

8. 底栏栅式取水构筑物设计要点

底栏栅式取水构筑物一般由溢流坝、栏栅、引水廊道和沉沙池等组成。

(1) 位置应选择在河床稳定、纵坡大、水流集中和山洪影响较小的河段。

(2) 底栏栅取水段的长度及栏栅的宽度和引水廊道的深度应满足枯水期取水流量要求，引水廊道可按明渠计算输水能力。

(3) 溢流坝可采用混凝土或浆砌石建造，栏栅取水段的堰顶可高出河床0.5m，栏栅应设在溢流坝堰顶下游侧，栏栅表面设0.1～0.2的坡度。河床较窄时，栏栅和引水廊道可沿全河宽布置；不需要全河宽布置时，非栏栅段堰顶应高出栏栅段堰顶0.2～0.5m。

(4) 栏栅宜设计成活动分块形式，栅条可用圆钢、扁钢或型钢制作，栅条的纵横向都要有足够的强度和刚度，间隙宽度应根据河流泥沙粒径和数量、廊道排沙能力等确定，一般应小于10mm。

(5) 引水廊道，一般可为矩形或圆弧形，水面超高0.2～0.3m，流速大于1.2m/s，纵坡可由0.4逐渐减至0.1。

(6) 沉沙池，一般设于岸边，与引水廊道衔接。设计时应有排泥设施，并尽可能利用地形自流排泥。沉沙池一般可采用直线型布置，一格或多格，每格长度15～20m，宽度1.5～2.5m，始端深度2.0～

2.5m，底坡0.1～0.2。沉沙池的布置应充分考虑防洪安全。

(7) 溢流坝下游应设护坦等防冲设施。洪、枯水期水量悬殊时，坝上游应有防渗措施，以保证枯水期引水量。

7.4 输配水管网及调节构筑物和泵站

7.4.1 输配水管网

输配水管网是村镇供水工程的重要组成部分，约占工程总投资的70%左右，按部位及其功能可分为3种（见图7.1-1)：①水源到水厂的输水管（将原水输送到水厂的管道，山丘区能自流引水的部分工程采用暗渠或隧洞)；②水厂到各用水村镇的配水干管（将水厂的清水分配给各用水区的管道)；③村镇内的配水管道（将清水分配给各用水户的管道)。

输配水管网设计，包括管线布置、管材选择、水力计算、附属设施布置和管道敷设等。

7.4.1.1 管线布置

1. 管线布置基本原则

(1) 应尽可能选择较短的线路，以降低工程造价。

(2) 应尽可能选择能使管道地埋的线路，以保护管道，特别是防冻。

(3) 应尽可能沿现有道路或规划道路一侧布置，便于施工和运行维护。

(4) 应尽可能避开存在滑坡、沉陷、雨洪冲刷（沟谷、陡坡等地段存在)、污染和腐蚀等不良地段，无法避开时应采取防护措施，确保管道供水安全。

(5) 应尽可能减少穿越铁路、高等级公路、河流等障碍物，降低施工难度和造价。

(6) 应充分利用地形条件，重力流供水或尽可能降低提水泵站的扬程，降低运行成本。

(7) 布置应尽可能少拆迁、少占良田、少毁植被，保护环境。

(8) 布置应与相关发展规划相协调，考虑近远期结合和分步实施的可能。

1) 不应穿越规划的建设用地，避免将来被占压。

2) 主管道的布置应考虑远期，并为规划中的新用水区和大用水户留有接口。

2. 水源到水厂的输水管道布置

(1) 一般可按单管布置；Ⅰ、Ⅱ型供水工程，有条件时宜按双管布置。

(2) 多个水源井的地下水输水管，应在消毒剂投加点前汇合。

(3) 地表水水源的输水管线布置，应便于在间断供水时排除管道内沉积的泥沙。

3. 水厂到各用水村镇的配水干管布置

(1) 一般可按树枝状管网布置。

1) 小型联村供水工程，配水干管应以较短的距离控制各用水区。

2) 规模化区域联片供水工程，应按方位、地形、乡镇区划和主要用水区（乡镇政府所在地、中心村等）等分片区布置主干管，主干管应以较短的长度控制各片区的用水村镇。有条件时（或将来)，以主要用水区为基点将主干管布置成环状，以提高主要用水区的供水保证率，如图7.1-4所示。

(2) 山丘区，主干管的布置应与高位水池的布置相协调，充分利用地形重力流配水。

4. 村镇内的配水管道布置

(1) 一般可按树枝状管网布置，并按主要街道和用水大户（包括机关、学校、医院、企业和集中居住的住宅楼等）分区布置主管道；有条件时（或将来)，可将方位基本相同的相邻主管道布置成环状。

(2) 入户管的接口位置应考虑庭院结构和用水户意愿等。

(3) 生活饮用水管网严禁与非生活饮用水管网连接，并严禁与自备水源供水系统直接连接。

7.4.1.2 管材选择

1. 常用室外给水管材及特点

村镇供水工程常用的室外给水管材，包括预应力混凝土管、焊接钢管、球墨铸铁管、玻璃钢管、硬聚氯乙烯管、聚乙烯管和钢丝网骨架聚乙烯复合管等。

(1) 预应力混凝土管，造价低，耐腐蚀，承插式胶圈柔性连接，但重量大，不如金属管和塑料管运输方便和安装质量容易保证，且需要另外加工特制管件，适用于大口径的地表水输水管道。预应力混凝土管应符合《预应力混凝土管》(GB 5696）的要求。

(2) 焊接钢管，强度和刚度高，抗冲击和抗震性能好，加工制作方便，承插式胶圈柔性连接、法兰连接和焊接均可，施工质量容易保证，但耐腐蚀性能差，必须进行内外防腐处理，且内防腐材料不得污染水质，管材及其防腐成本较高，适合穿越河谷、公路、铁路等障碍物以及石山区只能露天明设地段采用。

钢管的外防腐可采用涂锌、沥青或塑料等，并符合《钢质管道外腐蚀控制规范》(GB/T 21447）的要求；内防腐严禁采用冷镀锌，一般可采用内衬水泥砂浆、聚乙烯或环氧树脂等，并符合《钢质管道内腐蚀控制规范》(GB/T 23258）的要求，内衬水泥砂浆钢管应符合《埋地给水钢管道水泥砂浆衬里技术标准》(CECS10：89）的要求，内衬聚乙烯或环氧树脂钢管应符合《钢塑复合管》(GB/T 28897）的要求。

(3）球墨铸铁管，强度和刚度高，抗冲击和抗震性能好，已在工厂内完成内衬水泥砂浆、外涂锌和沥青，防腐性能优于钢管，承插式胶圈柔性连接和法兰连接均可，有标准化的管件，施工简单且质量容易保证，是城市供水的主要管材。口径大于300mm的球墨铸铁管的价格比聚乙烯管低，但内壁不如塑料管光滑、水头损失较大，柔性接口质量不如聚乙烯管焊接接口有保证。球墨铸铁管应符合《水及燃气管道用球墨铸铁管、管件和附件》(GB/T 13295）的要求。

(4）玻璃钢管，紫外线照射易老化，必须地埋，但耐腐蚀，内壁光滑，水头损失小，承插式胶圈柔性连接，重量轻，施工较简单；强度、刚度以及耐温性和抗冲击性比其他塑料管好，但价格较高，管件的标准化程度较低，适合于大口径输水管道。玻璃钢管应符合《玻璃纤维增强塑料夹砂管》(GB/T 21238）的要求。

(5）硬聚氯乙烯管，紫外线照射易老化，必须地埋，但耐腐蚀，内壁光滑，水头损失小，承插式胶圈连接或黏结剂黏结，重量轻，施工简单；价格比聚乙烯管便宜，但不抗划，柔韧性、抗冲击性和抗震性不如聚乙烯管好，接口质量也不如聚乙烯管有保证。室外给水用硬聚氯乙烯管主要包括PVC—U和PVC—M两种，PVC—M管为PVC—U管的进一步改性型，PVC—M管比PVC—U管的柔韧性好，但管壁薄。PVC—U管应符合《给水用硬聚氯乙烯（PVC—U）管材》(GB/T 1002.1）和《给水用硬聚氯乙烯（PVC—U）管件》(GB/T 1002.2）的要求，PVC—M管应符合《给水用抗冲改性聚氯乙烯（PVC—M）管材及管件》(CJ/T 272）的要求。

(6）聚乙烯管，紫外线照射易老化，必须地埋，但无毒环保，耐腐蚀，内壁光滑、水头损失小，电熔或热熔连接，接口质量容易保证；柔韧性好，抗冻和抗震性好，适应地基变形能力强，对地形等小角度转弯的适应性高于其他管道，且小口径管可盘卷安装，接头少，施工简单，是村镇供水值得优先选用的地埋管道，但价格比聚氯乙烯管高，抗刺穿性不如其他管材，对管材周围的地基和回填土要求相对较高。室外给水用聚乙烯管应符合《给水用聚乙烯（PE）管材》(GB/T 13663）和《给水用聚乙烯（PE）管件》(GB/T 13663.2）的要求。

(7）钢丝网骨架聚乙烯复合管，是以螺旋缠绕钢丝为骨架，内、外层为高密度聚乙烯的新型复合管材，具有普通聚乙烯管的耐腐蚀、内壁光滑、电熔连接等优点，且承压能力和抗冲击性比普通聚乙烯管高，但价格较高，适用于山丘区内水压力较高和穿越公路等外部荷载较高的管段。钢丝网骨架聚乙烯复合管应符合《钢丝网骨架塑料（聚乙烯）复合管材及管件》(CJ/T 189）的要求。

2. 室外给水管材选择原则

(1）生活饮用水供水管材应满足卫生、受力、耐久性和水密性等基本要求，尽可能选用节能、耐腐蚀、价廉、施工简便且质量容易保证的管材。

(2）管网中不同管段的管材应根据设计内径、最大内水工作压力、敷设方式、外部荷载、地形、地质、施工和材料供应等条件，通过技术经济比较确定。

(3）管材应有足够的强度和刚度承受其内、外荷载，符合《给水排水工程管道结构设计规范》(GB 50332)的要求，且公称压力不小于表7.4-1中的设计内水压力。

表7.4-1 不同管材的设计内水压力

单位：MPa

管材种类	最大内水工作压力 P	设计内水压力
钢管	P	$P+0.5\geqslant0.9$
塑料管	P	$1.5P$
球墨铸铁管	$P\leqslant0.5$	$2P$
	$P>0.5$	$P+0.5$
混凝土管	P	$1.5P$

注 最大内水工作压力应根据工作时的最大动水压力和不输水时的最大静水压力确定。

(4）管材应符合国家现行产品标准要求（包括压力等级、管径和壁厚等），以及《生活饮用水输配水设备及防护材料的安全性评价标准》(GB/T 17219）的要求，严禁选用添加再生料生产的塑料管材。管材生产企业应取得涉水产品卫生许可批件。与管材连接的管件和密封圈等配件，宜由管材生产企业配套供应。

7.4.1.3 管道水力计算

管道水力计算的主要任务是合理确定输配水管道的管径、最大内水工作压力和水头损失，为管材选择、水泵选型及高位水池和减压设施布置等提供依据。

1. 管道水头损失计算方法

管道水头损失计算包括沿程水头损失和局部水头损失。

(1）沿程水头损失可按式（7.4-1)、式（7.4-

2）计算［《室外给水设计规范》（GB 50013—2006）、《建筑给水排水设计规范》（GB 50015—2010）均推荐了该计算方法］：

$$h_y = iL \quad (7.4-1)$$

$$i = 10.67C^{-1.852}Q^{1.852}d^{-4.87} \quad (7.4-2)$$

上二式中 h_y——沿程水头损失，m；

L——计算管段的长度，m；

i——单位管长水头损失，m/m；

Q——管段流量，m^3/s；

d——管道内径，m；

C——海曾威廉系数，可按表 7.4-2 取值。

表 7.4-2 C 值

管道类型	C值
塑料管及内衬塑料防腐层的复合管	140～150
混凝土管及内衬水泥砂浆防腐层的金属管	120～130

（2）局部水头损失可根据下列情况计算：

1）输水管和村镇外的配水干管的局部水头损失，可按其沿程水头损失的5%计算。

2）村镇内的配水管网的局部水头损失，可按其沿程水头损失的10%计算。

2. 管道流量计算方法

（1）水源到水厂的输水管道，设计流量按最高日工作时平均取水量确定。

1）仅需消毒即可饮用的地下水输水管，水源设计取水量＝设计供水规模＋输水管道漏失水量（一般可忽略不计，长距离输水时可按设计供水规模的1%～3%确定），日工作时间应根据水厂内调节构筑物的调节能力确定。

2）地表水和劣质地下水的输水管道，水源设计取水量＝设计供水规模＋水厂自用水量（根据水处理工艺确定，可按设计供水规模的5%～8%取值）＋输水管道漏失水量（一般可忽略不计，长距离输水时可按设计供水规模的1%～3%确定），日工作时间应与水厂内的净水设施工作时间相同。

（2）向高位水池或水塔供水的管道，设计流量按最高日工作时平均用水量确定。

最高日用水量应为高位水池或水塔控制的各村镇的最高日用水量之和，日工作时间应根据水厂内的净水设施工作时间及高位水池或水塔的设计调节能力确定。

（3）水厂到各用水村镇前，无调节构筑物的配水干管和调节构筑物后的配水干管，设计流量可根据下列方法按最高日最高时用水量确定：

1）首先按照7.2.1节的要求计算各村镇的最高日用水量，确定各村镇最高日用水量的时变化系数（见表7.2-5），然后按最高日最高时用水量确定各村镇配水总管的设计流量（即配水干管的末端出流量），即

$$Q_i = W_i K_{hi}/24 \quad (7.4-3)$$

式中 Q_i——第 i 村（或乡镇）配水总管的设计流量，m^3/h；

W_i——第 i 村（或乡镇）的最高日用水量，m^3/d；

K_{hi}——第 i 村（或乡镇）最高日用水量的时变化系数。

2）树枝状管网，根据各村镇配水总管的设计流量，按包容关系自下而上逐级推算各节点的出流量和管段设计流量。各管段的设计流量等于其下游节点的出流量（由于节点间的管段无出流），各管段下游节点的出流量等于其控制的各村镇的最高日最高时用水量之和，也等于其下游相邻管段的设计流量之和。

3）环状管网部分，先拟定无故障时的设计水流方向，按树枝状管网初步推算各节点的出流量和管段设计流量；再以离水厂较远的主要用水区（乡镇或中心村）前（或后）管段发生故障时将环断开，按70%的设计用水量推算其校核流量，据此拟定管径，进行环状管网平差计算。

（4）村镇内的配水管网，设计流量可根据下列方法按最高日最高时用水量确定。

1）各管段的沿线出流量可根据人均用水当量和各管段用水人口确定，其中，人均用水当量可按公式（7.4-4）计算：

$$q_i = 1000(W_i - W_{id})K_{hi}/(24P_i) \quad (7.4-4)$$

式中 q_i——第 i 村（或乡镇）的人均用水当量，L/(h·人)；

W_i——第 i 村（或乡镇）的最高日用水量，m^3/d；

W_{id}——第 i 村（或乡镇）的机关、学校、医院、企业和集中居住的住宅楼等用水大户的最高日用水量之和，m^3/d；

K_{hi}——第 i 村（或乡镇）最高日用水量的时变化系数；

P_i——第 i 村（或乡镇）的设计用水人口，人。

2）树枝状管网，根据各管段的沿线出流量，按包容关系自下而上逐级推算各节点的出流量和管段设计流量。各管段设计流量，可按其沿线出流量的

50%加上其下游节点的出流量确定；各管段下游节点的出流量等于该节点下游所有管段的沿线出流量和大用水户的最高日最高时用水量之和。

3）环状管网部分，先拟定无故障时的设计水流方向，然后按树枝状管网推算各节点的出流量和各管段设计流量，据此拟定管径，进行环状管网平差计算。

3. 管径和管道流速的确定方法

管道设计内径应根据各管段的设计流量和设计流速计算确定，根据管材标准选择公称直径及标准内径。

（1）设计流速宜采用经济流速，一般可按0.5～0.9m/s取值，并考虑下列要求：

1）重力流管道，应充分利用地形高差。

2）泵站加压供水的管道，应综合考虑管材成本（与管材材质、管径和压力等级有关）和泵站的运行电耗（与水头损失有关），规模化供水工程应以降低运行电耗为主。平原地区，出厂水水压宜控制在0.5MPa以下，塑料管材压力等级可控制在0.8MPa以下，特别对供水范围较大的区域供水工程，出厂水压力过高，会造成水厂附近用水区压力过高以及管网漏失水量增大等问题。

（2）为防止水锤破坏，管道流速不宜大于2.0m/s；地表水输水管道，为防止泥沙沉淀和淤堵，设计流速不宜小于0.6m/s。

（3）设置消火栓的管道内径不应小于100mm。

（4）村镇内的主管道可通过水力计算确定，支管道以及少于1000人的村内管网可参照表7.4-3选择管径。

表7.4-3 不同管径的控制供水户数

管径(mm)	110	75	50	32	20
控制供水户数	170～220	80～110	30～60	5～15	1～3

注 本表以PE管为代表性，管径指公称外径；控制供水户数应根据住户间距和管道总长等确定。

4. 规模化供水工程水厂到各用水村镇前的配水管网水力计算步骤

（1）绘制管网平面布置简图，在图上标明节点编号、节点地面标高、每段管道的长度和水流方向（环状管网部分，先初步拟定水流方向，平差计算后确定水流方向）。

（2）按上述方法计算末端出流量，推算各管段的设计流量和节点出流量。

（3）按上述方法拟定设计流速，推算管径，根据拟选管材标准选择公称直径和标准内径，换算实际设计流速。

（4）根据管段设计流量和标准内径进行水头损失计算。

（5）按7.2.2节要求确定各村镇的最不利用户接管点的最小服务水头和入村镇的配水总管上的最低水压。

（6）根据水头损失、地面标高和入村镇的配水总管上的最低水压，确定最高水压线及出厂水水压（或高位水池最高水位）。

（7）根据最高水压线、管段水头损失和地面标高，反推其他各节点的水压线标高，最后推算出入村镇的配水总管上的实际水压。

（8）分析各村镇配水总管上的实际水压的合理性，是否水压过高或太低；分析出厂水水压（或高位水池最高水位）的合理性，是否太高。结合局部二次加压方案和泵站运行电耗等进行分析判断，必要时对局部管径适当调整，并按上述步骤重新计算。

（9）计算完成后，应将各节点的水压线标高和自由水头、各管段的管径、水流方向、设计流量、设计流速和水头损失等标注在管网水力计算图中。

（10）重力流输配水系统，尚应计算各管段的静水压，选择静水压和动水压中的高值作为管段的最大内水工作压力，据此确定各管段管道的压力等级。

7.4.1.4 附属设施布置

输配水管网管网中的附属设施主要包括控制阀、检修阀、空气阀、泄水阀、减压阀、消火栓、压力表、流量计和水表等，这些附属设施一般应设置在检查井内，并有防冻、防淹和防盗等措施，可参照标准图《室外给水管道附属构筑物》(05S502)进行设计。

1. 控制阀和检修阀

（1）水源到水厂的输水管道，始端和末端均应设控制阀，双管布置时应设连通管及检修阀。

（2）水厂到各用水村镇的配水管网，各分水点下游侧的主管和分水支管上应设检修阀，配水干管入村镇前应设检修阀（可与用水区的总表、压力表等检测仪表设在同一阀门井内）。

（3）村镇内的配水管网，应分区、分段在主干管和主要支管上设检修阀。

（4）管道穿越河道、铁路和高速公路时，穿越前和穿越后均应设检修阀。

2. 空气阀

空气阀（也称进排气阀）的作用，一是充水时及时排除管内的空气，防止管道发生气阻；二是在放空管道或发生水锤时吸入空气，防止管道出现负压。

（1）在管道凸起点应设空气阀；长距离无凸起点

的管段，每隔 1km 左右亦应设空气阀；在倒虹吸的上游和管桥的上游应设空气阀。

(2) 空气阀直径可为管道直径的 1/8～1/12。

3. 泄水阀

(1) 在管道低凹处应设泄水阀，以便于管道检修时的排空。特别是输送地表水的管道，泄水阀的设置应能排除管道内的淤泥（间断工作时，地表水中的泥沙容易沉积在管道内）。

(2) 泄水阀直径可为管道直径的 1/3～1/5。

4. 减压阀（或减压池）

(1) 地形高差超过 60m 的重力流管道，有富余水头时，宜在适当位置设减压设施，以降低管道压力等级、成本和保证管道安全。

(2) 可采用减压阀(或减压池)等方式减压，但采用减压阀时，应选用能够同时减动压和静压的减压阀。

(3) 地表水输水管道中的减压设施应有防淤堵的措施。

5. 消火栓

(1) 大于 500 人的村镇，应按《建筑设计防火规范》(GB 50016) 和《农村防火规范》(GB 50039) 的要求，在交通方便且醒目处设置消火栓。

(2) 消火栓一般可设在入村镇的干管上、大用水户的附近，特别是集中居住的住宅楼附近应设消火栓。

6. 流量计和水表

(1) 水源取水管上、出厂水总管上应设能够计量瞬时流量和累计水量的流量计；向多个村镇供水时，每个入村（或乡镇）的干管上应设总表。需要在线检测时，可采用超声波流量计、电磁流量计或智能水表等。

(2) 用水单位的供水总管上、住宅的分户供水管上应设水表，可选择普通水表或 IC 卡水表。平房区，可采用联户水表井形式（见图 7.4-1)，将几户的水表设在同一表井内，便于水表管理。

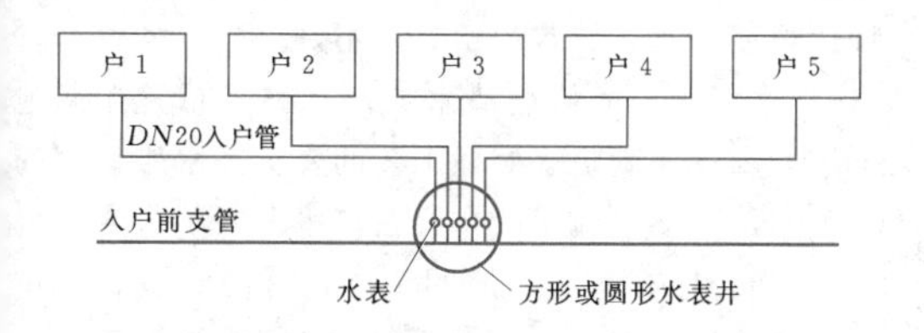

图 7.4-1 平房区联户水表井示意图

(3) 流量计和水表应安装在水流较稳定的直管段上，其前后均应设检修阀。

7. 压力表

(1) 出厂水总管上、入村（或乡镇）的干管上应设压力表。

(2) 每个乡镇和行政村，应在水压最不利用户接管点处设压力表。

(3) 需要在线检测时，可采用电接点压力表。

(4) 压力表最好与流量计或水表设在同一检查井内。

7.4.1.5 管道敷设

(1) 输配水管道应尽可能埋设于地下，基岩出露或覆盖层很浅的管段，可采用浅沟埋设与浆砌覆盖相结合方式。

1) 管顶覆土应根据冰冻情况、外部荷载、管材强度、土壤地基、与其他管道交叉等因素确定。非冰冻地区，在松散岩层中，管顶覆土不宜小于 0.7m，在基岩风化层上埋设时，管顶覆土不应小于 0.5m；寒冷地区，管顶应埋设于冻深线以下 15cm；穿越道路、农田或沿道路铺设时，管顶覆土不宜小于 1.0m。

2) 管道应埋设在未经扰动的原状土层上；管道周围 0.2m 范围内应用细土回填；回填土的压实系数不应小于 90%。在承载力达不到设计要求的软地基上埋设管道，应进行基础处理；在岩石或半岩石地基上埋设管道，应铺设砂垫层，砂垫层厚度不应小于 0.1m。

3) 承插式管道在垂直或水平方向转弯处、分叉处和管道端部堵头处支墩的设置，应根据管径、转弯角度、设计内水压力、接口摩擦力以及地基和回填土土质等因素确定，可参照标准图《柔性接口给水管道支墩》(10S505) 设计。

4) 穿越沟谷、陡坡等易受洪水或雨水冲刷地段的管道，应采取必要的保护措施。

(2) 输配水管道与其他管线及建（构）筑物之间的距离应符合下列要求：

1) 供水管道与其他管线及建（构）筑物之间的最小水平净距，可按表 7.4-4 确定。

2) 供水管道与其他管线及建（构）物交叉时的最小垂直净距，可按表 7.4-5 确定。当供水管与污（排）水管交叉时，供水管应布置在上面，且不应有接口重叠；限于条件供水管只能敷设在污（排）水下面时，应采用钢管或设钢套管，套管伸出交叉点的长度每侧不得小于 3m，套管两端应采用防水材料封闭。

(3) 供水管道与铁路、高等级公路等重要设施交叉时，应取得相关行业管理部门的同意，并按其技术规范执行。

(4) 管道穿越河流时，可采用沿现有桥梁架设水管、架设管桥、敷设倒虹管从河底穿越等方式。管桥

表 7.4-4 给水管道与其他管线及建（构）筑物之间的最小水平净距

序号	建（构）筑物或管线名称			与给水管线的最小水平净距（m）	
				$D\leqslant200$mm	$D>200$mm
1	建筑物			1.0	3.0
2	污水、雨水排水管			1.0	1.5
3	燃气管	中低压	$P\leqslant0.4$MPa	0.5	
		高压	$0.4\text{MPa}<P\leqslant0.8$MPa	1.0	
			$0.8\text{MPa}<P\leqslant1.6$MPa	1.5	
4	热力管			1.5	
5	电力电缆			0.5	
6	电信电缆			1.0	
7	乔木（中心）			1.5	
8	灌木				
9	地上杆柱	通信照明及<10kV		0.5	
		高压铁塔基础边		3.0	
10	道路侧石边缘			1.5	
11	铁路钢轨（或坡脚）			5.0	

表 7.4-5 给水管道与其他管线交叉时的最小垂直净距

序号	管线名称		与给水管线的最小垂直净距（m）
1	给水管线		0.15
2	污、雨水排水管线		0.40
3	热力管线		0.15
4	燃气管线		0.15
5	电信管线	直埋	0.50
		管沟	0.15
6	电力管线		0.15
7	沟渠（基础底）		0.50
8	涵洞（基础底）		0.15
9	电车（轨底）		1.00
10	铁路（轨底）		1.00

可参照《自承式平直形架空钢管》（05S506—1）和《自承式圆弧形架空钢管》（05S506—2）进行设计；穿越河底时，河床下的深度应在洪水冲刷深度以下，且不小于1m。

（5）露天管道应有调节管道伸缩的设施，并设置保证管道整体稳定的措施；冰冻地区尚应采取保温等防冻措施，可按《管道和设备保温、防结露及电伴热》（03S401）设计。

（6）村镇内的树枝状管网的敷设，应尽可能避免形成死水区，需设预留接口时，应将接口设在检查井内，并在死水端设堵头、支墩和放水阀。

7.4.2 调节构筑物

调节构筑物是指调节产水量、供水量与用水量不平衡的构筑物，包括清水池、高位水池和水塔等。

7.4.2.1 选型及布置

（1）水厂内应尽可能布设调节构筑物，不仅可调节产水和供水的不平衡，且便于消毒剂的稳定投加，并满足消毒接触时间的要求，同时可为水处理设施提供反冲洗水（水厂的主要自用水量）等。目前，很多水质良好的单村地下水水厂，无调节构筑物，采用变频调速恒压供水，导致消毒效果不好。

1）水厂内一般应设清水池，并将其布置在滤池的下游，高程应满足水处理工艺的要求。水质良好的地下水水厂，清水池一般布置在多水源井的汇流处。

2）山丘区有适宜高地的水厂，可同时设置高位水池（可将其布置在水厂的院墙外）；地势平坦的小型水厂，也可选择水塔（但施工难度较大、成本较高）。高位水池和水塔不仅可调节供水和用水的不平衡，且对配水管网具有稳压作用，同时可提高供水水泵机组的运行效率，比变频供水和气压供水都节能。高位水池和水塔的最低运行水位，应满足其供水范围内最不利用户接管点和消火栓设置处的最小服务水头要求。

（2）规模化的联片供水工程分压供水时可分设调节构筑物，山丘区工程可根据用水区的分布及高程，分区布设高位水池；需要加压供水时，可利用加压泵站的前池进行调蓄。

（3）调节构筑物应位于工程地质良好、环境卫生和便于管理的地段。水厂外的调节构筑物，有条件时应在其周围设防护栏。

7.4.2.2 容积确定

（1）水厂内调节构筑物的有效容积（最高设计水位与最低设计水位之间的容积）应根据产水曲线、供水曲线、水厂自用水量和消防贮备水量等确定。

1）单独设立的清水池或高位水池的有效容积，Ⅰ～Ⅲ型工程可为最高日用水量的15%～25%，Ⅳ型工程可为25%～40%，Ⅴ型工程可为40%～60%。同时设置清水池和高位水池时，应根据各池的调节作用合理分配有效容积，清水池应比高位水池小，可按最高日用水量的5%～10%设计。

2）水塔的有效容积可按最高日用水量的10%～15%设计。

3）水质良好的地下水水厂应取低值。

（2）管网中的调节构筑物的有效容积，可按其最高日供水量的20%～30%确定。

（3）在调节构筑物中加消毒剂时，其有效容积应满足消毒剂与水的接触时间不小于30min的要求。

（4）供农村生活饮用水的调节构筑物容积，不应考虑灌溉用水。

7.4.2.3 结构设计要点

调节构筑物可参照国家建筑标准设计图集《圆形钢筋混凝土蓄水池》（04S803）、《矩形钢筋混凝土蓄水池》（05S804）、《钢筋混凝土倒锥壳保温水塔》（04S801—1、04S801—2）和《钢筋混凝土倒锥壳不保温水塔》（04S802—1、04S802—2）等标准图进行结构设计。

（1）Ⅰ～Ⅳ型供水工程的清水池、高位水池的个数或分格数，应不少于2个，并能单独工作和分别泄空，以便于定期清洗等运行维护。

（2）清水池、高位水池应有保证水的流动、避免死角的措施，容积大于50m³ 时应设导流墙。

（3）调节构筑物应有水位指示装置，有条件时，宜采用水位自动指示和自动控制装置。

（4）清水池和高位水池应加盖并进行防水处理，周围及顶部均应覆土。

（5）在寒冷地区，调节构筑物应有防冻措施。

（6）水塔应有避雷设施。

（7）清水池、高位水池的进水管、出水管、溢流管、排空管、通气孔、检修孔的设置（见表7.4-6）应符合以下要求：

表7.4-6 蓄水池（清水池、高位水池）内各种管道的管径

管道名称	蓄水池容积（m³）									
	50	100	150	200	300	400	500	600	800	1000
进水管（mm）	100	150	150	200	250	250	300	300	400	400
出水管（mm）	150	200	250	250	300	300	400	400	500	500
溢流管（mm）	100	150	150	200	250	300	400	400	500	500
排空管（mm）	100	100	100	100	150	150	150	150	200	200

1）进水管的内径应根据最高日工作时用水量确定；进水管管口宜设在平均水位以下。

2）出水管的内径应根据最高日最高时用水量确定；出水管管口位置应满足最小淹没深度和悬空高度要求。

3）溢流管的内径应等于或略大于进水管的内径；溢流管管口应与最高设计水位持平。

4）排空管的内径应按2h排空计算确定，且不小于100mm。

5）进水管、出水管、排空管均应设阀门，溢流管不应设阀门。

6）通气孔应设在水池顶部，直径不宜小于150mm，出口宜高出覆土0.7～1.2m，并高低交叉布置，高孔和低孔的高差不低于0.5m。

7）检修孔的直径不宜小于700mm。

8）通气孔、溢流管和检修孔应有防止杂物和动物进入池内的措施；溢流管、排空管应有合理的排水出路。

7.4.3 泵站

村镇供水工程中的泵站设计，应符合《泵站设计规范》（GB 50265）的有关规定。

7.4.3.1 分类及设置

村镇供水工程中的泵站，按功能可分为取水泵站、供水泵站、加压泵站等，应根据供水系统需要设置。

（1）取水泵站是指提升原水的泵站，布置在水源附近，应满足取水构筑物的设计要求。

1）地下水取水泵站，一般采用潜水泵从水源井内抽水，规模较大工程应向水厂内的调节构筑物送水，劣质地下水工程应向水厂内的水处理设施送水，水质良好的单村或联村工程可直接向配水管网供水

（这种情况取水泵站也是供水泵站，可采用气压供水或变频调速供水，以适应用水量的变化，并应对饮用水进行消毒后供水）。

2）地表水取水泵站，应向水厂内的水处理设施抽送原水，一般采用离心泵抽水，泥沙含量较低的地表水可采用潜水泵抽水，扬程较低的大型工程可采用轴流泵或混流泵抽水。抽取高浊度地表水的水泵应采取耐磨损措施。

（2）供水泵站是指水厂内提升清水的泵站，通常布置在清水池附近，应满足水厂总体布置要求。

1）供水泵站，通常采用离心泵从清水池中抽水，也可采用潜水泵从清水池中抽水（这种情况潜水泵放置在清水池中，其安装设计应注意维修时不影响清水池的水质）。

2）平原地区的供水泵站，多数直接向配水管网供水，宜采用变频调速供水，以适应用水量的变化；山丘区的供水泵站，多数向高位水池供水。

（3）加压泵站是指增加局部管网水压的泵站，对远离水厂或位置较高的用水区进行二次加压供水，应根据水厂内供水泵站的扬程、配水干管的布置及水头损失计算、居民区的分布和地形等确定。

1）平原地区，宜采用变频调速水泵机组向配水管网直接供水；山丘区，宜设高位水池，由加压泵站向高位水池供水。

2）用水高峰时段可能存在来水量不足或供水规模较大时，加压泵站宜设前池（容积按调节构筑物要求确定）；来水量充足且供水规模不超过1000m³/d时，可采用无负压供水装置加压供水（亦称叠压供水）。

3）随着新农村建设步伐的加快，很多农村开始建设4～6层集中居住的住宅楼，原有的供水系统不能满足楼房的压力需要时，也需要设置加压泵站，通常采用无负压供水装置向楼房加压供水。

4）平原区规划新建规模化供水工程时，供水范围内的农村楼房用水水压可由水厂内供水泵站直接提供，也可采取各村楼房区分设加压泵站提供，水厂内供水泵站的扬程，第一种情况比第二种情况要高12～16m，应根据农村楼房建设现状及发展前景等具体情况，通过经济、管理与服务等综合比较确定。

7.4.3.2 设计基本要求

1. 设计扬程和流量

泵站的设计流量和扬程，应根据7.4.1.3中输配水管网水力计算结果按下列要求确定。

（1）向水厂内净水构筑物（或净水器）抽送原水的取水泵站设计要求如下：

1）设计扬程应满足净水构筑物的最高设计水位（或净水器的水压）要求，应根据水厂净水工艺的竖向布置确定。

2）设计流量应为最高日工作时平均取水量，可按式（7.4-5）计算：

$$Q_1 = W_1 / T_1 \qquad (7.4-5)$$

式中 Q_1——净水设施前的取水泵站设计流量，m^3/h；

W_1——最高日取水量，m^3/d，应为最高日用水量＋水厂自用水量＋输水管道漏失水量（最高日用水量为水厂的设计供水规模，水厂自用水量可按最高日用水量的5%～8%确定，输水管道漏失水量一般可忽略不计，长距离输水时可按水厂设计供水规模的1%～3%确定）；

T_1——日工作时间，h，与净水构筑物（或净水器）的设计净水时间相同。

（2）向调节构筑物抽送良好地下水或清水的泵站设计要求如下：

1）设计扬程应满足调节构筑物的最高设计水位要求。高位水池和水塔的最高设计水位，应满足其控制范围内的最不利村（或乡镇）的最不利用户接管点和消火栓设置处的最小服务水头要求；清水池的最高设计水位，应根据清水池的布置确定。

2）设计流量应为最高日工作时平均用水量，可按式（7.4-6）计算：

$$Q_2 = W_2 / T_2 \qquad (7.4-6)$$

式中 Q_2——向调节构筑物直接供水的泵站设计流量，m^3/h；

W_2——调节构筑物控制范围内的各村镇最高日用水量之和，m^3/d，向水厂内的调节构筑物抽水时应为水厂的设计供水规模；

T_2——日工作时间，h，应根据净水构筑物（或净水器）的设计净水时间、调节构筑物的设计调节能力确定。

（3）直接向无调节构筑物的配水管网供水的泵站设计要求如下：

1）设计扬程应满足配水管网中最不利村（或乡镇）的最不利用户接管点和消火栓设置处的最小服务水头要求。

2）设计流量应为最高日最高时用水量，可按式（7.4-7）计算：

$$Q_3 = \sum (K_{hi} W_i / 24) \qquad (7.4-7)$$

式中 Q_3——配水管网前的供水泵站设计流量，m^3/h；

W_i——配水管网中第 i 村（或乡镇）的最高日用水量，m^3/d，可按照 7.2.1 节的要求计算；

K_{hi}——第 i 村（或乡镇）最高日用水量的时变化系数，可按照 7.2.1 节的要求及表 7.2-5 确定。

2. 水泵机组设计基本要求

（1）水泵机组的选择应根据泵站的功能、流量和扬程，进水含沙量、水位变化，以及出水管路的流量—扬程特性曲线等确定。

（2）水泵性能和水泵组合，应满足泵站在所有正常运行工况下对流量和扬程的要求，常见流量时水泵机组在高效区运行，最高与最低流量时水泵机组能安全、稳定运行。

（3）有多种泵型可供选择时，应进行技术经济比较，选择效率高、高效区范围宽、机组尺寸小、日常管理和维护方便的水泵。

（4）近远期设计流量相差较大时，应按近远期流量分别选泵，且便于更换；泵房设计应满足远期机组布置要求。

（5）向配水管网直接供水的泵站，由于其设计流量为最高日最高时用水量，多数时间流量较小，因此，拟选水泵的设计扬程和流量宜在其特性曲线高效区的右端（即扬程较低和流量较大的部位）。

（6）规模化供水工程的泵站，应采用多泵工作，并设备用泵（小型供水工程，有条件时也应设备用泵）。

1）地表水取水泵站以及向高位水池供水的泵站，宜采用相同型号的水泵。

2）向配水管网直接供水的泵站，宜采用大小泵搭配，但型号不宜超过 3 种。

3）备用泵型号至少有 1 台与工作泵中的大泵一致。

4）每台水泵宜单设进水管。

（7）离心泵的安装高程，应尽可能满足自灌式充水，并在进水管上设检修阀；不能自灌式充水时，泵房内应设充水系统，并按单泵充水时间不超过 5min 设计。离心泵机组可按照《卧式水泵隔振及其安装》（98S102）和《立式水泵隔振及其安装》（95SS103）设隔振措施，包括采用橡胶挠性接管和隔振基座等，以改善工作环境。

（8）潜水电泵的安装高程，顶面在最低设计水位下的淹没深度，管井中不应小于 3m，大口井和辐射井中不小于 1m，进水池中不小于 0.5m；底面距水底的距离，应根据水底的沉淀（或淤积）情况确定。

（9）向高地输水的泵站，应在其出水管上设水锤消除装置，可采用两阶段关闭的液控蝶阀、多功能水泵控制阀或缓闭止回阀等。

3. 泵房设计注意事项

（1）泵房设计应便于机组和配电装置的布置、运行操作、搬运、安装、维修和更换以及进出水管的布置。

（2）泵房内的主要人行通道宽度不应小于 1.2m；相邻机组之间、机组与墙壁间的净距不应小于 0.8m，且泵轴和电动机转子在检修时应能拆卸；高压配电盘前的通道宽度应不小于 2.0m；低压配电盘前的通道宽度应不小于 1.5m。

（3）供水泵房内，应设排水沟、集水井，水泵等设备的散水应不回流至清水池（或井）内，地下或半地下式泵站应设排水泵。

（4）泵房至少应设一个可以通过最大设备的门。

（5）水源井设置在井泵房内时，宜在井口上方屋顶处设吊装孔。

（6）泵房高度，应满足最大物体的吊装要求；起重设备应满足最重设备的吊装要求。

（7）泵房设计应根据具体情况采取相应的采光、通风和防噪声措施。寒冷地区的泵房，应有保温与采暖措施。

（8）泵房地面层，应高出室外地坪 0.3m。

7.4.3.3 气压供水、变频调速供水和无负压供水

1. 气压供水

地势平缓的单村地下水供水泵站，为保障全日供水和小流量供水时节能运行，可采用气压供水系统（利用密闭贮罐内空气的可压缩性进行贮存、调节和压送水量）。气压供水系统，高峰用水时水泵启动频繁、影响水泵机组寿命，与变频调速供水系统比，投资高，但用水量很小时节能效果好；与建水塔比，投资低且无二次污染。

气压供水系统的设计要点如下：

（1）气压供水系统应包括水泵机组、软启动控制器、气压水罐、压力传感器和逆止阀等（见图 7.4-2），其中，逆止阀可防止停泵后倒流，压力传感器可将气压水罐中的水压及时反馈给水泵机组的控制器，软启动可保护水泵机组的启动电流相对平稳。

（2）气压水罐按气水相互关系可分为补气式和隔膜式，补气式，气与水直接接触宜被水带走，需经常向罐内充气；隔膜式，气体被封闭在气囊中不宜漏失，管理方便，但价格较高，有条件时宜选择性能较

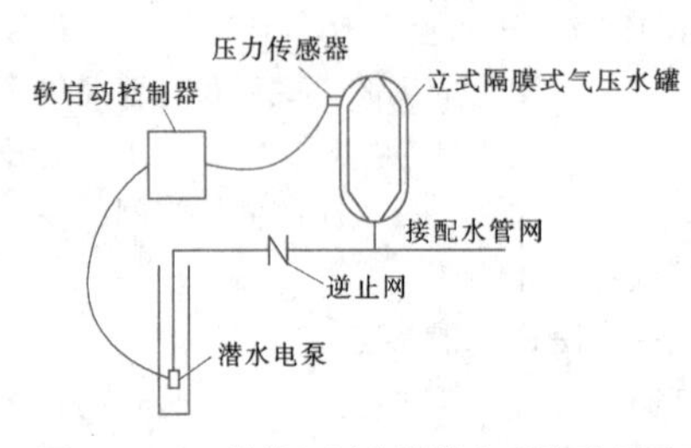

图 7.4-2 单村气压水罐供水系统示意图

优的隔膜式气压水罐。气压水罐按安装方式可分为立式和卧式，立式占地面积小，厂房高度足够时宜采用立式气压水罐。无论选择哪种型式的气压水罐，都应考虑补气措施。选择气压水罐供水时，气压水罐的生产厂家应持有压力容器制造许可证和涉水产品卫生许可批件等。

(3) 气压水罐最低工作压力，应满足配水管网最不利用户接管点的最小服务水头要求。

(4) 气压水罐最高工作压力，可按式 (7.4-8) 计算：

$$P_2 = P_1/a_b \tag{7.4-8}$$

式中 P_2——气压水罐最高工作压力，MPa；

P_1——气压水罐最低工作压力，MPa；

a_b——气压水罐最低工作压力与最高工作压力比，宜采用 0.65～0.85。

(5) 气压水罐的调节水容积，可按式 (7.4-9) 计算：

$$V_x = 0.25Cq_b/n_{max} \tag{7.4-9}$$

式中 V_x——气压水罐的调节水容积，m^3；

C——安全系数，宜采用 1.0～1.3；

q_b——罐内为平均压力时水泵的出水量，m^3/h，可按最高日最高时用水量确定；

n_{max}——水泵在 1h 内的启动次数，宜采用 6～8 次。

(6) 气压水罐的总容积，可按式 (7.4-10) 计算：

$$V = \beta V_x/(1-a_b) \tag{7.4-10}$$

式中 V——气压水罐的总容积，m^3；

β——容积系数，立式补气式罐宜为 1.10，卧式补气式罐宜为 1.25，立式隔膜式罐宜为 1.05，卧式隔膜式罐宜为 1.10。

2. 变频调速供水

调节水泵转速可有效调整水泵的扬程、流量和轴功率，比例关系见式 (7.4-11) ～式 (7.4-13)，但基本不改变水泵的效率曲线。调节水泵转速的方式很多，其中变频调速（通过调节电动机的供电频率和电压，改变电动机及水泵的转速）性能较好，属无极调速，不仅调速范围大、精度高，且响应速度快，应用广泛。

$$Q/Q_1 = n/n_1 \tag{7.4-11}$$

$$H/H_1 = (n/n_1)^2 \tag{7.4-12}$$

$$N/N_1 = (n/n_1)^3 \tag{7.4-13}$$

上三式中 Q、H、N——水泵转速为 n 时的流量、扬程、轴功率；

Q_1、H_1、N_1——水泵转速为 n_1 时的流量、扬程、轴功率。

变频调速很适合向配水管网直接供水的泵站，当实际用水量小于泵站设计流量时，可通过降低水泵转速达到节能运行的目的。但变频调速供水时，由于水泵的运行扬程不应小于净扬程，水泵转速的调节相应受到限制，见图 7.4-3 和式 (7.4-14)、式 (7.4-15)；此外，当供水量很小时，水泵的效率很低，节能效果也受到限制。

$$H_{min} > H_f + H_0 \tag{7.4-14}$$

$$n_{min} = n(H_{min}/H_{max})^{0.5} \tag{7.4-15}$$

上二式中 H_{min}——水泵的最低运行扬程，m；

n_{min}——水泵的最低运行转速，r/min；

H_0——配水管网中最不利用户接管点与水泵进水池最低设计水位的高程差，m；

H_f——配水管网中最不利用户接管点的最小服务水头，m；

H_{max}——水泵转速为 n 的特性曲线(Q-H)零流量时的扬程，m；

n——水泵不调速时的转速（即电动机的额定转速），r/min。

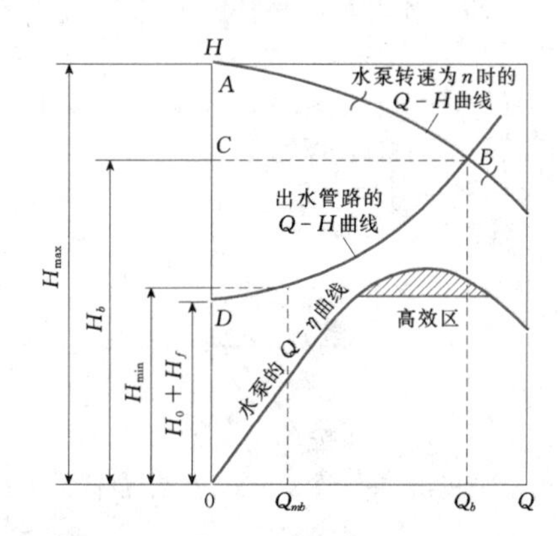

图 7.4-3 变频供水时转速、流量、扬程和效率关系示意图

变频调速供水系统的设计要点如下：

(1) 变频调速供水，通常以压力信号为指令进行

水泵调速，以泵站出水总管上的压力为指令时为恒压变流量供水，最大工作范围为图7.4-3中A、B、C三点所控制的区域；以配水管网中最不利用户接管点的压力为指令时为变压变流量供水，最大工作范围为图7.4-3中A、B、D三点所控制的区域。变压供水比恒压供水节能范围广但需要可靠的远程信号传输，目前供水泵站多采用变频调速恒压供水，泵站出水总管上设压力传感器（多数为电接点压力表），控制压力可根据泵站设计扬程H_b、泵站首部的水头损失和前池最低设计水位等确定（也可根据配水管网的水头损失、用户需要的服务水头和地形高差等确定），一般不宜超过50m，控制精度应小于2m。

（2）变频调速供水设计，不仅要使主要用水时段（通常为6：00～23：00）节能，还应使深夜用水量很小时段尽可能降低电耗。

（3）水厂内从清水池抽水向配水管网直接供水的泵站，应选择多台水泵组合变频调速恒压供水，并在泵站出水总管上设自记流量计，用流量信号控制水泵的运行组合，也可采用时间继电器按不同用水量时段控制水泵的运行组合。供水规模较小的工程可选择一大一小的水泵组合或两大一小的水泵组合，供水规模较大工程可选择四台以上同型号水泵组合。主要用水时段由同型号大泵组合变频调速恒压供水，深夜用水量很小时由一台小泵变频调速恒压供水，小泵可按泵站设计流量的20%～25%确定。除上述工作泵外，尚应配备1台备用泵，型号与工作泵中的大泵一致。

（4）供水规模很小的工程仅需要1台工作泵时，以及从水源井向配水管网直接抽水的村级供水泵站，宜采用变频调速恒压供水与气压供水相结合的供水系统，主要用水时段采用变频调速恒压供水，深夜用水量很小时采用气压供水，可采用时间继电器控制两种供水模式的切换，气压供水时水泵机组由变频调速状态自动转入工频运行状态。确定气压水罐容积（应比单纯气压供水容积小）时，气压供水最大流量q_b可按泵站设计流量的20%～25%计算；气压供水最高压力P_2可设为变频调速恒压供水时的控制压力，最低压力P_1可根据配水管网的水头损失（按泵站设计流量的20%～25%进行计算，比泵站设计流量时要小很多）、用户需要的服务水头和地形高差等确定。

（5）变频调速供水设计应符合《微机控制变频调速给水设备》（CJ/T 352）的要求。

3. 无负压供水

无负压供水（亦称叠压供水）是指利用水厂供水管道的余压直接从管道中抽水再增压的供水方式。用水高峰时段来水量充足且供水规模不超过1000m³/d的加压泵站，可选择无负压供水方式，对远离水厂或位置较高的用水区或居民区集中居住的住宅楼加压供水。加压泵站采用无负压供水较设前池加压供水节能、无二次污染、占地少且投资省，但无调节能力，对来水量的可靠性要求高。

无负压供水系统如图7.4-4所示，可参照标准图《叠压（无负压）供水设备选用与安装》（12S109）设计，并符合下列要求：

（1）用水高峰时段引水点处管道的最小自由水头不应低于5m，引水管比供水管的直径应小2级以上。

（2）引水管和泵站出水管上应设压力传感器。

（3）有条件时，引水管上宜设稳流罐，以缓冲来水压力波动，稳流罐容积应不小于1min设计流量。供水管最大流速小于0.8m/s时，可不设稳流罐。

（4）向配水管网直接供水的加压泵站，应采用变频调速恒压供水，水泵扬程应为配水管网的水头损失、用户需要的服务水头和地形高差之和减去引水点处最小可利用水头。向村镇加压供水时宜设备用机组，向村镇内的楼房加压供水时可只设一套机组。

（5）当引水点处的最大可利用水头大于用户需要的服务水头和地形高差之和时，宜设旁通管，用水量很小时段可由旁通管供水。

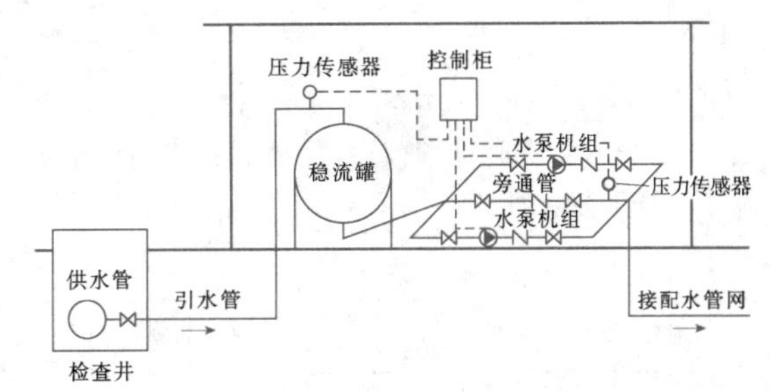

图7.4-4 无负压供水系统组成示意图

7.5 常规水处理

水处理是村镇供水的重要环节，目的是去除生活饮用水中的泥沙、悬浮物、胶体颗粒、超标化学成分和病原微生物，使供水水质符合《生活饮用水卫生标准》（GB 5749）的要求。

生活饮用水处理一般分常规水处理和特殊水处理两大类。常规水处理是指对化学成分不超标原水的处理，而特殊水处理是指对化学成分超标原水的处理。

水处理工艺、净水构筑物或净水设备的选择，应根据原水水质、设计规模，参照相似条件下水厂的运行经验，结合当地条件（气温、场地和运行管理等），通过技术经济比较确定。

规模化供水工程宜采用构筑物型式，小型集中供水工程可采用一体化净水器。净水构筑物或净水装置的生产能力应按供水规模加水厂自用水量、日工作时间确定。

水处理工艺选择前，应搜集分析原水的水质化验资料及不同季节的变化情况，并及时委托有资质的单位进行实际取样化验。

7.5.1 常规水处理工艺的选择

常规水处理主要是针对原水中的浑浊度和微生物指标进行的处理，采用常规水处理时，原水水质应符合《地表水环境质量标准》(GB 3838) 和《地下水环境质量标准》(GB/T 14848) 的要求或《生活饮用水水源水水质标准》(CJ 3020) 的要求。

常规水处理可由多个基本处理单元组成，包括预沉、混凝剂和助凝剂的投加与混合、絮凝、沉淀或澄清、粗滤、慢滤、接触过滤、普通过滤、超滤膜过滤和消毒等基本处理单元。

常规水处理工艺可分为以消毒、慢滤、接触过滤、普通过滤或超滤膜过滤等为核心的形式，选择时应根据原水浊度等水质指标、设计规模、管理条件以及气温条件等确定。

(1) 水质良好的地下水（供水规模大于1000 m^3/d或服务人口超过1万人的浑浊度应小于1NTU，小规模工程的浑浊度应小于3NTU)，可只进行消毒处理。

(2) 南方山丘区规模较小的工程，以山溪水或高地水库为水源时，可采用慢滤水处理工艺，如图7.5-1所示。

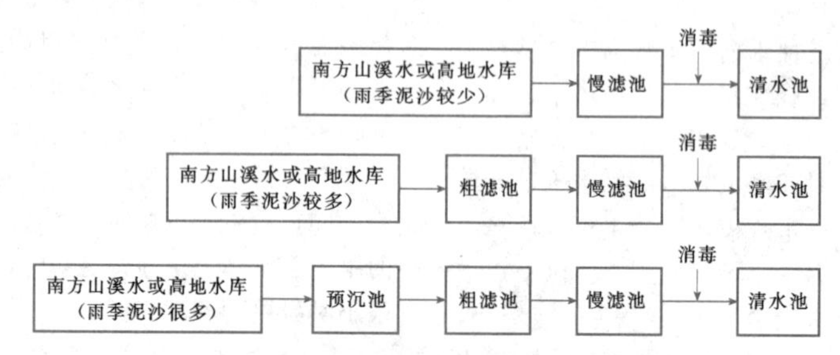

图 7.5-1 南方山溪水或高地水库慢滤水处理工艺

(3) 原水浑浊度长期不超过20NTU、瞬间不超过100NTU时，可采用微絮凝接触过滤或超滤膜过滤水处理工艺，如图7.5-2所示。

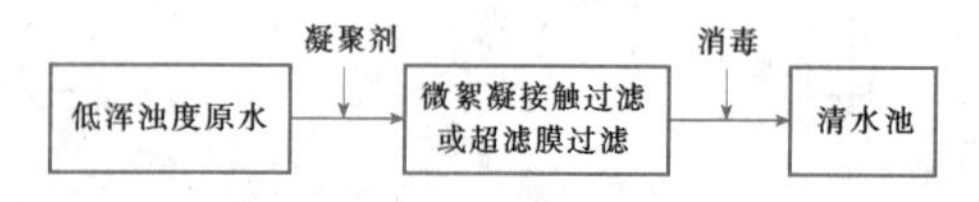

图 7.5-2 低浑浊度原水处理工艺

(4) 原水浑浊度长期低于500NTU、瞬间不超过1000NTU时，可采用普通过滤或超滤膜过滤水处理工艺，如图7.5-3所示。规模较大工程建议采用构筑物型式，规模较小工程建议采用一体化净水设备。

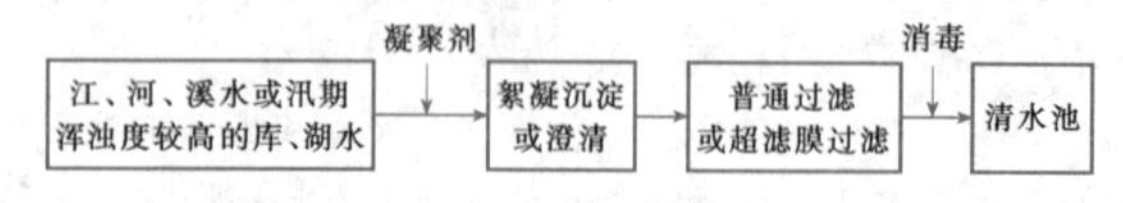

图 7.5-3 浑浊度较高原水处理工艺

(5) 原水含沙量变化较大或浑浊度经常超过500NTU时，有地形条件时可在常规净水工艺前增加预沉池；原水浑浊度长期低于2000NTU，但不具备建预沉池条件时，仍可采用图7.5-3所示的工艺。

7.5.2 凝聚剂和助凝剂的投加与混合

7.5.2.1 药剂的选用

1. 选用原则

(1) 应结合当地水源水质特点（浑浊度、pH值、碱度、水温、色度等水质参数)，参考采用类似水源的水厂经验，或经过试验，选用能生成密而大的絮体的药剂。

(2) 选用的药剂应符合卫生要求，对水质无不良影响。

2. 种类及特点

(1) 常用的凝聚剂有铝盐和铁盐，其特点见表7.5-1。

(2) 当单独使用凝聚剂不能取得良好的凝聚效果或不经济时，可投加助凝剂，常用助凝剂及特点见表7.5-2。

7.5.2.2 药剂的投加

药剂的投加量应根据原水悬浮物含量及性质、pH值、碱度、水温、色度等水质参数，原水凝聚沉淀试验或相似条件水厂的运行经验确定，并按最不利原水水质条件下的最大投加量设计加药系统。

表 7.5-1 **常用凝聚剂**

凝聚剂	特点
固体硫酸铝	(1) 水解作用缓慢； (2) 适用水温为 20～40℃； (3) 当 pH=6.4～7.8 时，适用于处理浑浊度高、色度低（小于 30 度）的水
硫酸亚铁	(1) 腐蚀性强； (2) 絮体形成较快，较稳定，沉淀时间短； (3) 适用于处理碱度高、浊度高、pH=8.1～9.6 的水，不论冬季或夏季都很稳定； (4) 原水的色度较高时不宜采用
三氯化铁	(1) 对金属腐蚀性大，对混凝土亦有腐蚀，塑料管也会因发热而变形； (2) 不受温度影响，絮体大，沉淀速度快，效果较好； (3) 以原水 pH=6.0～8.4 为宜，当原水碱度不够时，应加一定量的石灰； (4) 在处理高浑浊度水时，三氯化铁用量一般比硫酸铝少； (5) 处理低浑浊度水时，效果不显著
聚合氯化铝	(1) 净化效率高，耗药量少，原水高浑浊度时处理效果尤为显著； (2) 温度适应性好，pH 值适用范围宽（可在 pH=5～9 范围内）； (3) 腐蚀性小，劳动条件好； (4) 设备简单，操作方便，成本较三氯化铁低

表 7.5-2 **常用助凝剂**

助凝剂	特点
聚丙烯酰胺	(1) 在处理高浑浊度水时效果显著，并可用于水厂污泥脱水； (2) 与凝聚剂配合使用时，应视原水浑浊度的高低，按一定的程序先后投加，以发挥两种药剂的最大效用； (3) 聚丙烯酰胺固体产品不易溶解，宜在有机械搅拌的溶解槽内配制溶液，配制浓度一般为 2%，投加浓度 0.5%～1%； (4) 聚丙烯酰胺中丙烯酰胺单体有毒性，用于生活饮用水净化时应选用优等品，投加量不允许超过 1.0mg/L
活化硅酸	(1) 适用于硫酸亚铁与铝盐做凝聚剂，可缩短混凝沉淀时间，节省凝聚剂用量； (2) 在原水浑浊度低及水温较低（约在 14℃以下）的情况使用，效果更为显著； (3) 必须注意投加点； (4) 要有适宜的酸化度（一般为 80%～85%）和活化时间（一般为 1～1.5h）
生石灰	(1) 用于原水碱度不足时； (2) 用于去除水中的 CO_2，调整 pH 值

药剂的投加一般采用湿式投加系统，如图 7.5-4 所示。药液应采用清水配制，配制药液浓度可采用 1%～5%（按商品固体重量计，供水规模较大的工程可取高值，采用一体式溶药投加设备时可取较高值）。在配制和投加药液过程中，凡与药剂接触的池壁、设备、管道等应采取防腐措施。

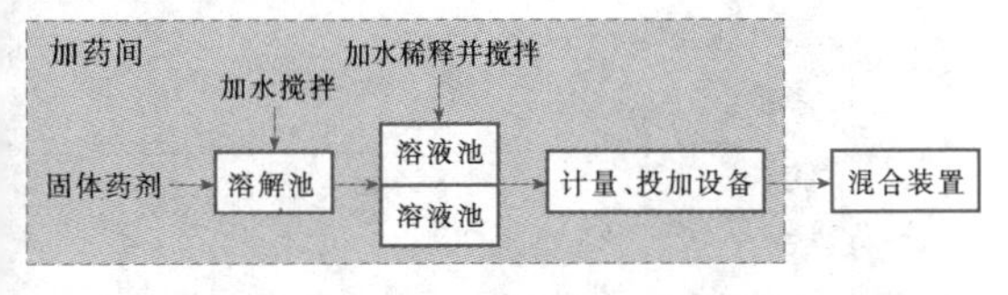

图 7.5-4 药剂湿式投加系统示意图

1. 溶解池和溶液池

大型水厂目前多采用混凝土的溶解池、溶液池配制药液。

(1) 药剂在溶解池中溶解，多采用机械搅拌；溶解池，底坡应大于 2%，池底应设排渣管，容积可按溶液池容积的 20%～30%计算。

(2) 溶解的药液在溶液池中用自来水按比例稀释，溶液池一般分成两个，轮换使用。溶液池容积可按式（7.5-1）计算：

$$V = \lambda W/(1000Cn) \qquad (7.5-1)$$

式中 V——溶液池容积，m^3；

W——水厂处理的水量为水厂的供水规模与自

用水量之和，m^3/d；

λ——药剂最大投加量，mg/L；

C——药液浓度，一般取1%～5%（按商品固体重量计）；

n——每日调制次数（一般按每日调制1次）。

2．药剂投加

药剂投加可采用重力投加、水射器投加或计量泵投加方式，并有投加量计量和调节的措施；投加点应靠近净水构筑物或设备，距离不宜超过120m。

（1）重力投加是利用恒定的高液位将药剂以重力方式投加到无压混合设施中（水泵混合或机械混合），可采用孔口或浮杯计量。

（2）水射器投加是利用安装在压力（压力不小于0.25MPa）水管上的水射器将药液吸投到各类混合设施中，可采用转子流量计计量。

（3）计量泵投加是利用计量泵将药剂投加到各类混合设施中，方法简单，计量准确，便于自动控制，是目前最常用的方式。

3．一体式溶药投加设备

一体式溶药投加设备是指将药剂的配制、投加一体化的设备，适合于中小型水厂，一般应设2台交替工作。

（1）药液箱可采用耐腐蚀的工程塑料。

（2）可选用磁力搅拌，不与药剂直接接触，防腐效果好、寿命长。

（3）设液位管，便于按比例配制药液。

（4）采用计量泵投加，计量准确，适应各类混合方式的投加。

（5）底部设排渣管，设备放置在地面以上，排渣和维护方便。

4．加药间和药剂仓库

（1）加药间宜与药剂仓库合并布置，并尽可能靠近投药点。

（2）加药间应安置通风设备，应有压力清水管路及药池配水管和洗手池，地坪应有排水坡度。

（3）药剂仓库应设置计量工具和搬运设备。药剂的固定储备量，应根据当地供应、运输等条件确定，可按最大投药量的15～30d用量计算。

（4）加药间和药剂仓库的门窗、电路、水管均应有防腐措施。

7.5.2.3 药剂与水的混合

混合是指药液被迅速均匀扩散到整个水体的过程，对取得良好的混凝效果具有重要作用，设计基本要求如下：

（1）混合设施应能保证药剂和原水急剧、充分地混合，混合时间不宜大于30s。当采用高分子混凝剂时，混合不宜过分急剧。

（2）混合设施应靠近净水构筑物或设备，距离不宜超过120m。

（3）一般可选择水泵混合、管式混合和机械混合，各种混合方式的特点及适用条件见表7.5-3，其中管式混合最为常用。

表7.5-3 混合方式的特点和适用条件

混合方式		特点	适用条件
水泵混合		（1）药液投加在取水泵站吸水管口处，利用水泵叶轮混合，无需专门的混合设施； （2）无需额外能量，混合效果好； （3）腐蚀性强的药剂会腐蚀水泵叶轮； （4）水泵和吸水管较多时需增加投药设备	（1）适用于小型工程，且取水泵站距絮凝池不超过120m； （2）药液浓度宜取低值
管式混合器	静态混合器	（1）在管道内安装多节固定叶片，使水流成对分流、产生漩涡，从而获得混合效果； （2）安装在输水管道上，易定位，易安装； （3）运行流量变小时会影响混合效果； （4）水头损失相对较大，约为0.5～0.8m	适用于流量变化较小的水厂
	扩散混合器	（1）在管道内安装孔板混合器和锥形配药帽，药液能均匀混合； （2）安装在输水管道上，易定位，易安装； （3）运行流量变小时会影响混合效果； （4）水头损失约为0.3～0.4m	多用于直径200～1200mm的进水管，适用于规模较大水厂
机械混合		（1）在絮凝池前设混合池，利用桨板搅拌混合； （2）可适应流量变化，混合效果好； （3）需消耗电能，机械设备管理和维护较复杂	适用于各类水厂

7.5.3 絮凝池

投加混凝剂并经充分混合的原水，在水流作用下使微絮体相互接触碰撞形成更大絮体的过程称为絮凝。完成絮凝过程的构筑物称为絮凝池，习惯上也称做反应池。絮凝池分为穿孔旋流絮凝池、网格（栅条）絮凝池，见表7.5-4。

7.5.3.1 基本要求

（1）絮凝池流速应按由大逐渐变小进行设计。

（2）要有足够的絮凝时间T（10～25min），并控制絮凝速度，使其平均速度梯度G达$30\sim60s^{-1}$，GT值达$10^4\sim10^5$。

（3）絮凝池宜与沉淀池合建。

（4）絮凝池出口穿孔墙的过孔流速宜小于0.10m/s。

（5）絮凝池型式的选择，应根据水质、水量、净水工艺高程布置、沉淀池型式及维修条件等因素确定，常用絮凝池的优缺点和使用条件见表7.5-4。目前中小水厂多采用穿孔旋流絮凝池，大型水厂多采用网格（栅条）絮凝池。

表7.5-4 常用絮凝池的优缺点和使用条件

絮凝池型式	优缺点	适用条件
穿孔旋流絮凝池	（1）构造简单，水头损失较小； （2）絮凝时间较长	中小型水厂
网格（栅条）絮凝池	（1）絮凝时间较短； （2）构造较复杂，水量变化会影响絮凝效果	水量变化不大的大型水厂

（6）每格内壁的拐角处应做成导角。

7.5.3.2 穿孔旋流絮凝池

1. 构造与特点

穿孔旋流絮凝池由多个串联的絮凝室组成，如图7.5-5所示。原水以较高流速沿池壁切线方向流入，在池内产生旋转运动，促使颗粒相互碰撞，利用多级各室上下串联的孔口产生旋流，促进了絮凝作用。各室间连接的孔口上下错开，孔口断面逐级放大，而流速逐渐变小。

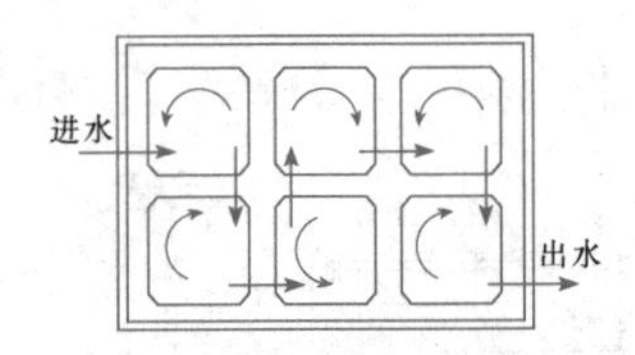

图7.5-5 穿孔旋流絮凝池

穿孔旋流絮凝池适用于中小型水厂。它常与斜管沉淀池合建而组成穿孔旋流式絮凝斜管沉淀池。

2. 设计要点

（1）絮凝时间一般宜为15～25min。

（2）絮凝池孔口流速，应按由大到小的渐变流速进行设计，第一个进孔流速可采用0.6～1.0m/s，最后一个进孔流速可采用0.2～0.3m/s。

（3）絮凝池每格进出水孔口应做上下对角交叉布置。

（4）每组絮凝池分格数不宜少于6格，一般为6～12格。

（5）池内流速不宜过小，以免在絮凝池内产生沉淀。

7.5.3.3 网格（栅条）絮凝池

1. 构造与特点

网格絮凝池的平面布置由多格竖井串联而成。絮凝池分成许多面积相等的方格，进水水流顺序从一格流向下一格，上下交错流动，直至出口。在全池2/3的分格内，水平放置网格或栅条。通过网格或栅条的孔隙时，水流收缩，过网孔后水流扩大，形成良好絮凝条件。大型水厂多采用网格（栅条）絮凝池。

2. 设计要点

（1）单池处理的水量以1.0万～2.5万m^3/d为宜，不宜过大。水厂产水量大时，可采用两组或多组池并联运行。

（2）宜设计成多格竖流式。

（3）絮凝时间宜为12～20min，用于处理低温或低浊度水时，絮凝时间可适当延长。

（4）竖井流速、过栅（过网）和过孔流速应逐段递减，宜分三段，流速可分别如下：

1）竖井平均流速。前段和中段为0.14～0.12m/s，末段为0.14～0.10m/s。

2）过栅（过网）流速。前段为0.30～0.25m/s，中段为0.25～0.22m/s。

3）孔洞流速。前段为0.30～0.20m/s，中段为0.20～0.15m/s，末段为0.14～0.10m/s。

（5）网格（栅条）数前段较多，中段较少，末段可不放。但前段总数宜在16层以上，中段宜在8层以上，上下两层间距为60～70cm。网格（栅条）的外框尺寸加安装间隙等于每格池的净尺寸。前段栅条缝隙为50mm，或网格孔眼为80mm×80mm，中段分别为80mm和100mm×100mm。网格（栅条）材料可用木料、扁钢、塑料、钢丝网水泥或钢筋混凝土预制件等。木板条厚度为20～25mm，钢筋混凝土预制件厚度为30～70mm。

（6）各格之间的过水孔洞应上下交错布置，各过水孔面积从前段向末段逐步增大。所有过水孔须经常处于淹没状态，因此上部孔洞标高应考虑沉淀池水位变化时不会露出水面。

（7）絮凝池内应有排泥设施，一般可用长度小于5m、直径150～200mm的穿孔排泥管或单斗底排泥，采用快开排泥阀。

7.5.4 预沉池、沉淀池

7.5.4.1 预沉池

预沉池多用于处理泥沙含量较高的原水（由于不加混凝剂，又称为自然沉淀池），多为平流式，可利用村镇的天然池塘改造而成，也可采用砖砌或石砌建成水池结构。

预沉池应根据沙峰期原水悬浮物含量及其组成、沙峰持续时间、水源保证率、排泥条件、设计规模、预沉后的浑浊度要求、地形条件、原水沉淀试验并参照相似条件下的运行经验设计，并应符合以下规定：

（1）预沉时间可为8～12h，有效水深宜为1.5～3.0m，池顶超高不宜小于0.3m，池底设计存泥高度不宜小于0.3m。

（2）出水浑浊度应小于500NTU。

（3）应有清淤措施，自然沉淀池宜分成两格并设跨越管。

（4）当水源保证率较低时，自然沉淀池可兼做调蓄池，有效容积应根据水源枯水期可供水量和需水量等确定。

7.5.4.2 沉淀池

1. 平流沉淀池

沉淀池分为平流沉淀池、斜管沉淀池、水平管沉淀池。

平流沉淀池对进水浑浊度有较好的适应能力，但需要机械排泥，因此适用于大型水厂；由于平流沉淀池占地面积大，新建水厂已较少采用。

平流式沉淀池应采用直流式布置，可分为进水区、沉淀区、存泥区和出水区四部分。

平流沉淀池的设计要点如下：

（1）沉淀池的出水浑浊度宜控制在5NTU以下。

（2）沉淀池的池数或分格数一般不少于2个。

（3）沉淀池的沉淀时间可采用2.0～3.0h，处理低温低浑浊度水或高浑浊度水时，沉淀时间应适当延长。

（4）沉淀池的水平流速可采用10～20mm/s。

（5）沉淀池的有效水深可采用2.5～3.5m，超高可为0.3～0.5m。

（6）沉淀池每格宽度宜为3～8m，长宽比不应小于4，长深比不应小于10。

（7）沉淀池宜采用穿孔墙配水。穿孔墙距进水端池壁的距离应不小于1m，沉泥面以上0.3～0.5m处至池底的墙不设孔眼，孔眼流速不宜大于0.15～0.20m/s，孔眼的断面形状宜沿水流方向渐次扩大。

（8）沉淀池的弗劳德数（Fr）一般控制在$1\times10^{-4}\sim1\times10^{-5}$之间。

（9）沉淀池的雷诺数（Re）一般在4000～15000之间，设计时应注意隔墙设置，以减小水力半径R，降低雷诺数。

（10）沉淀池宜采用溢流堰出流，溢流率不宜大于300m^3/（m·d）。

（11）沉淀池可采用虹吸式或泵吸式桁车机械排泥。

（12）沉淀池的放空时间按不超过6h计算。

2. 斜管沉淀池

斜管沉淀池沉淀效率高，池体小、占地少，适用于各种规模的水厂，应用广泛。但与平流沉淀池相比，对原水浑浊度的适应性差。

斜管沉淀池水流方向为上向流，结构如图7.5-6所示。

斜管沉淀池的设计要点如下：

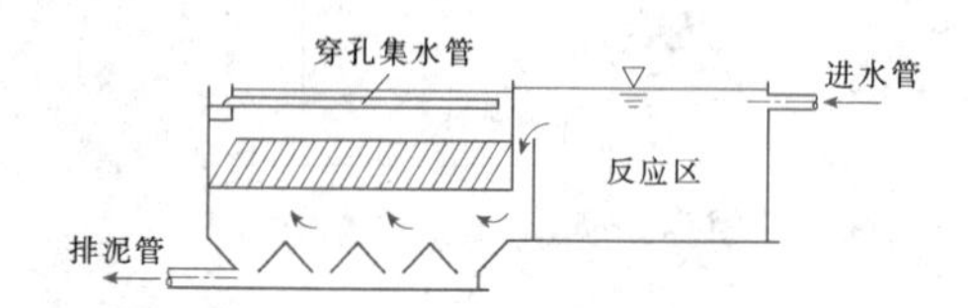

图7.5-6 斜管沉淀池结构示意图

（1）斜管沉淀区液面负荷，应按相似条件下的运行经验确定，可采用5.0～9.0$m^3/(m^2\cdot h)$。

（2）斜管设计可采用下列数据：斜管管径为30～40mm，斜长为1.0m，倾角为60°。

（3）斜管上部的清水区高度，不宜小于1.0m，较高的清水区有助于出水均匀和减少日照影响及藻类繁殖。

（4）斜管下部的布水区高度不宜小于1.5m。为使布水均匀，在沉淀池进口处应设穿孔墙或格栅等整流设施。

（5）积泥区高度应根据沉泥量、沉泥浓缩程度和排泥方式等确定。排泥设备一般采用穿孔管排泥。

(6) 斜管沉淀池采用侧面进水时，斜管倾斜以反向进水为宜。

(7) 斜管沉淀池的出水系统应使其出水均匀，可采用穿孔管或穿孔集水槽等集水。

3. 水平管沉淀池

水平管沉淀池是一种采用哈真浅层理论研发的新型沉淀池，沉淀效率高，耐冲击负荷强，出水浑浊度低且稳定，占地面积小，适合于各种规模的水厂。

(1) 结构特点。

1) 水平管沉淀池的核心是水平管沉淀分离装置，其结构如图 7.5-7 和图 7.5-8 所示，该装置的基本结构是在两块与水平成 60°角的板中安装横向隔板，隔板与水平成 120°角，形成多个菱形管，菱形管下面两个边与水平面自然形成了 60°，水流过时便于沉淀的悬浮物下滑。

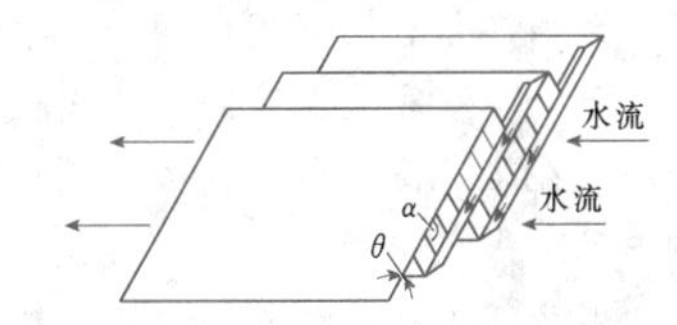

图 7.5-7 水平管沉淀分离装置结构

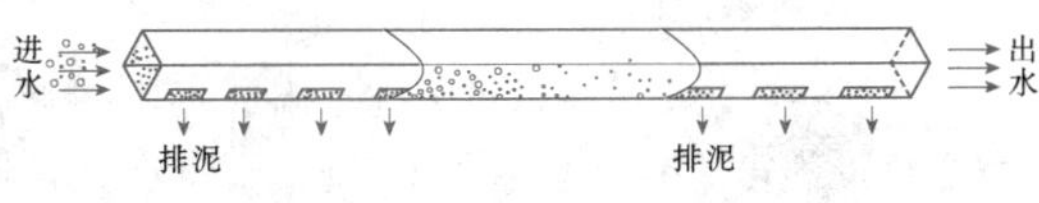

图 7.5-8 水平管单管流态

2) 为解决上层水平管向下排泥问题，在管束之间设置了滑泥道。滑泥道将沉淀管中沉淀的悬浮物与水及时分离，水走水平管、泥走滑泥道，并且滑泥道中水为静止状态，沉淀的悬浮物不会因为水流冲刷重新进入水平管，因此，比传统的平流沉淀池和斜管沉淀池的沉淀效率高、出水浑浊度低且稳定。

(2) 设计要点。水平管沉淀池由池体、布水装置、集水装置、水平管沉淀分离装置、水平管支撑装置、自动冲洗装置、检修人孔、集泥区、泥斗区、排泥管道等构成，如图 7.5-9 所示。

1) 水平管沉淀池水流方向为侧向水平流，流速宜采用 7～11mm/s，低温低浑浊度水宜采用下限值。

2) 水平管断面为矩形，由 n 根锐角为 60°的菱形管组成，其当量直径宜采用 42mm，水平管长度宜采用 2000mm，高度应不大于 3500mm，水平管材质宜采用不锈钢或塑料。

3) 水平管沉淀池宽度宜为 6～8m，沉淀池进水口与水平管进水端之间宜设置 2～3m 的布水区，配水装置置于布水区内。水平管出水端与沉淀池出水口

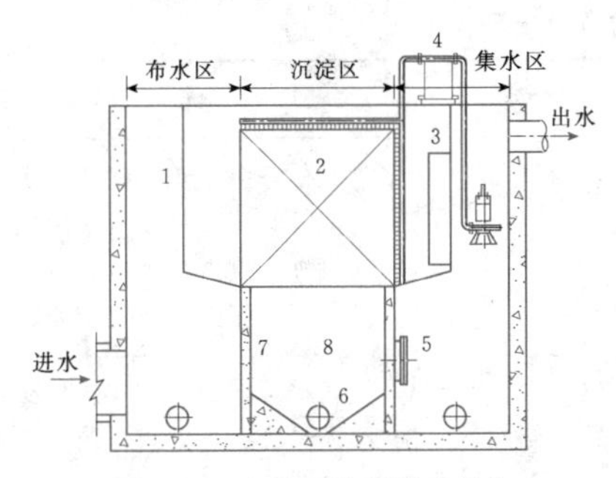

图 7.5-9 水平管沉淀池结构

1—布水装置；2—水平管沉淀分离装置；3—集水装置；4—自动冲洗装置；5—检修人孔；6—泥斗区；7—水平管支撑装置；8—集泥区

之间宜设置 2～3m 的集水区，集水装置置于集水区内。

4) 水平管沉淀池可采用穿孔管排泥、斗式重力排泥、支管排泥等方式，集泥区高度不宜小于 1500mm。

(3) 应用实例。定远县大余水厂，规划供水能力为 20000m³/d（目前设计供水能力为 10000m³/d），水源为水库水，原水浑浊度为 10～20NTU。

该水厂原设计工艺流程为“穿孔旋流絮凝池＋斜管沉淀池＋重力三阀滤池”，分两组水处理构筑物，每组处理能力为 5000m³/d。其中一组斜管沉淀池在原土建工程基本未变的情况下改造为了水平管沉淀池，处理水量提高到了 7500m³/d，沉淀池出水浑浊度小于 3NTU。

7.5.5 澄清池

澄清池是利用池中已积聚的活性泥渣与原水中的悬浮颗粒相互接触、吸附，然后与水分离，使原水较快地得到澄清的净水构筑物。澄清池可充分发挥混凝剂的净水效能，但启动过程复杂、时间长，不允许间断运行，仅适合于供水规模较大的村镇水厂，一般为圆形池。常用澄清池主要包括机械搅拌澄清池和水力循环澄清池，其优缺点及适用条件见表 7.5-5。

7.5.5.1 水力循环澄清池

水力循环澄清池的工作原理是利用进水管中水流的动力，促使混凝作用产生的活性泥渣回流，以加速混凝过程，并进行分离澄清。其净水流程为：投加混凝剂后并带有一定动能的原水从池底中心进水管端的喷嘴以高速喷入喉管，在喉管喇叭口四周形成负压，从而将数倍（3 倍左右）于原水的活性泥渣从澄清池锥形底部吸入喉管，并与之充分快速混合，然后进入面积逐渐扩大的第一絮凝室和第二絮凝室，因面积突然扩大，流速相应逐渐减少，从而增加了颗粒间的碰

表 7.5-5　　常用澄清池优缺点及适用范围

型式	优缺点	适用条件
机械搅拌澄清池	(1) 处理效率高，单位面积产水量较大； (2) 适应性较强，处理效果稳定； (3) 对高浑浊度水处理也具有一定适应性； (4) 需要机械搅拌设备，维修较麻烦	进水悬浮物含量一般小于1000mg/L；短时间内允许达3000～5000mg/L
水力循环澄清池	(1) 无机械搅拌设备，构造较简单； (2) 投药量较大，要消耗较大的水头，对水质、水温变化适应性较差	进水悬浮物含量宜小于1000mg/L，短时间内允许达2000mg/L

撞，有效地完成混凝反应。由第二絮凝室流出的泥水混合液在分离室中因过水断面突然增大，水流速度突然降低，致使泥渣在重力作用下下沉与水分离，清水则向上，从集水槽流走。一部分泥渣沉积到泥渣浓缩室，定期由排泥管排出，大部分泥渣又被吸入喉管进行回流，如此周而复始。

水力循环澄清池的设计要点如下：

(1) 设计回流水量采用进水量的2～4倍，原水浓度高时取下限，反之取上限。喉管截面积与喷嘴截面积的比值约在12～13之间，喉管直径与喷嘴直径之比一般采用1∶3～1∶4。

(2) 进水管距池底高度一般宜小于0.6m，进水管流速为0.8～1.1m/s。

(3) 水力循环澄清池的混合与絮凝由喷嘴、喉管、絮凝室来完成。

1) 喷嘴流速为6～9m/s，水头损失约为2～5m；喷嘴底与池底距离为0.15m，喷嘴口与喉管口的间距一般为喷嘴直径的1～2倍；喷嘴顶与池底的距离一般不大于0.6m，喷嘴的收缩角在13°左右。

2) 喉管流速为2～3m/s，混合时间为0.5～0.7s；喉管喇叭口角度为45°，喉管长度为直径的5～6倍，安装时喇叭口底高出池底0.15～0.30m。

3) 第一絮凝室出口流速为50～80mm/s，絮凝时间为20～30s；第二絮凝室进口流速为40～50mm/s，絮凝时间为90～100s。

(4) 清水区的上升流速宜采用0.7～0.9mm/s，当原水为低温低浑浊度水时，上升流速应适当降低；清水区高度宜为2～3m，超高为0.3m。

(5) 水在池中的总停留时间可采用1.0～1.5h。

(6) 泥渣浓缩室多数采用污泥斗强制排泥，污泥斗容积约为澄清池有效容积的1%～4%，泥斗排泥周期一般为0.5～1.0h，泥斗排泥历时为5～60s，泥渣含水率为97%～99%（按重量计），排泥耗水量占进水量的5%；池中心的池底以0.05的坡度倾向池中心，中心设直径不小于75mm的排泥管，排泥管管口需加罩，排泥宜用快开闸门。

(7) 为便于运行过程中观察泥渣老化程度及水质变化状况，喷嘴喉管附近、第一絮凝室出口处及分离区均应装设取样管。

7.5.5.2 机械搅拌澄清池

机械搅拌澄清池是利用安装在同一根轴上的机械搅拌装置和提升叶轮来完成泥渣回流和接触反应，加药混合后的原水在第一絮凝室与几倍于原水的循环泥渣在叶片的搅动下进行接触反应，然后经叶轮提升到第二絮凝室内继续反应，以结成较大的絮粒，再通过导流室进入分离室进行沉淀分离。

机械搅拌澄清池的设计要点如下：

(1) 搅拌叶轮提升流量可为进水流量的3～5倍，叶轮直径可为第二絮凝室内径的70%～80%，并应设调整叶轮转速和开启度的装置。

(2) 清水区高度一般为1.5～2.0m；清水区上升流速一般可采用0.7～1.0mm/s，当原水属低温低浑浊度水时可采用0.5～0.8mm/s。

(3) 水在池中的总停留时间可采用1.2～1.5h，第一絮凝室和第二絮凝室的停留时间控制在20～30min。

(4) 为使进水均匀，可采用三角配水槽缝隙或孔口出流以及穿孔管配水等；为防止堵塞也可采用底部进水方式。

(5) 加药点一般设于池外，在池外完成快速混合。

(6) 第二絮凝室应设导流板，其宽度一般约为直径的1/10。

(7) 集水方式可采用淹没孔集水槽或三角堰集水槽，过孔流速为0.6m/s，集水槽流速为0.4～0.6m/s。

(8) 机械搅拌澄清池是否设置刮泥装置，应根据池径大小、底坡大小、进水悬浮物含量及其颗粒组成等因素确定。

7.5.6 粗滤池和慢滤池

7.5.6.1 粗滤池

当原水浑浊度超过20NTU、采用慢滤池处理原水时，需在慢滤池前增加粗滤池。

粗滤池的设计要点如下：

(1) 原水含沙量常年较低时，粗滤池宜设在取水口；原水含沙量常年较高或变化较大时，粗滤池宜设在预沉池后。

(2) 进水浑浊度应小于500NTU，出水浑浊度应小于20NTU。

(3) 设计滤速宜为0.3～1.0m/h，原水浑浊度高时取低值。

(4) 粗滤池构筑物型式分为竖流和平流两种，选择时应根据地理位置通过技术经济比较后确定。

1) 竖流粗滤池宜采用二级串联，上向流粗滤池底部应设配水室、排水管和集水槽。滤料表面以上水深0.2～0.3m，保护高0.2m。滤料宜选用卵石或砾石，顺水流方向由大到小按三层铺设，并符合表7.5-6的规定。

表 7.5-6　竖流粗滤池滤料组成

粒径（mm）	厚度（mm）
4～8	200～300
8～16	300～400
16～32	450～500

2) 平流粗滤池通常由三个相连通的卵石或砾石室组成，并符合表7.5-7的规定。

表 7.5-7　平流粗滤池滤料组成与池长

卵石或砾石室	粒径（mm）	池长（mm）
室1	16～32	2000
室2	8～16	1000
室3	4～8	1000

7.5.6.2 慢滤池

1. 结构与特点

新建的慢滤池，要在连续运行1～2周后，才能出现清亮的过滤水，这一段时间称为慢滤池的成熟期。成熟期过后，滤池顶部几厘米厚的砂层变成一个生物滤层，过滤截污能力增强并具有生物氧化作用，可有效去除水中的污染物。

在慢滤池运行过程中，由于悬浮物不断累积在滤膜内，滤速也随之降低，因此慢滤池在运行2～3个月后，需停止进水，将滤层表面的2～3cm的砂刮去，重新换石英砂或者将刮下来的砂子用清水冲洗洁净后重新铺好，再投入使用。刮砂破坏了慢滤池的生物滤膜，因此刮砂后的慢滤池又需要重新经历一个成熟期，过滤水才能恢复到原来的清洁程度，这个成熟期一般2～3d即可。

慢滤池由于滤速低、出水量少、占地面积大，在城市供水中已极少应用。但慢滤池构造简单，便于就地取材，无需加药，截留细菌能力强，能去除部分有机物、氨氮、铁、锰等，出水水质好，操作简单，特别适用于南方山区以山溪水为饮用水水源的小型集中供水工程（如福建省建瓯市山区的农村饮水安全工程）和雨水集蓄供水工程。

2. 设计要点

(1) 进水浑浊度宜小于20NTU，布水应均匀。

(2) 应按24h连续工作设计。

(3) 滤速宜按0.1～0.3m/h设计，进水浑浊度高时取低值。

(4) 出口应有控制滤速的措施，可设可调堰或在出水管上设控制阀和转子流量计。

(5) 滤料宜采用石英砂，粒径为0.3～1.0mm，滤层厚度为800～1200mm。

(6) 滤料表面以上水深宜为1.0～1.2m；池顶应高出水面0.3m、高出地面0.5m。

(7) 承托层宜为卵石或砾石，自上而下分五层铺设，并符合表7.5-8的规定。

表 7.5-8　慢滤池承托层组成

粒径（mm）	厚度（mm）
1～2	50
2～4	100
4～8	100
8～16	100
16～32	100

(8) 滤池面积小于15m^2时，可采用底沟集水，集水坡度为1%；当滤池面积较大时，可设置穿孔集水管，管内流速宜采用0.3～0.5m/s。

(9) 有效水深以上应设溢流管，池底应设排空管。

(10) 应分格，格数不宜少于2个，以便于检修。

(11) 北方地区应采取防冻和防风沙措施，南方地区应采取防晒措施。

7.5.7 过滤池

7.5.7.1 普通快滤池

1. 结构与特点

普通快滤池为以石英砂做滤料的四阀式滤池，简称快滤池。池体用砖或钢筋混凝土建造，平面呈方形或矩形。

2. 设计要点及计算公式

(1) 滤速为6～8m/h。

(2) 滤池总面积、个数及单个滤池尺寸：

1) 滤池总面积为

$$F=\frac{Q}{vT}\quad (m^2) \qquad (7.5-2)$$

式中 Q——设计水量(包括水厂自用水量)，m^3/d；

v——设计滤速，m/h；

T——滤池每日实际工作时间，h。

2) 分格数。应根据技术经济比较确定，但不得少于两个。无资料时可参见表7.7-9选用(该表是根据华东地区技术经济分析得出的)。

表7.5-9 滤池分格数

滤池面积(m^2)	<30	30～50	100	150	200
滤池分格数	2	3	3或4	4～6	5～6

3) 单个滤池尺寸。单个滤池面积为(一般不大于$100m^2$)

$$f=\frac{F}{N}\quad (m^2)$$

式中 F——滤池总面积，m^2；

N——滤池个数。

滤池的长宽比可参见表7.5-10。

表7.5-10 滤池长宽比

单个滤池面积(m^2)	<30	>30	旋转式表面冲洗
长∶宽	1∶1.5～1∶2	1∶2～1∶4	3∶1～4∶1

(3) 滤池布置：

1) 滤池个数少于5个时宜用单行排列，反之可用双行排列。

2) 单个滤池面积大于$50m^2$时，管廊中可设置中央集水渠。

(4) 滤料。采用石英砂(可为河砂、海砂)，颗粒需清晰、少含杂质、有足够的机械强度、孔隙率40%左右。用于生活饮用水的滤料不得含有毒物质。滤料最小粒径$d_{min}=0.5mm$，滤料最大粒径$d_{max}=1.2mm$。

不均匀系数

$$K_{80}=\frac{d_{80}}{d_{10}}\leqslant 2(d_{10}=0.5\sim 0.6mm) \qquad (7.5-3)$$

式中 d_{80}——筛分曲线中通过80%重量之砂的筛孔大小；

d_{10}——筛分曲线中通过10%重量之砂的筛孔大小。

滤层厚度不小于700mm。

(5) 滤层上面的水深，一般采用1.5～2.0m。

(6) 滤层工作周期，在生产上根据水头损失限值和出水最高浑浊度而确定；设计时一般采用12～24h。冲洗前的水头损失最大值一般采用2.0～2.5m。

(7) 滤池超高一般采用0.3m。

(8) 配水系统有采用大阻力和小阻力两种。普通快滤池一般采用管式大阻力系统，配水孔眼总面积与滤池面积之比为0.25%～0.30%。

1) 干管始端流速为0.8～1.2m/s，支管始端流速为1.4～1.8m/s，孔眼流速为4～6m/s。

2) 支管中心距为0.25～0.30m，支管长度与其直径之比不应大于60。

3) 孔眼直径为9～12mm，在支管上设两排，与垂线成45°角向下交错排列。

4) 干管横截面应大于两侧支管总横截面的0.75～1.00倍。干管直径或渠宽大于300mm时，顶部应装滤头、管嘴或将干管埋入池底。

(9) 承托层。可用卵石或砾石自上而下按颗粒大小分层铺成，其组成和厚度见表7.5-11。

表7.5-11 承托层的组成和厚度 单位：mm

层次(自上而下)	粒径	厚度
1	2～4	100
2	4～8	100
3	8～16	100
4	16～32	150

(10) 冲洗强度为$14\sim 15L/(s\cdot m^2)$，该数值为无辅助冲洗时的经验数据(适用于水温20℃时，水温每增减1℃，冲洗强度亦相应增减1%)。

(11) 冲洗水的供给。用水泵或用水箱冲洗应根据技术经济比较确定。

1) 水泵冲洗。采用水泵冲洗时，需考虑有备用措施。水泵出水量计算公式为

$$Q = qf$$

$$H = H_0 + h_1 + h_2 + h_3 + h_4 + h_5$$

上二式中 Q——水泵出水量，L/s；

q——冲洗强度，$L/(s \cdot m^2)$；

f——单个滤池面积，m^2；

H——所需水泵扬程，m；

H_0——洗砂排水槽顶与清水池最低水位差，m；

h_1——清水池与滤池间冲洗管的沿程水头损失与局部水头损失之和，m；

h_2——配水系统水头损失，m；

h_3——承托层水头损失，m；

h_4——滤层水头损失，m；

h_5——富余水头，为1～2m。

2）水箱（水塔、水柜）冲洗。水箱中水深不宜超过3m，水箱应在滤池冲洗间歇时间内充满，并应有防止空气进入滤池的措施。水箱的容积为一格滤池冲洗水量的1.5倍，水箱底部高于洗砂排水槽顶的高度。此时

$$H_0 = h_1 + h_2 + h_3 + h_4 + h_5$$

式中符号意义同前。

（12）管（槽）流速见表7.5-12。

表7.5-12 滤池管（槽）流速 单位：m/s

名　称	流　速
进水管（槽）	0.8～1.0
滤过水管	0.8～1.2
冲洗水管（槽）	2.0～2.5
废水管（渠）	1～1.5

7.5.7.2 微絮凝接触滤池

1. 结构与特点

原水投加混凝剂后，不经沉淀或澄清而直接进行过滤的滤池称为接触滤池，这种滤池所用的滤料为双层滤料，即无烟煤和石英砂，原水投加混凝剂后的絮凝主要在无烟煤的孔隙中完成。

由于两种滤料的密度不同，在一定的冲洗强度下，经过水力分选，使轻质滤料分布于上层，重质滤料分布于下层。虽然每层滤料的粒径由上而下递增，但就整个滤层而言，上层平均粒径大于下层平均粒径。双层滤料粒径循水流方向由大到小，即进行所谓“反粒度过滤”。由于煤粒间的孔隙较大，矾花可以穿透得深一些，这样砂层的吸附表面积能得到最大限度的利用，较好地发挥了整个滤层吸附能力，使滤层中杂质分布将趋于均匀，滤层截污能力提高，滤料孔隙堵塞缓慢，滤层中水流阻力及水头损失的增加也缓慢，工作周期可延长或过滤速度得到提高。

2. 设计要点

（1）接触滤池适用于原水浑浊度小于20NTU、水源浑浊度较稳定的地区。

（2）滤料组成及滤速见表7.5-13。

表7.5-13 接触滤池滤料组成及滤速

滤料名称	滤料粒径（mm）	K_{80}	滤料厚度（mm）	滤　速（m/h）
石英砂	$d_{min}=0.5$	1.5	400～600	5～8
	$d_{max}=1.0$			
无烟煤	$d_{min}=1.2$	1.3	400～600	
	$d_{max}=1.8$			

（3）冲洗强度一般采用15～18$L/(s \cdot m^2)$，冲洗历时一般采用6～9min。

（4）洗砂排水槽距滤层表面高度为

$$H = e_1 H_1 + e_2 H_2 + 2.5X + \delta + 0.075\text{m}$$

式中 H_1——砂层厚度，m；

H_2——无烟煤厚度，m；

e_1——砂层膨胀率，为40%～60%；

e_2——无烟煤膨胀率，为50%～60%；

X——槽宽的一半，m；

δ——槽底厚度，m。

（5）冲洗前水头损失最大值一般采用2.0～2.5m。

（6）滤层表面以上的水深一般为2m。

（7）工作周期一般为10～15h，浑浊度低时可适当延长。

7.5.7.3 重力式无阀滤池

1. 结构与特点

重力式无阀滤池利用虹吸的原理使滤池进行正常的运转，无需外接水源进行反冲洗，具备滤池运转的全部功能、不需要经常管理的优点，在农村中小型水厂中得到较广泛的采用。

重力式无阀滤池一般由以下部分组成：

（1）池体。一般用钢筋混凝土建造。水箱部分应加盖，以防止污染滤后水。

（2）进水系统。包括高位进水槽、进水U形管和布水系统等。

（3）滤水系统。包括顶盖、滤料层和承托层等。

（4）配水系统。由于无阀滤池采用低水头反冲洗，因此配水系统均采用小阻力配水系统。

（5）冲洗水系统。包括冲洗水箱、连通管、虹吸

（上升、下降）管、虹吸辅助管、虹吸破坏管、强制冲洗器、冲洗强度调节器和排水井。

2. 设计要点

（1）进水箱：

1）当滤池采用双格组合时，进水箱可兼做配水用，又称为进水分配箱。为使配水均匀，要求两个堰口标高、厚度、粗糙度应尽可能相同。堰口设置标高较为重要，可按下述关系式确定：

堰口标高＝虹吸辅助管管口标高＋进水管及虹吸上升管内各项水头损失＋保证堰上自由出流的高度（10～15cm）

2）虹吸管工作时，为防止因进水中带入空气而可能产生“虹吸提前破坏”现象，应采取下列措施：在滤池行将冲洗前，进水分配箱内应保持有一定的水层深度，一般考虑箱底与滤池冲洗水箱平行。进水管内流速一般采用0.5～0.7m/s。进水管U形存水弯的底部中心标高，为安全起见可与排水井井底标高相同。

3）进水挡板。挡板直径应比虹吸上升管管径大10～20cm，距离管口20cm。

（2）滤水系统。包括顶盖、浑水区、滤料层、支承层等。

1）顶盖。将冲洗水箱的清水与滤层上部的待滤进水隔开，要求上下不能漏水，有一定的锥角，顶盖面与水平面间夹角为10°～15°，以利于反冲洗时将污水汇流至顶部管口经虹吸管排出。

2）浑水区（不包括顶盖锥体部分高度）。一般按反冲洗时滤料层厚度的最大膨胀高度再保留10cm安全高度确定。

3）滤料层。其粒径和厚度参照普通快滤池及双层滤料接触滤池，也可按表7.5-14选用。

表7.5-14　无阀滤池滤料组成

滤　层	滤料名称	粒　径（mm）	筛　网（目/英寸）	厚度（mm）
单层滤料	石英砂	0.5～1.0	36～18	700
双层滤料	无烟煤	1.2～1.6	16～12	300
	石英砂	1.0～0.5	18～36	400

4）承托层。承托层的材料及组成与配水方式有关，各种组成可按表7.5-15选用。

（3）配水系统。由于冲洗水箱位于滤池顶部，冲洗水头不高，均采用小阻力系统。

1）配水形式。常用的有滤板、格栅、尼龙网、滤（帽）头四种形式。

2）集水区。要具有一定高度，使冲洗配水均匀。一般可采用30～50cm，大池时采用较大值。

表7.5-15　承托层材料及组成

配水方式	承托层材料	粒　径（mm）	厚度（mm）
滤板	粗砂	1～2	100
格栅	卵石	1～2	80
		2～4	70
		4～8	70
		8～16	80
尼龙网	卵石	1～2	每层50～100
		2～4	
		4～8	
滤帽（头）	粗砂	1～2	100

注　采用的卵石外形最好呈球形，尽量避免片状。

3）出水管。一般同进水管直径。

（4）冲洗系统：

1）冲洗水箱。重力式无阀滤池的冲洗水箱置于滤池顶部，水箱容积按一个滤池冲洗一次所需的水量确定。如采用双格滤池组合共用一个冲洗水箱，可使水箱高度降低一半，但由于高度降低，冲洗强度也相应有所降低，故应进行水力核算。

2）连通管。具有将滤后清水送入冲洗水箱及将冲洗水送入滤池的双重作用，其型式、大小应满足水头损失和布水均匀的要求。

3）虹吸管。一般采用形成虹吸较快的向上锐角布置型式，管口是控制虹吸作用的标高，当虹吸上升管内水位达到虹吸辅助管管口时，滤池进入冲洗阶段。管口与冲洗水箱最高水位之间的标高差H_1，即等于允许水头损失值，虹吸管管径取决于冲洗水箱平均水位与排水井水封水位的标高差H_2和冲洗过程中在平均冲洗强度q_0下的各项水头损失值总和$\sum h_i$，虹吸下降管管径应比上升管管径小1～2级。

4）虹吸辅助管。可减少虹吸形成过程中的水量流失，加速虹吸形成，当虹吸上升管内水位达到虹吸辅助管管口后，水流即自辅助管内垂直下降，流速极高会形成负压，使抽气管抽气加速虹吸形成。采用该管当水位达到虹吸辅助管管口后只需2～4min即形成虹吸，否则将达数小时之久。

5）虹吸破坏管。通过该管进入空气使虹吸破坏，冲洗停止。虹吸破坏管管径不宜过小，以免虹吸破坏不彻底，但管径过大也会因虹吸管的抽吸而造成较多水量流失，管径一般采用15～20mm。为延长虹吸破坏管进气时间，使虹吸破坏彻底，在破坏管底部加装虹吸小斗。

6）强制冲洗器。无阀滤池的冲洗是全自动的，有时因管理上的需要，在滤池水头损失还没有达到最大值就需要冲洗时，可使用强制冲洗器。强制冲洗器是利用快速的压力水流在辅助管内造成负压，通过抽气管的作用形成虹吸。

7）冲洗强度调节器。这是设置在虹吸下降管口下部的锥形挡板，调整挡板与管口的间距即可控制冲洗强度。

8）排水井。除排泄冲洗水外兼做虹吸下降管管口的水封井用，以保证滤池即将冲洗时真空虹吸的形成，排水井水封水位决定虹吸水位差 H_2 的大小。

（5）主要设计数据。平均滤速为 8m/h，平均冲洗强度为 15L/（s·m^2），冲洗历时为 5min，期终水头损失为 1.70m，进水管流速为 0.5～0.7m/s。

7.5.7.4 虹吸滤池

1. 构造与特点

虹吸滤池适用于较大规模的农村供水工程，具备不需大型阀门、不需冲洗水泵和水箱、易于自动化操作等特点，但也存在土建结构比较复杂、池深大而单池面积不能过大、冲洗时间要浪费一部分水量，以及采用变水头等速过滤、出水水质不如降速过滤等缺点。设计时应根据供水规模及现场情况，与其他形式的滤池进行技术经济比较后确定在净化工艺流程中选用虹吸滤池的合理性。

虹吸滤池的关键部分是水力自动冲洗装置，当水流通过进水虹吸辅助管时，抽吸进水虹吸管内的空气，使其形成虹吸而滤池开始进水，随着过滤时间的延续，滤层阻力逐渐增加，水位超过冲洗虹吸辅助管管口时，进水虹吸破坏，滤池开始反冲洗。经过一定时间冲洗后，人工或自动破坏反冲洗虹吸管，冲洗就结束了。虹吸形成与破坏的操作均可利用水力条件实现自动控制。

（1）虹吸滤池采用真空系统控制进、排水虹吸管，以代替进、排水阀门。

（2）每座滤池由若干格组成；采用中、小阻力配水系统；利用滤池本身的出水及其水头进行冲洗，以代替高位冲洗水箱或水泵。

（3）滤池的总进水量能自动均衡地分配到各单格，当进水量不变时各格均为等速过滤。

（4）滤过水位高于滤层，滤料内不致发生负水头现象。

（5）虹吸滤池平面布置有圆形和矩形两种，也可做成其他形状（如多边形等）。在北方寒冷地区虹吸滤池需加设保温房屋；在南方非保温地区，为了排水方便，也有将进、排水虹吸管布置在虹吸滤池外侧的。

2. 设计要点

虹吸滤池的进水浑浊度、设计滤速、强制滤速、滤料、工作周期、冲洗强度、膨胀率等均参见普通快滤池的有关内容。此外，在设计虹吸滤池时，还应考虑以下几点：

（1）虹吸滤池适用的水量范围一般为 15000～50000m^3/d。单格面积过小，施工困难，且不经济；单格面积过大，小阻力配水系统冲洗不易均匀。目前国内已建虹吸滤池单格最大面积达 133m^2。

（2）选择池形时一般以矩形较好。

（3）滤池的分格分组应根据生产规模及运行维护条件，通过技术经济比较确定。通常每座滤池分为 6～8 格，各格清水渠均应隔开，并在连通总清水渠的通路上装设盖阀或闸板或考虑可临时装设闸阀的措施，以备单格停水检修时使用。

（4）虹吸滤池采用中、小阻力配水系统。为达到配水均匀，水头损失一般控制在 0.2～0.4m。配水系统应有足够的强度，以承担滤料和过滤水头的荷载，且便于施工及安装。

（5）真空系统。一般可利用滤池内部的水位差通过虹吸辅助管形成真空，代替真空泵抽除进、排水虹吸管内的空气形成虹吸，形成时间一般控制在 1～3min。虹吸形成与破坏可利用水力实现自动控制，也可采用真空泵及机电控制设备实现自动操作。

（6）虹吸管按通过的流量确定断面。一般多采用矩形断面，也可用圆形断面。水量较小时可用铸铁管，水量较大时宜采用钢板焊制。虹吸管的进、出口应采用水封，并有足够的淹没深度，以保证虹吸管正常工作。

（7）进水渠两端应适当加高，使进水渠能向池内溢流。各格间隔墙应较滤池外周壁适当降低，以便于向邻格溢流。

（8）在进行虹吸滤池设计时，应考虑各部分的排空措施；在布置抽气管时，可与走道板栏杆结合；为防止排水虹吸管进口端进气，影响排水虹吸管正常工作，可在该管进口端上部设置防涡栅；清水出水堰及排水出水堰应设置活动堰板以调节冲洗水头。

7.5.8 超滤

7.5.8.1 超滤膜形式及选用

1. 超滤膜形式及分类

超滤膜根据形状不同可以分为平板膜、卷式膜、管式膜、中空纤维膜。

超滤膜按照过滤方式分为压力式膜和浸没式膜。压力式膜又分为压力壳体式内压式膜和压力壳体式外压式膜，其过滤动力来自于原水水压或由原水增压泵提供，浸没式膜的过滤动力通过抽负压的形式提供。

超滤膜按照驱动压力分为高压膜和低压膜。

超滤膜按材质分为有机膜、无机膜。

2. 超滤膜的选用

对于村镇供水工程中的超滤膜要求过滤精度高、运行压力低、通量大、抗污染性能强。超滤膜的过滤精度要求达到0.01～0.10μm，以确保水质安全，一般选用有机的低压膜，以降低运行成本。

在各种不同形式的超滤膜中，中空纤维超滤膜是超滤技术中最为成熟与先进的一种，也是国内外应用最为广泛的一种。一般情况下，浸没式膜较压力式膜更能抵抗水质变化冲击，如果进膜水浑浊度大于20NTU，推荐使用浸没式超滤膜。

7.5.8.2 总体设计要求

(1) 超滤能去除水中的悬浮物、胶体、藻类、细菌、病毒等污染物，保证饮用水的微生物安全性；出水浑浊度在0.2NTU以下。

(2) 超滤分压力式和浸没式两种。应根据进水水质、设计规模、占地需求等条件，结合当地条件通过技术经济比较确定。

(3) 超滤截留孔径为0.01～0.10μm，所选膜材料应具备亲水性好、通量大、抗污染能力强、过滤压差低等特点，并符合相关的膜材料标准。

(4) 超滤膜是靠跨膜压差为推动力进行介质过滤的，为使超滤膜组件保持良好的工作状态，超滤系统需配套产水泵（原水增压泵或抽吸泵）、反洗泵、化学清洗泵等来满足运行要求。

(5) 超滤膜长期进水浑浊度应低于50NTU。季节性浊度波动可达200NTU，应根据进水浑浊度及时调整超滤膜运行方式；当原水浑浊度高于50NTU时可在净水工艺前面增设预沉和工艺。

(6) 超滤系统必须配有自动控制系统。

(7) 超滤系统必须配有化学清洗系统。

(9) 当供水规模大于1000t/d时，可按照大型水厂进行建设，分3～4个净水单元；当供水规模小于1000t/d时，可采用一体化设备，采用2套独立的净水设备。

7.5.8.3 压力式超滤膜单元的设计

1. 压力式超滤膜过滤原理

(1) 压力式内压超滤膜过滤原理为：待过滤水在中空纤维膜丝内侧，水从膜的内表面渗透到膜的外表面，干净的水从膜的外表面渗出，污染物被截留在膜的内表面。

(2) 压力式外压超滤膜过滤原理为：待过滤水在中空纤维膜丝外侧，水从膜的外表面渗透到膜的内表面，干净的水从膜的内表面渗出，污染物被截留在膜的外表面。

2. 压力式超滤膜设计要求

(1) 适用于浑浊度长期低于20NTU、原水水质波动不大、短期不超过50NTU的以地表水或地下水为水源的原水。

(2) 以地表水为原水的农村供水净水厂，建议采用“原水—絮凝—压力式超滤膜—消毒”工艺；以地下水为原水的农村供水净水工艺可以采用“原水—压力式膜—消毒”。消毒的主要目的是保证管网中有一定的余氯，防止管网二次微生物污染。

(3) 建议压力式膜运行跨膜压力为0.02～0.08MPa，最大反冲洗跨膜压差为20m。

(4) 处理水温范围为不高于40℃，并注意不要使其冻结。

(5) 过滤周期为30～60min，根据当地水质、水温设计过滤通量，一般为40～80L/(m^2·h)。

(6) 反洗通量为2～3倍设计产水流量，反洗时间为20～180s，当进水浑浊度较高时，可在反洗的前后进行10～30s的顺冲，顺冲流量为1.5～2.0倍的设计产水量。

(7) 压力式超滤膜回收率为90%～95%。

(8) 化学清洗采用在线化学清洗，化学清洗周期为4～6个月，分碱洗（0.5%～1.0%NaOH）、酸洗（0.2%～0.5%盐酸或2%柠檬酸）、氧化剂洗（200～1000mg/kg次氯酸钠）。其中，碱洗与氧化剂洗可同步进行，每一步所需时间为4～6h。

3. 压力式超滤膜系统组成

压力式超滤膜系统包括进水系统、过滤膜单元、反洗系统、化学清洗系统、排污系统、自动化控制系统等。择要介绍如下。

(1) 进水系统。进水系统由进水泵和进水自动阀门组成。如果原水水压不够，需要增设原水增加泵，泵流量的设计要根据设计规模而定。

(2) 反洗系统。反洗系统主要包括反洗泵、反洗水箱、反洗阀门，反洗泵的水量和反洗水箱的容量根据一个膜单元设计，几个膜单元轮流进行反洗。

(3) 维护性清洗系统。维护性清洗即定时的通过反洗的方式将药物注入到膜组件中，对膜组件进行浸泡，通过这种方式实现短时的化学清洗。清洗周期为3～7天，分碱洗（0.5%NaOH）、酸洗（0.2%～0.5%盐酸或2%柠檬酸）、氧化剂洗（100～200mg/kg次氯酸钠）三个步骤，每一步需要浸泡膜30min。

(4) 化学清洗系统。化学清洗采用在线化学清洗，化学清洗周期为4～6个月，分碱洗（0.5%～1.0%

NaOH)、酸洗（0.2%～0.5%盐酸或2%柠檬酸）、氧化剂洗（200～1000mg/kg次氯酸钠）。其中，碱洗与氧化剂洗可同步进行，每一步需要时间4～6h。

7.5.8.4 浸没式超滤膜的设计

1. 浸没式超滤膜过滤原理

浸膜式超滤膜采用抽负压的形式提供膜过滤的动力。

2. 浸没式超滤膜设计要求

(1) 适用于浑浊度长期低于50NTU、短期不超过200NTU的以地表水为水源的原水。

(2) 以地表水为原水的农村供水净水厂，建议采用“原水—絮凝—浸没式超滤膜—消毒”工艺，消毒的主要目的是保证管网中有一定的余氯，防止管网二次微生物污染。

(3) 过滤周期1～3h，根据当地水质、水温设计过滤通量，一般为20～40L/(m^2·h)。

(4) 抽吸工作压力为0～－60kPa。

(5) 处理水温度范围为不高于40℃，并注意不要使其冻结。

(6) 浸没式超滤膜回收率为95%。

(7) 浸没式超滤膜安装在膜滤池内，膜滤池应配备进水管、出水管、反洗管、排污管、化学清洗加药管、曝气管。

(8) 化学清洗采用在线化学清洗，化学清洗周期为4～6个月，分碱洗（0.5%～1.0%NaOH）、酸洗（0.2%～0.5%盐酸或2%柠檬酸）、氧化剂洗（200～1000mg/kg次氯酸钠）。其中，碱洗与氧化剂洗可同步进行，每一步需要时间4～6h。

3. 浸没式超滤膜系统组成

浸没式超滤膜安装在碳钢或混凝土膜池（膜过滤池）内，整个超滤系统包括进水系统、产水系统、反洗系统、曝气系统、化学清洗系统、排污系统、自动化控制系统。

(1) 膜过滤池。膜过滤池可采用碳钢加工或者钢筋混凝土加工，并内层做防腐处理。

(2) 进水系统。膜过滤池的进水来自前处理工艺，可采用重力流入。

(3) 产水系统。产水系统的设计主要是抽吸泵的选择，泵流量的设计要根据设计规模确定。

(4) 反洗系统。反洗系统主要包括反洗泵、反洗水箱、反洗阀门。

(5) 曝气系统。曝气系统是为更充分地对超滤膜进行清洗而设计的，在反洗前同时曝气，有利于膜表面污染物的清理。

(6) 维护性化学清洗系统。维护性化学清洗一般为7～15d。清洗前要进行气冲、反洗等物理清洗，清洗时间为10～30min，同时气冲加强清洗效果，清洗所用次氯酸钠的浓度为100～200ppm，并根据膜池有效容积计算加药量。清洗结束后要对膜组件进行物理清洗，冲洗残留液。

(7) 恢复性化学清洗系统。恢复性化学清洗采用在线化学清洗，化学清洗周期为4～6个月，分碱洗（0.5%～1.0%NaOH）、酸洗（0.2%～0.5%盐酸或2%柠檬酸）、氧化剂洗（200～1000mg/kg次氯酸钠）。其中，碱洗与氧化剂洗可同步进行，每一步需要时间4～6h。

7.6 生活饮用水消毒

生活饮用水必须消毒，以灭活出厂水中的病原微生物并防止配水过程中的二次污染。消毒是生活饮用水水处理的重要组成单元。

7.6.1 水中病原微生物的检测与控制

1. 水中病原微生物的特性

水中的病原微生物包括细菌、病毒、原生动物等，来源多数为人及动物粪便。地下水中病原微生物相对地表水要少，深层地下水比浅层地下水更少。

(1) 细菌。个体尺寸一般为0.2～5.0μm，多数带负电，在水中可独立游离或黏附在悬浮颗粒上，与胶体颗粒有一定的相似性，混凝沉淀过滤可部分去除，生物慢滤可基本去除，超滤膜过滤可高效去除，但带负电的消毒剂不易接近。

(2) 病毒。个体尺寸一般为10～300nm，比细菌小得多，分离和鉴定复杂，病毒外部有蛋白质外壳保护内部的核酸，消毒剂必须进入外壳破坏核酸才能将病毒杀死。

(3) 原生动物。个体尺寸一般为2～5μm，较细菌大。

2. 水中病原微生物的检测指标

水中的致病微生物有很多种，测定手续严格、复杂、费时，实际水质检测中不可能对所有致病微生物一一分离鉴定，通常选择具有代表性，且检测较安全、较简便的微生物来衡量饮用水的微生物安全性。

《生活饮用水卫生标准》（GB 5749—2006）规定了6项指标（见表7.6-1），作为生活饮用水微生物检测指标。

3. 水中病原微生物的控制措施

(1) 加强水源保护，防止病原微生物污染水源；加强输配水系统的卫生防护，防止微生物孳生和外来污染。

表 7.6-1　《生活饮用水卫生标准》(GB 5749—2006) 中关于饮用水中微生物指标要求

水厂供水规模 (m^3/d)	常规指标				非常规指标	
	总大肠菌群 (MPN/100mL 或 CFU/100mL)	耐热大肠菌群 (MPN/100mL 或 CFU/100mL)	大肠埃希氏菌 (MPN/100mL 或 CFU/100mL)	菌落总数 (CFU/mL)	贾第鞭毛虫 (个/10L)	隐孢子虫 (个/10L)
≥1000	不得检出	不得检出	不得检出	100	<1	<1
<1000	不得检出	不得检出	不得检出	500	<1	<1

注　当水样检出总大肠菌群时，应进一步检测大肠埃希氏菌或耐热大肠菌群；水样未检出总大肠菌群，不必检测大肠埃希氏菌或耐热大肠菌群。

(2) 加强水厂的混凝沉淀过滤，在降低浑浊度的同时去除部分微生物；也可利用超滤膜过滤，高效去除水中的微生物，降低消毒剂投加量和消毒副产物生成。

(3) 加强消毒，灭活出厂水中的病原微生物，同时利用余量防止输配水系统二次污染。

(4) 加强水质检测，包括对水源水、出厂水和管网末梢水中微生物的定期检测，出厂水和管网末梢水中消毒剂余量的日常检测、消毒副产物的定期检测。

7.6.2　常见消毒方法及适用条件

村镇供水厂常用的消毒方法包括氯消毒、二氧化氯消毒、臭氧消毒和紫外线消毒等。

1. 氯消毒

(1) 氯消毒是一种研究最多、技术较成熟、应用时间最长和最广泛的消毒方式，主要特点如下：

1) 氯消毒剂较二氧化氯的氧化能力弱，但稳定性好，成本低。

2) 原水中有机物高时，氯消毒会产生有机氯化物等副产物。

3) 氯消毒剂在水中的溶解和水解形成次氯酸 (HOCl)，次氯酸为很小的中性分子，具有较强的灭菌能力；次氯酸 HClO 随着水体 pH 值的增加会进一步离解成 OCl^-，由于带负电荷，带微弱负电（微生物多数，对 OCl^- 有排斥作用)，比 HClO 杀菌能力弱，因此，氯消毒能力随着 pH 值的增加而减弱，采用氯消毒时，原水 pH 值最好不超过 8.0。

(2) 氯消毒剂包括液氯、次氯酸钠、次氯酸钙、三氯异氰尿酸、二氯异氰尿酸等。

1) 液氯，由于其成本低，广泛用于城市供水，由于运输、储存的安全性要求高，购置管理严格，在村镇供水工程中应用较少。

2) 漂白粉（主要成分为次氯酸钙，纯度低、杂质多），早期应用较多，由于杂质多、储存和配制环境差，逐渐被替代。

3) 二氯异氰尿酸、三氯异氰尿酸均属于有机类消毒剂，具有较好的缓蚀性，国家规定只可用于应急供水消毒，不能用于水厂的日常消毒。

4) 次氯酸钠和次氯酸钙在村镇供水消毒中应用较多。

a. 次氯酸钠，包括购置商品次氯酸钠溶液、电解食盐现场制备次氯酸钠消毒液，成本低，投加系统简单，适用于各种规模的村镇集中式供水工程。特别是电解食盐现场制备次氯酸钠消毒液，一般较购置商品次氯酸钠溶液成本低，且原料的购置方便、运输和贮存安全，食盐水的配制简单、安全。

电解食盐次氯酸钠发生器分无隔膜和离子膜法两大类。无隔膜发生器，制备 1kg 有效氯，盐耗一般不低于 3.5kg、交流电耗不低于 7kW·h；离子膜法发生器，制备 1kg 有效氯，盐耗一般不超过 2.5kg、交流电耗不超过 6kW·h；无隔膜发生器的管理较简单，离子膜法发生器需要 2 年左右更换一次离子膜。

b. 次氯酸钙，包括片剂和粉剂（粉剂通称"漂粉精"），均存在贮存安全性和易受潮分解的缺点。次氯酸钙片剂，可采用药液配置和投加一体化的设备、安全性较好，但原料价格较高、市场销售不广泛；漂粉精虽然购置较容易，但配置消毒液氯味大、工作环境较差。

2. 二氧化氯消毒

二氧化氯是一种强氧化剂，是氯的 2.5 倍，不受水质 pH 值的影响，不会生成三卤甲烷类消毒副产物，但会产生亚氯酸盐等副产物，浓度高于 30% 时易爆炸，需要现场制备。

采用二氧化氯发生器现场制备消毒液是目前村镇供水中采用最多的消毒方式，包括高纯型、复合型和二氧化氯消毒粉三大类，普遍存在原料购置较困难问题，且储存管理严格。二氧化氯消毒粉，使用简单，但成本很高；高纯型，设备简单，但其中的亚氯酸盐原料价格较高；复合型，原料价格较低，但需要加热，设备复杂。

二氧化氯消毒可用于各种规模的村镇集中供水

工程。

3. 臭氧消毒

臭氧是一种强氧化剂，消毒能力高于二氧化氯，受水质影响较小，但易自行分解、半衰期只有20min左右，不能贮存，难于保证管网中的持续消毒能力，大中型集中供水工程作为消毒剂使用（可作为）；溴化物较高的原水，臭氧消毒易产生溴酸盐副产物。

臭氧消毒需现场制备，目前采用较多电晕法臭氧发生器，不需购置药剂，设备管理简单，在小型集中供水工程中及纯净水站应用较多。但电晕法臭氧发生器，臭氧浓度低、电耗高，变量生产及投加困难，在需要变量投加的小型集中供水工程中应用制水成本高。

4. 紫外线消毒

紫外线是一种物理消毒方法，253.7nm波长的紫外线有较强的灭菌能力，不会产生副产物，但没有持续消毒能力，且水的浊度及水中悬浮物对紫外杀菌有较大影响。

紫外线消毒设备，占地小、运行维护简单，但紫外灯套管表面常常会结垢，影响紫外光的透出和杀菌效果，需要定期清洗。适用于出厂水消毒、终端消毒和桶装水消毒，以及规模较小、管网较短的单村集中供水工程消毒，主管网长度最好不超过1.5km。

紫外线消毒效果只能检测微生物，无容易检测的残余指标，处理效果不易迅速测定。

7.6.3 消毒设计基本要求

（1）消毒方式应根据供水水质、供水规模、消毒原料供应，以及水厂管理条件等通过比较确定。

1）规模较小的单村供水工程可选择紫外线或臭氧消毒。水质较好时，优先选择紫外线消毒；水中铁锰含量略高或略有异味时，优先选择臭氧消毒。

2）其他工程应选择氯或二氧化氯消毒消毒。原水pH值超过8.0时，优先采用二氧化氯消毒；高藻水等需要滤前投加消毒剂时，优先选择复合型二氧化氯消毒。

（2）消毒剂的安全投加量，一方面要达到灭火水中病原微生物的效果，另一方面要控制消毒副产物不超标。消毒剂投加量包括消耗量和余量，消耗量指在接触时间内因杀灭微生物、氧化水中的有机物和还原性无机物所消耗的量，与消毒剂的氧化能力和水质有关；余量指结果一段时间后的剩余量，是防止配水管网二次污染的需要量，是重要的检测指标。

根据近年来的研究，出厂水浑浊度小于1NTU时、耗氧量小于3mg/L时，氯的安全投加量可为0.5～1.5mg/L，二氧化氯的安全投加量可为0.3～1.0mg/L，原水水质较差、供水规模较大、管网较长的工程取高值，水质较好的地下水、供水规模较小、管网较短的取低值。浑浊度、铁锰、有机物或藻类较高时，应适当增加。

设计时，有条件的可通过小试（取原水、滤纸过滤、加不同量消毒剂，达到接触时间要求后，测消毒剂余量），确定投加量及消毒设备的型号。

（3）消毒剂投加点设计，应符合下列要求：

1）消毒剂与水应充分混合，并满足接触时间要求。

2）采用氯、二氧化氯消毒，一般应在滤后投加，消毒剂投加点宜设在清水池或高位水池的进水管上，满足接触时间要求。采用臭氧、紫外线消毒，一般应设在清水池或高位水池的出水管上或直接向管网供水的水泵的出水管上。

3）当原水中铁锰、有机物或藻类较高时，可在滤前和滤后分别投加，滤前投加的作用是氧化、保证过滤性能、去除色嗅味等。当有机物和藻类较高时，滤前投加，应防止副产物超标。

4）供水管网较长、水厂消毒难以满足管网末梢水的消毒剂余量要求时，可在管网中的加压泵站、调节构筑物等部位补加消毒剂。

（4）原料、消毒剂制备及投加系统，应符合下列要求：

1）原料应符合相关标准要求。

2）消毒设备和管道等应有卫生许可证，并符合相关标准规定。

3）消毒剂制备及投加系统，应有良好的密封性和耐腐蚀性。

4）消毒剂制备应配备有称量、浓度测定等仪器。

5）消毒剂制备及投加系统，应有控制液位、压力和投加量的措施。

6）有条件时，宜采用自动控制消毒设备、在线监测液位和投加量、故障自动报警。

7）规模较大工程，应考虑设备备用。

（5）氯、二氧化氯和臭氧消毒宜单独设置消毒间，消毒间应符合下列规定：

1）宜靠近消毒剂投加地点。

2）应设置观察窗、直接通向室外的外开门。

3）应具备良好的通风条件，通风孔应设置在外墙下方（低处），配备换气频率为8～12次/h的通风设备（排气扇）。

4）应有不间断的洁净水，满足设备运行要求；应有排水沟，并保证排水畅通。

5）照明和通风设备的开关应设置在室外。

6）操作台、操作梯等应经过耐腐蚀的表层处理。

7）寒冷地区应有采暖措施，保证室内不结冰；采暖设备应远离消毒剂制备、投加设备和管道，并严禁使用火炉。

8）应配备橡胶手套、防护面罩等个人防护用品以及抢救材料和工具箱。

9）规模化集中供水厂，室内宜设测定空气中消毒剂浓度的仪表、超量报警和吸收装置。

（6）氯、二氧化氯消毒应设原料间，原料间应符合下列要求：

1）应靠近消毒间。

2）占地面积应根据原料储存量设计，并应留有足够的安全通道。原料储存量应根据原料特性、日消耗量、供应情况和运输条件等确定，通常可按照15～30d的用量计算。

3）应安装通风设备或设置通风口，并保持环境整洁和空气干燥；房间内明显位置应有防火、防爆、防腐等安全警示标志。

4）地面应经过耐腐蚀的表层处理，房间内不得有电路明线，并应采用防爆灯具。

5）原料属危险化学品时，应符合《危险化学品安全管理条例》（国务院令2011年第591号）和《常用化学危险品贮存通则》（GB 15603）的要求。

（7）集中供水厂，应根据消毒剂类型配备检测出厂水中消毒剂余量的仪器。

7.6.4 常见消毒方法的设计要点

7.6.4.1 氯消毒

（1）集中供水厂的氯消毒，可采用液氯、商品次氯酸钠溶液、电解食盐现场制备次氯酸钠溶液、漂白粉、漂粉精或次氯酸钙片剂等，不应采用三氯异氰脲酸钠和二氯异氰脲酸等有机类的氯消毒剂，应根据不同氯消毒方法的安全性、可靠性、管理方便程度以及成本，结合当地的原料供应和水厂管理条件等确定，并符合下列要求：

1）液氯购置容易时，Ⅰ、Ⅱ型水厂可选择液氯消毒。

2）商品次氯酸钠溶液购置容易时，可采用商品次氯酸钠溶液消毒。

3）商品氯消毒剂购置较困难时，可采用电解食盐现场制备次氯酸钠溶液消毒。

4）规模较小的水厂，可采用漂白粉、漂粉精或次氯酸钙片剂，配制成次氯酸钙溶液消毒。

（2）采用氯消毒时，氯消毒剂与水接触时间应不低于30min出厂，出厂水的游离余氯应不低于0.3mg/L且不超过4.0mg/L，管网末梢水的游离余氯应不低于0.05mg/L，消毒副产物三氯甲烷应不超过0.06mg/L等。

（3）采用液氯消毒时，应符合下列要求：

1）应采用加氯机投加，并有防止水倒灌氯瓶的措施；氯瓶下应有校核氯量的秤。

2）氯库内的氯瓶，不应少于2个，其中，应有一个备用氯瓶；一个氯瓶的液氯量应不小于30d、不超过180d的用量。

3）氯库不应设置阳光能直射到氯瓶的窗户，不应设置与加氯间相通的门。氯库大门上应设置人行安全门，安全门应向外开启，并能自行关闭。

4）加氯间必须与其他工作间隔开。

5）加氯间和氯库应设置漏氯检测仪和报警设施，检测仪应设低、高检测极限。

6）应在临近氯库的单独房间内设置漏氯吸收装置，处理能力可按1h处理一个氯瓶计。

（4）采用次氯酸钠或次氯酸钙溶液消毒时，均宜采用计量泵投加。

（5）采用商品次氯酸钠溶液消毒时，应符合下列要求：

1）商品次氯酸钠溶液，应符合《次氯酸钠溶液》（GB 19106）的要求，其固定储备量和周转储备量均可按7～10d用量计算。

2）投加系统宜设两个药液罐（一用一备），放置在高出消毒间室内地坪200mm的平台上。药液罐应密封，并有液位管、补气阀和排气阀、加药口、出药口和排空口等，宜采用耐腐蚀的PVC塑料桶，每个罐的有效容积可按2～7d的用量确定。

（6）采用电解食盐现场制备次氯酸钠溶液消毒时，应符合下列要求：

1）原料应采用无碘食用盐。

2）应有安全的尾气（氢气）排放措施。

3）应有去除进入电解槽食盐水硬度的措施，有条件时宜采用纯净水配置食盐水。

4）Ⅰ、Ⅱ、Ⅲ型水厂可采用离子膜电解法次氯酸钠发生器。

a. 应采用饱和浓度的食盐水电解。

b. 每生产1kg有效氯，交流电耗应不超过6kW·h，盐耗应不超过2kg。

5）Ⅰ、Ⅱ、Ⅲ型水厂也可采用连续式无隔膜电解法次氯酸钠发生器。

a. 应采用浓度为3%～4%的食盐水电解。

b. 每生产1kg有效氯，交流电耗应不超过7kW·h，盐耗应不超过4kg。

6）Ⅳ、Ⅴ型水厂可采用间歇式无隔膜电解法次氯酸钠发生器。

a. 应采用浓度为3%～4%的食盐水电解。

b. 每生产 1kg 有效氯，交流电耗应不超过 8kW·h，盐耗应不超过 5kg。

(7) 采用漂白粉或漂粉精消毒时，应符合下列规定：

1) 应设溶解池和溶液池。

2) 配置的次氯酸钙溶液浓度宜为 1%～2%。

3) 溶液池宜设 2 个，有效容积宜按 1～2d 所需投加的澄清液体积计算。溶液池应设直径不小于 50mm 的排渣管，池底向排渣管的坡度应不小于 2%，内壁应做防腐处理，顶部超高应大于 150mm，应加盖保护。

(8) 采用次氯酸钙片剂消毒时，宜采用具有即用即配、用多少配多少功能的专用设备溶解。

7.6.4.2 二氧化氯消毒

(1) 采用二氧化氯消毒时，应采用二氧化氯发生器现场制备消毒液。二氧化氯发生器分复合型和高纯型两大类，应根据供水规模及管网长度、水质、管理条件和运行成本等确定。

(2) 化学法二氧化氯发生器及原料，应符合以下规定：

1) 原料应符合《氯酸钠》(GB/T 1618)、《盐酸》(GB 320)、《亚氯酸钠》(HG/T 3250)、《硫酸》(GB/T 534)、《柠檬酸》(GB/T 8269) 等相关标准的规定。

2) 以氯酸钠为主要原料的复合型二氧化氯发生器，应具有加热反应和残液分离等功能；出口溶液中二氧化氯与氯气的质量比应不低于 0.9，二氧化氯收率应不低于 55%。

3) 高纯型二氧化氯发生器，出口溶液中二氧化氯纯度应大于等于 95%，二氧化氯收率应不小于 70%。

(3) 采用二氧化氯消毒时，二氧化氯与水接触时间不宜低于 30min 出厂，出厂水的二氧化氯余量不应低于 0.1mg/L 且不超过 0.8mg/L，管网末梢水的二氧化氯余量不应低于 0.02mg/L，消毒副产物氯酸盐和亚氯酸盐均不应超过 0.7mg/L。

(4) 化学法制备二氧化氯的原材料，严禁相互接触，必须分别储存在分类的库房内。

1) 盐酸、硫酸或柠檬酸库房，应设置酸泄漏的收集槽。

2) 氯酸钠或亚氯酸钠库房，应备有快速冲洗设施。

7.6.4.3 紫外线消毒

Ⅴ型以下的单村集中供水厂选择紫外线消毒时应符合下列规定：

(1) 配水管网应较短且卫生防护条件较好。

(2) 进水水质，除微生物外的其他指标均应符合 GB 5749 的要求。

(3) 紫外线消毒设备选型，应根据水泵或管道的设计流量确定，紫外灯可选择低压灯，紫外线有效剂量不应低于 40mJ/cm^2，宜优先选择具有对石英套管清洗功能、累计开机时间功能的设备。

(4) 紫外线消毒设备，应安装在水厂的供水总管上。

(5) 紫外线消毒设备的控制，应与供水水泵机组联动。

7.6.4.4 臭氧消毒

(1) Ⅴ型以下的单村集中供水厂选择臭氧消毒时应符合以下规定：

1) 配水管网应较短且卫生防护条件较好。

2) 应对原水中的溴化物进行检测，原水中溴化物含量应较低。当原水中溴化物含量超过 0.02mg/L 时，应进行臭氧投加量与溴酸盐生成量的相关性试验。

3) 臭氧与水接触时间不宜少于 12min 出厂，出厂水的臭氧余量不应超过 0.3mg/L，消毒副产物溴酸盐含量不应超过 0.01mg/L、甲醛不应超过 0.9mg/L。

4) 可选用电晕法或电解法的臭氧发生器；设备型号及规格，应根据供水水质对臭氧的消耗试验或参照类似水厂的经验确定，也可按 0.3～0.6mg/L 的投加量确定。

选择电晕法的臭氧发生器时，应有制氧装置。

5) 采用臭氧消毒时，水厂内宜设清水池，有效容积可按最高日用水量的 15%～30%确定，不宜过大，满足接触时间要求即可。水厂无清水池时，宜设臭氧接触罐及二次加压供水水泵机组，接触时间可采用 12～15min，并据此确定臭氧接触罐的有效容积。

清水池和臭氧接触罐内应设导流隔墙，水流宜采用竖向流。清水池和臭氧接触罐设在室内时，应全密闭；池（罐）顶应设自动排气阀及臭氧尾气管，臭氧尾气管应通向室外偏僻无人的安全部位或专设的臭氧尾气吸收装置。

6) 臭氧投加点应设在清水池或臭氧接触罐的进水管道上，可采用水射器、气水混合泵等投加。

7) 所有与臭氧气体或溶解有臭氧的水体接触的材料必须耐臭氧腐蚀。

8) 清水池和臭氧接触罐内应设自记水位计，臭氧发生器及臭氧投加系统应与来水水泵机组根据池

（罐）水位联动。

（2）采用臭氧对水中超标物质进行氧化处理时，应符合以下规定：

1）氧化去除水中的铁锰、藻类、色度、臭味时，接触池（罐）应设在滤池前或混凝沉淀前。

2）氧化分解水中的有机物时，接触池（罐）应设在颗粒活性炭滤池前。

3）接触时间可采用2～5min，并据此确定臭氧接触池（罐）的有效容积。

4）宜选用电晕法臭氧发生器，臭氧投加量应根据水质对臭氧的消耗试验或参照类似水厂经验确定，并据此确定臭氧发生器的型号及规格。

7.7 特殊水质处理

村镇供水水源水质复杂，我国很多地区的地下水中铁锰含量高、氟化物含量高、硬度高、溶解性总固体高、砷化物含量高，氨氮、硝酸盐、有机物含量等超标；部分地表水会遇到微污染的问题，这些水源水质必须采取有别于常规水质处理的方法，才能使处理后的水质达到《生活饮用水卫生标准》（GB 5749）的要求。

7.7.1 地下水除铁、除锰

铁和锰一般以Fe^{2+}、Mn^{2+}的形式共存于地下水中，但含铁量往往高于含锰量。水中含铁量高时，水有铁腥味，影响水的口味，铁质沉淀物Fe_2O_3会滋长铁细菌，阻塞管道，有时会出现红水；含锰高的水有色、嗅味，家用器具会污染成棕色或黑色，形成黑色沉淀物，阻塞管道。我国《生活饮用水卫生标准》（GB 5794—2006）规定：铁小于0.3mg/L，锰小于0.1mg/L。

地下水除铁、锰一般采用氧化过滤的原理，即将溶解状态二价铁、锰氧化成不溶解的三价铁或四价锰，再经过过滤达到去除目的。

1. 除铁方法

为去除地下水中的铁，一般用氧化方法，将水中的二价铁氧化成三价铁而从水中沉淀出来，氧化剂有氧、氯和高锰酸钾等，因为利用空气中的氧既方便又经济，所以生产上应用最广。

地下水除铁方法很多，有曝气氧化法、氯氧化法、接触过滤氧化法以及高锰酸钾氧化法等。

（1）曝气氧化法（空气自然氧化法）流程如图7.7-1所示。

曝气氧化法是利用空气中的氧将二价铁氧化成三价铁。氧化生成的三价铁经水解后，先生成氢氧化铁

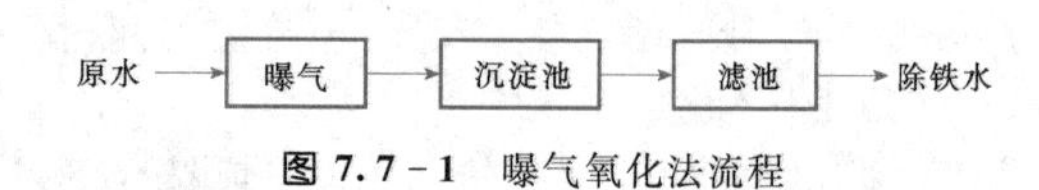

图7.7-1 曝气氧化法流程

胶体，逐渐絮凝成絮状沉淀物，然后经沉淀砂滤池过滤除去。

曝气的作用是向水中充氧和去除水中少量CO_2，以提高pH值。为提高曝气效果，可将空气以气泡形式分散于水中，或将水流在空气中分散成水滴或水膜，以增加水和空气的接触面积和延长曝气时间。

空气自然氧化法无需投加药剂，滤池负荷低，运行稳定，原水含铁量高时仍可采用，但不适用于溶解性硅酸（以SiO_2计）含量较高及高色度地下水。

（2）接触过滤氧化法流程如图7.7-2所示。

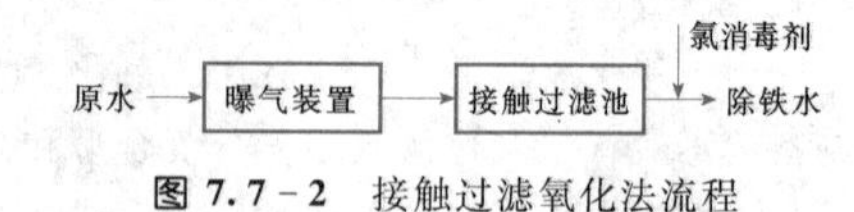

图7.7-2 接触过滤氧化法流程

接触过滤氧化法是以溶解氧为氧化剂，以固体催化剂为滤料，以加速二价铁氧化的除铁方法。

含铁地下水经曝气充氧后，进入滤池，二价铁首先被吸附于滤料表面，然后被氧化，氧化生成物作为新的催化剂参与反应，称为自催化氧化反应。

接触氧化不需投药，流程短，出水水质良好、稳定，但不适合用于含还原物质多、氧化速度快及高色度的原水。

2. 除锰方法

铁与锰的化学性质相近，因此常共存于地下水中，但铁的氧化还原电位低于锰，容易被O_2氧化，相同pH值时二价铁比二价锰的氧化速率快，以致影响二价锰的氧化，因此地下水除锰比除铁困难。

锰不能被溶解氧氧化，也难于被氯直接氧化。工程实践中主要采用的除锰方法有高锰酸钾氧化法、氯接触过滤法和生物固锰除锰法。

生物固锰除锰法流程如图7.7-3所示。

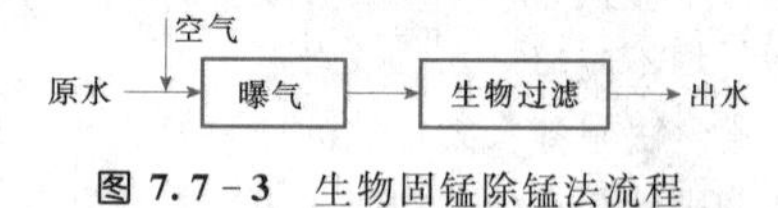

图7.7-3 生物固锰除锰法流程

含锰地下水经曝气充氧后，进入生物滤池，生物滤池由除锰菌接种、培养和驯化。

生物固锰除锰法是以空气为氧化剂。在pH值中性范围内，二价锰的空气氧化是以二价锰氧化菌为主的生物氧化过程。二价锰首先被吸附于细菌表面，在细菌胞外酶的催化作用下氧化成四价锰成为悬浮状态，然后由滤料截留从水中除去。

3. 除铁、除锰工艺流程

(1) 除铁、除锰工艺流程是指以空气为氧化剂的接触过滤除铁与生物固锰除锰相结合的流程。该滤池的滤层为生物滤层，除铁与除锰在同一滤池完成，如图 7.7-4 所示。

含铁、锰水 → 曝气 → 生物除铁、除锰滤池 → 出水

图 7.7-4 除铁、除锰工艺流程一

(2) 当含铁量大于 10mg/L、含锰量大于 2mg/L 时，可采用两级曝气两级过滤的流程。一级用做接触氧化除铁，二级用做生物除锰，如图 7.7-5 所示。

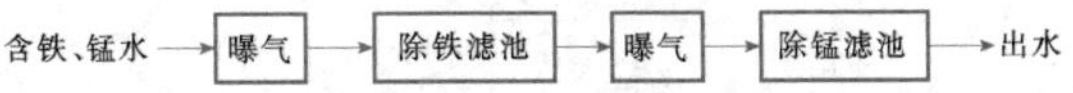

含铁、锰水 → 曝气 → 除铁滤池 → 曝气 → 除锰滤池 → 出水

图 7.7-5 除铁、除锰工艺流程二

4. 地下水的曝气

对含铁、锰地下水曝气的要求，因处理工艺不同而异，有的主要是向水中充氧，则气水比一般不大于 0.1～0.2；有的除向水中溶氧外，还要求散除水中的二氧化碳，则气水比一般不小于 3～5。

曝气装置有多种形式，常用的有莲蓬头曝气装置、穿孔管曝气装置。

(1) 莲蓬头曝气装置。莲蓬头曝气装置是通过喷淋式曝气方式，使地下水从莲蓬头上的小孔向下喷淋，将水分散成许多小水滴与空气接触，达到曝气目的。莲蓬头曝气装置常直接设置在重力式除铁滤池之上，如图 7.7-6 所示。

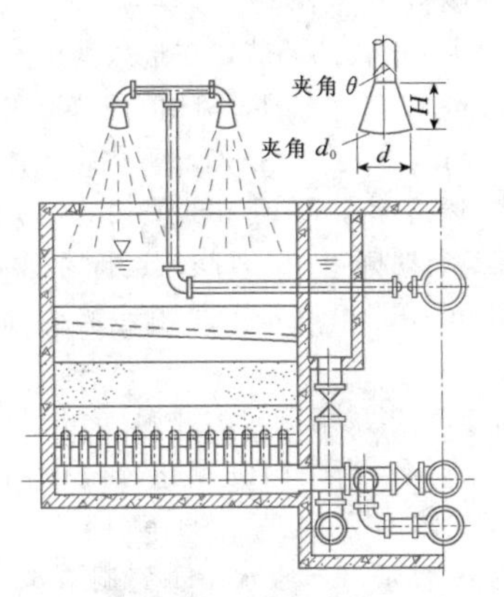

图 7.7-6 莲蓬头曝气装置

莲蓬头直径为 200～300mm，孔眼直径为 4～8mm，开孔率为 20%，安装高度为 1.5～2.5m，孔眼流速为 1.5～2.5m/s，每个莲蓬头的服务面积为 1.0～3.0m²。

莲蓬头曝气装置，能使水中溶解氧的饱和度达到 50%～65%，二氧化碳的散除率达到 40%～55%。

(2) 穿孔管曝气装置。穿孔管曝气装置与莲蓬头曝气装置类似，管上孔眼直径为 5～10mm，孔眼可布置成两排或多排，穿孔管常直接设在滤池上，也有单独设置的，其安装高度为 1.5～2.5m，孔眼流速宜取 1.5～3.0m/s，为使穿孔管喷水均匀，每根穿孔管的断面积应不小于孔眼面积的 2 倍。

5. 除铁、除锰滤池

(1) 滤池型式选择。普通快滤池和压力滤池工作性能稳定，滤层厚度及反冲洗强度选择有较严格。前者适用于大、中型水厂，后者主要用于中、小型水厂。

双级压力滤池是新型除铁、除锰构筑物，它使两级过滤一体化，造价低、管理方便，其上层主要除铁，下层主要除锰，工作性能稳定、可靠，处理效果好，适用于铁、锰为中等含量的中、小型水厂。

滤池池型应根据原水水质、工艺流程、处理水量等因素来选择，使其构筑物搭配合理，减少提升次数，占地少、布置紧凑、管理方便。

(2) 除铁、除锰滤料。滤料要求有足够的机械强度，有足够的化学稳定性，对水质无不良影响等。

目前大量用于生产的滤料有石英砂或天然锰砂。

1) 在曝气氧化法除铁工艺流程中，含铁量小于 10mg/L 的水可采用石英砂和无烟煤做滤料。

2) 接触氧化法除铁工艺流程中，上述滤料都可用做滤料，一般天然锰砂滤料对水中二价铁离子吸附容量较大，故过滤初期出水水质较好。

3) 接触氧化法除锰工艺流程中，上述滤料都可用做滤料。当含锰量较高时，宜采用锰砂滤料。.

4) 含铁量为 10～20mg/L 时，可采用天然锰砂滤料。滤池刚使用时，一般不能使出水含铁量达到饮用水水质标准，直到滤料表面覆盖有棕黄色或黄褐色的铁质氧化物时，除铁效果才显现出来，这是由于滤料表面上已形成氢氧化物膜，由于它的催化氧化作用，在较短处理时间内即将水中含铁量降到饮用水标准。以石英砂或锰砂为滤料，都会有这种过程，所需时间称为成熟期。成熟期可从数周到 1 个月以上，石英砂成熟期会稍长，但成熟后的滤料层都会有稳定的除铁效果。

除锰滤池成熟后，滤料上有催化活性的滤膜，外观为黑褐色，据仪器分析，它的成分是高价铁、锰混合氧化物，可优先吸附二价铁与二价锰并进行氧化反应，其产物沉积在滤料上，使活性滤膜不断增长，使二价锰较快形成高锰氧化物。

(3) 主要设计参数如下：

1) 粒径。石英砂滤料粒径范围为 0.5～1.2mm，锰砂滤料粒径范围为0.6～2.0mm。

2）滤层厚度。重力式滤池为700～1000mm，压力式滤池为1000～1500mm。

3）滤速与冲洗强度。含铁量小于10mg/L时，滤速一般采用5～10m/h，冲洗强度为13～15L/(s·m^2)，锰砂滤料滤池滤速一般采用5～8m/h，冲洗强度为18L/（s·m^2），冲洗历时不宜过长，避免破坏锰质活性滤膜，一般为5～10min。

4）滤池工作周期。除铁滤池与除锰滤池工作周期一般为8～24h，在设计中，应保证滤池运转后工作周期不小于8h。

7.7.2　地下水除氟

《生活饮用水卫生标准》（GB 5794—2006）规定：氟化物含量不得超过1mg/L。当原水中氟化物含量超过标准时，应进行除氟处理。

我国饮用水除氟方法大致可分为以下几种：

（1）吸附过滤法。含氟水通过滤层，氟离子被吸附在由吸附剂组成的滤层上。当吸附剂的吸附能力逐渐降低至一定的极限值，即滤池出水的含氟量达不到饮用水标准时，需用再生剂再生，以恢复吸附剂的除氟能力，以此循环达到除氟的目的。吸附剂主要有活性氧化铝、骨炭、多介质吸附剂等。

（2）膜法。利用半透膜分离水中氟化物，包括电渗析及反渗透两种方法。膜法处理的特点是在除氟的同时，也去除水中的其他离子，尤其适用于含氟苦咸水的淡化。从发展看，反渗透比电渗析技术更可靠。

（3）混凝沉淀法。在含氟水中投加凝聚剂，使之生成絮体而吸附氟离子，经沉淀和过滤将其去除。

选择除氟方法应根据原水水质、规模、设备和材料来源经过技术经济比较后确定。

1. 活性氧化铝法

活性氧化铝法属于吸附过滤法。活性氧化铝是一种用途很广的吸附剂，它是白色颗粒多孔吸附剂，有较大的比表面积。活性氧化铝是一种两性化合物，在酸性溶液中活性氧化铝表面主要带正电荷，在碱性溶液中（pH>8时），活性氧化铝表面主要带负电荷。而活性氧化铝表面带正电荷是吸附氟离子的最基本条件，为了提高去氟效果，一般都采用硫酸降低原水pH值使其呈偏酸性，pH值一般调节至6.5～7.0，当含有氟离子水通过活性氧化铝带正电荷表面吸附层时，很容易吸附F^-离子，从而达到除氟效果。

吸氟容量是指1g活性氧化铝所能吸附氟的质量，一般为1.2～4.5mg/gAl_2O_3。它取决于原水的氟浓度、pH值、活性氧化铝颗粒大小等。一般认为pH=5.5为最佳值。吸附容量与吸附剂颗粒大小成线性关系，颗粒小则吸氟容量大，但小颗粒则会在反冲洗时流失，并且容易被再生剂氢氧化钠溶解。滤料粒径不宜大于2.5mm，现已有粒径为0.4～1.5mm的产品。

活性氧化铝除氟工艺可分成原水调节pH值和不调节pH值两类。调节pH值时为减少酸的消耗和降低成本，我国一般将pH值控制在6.0～7.0之间。其工艺流程如图7.7-7所示。

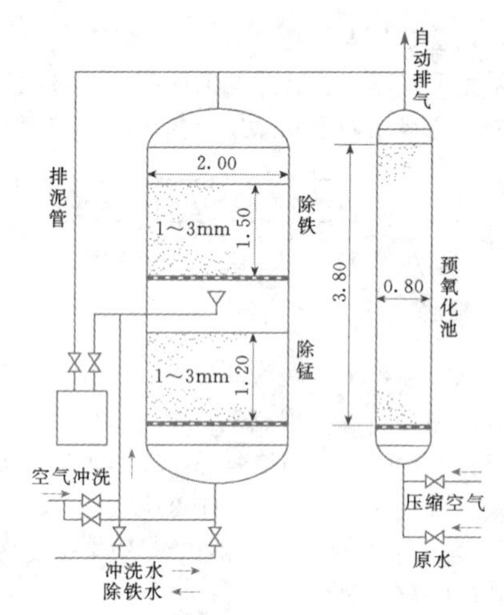

图7.7-7　活性氧化铝除氟工艺流程（单位：m）

主要设计参数如下：

（1）滤料。除氟滤池滤料一般采用0.4～1.5mm，活性氧化铝颗粒滤料应有足够的机械强度，不易磨损和破碎。

（2）原水pH值的调节，在进入滤池前宜调节原水pH值在6.0～7.0之间。pH值调节可采用投加硫酸、盐酸、醋酸等液体或投加二氧化碳气体的方法。

（3）滤速：原水不调pH值时，滤速为2～3m/h，连续运行时间4～6h，间断运行时间4～6h。

当原水pH<7.0时，可采用连续运行方式，滤速为6～10m/h。

（4）流向。当采用硫酸溶液调节pH值时，宜采用自上而下方式；当采用二氧化碳气体调节pH值时，为防止气体挥发，宜采用自下而上的方式。

（5）吸附容量。当原水pH值调节至6.0～6.5时，吸附容量一般为4～5gF/kgAl_2O_3；当原水pH值调节至6.5～7.0时，吸附容量一般为3～4gF/kgAl_2O_3；当原水无需调节pH值时，吸附容量一般为0.8～1.2gF/kgAl_2O_3。

（6）滤层厚度。当原水含氟量小于4mg/L时，滤层厚度宜大于1.5m；当原水含氟量为4～10mg/L时，滤层厚度宜大于1.8m；当原水pH值调节至6.0

～6.5时，滤层厚度可降低至0.8～1.2m。

（7）采用活性氧化铝吸附法时，应检测出厂水铝含量，其值不应大于GB 5749—2006中的规定，即铝含量不大于0.1mg/L。

当滤池出水含氟量不小于1.0mg/L时，滤池停止运行，滤料应进行再生处理。

（8）再生剂既可采用氢氧化钠溶液，也可采用硫酸铝溶液。氢氧化钠溶液浓度采用0.75%～1.00%，其消耗量可按每去除1g氟化物需8～10g固体氢氧化钠计算；硫酸铝溶液浓度采用2%～3%，其消耗量可按每去除1g氟化物需60～80g固体硫酸铝计算。

（9）再生操作。采用氢氧化钠再生时，再生过程可分为首次冲洗、再生、二次冲洗和中和四个阶段；采用硫酸铝再生时，中和阶段可省略。

1）首次反冲洗膨胀率可采用30%～50%，反冲时间采用10～15min，冲洗强度一般可采用12～16L/(s·m²)。其目的是去除滤料间截留的悬浮物和松动滤层。

2）再生液自上而下通过滤层，再生时间1～2h，再生液流速为3～10m/h。

3）二次反冲洗冲洗强度采用3～5L/（m²·s），流向自下而上，反冲时间为1～3h。

4）中和可采用1%硫酸溶液调节进水pH值降至3左右，进水流速与除氟过滤相同，中和时间为1～2h，直至出水pH值降至8～9。反冲洗及配制再生溶液均可采用原水。

（10）再生废液处理：

1）废水中可投加酸中和至pH值为8左右。

2）投加工业氯化钙溶液沉淀废液中氯化物，投加量为2～4kg/m³。投加前应先用少量废水溶解氯化钙溶液；投加时应充分搅拌，使之混合反应。

3）静置沉淀数小时，上清液与下一周期首次冲洗水一起排入下水道。

（11）工程实例。山东省德州市武城县活性氧化铝除氟水厂，2006年建成运行至今（由于除氟水厂运行成本高，已改建为平原水库及地表水厂，除氟水厂将于2014年上半年停止运行），是目前全国最大的除氟水厂，设计供水规模10000m³/d，供水人口7万，主要为县城以及周边20个村供水。水源为地下水，水源井6眼，原水pH值为8.5，氟化物浓度为4.8mg/L。

1）除氟工艺（见图7.7-8）。在原水在进入除氟滤池前，采用计量泵投加盐酸调节原水pH值至6.8～7.0；原水进入除氟滤池后，水流自上而下经过活性氧化铝吸附滤料层降氟。吸附滤池为10格，每格为4.5m×7m×4.35m，活性氧化铝粒径为1～2.5mm，并联运行。

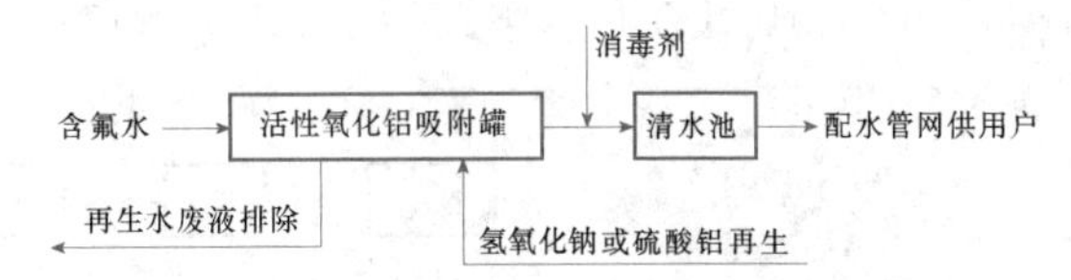

图7.7-8 山东省德州市武城县活性氧化铝除氟工程工艺流程

2）运行管理。设2名水质检测员、6名运行操作人员。每天定时对出厂水和每个除氟滤池的出水进行水质检测，从而确定每个滤池的再生时间。每天对1～2个除氟滤池进行再生，再生药剂包括硫酸铝和盐酸，在药剂池中混合后，加入活性氧化铝滤池中，浸泡1.5h后，循环淋洗1h，采用原水进行反冲洗10min。

3）运行成本。不计折旧、提水电耗和人员费，仅除氟中使用的药剂费以及反冲洗耗水费用为0.8元/m³（其中，加盐酸调节原水pH值成本为0.25元/m³，再生使用硫酸铝和盐酸成本为0.45元/m³，再生反冲洗耗水成本为0.1元/m³）。

2. 混凝沉淀法

混凝沉淀法是在含氟水中投加凝聚剂，如聚合氯化铝、三氯化铝、硫酸铝等。经混合絮凝形成的絮体吸附水中的氟离子，再经沉淀或过滤而除氟。这种工艺简单方便，工程投资少。混凝沉淀法适用于含氟量小于4mg/L、处理水量小于30m³/d的小型除氟工程。其工艺流程如图7.7-9所示。

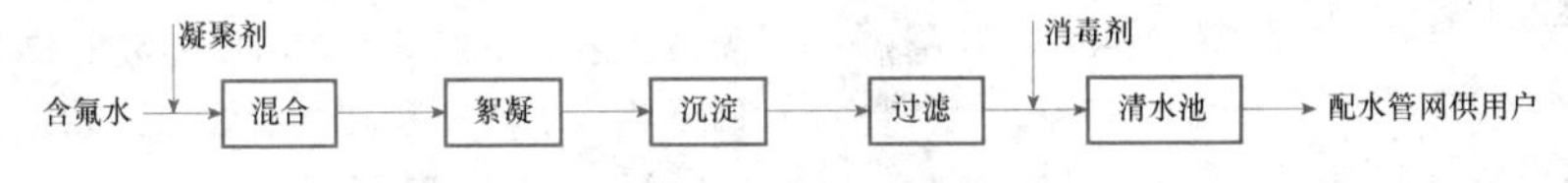

图7.7-9 混凝沉淀法除氟工程流程

凝聚剂投加量按Al_2O_3计，为氟含量的10～15倍，pH值宜为6.5～7.5，沉淀宜采用静止沉淀方式，静止沉淀时间为4～8h。

根据某水厂运行经验，按$F^-:Al^{3+}=1:9$的比例投加液态聚合氯化铝，原水含氟量2.9mg/L，经处理后可降至0.8mg/L，能取得较好的除氟效果。

总之，对于含氟量在4mg/L以下的含氟水，pH值控制在6～8，可以得到较好的除氟效果。但采用混凝沉淀法会产生大量的污泥，需妥善处置，否则会形成二次污染。

对于含氟量超过4mg/L的原水，混凝剂投加量高达含氟量的100倍，水中增加硫酸根离子和氯离子，使处理效果受到影响。

3. 活化沸石吸附法

活化沸石吸附法属于吸附过滤法。活化沸石以硅铝酸盐类矿物质（天然沸石）为原料，经破碎、焙烧、煅烧、化学改性活化等8道工序，历经13天加工而成，粒径为0.5～1.8mm。

据资料介绍，每吨活化沸石，每小时处理高氟水1～2m^3，过滤方式为升流式（自下而上），滤速为3～5m/h，吸附容量为1～2gF/kg天然沸石，视原水含氟量不同，其过滤周期为7～30d。当滤池出水含氟量大于1mg/L时，需对滤料进行再生处理。再生时先用3%氢氧化钠溶液或5%明矾溶液循环淋洗6h，再以5%明矾溶液浸泡12h，清水冲洗10min。活化沸石价格较便宜。

工程实例：辽宁省凌海市哈达铺村水厂，水源为浅层地下水，井深28m，原水含氟量2.04mg/L，采用天然沸石做滤料进行吸附过滤法处理。该工程设计供水人口3000人，选用3个处理过滤罐，直径1400mm、高3200mm（2用1备）。其工艺流程如图7.7-10所示。

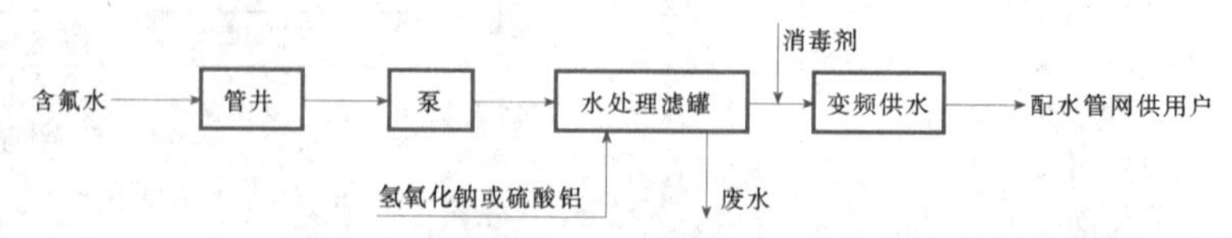

图7.7-10 辽宁省凌海市哈达铺村水厂水处理流程

7.7.3 地下水除砷

国家《生活饮用水卫生标准》（GB 5749—2006）中规定：当水中砷含量超过0.01mg/L或者供水工程规模不大于1000m^3、砷含量大于0.05mg/L时，应进行除砷处理。

砷在水中以三价、五价的无机砷及有机砷形式存在，三价砷毒性比五价砷强。饮用水中的五价砷较为常见。

目前多采用氧化铁涂层滤料对水中砷的进行吸附。

某水厂的除砷技术及工艺介绍如下：

（1）工程背景。供水规模为5000m^3/d，原水中的砷含量为0.012mg/L。

（2）除砷工艺流程如图7.7-11所示。

（3）除砷工艺单元及设备：

1）平衡水池：

考虑到深井泵的扬程不能满足两级承压设备的要求，故增加原水调节池——平衡水池。平衡水池采用半地上式的钢筋混凝土结构，内部尺寸为10m×5m×4.4m（长×宽×深），总容积220m^3，有效容积170m^3。

2）主吸附单元及设备：

吸附材料：将一定配比的高锰酸钾与铁盐负载在石英砂上，形成铁锰复合氧化物吸附材料。

吸附设备：除砷设备是4台碳钢防腐材质的过滤器，4台过滤器并联运行，每台直径3.000m、高5.454m（直段高度为3.000m），处理量55m^3/h，滤速7.78m/h。

3）过滤单元及设备：

过滤材料：锰砂。

过滤设备：除砷设备是4台碳钢防腐材质的过滤器，每台直径3.200m、高4.454m（直段高度为2.000m），处理量55m^3/h，滤速6.84m/h。

4）反冲洗系统：

利用原水作为反冲洗水源，用增压泵提供反冲洗时所需的水压和流量。

5）再生系统：

再生药剂：高锰酸钾与铁盐。

建1座两格再生药剂池用于除砷单元再生前配制再生药液，再生时存储再生溶液，采用空气搅拌。再生药剂池采用半地上式的钢筋混凝土结构，内部尺寸为4m×1.6m×3m（长×宽×高），总容积10m^3。

（4）工程运行情况。工程经过调试与试运行，出水砷含量未检出，符合《生活饮用水卫生标准》（GB 5749—2006），已完成竣工验收。

7.7.4 反渗透脱盐

反渗透（RO）是以压力为推动力，通过选择性膜，将溶液中的溶剂和溶质分离的技术。目前已广泛用于苦咸水淡化和高氟水处理。

1. 反渗透膜材料

复合膜是通常可分为三层：致密分离层、支撑层与过渡层。致密分离层可选用不同的材质改变膜表面层的亲和性，因而可有效提高膜的分离效果和抗污染性；支撑层和过渡层，孔隙率高、结构可随意调节、材质可选择，因而可有效提高膜通量。在相同条件下，复合膜通量比非对称性膜高约50%～100%。

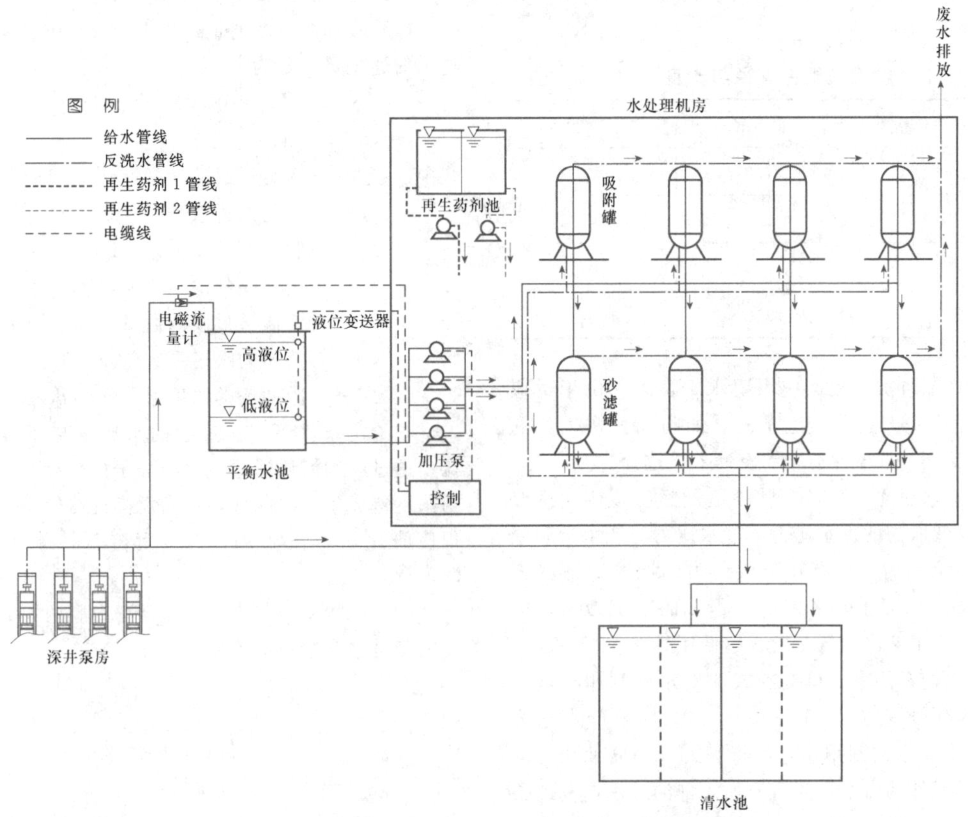

图 7.7-11 某水厂除砷工艺流程

复合膜的主要结构强度由无纺布提供，其具有坚硬、无松散纤维的光滑表面。由于无纺布表面不太规则而空隙较大，为使分离层直接复合在其上，需要给无纺布预先涂布一层高透水性的微孔聚砜作为中间支撑层。

2. 反渗透膜组件

反渗透膜组件是将膜组装成能付诸应用的最小基本单元，是反渗透装置的主要部件。根据几何形状，商品化的组件主要有四种基本形式：板框式（PF）、管式（T）、卷式（SW）和中空纤维式（HF）。

（1）卷式膜组件。卷式膜组件最早由美国通用原子公司研发。其基本结构为中心集水管、膜叶、进料液隔网。

1）中心集水管。为有孔的聚氯乙烯或聚丙烯管，其功能是将通过膜的透过水引出膜组件。

2）膜叶。膜叶由平板膜密封成信封状膜袋，中间有多孔支撑材料，构成双层膜结构。

3）进料液隔网。放置在膜叶之间，将进水导入膜叶。

制作膜组件时，将双层膜的边缘与多孔支撑材料用黏合剂沿三边将两层膜黏结密封形成膜袋收集产品水，另一开放边与中间集水管连接，膜袋之间再铺上一层隔网，然后沿中心管卷绕这种多层材料，形成卷式反渗透膜组件。

原料从一端进入组件，沿轴向流动，在驱动力的作用下，易透过物沿径向渗透通过膜至中心管导出；另一端为渗余浓缩物。

膜卷好后，为使其具有一定的机械强度，在其外侧用带子、玻璃纤维等进行包裹。黏合剂固化后，按一定长度垂直切割端头。美国制作卷式膜组件已实现机械化，采用一种 0.91m 滚压机，连续喷胶将膜与支撑材料黏结密封在一起，并滚卷成组件，固定后不必打开即可使用。机械化卷膜可避免人工制作是的许多缺点，可使膜材料长度精确，膜叶黏结位置和黏结剂用量精确，从而使产品的有效膜面积精确，并可优化结构设计，使所生产的有膜元件结构完全一致，大大提高了卷筒的质量。

（2）卷式膜组件产品规格与性能：

1）产品规格。常用水处理的卷式膜组件规格已标准化，方便了设计与施工。市场上卷式膜组件直径与长度规格基本统一，常用四位数字表示，如 1812、4040、8040 等。这组数字的前两位为膜组件的直径，后两位为膜组件的长度，单位为英寸。卷式膜组件直径与长度见表7.7-1。

表7.7-1 卷式膜组件直径与长度 单位：英寸

膜组件规格	直 径	长 度
1812	1.8	12
2540	2.5	40
4040	4.0	40
8040	8.0	40

2）产品种类。根据应用要求，膜组件由于适应条件不同，其产品种类也不同。如陶氏公司生产的Filmtec膜分为若干种类，供设计人员选择。

3）进水压力。为降低反渗透的运行成本，主要途径是降低所需的进水压力。进水压力与产水量和脱盐率是一组矛盾，只有在降低压力的同时保证脱盐率、提高产水量才能带来最大程度的节能效益。因此，市场上不断出现低压膜、超低压膜。

4）水的利用率。单支卷式膜对水的利用率基本相同，为15%左右，即进水为100L时，产水约为15L。为提高水的利用率，可将膜元件串联使用，即将前一膜元件的出水作为后一膜元件的进水，以此类推，或采用两级反渗透，其水的利用率可达到75%～80%。

5）膜元件运行极限参数。膜产品通常给出运行极限参数供设计中使用。其中包括最高运行压力、运行pH值范围、清洗pH值范围、最大进水流量、最高运行温度、最大进水浑浊度、最大进水SDI、游离氯耐受量等。陶氏Filmtec膜运行极限参数见表7.7-2。

表7.7-2 陶氏Filmtec膜运行极限参数

极限参数	TW级反渗透膜	BW级反渗透膜	SW级海水淡化膜
最高运行压力(MPa)	2.1	4.1	6.9
运行pH值范围	2～11	2～11	2～11
清洗pH值范围	1～12(30min)	1～12(30min)	1～12(30min)
最高运行温度(℃)	45	45	45
最大进水浑浊度	1NTU	1NTU	1NTU
最大进水SDI	5	5	5
游离氯耐受量(mg/L)	<0.1	<0.1	<0.1

3. 反渗透装置主要参数

（1）水和溶质的通量。反渗透过程中水和溶质透过膜的通量可表示为

$$\left.\begin{aligned} J_w &= W_p(\Delta p - \Delta\pi) \\ J_s &= K_p \Delta C \end{aligned}\right\} \qquad (7.7-1)$$

式中 J_w——水透过膜的通量，$cm^3/(cm^2 \cdot s)$；

W_p——水的透过系数，$cm^3/(cm^2 \cdot s \cdot Pa)$；

Δp——膜两侧的压力差，Pa；

$\Delta\pi$——膜两侧的渗透压差，Pa；

J_s——溶质透过膜的通量，$mg/(cm^2 \cdot s)$；

K_p——溶质的透过系数，cm/s；

ΔC——膜两侧的浓度差，mg/cm^3。

在给定条件下，透过膜的水通量与压力差成正比；透过膜的溶质通量主要与分子扩散有关，因而只与浓度差成正比。因此，提高反渗透器的操作压力不仅使淡化水产量增加，而且可降低淡水中的溶质浓度。

（2）脱盐率。反渗透的脱盐率为膜两侧的含盐浓度差与进水含盐量的比率，即

$$R = \frac{C_b - C_f}{C_b} \times 100\% \qquad (7.7-2)$$

式中 C_b——进水含盐量，mg/L；

C_f——淡化水含盐量，mg/L。

（3）水回收率。水回收率为渗透出水量与进水量之比，表示水的利用率，即

$$m = \frac{M_{出}}{M_{进}} \times 100\% \qquad (7.7-3)$$

式中 $M_{进}$——进水量，m^3/h；

$M_{出}$——渗透出水量，m^3/h。

（4）淡化水的含盐量。淡化水含盐量可用以下近似公式计算：

$$C_f = \frac{2C_b}{2-m}(1-R) \qquad (7.7-4)$$

其中

$$m = \frac{Q_r}{Q}$$

式中 m——水的回收率；

Q、Q_r——电渗析进水流量、淡水出水流量，L/s；

其他符号意义同前。

对于苦咸水淡化的醋酸纤维素膜，脱盐率可按90%初步估算。

4. 反渗透处理工艺

（1）一级一段法（见图7.7-12）。被处理液进入膜组件后，浓缩液和产水被连续引出，这种方式水的回收率不高，工业应用较少。

（2）一级一段循环法（见图7.7-13）。将浓水一

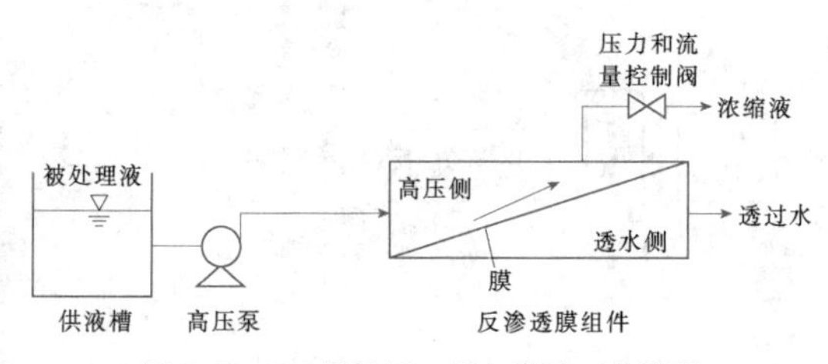

图 7.7-12　反渗透一级一段法工艺流程

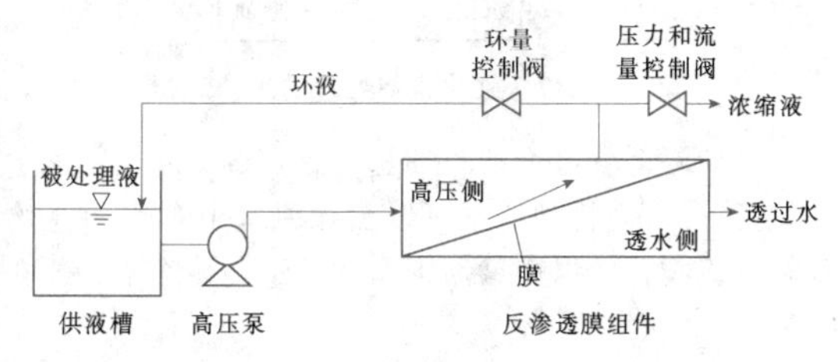

图 7.7-13　反渗透一级一段循环法工艺流程

部分返回供料液槽，这样浓缩液的浓度不断提高，因此产水量大，但产水水质下降。

(3) 一级多段法（见图 7.7-14）。用反渗透浓缩时，如一次浓缩达不到要求，可以采用多步浓缩方式。这种方式浓缩体积可减少而浓度提高，产水量相应加大。

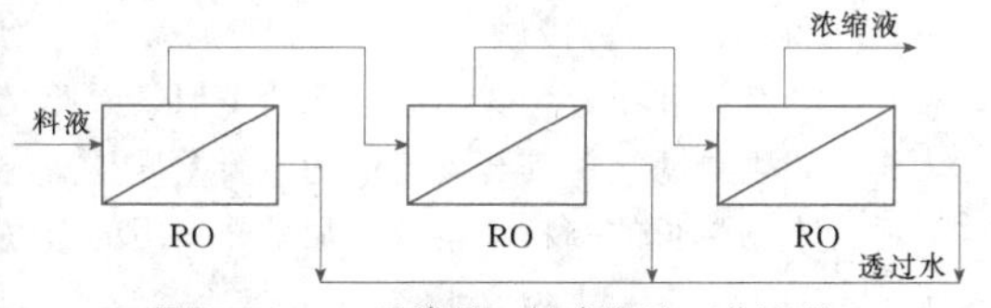

图 7.7-14　反渗透一级多段法工艺流程

(4) 两级一段法（见图 7.7-15）。当海水除盐要求把氢氧化钠从 35000mg/L 降至 500mg/L 时，则要求除盐率高达 98.6%，如一级达不到时，可分为两步进行。即第一步先除去氢氧化钠 90%，而第二步再从第一步出水中去除氢氧化钠 89%，即可达到要求。如果膜的除盐率低而水的渗透性又高时，采用两步法比较经济，同时在低压低浓度下运行时，可提高膜的使用寿命。

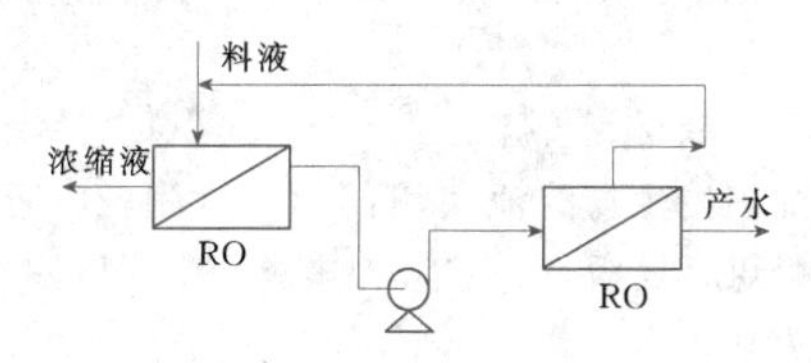

图 7.7-15　反渗透两级一段法工艺流程

5. 反渗透给水预处理

为保证水处理系统长期安全、稳定地运行，在进入反渗透前，应预先去除进水中的悬浮物、胶体、微生物、有机物、游离性余氯和重金属。反渗透预处理应包括下列 5 个方面：

(1) 去除原水中的悬浮物和胶体，诸如淤泥、细砂、铁或其他金属的腐蚀产物中二氧化硫被氧化后的硫黄、无机和有机胶体物，防止因膜孔堵塞而影响透水率。

(2) 去除原水中有机物，防止因膜孔堵塞而降低透水率。

(3) 杀灭细菌和抑制微生物生长，细菌、微生物对醋酸纤维素膜有侵蚀作用，细菌繁殖会造成膜的污染。

(4) 防止膜被氧化，例如游离性余氯会破坏膜结构，使聚酰胺膜性能恶化，缩短膜的使用寿命。

(5) 防止水中难溶物质在膜面上析出，铁、锰离子会在膜表面形成氢氧化物胶体而出现沉积，过高的钙、镁离子会在膜表面结垢。

如果不对原水进行预处理，将导致产水量迅速减少，产水水质下降，工作周期缩短，清洗液等用量很快增加，能耗上升，制水成本提高，膜的使用寿命缩短，给操作管理带来许多麻烦。

6. 反渗透给水后处理

反渗透装置的产水中一般主要成分为钠、氯、重碳酸根离子和二氧化碳。由于二氧化碳是 100%通过膜的，因此产水的 pH 值低，呈酸性，有一定的腐蚀性。

当苦咸水淡化用于生活饮用水时，出水需加氢氧化钠或石灰，或兑适当比例的原水，调节 pH 值直至中性，此外，还需投加消毒剂作为后处理。

7. 应用实例

2000 年在河北省沧州市沧化公司的 18000 m^3/d BWRO 苦咸水淡化工程开始运行，当地浅层地下水水量丰富，但水中矿化度极高，TDS 平均可达 13000mg/L，氯化物过高，致使水味苦咸，而且有些水井中铁含量较高，致使水的浑浊度也高，水源水的色嗅味感官指标令人难以接受。为此进行氧化曝气除铁预处理。RO 采用两段工艺，第一段由 120 个 6m 长的压力管并联，第二段由 60 个压力管并联，每个压力管中装 6 个直径 8 英寸（20.32cm）的进口复合膜组件，两段间设能量回收装置，工艺流程图如图 7.7-16 所示。运行一年时情况正常，出水含盐量低于 500mg/L，回收率大于 75%，耗电量小于 3kW·h/m^3 淡水。该工程总投资约 2200 万元，每日吨水基建投资约 1220 元；如选用低温多效蒸发，预计需总投资达 19000 万元，两者相差 9 倍之多，在此条件下，反渗透工艺是比较经济的。

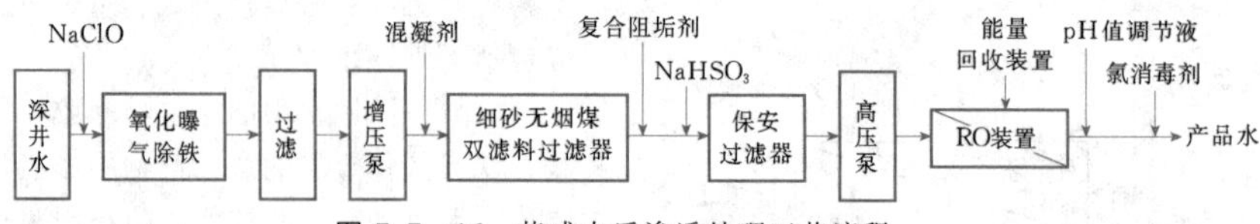

图 7.7-16 苦咸水反渗透处理工艺流程

7.7.5 微污染水处理

1. 微污染水处理工艺

当常规处理混凝、沉淀（澄清）、过滤、消毒工艺难以使微污染水达到饮用水水质标准时，一般可采取下列措施：①强化常规处理，如加强混凝沉淀；②增加预处理，如生物预处理；③增加后处理，如活性炭吸附、生物活性炭法、膜处理法等。

上述措施可以采用一种或同时采用多种，取决于技术经济条件和水源的水质，分述如下。

(1) 强化常规处理：

1) 对于微污染的原水，适当投加预氧化剂高锰酸钾，保持絮凝、沉淀，过滤等构筑物在良好运行状态，控制滤池出水浑浊度在1NTU以下，可以提高常规处理工艺的净水效果。

高锰酸钾预氧化处理微污染水可在较低投资下，有效地去除饮用水中多种有机物和致突变物，其优点是无需改变常规处理流程，不需再建大型处理设施，运行费用较低。具体方法是：将0.5～2.0mg/L的高锰酸钾预先投加于微污染原水中，间隔2～3min再投加凝聚剂，在氯化消毒时生成的有机物量明显降低，水的致突变性也能减轻。

2) 投加粉末活性炭也是强化常规处理的一种方法。粉末活性炭和凝聚剂同时投加在混合池中，炭粉和絮体在沉淀池中沉淀或截留于滤池中，在排泥或反冲洗时排除。

根据水源的污染程度，粉末活性炭可在需要时投加，一般只是作为季节性水源恶化或突发性的应急措施，临时投加。

粉末活性炭投加量约15～20mg/L，水的臭味基本消失，色度下降，但去除氨氮效果不明显。

由于水源水中污染物浓度经常变化，因此粉末活性炭投加量不易控制，且操作时粉末飞扬；此外，下沉在沉淀池中的活性炭无法重复利用，又会增加污泥处理的困难，因此应用受到限制。

强化常规处理的工艺流程如图7.7-17所示。

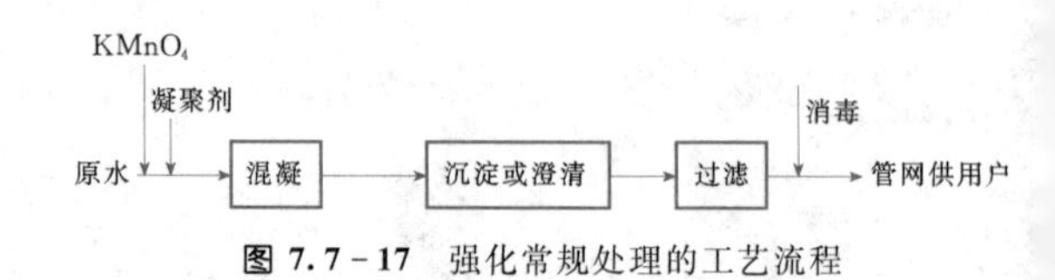

图 7.7-17 强化常规处理的工艺流程

(2) 生物预处理。饮用水生物预处理是指在常规净水工艺前增设生物处理工艺，借助于微生物群体的新陈代谢活动，能有效去除水中的可生物降解有机物，降低消毒副产物的生成，提高水质的生物稳定性、降低后续常规处理的负荷，改善常规处理的运行条件（如降低凝聚剂的投加量，延长过滤周期，减少加氯量等）。生物预处理可以去除原水中80%可生物降解有机物，如以高锰酸钾指数表示，去除率一般在20%～30%。

生物预处理工艺中采用较多的是在池内设置填料作为微生物的载体，经过充氧的水（或池内曝气）流经填料，形成薄层结构的微生物整合体，即生物膜。用于生物膜法的生物预处理技术主要有生物接触氧化工艺。

生物接触氧化工艺可分为颗粒填料生物接触氧化法和非颗粒填料生物接触氧化法。下面介绍两种国内常用的两种滤池。

1) 颗粒填料生物接触氧化滤池。颗粒填料生物接触氧化池结构和布置型式与砂过滤池类似，因此又称为淹没式生物滤池。其与砂滤池的主要差异是滤料改为适合生物生长的颗粒填料及增加了充氧用的布气系统。

a. 颗粒填料选择原则如下：

比表积大，颗粒填料一般选用粒径适宜、表面粗糙的惰性材料。这种填料有利于微生物接种挂膜和生长繁殖，有利于微生物代谢过程所需的氧气和营养物质；

具有足够的机械强度，既利于反冲洗又不被冲走；

具有合适的颗粒松散密度；

具有化学稳定性，不会发生填料中有害物质溶解于水的现象；

能就地取材、价廉。

目前国内生物滤池使用的填料（陶粒、石英砂、沸石、褐煤、麦饭石、炉渣、焦炭）中，以陶粒的应用最为成功。

b. 生物接触氧化滤池的结构。生物接触氧化滤池在结构上类似于气水反冲洗的快滤池，结构如图7.7-18所示，由配水系统、布气管、生物填料、承托层、反冲洗排水槽。

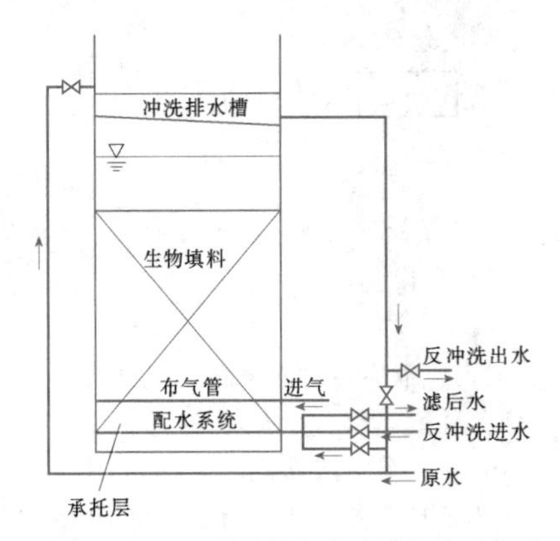

图 7.7-18 生物接触氧化滤池结构示意图

生物滤池可采用下向流或上向流方式运行，切换运行方便。

配水系统必须配水均匀；

布气管主要有两个目的：一是正常运行时的曝气，二是进行气水反冲洗的供气；

生物填料层陶粒粒径一般为 2～5mm，厚度为 1500～2000mm；

承托层主要是为了支承生物填料，常用材料为卵石，高度一般为 400～600mm；

反冲洗排水槽与普通快滤池的类似。

c. 生物滤池的运行。对有机物（以 COD_{Mn} 表示）氯氮处理方面，上向流效果略高于下向流，但差别不是很大，对浑浊度的去除效果，下向流则优于上向流。

对原水水质方面，上向流滤池要求进水中不能含有颗粒较大的悬浮物，否则会堵塞配水系统的小孔，导致出水不均，下向流比上向流要安全得多。

d. 设计要点与主要参数：

滤速为 4～6m/h；

滤池冲洗前水头损失控制在 1.0～1.5m；

气水比，应根据原水水质的可生物降解有机物（BDOC）、氨氮和溶解氧含量确定，约取 0.5～1.5，一般取 1.0；

过滤周期为 7～15d；

滤池总高度为 4.5～5.0m。其中填料层高度为 1500～2000mm；

承托层高度为 400～600mm；

填料层以上淹没水深为 1.5～2.0m；

反冲洗时膨胀率为 30%～50%；

反冲洗时按水冲 10～15L/（m^2·s）、气水同时冲 10～20L/（m^2·s）确定用水量。

2）轻质填料生物接触氧化滤池。是上海市政工程设计研究院针对微污染原水生物处理研发的专利技术。

a. 轻质填料生物滤池构造如图 7.7-19 所示。

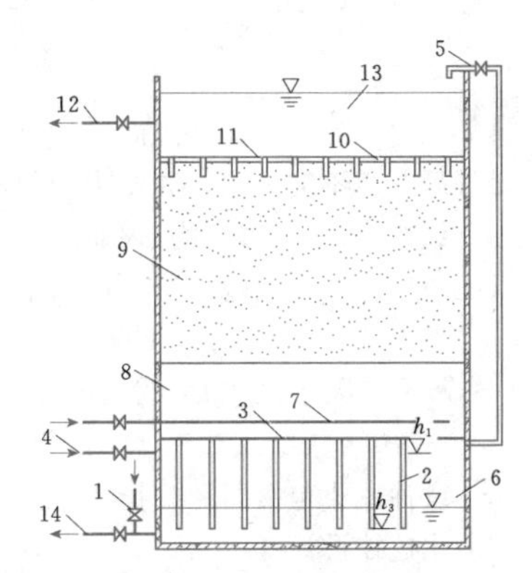

图 7.7-19 轻质填料生物接触氧化滤池结构示意图

1—进水管及阀门；2—配水管；3—下盖板；4—反冲洗进气管；5—入气管及阀门；6—空气室；7—穿孔曝气管；8—进水、曝气区域；9—轻质滤层；10—上盖板；11—滤头；12—出水管；13—清水区域；14—排泥管及阀门

滤池底部为进水区，冲洗时亦是空气室及排泥区；

滤池下部为配水与穿孔曝气的气水混合曝气区；

滤池中部为滤料区；

滤池上部是出水区；

填料采用 EPS 圆珠滤料。该滤料价格便宜，化学稳定性好，填料比表面积可达 1000～1500m^2/m^3。

b. 设计要点如下：

滤池为上向流，适用于浑浊度 100NTU 以下的原水；

滤速一般采用 6～10m/h，停留时间为 30～60min；

采用水进行脉冲式反冲洗，冲洗水利用滤池上部的出水。

增加生物预处理和活性炭深度处理，能收到一定的处理效果，但是基建投资较大，运行成本高，只有在条件允许时可考虑采用。

2. 微污染水深度处理

微污染水深度处理，主要是应用臭氧和活性炭，以弥补常规处理的不足，使多种多样的污染物，尤其是有机污染物得以去除。

（1）颗粒活性炭（GAC）池。颗粒活性炭池可去除产生臭味的有机物，还可去除烃类、酯类、胺类、醛类等多种有机物。活性炭吸附工艺流程如图 7.7-20 所示。

活性炭池设计时，滤池滤速为 5～15m/h，为炭层厚度 1.5～2.0m。

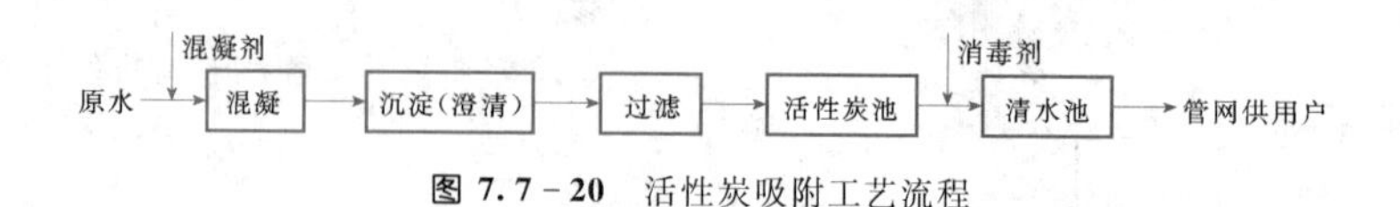

图 7.7-20 活性炭吸附工艺流程

（2）臭氧氧化、生物活性炭过滤。经过生物预处理和常规处理后，当不能去除水源水中的全部有害物（如低分子有机物、农药、致癌物），而经济条件允许时，可后续建设生物活性炭池。

7.8 水厂总体设计

水厂总体设计主要包括厂址选择、厂区布置、水质检测与自动化监控设计等。

7.8.1 厂址选择及占地面积

1. 厂址选择

厂址选择应根据下列要求进行多方案比较后确定：

（1）厂址选择首先应使整个供水系统布局合理（投资少、电耗低、管理方便）。

1）充分利用地形高程，尽可能重力流输水或配水，减少泵站数量或总装机容量。

2）尽量靠近主要用水区，减少配水干管长度，以配水均匀、降低配水干管投资和水厂内供水泵站电耗。

3）统筹考虑水源工程的运行管理，尽量提高管理方便程度和可靠性，降低管理成本。小型水厂宜靠近水源布置，规模化水厂可采用远程自动控制方式控制水源的运行。

（2）拟选厂址应尽可能符合下列要求：

1）符合村镇建设总体规划。

2）不受洪水与内涝威胁。

3）有良好的工程地质条件，一般宜选在地下水位较低、地基稳定且承载力较大、湿陷性等级不高、岩石较少的地区。

4）有较好的废水排放条件。

5）有良好的卫生环境，并便于设立防护地带。

6）满足水厂远期布置需要。

7）靠近可靠电源。

8）少拆迁，不占或少占耕地。

9）交通方便。

2. 水厂占地面积

水厂占地面积是指水厂围墙内的用地（不包括水厂外的泵站和高位水池等用地），应根据远期规划供水规模、净化工艺类型及复杂程度、卫生防护和村镇建设总体规划等确定，规划阶段可参考表 7.8-1 确定，设计阶段应根据实际需要并按照节约用地的原则确定。

表 7.8-1 村镇集中水厂占地参考指标

工程类型		Ⅰ型	Ⅱ型	Ⅲ型	Ⅳ型	Ⅴ型
供水规模 W (m^3/d)		$W \geqslant 10000$	$10000 > W \geqslant 5000$	$5000 > W \geqslant 1000$	$1000 > W \geqslant 200$	$W < 200$
用地指标 [$m^2/(m^3 \cdot d)$]	地表水	0.7～1.0	0.9～1.1	1.0～1.3	1.1～1.4	1.2～1.5
	地下水	0.4～0.7	0.6～0.8	0.7～1.0	0.9～1.3	1.0～1.5

注 常规水处理取较低值，特殊水处理取较高值；Ⅴ型工程不宜小于 $100m^2$。

7.8.2 厂区布置

水厂通常由生产构（建）筑物、附属建筑物、各类管道和其他设施组成，应根据供水规模、水处理工艺等确定。

（1）生产构（建）筑物。是指与制水过程直接有关的构（建）筑物，包括净水构筑物（如絮凝池、沉淀池、澄清池、滤池、活性炭吸附池等）及净水间（采用净水设备进行水处理时应设净水间，寒冷地区的净水构筑物宜设在净水间内）、加药间、消毒间、清水池、供水泵房、变配电室、中控室等。

（2）附属建筑物。是指为生产服务所需要的建筑物，包括办公室、化验室、仓库、堆料场、维修间、车库、锅炉房、值班宿舍、食堂、厕所等。

（3）各类管道。包括生产联络管道、反冲洗水管道、生产排水管道、加药管道、加消毒剂管道、水厂自用水管道、生活排污管道、雨水排水管道、电缆管、暖气管等。

（4）其他设施。包括厂区道路、绿化、照明、围墙及大门等。

厂区布置应包括总平面布置图、工艺流程及高程布置图、管线布置图等。

7.8.2.1 总平面布置

厂区总平面布置主要包括生产构（建）筑物、附属建筑物、绿化和道路等布置。

1. 基本原则

(1) 厂区总平面布置应遵循流程合理、运行可靠、操作方便、充分利用地形、节约用地、美化环境、兼顾远期等原则。

(2) 厂区构（建）筑物的布置应合理分区，一般可分为生产区、维修区、办公区和生活区，但办公区和生活区应尽可能与生产区分开布置，确保生产区安全；厂区构（建）筑物应尽可能组合布置，尽量避免点状分散布置。

(3) 分期建设的水厂，近远期应协调，既要考虑近期布局的完整性，又要考虑远期布局的合理性。净水构筑物（或设备）和清水池可逐组扩建，净水间、供水泵房等建筑物可一次性建成。

2. 净水构筑物（或设备）及净水间、清水池和供水泵站的布置

(1) 应按净水、配水工艺流程顺流布置。有条件时，尽可能按直线型布置，以便于生产连络管线布置和今后水厂扩建；当水厂的原水进水管和出厂水管受地形条件限制时，可按折角型或回转型布置，转折点一般选在清水池部位。

(2) 应尽可能紧凑布置，以减少占地面积和生产连络管的长度、迂回和交叉，但应便于施工、安装、维修和运行操作。

(3) 净水构筑物（或设备）和清水池一般不宜少于两组并平行布置，以便于检修。

(4) 山丘区应充分利用地形高差，力求减少挖填土石方量和施工费用。絮凝池、沉淀池或澄清池应布置在地势高处，清水池和供水泵站应布置在地势低处。

3. 加药间、消毒间、变配电室、中控室和化验室的布置

(1) 加药间和消毒间应分别靠近投加点布置，并与其药剂仓库毗邻。地表水厂，加药间和消毒间可相邻布置，以形成相对完整的加药区，并尽量靠近沉淀池或澄清池；仅需消毒的地下水厂，消毒间应尽量靠近清水池，可与供水泵站组合布置。

(2) 变配电室、中控室和化验室可与供水泵站组合布置，也可与办公区组合布置，但应分别相对独立，避免干扰。规模化水厂应设备用发电机房，并与变配电室相邻布置。

4. 办公区和生活区布置

(1) 办公区和生活区可组合布置，并尽量布置在水厂大门附近，以便于外来人员的联系，同时使生产区少受外来干扰。办公区和生活区的建筑面积，应根据管理人员的多少确定，一般不宜超过20m²/人。

(2) 厕所及化粪池的位置与生产构（建）筑物的距离应大于10m，水厂内不应采用旱厕和渗水厕所，小型水厂的厕所宜设在厂外。

(3) 寒冷地区，规模化水厂可设锅炉房取暖，并符合《建筑设计防火规范》(GB 50016) 的要求，锅炉房可与生活区组合布置，但应相对独立，确保安全。

5. 维修区布置

(1) 维修区可靠近生产区布置，但要与生产区有所分隔。

(2) 滤料、管配件等堆料场地应有遮阳避雨措施。

(3) 仓库可与办公区组合布置。

6. 道路布置

(1) 厂区内的道路布置应能满足水厂运行维护和材料设备运输的需要，水厂大门内侧（或外侧）附近应设一定的临时停车回车场地。

(2) 规模化水厂应设通往主要构（建）筑物的车行道。车行道一般可按单车道、环状布置，宽度4.0m左右，转弯半径不宜小于6.0m，横坡宜为1.5%～2.0%，纵坡宜为1.0%～2.0%（丘陵地带不宜大于8.0%，平坦地区不宜小于0.4%），结构可采用混凝土或沥青路面。

(3) 车行道不能到达的构（建）筑物可设步行道。步行道宽度1.0～2.0m，结构可采用混凝土路面或预制板、透水砖、片石等砌筑。

7. 绿化

(1) 绿化是美化水厂环境的重要手段，新建水厂的绿化面积不宜小于水厂总面积的20%。

(2) 水厂绿化宜以草地和绿篱为主，可用树木、花坛和建筑小品等进行点缀，应根据水厂规模、当地气候条件和土质等确定。

(3) 水厂内不宜栽种高大树木，且树木与构（建）筑物的距离不宜小于2.5m，与道路和地下管道的距离不宜小于1.5m。

7.8.2.2 高程布置

1. 厂区地坪高程

(1) 厂区地坪高程应根据厂区地形、防洪排涝要求、道路和排水管（涵）布置等确定，并标注在平面布置图上。

(2) 厂区地坪应高于厂外地坪和内涝水位，并有利于重力排水。

2. 净水、配水构（建）筑物高程

净水、配水构（建）筑物的高程是水厂高程布置的核心，地表水水厂和劣质地下水水厂主要包括净水

构筑物（或设备）及净水间、清水池和供水泵站的高程布置，良好地下水水厂主要包括清水池和供水泵站的高程布置，并符合下列要求。

（1）基础高程应充分考虑地基承载力、地下水位埋深和冻胀等影响基础稳定的因素，以及施工难易程度和投资等因素。

（2）供水泵站采用离心泵时，清水池和供水泵站的基础高程应考虑离心泵自灌式充水的可行性；寒冷地区，清水池和供水泵站的基础埋深应考虑保温需要。

（3）重力流布置的净水、配水构筑物高程，应满足构筑物水头损失和生产连络管道水头损失要求（可参照表7.8-2和表7.8-3确定），并注意下列事项。

1）应充分利用原有地形坡度。

2）应防止清水池池顶埋深过大，絮凝池、沉淀池或澄清池的底板高于地面。

3）便于沉淀池或澄清池排泥及滤池冲洗废水排除，力求重力流排污。

表7.8-2　净水构筑物水头损失

构筑物名称	水头损失（m）
进水井格栅	0.15～0.30
絮凝池	0.40～0.50
沉淀池	0.15～0.30
澄清池	0.60～0.80
普通快滤池	2.0～2.5
接触滤池	2.5～3.0
无阀滤池，虹吸滤池	1.5～2.0
慢滤池	1.5～2.0
活性炭滤池	0.4～0.6

表7.8-3　生产联络管允许流速

连接管段	允许流速（m/s）	备　注
原水进厂管至絮凝池或澄清池	1.0～1.2	
絮凝池至沉淀池	0.10～0.15	防止絮体破坏
沉淀池或澄清池至滤池	0.6～1.0	流速宜取下限，留有余地
滤池至清水池	0.8～1.2	流速宜取下限，留有余地
清水池到供水泵房	1.0～1.2	流速宜取下限，留有余地

7.8.2.3 管线布置

厂区的各类管道，应自成体系分别布设，并尽量避免或减少交叉；分期建设的工程应便于管道衔接。

（1）生产联络管线（见表7.8-3），应短且顺直，并满足净水、配水构筑物的高程布置要求；并联构筑物间的管道应设连通管和检修阀，以便检修时互换使用。

（2）滤池反冲洗水管道，用水为清水池内的水，由于间歇运行，设计流速可采用2.0～2.5m/s，流量可按一个滤池的反冲洗水量进行设计。反冲洗水管道上应设反冲洗水泵，反冲洗泵常布置在供水泵房内，在供水泵房和滤池间布设反冲洗水管道；也可在清水池或滤池附近设地下式反冲洗泵室，在清水池和滤池间布设反冲洗水管道。

（3）生产排水管道，包括絮凝池、沉淀池、澄清池和滤池的排水排泥管道，一般合为一个系统，根据地形条件，尽可能按重力流将生产废水排到厂外的废水坑内，自然沉淀入渗，但应符合环境保护和卫生防护要求；贫水地区，宜考虑滤池反冲洗水的回用。生产排水管道的设计流速可采用1.0～1.2m/s，流量可按一个滤池的反冲洗水量进行设计。

（4）加药管道、加消毒剂管道，宜做管沟敷设，以便于检修，管材一般采用耐腐蚀的塑料管，一般采用计量泵投加。

（5）水厂自用水管道，一般可从供水泵房的出水总管上引出（一定要设止回阀），分别铺设到消毒间、加药间、办公区和生活区。

（6）生活排污管道，应将办公区和生活区的生活污废水排放到化粪池进行处理。

（7）雨水排水管道，应根据地形条件，尽可能按重力流将雨水排放到厂外的排水沟中。

（8）电缆管、暖气管，应做管沟，分别敷设。

7.8.3 检测与控制设计

集中式供水工程的检测与控制设计，应根据供水规模、供水系统特点、运行管理条件和要求等确定。

检测项目应包括供水系统关键部位的水质、水量、水压、水位、液位，以及混凝剂投加量、消毒剂投加量、水泵机组和供配电系统的电气参数等，检测方式可采用人工检测、在线检测或二者结合的检测，检测仪器设备应采用经国家质量监督部门认证许可的产品，应装设在被检测项目的控制部位、且管理方便和不易破坏。

控制项目应包括闸阀、水泵机组、混凝剂投加设备、净化设备及反冲洗系统、消毒剂投加设备等重要设备的控制，控制方式可采用人工控制或自动化控制。

7.8.3.1 水质检测

水质检测是饮水安全工程运行管理的重要内容，因此在设计阶段就应提出水质检测方案。水质检测方案应包括水质检测指标、检测仪器和化验室，应根据水源水质、水处理工艺和供水规模等确定。

1. 水质检测指标

（1）水质检测包括对水源水、出厂水和管网末梢水的检测，目的是摸清水源水质是否受到污染、水处理设施的处理效果、是否存在管网二次污染和供水水质是否达标。《生活饮用水卫生标准》（GB 5749—2006）中规定的106项指标，全分析成本很高，因此，水质检测应分日常检测和定期全分析。

（2）日常检测指标，一般应包括感官性状指标（浑浊度、肉眼可见物、色度、臭和味）、微生物指标（细菌总数、总大肠菌群、耐热大肠菌群或大肠埃希氏菌）、消毒剂余量指标（与工程采用的消毒方法相对应）、水源水已超标指标和存在污染超标风险指标（如pH值、COD_{Mn}、氨氮、硝酸盐、氟化物、砷、铁、锰、溶解性总固体等，应根据水源水的历史水质资料、设计前的全分析水质报告和污染源影响分析等综合确定，并与工程采用的水处理工艺相对应）。

1）水源水日常检测指标。包括感官性状指标、水源水已超标指标和存在污染超标风险指标。

2）出厂水日常检测指标。包括感官性状指标、微生物指标、消毒剂余量指标、水源水已超标指标和存在污染超标风险指标。

3）管网末梢水日常检测指标。包括感官性状指标、微生物指标、消毒剂余量指标。

4）小型供水工程，日常检测可只检测出厂水的感官性状指标、消毒剂余量指标和水源水已超标指标。

（3）定期全分析，可委托县级水质监测中心或其他有水质检测资质的单位进行检测，有条件时应同时检测水源水和出厂水，地下水水厂也可只检测出厂水。全分析指标，有条件时可包括《生活饮用水卫生标准》（GB 5749—2006）中的106项指标，也可只包括《生活饮用水卫生标准》（GB 5749—2006）中规定的42项常规指标，并根据下列情况增减指标：

1）微生物指标中一般检测总大肠菌群和细菌总数两项指标，当检出总大肠菌群时，需进一步检测耐热大肠菌群或大肠埃希氏菌。

2）常规指标中当地确实不存在的指标可不检测，如：从来未遇到过放射性指标超标的地区，可不检测总α放射性、总β放射性两项指标；没有臭氧消毒的工程，可不检测甲醛、溴酸盐和臭氧三项指标；没有氯胺消毒的工程，可不检测总氯等。

3）非常规指标中已存在超标的指标和确实存在超标风险的指标，应纳入全分析检测范围之内。如地表水源存在生活污染风险时，应增加氨氮指标的检测，以船舶行驶的江河为水源时应增加石油类指标的检测。

4）小型供水工程，条件受限时，定期全分析可只检测出厂水的微生物指标（菌落总数、总大肠菌群）、消毒剂余量和消毒副产物指标（与工程采用的消毒方法相对应）、感官指标（浑浊度、色度、臭和味、肉眼可见物等）、一般化学指标（pH值、铁、锰、氯化物、硫酸盐、溶解性总固体、总硬度、耗氧量、氨氮）和毒理学指标（氟化物、砷和硝酸盐）等。

（4）《村镇供水工程运行管理规程》（SL 689—2013）规定村镇供水工程的水质检验项目和频率不应低于表7.8-4的要求。

表7.8-4　水质检验项目及频率

水样		检验项目	村镇供水工程类型			
			Ⅰ型	Ⅱ型	Ⅲ型	Ⅳ型
水源水	地下水	感官性状指标、pH值	每周1次	每周1次	每周1次	每月1次
		微生物指标	每月2次	每月2次	每月2次	每月1次
		特殊检验项目	每周1次	每周1次	每周1次	每月1次
		全分析	每年1次	每年1次	每年1次	—
	地表水	感官性状指标、pH值	每日1次	每日1次	每日1次	每日1次
		微生物指标	每周1次	每周1次	每月2次	每月1次
		特殊检验项目	每周1次	每周1次	每周1次	每周1次
		全分析	每年2次	每年1次	每年1次	—

续表

水样	检验项目	村镇供水工程类型			
		Ⅰ型	Ⅱ型	Ⅲ型	Ⅳ型
出厂水	感官性状指标、pH值	每日1次	每日1次	每日1次	每日1次
	微生物指标	每日1次	每日1次	每日1次	每月2次
	消毒剂指标	每日1次	每日1次	每日1次	每日1次
	特殊检验项目	每日1次	每日1次	每日1次	每日1次
	全分析	每季1次	每年2次	每年1次	每年1次
末梢水	感官性状指标、pH值	每月2次	每月2次	每月2次	每月1次
	微生物指标	每月2次	每月2次	每月2次	每月1次
	消毒剂指标	每周1次	每周1次	每月2次	每月1次

注 1. 感官性状指标包括浑浊度、肉眼可见物、色度、臭和味。
2. 微生物指标主要包括菌落总数、总大肠菌群等。
3. 消毒剂指标根据不同的供水工程消毒方法，为相应消毒控制指标。
4. 特殊检验项目是指水源水中氟化物、砷、铁、锰、溶解性总固体、CODMn或硝酸盐等超标且有净化要求的项目。
5. 全分析项目应符合《村镇供水工程运行管理规程》（SL 689—2013）9.3.2条的规定。每年2次时，应为丰、枯水期各1次；全分析每年1次时，应在枯水期或按有关规定进行。
6. 水质变化较大时，应根据需要适当增加检验项目和检验频率。

2. 水质检测仪器

（1）水质检测仪器选择前应按照《生活饮用水标准检验方法》（GB/T 5750）的要求确定水质检测指标的检测方法。有多种检测分析方法可供选择时，应根据检测精度、检测过程的复杂程度、检测仪器设备成本及管理条件等确定，选择的检测方法的最低检出线应小于《生活饮用水卫生标准》（GB 5749）中的指标限值，也可参照表7.8-5确定。

表7.8-5　水质指标推荐检测方法

水质指标		推荐检测方法
微生物指标	菌落总数	平皿计数法
	总大肠菌群、耐热大肠菌群、大肠埃希氏菌	滤膜法、多管发酵法或酶底物法
感官性状和物理指标	色度	铂-钴标准比色法
	浑浊度	散射光法
	臭和味	嗅气、尝味法
	肉眼可见物	直接观察法
	pH值	电极法
	溶解性总固体	称量法
	电导率	电极法
	总硬度	滴定法
	挥发酚类	分光光度法
	阴离子合成洗涤剂	分光光度法
金属指标	铝	原子吸收法或分光光度法
	铁	原子吸收法或分光光度法
	锰	原子吸收法或分光光度法
	铜	原子吸收法或分光光度法

续表

水质指标		推荐检测方法
金属指标	锌	原子吸收法或分光光度法
	砷	原子荧光法或分光光度法
	硒	原子荧光法或紫外分光光度法
	汞	原子荧光法或冷原子吸收法
	镉	原子吸收法或原子荧光法
	铬（六价）	分光光度法
	铅	原子吸收法或原子荧光法
无机非金属指标	硫酸盐	离子色谱法或分光光度法
	氯化物	离子色谱法、容量法或分光光度法
	氟化物	分光光度法或电极法
	氰化物	分光光度法
	硝酸盐	紫外分光光度法或离子色谱法
	氨氮	分光光度法
有机物	四氯化碳	气相色谱法
	耗氧量 COD_{Mn}	高锰酸钾滴定法
	石油类	紫外分光光度法
消毒剂余量及消毒副产物指标	游离余氯	DPD分光光度法
	总氯	DPD分光光度法
	三氯甲烷	气相色谱法
	臭氧	靛蓝现场测定法
	溴酸盐	离子色谱法
	甲醛	分光光度法
	二氧化氯	现场测定法或分光光度法
	亚氯酸盐	离子色谱法或碘量法
	氯酸盐	离子色谱法或碘量法

(2) 水质检测仪器配备应包括水样处理、试剂配置需要的仪器设备和分析仪器，药剂、试剂和标样等，并与选定的检测指标及检测方法相对应，可参照表7.8-6选用。

表7.8-6　水质化验室配备的仪器设备

化验室	主要仪器设备及功能
天平室	万分之一电子天平（用于配置标准试剂和重量分析）
理化室（试剂配置、水样处理和物理化学分析）	普通电子天平，超纯水机、搅拌器、马弗炉、电热恒温水浴锅、电恒温干燥箱、超声波清洗器等
	量筒、漏斗、容量瓶、烧杯、锥形瓶、滴定管、碘量瓶、过滤器、吸管、微量注射器、洗瓶、试管、移液管、搅拌棒等玻璃器皿
	具塞比色管、酸度计、温度计、电导仪、散射浊度仪、消毒剂余量便携式测定仪等
微生物室	冰箱、高压蒸汽灭菌器、干热灭菌箱、培养箱、菌落计数器、显微镜、培养皿、超净工作台等

续表

化验室	主要仪器设备及功能
分析仪器室	紫外可见光分光光度计或可见光分光光度计（用于氯、二氧化氯、臭氧、甲醛、挥发酚类、阴离子合成洗涤剂、氟化物、硝酸盐、硫酸盐、氰化物、铝、铁、锰、铜、锌、砷、硒、铬（六价）、以及氨氮和石油类等指标检测，规模化水厂必配）
	原子吸收分光光度计（用于镉、铅、铝、铁、锰、铜、锌等检测）
	原子荧光光度计（用于汞、砷、硒、镉、铅等检测，检测汞时必配）
	气相色谱仪（用于四氯化碳、三卤甲烷等指标检测，检测氯消毒副产物时必配）
	离子色谱仪（用于氯化物、硫酸盐、硝酸盐、氟化物、溴酸盐、氯酸盐、亚氯酸盐等检测，检测溴酸盐时必配）

1）规模化水厂，可选用实验室用检测仪器和便携式检测仪器装备水质化验室；水质检测仪器的配备至少应能检细菌总数、大肠菌群、耐热大肠菌群、浑浊度、色度、肉眼可见物、臭和味、pH值、电导率、消毒剂余量和水源水已知超标的指标，有条件时还应能检测COD_{Mn}、氨氮、硝酸盐等水源水存在超标风险的指标。

2）小型水厂，可建水质化验室（也可将运行管理办公室兼作水质化验室），配备便携式水质检测仪器；有条件时水质检测仪器的配备宜能检测浑浊度、色度、肉眼可见物、臭和味、pH值、消毒剂余量和水源水已知超标的指标。

3. 水质化验室

化验室可包括天平室、理化室、微生物室、分析仪器室等，应根据仪器设备的配备情况确定，规模化水厂至少应建理化室和微生物室等。

（1）化验室空间应满足仪器设备安装和操作等需要，其中，理化室不宜小于$25m^2$，微生物室不宜小于$15m^2$。

（2）化验室的地面应耐酸碱及溶剂腐蚀、防滑、防水。

（3）化验室应确保用电安全，应有防雷接地系统，电线应尽量避免外露，电源接口应靠近仪器设备，精密检测仪器设备应配备不间断电源。

（4）化验室应确保用气安全，分析仪器的压缩气体钢瓶应放在阴凉的地方储存与使用，不能靠近火源，必须固定；应根据设备运行需要设排气设施，废气排放口宜设在房顶。

（5）化验室温度夏季不宜超过30℃、冬季不宜低于15℃，湿度不宜超过70%。有条件时应尽可能恒温恒湿，寒冷地区应有采暖设施，潮湿地区应安装空调。

（6）理化室应设上下水和洗涤设施。

（7）化验室应根据需要配置设备台、操作台、器皿柜（架）等，设备台和操作台应防水、耐酸碱及溶剂腐蚀。

（8）微生物室应设无菌操作台，配备紫外灭菌灯。

（9）化验室应设置有害废液储存设施。

4. 水质在线检测

规模化水厂可在出厂水总管上设浑浊度、消毒剂余量等水质在线检测设备，有条件时，还可在水源和管网的关键部位安装水质在线检测设备。

7.8.3.2 自动化监控

水厂的自动化监控设计应以提高供水系统运行的安全、可靠和经济性为目标。

集中供水工程的自动化控制系统，可分为现地控制和集中控制两大类，应按照有关标准进行设计。

（1）小型供水工程，水泵机组、水处理设备、加药设备、消毒设备等可采用现地控制方式，条件许可时宜联动控制。

（2）规模化供水工程，宜设中控室和计算机控制管理系统，对控制运行的闸阀、水泵机组、水处理设备、加药设备、消毒设备等实行集中控制，通过采集水质、水量、水压、水位、液位、电气参数等在线监测设备的数据进行实时监测和调控，并符合下列要求。

1）每个控制点应有现地控制，便于应急处置和维修。

2）信息收集，水源离水厂较近时宜采用电缆传输的方式，管网中的加压泵站、高位水池、以及各村镇的监测点可采用无线传输的方式。

3）可在水源、水厂大门、水处理间、加药间、消毒间和配电室等重要部位设摄像头，进行视频监视。

4）计算机控制管理系统，应有故障和超限报警、数据处理和报表功能，应设置不短于30min的UPS电源、可靠的防雷和接地措施。

7.9 分散式供水工程

分散式供水虽然不是农村供水的发展方向，但仍然是农村供水的重要形式之一，一些村庄及农户受居住条件、水源条件、经济条件和用水习惯等制约在一定时期内仍然采用分散式供水，特别是山丘区淡水资源缺乏的偏僻村庄和居住分散的农户，只能采取分散式供水（或通过移民搬迁解决）。

7.9.1 分散式供水工程设计基本要求

（1）只能建造分散式供水工程时，应根据水源条件选择工程型式。

1）有水质良好的泉水或地下水时，应优先建造引泉供水工程或分散式供水井。

2）水资源缺乏但有水质较好的灌溉客水时，应建造引蓄灌溉水供水工程。

3）淡水资源缺乏但多年平均降雨量大于250mm时，可建造雨水集蓄供水工程。

（2）应尽可能提高水源的抗旱能力和供水能力，不仅应满足农户干旱季节的生活用水量需要，还应为发展养殖业等庭院经济提供水源保障，有条件时应考虑备用水源或加大调蓄能力。水源水量的保证率不宜低于90%，设计供水规模可根据表7.9-1、表7.9-2等用水量定额进行计算。

表7.9-1　生活用水量定额

单位：L/（d・人）

分　区	农村居民	非寄宿学校师生
多年平均年降水量250～500mm地区	20～40	10～15
多年平均年降水量大于500mm地区	30～60	10～20

注　分散式供水井和引泉供水工程取较高值，引蓄灌溉水供水工程和雨水集蓄供水工程取较低值。学校的用水定额，应满足每位师生一天的饮水、午饭用水、洗手用水、清洁教室用水和厕所用水等。

表7.9-2　饲养牲畜用水定额

单位：L/（头・d）

牲畜种类	大牲畜	猪	羊	禽
饲养牲畜用水定额	30～50	20～30	5～10	0.5～1.0

（3）应加强生活饮用水水源的卫生防护。生活饮用水水源的周边10m范围内，应无污染源，有条件时宜设防护栏保护。

（4）应加强对生活饮用水的净化消毒。应根据水源水质选择适宜农户管理的净化消毒技术及设施，确保饮用水水质符合《生活饮用水卫生标准》（GB 5749）要求。可选择分质供水方式，只对饮用水进行净化消毒，净化能力可按每人每天5～7L确定。

（5）应尽可能提高用水方便程度。有地形高差可利用时，供水系统宜布置成自流供水到户的形式；需要提水时，宜采用水泵提水、管道供水到户的形式。

（6）供水管道应符合卫生要求，一般可选择给水用PE管或PP管等。户外管道宜地埋；不能地埋时，可采用有内外防腐的金属管道（如钢塑复合管），但严禁采用冷镀锌钢管。

（7）应加强典型工程示范和对用水户的技术指导、饮水卫生知识宣传。

7.9.2 雨水集蓄供水工程

新建雨水集蓄供水工程时，应收集工程所在地区的多年平均年降水量和保证率为90%的年降水量资料，应全面了解当地已建雨水集蓄供水工程情况及经验。

雨水集蓄供水工程的设计应符合《雨水集蓄利用工程技术规范》（GB/T 50596）的要求。

雨水集蓄供水工程的形式主要包括单户集雨、学校集雨和公共集雨等，设计内容包括规模确定及集流场、蓄水构筑物、取水设施和净水设施等设计。

1. 工程规模确定

雨水集蓄供水工程的规模确定包括设计供水量、集流面集雨面积和蓄水构筑物容积的确定。集流场的集流能力应大于设计供水量，应与蓄水构筑物的有效容积相配套，不应布置集流量不足的雨水集蓄供水工程。

（1）设计供水量计算：

1）农民年生活用水量（按365d计），可根据用水人数和表7.9-1的用水定额确定。

2）畜禽年养殖用水量（按365d计），可根据畜禽种类、数量和表7.9-2的用水定额确定。

3）学校年生活用水量（按280d计），可根据学校师生数量和表7.9-1的用水定额确定。

（2）集流面集雨面积计算：

集流面的有效集雨面积是水平投影面积，可按式（7.9-1）计算确定：

$$F=\frac{1000WK_1}{P\phi} \tag{7.9-1}$$

式中　F——集流面水平投影面积，m^2；

W——设计供水规模，m^3/年；

K_1——面积利用系数，人工集流面可为1.05～1.20，自然坡面集流应大于1.20；

P——保证率为90%时的年降雨量，mm；

ϕ——集流面的年集流效率，可按表7.9-3取值。

表 7.9-3　　不同降水量地区不同集流面材料集流面年集流效率　　%

集流面材料	多年平均年降水量 250～500mm 地区	多年平均年降水量 500～1000mm 地区	多年平均年降水量 1000～1500mm 地区
混凝土	73～80	75～85	80～90
水泥瓦	65～75	70～80	75～85
机瓦	40～55	45～60	50～65
浆砌石	70～80	70～85	75～85
乡村常用土路、土场和庭院地面	15～30	20～40	25～50
水泥土	40～55	45～60	50～65
固化土	60～75	75～80	80～90
完整裸露膜料	85～90	85～92	90～95
塑料膜覆中粗砂或草泥	28～46	30～50	40～60
自然土坡（植被稀少）	8～15	15～30	25～50
自然土坡（林草地）	6～15	15～25	20～45

（3）蓄水构筑物容积计算：

蓄水构筑物的有效容积可按式（7.9-2）计算：

$$V=\frac{K_2W}{1-\alpha} \qquad (7.9-2)$$

式中　V——有效蓄水容积，m^3；

α——蒸发、渗漏损失系数，封闭式构筑物可取 0.05，开敞式构筑物可取 0.10～0.20；

K_2——容积系数，与最大连续干旱天数、复蓄次数等相关，可按表 7.9-4 取值。

2. 集流场结构设计

集流场一般由集流面、汇流沟等组成。

（1）集流面分人工集流面（包括屋顶、庭院、专门硬化集流面、膜料防渗集流面等）、自然土坡集流面和道路等形式。集流面的结构设计应符合以下要求：

表 7.9-4　　蓄水工程容积系数

项目	多年平均年降水量 250～500mm 地区	多年平均年降水量 500～800mm 地区	多年平均年降水量大于 800mm 地区
设计集流面集雨面积时	0.55～0.60	0.50～0.55	0.45～0.55
实际集流面集雨面积较大时	0.51～0.55	0.40～0.50	0.30～0.40

注　表中的数值摘自《雨水集蓄利用工程技术规范》(GB/T 50596—2010)。《村镇供水工程技术规范》(SL 310—2004) 规定：半干旱地区可取 0.80～1.00，湿润、半湿润地区可取 0.25～0.40。

1）集流面应具有一定的纵向坡度，土质集流面坡度一般宜为 1/30～1/20，硬化集流面坡度不宜小于 1/10。横向坡度可根据地形条件确定，以便汇流。

2）混凝土集流面宜采用厚度不小于 3cm 的 C15 现浇混凝土，且应设置伸缩缝。

3）石板集流面应铺砌在水泥砂浆层上，且应进行填缝和勾缝处理。

4）裸露式塑膜集流面可采用厚度 0.08mm 以上的塑料薄膜。埋藏式塑膜集流面宜采用 0.1～0.2mm 厚塑料薄膜，覆盖材料可采用厚度 5cm 左右的草泥或中、粗砂。

5）固化土集流面宜采用预制砌块或干硬性固化土砌筑，厚度不宜小于 5cm，固化剂含量宜为 7%～12%。

6）原土翻夯集流面翻夯深度应不小于 30cm；水泥土集流面可采用塑性水泥土现场夯实，厚度不宜小于 10cm，水泥含量宜为 8%～12%，夯实干密度应不小于 1.55t/m³。

（2）汇流沟可采用现浇混凝土、预制混凝土、浆砌石结构或土渠，断面形式可采用矩形、U 形或宽浅式，断面尺寸按汇流量计算确定；纵向坡度应根据地形确定，衬砌渠（沟）不宜小于 1/100，土渠（沟）

不宜小于 1/300。

(3) 屋顶集雨时，应设接水槽和落水管。接水槽亦称集雨槽、汇流槽等，一般采用半圆形塑料管或镀锌铁皮槽制作，沿屋檐布设收集屋顶雨水；落水管又称为导水管等，一般采用塑料管，与接水槽连接，将接水槽内的雨水导入蓄水构筑物。

3. 蓄水构筑物结构设计

蓄水构筑物一般包括水窖和蓄水池，根据当地土质、建筑材料、施工条件等因素确定。

(1) 基本要求：

1) 建设地点应避开填方或易滑坡地段，蓄水构筑物应置于完整、均匀的地基上。

2) 供生活饮用水的蓄水构筑物，有条件时，应设计成地下式封闭构筑物；地下式蓄水工程外壁与房屋基础、崖坎、根系较发育的树木之间的距离不得小于 5m。

3) 蓄水构筑物应采用防渗衬砌结构。采用人工集流面时，蓄水构筑物前应设粗滤池；采用自然坡面或道路集流时，蓄水构筑物前应设格栅、沉淀池和粗滤池。

4) 应根据具体情况设置必要的进水管、取水口(供水管)、溢流管、排空管、通风孔和检修孔，检修孔应高出地面 300mm，直径应不小于 700mm。

(2) 蓄水构筑物的最高水位超高：

1) 在寒冷地区，最高设计水位应低于冰冻线。

2) 顶拱为混凝土的水窖，最高蓄水位距地面的高度应大于 0.5m。

3) 顶拱为薄壁水泥砂浆或黏土防渗的水窖，最高蓄水位至少应低于起拱线 0.2m。

4) 蓄水池超高应按表 7.9-5 取值。

表 7.9-5　蓄水池超高值

蓄水容积 (m^3)	<100	100～200	200～500
超高 (m)	0.3	0.4	0.5

(3) 水窖设计。水窖按形状分为圆柱形、球形、瓶形、烧杯形等，结构设计应符合以下要求：

1) 顶盖可采用素混凝土或水泥砂浆砌砖半球拱或钢筋混凝土平板结构。混凝土或砖砌半球拱厚度不小于 10cm。钢筋混凝土平板结构应根据填土厚度和上部荷载设计。当土质坚固时，顶盖也可采用在土半球拱表面抹水泥砂浆的结构，砂浆厚度不小于 3cm。

2) 当土质较好时，窖壁可采用水泥砂浆或黏土防渗，砂浆厚度不小于 3cm。其表面宜用水泥浆刷涂 2～3 遍。黏土厚度可采用 3～6cm。土质较松散时，窖壁应采用混凝土圈支护结构，厚度不小于 10cm。

3) 底部基土应先进行翻夯，翻夯厚度不小于 30cm，其上宜填筑厚 20～30cm 的三七灰土。在灰土上应浇筑混凝土平板或反拱形底板，厚度不小于 10cm，并应保证与窖壁的砂浆或混凝土圈良好连接。土质良好时，也可采用在灰土面上抹水泥砂浆的结构，厚度不小于 3cm。

4) 水泥砂浆强度应不低于 M10，混凝土强度等级不低于 C15。

5) 黄土地区水窖深度不宜大于 8m，最大直径不宜大于 4.5m。窖盖采用混凝土或砖砌拱结构时，拱的矢跨比不宜小于 0.3，窖顶部采用砂浆抹面结构时，顶拱的矢跨比不宜小于 0.5。

目前常采用拱盖、直壁、弧底（或平底）的混凝土或水泥砂浆水窖，典型设计见图 7.9-1、图 7.9-2 和表 7.9-6、表 7.9-7。

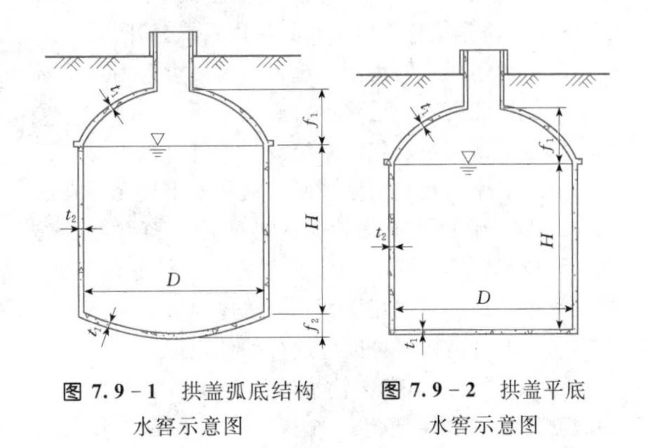

图 7.9-1　拱盖弧底结构水窖示意图

图 7.9-2　拱盖平底水窖示意图

(4) 蓄水池设计：

1) 水池可采用浆砌石、砌砖、素混凝土或钢筋混凝土结构，浆砌结构的表面宜用水泥砂浆抹面。

2) 采用浆砌结构时，应采用强度不低于 M10 的水泥砂浆坐浆砌筑；采用混凝土现浇结构时，素混凝土强度等级不宜低于 C15，钢筋混凝土结构混凝土强度等级不低于 C20。

3) 湿陷性黄土上修建的水池应优先考虑采用整体式钢筋混凝土或素混凝土结构。地基土为弱湿陷性黄土时，其上宜填筑厚 30～50cm 的灰土层，池底应进行翻夯处理，翻夯深度不小于 50cm；基础为中、强湿陷性黄土时，应加大翻夯深度，采取浸水预沉等措施处理。

4) 修建在寒冷地区的水池，地面以上部分应覆土或采取其他保温措施。

5) 封闭式水池应设清淤检修孔，开敞式水池应设护栏，高度不小于 1.1m。

表 7.9-6　　拱盖弧底水窖结构典型设计

蓄水容积	矢跨比		池深 H (m)	井径 D (m)	深径比 H/D	顶拱、窖底衬砌厚度 t_2 (mm)	井壁衬砌厚度 t_1 (mm)	混凝土量 (m³)		砌砖量 (m³)
	K_1	K_2						窖体	窖口	
30m³	1/3	1/8	3.37	3.37	1	60	30	2.52	0.02	0.28
50m³	1/3	1/8	4.00	4.00	1	60	30	3.53	0.02	0.28

表 7.9-7　　拱盖平底水窖结构典型设计

蓄水容积	矢跨比 K	池深 H (m)	井径 D (m)	深径比 H/D	顶拱、窖底衬砌厚度 t_2 (mm)	井壁衬砌厚度 t_1 (mm)	混凝土量 (m³)		砌砖量 (m³)
							窖体	窖口	
30m³	1/3	3.37	3.37	1	60	30	2.49	0.02	0.28
50m³	1/3	4.00	4.00	1	60	30	3.48	0.02	0.28

4. 单户集雨供水工程

单户集雨供水工程一般应靠近居住房屋布置，有条件时应将供生活饮用水的集雨系统和供生活杂用水（含洗涤、饲养牲畜等用水）的集雨系统分开。

供生活杂用水的集雨系统，集流面可采用难于有效卫生防护的庭院、道路、自然坡面等。

供生活饮用水的集雨系统设计应符合以下要求：

（1）集流面宜采用屋顶或在居住地附近无污染的地方建人工硬化集流面，应尽可能避开畜禽圈、粪坑、垃圾堆、柴草垛、油污、农药、肥料等污染源，严禁采用马路、石棉瓦屋面和茅草屋面做集流面。

（2）雨水进入水窖前应进行预处理。

1）屋顶集雨，应在接水槽和落水管末端设自动冲洗弃流装置和粗滤池，如图 7.9-3 所示。降雨初期，雨水通过接水槽和落水管首先进入封闭的弃流池，当初期含杂质较高的雨水将弃流池充满后，杂质含量较低的雨水会自动进入粗滤池，经粗滤池预过滤后进入蓄水构筑物。

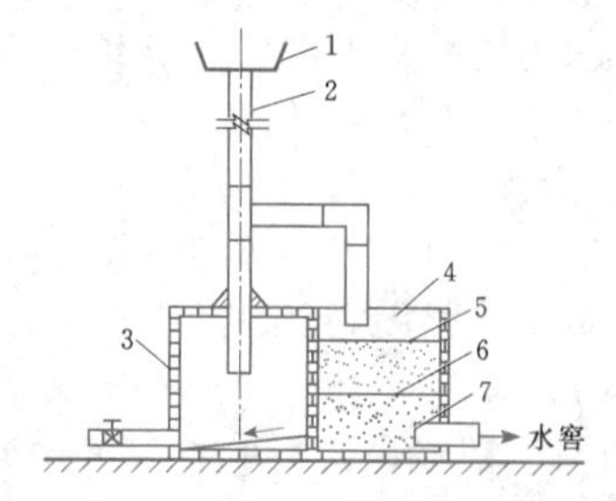

图 7.9-3　屋面集雨自动冲洗弃流装置示意图
1—接水槽；2—落水管；3—弃流池；4—粗滤池；
5—防冲板；6—双层 0.5mm 尼龙网；
7—管头外包双层 0.5mm 尼龙网

弃流池容积由弃流雨量和集雨屋面面积及集雨效率等确定。根据试验，当弃流雨量为 2～3mm 时，悬浮物去除率可达 80%以上。按集雨面积 60m²、弃流雨量 3mm、集雨效率 70%计，弃流池容积为 125L，弃流池的长、宽、高均为 0.5m。

粗滤池底部填 0.2m 厚 10～15mm 砾石，上部为 0.3m 厚 3～5mm 石英砂，层间用尼龙网隔离，底部埋外包细尼龙网的水平花管。

2）只能采用自然坡面集雨供生活饮用水时，应在汇流沟后设格栅、沉淀池和粗滤池（见图 7.9-4），拦截泥沙和树叶等杂物进入蓄水构筑物。

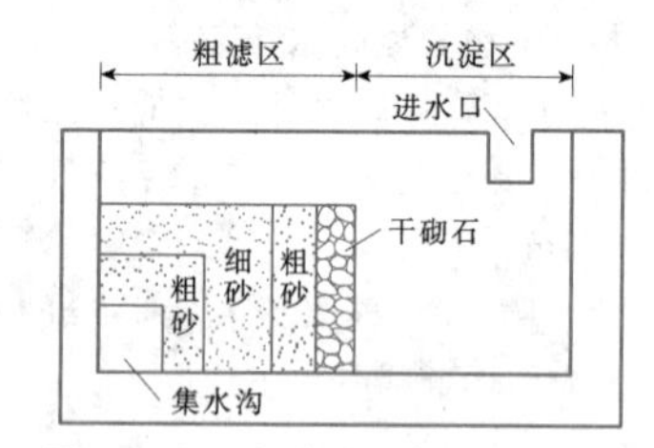

图 7.9-4　沉淀池和粗滤池示意图

3）人工硬化集流面集雨，应在汇流沟后设粗滤池。

（3）蓄水构筑物应能定期清洗，采用水窖时至少应有两眼，采用水池时宜分成可独立工作的两格。

（4）净水设计：

1）家用絮凝沉淀过滤消毒一体化净水器。该净水器是采用传统的常规水处理工艺、自动加药、紫外线消毒等技术生产的一种小型家用净水装置。使用时，需要定期排泥和换药。

2）慢滤池或家用慢滤净水装置。该净水装置以慢滤技术为核心，设计滤速 0.1～0.3m/h，滤料粒径 0.3～1.0mm，滤层厚度 1.0m。优点是不需加药，能有效去除水中的悬浮物质。一般可采用家用慢滤净水装置，技术标准化程度高；也可在蓄水构筑物内或外建慢滤池，投资小。慢滤净化设施的缺点是处理能力小、速度慢，需要定期清理滤层表面拦截的污物。

3）家用超滤膜净水器。一般为两道或三道过滤，包括PP纤维棉、超滤膜、活性炭等。如果集流面为屋顶或无污染的人工硬化集流面，只需PP纤维棉和超滤膜；有化学污染问题时，才配套活性炭吸附过滤。超滤的优点是不需加药，能有效去除水中的悬浮物质和微生物，可直接饮用；处理能力大、速度快，可直接连接到微型潜水泵的出水管上。缺点是PP纤维棉需要定期更换（但价格很便宜），超滤膜需定期清洗（但周期较长，一般可在半年以上）。

5. 学校集雨供水工程

（1）一般采用屋顶集水＋粗滤池＋蓄水池或水窖＋慢滤或超滤膜净水器方式，供饮用水。

（2）一般采用操场集水＋沉淀池、粗滤池＋水池或水窖方式，供校舍清洁用水和洗涤用水。

（3）采用水窖时，可修建多个水窖，根据校舍布局和用水量确定。

6. 公共集雨供水工程

在湿润和半湿润的山丘区及海岛，可建公共集雨设施（见图7.9-5）和单户储水水窖，雨水由自然坡面汇流到蓄水池后，经过净化设施进入清水池，通过管道输送到各户的储水水窖，雨量充沛时自来水入户，枯水季节从水窖取水。修建时注意事项如下：

图7.9-5 公共集雨供水系统示意图

（1）选择无污染的清洁小流域，利用自然坡面做集流场，利用天然山谷沟道集流或在坡底修建人工集流渠集流。

（2）充分利用地形，同时考虑防洪安全和防渗，在适宜部位和高程修建蓄水池，尽可能布置成重力流供水系统。

（3）蓄水池前应设沉沙池，蓄水池后宜采用慢滤池净化，慢滤池后设清水池。

7.9.3 引蓄灌溉水供水工程

为解决缺水地区的生活生产问题，我国修建了很多大型引水工程。因此，在淡水资源严重匮乏的地区，有水质较好的灌溉客水可利用时，应优先建造引蓄灌溉水供水系统。这些地区过去以雨水集蓄供水为主，因此，新建的引蓄灌溉水供水系统宜与原有的雨水集蓄系统相结合，可共用蓄水构筑物。

选择引蓄灌溉水供水方式时，应详细了解灌溉渠道的年供水次数和每次供水时间以及供水水质等情况，并采样进行水质化验，选择水质较好的时段引水，不应引蓄灌溉退水。

引蓄灌溉水供水工程可分为公共引蓄灌溉供水工程和单户引蓄灌溉水工程。

1. 公共引蓄灌溉水供水工程

有地形条件可利用时，应尽可能建公共蓄水池、水处理设施，用配水管道输送到用户水窖。有条件时，应尽可能覆盖多个缺水村庄。有地形高差可利用时，应尽可能布置成重力流供水系统。有条件建规模较大蓄水设施时，应考虑建成集中式供水工程的可能性。

（1）引水设施可采用防渗渠道或压力管道，应根据输水距离和地形高差确定。取水口设控制闸。

（2）引水流量、蓄水池容积应根据年用水量、引蓄时间和次数，充分考虑蒸发、渗漏，通过技术经济比较确定。年用水量可参照7.9.1节雨水集蓄供水工程计算确定。

（3）蓄水池应采用防渗衬砌结构，应考虑原水中的泥沙沉淀及排泥措施，可建成开敞式。北方地区，蓄水池结构应采取防冻胀措施。

（4）水处理设施应根据原水水质和蓄水池的沉淀功能等确定净水工艺，一般可采用微絮凝过滤器并配备消毒装置。

（5）清水池的容积、配水管道的设计流量应根据水处理设施的净化能力以及高日高时用水量等确定。

2. 单户引蓄灌溉水供水工程

（1）有条件时，应优先采用管道引水；采用明渠引水时，应有防渗和卫生防护措施。

（2）引水管（渠）应布置在水质不易受污染的地段。

（3）蓄水构筑物的布置，应便于引水和取水，蓄水容积应根据年用水量、引蓄时间和次数确定。

（4）供生活饮用水时，可选用以慢滤或超滤为核心的家用净水器净化。

7.9.4 引泉供水工程

在湿润和半湿润的山丘区，泉水出露较多，且水质一般都较好，是山丘区农户最好的饮用水水源。有地形高差可利用时，应建成自流引泉供水工程。

选择引泉供水方式时，应掌握泉水流量的季节性变化情况，特别应考虑干旱年枯水季节的水量是否能满足用水量需要，必要时应进行实测。有多个泉水点可供选择时，应重点比较干旱年枯水季节的水量及变化情况，同时比较距离远近、保护难易程度和施工难易程度等。

引泉供水工程应尽可能选择常年流水的泉水，只能选择季节性有水的泉水时应设蓄水池。

引泉供水工程一般包括泉室、供水管、蓄水池等。

1. 泉室设计

(1) 应根据泉水出露方式确定泉室型式。坡面流出的泉水，应设计成侧向进水的泉室；地面涌出的泉水，应设计成底部进水的泉室。

(2) 泉室应坐落在不透水层上，进水口应正对含水层，进水口以外的含水层用不透水材料封闭。进水口处应设反滤层，反滤层厚度不小于300mm。

(3) 泉室容积应根据进水口大小，以及泉水流量、是否需要调蓄等确定。

(4) 泉室可为混凝土结构或浆砌结构。采用浆砌结构时，应用内衬水泥砂浆防渗。

(4) 泉室应设出水管、溢流管、检修孔和通气孔等。

(5) 泉室四周应用黏土回填，并设雨水排水沟。

2. 蓄水池设计

(1) 蓄水池的位置，应根据地形、泉水和用户的位置、泉水断流时间等确定，一般宜设在用水户附近较高部位或院内。

(2) 蓄水池容积应根据年用水量、泉水断流时间等确定。

7.9.5 分散式供水井

1. 供水井设计

(1) 井位应选择在水量充足、水质良好、环境卫生、取水方便的地段，并应远离渗水厕所、畜禽圈、粪坑、垃圾堆和柴草垛等污染源。山丘区居住分散的农户，有条件时应考虑备用水源井。

(2) 井型、井深和井径应根据枯水季节地下水位埋深、含水层的出水能力和提水设备等确定。地下水埋深较浅时，可选择真空井、砖砌或石砌的筒井、大口井；地下水埋深较大时，可选择便于小型机械施工的小管井，井管内径比提水设备外径至少应大50mm。

(3) 井口周围应设不透水散水坡，半径不宜小于1.5m，在透水土壤中，散水坡下面还应填厚度不小于1.5m的黏土层；井口应设置井台和井盖，井台应高出地面300mm。

(4) 供生活饮用水的井旁设洗涤池时，应设排水沟，将废水排至水源井30m外；洗涤池和排水沟应采取防渗措施。

2. 劣质井水净化

供生活饮用水的井水为高氟水、高砷水、苦咸水或污染水等化学指标超标的劣质水时，首先，应考虑更换优质水源、建设集中式供水工程等永久性解决措施；其次，可采用反渗透等脱盐技术建纯净水站统一向农户提供纯净水（桶装水）；确实不能集中统一解决时，也可根据以下情况采用家用净水装置净化水：

(1) 高氟水、苦咸水或污染水均可采用以反渗透膜过滤为核心的家用净水装置净化。

(2) 高氟水也可采用再生周期长、再生简单的吸附法家用除氟装置净化。

(3) 微污染水也可采用超滤膜、活性炭组合的家用净水装置净化。

(4) 高砷水通常采用吸附容量大的吸附法家用除砷装置净化。

参考文献

[1] 许保玖．给水处理理论［M］．北京：中国建筑工业出版社，2000.

[2] 《给水排水设计手册》第二版编委会．给水排水设计手册：第3册 城镇给水［M］．2版．北京：中国建筑工业出版社，2004.

[3] 《给水排水设计手册》第二版编委会．给水排水设计手册：第4册 工业给水处理［M］．2版．北京：中国建筑工业出版社，2002.

[4] 《给水排水设计手册》第三版编委会．给水排水设计手册：第2册 建筑给水排水［M］．3版．北京：中国建筑工业出版社，2012.

[5] GB 50013—2006 室外给水设计规范［M］．北京：中国计划出版社，2006.

[6] GB 5749—2006 生活饮用水卫生标准［M］．北京：中国标准出版社，2006.

[7] SL 310—2004 村镇供水工程技术规范［M］．北京：中国水利水电出版社，2004.

《水工设计手册》（第2版）编辑出版人员名单

总 责 任 编 辑　王国仪

副总责任编辑　穆励生　王春学　黄会明　孙春亮

阳　森　王志媛　王照瑜

第9卷　《灌排、供水》

责任编辑　王　勤　宋　晓

文字编辑　王　勤　殷海军　王　启

封面设计　王　鹏　芦　博

版式设计　王　鹏　王国华　孙立新　黄云燕

描图设计　王　鹏　樊啟玲

责任校对　张　莉　黄淑娜

出版印刷　焦　岩　孙长福　王　凌

排　　版　中国水利水电出版社微机排版中心